高等学校教材

Organic Chemistry

有机化学（上册）

南开大学有机化学教研室　编著

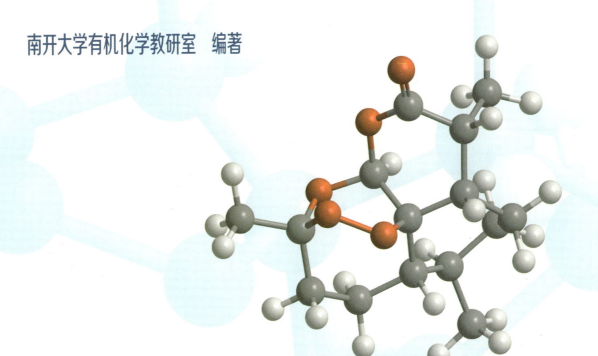

中国教育出版传媒集团

高等教育出版社·北京

内容提要

本书突出有机化学核心知识点，注重概念和原理，强调反应的机理和立体化学，提供含特征官能团的有机化合物的分析谱图和有机化合物的基本性质参数，涵盖有机合成新方法和新概念；同时，各章还提供了与生活相关的拓展知识，以便读者能够更直观地理解相关内容。

全书共 31 章，分上、下两册出版。上册 16 章，主要介绍常见有机化合物与常见官能团，重点介绍有机化合物的命名、结构、性质和制备方法等；下册 15 章，主要介绍几类重要的有机化合物、有机合成反应及新的合成方法和概念。各章都配备了"本章学习要点"（除绪论）和"习题"，便于读者巩固所学知识。

本书可作为高等学校化学化工类专业有机化学课程教材，也可供其他相关专业师生和科研人员参考使用。

图书在版编目（CIP）数据

有机化学．上册 / 南开大学有机化学教研室编著．
北京 ： 高等教育出版社，2024. 10. -- ISBN 978-7-04
-062433-5

Ⅰ．O62

中国国家版本馆 CIP 数据核字第 2024Z2D066 号

YOUJI HUAXUE

策划编辑	张　政　曹　瑛	责任编辑	张　政	封面设计	王　鹏	版式设计	徐艳妮
责任绘图	黄云燕	责任校对	张　薇	责任印制	高　峰		

出版发行	高等教育出版社	网　　址	http://www.hep.edu.cn
社　　址	北京市西城区德外大街 4 号		http://www.hep.com.cn
邮政编码	100120	网上订购	http://www.hepmall.com.cn
印　　刷	廊坊十环印刷有限公司		http://www.hepmall.com
开　　本	889 mm × 1194 mm　1/16		http://www.hepmall.cn
印　　张	37.25		
字　　数	1260 千字	版　　次	2024 年 10 月第 1 版
购书热线	010-58581118	印　　次	2024 年 10 月第 1 次印刷
咨询电话	400-810-0598	定　　价	116.00 元

本书如有缺页、倒页、脱页等质量问题，请到所购图书销售部门联系调换
版权所有　侵权必究
物 料 号　62433-00

前 言

2020 年伊始，一场突如其来的新型冠状病毒感染席卷全球，世界各地人民的生活和工作都受到了巨大影响，南开大学也未能幸免。在居家工作期间，我想起一件以前一直想做而没有时间去做的事情——编写一本《有机化学》教材。这个想法立即得到了同事们的响应，于是我们就在这个特殊时期开始了本书的编写。现在疫情已经基本结束，而我们的教材编写工作也已完成。三年的教材编写工作陪伴我们度过了艰难的岁月，减少了我们对疫情的恐慌和焦虑，使生活变得充实。

南开大学很早就开始编写《有机化学》教材。在南开大学编写的《有机化学》教材中，以王积涛先生等编著的教材影响力最大，应用面最广。但是这本教材已经很长时间没有修订，再加上有机化学学科近年来发展迅速，涌现出许多新的知识和新的研究方法，这促使我和同事们决定重新编写一本能够反映有机化学最新发展水平的教材。

有机化学是研究有机化合物的结构、性质、反应和合成的一门科学。但是由于有机化合物的种类繁多，数量巨大，有必要对其进行分类介绍。本书按照官能团分类，对各种有机化合物进行介绍。全书分为上、下册，上册主要介绍烷烃、烯烃和芳烃等常见有机化合物，以及醇、酚、醚、醛、酮、酸和胺等常见官能团，重点介绍有机化合物的命名、结构、性质和制备方法等；下册主要介绍几类重要的有机化合物，如杂环化合物、碳水化合物、氨基酸和蛋白质、核酸和遗传物质、生物碱等，几类重要的有机合成反应，如周环反应、氧化还原反应、重排反应等，以及几类新的合成方法和概念，如逆合成分析、不对称合成、有机光化学、有机电化学、金属有机化学、元素有机化学、绿色化学等。教师可以根据授课对象、课时数选取有关内容进行讲授。学生和科研人员可以根据自己的需要和兴趣选读有关内容。

有机化学知识浩如烟海，任何一本教材都必须对内容做出选择，或追求内容广博，或追求简明扼要。我们在本书编写过程中力求做到以下几点，也可以说是本书的特点：(1) 对有机化学的核心知识点讲解透彻，有时还会反复讲解；(2) 介绍有机化学知识时注重概念和原理，不追求多而全；(3) 介绍有机化学反应时强调反应机理和立体化学，这是学习有机化学知识的"钥匙"；(4) 给出了含特征官能团化合物的分析谱图，帮助学生掌握官能团的表征方法；(5) 编列了一些有机化合物的基本性质参数，方便读者查找；(6) 编入了有机合成新方法和新概念，反映有机化学的发展前沿；(7) 各章还提供了拓展知识，特别是与人们生活相关的实例，帮助读者获得直观认识。

本书第 1 章绪论由周其林编写；第 2 章烷烃和自由基取代反应，第 16 章胺，第 29 章金属有机化学由唐良富编写；第 3 章立体化学，第 24 章不对称合成由朱守非编写；第 4 章卤代烃和亲核取代反应，第 5 章醇、酚、醚由渠瑾编写；第 6 章核磁共振谱，第 9 章红外光谱、紫外－可见吸收光谱和质谱由陈莉编写；第 7 章烯烃和亲电加成反应，第 8 章炔烃和二烯烃，第 25 章氧化还原反应由周正洪编写；第 10 章苯、芳烃和芳香性，第 11 章芳香化合物的亲电取代反应，第 17 章杂环化合物由庞美丽编写；第 12 章芳香化合物的亲核取代及其他反应由叶萌春编写；第 13 章醛酮和亲核加成反应，第 26 章重排反应由贺峥杰编写；第 14 章羧酸和羧酸衍生物，第 15 章烯醇、烯醇盐和 α,β- 不饱和羰基化合物，第 30 章元素有机化学由苗志伟编写；第 18 章碳水化合物，第 19 章氨基酸和蛋白质，第 22 章周环反应由陈弓编写；第 20 章核酸和遗传物质由周传政编写；第 21 章脂质、生物碱等天然产物，第 23 章有机合成与逆合成分析由汤平平编写；第 27 章有机光化学由王飞编写；第 28 章有机电化学由仇友爱编写；第 31 章绿色化学由何良年编写。周其林、唐良富和汤平平对全书进行了统稿。高等教育出版社曹瑛和张政承担了本书的编辑工作。在此，我向所有参与本书编写和编辑工作的老师们，向所有给予支持和帮助的朋友们表示衷心的感谢。

　　本书署名南开大学有机化学教研室而没有署编著者名的主要原因是，这本教材是教研室集体智慧的结晶，所有授课教师都参与了教材的讨论。我希望这本教材今后修订时也能保持这个传统，集大家的智慧，不断完善和更新教材内容，美化版面，使之成为有机化学专业学生和工作者喜爱的教材和参考书。另外，署名南开大学有机化学教研室也赋予了教研室的教师(包括将来的教师)责任和义务，今后要定期对教材进行修订，使之永葆青春。

　　本书虽然已经定稿出版，但是一定还存在诸多瑕疵甚至错误，恳请广大读者朋友批评指正，以便我们再版时加以更正。

周其林

2023 年 12 月于南开园

目 录

第 1 章

绪论

第 1 章

绪论

1.1　有机化合物和有机化学

　　有机化合物（也称"有机物"）最早是指存在于生命体中的化合物，现在我们把"含有碳的化合物称为有机化合物 (organic compound)"。相对应地，有机化学 (organic chemistry) 是"研究含碳化合物的化学"。

　　从 18 世纪开始，科学家发现从动植物里分离得到的很多化合物都含有碳 (carbon) 和氢 (hydrogen) 两种元素。例如从动植物油脂中得到的脂肪酸（如亚油酸, linoleic acid），从甘蔗中得到的蔗糖 (sucrose)，从薄荷中提取得到的薄荷醇 (menthol)，从咖啡和茶叶中提取得到的咖啡因 (caffeine)，以及从蔬菜和水果中分离得到的维生素等。这些化合物的性质不同于从矿物中分离得到的无机化合物，并且都含有碳和氢。

薄荷醇　　　　咖啡因　　　　维生素C　　　　　　　蔗糖

亚油酸

　　在很长时间里，人们相信有机化合物只存在于生命体中，而不可能由无机化合物合成得到。直到 1828 年维勒 (Friedrich Wöhler) 用氰酸铵合成得到尿素分子，人们才认识到生命体中的"有机物"可以从无机物合成得到。

　　维勒通过加热氰酸铅、氨气和水的混合物合成尿素，反应式如下：

$$Pb(OCN)_2 + 2\,H_2O + 2\,NH_3 \longrightarrow H_2N\overset{\overset{\displaystyle O}{\|}}{C}NH_2 + Pb(OH)_2$$

尿素

　　自从尿素被合成以后，各种天然有机物被陆续合成出来，例如醋酸、油脂等。很快，化学家们不但能够合成自然界存在的有机化合物，还能够合成自然界不存在的有机化合物。目前已知的化合物总数超过一亿种（根据美国《化学文摘》收录的数据），其中大多数是化学家合成的有机化合物。现在我们知道，有机化合物除了含有碳元素，多数都含有氢元素，有的还含有氧、氮、硫和卤素等元素。

　　有机化学的定义还有"研究碳氢化合物的化学"等。实际上，一些含有碳或者碳氢的化合物现在并不划分在有机化合物中，例如二氧化碳 (CO_2) 和碳酸 (H_2CO_3) 等都不在有机化合物之列。

　　动植物油脂 (lipid) 的主要成分是由各种脂肪酸与甘油形成的甘油三酯，它们经过水解反应可以得到各种脂肪酸。例如花生油中含量很高的三油酸甘油酯 (glyceryl trioleate) 经水解后可以制得油酸 (oleic acid)。

　　现在合成尿素已经不用维勒的方法了，工业上通过二氧化碳与氨反应生产尿素。尿素是最常用的化肥，全球每年生产和使用尿素超过 2 亿吨。

有机分子中的各个原子之间通过共价键连接，共价键通常用短线条"—"表示。例如，丙烷和乙醇可以表示如下：

丙烷　　　　　**乙醇**

有时为了简便，在画有机分子的结构时经常省略氢原子，有时甚至省略碳原子（但官能团上的所有原子不能省略）。例如，丙烷和乙醇分子常表示如下：

丙烷　　　　　**乙醇**

四面体烷目前尚未被合成，但是已经合成出了四(叔丁基)四面体烷。

四(叔丁基)四面体烷

"苯胺紫"(mauveine) 染料合成：1856 年帕金 (William Henry Perkin) 将 $K_2Cr_2O_7$ 加到苯胺的硫酸溶液中，结果得到了紫色产物。这个紫色产物是混合物，它对毛料和丝绸具有很好的染色性能，不但颜色鲜艳，而且色牢度高，被称为"苯胺紫"染料。苯胺紫是第一种人工合成染料。现在，织物印染所用的染料绝大部分都是合成染料。

苯胺紫成分之一

知道有机分子的组成以后，化学家非常希望了解有机分子中各个原子之间是如何连接的，以及在空间上是如何排列的。但是，由于缺少结构理论，化学家在很长时间里都不知道有机分子的结构。直到 20 世纪化学结构理论、价键理论等建立以后，有机分子的结构才逐步被认识。现在我们知道有机分子中各个原子之间不但有不同的连接方式，还有不同的三维空间结构。例如含四个碳的烷烃就有正丁烷、异丁烷、环丁烷、甲基环丙烷和双环丁烷等。由于有机分子的结构变化无穷，因此其种类繁多，数量巨大。

正丁烷　　　**异丁烷**　　　**环丁烷**　　　**甲基环丙烷**　　　**双环丁烷**

不同结构的有机分子具有不同的性质，例如分子式为 $C_{10}H_{16}O$ 的化合物可以是樟脑 (camphor，驱虫剂)、小茴香酮 (fenchone，食用香料)、胡椒酮 (piperitone，空气芳香剂)、长叶薄荷酮 (pulegone，食用香料)、柠檬醛 (citral，食用香料) 等分子。正是对浩如烟海的有机分子的结构、性质、合成和反应的研究构成了有机化学的广博而又色彩斑斓的知识体系。因此，我们也可以定义：**有机化学是研究有机分子的科学，是研究有机分子的结构、性质、合成和反应的一门科学。**

樟脑　　　　**小茴香酮**　　　**胡椒酮**　　　**长叶薄荷酮**　　　**柠檬醛**

学习有机化学是为了认识自然，创造新分子，保护人类健康，保护环境，拓展人类的生存空间，以及提高人类的生活质量等。通过研究自然界的物质组成、结构和性质，科学家已经知道构成生命的许多基本物质，如蛋白质、核酸、纤维素、木质素等。通过发现和合成新药分子并用于预防和治疗疾病，人类健康水平和生活质量得到了极大的提高，例如抗生素的发现和使用，已经使人类的平均寿命延长了许多年。通过合成各种各样性能优良的新材料，人类生存空间得到了极大的拓展，例如聚合物材料帮助人类进入太空，潜入海底。合成染料和颜料将人类生活装扮得更加美丽。

青霉素 (penicillin) 的发现挽救了无数遭受细菌感染的人的生命。1928 年英国微生物学家弗莱明 (Alexander Fleming) 发现青霉菌能分泌一种物质杀死细菌，他将这种物质命名为青霉素。青霉素的发现，使人类找到了一种具有强大杀菌作用的药物，结束了细菌感染几乎无法治愈的时代。从那以后出现了寻找抗生素新药的热潮，至今不断。

羟氨苄青霉素(amoxicillin)

抗癌药物紫杉醇 (paclitaxel) 的发现使多种癌症不再成为不治之症。1966 年美国化学家沃尔 (Monre E. Wall) 和同事从一种生长在美国西部的短叶紫杉 (Pacific yew) 树皮中分离到紫杉醇(商品名 Taxol),发现它对肿瘤细胞有很高的抑制活性。1971 年,紫杉醇的结构通过 X-射线衍射分析确定。目前,紫杉醇已经成为治疗多种癌症的首选药物。

紫杉醇

除虫菊酯 (pyrethrin) 农药有效地保障了粮食安全和公共卫生。除虫菊酯是从除虫菊花中提取得到的,是一类古老的杀虫剂。从 20 世纪 70 年代开始,为了提高除虫菊酯的杀虫效果,降低毒性,化学家对天然除虫菊酯的结构进行了改造,发展出了几十种仿生除虫菊酯,称为“拟除虫菊酯 (pyrethroid)”,例如氯氰菊酯 (cypermethrin)、溴氰菊酯 (deltamethrin) 等。拟除虫菊酯是目前农业和公共卫生领域防治害虫的主要农药品种。

氯氰菊酯

聚四氟乙烯 (polytetrafluoroethylene) 材料具有抗腐蚀、耐高温等性质,被广泛应用于航空航海等各个领域。

聚四氟乙烯

靛蓝 (indigo) 是天然色素,广泛用于食品、医药和印染工业。靛蓝作为织物染料的应用至少可追溯到公元前 2500 年,目前靛蓝染料基本都是通过化学合成得到的。通过在靛蓝分子上引入不同的取代基,可以得到不同色泽的靛蓝染料。靛蓝染料的应用非常广泛,最著名的是用于牛仔裤的染色。

6,6'-二溴靛蓝(6,6-dibromoindigo)

甜味剂“阿斯巴甜 (aspartame)”解决了许多人既想吃甜食又怕胖的烦恼。阿斯巴甜是由天冬氨酸和苯丙氨酸形成的二肽化合物,由于其甜度很高 (相当于蔗糖的 200 倍),热量很低 (约为 16.75 kJ·g^{-1}),深受甜食爱好者的欢迎。

阿斯巴甜

1.2 化学键

分子是由原子组成的。那么在分子中原子与原子之间是怎样连接的呢?答案是,**分子中的原子和原子之间通过化学键连接。**

原子是由原子核和外层电子组成的。原子核是由不带电荷的中子和带正电荷的质子组成的,原子核中的中子数和质子数相等,因此原子核带正电荷。原子中带正电荷的质子数和带负电荷的外层电子数相等,所以整个原子显电中性。

根据库仑定理,相反电荷之间相互吸引,相同电荷之间相互排斥,这种相互作用力的大小与两个电荷中心之间的距离平方成反比。

当两个带有相反电荷的原子(离子)相互靠近时，两个原子相互吸引，体系放出能量(如热能)。随着两个原子不断靠近，体系能量达到最低，这时认为两个原子之间形成了**化学键**(bond)，两个原子中心之间的距离为化学键的**键长**(bond length)，体系所放出的总能量为化学键的**键能**(bond energy)。当两个原子继续靠近，越过能量最低点时，两个原子的原子核与原子核、电子与电子之间的相互排斥作用迅速增大，体系能量急剧升高(图 1-1)。

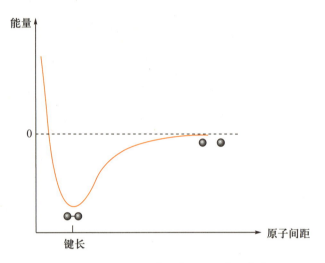

图 1-1　两原子间的距离和体系能量变化曲线图

当两个不带电荷的中性原子相互靠近时也有相互作用。一个原子的原子核对另一个原子的电子产生吸引。因此，两个中性原子之间也能形成化学键。

同样的道理，带电荷的原子与不带电荷的原子之间也能形成化学键。

1.2.1　八隅体规则

两个原子之间形成化学键有什么规律可循吗? 答案是肯定的。在元素周期律的学习中我们已经了解，当原子的外层电子壳层被填满时，满足惰性气体元素的电子结构，体系最稳定。除了第一周期的氦(helium)元素外层有 2 个电子，元素周期表中其他周期的惰性气体元素最外层都有 8 个电子，因此称为"**八隅体规则**"(octet rule)。原子在形成化学键时，最外层电子(也称**价电子**，包括成键电子和孤对电子)数通常满足八隅体规则。下面介绍化学键的两种极端形式，离子键和共价键。

1.2.2　离子键

如果一个原子的价电子数不是 2 或者 8 时，它倾向于通过得失电子(又称电子转移)形成稳定的惰性气体元素的电子结构。例如钠(sodium)原子和钾(potassium)原子极容易失去一个电子，形成钠离子和钾离子。相反，氟(fluorine)原子和氯(chlorine)原子倾向于获得一个电子，形成氟离子和氯离子。

$$\dot{Na} \xrightarrow{-1e} Na^+ \qquad \dot{K} \xrightarrow{-1e} K^+$$

$$:\!\ddot{\underset{..}{Cl}}\!\cdot \xrightarrow{+1e} :\!\ddot{\underset{..}{Cl}}\!:^- \qquad :\!\ddot{\underset{..}{F}}\!\cdot \xrightarrow{+1e} :\!\ddot{\underset{..}{F}}\!:^-$$

原子得失电子的能力与其电负性(electronegativity)密切相关，电负性小的原子

化学键除了离子键和共价键，还有金属键及氢键等，将在后面相关章节或者其他课本中介绍。

容易失去电子，电负性大的原子容易得到电子。例如钠原子的电负性为 0.93，容易失去一个电子形成 +1 价钠离子 (Na^+)；而氟原子的电负性为 3.98，容易得到一个电子形成 −1 价氟离子 (F^-)。常见元素的电负性见表 1-1。

原子电负性：当两个相同的原子形成化学键时，成键电子云 (electron cloud) 在两个原子之间呈对称分布。当两个不同的原子形成化学键时，成键电子云在两个原子之间分布不对称，靠近对电子云吸引力更大的原子一边。**原子对电子云的吸引能力称为电负性**。在元素周期表中，越靠近右上方的元素原子的电负性越大，越靠近左下方的元素原子的电负性越小。

表 1-1 常见元素的电负性

H 2.20						
Li 0.98	Be 1.57	B 2.04	C 2.55	N 3.04	O 3.44	F 3.98
Na 0.93	Mg 1.31	Al 1.61	Si 1.90	P 2.19	S 2.58	Cl 3.16
K 0.82	Ca 1.00				Se 2.55	Br 2.96
Rb 0.82	Sr 0.95				Te 2.1	I 2.66

钠原子和钾原子失去电子需要能量，称为**电离势 (ionization potential)**；氟原子和氯原子得到电子放出能量，称为**电子亲和势 (electron affinity)**。例如，在气体状态下钠原子失去第一个电子的电离势为 495.8 $kJ \cdot mol^{-1}$ (千焦·摩尔$^{-1}$)；氯原子得到一个电子的电子亲和势为 −348.5 $kJ \cdot mol^{-1}$。虽然钠和氯反应变成 Na^+ 和 Cl^- 的能量变化为正值 (495.8 $kJ \cdot mol^{-1}$ − 348.5 $kJ \cdot mol^{-1}$ = 147.3 $kJ \cdot mol^{-1}$)，但是 Na^+ 和 Cl^- 之间的强静电引力作用降低了体系的能量。当两个离子达到平衡距离 (约等于 2.8 Å) 时，放出的能量为 −502.3 $kJ \cdot mol^{-1}$。所以钠和氯反应生成氯化钠 (NaCl) 是放出能量的自发过程 (−502.3 $kJ \cdot mol^{-1}$ + 147.3 $kJ \cdot mol^{-1}$ = −355.0 $kJ \cdot mol^{-1}$)。

$$Na \cdot \; + \; \ddot{\underset{\cdot\cdot}{Cl}} \cdot \; \longrightarrow \; [Na^+][\ddot{\underset{\cdot\cdot}{Cl}}\vcentcolon]^- \quad 或者 \quad NaCl \quad (−355.0 \; kJ \cdot mol^{-1})$$

正离子 (cation) 和负离子 (anion) 通过静电引力作用相互结合形成的化学键称为**离子键 (ionic bond)**。离子键化合物很少以单分子形式存在，因为一个正离子同时与周围多个负离子相互吸引。相反，一个负离子也同时与周围多个正离子相互吸引。这种相互作用造成在离子型化合物中，正负离子按照一定的规律堆积成晶体。例如在 NaCl 晶体 (图 1-2) 中每一个 Na^+ 与 6 个 Cl^- 作用，同样，每一个 Cl^- 与 6 个 Na^+ 作用。

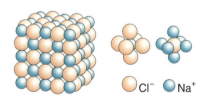

◯ Cl^- ● Na^+

图 1-2 NaCl 晶体堆积图

1.2.3 共价键

当两个元素的电负性相差不大时，原子之间不容易发生电子转移，因而难以形成离子键。同样道理，相同元素的两个原子之间更难形成离子键。但是在实际化合物中，我们发现很多化学键是在两个电负性相差很小或者相同的元素原子之间形成的。例如，在有机化合物中广泛存在碳氢键和碳碳键。那么，电负性相差很小的碳原子和氢原子之间，以及电负性相同的碳原子和碳原子之间是怎样形成化学键的呢？

1916 年，路易斯 (Gibert Newton Lewis) 提出：两个原子可以通过共用电子对形成化学键，称为**共价键** (covalent bond)。在共价键中，两个原子之间不发生电子转移，而是各自提供一个电子组成电子对，两个原子通过共用电子对形成稳定的惰性气体电子结构。例如，在氢气分子 (H_2) 和氯化氢分子 (HCl) 中都是两个原子各提供了一个电子，组成共用电子对，形成共价键。而在甲烷 (CH_4，methane) 分子中，碳原子四个外层电子分别与四个氢原子的电子组成四个共用电子对，形成四个共价键。这种用小黑点 (·) 表示外层电子对的共价键电子结构称为 **Lewis 结构**。

$$H:H \qquad H:\ddot{C}l: \qquad H:\overset{\displaystyle H}{\underset{\displaystyle H}{\overset{\cdot\cdot}{C}}}:H$$

组成共用电子对的两个电子可以来自同一个原子。例如在铵根离子中，质子与氨 (ammonia) 形成共价键的共用电子对就是由氮原子提供的。在氯化铜 ($CuCl_2$) 中，Cu^{2+} 和 Cl^- 形成共价键的共用电子对是由 Cl^- 提供的。

$$H:\overset{\displaystyle H}{\underset{\displaystyle H}{\ddot{N}}}: \ + \ H^+ \ \longrightarrow \ \left[H:\overset{\displaystyle H}{\underset{\displaystyle H}{\ddot{N}}}:H \right]^+$$

$$2:\ddot{\underset{\cdot\cdot}{Cl}}:^- \ + \ Cu^{2+} \ \longrightarrow \ :\ddot{\underset{\cdot\cdot}{Cl}}:Cu:\ddot{\underset{\cdot\cdot}{Cl}}:$$

两个原子之间还可以共用两对电子甚至三对电子，形成共价双键或者共价三键。例如在乙烯 (ethene)、二氧化碳 (carbon dioxide) 和氮气 (nitrogen) 中就存在这样的共价键。

$$\overset{\displaystyle H}{\underset{\displaystyle H}{C}}::\overset{\displaystyle H}{\underset{\displaystyle H}{C}} \qquad\qquad :C::O: \qquad\qquad :N:::N:$$

八隅体规则的例外

在上述共价键中，两个原子通过共用电子对形成稳定的惰性气体电子结构，满足八隅体规则。但是也有例外，在一些共价键化合物中，原子的外层电子数并不等于 8。例如，在硼烷 (BH_3，borane) 和三氟化硼 (BF_3，boron trifluoride) 分子中 B 原子上的外层电子数只有 6 个。这类外层电子数不足 8 个的化合物称为 "**缺电子化合物**"。缺电子化合物通常较活泼，易于接受电子，以满足八隅体规则，形成稳定的化合物。例如 BH_3 容易与氢负离子 (H^-) 形成硼氢化物 (BH_4^-)；BF_3 容易同溶剂 (如乙醚) 等形成配合物。

$$H:\overset{\displaystyle H}{\underset{\displaystyle \ }{B}}:H \qquad\qquad :\ddot{\underset{\cdot\cdot}{F}}:\overset{\displaystyle :\ddot{F}:}{\underset{\displaystyle \ }{B}}:\ddot{\underset{\cdot\cdot}{F}}:$$

$$H:\overset{\displaystyle H}{\underset{\displaystyle H}{B}} \ + \ :H^- \ \longrightarrow \ \left[H:\overset{\displaystyle H}{\underset{\displaystyle H}{B}}:H \right]^-$$

自由基也是缺电子化合物，例如甲基自由基 ($CH_3\cdot$) 和氯自由基 ($Cl\cdot$) 中的碳原子和氯原子的价电子数都是 7。为了满足八隅体规则，自由基之间极易发生偶联反应。例如，两个 $CH_3\cdot$ 反应生成乙烷 (CH_3CH_3，ethane) 分子；两个 $Cl\cdot$ 反应生成氯气分子；一个 $CH_3\cdot$ 和一个 $Cl\cdot$ 反应生成氯甲烷 (CH_3Cl) 分子。

$$CH_3\cdot \ + \ CH_3\cdot \ \longrightarrow \ CH_3CH_3$$

$$Cl\cdot \ + \ Cl\cdot \ \longrightarrow \ Cl_2$$

$$CH_3\cdot \ + \ Cl\cdot \ \longrightarrow \ CH_3Cl$$

$$
\begin{array}{ccc}
:\!\overset{\displaystyle :\!F\!:}{\underset{\displaystyle :\!F\!:}{F\!:\!B}} & +\ :O(C_2H_5)_2 & \longrightarrow & \overset{\displaystyle F}{\underset{\displaystyle F}{F:\!B:\!O(C_2H_5)_2}}
\end{array}
$$

相反，有一些化合物的价电子数超过 8 个，这主要发生在第三周期及以后的元素。例如在磷酸中 P 原子的价电子数达到 10，在硫酸中 S 原子的价电子达到 12。元素价电子数超过 8 的性质称为"价电子层扩张"(valence-shell expansion)。元素价电子层扩张的原因是第三周期及以后的元素最外层有 d 轨道和 f 轨道参与形成共价键，能够容纳更多的电子。

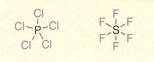

同样在 PCl_5 分子中 P 的价电子是 10 个，在 SF_6 分子中 S 的价电子是 12 个。

$$
\begin{array}{cc}
\overset{\displaystyle O}{\underset{\displaystyle \overset{\displaystyle O}{H}}{H:\!\overset{\displaystyle \cdots}{O}\!:\!P\!:\!\overset{\displaystyle \cdots}{O}\!:\!H}} & \qquad \overset{\displaystyle O}{\underset{\displaystyle \overset{\displaystyle \cdots}{O}}{H:\!\overset{\displaystyle \cdots}{O}\!:\!S\!:\!\overset{\displaystyle \cdots}{O}\!:\!H}}
\end{array}
$$

在 Lewis 结构式中，用一个小黑点 (·) 表示一个电子，用一个共享电子对 (··) 表示一根共价键。用这种方法很难表示复杂分子的共价键。为了使用方便，Lewis 结构式中的共价键可以采用短线条表示，孤对电子仍然用一对小黑点 (··) 表示，也可以忽略。这种用短线条表示共价键的结构式也称为凯库勒 (F. August Kekulé) 结构式，因为凯库勒在电子发现以前就是用短线条连接分子中相邻原子。如下是用短线条表示的甲烷、乙烯、乙炔 (ethyne)、水、氨和三氟化硼分子的凯库勒结构式。

$$
\begin{array}{cccccc}
\overset{\displaystyle H}{\underset{\displaystyle H}{H\!-\!C\!-\!H}} & \underset{\displaystyle H}{\overset{\displaystyle H}{C}}\!=\!\underset{\displaystyle H}{\overset{\displaystyle H}{C}} & H\!-\!C\!\equiv\!C\!-\!H & \overset{\displaystyle \cdots}{\underset{\displaystyle H}{O}}\,H & \overset{\displaystyle \cdot\cdot}{\underset{\displaystyle H}{H\!-\!N\!-\!H}} & \underset{\displaystyle F}{\overset{\displaystyle F}{F\!-\!B}}
\end{array}
$$

$$
\begin{array}{cccccc}
\text{甲烷} & \text{乙烯} & \text{乙炔} & \text{水} & \text{氨} & \text{三氟化硼}
\end{array}
$$

极性共价键与分子偶极矩

纯粹的离子键和共价键是化学键中两种极端情况。电负性相差较大的两种元素的原子之间容易发生电子得失，形成离子型化合物，例如 NaCl。但是在 H_2 和 N_2 等单质分子中，成键的两个原子的电负性没有差别，对于共用电子对的共享程度是相等的。换句话说，共用电子对并不偏向某一个原子，这是纯粹共价键。在实际分子中，大多数化学键都是介于离子键和共价键之间的**极性共价键** (polar covalent bond)。例如在 H_2O、氯甲烷 (CH_3Cl, chloromethane)、CO_2 等分子中，两个相连原子的电负性不同，造成共用电子对偏向电负性大的原子一边，即化学键发生极化。在极性共价键中，电负性小的原子上电子云密度较小，带有部分正电荷，用 δ^+ 表示；电负性大的原子上电子云密度较大，带有部分负电荷，用 δ^- 表示。电荷分离产生电偶极，用箭头 "$\longmapsto$" 表示，箭头指向电子云密度增大的方向。化学键的极性取决于两个成键原子的电负性差别，电负性相差越大的两个原子形成的化学键极性越大。

$$
\overset{\delta^+\ \ \ \delta^-}{H_3C\!-\!Cl} \qquad \overset{\delta^-}{\underset{\underset{\displaystyle H\ \ \ \ \ H}{\delta^+\ \ \ \ \ \delta^+}}{O}} \qquad \overset{\delta^-\ \ \ \delta^+\ \ \ \delta^-}{O\!=\!C\!=\!O}
$$

如果分子中存在极性化学键，整个分子可能具有极性。分子极性大小用**偶极矩** (dipole moment, μ) 表示，它等于相互分离的电荷数 q 乘以正负电荷中心之间的距离 r，单位用 D (Debye，德拜) 表示。

$$
\mu = qr
$$

分子整体偶极矩可以测定，但是分子中具体化学键的偶极矩无法测定。分子偶极矩等于分子中所有化学键偶极矩的矢量和，例如，H_2O 分子的偶极矩为 1.84 D，CH_3Cl 分子的偶极矩为 1.90 D。在对称分子中，虽然含有极性键，但是偶极相互抵消，整个分子没有极性，二氧化碳分子即是属于这种情况。

键长

键长是指分子中两个相连原子中心之间的距离，是化学键的重要性质。键长可以通过 X-射线衍射 (针对固体样品)、电子衍射 (针对气体样品) 和光谱方法测定。由于分子总是在振动，键长不可能固定，因此所测得的键长都是平均值。虽然用不同方法测得的键长有所不同，但变化通常小于 1%。键长的单位是纳米 (nm，10^{-9} m)，但是化学家们更习惯用埃 (Å，10^{-10} m) 表示。表 1-2 列出了一些典型化学键的键长数据。

表 1-2   典型化学键的键长数据

化学键	键长/Å	典型化合物
C—C		
Csp^3–Csp^3	1.53	乙烷
Csp^3–Csp^2	1.51	甲苯
Csp^3–Csp	1.47	丙炔
Csp^2–Csp^2	1.48	丁-1,3-二烯，苯
Csp^2–Csp	1.43	丁-1-烯-3-炔
Csp–Csp	1.38	丁二炔
C=C		
Csp^2–Csp^2	1.32	乙烯
Csp^2–Csp	1.31	丙二烯
Csp–Csp	1.28	丁三烯
C≡C		
Csp–Csp	1.18	乙炔
C—H		
Csp^3–H	1.09	甲烷
Csp^2–H	1.08	乙烯
Csp–H	1.08	乙炔
C—O		
Csp^3–O	1.42	甲醇
Csp^2–O	1.36	苯酚
C=O		
Csp^2–O	1.21	甲醛
Csp–O	1.16	二氧化碳
C—N		
Csp^3–N	1.47	甲胺
Csp^2–N	1.38	甲酰胺
C=N		
Csp^2–N	1.28	亚胺，肟
C≡N		
Csp–N	1.16	腈

续表

化学键	键长/Å	典型化合物
C-S		
Csp^3-S	1.83	甲硫醇
Csp^2-S	1.71	噻吩
Csp-S	1.68	硫氰酸甲酯
C=S		
Csp^2-S	1.61	硫代乙醛
Csp-S	1.55	二硫化碳
C-X（卤素）		
Csp^3-F	1.38	氟代甲烷
Csp^3-Cl	1.78	氯代甲烷
Csp^3-Br	1.93	溴代甲烷
Csp^3-I	2.13	碘代甲烷

键角

　　分子中的化学键之间都有一定的角度，称为**键角** (bond angle)。键角可以通过 X-射线衍射等技术测定。键角的产生是因为成键电子对之间、成键电子对与孤对电子之间、孤对电子之间有相互排斥作用，使之相互远离。例如在 CH_4 分子中，四个成键电子对相互排斥，使得四根 C-H 键指向了四面体的四个顶点，四根 C-H 键之间的键角为 109.5°。同样的道理，在 BF_3 分子中∠F-B-F 键角为 120°，乙炔分子中的 C-H 键之间成 180°。在乙烯 ($CH_2=CH_2$) 分子中，由于碳原子上连接的三个原子不完全相同，使得∠H-C-H 键角不是 120°，而是 117.2°。在 NH_3 分子中，N 原子上的孤对电子和三根 N-H 键也基本指向四面体的四个顶点。但是由于孤对电子比成键电子更靠近原子核，对∠H-N-H 键角造成挤压，所以 NH_3 分子中的∠H-N-H 键角是 107.3°，小于甲烷中 C-H 键之间的夹角。

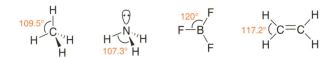

　　为了在二维平面上书写方便，CH_4 等四面体结构分子的键角有时被画成 90°。

键能

　　键能是形成化学键所释放出的能量。在双原子分子中，键能等于断裂化学键所需要的能量，所以也称**键解离能** (bond dissociation energy)。在多原子分子中，键能等于相同化学键的平均解离能。例如，H_2O 分子在解离成 HO 和 H 所需能量是 494 $kJ \cdot mol^{-1}$，HO 解离成 O 和 H 所需能量是 418 $kJ \cdot mol^{-1}$，所以 H_2O 分子中 O-H 键的键能是这两个解离能的平均值 456 $kJ \cdot mol^{-1}$。同样的道理，从 CH_4 的各级解离能可以算出甲烷分子中 C-H 键的平均键能是 416 $kJ \cdot mol^{-1}$。表 1-3 是一些常见化学键的键能。

　　同样的化学键在不同分子中，由于所处环境不同，其键能也不同。表 1-3 所列的键能是大量分子中同样化学键的平均键能。

表 1-3 常见化学键的键能 (25 ℃)

化学键	键能/(kJ·mol⁻¹)	化合物类型
C–C	322 – 377	烷烃
C=C	610 – 630	烯烃
C≡C	835	炔烃
C–O	346 – 370	醚
C=O	724 – 757	醛、酮
C–S	307 – 360	硫醇、硫酚、硫醚
C–N	306 – 359	脂肪胺
C=N	598	亚胺
C≡N	854	腈
C–H	396 – 440	烷烃
C–F	413 – 546	氟代烷烃、烯烃、芳烃
C–Cl	300 – 355	氯代烷烃
C–Br	294 – 344	溴代烷烃、烯烃、芳烃
C–I	232 – 272	碘代烷烃、芳烃
C–Si	375	甲基硅烷
O–H	432 – 447	醇
O–O	131 – 210	过氧化氢、过氧醚
N–H	364 – 425	脂肪胺、芳胺
N–N	227 – 377	肼
S–H	350 – 381	硫化氢、硫醇、硫酚
S–S	214 – 272	二硫化物
Si–H	361 – 396	硅烷
Si–Si	321 – 368	双硅烷

1.2.4 共振结构

按照 Lewis 结构，碳酸根 CO_3^{2-} 中应该有一根 C=O 双键和两根 C–O 单键，负电荷集中在 C–O 单键氧原子上。但是结构测定表明 CO_3^{2-} 只有一种结构，其中三根 C–O 键的键长相等，每一个 O 原子上的电荷也相等。换句话说，两个负电荷不是固定在两个 O 原子上，而是分散在三个 O 原子上，这称为**电荷离域 (charge delocalization)**。显然，用如下 A、B、C 三种结构中的任何一种都不能代表 CO_3^{2-} 的真实结构。相反，我们可以采用 A、B、C 三种结构共同表示 CO_3^{2-} 的真实结构。也就是说，CO_3^{2-} 是 A、B、C 三种结构的**共振杂化体 (resonance hybrid)**。A、B、C 称为 CO_3^{2-} 的三种**共振结构**，每一种共振结构对于 CO_3^{2-} 真实结构的贡献率为三分之一，每一个 O 原子上的电荷数为 $-\frac{2}{3}$。共振结构用方括号 " [ ]" 和双箭头 "↔" 表示。

同样用两种共振结构可以表示烯丙基 (allyl) 正离子、自由基和负离子的真实结构。

烯丙基正离子

烯丙基自由基

烯丙基负离子

共振结构为非经典的 Lewis 结构提供了一种描述方法，它在芳环等共轭结构的描述方面被广泛使用。但是共振结构没有从理论上对非经典的 Lewis 结构加以阐述，并且使用起来也不方便。通过学习分子轨道理论，我们将会看到应用离域键 (delocalized bond) 概念描述非经典的 Lewis 结构更为方便。

1.2.5 分子轨道理论

在 Lewis 结构中，两个原子通过电子配对，共享电子对形成化学键，八隅体结构稳定性决定原子能形成几根化学键。在 Lewis 结构中，共用电子对集中在形成化学键的两个原子之间，所以又称"定域键"。Lewis 结构在早期解释了很多分子的结构，也能较好地说明原子成键的饱和性。但是，该方法没有从理论上阐述为什么电子要配对，为什么惰性气体分子的八隅体结构稳定，为什么化学键有的强有的弱，也不能解释成键电子有时并不是定域在两个原子之间等实验现象。因此，需要发展新的理论对化学键进行更加精确的描述。在 20 世纪 20 年代，随着原子轨道理论建立，很快发展出化学键的分子轨道理论。分子轨道理论更好地解释了化学键的很多性质。

原子轨道

在经典的玻尔 (Niels Bohr) 原子模型中，每个电子都是一个粒子，在确定的轨道上围绕原子核运动。这个模型虽然比较直观，能够说明电子做绕核运动，但是对于电子是如何绕核运动的，它的解释是不正确的，也无法说明化学键是如何形成的。因为电子除了具有粒子性，它还有波动性的一面。后来，海森堡 (Werner Heisenberg)、薛定谔 (Erwin Schrödinger) 和狄拉克 (Palu Dirac) 等根据电子的波动性提出了原子轨道理论，它能够较好地描述电子的运动状态，以及化学键是如何形成的。

原子轨道理论以量子力学为基础。量子力学视电子如同声和光一样，是一种波，可以用波动方程 (也称薛定谔方程，Schrödinger equation) 描述。单电子体系的薛定谔方程如下式，式中 m 是电子质量，E 是电子总能量，V 是电子势能，h 是普朗克常量 (Planck constant)。

$$\frac{\partial^2 \psi}{\partial x^2} + \frac{\partial^2 \psi}{\partial y^2} + \frac{\partial^2 \psi}{\partial z^2} + \frac{8\pi^2 m}{h^2}(E-V)\psi = 0$$

薛定谔方程的解"波函数 ψ"是描述电子绕原子核运动的状态函数。波函数的平方值 $(|\psi|^2)$ 表示在给定坐标 (x, y, z) 发现电子的概率。在三维空间对 ψ 作图可以得到不同形状的电子密度图，称为**原子轨道** (atomic orbitals)，也称**电子云**。图 1-3 给出了 $1s$、$2s$ 和 $2p$ 原子轨道形状。从图中可以看出，$1s$ 轨道呈球形对称，没有节点 (node) 或节面 (nodal plane)。$2s$ 轨道也是球形对称，它比 $1s$ 大。$2s$ 轨道有节面，位于内部的一个球面上。$2p$ 轨道有三个，分别是 $2p_x$、$2p_y$、$2p_z$，它们位于三维坐标的 x、y、

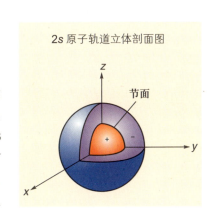

2s 原子轨道立体剖面图

节面

z 轴上。$2p$ 轨道都有节面，位于垂直于坐标轴并且经过原子核的平面上。节点和节面上的电子云密度为零。节面两边的波函数符号 (相位) 相反，用 "+" 和 "−" 符号表示。

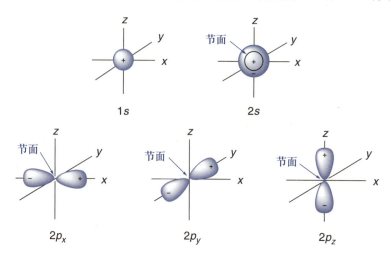

图 1-3　$1s$、$2s$ 和 $2p$ 原子轨道

分子轨道

由于薛定谔方程仅仅能够处理单电子体系，对于多电子体系还无法得到精确解，也就是说无法得到所有轨道的形状和能量。为了处理多电子体系，解释化学键，发展出了一些近似方法，其中最常用的是分子轨道理论和价键理论。

按照分子轨道理论，形成化学键的电子是在整个分子中运动。**分子轨道 (molecular orbitals)** 是分子中电子运动的状态函数，它由原子轨道线性组合而成。两个原子轨道线性组合 (也称叠加) 形成两个分子轨道。当两个原子轨道发生同相位叠加时，形成的分子轨道能量降低，电子出现的概率增加，称为**成键分子轨道 (bonding molecular orbitals)**；当两个不同相位的原子轨道发生叠加时，形成的分子轨道能量增加，电子出现的概率降低，称为**反键分子轨道 (anti-bonding molecular orbitals)**。

分子轨道理论的要点： (1) 几个原子轨道组合得到相同数量的分子轨道，其中半数为成键轨道，半数为反键轨道；(2) 成键轨道能量降低和反键轨道能量升高的数值相等；(3) 分子轨道有不同能级，电子首先填充到能级较低的成键轨道，然后依次是较高能级的成键轨道、非键轨道和反键轨道；(4) 一个分子轨道只能容纳两个电子，两个电子是以自旋相反的方式填到分子轨道中。如果填充到成键轨道和反键轨道的电子数相同，体系能量没有降低，说明没有形成化学键。

图 1-4 是两个 H 原子轨道组合形成 H_2 分子轨道能级变化的示意图和成键分子轨道 σ 形成时的电子云重叠情况。

> 价键理论也是一种常用的处理多电子体系的近似方法，它和分子轨道理论一样，也是基于量子力学原理，通过解薛定谔方程得到轨道的能量，只是采用的近似方法不同。对于没有离域电子的分子，价键理论和分子轨道理论得到的结论相近，也都与 Lewis 结构相一致。

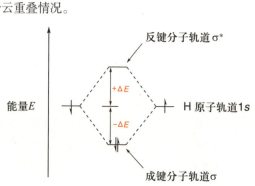

图 1-4　H_2 分子轨道能级图和 H_2 成键分子轨道 σ

当两个 He 原子的 1s 轨道组合时，虽然能形成两个分子轨道，但是成键轨道和反键轨道都填充有两个电子，体系能量没有变化，所以两个 He 原子之间不能形成化学键。

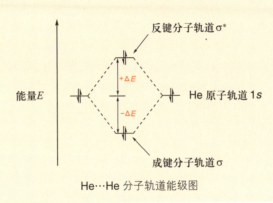

He⋯He 分子轨道能级图

当两个原子轨道组合形成分子轨道时，必须遵循一定的原则：

(1) 对称性匹配原则。按照分子轨道理论，只有相位相同的原子轨道才能有效组合，形成成键分子轨道。例如 s 轨道是球形对称，它与其他 s 轨道可以从任何方向组合，形成 σ 键；s 轨道与 p 轨道以"头对头"的方式组合，形成 σ 键。这时电子云重叠程度最大，化学键最稳定；同样因为对称性匹配的要求，p 轨道与 p 轨道既可以"头对头"形成 σ 键，也可以"肩并肩"形成 π 键。

(2) 能量相近原则。当两个原子轨道的能量相近时能够有效组合，形成稳定的共价键。例如，1s 和 1s 轨道能够有效组合形成稳定的 σ 键，而 1s 和 3s 轨道不能有效组合。

(3) 轨道最大重叠原则。在满足对称性匹配、能量相近的前提下，原子轨道重叠的程度越大，形成的化学键越稳定。在分子轨道理论中，轨道最大重叠原则决定了化学键具有方向性。例如，s 轨道沿 x 轴方向与 p_x 轨道进行"头对头"重叠时形成的 σ 键最稳定。

图 1-5 是几种原子轨道组合形成分子轨道的电子云重叠方式。

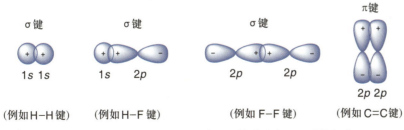

图 1-5　几种原子轨道组合形成分子轨道的电子云重叠方式

1.2.6　杂化轨道理论

分子轨道理论对于解释简单分子的化学键较为成功，而解释复杂分子的化学键需要用到杂化轨道理论。杂化轨道理论是基于量子力学解释化学键的一种理论模型。根据这一模型，原子轨道重叠形成分子轨道时，不同能级的原子轨道需要进行**轨道杂化** (orbital hybridization)，形成新的**杂化轨道** (hybrid orbital)。杂化轨道通过与其他原子的原子轨道或者杂化轨道重叠形成共价键。

首先看 BeF_2 分子。铍原子的电子结构是 $1s^2 2s^2$，没有未成对电子，按照 Lewis 结构理论和分子轨道理论，铍原子似乎无法与氟原子形成共价键，而实际上铍原子与氟原子不但能够形成化学键，而且 BeF_2 分子非常稳定。那么在 BeF_2 分子中铍原子与氟原子是如何成键的呢？杂化轨道理论认为，铍原子在成键时，$2s$ 轨道上的一个电子跃迁到 $2p$ 轨道 (这当然需要一些能量，但是成键过程所释放出的能量足以将其抵消，图 1-6)，$2s$ 轨道和 $2p$ 轨道重新组合 (杂化) 成两个能量相同的杂化轨道 (图 1-7)。新生成的杂化轨道包含了原来的 s 轨道和 p 轨道成分，所以称为 ***sp* 杂化轨道**。sp 杂化轨道的能量介于 $2s$ 轨道和 $2p$ 轨道之间。

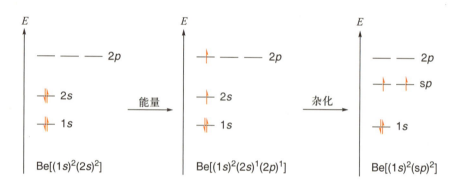

图 1-6 铍原子轨道杂化过程能级变化示意图

图 1-7 原子轨道 $2s$ 与 $2p$ 杂化形成两个 sp 轨道

有两点需要注意：(1) 两个原子轨道在杂化时只有相位相同的部分可以相互叠加，所以我们看到的 sp 杂化轨道都是一个叶瓣大，另一个叶瓣非常小；(2) 只有在成键过程中才会发生轨道杂化，自由状态原子的轨道不发生杂化。

由于等价轨道之间相互排斥，铍原子的两个 sp 杂化轨道呈 180° 角 (diagonal structure)，它们与氟原子的 $2p$ 轨道发生重叠，形成两个 σ 键，BeF_2 分子的 ∠F–Be–F 键角为 180° (图 1-8)。

图 1-8 铍原子 sp 杂化轨道与氟原子 $2p$ 轨道重叠形成 BeF_2 分子 (直线形)

BH_3 分子的结构同样可以用杂化轨道理论解释。硼原子的价电子结构是 $2s^2 2p^1$，只有一个未成对电子，但它却能与氢原子形成三根共价键。按照杂化轨道理论的解释，硼原子 2s 轨道上的一个电子跃迁到 2p 空轨道上，这时硼原子的价电子结构为 $2s^1 2p_x^1 2p_y^1$。原子轨道 $2s^1$、$2p_x^1$、$2p_y^1$ 重新组合 (杂化)，形成三个等同的 **sp^2 杂化轨道**。三个 sp^2 杂化轨道为了减少相互之间的排斥作用，分别指向平面三角形的三个顶点 (trigonal structure)。硼原子三个 sp^2 杂化轨道分别与三个氢原子的 1s 轨道重叠，形成三个 σ 键 (图 1-9)。杂化轨道理论很好地解释了 BH_3 分子中的 ∠H–B–H 键角为 120° 的实验结果。

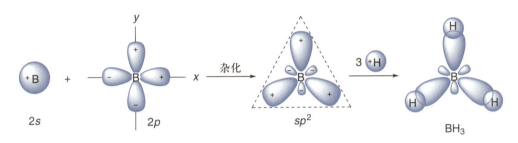

图 1-9　硼原子 sp^2 杂化轨道与氢原子 1s 轨道重叠形成 BH_3 分子 (三角形)

再看 CH_4 分子。碳原子的电子结构是 $1s^2 2s^2 2p^2$，2s 轨道上的一个电子跃迁到 2p 空轨道上，一个 2s 轨道和三个 2p 轨道重新组合形成四个等同的 **sp^3 杂化轨道**。碳原子四个 sp^3 杂化轨道为了尽量减少相互之间的排斥作用，分别指向四面体 (tetrahedron) 的四个顶点。四个 sp^3 杂化轨道分别与氢原子的 1s 轨道重叠形成四个 σ 键 (图 1-10)。杂化轨道模型很好地解释了 CH_4 分子的四面体结构 (∠H–C–H 键角等于 109.5°)。

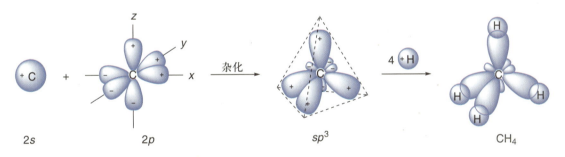

图 1-10　甲烷分子中碳原子 sp^3 杂化轨道 (四面体)

碳原子 sp^3 杂化轨道除了与氢原子 1s 轨道重叠形成 C–H 键，还可以与其他碳原子 sp^3 杂化轨道重叠形成 C–C 键。例如在 CH_3CH_3 分子中，C–C 键就是由两个碳原子的 sp^3 杂化轨道重叠形成的。由于 CH_3CH_3 分子中碳原子上的四根化学键不完全等价，sp^3 杂化轨道的四个顶点与正四面体结构有所偏离，∠C–C–H 键角为 111.1°。

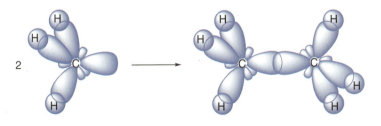

乙烷

除了碳原子，氮、氧、硫等原子在成键时也是 sp^3 杂化，在这些原子的化合物中，sp^3 杂化轨道可以被孤电子对 (lone electron pairs，也称孤对电子) 占据。例如在 NH_3 分子中，氮原子的三个 sp^3 杂化轨道与氢原子 1s 轨道重叠形成三根 N–H 键，一个 sp^3 杂化轨道被孤对电子占据，形成近似四面体结构。∠H–N–H 键角等于 106.7°，小于正四面体结构的 109.5°，这是孤对电子比成键电子对更靠近氮原子核，对 N–H 键形成较大挤压所致。在 H_2O 分子中，有两个 sp^3 杂化轨道被孤对电子占据，它们对 O–H 键形成更大的挤压，造成水分子中的∠H–O–H 键角等于 104.5°。

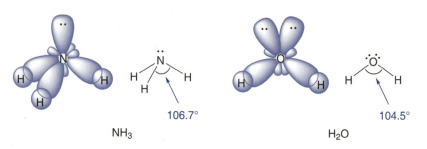

NH₃　　　　　　　　　　　　　　　　H₂O

多重键

一些含有多重键的分子中的化学键也可以用杂化轨道模型进行解释。

在乙烯 ($CH_2{=}CH_2$) 分子中，碳原子 2s 轨道与 $2p_x$ 和 $2p_y$ 轨道杂化，形成三个等价的 sp^2 轨道。两个 sp^2 轨道与氢原子 1s 轨道重叠形成两根 C–H 键，一个 sp^2 轨道与另一个碳原子的 sp^2 轨道重叠形成 C–C 单键。与此同时，两个碳原子的未参与杂化的 $2p_z$ 轨道以"肩并肩"的方式重叠形成 π 键。π 键电子云呈两个椭球形，分别位于分子平面上下两边。在乙烯分子中，两个碳原子都是 sp^2 杂化的平面三角形结构，π 键的存在使得 C–C 单键不能旋转 (C–C 键旋转需要破坏 π 键)，所以乙烯分子是平面结构。实验观察到乙烯分子中∠H–C–H 键角是 117.2°，与标准 sp^2 轨道的 120°非常接近。

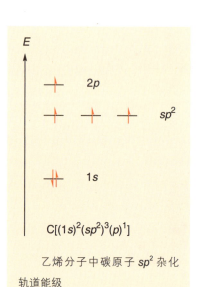

乙烯分子中碳原子 sp^2 杂化轨道能级

C[(1s)²(sp²)³(p)¹]

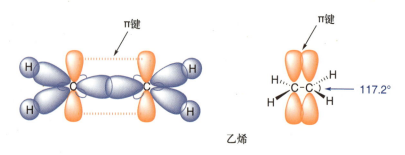

乙烯

在乙炔 ($CH{\equiv}CH$) 分子中，碳原子 2s 轨道和 $2p_x$ 轨道杂化形成两个等价的 sp 轨道，分别与氢原子 1s 轨道重叠形成两根 C–H 键。两个碳原子上都有两个未参与杂化的含有单个电子的 2p 轨道，其中两个 $2p_y$ 轨道重叠形成一个 π 键，两个 $2p_z$ 轨道重叠形成另一个 π 键。由于 $2p_y$ 和 $2p_z$ 轨道相互垂直，所形成的两个 π 键也处在相互垂直的两个平面上。

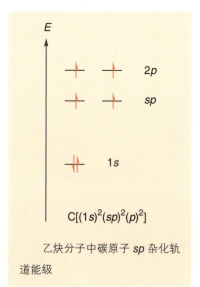

乙炔分子中碳原子 sp 杂化轨道能级

C[(1s)²(sp)²(p)²]

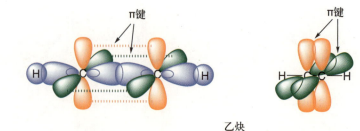

乙炔

1.3 酸和碱

酸碱性是化合物的重要性质。描述化合物酸碱性的理论目前常用的有三种，分别是酸碱电离理论、酸碱质子理论和酸碱电子理论。

1.3.1 酸碱电离理论

酸碱电离理论由阿伦尼乌斯 (Svante Arrhenius) 提出。该理论认为"**酸是能在水中电离并释放出 H^+ 的化合物，碱是能在水中电离并释放出 OH^- 的化合物**"。酸碱电离理论仅仅适用于水溶液，无法解释有机溶剂中化合物的酸碱性，因此在有机化学中较少应用。

1.3.2 酸碱质子理论

酸碱质子理论 (Brønsted acids and bases) 由布朗斯特 (Johannes Nicolaus Brønsted) 和劳里 (Thomas Martin Lowry) 等人提出，它的要点是"**酸是质子给体，碱是质子受体**"。酸碱质子理论可以适用于各种溶剂，因而在有机化学中被广泛应用。

根据酸碱质子理论，酸 HA 给出质子以后的酸根 A^- 称为该酸的共轭碱。同样，碱 B 接受质子以后得到共轭酸 HB^+。酸的酸性越强，它的共轭碱的碱性越弱。

在酸碱质子理论中，酸和碱是相对的。例如，与 HCl 作用时 H_2O 是碱，与 NH_3 作用时 H_2O 是酸。

酸碱性和 pK_a

化合物的酸性或者碱性强度可以通过解离平衡常数 K_a 进行测定。

我们先看一下水的电离平衡。在 25 ℃ 下纯水电离产生等量的 H_3O^+ 和 OH^-，浓度分别为 1×10^{-7} $mol \cdot L^{-1}$。由于水的浓度可以看成常数，水的电离常数 K_w 等于 H_3O^+ 和 OH^- 浓度的乘积 (1×10^{-14} $mol \cdot L^{-1}$)。

$$H_2O + H_2O \underset{}{\overset{K_w}{\rightleftharpoons}} H_3O^+ + OH^- \qquad K_w = [H_3O^+][OH^-] = 1 \times 10^{-14}$$

当我们在水中测定化合物 HA 的酸性时，也是通过测定 HA 在水中的解离平衡常数 K_a，用 K_a 的负对数 pK_a 表示化合物 HA 的酸性。pK_a 数值越大，表示酸性越弱，其共轭碱的碱性越强。

$$HA + H_2O \overset{K_a}{\rightleftharpoons} H_3O^+ + A^- \qquad K_a = \frac{[H_3O^+][A^-]}{[HA]} \qquad pK_a = -\log K_a$$

酸对于我们的生活十分重要。例如全世界的菜肴调料都离不开醋 (主要成分是醋酸，acetic acid)。醋的发明可以追溯到几千年以前。我国早在公元前 8 世纪就有了关于醋的文字记载，春秋战国时期，已有专门用粮食酿醋的作坊。南北朝时期的《齐民要术》系统地介绍了我国早期的制醋方法。

在我们身体里，胃每天要产生 2 L 左右 0.02 $mol \cdot L^{-1}$ 的盐酸 (胃酸的主要成分)。胃液的 pH 为 1.0 - 2.5，它受味觉、嗅觉和视觉等刺激而波动。胃酸的主要作用是破坏食物中蛋白质分子的折叠形状，使其容易被消化酶分解。胃组织本身也由蛋白质构成，但是它为什么不怕胃酸呢？其原因在于胃的内壁有一层"胃黏膜"保护。

习惯上用 H_3O^+ 浓度的负对数 pH 表示水溶液的酸性。例如，纯水在 25 ℃ 下的 pH = 7。

由于化合物的酸性测定是在非常稀的溶液中进行的，水的浓度可以看作常数，所以上式忽略了水的浓度。

如果考虑水的浓度 (1 L 水质量为 1000 g，水的摩尔质量为 55.56 $mol \cdot L^{-1}$)，水的 pK_a 应该是 15.7。

$$K_a = \frac{[H_3O^+][OH^-]}{[H_2O]} = \frac{10^{-7} \times 10^{-7}}{55.56} \ mol \cdot L^{-1} = 1.8 \times 10^{-16} \ mol \cdot L^{-1}$$

$$pK_a = -\log K_a = 15.7$$

在水中测定化合物的酸碱性有很大的限制，其 pK_a 通常只能在 1−15.7 之间，超过这个区间则无法测量。例如，乙炔 ($pK_a \sim 25$) 无法在水中测定 pK_a，因为在水中最强的碱是 OH^-，无法使乙炔解离产生乙炔负离子。当加入更强的碱时，它会与水作用产生 OH^-，而不会与乙炔作用。所以，测定乙炔的 pK_a 只能在酸性更弱 (pK_a 更大) 的溶剂 (如液态氨，$pK_a \sim 38$) 中进行。现在我们见到的各种化合物的 pK_a 是在不同溶剂中测得的。

pK_a 是热力学常数，它除了与溶剂有关，还与温度相关。pK_a 是化合物的重要性质，在有机合成反应设计中被广泛使用。表 1−4 列出了一些常见酸的 pK_a。

表 1−4　各种酸的 pK_a

酸	共轭碱	pK_a	酸	共轭碱	pK_a
FSO_3H	FSO_3^-	−12	$HCOCH_2CHO$	$HCOCH^-CHO$	5
RNO_2H^+	RNO_2	−11	H_2CO_3	HCO_3^-	6.3
$HClO_4$	ClO_4^-	−10	H_2S	HS^-	7
HI	I^-	−10	$ArSH$	ArS^-	6−8
$RCNH^+$	RCN	−10	$CH_3COCH_2COCH_3$	$CH_3COCH^-COCH_3$	9
H_2SO_4	HSO_4^-	−9	HCN	CN^-	9.2
HBr	Br^-	−9	NH_4^+	NH_3	9.2
HCl	Cl^-	−7	$ArOH$	ArO^-	8−11
RSH_2^+	RSH	−7	RCH_2NO_2	RCH^-NO_2	10
$ArSO_3H$	$ArSO_3^-$	−6.5	R_3NH^+	R_3N	10−11
$ArOH_2^+$	$ArOH$	−6.4	RNH_3^+	RNH_2	10−11
$(CN)_3CH$	$(CN)_3C^-$	−5	HCO_3^-	CO_3^{2-}	10.3
Ar_3NH^+	Ar_3N	−5	RSH	RS^-	10−11
$R_3COH_2^+$	R_3COH	−2	$R_2NH_2^+$	R_2NH	11
$R_2CHOH_2^+$	R_2CHOH	−2	$NCCH_2CN$	$NCCH^-CN$	11
$RCH_2OH_2^+$	RCH_2OH	−2	$CH_3COCH_2CO_2R$	$CH_3COCH^-CO_2R$	11
H_3O^+	H_2O	−1.7	$EtO_2CCH_2CO_2Et$	$EtO_2CCH^-CO_2Et$	13
HNO_3	NO_3^-	−1.4	CH_3OH	CH_3O^-	15.2
$Ar_2NH_2^+$	Ar_2NH	1	H_2O	OH^-	14 (15.7)
HSO_4^-	SO_4^{2-}	1.9	⌂环戊二烯	⌂环戊二烯负离子	16
HF	F^-	3.1	RCH_2OH	RCH_2O^-	16
$HONO$	NO_2^-	3.3	RCH_2CHO	RCH^-CHO	16
$ArNH_3^+$	$ArNH_2$	3−5	R_2CHOH	R_2CHO^-	16.5
ArR_2NH^+	ArR_2N	3−5	R_3COH	R_3CO^-	17
RCO_2H	RCO_2^-	4−5			

续表

酸	共轭碱	pK_a	酸	共轭碱	pK_a
R_3CONH_2	R_3CONH^-	17	Ar_2CH_2	Ar_2CH^-	33.5
$RCOCH_2R$	$RCOCH^-R$	19~20	H_2	H^-	35
(茚)	(茚负离子)	20	NH_3	NH_2^-	38
RCH_2CO_2R	RCH^-CO_2R	24.5	$PhCH_3$	$PhCH_2^-$	40
RCH_2CN	RCH^-CN	25	$CH_2{=}CHCH_3$	$CH_2{=}CHCH_2^-$	43
$HC{\equiv}CH$	$HC{\equiv}C^-$	25	PhH	Ph^-	43
Ph_2NH	Ph_2N^-	25	$CH_2{=}CH_2$	$CH_2{=}CH^-$	44
EtO_2CCH_3	$EtO_2CCH_2^-$	25.6	$c\text{-}C_6H_{12}$	$c\text{-}C_6H_{11}^-$	45
$PhNH_2$	$PhNH^-$	30.6	CH_4	CH_3^-	48
Ar_3CH	Ar_3C^-	31.5	CH_3CH_3	$CH_3CH_2^-$	50
			$(CH_3)_2CH_2$	$(CH_3)_2CH^-$	51

　　实际上，超强酸 ($pK_a<-2$) 和超强碱 ($pK_a>18$) 的 pK_a 测定非常困难，也测不准。表 1-4 中的数值很多是通过与已知 pK_a 的化合物进行比较得出的估算值。虽然这样估算出来的 pK_a 绝对值不一定准确，但是两个化合物的相对 pK_a 差值是比较准确的，而我们在实际应用时所关心的也常常是两个化合物之间的 pK_a 差值。为了能够正确地估算化合物的 pK_a，我们需要了解影响化合物 pK_a 的因素。

影响化合物 pK_a 的因素

　　影响化合物 HA 酸性的主要因素有 A-H 键强度、共轭碱 A^- 的稳定性和溶剂效应。

　　当 A-H 键越弱时，质子越容易解离，HA 的酸性越强。例如 HF、HCl、HBr、HI 的酸性依次增强，就是因为 X-H (X 为卤素原子) 键的键能依次减小。

酸	HF	HCl	HBr	HI
键能 ($kJ{\cdot}mol^{-1}$, 25 ℃)	569	431	366	298
pK_a	3	-7	-9	-10

　　电负性越大的原子，越有利于稳定带负电荷的共轭碱，因而化合物的酸性增强。例如第一周期元素从左至右的电负性依次增强，它们的氢化物 CH_4、NH_3、H_2O、HF 酸性依次增强。

酸	CH_4	NH_3	H_2O	HF
pK_a	~48	~38	~16	3

　　共轭碱的负电荷离域效应有利于增强化合物的酸性。例如乙酸 (acetic acid, pK_a 5) 和苯酚 (phenol, pK_a 9) 的酸性比乙醇 (ethanol, pK_a 16) 强，就是因为乙酸根负离子 (acetate) 和苯氧基负离子 (phenoxide) 中的负电荷可以通过离域效应分散到其他原子上，而乙氧基负离子 (ethoxide) 中的负电荷则没有这种离域效应。

乙氧基　　　　　　　　　乙酸根

苯氧基负离子

吸电子取代基增加化合物的酸性。例如，随着乙酸中甲基氢被氟原子取代，氟代乙酸的酸性增强。其原因是吸电子取代基通过诱导效应增加了共轭碱氟代乙酸根负离子的稳定性。

乙酸	氟代乙酸	二氟乙酸	三氟乙酸
$pK_a\ 5$	$pK_a\ 2.5$	$pK_a\ 1.3$	$pK_a \sim 1$

sp^3 杂化、sp^2 杂化、sp 杂化 C—H 化合物的酸性依次增强，这是因为杂化轨道中含 s 轨道权重增加有利于稳定碳负离子。

H_3C—CH_3	H_2C=CH_2	HC≡CH
$pK_a \sim 50$	$pK_a \sim 44$	$pK_a \sim 25$

1.3.3　酸碱电子理论

在酸碱质子理论中，酸提供质子，碱接受质子。但是，在很多反应中，反应物并不提供质子，也不接受质子，而是通过提供和接受电子对发生作用。针对这种情况，Lewis 提出了酸碱电子理论 (也称 Lewis 酸碱理论，Lewis acids and bases)：**酸接受电子对，碱提供电子对。**

例如当三氟化硼与氨作用时，硼原子外层只有 6 个电子，接受氨的氮原子上一对电子以后，形成 8 电子的稳定结构。三氟化硼和氨通过共享电子对，形成配位键，得到配合物 (也称加合物)。氨提供电子对，作为电子给体，是 Lewis 碱；三氟化硼接受电子对，作为电子受体，是 Lewis 酸。为了表示电子对是由氨提供的，有时会用箭头连接氨和三氟化硼。

Lewis 酸碱的范围非常广。Lewis 酸包括外层有空 p 轨道的 SO_3、BF_3、$AlCl_3$ 等；外层有空 d 轨道的过渡金属 (transition metal) 化合物，如 $FeCl_3$、$SnCl_4$、$ZnCl_2$ 等；金属离子 Na^+、K^+、Ca^{2+}、Mg^{2+}、Cu^{2+} 等；正离子 H^+、Br^+、R^+ 等。

Lewis 碱包括有孤对电子的化合物 H_2O、CH_3CH_2OH、$(CH_3CH_2)_2O$ (乙醚，ether)、NH_3、$(CH_3CH_2)_3N$、C_6H_5N (吡啶，pyridine)、PH_3、$(CH_3)_3P$ 等；负离子 OH^-、F^-、Cl^-、Br^-、I^-、CO_3^{2-}、SO_4^{2-}、$CH_3CO_2^-$ 等；含 π 电子的烯烃、苯环等。

Lewis 酸强度的定量测定非常困难，因为它依赖于 Lewis 碱，也受溶剂的影响。以下是一些卤化物的 Lewis 酸性相对顺序。

$$BX_3 > AlX_3 > FeX_3 > GaX_3 > SbX_5 > SnX_4 > AsX_5 > ZnX_2 > HgX_2$$

酸碱电子理论在解释化合物相互作用方面非常有用。例如，下面的亲核取代反应就可以用酸碱电子理论很好地解释。氨作为 Lewis 碱，提供电子对，进攻溴甲烷 (bromomethane) 中带正电荷的碳原子 (作为 Lewis 酸，接受电子对)，同时溴负离子离去，形成甲胺正离子。在这个反应中，溴甲烷碳原子上的一对电子 (C–Br 键的成键电子对) 被氨的孤对电子所取代，所以也称为**电子对取代反应**。

$$H_3N: + \overset{H}{\underset{H}{\overset{|}{C}}}-Br \longrightarrow H_3\overset{+}{N}-\overset{H}{\underset{H}{\overset{|}{C}}}-H + Br^-$$

1.3.4　软硬酸碱理论

软硬酸碱理论 (hard-soft acids and bases) 认为，酸碱反应能否进行不仅取决于酸和碱的强度，而且跟它们的另外一种性质"软硬度"有关。软硬酸碱理论将酸划分为硬酸和软酸，将碱划分为硬碱和软碱。软硬酸碱有以下特征：

硬酸：接受电子的原子半径小，正电荷高，外层没有未共享电子对，可极化度低。

软酸：接受电子的原子半径大，正电荷低，外层有未共享电子对，可极化度高。

硬碱：给电子的原子电负性高，可极化度低，对外层电子束缚力强，不容易被氧化。

软碱：给电子的原子电负性低，可极化度高，对外层电子束缚力弱，容易被氧化。

判定一个酸或者碱的软硬度不一定要满足以上全部特征。

软硬酸碱理论的一个规则是，硬酸同硬碱结合、软酸同软碱结合能够形成较稳定的化合物，简称为"硬亲硬、软亲软"。

软硬酸碱理论的另一个规则是，**硬酸同硬碱结合倾向于形成离子型化合物，软酸同软碱结合倾向于形成共价型化合物**。

表 1-5 定性地列出了一些常见的软硬酸碱。

> 在软硬酸碱理论中，酸和碱的硬度可以用下面的方程式定量描述。式中的 η 表示绝对硬度 (hardness)，I 是电离势，A 是电子亲和势。绝对软度 (softness) 用 σ 表示，它是 η 的倒数。
>
> $$\eta = \frac{I-A}{2} \qquad \sigma = \frac{1}{\eta}$$

表 1-5　常见软硬酸碱

硬酸	交界酸	软酸
H^+、Li^+、Na^+、K^+	Fe^{2+}、Co^{2+}、Cu^{2+}	Cu^+、Ag^+、Au^+
Mg^{2+}、Ca^{2+}、Al^{3+}	Zn^{2+}、Sn^{2+}、Sb^{3+}	Hg^{2+}、$MeHg^+$、Pb^{2+}
Fe^{3+}、Co^{3+}、$AlCl_3$	Bi^{3+}、BMe_3、SO_2	Pt^{2+}、BH_3、$GaCl_3$
AlH_3、$AlMe_3$、BF_3	GaH_3、NO^+、R_3C^+	Br_2、I_2、CO_2
$B(OR)_3$、SO_3、RCO^+	$C_6H_5^+$	carbenes
HX (能形成氢键的分子)		M^0 (金属原子)

硬碱	交界碱	软碱
H_2O、OH^-、O^{2-}	$ArNH_2$、C_5H_5N、	R_2S、RSH、RS^-
F^-、Cl^-、AcO^-	N_2、N_3^-、Br^-	H^-、I^-、R^-、CN^-
CO_3^{2-}、SO_4^{2-}、NO_3^-	NO_2^-、SO_3^{2-}	SCN^-、$S_2O_3^{2-}$、CO
ClO_4^-、RO^-、ROH		R_3P、$(RO)_3P$、R_3As
R_2O、NH_3、RNH_2		RNC、C_2H_4、C_6H_6

软硬酸碱理论能够解释很多化学反应和现象。例如，根据软硬酸碱理论，乙烯是软碱，容易同 Ag^+、Hg^{2+}、Pt^{2+} 等软酸形成配合物，而不容易同 Na^+、Mg^{2+}、Al^{3+} 等硬酸形成配合物，这同实验结果完全一致。

思考题 1.1

Lewis 酸碱理论能够涵盖酸碱质子理论的内容吗？酸碱质子理论能够涵盖酸碱电离理论的内容吗？

1.4　有机化学反应

同种化合物分子之间一般不发生反应，例如盐酸、氢氧化钠、乙醇和醋酸等都是非常稳定的，而且纯度越高越稳定。但是，当将这些化合物相互混合时，通常会发生反应，有时反应还十分剧烈。这是为什么呢？这一节将讨论什么样的分子之间会发生反应，以及为什么会反应。

1.4.1　化学反应和活化能

分子处在不停的运动之中。分子运动包括分子内部的原子振动、化学键的振动和转动等。除此之外，分子本身也在不断地运动，例如它们相互碰撞，气态时与容器壁碰撞，在溶液中与溶剂分子碰撞等。分子的运动是发生化学反应的根本原因。

分子的表面被各种成键电子及非成键电子所覆盖，表面总体带负电荷，所以分子之间相互排斥。两个分子之间如果要反应，必须要有足够的能量去克服相互之间的排斥作用。分子发生反应所需要的最低能量称为 **"活化能"**(activation energy)，用 $\Delta G^{\ddagger}$ 表示 (图 1-11)。当反应放热，体系能量降低，标准自由能变化 ΔG° (反应前后体系的能量变化，称为反应热，包括焓变和熵变) 为负值；当反应吸热，体系能量升高，ΔG° 为正值。

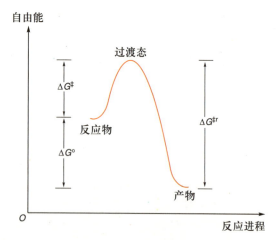

图 1-11　反应活化能和过渡态

反应过渡态

根据反应过渡态理论，当两个具有足够能量的反应物分子相互作用时，化学键发生重组，能量重新分配，形成"活化配合物"（又称"过渡态"，transition state），其能量处于反应坐标中能量最高点。过渡态与反应物的能量差为反应活化能（$\Delta G^\ddagger$）。如果一个反应是由多步组成的，则有多个过渡态。

什么样的分子之间能发生反应？

什么样的两个分子相互碰撞时能够克服活化能，进而发生反应呢？当带有不同电荷的两个分子（实际是离子）相互碰撞时，会相互吸引发生反应，生成离子型化合物或者共价型化合物。例如，$AgNO_3$ 和 $NaBr$ 混合时，会生成 $AgBr$ 沉淀。这是由于相反电荷之间的强大库仑作用足以抵消反应活化能。

有机化合物中稳定的有机负离子较少，稳定的有机正离子更少，所以有机化学反应中正负离子之间的反应很少。大多数有机化学反应发生在离子和偶极分子之间，以及偶极分子和偶极分子之间。例如，OH^- 或者 NH_3 对 CH_3Br 的取代反应。

电荷和偶极相互作用能够帮助分子克服外层电子之间的相互排斥作用，进而发生反应。但是，有些反应中分子并没有电荷和偶极，例如在乙烯与溴水的加成反应（它是碳碳双键的鉴定反应）中，两个反应物分子都没有电荷和偶极。乙烯与溴分子之间所以能发生反应是由于 $Br-Br$ 键的 σ^* 反键轨道能够接收乙烯的 π 电子。这种分子轨道的相互作用也能够克服分子外层电子之间的相互排斥作用，并发生反应。属于这种反应类型的还有周环反应等。

1.4.2　反应动力学和热力学

以一个最简单的化合物 A 转变成化合物 B 的反应为例，随着反应的进行，反应物 A 逐步转变成产物 B，最后达到平衡状态。处于平衡状态的产物浓度和反应物浓度的比值为一个常数，称为**反应平衡常数**（equilibrium constant），用 K 表示。反应的 K 值越大，表示反应进行得越完全。

$$A \xrightleftharpoons{K} B \qquad K = \frac{[B]}{[A]}$$

反应平衡常数 K 与反应热力学函数**标准自由能变化**（ΔG^o）相关，其关系式如下：

$$\Delta G^o = -RT \ln K = -2.3\,RT \lg K \text{（单位 kJ} \cdot \text{mol}^{-1}\text{）}$$

式中 R 是摩尔气体常数（8.315 $J \cdot K^{-1} \cdot mol^{-1}$），$T$ 是热力学温度（K）。从以上关系式可以看出，升高温度，ΔG^o 降低，有利于反应进行。

反应标准自由能变化与反应的**焓变**（ΔH^o，enthalpy change）和**熵变**（ΔS^o，entropy change）的关系式如下：

$$\Delta G^o = \Delta H^o - T\Delta S^o$$

式中 ΔH^o 的单位是 $kJ \cdot mol^{-1}$，ΔS^o 的单位是 $J \cdot K^{-1} \cdot mol^{-1}$，$T$ 是热力学温度（K）。

微观反应可逆性原理：从反应物转变成产物与它的逆反应（从产物转变成反应物）遵循相同的路径，并且经过相同的中间体和过渡态。

焓变 (ΔH^o) 是反应过程在恒压下的热变化 (吸热或者放热)，它主要由反应物的断键和产物的成键键能所决定。当产物的成键键能大于反应物的断键键能时，ΔH^o 为负值，反应放热；当产物的成键键能小于反应物的断键键能时，ΔH^o 为正值，反应吸热。例如乙醇燃烧生成二氧化碳和水的反应 ΔH^o = −1265 kJ·mol⁻¹，为放热反应。

$$C_2H_5OH + 3O_2 \longrightarrow 2CO_2 + 3H_2O \qquad \Delta H^o = -1265 \text{ kJ·mol}^{-1}$$
$$\Delta S^o = 248 \text{ J·K}^{-1}\text{·mol}^{-1}$$

熵变 (ΔS^o) 表示反应体系有序程度的变化。当反应体系的有序程度增加，体系的熵减小，ΔS^o 为负值。反之，当反应体系的有序程度降低，体系的熵增加，ΔS^o 为正值。由于在 ΔG^o 的计算公式中，$T\Delta S^o$ 项前面有一个负号，熵增加对 ΔG^o 的贡献为负，表明体系熵增加有利于放热反应。例如在上面的乙醇燃烧反应中，产物的分子数增加，体系的有序程度降低，熵增加，ΔS^o 为 248 J·K⁻¹·mol⁻¹。值得注意的是，反应的熵变比焓变小 3 个数量级，所以对反应方向 (放热或者吸热) 的影响较小。

另一个例子是乙烯与溴化氢的加成反应。在反应中，ΔH^o = −78 kJ·mol⁻¹，反应放热。反应的分子数减少，体系的有序程度增加，熵减少，ΔS^o 为 −121 J·K⁻¹·mol⁻¹。

$$CH_2{=}CH_2 + HBr \longrightarrow CH_3CH_2Br \qquad \Delta H^o = -78 \text{ kJ·mol}^{-1}$$
$$\Delta S^o = -121 \text{ J·K}^{-1}\text{·mol}^{-1}$$

反应热力学 (chemical thermodynamics) 处理反应过程中能量的变化，以及反应进行的程度。ΔG^o 越小 (负值越大)，表明反应越容易进行完全。**反应动力学** (chemical kinetics) 处理反应速率，以及反应物和产物的浓度变化。

当反应过程有不同途径，得到不同产物时，热力学更有利的反应先发生，得到稳定产物，这类反应是受**热力学控制** (thermodynamic control)。还有一些反应过程，热力学不利的反应先发生，得到的产物不是最稳定的，这类反应是受**动力学控制** (kinetic control)。

热力学控制的反应比较好理解。例如在图 1-12 中，从反应物 A 生成产物 B 和生成产物 C 的活化能相近 ($\Delta G_B^{\ddagger} \approx \Delta G_C^{\ddagger}$)，但是产物 B 比产物 C 的能量更低，更稳定，所以先生成产物 B。

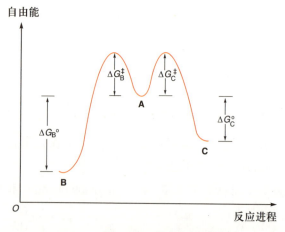

图 1-12　热力学控制反应

对于动力学控制的反应原理，可以用图 1-13 加以说明。虽然产物 B 比产物 C 的能量更低，更稳定，但是反应物 A 转变到产物 C 的反应活化能比转变到产物 B 的活化能低 ($\Delta G_B^{\ddagger} > \Delta G_C^{\ddagger}$)，所以更容易发生，生成产物 C。

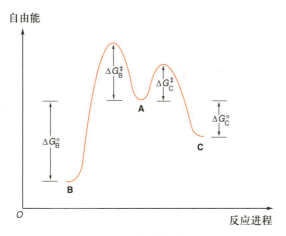

图 1-13　动力学控制反应

有很多反应，先生成的产物就是最稳定的产物，这时反应产物既是动力学控制又是热力学控制 ($\Delta G_B^{\ddagger} < \Delta G_C^{\ddagger}$，$\Delta G_B^{\circ} > \Delta G_C^{\circ}$)，如图 1-14 所示。

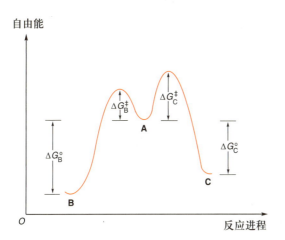

图 1-14　既是热力学控制又是动力学控制的反应

> 也有一些反应，根本没有活化能，这意味着所有的反应物分子碰撞都发生了反应。这时反应的速率受反应物的扩散速率控制，这样的反应称为**扩散控制 (diffusion control)** 反应。

思考题 1.2

(1) 对于扩散控制的反应，如何加快反应速率？

(2) 当反应物和产物具有相同能量时，正向反应和逆向反应具有相同的活化能，这时如何提高反应物的转化率？

1.4.3　反应速率和催化剂

反应速率表示化学反应进行的快慢。影响反应速率的主要因素有两个，一个是反应活化能，另一个是反应物的浓度。我们以上面的乙醇燃烧反应为例，它虽然是一个放热反应，能量上是有利的，但是在室温下乙醇并不会自动燃烧。这是为什么呢？因为这个反应在室温下有一个较高的活化能。所以需要提高温度，克服反应活化能垒，这就是乙醇燃烧需要用火点燃的原因。

反应速率还与反应物的浓度相关。例如在下面反应中，反应物 A 和 B 作用，生成产物 P，反应速率 v 正比于反应物 A 和 B 的浓度。式中 k 是反应的**速率常数** (rate constant)，等于 A 和 B 的浓度均为 $1\ mol\cdot L^{-1}$ 时的反应速率。

$$A + B \longrightarrow P \qquad v = k\,[A][B]^2 \quad （单位：mol\cdot L^{-1}\cdot s^{-1}）$$

如果反应速率与底物 (如 A) 浓度呈线性关系，并且 A 浓度增加一倍，反应速率增加一倍，这个反应对于底物 A 是一级反应 (first order reaction)。如果底物 B 的浓度增加一倍，反应速率增加两倍，这个反应对于底物 B 是二级反应 (second order reaction)。有时一种底物浓度改变完全不影响反应速率，那么反应对于这种底物而言是零级反应。总反应的级数是各个底物的反应级数之和，所以上面这个反应的级数是三级。

大多数反应都有一个活化能，只有越过活化能的分子才有可能发生反应。提高反应温度可以增加分子动能，使之能够克服活化能 (E_a)，这是很多反应需要加热才能进行的原因所在。一般而言，当反应温度升高 10 ℃，反应速率提高 2 至 3 倍。这是一个经验规则，适用于许多反应。那么，反应速率和温度之间的定量关系是什么呢？阿伦尼乌斯 (Svante Arrhenius) 发现反应速率 (k) 和温度 (T，绝对温度) 服从以下关系式，也称阿伦尼乌斯公式。

$$k = A\mathrm{e}^{-E_a/RT} = A\left(\frac{1}{\mathrm{e}^{E_a/RT}}\right)$$

阿伦尼乌斯公式中的 E_a 为反应活化能，R 为摩尔气体常数，A 是指前因子。从公式可以看出，当反应温度很高时，E_a/RT 接近零，$\mathrm{e}^{-E_a/RT}$ 约等于 1，这时反应速率 k 等于指前因子 A。

在反应中加入催化剂常常可以提高反应速率，有时还会改变产物形成的优先顺序。**催化剂** (catalyst) 是一类特殊反应试剂，它参与反应，但是反应后又恢复原样。也就是说，催化剂加快反应速率、改变反应途径，但本身并没有被消耗。

许多反应实际上进行得非常慢，只有加入催化剂提高反应速率以后才变得有实用价值。目前在工业上应用的化学反应大部分都使用了催化剂。催化剂可以是酸、碱、有机分子、金属或者金属化合物。自然界的催化剂是各种各样的酶，它们维持了生物的生长。

催化剂的作用机理多种多样，但其本质是通过降低反应活化能，提高反应速率。从图 1-15 可以看出，使用催化剂以后，反应活化能由原来的 $\Delta G^{\ddagger}$ 降低为 $\Delta G^{\ddagger}_{cat}$。

催化剂虽然提高反应速率，但是不改变反应物和产物的能量，ΔG^o 没有变化。也就是说，催化剂改变的是反应动力学，不改变反应热力学。根据微观反应可逆性原理，催化剂不但加速正向反应，同样也加速逆反应，正向反应和逆反应经过同样的过渡态。

在汽车尾气净化器中，催化剂将未完全燃烧的烷烃和一氧化碳转变成二氧化碳，将氮氧化物转变成氮气和氧气，而催化剂保持不变，可以反复使用。

$$CO + O_2 \xrightarrow{\ 催化剂\ } CO_2$$

$$NO_x \xrightarrow{\ 催化剂\ } N_2 + O_2$$

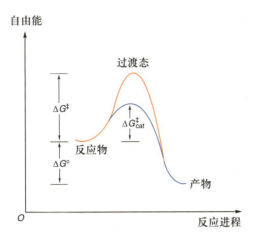

图 1-15 催化剂的作用原理

 思考题1.3

根据微观反应可逆性原理，是否可以认为所有反应都无法进行完全？

1.4.4 官能团和反应中心

有机分子中化学反应活性较高的部分被称为**官能团** (functional group)。例如甲醇中的羟基、乙胺中的氨基、氯乙烷中的氯原子、乙醚中的氧原子、乙烯中的 C=C 键、丙炔中的 C≡C 键、乙醛和丙酮中的羰基、乙酸中的羧基，等等。

CH_3OH　　　　$C_2H_5NH_2$　　　　C_2H_5Cl　　　　$C_2H_5OC_2H_5$　　　　$CH_2=CH_2$

甲醇　　　　　乙胺　　　　　氯乙烷　　　　　乙醚　　　　　乙烯

$CH_3C≡CH$　　　$CH_3-\overset{O}{\overset{\|}{C}}-H$　　　$CH_3-\overset{O}{\overset{\|}{C}}-CH_3$　　　$CH_3-\overset{O}{\overset{\|}{C}}-OH$

丙炔　　　　　　乙醛　　　　　　丙酮　　　　　　　乙酸

有机分子的反应多数发生在官能团上，所以官能团是反应发生的地方，也称为**反应中心** (reaction center)。本书的编写也主要是按照有机化合物官能团分类进行的。

1.4.5 亲核试剂和亲电试剂

大多数有机化学反应是通过两个试剂之间的电子对转移进行的。从广义上讲，这些反应都属于 Lewis 酸碱反应。有机化学有专门术语描述电子对转移反应中的试剂，在反应中提供电子对的试剂称为**亲核试剂** (nucleophile)，接受电子对的试剂称为**亲电试剂** (electrophile)。例如下面反应中的氨提供电子对，是亲核试剂；溴甲烷接受电子对，是亲电试剂。溴负离子是**离去基团** (leaving group)。

$$H_3N: + \overset{H}{\underset{H}{\overset{|}{\underset{|}{C}}}}-Br \longrightarrow H_3\overset{+}{N}-\overset{H}{\underset{H}{\overset{|}{\underset{|}{C}}}}-H + Br^-$$

常见的亲核试剂是具有未成键电子对的中性化合物和带负电荷的离子，例如氨分子和羟基负离子等。

$$H_3N: \quad (CH_3)_3P: \quad H\ddot{O}H \quad CH_3\ddot{O}H \quad CH_3\ddot{S}CH_3$$

$$HO^- \quad Br^- \quad CH_3O^- \quad N\equiv C^-$$

没有未成键电子对的分子有时也可以作为亲核试剂。例如烯烃双键的 π 轨道电子可以同强亲电试剂作用，所以是亲核试剂。还有一些 σ 成键电子，例如 M–H 和 C–M（M=B、Si、金属）中的 σ 成键电子可以同亲电试剂作用，因此也是亲核试剂。这类亲核试剂最常见的有 BH_4^- 和丁基锂等，它们转移的是 σ 成键电子。

常见的亲电试剂是具有空轨道或强偶极键的中性化合物，以及带正电荷的离子，例如下列分子和离子。

最简单的亲电试剂是氢正离子（质子）H^+，它没有电子，非常活泼，可以同任何亲核试剂作用。例如，在水中 H^+ 和 H_2O 作用形成 H_3O^+。

思考题 1.4

亲核试剂和亲电试剂与 Lewis 酸碱是什么关系？

1.4.6 反应机理及其表示方法

反应机理是对反应全过程的详细描述，是对所有反应中间体和产物形成过程的解释。如前面介绍的 H_3N 和 H_3CBr 的反应，以及水合质子的形成都是反应机理的表示。

在画反应机理时，常用箭头"——→"表示反应进行的方向，用弯箭头"⌒"表示电子对转移的方向。在下面反应中，氨和乙醚是亲核试剂，提供电子对，溴化氢和三氟化硼是亲电试剂，接受电子对。

在自由基反应中，常常转移一个电子，这时用半箭头"⌢"表示。例如在下面的乙基自由基对丁-3-烯-2-酮的加成反应中，碳碳双键的 π 键发生均裂，产生双自由基，其中一个与乙基自由基反应形成碳碳单键。

$$H_3CH_2C\cdot \ + \quad\quad\quad\quad\quad \longrightarrow \quad H_3CH_2C\quad\quad\quad\quad$$

除了用箭头和弯箭头以外，在画机理时有时还会用箭头"⇌"表示可逆反应。例如，下式中异丁烯与溴化氢反应生成叔丁基碳正离子 (tertiary butyl cation) 是一个可逆过程。有时为了强调可逆反应更倾向于某一边时，用箭头"⇌"表示。

在异丁烯与溴化氢的反应中，异丁烯的 π 电子向溴化氢分子中的氢原子转移电子对，同时溴化氢分子的 H–Br 键的 σ 成键电子对向溴原子上转移。

$$\begin{array}{c} H_3C \\ \\ H_3C \end{array} C{=}CH_2 \ + \ H{-}Br \ \rightleftharpoons \ \begin{array}{c} H_3C \\ \\ H_3C \end{array} \overset{+}{C}{-}CH_3 \ + \ Br^-$$

在乙酰乙酸乙酯烯醇负离子转变成碳负离子的反应中，氧原子上的电子对参与形成碳氧双键，而碳碳双键的 π 电子向一端碳原子上转移。这是一个可逆过程。

$$\begin{array}{c} O^- \\ \\ \end{array}\quad\quad OC_2H_5 \ \rightleftharpoons \quad\quad OC_2H_5$$

在画反应机理时，有时需要用共振结构表示反应中间体。例如，下面反应中的烯丙基 (allyl group) 中间体就有两个共振结构式。

$$H_2C{=}CH{-}CH_2{-}Cl$$

$$\Big[H_2C{=}CH{-}\overset{+}{C}H_2 \ \longleftrightarrow \ H_2\overset{+}{C}{-}CH{=}CH_2 \Big] \ + \ Cl^-$$

$$H_2\ddot{O}:$$

$$\begin{array}{c} H_2C{=}CH{-}CH_2 \\ | \\ \overset{+}{O}{-}H \\ | \\ H \end{array}$$

$$H_2\ddot{O}:$$

$$\begin{array}{c} H_2C{=}CH{-}CH_2 \\ | \\ OH \end{array} \ + \ H_3O^+$$

理解反应机理对学习有机化学至关重要。可以说，学会正确使用各种箭头，特别是用好弯箭头 (表示电子转移方向) 解释各种反应过程，就理解了有机化学反应。只有理解了的反应，才不会忘记，才能灵活应用。

学习反应机理需要注意几点：

(1) 反应机理中的每一步表示反应进行的过程，不是反应方程式，因此不需要配平。但是，为了正确表示反应中电子转移的过程，机理中每一步的电荷要平衡。

　　(2) 画反应机理时，电子转移的箭头从哪里开始，到哪里结束一定要准确，它是从亲核试剂中给出电子对的原子指向亲电试剂中接受电子的原子，或者从化学键的中间指向某个原子，或者从原子指向某个化学键的中间。

　　(3) 画反应中间体时不能违反有机化合物结构理论，例如 C 原子不能出现五配位，H 原子不能出现 +2 价，F 原子不能出现 -2 价等情况。

　　(4) 影响反应机理的因素很多。在不同反应条件下 (例如不同的反应温度、浓度和溶剂等)，反应的机理可能不同。

　　(5) 任何反应机理只是基于已有知识对反应过程的认识和解释，而不是被证明了的定理。随着对反应认识的深入，可能会有新的机理提出。机理没有好坏之分，被广泛接受的机理是能够解释尽可能多实验现象的机理。

思考题 1.5

　　当亲核试剂带负电荷时，画反应机理时电子转移箭头为什么不能从负电荷符号 "$^-$" 开始？

习题

1.1　画出下列化合物的 Lewis 结构 (用小黑点表示电子)：LiBr、MgO、$AlCl_3$、N_2O、$HClO_2$、H_2O_2、$Cl_2C=O$、CH_3OH、HI、PH_3、CH_3^+、$CH_3NH_3^+$、H_2N^-、H_3C^-、F_4B^-、F_3BNH_3。

1.2　用 δ^+ 和 δ^- 表示下列化合物中原子电性，并用箭头 "$\longmapsto$" 表示化学键的极化方向：NH_3、CH_4、ICl、SCO、CHF_3、$SiCl_4$。

1.3　NH_3 的结构既不是三角形，也不是正四面体，是什么？为什么？

1.4　估计乙醚 ($C_2H_5OC_2H_5$) 的键角 ∠C-O-C，它比水 (H_2O) 的键角 ∠H-O-H 大还是小？

1.5　尽可能画出下列化合物的所有共振式结构：NO^-、ClO^-、OCN^-、CH_3CNO、O_3

（结构式图）

1.6　画出 H-F 成键的分子轨道能级图。

1.7　用分子轨道理论分析下列两组化合物中哪个具有较大的键能 (更稳定)？ He_2 和 He_2^+、O_2 和 O_2^+。

1.8　用杂化轨道理论分析 BF_3 的结构和成键情况。

1.9　用杂化轨道理论分析丙二烯 ($H_2C=C=CH_2$) 的结构和成键情况。

1.10　根据负离子 $CH_3CH_2^-$、$CH_2=CH^-$、$CH\equiv C^-$ 中负电荷所在的杂化轨道能量高低，分析它们的相对稳定性。共轭碱对负电荷的稳定作用越强，共轭酸的酸性越强。请根据这一原理估计 CH_3CH_3、$CH_2=CH_2$、$CH\equiv CH$ 的相对酸性。

1.11　计算 25 ℃时甲烷 (CH_4) 燃烧反应的标准自由能变化 (ΔG^o)。(提示：反应物和产物的标准生成焓 ΔH^o 和标准生成熵 ΔS^o 可以从相关物理化学手册中查到)

1.12　根据反应前后断键和成键的键能可以算出反应的焓变。请根据键能计算 25 ℃和 600 ℃时反应 $CH_2=CH_2 + HCl \longrightarrow CH_3-CH_2Cl$ 的 ΔG^o (注：ΔS^o 可以忽略)，并讨论温度对反应的影响。

1.13　用 Arrhenius 速率方程计算反应 $CH_3-CH_2Cl \longrightarrow CH_2=CH_2 + HCl$ 在 25 ℃和 600 ℃时的速率 k (方程中 $A=10^{14}$，$R=8.309$ J·K^{-1}·mol^{-1})，并讨论温度对反应速率的影响。

1.14　分别画出活化能为 80 kJ·mol^{-1} 的放热反应和吸热反应的反应进程图 (清楚表示反应物和产物的能级及反应过渡态能量)。

1.15 指出下列几组酸中哪个酸性更强：(i) CH_3COOH 和 CH_3CH_2OH；(ii) CH_3CH_2OH 和 CF_3CH_2OH；(iii) CH_3NH_2 和 CH_3OH；(iv) $CH_2=CH_2$ 和 $CH\equiv CH$；(v) H_3O^+ 和 NH_4^+。

1.16 指出下列几组碱中哪个碱性更强：(i) $HCOO^-$ 和 CH_3O^-；(ii) OH^- 和 NH_2^-；(iii) $CH_3CH_2O^-$ 和 $CH_3CH_2^-$；(iv) $CH_3CH_2^-$ 和 $CH\equiv C^-$；(v) Cl^- 和 CN^-。

1.17 写出下列碱的共轭酸：H_2O、NH_3、F^-、S^{2-}、$(CH_3)_2C=O$、$CH_3CH_2O^-$、CH_3^-。

1.18 写出下列酸的共轭碱：HI、$HClO_4$、HCN、HN_3、CH_3OH、$CH_3CH_2OH_2^+$、$(CH_3)_2C=OH^+$。

1.19 用表 1-4 的 pK_a 数值判断下列平衡倾向于左边还是右边，并估算平衡常数 K。

$$H_2O + HCN \rightleftharpoons H_3O^+ + CN^-$$

$$CH_3OH + NH_2^- \rightleftharpoons CH_3O^- + NH_3$$

$$CH_3C(O)OCH_3 + CH_3O^- \rightleftharpoons {}^-CH_2C(O)OCH_3 + CH_3OH$$

1.20 比较下列几组 Lewis 酸中哪个酸性更强：(i) LiCl 和 NaCl；(ii) NaCl 和 $MgCl_2$；(iii) $ZnCl_2$ 和 $AlCl_3$；(iv) $CuBr_2$ 和 CuBr；(v) $ZnCl_2$ 和 $Zn(CH_2CH_3)_2$。

1.21 指出下列反应机理中电子转移箭头的使用是否有错误，如有解释其原因。

1.22 将下列分子或离子分成 Lewis 酸和 Lewis 碱两组，并为每一个 Lewis 酸配对一个可以反应的 Lewis 碱，写出反应方程式并用弯箭头标明电子对转移的方向。

CH_3OH、NH_3、CH_3^+、H^+、CN^-、CH_3S^-、$AlCl_3$、CH_3BH_2

烷烃和自由基取代反应

第2章

烷烃和自由基取代反应

烃 (hydrocarbon) 是仅由碳、氢两种元素组成的有机化合物，它通常分为脂肪烃 (aliphatic hydrocarbon) 和芳香烃 (aromatic hydrocarbon)。脂肪烃又可分为烷烃 (alkane)、烯烃 (alkene) 和炔烃 (alkyne)。烷烃是仅含有碳碳单键的烃类物质。分子中碳原子首尾相连形成环的烷烃称为环烷烃 (cycloalkane)。烷烃和环烷烃具有许多相似的物理和化学性质。

CH₃CH₃

乙烷
烷烃

H₂C=CH₂
乙烯
烯烃

HC≡CH
乙炔
炔烃

环己烷
环烷烃

苯
芳香烃

烷烃大量地存在于自然界，如石油中含有己烷、庚烷和辛烷等。最简单的烷烃——甲烷，是石油气、天然气和沼气的主要成分。可燃冰是甲烷与水在低温、高压下形成的可燃烧的固态水合物，存在于海洋深处的沉积物中或寒冷的高纬度地区，它可能为人类提供新的能量来源。

一些植物叶片和果实表面的蜡质中含有长链烷烃，如苹果表皮的蜡质含有正二十七烷及正二十九烷，它们对植物表面及果实具有重要的保护作用。一些昆虫信息素也具有高级脂肪烃的结构，如 (S)-9-甲基十九烷，是棉叶波纹夜蛾 (Alabama argillacea) 性信息素的主要活性成分。

CH₃(CH₂)₉CH(CH₃)(CH₂)₇CH₃
(S)-9-甲基十九烷

2.1 烷烃的结构

烷烃和环烷烃中的碳原子均为 sp^3 杂化，四个 sp^3 杂化轨道呈正四面体构型。每个 sp^3 杂化轨道分别与氢原子的 1s 轨道沿键轴方向重叠，就形成了最简单的烷烃——甲烷，它具有四个完全等价的 σ 键 (常用短线代表化学键)，呈正四面体结构 (图 2-1)。碳原子位于四面体的中心，四个氢原子位于四面体的顶点，甲烷的这种结构已被电子衍射光谱所证实。

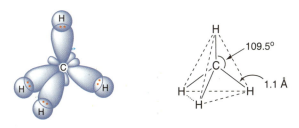

图 2-1 甲烷的分子结构图

两个碳原子各利用一个 sp^3 杂化轨道沿键轴方向重叠，形成一个碳碳 σ 键，余下的六个 sp^3 杂化轨道分别与六个氢原子的 1s 轨道沿键轴方向重叠，就形成了乙烷分子 (图 2-2)。

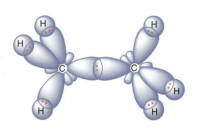

图 2-2　乙烷的分子结构图

更高级的烷烃是碳原子间通过 sp^3 杂化轨道沿键轴方向重叠形成碳链，剩余的 sp^3 杂化轨道与氢原子的 $1s$ 轨道沿键轴方向重叠形成的。不同烷烃中的键角与键长差别较小，键角接近 109.5°，碳碳键长为 1.54 Å，碳氢键长为 1.1 Å。

烷烃的立体结构也常用球棍模型或比例模型 (Stuart 模型) 来表示，图 2-3 所示是乙烷的球棍模型和比例模型。

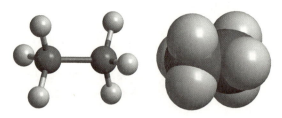

图 2-3　乙烷的球棍模型和比例模型

乙烷的立体结构也可表示为线楔结构 (line-and-wedge structure)，实线表示原子位于纸平面上，实楔形线表示原子位于纸平面前，虚楔形线表示原子位于纸平面后。

烷烃在平面上的结构常用 Lewis 结构式表示。Lewis 结构式中用两点表示共价键的一对电子，成键电子对也可以用一条短线代替。更常用的是省略其中的短线，用结构简式表示。

H：C：C：H　　　H—C—C—H　　　CH₃CH₃

　　　Lewis 结构式　　　　　　　　　结构简式

己烷的结构简式还可表示为 $CH_3(CH_2)_4CH_3$，$(CH_2)_4$ 表示四个 CH_2 连成直线。

还有一种表达方式是仅用键线 (bond-like formula) 表示碳骨架，单键间的夹角为 120°，省略分子中碳原子及与碳原子相连的氢原子，如己烷的键线式和结构简式如下：

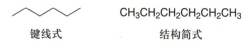
　　　　　　　　　　　　$CH_3CH_2CH_2CH_2CH_2CH_3$

　　　键线式　　　　　　　　　　结构简式

碳原子间形成碳链时有三种连接方式：连成一条直线，形成直链烷烃；连成有分支的碳链，形成支链烷烃；连成一个碳环，形成环烷烃。另外，σ 键的电子云是轴对称的，可绕轴自由旋转而不影响轨道间的最大重叠。

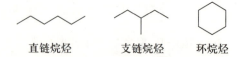

　直链烷烃　　　　　支链烷烃　　　环烷烃

烷烃中的碳原子为 sp^3 杂化，因而直链烷烃也不是直线的，高级烷烃中碳链在固态下通常呈锯齿形 (图 2-4)。

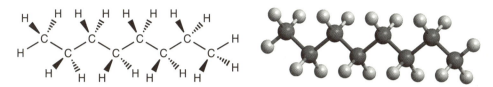

图 2-4　烷烃的锯齿结构 (zigzag 结构)

2.2　烷烃的命名

烷烃分子具有 C_nH_{2n+2} 的结构通式。直链烷烃两个相邻成员间相差一个 CH_2 基团 (methylene group，甲叉基)，它们具有相似的物理和化学性质，这样的系列化合物称为**同系物**。丁烷的分子式为 C_4H_{10}，其中的碳原子有两种排列方式，成直链的为正丁烷，形成支链的称为异丁烷：

$$CH_3CH_2CH_2CH_3 \qquad CH_3\overset{\displaystyle CH_3}{\underset{|}{CH}}CH_3$$

正丁烷 butane　　　　异丁烷 isobutane

这种具有相同分子式，不同结构的物质称为**同分异构体** (geometric isomer)。同分异构是由分子中原子的排列顺序不同引起的，也称为**构造异构** (constitutional isomerism)。

更高级的烷烃，随着碳原子数的增加，异构体数目会迅速增加。例如戊烷 (C_5H_{12}) 有三种异构体，己烷 (C_6H_{14}) 有五种异构体，庚烷 (C_7H_{16}) 有九种异构体，而辛烷 (C_8H_{18}) 的异构体有十八种。鉴于有机化合物数目庞大，结构复杂，有必要对每个化合物进行命名，使其结构与名称一一对应。本书根据 2017 年版的有机化合物命名原则介绍烷烃的系统命名，它是由中国化学会结合国际纯粹与应用化学联合会 (International Union of Pure and Applied Chemistry，简称 IUPAC) 的命名原则和我国文字特点制定的。

2.2.1　直链烷烃的命名

直链烷烃的名称用"碳原子数 + 烷"来表示。碳原子数为 1–10 的直链烷烃，依次用天干甲、乙、丙、丁、戊、己、庚、辛、壬、癸来表示碳的个数。从十一起，直接用数字表示。例如七个碳的直链烷烃称为庚烷，十二个碳的称为十二烷。表 2-1 列出了前二十个直链烷烃的中英文名称。

表 2-1　部分直链烷烃的名称

结构简式	中文名称	英文名称	结构简式	中文名称	英文名称
CH_4	甲烷	methane	$CH_3(CH_2)_5CH_3$	庚烷	heptane
CH_3CH_3	乙烷	ethane	$CH_3(CH_2)_6CH_3$	辛烷	octane
$CH_3CH_2CH_3$	丙烷	propane	$CH_3(CH_2)_7CH_3$	壬烷	nonane
$CH_3(CH_2)_2CH_3$	丁烷	butane	$CH_3(CH_2)_8CH_3$	癸烷	decane
$CH_3(CH_2)_3CH_3$	戊烷	pentane	$CH_3(CH_2)_9CH_3$	十一烷	undecane
$CH_3(CH_2)_4CH_3$	己烷	hexane	$CH_3(CH_2)_{10}CH_3$	十二烷	dodecane

续表

结构简式	中文名称	英文名称	结构简式	中文名称	英文名称
$CH_3(CH_2)_{11}CH_3$	十三烷	tridecane	$CH_3(CH_2)_{15}CH_3$	十七烷	heptadecane
$CH_3(CH_2)_{12}CH_3$	十四烷	tetradecane	$CH_3(CH_2)_{16}CH_3$	十八烷	octadecane
$CH_3(CH_2)_{13}CH_3$	十五烷	pentadecane	$CH_3(CH_2)_{17}CH_3$	十九烷	nonadecane
$CH_3(CH_2)_{14}CH_3$	十六烷	hexadecane	$CH_3(CH_2)_{18}CH_3$	二十烷	eicosane

烷烃的英文名称以 "ane" 为词尾，前十个烷烃的英文词首与其碳原子数是一一对应的。这些烷烃的名称非常重要，它们是其他有机化合物命名的基础。

2.2.2 支链烷烃的命名

从丁烷开始，碳原子既可连成直线为正丁烷，也可连成支链为异丁烷。对于这些简单的异构烷烃，常采用正 (normal，简写为 "n")，异 (iso，简写为 "i")，新 (neo) 来表示它们含有的结构单元。正表示直链烷烃，常省略；异表示具有 "$(CH_3)_2CH-$" 结构单元；新表示含有 "$(CH_3)_3CCH_2-$" 结构单元。例如戊烷的三个异构体可表示为

$$CH_3CH_2CH_2CH_2CH_3 \qquad CH_3\overset{\displaystyle CH_3}{\underset{\displaystyle |}{C}}HCH_2CH_3 \qquad CH_3\overset{\displaystyle CH_3}{\underset{\displaystyle \underset{\displaystyle CH_3}{|}}{\overset{|}{C}}}CH_3$$

正戊烷 pentane　　　异戊烷 isopentane　　　新戊烷 neopentane

在正式命名复杂的支链烷烃之前，还得优先对烷基及其碳原子与氢原子的级数加以介绍。**烷基（alkyl）**是烷烃去掉一个氢原子后剩余的部分，通式常用 "R-"表示。相应的英文只需将词尾 "ane" 改为 "yl" 即可。表 2-2 列出了部分常见烷基的名称。

表 2-2　常见烷基的名称

烷烃	相应烷基	中文名称	英文名称	常用缩写
CH_4	CH_3-	甲基	methyl	Me
CH_3CH_3	CH_3CH_2-	乙基	ethyl	Et
$CH_3CH_2CH_3$	$CH_3CH_2CH_2-$	正丙基	n-propyl	^{n}Pr
	CH_3CHCH_3	异丙基	isopropyl	^{i}Pr
$CH_3CH_2CH_2CH_3$	$CH_3CH_2CH_2CH_2-$	正丁基	n-butyl	^{n}Bu
	$CH_3CH_2CHCH_3$	仲丁基	sec-butyl	^{s}Bu
	CH_3CHCH_2- （CH_3）	异丁基	isobutyl	^{i}Bu
CH_3CHCH_3 （CH_3）	CH_3CCH_3 （CH_3）	叔丁基	tert-butyl	^{t}Bu
CH_3CCH_3 （CH_3，CH_3）	CH_3CCH_2- （CH_3，CH_3）	新戊基	neopentyl	—

从表 2-2 可知，一些烷烃如甲烷只能产生一种烷基，而一些烷烃如丙烷可以形成多种烷基，这说明复杂的烷烃中碳原子、氢原子之间并不完全等价。通常将烷烃中的碳原子分为伯 (primary)、仲 (secondary)、叔 (tertiary)、季 (quaternary) 四级。

$$\underset{\underset{4°}{C}}{\overset{\overset{1°}{CH_3}\quad\overset{1°}{CH_3}}{CH_3-\underset{\underset{CH_3}{|}}{\overset{\overset{|}{CH_3}}{C}}-\underset{3°}{CH}-\underset{2°}{CH_2}-\underset{1°}{CH_3}}}$$

伯碳又称一级 (1°) 碳，是指和一个碳原子相连的碳；和两个碳原子相连的碳称为仲碳，也称二级 (2°) 碳；叔碳又称三级 (3°) 碳，是指和三个碳原子相连的碳；和四个碳原子相连的碳称为季碳，也称四级 (4°) 碳。与一级 (1°) 碳、二级 (2°) 碳和三级 (3°) 碳相连的氢分别称为一级 (1°) 氢、二级 (2°) 氢和三级 (3°) 氢。

支链烷烃的命名原则和步骤如下：

(1) 选择最长的碳链为主链，看作母体，根据主链上碳原子数称为"某烷"，主链外的分支作为取代基。例如：

如下结构代表同一个分子，因为碳原子的连接顺序是一样的。

CH₃
CH₃CH₂CHCH₂CH₃

CH₃CH₃
CH₃CH₂CHCH₃

CH₂CH₃
CH₃CH₂CHCH₃　　母体为戊烷
　　　　　　　　取代基为甲基

3-甲基戊烷
3-methylpentane

主链 (红色表示) 上 5 个碳原子，故母体为戊烷，取代基为甲基。

如果出现两个等长的碳链，则选择取代基个数多的碳链为主链。例如：

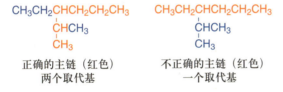

正确的主链（红色）　　　不正确的主链（红色）
两个取代基　　　　　　　一个取代基

(2) 确定好主链后，用阿拉伯数字对主链碳原子进行编号，原则是从最接近取代基的一端开始，使取代基编号依次最小。

如果出现两端编号取代基位置相同的情况，英文名称中首字母在前的取代基优先编号。例如：

$$\overset{6\ \ 5\ \ 4\ \ 3\ \ 2\ \ 1}{CH_3CH_2CHCHCH_2CH_3}$$

　　　　CH₃
CH₂CH₃

3-乙基-4-甲基己烷
3-ethyl-4-methylhexane

(3) 排列顺序，将取代基的编号和名称放在母体名称的前面，编号和取代基名称之间用一短线相连，称为"某基某烷"。

CH₃
CH₃CHCH₂CH₂CH₃

2-甲基戊烷
2-methylpentane

如果分子中有多个取代基，则按取代基英文名称的首字母顺序排列。例如：

$$CH_3CH_2\underset{\underset{CH_2CH_3}{|}}{CH}\underset{\underset{CH_3}{|}}{CH}CH_2CH_2CH_3$$

4-乙基 -3-甲基庚烷
4-ethyl-3-methylheptane

分子中同一取代基不止一次出现时，用词头二、三、四来表明取代基的个数，相应的英文为"di""tri"和"tetra"。这些表示取代基个数的词头，以及表示取代基结构的"*sec*""*tert*"不参与排序，"iso"和"neo"与取代基连为一体，参与排序。例如：

$$CH_3\underset{\underset{CH_3}{|}}{\overset{\overset{CH_3}{|}}{C}}CH_2\underset{\underset{}{}}{\overset{\overset{CH_2CH_3}{|}}{CH}}CH_2CH_3$$

4-乙基-2,2-甲基己烷
4-ethyl-2,2-dimethylhexane

$$CH_3\underset{}{\overset{\overset{CH_3}{|}}{CH}}CH_2\underset{\underset{C(CH_3)_3}{|}}{\overset{\overset{CH_2CH_3}{|}}{CH}}CHCH_2CH_2CH_3$$

5-叔丁基-4-乙基-2-甲基辛烷
5-*tert*-butyl-4-ethyl-2-methyloctane

$$CH_3\underset{}{\overset{\overset{CH_3}{|}}{CH}}CH_2\underset{\underset{CH_3}{|}}{\overset{\overset{CH(CH_3)_2}{|}}{C}}CH_2CH_2CH_3$$

4-异丙基-2,4-二甲基庚烷
4-isopropyl-2,4-dimethylheptane

如果取代基比较复杂，也可以对取代基进行命名。将与主链直接相连的支链碳定为 1' 位 (加 "'" 以示区别)，对支链进行编号，根据最长支链上碳原子的个数称为"某基"，然后将支链上的取代基名称与其在支链上的编号置于其前，并作为一个整体放于一括号内，作为复杂取代基的名称。例如：

$$\overset{1\quad2\quad3\quad4\quad5\quad6\quad7\quad8\quad9}{CH_3CH_2\underset{}{\overset{\overset{CH_2CH_3}{|}}{CH}}CH_2\underset{\underset{}{}}{CH}CH_2CH_2CH_2CH_3}$$

$$CH_3-\underset{\underset{CH_3}{|}}{\overset{\overset{}{|}}{C}}-CH_2CH_3$$

5-(1',1'-二甲基丙基)-3-乙基壬烷
5-(1',1'-dimethylpropyl)-3-ethylnonane
5位取代基名称:(1',1'-二甲基丙基)
此外"di"作为复杂取代基名称的一部分，参与排序

2.2.3　环烷烃的命名

环烷烃可以分为单环烷烃 (cyclic alkane)，螺环烷烃 (spiro alkane)，稠环烷烃 (fused alkane) 和桥环烷烃 (bridged alkane)。

单环烷烃　　　螺环烷烃　　　稠环烷烃　　　桥环烷烃

无取代基的单环烷烃的命名只需在同碳数目的直链烷烃名称前加上"环 (cyclo)"字即可。

　　环丙烷　　　　　环戊烷　　　　　环己烷
　cyclopropane　　cyclopentane　　cyclohexane

单环烷烃通常用正多边形表示，每一个角代表一个甲叉基。取代基侧链也可以用键线式表示。

甲基环戊烷
methylcyclopentane

带有简单取代基的单环烷烃命名时，通常环作母体，对母体环进行编号，使取代基的编号依次最小。

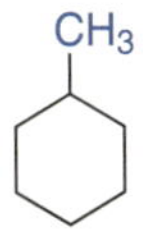

甲基环己烷
methylcyclohexane

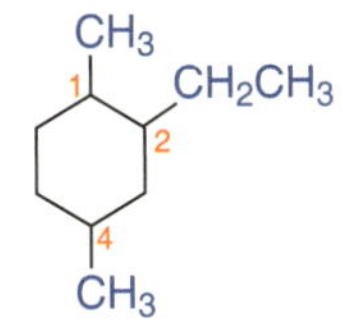

2-乙基-1,4-二甲基环己烷
2-ethyl-1,4-dimethylcyclohexane

如出现编号等同的情况，则按取代基英文首字母顺序排序，让首字母在前的基团编号尽可能小。例如：

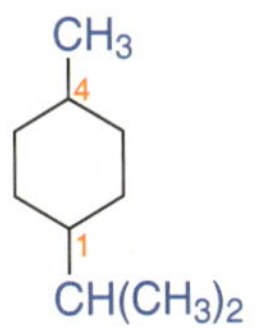

1-异丙基-4-甲基环己烷
1-isopropyl-4-methylcyclohexane

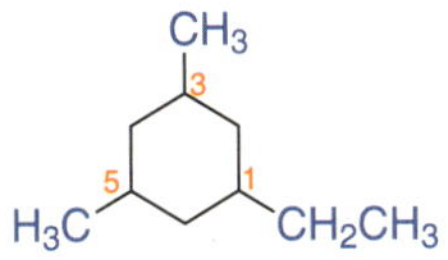

1-乙基-3,5-二甲基环己烷
1-ethyl-3,5-dimethylcyclohexane

取代基侧链较大时，将环作为取代基。例如：

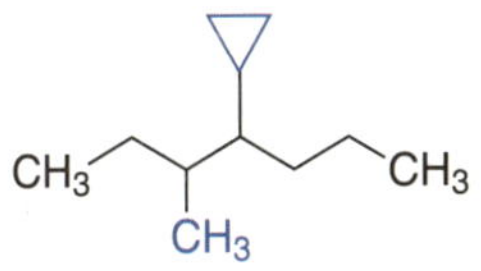

4-环丙基-3-甲基庚烷
4-cyclopropyl-3-methylheptane

在具有两个取代基的单环烷烃中，取代基可以在环的同侧，也可分别位于环的两侧，它们称为顺式 (*cis*)、反式 (*trans*) 异构体。

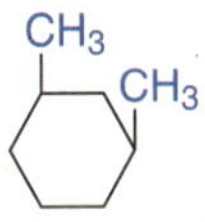

顺-1,3-二甲基环己烷
cis-1,3-dimethylcyclohexane

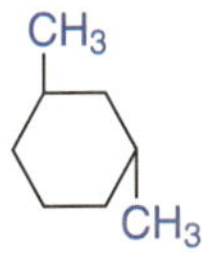

反-1,3-二甲基环己烷
trans-1,3-dimethylcyclohexane

螺环烷烃是两环共用一个碳原子的环烷烃，共用碳原子称为螺 (spiro) 原子。螺环烷烃的命名规则如下：(1) 根据环中碳原子总数确定母体烃的名称，称为"螺某烷"；(2) 从与螺原子相连的较小环上的碳原子开始编号，先编小环，然后通过螺原子对第二个环编号，在此基础上使取代基的编号依次最小；(3) 用阿拉伯数字标明每个环中除共用原子外的碳原子数目，并由小到大排列，数字间用小圆点隔开，置于方括号内，放在螺字后面；(4) 将取代基的编号及名称置于螺字之前即得到螺环烷烃的名称。例如：

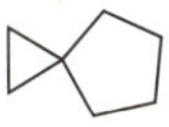

螺[2.4]庚烷
spiro[2.4]heptane

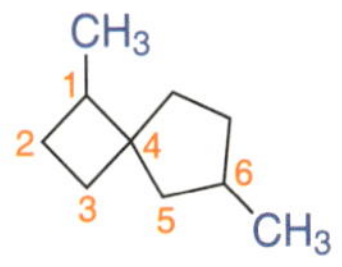

1,6-二甲基螺[3.4]辛烷
1,6-dimethylspiro[3.4]octane

稠环烷烃是两环共用两个相邻碳原子形成的环烷烃，其命名往往归于桥环烷烃的命名。

桥环烷烃是指分子中两个或两个以上碳环共用两个及以上碳原子的多环烷烃，共用碳原子中分支最多的碳称为桥头碳 (bridgehead carbon)。桥环烷烃的命名规则如下：(1) 确定母体，根据环中碳原子总数确定母体烷的名称，称为"某烷"；(2) 确定环数，环数等于把环状化合物变成开链化合物需断开的碳碳键数目，将环数放于母体烷的前面；(3) 确定桥长，用阿拉伯数字标明每条桥上除共用原子以外的碳原子数目，由大到小排列，并用小圆点隔开，放在方括号内，置于环数之后，母体烷之前；(4) 编号，从一桥头碳开始，先沿最长的桥到另一桥头，再沿次长的桥回到第一桥头，最后编最短的桥，在此基础上使取代基的编号依次最小；(5) 排序，将取代基的编号和名称按英文首字母顺序放在环数的前面，即得桥环化合物的名称。例如：

双环 [3.2.1] 辛烷
bicyclo[3.2.1]octane

2,7,7-三甲基双环 [2.2.1] 庚烷
2,7,7-trimethylbicyclo[2.2.1]heptane

稠环烷烃可以看作桥环烷烃的特例，它的一个桥上的碳原子数为零。

双环 [4.4.0] 癸烷
bicyclo[4.4.0]decane

2.3 烷烃的物理性质

在室温和一个大气压下，含有 1-4 个碳原子的烷烃为气体，5-16 个碳原子的直链烷烃为液体，17 个碳以上的直链烷烃为固体。表 2-3 列出了部分直链烷烃和环烷烃的物理常数。

表 2-3 部分直链烷烃和环烷烃的物理常数

名称	结构简式	熔点 (mp)/ ℃	沸点 (bp)/ ℃	密度 d_4^{20}/(g·mL^{-1})
甲烷	CH_4	−182.5	−161.7	—
乙烷	CH_3CH_3	−183.3	−88.6	—
丙烷	$CH_3CH_2CH_3$	−187.7	−42.1	—
丁烷	$CH_3(CH_2)_2CH_3$	−138.3	−0.5	—
戊烷	$CH_3(CH_2)_3CH_3$	−129.8	36.1	0.6226
己烷	$CH_3(CH_2)_4CH_3$	−95.3	68.7	0.6603
庚烷	$CH_3(CH_2)_5CH_3$	−90.6	98.4	0.6837
辛烷	$CH_3(CH_2)_6CH_3$	−56.8	125.7	0.7026
壬烷	$CH_3(CH_2)_7CH_3$	−53.5	150.8	0.7177
癸烷	$CH_3(CH_2)_8CH_3$	−29.7	174.0	0.7299

续表

名称	结构简式	熔点 (mp)/ ℃	沸点 (bp)/ ℃	密度 d_4^{20}/(g·mL^{-1})
十一烷	CH$_3$(CH$_2$)$_9$CH$_3$	−25.6	195.8	0.7402
十二烷	CH$_3$(CH$_2$)$_{10}$CH$_3$	−9.6	216.3	0.7487
十三烷	CH$_3$(CH$_2$)$_{11}$CH$_3$	−5.5	235.4	0.7564
十四烷	CH$_3$(CH$_2$)$_{12}$CH$_3$	5.9	253.7	0.7628
十五烷	CH$_3$(CH$_2$)$_{13}$CH$_3$	10.0	270.6	0.7685
十六烷	CH$_3$(CH$_2$)$_{14}$CH$_3$	18.2	287.0	0.7733
十七烷	CH$_3$(CH$_2$)$_{15}$CH$_3$	22.0	301.8	0.7780
十八烷	CH$_3$(CH$_2$)$_{16}$CH$_3$	28.2	316.1	0.7768
十九烷	CH$_3$(CH$_2$)$_{17}$CH$_3$	32.1	329.1	0.7855
二十烷	CH$_3$(CH$_2$)$_{18}$CH$_3$	36.8	343.0	0.7886
环丙烷	(CH$_2$)$_3$	−127.6	−32.7	—
环丁烷	(CH$_2$)$_4$	−50.0	−12.5	—
环戊烷	(CH$_2$)$_5$	−93.9	49.3	0.7457
环己烷	(CH$_2$)$_6$	6.6	80.7	0.7785
环庚烷	(CH$_2$)$_7$	−12.0	118.5	0.8098
环辛烷	(CH$_2$)$_8$	14.3	148.5	0.8349

总的来说，直链烷烃的熔点和沸点随分子量增加而升高。同分异构体中，通常直链烷烃比支链烷烃的沸点高，分支越多，沸点越低。如正戊烷沸点为 36.1 ℃，异戊烷为 27.8 ℃，而新戊烷仅有 9.5 ℃。与相同碳数的直链烷烃相比，环烷烃的熔点、沸点均要高一些。

烷烃的这些物理性质，与其分子间作用力有关。烷烃为非极性分子，分子间作用力主要为色散力 (范德华力的一种)。分子中电子运动产生瞬时相对位移，会引起分子中键的瞬时极化，从而分子产生瞬时偶极。分子瞬时偶极会影响邻近分子中电荷的分布，诱导出一个相反的偶极，相反的瞬时偶极间的相互作用，就是色散力 (图 2-5)。

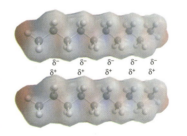

图 2-5　瞬时偶极相互作用

烷烃分子随着碳原子数的增加，分子间的接触面积变大，分子间的作用力也增大，因而熔点、沸点随着分子量增大而升高。分支多的烷烃，分子间接触面变小，分子间作用力减小，沸点降低。由于环烷烃分子具有一定的刚性和较高的对称性，分子的自由运动受到一定的限制，分子间作用力增强，熔点和沸点比同碳数的直链烷烃高。另外，熔点除与分子量大小有关外，还与分子的对称性有关。对称性高的分子，能紧密地堆积在晶格中，分子间作用力大，熔点高。

随着碳原子数的增加，具有偶数个碳原子的直链烷烃的熔点上升幅度高于其相邻的具有奇数个碳原子的直链烷烃。

烷烃的相对密度小于 1，都比水轻；它们不溶于水，但能溶于二氯甲烷、乙酸乙酯等有机溶剂。烷烃本身也是实验室常用的非极性溶剂。

思考题 2.1

烷烃的沸点和熔点主要受哪些因素的影响？

2.4　烷烃的卤代反应

烷烃分子中不含官能团，只有碳碳 σ 键和碳氢 σ 键，这两种键的键能相对较大，断裂它们需要很高的能量，因而烷烃反应活性较低。在一般情况下，烷烃与强酸、强碱及常用的氧化剂均不反应。烷烃的化学反应，例如卤代反应，常需要借助光、热或引发剂的作用才能发生。

2.4.1　甲烷的氯代反应

甲烷和氯气的混合物在紫外光 (hv) 照射下或加热 ($\triangle$) 到 300 ℃时，可剧烈反应，生成氯甲烷和氯化氢。甲烷分子中的一个氢原子被氯原子所取代。

$$CH_4 \ + \ Cl_2 \ \xrightarrow[\text{或}\triangle]{hv} \ CH_3Cl \ + \ HCl$$
$$\text{氯甲烷}$$

反应很难停留在一取代阶段。氯甲烷可继续反应生成二氯甲烷、三氯甲烷 (氯仿，chloroform) 和四氯化碳。

> 通过调节甲烷与氯气的比例，可使氯甲烷或四氯化碳成为主要产物。大大过量的甲烷与氯气反应，主要得到氯甲烷；反之，则主要获得四氯化碳。

$$CH_3Cl \ \xrightarrow[hv]{Cl_2} \ CH_2Cl_2 \ \xrightarrow[hv]{Cl_2} \ CHCl_3 \ \xrightarrow[hv]{Cl_2} \ CCl_4$$

氯甲烷	二氯甲烷	氯仿	四氯化碳
methyl chloride	methylene chloride	chloroform	carbon tetrachloride
沸点　−24.2 ℃	40.2 ℃	61.2 ℃	76.8 ℃

这四种氯代烃的沸点差异较大，可通过精馏分离提纯。氯甲烷是重要的化工原料，二氯甲烷、氯仿和四氯化碳是实验室常用的有机溶剂。

研究发现，甲烷的氯代反应具有如下的实验现象：(1) 反应只有在光照或加热条件下才能发生，在暗处或室温下不能进行；(2) 反应一旦发生，停止光照或加热，反应不会立即停止，仍能继续进行一段时间；(3) 反应如果由光引发，每引发一次 (吸收一个光子) 可产生大量氯甲烷分子；(4) 反应中如果有少量氧气存在，会使反应延迟，过后恢复正常。

为什么甲烷的氯代反应具有这些现象呢？为了解释这些实验事实，化学家们对反应的机理 (mechanism) 进行了详细的研究。

2.4.2　甲烷的氯代反应机理

甲烷的氯代反应是一个典型的**自由基** (free radical) 取代反应，也称**链反应**。它分三个阶段，具体反应机理如下：

> Cl–Cl 键均裂所需能量为 239 kJ·mol^{-1}，远小于 C–H 键均裂的能量 439 kJ·mol^{-1}，因而反应的第 1 步是 Cl–Cl 键均裂。

链引发　(1) $\overset{\frown}{Cl-Cl} \xrightarrow{hv} 2\,Cl\cdot$

链增长　(2) $Cl\cdot \ + \ H-\overset{\overset{\displaystyle H}{|}}{\underset{\underset{\displaystyle H}{|}}{C}}-H \longrightarrow H-\overset{\overset{\displaystyle H}{|}}{\underset{\underset{\displaystyle H}{|}}{C}}\cdot \ + \ H-Cl$

甲基自由基

$$(3) \quad H-\overset{\overset{\displaystyle H}{|}}{\underset{\underset{\displaystyle H}{|}}{C}}\cdot \;+\; Cl-Cl \longrightarrow H-\overset{\overset{\displaystyle H}{|}}{\underset{\underset{\displaystyle H}{|}}{C}}-Cl \;+\; Cl\cdot$$

氯甲烷

链终止　$(4) \quad Cl\cdot \;+\; \cdot Cl \longrightarrow Cl-Cl$

$$(5) \quad H-\overset{\overset{\displaystyle H}{|}}{\underset{\underset{\displaystyle H}{|}}{C}}\cdot \;+\; \cdot Cl \longrightarrow H-\overset{\overset{\displaystyle H}{|}}{\underset{\underset{\displaystyle H}{|}}{C}}-Cl$$

$$(6) \quad H-\overset{\overset{\displaystyle H}{|}}{\underset{\underset{\displaystyle H}{|}}{C}}\cdot \;+\; \cdot\overset{\overset{\displaystyle H}{|}}{\underset{\underset{\displaystyle H}{|}}{C}}-H \longrightarrow H-\overset{\overset{\displaystyle H}{|}}{\underset{\underset{\displaystyle H}{|}}{C}}-\overset{\overset{\displaystyle H}{|}}{\underset{\underset{\displaystyle H}{|}}{C}}-H$$

　　反应第一阶段称为**链引发**（第 1 步），少量氯气在光照或加热条件下发生氯—氯键均裂，生成两个氯原子，也称氯自由基。氯原子具有单电子，有强烈的电子配对倾向，是活泼**中间体**，它随后从甲烷中夺取一个氢原子形成氯化氢和甲基自由基（第 2 步）。甲基自由基也是有单电子的活泼中间体，它与氯气分子碰撞时夺取一个氯原子，形成氯甲烷和一个新的氯原子（第 3 步），步骤 2 和步骤 3 称为**链增长**，为反应的第二阶段。步骤 3 新形成的氯原子重复进行步骤 2 的反应，整个反应就像链条一样传递下去，不断进行，直至完成。因此自由基反应也称为链式反应 (chain reaction)。随着反应物浓度的降低，自由基之间的碰撞机会增加，这种碰撞一旦发生，自由基消失，链反应就终止了（第 4-6 步），为反应的第三阶段，称为**链终止**。

　　甲烷的这种自由基取代反应机理可以很好地解释所观察到的实验现象。例如反应在暗处和室温下不能进行，是因为链引发需要能量，暗处或室温条件下不能断裂氯—氯键；链增长阶段消耗一个氯原子的同时又会新产生一个氯原子，形成循环，因此即使引发停止，反应也会继续进行，同时产生大量氯甲烷分子。

　　氧气分子含有两个未配对电子，近似于一个双自由基。当体系内存在少量氧气，它会优先与甲基自由基结合，形成活性较低的甲基过氧自由基，使链增长不能进行，只有氧气消耗完以后，链反应才能恢复正常。氧气的存在使反应延迟，这种使反应减慢（延迟）或停止的物质称为**抑制剂 (inhibitor)**，氧气是一种自由基抑制剂。自由基抑制剂的存在会使自由基反应停滞，这是自由基反应的一个显著特征。

$$\cdot CH_3 \;+\; \cdot O-O\cdot \longrightarrow CH_3-O-O\cdot$$

甲基过氧自由基

　　自由基具有单电子，可以产生顺磁信号（一种电磁信号），能被电子顺磁共振 (ESR) 光谱仪捕获，这为自由基机理提供了强有力的实验证据。

2.4.3　甲烷氯代反应的过渡态与活化能

　　在甲烷氯代反应链增长阶段，氯原子与甲烷分子碰撞，体系势能增加，C-H 键逐渐变长，H⋯Cl 键逐渐形成；碳原子逐渐由 sp^3 杂化向 sp^2 杂化转变，∠H-C-H 键角变大，当体系势能升到最高点时达到过渡态；随后 C-H 键断裂，H-Cl 键形成，体系势能下降，生成甲基自由基和氯化氢。

　　链引发也可由少量的自由基引发剂引起。过氧化物 (ROOR)，如二叔丁基过氧化物，是常用的自由基引发剂，它易发生 O-O 键均裂，生成自由基。过氧化物能引发链反应，放出大量的热，这是其易发生爆炸的原因，使用时一定要注意安全。

$$(CH_3)_3C-O-O-C(CH_3)_3$$

二叔丁基过氧化物

$$\longrightarrow 2(CH_3)_3C-O\cdot$$

　　自由基抑制剂有许多，除氧气外，2,2,6,6-四甲基哌啶氮氧化物 (TEMPO) 也是常用的自由基抑制剂。

TEMPO

　　生物体在正常的新陈代谢过程中会产生自由基，如羟基自由基 ($\cdot OH$)，它能促进机体的正常代谢活动。但如果生物体内自由基数量过多，不能及时清除时就会损害机体，导致多种生物分子、细胞和组织的损伤，干扰机体的正常代谢。维生素 C 和 E 能有效地清除细胞内的这类含氧自由基。

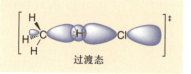
过渡态

类似地，甲基自由基接近氯气分子，体系势能增加，Cl–Cl 键逐渐断裂，C⋯⋯Cl 键逐渐形成，碳原子由 sp^2 杂化向 sp^3 转变，达到过渡态后，自由基电荷分布于碳和氯原子上 (用 δ· 表示)。最后 Cl–Cl 键完全断裂，C–Cl 键形成，得到氯甲烷和氯原子。

甲烷氯代反应链增长过程的自由能图见图 2-6。链增长的第一步活化能为 17 kJ·mol⁻¹，比第二步的活化能 4 kJ·mol⁻¹ 高，是链增长阶段的决速步。虽然第一步能量上是不利的 (需吸收 8 kJ·mol⁻¹ 的热量)，但第二步放出大量的热 (−113 kJ·mol⁻¹) 足以补偿，因而整个链增长阶段是放热的 (−105 kJ·mol⁻¹)，能量上是有利的。

$$CH_4 + Cl· \longrightarrow ·CH_3 + HCl \qquad \Delta H^o = +8\,kJ·mol^{-1}$$
$$·CH_3 + Cl_2 \longrightarrow CH_3Cl + Cl· \qquad \Delta H^o = -113\,kJ·mol^{-1}$$
$$\overline{CH_4 + Cl_2 \longrightarrow CH_3Cl + HCl \qquad \Delta H^o = -105\,kJ·mol^{-1}}$$

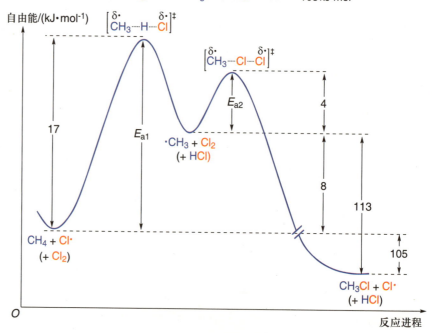

图 2-6 甲烷氯代反应链增长阶段自由能图

2.4.4 高级烷烃的氯代反应

其他烷烃，在光照或加热条件下也能与氯气发生自由基取代反应。如乙烷与氯气发生取代反应产生氯乙烷。

$$CH_3CH_3 + Cl_2 \xrightarrow{hv} CH_3CH_2Cl + HCl \qquad \Delta H° = -117\ kJ·mol^{-1}$$
氯乙烷

丙烷具有两种氢原子，6 个一级氢 (1°H) 和 2 个二级氢 (2°H)，与氯气反应可获得两种取代产物，1-氯丙烷和 2-氯丙烷，其比例如下：

$$CH_3CH_2CH_3 + Cl_2 \xrightarrow{hv} CH_3CH_2CH_2Cl + CH_3\overset{\displaystyle Cl}{\underset{}{CH}}CH_3 + HCl$$

		1-氯丙烷	2-氯丙烷
6个1°H, 2个2°H	预期比例	75%	25%
比例 3：1	实验比例	45%	55%

如果丙烷中所有氢的反应活性相同，则预期的产物比例应为 75：25 (3：1)，但实验结果却是 2°H 被取代的产物 2-氯丙烷更多，这表明 1°H 和 2°H 的反应活性不一样。55% 的 2-氯丙烷由 2 个 2°H 产生，45% 的 1-氯丙烷由 6 个 1°H 产生，据此可计算出 2°H 反应活性是 1°H 的 3.7 倍。

> 在高温下 (如 600 ℃) 氯代反应没有选择性，2°H 和 1°H 的活性差异很小，产物的比例取决于每种氢的个数。

$$\frac{2°H活性}{1°H活性} = \frac{55\%/2}{45\%/6} = 3.7$$

异丁烷的氯代反应也产生两种不同的氯代产物，1-氯-2-甲基丙烷和 2-氯-2-甲基丙烷。

$$CH_3-\overset{\displaystyle CH_3}{\underset{\displaystyle CH_3}{C}}-H + Cl_2 \xrightarrow{hv} CH_3-\overset{\displaystyle CH_2Cl}{\underset{\displaystyle CH_3}{C}}-H + CH_3-\overset{\displaystyle CH_3}{\underset{\displaystyle CH_3}{C}}-Cl + HCl$$

		1-氯-2-甲基丙烷	2-氯-2-甲基丙烷
9个1°H, 1个3°H	预期比例	90%	10%
比例 9：1	实验比例	63%	37%

实验结果也与预期不同，表明 3°H 和 1°H 的反应活性也不相同。按上述处理丙烷类似的方法，可以得出 3°H 反应活性是 1°H 的 5.3 倍。

$$\frac{3°H活性}{1°H活性} = \frac{37\%/1}{63\%/9} = 5.3$$

将 1 当量甲烷和 1 当量乙烷混合，然后与一定量的氯气反应，得到氯甲烷和氯乙烷的比例为 1：400。除去反应概率影响可知，乙烷 H 反应活性是甲烷 H 的 267 倍。

$$CH_4\ (1\ equiv.) + CH_3CH_3\ (1\ equiv.) \xrightarrow{Cl_2 \atop hv} CH_3Cl + CH_3CH_2Cl$$

	实验比例	1	400

$$\frac{乙烷H活性}{甲烷H活性} = \frac{400/6}{1/4} = 267$$

大量的实验事实表明，氢原子氯代反应的活性主要取决于它的种类，而与它所连的具体基团无关 (或影响较小)，如丙烷中的 1°H 几乎与异丁烷中的 1°H 活性相当。总的来说，烷烃氢原子在氯代反应中的活性有如下顺序：3°H>2°H>1°H>CH_4。

思考题 2.2

如何设计一个实验来比较乙烷和新戊烷与氯气反应时氢的相对活性？

2.4.5 烷基自由基稳定性与结构

为什么烷烃中不同级别的氢具有不同的反应活性呢？这与自由基的稳定性有很大的关系。自由基的稳定性与 C-H 键的解离能有关。表 2-4 列出了一些常见共价键的解离能。

表 2-4 常见共价键的解离能 (kJ·mol^{-1})

共价键	解离能	共价键	解离能	共价键	解离能
CH_3-H	439	Ph-H	472	CH_3-I	241
CH_3CH_2-H	423	H-H	435	Ph-Cl	402
$CH_3CH_2CH_2$-H	423	F-F	154	H-F	569
$(CH_3)_2CHCH_2$-H	423	Cl-Cl	239	H-Cl	431
$(CH_3)_2CH$-H	412	Br-Br	190	H-Br	368
$(CH_3)_3C$-H	404	I-I	149	H-I	297
$CH_2=CHCH_2$-H	372	CH_3-F	481	CH_3-CH_3	377
$CH_2=CH$-H	463	CH_3-Cl	350	CH_3CH_2-CH_3	372
$PhCH_2$-H	378	CH_3-Br	302	$(CH_3)_2CH$-CH_3	368

烷基自由基可以通过均裂烷烃中的 C-H 键形成，不同级别氢原子 C-H 键的解离能不同。从表 2-4 可知，同种级别的氢解离能差别不大，如乙烷的 1°H 和丙烷的 1°H。而且，3°H 的解离能小于 2°H，依次小于 1°H。C-H 键解离能小，形成自由基所需的能量就较少，生成的自由基能量就越低，自由基也就越稳定 (图 2-7)。

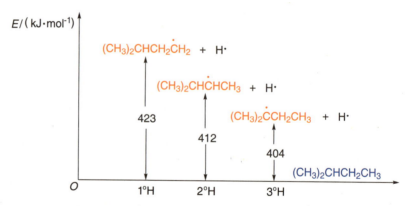

图 2-7 异戊烷均裂 C-H 键形成自由基能量比较图

因此，自由基的稳定性顺序为 3° 自由基 >2° 自由基 >1° 自由基 > 甲基自由基，与相应氢的自由基取代反应活性顺序一致。

自由基的稳定性还与其结构相关。自由基可以看作烷烃除掉一个氢原子所形成的，例如甲基自由基：

甲基自由基

光谱测量表明，甲基自由基为一平面结构，碳原子采取 sp^2 杂化，三个 sp^2 杂化轨道组成一个平面三角形，并与氢原子的 1s 轨道重叠形成三个 C–H σ 键，未杂化的 p 轨道垂直于三角形平面，并被自由基单电子所占据。大多数烷基自由基的结构与之类似。

甲基自由基的一个氢被 CH_3 取代变成乙基自由基时，CH_3 中的 C–H σ 键（轨道）与自由基碳的 p 轨道可以发生侧面重叠（图 2-8），导致 C–H σ 键中的电子部分离域到未填满电子的 p 轨道中。这种由 σ 轨道参与的共轭称为**超共轭**（hyperconjugation）或**超共轭效应**。

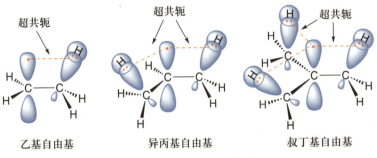

乙基自由基　　　异丙基自由基　　　叔丁基自由基

图 2-8　自由基中的超共轭效应

由于离域作用，其中的电子同时受到多个原子核的束缚，体系稳定性增加。因而超共轭效应增加了自由基的稳定性，超共轭效应越多，自由基就越稳定。叔丁基 (3°) 自由基有 9 个 C–H σ 键可以参与超共轭，电荷离域程度最大，最稳定；异丙基 (2°) 自由基有 6 个 C–H σ 键参与超共轭，稳定性次之；乙基 (1°) 自由基有 3 个 C–H σ 键参与超共轭，稳定性又次之；甲基自由基 C–H σ 键与自由基 p 轨道垂直，不能参与超共轭，因此甲基自由基稳定性最差。稳定性顺序为叔丁基自由基 > 异丙基自由基 > 乙基自由基 > 甲基自由基。

2.4.6　自由基卤代反应的活性和选择性

卤素与烷烃的反应活性不尽相同，相对活性顺序为 $F_2 > Cl_2 > Br_2 > I_2$，这种活性差别主要取决于反应决速步的活化能大小。烷烃自由基取代反应链增长阶段的第 1 步活化能最高，是反应的决速步。

$$R\text{–}H + X\cdot \longrightarrow R\cdot + HX \quad \text{决速步}$$

如下是不同卤素与甲烷反应决速步活化能 (E_a) 与反应热 (ΔH°) 的数据：

			E_a/(kJ·mol⁻¹)	ΔH°/(kJ·mol⁻¹)
$CH_3\text{–}H + X\cdot \longrightarrow \dot{C}H_3 + HX$				
	F		+ 4.2	– 128.9
	Cl		+ 16.7	– 7.5
	Br		+ 75.3	+ 73.2
	I		> + 141	+ 141

在决速步中，氟的反应活化能低，仅为 +4.2 kJ·mol⁻¹，且放出大量的热 (–128.9 kJ·mol⁻¹)。大量的热除去不及时，会破坏第 2 步生成的氟甲烷，因而烷烃直接氟化的反应控制比较困难；碘的反应活化能太高，大于 +141 kJ·mol⁻¹，也很难进行；

氯只需 +16.7 kJ·mol⁻¹ 的活化能，反应易于进行；溴的反应活化能为 +75.3 kJ·mol⁻¹，比氯的反应高，但显著地低于碘，反应仍能发生。因此，烷烃的卤代反应主要是指氯代和溴代反应。

除了反应活性不同外，氯代反应和溴代反应的选择性也存在明显的差异。

$$\text{CH}_3\text{CH}_2\text{CH}_3 \ + \ \text{Br}_2 \ \xrightarrow{h\nu} \ \text{CH}_3\text{CH}_2\text{CH}_2\text{Br} \ + \ \text{CH}_3\overset{\text{Br}}{\underset{|}{\text{CH}}}\text{CH}_3$$

$$\qquad\qquad\qquad\qquad\qquad\qquad 3\% \qquad\qquad 97\%$$

$$\frac{2°\text{H 与 Br}_2 \text{的反应活性}}{1°\text{H 与 Br}_2 \text{的反应活性}} \ = \ \frac{97\%/2}{3\%/6} \ = \ 97$$

$$\text{CH}_3-\overset{\text{CH}_3}{\underset{\underset{\text{CH}_3}{|}}{\overset{|}{\text{C}}}}-\text{H} \ + \ \text{Br}_2 \ \xrightarrow{h\nu} \ \text{CH}_3-\overset{\text{CH}_2\text{Br}}{\underset{\underset{\text{CH}_3}{|}}{\overset{|}{\text{C}}}}-\text{H} \ + \ \text{CH}_3-\overset{\text{CH}_3}{\underset{\underset{\text{CH}_3}{|}}{\overset{|}{\text{C}}}}-\text{Br}$$

$$\qquad\qquad\qquad\qquad\qquad\qquad\qquad < 1\% \qquad\qquad > 99\%$$

以上结果显示，溴代反应的选择性明显高于氯代反应。溴原子夺取 2°H 的反应速率是夺取 1°H 的 97 倍，而氯代反应的仅为 3.7 倍；夺取 3°H 的反应速率更快，异丁烷与溴反应，几乎没有 1°H 被夺取的产物。

为什么溴代反应的选择性如此高呢？这可从相应反应的过渡态得到合理的解释。哈蒙德（George S. Hammond）把过渡态、反应物、中间体和产物关联起来，认为"在简单的一步反应（基元反应）中，过渡态的结构和能量与更接近的那边类似"，这称为 Hammond 假说。过渡态已处于反应势能的最高点，因而 Hammond 假说也可以理解为过渡态的结构与反应物或产物中能量较高的那个相似。简单来说就是放热反应活化能低，反应快，到达过渡态较早，过渡态的结构和能量更接近于反应物，称为早期过渡态（early transition state）；对于吸热反应，活化能较高，反应慢，达到过渡态较晚，过渡态的结构和能量更接近产物，称为晚期过渡态（late transition state）（图 2-9）。

> Hammond 假说的意义在于可以通过反应物、中间体及产物来推断过渡态的结构。

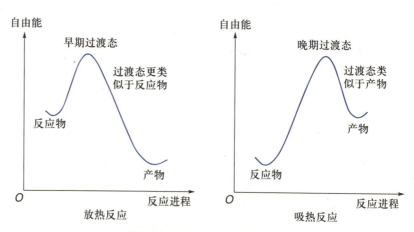

图 2-9 Hammond 假说示意图

丙烷氯代反应中，氯原子活性高，反应活化能低，过渡态到达早，过渡态的结构和能量接近反应物丙烷（图 2-10），受产物（中间体）的影响较小。氯原子夺取 2°H 和 1°H 两种过渡态的能量差别小，仅有 4.2 kJ·mol⁻¹，因而选择性低。

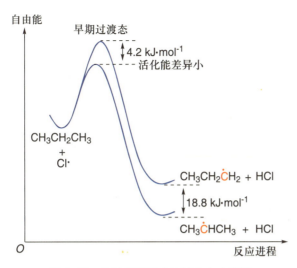

图 2-10　丙烷氯代反应决速步自由能图

　　丙烷溴代反应中，溴原子活性较差，反应活化能高，过渡态到达比较晚，过渡态的结构和能量更接近产物 (自由基中间体) (图 2-11)。2° 自由基和 1° 自由基的结构和能量差别都较大，导致两种过渡态的能量差别较大 (12.6 kJ·mol⁻¹)，溴代反应更加倾向于过渡态能量低的，形成 2° 自由基的路径，因而反应选择性明显提高。

　　温度对氯代和溴代反应的选择性影响较大，在高温时 (如大于 450 ℃)，反应的选择性变差，产物主要与氢原子的多少有关。

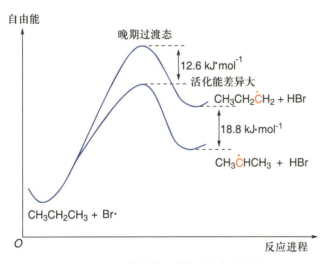

图 2-11　丙烷溴代反应决速步自由能图

　　卤代反应是合成卤代烃的重要方法，产物相对单一、选择性高的卤代反应可用于有机合成。例如过量环戊烷与氯气反应，可以获得较为单一的氯代环戊烷。

93%
氯代环戊烷

思考题 2.3

　　根据表 2-4 中解离能数据，预测如下反应是否容易发生？并分析原因。

$$CH_3I + HI \xrightarrow{hv} CH_4 + I_2$$

2.5　烷烃的氧化反应

烷烃在空气中燃烧，生成二氧化碳和水，同时放出大量的热。

$$C_nH_{2n+2} + \frac{3n+1}{2}\,O_2 \longrightarrow n\,CO_2 + (n+1)\,H_2O + \Delta H°$$

在标准状态下 (298 K，100 kPa)，1 mol 纯的烷烃完全燃烧所放出的热量，称为燃烧热 ($\Delta H°$)。燃烧热可以精确测量，是重要的热力学参数，表 2-5 列出了部分烷烃的燃烧热数据。

天然气的主要成分为甲烷，甲烷的单位热值较高。获得同样热值时甲烷燃烧所产生的二氧化碳少于其他化石燃料，甲烷是相对安全环保的清洁能源。

表 2-5　部分烷烃的燃烧热 (气态)

烷烃	燃烧热/(kJ·mol^{-1})	每个 CH$_2$ 的燃烧热/(kJ·mol^{-1})
CH$_4$	−890.4	−890.4
CH$_3$CH$_3$	−1559.8	−779.9
CH$_3$CH$_2$CH$_3$	−2220.0	−740.0
CH$_3$(CH$_2$)$_2$CH$_3$	−2876.1	−719.0
(CH$_3$)$_2$CHCH$_3$	−2867.7	−716.9
CH$_3$(CH$_2$)$_3$CH$_3$	−3536.3	−707.3
CH$_3$(CH$_2$)$_4$CH$_3$	−4194.5	−699.1

利用烷烃的燃烧热可以比较烷烃异构体的相对稳定性。例如丁烷和异丁烷具有相同的分子式，完全燃烧消耗同样多的氧气，生成同样数量的二氧化碳和水，但丁烷放出的热量更多 (图 2-12)，说明其含有更多的能量，因而支链化的异丁烷在热力学上更稳定。

$\Delta H°/($ kJ·mol$^{-1})$

CH$_3$CH$_2$CH$_2$CH$_3$ + 6$\frac{1}{2}$ O$_2$

−8.4　　(CH$_3$)$_2$CHCH$_3$ + 6$\frac{1}{2}$ O$_2$

−2876.1

4 CO$_2$　+　5 H$_2$O

−2867.7

O　　丁烷　　　　　　　　　　异丁烷

图 2-12　丁烷和异丁烷燃烧热比较

烷烃的选择性氧化目前仍是一个重大的挑战。在一些过渡金属催化剂作用下，可以向烷烃中选择性地引入含氧官能团。例如：

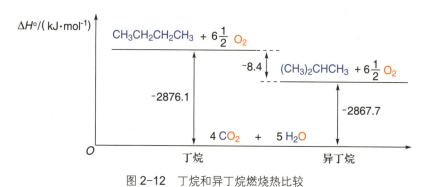

环己酮　　　　　　　　　　　　　　　　Fe(PDP)

2.6   烷烃的热裂解反应

烷烃在高温无氧条件下的分解反应称为热裂解 (pyrolysis)。烷烃的热裂解是一个复杂的自由基过程，碳碳键和碳氢键均可能断裂。烷烃分子越大，越易断裂。分子量大的烷烃，通过热裂解后可以制得汽油，以及甲烷、乙烷、乙烯和丙烯等小分子化合物。虽然热裂解在实验室难以进行，但在石油工业上却非常重要，是石油化工的基础。以己烷为例，热裂解过程大致如下：

$$CH_3CH_2CH_2CH_2CH_2CH_3 \xrightarrow{\triangle} \begin{cases} CH_3CH_2CH_2CH_2\dot{C}H_2 + \dot{C}H_3 \\ CH_3CH_2CH_2\dot{C}H_2 + \dot{C}H_2CH_3 \\ CH_3CH_2\dot{C}H_2 + \dot{C}H_2CH_2CH_3 \end{cases}$$

从表2-4可以看出，断裂C–C键所需能量一般比C–H键的小，因此大分子烷烃断裂C–C键的可能性更大。

热裂解产生的自由基可以相互结合，形成小分子烷烃。例如：

$$\dot{C}H_3 + \dot{C}H_3 \longrightarrow CH_3CH_3$$

$$\dot{C}H_3 + \dot{C}H_2CH_3 \longrightarrow CH_3CH_2CH_3$$

也可以发生自由基间的歧化反应，产生烯烃。例如：

$$\dot{C}H_3 + CH_3\dot{C}H-\dot{C}H_2 \longrightarrow CH_4 + CH_3CH=CH_2$$

热裂解已逐渐被催化裂解所代替，催化裂解可以降低反应温度，提高裂解产品的选择性，从而提高石油的利用率。

2.7   小环烷烃的开环反应

环烷烃的化学性质与开链烷烃类似，一般不与酸、碱或氧化剂反应，例如不能使 $KMnO_4$ 水溶液褪色。但环烷烃能进行自由基取代反应。

$$\triangleright + Cl_2 \xrightarrow{h\nu} \triangleright-Cl$$
氯代环丙烷

环戊烷和环己烷比较稳定，但环丙烷和环丁烷，特别是环丙烷易发生开环反应。例如环丙烷可以被催化氢化为丙烷，与溴及卤化氢发生加成反应等。

$$\triangle + H_2 \xrightarrow[80\ ^\circ C]{Ni} H-CH_2CH_2CH_2-H$$

$$\triangle + Br_2 \xrightarrow{室温} Br-CH_2CH_2CH_2-Br$$

$$\triangle + HBr \longrightarrow H-CH_2CH_2CH_2-Br$$

取代环丙烷的开环反应，一般断裂含有取代基的C–C键。与HX的开环反应，氢加在含氢较多的碳上。

[1.1.1] 螺桨烷 ([1.1.1]propellane) 中三环共用一根 C–C 键，反应活性很高，是合成双环 [1.1.1] 戊烷 (bicyclo[1.1.1]pentane) 骨架化合物重要的前体。双环 [1.1.1] 戊烷骨架具有独特的立体结构，可作为苯基、叔丁基和炔基的电子等排体，广泛用于生物与材料领域。

[1.1.1]螺桨烷
[1.1.1]propellane

双环[1.1.1]戊烷
bicyclo[1.1.1]pentane

环丁烷比环丙烷稳定，不与卤素发生开环反应。环丁烷发生开环反应的条件比环丙烷的剧烈，如在 Ni 催化下，环丁烷在高温下可被氢化为丁烷。

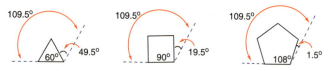

思考题 2.4

根据表 2-5 燃烧热数据，预测甲基环丙烷催化氢化的主要产物。

2.8　环烷烃的稳定性

通常将环烷烃分作小环 (3-4 元环)、普通环 (5-7 元环)、中环 (8-12 元环) 和大环 (13 元环及以上) 烷烃。为什么小环烷烃比较容易开环，而其他环烷烃却比较稳定呢？拜尔 (Adolf von Baeyer) 于 1885 年首先对环烷烃的相对稳定性作了解释，他认为平面型的环烷烃中 $\angle$C-C-C 键角偏离 sp^3 杂化碳原子的键角 (109.5°) 会导致角张力 (图 2-13)，也称 Baeyer 张力。环丙烷偏离最大，成环时压缩键角产生的角张力也最大，因而最不稳定；环戊烷中键角接近 109.5°，几乎没有张力，比较稳定。

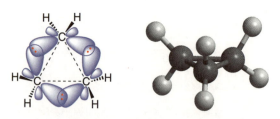

图 2-13　平面型环烷烃键角偏离 sp^3 杂化碳原子示意图

虽然 Baeyer 对环烷烃稳定性的解释不够准确，但他提出的环有张力的概念被广泛接受。事实上，除环丙烷外，其余的环烷烃均不采取平面结构 (参见下一章中环烷烃的构象)。环丙烷虽然三个碳原子中心的连线为 60° 角，但为了尽量满足 sp^3 杂化碳原子的键角要求 (109.5°)，环中碳原子 sp^3 杂化轨道并不像开链化合物中那样沿轴向重叠，而是侧面重叠，形成了"弯曲"的键 (图 2-14)。整个分子像紧绷的弓一样，有恢复成正常键角的张力，因而不稳定，易开环。

環丙烷中 $\angle$C-C-C 键角为 105.5°，$\angle$H-C-H 键角为 114°，C-C 键 (1.52 Å) 比正常烷烃中的 C-C 键 (1.54 Å) 略短。

图 2-14　环丙烷的分子结构

另外，由于环丙烷的平面结构，分子中的 C-H 键之间是重叠的，会相互排斥，产生扭转张力。扭转张力和角张力一起，称为环张力，它使三元环化合物特别不稳定。

环烷烃的燃烧热也反映出它们具有不同的能量与稳定性。虽然燃烧热与烷烃中碳原子的个数有关,但可以比较每个 CH_2 基团的燃烧热来近似地比较烷烃的相对稳定性。长直链烷烃每个 CH_2 基团的燃烧热平均值为 $658.6 \ kJ \cdot mol^{-1}$,以此为参考标准,可以得出环烷烃的相对环张力(以环烷烃燃烧热与直链烷烃燃烧热之差来表示,也称张力能)(表 2-6)。

表 2-6 环烷烃的燃烧热比较

$$(CH_2)_n \quad + \quad \frac{3n}{2} O_2 \quad \longrightarrow \quad nCO_2 \quad + \quad nH_2O \qquad 单位: kJ \cdot mol^{-1}$$

环烷烃	环大小	单个 CH_2 燃烧热	单个 CH_2 的环张力 *	总环张力
环丙烷	3	697.1	38.5	115.5
环丁烷	4	686.2	27.4	109.6
环戊烷	5	664.0	5.4	27
环己烷	6	658.6	0	0
环庚烷	7	662.4	3.8	26.6
环辛烷	8	663.6	5.0	40
环壬烷	9	664.1	5.5	49.5
环癸烷	10	663.6	5.0	50
环十一烷	11	664.5	5.9	64.9
环十二烷	12	659.9	1.3	15.6

* 参考标准为长直链烷烃单个 CH_2 基团的平均燃烧热 $658.6 \ kJ \cdot mol^{-1}$。

从表 2-6 可以看出,环丙烷和环丁烷具有较大的环张力,环戊烷和环庚烷的张力较小,而环己烷则几乎没有张力。

2.9 烷烃的来源

烷烃的主要来源是天然气和石油。天然气的主要成分是甲烷,其次是乙烷和丙烷,以及少量的高级烷烃。石油是各种烷烃、环烷烃和芳香烃的混合物,利用精馏可以将各组分大致分离,得到不同用途的馏分(表 2-7)。

表 2-7 石油馏分组成表

名称	主要成分	沸点范围	典型用途
石油气	$C_1 - C_4$	气体	液化石油气
汽油	$C_5 - C_{12}$	40 - 200 ℃	汽车燃料
煤油	$C_{11} - C_{16}$	200 - 270 ℃	各种燃料
柴油	$C_{15} - C_{18}$	270 - 340 ℃	柴油机燃料
重油	$C_{16} - C_{30}$	凝固点 50 ℃ 以上	润滑剂 / 燃料
焦油 / 沥青	C_{30} 以上	500 ℃ 以上	燃料 / 铺路

煤也是烷烃的重要来源。煤在催化剂作用下加氢可以得到各种烃类燃料,煤制油技术已经成功实现工业化,这为烷烃的来源提供了新的途径。

石油产品往往馏分之间有一定的重叠,馏分组成并不完全固定。

1925 年费歇尔(Franz Fishcer)和托普士(Hans Tropsch)发现,合成气(CO 和 H_2 的混合物)在金属催化剂催化下 CO 发生还原聚合生成烷烃、烯烃和醇类化合物,该方法称为费-托合成(Fischer-Tropsch synthesis)。利用费-托合成可将煤间接液化制得燃油,如基于铁催化剂催化的费-托合成产物中汽油含量可达 70%。

$$CO + H_2 \xrightarrow[\triangle]{[Fe]催化剂} 汽油 + 柴油 + 其他$$

氟利昂破坏臭氧层

臭氧层对于地球上的生物极其重要，它使生物免遭大量来自太阳的高能辐射。在臭氧层中存在如下的平衡：

$$O_2 \xrightarrow{\ h\nu\ } 2\,O \qquad O_2 + O \longrightarrow O_3 \qquad O_3 \xrightarrow{\ h\nu\ } O + O_2$$

氧气在高能太阳辐射下均裂为氧原子，它随后与另外的氧气结合产生臭氧；臭氧吸收 200-300 nm 的紫外光后又分解为氧气和氧原子。这个平衡维持了臭氧层的稳定，使地球免受大量紫外线的照射。

含氟和氯的烷烃，又称氟氯烃或氟利昂 (freons)，常用作制冷剂而被大量使用，破坏了以上平衡，使臭氧含量大为减少，极大地影响了地球的生态平衡。氟利昂破坏臭氧层实际上是一个自由基反应过程，以一氯三氟甲烷为例，链反应如下：

$$\text{链引发}\quad CF_3Cl \xrightarrow{\ h\nu\ } \dot{C}F_3 + Cl\cdot$$

$$\text{链增长}\quad Cl\cdot + O_3 \longrightarrow ClO\cdot + O_2$$

$$ClO\cdot + O \longrightarrow O_2 + Cl\cdot$$

据估计，一个氯自由基可以使 10^5 个臭氧分子发生链反应，因此微量氟氯烃进入大气层都会使臭氧层遭受严重破坏。为了保护环境，含氯氟利昂已被不含氯的制冷剂，如 CF_3CH_2F (HFC-134a)、CH_3CHF_2 (HFC-152a) 及异丁烷等所取代。

汽油辛烷值

汽油在气缸中发生爆燃或爆震会极大地损害发动机，增加汽油的抗爆性能既可提高发动机的效率，又可保护发动机。汽油的抗爆性可用辛烷值 (octane number) 来衡量，辛烷值高，抗爆性好。2,2,4-三甲基戊烷 (商品名异辛烷) 具有很好的抗爆性，其辛烷值定为 100；庚烷的抗爆性较差，辛烷值定为 0。如某汽油的抗爆性能与 90% 异辛烷和 10% 庚烷混合物相当，则其辛烷值为 90。从前提高汽油辛烷值的方法是在汽油中添加四乙基铅，但由于铅的毒性，现已被甲基叔丁基醚代替。近年来发现，乙基叔丁基醚对环境更友好，总体效果更佳。醇类物质 (如乙醇) 也可作为提高汽油辛烷值的添加剂。

思考题 2.5

除氟利昂外，还有哪些卤代烃可能会破坏臭氧层中的臭氧平衡？

📋 本章学习要点

(1) 烷烃的命名。

(2) 烷烃自由基取代反应机理：链引发，链增长和链终止。

(3) 烷烃中氢的自由基取代反应活性：$3^\circ H > 2^\circ H > 1^\circ H > CH_4$。

(4) 自由基的结构和稳定性：超共轭效应越多的自由基越稳定，故稳定性 3° 自由基 > 2° 自由基 > 1° 自由基 > 甲基自由基。

(5) 烷烃卤代反应中卤素的选择性与 Hammond 假说：溴代反应选择性高于氯代反应，溴代反应过渡态的结构和能量更接近产物 (自由基中间体)。

(6) 小环烷烃具有环张力，易发生开环反应。

习题

2.1 标出如下化合物中各种碳的级数。

$$CH_3$$

2.2 给出如下化合物的中英文名称。

(1) $CH_3CH_2CCH_2CHCH_2CH_3$ (带 CH_3 上，CH_3 CH_3 下)

(2) $CH_3CH_2CHCH_2CHCH_2CH_3$ (带 CH_3 上，CH_2CH_3 下)

(3) $CH_3CH_2CHCHCH_2CH_2CH_3$ (带 CH_3 上，$CH_2CH_2CH_3$ 下)

(4) $CH_3CH_2CH_2CH_2CH_2$—△

(5) Me—（环戊烷，Me 上，Me 左，Et 下）

(6) （环戊烷，Me 上，Et 右，Me 下）

(7) Et—（环己烷，Me Me 上，Et 右）

(8) （螺环，Me 上，Et 下）

(9) （双环，Me 上，Et 下）

(10) （桥环，Me 上，Et 右，Me 下）

2.3 写出 3-甲基戊烷一氯代产物所有可能的结构式。

2.4 利用表 2-4 解离能数据，将如下自由基的稳定性排序。

(1) $(CH_3)_3\dot{C}$ (2) $CH_2=CH\dot{C}H_2$

(3) $CH_2=\dot{C}H$ (4) $(CH_3)_2CH\dot{C}H_2$

2.5 写出如下反应的主要产物。

(1) $(CH_3)_2CHCH_2CH_2CH_3 + Br_2 \xrightarrow{hv}$ (?)

(2) ▭—$CH_3 + Br_2 \xrightarrow{hv}$ (?)

(3) ⬠ $\xrightarrow{H_2 / Ni}$ (?)

(4) ⬠ $\xrightarrow{I_2}$ (?)

(5) △—$CH_3 \xrightarrow{Br_2}$ (?)

2.6 甲烷氯代反应链增长有如下两种可能的历程，根据表 2-4 解离能数据，计算每步反应及总反应的反应热，试问哪一种更合理，为什么？

(1) $Cl\cdot + CH_4 \longrightarrow \dot{C}H_3 + HCl$

$\dot{C}H_3 + Cl_2 \longrightarrow CH_3Cl + Cl\cdot$

$CH_4 + Cl_2 \longrightarrow CH_3Cl + HCl$

(2) $Cl\cdot + CH_4 \longrightarrow CH_3Cl + H\cdot$

$H\cdot + Cl_2 \longrightarrow HCl + Cl\cdot$

$CH_4 + Cl_2 \longrightarrow CH_3Cl + HCl$

2.7 乙烷的氯代反应，其链增长第 1 步为决速步，反应热为 $-9\ kJ\cdot mol^{-1}$，第 2 步反应热为 $-108\ kJ\cdot mol^{-1}$，试画出其链增长反应过程的自由能图，标明反应物、过渡态、中间体和产物的相对位置。

2.8 比较如下反应的反应速度，并给出合理的解释。

(1) $CH_3CH_2CH_3 + Br\cdot \longrightarrow CH_3\dot{C}HCH_3 + HBr$

(2) $CH_3CH_3 + Br\cdot \longrightarrow CH_3\dot{C}H_2 + HBr$

(3) $(CH_3)_2CHCH_3 + Br\cdot \longrightarrow (CH_3)_3\dot{C} + HBr$

2.9 辛烷、2-甲基庚烷、2,2-二甲基己烷、2,2,3,3-四甲基丁烷的燃烧热分别为 $-5470.6\ kJ\cdot mol^{-1}$，$-5465.6\ kJ\cdot mol^{-1}$，$-5458.4\ kJ\cdot mol^{-1}$ 和 $-5451.8\ kJ\cdot mol^{-1}$，试将其稳定性由小到大排序。

2.10 化合物 A 和 B 的分子式均为 C_5H_{12}，A 在光照下与氯气反应只能得到一种单氯代产物，而 B 在相同的条件下得到三种一氯代产物，写出 A 和 B 的结构式。

2.11 1-溴丙烷进行二溴代反应，产生如下三种二溴代产物，试计算每种氢的相对反应活性，并给出合理的解释。

$CH_3CH_2CH_2Br \xrightarrow{Br_2 / hv} CH_3CH_2CHBr_2 +$
90%

$CH_3CHCHBr$（Br 上）$CH_2Br + BrCH_2CH_2CH_2Br$
8.5%   1.5%

2.12 写出如下反应的机理，并根据表 2-4 中的解离能数据，计算每步反应的反应热及总反应的反应热 $\Delta H^\ominus$。

$CH_4 + Br_2 \xrightarrow{hv} CH_3Br + HBr$

2.13 在光照下 CH$_4$ 也可以与 (CH$_3$)$_3$COCl 反应生成 CH$_3$Cl
      和 (CH$_3$)$_3$COH，其链引发步骤如下，试写出反应的
      链增长步骤。

$$CH_4 \ + \ (CH_3)_3COCl \ \xrightarrow{h\nu} \ CH_3Cl \ + \ (CH_3)_3COH$$

链引发 $(CH_3)_3COCl \ \xrightarrow{h\nu} \ (CH_3)_3CO\cdot \ + \ Cl\cdot$

2.14 在痕量 Br$_2$ 存在下，^{n}Bu$_3$SnH 可将卤代烃还原为烷烃，
      根据如下解离能数据，写出该自由基还原反应的机
      理，并计算每步反应的反应热 ΔH^o。

解离能/		
(kJ·mol^{-1})	Br–Br	190
	H–Br	368
	^{n}Bu$_3$Sn–Br	552
	^{n}Bu$_3$Sn–H	310

环己烷–H 397
环己烷–Br 285

立体化学

第 3 章

立体化学

立体化学 (stereochemistry) 是研究分子中原子或基团在三维空间中取向及排列顺序的化学，包括分子本身的立体结构 (静态立体化学)、分子在反应中立体选择性及其相关规律和应用 (动态立体化学) 的科学。本章主要学习静态立体化学的相关内容，动态立体化学将结合后续各章中具体反应讲述。

3.1 构象和构象异构体

构象 (conformation) 是由于分子中单键的"自由"旋转而引起原子或基团产生不同的空间排列形式。**构象异构体** (conformation isomer) 是由分子中单键旋转而产生的异构体，这些异构体在室温下不能分离。

3.1.1 链状烷烃的构象

乙烷的构象

为了更直观地表现分子的构象，常用**楔形式** (wedge)，**锯架式** (sawhorse) 和**纽曼** (Newman) 投影式来表示。在楔形式中，细实线表示处于纸平面上的键，楔形虚线表示朝向纸平面后的键，楔形实线则表示朝向纸平面外的键 [图 3-1 (a)(d)]；锯架式是

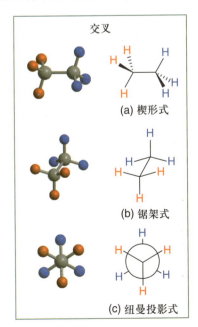

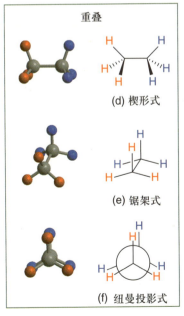

图 3-1　乙烷的交叉式和重叠式构象

从 C-C 键轴斜 45°方向观察,每个碳原子上的其他三根键夹角均为 120° [图 3-1 (b) (e)];纽曼投影式是沿着 C-C 键的方向观察分子,前面的碳原子用点表示,后面的碳原子用圆圈表示,碳原子上的其他三根键的夹角均为 120° [图 3-1 (c)(f)]。

在具有不同构象的烃类中,乙烷的结构是最简单的,它具有两种典型构象:交叉式和重叠式 (图 3-2)。在交叉式构象中,其中一个碳原子的每一个 C-H 键分别平分另一个碳上对应的 H-C-H 键角;而在重叠式构象中,一个碳的 C-H 键都和另一个碳原子上对应的 C-H 键在同一个平面内。用纽曼投影式可以将这种关系简单地用相邻碳原子上的 C-H 键的旋转角度 (φ) 来表示。在交叉式构象中,φ 为 60°,而在重叠式构象中,φ 为 0°。

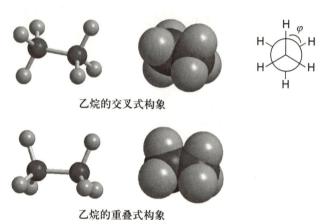

乙烷的交叉式构象

乙烷的重叠式构象

图 3-2   乙烷的两种构象

乙烷的重叠式构象和交叉式构象虽然存在 12 kJ·mol⁻¹ 的势能差,但这个势能差很小,室温下完全可以通过分子热运动产生的能量 (约 84 kJ·mol⁻¹) 来克服;因此,室温下这两种构象可以通过 C-C 键的旋转发生快速的相互转变,无法分离。

乙烷的两个典型构象中,交叉式构象比重叠式构象更稳定,对此有两种主要的解释:一是认为相邻原子的排斥作用使重叠式的稳定性降低。根据计算,乙烷的重叠式构象中两个碳原子上氢原子之间的距离为 2.29 Å,小于二者的范德华半径之和 (2.40 Å),这种由原子间空间距离太近而导致分子不稳定的现象称为**范德华斥力** (van der Waals strain) 或**空间位阻** (steric hindrance);二是重叠式的 C-H σ 键电子云存在排斥作用,而产生了**扭转张力** (torsional strain)。这两种效应共同作用使得交叉式成为优势构象。这两种构象能量差约为 12 kJ·mol⁻¹,可以认为每一对重叠的 C-H 键贡献了 4 kJ·mol⁻¹ 的能量。

理论上,乙烷由于其 C-C 键可以自由旋转而有无数个构象,图 3-3 展示了围绕 C-C 键旋转 360°的过程中乙烷分子的能量变化。整个过程中,三个等价的重叠式构象位于势能曲线的最高点,三个等价的交叉式构象位于势能曲线的最低点。位于势能曲线最低点上的构象被称为**稳定构象** (stable conformation)。通常几乎所有的乙烷分子都处于交叉式构象,仅有极少数的分子处于重叠式构象。

丁烷的构象

以 C2-C3 键为轴旋转,丁烷存在四种极限构象。在两种交叉式构象中,两个甲基处于相邻的状态为邻位交叉式 [图 3-4 (a)];两个甲基处于反式的状态为对位交叉式 [图 3-4 (b)]。这两种构象不存在扭转张力,但在邻位交叉式中,两个甲基上氢原子的距离为 2.10 Å,小于它们的范德华半径之和 (2.40 Å),因此两个甲基上氢原子之间存在范德华斥力。范德华斥力使邻位交叉式构象比对位交叉式构象的能量高约 3.3 kJ·mol⁻¹,因此丁烷的稳定构象为对位交叉式。

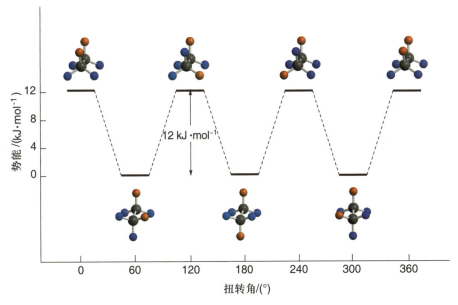

图 3-3 乙烷以 C-C 键旋转过程中的势能变化关系图

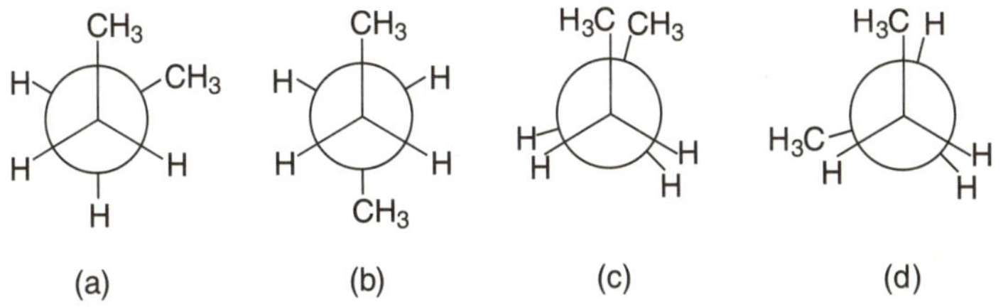

图 3-4 丁烷以 C2-C3 键为轴旋转的四种极限构象

而两种重叠式构象都存在扭转张力，完全重叠式[图 3-4 (c)]中两个体积较大的甲基距离较近，扭转张力和范德华斥力均达到最高，因此能量最高；部分重叠式[图 3-4 (d)]能量相对较低，但均比交叉式构象的能量要高。

图 3-5 展示了沿 C2-C3 键旋转引起丁烷分子的势能变化。通常情况下，丁烷分子大都处于交叉式构象，而且更加倾向处于对位交叉式。最高势能点完全重叠式比对位交叉式的能量高 25 kJ·mol⁻¹，这部分的能量是三对重叠键的扭转张力（12 kJ·mol⁻¹）和两个重叠甲基的空间位阻效应共同贡献的。这个能量仍可以在室温下被分子热运动的能量克服，所以这些构象也可以相互转化而不能被分离。

更高级直链烷烃的构象

与丁烷类似，在更长的直链烷烃的构象中，完全交叉式构象也通常是最稳定的。从侧面看戊烷和己烷的最稳定构象的主链碳以"之"字形排列 (图 3-6)，所有的键都是交错式的，以 C-C 键为单元作完全交叉式排列。

3.1.2 环状烷烃的构象

除环丙烷外，环烷烃不是简单的平面结构，而是折叠的三维构象，使键角接近 109.5°（相邻 sp³ C-H 键的夹角）。小环烷烃中存在着角张力和扭转张力，环中碳原子无法通过三维折叠达到或接近理想键角。对于大多数环烷烃，特别是中环 (C₈-C₁₂) 环烷烃，相邻碳上 H-H 构象重叠引起的扭转张力和非键原子之间的排斥

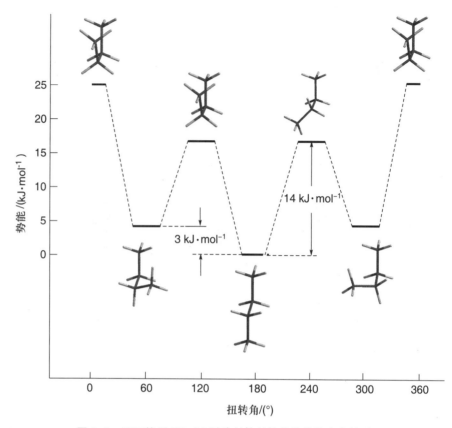

图 3-5　正丁烷以 C2–C3 键为轴旋转构象的势能变化关系图

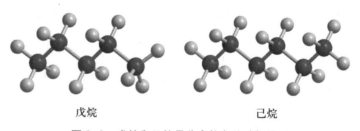

戊烷　　　　　　　　　　　　　　己烷

图 3-6　戊烷和己烷最稳定构象的球棍模型

引起的**跨环张力** (transannular strain) 是影响其稳定性的最重要的因素。因此，环烷烃的环张力是角张力、扭转张力、跨环张力的总和。

环丙烷的构象

环丙烷的构象比其他环烷烃要简单得多 (图 3-7)。环丙烷的三个碳原子在几何上必然是共平面的。但环丙烷 C–C 键中的电子云密度不是沿核间轴分布，而是沿两个碳原子之间的弧分布，形成 "弯曲" 的化学键。键角偏离了正常的四面体键角，由此产生了角张力。此外，由于环丙烷相邻碳原子上的 C–H 键全部采取重叠式构象，因而具有相当大的扭转张力。在角张力和扭转张力的共同作用下，环丙烷产生了所有环中最大的环张力。

环丁烷的构象

环丁烷的四个碳原子并不在一个平面，一个碳原子位于其他三个碳原子所在平面上方 25 Å 处 (图 3-8)。这种轻微弯曲的效果增加了角张力，但减少了扭转张力，直到二者之间达到能量最低的平衡。

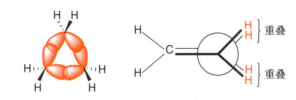

图 3-7 环丙烷的构象

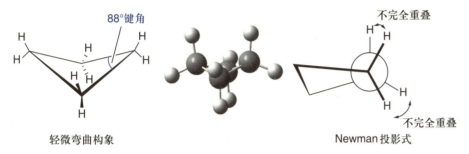

图 3-8 环丁烷的构象

环戊烷的构象

拜耳曾预测环戊烷几乎无环张力，但实际上它的总张力能为 27.2 kJ·mol⁻¹。虽然平面环戊烷几乎没有角张力，但它有很大的扭转张力，因为 5 个 C–H 键在环上方重叠，另一组 5 个 C–H 键在环下方重叠。因此，环戊烷采用非平面构象 (图 3-9)，在增加角张力和减少扭转张力之间达到平衡，能量更低。而图 3-10 (a) 是环戊烷的平面构象。

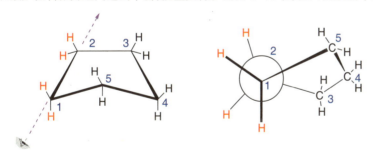

图 3-9 环戊烷的非平面构象

环戊烷的两种非平面构象，信封型构象 [图 3-10 (b)] 和半椅型构象 [图 3-10 (c)] 具有相似的能量。在信封型构象中，四个碳原子共面。第五个碳原子在平面之外。在半椅型构象中有三个共面碳原子，另外两个碳原子分别位于平面两侧。在信封型构象

> 信封型构象可以理解为环戊烷的四个碳原子在一个平面上，另一个碳原子在该平面以外的构象；半椅型构象可以理解为环戊烷的三个碳原子在一个平面上，另外两个碳原子在该平面两侧的构象。

(a) 平面构象　　(b) 信封型构象　　(c) 半椅型构象

图 3-10 环戊烷的几种典型构象

和半椅型构象中，平面内和平面外的碳原子快速交换位置。环戊烷不同构象之间的平衡转化非常快，转换速率与乙烷 C–C 键旋转的速率相似。

总的来说，环戊烷的环张力相对较小，其 C–C 键强度为 339.1 kJ·mol⁻¹，接近链状烷烃的 C–C 键键能 (368.4 kJ·mol⁻¹)。因此，它没有表现出三元或四元环的异常反应性。

环己烷及取代环己烷的构象

环己烷是有机化学中最常见、最重要的结构单元之一。它的衍生物存在于许多天然产物中，了解它的构象是有机化学的一个重要课题。

椅型构象是环己烷诸多构象中能量最低、稳定性最高的，所有的 C–C 键键角都接近正常的四面体键角 109.5°，且所有相邻的 C–H 键都是交叉排列的，因此椅型构象的环己烷既无角张力又无扭转张力 (图 3-11)。

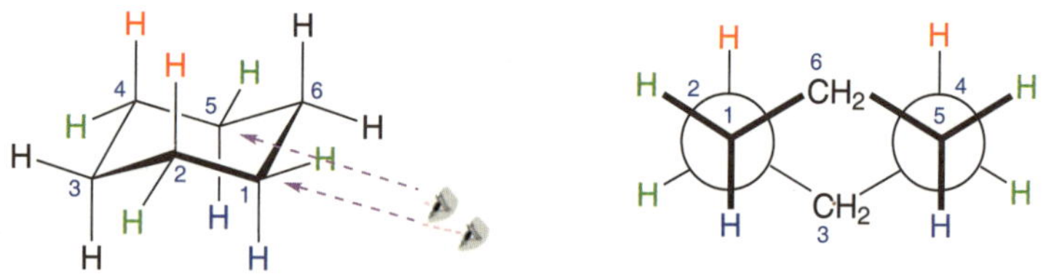

> 椅型构象可以理解为环己烷中两组三个相间的碳原子组成的平面相互平行的构象；也可理解为任意三个相邻碳原子构成的平面与另外三个碳原子构成的平面相互平行的构象。

图 3-11　环己烷的椅型构象

> 船型构象可理解为环己烷中间四个碳原子共平面，两端的碳原子位于该平面同侧的构象。半椅式构象可理解为环己烷五个碳原子共平面，另外一个碳原子在该平面以外的构象。扭船式构象可理解为环己烷任意三个相邻碳原子构成的平面与另外三个碳原子构成的平面形成的二面角为 30° 的构象。

环己烷同样可以采取其他不太稳定的构象。其中比较重要的一种是船型构象 (图 3-12)，即 C1 和 C4 在同一方向的纸面外。船型构象比椅型构象的能量高 28.9 kJ·mol⁻¹，主要是因为船的底部八个氢原子的重叠及 C1 和 C4 上氢原子的空间位阻 (这两个氢之间的距离只有 1.83 Å，可以产生大约 12.6 kJ·mol⁻¹ 的排斥力，这种张力称为跨环张力)。船型环己烷骨架是相当柔韧的，如果一个 C–C 键相对于另一个发生扭曲，得到的新构象称为环己烷的扭船型构象 [图 3-13 (a)]。这种形式可以部分去除两个氢之间的跨环张力。除此之外，环己烷还存在一个能量最高的半椅型构象，此时环己烷的五个碳原子在同一个平面，另一个碳原子在这个平面之外 [图 3-13 (b)]。

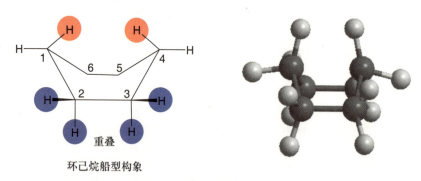

重叠

环己烷船型构象

图 3-12　环己烷的船型构象

图 3-14 是环己烷椅型-椅型构象转变能量关系图。首先，椅型构象转化为扭船构象。在这一步中，环己烷经过了一个能量更高的半椅型构象，然后两种扭船构象可以通过船型构象相互转换，之后通过另一个半椅型构象再次转变为椅型构象。扭船构象是椅型-椅型构象转变过程中的中间体 (与过渡态不同，中间体不是势能的最

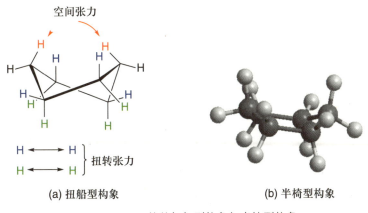

(a) 扭船型构象   (b) 半椅型构象

图 3-13   环己烷的扭船型构象与半椅型构象

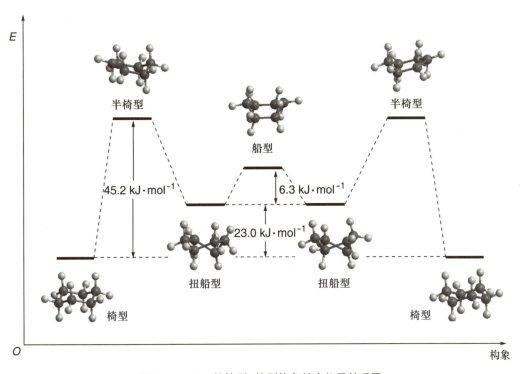

图 3-14   环己烷椅型-椅型构象转变能量关系图

大值，而是势能剖面上的局部最小值）。半椅型构象有最大的环张力，因此能量最高。
椅型构象和半椅型构象之间的能量差为 45.2 kJ·mol⁻¹。这是一个非常快速的过程，在
25 ℃下半衰期为 10^{-5} s。

　　环己烷的椅型构象模型表明该分子的 C1、C3、C5 共平面，C2、C4、C6 也共平面。
环己烷上的氢也可分为两种：轴向位置的氢和平伏位置的氢（图 3-15）。

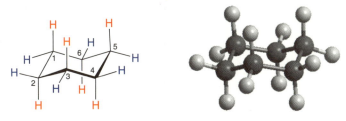

图 3-15   环己烷的椅型构象模型

从图 3-15 可以看出，椅型环己烷中每个碳原子都有一个轴向氢原子(a 键氢，axial) 和一个平伏氢原子(e 键氢，equatorial)。此外，由 C1、C3、C5 和 C2、C4、C6 形成的两个平面各有交替排列的三个 a 键氢和三个 e 键氢。

环己烷存在着椅型–椅型构象相互转换。环己烷上所有位于平伏键的氢可通过这种转换全部变为直立键，反之亦然 (图 3-16)。例如，溴代环己烷中处于直立键的溴可以通过环翻转变为平伏键 (图 3-17)。由于椅型构象相互转化的能垒仅为 45.2 kJ·mol^{-1}，快速转换在室温下就可完成，所以宏观上看到环己烷是单一结构，而不是不同的直立键和平伏键的异构体。

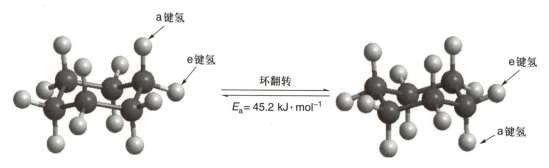

图 3-16　环己烷椅型–椅型构象相互转换

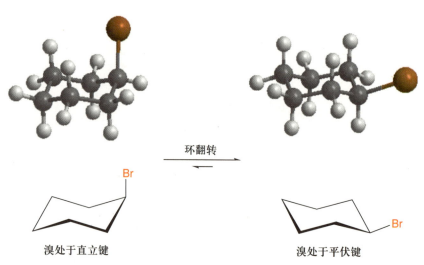

溴处于直立键　　　　　　　　　　　　　　　　　　　溴处于平伏键

图 3-17　溴代环己烷椅型–椅型构象相互转换

单取代环己烷的构象

尽管环己烷在室温下存在椅型构象之间的快速翻转，但单取代环己烷的两种椅型构象并不是同样稳定的。以甲基环己烷为例，当甲基位于 e 键时，其能量要比位于 a 键时低 7.5 kJ·mol^{-1}。其他单取代环己烷也是如此：取代基在 e 键几乎总是比在 a 键更稳定。

根据热力学平衡方程 $\Delta G = -RT\ln K$ (ΔG 是二者的能量差，K 是二者之间相互转变的平衡常数)，计算可知，7.5 kJ·mol^{-1} 的能量差意味着在任何给定的时刻，甲基位于 e 键的占 95%，而位于 a 键的只有 5%。a 键与 e 键之间的能量差是由 1,3-双直立键相互作用引起的。C1 上的 a 键甲基与 C3 和 C5 上的 a 键氢原子距离太近，产生了 7.5 kJ·mol^{-1} 的空间张力 (图 3-18)。

根据热力学平衡方程，当已知两种构象的能量差异时，可以计算热力学平衡时两种构象的比例 (k_e/k_a)，以上述甲基环己烷为例 (室温 298.15 K)：

$$-7.5 \times 10^3 \text{ J·mol}^{-1} = (-8.314 \times 298.15) \text{ J·mol}^{-1} \times \ln\frac{k_e}{k_a}$$

$$\frac{k_e}{k_a} = 20.6$$

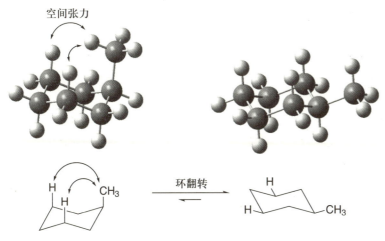

图 3-18 甲基环己烷的椅型构象分析

在单取代环己烷中，1,3-双直立键相互作用的大小取决于取代基的性质和大小，如表 3-1 所示。随着烷基的增大，其空间张力也随之增大。

表 3-1 单取代环己烷中的空间张力

Y	1,3-双直立键相互作用/(kJ·mol^{-1})
F	0.5
Cl，Br	1.0
OH	2.1
CH$_3$	3.8
CH$_2$CH$_3$	4.0
CH(CH$_3$)$_2$	4.6
C(CH$_3$)$_3$	11.4
C$_6$H$_5$	6.3
COOH	2.9
CN	0.4

二取代及多取代环己烷的构象

单取代环己烷在其取代基处于 e 键时总是比较稳定，而二取代环己烷的情况则比较复杂，因为必须考虑两种取代基的空间效应。在决定哪种构象更有利之前，必须分析两种可能的椅型构象的所有空间相互作用。

以 1,2-二甲基环己烷为例，它有顺式和反式两种异构体，需分别讨论其构象。在顺-1,2-二甲基环己烷中，两个甲基都在环的同一面上，并且化合物可以存在图 3-19 所示的两种椅型构象中的任何一种（这两种构象是等价的）。

顺-1,2-二甲基环己烷的两种椅式构象均有一个位于 a 键的甲基和一个位于 e 键的甲基。图 3-19 中上面的构象在 C1 处有一个 a 键甲基，它与 C3 和 C5 上的氢原子有 1,3-双直立键相互作用。图 3-19 中下面的构象在 C2 上有一个 a 键甲基，它与 C4 和 C6 上的氢有 1,3-双直立键相互作用。此外，两种构象在两个甲基之间都有扭转张力。两种构象能量相等，总张力为 11.4 kJ·mol^{-1}。

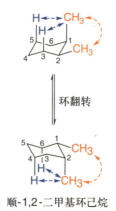

两个甲基相互作用：3.8 kJ·mol^{-1}
甲基与氢之间相互作用：7.6 kJ·mol^{-1}
总张力：3.8 kJ·mol^{-1} + 7.6 kJ·mol^{-1} = 11.4 kJ·mol^{-1}

环翻转

两个甲基间相互作用：3.8 kJ·mol^{-1}
甲基与氢之间相互作用：7.6 kJ·mol^{-1}
总张力：3.8 kJ·mol^{-1} + 7.6 kJ·mol^{-1} = 11.4 kJ·mol^{-1}

顺-1,2-二甲基环己烷

图 3-19　顺-1,2-二甲基环己烷的椅型构象分析

而在反-1,2-二甲基环己烷中，两个甲基位于环的相反面上，化合物能以图 3-20 所示的两种椅型构象存在。这种情况与顺式同分异构体的情况有很大的不同。图 3-20 上面的构象中，两个甲基都在 e 键，它们之间只有两个甲基间 3.8 kJ·mol^{-1} 的扭转张力，没有 1,3-双直立键相互作用。图 3-20 下面的构象中两个甲基都在 a 键。C1 上的 a 键甲基与 C3 和 C5 上的 a 键氢相互作用，C2 上的 a 键甲基与 C4 和 C6 上的 a 键氢相互作用。这 4 种 1,3-双直立键相互作用产生的张力为 15.2 kJ·mol^{-1}，使得双 a 键构象不如双 e 键构象有利。因此，反-1,2-二甲基环己烷中几乎只存在双 e 键构象。

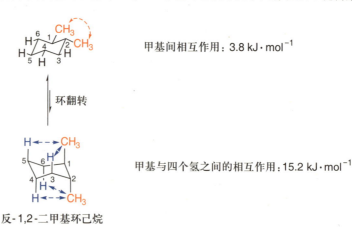

甲基间相互作用：3.8 kJ·mol^{-1}

环翻转

甲基与四个氢之间的相互作用：15.2 kJ·mol^{-1}

反-1,2-二甲基环己烷

图 3-20　反-1,2-二甲基环己烷的椅型构象分析

根据以上探讨也可以对 1,3-二甲基环己烷和 1,4-二甲基环己烷做构象分析。对于 1,3-二甲基环己烷，顺-1,3-二甲基环己烷有两个不等价的构象，且两个甲基均位于 e 键的构象更稳定，而反-1,3-二甲基环己烷则有两个等价构象 (图 3-21)。

在两种 1,4-二甲基环己烷中，顺-1,4-二甲基环己烷有两个等价的构象，而反-1,4-二甲基环己烷有两个不等价构象。两个甲基均位于 e 键的构象更为稳定 (图 3-22)。

当二取代环己烷中的两个取代基不同时，情况则更为复杂。以顺-1-叔丁基-4-氯环己烷为例，此时两种椅型构象不再等价 (图 3-23)。左边的构象中，叔丁基在 e 键而氯在 a 键，而在右边的构象中，叔丁基在 a 键而氯在 e 键。由于叔丁基和氯位于 a 键时产生的 1,3-双直立键相互作用的大小不同，这些构象能量不相等。从表 3-1 可以看出，氢与叔丁基的 1,3-双直立键相互作用为 11.4 kJ·mol^{-1}，而氢与氯的 1,3-双直立相互作用仅为 1.0 kJ·mol^{-1}。因此，化合物优先采用氯在 a 键和叔丁基在 e 键的构象。

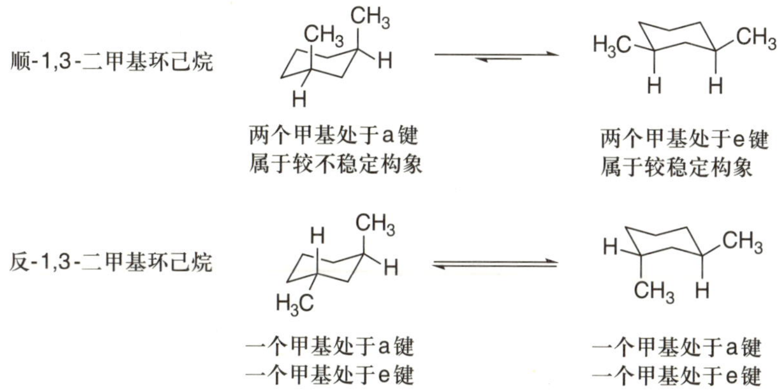

图 3-21 1,3-二甲基环己烷的椅型构象分析

顺-1,3-二甲基环己烷

两个甲基处于a键
属于较不稳定构象

两个甲基处于e键
属于较稳定构象

反-1,3-二甲基环己烷

一个甲基处于a键
一个甲基处于e键

一个甲基处于a键
一个甲基处于e键

顺-1,4-二甲基环己烷

一个甲基处于a键
一个甲基处于e键

一个甲基处于a键
一个甲基处于e键

反-1,4-二甲基环己烷

两个甲基都处于a键
属于较不稳定构象

两个甲基都处于e键
属于较稳定构象

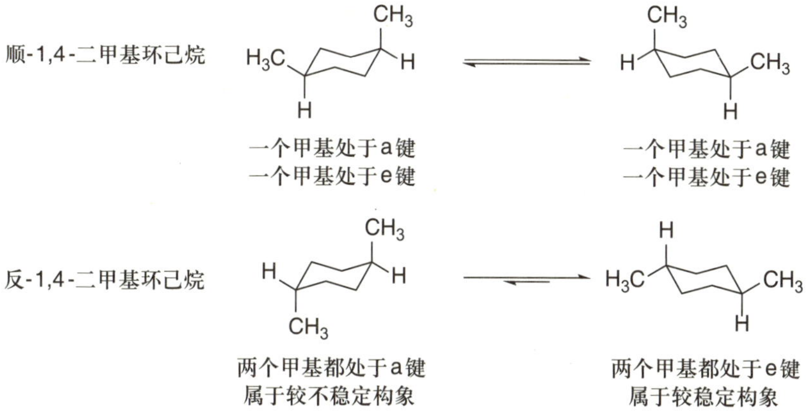

图 3-22 1,4-二甲基环己烷的椅型构象分析

构象翻转

$2 \times 1.0 \ kJ \cdot mol^{-1} = 2.0 \ kJ \cdot mol^{-1}$空间张力

$2 \times 11.4 \ kJ \cdot mol^{-1} = 22.8 \ kJ \cdot mol^{-1}$空间张力

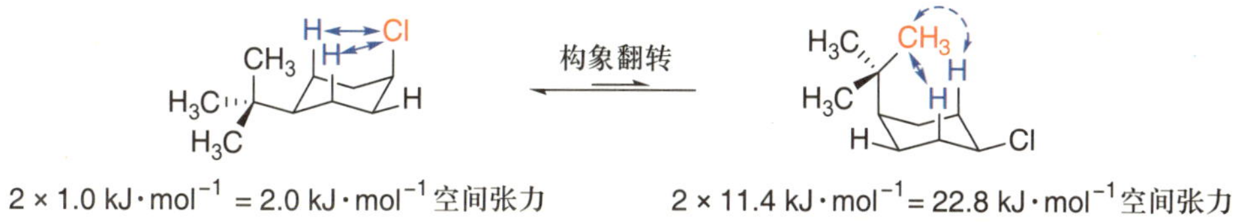

图 3-23 顺-1-叔丁基-4-氯环己烷的椅型构象分析

多取代环己烷也可以采取同样的方式进行构象分析。随着取代基数量的增加，情况会变得更加复杂，但一个通用的原则是：大位阻取代基处于 e 键的构象更稳定。例如葡萄糖和甘露糖比较，显然葡萄糖的构象更稳定一些 (图 3-24)。

葡萄糖

甘露糖

图 3-24 葡萄糖和甘露糖的构象

多环烷烃的构象

多环烷烃的构象能以十氢化萘为例来说明。十氢化萘由两个环己烷并环组成，根据并环位点氢原子的立体化学关系可以分为顺式和反式两种异构体。在顺式十氢化萘中，桥头碳上的氢原子在环的同一面；在反式十氢化萘中，桥头碳上的氢原子在环的两侧。图 3-25 给出了两种化合物的椅型构象。值得注意的是，顺式和反式十氢化萘不能通过环翻转或其他操作相互转变，它们是一对立体异构体。

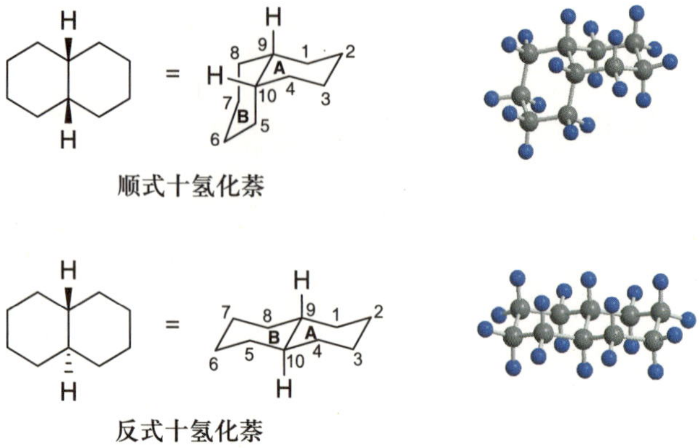

顺式十氢化萘

反式十氢化萘

图 3-25   十氢化萘的构象分析

顺式和反式十氢化萘的稳定性可以如下分析：把十氢化萘看作两个环，A 环与 B 环，C1、C4 看作 B 环的取代基，C5、C8 看作 A 环的取代基。在反式十氢化萘中，这些取代基均占平伏键。在顺式十氢化萘中，C4 对 B 环是平伏键，但 C1 对 B 环是直立键；C8 对 A 环是平伏键，但 C5 对 A 环是直立键。根据上述分析，反式十氢化萘比顺式十氢化萘更加稳定。

3.2   构型和立体异构体

构型 (configuration)，又称分子空间结构，是给定构造的分子中各原子在空间的排列情况，并且这种空间结构在既定条件下可以被区分。**立体异构体** (stereoisomer) 是指具有相同原子连接顺序，但原子在空间排列取向不相同的异构体。分子可以通过单键的旋转实现构象的变化。但分子的构型必须通过化学键的断裂和形成才能改变。

3.2.1   对映异构体

互为镜像关系而不能重合的立体异构体称为**对映异构体**，简称**对映体** (enantiomer)。这种物体不能和其镜像重合的现象称为**手性** (chirality 或者 handedness)(图 3-26)。手性广泛存在于物质世界，是自然界的基本属性之一。自然界有很多物质都是手性的，例如，人类的左手和右手互为镜像，却不能重合，因此左手的手套很难戴在右手上。此外，脚，蛋白质、DNA 等都存在手性现象。

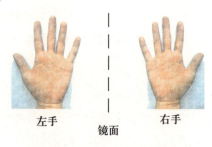

左手   镜面   右手

图 3-26   左手与右手的镜像关系

在非手性环境中，两个对映体不仅具有相同的物理性质，化学性质也基本相同，如 (R)-2-溴代丁烷和 (S)-2-溴代丁烷具有相同的沸点、熔点、折射率、密度。只有当对映体与其他手性分子作用时才会表现出明显的差异。

思考题 3.1

为什么一对对映异构体大多表现出不同的生理活性？

手性与旋光性

光波是一种光振动方向与其前进方向垂直的电磁波。一般光源发出的光，其光波在与光传播方向垂直的所有方向上振动，这种光称为自然光 (图 3-27)。自然光通过**尼科耳棱镜 (Nicol prism)** 或人造偏振片时，一部分光线被阻挡，只有与棱镜晶轴平行的平面上振动的光线才能通过，形成只在一个方向上振动传播的平面光。这种平面光称为**平面偏振光 (plane polarized light)**，简称"**偏振光**"(图 3-28)。

图 3-27 光波与自然光　　图 3-28 自然光与偏振光

当偏振光通过含有手性化合物的溶液时，偏振光可以发生旋转，手性化合物使偏振光发生旋转的性质称为**光学活性**或**旋光活性 (optical activity)**，使偏振光旋转的物质称为**旋光活性物质 (optically active substance)** (图 3-29)。对映异构体会使平面偏振光的旋转方向相反，大小相等，因此也被称为**旋光异构体 (optical isomer)**。

平面偏振光可以被分解成两个旋转方向相反的圆偏振光，这两个圆偏振光经过手性物质 (包括手性物质溶液) 的速率不一样 (折射率不同)，这样产生了相位的变化，合成出来以后产生了旋光。

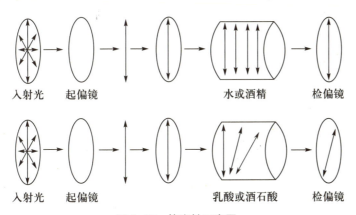

图 3-29 旋光性示意图

旋光法区分对映体的原理是基于两个对映体对平面偏振光的旋转方向相反。使偏振光左旋 (逆时针) 的对映体称为左旋体，用"(-)"或"*l*"表示；使偏振光右旋 (顺时针) 的对映体，称为右旋体，用"(+)"或"*d*"表示。例如甲状腺激素有一对对映异构体，(−)-甲状腺激素可以影响人体内细胞的新陈代谢，而 (+)-甲状腺激素不具有该作用。在实验室中，我们可以通过观察偏振光的旋转方向来区分这两种对映体。

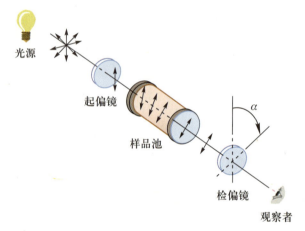

| (−)-甲状腺激素 | 镜面 | (+)-甲状腺激素 |
| 使偏振光向左偏转 | | 使偏振光向右偏转 |

旋光度与比旋光度

旋光性物质使偏振光振动平面旋转的角度称为**旋光度** (optical rotation)，用 "α" 表示。实验室可以利用旋光仪测量化合物的旋光度 (图 3–30)。早期旋光仪一般由光源、起偏镜、样品池、检偏镜、目镜组成，现在多采用自动化旋光仪，直接读取示数。

光源

起偏镜

样品池

α

检偏镜

观察者

图 3–30 旋光仪示意图

旋光度除了与样品自身性质相关，还受到温度、待测液浓度、光的波长、样品池的长度、溶剂等因素影响。因此，非特定条件下的旋光度是没有可比性的。为排除这些因素的影响，采用**比旋光度** (specific rotation) $[\alpha]_\lambda^t$ 表示旋光物质特性。在一定光源、温度、溶剂下，100 mL 含 1 g (质量浓度 c=1 g·100 mL^{-1}) 旋光性物质的溶液，放在 1 dm 长的盛液管中，测得的旋光度即为比旋光度[①]。其中，入射光常用钠光灯 D 线。比旋光度与旋光仪的读数 α 有如下关系：

$$[\alpha]_\lambda^t = \frac{\alpha}{c \times l} \qquad [\alpha]_l^t = \frac{\alpha}{\rho \times l}$$

式中：t 温度 (℃)；

　　　λ 波长，通常选用钠光灯 D 线波长 (589 nm)；

---

① 由于 α 的单位是°，l 的单位为 dm，c 的单位为 g·mL^{-1}，因此推导出比旋光度的单位为 (°)·mL·dm^{-1}·g^{-1}。由于比旋光度的单位比较复杂，在日常使用中常常省略不写 (简写为°是不科学的)。——俞寿云. 比旋光度的计算公式和单位的探讨. 大学化学 [J], 2023, 38(11): 290-292.

α 仪器测得的旋光度 (°)；

c 溶液的质量浓度 (g·100 mL^{-1})；

l 样品池长度 (dm)；

ρ 纯液体样品密度 (g·cm^{-3})；

[α] 比旋光度。

若所测的旋光物质为纯液体，则只需将 c 换为液体的密度 ρ 即可。

比旋光度与沸点、熔点一样，是旋光性物质的物理常数。如 2.0 g·100 mL^{-1} 的 L-苯丙氨酸水溶液在 25 ℃时，用钠光灯 D 线做光源，其比旋光度为-34.1，表示为：$[α]_D^{25}$=-34.1 (c 2.0，H$_2$O)。

手性与对称性

对称性 (symmetry) 是指一个物体或者结构中的某一单元有规律地重复出现。分子是否具有手性，取决于其本身的对称性。下面介绍几种与分子手性有关的对称元素：

对称轴

假如图形绕该轴旋转一定角度后与原来的图形完全重合，则该轴称为**对称轴 (symmetric axis)**。旋转 360°/n (n 为整数) 时则为 C_n 轴，例如：C_2 (180°)，C_3 (120°)，C_4(90°)。由于任何图形旋转 360°都能和自身重合，因此，C_1 对称轴是一个普遍的对称元素。除了具有 C_1 对称轴的分子，其他具有 C_n 对称轴的分子都有可能是手性分子。对称轴不能作为判别分子是否具有手性的依据 (图 3-31)。

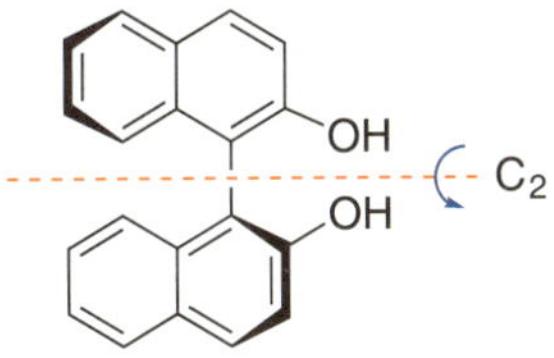

图 3-31 具有 C_2 轴的手性分子举例

对称面

若分子可以被一个平面分成互为镜像的两部分，这个平面即称为分子的**对称面 (symmetric plane，用 "σ" 表示)**。含有对称面的分子没有手性。例如：1,1-二氯乙烷分子有一个对称面，分子被这个平面所分成的两部分互为镜像，该分子没有手性。平面分子是没有手性的，因其平面即为该分子的对称面，如 E-1,2-二溴乙烯。

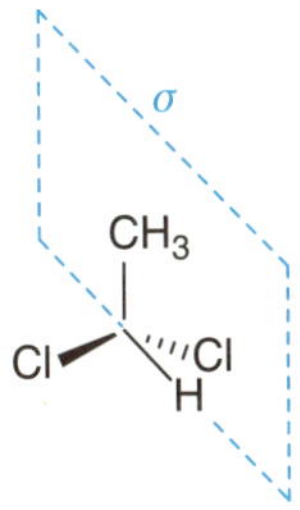

1,1-二氯乙烷

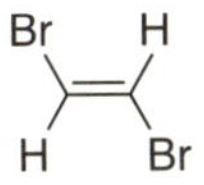

E-1,2-二溴乙烯

对称中心

若分子中存在这样一个点 i，当对分子中任何一点到 i 点的连线做反向延长线时都能找到一个与之相同的点，即每一点都关于该点中心对称，此点称为对称中心 (symmetric center)。例如，下面分子具有对称中心 i，该分子与其镜像可以重合，分子不存在手性。

反轴和映轴

反轴 I_n 的基本操作为绕轴转 $360°/n$，接着按轴上的中心点进行反演 (等同于上面的中心对称操作)，它是旋转 (C) 和反演 (i) 相继进行的联合操作。映轴 S_n 的基本操作为绕轴转 $360°/n$，随后对垂直于轴的平面进行反映 (等同于上面的对称面操作)，它是旋转 (C) 和反映 (σ) 相继进行的联合操作，也称旋转–反映轴。例如，下面的分子同时具有反轴和映轴。

根据群论的证明，任何拥有对称面 (σ)、对称中心 (i) 或者反轴 (I_n) 的结构或分子都能与其镜像重合，这样的结构或分子无手性。反之，若分子无对称面 (σ) 和对称中心 (i)，也无反轴 (I_n)，则这个分子具有手性。一般来说，反轴往往与对称面及对称中心同时存在，没有对称面或对称中心，仅有反轴的非手性分子是极个别的。因此，若分子没有对称面和对称中心，一般可以初步判定它是一个手性分子。

没有对称面和对称中心的非手性分子举例

中心手性化合物

中心手性 (central chirality) 是由分子中原子或基团围绕某原子的非对称排列引起的。当中心碳原子上的四个取代基不相同时，该碳原子为手性碳，绝大多数手性化合物含有一个或多个手性碳。只含有一个手性碳的化合物一定是手性化合物，有一对对映异构体，具有方向相反大小相等的比旋光度。

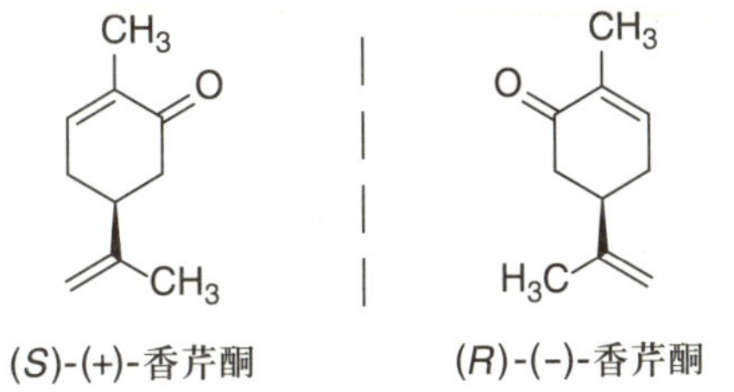

(S)-(+)香芹酮　　(R)-(-)-香芹酮

绝对构型的命名

手性化合物绝对构型的命名采用 CIP 规则 (Cahn-Ingold-Prelog 规则)。首先，将手性化合物碳上的四个取代基按照优先顺序排序，然后，将优先级最低的基团远离观察者，把其他三个取代基按照优先顺序从高到低连接，形成趋势线，如果趋势线呈顺时针旋转，则该手性化合物的构型为 R，反之，则构型为 S (图 3-32)。R 和 S 均为斜体，通常外加括号。

20 世纪 50 年代起已经可以测定碳手性中心四个基团的空间取向，这使得系统描述立体异构体变得十分必要，因此出现了 CIP 规则。CIP 规则中的构型 R 来自拉丁文 rectus，意为右，S 来自拉丁文 sinister，意为左。

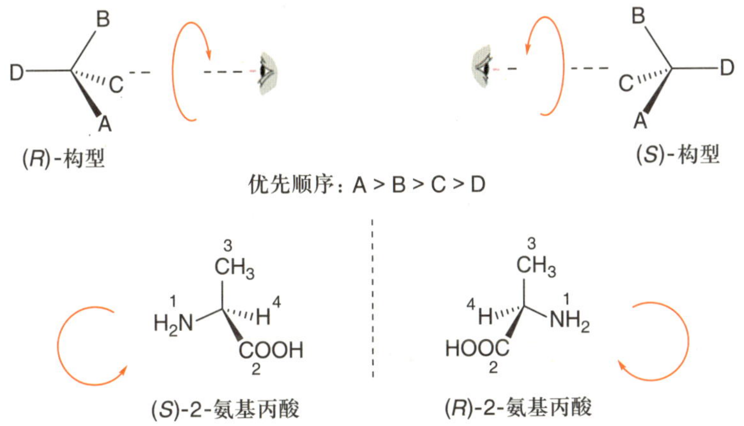

(R)-构型　　　　　　　　　　　　(S)-构型

优先顺序：A > B > C > D

(S)-2-氨基丙酸　　　　　　(R)-2-氨基丙酸

图 3-32　CIP 规则确定绝对构型示例

CIP 优先顺序的确定是以原子序数 (质子数) 为基础的，较高原子序数的基团优于较低原子序数的基团，孤对电子最小。在进行排序时，先比较取代基原子序数，相同原子比下一级取代基的原子序数，如相同再比较取代基的数目，逐级比较直至分出优先级。

根据 CIP 规则确定的绝对构型，可以准确地表示相应手性化合物的空间取向，并将该取向与该化合物在给定条件下的旋光符号 (±) 相关联。

为了确定更为复杂情况下的取代基优先顺序，CIP 规则还有以下补充说明：对于含有双键或三键的基团，视同连有两个或三个相同的原子；对于取代的烯基，Z 式构型的烯基优先于 E 式构型的烯基；对于手性取代基，R 构型取代基优先于 S 构型取代基。

Fischer 投影式

为了便于表示分子中手性碳原子的构型，费歇尔 (Emil Fischer) 提出用一种投影式来表示链状化合物的立体结构，现称为 Fischer 投影式。画 Fischer 投影式要符合如下规定：

（1）手性碳原子位于纸面，用横线和竖线的交叉点表示；

（2）碳链要尽量放在垂直方向上，氧化态高的原子或基团在上方，氧化态低的原子或基团在下方。其他基团放在水平方向上；

（3）垂直方向的碳链伸向纸面后方，水平方向的原子或基团伸向纸面前方。

以乳酸为例，它的一对对映异构体的 Fischer 投影式如下：

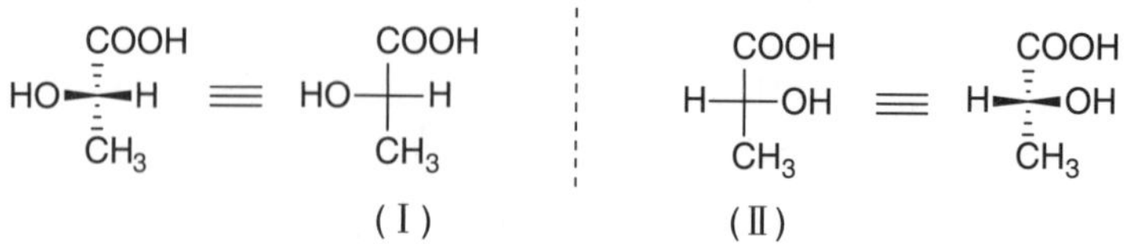

另外，在使用 Fischer 投影式表示化合物的立体结构时，要注意投影式中基团的先后关系。注意如下：

（1）Fischer 投影式在使用时，不能在平面上旋转 90°或 270°，也不能离开纸面翻转 180°，否则转变为其对映体；

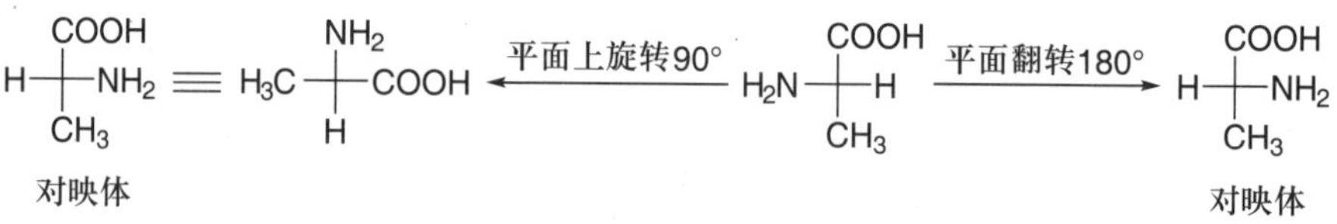

（2）在 Fischer 投影式中，若将手性碳原子相连的任意两个基团的位置进行调换，当调换次数为奇数次时，构型改变；当调换次数为偶数次时，构型保持；

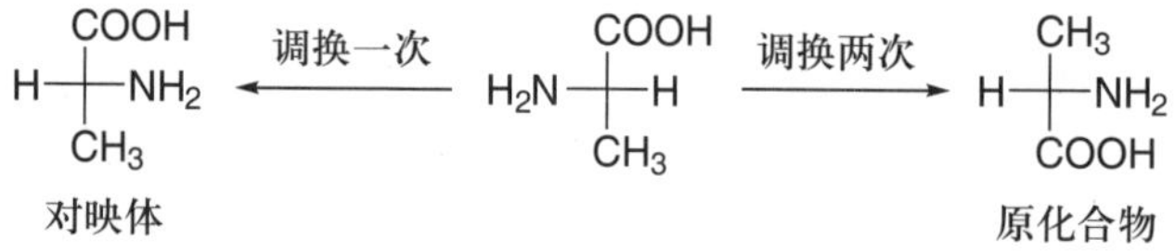

（3）固定 Fischer 投影式中的一个基团，依次将另外三个基团按顺时针或逆时针的顺序调换位置，不改变原化合物的构型。

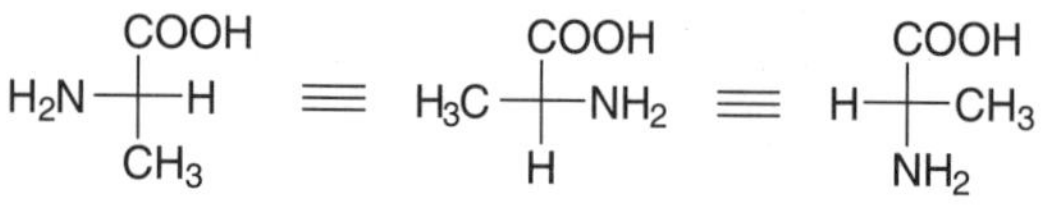

其他类型的手性化合物

轴手性化合物

从对称性上说，如果分子中所有原子相对于一个轴（手性轴）有两种空间排列方式，并且这两种空间排列方式互称镜像，不能重合，那么这个分子称为轴手性（axial chirality）化合物（图 3-33）。需要指出的是，手性轴并不对应分子中的某一根化学键（尽管有时会重叠）。联芳环型化合物和丙二烯型化合物是两类主要的轴手性化合物。

例如，在 (R)-6,6'-二硝基-2,2'-二羧基-1,1'-联苯中，2,2' 和 6,6'位上的取代基导致两个苯环绕单键旋转受阻。此时，分子既无对称面，也无对称中心，具有旋光性。这类由于单键旋转受阻形成的一对对映异构体的联芳环类化合物属于轴手性化合物。

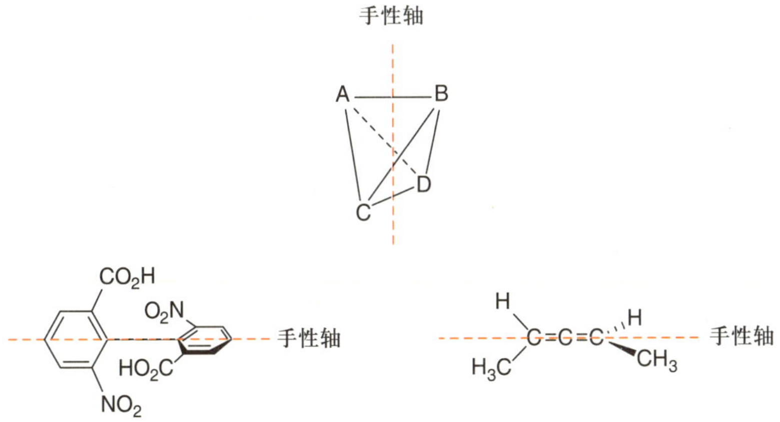

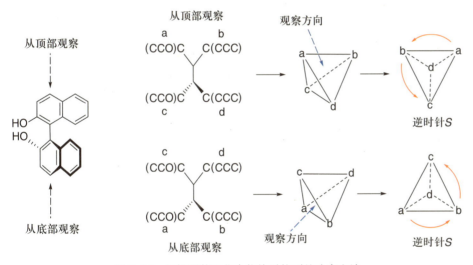

图 3-33 轴手性和轴手性化合物举例

(R)-6,6'-二硝基-2,2'-二羧基-1,1'-联苯 (R)-戊-2,3-二烯

轴手性化合物的命名与中心手性系统命名的规则类似。沿轴向看，离观察者近的两个基团优先于远离观察者的两个基团，同侧基团的顺序遵循 CIP 顺序规则。从轴的任一方向观察分子不影响命名结果。为了和中心手性进行区分，可以用 R_a 或 S_a 来表示轴手性，其中，下标 a 表示 axial。以手性联萘酚为例介绍手性联芳环化合物绝对构型的确定方法 (图 3-34)。

图 3-34 手性联芳环化合物绝对构型的确定方法

丙二烯的结构在后面的章节有详细介绍。当丙二烯同一端碳上的两个基团不同时，此化合物为手性化合物，如图 3-33 中的 (R)-戊-2,3-二烯。手性丙二烯型化合物是一类重要的轴手性化合物，其绝对构型命名方式和手性联芳环化合物类似。以 (R)-戊-2,3-二烯的构型确定为例 (图 3-35)，沿轴方向看，离观察者近的两个基团的顺序优先于远离观察者的基团，同侧两个基团的优先顺序遵循 CIP 规则，由此确定四个基团的优先顺序。将优先顺序最低的基团远离观察者，其余三个基团按由高到低的方向旋转，旋转方向是顺时针的，由此确定其构型为 R。

当丙二烯中的一个或两个烯烃换为环状结构，同样可能构成手性分子，这些也被归为手性丙二烯型化合物 (图 3-36)。

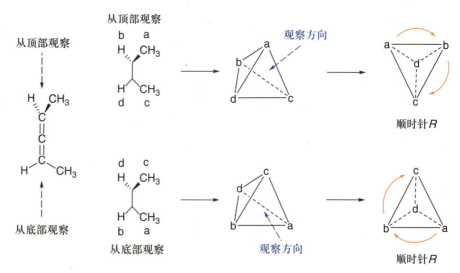

图 3-35　手性丙二烯型化合物绝对构型的确定方法

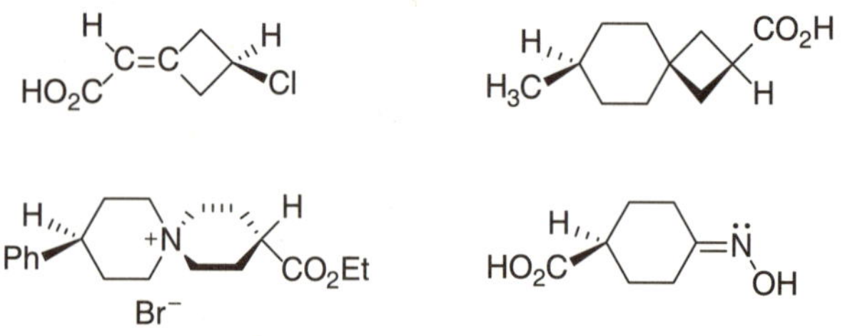

图 3-36　其他丙二烯型轴手性化合物举例

　　一般手性螺环化合物的命名与手性丙二烯型化合物类似。如果螺环化合物两个环上的取代基完全相同，而且每个环的两个方向优先级可以区分，这个螺环化合物同样具有手性。对于这类手性螺环化合物的命名，是将其当作中心手性化合物命名。具体做法是，首先任意指定一个环优先，同样取代基在优先环上的优先，再根据 CIP 规则确定取代基顺序进行命名。例如对于螺-[4.4] 壬烷-1,6-二酮，我们指定上面的环优先，这样就确定了四个取代基的优先顺序，因此可以确定它的构型为 R。需要强调的是，无论指定哪一个环优先并不改变化合物的构型。

(R)-螺-[4.4]壬烷-1,6-二酮

面手性化合物

　　平面手性化合物所参照的不是一个手性中心或一个手性轴，而是一个平面。平面手性 (planar chirality) 化合物是指分子中参考平面以外的原子有两种空间排列方式，并且互成镜像，不能重合。命名平面手性化合物首先选择包含最多原子的平面作为参考平面，然后选择离该平面最近的、优先级最高的原子作为导引原子，从与导引原子相连的参考平面中的原子开始编号，并在平面上依次沿邻近的、优先级最高的原子编号。从导引原子的方向看参考平面，如果编号沿顺时针此分子记为 pR，如果编号沿

逆时针此分子记为 pS，p 代表平面手性。

平面手性化合物主要有环柄化合物 (ansa compounds)、环蕃化合物 (cyclophane compounds)、反式环烯烃 (*trans*-cycloalkene compounds)、轮烯化合物 (annulene compounds)、金属茂化合物 (metallocene compounds) 等。

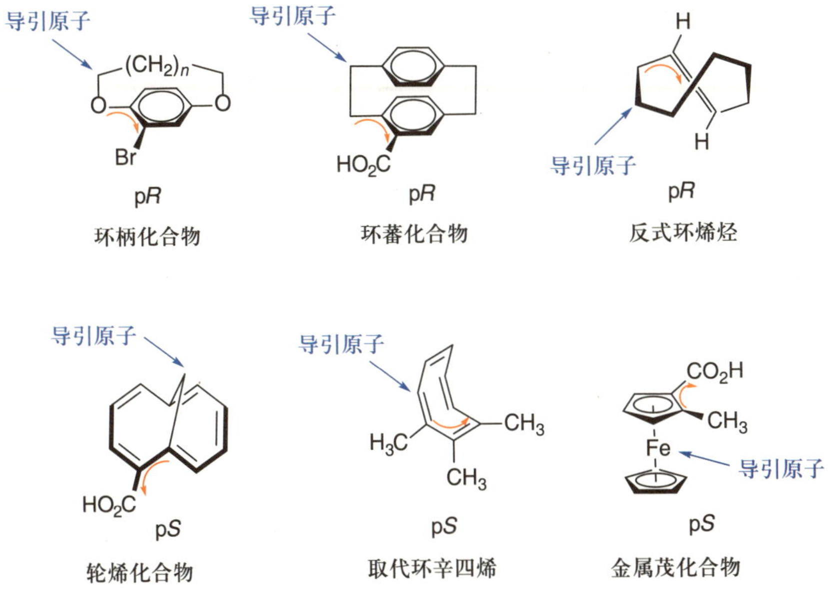

环柄化合物　　　　环蕃化合物　　　　反式环烯烃

轮烯化合物　　　　取代环辛四烯　　　　金属茂化合物

化学相关法

化学相关法是通过化学反应将待测样品转化成一个构型已知的产物，也可以将已知构型的化合物转化成待测样品分子，然后将两个化合物进行比较以确定绝对构型。比较待测样品和构型已知产物的比旋光及手性色谱等可以确定化合物的绝对构型。若由已知构型的化合物转化成待测样品化合物的过程不涉及手性中心的改变，通过比较即可直接得出待测物的绝对构型 (图 3-37)。若转化反应涉及手性中心变化，反应过程的立体化学必须是确定的，例如 S_N2 反应会发生构型翻转，邻基参与的取代反应是构型保持的。若转化反应过程中发生外消旋化和差向异构化，则不能用于绝对构型的确定。

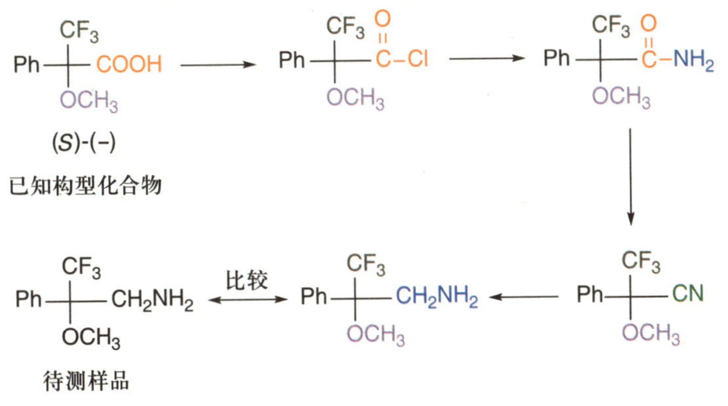

图 3-37　化学相关法确定化合物绝对构型示例

除了以上方法，测定手性化合物的绝对构型还有 X- 射线单晶衍射法、圆二色谱法、核磁共振法等。

绝对构型的确定方法

X-射线单晶衍射法

　　入射 X-射线由于晶体三维点阵引起的干涉效应，形成数目很多、波长不变、在空间具有特定方向的衍射，称其为 X-射线单晶衍射。可通过测量晶体的 X-射线衍射点强度 (I_{hkl}) 计算推导出组成晶体化合物分子的结构。X-射线衍射点强度和组成晶体的原子的散射因子 (用复数表示 $f = f_0 + \Delta f' + i\Delta f''$) 有关。若晶体为非中心对称晶体且组成晶体的原子含有轻重不同的原子时，利用晶体的反常散射效应可以确定分子的绝对构型。反常散射效应是指 X-射线波长靠近晶体中重原子的吸收限 (absorption-edge) 时，原子的散射因子中反常散射校正的数值 ($\Delta f'$ 和 $\Delta f''$) 达到最大，其虚部相角和实部相角存在差异，并在实验中出现破坏衍射强度中心对称定律 (Friedel law) 的现象，$I_{hkl} \neq I_{-h-k-l}$。值得一提的是，X-射线单晶衍射法是确定新类型化合物绝对构型的唯一可靠方法，即使含有多个手性碳的复杂化合物，也可同时确定所有手性碳的绝对构型。然而，许多有机化合物不能以晶体形式存在或难以获得符合要求的单晶，因此该方法也有其局限性。需要特别注意的是，溶液中析出的单晶不一定是主要对映异构体，还存在次要异构体和消旋体优先结晶的情况，因此仍需要仔细甄别。

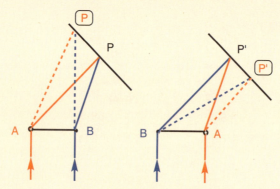

(以 AB 原子为例，A 为重原子，实线代表 *hkl* 衍射，虚线代表 *-h-k-l* 衍射)
反常散射效应造成的衍射图差异

　　原子的反常散射效应不但和原子本身有关，还与照射它的 X-射线波长有关，因此选择合适的 X-射线靶也很关键。在小分子单晶结构分析中目前最常见的 X-射线是 MoK_α (0.71073 Å，称为钼靶)，如果晶体中含有 Si 或者 Si 以后的元素，那么绝对构型是可以被确定的。如果晶体中所有的元素都位于 Si 之前 (如化合物由 C、H、N、O 组成)，由于这些轻元素对 MoK_α X-射线的反常散射太弱，无法确定绝对构型。为了解决"只由 C、H、N、O 组成的化合物的绝对构型的测定"这个问题，必须采用波长更长的 X-射线。目前仪器厂商提供的波长较长的 X-射线主要是 CuK_α X-射线 (1.5418 Å，称为铜靶)。若晶体中只含一种原子，则无法通过 X-射线单晶衍射确定其绝对构型。对于不含重原子的分子，还可以通过引入一个已知绝对构型的手性片段，形成非对映异构体，这时可以采用普通 X-射线衍射仪测定其绝对构型。

手性羧酸　　　　　　手性醇　　　　　　　酯
（已知构型）　　（构型待测）　　（非对映异构体）

手性羧酸

(1*S*, 2*R*, 4*R*)

通过引入已知构型手性片段测定未知手性化合物的绝对构型

手性光学法

平面偏振光可以分解成左旋圆偏振光和右旋圆偏振光。手性分子的两个对映异构体对左、右旋圆偏振光的吸收不同，使左、右圆偏振光在透过单一异构体的手性化合物 (或者溶液) 以后变成椭圆偏振光，这种现象称为圆二色性。产生圆二色性的本质原因是组成平面偏振光的左旋圆偏振光和右旋圆偏振光在手性介质中的摩尔吸光系数不同，即 $\varepsilon_L \neq \varepsilon_R$。

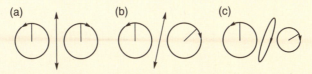

(a) 传播速度相等的圆偏振光，不偏转；(b) 传播速度不相等的圆偏振光，产生偏转；
(c) 传播速度不相等且拥有不同吸光系数的圆偏振光，产生偏转和椭圆偏振光

圆二色性原理

左圆偏振光与右圆偏振光的摩尔吸光系数之差 ($\Delta\varepsilon = \varepsilon_L - \varepsilon_R$) 是随入射偏振光的波长变化而变化的。以 $\Delta\varepsilon$ 或相关量为纵坐标，波长为横坐标，得到的图谱即为**圆二色光谱** (circular dichroism，CD)。

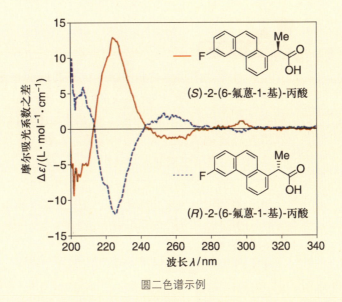

圆二色谱示例

一般来说，圆二色光谱所用的光都是紫外光，因为多数化合物的官能团吸收光谱都在紫外区。手性化合物在可见光区和红外光区同样可以表现出圆二色性。**振动圆二色光谱** (vibrational circular dichroism，VCD) 是由手性物质在振动频率范围内对于左旋圆偏振光和右旋圆偏振光的吸收差异造成的。圆二色光谱与量子化学计算相结合，能够鉴定手性有机小分子的绝对构型，是确定手性分子绝对构型的一项实用技术。

圆二色光谱法判断绝对构型的具体步骤如下。首先，通过圆二色光谱仪测得未知构型的样品的 CD 测试图谱。随后，将预设的绝对构型通过量化计算得到 CD 图谱，并与实测的 CD 图谱进行比较，与实测值接近的即为化合物的正确构型，与实测值相反的即为化合物的对映体。相对于 X-射线单晶衍射，振动圆二色光谱法的优点是不需要生长单晶，因此更为便捷。

外消旋体和消旋化

若将一个手性化合物的右旋体和左旋体等量混合，它们对偏振光的作用互相抵消，故没有旋光性，因此称为**外消旋体** (racemate)，常用 (±) 或 *rac* 表示。在气态、液态、熔化状态及在溶液中，外消旋体通常以理想或近似理想的混合物的形式存在。在这些状态下，除没有旋光性之外，外消旋体和纯对映体可以具有相同的性质，例如它们具

有相同的沸点、折射率、液态密度和红外吸收光谱等。

在结晶状态下，对映体分子之间的晶格相互作用力是有区别的，包括以下三种情况：(+)-分子与(+)-分子的作用；(−)-分子与(−)-分子的作用；(+)-分子与(−)-分子之间的作用。其中，前两种相互作用称为同手性相互作用，第三种相互作用称为异手性相互作用。由于在晶体状态下，外消旋体的对映体分子之间的同手性相互作用和异手性相互作用不同，于是产生了**外消旋混合物 (racemic mixture)**、**外消旋化合物 (racemic compound)**、**外消旋固体溶液 (racemic solid solution)** 三种存在形式。

两个对映体在晶体中，当相同对映体具有较大亲和力时，右旋体和左旋体的分子分别形成不同的晶体，这两种晶体的混合物就是所谓的"外消旋混合物"；当右旋体与左旋体之间的亲和力大于相同对映体之间的亲和力时，两种对映体成对地出现在晶格中每个位置上，形成一种晶体，这时称为"外消旋化合物"；当右旋体和左旋体之间的亲和力和同种对映体之间的亲和力相差很小时，则两种对映体混合在一起结晶形成"外消旋固体溶液"。值得注意的是，上述分类并不意味外消旋体只能以一种晶体的形式存在，而是会在不同条件下以三种主要方式中的一种或两种形式结晶。

思考题 3.2

一对对映异构体在非手性环境下表现出的物理和化学性质完全相同，但在一些例子里面，非光学纯的对映体混合物却会在非手性环境下发生对映体富集的现象。例如，一些非光学纯的手性化合物经过非手性色谱柱后，在不同时间分离得到的混合物 ee 值不同，请猜想其原因；并考虑什么样的非光学纯底物不可能出现该现象。

外消旋化是一个对映体逐渐转化为它的镜像异构体，直到在混合物中两种对映体含量相等的过程。若构型转化未完全，则称为部分外消旋化。碱、酸、可逆反应等都是对映体消旋化的因素。

碱促进的消旋化示例：

酸促进的消旋化示例：

L-肾上腺素   *D*-肾上腺素

可逆反应的消旋化示例：

光学纯度

通过不对称合成和手性拆分得到的手性化合物可能还含有另一对映异构体，人们采用**光学纯度**(optical purity)来衡量手性化合物单一对映异构体的纯度。光学纯度用**对映体过量**(enantiomeric excess，缩写 ee)值表示，它是指对映异构体混合物中一个对映异构体比另一个对映异构体多出来的量占总量的百分数。例如，不对称合成获得的产物中，95% 为 R 构型，5% 为 S 构型，其 R 的光学纯度 ee= (95−5)/(95＋5)×100%=90%。如果一个手性化合物样品的 ee 值为 100%，也就是说它只含有单一对映异构体，我们称这个样品为光学纯(optically pure)。

测定光学纯度(ee 值)的常用方法有旋光法、色谱法、核磁法等，其中，最常用的方法是色谱法。色谱法测定 ee 值需要使用填充有手性固定相的色谱柱实现外消旋样品两个对映异构体的基线分离，确定对映异构体的保留时间，然后在相同条件下测定待测样品的两个对映异构体的相对含量，通过计算对映异构体的峰面积差，可以直接读出该样品的 ee 值(图 3-38)。

> 手性天然产物大多数是光学纯的，但是也有一些不是。例如爪哇香茅中所含香茅醛主要是右旋体，ee 值在 75% 左右。

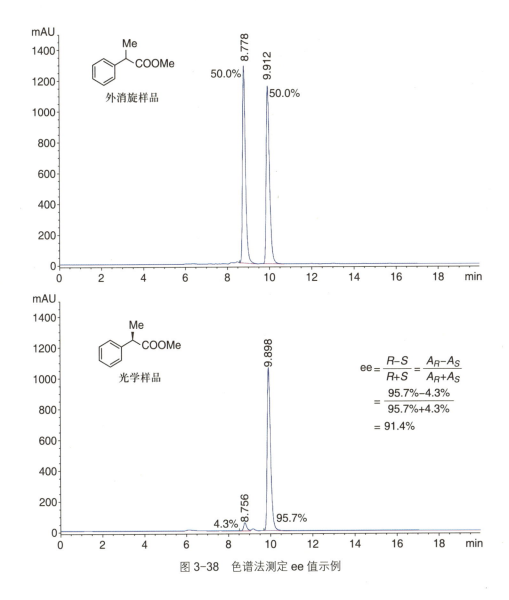

$$ee = \frac{R-S}{R+S} = \frac{A_R - A_S}{A_R + A_S}$$
$$= \frac{95.7\% - 4.3\%}{95.7\% + 4.3\%}$$
$$= 91.4\%$$

图 3-38 色谱法测定 ee 值示例

思考题 3.3

为什么消旋样品中一对对映异构体的色谱图中大都是前峰高后峰矮？

3.2.2　非对映异构体

非对映异构体 (diastereomer) 是包含两个或多个手性中心但不互为镜像关系的立体异构体。通常情况下，非对映异构体不仅旋光性质不相同，而且很多物理性质和化学性质也不相同。

多手性中心化合物

大多数非对映异构体具有两个或多个手性中心。例如，2-溴-3-氯丁烷有两个手性碳原子，存在四个立体异构体。

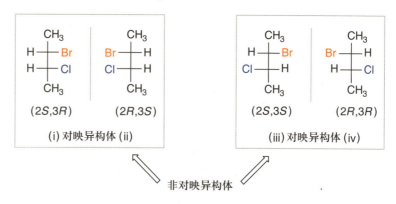

上面的 (i) 和 (ii) 互为镜像，是一对对映异构体；(iii) 和 (iv) 是另一对对映体。(i) 与 (iii)、(i) 与 (iv) 及 (ii) 与 (iii)、(ii) 与 (iv) 之间为非镜像关系，是非对映体。

含有 n 个手性碳原子的化合物最多可能有 2^n 个立体异构体，这个公式被称为 2^n 规则，其中 n 是手性中心 (通常是手性碳原子) 的数量。具有 n 个手性中心的化合物不一定总能找到 2^n 个立体异构体。例如，2,3-二溴丁烷有两个手性碳原子，根据 2^n 规则预测最多有 4 个立体异构体。(R) 和 (S) 构型在 C_2 和 C_3 的四种排列如下图所示。从图中可以看出，由于有一个对称面，右边的非对映体是非手性的，为相同化合物，称为内消旋体。因此 2,3-二溴丁烷只有 3 个立体异构体。

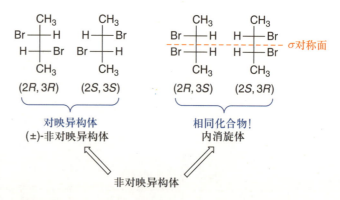

非对映异构体官能团相对位置的表示方法主要有两种：赤式/苏式 (erythro/threo) 和 syn/anti。

赤式 / 苏式 (*erythro/threo*)

赤式和苏式的命名是以四碳糖赤藓糖 (erythrose) 和苏阿糖 (threose) 为基础。简单来说，将化合物按照 Fischer 投影式表示，相同官能团在同一侧的异构体命名为**赤式**，在异侧的命名为**苏式**。赤式和苏式可拓展用于具有不同杂原子基团的化合物。

赤藓糖　赤式丁-2,3-二醇　　　苏阿糖　苏式丁-2,3-二醇

相同的基团在同侧　　　　　相同的基团不在同侧

syn/anti

syn 和 *anti* 的命名是以锯齿式结构为基础。将化合物结构用锯齿式表示，手性中心上非主链的两个取代基用楔形表示其相对构型，如果两个官能团在同一侧，命名为 *syn*，反之，命名为 *anti*。*syn* 和 *anti* 的命名方式非常直观地给出官能团的相对位置，被广泛采用。

(2*S*,4*S*,5*R*)-5-甲基庚烷-2,4,5-三醇
2,4-*syn*；2,5-*anti*；4,5-*anti*

赤式 / 苏式 (*erythro/threo*) 和 *syn/anti* 命名只体现异构体中官能团的相对位置，并不体现化合物是否有手性。赤式 / 苏式要求两个基团 (如图 3-39 中的 X 和 Y) 必须为杂原子基团，而不能是主链的一部分，否则很难判断到底是赤式还是苏式，例如图 3-37 中的 3-甲基-戊-2-醇和 2-苯基-戊-3-醇。

3-甲基-戊-2-醇　　　　　　2-苯基-戊-3-醇
赤式还是苏式?　　　　　　赤式还是苏式?

图 3-39　赤式和苏式命名方式的注意事项

内消旋化合物

具有手性中心的非手性化合物被称为内消旋化合物。虽然内消旋化合物中含有不对称中心，但是由于具有对称面等对称因素而不具有旋光性。例如，(2*R*,3*S*)-二溴丁

赤藓糖是含有两个不同手性碳原子的四碳醛糖，它有一对对映体，即 *D*- 和 *L*-赤藓糖，其 Fischer 投影式的两个 OH 位于碳链同侧。其他含有两个手性碳原子的化合物，若分别连有两个相同基团时，其 Fischer 投影式的两个相同基团 (一般指非碳基团) 位于碳链同侧的，即称该分子为赤式异构体，而此种构型称赤式构型 (*erythro* configuration)。

苏阿糖也是含有两个不同手性碳原子的四碳醛糖，有一对对映体，即 *D*- 和 *L*-苏阿糖，其 Fischer 投影式的两个 OH 位于碳链异侧。其他含有两个手性碳原子的化合物，若分别连有两个相同基团时，其 Fischer 投影式的两个相同基团 (一般指非碳基团) 位于碳链异侧的，即称该分子为苏式异构体，而此种构型称苏式构型 (*threo* configuration)。

烷虽然有两个手性中心，但是它有一个对称面，不具有旋光性，是内消旋化合物。同样情况还有内消旋酒石酸和顺-1,2-二氯环戊烷等。内消旋化合物是一类局部具有不对称性但是整体对称 (具有对称面或对称中心) 的分子。

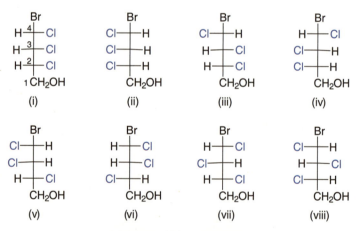

(2R,3S)-二溴丁烷   顺-1,2-二氯环戊烷   内消旋酒石酸

思考题 3.4

内消旋化合物为什么不能使平面偏振光偏转？

差向异构化

在含有两个或多个手性中心的分子中，由一个手性中心构型不同导致的非对映异构体称为**差向异构体** (epimer)。根据构型不同的碳原子位置编号可以将其命名为 C_n 差向异构体。若构型不同的手性碳处在链末端，这两个异构体又称为端基差向异构体。

图 3-40 的八个 Fischer 投影式中，(i) 和 (ii)、(iii) 和 (iv)、(v) 和 (vi)、(vii) 和 (viii) 是 4 对对映体，(i) 与 (iii)、(ii) 与 (iv) 是端基差向异构体。(i) 与 (vii)、(ii) 与 (viii) 是 C_3 差向异构体。(i) 与 (vi)、(ii) 与 (v) 是 C_2 差向异构体。

图 3-40 差向异构体示例

差向异构体之间相互转化的过程叫差向异构化 (epimerization)。在众多立体化学调控的方法中，差向异构化策略可翻转特定原子的立体化学，从而提供一种直接的立体构型修正手段。这种定点修正手段可以让化学家更加灵活地设计复杂分子的合成路线，从而提高合成效率。

思考题 3.5

简单举例说明一种差向异构体在立体选择性合成中的应用。

在天然产物 (−)-incarviatone 的全合成中，通过 13 步反应可以得到关键中间体 **A**，**A** 的两个非对映异构体于 0 ℃在四丁基氟化铵 (TBAF) 的作用下转化为中间体 **C**，再经过后续转化可以得到目标产物 (−)-incarviatone。虽然，**A** (15-OHₐ) 和 **A** (15-OH_β) 都可能经历了 TBAF 介导的 TBS 去保护、oxa-Michael 加成和分子内 aldol 串联分别生成 **C** 和 **B**，但是 **B** 可以通过逆 aldol/aldol 串联过程进行差向异构化，转化为 **C**，然后进行后续反应。因此体系中未发现中间体 **B**，且 **C** 的收率高于 64%。

3.2.3 环状化合物的立体异构

环状化合物的顺反异构

对于二取代环状化合物，当两个取代基位于环上不同的原子上时，分子存在两种异构体 (顺反异构体)。当环上两个取代基处在同一侧时，为顺式异构体 (*cis*-isomer)；处在两侧时，为反式异构体 (*trans*-isomer)。

顺-1,2-二甲基环丙烷   反-1,2-二甲基环丙烷

顺-1-溴-3-甲基环戊烷   反-1-溴-3-甲基环戊烷

顺和反-1,2-二甲基环丙烷互为立体异构体。不同的立体异构体稳定性不同,可以通过测定化合物燃烧热的数值来比较异构体的相对稳定性。仍以 1,2-二甲基环丙烷为例,反-1,2-二甲基环丙烷燃烧热比顺-1,2-二甲基环丙烷低 5.0 kJ·mol^{-1},这表明反-1,2-二甲基环丙烷比顺-1,2-二甲基环丙烷更为稳定。这是由于在顺-1,2-二甲基环丙烷中,两个甲基之间距离较近,存在范德华斥力,且三元环无法通过改变环的构象来消除这一斥力,这两个原因使得反-1,2-二甲基环丙烷更为稳定。

环状化合物的对映异构

对于二取代环状化合物,在顺反异构体外,当分子内含有手性碳,也可能具有对映异构体。以 1,2-二溴环丙烷为例,该化合物存在三种立体异构体,其中 (1*R*,2*R*)-1,2-二溴环丙烷与 (1*S*,2*S*)-1,2-二溴环丙烷互为对映异构体。(1*R*, 2*S*)-1,2-二溴环丙烷由于分子内存在对称面,为内消旋化合物。

(1R,2R)-1,2-二溴环丙烷   (1S,2S)-1,2-二溴环丙烷   (1R,2S)-1,2-二溴环丙烷

3.2.4   双键的构型

C=C 双键的构型

与单键不同,C=C 双键不能自由旋转。双键碳原子和与它们成键的四个原子必须保持在同一平面上,这就是双键顺反异构的起源。

两个相同或相似的基团处在双键同一侧的异构体称为顺式异构体 (*cis*),处在异侧的异构体称为反式异构体 (*trans*),如顺-和反-戊-2-烯。并不是所有的烯烃都具有顺反异构体。如果双键中的任何一个碳连有两个相同的基团,则分子没有顺反之分。

顺-戊-2-烯   反-戊-2-烯

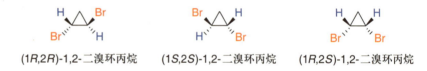

2-甲基-戊-2-烯   戊-1-烯

用顺、反表示双键的构型存在一定局限性,在判断相似基团时会出现一些混淆。因此,双键构型现大都采用 *Z/E* 标示。*Z/E* 构型是按照取代基的顺序规则命名的。如果两个优先取代基团在双键的同一侧,即为 *Z* 构型 (来自德文 zusammen,意为 "在一起");如果在双键的两侧,即为 *E* 构型 (来自德文 entgegen,意为 "对着")(图 3-41)。

取代基的优先顺序与手性化合物绝对构型判定的 CIP 规则规定相同。

Z式
顺序高的基团在同侧

E式
顺序高的基团在异侧

图 3-41 烯烃 Z/E 构型命名规则

当烯烃存在一个以上的双键，命名时必须明确每个双键的立体化学。下列化合物正确命名是：

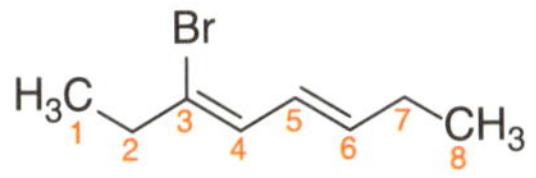

(3Z,5E)-3-溴-辛-3,5-二烯

氢化热测定表明，E 式异构体一般比相应的 Z 式异构体更稳定，这是因为 E 式异构体中的烷基取代基在距离上比 Z 式异构体中的更远一些。对于戊-2-烯，E 式异构体具有较高的稳定性，其 Z 式和 E 式异构体的氢化热相差近 4 kJ·mol^{-1}。

思考题 3.6

为什么可以用氢化热来判断双键 Z 式和 E 式异构体的稳定性？

烯烃双键的顺反异构化

烯烃受光、热或化学试剂的作用，可以发生顺式和反式之间的相互转化，称为烯烃双键的顺反异构化 (图 3-42)。孤立双键比较稳定，在比较强烈的条件下才能发生顺反异构化，而处于共轭体系的双键的顺反异构化则比较容易进行。

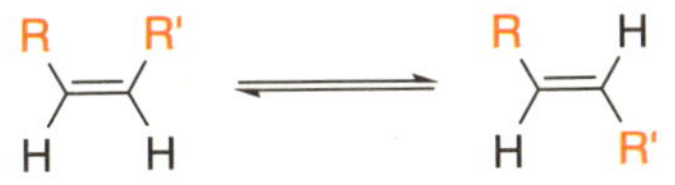

图 3-42 烯烃双键的顺反异构化

顺式和反式的烯烃受热或与化学试剂作用，往往生成热力学稳定的反式异构体为主。例如 (Z)-丁烯二酸受热可转变成 (E)-丁烯二酸。

思考题 3.7

热致双键顺反异构化的原理？

在三 (三甲基硅基) 硅烷 (TTMSS) 和偶氮二异丁腈 (AIBN) 作用下, (Z)-1,2-二苯

乙烯转变成 (*E*)-1,2-二苯乙烯。

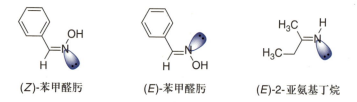

Z/E = 99:1　　　　　　　　　　　　　　　　*Z/E* = 1:99

思考题 3.8

自由基引发剂致双键顺反异构化的原理？

紫外光激发烯烃异构化的立体化学特征与热或化学试剂的作用恰恰相反，可以生成热力学不稳定的顺式烯烃。这是由于紫外光可激发稳定异构体(通常共轭性更好，容易被激发)，使它能转变成能量较高的不稳定异构体(共轭性变差)。

(易激发)　　　　　　　　　　　　　　　　(难激发)

C=N 双键的构型

与 C=C 双键相同，C=N 双键阻碍了形成双键的原子绕轴线旋转，使 C 和 N 两原子上不同原子或基团出现了不同空间排列，即出现了顺反异构现象。亚胺、肟、羰基缩氨基脲等有机化合物中含有 C=N 双键，具有 *Z/E* 异构体。其 *Z/E* 命名规则和上述 C=C 双键相同，其中氮原子上的孤对电子视为最小基团。

(*Z*)-苯甲醛肟　　　　　　(*E*)-苯甲醛肟　　　　　　(*E*)-2-亚氨基丁烷

C=N 双键的存在可以产生很多立体异构体，控制其立体选择性对于亚胺化合物或亚胺中间体的转化具有重要意义。

本章学习要点

(1) 构象与构型。构象是由分子中单键旋转而产生的，可以通过单键的旋转实现构象变化。构型是给定构造的分子中各原子在空间的排列情况，必须通过化学键的断裂和形成才能改变。

(2) 构象和稳定性之间的关系，环己烷及取代环己烷的构象，构象之间的转化与能量变化。

(3) 手性的含义及手性与对称性的关系，通过对称性判断分子是否具有手性。

(4) 手性化合物的主要类型，手性化合物绝对构型的确定方法，以及绝对构型命名的 CIP 规则。

(5) 光学纯度与对映体过量的基本概念，以及测定光学纯度(ee 值)的常用方法。

(6) 外消旋体、内消旋体、消旋化、差向异构化的概念。

(7) 多手性中心化合物各种立体异构体之间相互关系的判断，对映异构体或非对映异构体(差向异构体)。

(8) 双键的构型及其相互转化。

习题

3.1 使用纽曼投影式画出 3-甲基戊烷沿 C2–C3 旋转的稳定构象并分析原因。

3.2 使用纽曼投影式画出下列分子的稳定构象。

3.3 已知在 298 K 下，在环己基甲基醚的椅型构象中，甲氧基位于 e 键时，其能量要比位于 a 键时低 2.9 kJ·mol^{-1}，请画出环己基甲基醚的椅型构象转换体，并计算直立键取代与平伏键取代的平衡常数 K 及百分含量 (298 K)。

3.4 请画出下列化合物的椅型构象转换体，并指出其中哪一个为优势构象。

3.5 判断下列化合物是否具有旋光性。

3.6 指出下列化合物中的手性中心，并标明 R 或 S。

3.7 包括其自身，下列化合物有多少种立体异构体？

3.8 请问下列两组化合物的关系？

(1)

(2)

3.9 请指出下列环状异构体是顺式异构还是反式异构。

3.10 顺和反-1,2-二甲基环丁烷互为立体异构体，不同的立体异构体稳定性不同。请给出判断异构体相对稳定性的办法。

3.11 命名以下结构并指出 Z/E 异构。

3.12 下列哪些化合物具有 *Z/E* 异构体？如有，请画出它们的 *Z* 式和 *E* 式异构体。

(1) $CH_3CH=CHCH_3$　　(2) $CH_2=C(CH_3)_2$

(3) $CH_3CH=NCH_3$　　(4) $H_3C-C≡C-CH_3$

(5) 环戊烯　　　　　　　(6) 环十二烯

3.13 按照蓝色箭头方向画出下列化合物的纽曼投影式。

(1)　　　　　　　(2)

(3)

3.14 下列哪些结构表示的是同一化合物？

a

b

c

d

e

3.15 用纽曼投影式画出乙二醇和 2-氯乙醇的稳定构象并解释原因。

3.16 画出 2-甲基戊烷沿 C3-C4 键的构象势能变化图，并在拐点处画出对应的纽曼投影式。

3.17 请画出下列化合物的优势构象。

a

b

c

d

3.18 请画出下列两个化合物的稳定构象并比较其相对稳定性。

3.19 下列几组化合物中，哪些组是对映异构体？哪些组是差向异构体？哪些组是同一化合物？

(1)

(2)

(3)

(4)

(5)

(6)

3.20 请指出下列化合物有多少个构型异构体？

a　　　　　　　　　　　b

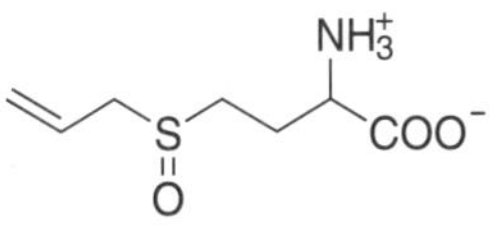

c 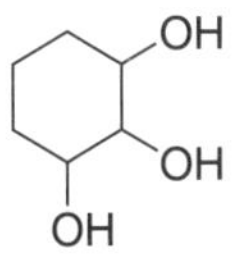   d

3.21 理论推测下面配合物在晶体中有手性，试解释其原因。

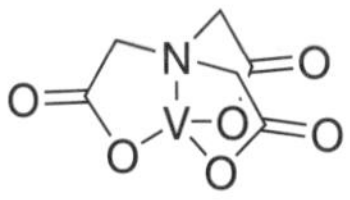

3.22 通常来说，仲胺与叔胺的氮原子由于可以快速翻转而通常无法在室温下分离到 N-手性异构体，然而实验证实以下两个化合物的氮原子在室温下构型固定，具有可长时间保留的氮手性中心。请解释其原因。

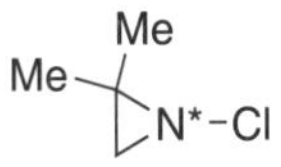

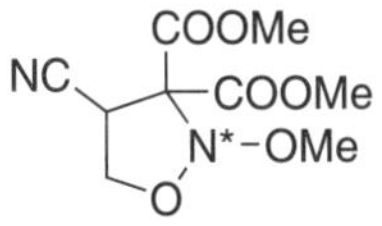

3.23 秋水仙碱 (colchicine) 是最初从百合科植物秋水仙的种子和球茎中萃取出的一种生物碱。早时用于治疗风湿病和痛风。请写出秋水仙碱的手性异构体数目。

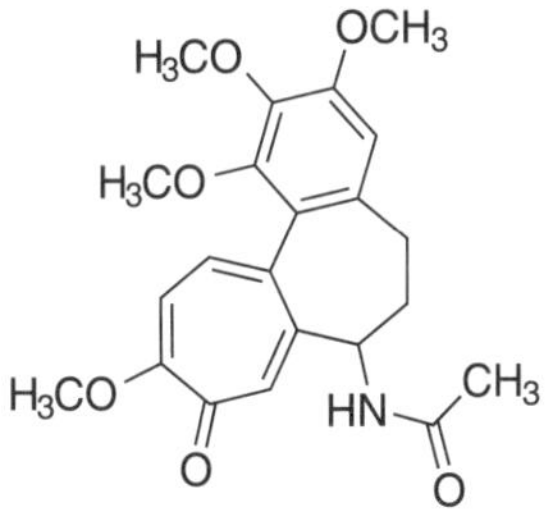

colchicine

3.24 下列糖的异构化过程中，反应物和产物的立体异构关系是什么。

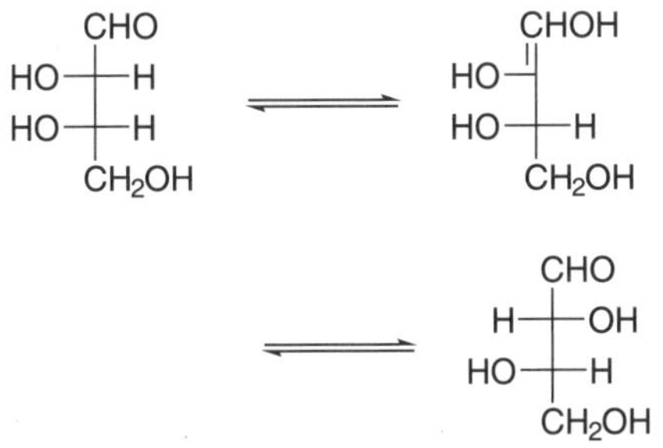

3.25 画出下列化合物所有的立体异构体。

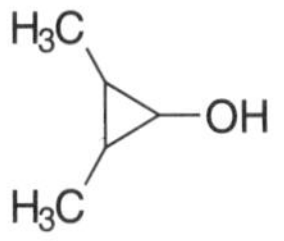

3.26 下列化合物中，哪个不是内消旋体？

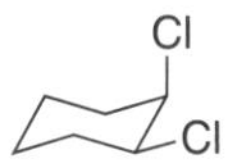

a 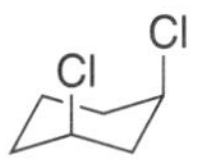   b

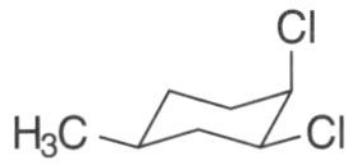

c 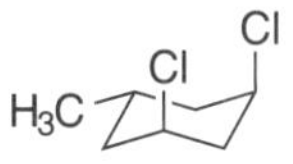   d

3.27 给出下列各组结构之间的对应关系。可能的关系如下：同一化合物，顺反异构体，不同化合物。

(1)

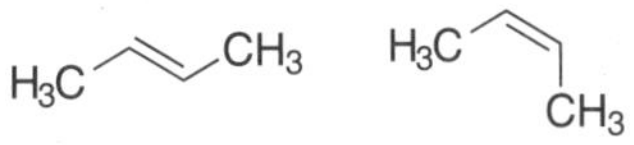

(2)

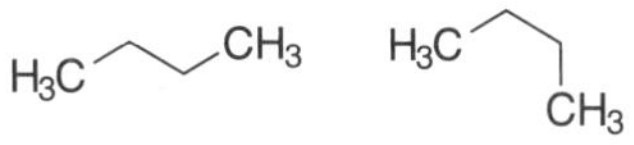

(3)

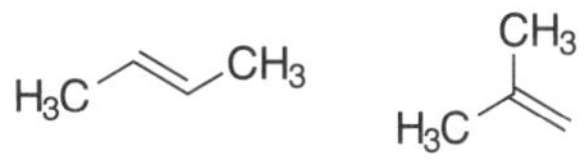

(4)

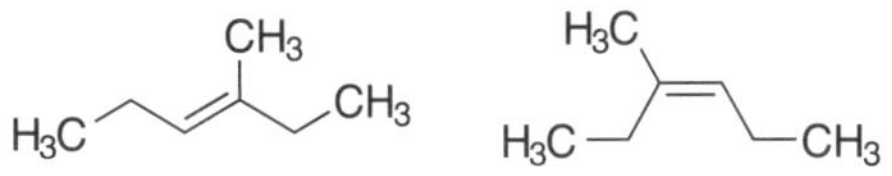

(5)

(6)

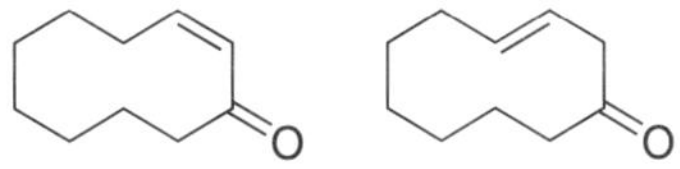

3.28 将下列烯烃按照相对稳定性进行排序并说明原因。

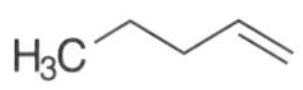

a 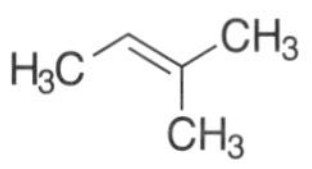   b 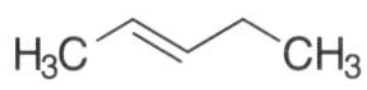   c

3.29 下列哪些化合物存在 Z/E 异构体？画出其异构体并指出 Z/E 构型。

(1) $CH_3CH=CH_2$

(2) $CH_3CH=C(CH_3)_2$

(3) $EtCH=CHCH_3$

(4) $(CH_3)_2C=C(CH_3)Et$

(5) $ClCH=CHCl$

(6) $BrCH=CHCl$

3.30 指出下列化合物中 C=N 双键的构型，分析哪种异构体更稳定并说明原因。

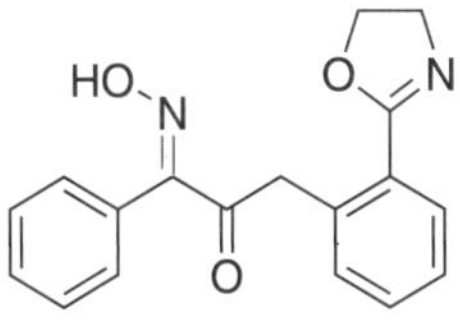

a 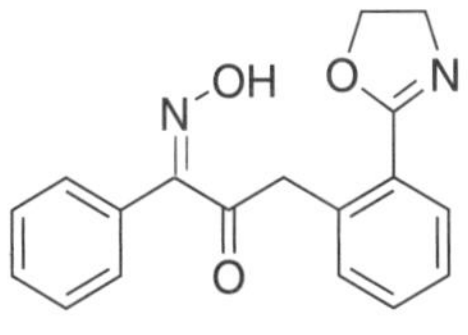   b

3.31 下面的不对称反应所得产物的主要构型为 A, dr（非对映异构体比例）值为 5 : 1，主要的一对对映异构体的分离收率为 78%，ee 值为 90%，请写出所有四种构型的产物，并标出手性中心的构型，计算主要一对对映异构体各自的收率和次要一对对映异构体的总收率。

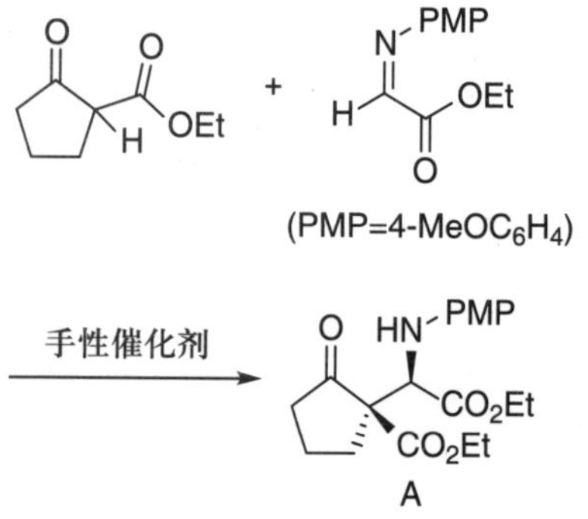

(PMP=4-MeOC$_6$H$_4$)

手性催化剂

A

第 4 章

卤代烃和亲核取代反应

第4章 卤代烃和亲核取代反应

4.1 卤代烃的结构、命名和性质

卤代烃是烃上一个或多个氢原子被卤素原子(氟、氯、溴或碘)取代的化合物,自然界存在的卤代烃极少,但是人工合成的卤代烃在工业和生活中都有重要的应用,二氯甲烷和氯仿是常用的有机溶剂,地氟烷 (desflurane) 应用于临床麻醉中,DDT 和硫丹是高效的杀虫剂,氟利昂 22 (CF_2CHCl) 用作制冷剂。

地氟烷 (desflurane)   双对氯苯基三氯乙烷 (DDT)   硫丹 (endosulfan)

卤代烃的命名选择最长碳链为主链,将卤素看作一个取代基加以命名,通常从离卤原子最近的一端开始编号。

2-溴-4-甲基己烷
2-bromo-4-methylhexane

反-1-氯-2-甲基环己烷
trans-1-chloro-2-methylcyclohexane

卤代烃微溶于水,但易溶于有机溶剂中,卤代烃的沸点和熔点高于相同碳数烷烃的沸点和熔点,相同碳数但含不同卤原子的卤代烃的沸点由氟代烃到碘代烃依次升高 (表 4-1)。

表 4-1　卤代烃的沸点

卤代烃	沸点/℃			
	X = F	X = Cl	X = Br	X = I
CH_3X	−78.4	−24.2	3.6	42.4
CH_3CH_2X	−37.7	12.3	38.4	72.3
$CH_3CH_2CH_2X$	2.5	46.6	71.0	102.4

氟代烷的沸点比较特殊,甲烷沸点−161 ℃,一氟甲烷沸点−78 ℃,这是因为 C—F 键为极性共价键,分子间的偶极-偶极相互作用使沸点升高,二氟甲烷的沸点继续升高 (−52 ℃),三氟甲烷沸点 (−84 ℃) 反而降低,四氟甲烷沸点 (−128 ℃) 更低,这是

氟利昂 (freon) 是指甲烷、乙烷或丙烷的卤代物,包括 freon 12 (CCl_2F_2),freon 11 (CCl_3F),freon 22 ($CHClF_2$),freon 114 ($CClF_2CClF_2$) 等一系列化合物。由于氟利昂气液两相变化容易并且无毒,因此氟利昂曾被广泛用作空调和冰箱中的制冷剂,但是人们之后发现排放到大气中的含氯氟利昂会破坏臭氧层,1987 年的《蒙特利尔议定书》严格限制含氯氟利昂的大多数用途,以仅含氟的氟利昂作为替代品 (因为 C—F 键键能高,含氟的氟利昂更稳定),但仅含氟的氟利昂是产生温室效应的气体,因此找寻符合环保要求的制冷剂还是一个未能很好解决的问题。

DDT (双对氯苯基三氯乙烷) 于 1873 年被第一次合成,1939 年瑞士化学家 Paul Müller 发现 DDT 具有很好的杀虫效果,Paul Müller 因为这一发现获得 1948 年的诺贝尔生理学或医学奖,DDT 曾被广泛应用于与人类疾病相关的害虫控制和农业生产中,DDT 的使用有效地控制了世界上很多地区的疟疾。但是人们之后发现进入环境的 DDT 难以降解并可沿食物链向上传递,导致一些动物灭绝,因此 20 世纪 60 年代世界各国明令禁止生产和使用 DDT,然而禁用了 DDT 等有机氯杀虫剂导致疟疾在非洲国家卷土重来,基于此世界卫生组织 (WHO) 宣布支持在非洲国家使用 DDT 控制传播疟疾的蚊子。

因为电负性最大的氟原子上的电子可极化度低，导致含多个 C-F 键的分子的分子间相互作用弱；全氟烷烃分子表面覆盖着相互排斥的 p 电子，其分子间作用力更弱，它们和其他分子的分子间作用力也弱，这就是特氟龙材料 (聚四氟乙烯) 用于不粘锅的原理。

4.2　卤代烃的反应

卤素的电负性比碳的电负性大，所以碳卤键是极化的共价键，碳原子上带部分正电荷而卤原子上带部分负电荷，带部分正电荷的碳原子很容易受到亲核试剂的进攻，卤原子作为离去基团离去，亲核试剂取代卤原子的反应叫亲核取代 (nucleophilic substitution) 反应，通过亲核取代反应可以方便地将卤原子转化为多种官能团。由于卤原子的吸电子效应，卤代烃 β-碳上的氢较一般 C-H 有一定酸性，在碱的作用下卤代烃易发生 β-消除反应 (elimination)，以下我们分别讨论。

$$\overset{\delta^+}{C}-\overset{\delta^-}{X}$$

4.2.1　亲核取代反应

卤代烃的亲核取代反应中卤原子被亲核试剂所取代，由于卤素的电负性比碳的电负性大，C-X 键会以异裂的方式断开，离开的卤原子带着成键的电子对离开，成为卤负离子，而形成新键的一对电子则由亲核试剂提供。卤代烃可以和亲核试剂 (如下表) 反应生成相应的取代产物。

$$HO^- + H_3\overset{\delta^+}{C}-\overset{\delta^-}{Br} \longrightarrow H_3C-OH + Br^-$$

$$R-X + Nu^- \longrightarrow R-Nu + X^-$$

亲核试剂			产物	产物类别
R-X	+	I^-	R-I	卤代烷
R-X	+	^-OH	R-OH	醇
R-X	+	$^-OR'$	R-OR'	醚
R-X	+	^-SH	R-SH	硫醇
R-X	+	$^-SR'$	R-SR'	硫醚
R-X	+	NH_3	R-NH$_2$	胺
R-X	+	N_3^-	R-N$_3$	叠氮
R-X	+	$^-C \equiv C-R'$	R-C≡C-R'	炔
R-X	+	^-CN	R-CN	腈
R-X	+	PPh_3	R-$\overset{+}{P}Ph_3\ X^-$	磷盐

S_N2 亲核取代反应

S_N2 反应也叫双分子亲核取代 (dimolecular nucleophilic substitution) 反应，这是因为反应的动力学速率同时与亲核试剂和亲电试剂的浓度相关。

1. S$_N$2 反应的机理

S$_N$2 反应机理涉及两个同时发生的电子对转移，亲核试剂 OH$^-$ 从背面（即与离去基团 Br$^-$ 离去方向相反的一面）接近带部分正电荷的碳原子，随着亲核试剂 OH$^-$ 越来越靠近，离去基团 Br$^-$ 也开始离开，新的 C–OH 键形成和旧的 C–Br 键断裂同时发生，在一个非常短的瞬间时刻，碳原子与 OH$^-$ 和 Br$^-$ 都有部分连接，随着亲核试剂 OH$^-$ 继续靠近碳原子，离去基团 Br$^-$ 带着成键电子对开始远离碳原子，最终新的键完全形成，旧的键完全断裂，从而得到了产物 CH$_3$OH。由于亲核试剂的进攻和离去基团的离开同时发生，S$_N$2 反应也被称为协同反应。S$_N$2 亲核取代反应中亲核试剂和亲电试剂（底物）在单一的步骤中进行反应，增加它们中任何一个的浓度都会增加碰撞的概率，这解释了 S$_N$2 反应在动力学上是二级反应（速率 $=k$ [RX] [Nu]）。

反应：　　CH$_3$Br ＋ $^-$OH ⟶ CH$_3$OH ＋ Br$^-$

机理：

C–Br 键开始断裂，成键电子对
将成为 Br 上的孤对电子

Nu 从背后"进攻"，与离去基团成 180°；
孤对电子开始形成一条根的键　　　过渡态

S$_N$2 亲核取代反应的能量变化可以用图 4-1 所示的能量图来表示，产物 CH$_3$OH 和 Br$^-$ 的能量比反应物 CH$_3$Br 和 OH$^-$ 的能量低，表明整个反应是放热的。底物中三个 C–H 键由原来的 sp^3 杂化状态扭曲为平面型需要消耗能量（即活化能），曲线的顶部对应反应中能量最高的过渡态（transition state，TS），过渡态中碳中心和左边的键部分形成，和右边的键部分断裂。过渡态是一种高能量状态，非常不稳定，无法被分离出来。

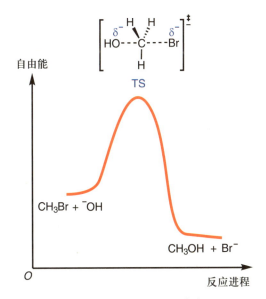

图 4-1　S$_N$2 反应的过渡态

思考题 4.1

图 4-1 讨论的是卤代烷的 S_N2 亲核取代反应的过渡态，如果相应的反应发生在环状卤代烷上时反应会变快还是变慢？试着画一下卤代环丙烷和卤代环己烷发生 S_N2 亲核取代反应时的过渡态。

2. S_N2 反应的立体化学

S_N2 亲核取代反应中亲核试剂是从离去基团的背面接近亲电的碳原子，如果亲核试剂是从离去基团离去的同一侧进攻，两个带负电荷的基团之间的电荷排斥作用会使进攻受阻。画 S_N2 机理时应画出两个箭头，这两个箭头必须方向正确：亲核试剂的进攻方向与离去基团离去的方向相反，即背面进攻。

前述 S_N2 亲核取代反应中底物溴甲烷没有手性，但是如果底物中的亲电试剂的碳原子是一个手性中心，如下图所示，碳原子上连接的三个基团在反应中会被推向另一边，就像暴风雨中的伞被强风吹翻转过来一样，这个过程中手性碳构型的反转也被称为瓦尔登反转 (Walden inversion)。

S_N2 亲核取代反应中的构型反转已由前人设计的一个循环进行了验证。将旋光度为右旋 33° 的醇转化为相应的对甲苯磺酸酯 (这个反应没有涉及碳手性中心)，和乙酸根发生 S_N2 亲核取代反应后脱除乙酰基保护 (脱保护反应也没有涉及碳手性中心) 生成旋光度为左旋 33° 的醇，说明在 S_N2 亲核取代反应中碳手性中心发生了手性翻转。同样，旋光度为左旋 33° 的醇经过类似的操作可以完全转化为旋光度为右旋 33° 的醇，再一次证明 S_N2 亲核取代反应中碳手性中心发生了构型翻转。

(+)-1-苯基丙-2-醇
$[\alpha]_D = +33.0°$

$[\alpha]_D = +31.1°$

$[\alpha]_D = +7.0°$

$[\alpha]_D = -7.06°$

$[\alpha]_D = -31.0°$

(-)-1-苯基丙-2-醇
$[\alpha]_D = -33.2°$

在 S_N2 亲核取代反应中，若亲电体的亲电碳原子邻近有 COO^-，O^-，OH，X，Ph，CH=CH，S^- 等亲核性基团存在时，这些基团因为空间上更靠近亲电碳原子，可以先行进攻亲电碳原子发生分子内的亲核取代反应，这一过程被称为**邻基参与** (neighboring-group participation)。如果底物中的亲电碳原子是一个手性中心，邻基参与会使得产物构型得以保持，这是因为反应过程中发生了两次构型反转，邻基参与通常会使反应速率明显加快。

两次翻转得到构型保持的产物

思考题 4.2

设想有一种 (S)-构型的手性氯代烷,如果要将它转化为 (S)-构型的胺,即在官能团转化的同时实现构型保持,应该如何设计合成路线?

影响 S_N2 反应的因素

1. 亲核试剂

在 S_N2 反应中亲核试剂的性质和浓度都会影响 S_N2 反应的速率,亲核试剂的亲核性越强,S_N2 反应就越快。一般来说,碱性越强的试剂亲核性就越强,但是亲核性和碱性是不一样的概念,亲核性是通过比较动力学的反应速率来量化的,而碱性是一种热力学性质,通过比较反应的平衡常数来量化,所以一个试剂有可能既是弱亲核试剂但是同时是强碱,也就是说亲核性和碱性的强弱并不总是一致的。

碱性 (basicity) 是在质子转移过程中提供电子对的能力,通过测定其共轭酸的 pK_a 的大小可定量地衡量一个碱的碱性大小,一个碱的共轭酸的酸性越强,其 pK_a 数值越小,该共轭酸对应的碱就是弱碱,例如,Cl^- (弱碱) 的共轭酸 (HCl) 酸性 (pK_a –7) 极强。通过分析一个碱的结构也能定性地估算其碱性的强弱,当一个碱上的负电荷能通过离域效应而稳定的就是弱碱,例如,磺酸根负离子的负电荷可以离域到三个氧原子上,它的碱性比负电荷仅能离域到两个氧原子的羧酸根离子的碱性弱,而无法通过离域稳定的氢氧根负离子和烷氧负离子碱性更强。

亲核性是指一个亲核试剂进攻碳原子亲电试剂的速率,带负电荷的亲核试剂比中性亲核试剂的亲核性强,例如 ^-OH 比 H_2O 的亲核性强。影响亲核性强弱的另一个因素是亲核试剂的可极化性,可极化性 (polarizability) 是指一个原子在外部电场影响下其电子密度发生形变的能力,可极化性与原子的大小相关,远离原子核的核外电子由于受原子核的束缚较小而可极化度较大,例如,硫原子比氧原子可极化度大,硒原子又比硫原子的可极化度大,卤素的可极化度也随着原子半径的增大而增大。所以尽管 H_2S 不带电荷,但是它是一个亲核性比 H_2O 强得多的强亲核试剂。氢化物如 NaH 中的 H^- 是一个非常强的碱,因为其共轭酸 H–H 是一个极弱的酸,但是 H^- 因为可极化性差而不是一个好的亲核试剂,使用氢化物通常发生卤代烷 β-氢的消除反应而不是取代反应。

如下给出了一些常见的亲核试剂和溴甲烷反应时的相对反应速率,反应速率越大的亲核试剂亲核性越强。

$$H_3C\text{--}Br + {}^-Nu \longrightarrow H_3C\text{--}Nu + Br^-$$

Nu	H_2O	$CH_3CO_2^-$	NH_3	Cl^-	HO^-	CH_3O^-	I^-	CN^-	HS^-
相对速率	1	500	700	1000	16000	25000	100000	125000	125000

2. 底物的立体位阻

除了甲基卤代物，其他烷基卤代烃也可以发生 S_N2 反应。对 S_N2 反应的速率研究发现，甲基和一级卤代烃是反应最快的底物，二级卤代烃的反应速率下降很多，三级卤代烃的反应因为速率太低而没有实际意义。

$$R-Br \ + \ Cl^- \ \xrightarrow{S_N2} \ R-Cl \ + \ Br^-$$

烷基溴代物	类别	相对速率
H₃C-Br	甲基	1200
CH₃CH₂-Br	一级	40
CH₃CH₂CH₂-Br	一级	16
H₃C-CH(CH₃)-Br	二级	1
H₃C-C(CH₃)₂-Br	三级	慢得难以测量

实验中观察到的这个趋势可以用 S_N2 反应的机理来解释，事实上这也是化学家提出机理所依据的实验证据之一。S_N2 机理的关键特征是亲核试剂从背面进攻，因为甲基碳上连接的氢原子尺寸很小，所以亲核试剂的进攻最为顺畅，随着连接在亲电碳原子上的基团的体积越来越大，亲核试剂的进攻就变得越来越困难，对于连有三个烷基的三级碳原子来说，亲核试剂的进攻被完全阻挡了。事实上三级卤代烃不是通过 S_N2 反应机理进行取代反应，而是通过后面要介绍的 S_N1 反应机理。

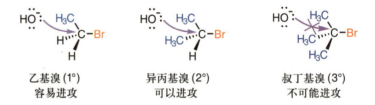

乙基溴 (1°)　　　　　异丙基溴 (2°)　　　　　叔丁基溴 (3°)
容易进攻　　　　　　　可以进攻　　　　　　　不可能进攻

亲核试剂和离去基团在同一分子内发生的 S_N2 反应为分子内 S_N2 反应，构建 5 元环和 6 元环的分子内 S_N2 反应速率比分子间的反应速率快，这是因为 5 元环和 6 元环的环张力较小，同时亲核试剂和离去基团在空间上相距较近。虽然形成 3 元环有极大的环张力，但是空间上位置非常相近的亲核试剂和离去基团也很容易反应。4 元环、7 元环、8 元环和 9 元环由于环张力大反应较慢，更大的环由于没有环张力反应速率和分子间的反应速率接近。能在同一条件下发生的分子间 S_N2 反应是分子内 S_N2 反应的竞争反应，若想获得高收率的环状产物，可以将底物极缓慢地加入反应体系中，高度稀释的底物主要发生分子内 S_N2 反应。

3. 离去基团

好的离去基团是稳定的阴离子 (很弱的碱)。离去基团较易离去能使反应活化能降低。例如，碘离子是比氯离子更好的离去基团，而氢氧根离子、烷氧基负离子、氨基负离子、氟离子因为碱性较强是差的离去基团，因此醇、醚、胺或氟代烃几乎不会发生 S_N2 取代反应。离去基团的离去能力排列如下：(MsO^-，TsO^-)>I^->Br^->Cl^->F^- >(^-OH，$^-NH_2$)，因为共振稳定作用，MsO^- 和 TsO^- 是非常好的离去基团。

离去基团对 S_N2 反应速率的影响

	HO^-，NH_2^-，RO^-	F^-	Cl^-	Br^-	I^-	TsO^-
相对反应性	<<1	1	200	10000	30000	60000

离去基团反应性 →

4. 溶剂的影响

　　如图 4-2 所示，在极性的质子性溶剂中亲核试剂因为溶剂化作用基态能量降低，此时反应过渡态的能量也因溶剂化作用有所降低，但是没有亲核试剂的基态能量下降得多，导致反应活化能升高，反应速率下降。在极性的非质子性溶剂如二甲基亚砜 (DMSO)、N,N-二甲基甲酰胺 (DMF) 中，电荷分离的反应过渡态的能量因溶剂化作用降低较多，而亲核试剂的基态能量下降较少，使反应的活化能降低，反应速率上升。如下给出了不同溶剂对 S_N2 反应速率的影响。

碘甲烷和氯离子在不同溶剂中发生 S_N2 反应的相对速率

$$H_3C-I \ + \ Cl^- \xrightarrow[k_{rel}]{溶剂} \ H_3C-Cl \ + \ I^-$$

溶剂		分类	相对速率 (k_{rel})
化学式	名称		
CH_3OH	甲醇	质子性	1
$HCONH_2$	甲酰胺	质子性	12.5
$HCONHCH_3$	N-甲基甲酰胺	质子性	45.3
$HCON(CH_3)_2$	N,N-二甲基甲酰胺	非质子性	1200000

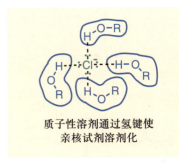

质子性溶剂通过氢键使
亲核试剂溶剂化

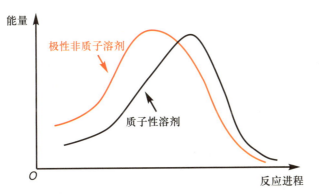

图 4-2　S_N2 反应溶剂对反应活化能的影响

思考题 4.3

　　许多药物分子如氟替卡松中含有单个氟原子取代的碳原子，但是以 F^- 为亲核试剂并通过亲核取代反应构建单个氟原子取代的碳的结构并不容易，请问该反应存在哪些挑战？

S$_N$1 亲核取代反应

当一个 S$_N$2 亲核取代反应中亲核试剂的亲核性不强时，取代反应便难以发生，但是如果亲电试剂是一个三级烷基卤化物 (如叔丁基溴) 时，分子中的 C–Br 键可以先发生断裂生成叔丁基碳正离子 (carbocation) 中间体。碳正离子中间体是继烷烃章节介绍的碳自由基中间体后我们介绍的第二个有机反应中间体，与碳自由基中间体一样，碳正离子中心碳原子采取的也是 sp^2 杂化，碳原子上有六个价电子，参与形成三个 C–C σ 键，垂直于 C–C 键所在平面的 p 轨道没有填充电子，因此碳正离子是一个具有强亲电性的缺电子中间体。C–Br 键断裂生成的强亲电性的碳正离子就可以和亲核性较弱的亲核试剂反应，这种亲核取代反应被称为 S$_N$1 **亲核取代反应** (unimolecular nucleophilic substitution，S$_N$1)。

第一步：形成碳正离子（决速步）

叔丁基碳正离子

第二步：对碳正离子的亲核进攻

亲核试剂

溶剂

S$_N$1 亲核取代反应的机理

上述 S$_N$1 亲核取代反应分两步进行，第一步 C–Br 键断裂生成碳正离子中间体，这一步是反应的决速步 (图 4-3)，所以 S$_N$1 反应的反应速率只和卤代烃的浓度相关，S$_N$1 亲核取代反应是动力学上的一级反应。第二步反应中具有极高反应性的碳正离子被亲核试剂捕获生成产物。

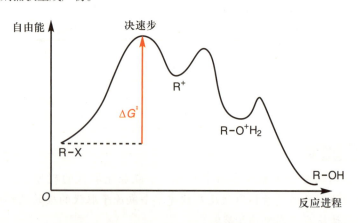

图 4-3　S$_N$1 反应的活化能和中间体

思考题 4.4

设想有一个三级卤代烷发生 S_N1 亲核取代反应，如果反应体系中存在两种亲核试剂，其中一种亲核试剂的亲核性比另一种亲核试剂的亲核性强，请问反应产物中两种取代产物哪个多？两种取代产物生成的速度哪个快？

S_N1 反应的立体化学

S_N1 反应第一步形成 sp^2 杂化的碳正离子中间体，碳正离子中间体的几何结构是平面三角形，因此亲核试剂可以从平面的两边进攻碳正离子中间体，而且这两种进攻方式的概率是相等的。如下所示 (S)-构型的三级溴代烷在溴离子离去后生成平面三角形的碳正离子中间体，亲核试剂乙醇可以从平面的上方或者下方进攻碳正离子，生成等量的 (S)-构型和 (R)-构型的取代产物。

尽管实验上能观察到产物消旋的 S_N1 反应，但实际情况是很多 S_N1 反应并没有生成消旋的产物，而是得到以构型翻转为主的产物，这是因为离去基团离去后并没有完全脱离碳正离子，而是和碳正离子形成紧密离子对。在如下所示的 S_N1 机理中，离去基团从它离开的一侧和碳正离子之间形成紧密离子对，亲核试剂只能从另一边进攻碳正离子，生成构型翻转的产物。同时也有一部分碳正离子能脱离离去基团形成自由的碳正离子，亲核试剂可以从左右两个方向进攻碳正离子，得到消旋的产品。

思考题 4.5

如下分子也是一个三级卤代烷，但是为什么它发生 S_N1 反应的速率远低于开链的三级卤代烷？

影响 S_N1 反应的因素

1. 碳正离子的稳定性

我们在烷烃章节讨论碳自由基中间体的稳定性时介绍过能使碳自由基中间体稳定的 σ-p 超共轭效应，同样具有缺电子性质的碳正离子也可以通过 σ-p 超共轭效应获得稳定化效应，即相邻碳上的 C—H σ 键能够与碳正离子空 p 轨道侧面重叠，导致 C—H σ 键成键电子对向空的 p 轨道移动，σ-p 超共轭效应具有加和性，因此最稳定的三级碳正离子在 S_N1 反应中很容易生成，其次是较稳定的二级碳正离子，而不稳定的一级和甲基碳正离子很难形成。由于碳正离子中间体的生成是 S_N1 反应的决速步，所以三级卤代烃的 S_N1 反应较为快速，二级卤代烃的 S_N1 反应较为缓慢，一级卤代烃不能发生 S_N1 反应。如下给出了碳正离子的相对稳定性和不同氯代烃的溶剂解速率（相对速率）。

碳正离子的相对稳定性

三级碳正离子　　　二级碳正离子　　　一级碳正离子　　　甲基碳正离子

氯代烃在 50% 乙醇水溶液中的溶剂解速率（相对速率）

氯代烃	相对速率
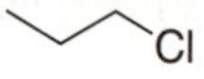 Cl	0.07
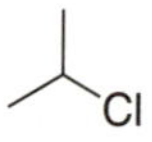 Cl	0.12
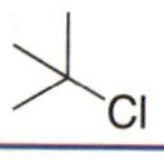 Cl	2100

2. 碳正离子重排 (carbocation rearrangement)

既然在 S_N1 反应中第一步会生成碳正离子，那么碳正离子就有可能先重排成更稳定的碳正离子后再被亲核试剂捕获。例如在下面的二级溴代烷的水解反应中，首先生成的二级碳正离子发生 1,2-负氢迁移生成更稳定的三级碳正离子，然后再被亲核试剂水分子捕获。

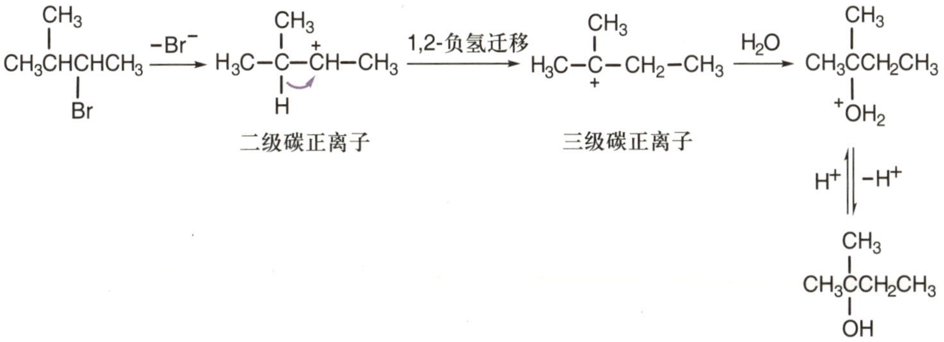

二级碳正离子　　　　　三级碳正离子

3. 离去基团

由于在 S_N1 机理中 C–X 键断裂生成碳正离子中间体是反应的决速步，离去基团的离去性能就显得格外重要，离去基团离去后如果足够稳定就不会与碳正离子重新结合，易离去的基团一般都是强酸的共轭碱，如甲磺酸根离子，三氟甲磺酸根离子，碘负离子。

4. 溶剂的影响

S_N1 反应通常在水或醇这样的极性质子性溶剂中进行较为有利，这一方面是因为溶剂分子中的氧原子上的孤对电子能通过偶极-电荷作用稳定碳正离子，同时质子性溶剂分子中的氢原子和带负电荷的离去基团之间的氢键作用减弱了离去基团的亲核性，从而降低了离去基团对碳正离子中间体亲核进攻的可能性。

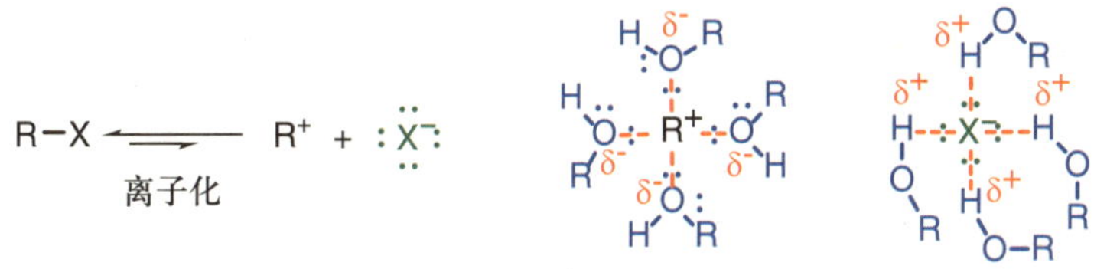

相对反应速率

$(CH_3)_3CBr \xrightarrow{100\% \ H_2O} (CH_3)_3COH + HBr$		400000
$(CH_3)_3CBr \xrightarrow{90\%\text{丙酮}, 10\% \ H_2O} (CH_3)_3COH + HBr$		1

4.2.2 消除反应

卤代烃消除一分子卤化氢生成烯烃的反应叫消除反应，消除反应分为**双分子消除反应**(bimolecular elimination reaction，E2) 和**单分子消除反应**(unimolecular elimination reaction，E1)。下面分别探讨这两类反应。

E2:

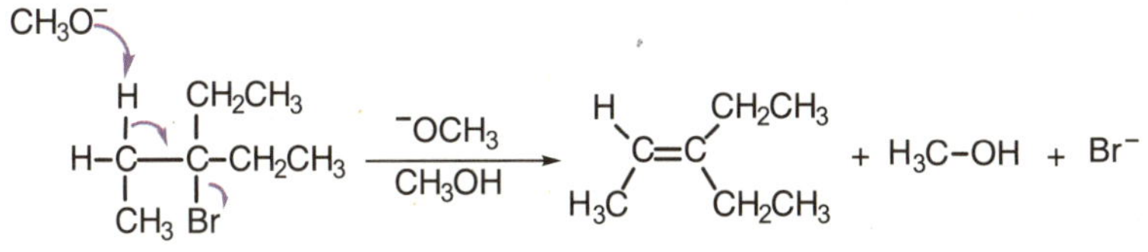

E1:

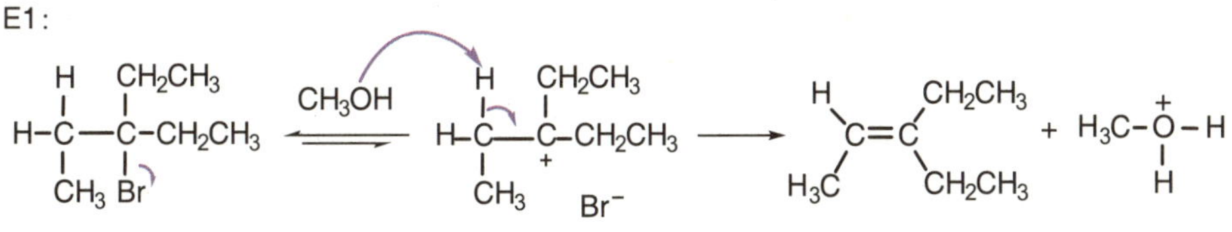

双分子消除反应 E2

当一级卤代烃和一个位阻较大的亲核试剂(通常也是一个碱)反应时,亲核试剂的位阻较大导致 S_N2 反应难以快速进行,这时反应会通过另一条途径进行,亲核试剂充当碱(而不是亲核试剂)夺取卤代烃 β-碳原子上的氢原子,同时卤素离子离去产生烯烃,碳从 sp^3 杂化状态转为 sp^2 杂化状态。这种协同消除反应是二级动力学反应,被称为 **E2 消除反应**。

$$\text{速率} = k_r\,[(CH_3)_3C{-}Br]\,[\,{}^-OCH_3]$$

E2 消除反应的发生有一定的立体化学要求。从下方的分子构象看,离去基团和氢原子以反式共平面构象消除时,进攻的碱从离去基团离去的反方向夺取质子,这样带负电荷的碱和带部分负电荷的离去基团之间因为空间上距离较远而不会产生排斥作用;但以顺式共平面构象消除时碱从离去基团离去的同一侧夺取质子,两者之间的排斥作用会导致碱难以靠近。

反式共平面过渡态
反式交叉式构型——能量更低

在环状卤代烃的 E2 消除反应中,为了达到反式共平面的立体化学要求,原来处于 e 键的氯原子(较稳定的构象)还需先翻转到 a 键(较不稳定的构象)才能发生 E2 消除反应。

反式的 1-氯-2-甲基环己烷比顺式的 1-氯-2-甲基环己烷的 E2 消除反应慢,这是由于 E2 消除反应要求消除基团需处于反式共平面,也就是相邻的氯原子和氢原子必须处于两个直立键上才能消除。对反式异构体来说满足这一立体化学要求的构象是较不稳定的构象,这种构象只有一个处于反式共平面的 β-氢原子(红色),因此消除该 β-氢原子只生成 3-甲基环己烯，且反应较慢。而对顺式异构体来说满足 E2 消除反应立体化学要求的构象是较稳定的构象，分子中有两个处于反式共平面的 β-氢原子(红色)，其中更稳定的 1-甲基环己烯是主要产物，而且总体消除速率相对较快。因为同样的原因，顺式的 1-溴-4-叔丁基环己烷的 E2 消除反应远比反式的 1-溴-4-叔丁基环己烷的 E2 消除反应快。

在 E2 消除反应中如果存在多个可被碱夺取的 β-氢原子，反应就会有区域选择性的问题，例如在下面的反应中，2-氯丁烷与碱的消除反应会得到两种不同的产物，通常碱进攻较多取代的碳上的氢原子得到以丁-2-烯为主的产物。这种得到热力学上更稳定的多取代烯烃的消除反应选择性规则称为**札依采夫规则 (Zaitsev rule)**。但是如果反应中碱的位阻很大时，碱就会转而夺取空间位阻较小且较少取代的碳上的氢原子，得到较少取代的烯烃产物。这种得到少取代烯烃的消除反应称为**霍夫曼消除 (Hofmann elimination)**。从下面的例子可以看出，随着碱的体积增大，反应更多地通过霍夫曼消除进行。

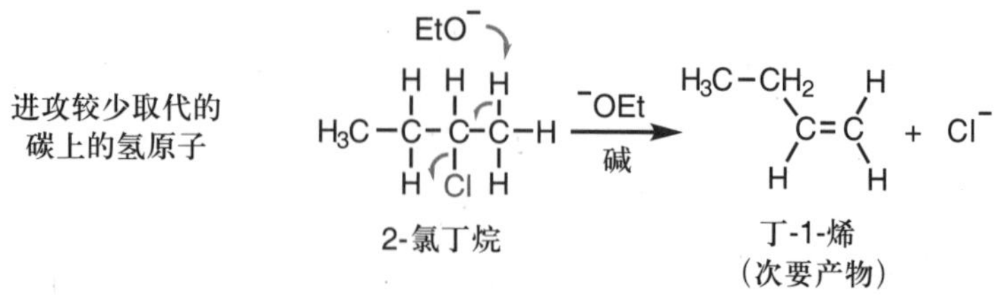

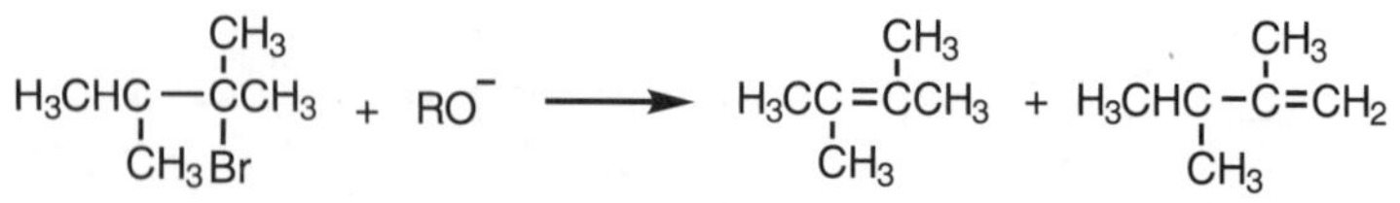

进攻较少取代的
碳上的氢原子

2-氯丁烷

丁-1-烯
（次要产物）

碱	多取代烯烃	少取代烯烃
$CH_3CH_2O^-$	79%	21%
$(CH_3)_3CO^-$	27%	73%
$CH_3C(CH_3)_2CH_2O^-$	19%	81%
$(CH_3CH_2)_3CO^-$	8%	92%

根据上面的讨论我们知道在 E2 消除反应中丁-2-烯是反应的主要产物，但是丁-2-烯有两种不同的立体异构体，即反丁-2-烯和顺丁-2-烯。通常在 E2 消除反应中反式烯烃是主要产物，这是因为当存在两个符合反式消除要求的 β-氢原子时，消除反应的最稳定构象是两个大基团处于纽曼投影式反式交叉位置，这样的构象生成反式烯烃。但是这种构象控制对于多数底物难以获得单一的反式烯烃，通常 E2 消除反应生成以反式烯烃为主的反式和顺式烯烃的混合物。

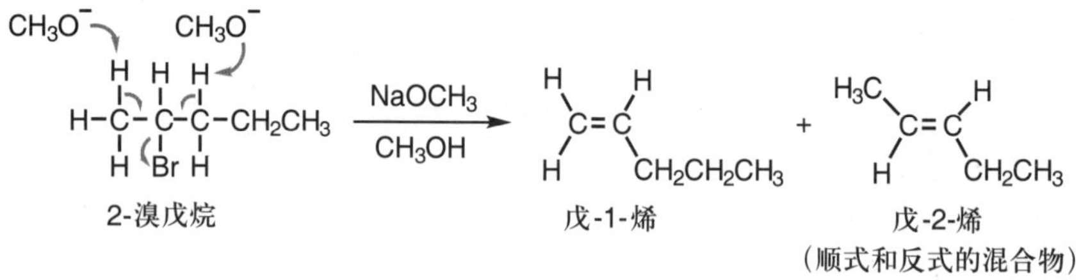

2-溴戊烷

戊-1-烯

戊-2-烯
（顺式和反式的混合物）

单分子消除反应 E1

叔丁基溴与乙醇反应可以得到消除产物，该消除反应显示为一级动力学反应，这种类型的消除反应被称为 **E1 消除反应**。

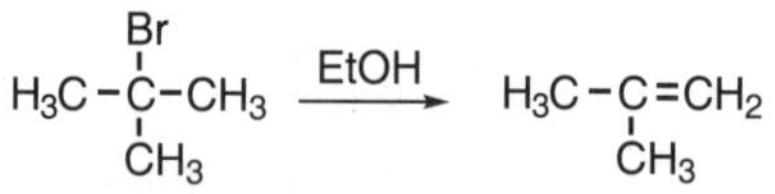

反应速率 = $k[(CH_3)_3CBr]$　　一级反应

与 S_N1 取代反应类似，在 E1 消除反应中离去基团先离去生成碳正离子中间体，该步反应是 E1 消除反应的决速步。由于碳正离子带有正电荷，其 β-碳原子上的氢原子酸性较强，此时一个类似乙醇的弱碱也能将其夺去生成烯烃。

第一步：形成碳正离子　（慢，决速步）

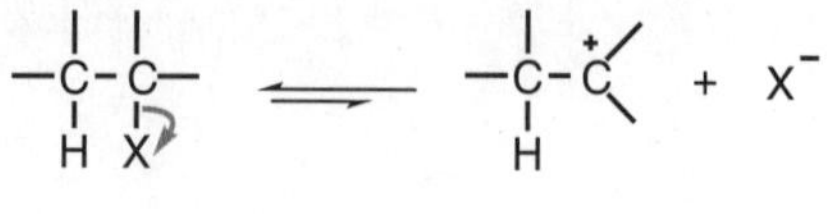

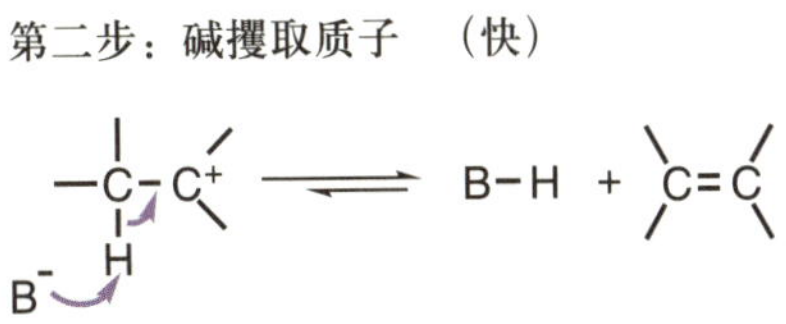

第二步：碱攫取质子 （快）

E1 反应的主要产物也是多取代烯烃。

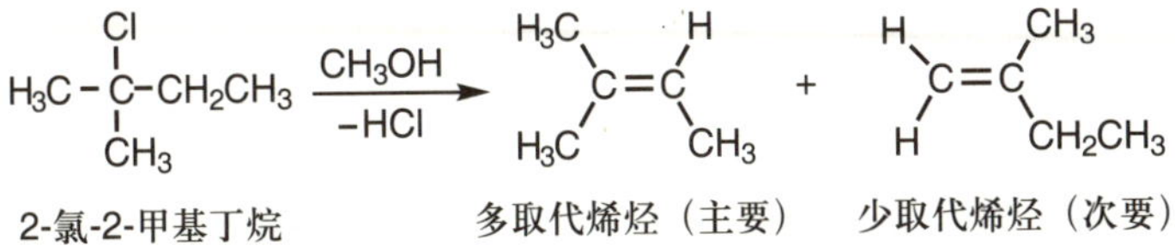

2-氯-2-甲基丁烷　　　　多取代烯烃（主要）　　少取代烯烃（次要）

由于 E1 消除反应中会生成碳正离子中间体，碳正离子也可能在重排后再进行消除。例如下面的二级氯代烷氯离子离去后生成的二级碳正离子并不稳定，左边碳原子上的甲基进行 1,2-甲基迁移生成更稳定的苄位同时还是三级碳正离子，然后再发生消除得到与苯环共轭的烯烃。

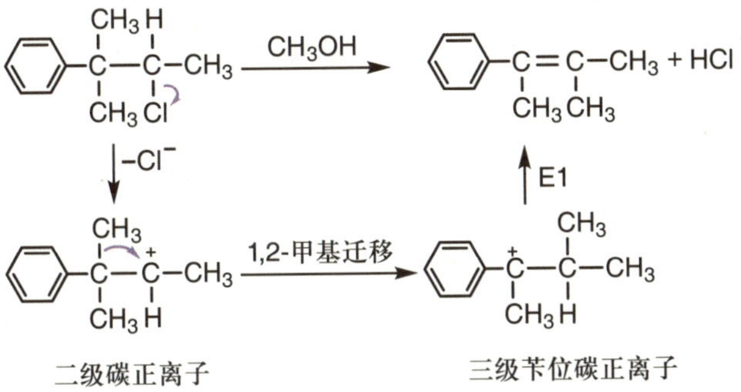

二级碳正离子　　　　　三级苄位碳正离子

取代还是消除？

取代反应和消除反应经常以相互竞争的方式进行，当加入的试剂是强亲核试剂 (通常同时也是强碱) 时，双分子机理将占主导地位 (S_N2 和 E2)。当底物为一级卤代烷时，S_N2 过程占主导地位，而当底物为二级卤代烷时，E2 过程占主导地位，三级卤代烷只可能发生 E2 反应，因为经 S_N2 途径发生取代反应的立体位阻太大，但是当使用大体积的碱如叔丁氧负离子时，即使和一级卤代烷反应也会以 E2 机理进行给出末端取代的烯烃。

当加入的试剂是弱亲核试剂 (通常同时也是弱碱) 时，一级卤代烷和弱亲核试剂反应缓慢，三级卤代烷以单分子机理 (S_N1 和 E1) 反应占主导地位，一般来说会得到取代和消除产物的混合物，二级卤代烷也会产生混合产物。如果底物是二级或三级卤代烷，升高温度有利于 E1 反应的进行。

取代和消除反应相互竞争

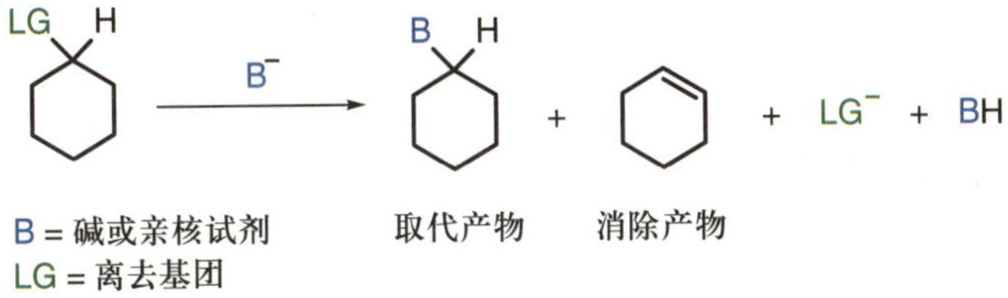

B = 碱或亲核试剂　　　取代产物　　消除产物
LG = 离去基团

S_N1 还是 S_N2？

对于一个特定的取代反应，我们如何分析反应机理是 S_N2 还是 S_N1 呢？如果发生取代反应的碳原子是手性碳，以 S_N2 机理进行意味着构型翻转，而以 S_N1 机理进行意味着外消旋化，同时还有可能生成碳正离子重排后再和亲核试剂反应的副产物。按照重要性排序，底物、亲核试剂、离去基团、溶剂这四个因素会影响一个特定的反应是通过 S_N1 还是 S_N2 机理进行。

底物的特征是区分 S_N2 和 S_N1 机理最重要的因素，S_N1 机理要求使用能生成稳定碳正离子中间体的底物，通常是一个三级卤代烷，因此甲基和一级卤代烷一般不会以 S_N1 机理进行取代反应，相反甲基和一级卤代烷小的空间位阻有利于反应以 S_N2 机理发生。二级卤代烷可以生成较稳定的碳正离子，因此能以 S_N1 机理进行取代反应，同时二级卤代烷以 S_N2 机理反应时过渡态的立体位阻尚不能阻碍反应的发生，因此也能以 S_N2 机理进行取代反应，二级卤代烷通过何种机理进行反应，要看下面其他三个因素的影响。同样，既能生成稳定碳正离子中间体同时立体位阻也不大的烯丙位和苄位取代的卤代烷既可以通过 S_N1 机理进行取代反应，也可以通过 S_N2 机理进行取代反应。

S_N2 反应是一个二级反应 (速率 $=k$ [RX] [Nu])，其速率既取决于亲核试剂的浓度，也取决于亲核试剂的强度，强的亲核试剂会使 S_N2 反应的速率明显加快，相反 S_N1 机理主要受生成碳正离子中间体的难易影响，不受亲核试剂的浓度或强度的影响，当弱的亲核试剂使 S_N2 反应慢到几乎不进行时，弱的亲核试剂和高活性的碳正离子的 S_N1 就变得有竞争性了。S_N1 反应通常比 S_N2 反应对离去基团的离去难易要求更高，因为 S_N1 过程的决速步就是离去基团离去生成碳正离子，好的离去基团，例如强酸的共轭碱 I^-、能通过共轭稳定自身负电荷的多种取代的磺酸根离子 ($^-$OTs，$^-$OMs，$^-$OTf) 能使 S_N1 反应明显加速。溶剂的选择也可以影响 S_N1 和 S_N2 反应的速率，极性质子性溶剂有利于 S_N1 反应，例如 H_2O 分子中的带部分负电荷的氧原子可以稳定碳正离子，带部分正电荷的氢原子可通过氢键作用稳定碳正离子的配阴离子，但是氢原子和亲核试剂的氢键作用会降低 S_N2 反应中亲核试剂的亲核性，从而不利于 S_N2 反应，S_N2 反应的过渡态相对底物有更大的电荷分离，极性非质子性溶剂如 CH_3CN、DMF 有利于 S_N2 反应。如果发生取代反应的碳原子是手性碳，反应以 S_N2 机理进行更为绿色，因为反应不会发生外消旋化和重排反应，可通过选择合适的离去基团和溶剂使反应以 S_N2 机理进行。表 4-2 总结了卤代烃发生 S_N1 和 S_N2 取代反应及 E1 和 E2 消除反应的影响因素。

表 4-2　卤代烃发生 S_N1 和 S_N2 取代反应及 E1 和 E2 消除反应的反应特点的总结

反应	底物	亲核试剂或碱	离去基团	应选溶剂类型
S_N1	三级、烯丙位或苄位	一般的亲核试剂	好的离去基团	极性质子性溶剂
S_N2	甲基或一级	好的亲核试剂	好的离去基团	极性非质子性溶剂
E1	三级、烯丙位或苄位	弱碱	好的离去基团	极性质子性溶剂
E2	甲基或一级	强碱	好的离去基团	极性非质子性溶剂

4.2.3　卤代烃和金属镁的反应：格氏试剂

在无水无氧条件下卤代烃和金属镁在醚类溶剂如乙醚或四氢呋喃中反应生成有机镁试剂 (格氏试剂，Grignard reagent)，在类似的反应条件下卤代烃和金属锂反应生成有机锂试剂，具有碳金属键的有机镁试剂和有机锂试剂称为金属有机试剂 (organometallic reagent)。格氏试剂由 P. A. Barbier 发现，后来他的学生 F. A. Victor Grignard 对该试剂进行了进一步研究，Grignard 因其在该领域的贡献获得 1912 年的诺贝尔化学奖。

$$R-X \ + \ Mg \ \xrightarrow[\substack{无水无氧条件 \\ 0-5\,°C}]{CH_3CH_2OCH_2CH_3} \ R-Mg-X \ \ \ 以 R:^- MgX^+ 反应$$

$$(X = Cl, Br, I) \qquad\qquad\qquad\qquad 格氏试剂$$

1°、2° 和 3° 烷基卤代烃都可以与金属镁反应生成格氏试剂，反应活性顺序为 3°>2°>1°，卤代烃中卤素的反应性顺序是 I > Br > Cl ≫ F，因此反应性很差的氟代烃从不用于制备格氏试剂，实验室中通常用容易获得的溴代烃或氯代烃制备格氏试剂，也可以用溴代烃或氯代烃制备有机锂试剂。

$$H_3C-I \ \xrightarrow[CH_3CH_2OCH_2CH_3]{Mg} \ H_3C-MgI$$

由于镁的电负性比碳小，所以碳镁键的电子云偏向于碳原子，碳上带有部分负电荷的格氏试剂是一种非常有用的碳亲核试剂，可以与多种亲电试剂反应。格氏试剂同时也是一个强碱，可以夺取水或者其他含酸性氢的化合物中的酸性氢生成烷烃，也就是说格氏试剂会被水、醇、酚或羧酸中的酸性氢破坏，不过也可以利用格氏试剂与 D_2O 反应向化合物中引入氘同位素。因此我们在选择与格氏试剂反应的底物时要注意底物分子上是否有酸性氢，如果有就要先将该含酸性氢的基团转化为不含酸性氢的基团 (官能团的保护)，然后再与格氏试剂反应。格氏试剂可以和含羰基的化合物如醛、酮和酯中的羰基反应，我们将在以后的章节中讨论这类化学反应。

4.3 卤代烃的制备

4.3.1 由烷烃制备卤代烃

在烷烃的化学反应章节我们已经讨论过，在紫外光照射或高温条件下烷烃可以发生自由基机理的卤代反应生成卤代烃，但是该自由基反应产物为一元和多元卤代烃的混合物。烯丙基位和苄位碳原子上的卤代反应产率很高，这是由于双键通过共轭作用稳定了反应的自由基中间体。该反应也可以使用 *N*-溴代琥珀酰亚胺 (NBS) 代替 Br_2，如果反应底物上存在多个可溴代的烯丙位碳原子，溴代反应发生在位阻较小的烯丙位碳原子上。

$$\text{环己烷} + Cl_2 \xrightarrow{hv} \text{环己基氯} + HCl$$

$$CH_3CH_2CH_2CH_2CH_2CH=CH_2$$

辛-1-烯

$$\downarrow NBS,\ CCl_4$$

$$CH_3CH_2CH_2CH_2CH_2\overset{\cdot}{C}HCH=CH_2 \longleftrightarrow CH_3CH_2CH_2CH_2CH=CH\overset{\cdot}{C}H_2$$

$$CH_3CH_2CH_2CH_2CH_2\underset{|}{\overset{Br}{C}}HCH=CH_2 \quad + \quad CH_3CH_2CH_2CH_2CH=CHCH_2Br$$

3-溴-辛-1-烯 (17%)　　　　　　　　　　　　　1-溴-辛-2-烯 (83%)
　　　　　　　　　　　　　　　　　　　　　　(53:47 *trans*:*cis*)

4.3.2　由烯烃制备卤代烃

不饱和烃可与卤素、卤化氢发生加成反应制备卤代烃，这部分内容将在烯烃和炔烃的加成反应中讨论。

$$\ce{>C=C<} + HX \xrightarrow{\text{加成反应}} \ce{>CH-CX<}$$

$$\ce{>C=C<} + X_2 \xrightarrow{\text{加成反应}} \ce{>CX-CX<}$$

4.3.3　由醇制备卤代烃

醇与卤化氢的反应可制备卤代烃，醇与氯化亚砜 ($SOCl_2$) 和三氯化磷 (PCl_3) 反应是实验室制备氯代烃的常用方法，这部分内容将在醇的反应章节中详细讨论。

$$R\diagup OH \xrightarrow{SOCl_2} R\diagup Cl$$

$$R\diagup OH \xrightarrow{PX_3} R\diagup X$$

📋 本章学习要点

（1）C–X 键的极性特征。

（2）卤代烷与多种亲核试剂的亲核取代反应，根据卤代烷的结构特征和亲核试剂的强弱，亲核取代可通过 S_N2 机理或 S_N1 机理两种途径进行。

（3）S_N2 机理的特点，影响 S_N2 反应的因素：亲核试剂，离去基团，反应位点的位阻，溶剂。

（4）S_N1 机理的特点，影响 S_N1 反应的因素：离去基团，碳正离子的稳定性，溶剂。

(5) 卤代烷与碱的消除反应，根据卤代烷的结构特征，消除反应可通过 E2 机理或 E1 机理两种途径进行，消除反应中的札依采夫规则。

(6) 由卤代烃制备格氏试剂，格氏试剂的极性特征。

 ## 习题

4.1 构象分析理论告诉我们大基团处在对位交叉的构象较稳定，但是研究发现以下化合物氟原子和铵离子处在邻位交叉的构象更稳定，请说明其中原因。

$-24.3 \ kJ \cdot mol^{-1}$ $0 \ kJ \cdot mol^{-1}$

4.2 从甲苯出发如何合成以下三个化合物？

4.3 以下反应中，当 X 为硫原子时比 X 为碳原子时快得多，请问为什么？

4.4 以下取代反应以乙酸为溶剂和亲核试剂时得到正常的产物 (OTs 为磺酸酯，是一种很好的离去基团)，但以三氟乙酸为溶剂，以 1 当量乙酸为亲核试剂时得到两种产物，请解释。

4.5 请问下列反应该选用何种溶剂能使平衡向右移动？

$$(CH_3)_2S + CH_3{-}Br \rightleftharpoons H_3C\overset{+}{\underset{H_3C}{S}}{-}CH_3 + Br^-$$

4.6 氯丹 (chlordane) 是一种强力杀虫剂，但现在已经禁止使用，该化合物在碱性水溶液中会脱去氯原子，请问哪些氯原子会被取代？

4.7 请在一张图上画出以下两个底物发生 S_N1 反应时的反应进程图。

4.8 请写出下列两种不同取代的二溴代二苯乙烯以 E2 反应脱除一分子溴化氢时所得烯烃的立体化学。

4.9 预测以下两种氯代环己烷发生 E2 反应时所得烯烃的化学结构。

醇、酚、醚

第5章

醇、酚、醚

5.1 醇的结构、命名和性质

醇类化合物广泛地存在于自然界的植物和动物中。通过水蒸气蒸馏可以从植物中分离出具有芳香气味的香叶醇 (geraniol) 和薄荷醇 [(-)-menthol]。动物组织中存在的胆固醇 (cholesterol) 和视黄醇 (retinol) 具有重要生理活性。

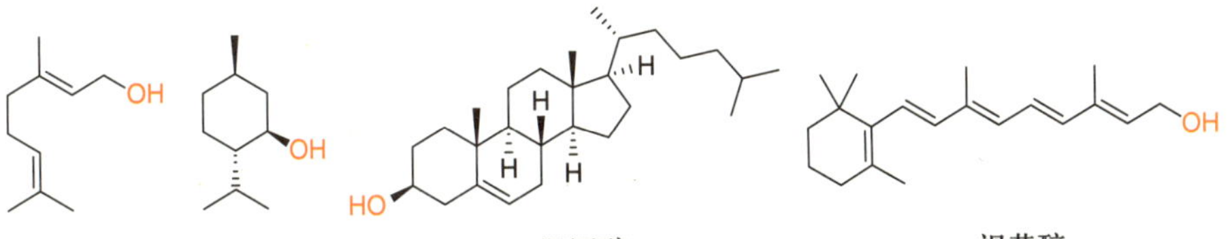

| 香叶醇 | 薄荷醇 | 胆固醇 | 视黄醇 |

醇在结构上与水相似，其中的氧原子呈四面体的 sp^3 杂化，两对孤对电子占据了四个 sp^3 杂化轨道中的两个，由于烷基比氢原子大，所以醇的 R-O-H 键角比水的 H-O-H 键角 (104.5°) 大，例如甲醇中 R-O-H 的键角为 108.9°。氧较大的电负性导致碳氧键被强烈地极化，所以醇分子中存在永久偶极，属于极性较大的有机化合物。

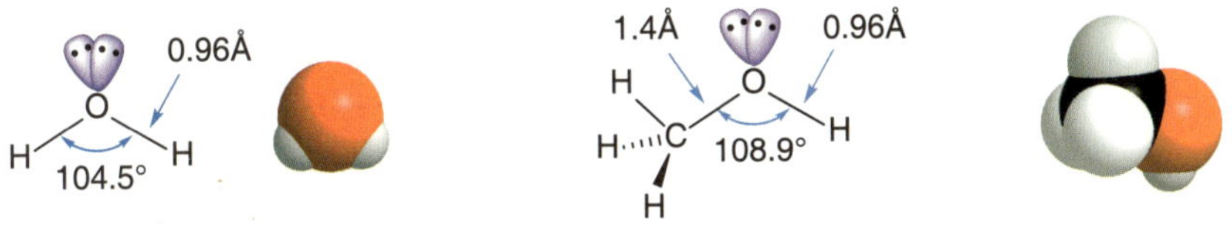

水　　　　　　甲醇

醇的命名是选择含有羟基的最长碳链为主链，从离羟基最近的一端开始编号，按照主链所含的碳原子数目称为"某醇"，多元醇的命名应选择含 OH 尽可能多的碳链为主链，并在前面写上羟基的位次。

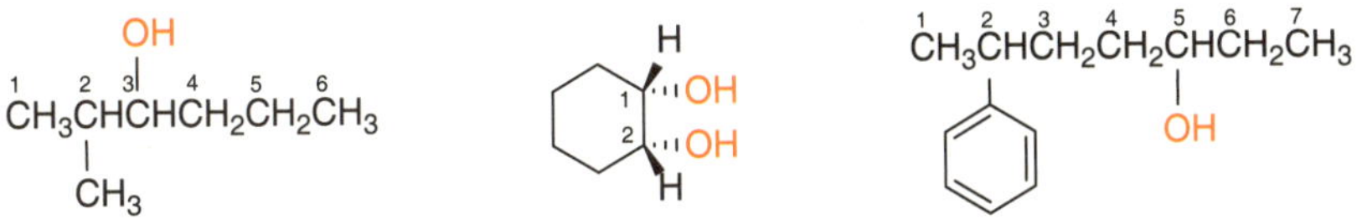

2-甲基己-3-醇　　　　顺环己-1,2-二醇　　　　6-苯基庚-3-醇

大多数醇在室温下是无色的液体，甲醇、乙醇是液体，含有 4 至 10 个碳原子的醇会变得黏稠。醇的强极化 O-H 键的氧原子带部分负电荷，氢原子带部分正电荷，氢原子可以与另一个醇的氧原子上孤对电子形成氢键 (氢键的强度约为 20.8 kJ·mol⁻¹)，这解释了醇较高的沸点。例如丙醇的沸点为 97 ℃，而丙烷的沸点仅为-42 ℃，如此大的沸点差异说明丙醇分子之间的相互作用比丙烷分子之间的相互作用要强烈得多，分

子上的羟基越多，分子之间形成的氢键就越多，所以丙-1,2-二醇的沸点高于丙醇，丙三醇的沸点则更高。

沸点/°C   −42   97   188   290

醇分子也可以与水分子形成氢键，含 1–4 个碳的醇的水溶性很好，甲醇、乙醇和丙醇能与水以任意比例混溶，含 5–11 个碳的醇部分地溶于水。随着碳原子数增加，醇的水溶性逐渐降低。

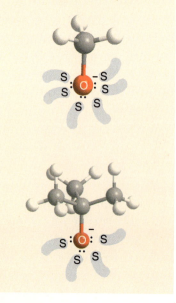

醇的酸性和碱性

甲醇和乙醇的酸性与水相近 (表 5-1)。醇既可以作为 Brønsted 酸也可以作为 Brønsted 碱，α-碳原子上的强吸电子基团会使醇的酸性明显升高。

烷氧负离子

表 5-1 部分醇的沸点和酸度

名称	沸点 / °C	pK_a
水	100	15.74
甲醇	65	15.54
乙醇	78	16
三氟乙醇	74	12.43
异丙醇	82	17
叔丁醇	84	18

氢氧化钠可以使醇去质子化产生烷氧负离子，但是不能产生当量的烷氧负离子。要产生当量的烷氧负离子需要使用非常强的碱如氢化钠 (NaH)，将醇与金属钠或钾反应也能形成相应的烷氧负离子。

$$2H_3C{-}\underset{CH_3}{\overset{CH_3}{C}}{-}OH + 2K \longrightarrow 2H_3C{-}\underset{CH_3}{\overset{CH_3}{C}}{-}O^-K^+ + H_2$$

叔丁醇   叔丁醇钾

$$CH_3OH + NaH \longrightarrow CH_3O^-Na^+ + H_2$$

甲醇   甲醇钠

醇的氧原子上的孤对电子可以结合质子变成氧鎓离子 (oxonium ion)。氧鎓离子的酸性较强 ($pK_a \sim 3$)，说明醇是一个只有在与强酸作用时才会被质子化的弱碱。

醇　　　　　　　　　　　　　　　　氧鎓离子

5.2　醇的反应

5.2.1　醇的脱水反应

醇在酸催化和加热条件下会发生分子内脱水生成烯烃。三级醇能在较低的温度下快速反应，二级醇需要在 100 ℃下才能脱水，一级醇则需要更高的温度 (反应在较低温度下也可能发生分子间脱水生成醚，这一点在醚的合成部分也会讨论)。

根据札依采夫规则，脱水主要生成较多取代的烯烃。生成的烯烃通常是以反式为主的顺式和反式烯烃的混合物。

另外，水分子离去后生成的碳正离子可能发生重排反应后再脱氢，所以由醇的脱水反应制备烯烃时的区域选择性和立体选择性往往都不好。

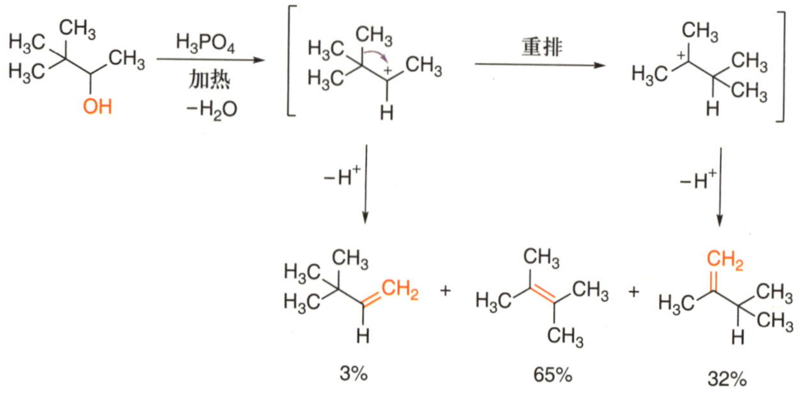

3%   65%   32%

5.2.2　醇的亲核取代反应

醇与卤化氢反应生成卤代烷

由于醇羟基不是一个好的离去基团，对醇的直接取代反应很难发生。在酸存在下，醇羟基会发生质子化，此时离去的水分子是好的离去基团。

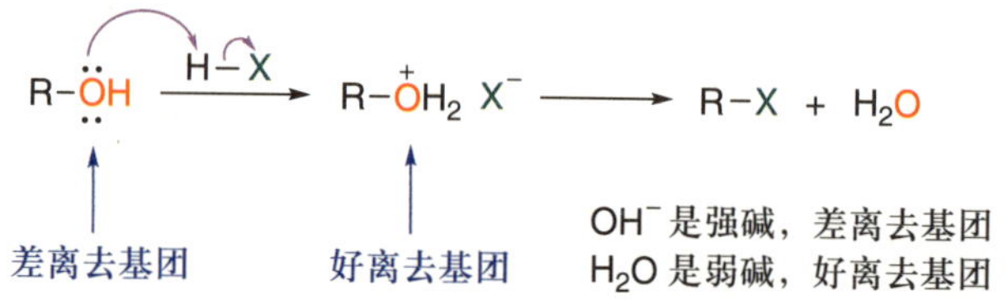

差离去基团   好离去基团

OH^- 是强碱，差离去基团
H_2O 是弱碱，好离去基团

用氢卤酸和醇反应可以制备卤代烷，具体的反应机理取决于原料醇的类型。叔醇在水分子离去后生成碳正离子，碳正离子被卤离子捕获形成卤代烷，该反应是以 H_2O 为离去基团的 S_N1 反应。使用伯醇为起始原料时反应通过 S_N2 机理进行。

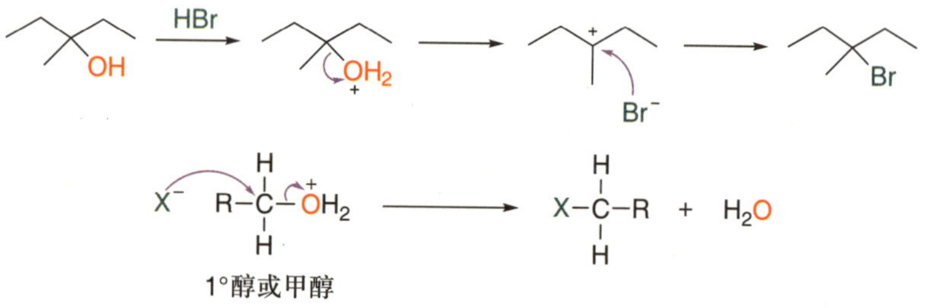

1°醇或甲醇

叔醇与卤化氢在室温下就能迅速反应，而伯醇的反应需要加热若干小时。另外一级醇与 HBr 和 HI 的反应较快，但是与 HCl 的反应却非常缓慢，所以将伯醇转化为相应的氯代烷通常不用 HCl 方法 (见下文讨论)。

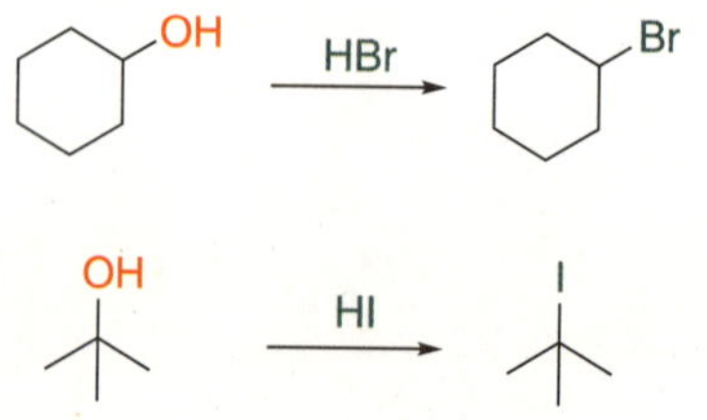

虽然用氢卤酸和醇反应这样简单的方法就可以制备卤代烷，但是该方法对连有不耐强酸基团的醇不适用。二级醇与卤化氢的反应通常也是以 S_N1 机理进行，反应中生成的碳正离子有时会发生重排。例如，氢卤酸和醇反应生成的初始碳正离子先发生重排，然后再被溴离子捕获。为了避免碳正离子重排，可以先制备醇的磺酸酯，然后用卤离子对磺酸酯进行亲核取代。

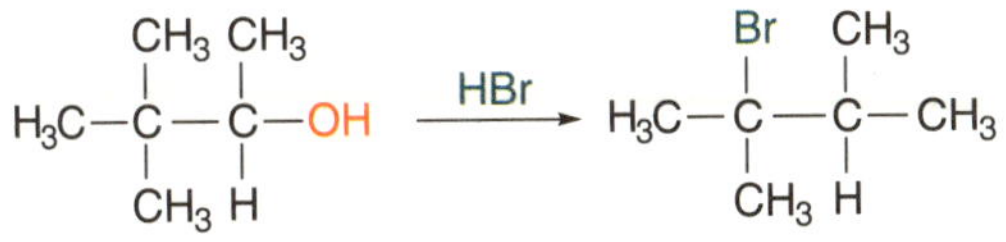

3,3-二甲基丁-2-醇 → 2-溴-2,3-二甲基丁烷
94%

烷基迁移机理

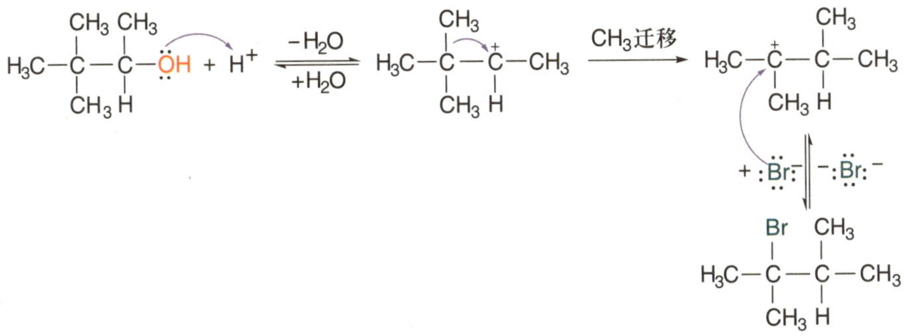

醇与 PBr₃ 或 SOCl₂ 反应生成卤代烷

实验室中将一级或二级醇转化为相应的卤代烷的最常用方法是将醇和氯化亚砜 (thionyl chloride，SOCl₂) 或三溴化磷 (phosphorus tribromide，PBr₃) 反应，这两种方法都是将不易离去的醇羟基转化为容易离去的基团，但是三级醇不能通过这两种方法进行转化。

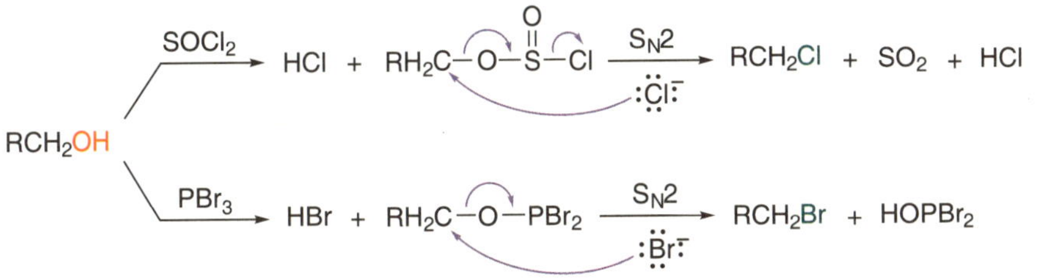

一级或二级醇和氯化亚砜反应能制备相应的氯代烷。当手性二级醇在醚类溶剂中和氯化亚砜反应时，先生成氯代亚硫酸酯。氯代亚硫酸酯进一步反应得到构型保持的氯代烷产物。机理研究表明反应可能是通过紧密离子对的方式进行的，这类亲核取代反应被称为**内部亲核取代反应** (internal nucleophilic substitution reaction，S_Ni reaction)。

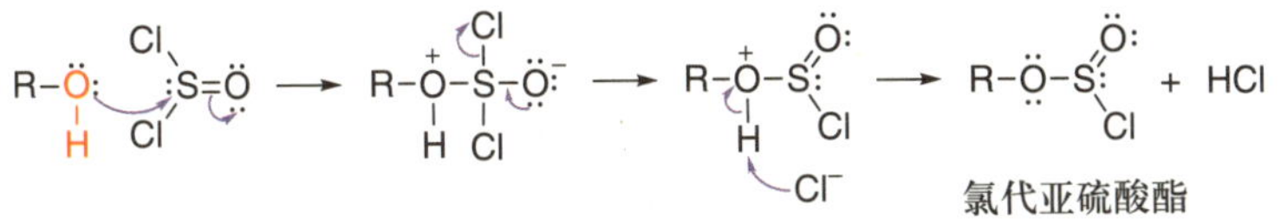

氯代亚硫酸酯

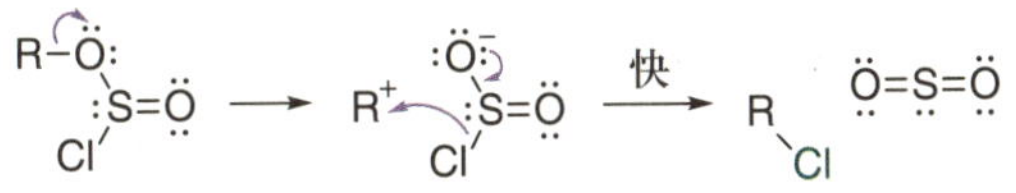

离子对

　　而在吡啶等碱的存在下，中间产物氯代亚硫酸酯会进一步反应生成"吡啶盐"，然后再与氯离子发生 S$_N$2 反应生成构型翻转的产物。

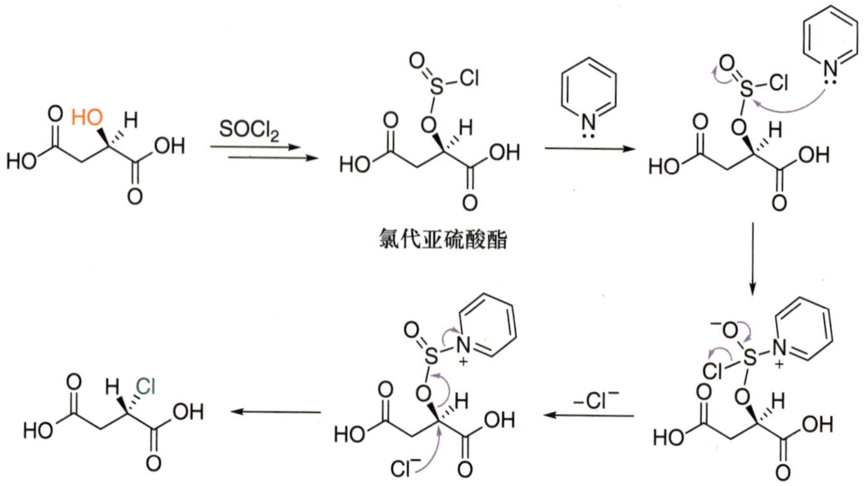

氯代亚硫酸酯

　　一级或二级醇和三溴化磷反应能够制备相应的溴代烷。这个反应首先是将羟基转变成容易离去的亚磷酸酯，然后被溴离子通过 S$_N$2 机理亲核取代。如果反应底物是一个手性醇，那么就会得到构型翻转的产品。

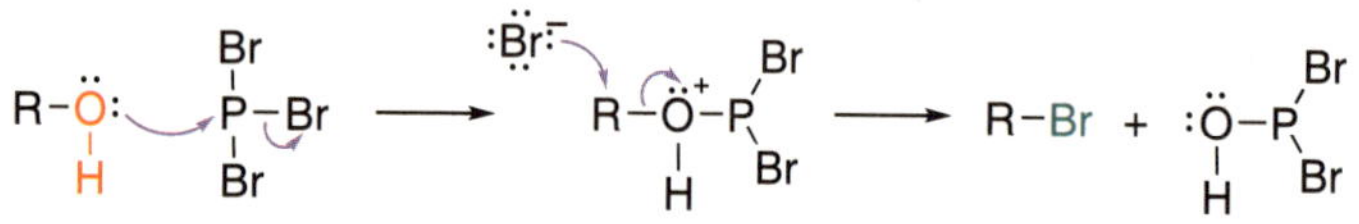

　　表 5-2 总结了实验室中将醇转变成卤代烷的常用方法和每种方法的适用范围。

表 5-2 ROH ⟶ RX 方法总结

反应	试剂	注释
ROH ⟶ RCl	HCl	• 对所有 ROH 有效 • 2°和 3°ROH 为 S$_N$1 机理，对 CH$_3$OH 与 1°ROH 为 S$_N$2 机理
	SOCl$_2$	• 更适用于 CH$_3$OH，1°和 2°ROH • S$_N$2 机理
ROH ⟶ RBr	HBr	• 对所有 ROH 有效 • 2°和 3°ROH 为 S$_N$1 机理，对 CH$_3$OH 与 1°ROH 为 S$_N$2 机理
	PBr$_3$	• 更适用于 CH$_3$OH，1°和 2°ROH • S$_N$2 机理
ROH ⟶ RI	HI	• 对所有 ROH 有效 • 2°和 3°ROH 为 S$_N$1 机理，对 CH$_3$OH 与 1°ROH 为 S$_N$2 机理

将醇转化为磺酸酯后再进行亲核取代反应

　　由于羟基不是好的离去基团，以醇做底物的亲核取代反应很慢，但是如果先将醇转化为容易离去的磺酸酯基团，就可以在温和的条件下被亲核试剂所取代或消除得到烯烃。

下面列举了醇先和磺酰氯或磺酸酐反应得到磺酸酯，然后被多种亲核试剂所取代的典型反应。

对甲苯磺酸酯的 S_N2 反应

将醇转化为相应的溴代烷或相应的磺酸酯的目的是将不容易离去的基团 (羟基) 转化为容易离去的基团 (溴负离子或磺酸根负离子)，然后再进行亲核取代反应。值得注意的是这两种策略最终所得取代产物的构型相反，将醇转化为相应的溴代烷会发生一次构型翻转，以溴代烷为底物进行亲核取代反应时会再发生一次构型翻转，总结果是得到与原来的醇构型一致的取代产物；而将醇转化为相应的磺酸酯时碳氧键未发生断裂，因此磺酸酯的构型与醇一致，以磺酸酯为底物进行亲核取代反应时会发生构型翻转，得到与原来的醇构型相反的取代产物。

5.2.3　醇的氧化

　　将醇氧化成醛或酮是有机合成化学中最常用的反应之一。分子中没有敏感基团的醇可以用强氧化剂，如铬酸 [实验室中用三氧化铬或重铬酸钠与硫酸反应生成，也称琼斯试剂 (Jones reagent)]、高锰酸钾、次氯酸钠将一级醇转化为羧酸，将二级醇转化为酮。一级醇被氧化生成的中间产物醛在强氧化剂作用下会继续氧化生成羧酸。三级醇不能被氧化剂氧化。

$$1° \quad R-CH_2OH \xrightarrow{[O]} R-CO_2H$$

$$2° \quad R-CH(OH)-R \xrightarrow{[O]} R-CO-R$$

$$3° \quad R-C(OH)(R)-R \xrightarrow{[O]} 不反应$$

$$\left\{ \begin{array}{l} Na_2Cr_2O_7/H_2SO_4 \\ CrO_3/H^+ \\ KMnO_4/^-OH 或 H^+ \\ NaClO/AcOH \end{array} \right.$$

　　例如癸-1-醇和4-叔丁基环己醇在琼斯试剂氧化下分别得到癸酸和4-叔丁基环己酮。

$$CH_3(CH_2)_8CH_2OH \xrightarrow[H_3O^+, 丙酮]{CrO_3} CH_3(CH_2)_8CO_2H$$

癸-1-醇　　　　　　　　　　　　　　　　　　　　　癸酸
　　　　　　　　　　　　　　　　　　　　　　　　　　93%

$$\text{4-叔丁基环己醇} \xrightarrow[H_2O, CH_3CO_2H, 加热]{Na_2Cr_2O_7} \text{4-叔丁基环己酮}$$

4-叔丁基环己醇　　　　　　　　　　　　　　　　　4-叔丁基环己酮
　　　　　　　　　　　　　　　　　　　　　　　　　91%

　　如果想将一级醇转化为醛就要使用较温和的氧化剂，例如 PCC、PDC、斯文氧化 (Swern oxidation) 试剂等。这些氧化剂同样能将二级醇转化为酮。新制备的二氧化锰可以氧化烯丙位的羟基到醛，而不氧化双键。

氧化醇到醛的温和氧化剂：

酸性条件：氯铬酸吡啶盐 (pyridinium chlorochromate，PCC，CrO_3–Pyr–HCl)

碱性条件：萨雷特试剂 (Sarett reagent，$CrO_3 \cdot 2$ Pyr)

中性条件：重铬酸吡啶盐 (pyridinium dichromate，PDC，$H_2CrO_7 - 2$Pyr)

　　　　　斯文氧化法 (Swern oxidation，$Me_2SO/ (COCl)_2/Et_3N$)

　　　　　戴斯马丁试剂 (Dess–Martin reagent，DMP)

PCC　　　　　　　　PDC　　　　　　　　Swern　　　　　Dess-Martin

　　PCC 试剂是吡啶、盐酸和 CrO_3 之间形成的一种 Cr^{6+} 盐，它可以溶于如二氯甲烷的有机溶剂中，反应中醇转化为相应的铬酸酯，然后在碱作用下发生 E2 消除反应，形成 C=O 双键。例如香茅醇氧化产生香茅醛。

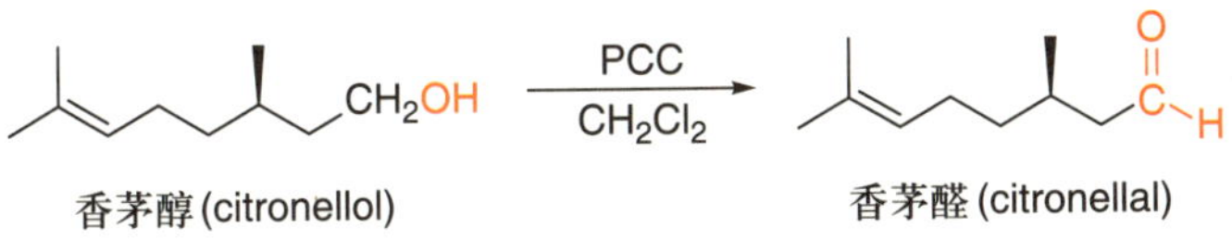

香茅醇 (citronellol)　　香茅醛 (citronellal)

PCC 氧化的机理：

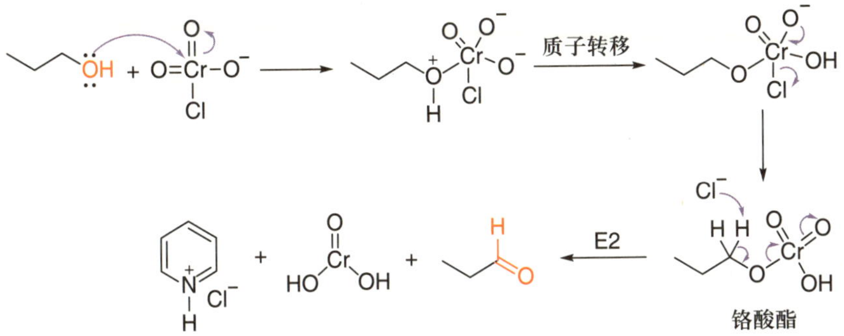

铬酸酯

　　尽管 PCC 等含高价金属铬的氧化剂能将醇高效地转化为醛或酮，但是反应的原子经济性很差（没有一个原子被转化到目标产品中），另外使用当量的含铬氧化剂也会产生大量有毒的废弃物。最近化学家们发展了以次氯酸钠 (NaOCl) 为最终氧化剂，2,2,6,6- 四甲基哌啶 -1- 氧自由基 (2,2,6,6-tetramethylpyperidine-1-oxy radical, TEMPO) 催化的醇氧化反应，在便宜的 NaOCl（漂白剂）中加入摩尔浓度低至 1% 的 TEMPO 就可以将醇高效地氧化为醛，而且不会发生过度氧化。

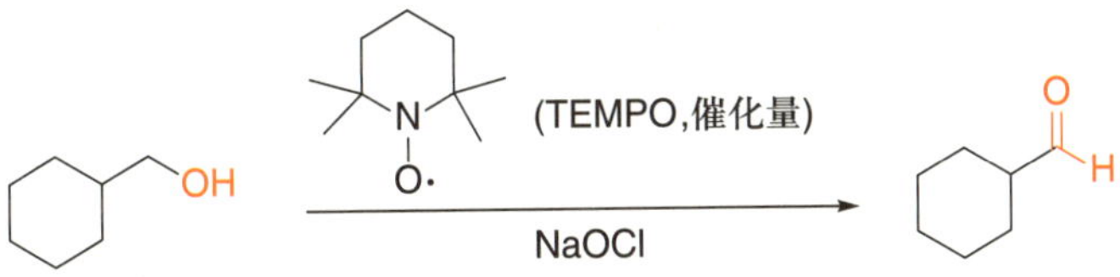

拓展知识：TEMPO 催化氧化醇的反应机理

　　TEMPO 自由基首先被 NaOCl 氧化成 N-羰基正离子，醇进攻 N-羰基正离子生成氧代铵离子，氧代铵离子接着发生类似 PCC 氧化中铬酸酯的消除反应生成醛和 N-羟基哌啶，N-羟基哌啶再被 NaOCl 氧化成 N-羰基正离子继续进入循环。

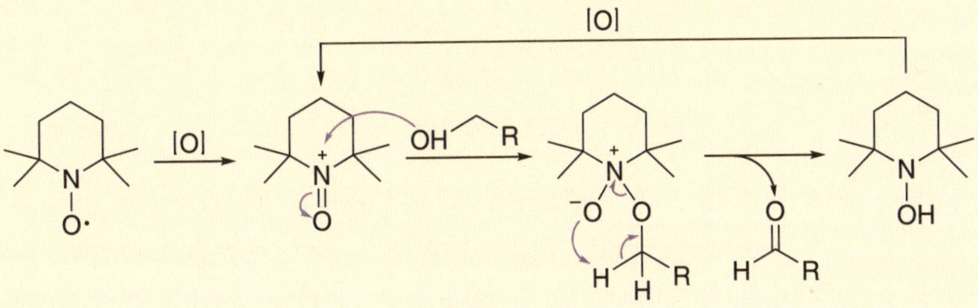

拓展知识：醇在人体内的氧化

　　醇氧化为羰基是人体代谢过程中的一个重要步骤，人体使用烟酰胺腺嘌呤二核苷酸 (nicotinamide adenine dinucleotide, NAD$^+$) 作为氧化剂，在醇脱氢酶 (alcohol dehydrogenase, ADH) 的作用下，乙醇上 α-碳上的氢原子被转移到 NAD$^+$ 上生成乙醛，NAD$^+$ 变成还原态 NADH。在醛脱氢酶 (aldehyde dehydrogenase, ALDH) 的作用下，乙醛醛基上的氢原子可以进一步转移到 NAD$^+$ 上，并与水作用生成乙酸。

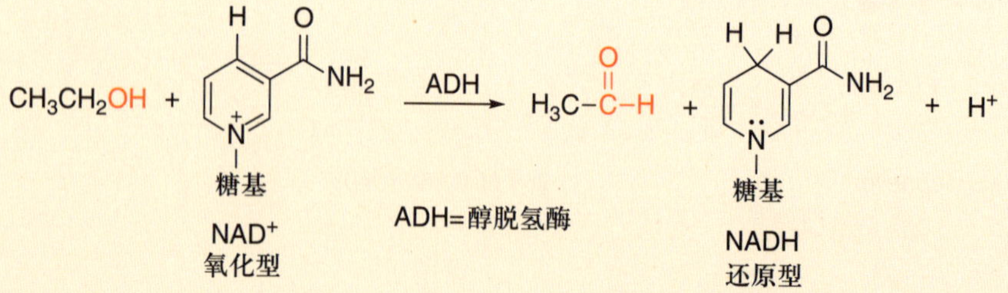

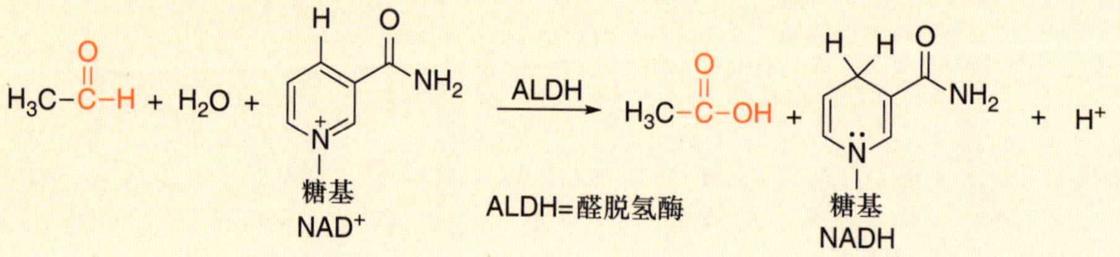

5.3 二醇

含有两个 OH 基团的分子被称为二醇，最常见的二醇是邻二醇，如乙-1,2-二醇 (ethylene glycol)，含有三个 OH 基团的分子被称为三醇，例如丙三醇是化妆品里的保湿剂。随着分子中的羟基数目的增多醇的极性变大，同时水溶性会明显增强。多醇化合物包括五碳糖、六碳糖，这部分内容将在下册第 18 章碳水化合物中专门讨论。

乙-1,2-二醇   丙三醇

邻二醇上的醇羟基也能发生一般醇的反应，但是邻二醇在氧化剂如高碘酸的存在下容易发生断裂生成醛或酮。

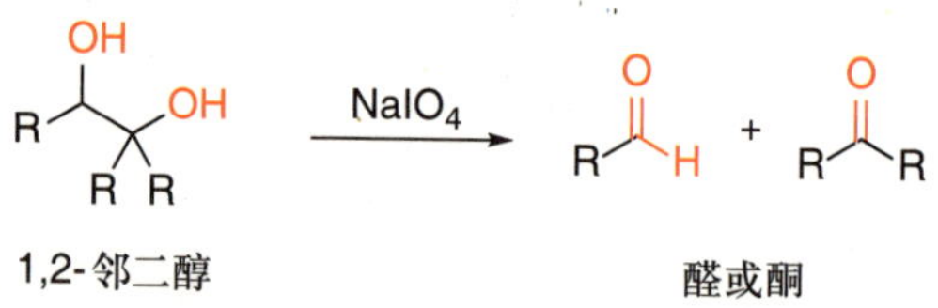

1,2-邻二醇   醛或酮

邻二醇在 Brønsted 酸或 Lewis 酸催化下会发生频哪醇重排反应 (pinacol rearrangement)。在频哪醇重排反应中，首先是频哪醇的一个羟基被质子化，离去一分子 H_2O 同时生成三级碳正离子，随后邻位碳上的甲基迁移到碳正离子上。重排后的碳正离子会同氧原子上的孤对电子形成 π 键。在这个共振结构式中所有的原子都是 8 电子稳定结构，足以抵消氧原子上带正电荷造成的不稳定性。最后羰基氧原子上去质子化生成频哪酮。用频哪醇重排反应可以构建一个全部由烷基取代的碳中心。

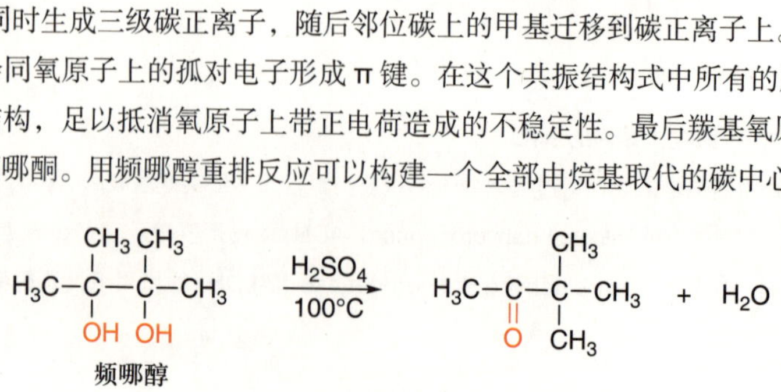

频哪醇

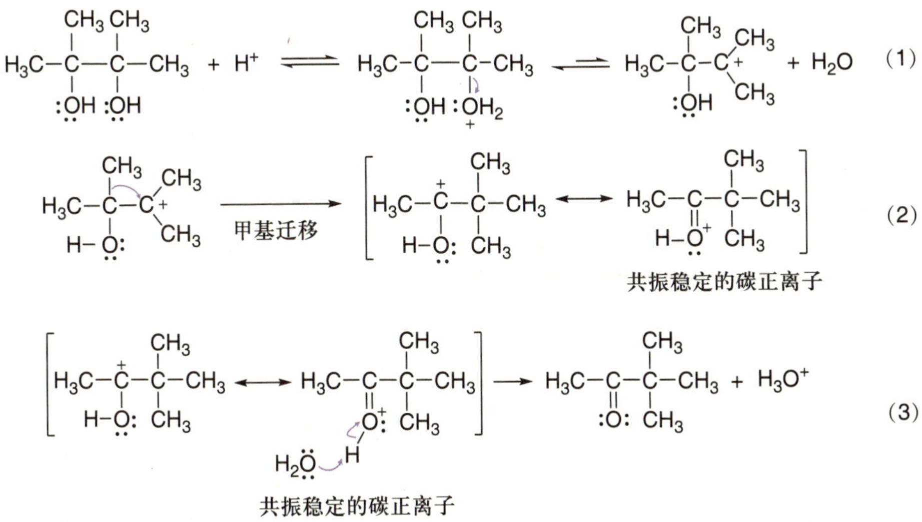
(1)
甲基迁移
(2)
共振稳定的碳正离子
(3)
共振稳定的碳正离子

思考题 5.1

频哪醇重排可以用来构建一个用其他合成方法难以构建的全部由烷基取代的碳中心，请思考如何通过频哪醇重排反应合成下面两个分子？

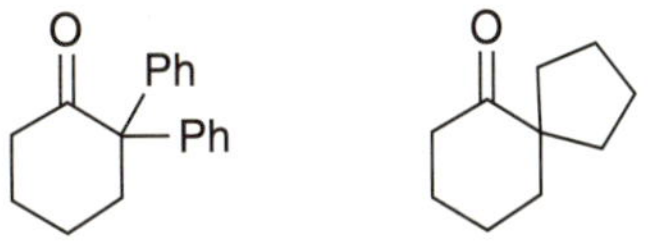

5.4 醇的制备

来自烯烃：加成反应

从烯烃的酸催化水合反应可以制备醇，该反应中羟基通常加在取代较多的双键一端，符合马尔科夫尼科夫规则（Markovnikov rule）。醇也可以由烯烃硼氢化-氧化反应制备，烯烃的硼氢化-氧化反应的结果是以反马尔科夫尼科夫规则对烯烃加一分子水。

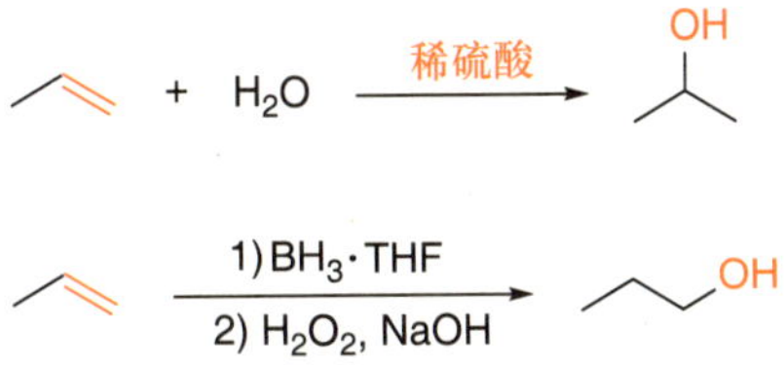
稀硫酸
1) $BH_3\cdot THF$
2) H_2O_2, NaOH

来自羰基化合物：还原反应

醇可以由醛、酮的催化加氢或用负氢试剂硼氢化钠（$NaBH_4$）还原进行制备。例如：

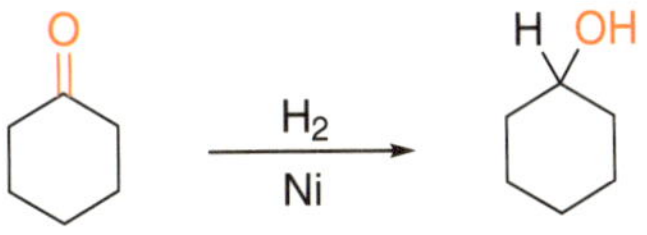

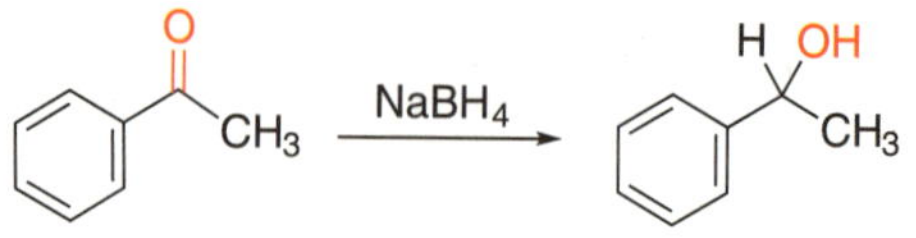

用更强的负氢试剂氢化铝锂 (lithium aluminum hydride，LiAlH$_4$) 还原羧酸或酯也能得到醇。

十八碳9-烯酸
（油酸）

十八碳9-烯-1-醇
87%

来自羰基化合物：格氏反应

我们在卤代烷章节已经讲过格氏试剂可以由卤代烷和金属镁在醚类溶剂中反应制备，醛或酮和格氏试剂 (R–MgX) 的反应是实验室中制备醇的常用方法。如下所示，格氏试剂与甲醛 (formaldehyde) 的反应可以合成一级醇，与醛的反应可以合成二级醇，与酮的反应得到三级醇。

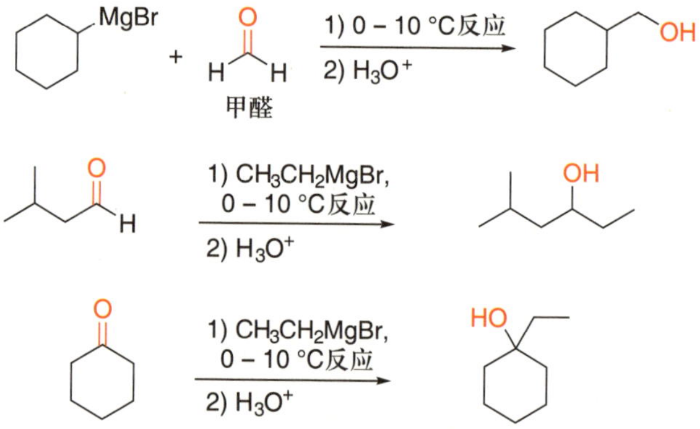

甲醛

拓展知识：乙醇——可再生的生物燃料

乙醇作为合成化学的中间体和反应溶剂，用于制造药品、塑料、油漆等。乙醇在饮料、化妆品及医用消毒剂上也被广泛使用。乙醇还是一种可再生的生物燃料，目前大部分汽车已经在使用乙醇和汽油的混合物作为燃料。目前最普遍的生物乙醇的生产是使用酵母发酵玉米、甘蔗或甜菜中的淀粉和糖，另外生物乙醇也可以由草、木屑等农业和林业废弃物经过多步化学转化生产。

拓展知识：绿色甲醇

甲醇具有制造几乎所有化学品的潜力，它还可用作燃料。近年来全球甲醇的需求急剧增加，每年需求超过 1 亿吨。以前人们通过蒸馏木材 (即在没有空气的情况下将木材加热到高温) 生产甲醇，所以甲醇也被称为"木醇"，现在大多数甲醇是通过合成气 (一氧化碳和氢气，合成气本身来自化石燃料) 的催化氢化来制备的，这个反应需要在高温和高压下进行。目前也在发展由二氧化碳催化加氢生产甲醇的技术，氢气可由再生能源电解或光解水产生，二氧化碳可以从大气中提取。甲醇作为燃料燃烧不会增加大气中的二氧化碳浓度，因此甲醇又被称为绿色燃料。

$$CO \ + \ 2\,H_2 \ \xrightarrow[\substack{300-400\ ℃ \\ 2\times10^7-3\times10^7\ Pa}]{ZnO\text{-}Cr_2O_3} \ CH_3OH$$

5.5 酚

5.5.1 酚的结构、用途和物理性质

酚是羟基连在芳香环上的化合物。酚也和水形成氢键，因此它们也能部分溶于水。酚的沸点较高，大多数酚在室温下为无色液体或白色固体。酚类化合物在植物中有广泛分布，例如具有抗氧化活性的表儿茶酚和抗癫痫作用的四氢大麻酚等都是酚类化合物。

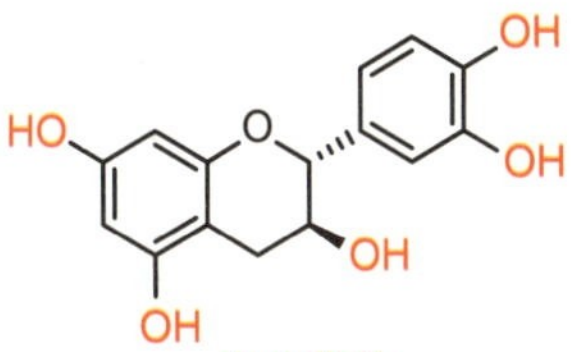

表儿茶酚 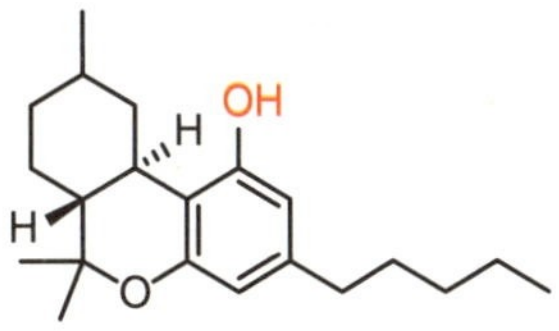   四氢大麻酚(THC)

5.5.2 酚的酸性

酚的酸性远强于醇，$pK_a \sim 9$，这是因为酚电离后生成的酚氧负离子的负电荷可以离域到苯环上。如果苯环上连有吸电子取代基，酚氧负离子的负电荷还可以得到进一步的稳定化作用，例如对硝基苯酚 (p-nitrophenol) 电离生成的酚氧负离子比苯酚的酚氧负离子存在更多的共振式，所以其 pK_a 值进一步降低到 7.15。

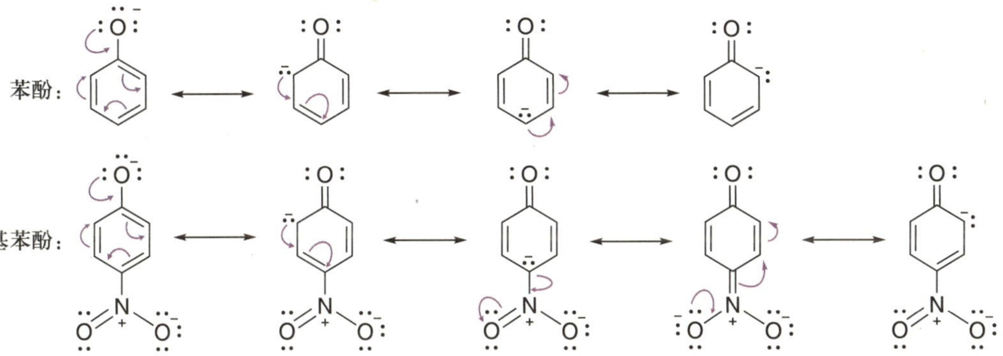

苯酚：

对硝基苯酚：

5.5.3 酚的反应

酚的反应分为苯环上的反应和羟基的反应，由于羟基对苯环强烈的活化作用，苯环上的亲电取代反应如卤化、硝化、磺化和傅克反应都很容易发生，这些反应将在芳香环的亲电取代反应一章中介绍。

酚与强氧化剂反应生成醌。对苯二酚 (也称氢醌，hydroquinone) 是一种特别容易被氧化的酚，对苯二酚用于显影胶片时能将活化的 (暴露在光线下的) 溴化银还原成黑色金属银 (未暴露在光线下的溴化银颗粒反应很慢)。

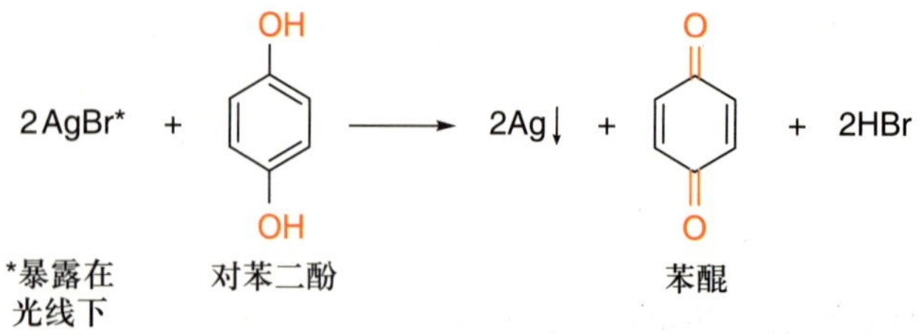

$$2AgBr^* + \text{对苯二酚} \longrightarrow 2Ag\downarrow + \text{苯醌} + 2HBr$$

*暴露在光线下　　对苯二酚　　　　苯醌

酚醛树脂 (bakelite) 是最早的塑料之一，耐热又防水，具有多种用途。酚醛树脂是由苯酚与甲醛发生缩聚得到的，首先苯酚的邻位或对位对甲醛发生亲核加成反应，生成的产品再与苯酚发生亲核取代反应延长分子链，长链之间的苯环也可以和甲醛产生交联。

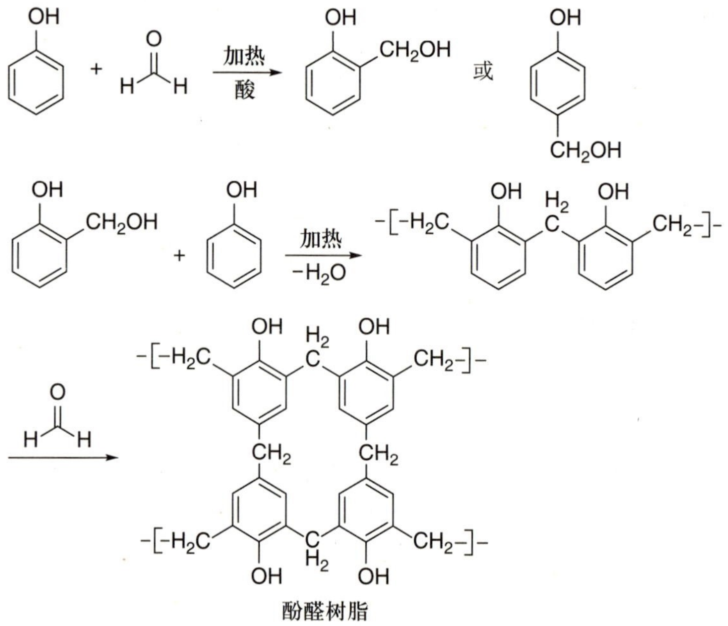

酚醛树脂

与醇羟基的反应相似，酚也可成反应生成醚，但是酚不能像醇那样直接通过分子间脱水生成醚，制备烷基芳基醚要通过后面将要介绍的 Willamson 醚合成法 (5.6.3) 得以实现，即通过酚氧负离子与卤代烃经 S$_N$2 反应生成。

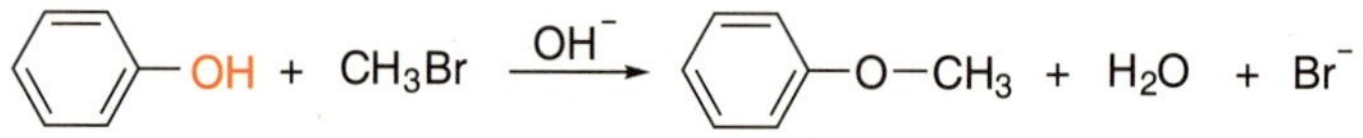

$$\text{PhOH} + CH_3Br \xrightarrow{OH^-} Ph-O-CH_3 + H_2O + Br^-$$

拓展知识：食品抗氧化剂 2,6-二叔丁基对甲基苯酚 (BHT)

含有不饱和油脂的食品随着时间的推移会产生酸败的气味，这是因为油脂和氧气发生了自动氧化产生了高活性的自由基，2,6-二叔丁基对甲基苯酚可与自由基先发生氢转移反应生成酚氧自由基，由于苯环的共振效应在热力学上稳定了自由基，同时邻近的叔丁基提供了立体阻碍，进一步降低了自由基在动力学上的反应性，所以 BHT 能够有效地清除自由基。

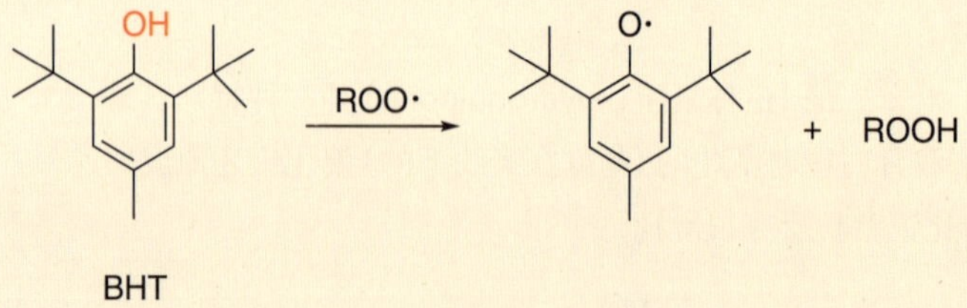

BHT

5.5.4 酚的制备

苯酚是制造塑料、染料和药物(如阿司匹林)的起始原料,工业上苯酚是由氯苯在高温下被强碱水解或异丙苯氧化生产的。在异丙苯氧化法中,苯和丙烯在酸催化作用下生成异丙苯,异丙苯在高温下与氧气反应得到两个很有价值的工业产品:苯酚和丙酮。

5.6 醚

5.6.1 醚的结构、用途和物理性质

醚是氧原子上连有两个烷基或芳基的化合物,它们由通式 R-O-R′ 表示,其中 R 和 R′ 表示烷基或芳基,例如作为溶剂和麻醉剂的乙醚 (ethyl ether) 的结构是 CH_3-CH_2-O-CH_2-CH_3。天然产物中也有很多醚的结构,例如具有抗肿瘤作用的莱利霉素 (laulimalide),木质素类天然产物松脂醇 (pinoresinol),具有强烈神经毒性的海洋稠聚醚短裸甲藻毒素 B (brevetoxin B)。

醚中的氧原子也是 sp^3 杂化,醚中的 C-O-C 键角 (110°) 比水中的 H-O-H 键

角 (104.5°) 大，这是由于氧原子上两对孤对电子与两根 $\sigma_{C\text{-}O}$ 键的成键电子对之间的斥力相近，使得 C-O-C 键角接近正四面体的 109.5° 的数值。

醚的沸点稍高于同样碳原子数的烷烃，但是比同样碳原子数的醇明显偏低 (表 5-3)，例如乙醇的沸点为 78 ℃，而同样碳原子数的二甲醚的沸点为 -25 ℃，这是由于醚无法形成醇那样的分子间氢键。但是醚分子中的氧原子是好的氢键受体，所以醚可以和醇混溶，四氢呋喃和 1,4-二氧六环可以和水混溶。

表 5-3　分子量相近的醚类、烷烃和醇类化合物的沸点比较

化合物	分子式	MW	bp/℃	偶极矩/D
水	H_2O	18	100	1.9
乙醇	$CH_3CH_2\text{-}OH$	46	78	1.7
甲醚	$H_3C\text{-}O\text{-}CH_3$	46	-25	1.3
丙烷	$CH_3CH_2CH_3$	44	-42	0.1
正丁醇	$CH_3CH_2CH_2CH_2\text{-}OH$	74	118	1.7
四氢呋喃		72	66	1.6
乙醚	$H_3CH_2C\text{-}O\text{-}CH_2CH_3$	74	35	1.2
戊烷	$CH_3CH_2CH_2CH_2CH_3$	72	36	0.1

醚中的氧原子上有两对孤对电子，属于 Lewis 碱，它们可与 Brønsted 酸反应形成氧鎓离子 (oxonium ion)。醚也可以和 Lewis 酸 BF_3 或格氏试剂 RMgX 形成络合物。

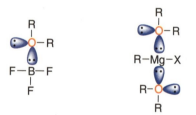

5.6.2　醚的反应

酸性条件下裂解 (羟基的保护和去保护)

一般来说，醚的化学性质非常惰性，这也是为什么醚经常被用作反应溶剂的原因，例如乙醚 (Et_2O)、四氢呋喃 (THF)、1,4-二氧六环 (dioxane) 是常用的有机溶剂。但是醚键可以在酸催化下发生断裂生成醇和卤代烷，与醇在 Brønsted 酸的催化下制备醚的反应类似，该反应可以通过 S_N1 或 S_N2 机理发生，具体采取哪种机理取决于 R 基团的结构，例如，在甲基叔丁基醚 (methyl *tert*-butyl ether, MTBE) 酸催化裂解步骤 1 中，醚氧原子质子化先形成好的离去基团，然后共价键分两步断裂：首先连有离去基团的键断裂形成碳正离子，然后再被亲核试剂 I⁻ 捕获生成其中一个烷基碘化物 $(CH_3)_3CI$。在步骤 2 中，在第一步离去的 CH_3OH 质子化后形成好的离去基团 H_2O，再由 I⁻ 亲核进攻形成第二个烷基碘化物 CH_3I。步骤 1 按照 S_N1 机理断裂 C-O 键，

步骤 2 按照 S$_N$2 机理断裂 C-O 键。

$$R-O-R' + H-X \longrightarrow R-X + R'-X + H_2O$$
$$(X = Br, I)$$

两根C-O键断裂　　　两根新C-X键形成

$$H_3C-\underset{CH_3}{\overset{CH_3}{C}}-O-CH_3 + H-I \longrightarrow H_3C-\underset{CH_3}{\overset{CH_3}{C}}-I + H_3C-I + H_2O$$

步骤1

$$H_3C-\underset{CH_3}{\overset{CH_3}{C}}-\ddot{\underset{..}{O}}-CH_3 \xrightarrow{HI} H_3C-\underset{CH_3}{\overset{CH_3}{C}}-\overset{+}{\underset{..}{O}}\overset{H}{\underset{}{}}-CH_3 \longrightarrow H_3C-\overset{CH_3}{\underset{CH_3}{\overset{+}{C}}}$$
好的
离去基团　　　碳正离子

$$\xrightarrow{I^-} H_3C-\underset{CH_3}{\overset{CH_3}{C}}-I$$

步骤2

$$H_3C-\ddot{\underset{..}{O}}H \xrightarrow{HI} H_3C-\overset{+}{O}H_2 + I^- \longrightarrow H_3C-I$$
好的
离去基团

由于醚的化学惰性，分子上的羟基可以通过转化成醚被"保护"起来，然后再在特定的反应条件下"去保护"，这种"保护"和"去保护"策略被广泛用于实现复杂分子合成中的区域选择性反应。

特别提醒：醚可以在氧气甚至空气中自动氧化形成过氧化物 R-O-O-R'，所以长期放置的醚一定要用还原剂除去其中的过氧化物后再加热回流或浓缩，否则其中的过氧化物在加热时会发生爆炸。

$$R-O-CH_2-R' \xrightarrow[\text{(慢)}]{\text{过量O}_2} R-O-\overset{OOH}{\underset{}{CH}}-R' + R-O-O-CH_2-R'$$
醚　　　　　　　　　　　　过氧化氢化物　　　　　　　二烷基过氧化物

$$\underset{H_3C}{\overset{H_3C}{>}}CH-O-CH\underset{CH_3}{\overset{CH_3}{<}} \xrightarrow[\text{(几周或几月)}]{\text{过量O}_2} \underset{H_3C}{\overset{H_3C}{>}}CH-O-\overset{OOH}{\underset{CH_3}{C}}-CH_3 + \underset{H_3C}{\overset{H_3C}{>}}CH-O-O-CH\underset{CH_3}{\overset{CH_3}{<}}$$
二异丙醚　　　　　　　　　　　过氧化氢化物　　　　　　　过氧化二异丙醚

环氧化物的开环反应

具有三元环醚结构的化合物称为环氧化物，它们可以由烯烃方便地制备。环氧化物的开环反应是有机合成中非常有用的一个反应。环氧化物有环张力，与其他醚类化合物相比它较容易发生亲核取代反应生成 1,2-二官能团化合物。酸催化和碱催化都可以促进环氧化物的开环反应，酸催化时环氧化物上的氧原子首先被质子化，氧原子上的正电荷使 C-O 键进一步被极化，碳原子更容易受到亲核试剂的进攻，同时碳原子上的离去基团变为更容易离去的醇。强的亲核试剂如 OH⁻、RO⁻、R–NH₂、CN⁻、HS⁻可以直接以 S_N2 机理进攻环氧化合物开环，弱的亲核试剂如 H₂O 或 ROH 反应时需要加入碱使亲核试剂带负电荷以增加其亲核性。

　　非对称取代的环氧化物开环反应有区域选择性问题，同一个底物在酸性和碱性条件下开环时选择性是不同的。例如，在碱性条件下亲核性较强的烷氧负离子进攻空间位阻较小的取代较少的碳原子，反应按照 S_N2 机理进行，反应中心碳原子的构型发生翻转，形成的产物中烷氧基和羟基处于 trans。亲核性较强的亲核试剂如胺、炔负离子、格氏试剂对环氧化合物的开环反应也是通过 S_N2 机理进行的。

　　在酸性条件下环氧的氧原子质子化后变成一个好的离去基团，随着碳氧键的逐渐拉长，部分正电荷更加集中在取代较多的碳原子上，这是因为烷基取代基可以通过超共轭作用稳定碳上的部分正电荷，此时亲核试剂会选择进攻更为亲电的取代较多的碳原子，这一点与 S_N1 反应的选择性是一致的。但是亲核试剂是在碳氧键完全断裂之前从氧原子的背后进攻（从氧原子一侧的进攻会被氧原子所阻挡），发生类似 S_N2 反应的构型翻转。

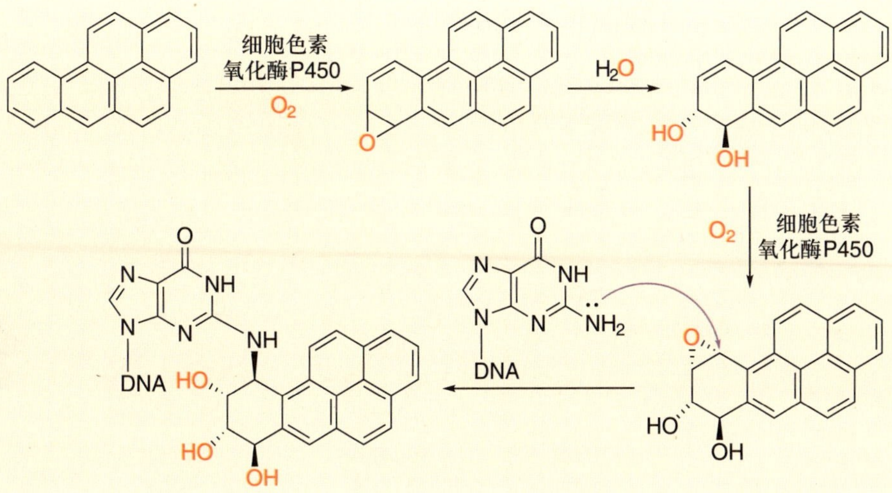

苯并芘被细胞色素氧化酶 P450 氧化时，为什么左下角苯环上的两个双键被优先氧化？

思考题 5.3

天然产物莫能菌素 (monensin) 像冠醚一样可以结合金属离子，它可以选择性地结合和运输钠离子通过细胞膜，莫能菌素的生物合成途径已通过同位素标记实验被阐明，其关键步骤是聚酮 (polyketide) 前体化合物中的 (E,E,E)-三烯被立体选择性地环氧化为三环氧化物，随后发生分子内的串联环氧开环环化生成莫能菌素，你能画出串联反应的过程吗？

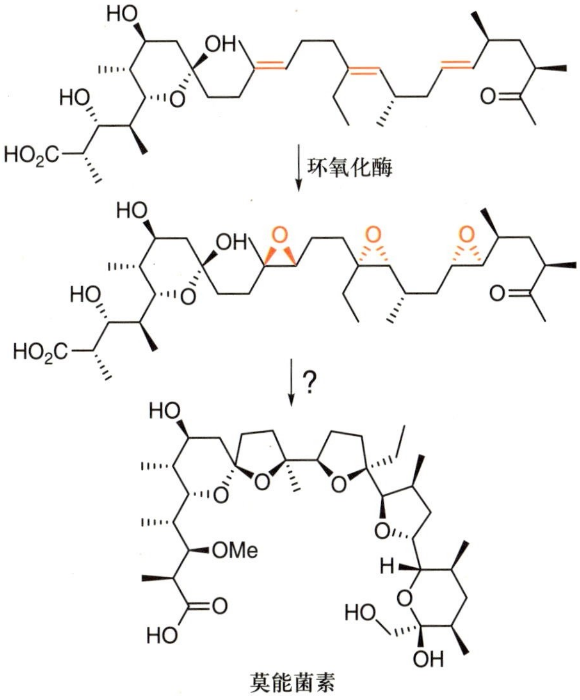

莫能菌素

冠醚的结构和用途

冠醚 (crown ether) 是能够形成主客体复合物的大环聚醚。冠醚被赋予 X-冠-Y 的名称，其中 X 是环中原子的总数，Y 是其中氧原子的数目。根据腔体的大小，冠醚中的氧原子可以和特定正离子形成络合物，例如，12-冠-4 与锂离子能形成稳定络合物，15-冠-5 对 Na^+ 的络合能力较强，而 18-冠-6 对 K^+ 的络合能力较强。

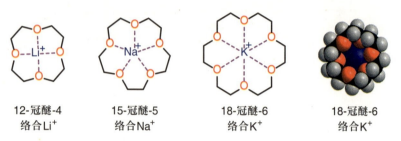

12-冠醚-4   15-冠醚-5   18-冠醚-6   18-冠醚-6
络合Li$^+$ 络合Na$^+$ 络合K$^+$ 络合K$^+$

像 KF 这样的离子型化合物在有机溶剂例如苯中溶解度很低，但是如果加入 18-冠-6 络合钾离子，KF 就可以溶解在苯中，此时 F^- 在苯中更为裸露，亲核性增强，可以作为亲核试剂进行取代反应。

$$CH_3(CH_2)_6CH_2Br \xrightarrow[\text{18-冠-6,苯}]{KF} CH_3(CH_2)_6CH_2F$$
$$92\%$$

5.6.3 醚的制备

威廉姆森 (Alexander W. Williamson) 醚合成法是最常用的醚的合成方法，该方法是由烷氧负离子以 S_N2 反应方式进攻卤代烷或烷基磺酸酯。为了避免可能伴生的消除反应，亲电试剂最好是一级卤代物，反应在低温下进行有利于生成取代产物而非消除产物。

$$R-\overset{..}{\underset{..}{O}}{:}^- \quad R'-\overset{..}{\underset{..}{X}}{:} \longrightarrow R-\overset{..}{\underset{..}{O}}-R' + {:}\overset{..}{\underset{..}{X}}{:}^-$$

（环己醇） $\xrightarrow[\text{2) } CH_3CH_2OTs]{\text{1) Na}}$ （环己基-OCH_2CH_3）

（2-甲基-2-丙醇衍生物，OH） $\xrightarrow[\text{2) } CH_3I]{\text{1) NaH}}$ （OCH_3 产物）

醇在 Brønsted 酸的催化下也可以制备醚，例如加热条件下乙醇在硫酸催化下脱水可以生成乙醚。这类反应可以通过 S_N1 或 S_N2 机理进行，如果质子化后的醇失去水分子可以形成稳定的碳正离子，那么反应就按 S_N1 机理进行，所以三级醇的脱水醚化一般通过 S_N1 机理进行。而如下的一级醇脱水醚化是通过 S_N2 机理进行的。

$$CH_3CH_2\overset{..}{O}H$$
$$+ \qquad \underset{-H^+}{\overset{+H^+}{\rightleftharpoons}} \quad CH_3CH_2-\overset{+}{\underset{H}{\overset{..}{O}}}H \quad \xrightarrow{S_N2} \quad H_3CH_2C-\overset{+}{\underset{H}{\overset{..}{O}}}-H \quad \underset{+H^+}{\overset{-H^+}{\rightleftharpoons}} \quad H_3CH_2C-\overset{..}{O}:$$
$$CH_3CH_2\overset{..}{O}H \qquad\qquad CH_3CH_2\overset{..}{O}H \qquad\qquad H_3CH_2C \qquad\qquad H_3CH_2C$$
$$+ H_2O$$

环醚的制备

不同环大小的环醚都可以通过卤素取代的醇的分子内 S_N2 反应制备。在浓度较低的溶液中，醇和氢氧化钠反应生成烷氧负离子，烷氧负离子优先发生分子内的亲核取代反应生成环醚。分子内反应在稀溶液中是有利的，因为它是一级反应，而与之竞争的分子间反应是二级反应，其反应速率会随着浓度平方的降低而降低更多。尽管三元环的环氧化合物具有环张力，但是烷氧负离子进攻连有卤素的邻位碳原子时，在空间距离上和进攻角度上都非常有利，所以在分子内成醚反应中形成三元环醚的速率最快，其次是五元环醚和六元环醚。

5.7 硫醇和硫醚

硫醇 (thiol 或 mercaptan) 和硫醚 (thioether) 具有相当刺激的臭味，本身无味的天然气加入极少量甲硫醇就会有臭味，方便人们发现天然气管道的泄漏。一些动物例如臭鼬在紧急情况下会放出含有硫醇的刺激性液体，例如 (E)-丁-2-烯-1-硫醇和3-甲基戊-1-硫醇。大蒜的气味来自如下所示的分子量较小的硫醚类化合物。

5.7.1 硫醇

硫醇和硫醚的化学性质与醇和醚有一些相近，由于硫的原子半径比氧大，C-S 键的键长 (1.80 Å) 比 C-O 键的键长 (1.42 Å) 更长，硫醇的 C-S-H 键角 (甲硫醇 100.3°) 比醇的 C-O-H 键角 (甲醇 108.9°) 小，S-H 键的键能 ($\sim 365 \text{ kJ}\cdot\text{mol}^{-1}$) 比 O-H 键的键能 ($\sim 430 \text{ kJ}\cdot\text{mol}^{-1}$) 小，所以硫醇是比水和醇更强的酸 ($pK_a$ 9~12)，它们很容易在碱性条件下去质子化形成相应的硫醇盐，然而硫醇通常不能形成氢键，这是因为硫原子的电负性不够大。

　　硫醇可以通过硫氢化钾与无位阻的卤代烷通过 S_N2 反应来制备，生成的产品硫醇仍然具有亲核性，所以要使用大过量的硫化氢防止硫醇发生第二次烷基化生成硫醚（R–S–R）。

$$\text{\textbackslash\textbackslash\textbackslash\textbackslash Br} \xrightarrow[\text{乙醇}]{\text{KHS}} \text{\textbackslash\textbackslash\textbackslash\textbackslash SH}$$

　　硫醇是比醇更强的亲核试剂，这是由于硫原子的 $3sp^3$（由 $3s$ 轨道和 $3p$ 轨道杂化而成）孤对电子的能量比氧原子的 $2sp^3$（由 $2s$ 轨道和 $2p$ 轨道杂化而成）孤对电子的能量高，所以硫醇在中性或偏碱性的条件下很容易和卤代烷发生 S_N2 反应生成硫醚。

$$\text{\textbackslash\textbackslash SH} \xrightarrow{\text{碱}} \text{\textbackslash\textbackslash S}^- \xrightarrow{\text{CH}_3\text{I}} \text{\textbackslash\textbackslash S\textbackslash CH}_3$$

　　与醇的相对稳定不同，使用温和的氧化剂如单质碘就可以将硫醇氧化为类似过氧化物的二硫化合物。含有二硫键的化合物也很容易通过温和的还原剂如硼氢化钠水溶液还原回到硫醇。一些蛋白质或多肽的侧链上连有游离的 SH 基团，两条多肽链上的 SH 基团或位于蛋白质不同位点的 SH 基团可以通过形成二硫键发生桥连，大自然利用这种机制来连接氨基酸链或控制蛋白质的三维构象以保持蛋白质的功能。

$$\text{\textbackslash\textbackslash SH} \xrightarrow{\text{[O]}} \text{\textbackslash\textbackslash S–S\textbackslash\textbackslash}$$

天然核糖核酸酶　　$\xrightarrow{\begin{array}{c}8\text{ mol}\cdot\text{L}^{-1}\text{尿素和}\\ \beta\text{-巯基乙醇}\end{array}}$　　变性还原核糖核酸酶

5.7.2　硫醚

　　硫醚是醚中的氧原子被硫原子取代的化合物，硫醇被碱夺取质子后生成硫醇负离子，硫醇负离子可与一级或二级卤代烷反应得到硫醚，该反应类似于 Williamson 醚合成法以 S_N2 机理发生。与上述硫醇的亲核性比醇的亲核性强的原理类似，硫醚也比醚的亲核性强。与醚不同的是硫醚可通过 S_N2 机理迅速与一级卤代烷反应生成锍盐。

$$R\overset{\cdot\cdot}{\underset{\cdot\cdot}{S}}R' \xrightarrow{\text{H}_3\text{C}-\text{X}} R\overset{\text{CH}_3}{\underset{R'}{S^+}} + X^-$$

拓展知识：肾上腺素的生成

　　蛋氨酸（methionine）首先与三磷酸腺苷（ATP）反应得到 (S)- 腺苷蛋氨酸 [(S)-adenosylmethionine]，当人需要应对危险时，体内的去甲肾上腺素 (norepinephrine) 上的氨基就会进攻 (S)- 腺苷蛋氨酸锍盐上的甲基合成肾上腺素 (adrenaline)，肾上腺素能让人心跳加速和呼吸加快，短时间内为身体活动提供更多能量。这里锍盐的作用是一种烷基化试剂，其他亲核试剂可以进攻带正电荷的硫上结合的基团，随后中性的硫醚作为离去基团离去。

蛋氨酸
methionine

去甲肾上腺素
noradrenaline

三磷酸腺苷
triphosphate (ATP)

(*S*)-腺苷蛋氨酸
(*S*)-adenosylmethionine

肾上腺素
adrenaline

本章学习要点

(1) C–O 键的极性特征。

(2) 醇和酚的酸性及其影响其酸性的因素：诱导效应、共轭效应及溶剂化效应。

(3) 醇与 PBr_3 或 $SOCl_2$ 反应合成卤代烷，醇或醇的磺酸酯的亲核取代反应在合成上的应用。

(4) 碳正离子的重排。

(5) 醇的氧化反应，多种醇的氧化试剂的组成和特点。

(6) 邻二醇在酸催化下的频哪醇重排。

(7) 醇的合成，由格氏反应合成醇。

(8) 醚的反应，酸催化的醚的断裂。

(9) 包括环醚在内的醚的合成，酸催化的醇脱水合成醚和 Williamson 醚合成法。

(10) 酸性和碱性条件下环氧化合物开环的区域选择性。

习题

5.1 请用格氏试剂合成以下的醇。

(1)

(2)

(3)

(4)

(5)

5.2 写出如下反应的产物，并给出分步机理。

(1) $CH_3-CH_2-CH_2-CH_2-OH \xrightarrow{\text{浓HCl}}$ (?)

(2) $H_3C-\overset{\displaystyle CH_3}{\underset{\displaystyle CH_3}{C}}-OH \xrightarrow{\text{浓HCl}}$ (?)

5.3　写出以下醇和所列化学试剂的反应产物?

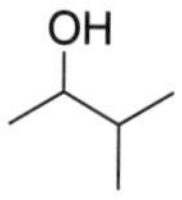

(1) 金属 Na; (2) NaH; (3) 浓 HBr;

(4) 浓 H_2SO_4, 加热; (5) $SOCl_2$; (6) PBr_3;

(7) $(CH_3)_3COH$, 稀 H_2SO_4; (8) TsCl, 吡啶;

(9) $Na_2Cr_2O_7/H_2SO_4$; (10) PCC。

5.4　写出下列反应的机理。

(1)

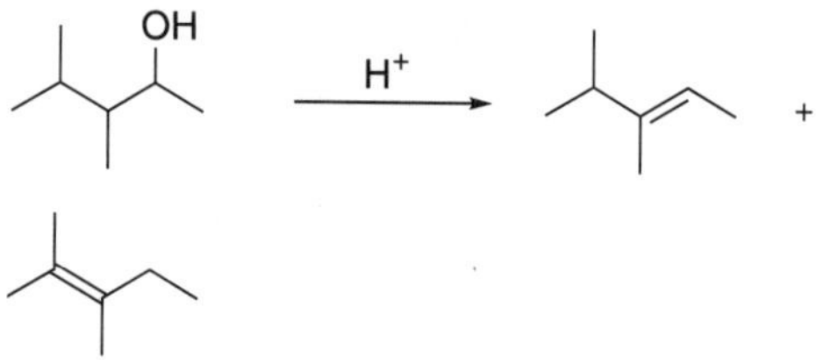

(2)

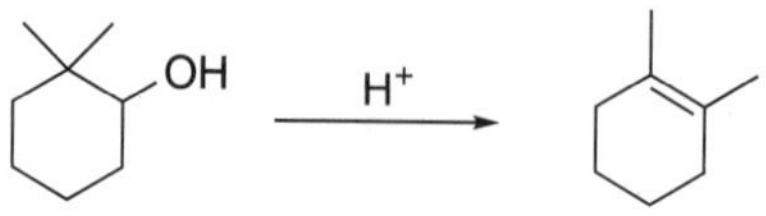

(3)

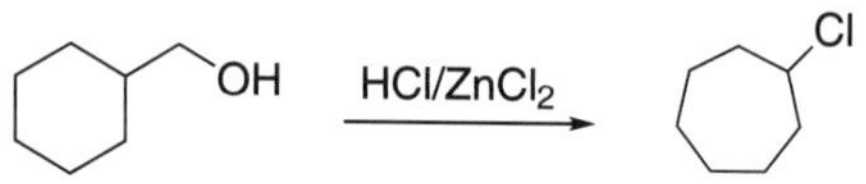

5.5　请解释以下反应的机理。

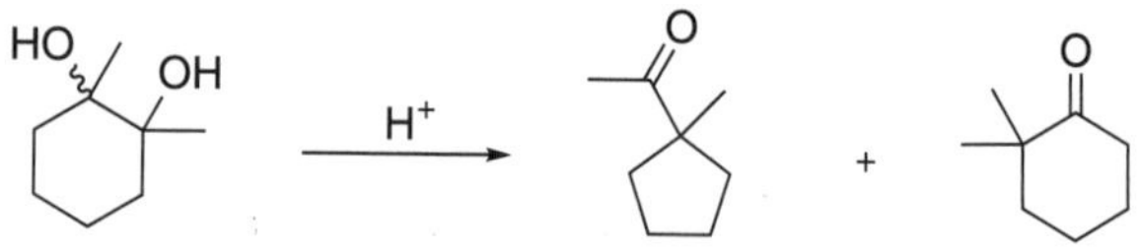

5.6　写出以醇或卤代烷合成以下醚的合成路线。

(1) 　　(2)

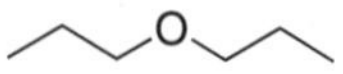

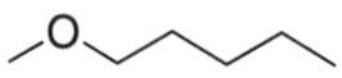

(3) 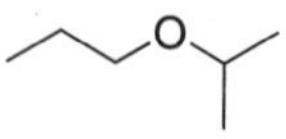 　　(4)

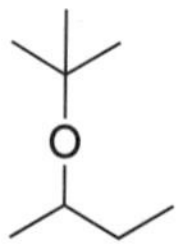

5.7　写出下列反应的机理。

(1)

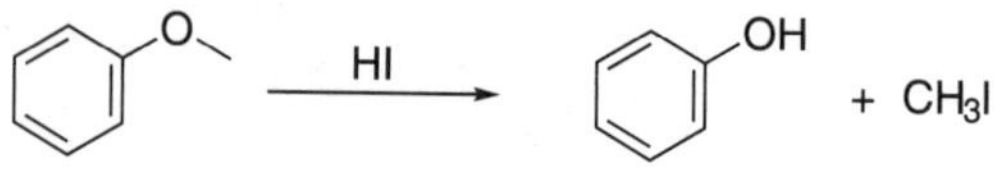

(2)

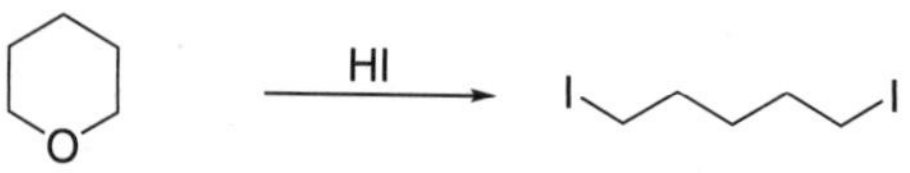

5.8　已知对甲苯磺酸正丁酯的反应速率常数 (k) 是 1, 以下反应的反应速率和链的长短有关, 请解释。

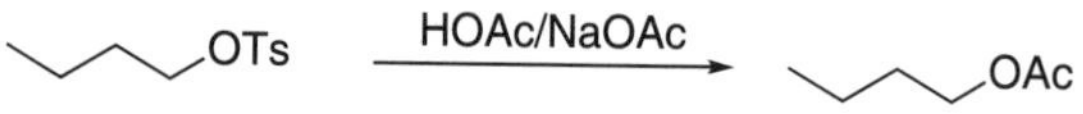

$$k = 1$$

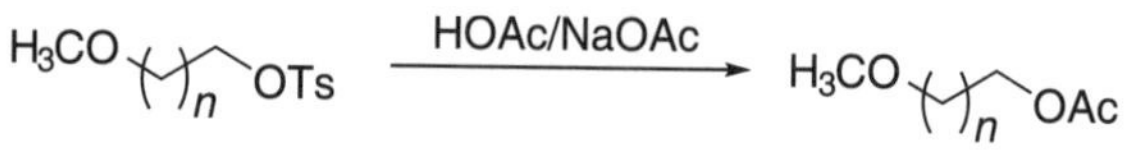

$n = 3, k = 657$

$n = 4, k = 123$

$n = 5, k = 1.2$

5.9　写出以下环氧化合物和所列化学试剂的反应产物?

(1) 稀 HBr; (2) CH_3OH, 稀 H_2SO_4;

(3) CH_3OH, $NaOCH_3$; (4) CH_3MgBr, 然后酸处理;

(5) $NaNH_2$, NH_3; (6) KSH; (7) CH_3SH。

第 **6** 章

核磁共振谱

第 6 章

核磁共振谱

有机化合物分子和组成它的原子、原子核及电子都在不停地运动，这些运动具有一定的能量，且都有低能态和高能态，从低能态到高能态的跃迁所需能量是量子化的。有机分子的原子的原子核与核外电子的运动，分子的振动及转动等跃迁所需要的能量对应于图 6-1 中的不同波段的电磁辐射的能量。紫外-可见光辐射可以将价电子由成键分子轨道激发到反键轨道；红外辐射可以激发分子中化学键的振动能级由低能级向高能级跃迁；吸收无线电波频率范围的低能辐射可以产生核磁共振。当辐射能恰好等于分子中某种运动的两个能级差时（$h\nu=\Delta E=E_2-E_1$），辐射能就被吸收，产生相应的吸收光谱。由于分子中不同化学环境中的原子核、化学键振动和价电子跃迁所需要的能量不一样，可以分别得到有机化合物的核磁共振谱、红外光谱和紫外-可见光谱的特征谱图。波谱学就是基于物质对电磁辐射的吸收不同来解析有机化合物分子结构的科学。本章我们讨论核磁共振谱。

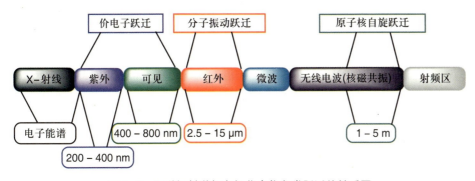

图 6-1　电磁辐射谱与有机化合物各类跃迁的关系图

核磁共振（nuclear magnetic resonance，简称 NMR）是由原子核的自旋运动引起的。它是核磁矩不为零的原子核在外磁场作用下，核自旋能级发生分裂，共振吸收某一特定频率的电磁波，由低能级跃迁到高能级的物理现象。因此，核磁共振谱也是一种吸收谱。处于不同化学结构的原子核的自旋能级分裂的大小不同，得到不同的核磁共振谱，从而提供化合物的结构信息。通过对这些信息的分析，可以解析有机化合物分子中核磁矩不为零的原子的个数，以及这些原子所处的化学环境、连接的基团和分子的空间结构等。

核磁共振经历了磁场超导化和脉冲傅里叶变换技术两次重大革命，大大提高了仪器的分辨率和灵敏度，使核磁共振的研究对象从液体扩展到固体，实验技术从一维扩展到多维，应用范围从有机小分子扩展到生物大分子，甚至到人体核磁共振成像，用于疾病的诊断。在有机化学领域，核磁共振已经成为鉴定有机化合物结构和研究分子构型、构象、化学反应动力学、反应机理的重要方法。

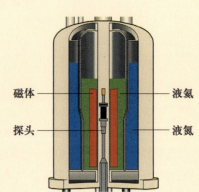

磁体 —— 液氦

探头 —— 液氮

核磁共振仪及超导磁体内部结构

6.1 核磁共振的基本原理

6.1.1 原子核的自旋

由于原子核是带正电荷的粒子，能自旋的核有循环的电流，会产生磁矩 (μ)，磁矩与自旋角动量 P 的关系如式 (6-1) 所示。

$$\mu = \gamma \cdot P \tag{6-1}$$

式中：μ 为磁矩，单位为 $J \cdot T^{-1}$；P 为自旋角动量，单位为 $J \cdot s$；γ 称为磁旋比 (magnetogyric ratio)，有时也称旋磁比 (gyromagnetic ratio)，即自旋核的磁矩和自旋角动量之间的比值。γ 是各种核的特征常数，不同的核具有不同的磁旋比。例如，$\gamma_{^1H}$=267.5 MHz·T^{-1}，$\gamma_{^{13}C}$=67.3 MHz·T^{-1}，$\gamma_{^{19}F}$=251.8 MHz·T^{-1}。

不同原子核的自旋情况不同。如式 (6-2) 所示，只有自旋量子数 $I \neq 0$ 的原子核，其角动量不为零，才会产生磁矩。现有核磁技术对于自旋量子数 $I=1/2$ 的核所产生的核磁共振谱线窄，适用于核磁共振检测，例如应用最多的 ^1H 和 ^{13}C 的自旋量子数 $I=1/2$。除了组成有机化合物的重要元素 ^1H 和 ^{13}C，随着有机大分子研究的展开及元素有机化学的发展，^{15}N、^{19}F、^{31}P 等元素也成为核磁共振的重点研究对象，这些原子核自旋量子数也都是 1/2。随着核磁仪器和技术的进步，^{17}O ($I=5/2$)、^{29}Si ($I=1/2$) 等元素也逐步进入核磁共振的研究范围。

$$P = \frac{h}{2\pi} \cdot \sqrt{I(I+1)} \tag{6-2}$$

式中：I 为自旋量子数，量纲为 1；h 为普朗克常量，6.63×10^{-34} J·s。

天然丰富的 ^{12}C 的 $I=0$，没有核磁共振信号。其同位素 ^{13}C 的 $I=1/2$，有核磁共振信号，通常说的碳谱就是 ^{13}C 核磁共振谱。由于 ^{13}C 与 ^1H 的自旋量子数相同，所以 ^{13}C 的核磁共振原理与 ^1H 相同。但 ^{13}C 核的 γ 值仅约为 ^1H 核的 1/4，对于磁场强度为 9.4 T (特斯拉) 的外磁场，^1H 的共振频率为 400.0 MHz，而 ^{13}C 的共振频率为 100.6 MHz，其他核类推。表 6-1 是核磁共振经常研究的几种原子核的天然丰度、旋磁比，以及磁场强度为 9.4 T 时核的共振频率。

表 6-1 几种原子核的天然丰度、旋磁比, 以及磁场强度为 9.4 T 时核的共振频率

原子核	天然丰度/%	γ/(MHz·T^{-1})	ν/MHz
^{1}H	99.9844	267.5	400.0
^{13}C	1.108	67.3	100.6
^{15}N	0.365	−27.1	40.5
^{17}O	0.04	−36.3	54.3
^{19}F	100	251.8	376.5
^{29}Si	5.1	−53.2	79.6
^{31}P	100	108.4	162.1

6.1.2 核磁共振的产生

在没有外磁场时, 核的自旋取向是无序的, 如图 6-2 (a) 所示。在外磁场 H_0 作用下, 自旋量子数为 I 的原子核, 微观磁矩的取向是量子化的 (方向量子化), 只可能有 $2I+1$ 个取向, 每一个取向由一个磁量子数 m 表示。所以, $I=1/2$ 的核在外磁场中有两种取向, 磁量子数分别为 $m=+1/2$ 和 $m=-1/2$, 如图 6-2 (b) 所示。处于外磁场中的自旋核, 除自旋外, 还会围绕外磁场 H_0 运动, 核的自旋轴 (与核磁矩矢量 μ 重合) 与磁场强度 H_0 方向 (回旋轴) 不完全一致而是形成一定的角度。这一运动就像一个陀螺绕磁场方向发生回旋运动, 称为拉莫尔 (Larmor) 进动, 如图 6-3 所示。

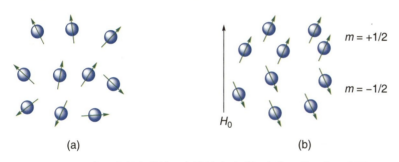

图 6-2 无序取向的自旋核和自旋核在外磁场中的两种取向示意图

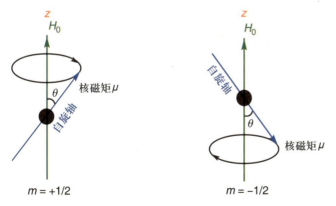

图 6-3 $I=1/2$ 的核的 Larmor 进动

每种自旋取向都有特定的能量, 当自旋取向与外加磁场 H_0 方向投影一致时, $m=+1/2$, 核处于一种低能级状态; 相反时, $m=-1/2$, 核则处于一种高能级状态。两种自旋取向能级差与外磁场 H_0 成正比, 如图 6-4 所示。由量子理论知识可知, 两能级间的能量差 ΔE 与 Larmor 进动频率 (ν_0) 和 H_0 的关系如式 (6-3) 所示。

$$\Delta E = hv_0 = \frac{\gamma}{2\pi} hH_0 \tag{6-3}$$

式中：v_0 为 Larmor 进动频率，H_0 为外加磁场强度，γ 为磁旋比。

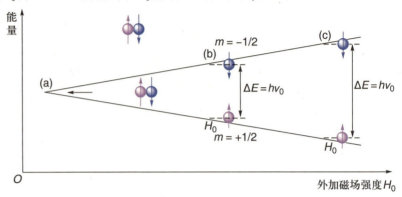

图 6-4　外磁场作用下两种自旋取向能级差与外磁场 H_0 的关系

　　如果在外磁场 H_0 存在的同时，再加上一个方向与之垂直，强度远小于 H_0 的射频交变磁场 H_1（电磁波）照射样品，当射频交变磁场的频率 v 与原子核的 Larmor 进动频率 v_0 相等时，辐射能量正好满足 $\Delta m=1$ 的跃迁，核就会从射频交变磁场中吸收能量，由低能级跃迁到高能级，产生核磁共振吸收。产生的吸收信号被 NMR 谱仪记录下来成为核磁共振信号。由此可知，核磁共振实验中所测得的共振频率 v，其值等于核的 Larmor 进动频率 v_0。

6.1.3　饱和与弛豫

　　自旋核在磁场 H_0 中达到热平衡时，处于不同能级的核数目遵循玻耳兹曼（Boltzmann）分布，低能级的核的个数略多于高能级的，两者之比接近 1。在射频交变磁场作用下，低能级的核吸收能量跃迁到高能级，产生 NMR 信号。由于高低两能级的分布数相差不大，若高能级的核没有回到低能级的途径，则两能级的分布数很快达到平衡，此时核磁共振信号消失，这种现象称为**饱和**。

　　然而，每个原子核都不是孤立的，它们彼此之间及它们和周围介质之间都有相互作用，不断交换能量。在正常情况下，高能级的核不通过辐射的方式回到低能级的过程称为**弛豫**。如图 6-5 所示，正是因为各种机制的弛豫的存在，核在外磁场 H_0 和射频交变磁场 H_1 的作用下，从热平衡状态出发，先共振吸收电磁波，然后达到饱和状态，最后再经过弛豫释放能量，这样循环往复，从而得到持续的核磁共振信号。

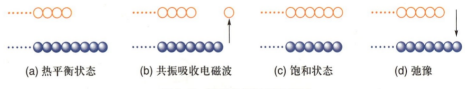

图 6-5　核磁共振过程示意图

由于大多数的 MRI 信号与水有关，因此任何异于正常水密度的改变都可以被探测和用于诊断。MRI 还可以看到血液流动、肾分泌及其他检测方法不能发现的异常情况。同时，核磁成像是非侵害的，既不需要离子辐射，也不需要注射用于显像的放射性物质。

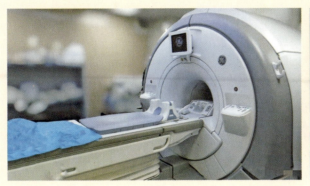
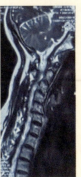

6.2 化学位移及其影响因素

根据前面讨论的基本原理，某种核在某一照射频率下，只能在某一磁感应强度下发生核磁共振，即同种核应该只有一个共振吸收频率，产生一个吸收峰。然而，1950年，普罗克特 (W. G. Proctor) 和虞福春在研究硝酸铵的 ^{14}N 核磁共振时，发现硝酸铵的核磁共振谱线为两条。显然，这两条谱线分别对应硝酸铵中的铵离子和硝酸根离子的 N 核，即处在不同化学环境的同种原子核有不同的共振频率，所以，**核磁共振信号可以反映同一种原子核所处的不同化学环境**，这是核磁共振谱解析化合物结构的基础。

图 6-6 是乙酸甲酯在 400 MHz 仪器上的核磁共振氢谱图，乙酸甲酯中两个甲基的 H 核，因所处的化学环境不同，产生共振频率不同的两个谱峰，峰 1 是与羰基相连的甲基 C1 上的 H 的核磁共振吸收峰，峰 2 是与氧相连的甲基 C2 上的 H 的核磁共振吸收峰。

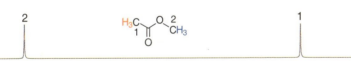

图 6-6　乙酸甲酯的核磁共振氢谱图

6.2.1　屏蔽常数 (σ)

原子中的原子核被电子包围，电子云的密度随着键的极性、相连原子的杂化程度，以及所带的基团的不同而不同。当被电子包围的核置入强度为 H_0 的外磁场时，这些电子在外磁场中运动产生环电流，形成与外磁场方向相反的局部磁场 H'，削弱了外磁场强度 H_0（图 6-7）。这种因核外电子运动削弱外磁场对核的影响作用称为屏蔽作用，屏蔽作用的大小以**屏蔽常数** σ (shielding constant) 表示，它反映核外电子对核的屏蔽作用的大小。核外电子云密度越大，受到的屏蔽作用越大，σ 值越大，所以核实际感受到的磁场强度 H_i 越小，如式 (6-4) 所示：

$$H_i = H_0(1-\sigma) \tag{6-4}$$

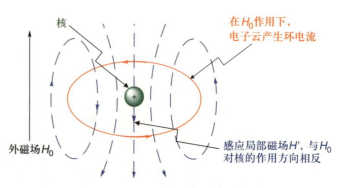

图 6-7   外加磁场 H_0 中的原子核

6.2.2   化学位移 (δ)

$$v_0 = \frac{\gamma}{2\pi} H_0(1-\sigma) \tag{6-5}$$

每个化学环境不同的核都有一个独特的电子环境，所受的屏蔽效应亦不同。根据式 (6-3) 和式 (6-4) 可知，自旋核的进动频率 v_0 也不同 [式 (6-5)]。对于在同一个分子中有 n 个**化学环境不等价**的同种核来说，由于有 n 个不同的 Larmor 进动频率，在核磁共振谱中可以观察到 n 组吸收信号。

由核外电子云对抗外加磁场引起的 Larmor 进动频率的移动，称为**化学位移** (chemical shifts)。化学位移的大小只有 Larmor 进动频率的百万分之十左右，因此精确测量化学位移的绝对值是相当困难的。在实验中通常采用一个标准物质，以该标准物共振吸收峰所处位置为零点，其他吸收峰的化学位移值为这些峰的位置相对于零点的距离。另外，化学位移的大小与外磁场强度成正比，仪器的磁场强度不同，所测得的同一核的化学位移也不相同。为了避免因使用不同磁场强度的核磁共振仪测试而引起的化学位移变化的不同，在实际测定工作中常用一种与磁场强度无关的相对值 δ 表示化学位移 (chemical shifts)，其定义为式 (6-6)。

$$\delta = \frac{v_{样} - v_{标}}{v_{仪}} \times 10^6 \tag{6-6}$$

式中：δ 为化学位移；$v_{样}$ 和 $v_{标}$ 分别代表样品和标准物质的共振频率，$v_{仪}$ 为操作仪器选用的频率，单位 Hz。实际测试 NMR 谱时，通常用四甲基硅烷 (tetramethylsilane, TMS) 作为参考标准物，规定 TMS 的 $\delta = 0$ ppm。在 TMS 右边的峰为负，左边的峰为正。多数有机物的质子信号处在 δ 为 0 - 15 ppm 范围内。

> ppm 为 parts per million 的英文缩写，即 10^{-6}。

下方分别为在 400 MHz 和 800 MHz 仪器上测得的乙酸甲酯 ^{1}H NMR，以 Hz 为单位的共振频率的改变 Δv 值是不相等的。但除以仪器频率，并扩大 10^6 倍后的 δ 就是相同的了。

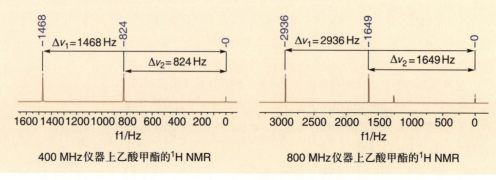

400 MHz仪器上乙酸甲酯的^{1}H NMR   800 MHz仪器上乙酸甲酯的^{1}H NMR

$\delta_1=[(1468-0)/(400×10^6)]×10^6 \text{ ppm}=3.67 \text{ ppm}$　　　$\delta_1=[(2936-0)/(800×10^6)]×10^6 \text{ ppm}=3.67 \text{ ppm}$

$\delta_2=[(824-0)/(400×10^6)]×10^6 \text{ ppm}=2.06 \text{ ppm}$　　　$\delta_2=[(1649-0)/(800×10^6)]×10^6 \text{ ppm}=2.06 \text{ ppm}$

氘代溶剂：测试核磁共振谱图制样时，一般采用氘代试剂作溶剂。因为氘的共振频率与氢不在同一谱区，将氢用氘取代可以消除氢谱中的溶剂峰。氘代溶剂的选择主要考虑其对样品的溶解度，氘代氯仿是最常用的溶剂。极性大的化合物可采用氘代丙酮、重水等作溶剂。对于一些特殊的样品，还可以采用氘代苯、氘代二甲亚砜、氘代吡啶、氘代乙腈、氘代甲醇、氘代乙酸等作溶剂。

6.2.3　影响氢核化学位移的因素

化学位移的大小由屏蔽常数 σ 的大小决定，凡是改变核外电子云密度的因素都能影响化学位移。因此，如果化学结构上的变化或环境的影响使核外电子云密度降低，将使谱峰的位置移向低场 (谱图左方)，频率增大，化学位移值增大，这称为**去屏蔽作用** (deshielding)。反之，若某种影响使核外电子云密度升高，将使峰的位置移向高场 (谱图右方)，频率减小，化学位移值减小，称为**屏蔽作用** (shielding)。图 6-8 列出了讨论核磁共振谱图时的不同表述方式。

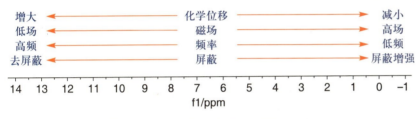

图 6-8　讨论核磁共振谱的不同表述方式

^{1}H 核化学位移的大小首先取决于与其所连接的碳原子的杂化类型，与不同杂化碳原子相连的 ^{1}H 核磁共振谱的化学位移大致范围见表 6-2。

表 6-2　与不同杂化碳原子相连的 ^{1}H 核磁共振谱的化学位移范围

碳原子杂化类型	基团结构	δ_H/ppm
sp^3	饱和碳上的 H	0.7 - 1.7
sp	R-C≡C-H	1.7 - 3.4
sp^2	烯碳上的 H	4.5 - 7.0
sp^2	Ar-H	6.0 - 9.5
sp^2	$\underset{R}{\overset{O}{\parallel}}{\diagup}\text{C}\diagdown_{H}$	8.0 - 10.0

与碳碳单键、双键和三键中碳原子相连的氢原子的 C-H 键依次减弱，所以氢原子的核外电子云密度降低，化学位移逐渐向低场移动，这是总体趋势。对于与 sp^2 杂化的羰基碳相连的 H，由于羰基的吸电子诱导效应，化学位移值更大。另外，化学位移还取决于相邻键的磁各向异性效应。

磁各向异性效应

当分子中某些基团的电子云排布不呈球形对称时，它对邻近核产生一个各向异性的磁场，有的地方与外加磁场方向一致，将增强外加磁场，产生去屏蔽效应，使该处氢核共振峰向低磁场方向位移，δ 增大；有的地方则与外加磁场方向相反，将会削弱外加磁场，产生屏蔽效应，使该处氢核共振峰移向高场，δ 减小，这种效应叫作**磁各**

向异性效应（magnetic anisotropic effect）。

（1）单键的磁各向异性效应：C–C 单键有磁各向异性效应，但这种磁各向异性效应比后面讲述的 π 电子环流引起的磁各向异性效应要小得多，引起的 H 核化学位移的改变也比较小。

如图 6-9 所示，因 C–C 键为去屏蔽圆锥的轴，故当烷基相继取代甲烷的 H 原子后，剩下的 H 核所受的去屏蔽效应逐渐增大，化学位移向低场移动。没有杂原子取代时，伯碳、仲碳、叔碳上 H 的化学位移值逐渐增大。

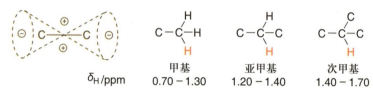

δ_H/ppm   0.70 – 1.30   1.20 – 1.40   1.40 – 1.70

图 6-9 单键的磁各向异性效应

不同构象的环烷烃由于碳碳单键磁各向异性效应的屏蔽作用，不同 H 的化学位移略有差异。以环己烷的椅式构象为例（图 6-10），对于 C1 上的平伏氢 H_{eq} 和直立氢 H_{ax}，C1–C6 键和 C1–C2 键均分别对它们产生屏蔽和去屏蔽作用，这两根键对 H_{ax} 和 H_{eq} 的总的作用相同，不会产生化学位移的差别。但 H_{eq} 处于 C2–C3 键和 C5–C6 键的去屏蔽圆锥之中，而 H_{ax} 处于 C2–C3 键和 C5–C6 键的去屏蔽圆锥之外，结果使 H_{eq} 向低场位移，同碳上 H_{eq} 和 H_{ax} 的化学位移 $\delta_{ax} < \delta_{eq}$，差值约为 0.5 ppm。在低温（–90 ℃）时构象相对固定，^{1}H NMR 谱图上可以清晰地看到两个吸收峰，一个代表 H_{ax}，一个代表 H_{eq}。在室温时，由于不同构象之间迅速转换，一般只能看到一个 H 的吸收峰。

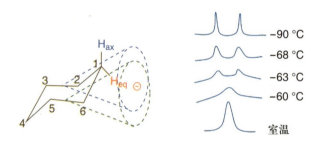

图 6-10 环己烷的平伏键 H_{eq} 和直立键 H_{ax} 的磁各向异性效应

（2）C=X 基团（X=C、N、O、S）的磁各向异性效应：以烯烃为例，在外加磁场 H_0 中，因双键电子的流动将产生一个小的诱导磁场 H'，并通过空间影响到邻近的核。双键 π 电子在外加磁场中产生的磁各向异性效应如图 6-11 所示。在双键的上下方，诱导磁场的磁力线方向与外加磁场方向相反，各形成一个锥形的屏蔽区，而在双键两侧则成为去屏蔽区。

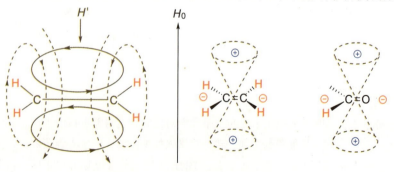

图 6-11 双键的磁各向异性效应

与烯基相连的 H 核正好位于 C=C 键 π 电子云的去屏蔽区 (⊖)，故其共振峰移向低场，δ 值较大，为 4.5 - 7.0 ppm。醛基 H 核除与烯烃 H 核相同，位于双键 π 电子云的去屏蔽区外，还受到相连氧原子强电负性 (吸电子诱导作用) 的影响，故其共振峰移向更低场，δ 值在 8.0 - 10.0 ppm，易于识别。

(3) 芳环的磁各向异性效应：以苯环为例，苯环六个 π 电子形成一个首尾闭合的大 π 键。与孤立的 C=C 双键不同，苯环的离域 π 电子形成的环电流，其磁各向异性效应要比孤立的双键强得多。苯环平面上下方为屏蔽区，平面周围为去屏蔽区 (图 6-12)。苯环 H 核位于去屏蔽区，故共振峰移向低场，δ 值比一般烯基 H 更大，为 6.0 - 9.5 ppm。

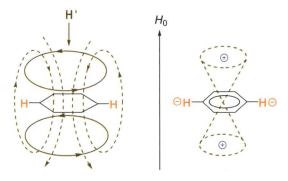

图 6-12　苯的磁各向异性效应

(4) C≡C 三键的磁各向异性效应：炔烃分子为直线形，形成环绕三键的圆筒状的 π 电子环流。当外磁场 H_0 沿分子轴向作用时，其 π 电子环流所产生的感应磁场 H' 与外加磁场方向相反，在三重键的轴方向两边各有一个锥形屏蔽区，而在三重键的周围形成一个大的去屏蔽区 (图 6-13)。炔基 H 处在三重键的屏蔽区内，故 δ 值移向高场，小于烯基 H，为 1.7 - 3.4 ppm。

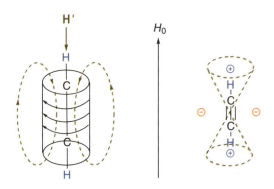

图 6-13　炔烃的磁各向异性效应

诱导效应

取代基电负性越强，诱导效应就越强，去屏蔽能力也越强，导致 H 的共振峰越向低场移动。表 6-3 为 CH_3X 取代基 (X) 电负性与化学位移的关系。

电负性较大元素数量的增加，也使得氢的 δ 值增大，如氯甲烷、二氯甲烷和三氯甲烷上 H 的 δ 值逐渐增大。

	CH_3Cl	CH_2Cl_2	$CHCl_3$
δ_H/ppm	3.05	5.30	7.26

不仅是苯，所有具有 $4n+2$ 个离域 π 电子的环状共轭体系都有强烈的环电流效应。在环上下方的 H 核受到强烈的屏蔽作用，这样的 H 将在高场区域出峰，甚至其 δ 值出现负值。在环侧面的 H 核则受到强烈的去屏蔽作用，这样的 H 在低场区域出峰，其 δ 值较大，例如：

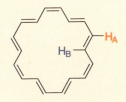

δ_{H_A} = 10.75 ppm
δ_{H_B} = -4.22 ppm

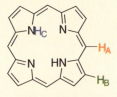

δ_{H_A} = 11.22 ppm
δ_{H_B} = 9.92 ppm
δ_{H_C} = -4.40 ppm

表 6-3　CH₃X 取代基 (X) 电负性与化学位移的关系

H₃C-X	X 的电负性	δ_H/ppm
H₃C–Si (CH₃)₃	1.90	0
H₃C–H	2.20	0.13
H₃C–I	2.65	2.16
H₃C–NH₂	3.05	2.36
H₃C–Br	2.95	2.68
H₃C–Cl	3.15	3.05
H₃C–OH	3.50	3.38
H₃C–F	3.90	4.26

　　取代基的诱导效应可通过 σ 键传递，随 σ 键数增加，诱导效应迅速减弱。因此，取代基的电负性对核的化学位移的影响随碳链的延长逐渐减弱，即 α-C 上的氢位移较明显，β-C 原子上的氢位移较小，γ-C 上的氢位移甚微，δ-C 上的氢位移基本不受取代基的影响。如 1-溴丁烷的各个碳原子上 H 核 δ 值的变化。

$$H_3C - CH_2 - CH_2 - CH_2 - Br$$

δ_H/ppm　0.94　　1.47　　1.84　　3.42

共轭效应

　　在具有多重键或共轭多重键的分子体系中，π 电子云的转移导致某基团或原子的电子云密度和磁屏蔽的改变，此种效应称为**共轭效应** (conjugative effect)。共轭效应主要有两种类型：p-π 共轭和 π-π 共轭。值得注意的是这两种类型的电子转移方向是相反的，所以对化学位移的影响是不同的。

　　图 6-14 是两种共轭效应对 H 核化学位移的影响实例。与乙烯 C 相比，丙烯酸甲酯 A 中羰基与碳碳双键 π-π 共轭，电子云转移的结果使 β-H 上的电子云密度降低，产生去屏蔽作用，因而 δ 值增加；在乙酸乙烯酯 B 中，由于 O 原子具有孤对电子，与碳碳双键构成 p-π 共轭，电子云转移的结果使 β-H 上的电子云密度增加，磁屏蔽增加，因而 β-H 的 δ 值减小。

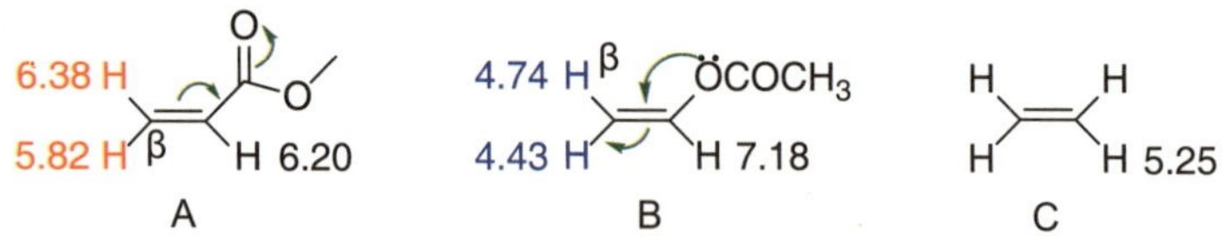

　　　　π-π 共轭 (β-H 更低场)　　　　p-π 共轭 (β-H 更高场)

图 6-14　共轭效应对氢核化学位移的影响

　　芳环的取代基同样具有上述共轭效应。芳环上的取代基对化学位移的影响分为三类：第一类取代基，如 CH₃、CH₂R、CH=CHR、C≡CR、Cl、Br 等，它们对邻、间、对位 H 的 δ 值影响均不大，邻、间、对位 H 的峰区分不开，总体来看是一个中间高两边低的大峰，但是用高磁场强度 NMR 仪测量时，谱峰可以在一定范围内分开。第二类取代基是给电子取代基，如 OH、OR、NH₂、NRR' 等。这类基团中的杂原子上的孤对电子和苯环的离域 π 电子有 p-π 共轭作用，使邻、对位 H 的电子云密度明显增加，因此苯环 H 的谱峰都向高场移动，δ 值变小。间位 H 也向高场位移，但移动幅度不如邻、对位 H 大。第三类取代基是吸电子取代基，如 CHO、COR、COOR、CONHR、NO_2、C=NH(R)、SO_3H 等。这类基团与苯环形成更大的共轭体系，使苯环电子云密度降低，因此苯环 H 的谱峰都向低场移动，δ 值变大，尤其是邻位 H 移动最明显。如下是上述三种情况的实例。

氢键

氢键 X-H······Y(X、Y 通常是 O、N 和 F 等电负性大的原子)的形成使 H 核外的电子云密度减小，H 受到去屏蔽作用，核磁共振信号向低场位移。在 ^1H NMR 谱中，一般羟基 H 位置可变。对于生成分子内氢键的 H，化学位移只取决于分子本身的结构特征。羧酸羟基形成氢键能力较强，其化学位移出现在低场 (10-13 ppm)。乙酰丙酮烯醇式的羟基 H 的化学位移在 15.4 ppm。

溶剂效应 (solvent effect)

同一种样品，使用不同的溶剂，化学位移可能不同。这种因溶剂不同而引起 δ 值改变的效应，称为溶剂效应。在溶液中，溶剂分子接近溶质分子，使样品分子的氢的核外电子云形状改变，产生去屏蔽作用。此外，溶剂分子的磁各向异性效应也能导致样品分子不同部位的屏蔽或去屏蔽作用。

总结

化合物中每个 H 的化学位移由所连接的碳原子的杂化方式决定，同时受到邻近基团的磁各向异性效应及取代基电负性的影响，化学位移是多种作用的累加结果。通过对化学位移的分析，可以判断各个 H 核所处的化学环境，解析化合物的结构。

6.3 各类特征氢核的化学位移

常见氢核的特征化学位移见表 6-4，常见化合物氢核的化学位移见图 6-15。对于不同氢核，因所处化学环境不同，化学位移也不同，但每类化合物氢核的化学位移出现在一定的范围内，称其为特征化学位移。

常见的活泼氢如 OH、NH、SH 等，由于在溶剂中可能与溶剂氢发生相互交换，并受氢键、温度、浓度等因素影响较大，化学位移值很不固定，可能是宽峰 (br)，也有可能不出峰，要根据具体谱图进行判断。

表 6-4 常见氢核的特征化学位移

类型	结构	δ_H/ppm	备注
饱和碳氢化合物的 H	RCH_3	0.7 – 1.3	
	R_2CH_2	1.2 – 1.4	
	R_3CH	1.4 – 1.7	
碳碳双键 α-H	$R_2C{=}CR{-}CHR_2$	1.6 – 2.6	
炔基 H	$RC{\equiv}CH$	1.7 – 3.4	
三键 α-H	$X{\equiv}C{-}CHR_2$	2.0 – 3.0	X=C, N
杂原子双键 α-H, 苄位 H	$R_2CH{-}G$	2.0 – 2.7	$G = \underset{R}{\overset{O}{\|}}C\!-\!$、$-C{=}NR$、$Ar-$
卤代烃的 α-H	R_2CHX	2.0 – 4.0	X=I
		2.7 – 4.1	X=Br
		3.1 – 4.1	X=Cl
		4.2 – 4.8	X=F
胺的 α-H	$R_2NCHR'_2$	2.2 – 2.9	
醇醚氧的 α-H	R^1OCHR_2	3.2 – 3.8	R^1=H、C
酯基氧的 α-H	$RCOOCHR_2$	3.7 – 4.2	
烯基 H	$R_2C{=}CHR$	4.5 – 7.0	
芳香环上的 H	Ar–H	6.0 – 9.5	
醛羰基 H	RCHO	8.0 – 10.0	包括含有醛结构的甲酸、甲酸酯、甲酰胺等
酰胺氮上 H	RCONHR	5.0 – 9.4	

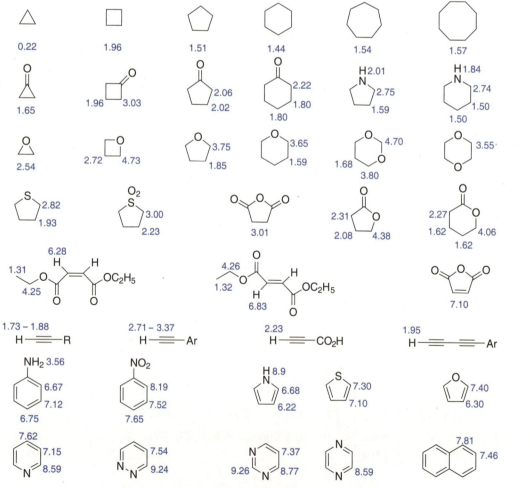

图 6-15 常见化合物氢核的化学位移 (单位: ppm)

6.4 自旋耦合与自旋-自旋裂分

6.4.1 自旋耦合与自旋-自旋裂分的定义

在外磁场 (H_0) 的作用下，自旋的核会产生一个小的感应磁场 (H'')，并通过成键价电子的传递，对邻近的核产生影响。如前所述，在外磁场 H_0 作用下，H_b 有和外磁场顺、反两种自旋取向，与外磁场取向顺向排列的 H_b，使邻近 H_a 感受到的总磁场强度为 H_0+H''；与外磁场取向反向排列的 H_b，使邻近 H_a 感受到的总磁场强度为 H_0-H''。当核磁共振发生时，H_a 的峰就出现裂分，峰形变为双重峰 (图 6-16)。自旋核与自旋核之间的这种相互作用称为自旋-自旋耦合，简称**自旋耦合** (spin coupling)。由自旋耦合引起的谱峰分裂、谱线增多的现象称为**自旋-自旋裂分** (spin-spin splitting)。

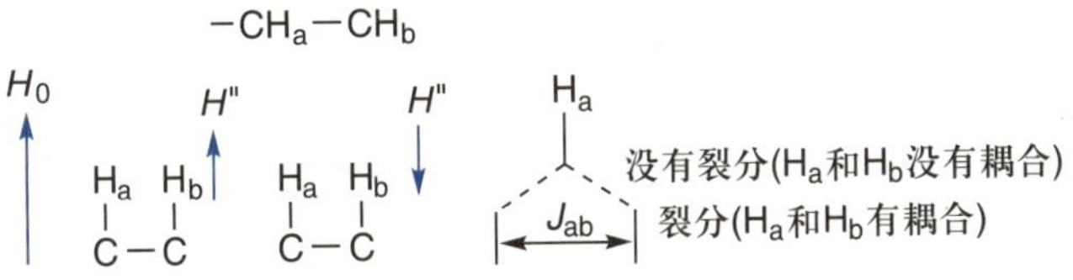

图 6-16 相邻两个碳上氢原子的耦合裂分示意图

由裂分所产生的两个信号的化学位移差值称为**耦合常数** (coupling constant)，用符号 J 表示，单位为 Hz。J 值大小反映了两个核相互耦合作用的强弱，耦合常数的大小只由核之间的耦合及分子本身的结构决定，与磁场强度 H_0 无关。耦合常数绝对值的大小一般可以从 NMR 谱图中找出，**相互耦合的两个核，其耦合常数相等**，即 $J_{ab}=J_{ba}$。因此，在分析 NMR 谱时，可以根据 J 值是否相同判断哪些核之间可能存在相互耦合。耦合常数反映有机化合物的结构信息，特别是立体化学的信息，对有机化合物的结构解析非常重要。

6.4.2 化学等价和磁等价

化学等价

化学等价 (chemical equivalence) 又称化学位移等价，是立体化学中的一个重要概念。若分子中两个相同原子 (或两个相同基团) 处于相同的化学环境，它们就是化学等价的。如苯的六个 H 和丙酮的六个 H 都是等价的。

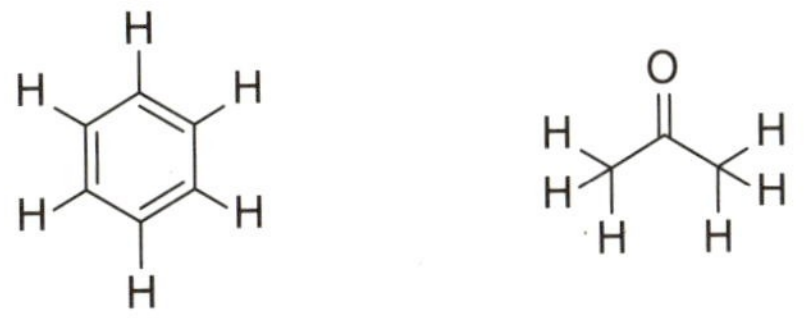

分子中的 H 如果可以通过对称操作 (见第三章 立体化学) 或快速机制互换，则它们是化学等价的。每种化学不等价的质子具有单独的一组信号，但是具有相同化学位移的 H 未必都是化学等价的。常见的化学不等价 H 核包括：(1) 化学环境不相同的 H 核；(2) 在末端烯烃中，若取代碳上连有两个不同的基团，则末端烯烃的两个 H 核

是化学不等价；(3) 若单键带有双键性质时，也会产生化学不等价 H 核；(4) 与不对称碳原子相连的亚甲基上的两个 H 核；(5) 位于刚性环上或不能自由旋转的单键上的亚甲基上的两个 H 核。

磁等价

分子中某组核，其化学位移相同，且对自旋体系内其他任何一个磁性核的耦合常数都相同，则这组核称为磁等价 (magnetic equivalence)。

两个核或基团的磁等价必须同时满足两个条件：

(1) 它们是化学等价的；

(2) 它们对分子中与之有耦合的任意另一核的耦合常数相同 (包括数值和符号)。

二氟甲烷中 $J_{H_1F_1} = J_{H_1F_2} = J_{H_2F_1} = J_{H_2F_2}$，因此，二氟甲烷的 2 个 H，是化学等价和磁等价的，2 个 F 也是化学等价和磁等价的。而对于 1,1-二氟乙烯，从分子对称性可以看出 H_a 和 H_b 是化学等价的，F_a 和 F_b 也是化学等价的。但对某一指定的 F (如 F_a)，H_a 和 F_a 是顺式耦合，H_b 和 F_a 是反式耦合，$J_{H_aF_a} \neq J_{H_bF_a}$、$J_{H_bF_a} \neq J_{H_bF_b}$，不符合条件 (2)，所以 H_a 和 H_b 是化学等价、磁不等价的。同理，F_a 和 F_b 也是磁不等价的。因此所有磁等价的核一定是化学等价的，但所有化学等价的核未必是磁等价的。

n+1 规律

若有 n 个磁等价的核与所讨论的核存在耦合作用，每个核有 2I+1 (I 是自旋量子数) 个取向，则这 n 个核共产生 2nI+1 种取向分布，因此所研究核的谱线被裂分为 2nI+1 条。核磁共振所研究的核最常见的是 I=1/2 的核，如 ^1H，^{13}C，^{19}F，^{31}P 等，则自旋-自旋耦合产生的谱线分裂为 2nI+1=n+1 条，这就是 n+1 规律。符合 n+1 规律的谱图称为一级谱图。

如图 6-17 所示，乙醚的甲基 H (CH₃) 被亚甲基 (CH₂) 的 2 个 H 裂分成三重峰 (1:2:1)。亚甲基的 H 受到甲基中 3 个 H 的耦合，这 3 个 H 有八种可能的自旋取向组合，其中 ↑↓↓、↓↑↓ 和 ↓↓↑ 组合是简并的，↓↑↑、↑↓↑ 和 ↑↑↓ 组合也是简并的，又因为这八种组合的概率是相等的，故亚甲基被甲基裂分成四重峰，峰强度比为 1：3：3：1。

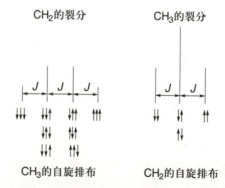

图 6-17   乙醚的核磁共振氢谱耦合裂分示意图

图 6-18 是乙醚的核磁共振氢谱，峰 A 为亚甲基的 H 峰，受到邻位甲基 H 的耦

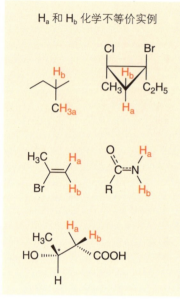

H_a 和 H_b 化学不等价实例

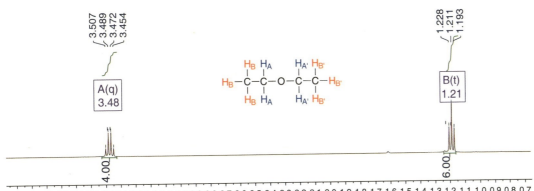

^{1}H NMR (400 MHz, CDCl$_3$) δ 3.48 ppm (q, J=7.0 Hz, 4H, H$_A$/H$_A$),
1.21 ppm (t, J=7.0 Hz, 6H, H$_B$/H$_B$)

图 6-18　乙醚的核磁共振氢谱

合，裂分为四重峰 (q)；峰 B 为甲基的 H 峰，受到邻位亚甲基 H 的耦合，裂分为三重峰 (t)，且 $J_{AB}=J_{BA}=7.0$ Hz。

在一级谱图中，与 n 个磁等价核耦合的核，产生 $n+1$ 个峰，被裂分所产生的各峰相对强度之比等于二项式 $(a+b)^n$ 的展开式各项系数之比 (表 6-5)。

表 6-5　与 n 个磁等价核耦合产生的峰强度和峰数

n	峰强度比	峰的总数
0	1	1 (s)
1	1 : 1	2 (d)
2	1 : 2 : 1	3 (t)
3	1 : 3 : 3 : 1	4 (q)
4	1 : 4 : 6 : 4 : 1	5 (p)
5	1 : 5 : 10 : 10 : 5 : 1	6 (h)
6	1 : 6 : 15 : 20 : 15 : 6 : 1	7 (hept)

根据峰的裂分情况，峰的形状分别用 s (单峰)、d (双峰)、t (三重峰)、q (四重峰)、p (五重峰)、h (六重峰)、hept (七重峰) 字母或单词缩写表示。当被考察的核受到化学位移不同但耦合常数相同的核的耦合时，峰形简化为 $n+1$ 重峰，多数简单烷基衍生物的氢的耦合常数都相同，可以认为遵循 $n+1$ 规律；当受到两个或两个以上耦合常数有明显差别的核的耦合时，峰的裂分情况 (峰形) 会变为连续的 $n+1$ 峰形，谱线裂分情况 (峰形) 变成 dd 体系 (四重峰)、dt 体系 (六重峰)、td 体系 (六重峰)、ddd 体系 (八重峰)、dq 体系 (八重峰)、qd 体系 (八重峰) 和 tt 体系 (九重峰) 等复杂峰形。每组峰的中心位置就是它们的化学位移值，按照裂分规律可以计算每一种耦合的耦合常数；当受到两个或两个以上耦合常数差别不明显的核的耦合时，谱峰的峰形变得复杂，为多重峰 (m)。通过谱峰的峰形，结合相互耦合的核的耦合常数相同等规律，能帮助我们识别图谱中氢核之间的耦合关系，从而进行化合物精细结构的解析。

耦合常数及化学位移的计算

图 6-19 是一个典型的 dq 峰形 H 核的核磁共振氢谱图，它先被裂分为 d 峰 (双重峰)，然后双重峰再分别被裂分为 q 峰 (四重峰)，形成如图所示的 dq 峰 (八重峰)。对于 q 峰的耦合常数可以是峰 1 和峰 2、峰 2 和峰 3、峰 3 和峰 4、峰 5 和峰 6、峰

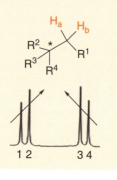

向心规则：在氢核磁共振谱图中，相互耦合的峰，每组峰的谱线强度常常表现出内侧高，外侧低。如下为一个手性碳相连的亚甲基上的两个氢，H_a 和 H_b 因化学不等价而相互耦合，分别被裂分成双重峰，双重峰的峰强度应该一样，峰高相等。但实际上，峰 2 要比峰 1 高一点，峰 3 比峰 4 高一点，使双重峰有个坡度，这就是向心规则。这一规则有助于识别相互耦合的两组峰的位置，对多重峰也适用。

6 和峰 7、峰 7 和峰 8 的读数差，即裂距乘以仪器的频率 400 MHz。上述峰读数的差均为 0.003，所以四重峰的耦合常数为 $J_q=1.2$ Hz。d 峰的耦合常数为两组峰的中间值之差，也可以是峰 1 和峰 5、峰 2 和峰 6、峰 3 和峰 7 或峰 4 和峰 8 的读数差值乘以 400 MHz，差值均为 0.042，所以 $J_d=16.8$ Hz。因为 d 峰的耦合常数 J_d 大于 q 峰的耦合常数 J_q，所以该峰的峰形为 dq 峰；反之，如果 $J_q>J_d$，则峰形为 qd 峰。两组峰的中间位置即是该 H 核的化学位移，所以这个 H 核的 $\delta=5.324$ ppm。

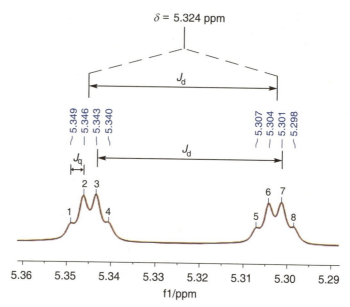

图 6-19　典型 dq 峰的耦合常数和化学位移的核磁共振氢谱图 (400 MHz)

6.4.3　氢核耦合裂分的规律及耦合常数

核之间的耦合是通过成键电子传递的，J 值的大小与它们间隔键的数目有关。随着键的数目增加，耦合常数迅速下降。两个 H 相隔三根以上**单键**时，耦合常数趋于零，常常不能分辨。根据两个自旋核之间进行耦合通过的化学键数目，耦合常数可分为 ^1J、^2J、^3J 和 ^4J。分子的结构对耦合常数的影响可概括为两个基本因素：几何构型和电子结构。几何构型包括键长、键角两个因素。电子结构包括核周围电子云密度和化学键电子云分布两个因素。影响化学键电子云分布的因素有：单键，双键，取代基的电负性，立体化学，内部或外部因素的极化作用等。因此，耦合常数 J 值的大小与核磁共振仪的频率无关，而与有机化合物分子结构有着密切关系，常常根据 J 值的大小来判断有机化合物的分子结构，尤其是对立体化学的研究很有帮助。

偕耦

偕耦 (geminal coupling) 是指位于同一碳原子上的两个 H 核相互干扰所引起的自旋耦合，也叫同碳耦合，耦合常数用 $J_{偕}$（J_{gem} 或 ^2J 表示）。同碳的自旋耦合只有当**相互耦合的自旋 H 核的化学位移值不等时**才能表现出来。偕耦耦合常数变化范围较大，并与结构密切相关，通常其绝对值在 0-18 Hz。图 6-20 是常见同碳化学不等价 H 核之间的耦合常数，H_a 和 H_b 耦合的前提是 H_a 和 H_b 化学不等价。化合物 A 中 H_a 和 H_b 化学不等价的原因是其邻位有手性碳原子，即与手性碳原子相连的亚甲基上的两个 H 核化学不等价；化合物 C 中，取代环己烷上同碳的 e 键和 a 键的两个 H 核的耦合常数为 8-14 Hz。

<table>
<tr><td>类型</td><td>A</td><td>B</td><td>C</td></tr>
<tr><td>$^2J_{ab}$/Hz</td><td>12.0 – 18.0</td><td>0.5 – 3.0</td><td>8.0 – 14.0</td></tr>
</table>

图 6-20　常见同碳上化学不等价 H 核之间的耦合常数

邻耦

邻耦 (vicinal coupling) 是指位于相邻的两个碳原子上两个 (组) H 核之间产生的相互耦合。其耦合常数可用 $J_邻$ (J_{vic}) 或 ^3J 表示。邻位耦合在 H 谱中占有突出的位置，常为化合物结构与构型的确定提供重要的信息。^3J 值大小与许多因素有关。如键长、取代基的电负性、二面角及 C–C–H 键角大小等相关。图 6-21 是常见相邻碳上的 H 核之间的耦合常数。

<table>
<tr><td>类型</td><td>H_aC-CH_b</td><td colspan="2"></td><td></td><td></td><td></td></tr>
<tr><td rowspan="3">$^3J_{ab}$/Hz</td><td rowspan="3">6.0 – 8.0</td><td>ax-ax</td><td>6.0 – 14.0</td><td rowspan="3">12.0 – 18.0</td><td rowspan="3">6.0 – 12.0</td><td rowspan="3">6.0 – 10.0</td></tr>
<tr><td>ax-eq</td><td>0.0 – 5.0</td></tr>
<tr><td>eq-eq</td><td>0.0 – 5.0</td></tr>
</table>

图 6-21　常见相邻碳上 H 核之间的耦合常数

远程耦合

远程耦合 (long range coupling) 是指间隔三根以上化学键的原子核之间的耦合，其耦合常数用 $J_远$ 或 ^4J 和 ^5J 等表示。远程耦合的作用较弱，耦合常数一般在 0–3 Hz。饱和化合物中，间隔三根以上单键时，$J_远≈0$，一般可以忽略不计。但在以下几种情况，我们常可以发现间隔三根以上化学键的远程耦合：

(1) 当两个 H 核正好位于英文字母 "W" 的两端时，虽然间隔四根单键，相互之间仍可发生远程耦合，但 J 值很小，为 0–2.5 Hz，称为 W 型耦合。图 6-22 是常见的 W 型耦合 (^4J)。

<table>
<tr><td>类型</td><td></td><td></td><td></td></tr>
<tr><td>$^4J_{ab}$/Hz</td><td>0.0 – 2.0</td><td>0.0 – 2.0</td><td>1.4 – 2.2</td></tr>
</table>

图 6-22　常见的 W 型耦合 (^4J)

(2) π 系统，如烯丙基、高烯丙基及芳环系统。因为 π 电子的存在，电子流动性较大，即使间隔四根或五根键，相互之间仍可发生耦合，但作用较弱 ($J_远$=0–3 Hz)，在低分辨 ^{1}H NMR 谱中大多不易观测，但在高分辨 ^{1}H NMR 谱上则比较明显。图 6-23 是烯丙位、高烯丙位及苯环远程耦合常数 ^4J 或 ^5J 的范围。因此，根据 J 值不同可以识别不同位置取代的苯环异构体。

邻位碳上 H 原子间的耦合常数主要取决于邻位 H 的二面角，通过相邻碳原子间化学键的纽曼投影式，可以直观地看到这个二面角。邻位 H 的二面角 (Φ) 和 $^3J_{HH}$ ($J_邻$) 按照 Karplus 经验式计算求得的关系图如下所示。Karplus 经验式适用于开链化合物、环状化合物、芳环化合物、糖类化合物中邻位 H 的结构解析。在烯烃中，处于反式的两个 H 的二面角接近 180°，处于顺式的两个 H 的二面角接近 0°，所以烯烃中 $^3J_反 > ^3J_顺$。在取代环己烷中，邻位两个 a 键上的 H 的二面角接近 180°，而邻位 a 键和 e 键或者邻位两个 e 键 H 的二面角为锐角，所以在取代环己烷中 $^3J_{aa} > ^3J_{ae} ≈ ^3J_{ee}$。因此，耦合常数的大小对分子的立体化学结构解析具有重要的意义。

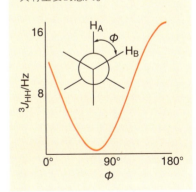

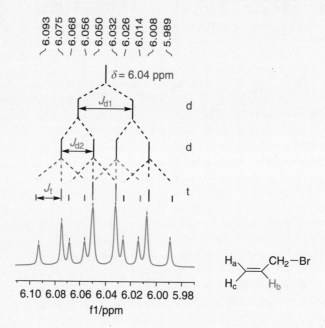

类型	$\begin{array}{c} H_a \quad R^2 \\ R^1 \quad CH_b \end{array}$	$\begin{array}{c} H_a \quad CH_b \\ R^1 \quad R^2 \end{array}$	$\begin{array}{c} H_aC \quad CH_b \\ R^1 \quad R^2 \end{array}$	$\begin{array}{c} H_a \\ \quad H_b \\ R \end{array}$
J_{ab}/Hz	0.0 – 3.0	0.0 – 3.0	0.0 – 3.0	$^4J_{间}$ 1.0 – 3.0
				$^5J_{对}$ 0.0 – 1.0

图 6-23   烯丙位、高烯丙位及苯环远程耦合常数

下图是一个 ddt 峰，是烯丙基溴 H_b 的谱峰，该峰的化学位移是 6.04 ppm，H_b 首先受到反式 H_a 的耦合裂分为 d 峰，耦合常数为 J_{d1}=17.2 Hz；然后，受到顺式 H_c 的耦合，前面的双峰各自裂分为 d 峰，耦合常数为 J_{d2}=9.9 Hz；最后，上面裂分的四重峰再分别受到亚甲基上两个 H 的耦合，各自裂分为三重峰，耦合常数为 J_t=7.3 Hz。因为各峰之间有重叠，所以只看到了十重峰。

杂原子与 H 的耦合

若分子中有除 ^1H 外，还有其他天然高丰度的核，如 ^{19}F、^{31}P 等杂原子时，这些杂原子会与邻近的 ^1H 耦合裂分，裂分数目也符合 $2nI+1$ 规律，裂距是它们的耦合常数。

下图是 2,2-二氟乙酸的 ^1H NMR 谱，δ=6.00 ppm 是 H_A 的峰，因为受到同碳上两个 F 原子的耦合，裂分为 t 峰，$^2J_{HF}$=52.9 Hz。通常 ^{19}F 对 ^1H 的耦合常数范围为：$^2J_{HF}$=45–60 Hz，$^3J_{HF}$=0–30 Hz，$^4J_{HF}$=0–4 Hz。

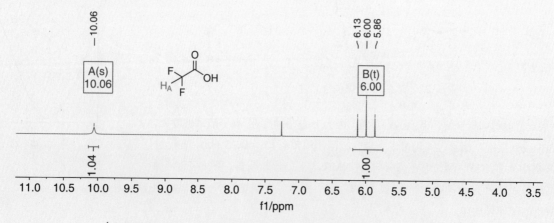

^1H NMR (400 MHz, CDCl$_3$) δ 10.06 ppm (s, 1H), 6.00 ppm (t, J=52.9 Hz, 1H)

6.5 核磁共振氢谱的解析

根据 H 核的化学位移、峰形、耦合常数，可以了解 H 核的种类和所处的化学环境，进而推测有机化合物的分子结构。

图 6-24 为 1-溴丁烷的核磁共振氢谱。$\delta=0$ 的单峰为内标 TMS 的峰，$\delta=1.55$ ppm 的单峰为溶剂中残留的少量水的峰，$\delta=7.26$ ppm 为氘代氯仿中残余的未氘代的氯仿的 H 峰。谱图上方蓝色数据为峰的化学位移值。谱图下方的蓝色数据是峰的**积分面积**，代表 H 的个数；谱图上面绿色折线为**积分曲线**，其高度也代表 H 的个数。以 3.42 ppm 峰积分曲线为例，折线分为三段，三段高度为 1 : 2 : 1，即裂分为三重峰的峰强度之比。

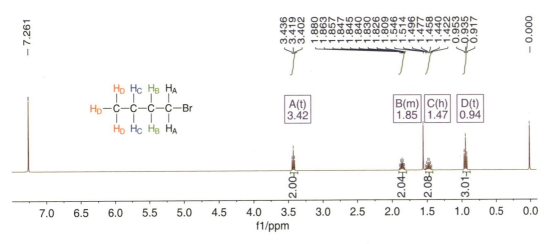

^{1}H NMR (400 MHz, CDCl$_3$) δ 3.42 ppm (t, J=6.8 Hz, 2H, H$_A$), 1.91－1.78 ppm (m, 2H, H$_B$), 1.47 ppm (h, J=7.4 Hz, 2H, H$_C$), 0.94 ppm (t, J=7.4 Hz, 3H, H$_D$)

图 6-24 1-溴丁烷的核磁共振氢谱

(1) 由于溴原子的诱导效应，从 H$_A$ 到 H$_D$ 的化学位移逐渐减小。与溴原子直接相连的碳上 H$_A$ 的 δ=3.42 ppm，依次 H$_B$ 的 δ=1.91－1.78 ppm（多重峰），H$_C$ 的 δ=1.47 ppm，H$_D$ 的 δ=0.94 ppm。

(2) H$_A$ 因受到邻位亚甲基的 2 个 H$_B$ 的耦合，裂分为 t 峰，$^3J_{AB}$=6.8 Hz；H$_C$ 受到邻位亚甲基的 2 个 H$_B$ 和甲基的 3 个 H$_D$ 的耦合，耦合常数为 J_{CB}=J_{CD}=7.4 Hz，因此峰形简并为 5+1，即 h 峰；又因为 J_{BA}=J_{AB}=6.8 Hz，J_{BC}=J_{CB}=7.4 Hz，H$_B$ 受到 H$_A$ 和 H$_C$ 的耦合（耦合常数相近但不相等），致使 H$_B$ 峰形复杂，为 m 峰。

图 6-25 为丙烯酸甲酯的核磁共振氢谱。与羰基共轭的烯烃由于受羰基诱导效应的影响，三个烯基 H 的化学位移不同程度地向低场移动。烯基上 H 的耦合常数具有 $^3J_{反}$>$^3J_{顺}$>$^2J_{同}$的规律（参见 6.4.3 节）。根据化学位移，结合耦合常数和峰形，三个烯基 H 的归属如下：

(1) H$_A$ 的 δ=6.41 ppm，受到反式 H$_B$ 的耦合，耦合常数最大，$^3J_{AB}$=17.3 Hz；H$_A$ 同时受到同碳 H$_C$ 的耦合，耦合常数最小，$^2J_{AC}$=1.5 Hz，$J_{AB} \neq J_{AC}$，所以 H$_A$ 裂分为 dd 峰。

(2) H$_B$ 的 δ=6.13 ppm，受到反式 H$_A$ 和顺式 H$_C$ 的耦合，$^3J_{BC}$=10.4 Hz。同样 $J_{BA} \neq J_{BC}$，H$_B$ 也裂分为 dd 峰。

1-溴丁烷由于溴原子的诱导效应，不同的 H 核呈现不同的化学位移。对于长链饱和碳氢化合物的 CH 和 CH$_2$ 往往相互重叠而不易区分，只有甲基峰处在较高场而与其他峰分离，易在谱图中辨认出。

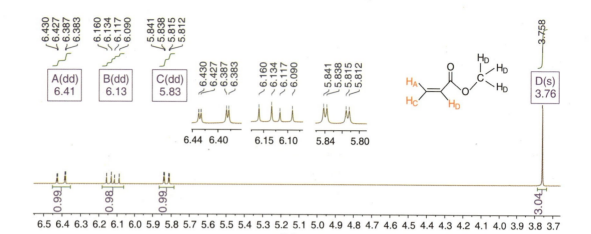

^{1}H NMR (400 MHz, CDCl$_3$) δ 6.41 ppm (dd, J=17.3 Hz, 1.5 Hz, 1H, H$_A$), 6.13 ppm (dd, J=17.3 Hz, 10.4 Hz, 1H, H$_B$), 5.83 ppm (dd, J=10.4 Hz, 1.5 Hz, 1H, H$_C$), 3.76 ppm (s, 3H, H$_D$)

图 6-25　丙烯酸甲酯的核磁共振氢谱

（3）H$_C$ 的 δ=5.83 ppm，受到顺式 H$_B$ 和同碳 H$_A$ 的耦合，$J_{CB} \neq J_{CA}$，H$_C$ 也裂分为 dd 峰。H$_A$、H$_B$ 和 H$_C$ 三组氢的耦合常数两两相等，峰形均为 dd 峰。一般核磁谱图上化学位移在 4.5～7.0 ppm 范围内出现 H$_A$、H$_B$ 和 H$_C$ 这种组合的氢谱是典型的单取代烯烃结构片段。

（4）酯甲基 H$_D$ 受氧诱导效应作用，向低场移动，δ=3.76 ppm，没有其他 H 与 H$_D$ 耦合，H$_D$ 为 s 峰。

图 6-26 是胡椒醛的核磁共振氢谱。9.81 ppm 处的 H$_A$ 为醛基上的 H，H$_B$ 受到邻位羰基的去屏蔽作用和对位氧原子的屏蔽作用，化学位移为 7.41 ppm，H$_B$ 分别与邻位 H$_D$ 和间位 H$_C$ 耦合，$^3J_{BD}$=7.9 Hz，$^4J_{BC}$=1.6 Hz，$J_{BD} \neq J_{BC}$，H$_B$ 裂分为 dd 峰。H$_C$ 受到邻位羰基的去屏蔽作用和邻位氧原子的屏蔽作用，δ=7.34 ppm，H$_C$ 与间位 H$_B$ 耦合，$^4J_{CB}$=1.6 Hz，裂分为 d 峰。H$_D$ 受到邻位氧原子的屏蔽作用，δ=6.93 ppm，H$_D$ 与邻位 H$_B$ 耦合，$^3J_{DB}$=7.9 Hz，裂分为 d 峰。H$_E$ 因受到两个氧原子诱导效应的作用，向低场移动到烯基 H 的位置，δ=6.08 ppm，这也是胡椒醛环上亚甲基 H 的特征化学位移，

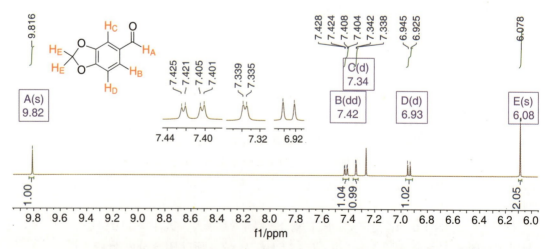

^{1}H NMR (400 MHz, CDCl$_3$) δ 9.82 ppm (s, 1H, H$_A$), 7.42 ppm (dd, J=7.9 Hz, 1.6 Hz, 1H, H$_B$), 7.34 ppm (d, J=1.6 Hz, 1H, H$_C$), 6.93 ppm (d, J=7.9 Hz, 1H, H$_D$), 6.08 ppm (s, 2H, H$_E$)

图 6-26　胡椒醛的核磁共振氢谱

两个 H_E 在胡椒醛中是等价的，且没有其他 H 与 H_E 耦合，因此 H_E 是 s 峰。

图 6-27 为乙醇的核磁共振氢谱图。H_A 受到氧原子的诱导作用，化学位移向低场移动，δ=3.71 ppm，甲基 H_B 的 δ=1.23 ppm，H_A 和 H_B 相互耦合，耦合常数 $^3J_{AB}=^3J_{BA}$=7.0 Hz，峰形分别为 q 峰和 t 峰。1.45 ppm 是羟基 H_C 的峰，是一个宽峰，用 br 表示峰形。

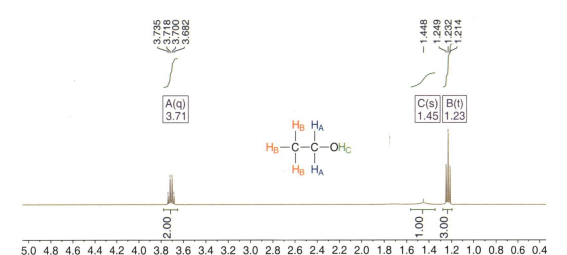

^{1}H NMR (400 MHz, CDCl$_3$) δ 3.71 ppm (q, J=7.0 Hz, 2H, H$_A$),
1.45 ppm (br, 1H, H$_C$), 1.23 ppm (t, J=7.0 Hz, 3H, H$_B$)
图 6-27　乙醇的核磁共振氢谱

图 6-28 是 3',3'-二氯-3,4-二氢-1H-螺 [萘-2,2'-氧杂环丁烷]-4'-酮的核磁共振氢谱。低场区 7.25-7.12 ppm 处是苯环上的 4 个 H，因为苯环上的取代基为烷基，对苯环上 H 的化学位移影响小，4 个 H 的化学位移不能区分，峰形为 m 峰。H_B 和 H_C 为 C1 上的两个 H，因为是取代六元环上的同碳 H，两者不等价，同时受到手性 C2 的影响，相互耦合，耦合常数 $^2J_{BC}=^2J_{CB}$=17.6 Hz，H_B 裂分为 d 峰；H_C 和 H_E 均在 e 键上，有四键的远程 W 型耦合，$^4J_{CE}$=2.0 Hz，$J_{CB}\neq J_{CE}$，H_C 裂分为 dd 峰。C4 位的两个 H_D 虽然也在六元环上，由于邻位是苯环 C（sp^2 杂化），因此两个 H_D 没有明显区别，是等价核，H_D 分别与 C3 位的 H_E 和 H_F 耦合，耦合常数分别为 $^3J_{DF}$=8.2 Hz 和 $^3J_{DE}$=5.3 Hz，$J_{DF}\neq J_{DE}$，H_D 裂分为 dd 峰。H_E 和 H_F 为 C3 上的两个 H，同样在六元环上，也受到手性 C2 的影响，$^2J_{EF}=^2J_{FE}$=14.0 Hz；H_E 与两个 H_D 耦合，耦合常数为 $^3J_{ED}$=5.3 Hz；H_E 和 H_C 还有远程耦合，$J_{EF}\neq J_{ED}\neq J_{EC}$，因此 H_E 裂分为 dtd 峰。同理，H_F 分别与 H_E 和两个 H_D 耦合，$^3J_{FD}$=8.2 Hz，$J_{FE}\neq J_{FD}$，H_F 裂分为 dt 峰。上面我们通过耦合常数和峰形对六元环上六个 H 进行了归属。H_B 和 H_C 处于苄位 C1 上，并且 C1 与季碳 C2 相连，因此 H_B 和 H_C 的化学位移在六个饱和 H 中处于低场；H_D 也是苄位 H，其化学位移大于 H_E 和 H_F。通过化学位移的指认和归属，从而完成对 3',3'-二氯-3,4-二氢-1H-螺 [萘-2,2'-氧杂环丁烷]-4'-酮的结构解析。

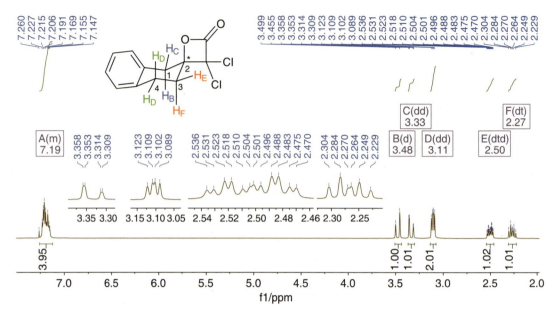

^{1}H NMR (400 MHz, CDCl$_3$) δ 7.25 – 7.12 ppm (m, 4H), 3.48 ppm (d, J=17.6 Hz, 1H, H$_B$),
3.33 ppm (dd, J=17.6 Hz, 2.0 Hz, 1H, H$_C$), 3.11 ppm (dd, J=8.2 Hz, 5.3 Hz, 2H, H$_D$),
2.50 ppm (dtd, J=14.0 Hz, 5.3 Hz, 2.0 Hz, 1H, H$_E$), 2.27 ppm (dt, J=14.0 Hz, 8.2 Hz, 1H, H$_F$)

图 6-28 3',3'-二氯-3,4- 二氢-1H-螺 [萘-2,2'-氧杂环丁烷]-4'-酮的核磁共振氢谱

上面的五个实例，包括了和不同官能团连接的氢的化学位移及其所处化学环境引起的耦合裂分等情况。^{1}H NMR 谱中可以得到如下结构信息：化学位移可以初步给出分子中存在基团的类型；积分曲线和积分面积可以给出每种基团中氢的相对数目；耦合常数和峰形可以判断各基团之间的连接关系。将这些信息综合起来，通过解析、归属、验证就可以进行化合物分子结构的解析。

6.6 核磁共振碳谱

6.6.1 核磁共振碳谱简介

碳原子构成了有机化合物的分子骨架，所以核磁共振碳谱（^{13}C NMR 谱）能提供分子骨架最直接的信息，因而 ^{13}C NMR 谱对有机化合物结构鉴定非常重要。前面关于 ^{1}H NMR 谱的基本原理完全适用于 ^{13}C NMR 谱。同时，^{13}C NMR 还有以下特点：

1. ^{13}C NMR 谱的优点

（1）化学位移范围宽。^{1}H NMR 谱常用 δ 值范围为 0 – 15 ppm，^{13}C NMR 谱常用 δ 值范围为 0 – 220 ppm，^{13}C NMR 谱分辨率远高于 ^{1}H NMR 谱。因此碳核所处的化学环境的微小差别，在谱图上都会有所区别。

（2）^{13}C NMR 谱可以给出不与 H 相连的季碳原子核磁共振信号。

（3）^{13}C NMR 谱有多种实验方法，可以找到 ^{1}H NMR 谱某峰与 ^{13}C NMR 谱某峰之间的对应关系，区别碳原子级数（伯、仲、叔、季）。较之于氢谱，碳谱信息丰富、结论清楚。

2. ^{13}C NMR 谱的不足

^{13}C 核的天然丰度仅为 1.1%。^{13}C 核的磁旋比 γ 仅为 ^{1}H 的 1/4，已知核磁共振

的灵敏度与磁旋比的三次方 (γ^3) 成正比，^{13}C NMR 谱与 ^1H NMR 谱的灵敏度比值为 1/5800。所以利用常规方法测定 ^{13}C NMR 谱是很困难的。

3. 提高 ^{13}C NMR 谱灵敏度的方法

（1）增加测试样品的浓度；

（2）增加扫描次数；

（3）增加测试仪器的磁场强度 H_0；

（4）去除质子耦合的影响（宽带去耦法，简称"去耦"），这是增加灵敏度最经济和最有效的方法。

碳谱和氢谱一样，一般也以四甲基硅烷（TMS）作为内标基准物质，其 $\delta=0$，谱图中在它的左边（低场）的峰，化学位移为正值，右边（高场）为负值。

6.6.2　^{13}C 化学位移的影响因素

^{13}C 的化学位移是核磁共振碳谱的重要参数。影响 δ_C 值的主要因素有碳原子的杂化类型、周围的化学环境对碳原子电子云密度的影响，以及磁各向异性效应、分子空间效应等。

碳原子的杂化类型

一般来说，碳原子的杂化类型决定了其化学位移的大致范围，δ_C 值与该碳上 H 的 δ_H 值大小次序基本上平行。化合物中碳原子杂化轨道有 sp^3、sp^2 和 sp 三种，不同杂化碳原子化学位移范围见表 6-6。

表 6-6　不同杂化碳原子化学位移范围

碳杂化类型	基团结构	δ_C/ppm
sp^3	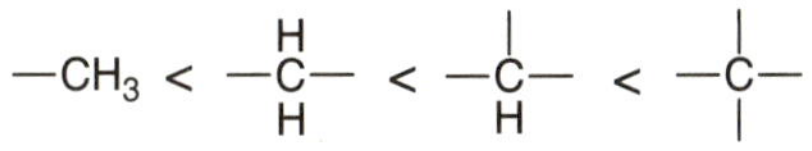 $-CH_3 <\ \overset{H}{\underset{H}{-C-}}\ <\ \overset{\mid}{\underset{H}{-C-}}\ <\ \overset{\mid}{\underset{\mid}{-C-}}$	0–60
sp	$-C{\equiv}C-H \quad -C{\equiv}C-$	60–90
sp^2	烯碳和芳基碳	100–160
sp^2	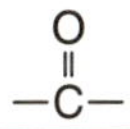 $\overset{O}{\underset{}{\overset{\parallel}{-C-}}}$	160–220

碳原子的电子云密度

同一种杂化类型的碳原子的 δ_C 还因为其所处化学环境不同，其核外电子云密度不同，从而表现出差异。核外电子云密度增大，屏蔽效应增强，δ_C 值向高场位移。核外电子云密度减小，屏蔽效应减弱，δ_C 值向低场位移。

1. 诱导效应

当碳原子连有电负性较大的取代基时，碳核外电子云密度降低，δ_C 值增大，向低场位移，取代基电负性越大，低场位移越明显。

	CH_3I	CH_3Br	CH_3Cl	CH_3F
δ_C/ppm	-20.7	20.0	24.9	80

随着电负性较大元素的数目的增加，所连接的碳原子的 δ_C 值也增大。

	CH₄	CH₃Cl	CH₂Cl₂	CHCl₃	CCl₄
δ_C/ppm	-2.3	27.8	52.8	77.2	95.5

诱导效应通过成键电子沿键轴方向传递，随着与取代基距离的增大，该效应迅速减弱。如 1-氯丁烷的各个碳原子沿键轴方向的化学位移。

$$\delta_C/\text{ppm} \quad \underset{13.3}{\text{H}_3\text{C}}-\text{CH}_2-\overset{20.2}{\text{CH}_2}-\overset{44.7}{\underset{34.8}{\text{CH}_2}}-\text{Cl}$$

烷基虽然是给电子基团，但是由于碳的电负性比氢大，所以烷基取代也会使该碳原子化学位移向低场移动。如甲烷的四个氢原子被甲基逐个取代后的碳原子的化学位移：

	CH₄	CH₃CH₃	CH₂(CH₃)₂	CH(CH₃)₃	C(CH₃)₄
δ_C/ppm	-2.3	5.7	15.4	24.3	31.4

2. 共轭效应

共轭作用引起碳原子核外电子云密度发生变化，导致 δ_C 向低场或高场位移。在羰基碳邻位引入双键 (α, β-不饱和醛或酮) 或含孤对电子的杂原子 (羧酸、酰胺、酰氯等)，由于形成了共轭体系，羰基碳核外电子云密度相对增加，屏蔽作用增大，使得羰基碳化学位移值向高场移动。如图 6-29 所示，(E)-丁-2-烯醛由于有 π-π 共轭作用，C=C 双键的两个碳原子的 δ_C 与乙烯相比都向低场移动，且 β 位的 δ_C 变化比 α 位的更大；羰基核外电子云密度增加，与乙醛羰基碳相比，向高场移动。对于 p-π 共轭体系，如甲基乙烯基醚和甲基乙炔基醚，烯基和炔基与 O 相连的 C，O 的电负性大，去屏蔽作用占主导，C 原子的化学位移比相应的烯烃和炔烃的大；而 β 位 C 原子则因为 p-π 共轭作用，核外电子云密度比没有取代的烯烃和炔烃的 C 原子的核外电子云密度大，δ_C 变小。

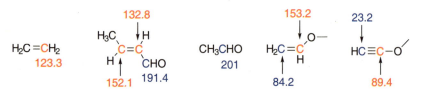

图 6-29　共轭作用对碳化学位移的影响

苯环中 H 被取代后，苯环上 C 原子的化学位移值变化是有规律的。如果苯环上氢被 -NH₂ 或 -OH 等杂原子基团取代，杂原子上的孤对电子将离域到苯环的 π 电子体系上，形成 p-π 共轭，增加了邻位和对位 C 上的核外电子云密度，屏蔽作用增大，δ_C 变小；如果 H 被吸电子共轭基团 -CN、-NO₂ 或羰基取代，苯环上 π 电子离域到这些吸电子基团上，邻位和对位 C 原子的电荷密度降低，屏蔽作用减小，δ_C 变大。这些基团对间位的影响都很小。

3. 空间效应

C 原子化学位移容易受到分子空间结构的影响，相隔几个键的碳由于空间上接近可能会产生相互作用。这种作用既可能由于空间上接近的碳上氢之间的斥力作用使碳原子核外电子云密度有所增加，屏蔽作用增大，导致化学位移向高场移动，也可能是碳原子核外电子云密度有所减小，屏蔽作用减小，导致化学位移向低场移动。

例如，邻位甲基的取代会导致苯乙酮羰基碳的化学位移 δ_C 值增大。这是由于邻位取代基的空间作用破坏了苯环与羰基的共轭作用，使得羰基核外电子云密度减小，化学位移向低场移动。

γ-旁位效应

较大基团对 γ-位碳上的 H 在空间上有一种挤压作用，使电子云偏向碳原子，碳化学位移向高场移动，这种效应称为 γ-旁位效应。该效应在链状或六元环化合物中普遍存在。

氢键

氢键包括分子内氢键和分子间氢键。分子内氢键的形成使 C=O 中 C 原子电子云密度降低，δ_C 值向低场位移。分子间氢键的作用类似。

在不同溶剂中测试的 ^{13}C NMR 谱，δ_C 值可改变几个至十几个 ppm。表 6-7 是苯胺在不同溶剂中的 δ_C 值。

表 6-7　溶剂对苯胺化学位移 δ_C 的影响　　　　　　　单位：ppm

溶剂	C1	C1，C6	C3，C5	C4
CDCl$_3$	146.5	115.1	129.3	118.4
(CD$_3$)$_2$CO	148.6	114.7	129.5	117.0
(CD$_3$)$_2$SO	149.2	114.2	129.0	116.5
CD$_3$COOD	134.0	122.5	129.9	127.4

6.6.3 各类特征碳核的化学位移

各类特征碳核的化学位移见表 6-8，常见化合物碳核的化学位移见图 6-30。

表 6-8 特征碳核的化学位移

基团	δ_C/ppm	基团	δ_C/ppm
R–CH$_3$	8 – 30	H$_3$C–OR'	40 – 60
R$_2$CH$_2$	15 – 55	RH$_2$C–OR'	40 – 70
R$_3$CH	20 – 60	R$_2$HC–OR'	60 – 75
R$_3$C–I	0 – 40	R$_3$C–OR'	70 – 80
R$_3$C–Br	25 – 65	RC≡CR'	65 – 90
R$_3$C–Cl	35 – 80	R$_2$C=CR$_2'$	100 – 150
H$_3$C–NR$_2$	20 – 45	RC≡N	110 – 140
RH$_2$C–NR$_2'$	40 – 60	芳环骨架碳	110 – 175
R$_2$HC–NR$_2'$	50 – 70	酸、酯、酰胺羰基碳	155 – 185
R$_3$C–NR$_2'$	65 – 75	醛、酮羰基碳	185 – 220
R$_3$C–SR'	10 – 20	环丙烷环上碳	–5 – 5

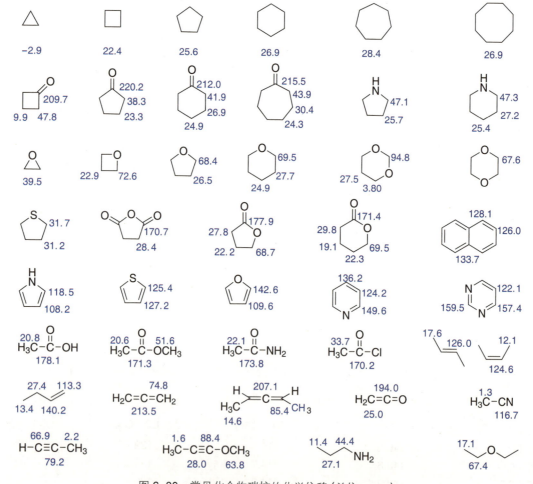

图 6-30 常见化合物碳核的化学位移 (单位: ppm)

6.6.4 碳谱的种类

碳谱类型很多，有质子全去耦谱、偏共振去耦谱、质子选择性去耦谱、无畸变极化转移增益谱 (distortionless enhancement by polarization transfer，DEPT 谱)、非灵敏核极化转移增益谱 (insensitive nuclei enhanced by polarization transfer，INEPT 谱) 和连接质子测试谱 (attached proton test，APT 谱) 等。应用最多的是质子全去耦碳谱和与之相对应的 DEPT 谱。

质子全去耦碳谱

^{13}C 与 ^{1}H 的耦合常数一般比较大，$^{1}J_{CH}$ 为 120–300 Hz，$^{2}J_{CH}$ 为 5–60 Hz，$^{3}J_{CH}$ 为 0–30 Hz。不去 ^{1}H 耦合的 ^{13}C NMR 谱，因为存在 ^{13}C-^{1}H 之间的耦合裂分，谱图相当复杂，且碳氢耦合常数的用处也不大。同时，由于 ^{13}C 的天然丰度只有 1.1%，裂分后峰强度变低。因此，常规碳谱是质子全去偶碳谱 (简称 "碳谱")。在这种碳谱中，若分子中不存在 C、H 以外的自旋核，^{13}C 的谱线都是分离的单峰。

图 6-31 是乙酸乙酯的核磁共振碳谱，各个化学位移的归属为：171.0 ppm 是羰基碳 C2 的化学位移，60.3 ppm、20.9 ppm 和 14.1 ppm 依次为 C3、C1 和 C4 的化学位移。77 ppm 左右处的三重峰是溶剂氘代氯仿的峰。氘的 $I=1$，对 ^{13}C 的裂分峰数目是 $2I+1$，所以氘代氯仿的碳是三重峰。

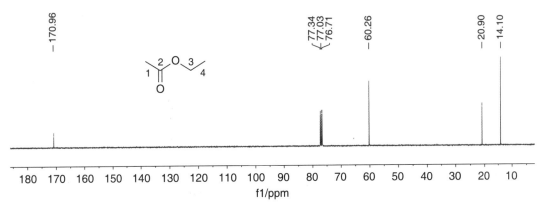

^{13}C NMR (101 MHz，CDCl$_3$) δ 171.0 ppm (C2)，77.3 ppm，77.0 ppm，76.7 ppm，60.3 ppm (C3)，20.9 ppm (C1)，14.1 ppm (C4)

图 6-31 乙酸乙酯的核磁共振碳谱

DEPT 谱

全去耦谱虽然谱图简单，能给出所有碳的信号，但是不能给出碳的级数信息。无畸变极化转移增益谱 (dislortionless enhancement by polarization transfer，DEPT 谱) 通过改变质子脉冲角度 θ，从而调节 CH、CH$_2$、CH$_3$ 信号的强度，使其信号强度仅与 θ 脉冲有关，降低了 J 值对三种不同碳的多重谱线的影响，能解决碳的级数问题。

分别设置发射脉冲 θ 角为 90° 和 135° 做两次实验，得到两张谱图，与碳谱联合分析，就可区分 CH、CH$_2$、CH$_3$ 及季碳。

在 DEPT135 谱中 CH$_3$ 和 CH 显示为正峰，CH$_2$ 显示为负峰，季碳不出峰。

在 DEPT90 谱中除 CH 为正峰外，其余的碳均不出峰。

　　根据碳谱和 DEPT 谱的出峰情况，可以初步判断分子中不同级数的碳原子的个数，给化合物结构的解析提供更准确的信息。

　　在 ^{13}C NMR 谱中，由于峰面积与碳原子数目之间没有定量关系，因此谱图中没有积分曲线。

　　若分子中有除 ^{1}H 和 ^{13}C 以外的其他天然高丰度的自旋量子数 $I \neq 0$ 的核与碳原子相连，如碳原子上带有 ^{19}F、^{31}P 等杂原子时，全氢去耦碳谱上仍然会出现杂原子与 ^{13}C 原子的耦合裂分，裂分数目也符合 $2nI+1$ 规则，裂距是它们的耦合常数。

　　下图是 4-(3,5-二氟苯基)-2-氧代丁酸乙酯的核磁共振碳谱 (含各个碳的归属)。该谱虽然为全氢核去耦碳谱，但 ^{19}F 对 ^{13}C 有耦合裂分，使谱图变得复杂。谱图上方局部放大图分别是 C9、C7、C8 和 C10 的峰。C9 和 C9' 为化学等价碳，因为受到 F 和 F' 的耦合，裂分为 dd 峰；C7 和 C10 分别受到两个等价氟的耦合，均裂分为 t 峰；C8 和 C8' 为化学等价、磁不等价核，峰形比较特殊，为 m 峰。

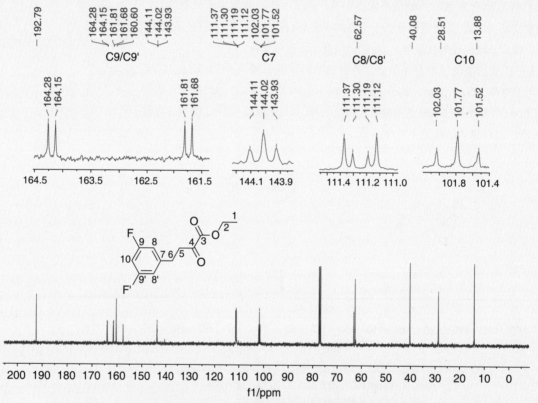

^{13}C NMR (101 MHz, CDCl$_3$) δ 192.8 ppm (C4), 163.0 ppm
(dd, J=248.2 Hz, 13.1 Hz, C9, C9'), 160.6 ppm (C3), 144.0 ppm (t, J=9.1 Hz, C7), 111.2 ppm
(m, C8, C8'), 101.8 ppm (t, J=25.5 Hz, C10), 62.6 ppm, 40.1 ppm, 28.5 ppm, 13.9 ppm
4-(3,5-二氟苯基)-2-氧代丁酸乙酯的核磁共振碳谱

　　图 6-32 是乙苯的核磁共振碳谱和 DEPT135、DEPT90 谱 (含各个碳的归属)。根据三种谱图的出峰规则，联合三张谱图，可以解出乙苯有一个季 C (144.3 ppm)、三个次甲基 C (128.4 ppm、127.9 ppm 和 125.7 ppm)、一个亚甲基 C (29.0 ppm) 和一个甲基 C (15.7 ppm)。由于乙苯分子中，C4 和 C4'，C5 和 C5' 分别为等价碳，所以其化学位移值分别相同。谱图中各个碳的归属与乙苯的结构吻合。

　　小结：核磁共振碳谱有多种形式，通常"碳谱"是全去耦碳谱的简称。此外，联合碳谱和 DEPT135、DEPT90 谱，可以解析化合物中各种级数碳的个数。

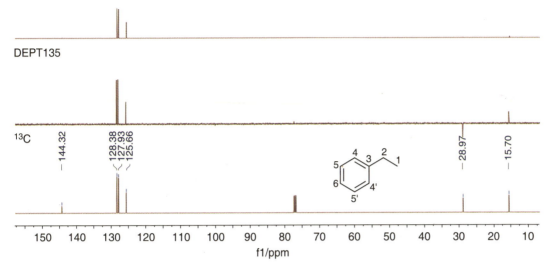

^{13}C NMR (101 MHz, CDCl$_3$) δ 144.3 ppm (C3), 128.4 ppm (C4, C4'), 127.9 ppm (C5, C5'), 125.7 ppm (C6), 29.0 ppm (C2), 15.7 ppm (C1)

图 6-32　乙苯的核磁共振碳谱和 DEPT135 谱、DEPT90 谱

6.7　二维核磁共振（2D NMR）谱简介

　　二维核磁共振 (2D NMR) 谱是解析有机化合物分子结构常用的方法之一。2D NMR 谱的特点是将化学位移、耦合常数等核磁共振参数展开在二维平面上，使得在一维谱中重叠在一个频率坐标轴上的信号分别在两个独立的频率坐标轴上展开，减少了共振信号的拥挤和重叠，提供了核与核之间相互关联的更多信息。

　　在通常的同核二维核磁共振实验中，自旋体系主要存在两种相互作用。一种作用是通过化学键的自旋-自旋耦合 (J 耦合)，这在一维 NMR 谱中已经很熟悉了，它引起了核的谱线裂分。这种耦合只是在相隔几个化学键的情况下才会产生，因此对研究有机化合物结构和说明分子中原子间的连接十分有用。此外，J 耦合的大小对单键和双键扭转角的改变很敏感，因此对分子的空间结构和构象分析能提供重要信息。在二维核磁共振实验中，J 耦合作用得到的信息即是二维化学位移相关谱 (two-dimensional shift correlated spectroscopy，2D-COSY 谱或 COSY 谱)。另一种相互作用是两自旋核通过空间进行的偶极-偶极耦合作用，空间相邻的自旋核因偶极-偶极耦合作用而产生的相互弛豫，称为交叉弛豫，分子内的交叉弛豫产生二维核欧沃豪斯效应谱 (two-dimensional nuclear Overhauser effect spectroscopy，NOESY 谱)。在结构信息上 COSY 谱和 NOESY 谱两者相互补充。由 J 耦合作用产生的 COSY 谱包括同核化学位移相关谱 (氢-氢化学位移相关谱) 和异核化学位移相关谱 (碳-氢化学位移相关谱)。

6.7.1　^{1}H-^{1}H COSY 谱

　　氢-氢二维化学位移相关谱 (^{1}H-^{1}H COSY 谱) 是指在同一个耦合体系中的质子之间的耦合相关性，提供同碳和邻位氢核 (即 $^2J_{H-H}$ 和 $^3J_{H-H}$) 的自旋耦合信息 (图 6-33)，特别是用于确定：(1) 与手性碳原子相关的同碳 H 核的耦合关系；(2) 既有 $^2J_{H-H}$，也有

$^3J_{H-H}$，且 $^3J_{H-H}$ 又有多个值，无法在一维谱中通过简单的耦合常数计算判断氢核相关性的复杂氢核关系；(3) δ 相差不大且谱峰密集的氢核相关性。$^1H-^1H$ COSY 谱还可以用于确定质子的连接顺序。

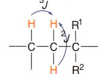

图 6-33 ^2J 和 ^3J 氢核的自旋耦合关系

$^1H-^1H$ COSY 谱的特点是：谱图中的横坐标 (f2) 和纵坐标 (f1) 都是 ^1H 的化学位移；谱图关于对角线对称；处于对角线上的信号和一维氢谱提供的化学位移是一致的；处于对角线外的信号称为交叉峰，从交叉峰出发，分别画水平和垂直线，它们与对角线产生两个交点，指示两个交点所对应的两个质子之间存在耦合关系；对角线左上方和右下方提供的信息是对称且相同的，如果没有对角线上下的对称信号，则认为是干扰信号。

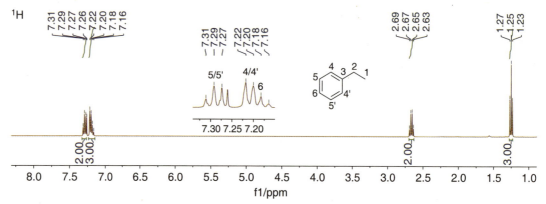

^1H NMR (400 MHz, CDCl$_3$) δ 7.29 ppm (t, J=7.4 Hz, 2H, C5/5'-H),
7.21 ppm (d, J=7.1 Hz, 2H, C4/4'-H), 7.18 ppm (t, J=7.3 Hz, 1H, C6-H), 2.66 ppm
(q, J=7.6 Hz, 2H, C2-H), 1.25 ppm (t, J=7.6 Hz, 3H, C1-H)

图 6-34 乙苯的核磁共振氢谱

图 6-34 是乙苯的核磁共振氢谱（含各个碳上的氢的归属），7.26 ppm 是氘代氯仿的峰。局部放大谱中，C6 位的 H 受到 C5 和 C5' 上两个 H 的耦合，裂分为 t 峰，其中有一个峰被左边 C4/C4' 上 H 的峰覆盖。

图 6-35 是乙苯的 $^1H-^1H$ COSY 谱，其横纵坐标都是 ^1H 的化学位移；谱图关于对角线对称；处于对角线上的信号和横纵坐标的化学位移一致；处于对角线外的交叉峰 A 和 A' 关于对角线对称，为 C1 和 C2 上 H 的相关信号。右下角小图放大信号中 B 和 B' 是 C4/4' 和 C5/5' 上 H 的相关信号。

6.7.2 $^1H-^1H$ NOESY 谱

二维核欧沃豪斯效应谱 (two-dimentional nuclear Overhauser effect spectroscopy)，即 NOESY 谱。前面讨论的 $^1H-^1H$ COSY 谱是通过成键电子作用的 J 耦合来建立核与核之间的联系。而 NOESY 谱是通过偶极-偶极耦合作用来建立核与核之间关联的，是一种跨越空间的效应，是磁不等价核偶极矩之间的相互作用，它与核之间的空间距离有关。因此利用 NOESY 谱可研究分子内部质子之间的空间距离，对确定有机化合物的结构、构型、构象，以及对生物大分子能提供重要信息，故 NOESY 谱在二维谱中占有重要的地位。

$^1H-^1H$ NOESY 谱的特点和 $^1H-^1H$ COSY 谱的特点一样，区别在于交叉峰提供的是核与核之间偶极-偶极耦合作用的相关信号。

图 6-36 是胡椒醛的 $^1H-^1H$ NOESY 谱，交叉信号 A 和 B 分别是醛 H$_a$ 和 H$_c$、H$_a$ 和 H$_b$ 的空间偶极-偶极相关信号。

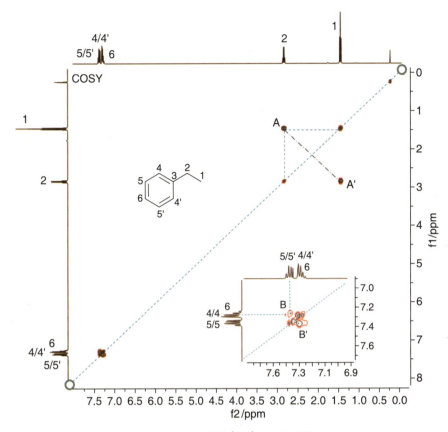

图 6-35　乙苯的 $^1H-^1H$ COSY 谱

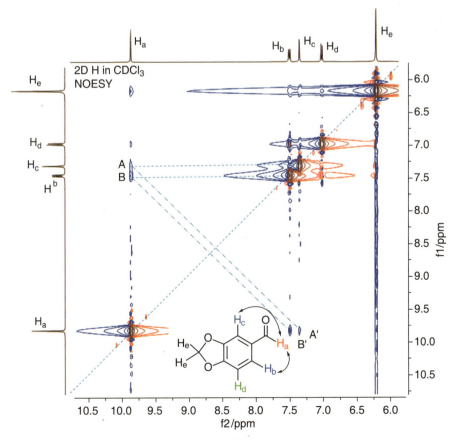

图 6-36　胡椒醛的 $^1H-^1H$ NOESY 谱

　　下图是 Z-3-烯基-4-[2-(4,4,5,5-四甲基-1,3,2-二氧硼)-烯基]-环戊烷-1,1-二甲酸二甲酯的 NOESY 谱，{6.14,1.24}、{5.31,1.24} 和 {5.16,1.24} 分别表示 H_a 和 H_f、H_e、H_d 的交叉信号；{5.31,3.08} 表示 H_d 和 H_b 的交叉信号；{5.16,3.04} 表示 H_c 和 H_e 的交叉信号；{6.14,5.16} 表示 H_f 和 H_e 的交叉信号。从以上信息可以推断化合物 4 位的双键结构为顺式构型。

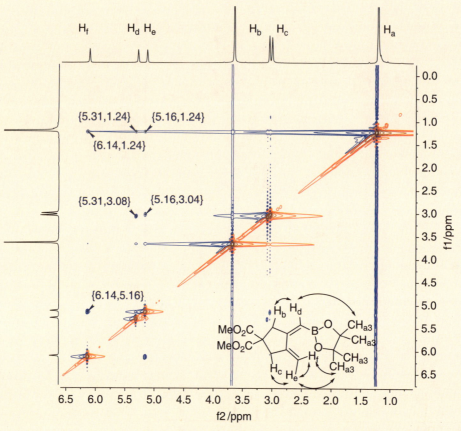

Z-3-烯基-4-[2-(4,4,5,5-四甲基-1,3,2-二氧硼)-烯基]-环戊烷-1,1-二甲酸二甲酯的 NOESY 谱

6.7.3　^1H-^{13}C HSQC 谱

　　异核单量子相干谱(heteronuclear single quantum coherence spectroscopy，HSQC 谱)，仅仅检测 ^{13}C-^1H 一键相关，其图谱上仅显示 ^{13}C-^1H 直接相关信号。HSQC 的优点是脉冲序列较简单，参数设置容易。

　　HSQC 谱图特点是：横坐标 f2 是 ^1H 化学位移，纵坐标 f1 是 ^{13}C 化学位移；存在信号意味着 f2 方向上的 H 与 f1 方向上的 C 直接相连，谱图没有对角线峰。碳原子不对应任何 HSQC 信号，表明该碳原子为季碳；碳原子对应 1 个 HSQC 信号，表明该碳原子为 CH、CH_3 或化学等价 CH_2 的碳原子；碳原子对应 2 个 HSQC 信号，表明该碳原子为连有两个化学不等价 H 的 CH_2 的碳原子。即 HSQC 谱图能给出直接相连的 C-H 相关信息，推断碳原子为伯、仲、叔或季碳，特别是仲碳上连有两个不等价 H 的亚甲基的识别。

　　图 6-37 是乙苯的 HSQC 谱，根据图中虚线连接的交叉点，A 为 C1 上的 H 与 C1 的相关信号，根据 ^1H 谱 1 位有 3 个 H，C1 为伯碳；B 为 C2 上的 H 与 C2 的相关信号，2 位有 2 个 H，所以 C2 为仲碳；右下角局部放大图中 C 为 C6 上的 H 与 C6 的相关信号，6 位有 1 个 H，C6 为叔碳；D 为 C4/C4' 上的 H 与 C4/C4' 的相关信号，C4/C4' 位分

别有 1 个 H，C4/C4' 均为叔碳；E 为 C5/C5' 上的 H 与 C5/C5' 的相关信号，C5/C5' 位分别有 1 个 H，所以 C5/C5' 均为叔碳；C3 没有 H 的相关信号，故 C3 是季碳。

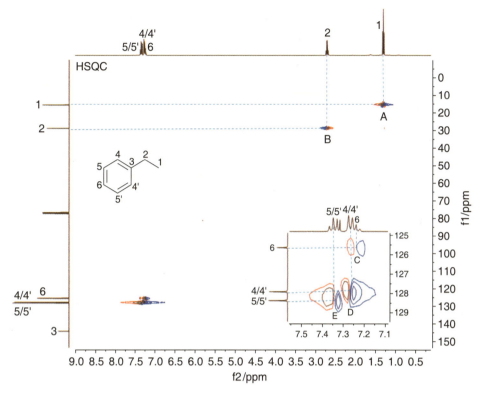

图 6-37　乙苯的 HSQC 谱

6.7.4　^1H-^{13}C HMBC 谱

异核多键相关谱 (heteronuclear multiple bond connectivity spectroscopy，HMBC 谱) 是通过异核多量子相干实验把 ^1H 核和远程耦合的 ^{13}C 核关联起来的谱图，提供远程 ^{13}C-^1H ($^2J_{CH}$、$^3J_{CH}$) 的相关信息。由于该方法能够将季碳和相邻碳上的质子相关联，对于确定分子的 C-C 骨架十分有效，可提供更多的结构信息。

HMBC 谱的特点：f2 是 ^1H 化学位移，f1 是 ^{13}C 化学位移，可以高灵敏地检测出相隔二三根键的质子与碳的远程耦合 (如 $^2J_{C-H}$ 和 $^3J_{C-H}$)，其中 $^3J_{C-H}$ 信号最强，2-键相关有信号，4-键相关信号取决于实验条件。因此，HMBC 谱的相关峰表示 ^1H 核与 ^{13}C 核以 $^nJ_{C-H}$ ($n>1$) 相耦合的关系。

图 6-38 是乙苯的 HMBC 谱，信号 A 是 C3 和 H5/5' 的 $^3J_{C-H}$ 相关信号，B 是 C3 和 H2 的 $^2J_{C-H}$ 相关信号，C 是 C3 和 H1 的 $^3J_{C-H}$ 相关信号，D 是 C5/C5' 和 H5'/H5 的 ^3J 相关信号，E 是 C4/C4' 和 H6 的 $^3J_{C-H}$ 相关信号，F 是 C6 和 H4/H4' 的 $^3J_{C-H}$ 相关信号，G 是 C4/C4' 和 H2 的 $^3J_{C-H}$ 相关信号，H 是 C2 和 H4/H4' 的 $^3J_{C-H}$ 相关信号，I 是 C2 和 H1 的 $^2J_{C-H}$ 相关信号，J 是 C1 和 H2 的 $^2J_{C-H}$ 相关信号。在 HMBC 谱图中，A、B 和 C 给出了季碳 C3 与各个氢的相关性。图中局部放大图还可以清晰观察到 D 和 E 分别为是 H5/H5' 和 H6 的相关信号，氢谱对应为 t 峰，H 是 H4/H4' 相关信号，氢谱对应为 d 峰，G 是 H2 的相关信号，氢谱对应为 q 峰。在复杂化合物中，这些相关信号可以为结构的解析提供准确的信息。

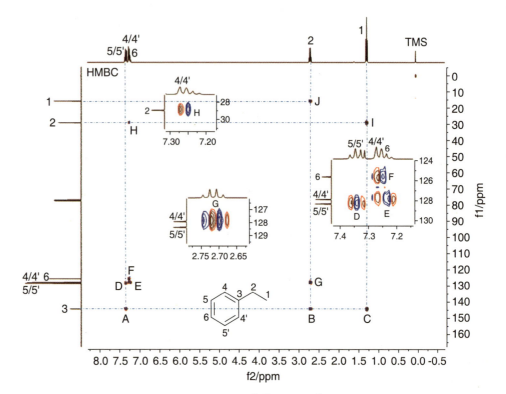

图 6-38　乙苯的 HMBC 谱

小结：COSY 提供质子−质子相关信号，HSQC 谱图提供碳−氢一键相关信号，HMBC 谱图提供碳−氢二键、三键相关信号。

6.8　有机化合物核磁共振谱综合解析

不饱和度：不饱和度又称缺氢指数 (用希腊字母 Ω 表示)，是有机化合物分子不饱和程度的量化标志，即有机化合物分子与碳原子数相等的开链烷烃相比较，每减少 2 个氢原子，则有机物的不饱和度就相应地增加 1。化合物中每增加一个双键，就增加 1 个不饱和度；每增加一个环结构，就少了 2 个氢原子，增加 1 个不饱和度，三键可以看作是两倍的双键，增加 2 个不饱和度。苯环的不饱和度为 4。不饱和度揭示了有机物组成与结构的隐性关系和各类有机物间的内在联系，是推断有机物可能结构的一种方法。不饱和度 Ω 的计算公式如下：

$$\Omega=1+n_4+(n_3-n_1)/2$$

式中：n_4 为分子中四价原子的个数，n_3 为分子中三价原子的个数，n_1 为分子中一价原子的个数。

例题：某未知化合物，分子式为 $C_{10}H_{16}O$，其 ^1H NMR 谱、^{13}C NMR 谱、DEPT135 谱、DEPT90 谱及 HSQC 谱、HMBC 谱和 $^1H-^1H$ COSY 谱 (400 MHz) 如下，请根据这些谱对化合物结构进行解析、归属和验证。

根据分子式，可计算出化合物的不饱和度 Ω=3。由图 6-39 可知，化合物共有 8 组 H 峰，由低场到高场，积分比为 1∶1∶1∶5∶1∶3∶1∶3，其数据之和为 16，与分子式中 H 原子数目一致，故积分比等于质子数目之比。从图 6-39 中数据的耦合常数判断 H_A 和 H_C 应为同碳耦合的 H (J=15.4 Hz)、J=12.0 Hz 的耦合常数表明 H_C 和 H_G

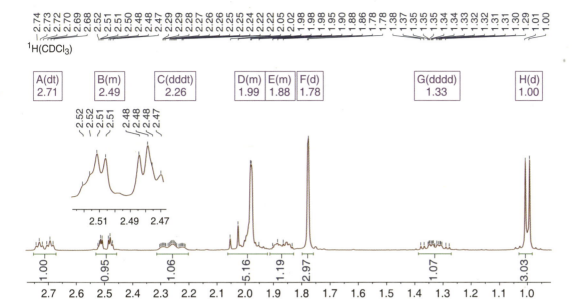

^{1}H NMR (400 MHz, CDCl$_3$) δ 2.70 ppm (dt, J=15.4 Hz, 4.5 Hz, 1H, H$_A$), 2.54 − 2.45 ppm (m, 1H, H$_B$), 2.24 ppm (dddt, J=15.4 Hz, 12.0 Hz, 5.2 Hz, 1.7 Hz, 1H, H$_C$), 2.07 − 1.90 ppm (m, 5H, H$_D$), 1.90 − 1.81 ppm (m, 1H, H$_E$), 1.77 ppm (d, J=1.3 Hz, 3H, H$_F$), 1.32 ppm (dddd, J=13.2 Hz, 12.0 Hz, 10.4 Hz, 4.6 Hz, 1H, H$_G$), 0.99 ppm (d, J=6.2 Hz, 3H, H$_H$)

图 6-39 未知化合物的核磁共振氢谱

可能是环上邻碳上 H 的耦合 (J=12.0 Hz)；从积分判断 H$_D$ 共有 5 个 H，其中有一个 CH$_3$ 的三个 H，为双峰 (J=0.8 Hz)；H$_F$ 和 H$_H$ 分别为 CH$_3$ 的 3 个 H；从 d 峰及耦合常数 J=1.3 Hz 判断 H$_F$ 应该有远程耦合，从 H$_H$ 的 d 峰及耦合常数 J=6.2 Hz 判断 H$_H$ 应该和一个 CH 相连；从 δ 判断 H$_A$、H$_B$、H$_C$、H$_E$ 和 H$_D$ 中的多重峰的 H 可能是双键 α 位的饱和碳上的 H；H$_D$ 和 H$_F$ 也可能是双键 α 位的 CH$_3$。放大后的 H$_B$ 是 ddd 峰，三个耦合常数分别为 14.4 Hz、4.0 Hz、2.4 Hz。

从图 6-40 可知，化合物共有 10 个不等价碳，与分子式吻合。其中 C1、C2 和

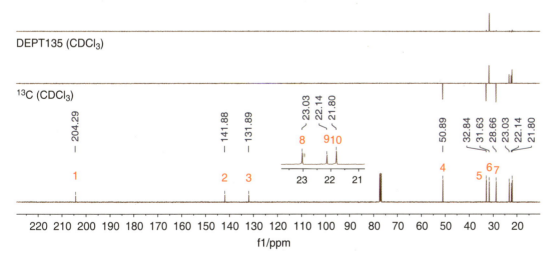

^{13}C NMR (101 MHz, CDCl$_3$) δ 204.3 ppm, 141.9 ppm, 131.9 ppm, 50.9 ppm, 32.8 ppm, 31.6 ppm, 28.7 ppm, 23.0 ppm, 22.1 ppm, 21.8 ppm

图 6-40 未知化合物的核磁共振碳谱和 DEPT135 谱、DEPT90 谱

C3 为季碳，C6 为 CH 的碳，C4、C5 和 C7 为 3 个 CH_2 的碳、C8、C9 和 C10 为 CH_3 的碳，根据化学位移，有一个 C=O 的季碳 C1，其 $\delta=204.3$ ppm，两个烯基季碳 C2 和 C3，分别是 $\delta=141.9$ ppm 和 131.9 ppm。

　　由图 6-41 得到的未知化合物的 HSQC 谱相关信息如表 6-9 所示，C4、C5 和 C7 分别连有两个不等价的 H，其所提供的化合物的结构信息与 ^{13}C NMR 谱和 DEPT 谱的结果一致。

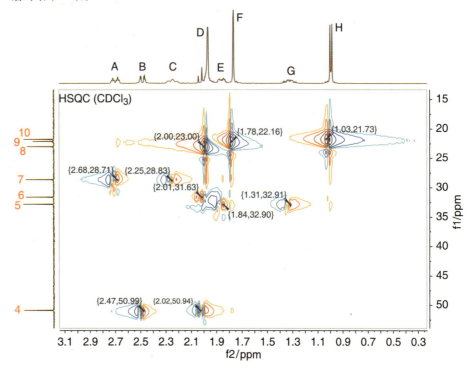

图 6-41　未知化合物 C-H HSQC 谱

表 6-9　未知物的 HSQC 相关信息表

碳编号	有 ^1J 相关信号的 H（δ_H/ppm）	碳的级数
C1		C（季碳）
C2		C（季碳）
C3		C（季碳）
C4	H_B (2.47，1H)；H_{D1} (2.02，1H)	CH_2（仲碳）
C5	H_E (1.84，1H)；H_G (1.31，1H)	CH_2（仲碳）
C6	H_{D2} (2.01，1H)	CH（叔碳）
C7	H_A (2.68，1H)；H_C (2.25，1H)	CH_2（仲碳）
C8	H_{D3} (2.00，3H)	CH_3（伯碳）
C9	H_F (1.78，3H)	CH_3（伯碳）
C10	H_H (1.03，3H)	CH_3（伯碳）

　　综合上面的信息，未知化合物有 A、B 和 C 三个结构片段（图 6-42）及 C8 和 C9 两个 CH_3。

　　化合物的不饱和度 $\Omega=3$，一个羰基和一个 C=C 双键各有一个不饱和度，剩下 1 个不饱和度推测是环系结构所致。由于 C6 位次甲基上的 H_{D2} 的化学位移 $\delta=2.01$ ppm，C6 不可能在 C=C 双键和羰基之间，因此化合物应为 α,β-不饱和酮，即 C3 和 C1 相连，相应的 C5 和 C4 分别和 C6 相连，分子骨架结构顺序应为 D 或 E（图 6-42）。

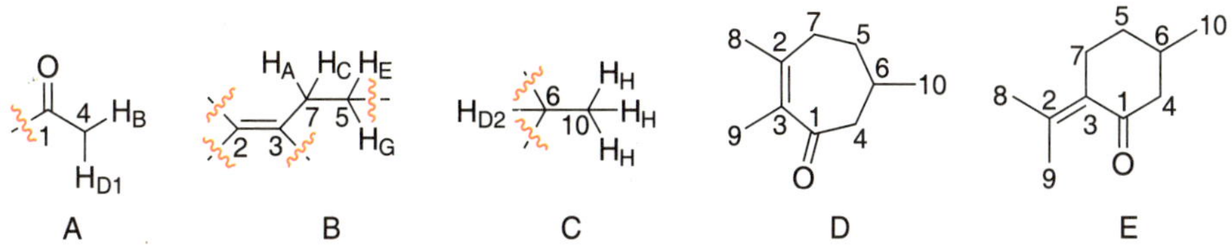

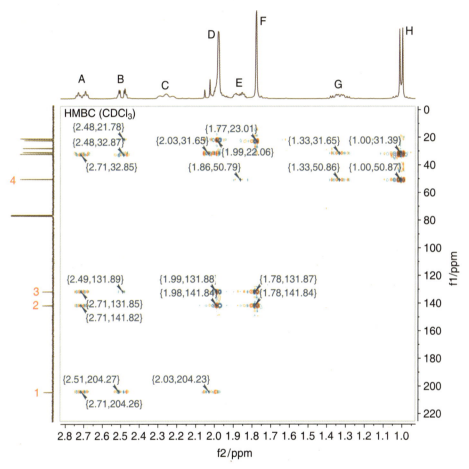

图 6-42　未知化合物的结构片段

图 6-43 是未知化合物的 HMBC 谱,其相关信息已列入表 6-10。

图 6-43　未知化合物的 HMBC 谱

表 6-10　未知化合物的 HMBC 谱相关信息表

碳编号	δ_C/ppm	有相关信号的 H (δ_H/ppm, $^nJ_{C-H}$)
C1	204.3	H_A (2.71, ^3J); H_B (2.51, ^2J); H_{D1} (2.03, ^2J)
C2	141.8	H_A (2.71, ^3J); H_{D3} (1.98, ^2J); H_F (1.78, ^2J)
C3	131.9	H_A (2.71, ^2J); H_B (2.51, ^3J); H_{D3} (1.98, ^3J); H_F (1.78, ^3J)
C4	50.8	H_E (1.86, ^3J); H_G (1.33, ^3J); H_H (1.00, ^3J)
C5	32.9	H_A (2.71, ^2J); H_B (2.51, ^3J)
C6	31.6	H_{D1} (2.03, ^2J); H_G (1.33, ^2J); H_H (1.00, ^2J)
C8	23.0	H_F (1.77, ^3J)
C9	22.1	H_{D3} (1.99, ^3J)
C10	21.8	H_B (2.48, ^3J)

未知化合物的 HMBC 谱中 {2.71 ppm, 204.3 ppm} 的 C1-H$_A$ 的强相关信号,说明两者为 $^2J_{C-H}$ 和 $^3J_{C-H}$ 相关,所以化合物骨架结构应该为 E,而不是 D (图 6-42)。

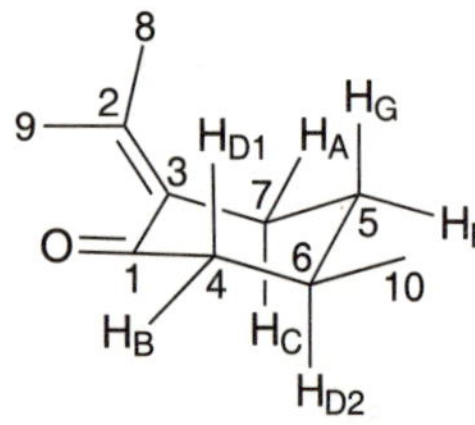

结构确定后,对化合物所有的 C、H 进行归属 (图 6-44)。所有的 C 归属如前所述。另外,C9 由于和羰基处于顺式,受羰基位阻影响,电子云向 C2 靠近,则 C9-C2 键比 C8-C2 键短,C9 核外电子云密度增大,C9 化学位移比 C8 小。H$_A$ 受到同碳的 H$_C$ 的 ^2J 耦合,裂分为 d 峰,耦合常数较大,J=15.4 Hz,同时受到 H$_G$ 和 H$_E$

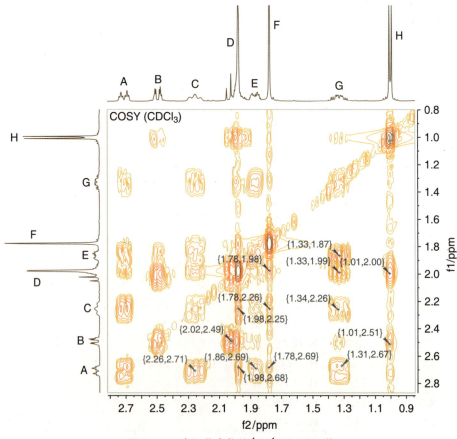

图 6-44   未知化合物的结构

的耦合,在六元环上,处于 e 键的 H$_A$ 与处于 e 键的 H$_F$ 和 a 键的 H$_G$ 的夹角为锐角,所以耦合常数相近且较小,J=4.5 Hz,再裂分为 t 峰,即 H$_A$ 为 e 键 H,dt 峰形。谱图软件归属 H$_B$ 为 m 峰,但是 H$_B$ 的峰放大后可以看出,其为 ddd 峰,H$_B$ 与 H$_{D1}$ 为同 ^2J 耦合,与 H$_{D2}$ 为 ^3J 耦合,与 H$_E$ 为环上 W 型耦合,三个耦合常数分别为 14.4 Hz、4.0 Hz、2.4 Hz,故 H$_B$ 处于 e 键,H$_{D1}$ 处于 a 键,H$_{D2}$ 处于 a 键,C10 甲基处于 e 键,H$_E$ 处于 e 键,H$_G$ 处于 a 键。

验证:H$_C$ 为 dddt 峰,分别与 H$_A$、H$_G$ 和 H$_E$ 耦合,裂分为 ddd 峰,耦合常数分别为 15.4 Hz、12.0 Hz、5.2 Hz,最后的 t 峰是与烯键相连的甲基 H 的远程耦合,由于耦合常数太小、峰形重叠,被谱图软件归属为 t 峰。H$_G$ 处于 a 键,分别被同碳的 H$_E$ 及邻位 a 键的 H$_C$、H$_{D2}$ 和 e 键的 H$_A$ 耦合,耦合常数分别为 13.2 Hz、12.0 Hz、10.4 Hz、4.6 Hz。

由未知化合物的 ^1H-^1H COSY 谱 (图 6-45) 获得的未知化合物的 ^1H-^1H COSY 谱相关信息见表 6-11,由于 C=C 双键的存在,^1H-^1H COSY 谱中有四键和五键的远程相关,这与一维核磁共振氢谱中 H$_{D3}$ 和 H$_F$ 均有耦合裂分的信息一致。

图 6-45   未知化合物的 ^1H-^1H COSY 谱

表 6-11 未知化合物的 ^1H-^1H COSY 谱相关信息表

H 编号	δ_H/ppm	有相关信号的 H (δ_H/ppm, $^nJ_{H\text{-}H}$)
H_A	2.70	H_C (2.26, ^2J); H_{D3} (1.98, ^5J); H_E (1.86, ^3J); H_F (1.78, ^5J); H_G (1.31, ^3J)
H_B	2.51	H_{D1} (2.02, ^2J); H_H (1.01, ^4J)
H_C	2.26	H_{D3} (1.98, ^5J); H_F (1.78, ^5J); H_G (1.34, ^3J)
H_{D2}	2.00	H_G (1.33, ^3J); H_H (1.01, ^3J)
H_{D3}	1.98	H_F (1.78, ^4J)
H_E	1.87	H_G (1.33, ^2J)

综上解析、归属和验证过程，化合物的结构和所有谱图信息一致，未知化合物为天然产物长叶薄荷酮 (pulegone)。

本章学习要点

(1) 了解核磁共振的基本原理，饱和与弛豫、屏蔽常数、化学位移等基本概念。

(2) 氢核化学位移的影响因素及各类特征氢核的化学位移。

(3) 自旋耦合和自旋-自旋裂分，化学等价、磁等价的概念及 $n+1$ 规律。

(4) 氢核耦合裂分的规律，耦合常数的计算，耦合常数大小与结构的关系，峰形与结构的关系。

(5) 碳谱化学位移的影响因素及各类特征碳核的化学位移。

(6) DEPT 90 谱和 DEPT 135 谱的特点和提供的结构信息。

(7) 四种二维核磁共振谱：^1H-^1H COSY 谱、^1H-^1H NOESY 谱、^1H-^{13}C HSQC 谱和 ^1H-^{13}C HMBC 谱的谱图特点和提供的结构信息。

习题

6.1 比较下列各分子中甲基 H 化学位移的大小。

CH$_3$Br   CH$_3$CH$_2$Br
CH$_3$CH$_2$CH$_2$Br   CH$_3$CH$_2$CH$_2$CH$_2$Br

6.2 比较下列各分子中 H 化学位移的大小。

CH$_3$F   CH$_2$F$_2$ CHF$_3$

6.3 解释为什么下列分子中甲基 H 的化学位移为负值，环上 H 的化学位移为正值。

CH$_3$ δ_H=−4.25 ppm
环上 H δ_H=8.14 ppm

6.4 预测下列各分子中各组 H 的化学位移。

(1) CH$_3$CH$_2$CH$_2$Cl

(2) H$_2$C=CH−CH$_2$−C≡CH

(3) H$_3$C 苯环—COOH（3-溴-4-甲基苯甲酸，带 Br）

(4) CH$_3$CH$_2$CHO

6.5 甲酸甲酯中有几个化学位移不同的 H，预测其化学位移的大小。

6.6 下列各分子中的 H$_a$ 和 H$_b$ 哪些是化学等价的？哪些是磁等价的？

(1) H$_3$C−C(H$_a$)(H$_b$)−CH$_3$

(2) H$_3$C−C(=O)−N(H$_a$)(H$_b$)

(3) H$_3$C−CH$_2$ 的烯烃 H$_a$/H$_b$

(4) H$_3$C−C(H$_b$)(H$_a$)−O−CH$_3$ （带 CH$_3$）

(5) 苯环 H$_a$/H$_b$ 带 CH$_3$

(6) 苯环（二氯）H$_a$/H$_b$

6.7　首先根据 $n+1$ 规则，然后根据连续的 $n+1$ 规则，推测下列化合物中红色 H 的耦合方式及峰形。

(1) $BrCH_2CH_2CH_2OH$　　(2) $CH_3CHCHCl_2$（OCH_3）

(3) $(CH_3)_2CHCH_2OH$

6.8　比较下列化合物中耦合常数 J_{14}、J_{12}、J_{13}、J_{24}、J_{34} 的大小。

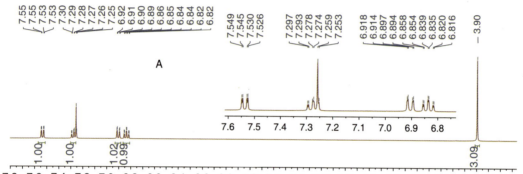

6.9　根据 A、B 和 C 三张核磁共振氢谱（400 MHz，$CDCl_3$）（图 6-46）的化学位移、峰形和耦合常数分析、判断、归属各谱图对应的化合物，并总结苯环二取代化合物的核磁共振氢谱的规律。

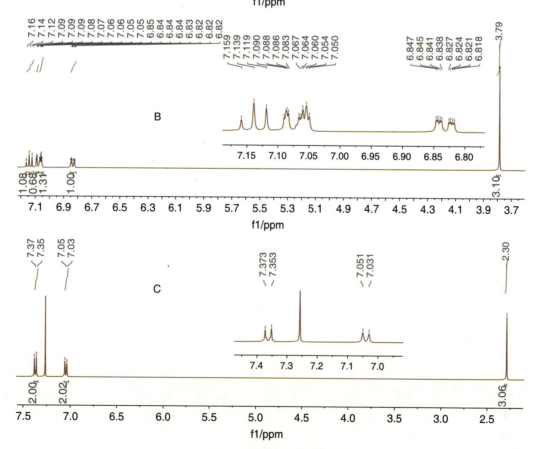

图 6-46　习题 6.9 附图

6.10 下列化合物的核磁共振氢谱各有几个峰，请按照化学位移由大到小排列；哪些 H 可以相互耦合，估测耦合常数的大小，并预测每个峰的峰形。

(1) ClCH₂CH₂OCH₂CH₃ (2) BrCH₂CH₂CH₂COOCH₃

(3) NCCH₂CH(CH₃)₂

(4) CH₃C(=O)NH₂

(5) HCNHCH₂CH(CH₃)₂ (=O)

(6)

(7)   (8)

6.11 比较下列各化合物中 H_A 和 H_B 的化学位移的大小。

6.12 解释下列化合物 1 和 2 中 H_A，化合物 3 和 4 中 CH₃(A) 和 CH₃(B) 的化学位移产生差别的原因。

1
H_A δ = 3.55 ppm

2
H_A δ = 3.75 ppm

3
H_A δ = 1.27 ppm
H_B δ = 0.85 ppm

4
H_A δ = 1.17 ppm
H_B δ = 1.01 ppm

6.13 单键自由旋转可使核磁共振谱简化，而当单键由于空间作用旋转受到阻碍时，核磁共振谱会复杂化，判断下面三个化合物红色标注的 H 是否化学等价。

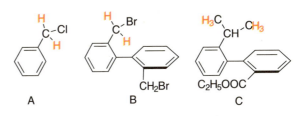

A B C

6.14 判断图 6-47 中各峰的峰形，并计算对应的耦合常数 (400 MHz)。

6.15 下列各分子有几组 ¹³C NMR 谱峰信号？并预测化学位移的大小。

(1) CH₃Cl (2) CH₃CH₂CH₂F

(3) CH₃C(=O)NH—CH₃

(4) CH₃CHCN 带 CH₃

(5) HC≡C—CH₂Cl

(6) H₃CH₂C / 结构 C(=O)OCH₃ 带 H₃C 和 H

(7) MeO—苯环—CHO

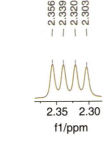

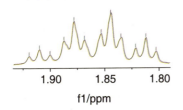

2.356
2.339
2.320
2.303

2.309
2.303
2.299
2.293
2.290
2.278
2.275
2.269
2.266
2.260

3.371
3.352
3.341
3.336
3.321
3.316
3.305
3.286

1.920
1.910
1.901
1.888
1.878
1.868
1.853
1.844
1.835
1.821
1.812
1.802

6.883
6.879
6.864
6.860
6.845
6.841

2.933
2.916
2.904
2.887
2.875
2.858

图 6-47 习题 6.14 附图

6.16 下列各分子的 ¹H NMR 谱有多少个峰信号？化学位移值大致是多少？并判断每个峰的形状。各分子不同级数的碳各有几个？各分子的 ¹³C NMR 谱及 DEPT135 谱、DEPT90 谱的出峰情况是什么？

(1) CH₃CH₂CH₂CH₃

(2) CH₃CH₂CHCH₃ 上方 Cl

(3) HOCH₂CCl 上 CH₃ 下 CH₃

(4) CH₃NHCH₂CH₃

(5) CH₃OCH₂CH₂CH₂OH

(6) CH₃CH₂CHO

(7) CH₃CHCH₂COOCH₂CH₃ 上 Cl

(8) CF₃CH₂COOH

(9) 苯环-CH₂OH

(10) 间位 CN 和 CH₃ 的苯环

(11) 间二甲氧基苯 OCH₃ / OCH₃

(12) 1,3,5-三甲基苯 CH₃, H₃C, CH₃

(13) 间苯二酚型 CH₃ 取代 HO—OH

(14) 对异丁基苯甲酸 CH₂CH(CH₃)₂ / COOH

(15) 环丙基甲基溴 CH₂Br

(16) 3-乙酰基噻吩

6.17 请根据图 6-48 所给的 ¹H NMR 谱 (400MHz，CDCl₃)、¹³C NMR 谱及 DEPT135 谱、DEPT90 谱，解析、归属、验证分子式为 $C_5H_{10}O_2$ 化合物的结构。

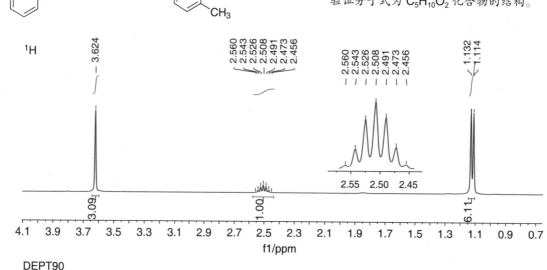

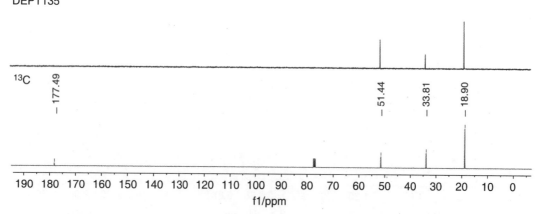

图 6-48　习题 6.17 附图

6.18 化合物的分子式为 C_9H_8O，根据图6-49所给的 ^1H NMR谱 (400MHz, $CDCl_3$)、^{13}C NMR谱及DEPT135谱、DEPT90谱，解析、归属、验证化合物的结构，并判断氢谱中放大峰的峰形、计算它们的耦合常数。

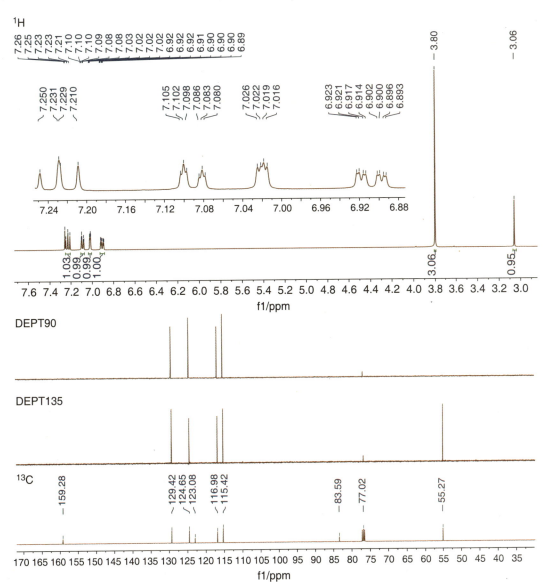

图 6-49   习题 6.18 附图

6.19　根据图 6-50 所给的 ^{1}H NMR 谱(400MHz，CDCl$_3$)、^{13}C NMR 谱、^{1}H-^{1}H COSY 谱及 HSQC 谱，解析、归属、验证化
合物的结构。

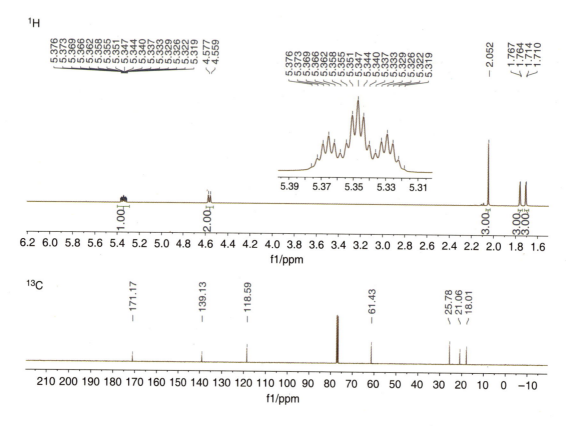

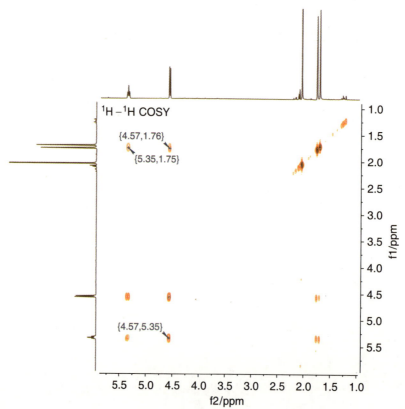

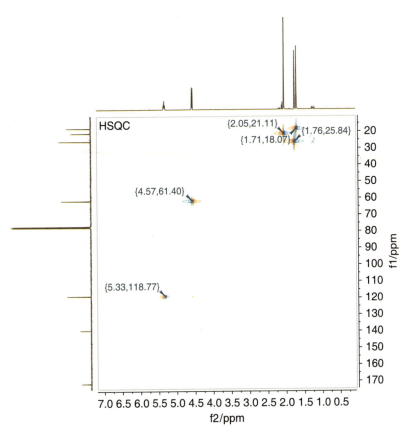

图 6-50 习题 6.19 附图

烯烃和亲电加成反应

第7章　烯烃和亲电加成反应

　　烯烃是一类分子结构中含有碳碳双键 (C=C) 的烃类化合物，比相同碳数的烷烃少两个氢原子，因此又称为不饱和烃 (unsaturated hydrocarbons)。其结构通式为 C_nH_{2n}。

　　烯烃在生物学中发挥着许多重要的作用。例如，乙烯是一种植物内源激素，可以促进种子萌发、花朵和果实成熟。作为药物、香料和香水的植物精油的主要成分之一的萜类化合物大多包含双键结构单元。此外，昆虫释放的许多性信息素、预警信息素和追踪信息素也属于烯烃家族。

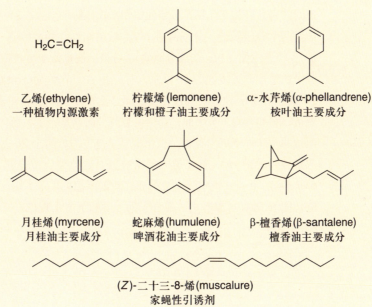

$H_2C=CH_2$

乙烯(ethylene)
一种植物内源激素

柠檬烯 (lemonene)
柠檬和橙子油主要成分

α-水芹烯 (α-phellandrene)
桉叶油主要成分

月桂烯 (myrcene)
月桂油主要成分

蛇麻烯 (humulene)
啤酒花油主要成分

β-檀香烯 (β-santalene)
檀香油主要成分

(Z)-二十三-8-烯 (muscalure)
家蝇性引诱剂

7.1　烯烃的结构

　　烯烃中的 C=C 双键拥有独特的电子和结构特点。我们以最简单的烯烃乙烯为例来说明其结构。在乙烯分子中，两个碳原子都采取 sp^2 杂化，形成 3 个 sp^2 杂化轨道，一个 sp^2 杂化轨道进行轴向重叠 (head-on overlap) 形成 C–C σ 键，余下的两个 sp^2 杂化轨道分别与氢原子的 1s 轨道重叠形成两个 C–H σ 键，每个 sp^2 杂化碳原子还有一个含有未成对电子的 p 轨道，它们之间通过肩并肩 (侧向) 的方式进行轨道重叠形成一个 π 键 (图 7-1)。因此，π 键的电子云密度分布在双键所在平面的上下方。

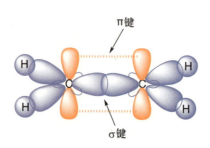

图 7-1　乙烯分子的成键情况

　　从上可知，碳碳双键由一个 σ 键和一个 π 键组成。那么碳碳 σ 键和碳碳 π 键各自对碳碳双键强度的贡献程度如何呢？共价键的强度取决于成键原子轨道的有效重叠程度，重叠程度越大则键能越强，重叠程度越小则键能越弱。碳碳 σ 键是两个 sp^2 杂化轨道进行轴向重叠，而碳碳 π 键是两个相互平行的 p 轨道进行侧向重叠，因此，前者的重叠程度大于后者，故而在碳碳双键中，π 键相对较弱。碳碳 π 键的键能是 243 kJ·mol^{-1}，远小于乙烷中碳碳 σ 键的 377 kJ·mol^{-1}。

　　我们还可以利用分子轨道理论来看 π 键中的电子分布。乙烯中两个 $2p_z$ 原子轨道间的肩并肩相互作用可以用轨道相互作用阐明 (图 7-2)。两个原子轨道线性组合将形成两个分子轨道，分别由两个 $2p_z$ 轨道相加和相减得到。两个碳原子的 $2p$ 轨道相加 (p 轨道对称性相同的部分重叠)，可得到能量低于 p 轨道的成键 π 分子轨道，这个分子轨道如同形成它的 $2p$ 轨道一样存在一个节平面 (nodal plane)；而两个碳原子的 $2p$ 轨道相减 (p 轨道对称性相反的部分重叠)，则得到能量高于 p 轨道的反键 π* 分子轨道，它拥有两个节平面，其中一个节平面就是分子平面，另一个则是垂直于分子平面的两个碳原子的对称面。根据电子填充原理，两个 $2p$ 电子以自旋相反的状态占据成键分子轨道 (π)，而反键分子轨道 (π*) 是空的，填充的 π 分子轨道就是 π 键。与 σ 键不同，π 键中的电子主要分布在双键平面的上下方。这样的电子分布从乙烯的静电势图 (EPM) 可以看出，在分子的上方和下方出现电子密度增大带来的部分负电荷 (图 7-3)。

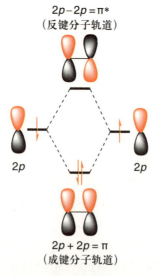

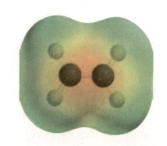

图 7-2　两个 p 轨道线性组合
　　　　形成两个 π 分子轨道

图 7-3　乙烯分子的静电势图

由于 p 轨道能量比 sp^2 杂化轨道更高，p 轨道上电子的能量高于 sp^2 杂化轨道上电子的能量，因此如同 p 电子比 s 电子能量高一样，p 轨道参与形成的 π 键中的 π 电子能量会比 sp^2 杂化轨道形成的 σ 键中的 σ 电子的能量更高。这意味着能量高的 π 电子更容易被移除。实际上，我们发现亲电试剂会优先和烯烃中的 π 电子发生反应，表明 π 电子具有更强的 Lewis 碱性，更容易提供电子对与亲电试剂作用。

图 7-4 是乙烯、丙烯和乙烷的结构及键长、键角等键参数。由于碳碳双键由一个 σ 键和一个 π 键组成，所以碳碳双键的键长 (1.33 Å) 比乙烷中碳碳 σ 键短 (1.54 Å)。此外，值得注意的是乙烯中碳氢键的键长比乙烷中碳氢键的键长短 0.03 Å，丙烯中的碳碳单键的键长要比乙烷和丙烷中碳碳单键短 0.04 Å。这种现象比较普遍，即与 sp^2 杂化碳原子形成的单键会比与 sp^3 杂化碳原子形成的单键键长更短。主要原因是 sp^2 杂化轨道具有更多的 s 成分，对电子的束缚能力更强，电子云更靠近原子核。

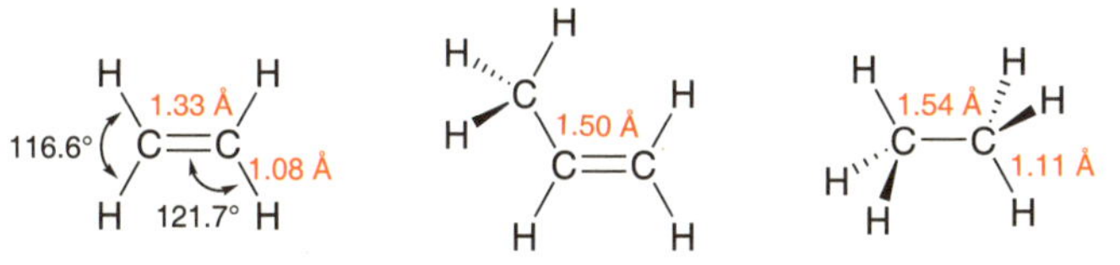

图 7-4 乙烯、丙烯和乙烷的结构及键长、键角

烯烃由于双键位置不同存在构造异构体。我们以四个碳原子组成的烯烃——丁烯为例加以说明。在没有支链的丁烯中，双键可以位于碳链的末端也可以位于碳链的中间，分别是丁-1-烯和丁-2-烯。这种由于双键的位置不同所引起的异构体属于构造异构体，亦称官能团位置异构体。

丁-2-烯还存在另一种重要的异构现象——立体异构。自然界中存在两种可分离、截然不同的丁-2-烯，各自具有特征的物理性质。例如，一种的沸点是 3.7 ℃；另一种的沸点是 0.88 ℃。具有较高沸点的称为顺-丁-2-烯或 *cis*-丁-2-烯，两个相同基团 (甲基) 位于双键的同侧。另一个沸点较低的称为反-丁-2-烯或 *trans*-丁-2-烯，两个相同基团 (甲基) 位于双键的异侧 (图 7-5)。

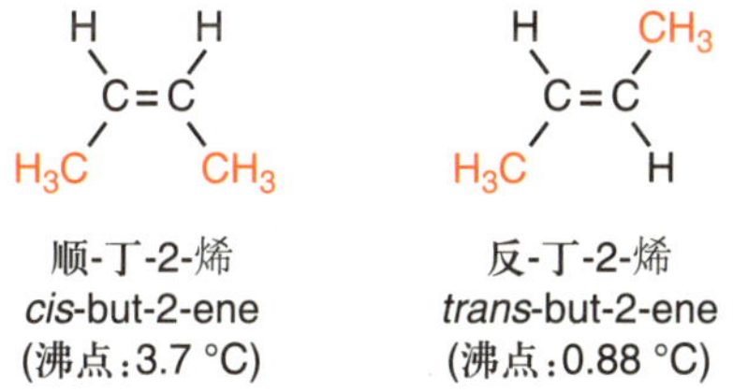

顺-丁-2-烯
cis-but-2-ene
(沸点:3.7 ℃)

反-丁-2-烯
trans-but-2-ene
(沸点:0.88 ℃)

图 7-5 丁-2-烯的两种异构体

上述两个异构体拥有相同的原子连接顺序，差异在于原子在空间的排列方式。我们将这种具有相同原子连接顺序但空间排列方式不同的异构现象称为立体异构 (stereoisomerism) 或几何异构 (geometrical isomerism)。因此，顺-丁-2-烯和反-丁-2-烯互为立体异构体。

顺-丁-2-烯和反-丁-2-烯之间的相互转化要求碳碳双键旋转 180°，即固定一端碳原子而旋转另一个碳原子。乙烯成键时碳碳双键中的 π 键是由垂直于分子平面的 p 轨道通过侧向重叠 (sideways overlap) 形成的，所以这种旋转会破坏 π 键 (图 7-6)。所以说烯烃的立体异构实际上是 π 键的旋转受阻所产生的一种异构现象。烯烃的顺反异构体只有在高温条件下 (>400 ℃) 才能发生异构化，异构化的活化能等同于 π 键的解离能 (272 kJ·mol^{-1})，远大于乙烷中 C–C σ 键旋转的能垒 (12 kJ·mol^{-1})。

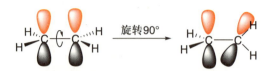

图 7-6 π 键的旋转导致 π 键的断裂

7.2 烯烃的命名

在系统命名中，烯烃看成烷烃的衍生物来命名。将相应烷烃名称中的词尾"烷 (ane)"用 "烯 (ene)" 替换即可。乙烯和丙烯是两种最简单的烯烃，他们的英文普通命名是将烷烃母体名称的词尾 "ane" 用词尾 "ylene" 代替，分别是 ethylene 和 propylene。

烯烃的命名过程也和烷烃相似，并有以下特点：

(1) 编号。从靠近双键一侧对主链进行编号，以确定取代基和双键在主链中所处的位置。例如：

5 4 3 2 1
CH$_3$CH$_2$CH=CHCH$_3$

戊-2-烯
pent-2-ene
(错误：戊-3-烯)

CH$_3$
|
CH$_3$CHCH=CHCH$_3$
5 4 3 2 1

4-甲基戊-2-烯
4-methylpent-2-ene
(错误：2-甲基戊-3-烯)

如果双键正好处于主链的中央，从使取代基具有最小编号的一端开始编号，例如以下烯烃的正确命名是 2-甲基己-3-烯，而非 5-甲基己-3-烯。

H$_3$C
|
CH$_3$CHCH=CHCH$_2$CH$_3$
1 2 3 4 5 6

2-甲基己-3-烯
2-methylhex-3-ene

(2) 烯烃几何异构的 **Z/E** 构型标识系统。在 7.1 节中我们学习了使用词头顺 (*cis*) 或反 (*trans*) 来表示烯烃几何异构体的构型，尽管该方法可以进一步推广至其他 1,2-二取代烯烃的几何异构体，但是对于三取代或者四取代烯烃则不能使用顺、反来表明双键的构型。例如我们无法用顺或反来区分 1-溴-2-氯丙烯的一对几何异构体。

Br   Cl   Br   CH$_3$
\C=C/   \C=C/
H   CH$_3$ H   Cl

对于这类烯烃，在 IUPAC 命名中采用了一种基于 Cahn-Ingold-Prelog 取代基次序规则的 **Z/E** 命名规则来表示双键的构型 (详见第 3 章 立体化学)。

根据 Cahn-Ingold-Prelog 取代基次序规则和 **Z/E** 命名规则，下列化合物可分别命名为

(*E*)-庚-2-烯   (*E*)-3,4-二甲基戊-2-烯   (*E*)-1-氯-3-乙基-4-甲基己-3-烯
(*E*)-hept-2-ene   (*E*)-3,4-dimethylpent-2-ene   (*E*)-1-chloro-3-ethyl-4-methylhex-3-ene

7.3 烯烃的物理性质和核磁共振谱

7.3.1 烯烃的物理性质

烯烃的大部分物理性质与相应的烷烃类似。例如丁-1-烯，顺-丁-2-烯、反-丁-2烯和丁烷的沸点都接近于 0 ℃。烯烃的密度也同样与烷烃类似，介于 0.6 − 0.7 g·mL⁻¹ 之间。表 7-1 是一些代表性烯烃的沸点和密度。

从表 7-1 中数据可以看出，烯烃的沸点随分子量的增加而平稳增加。C_4 及以下的烯烃在室温下是气体，C_5-C_{15} 的烯烃为液体，碳数更多的烯烃则是固体。和烷烃类似，增加分支会导致烯烃的挥发性增加和沸点降低。例如 2-甲基丙烯 (异丁烯) 的沸点为-7 ℃，比任何未分支的丁烯的沸点都低。

表 7-1　一些代表性烯烃的沸点和密度

名称	结构式	碳数	沸点/℃	密度/(g·mL⁻¹)
乙烯	$CH_2{=}CH_2$	2	−104	
丙烯	$CH_3CH{=}CH_2$	3	−47	0.52
2-甲基丙烯 (异丁烯)	$(CH_3)_2C{=}CH_2$	4	−7	0.59
丁-1-烯	$CH_3CH_2CH{=}CH_2$	4	−6	0.59
反-丁-2-烯	H_3C、H、$C{=}C$、H、CH_3	4	1	0.60
顺-丁-2-烯	H_3C、CH_3、$C{=}C$、H、H	4	4	0.62
3-甲基丁-1-烯	$(CH_3)_2CHCH{=}CH_2$	5	25	0.65
戊-1-烯	$CH_3CH_2CH_2CH{=}CH_2$	5	30	0.64
反-戊-2-烯	H_3C、H、$C{=}C$、H、CH_2CH_3	5	36	0.65
顺-戊-2-烯	H_3C、CH_2CH_3、$C{=}C$、H、H	5	37	0.66
2-甲基丁-2-烯	$(CH_3)_2C{=}CHCH_3$	5	39	0.66
己-1-烯	$CH_3(CH_2)_3CH{=}CH_2$	6	64	0.68
2,3-二甲基丁-2-烯	$(CH_3)_2C{=}C(CH_3)_2$	6	73	0.71
庚-1-烯	$CH_3(CH_2)_4CH{=}CH_2$	7	93	0.70
辛-1-烯	$CH_3(CH_2)_5CH{=}CH_2$	8	122	0.72
壬-1-烯	$CH_3(CH_2)_6CH{=}CH_2$	9	146	0.73
癸-1-烯	$CH_3(CH_2)_7CH{-}CH_2$	10	171	0.74

像烷烃一样，烯烃是相对非极性的。它们不溶于水，但溶于非极性和低极性溶剂，如己烷、汽油、卤代烃和醚。烯烃的极性比烷烃稍强，原因有两个：(1) π 电子受原子核的束缚较弱，可极化性更强，易产生瞬时偶极矩；(2) 由于 sp^2 杂化轨道比 sp^3 杂化轨道拥有更大的 s 轨道成分，对电子的束缚能力更强。因此，烷基对双键有轻微的给电子作用，其实质是 σ-π 超共轭效应。这种给电子作用使得烷基与 sp^2 杂化碳原子即双键碳形成的 C-C σ 键轻微极化，使其具有较弱的极性，产生永久偶极，烷基上带有部分正电荷，双键碳原子上有少量负电荷。例如丙烯的偶极矩为 0.35 D。

$$\underset{\substack{\mu = 0.35\ D}}{\overset{H_3C}{\underset{H}{}}\diagdown C=C \diagup \overset{H}{\underset{H}{}}} \qquad \underset{\substack{\mu = 0.33\ D \\ bp = 4\ ℃}}{\overset{H_3C}{\underset{H}{}}\diagdown C=C \diagup \overset{CH_3}{\underset{H}{}}} \qquad \underset{\substack{\mu = 0 \\ bp = 1\ ℃}}{\overset{H_3C}{\underset{H}{}}\diagdown C=C \diagup \overset{H}{\underset{CH_3}{}}}$$

在顺式二取代烯烃中，两个偶极矩的矢量垂直于双键。在反式二取代烯烃中，两个偶极矩往往会相互抵消。如果一个烯烃是对称反式二取代的，其偶极矩为零。例如顺-丁-2-烯的偶极矩是 0.33 D，而反-丁-2-烯的偶极矩则为零。具有永久偶极的化合物具有偶极−偶极吸引力，而那些没有永久偶极的分子之间只有范德华力。由于顺-丁-2-烯具有永久偶极，分子间的吸引力增加，它必须被加热到较高的温度才能开始沸腾，即顺-丁-2-烯的沸点大于反-丁-2-烯的沸点。

由于 C−Cl 键的极性更强，这种分子偶极对沸点的影响在 1,2-二氯乙烯中更为显著。顺式异构体有较大的偶极矩 (2.4 D)，而反式异构体的偶极矩为零，使得顺式异构体的沸点比反式异构体高 12 ℃。

$$\underset{\substack{\mu = 2.4\ D \\ bp = 60\ ℃}}{\overset{Cl}{\underset{H}{}}\diagdown C=C \diagup \overset{Cl}{\underset{H}{}}} \qquad \underset{\substack{\mu = 0 \\ bp = 48\ ℃}}{\overset{Cl}{\underset{H}{}}\diagdown C=C \diagup \overset{H}{\underset{Cl}{}}}$$

化合物的熔点除了受分子间作用力的影响，还部分取决于分子在晶格中的堆积。而烯烃中的顺式双键迫使分子形成 U 形弯曲，破坏分子在晶格中的紧密堆积，从而降低分子的熔点。通常顺式烯烃的熔点会低于反式烯烃和相应的烷烃。

7.3.2 烯烃的核磁共振谱

烯烃的核磁共振氢谱中有两类特征的质子共振吸收，分别是双键上的质子，即烯基质子 (vinylic protons，下面结构式中的红色质子) 和双键邻近碳原子上的质子，即烯丙位质子 (allylic protons，下面结构式中的蓝色质子)。

烯基质子
(vinylic proton)

H 5.58

δ/ppm

H 1.97

烯丙位质子
(allylic proton)

端位烯基质子
(termical vinylic protons)

内部烯基质子
(internal vinylic protons)

烯丙位质子
(allylic proton)

4.92   1.99   0.88
H $CH_2-CH_2-CH_3$
  C=C   1.32
H   H
4.88

从上面结构中所列的数据可以看出，由于烯基的诱导效应，烯丙位质子的化学位移比普通烷基质子的化学位移大，但又远小于烯基质子的化学位移。由于碳碳双键的磁各向异性效应，即烯基质子处于在外磁场作用下双键 π 电子环流产生的感应磁场的去屏蔽区，因此，其化学位移会向低场移动，化学位移值较大。

烯基质子之间的耦合裂分很大程度上取决于耦合质子之间的几何关系。三个最重要的耦合裂分关系是顺式、反式和同碳烯基质子之间的耦合裂分关系。反式烯基质子之间的耦合常数最大，同碳烯基质子之间的耦合常数最小，顺式烯基质子的耦合常数则介于二者之间。这些耦合常数及烯基氢的特征红外弯曲振动吸收为确定烯烃的立体化学提供了重要的依据。典型的耦合常数如表 7-2 所示。

表 7-2　烯烃中质子裂分的耦合常数

耦合类型	名称	耦合常数 /Hz	耦合类型	名称	耦合常数 /Hz
	邻位，顺	6-14			4-10
	邻位，反	11-18		烯丙位，1,3-顺或反	0.5-3.0
	同碳	0-3.5		远程耦合，1,4-顺或反	0-1.5

我们以 2,2-二甲基丙酸乙烯酯的核磁共振氢谱为例来说明三种典型的烯基质子间的耦合裂分情况 (图 7-7)。九个等价的叔丁基质子 (H^a) 以单峰的形式出现在化学位移 1.21 ppm 处。谱图中最有趣的部分是烯基质子共振的区域。质子 H^b 和 H^c 距离强电负性的氧原子较远，因此化学位移值较小，出现在 4.5-5.0 ppm 之间。7.0-7.5 ppm 区间的四条谱线则是 H^d 的共振吸收峰信号。每个烯基质子会以不同的耦合常数 (J_{trans}=14 Hz，J_{cis}=6 Hz，$J_{geminal}$=2 Hz) 受到另外两个烯基质子的耦合裂分。因此共振吸收信号是倍增的 (multiplicative)，即每个质子都是一个双双峰 (doublet of doublets，dd)。这种裂分模式在含有端烯结构单元的化合物中非常普遍。

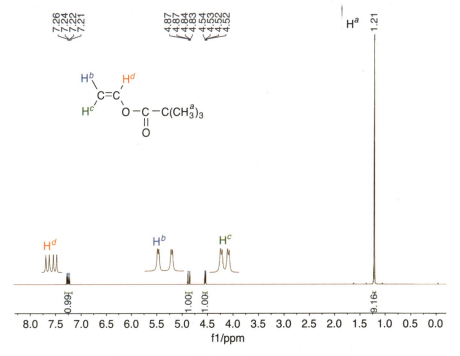

图 7-7　2,2-二甲基丙酸乙烯酯的核磁共振氢谱

表 7-2 右栏最后两行表明，被三个以上化学键隔开的质子间有时也能观察到微小的裂分情况，而在饱和烃类化合物中通常观察不到这种距离上的裂分。这种远程相互

作用是由 π 电子传递的。在许多谱图中，同碳烯基氢、四键和五键的裂分不容易将所有的裂分谱线清晰地分隔开来，往往呈现出明显拓宽的吸收峰。

与饱和烃类化合物碳原子的化学位移相比，烯烃双键碳原子的化学位移出现在较低场，介于 δ 100 – 145 ppm 之间（图 7-8）。因此，在宽带质子去耦核磁共振碳谱中可以非常容易判断出哪些属于烯烃双键碳原子（即 sp^2 杂化碳原子）的吸收峰。

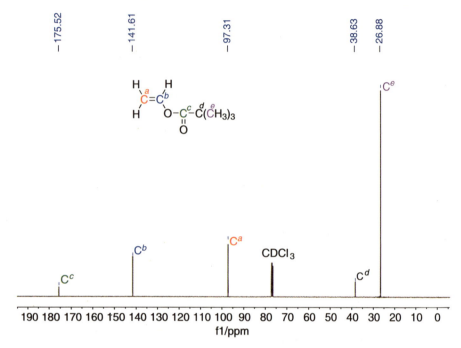

图 7-8　2,2-二甲基丙酸乙烯酯的核磁共振碳谱

7.4　烯烃亲电加成反应

与烷烃不同，烯烃的化学性质非常活泼。主要原因是烯烃中的碳碳双键是由一个 σ 键和一个 π 键组成的。与 σ 键相比，π 键较弱，比较容易断裂，是发生反应的活性中心。

由于 σ 键远比 π 键稳定，双键最常见的反应是较弱的 π 键转化成较稳定的 σ 键，即所谓的加成反应。在烯烃分子中，π 键的成键电子对离原子核较远，受原子核的束缚比较弱，因此可以作为电子对给体，即双键具有 Lewis 碱性。一个强的亲电试剂（Lewis 酸）对这些结合松散的电子对具有亲和力，可以与之形成一个新的 σ 键，双键单元剩下一个只有三个键且带有正电荷的碳原子，即碳正离子。反应中双键作为亲核试剂提供一对 π 电子给亲电试剂。许多加成反应还包含后续亲核试剂进攻碳正离子得到稳定加成产物的过程。在加成产物中，亲核试剂和亲电试剂分别和双键的两个碳原子相连。由于在这类加成反应的决速步中通常需要一个强的亲电试剂来吸引双键的 π 电子对并产生一个碳正离子中间体，因此我们将这种加成反应称为**亲电加成反应**（electrophilic addition reaction）。许多烯烃的反应都属于亲电加成反应。下面是该类反应的通用机理。

首先，一个强亲电试剂（electrophile，用 E^+ 表示）接受烯烃分子的 π 电子对，与双键的一个碳原子形成一个新的 σ 键，双键的另一个碳原子变成了碳正离子。随后，碳正离子作为强亲电试剂与亲核试剂 (nucleophile，用 Nu⁻ 表示) 反应形成另一个新的 σ 键。

在烯烃的亲电加成反应中，亲电试剂包括质子供体如 Brønsted 酸、中性分子如卤素，以及 Lewis 酸如 BH_3、$AlCl_3$ 等。此外，含有空轨道的金属离子如 Ag^+、Hg^{2+} 等也可以作为亲电试剂参与反应。下面我们将分别介绍不同试剂与烯烃的亲电加成反应。

7.4.1　烯烃与卤化氢的加成反应

卤化氢 (HI、HBr、HCl 和 HF) 和烯烃的双键发生加成反应得到卤代烷烃。在这类加成反应中，可以使用卤化氢在有机溶剂 (如乙酸或二氯甲烷) 中的溶液；或者直接将卤化氢气体通入烯烃，烯烃本身既作为反应底物又作为反应溶剂。

卤化氢的反应活性顺序是：HI>HBr>HCl>HF。

HCl 和多取代烯烃的加成反应较快，但和单取代烯烃的反应非常慢。HBr 与各种烯烃可以顺利发生加成反应，但是操作过程中需要严格控制反应条件，否则反应可能会以另一种途径发生，得到区域选择性截然相反的加成产物 (见 7.5 节　烯烃自由基加成反应)。

1. 反应的区域选择性 (regioselectivity)

在烯烃与卤化氢 (H–X) 的亲电加成反应中，两个双键碳原子分别与氢原子 (H) 和卤原子 (X) 成键。当烯烃的两个双键碳原子上连有相同取代基时，由于分子具有对称性，亲电试剂 (H^+) 与其中任意一个双键碳原子形成 C–H 键，亲核试剂 (X^-) 则与另一个双键碳原子形成 C–X 键，反应没有区域选择性问题。当烯烃的两个双键碳原子上连有不同取代基时，理论上可以产生两种加成产物。在这种情况下，哪一个双键碳原子与氢原子成键？哪一个双键碳原子与卤原子成键？就产生了区域选择性的问题。

仔细观察上面所列的亲电加成反应，我们发现卤化氢对非对称烯烃的加成只得到一种加成产物，而不是得到两种加成产物。例如，丁-1-烯与溴化氢反应，理论上可以生成 2-溴丁烷和 1-溴丁烷两种产物，但只观察到 2-溴丁烷的生成；在 2-甲基丙烯与 HCl 的反应中，理论上也可以得到 2-氯-2-甲基丙烷和 1-氯-2-甲基丙烷两种产物，但实际上只得到 2-氯-2-甲基丙烷。我们把上述理论上能够生成两个或两个以上构造异构体，但实际反应过程中只生成其中一个或以其中一个构造异构体为主的反应称为**区域选择性反应** (regioselective reaction)，反应中所观察到的选择性称为区域选择性。

关于卤化氢与非对称烯烃加成反应的区域选择性，马尔科夫尼科夫 (Vladimir V. Markovnikov) 在大量实验基础上提出了著名的 **Markovnikov** 规则 (又称"马氏规则")：**在卤化氢对烯烃的加成中，氢原子总是加到含氢多的双键碳上，而卤原子则加到含氢少的双键碳上。**

烯烃与卤化氢亲电加成的反应机理如下：反应包含了两个步骤，第一步烯烃 π 电子与卤化氢中的质子结合形成一个新的 C-H σ 键，产生一个高活性的碳正离子中间体和卤素负离子(X^-)；第二步 X 作为亲核试剂对碳正离子进攻并同时形成 C-X σ 键，得到加成产物卤代烃。其中烯烃质子化形成碳正离子一步是整个反应中较慢的步骤，它的快慢决定了整个反应的快慢程度，是反应的决速步。碳正离子中间体的结构决定了产物的结构。

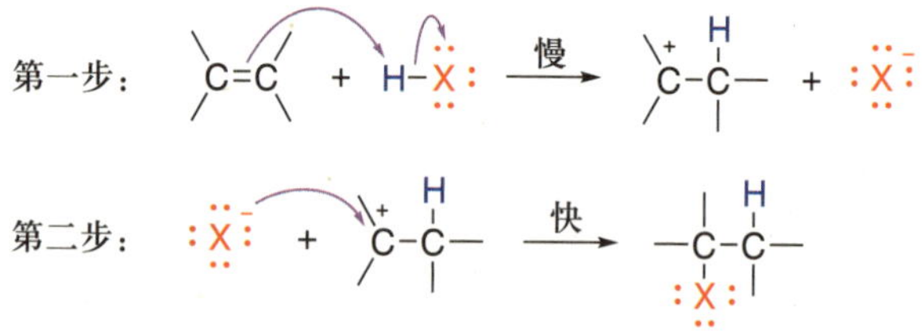

我们以溴化氢与 2-甲基丙烯的加成为例来深入理解反应区域选择性产生的根源，即马氏规则的本质。

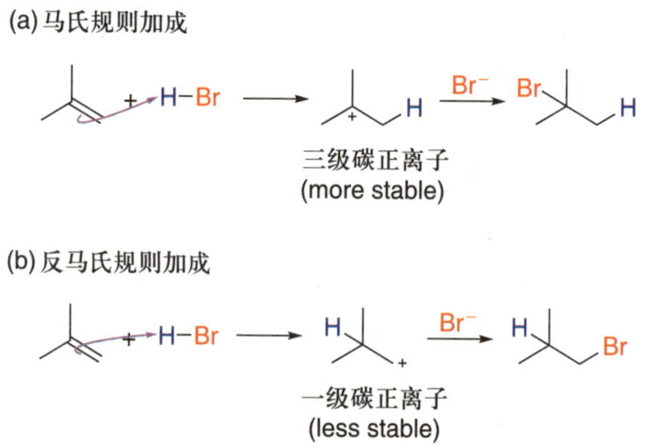

(a) 马氏规则加成

三级碳正离子
(more stable)

(b) 反马氏规则加成

一级碳正离子
(less stable)

从上图中可以看出，在遵循马氏规则加成的决速步中，质子化发生在 C1 上，生成较稳定的三级碳正离子中间体；而在反马氏规则加成的决速步中，质子化发生在 C2 上，生成较不稳定的一级碳正离子中间体。由于烯烃质子化形成碳正离子中间体的基元反应是吸热反应，根据 Hammond 假说，反应过渡态在能量和结构上更接近产物碳正离子中间体，这意味着在过渡态中碳原子上将产生部分正电荷。我们知道烷基可以通过 σ-p 超共轭效应稳定碳正离子，同样也能稳定过渡态中的碳正离子，从而降低过渡态的能量即反应的活化能。因此，形成三级碳正离子的活化能比形成一级碳正离子的活化能低，所以形成三级碳正离子的反应比形成一级碳正离子的反应速率快，从而导致了整个反应区域选择性的产生 (图 7-9)。

通过上述深入了解卤化氢与烯烃的亲电加成反应机理，我们知道马氏规则的本质是：**一个亲电试剂与非对称的烯烃进行亲电加成时，试剂中带正电荷的部分优先加在能够形成更稳定碳正离子中间体的双键碳原子上。**

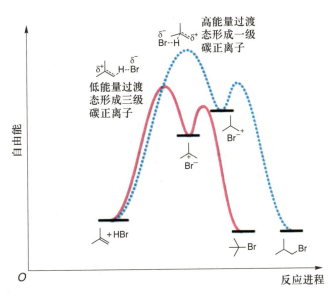

图 7-9　2-甲基丙烯与溴化氢加成反应自由能图

　　掌握马氏规则的本质可以帮助我们判断一些特殊类型底物与卤化氢加成的区域选择性。例如 3,3,3-三氟丙烯与溴化氢加成的主要产物是 3-溴-1,1,1-三氟丙烷,表面上看好像是反马氏规则加成,但从马氏规则的本质即电子效应来看,该实验结果并不违背马氏规则。由于氟原子的吸电子诱导效应使得与氟原子相连的碳原子带有部分正电荷,则 C1 质子化形成的二级碳正离子会与有部分正电荷的三氟甲基碳原子直接相连,使得碳正离子的稳定性降低;而 C2 质子化形成的尽管是一级碳正离子,但是它远离带有部分正电荷的三氟甲基碳原子。所以后者更稳定,形成速度更快。此外,掌握马氏规则的实质还有助于我们预测 ICl 等试剂与烯烃发生亲电加成反应的产物。因为氯具有更大的电负性,在加成试剂 ICl 中带部分正电荷的是碘原子,因此 ICl 与 2-甲基丙烯的加成反应优先生成的是 2-氯-1-碘-2-甲基丙烷。

2. 碳正离子重排 (carbocation rearrangement)

　　烯烃与卤化氢的加成反应过程中会产生碳正离子中间体,而碳正离子的稳定性差异会导致一个较不稳定的碳正离子转变为较稳定的碳正离子,即发生碳正离子重排。因此卤化氢与烯烃的亲电加成反应有时会伴有重排产物的生成。

　　例如，3,3-二甲基丁-1-烯与氯化氢反应得到的是 17% 的正常加成产物 3-氯-2,2-二甲基丁烷和 83% 的重排产物 2-氯-2,3-二甲基丁烷；而 3-甲基丁-1-烯与氯化氢加成得到的是 40% 的正常加成产物 2-氯-3-甲基丁烷和 60% 的重排产物 2-氯-2-甲基丁烷。在前一反应中，烯烃质子化形成的二级碳正离子发生甲基负离子的 1,2-迁移，得到更稳定的三级碳正离子；在后一反应中，烯烃质子化形成的二级碳正离子发生负氢的 1,2-迁移得到更稳定的三级碳正离子。**无论何种基团迁移，重排的驱动力是从一个较不稳定的碳正离子转化成一个更稳定的碳正离子**。缺乏反应驱动力而不能形成更稳定碳正离子的重排过程一般是不能发生的。例如，4-甲基戊-1-烯与 HBr 的亲电加成反应得到的是正常加成产物 2-溴-4-甲基戊烷。

　　碳正离子重排的趋势依赖于烯烃的结构、反应溶剂、进攻碳正离子的亲核试剂的亲核性和浓度及反应温度等。一般而言,强酸和弱亲核试剂的条件下有利于重排的发生。

思考题 7.1

　　HBr 与 3-甲基环己烯反应得到四种产物的混合物，但 3-溴环己烯的类似反应则只生成反-1,2-二溴环己烷，为什么？

7.4.2　烯烃的酸催化水合反应

与卤化氢对烯烃的亲电加成将烯烃转化为卤代烷烃类似，酸催化下水对烯烃的加成可以将烯烃转化成为醇。水 (H–OH) 和氯化氢、溴化氢类似，也是一类 H–X 试剂。但是水的酸性不足以直接质子化烯烃引发反应，必须添加酸性催化剂才能产生碳正离子中间体，从而引发反应。在酸催化下，水对烯烃的亲电加成反应，即烯烃的酸催化水合反应是获取低分子量醇的一种常用方法，尤其适合醇的大规模工业化生产。烯烃水合反应常用的酸催化剂是稀硫酸和磷酸。非对称烯烃的酸催化水合反应同样遵循马氏规则，例如 2-甲基丁-2-烯在硫酸催化下发生水合反应生成 2-甲基丁-2-醇。

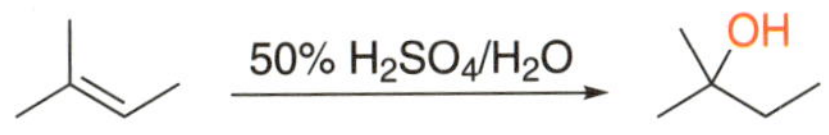

2-甲基丁-2-烯　　　　　2-甲基丁-2-醇
90%

下面我们以 2-甲基丙烯的酸催化水合反应来阐明烯烃酸催化水合的反应机理 (图 7-10)。烯烃的酸催化水合反应包括三步反应：第一步双键发生质子化，酸催化剂 (水合质子) 选择性质子化双键形成较稳定的碳正离子中间体 (遵循马氏规则)；第二步亲核进攻，水作为亲核试剂对碳正离子中间体进行亲核进攻得到醇的共轭酸，即质子化的醇；第三步质子转移，质子化的醇将一个质子转移给水分子得到醇和水合质子，催化剂得到再生。

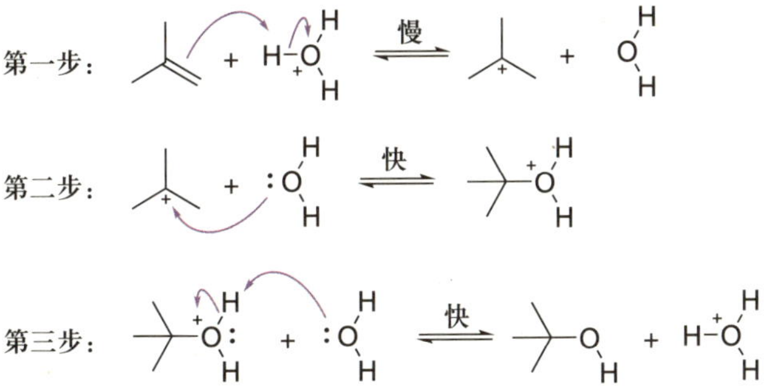

图 7-10　烯烃酸催化水合的反应机理

从反应机理上看，烯烃的酸催化水合反应和醇的酸催化分子内脱水反应互为逆反应，反应究竟是朝哪个方向进行取决于平衡的位置。根据改变平衡状态的勒夏特列原理 (Le Châtelier's principle)，在酸催化醇脱水过程中最好使用浓酸作为催化剂，以确保反应体系中水的浓度较低，或者将生成的水从反应体系中移除，高温比较有利；而烯烃的水合最好使用稀酸作催化剂以确保高浓度的水，低温比较有利。

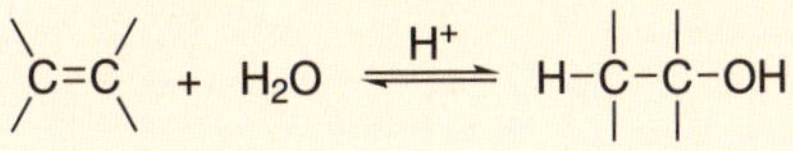

在烯烃的酸催化水合反应中，由于水是一个弱的亲核试剂，容易导致重排产物的生成。例如 3,3-二甲基丁-1-烯在硫酸催化下的水合反应主要得到的是重排产物 2,3-二甲基丁-2-醇，而不是正常产物 3,3-二甲基丁-2-醇。

$$\text{3,3-二甲基丁-1-烯} \quad \xrightarrow[\text{H}_2\text{O}]{\text{H}_2\text{SO}_4(\text{催化剂})} \quad \text{2,3-二甲基丁-2-醇} \\ \text{(重排产物)}$$

与烯烃的酸催化水合反应类似，如果将反应中的亲核试剂水换成其他含氧亲核试剂如醇、羧酸等，反应的产物则是醚或酯，这是有机合成中从烯烃出发合成醚或酯的一种有效途径。

烯烃通过质子化形成碳正离子比较普遍，所得到的碳正离子可以被亲核试剂捕获得到加成产物，也可以失去一个质子重新得到烯烃。但失去的质子不必是最初的质子。失去哪一个质子取决于烯烃的稳定性，这意味着酸可以催化烯烃的异构化，包括双键位置异构体和 Z、E 几何异构体的异构。

$$\xrightarrow{\text{H}^+} \quad \xleftrightarrow{} \quad \xrightarrow{-\text{H}^+}$$

尽管烯烃的酸催化水合反应可以得到醇，但该反应缺点之一是有时会伴随重排反应的发生，得不到所预期的产物。从烯烃制备醇且能有效避免重排发生的实验室方法是一种被称为羟汞化-脱汞的两步反应。首先烯烃与乙酸汞 [Hg (OAc)$_2$ 或 Hg (O$_2$CCF$_3$)$_2$] 在四氢呋喃 (THF) 和水的混合溶剂中反应生成 2-羟烷基汞化合物 (羟汞化，oxymercuration)，然后 2-羟烷基汞化合物在碱性条件下用硼氢化钠 (NaBH$_4$) 还原得到醇 (脱汞，demercuration)。总反应相当于将一分子水加在了烯烃的两个双键碳原子上，称为间接水合。

羟汞化 (oxymercuration)：

$$\text{C=C} + \text{H}_2\text{O} + \text{Hg(OAc)}_2 \xrightarrow{\text{THF}} \underset{\text{HO}\quad\text{HgOAc}}{-\text{C}-\text{C}-} + \text{HOAc}$$

脱汞 (demercuration)：

$$\underset{\text{HO}\quad\text{HgOAc}}{-\text{C}-\text{C}-} + \text{HO}^- + \text{NaBH}_4 \longrightarrow \underset{\text{HO}\quad\text{H}}{-\text{C}-\text{C}-} + \text{NaB(OH)}_4 + \text{Hg} + \text{OAc}^-$$

两步反应可以在同一个反应瓶中进行，而且都在低于室温或室温条件下快速进行。第一步羟汞化通常仅需几秒到几分钟即可完成反应。第二步脱汞也可以在 1 h 内结束反应。整个反应生成醇的产率很高，一般都大于 90%。由于汞化合物毒性很大，缺乏令人满意的汞处理方法。因此，烯烃的羟汞化-脱汞制备醇虽然反应非常高效、条件温和，但不满足当今绿色合成的要求，从而限制了它的应用。

非对称烯烃的羟汞化-脱汞遵循马氏规则，反应的区域选择性来自水分子对反应中形成的环状汞鎓离子中间体的选择性开环。含有更多取代基的环碳原子带有更大程度的正电荷，具有更强的亲电活性，更易于受到亲核试剂水分子的亲核进攻，得到相应的区域选择性产物。由于在羟汞化反应中形成的是环状汞鎓离子中间体，并不涉及碳正离子的产生，因此烯烃的羟汞化-脱汞制备醇不会发生重排或者聚合等副反应。如果将烯烃的羟汞化-脱汞中的亲核试剂水换成醇，则该反应称为烷氧汞化-脱汞，得到的产物是醚，是一种实验室制备醚的有效方法。

7.4.3　烯烃与卤素的加成反应

尽管卤素看上去并不是亲电性原子，却可以和烯烃发生加成反应得到邻二卤代烃 (vicinal dihalide)。

在卤素和烯烃的亲电加成反应中，卤素的相对反应活性是：F$_2$>Cl$_2$>Br$_2$>I$_2$。其中最有合成价值的是氯和溴对烯烃的亲电加成反应。氯和溴与烯烃在室温或低于室温下反应非常快速，常用的反应溶剂可以是乙酸和氯代烷烃，如四氯化碳、氯仿和二氯甲烷等。氟与烯烃的反应十分剧烈，化学选择性差，伴随大量副产物的生成；而碘与烯烃的反应在热力学上不利，生成的二碘代烃不稳定，容易分解重新得到烯烃和碘。

　　溴与烯烃的亲电加成反应现象十分明显，易于观察。当溴与烯烃混合后，溴的红色会立即褪去，得到无色溶液。这一实验现象经常被用来鉴别烯烃及炔烃等不饱和烃类化合物。

　　烯烃与溴的亲电加成反应是怎样发生的？两个溴原子是同步加到两个双键碳上还是分步加到两个双键碳上呢？当把乙烯通入含有氯化钠的溴水溶液中，所得的产物除了预期的 1,2-二溴乙烷之外，还分离得到 1-溴-2-氯乙烷和 2-溴乙醇两种产物。但是将乙烯通入氯化钠水溶液则未能得到任何加成产物。

$$CH_2{=}CH_2 \xrightarrow[\text{NaCl, H}_2\text{O}]{\text{Br}_2} BrCH_2CH_2Br + BrCH_2CH_2Cl + BrCH_2CH_2OH$$

$$\qquad\qquad\qquad\quad \text{1,2-二溴乙烷} \qquad \text{1-溴-2-氯乙烷} \qquad \text{2-溴乙醇}$$

$$CH_2{=}CH_2 \xrightarrow{\text{NaCl, H}_2\text{O}} \text{没有反应发生}$$

　　上述实验结果说明反应是分步进行的，即首先溴与双键反应形成一个 C–Br 键从而引发反应。那么不含亲电中心的溴是怎么进攻亲核的碳碳双键的呢？答案就在于溴—溴键的可极化性，当溴接近亲核的烯烃双键时，受双键 π 电子云的影响，溴—溴键发生极化，一端带部分正电荷 ($δ^+$)，另一端带部分负电荷 ($δ^-$)。烯烃的 π 电子云亲核进攻带部分正电荷的溴分子一端，同时带部分负电荷的一端以溴负离子离去。这个过程得到产物是什么呢？我们可能认为是一个碳正离子。如果得到的是碳正离子中间体，那么溴负离子可以分别从碳正离子平面的上下方进行亲核进攻，以环己烯为底物则会得到顺-1,2-二溴环己烷和反-1,2-二溴环己烷的混合物。实际上，环己烯和溴加成只生成反-1,2-二溴环己烷，这意味着两个溴原子是从双键的两侧加成上去的，即所谓的反式加成 (anti-addition) 立体化学。

反-1,2-二溴环己烷　　　　　顺-1,2-二溴环己烷
(*trans*-1,2-dibromocyclohexane)　(*cis*-1,2-dibromocyclohexane)
　　　　　　　　　　　　　　　没有生成

　　为了解释反式加成的立体化学，化学家们提出烯烃与溴反应形成的不是碳正离子中间体，而是极化以后带部分正电荷的溴原子与烯烃的 π 电子云作用，形成一个更稳定的环状溴鎓离子 (cyclic bromonium ion) 中间体。在环状溴鎓离子中，溴原子桥连原来双键的两个碳原子形成三元环，与缺电子的碳正离子结构不同，环上所有原子均满足八隅体稳定结构。环状溴鎓离子中强电负性的溴原子带有正电荷，其强烈拉电子作用导致两个环碳具有很强的亲电活性，同时三元环具有很大的张力，溴负离子易从桥连溴原子相反的方向亲核进攻环碳原子，桥连溴原子作为离去基团离去，得到稳定的开环产物邻二溴代烃。因此，环状溴鎓离子发生了立体专一的反式开环。

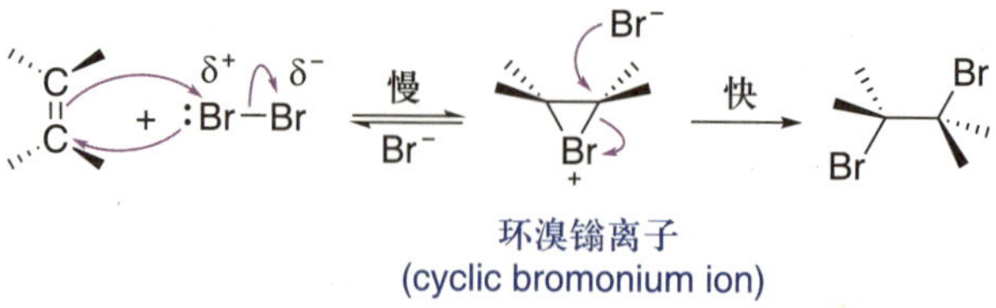

环溴鎓离子
(cyclic bromonium ion)

目前已经有一些实验事实可以证明环状溴鎓离子的存在。例如下图中大位阻烯烃形成的环状溴鎓离子中间体，由于位阻原因妨碍了亲核试剂的开环而具有足够的稳定性，可以用 X–射线衍射进行结构表征。另一个实例是在低温下可以利用核磁共振观察到 1-溴-2-氟丙烷在超酸体系中形成的环状溴鎓离子的存在。

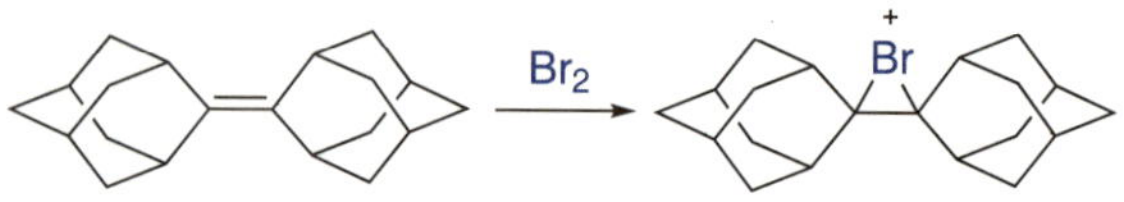

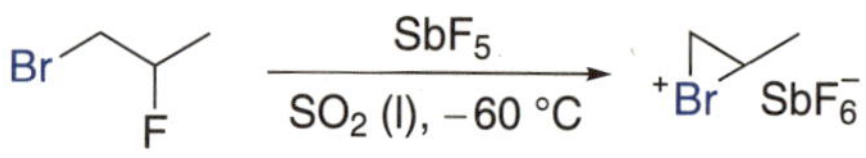

反应过程中环状溴鎓离子的形成意味着当反应体系中存在其他亲核试剂时，可以观察到不同亲核试剂对环状溴鎓离子的竞争性开环产物。例如前面所提及的在饱和氯化钠溶液中进行的溴与乙烯的亲电加成反应体系中存在三种亲核试剂，分别是 Br^-、Cl^- 和水分子，它们都能与环状溴鎓离子中间体发生亲核开环反应，得到 1,2-二溴乙烷、1-溴-2-氯乙烷和 2-溴乙醇。

既然烯烃与卤素发生的是亲电加成反应，因此烯烃底物中双键的电子云密度越大即 Lewis 碱性越强，则反应速率越快。由于烷基可以通过超共轭效应使双键的电子云密度增大，因此烷基取代基越多的烯烃底物反应速率越快。

烯烃底物：	$CH_2=CH_2$	$CH_3CH=CH_2$	$(CH_3)_2C=CH_2$	$(CH_3)_2C=C(CH_3)_2$	$BrCH=CH_2$
相对反应速率：	1	2	10.4	14	<0.04

思考题 7.2

如下三芳基乙烯在与氯气反应时并没有生成二氯烷烃而是得到氯代烯烃，请给出合理的解释。

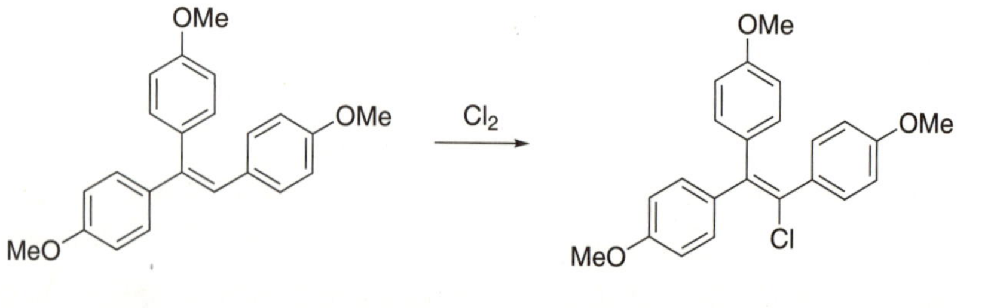

7.4.4　烯烃与卤素水溶液的反应

在卤素与烯烃的亲电加成中，反应是分步进行的，首先是形成环状卤鎓离子中间体，然后卤负离子作为反应体系中唯一的亲核试剂对环状卤鎓离子进行亲核开环，得到产物邻二卤代烃。如果反应体系中同时还存在其他亲核试剂，则可以对环状卤鎓离子中间体发生竞争性的亲核开环，得到非邻二卤代烃。尤其是当反应在具有亲核性的溶剂中进行时，大量存在的亲核性溶剂会优先于卤负离子与环状卤鎓离子反应。例如卤素与烯烃在水溶液中反应得到的产物不是邻二卤代烃，而是 1,2-卤代醇(也称 β-卤代醇，halohydrin)。β-卤代醇的形成相当于将次卤酸(hypohalous acid，HO–X)的组成部分分别加到了烯烃的两个双键碳原子上，因此也被称为次卤酸加成。

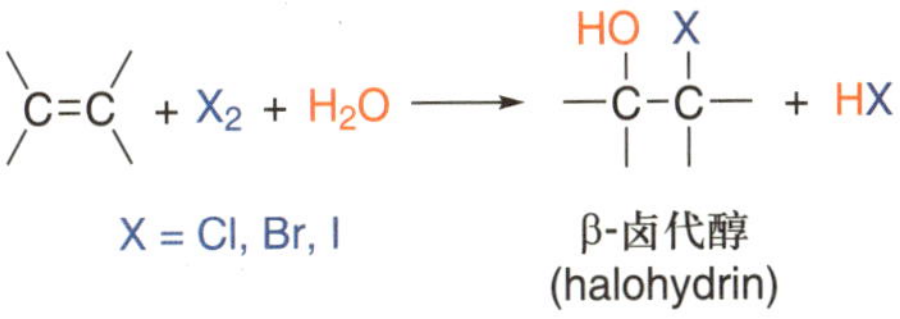

$$\text{C=C} + X_2 + H_2O \longrightarrow \overset{HO\ \ X}{\underset{|\ \ |}{-C-C-}} + HX$$

X = Cl, Br, I   β-卤代醇
                        (halohydrin)

反应分以下三步进行：第一步与卤素对烯烃的亲电加成反应完全相同，卤素极化后的带正电荷部分与 π 键作用形成环状卤鎓离子中间体；第二步亲核开环，由于反应体系中水的浓度 (55.6 mol·L^{-1}) 远大于卤负离子的浓度，水作为亲核试剂优先对环状卤鎓离子中间体进行亲核开环得到质子化的 β-卤代醇；第三步质子转移，另一分子水作为碱夺取质子化的 β-卤代醇中的一个质子，得到产物 β-卤代醇和水合质子(图 7-11)。

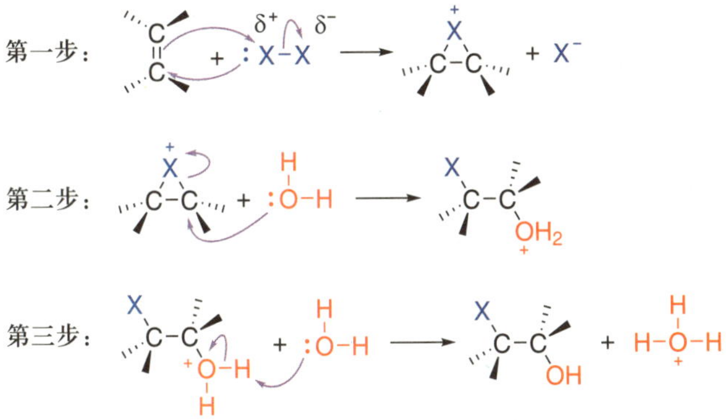

第一步：

第二步：

第三步：

图 7-11　烯烃与卤素水溶液加成的反应机理

由于反应经历了环状卤鎓离子，而开环过程是亲核试剂从离去基团背面进行的，因此反应的立体化学是反式加成。例如，环戊烯与溴的水溶液反应得到的是反-2-溴环戊醇。

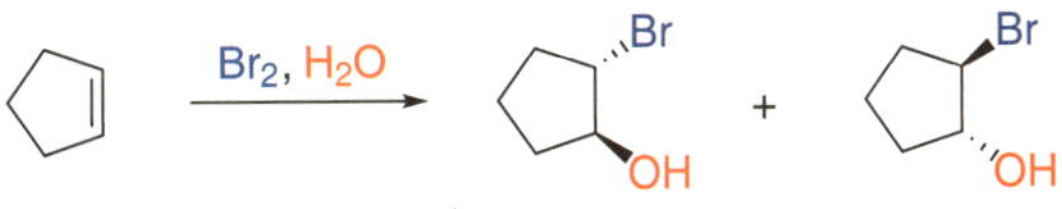

$$\text{(环戊烯)} \xrightarrow{Br_2,\ H_2O} \text{(产物)} + \text{(产物)}$$

反-2-溴环戊醇

在非对称的烯烃底物形成的环状卤鎓离子的开环过程中，尽管理论上应该得到两种不同的开环产物(区域异构体)，但是通常只得到一种加成产物(马氏加成产物)。非对称烯烃与卤素水溶液的加成是高度区域选择性的，遵循马氏规则。

由于烯烃在水中的溶解度很低，在实际制备 β-卤代醇的过程中通常使用极性有机溶剂如二甲基亚砜 (DMSO) 和水组成的混合溶剂。另外，经常使用 *N*-溴代丁二酰亚胺 (NBS) 作为溴源。NBS 是一种易于操作的固体，比直接使用液溴更加方便和安全。

β-卤代醇是有机合成中的重要中间体，它们在碱存在下可以发生分子内亲核取代反应得到环氧烷。

如果将反应溶剂水替换为醇，那么反应将生成相应的 β-卤代醚。

一般而言，烯烃与极化的 A–B 类型试剂如 I–Cl、Br–Cl、RS–Cl 和 Br–CN 等都可以发生类似的加成反应，立体和区域选择性也相同。

7.4.5　烯烃硼氢化-氧化反应与反马氏加成

在这一节里，我们介绍一种通过两步连续反应将烯烃转化成醇的方法，即烯烃的硼氢化-氧化 (hydroboration-oxidation) 反应。烯烃硼氢化-氧化反应在有机合成中被广泛使用，主要原因是该反应提供的产物是反马氏加成产物，这与前面的亲电加成反应都不一样。

1. 硼氢化

所谓烯烃的硼氢化是指硼氢试剂 (例如 R_2BH) 加到烯烃上，分别形成一个 C–H 键和一个 C–B 键，得到烷基硼的反应。

乙烯与硼烷 (通常是以二聚体形式存在) 的四氢呋喃溶液反应时，会发生三次连续的加成得到三乙基硼烷。

$CH_2=CH_2(1\ equiv.)$
$+$
$H-BH_2$
→ （第二次 $CH_2=CH_2(1\ equiv.)$）→

$CH_2=CH_2(1\ equiv.)$
第三次 →

三乙基硼烷
(triethylborane)

非对称的烯烃与硼烷的加成反应得到的是反马氏规则的产物，即氢原子加到取代较多的双键碳原子上 (硼原子加到取代较少的双键碳原子上)。下面的实例表明硼原子倾向于加到取代少的双键碳原子上。

1%　99%　　　　98%　2%

为什么烯烃的硼氢化会得到反马氏规则的加成产物呢？这与硼烷的结构特点和反应机理有关。在硼烷中，硼元素的电负性 (2.1) 比氢元素 (2.3) 小，极性 B–H 键中氢原子带部分负电荷而硼原子带部分正电荷，即反应中的亲电中心是硼原子而不是氢原子，所以观察到的区域选择性是正常的，即电负性强的原子会与取代多的碳原子相结合。

下面我们以丙烯与硼烷的加成为例，阐述反应机理和反应选择性。烯烃的硼氢化是协同反应 (concerted reaction) 的一个例子。所谓协同反应就是在反应中所有的成键和断键过程是同步发生的，没有中间体的生成。因此，与大多数烯烃的亲电加成反应不同，硼氢化反应不是经过带电荷的中间体分步进行的。首先丙烯作为 Lewis 碱提供一对 π 电子给 Lewis 酸硼烷的空 p 轨道形成 π 复合物 (π complex)。在 π 复合物中，两个碳原子带有部分正电荷，而硼原子带有部分负电荷。硼原子的这种负电荷特性有助于它上面的一个氢原子带着一对电子从硼上迁移到碳上 (负氢迁移)，得到一个稳定的烷基硼烷产物。在接下来的步骤中，这个复合物通过一个四原子过渡态转化成为加成产物，在过渡态中，硼原子部分地与双键中取代较少的碳原子成键，而一个氢原子则与另一个双键碳原子部分成键 (图 7-12)。

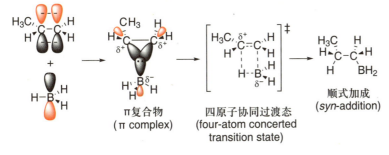

π复合物
(π complex)
四原子协同过渡态
(four-atom concerted
transition state)
顺式加成
(syn-addition)

图 7-12　烯烃硼氢化反应机理

根据以上反应机理，有两种因素导致了烯烃硼氢化的区域选择性。第一是空间效

烯烃的硼氢化反应，也称为 Brown 硼氢化反应，是布朗 (Herbert C. Brown) 在 1959 年发现的。反应得到的有机硼烷是有机合成中非常有用的中间体，含硼结构单元不仅可以被羟基取代 (硼氢化-氧化)，也可以被其他官能团如卤原子或氨基所取代 (硼氢化-胺化，hydroboration-amination)。使用过渡金属催化剂不仅可以显著地加速反应，甚至可以改变反应的化学选择性和区域选择性。在手性过渡金属配合物的催化下还可以实现对映选择性的硼氢化反应。

二硼烷是一种无色易燃、有毒和易爆的气体，非常不方便使用。将二硼烷溶解在四氢呋喃中所得到的 Lewis 酸碱复合物是一种更方便和危险性小的试剂。四氢呋喃中的氧原子提供一对孤对电子给缺电子的硼原子以满足八隅体稳定结构，通常表示为 $BH_3 \cdot THF$。在硼氢化反应中通常使用硼烷的四氢呋喃络合物作为硼烷的来源。烯烃的硼氢化反应一般在醚类溶剂如乙醚或高沸点的乙二醇二甲醚 (diglyme) 中进行。由于乙硼烷和烷基硼烷在空气中会自燃 (绿色火焰)，必须在惰性氛围下小心使用。

应，体积较大的含硼单元更容易接近取代较少的双键碳原子。第二是电子效应，尽管反应是协同反应，即 C-B 键和 C-H 键的形成是一步完成的，没有任何中间体的产生，但这并不意味所有新键将随着反应的进行以相同的程度形成。实际上，在四元环过渡态形成中，烯烃 π 电子向硼原子移动，C-B 键的形成程度大于 C-H 键，因此，在过渡态中硼原子和碳原子上带有部分电荷，其中硼原子带有部分负电荷，而没有与硼原子结合的双键碳原子会带有部分正电荷。为了能够形成更稳定的过渡态，同其他亲电试剂如 H⁺ 一样，硼烷作为亲电试剂也会加到含氢较多的双键碳原子上 (图 7-13)。

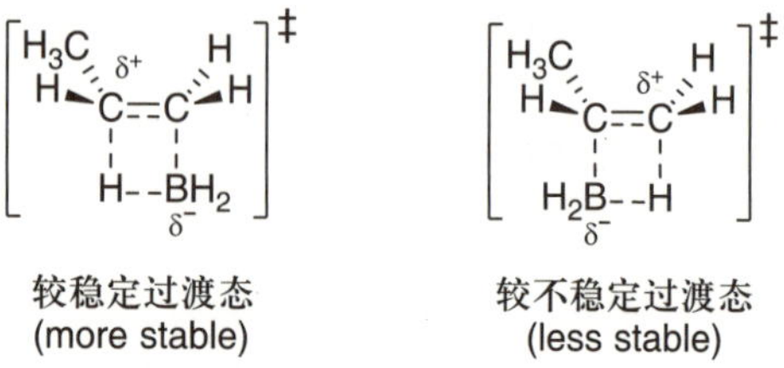

较稳定过渡态　　　　　较不稳定过渡态
(more stable)　　　　　(less stable)

图 7-13　烯烃硼氢化反应的两个不同过渡态

　　综上所述，空间效应和电子效应都很好地解释了烯烃硼氢化反应的区域选择性。尽管从表面上看是反马氏加成，但是从电子效应的实质来看，反应并没有违反马氏规则，即亲电的硼原子加到取代基较少的双键一端。

　　烯烃硼氢化反应的四元环状过渡态要求硼原子和氢原子必须从双键的同面加成到两个双键碳上，因此烯烃硼氢化的立体化学是顺式加成 (*syn*-addition)。反应底物烯烃的构型在加成产物中应该得以体现，例如 1-甲基环戊烯与硼烷反应只能得到如下所示的反马氏顺式加成产物。

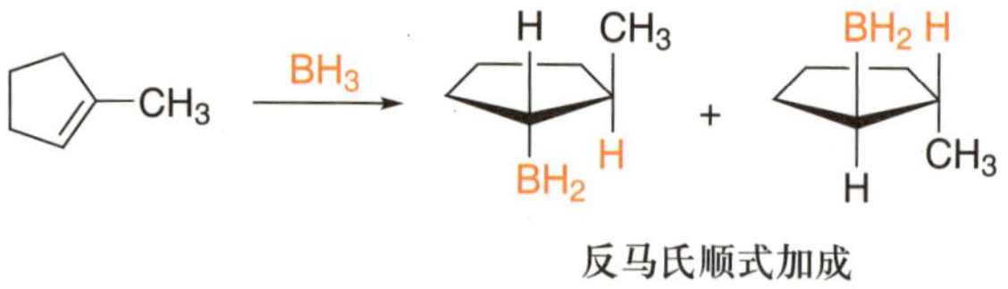

反马氏顺式加成

2. 烷基硼烷的氧化和水解

　　烯烃硼氢化反应得到的三烷基硼烷通常无须分离，在室温下加入过氧化氢的氢氧化钠水溶液 (alkaline hydrogen peroxide) 进行氧化、水解，即可以得到醇。

$$R_3B \xrightarrow[25\ ^{\circ}\text{C}]{H_2O_2,\ NaOH(aq.)} 3\ R\text{-}OH$$

　　烷基硼烷 (R_3B) 的氧化首先是烷基硼烷接受过氧化氢离子的亲核进攻得到不稳定的硼原子带一个负电荷的中间体，然后一个烷基带着一对电子 (即烷基负离子) 从硼原子迁移到相邻的氧原子上，同时过氧键断裂，氢氧根离去。在烷基迁移过程中，迁移碳原子的构型保持。重复上述亲核进攻和烷基迁移过程直到所有的烷基都和氧原子相连，得到氧化产物三烷基硼酸酯。

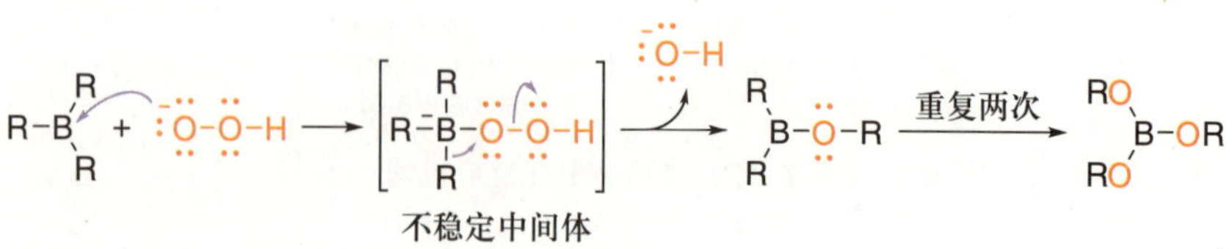

不稳定中间体

　　在现代有机合成中，常用过硼酸钠 ($NaBO_3 \cdot 4H_2O$) 和过碳酸钠 ($Na_2CO_3 \cdot 1.5H_2O_2$) 代替碱性双氧水氧化体系。它们更稳定、安全和易于操作，在温和的条件下可以实现相同的转化，而且往往产率更高。

在硼酸酯的碱性水解过程中，氢氧根亲核进攻硼原子得到硼上带负电荷的中间体，烷氧负离子离去得到硼酸二烷基酯。烷氧负离子和硼酸二烷基酯发生质子转移得到醇和硼酸二烷基酯阴离子。重复两次上述过程，最终得到硼酸钠和三分子醇。在硼酸酯的水解过程中不涉及碳氧键的断裂，因此与氧原子相连的碳原子构型得以保留。

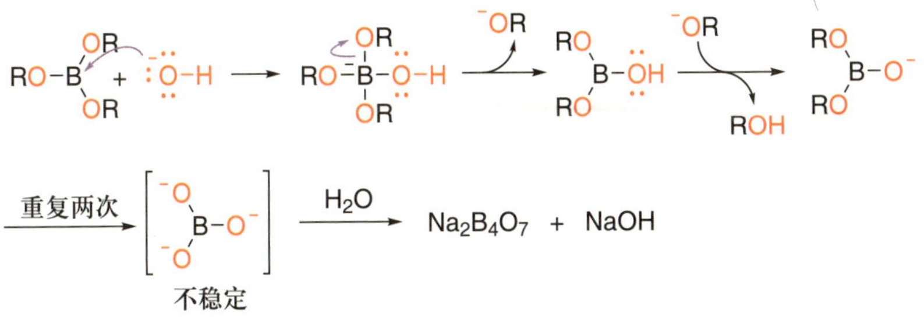

结合上面烯烃的硼氢化和烷基硼烷的氧化水解机理，烯烃的硼氢化-氧化反应具有以下特点：

第一，反应具有区域选择性。硼氢化-氧化反应总的结果是将一分子水以反马氏加成的形式加到烯烃的两个双键碳上。因此，从相同的烯烃底物出发，烯烃的硼氢化-氧化反应提供了一种酸催化水合反应无法得到的醇产物。例如己-1-烯的酸催化水合得到马氏加成产物己-2-醇，而硼氢化-氧化则得到反马氏加成产物己-1-醇。

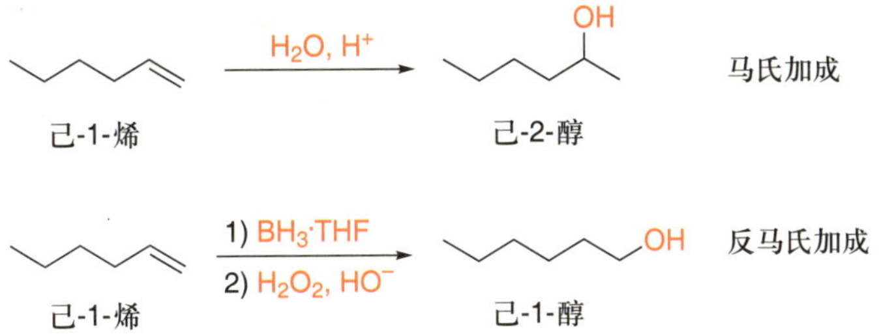

第二，反应的立体化学是顺式加成，可用于制备具有特定立体化学的醇。例如1-甲基环戊烯的硼氢化-氧化反应得到反-2-甲基环戊醇。

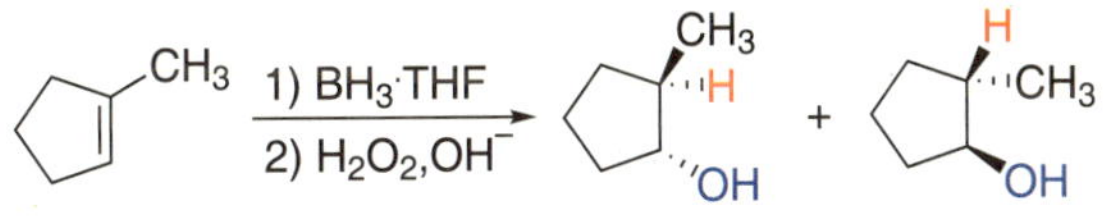

第三，反应没有经由碳正离子中间体进行，因此没有重排发生。在酸催化水合反应中会产生重排的烯烃底物，在硼氢化-氧化反应中没有重排产物。

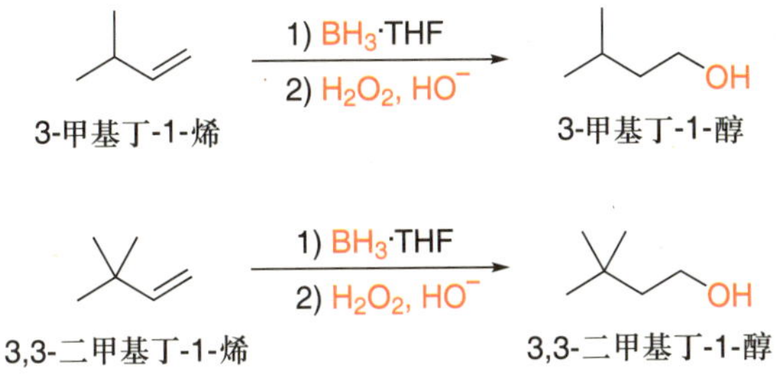

在烯烃的硼氢化-氧化制备醇的反应中，需要注意硼氢化反应温度不能过高，否则会通过硼氢化的逆反应发生双键迁移，得不到所需要的目标产物。例如，2-甲基戊-2-烯在 25 ℃反应得到正常的硼氢化氧化产物 2-甲基戊-3-醇，但在 160 ℃反应则

得到双键迁移的硼氢化氧化产物 4-甲基戊-1-醇。

2-甲基戊-3-醇　　　　　　　　　　　　　2-甲基戊-2-烯　　　　　　　　　　　4-甲基戊-1-醇

3. 烷基硼烷的质子解

将烯烃硼氢化得到的烷基硼烷在乙酸中加热会导致碳硼键的断裂，硼原子被氢原子所取代。该过程称为烷基硼烷的**质子解** (protonolysis)。

$$R-B \xrightarrow[\triangle]{CH_3CO_2H} R-H + CH_3CO_2-B$$

烷基硼烷的质子解是构型保留的过程，因此烯烃的硼氢化–质子解的整体立体化学是顺式加成。如果使用氚代乙酸代替乙酸进行质子解则可以提供一种将同位素引入化合物结构中的有效方法。

7.4.6　烯烃的二聚反应

在浓硫酸或磷酸的催化下，烯烃可以发生二聚反应。例如用热的硫酸处理 2-甲基丙烯可以得到二聚体：2,4,4-三甲基戊-1-烯和 2,4,4-三甲基戊-2-烯。

2,4,4-三甲基戊-1-烯　　　　2,4,4-三甲基戊-2-烯

该反应之所以能够进行是因为 2-甲基丙烯可以被质子化 (protonation) 形成 1,1-二甲基乙基碳正离子，即叔丁基碳正离子。由于体系中水的浓度很低，该碳正离子和水反应生成醇的可能性较小，此时，碳正离子作为亲电试剂对另一分子烯烃进行区域选择性亲电加成，形成 C—C 键，得到一个新的三级碳正离子，该碳正离子发生 E1 消除反应，消除相邻碳上的一个质子，得到二聚的烯烃。由于相邻碳原子上有两种不同类型的氢，分别是甲基上和亚甲基上的氢，因此消除质子有两种可能性，得到两个二聚体的混合物。

烯烃二聚过程中产生的新碳正离子中间体仍然可以作为亲电试剂继续与另一分子

烯烃进行亲电加成，得到碳链进一步增长的产物。例如在适当的反应条件下，2-甲基丙烯可以通过碳正离子中间体对双键的重复亲电加成得到三聚体、四聚体和五聚体等。如果反应在较低的温度下 (−100 ℃) 进行，可以抑制质子的消除，最终得到聚烯烃产物。我们把这种类型的聚合反应称为**阳离子聚合反应**。

7.5　烯烃自由基加成反应

在 1933 年之前，溴化氢对烯烃加成的区域选择性一直困扰着化学家。反应有时得到的是马氏加成产物，但有时得到的却是反马氏加成产物。那么为什么溴化氢与烯烃的加成会出现这样的问题呢？这个谜底在 1933 年被卡拉施 (Morris S. Kharasch) 解开。原来烯烃与空气中的氧气能够发生氧化反应形成过氧化物，而过氧化物的存在是影响该反应区域选择性的关键因素。例如使用新蒸馏的丁-1-烯与溴化氢反应，得到的是马氏加成产物 2-溴丁烷，而使用在空气中暴露过的丁-1-烯作为底物，反应会变得更快并且得到反马氏加成产物 1-溴丁烷。

当烯烃中没有过氧化物存在时，发生的是离子型亲电加成反应，遵循马氏规则；当烯烃中含有少量过氧化物时，由于过氧化物中的 O−O 键非常弱 (150 kJ·mol^{-1})，容易发生均裂产生两个烷氧自由基，从而引发速率更快的自由基加成反应，得到反马氏加成产物。

我们以丁-1-烯的反应为例来说明反应的详细机理，反应包括如下四步反应，其中前两步是链引发过程，后两步是链增长过程。第一步反应是过氧化合物均裂产生两个烷氧自由基。过氧化合物中的过氧键比较弱，该反应很容易发生。第二步反应是烷氧自由基从溴化氢中夺取一个氢原子生成醇，同时产生一个溴自由基。该步反应的驱动力是形成强的 O−H 键，是一个放热反应，反应活化能较低。第三步反应是溴自由基对双键的加成，决定了反应的区域选择性。溴原子加到位阻较小的一级碳上形成更稳定的二级自由基中间体，如果溴原子加到二级碳上，不仅位阻较大，更重要的是将会得到不稳定的一级自由基。第四步反应是二级自由基夺取溴化氢中的氢原子得到反马氏加成产物，并产生一个新的溴自由基。

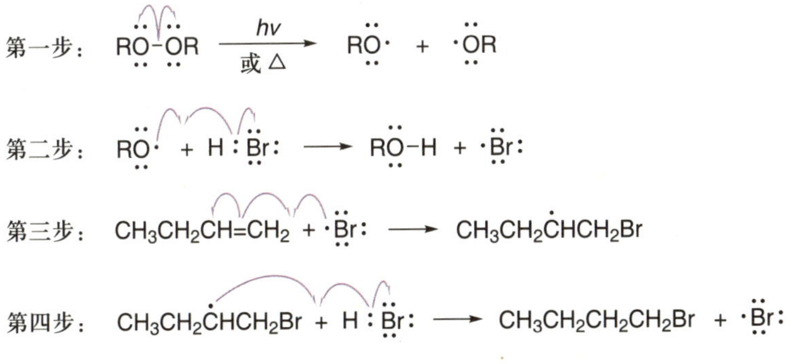

第一步：　RO−OR $\xrightarrow[\text{或} \triangle]{hv}$ RO· + ·OR

第二步：　RO· + H：Br： $\longrightarrow$ RO−H + ·Br：

第三步：　CH$_3$CH$_2$CH=CH$_2$ + ·Br： $\longrightarrow$ CH$_3$CH$_2$ĊHCH$_2$Br

第四步：　CH$_3$CH$_2$ĊHCH$_2$Br + H：Br： $\longrightarrow$ CH$_3$CH$_2$CH$_2$CH$_2$Br + ·Br：

实际上，HBr 与烯烃在两种不同机理下的加成反应 (有或者没有过氧化物) 都遵循马氏规则的本质：在两种情况下，亲电试剂都是加在取代基少的双键碳上形成更稳定的中间体 (碳正离子或自由基)。二者的区别在于，在离子型加成中亲电试剂是 H$^+$，而在自由基加成中，亲电试剂是溴原子 (自由基)。

上述溴化氢与烯烃加成中的过氧化物效应是否也存在于其他卤化氢与烯烃的加成

也许有的读者会感到疑惑，为什么在过氧化物存在下不发生遵循马氏规则的离子型加成呢？答案是，离子型加成的确可以发生，但是过氧化物引发的自由基加成反应远快于离子型加成反应，以至于只观察到反马氏加成产物的生成。

反应中呢？答案是否定的，除了溴化氢在过氧化物存在下可以发生反马氏自由基加成，其他卤化氢即使在过氧化物的存在下也不会发生反马氏自由基加成。对于氟化氢而言，F-H 键的解离能是 565 kJ·mol^{-1}，而 O-H 键的解离能是 463 kJ·mol^{-1}，因此烷氧自由基夺氢产生氟自由基的反应是热力学不利的反应。Cl-H 键和 I-H 键的解离能分别是 431 kJ·mol^{-1} 和 297 kJ·mol^{-1}，虽然可以顺利地产生相应的卤自由基，但是从二者与乙烯反应的链传递反应热力学数据可以看出，Cl 自由基对双键加成产生烷基自由基这一步可行，但是烷基自由基夺取 HCl 的氢这一步不可行；而 I 自由基对双键加成产生烷基自由基这一步不可行。因此，无论是 HCl 还是 HI 都无法顺利地实现链传递，因而导致反应终止。只有 HBr 的反应活性正好可以确保自由基链反应的每一步都可以顺利进行。

链增长第一步的热力学：卤自由基对双键的自由基加成

$$X\cdot \ + \ CH_2{=}CH_2 \longrightarrow X{-}CH_2\dot{C}H_2$$

X	π 键解离能/(kJ·mol^{-1})	C-X 键解离能/(kJ·mol^{-1})	ΔH°/(kJ·mol^{-1})
Cl	276	356	−80
Br	276	301	−25
I	276	239	+38

链增长第二步的热力学：从卤化氢中夺氢

$$X{-}CH_2\dot{C}H_2 \ + \ H{-}X \longrightarrow X{-}CH_2CH_3 \ + \ X\cdot$$

X	H-X 键解离能/(kJ·mol^{-1})	C-H 键解离能/(kJ·mol^{-1})	ΔH°/(kJ·mol^{-1})
Cl	431	410	+21
Br	364	410	−46
I	297	410	−113

7.6　烯烃 α-卤代反应

前面我们讲过卤素如 Cl$_2$ 和 Br$_2$ 在低温下与烯烃反应得到的是亲电加成产物邻二卤代烃。但是当反应在高温或光照条件下进行时，得到的却是烯丙位卤代的烯烃产物。例如丙烯与氯气在 400 ℃条件下得到 3-氯丙烯。由于氯气廉价易得，所以丙烯的烯丙位氯代反应在大规模工业生产中具有重要价值，产物 3-氯丙烯是生产环氧树脂和许多其他有用化学品的重要原料。

$$\diagup\!\!\diagdown \ + \ Cl_2 \ \xrightarrow{\ 400\ ℃\ } \ Cl\diagup\!\!\diagdown\!\!\diagup$$

丙烯　　　　　　　　　　　　　3-氯丙烯

烯丙位氯代反应的机理同烷烃卤代的链式反应机理一样，在链引发阶段，氯气分子在加热条件下发生均裂得到两个氯原子。

$$:Cl-Cl: \xrightarrow{\triangle} 2 :Cl\cdot$$

在链增长的第一步中，氯原子夺取丙烯的烯丙位氢原子形成烯丙基自由基 (allyl radical) 和一分子氯化氢。在链增长的第二步中，产生的烯丙基自由基与一分子氯气反应得到烯丙位氯代产物和一个新的氯自由基。

烯丙基自由基
(allylic radical)

3-氯丙烯

氯原子在夺氢过程中为什么会选择性夺取烯丙位氢形成烯丙基自由基而不是夺取双键碳上的氢形成烯基自由基 (alkenyl radical) 呢？这与所形成的自由基中间体稳定性有关。从下面几种键的解离能数据可以看出烯丙基自由基的稳定性远大于烯基自由基。

$$CH_3CH=CH_2 \begin{cases} \dot{C}H_2CH=CH_2 + \cdot H & 368\ kJ\cdot mol^{-1} \\ CH_2CH=\dot{C}H + \cdot H \\ CH_3\dot{C}=CH_2 + \cdot H \end{cases} \Bigg\} 465\ kJ\cdot mol^{-1}$$

为什么烯丙基自由基具有更好的稳定性呢？这与烯丙基自由基的结构有关，在烯丙基自由基中，自由基的单电子可以通过 p-π 共轭分散到双键上，使烯丙基两端碳原子均有部分自由基性质，这种电子离域现象导致了烯丙基自由基的特殊稳定性。

根据共振理论，我们也可以画出烯丙基自由基的两个共振极限式和共振杂化体来表明烯丙基自由基中的电子离域现象。

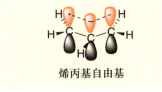

烯丙基自由基

共振极限式
(resonance contributors)

共振杂化体
(resonance hybrid)

在实验室中做烯丙位溴代反应，通常使用的试剂是 N-溴代丁二酰亚胺 (NBS)，反应介质是非极性溶剂。在光照或加热的条件下，烯烃与 NBS 反应得到相应的烯丙位溴代产物。有时候会加入少量过氧化物作为自由基引发剂。

如下环己烯的反应是利用 NBS 进行烯烃烯丙位溴代的实例。一般而言，NBS 是一种非常好的烯丙位溴代试剂，可以获得高产率的烯丙位溴代产物。

环己烯　　　　N-溴代丁二酰亚胺　　　　　　3-溴环己烯　　　　丁二酰亚胺
(cyclohexene)　(N-bromosuccinimide, NBS)　(3-bromocyclohexene)　(succinimide)
　　　　　　　　　　　　　　　　　　　　　82% – 87%

从以上讨论可知，烯丙基自由基比烷基自由基稳定的原因是电子的离域。烯丙基自由基的电子离域意味着 C-X 键的形成可以发生在烯丙基自由基的任意一端。对于丙烯形成的烯丙基自由基而言，两种可能的取代产物是相同的，但是对于非对称烯丙基自由基而言，反应通常会得到两个构造异构体的混合物。例如，辛-1-烯在过氧化二苯甲酰 (dibenzoyl peroxide，BPO) 存在下与 NBS 反应会得到两种不等量的自由基取代产物，分别是 3-溴辛-1-烯和 1-溴辛-2-烯。

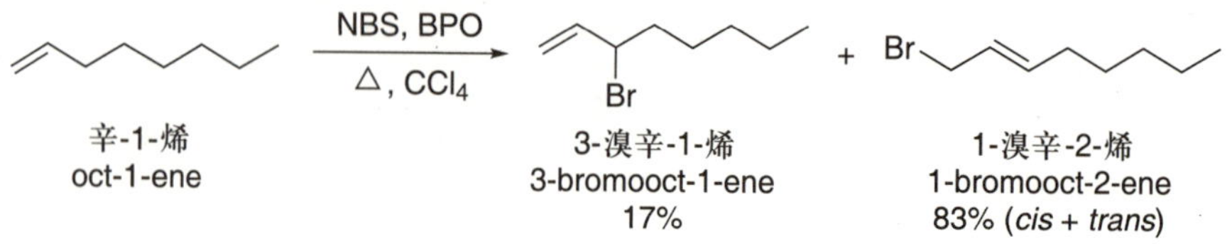

辛-1-烯
oct-1-ene

3-溴辛-1-烯
3-bromooct-1-ene
17%

1-溴辛-2-烯
1-bromooct-2-ene
83% (cis + trans)

原因是苯甲酰氧自由基夺取烯丙位氢原子后形成的自由基中间体存在两种共振极限式，分别是烯丙基型二级自由基和烯丙基型一级自由基，前者能量更低，是贡献较大的共振极限式。

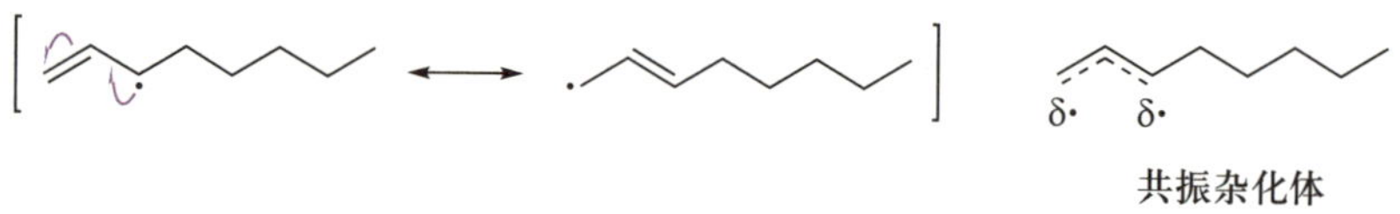

共振杂化体

7.7 烯烃的还原反应

7.7.1 烯烃催化氢化

尽管烯烃氢化形成烷烃是放热反应，但是在没有催化剂存在的情况下即使提高反应温度该反应也不会进行。例如，将乙烯和氢气混合在一起，在 200 ℃长时间加热，体系没有任何变化，但是一旦加入催化剂，即使在室温下反应也能够顺利进行。许多过渡金属催化剂 (如 Ni、Pd、Pt、Ru、Rh、Ir 等) 可以催化烯烃和氢气的反应，氢气分子中的两个氢原子分别加到双键两个碳原子上得到烷烃产物，我们将这一过程称为**催化氢化** (catalytic hydrogenation)。实验室中最常用的催化剂是钯、铂和镍催化剂。钯催化剂通常将非常细的金属钯粉末负载到活性炭上形成负载型的 Pd-C 催化剂。铂催化剂通常使用的是称为亚当斯催化剂 (Adams' catalyst) 的二氧化铂 (PtO_2)。镍催化剂使用的是一种称为兰尼镍的灰黑色多孔骨架镍。大多数烯烃底物可以在室温、常压下顺利地发生催化氢化反应，常用的反应溶剂是乙醇、己烷或乙酸。

由于所使用的催化剂大多不溶于反应溶剂，催化氢化是一个非均相过程，即氢化反应并不是在溶液中进行的，而是在催化剂固体颗粒表面发生的。催化氢化的详细机理仍不清楚，目前普遍认同的催化氢化反应机理如图 7-14 所示：(1) 氢气首先被吸附在催化剂表面，氢气分子得以活化，相对较强的 H-H 键发生断裂，生成两个较弱的金属-氢键 (M-H)；(2) 金属表面的空轨道与烯烃的 π 电子对通过 Lewis 酸碱相互作用形成复合物；(3) 一个氢原子从金属表面转移到一个双键碳原子上，得到含有一个C-H 键和 C-M 键的部分还原中间体；(4) 第二个氢原子从金属表面转移到第二个双键碳原子上得到烷烃产物并再生催化剂。

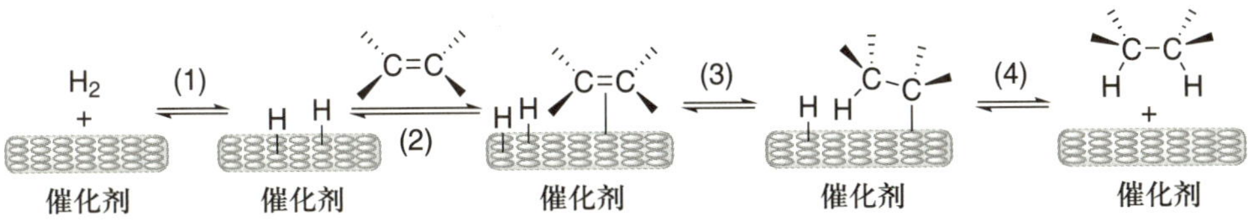

图 7-14 烯烃催化氢化反应机理

从上面的机理可以看出，催化氢化中两个氢原子是从催化剂表面转移到烯烃的同一面上，所以催化氢化具有顺式加成的立体化学特点。如下实验结果为烯烃催化氢化的顺式加成立体化学提供了有力证据。环己烯-1,2-二甲酸甲酯在铂催化下进行氢化得到的唯一产物是顺-环己烷-1,2-二甲酸甲酯，没有反-环己烷-1,2-二甲酸甲酯的生成，尽管后者是热力学更稳定的氢化产物。

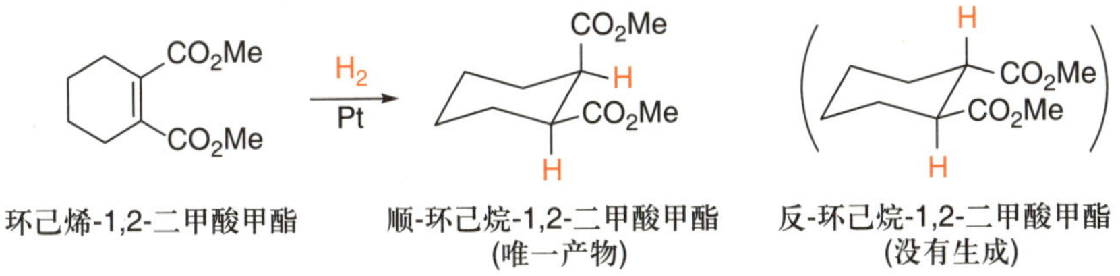

催化氢化的一个有趣特点是反应对底物双键平面上下方的空间环境比较敏感。在反应中催化剂通常更容易从空间位阻较小的一面靠近烯烃底物，得到立体选择性的氢化产物。例如，在 α-蒎烯的催化氢化中，双键所在平面的上方被四元环上的右侧甲基所屏蔽，使得催化剂不能靠近底物，因此反应完全发生在双键平面下方，得到如下所示的氢化产物。同样，在 (R)-1-甲基-2-甲亚基环己烷的催化氢化中，主要产物是 (1R,2S)-1,2-二甲基环己烷。这是因为环上甲基造成双键平面上方的位阻较大，而下方位阻较小，底物更容易靠近催化剂表面。

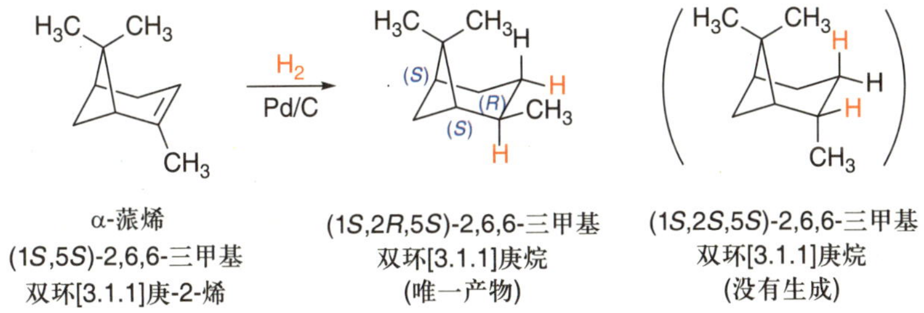

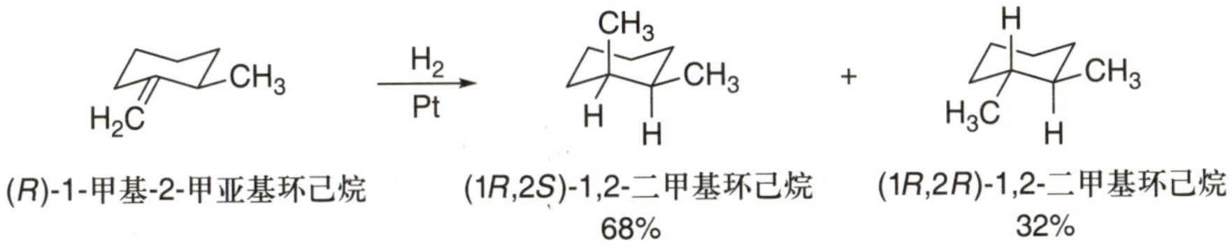

当空间位阻抑制双键一面的氢化时，加成优先发生在位阻较小的一面。这一原理可以用于发展对映选择性的氢化反应，即所谓的不对称氢化反应 (asymmetric hydrogenation)。不对称氢化反应将在下册第 27 章中介绍。

7.7.2　氢化热及烯烃的热力学稳定性

烯烃的催化氢化是一个放热反应，在反应过程中释放出的热量称为氢化热 (heat of hydrogenation)。

$$\Delta H = (276 + 435 - 2 \times 419)\ \text{kJ·mol}^{-1}$$
$$= -127\ \text{kJ·mol}^{-1}$$

断键

π键　276 kJ·mol⁻¹ ~~π键　276 kJ·mol⁻¹~~

成键

两根C–H键

π键　276 kJ·mol⁻¹
H–H键　435 kJ·mol⁻¹

两根C–H键
2×419 kJ·mol⁻¹

在烷烃中，我们可以通过测定燃烧热并比较大小来确定不同烷烃异构体的相对热力学稳定性。在本章中，我们可以采用类似的方法，即通过测定烯烃的氢化热来比较不同烯烃异构体的相对热力学稳定性。例如丁烯有三种异构体，分别是丁-1-烯、顺-丁-2-烯和反-丁-2-烯，那么这三种异构体的相对稳定性顺序是怎样的呢？这三种异构体氢化后都得到相同的产物丁烷，如果三者的势能 (稳定性) 相同，则其氢化热也会完全相同，但事实并非如此。从图 7-15 可以看出氢化后放出热量最多的是丁-1-烯，放出热量最少的是反-丁-2-烯，而顺-丁-2-烯则介于二者之间。因此，丁烯的不同异构体具有如下的热力学稳定性顺序：丁-1-烯<顺-丁-2-烯<反-丁-2-烯。

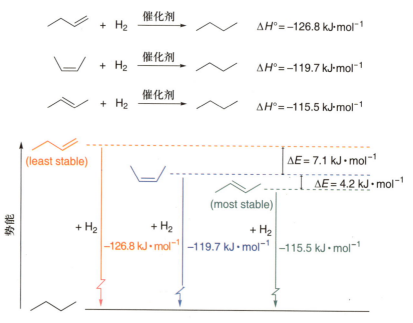

图 7-15　丁烯不同异构体的氢化热

从上面的结果我们可知烯烃的热力学稳定性随取代基的增多而增大，而反式异构体往往比顺式异构体更稳定。为什么取代烯烃的热力学稳定性会增大呢？主要原因是：C=C 键与取代基上相邻的 C–H 或 C–C σ 键有超共轭效应 (称为 σ-π 超共轭效应)，即 π 键和取代基上相邻的 σ 键发生轨道重叠，造成电子离域，获得额外的稳定作用。双键上的取代基越多，σ-π 超共轭效应就越多，烯烃也就越稳定，因此丁-2-烯比丁-1-烯更稳定。

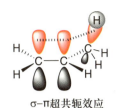

σ-π超共轭效应

反式异构体的稳定性大于顺式异构体则比较容易理解。与反式异构体相比，在顺式异构体中，位于双键同侧的两个取代基的电子云会相互排斥造成空间张力，使得分子势能升高。同样，双键同侧有两个取代基也影响了 π 键和取代基上相邻 σ 键的重叠，减弱了 σ-π 超共轭效应，因此降低了体系热力学稳定性。

综上所述，不同取代模式的烯烃具有如下稳定性顺序：

$$\underset{R}{\overset{R}{C}}=\underset{R}{\overset{R}{C}} > \underset{R}{\overset{R}{C}}=\underset{H}{\overset{R}{C}} > \underset{R}{\overset{R}{C}}=\underset{H}{\overset{H}{C}} > \underset{H}{\overset{R}{C}}=\underset{H}{\overset{R}{C}} > \underset{R}{\overset{H}{C}}=\underset{H}{\overset{R}{C}} > \underset{H}{\overset{R}{C}}=\underset{H}{\overset{H}{C}} > \underset{H}{\overset{H}{C}}=\underset{H}{\overset{H}{C}}$$

| 四取代 | 三取代 | 反式二取代 | 偕二取代 | 顺式二取代 | 单取代 | 无取代 |

7.8 烯烃的氧化反应

烯烃的许多重要反应都涉及氧化。这里我们所说的氧化通常是指形成碳氧键的反应 (注: 卤素是氧化剂，卤素与烯烃的加成反应实质上也是一种氧化反应)。由于许多常见的官能团都含有氧，因此烯烃的氧化反应在有机合成中具有重要的地位。烯烃在不同的氧化剂和反应条件下会得到不同的氧化产物。下面主要介绍烯烃的环氧化、顺式 1,2-双羟化和烯烃双键的断裂氧化。

7.8.1 烯烃环氧化

烯烃在氧化剂的作用下生成环氧化物的反应称为环氧化 (epoxidation) 反应。环氧化物是一种三元环状醚类化合物，是有机合成中非常有用的合成中间体。通过环氧化物，可以将烯烃转化为其他一系列官能团。

> 在自然界中存在许多含有环氧结构单元的天然产物，例如雌舞毒蛾引诱剂 disparlure 就是一个例子。
>
> **雌舞毒蛾引诱剂**
> (disparlure)

在实验室中，烯烃与过氧酸反应即可方便地转化为环氧化物。常用的过氧酸试剂是过氧乙酸和间氯过氧苯甲酸 (m-CPBA)。后者由于良好的溶解性能被广泛使用: 反应前过氧酸溶于反应体系，而反应后形成的羧酸从反应体系中沉淀析出。环氧化反应条件温和，一般在惰性溶剂如氯仿、二氯甲烷或甲苯中及室温条件下进行。**间氯过氧苯甲酸具有一定冲击敏感性**，对于大规模工业生产而言，为了避免爆炸的危险，可以使用相对稳定、水溶性的单过氧邻苯二甲酸镁 (MMPP) 代替。使用 MMPP 的另一优势是反应在中性条件下进行，可以避免环氧化物的进一步开环，同时避免了大量有毒氯代烃溶剂的使用。

在无机反应中，我们很容易从电子的得失或氧化态的变化来判断氧化和还原过程。对于有机氧化反应，很难确定是否得到或失去电子。因此，有机化学家通常使用其他术语来定义氧化和还原过程。一个分子增加强电负性原子 (如氧原子或卤素) 或失去氢原子的过程被定义为氧化反应。反之，一个分子失去强电负性原子或加氢的过程则被定义为还原反应。

氧化剂过氧酸可以通过相应的酸酐和高浓度双氧水制备。通常母体羧酸的酸性越强，相应的过氧酸的氧化性越强 (因为相应的羧酸负离子的离去能力更强): 三氟过氧乙酸是氧化能力最强的过氧酸之一。

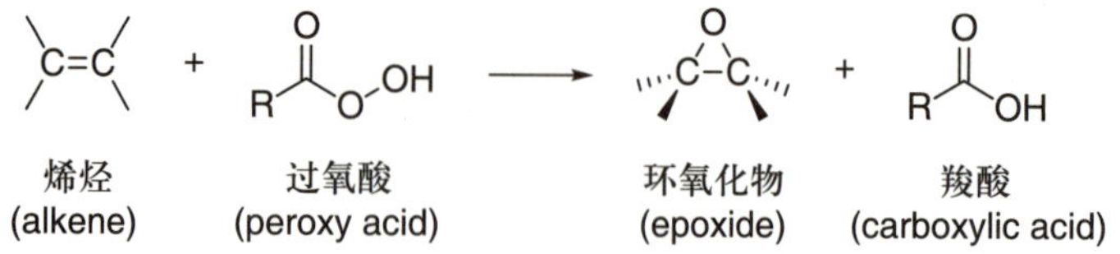
烯烃
(alkene)
过氧酸
(peroxy acid)
环氧化物
(epoxide)
羧酸
(carboxylic acid)

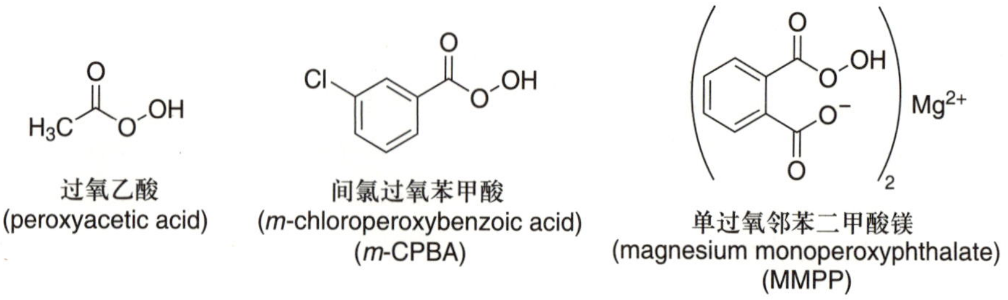
过氧乙酸
(peroxyacetic acid)
间氯过氧苯甲酸
(m-chloroperoxybenzoic acid)
(m-CPBA)
单过氧邻苯二甲酸镁
(magnesium monoperoxyphthalate)
(MMPP)

在过氧酸中，与氢原子相连的氧原子比较缺电子，是一个亲电试剂。所以烯烃和过氧酸的反应实质上仍然属于亲电反应，环氧化物的形成与前面烯烃与溴的亲电加成中环状溴鎓离子中间体的形成过程比较相似，通过如下的环状协同过渡态进行。

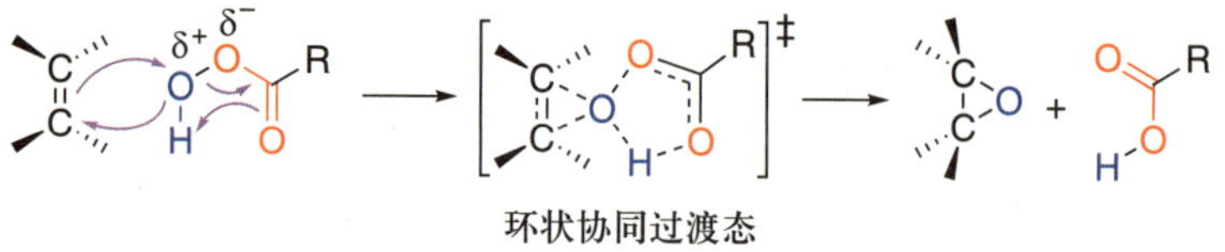
环状协同过渡态

烯烃和过氧酸的反应是一个协同的亲电反应，所有新键的形成和旧键的断裂都是同时完成的，即从烯烃和过氧酸出发，一步反应生成环氧化物和羧酸，只经历一个过渡态，没有任何中间体的产生。

在环氧化反应中，过氧酸通过环状过渡态将过氧酸中的亲电氧原子转移到烯烃上，烯烃分子没有机会旋转和改变几何构型，两个新的 C−O 键在烯烃双键同一侧形成，即烯烃环氧化是顺式加成。因此产物环氧化物将保留烯烃底物的立体化学，顺式烯烃得到顺式环氧化物，反式烯烃得到反式环氧化物。

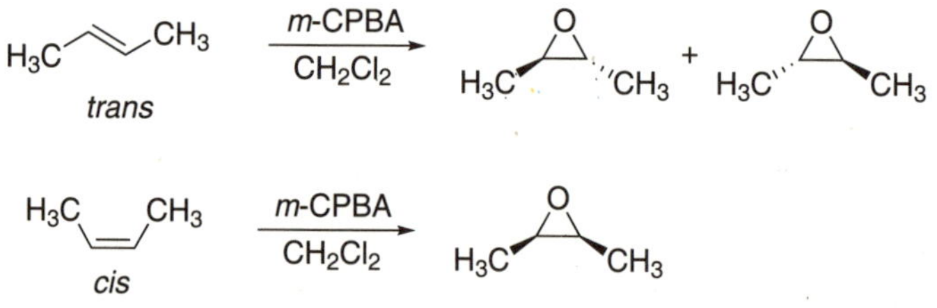
trans
m-CPBA
CH2Cl2
cis

根据环氧化的亲电反应机理，烯烃底物与过氧酸发生反应的相对活性取决于烯烃双键的电子云密度大小。烯烃的烷基取代基增多，烷基的给电子性质导致双键电子云密度增加，亲核活性增强，越容易与过氧酸发生环氧化反应。下面是不同取代烯烃与间氯过氧苯甲酸反应的相对反应速率：

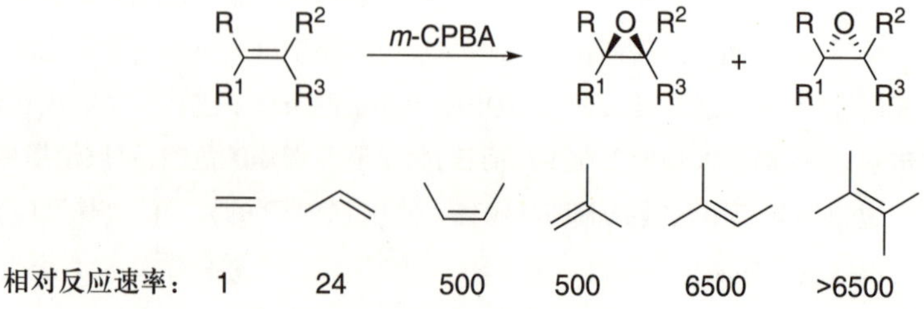
m-CPBA
相对反应速率：
1
24
500
500
6500
>6500

因此，当底物中含有两个不同取代类型的双键时，如果控制过氧酸的用量，可以选择性地对一个双键进行环氧化。例如4-乙烯基取代环己烯与1当量过氧乙酸反应时，环氧化反应优先发生在更富电子的二取代双键上。

与烯烃的其他加成反应类似，当烯烃的双键平面上下方的空间位阻不同时，过氧酸更容易从位阻较小的一侧靠近双键，立体选择性地得到某种构型为主的环氧化产物。

在催化量酸或碱的存在下，用水处理环氧化物可以导致亲核开环得到邻二醇产物。由于反应遵循双分子亲核取代 (S_N2) 机理，即亲核试剂 (水或氢氧根) 从 C—O 键的背面进攻环氧碳原子，因此环氧化–水解反应最终结果是得到反式 1,2-二醇，即烯烃反式 1,2-双羟化。

其他过氧化合物，如过氧叔丁醇在过渡金属催化剂如乙酰丙酮氧钒 [VO (acac)$_2$]、四异丙氧基钛 [Ti (O^{i}Pr)$_4$] 的存在下，也可以将高烯丙位含有羟基的烯烃底物环氧化。高烯丙位羟基对于这类过渡金属催化的烯烃环氧化是必需的，例如在环戊-3-烯醇的环氧化中，乙酰丙酮氧钒首先和氧化剂和底物羟基结合，然后将活性氧原子转移到双键的羟基同侧。

二氧杂环丙烷 (dioxirane)，也称为过氧化酮，是一类含有过氧三元环结构的有机化合物。在有机合成中作为氧化剂也能将烯烃顺利地转化为环氧化合物。最常用的将烯烃氧化成环氧化合物的二氧杂环丙烷衍生物是丙酮与 oxone（$KHSO_5$，单过硫酸氢钾）反应制得的二甲基二氧杂环丙烷（3,3-dimethyldioxirane，DMDO）。

DMDO 环氧化反应的优点是反应在中性条件下进行，反应中只生成丙酮副产物，后处理比较简单，以及氧化剂自身廉价易得。缺点是稳定性比较差，须现配现用。过氧化酮在环氧化后转化为酮，而酮与 oxone 反应又生成过氧化酮。因此，可以使用酮作为催化剂，oxone 作为化学计量的氧化剂来实现烯烃的环氧化过程。

7.8.2　烯烃顺式 1,2-双羟化

在烯烃的氧化反应中，顺式 1,2-双羟化反应是一种重要的氧化加成反应，相当于在两个双键碳上分别引入一个羟基。我们已经知道，烯烃的环氧化及后续的酸或碱催化水解开环是一种间接反式 1,2-双羟化方法。实际上，一些试剂可以实现烯烃的直接双羟化反应，并且得到与环氧化-水解相反的立体化学结果，即烯烃的顺式 1,2-双羟化反应。两种最常用的烯烃顺式双羟化试剂是稀、冷的高锰酸钾溶液和四氧化锇。前者更廉价且使用安全，后者价格昂贵、有毒，但产率较高。

稀、冷的高锰酸钾溶液是一种较古老的将烯烃转化成顺式邻二醇的试剂。虽然高锰酸钾不是 1,3-偶极试剂，但和臭氧及其他 1,3-偶极子与烯烃的反应类似。高锰酸钾首先与烯烃发生协同环加成得到五元环状锰酸酯 (cyclic manganate ester)，该中间体不能被分离，通常会立即被水分解形成邻二醇产物和褐色二氧化锰沉淀。由于反应经由协同环加成形成环状中间体，所以反应的立体化学是顺式加成，得到的是顺式 1,2-双羟化产物。由于通常伴随过度氧化等副反应的发生，该方法的产率比较低。

除了它的合成价值，高锰酸钾氧化烯烃还提供了一种方便、简单的鉴别烯烃的方法。当把烯烃加到清澈的、深紫色的高锰酸钾溶液中，溶液会褪色并生成浑浊的、半透明的褐色二氧化锰（虽然还有其他官能团也可以使高锰酸钾溶液褪色，但很少有像烯烃那样快速）。

四氧化锇是另一种广为使用的烯烃顺式双羟化试剂。四氧化锇与烯烃反应同样是通过环状锇酸酯 (cyclic osmate ester) 中间体进行。尽管锇酸酯中间体比较稳定，可分离，但通常是直接水解得到二醇产物。锇酸酯的水解是可逆的，一般需要加入

H_2S、Na_2SO_3 或 $NaHSO_3$ 等还原剂进行还原性水解，将水解后的六价锇还原成锇单质并从体系中沉降出来，从而促使平衡移动。

同样，由于环状锇酸酯的形成是一步完成的协同反应，两个 C-O 键是同时形成的，即两个氧原子是加在双键的同面，因此，烯烃与四氧化锇的双羟化反应的立体化学同样是顺式加成。例如，1,2-二甲基环戊烯与四氧化锇反应得到的环状锇酸酯经还原性水解得到顺-1,2-二甲基环戊烷-1,2-二醇。

由于四氧化锇是一种剧毒、易挥发且非常昂贵的物质，化学家又发展了一种四氧化锇催化的烯烃顺式 1,2-双羟化反应。其策略是使用催化量的 OsO_4 和一种化学计量的安全、廉价易得的助氧化剂来实现烯烃的双羟化过程。在反应中，催化量的 OsO_4 催化双羟化反应，而化学计量的助氧化剂则将水解后得到的六价锇重新氧化成 OsO_4，从而允许反应继续进行下去。常用的助氧化剂有 H_2O_2、过氧叔丁醇及叔胺 N-氧化物等。

下例是一种前列腺素关键中间体的合成，采用物质的量浓度为 0.2 % 的 OsO_4 作为催化剂，化学计量的 N-甲基吗啉 N-氧化物 (NMO) 作为助氧化剂。

7.8.3 烯烃 C=C 键断裂氧化

在前面介绍的烯烃环氧化和双羟化反应中，断裂的仅仅是烯烃的 π 键，而分子碳骨架并没有发生变化。而有些氧化剂与烯烃反应时，不仅 π 键发生断裂，而且双键中的 σ 键也会断裂，得到碳碳双键断裂的氧化产物。两种最常见的烯烃断裂氧化的试剂是高锰酸钾和臭氧。

在高锰酸钾的烯烃双羟化反应中，如果使用热的、浓的或酸性的高锰酸钾溶液时，初始氧化产物 1,2-二醇会进一步发生氧化断裂得到两分子羰基化合物。首先得到醛或酮，在反应条件下，醛会进一步被氧化成羧酸。当分子中含有端烯结构单元 (=CH₂) 时，反应中生成的甲酸会进一步氧化生成二氧化碳和水。

初始氧化产物 1,2-二醇会进一步发生氧化断裂得到两分子羰基化合物。首先得到醛或酮，在反应条件下，醛会进一步被氧化成羧酸。当分子中含有端烯结构单元 (=CH$_2$) 时，反应中生成的甲酸会进一步氧化生成二氧化碳和水。

$$
\underset{\text{R}}{\overset{\text{R}}{>}}C=C\underset{\text{H}}{\overset{\text{R}^1}{<}} \xrightarrow[\text{(热的、浓的或酸性的)}]{\text{KMnO}_4} \left[\text{R-}\underset{\text{OH}}{\overset{\text{R}}{\text{C}}}\text{-}\underset{\text{OH}}{\overset{\text{R}^1}{\text{C}}}\text{-H} \right] \longrightarrow \underset{\text{R}}{\overset{\text{R}}{>}}C=O + \left[O=\underset{\text{H}}{\overset{\text{R}^1}{<}} \right] \longrightarrow O=\underset{\text{OH}}{\overset{\text{R}^1}{<}}
$$

邻二醇　　　　　　　酮　　　　　醛　　　　　　　羧酸
(glycol)　　　　　(ketone)　(aldehyde)　(carboxylic acid)

臭氧也许是最有用的一种断裂碳碳双键的试剂。为了避免过度氧化和副反应的发生，反应通常在-78 ℃进行。将臭氧在低温下通入烯烃在二氯甲烷或甲醇的溶液中，会迅速发生碳碳键断裂氧化形成臭氧化物 (ozonide)。臭氧化物很不稳定，具有很强的爆炸性，通常直接水解可以得到醛或酮，同时产生一分子双氧水，但是醛易被双氧水进一步氧化成羧酸。为了避免醛的氧化，一般不直接水解，而是进行还原性后处理，即用 Zn/AcOH、二甲硫醚或三苯基膦等还原性试剂来还原分解臭氧化物，得到相应的醛或酮。如果使用强还原剂如 NaBH₄ 进行后处理，则可以得到两分子醇。当然，我们也可以采用氧化性后处理的方法，即加入双氧水来氧化分解臭氧化物，得到酮或羧酸。整个过程称为臭氧解反应 (ozonolysis)。

臭氧也许是最有用的一种断裂碳碳双键的试剂。为了避免过度氧化和副反应的发生，反应通常在-78 ℃进行。将臭氧在低温下通入烯烃在二氯甲烷或甲醇的溶液中，会迅速发生碳碳键断裂氧化形成臭氧化物 (ozonide)。臭氧化物很不稳定，具有很强的爆炸性，通常直接水解可以得到醛或酮，同时产生一分子双氧水，但是醛易被双氧水进一步氧化成羧酸。为了避免醛的氧化，一般不直接水解，而是进行还原性后处理，即用 Zn/AcOH、二甲硫醚或三苯基膦等还原性试剂来还原分解臭氧化物，得到相应的醛或酮。如果使用强还原剂如 NaBH$_4$ 进行后处理，则可以得到两分子醇。当然，我们也可以采用氧化性后处理的方法，即加入双氧水来氧化分解臭氧化物，得到酮或羧酸。整个过程称为臭氧解反应 (ozonolysis)。

臭氧化物
(ozonide)

从臭氧的 Lewis 结构式可以看出在臭氧分子中位于中间的氧原子带有正电荷，而两端的氧原子带有负电荷。因此，臭氧分子是一个 1,3-偶极体，当它与烯烃反应时，首先会发生 1,3-偶极环加成反应 (1,3-dipolar cycloaddition)，得到分子臭氧化物 (molozonide)；分子臭氧化物非常不稳定，即使是在低温下也会发生分解反应，即逆 1,3-偶极环加成反应，得到一分子羰基化合物和一个新的 1,3-偶极体——羰基氧化物 (carbonyl oxide)；羰基化合物和羰基氧化物再次发生区域选择性 1,3-偶极环加成即得到相对稳定的臭氧化物 (ozonide)。

烯烃的氧化断裂不仅是一种有用的合成羰基化合物的方法，也是一种通过产物结构逆向推测烯烃中双键所处位置的方法。无论是使用高锰酸钾还是臭氧，整个过程导致烯烃在双键处裂解，两个双键碳原子分别与一个氧原子形成 C=O 双键。例如，如果我们不确定甲基环戊烯中甲基所在的位置，通过臭氧解产物的结构可以很方便地确定反应前烯烃的结构。

7.9 烯烃与卡宾反应

含有二价碳、价电子层只有六个电子的中性化合物称为**卡宾 (carbene)**。大多数卡宾是高度不稳定的化合物，一旦形成通常会立即与另一个分子发生反应。

大多数卡宾是弯曲的，键角介于 100°–150° 之间，这表明卡宾中心碳原子是 sp^2 杂化。一个 sp^2 杂化的卡宾拥有三个能量较低的 sp^2 杂化轨道和一个能量较高的 p 轨道，6 个价电子存在两种填充方式：要么所有的电子都是成对的，每一对占据一个 sp^2 杂化轨道，要么有两个未成对电子，分别占据 sp^2 杂化轨道和 p 轨道。这两种填充方式表明存在两种不同类型的卡宾，即**单线态 (singlet)** 和**三线态 (triplet) 卡宾**。

单线态卡宾
(singlet carbene)

三线态卡宾
(triplet carbene)

所有的卡宾都可能以单线态或三线态存在，当我们说一个卡宾是单线态时是指其单线态的能量低于三线态，反之亦然。由于 p 轨道和 sp^2 杂化轨道之间的能级差不足以克服存在于单个轨道中两个电子之间的排斥力 (电子配对能)，因此，大多数卡宾的三线态更稳定。具有单线态基态的卡宾如二氯亚甲基卡宾 ($: CCl_2$) 在中心碳原子附近都有带有孤对电子的富电子取代基。这些孤对电子可以和单线态卡宾的空 p 轨道相互作用，即电子离域，从而降低体系能量，稳定单线态。

在化学反应中最初形成的都是单线态卡宾，如果它的反应活性足够高，将没有机会变成更稳定的三线态。在烯烃与卡宾的反应中，单线态卡宾会以协同的方式进行反应，因此具有立体专一性。三线态卡宾中的两个未成对电子自旋平行，反应以分步的方式进行，首先通过自由基反应形成一根碳碳键得到双自由基中间体，第二根化学键必须等到分子碰撞使其中一个电子改变自旋方向 (自旋翻转，spin-flipping) 后才能形成。在电子自旋翻转的同时，碳碳单键也能发生自由旋转，而在时间尺度上电子自旋翻转慢于单键的自由旋转，因此，反应是非立体专一性的。

卡宾通常是由卡宾前体失去一个小分子形成的。例如，重氮化合物在光照、加热或在 Lewis 酸存在下发生分解失去一分子氮气，即可得到最简单的卡宾物种甲叉基卡宾 ($: CH_2$)。

α-消除反应 (质子和离去基团处于同一个碳原子上的消除) 是制备卡宾的另一种有效方法。例如氯仿在碱性条件下的 α-消除反应是制备二氯卡宾的重要方法。

二氯卡宾

偕二卤代烷烃在强碱 LDA 的作用下，甚至单卤代烷烃在更强碱的作用下都可能发生 α-消除反应形成卡宾。

卡宾分子只有六个价电子，不满足八隅体稳定结构，迫切地需要另一对电子来填充满价电子层。因此，卡宾和碳正离子一样是亲电的，但和碳正离子不同的是卡宾不带电荷。亲电的卡宾和亲核的烯烃会发生加成反应，即烯烃的环丙烷化反应 (cyclopropanation)。在烯烃的环丙烷化反应中，大多数的卡宾以顺式立体化学，立体专一地一步加成到烯烃的双键上，这意味着顺式烯烃与卡宾反应生成顺式环丙烷，反式烯烃生成反式环丙烷。

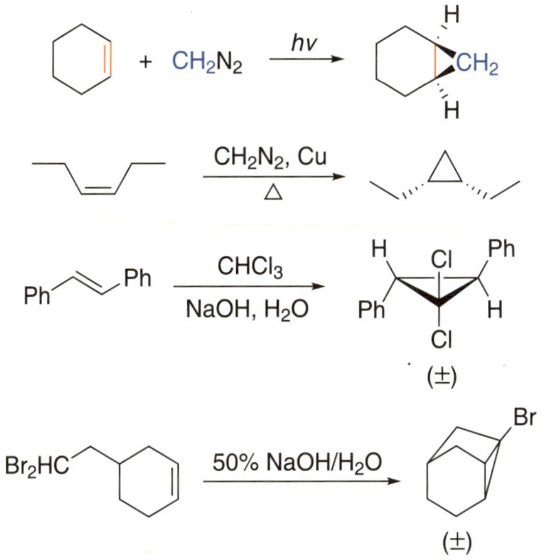

二碘甲烷用锌粉处理(通常用铜活化)生成 ICH_2ZnI 或 ICH_2ZnCH_2I,称为 Simmons-Smith 试剂。该物种虽不是自由卡宾的结构但具有与卡宾类似的反应性,称为类卡宾 (carbenoid)。使用稳定、操作方便的 Simmons-Smith 试剂代替卡宾参与反应不仅可以避免使用易爆的重氮甲烷,而且能够提高反应的化学选择性,避免副反应的发生,提高反应的产率。

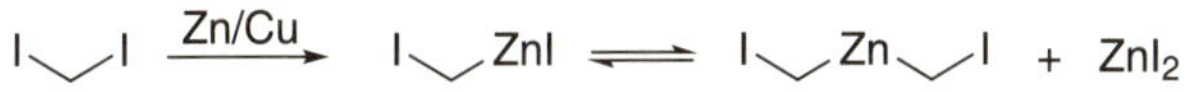

Simmons-Smith 试剂

92%

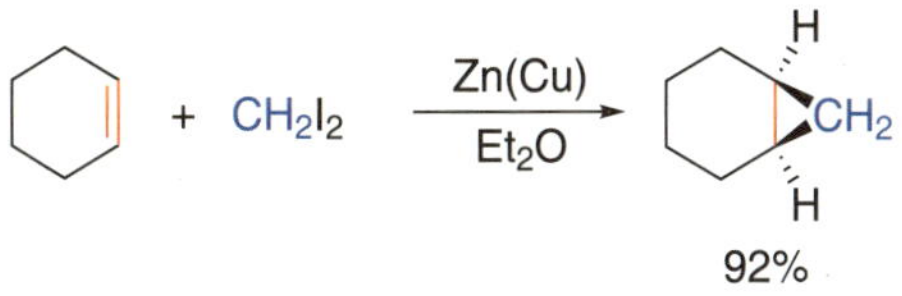

反应过程中并没有游离卡宾的生成,而是通过如下过渡态实现烯烃的协同环丙烷化。

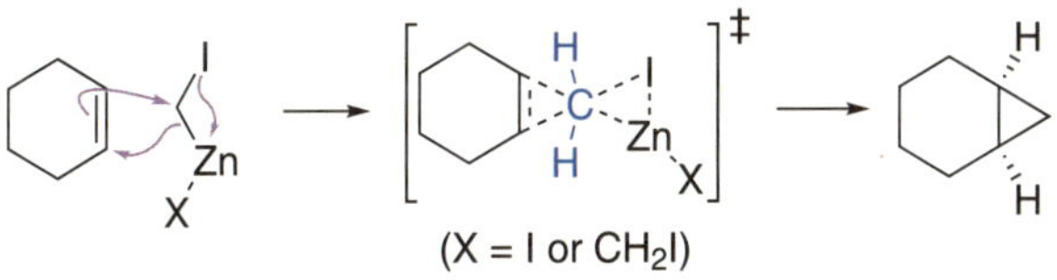

(X = I or CH_2I)

当环丙烷化的底物是烯丙醇时,醇羟基可以通过与金属锌的配位来提高反应活性和控制反应的非对映选择性。例如 (R)-环己-2-烯醇与 Simmons-Smith 试剂反应,通过如下所示的过渡态,底物能够以 >99% 的非对映选择性得到相应的环丙烷化产物。

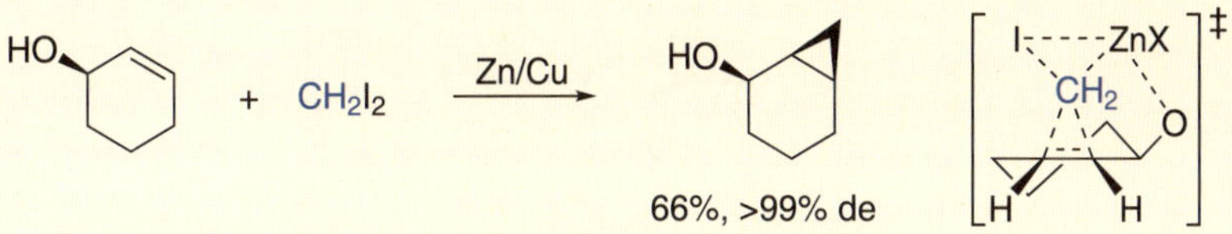

66%, >99% de

思考题 7.3

请思考烯烃 A 和 B 与 Simmon-Smith 试剂反应时有何不同。

A   B

7.10   聚合反应

聚合物 (polymer) 是一类由许多重复结构单元组成的大分子物质。在适当的催化剂如酸、自由基引发剂、碱或过渡金属的存在下，烯烃单体 (monomer) 中的双键彼此发生反应会形成二聚体 (dimer)、三聚体 (trimer)、低聚体 (oligomer)，最终得到具有重要应用价值的聚合物。烯烃的链式聚合可以分为自由基聚合 (radical polymerization)、阳离子聚合 (cationic polymerization)、阴离子聚合 (anionic polymerization) 和配位聚合 (coordination polymerization) 四种聚合方式。

7.10.1   自由基聚合

自由基聚合是烯烃的一种重要聚合方式。

聚乙烯(polythene, PE)

聚氯乙烯[poly(vinyl chloride), PVC]

聚苯乙烯(polystyrene)

聚乙烯 (polythene 或 polyethylene，简称 PE) 是由乙烯单体通过聚合反应制备的高分子材料，其产量居通用塑料的首位，广泛应用于工业和生活的各个领域。

聚乙烯的制备比较困难，即使是在自由基引发剂如偶氮二异丁腈 (AIBN) 或过氧化物的存在下，聚合反应仍然需要在较高温度和压力下进行。在 75 ℃和 1.7×10^8 Pa (1700 个大气压) 下，过氧化苯甲酰引发的乙烯聚合是一个自由基链反应，与普通的自由基反应历程类似，包括链引发、链增长和链终止三个步骤：

$$Ph-C(=O)-O-O-C(=O)-Ph \longrightarrow 2\ Ph-C(=O)-O\cdot \xrightarrow{-CO_2} Ph\cdot$$

$$Ph\cdot + CH_2=CH_2 \longrightarrow Ph-CH_2-\dot{C}H_2$$ 链引发

$$Ph-CH_2-\dot{C}H_2 + CH_2=CH_2 \longrightarrow Ph-CH_2-CH_2-CH_2-\dot{C}H_2 \quad \text{链传递}$$

英国帝国化学工业有限公司 (ICI) 的化学家试图在高压下使乙烯与其他化合物反应时发现了聚乙烯，并于 1939 年开始了工业化生产。

聚乙烯的分子量决定了它的用途，高分子量的聚乙烯往往用于特殊用途。所谓的高分子量 (high molecular weight，HMW) 聚乙烯每条聚合链含有 1 万－1.8 万个单体 (MW=3×10^5－5×10^5)，用于地下管道和大型容器。超高分子量 (Ultra-high molecular weight，UHMW) 每条链由 10 万个以上的单体组成 (MW=3×10^6－6×10^6)，可用于轴承、传送带、防弹背心及其他需要特殊耐磨性的材料。

$$\text{Ph} \{ CH_2CH_2 \}_n CH_2\dot{C}H_2 \quad \begin{cases} \xrightarrow{\text{结合}} [Ph\{CH_2CH_2\}_n CH_2CH_2]_2 \\ \xrightarrow{\text{歧化}} Ph\{CH_2CH_2\}_n CH_2CH_3 \; + \\ \qquad\qquad\quad Ph\{CH_2CH_2\}_n CH{=}CH_2 \end{cases} \quad \text{链终止}$$

链传递过程中的聚合物链末端自由基可以从自身或另一条链上夺取一个氢原子，这就会导致链分支。聚合物的分支程度称为"支化度"。

由于形成的自由基中间体相对比较稳定，氯乙烯和苯乙烯比乙烯更容易发生自由基聚合反应。

7.10.2 阳离子聚合

在阳离子聚合中，引发剂是亲电试剂 (通常是一个质子)，聚合中间体是碳正离子。该聚合方式仅仅适用于那些能够产生叔碳正离子、苄位碳正离子和氧鎓离子的烯烃或烯基醚底物。也就是说阳离子中间体的稳定性一定要高，否则，很容易失去一个质子导致链终止，得不到高分子量的聚合物。另外，引发剂质子化烯烃后产生的共轭碱的亲核性要低，否则共轭碱会进攻碳正离子中间体，导致链反应无法进行下去。因此，烯烃的阳离子聚合通常采用的引发剂是 Lewis 酸和质子源的组合。下面我们以三氟化硼为 Lewis 酸，水为质子源引发的异丁烯聚合来阐明阳离子聚合过程。

支化度对聚合物的物理性质及性能影响很大。支化度低的聚合链比支化度高的聚合链堆积更紧密，所以更加坚硬。直链聚乙烯 (高密度聚乙烯) 是一种相对坚硬的塑料，用于制造人造髋关节、牛奶罐和玩具等；而支化度高的聚乙烯 (低密度聚乙烯) 是一种柔性更好的聚合物，常用于垃圾袋和干洗袋等。

首先异丁烯质子化产生叔丁基碳正离子，其作为亲电试剂与另一分子异丁烯单体反应产生具有相同反应活性的新碳正离子，后者再与第三分子单体反应再次得到碳链增长的碳正离子中间体，以此类推，得到高分子量的聚合物。链终止反应可以是失去一个质子，与亲核试剂反应或者与溶剂发生链转移。

7.10.3　阴离子聚合

在阴离子聚合中，引发剂是强亲核试剂（碱）如烷基锂、氨负离子、烷氧负离子或氢氧根，聚合中间体是碳负离子。由于烯烃的富电子性质，对烯烃的亲核进攻很难进行。因此，引发剂必须是一个强的亲核试剂如氨基钠或丁基锂，同时烯烃底物中必须连有能够通过共振来降低双键电子云密度的取代基。

以丁基锂为引发剂，苯乙烯可以通过如下链式反应发生阴离子聚合。

作为强力胶 (super glue) 售卖的 2-氰基丙烯酸甲酯，由于含有两个吸电子基团，阴离子聚合活性非常高，即使是表面吸附的少量水都可引发聚合。

由于使用强碱丁基锂为引发剂，体系中不能有任何酸性物质。链传递可以持续进行下去，直到所有单体被耗尽。如果没有加水淬灭反应，此时链增长点仍然具有反应活性，当加入更多的或新的单体时，链式聚合反应会继续进行下去。我们将这种没有终止的聚合链称为活性聚合物 (living polymers)。

当烯烃双键上连有酯基、氰基、硝基等强吸电子基团时更容易发生阴离子聚合，只需要弱碱即可引发聚合。

7.10.4　配位聚合

配位聚合是一类过渡金属催化的聚合反应（详见下册第 29 章　金属有机化学中的烯烃配位聚合反应），其中最引人注目的催化剂是齐格勒–纳塔催化剂 (Ziegler-Natta catalyst)。

Ziegler-Natta 催化剂不仅可以在常温常压下催化乙烯的聚合，而且能够得到自由基聚合不能得到的高分子量、无分支的高密度聚乙烯。在聚合过程中，四氯化钛首先和三乙基铝发生反应，一个乙基从金属铝上转移到金属钛上，得到活性催化剂乙基钛的 σ 复合物 $EtTiCl_3$；然后一分子乙烯作为 Lewis 碱与 Lewis 酸中心 Ti 原子配位形成 π 络合物使双键得以活化；被活化的乙烯迁移插入 (migratory insertion) 到 Ti–C 键中，得到碳链增长的烷基钛的 σ 复合物；重复此过程直至得到高分子量的聚乙烯产物。

$$Cl_3Ti\diagdown\diagup\diagdown\diagup Et \quad \xrightarrow{} \quad Cl_3Ti\diagdown\diagup\diagdown\diagup Et$$

7.11 烯烃的制备

7.11.1 工业来源

作为最简单的两种烯烃，乙烯和丙烯是工业生产的两种最重要的有机化学品。全世界每年生产近 2 亿吨乙烯和 1 亿吨丙烯，用于合成聚乙烯、聚丙烯、乙二醇、乙酸、乙醛及许多其他化学品。

乙烯、丙烯和丁烯是由轻烷烃 $(C_2 - C_8)$ 通过蒸汽裂解工业合成的。在温度高达 900 ℃ 时，蒸汽裂解无需催化剂即可进行。

$$CH_3(CH_2)_nCH_3 \quad (n = 0 - 6)$$

$$\Big\downarrow 850 - 900℃$$

$$H_2 \ + \ CH_2{=}CH_2 \ + \ CH_3CH{=}CH_2 \ + \ CH_3CH_2CH{=}CH_2$$

该过程涉及自由基反应。高温条件导致 C–C 键和 C–H 键的均裂，得到复杂的较小碎片分子 (详见第 2 章 烷烃和自由基取代反应中的烷烃的热裂解反应)。

另一种常用且廉价的大规模生成烯烃的方法是石油的催化裂解，即在催化剂 (通常是铝硅酸盐) 的存在下加热烷烃混合物。在此条件下，长链烷烃发生键的断裂得到小分子烯烃和烷烃化合物。裂解产物烷烃和烯烃的平均分子量和相对数量可以通过改变温度、催化剂，以及裂解过程中氢气的浓度等来控制。最后，通过精馏塔将混合物分离得到纯净组分。

7.11.2 实验室制备方法

除乙烯、丙烯等简单烯烃之外，较复杂的烯烃可以通过如下的方法制备。

消除反应

烯烃制备主要采用消除反应。最常见的两种消除反应是卤代烷烃脱卤化氢和醇脱水。在消除反应中，某些小分子碎片从反应底物的相邻碳原子上消除，这种消除导致了双键的形成。

$$\underset{\underset{Z}{|}}{\overset{\overset{Y}{|}}{-C-C-}} \quad \xrightarrow[(-Y-Z)]{消除} \quad \overset{}{\diagup}C{=}C\diagdown$$

1. 卤代烷脱卤化氢

卤代烃脱卤化氢是制备烯烃最有效的方法之一，反应通常在强碱条件下进行。将卤代烃在醇钠或氢氧化钠 (也可以是氢氧化钾) 的醇溶液中加热即可顺利地消除卤素原子和相邻碳上的氢原子得到相应的烯烃，例如：

$$\text{（环己基氯）} \xrightarrow[55\ ℃]{KOH/C_2H_5OH} \text{（环己烯）}$$

100%

当脱卤化氢具有区域选择性时，通常主要生成烷基取代基比较多的烯烃，即热力学更稳定的烯烃。这个规律被称为札依采夫规则 (Zaitsev rule)：**在消除反应中，取代最多的烯烃通常为主要产物。**

2. 醇脱水

另一个常用的实验室合成烯烃的消除反应是醇脱水，反应通常在酸性条件下进行。最常用的催化剂是浓硫酸和浓磷酸，也可以使用 $KHSO_4$ 作为催化剂。

与卤代烃脱卤化氢一样，不对称的醇脱水同样遵循 Zaitsev 规则，即以生成热力学较稳定的烯烃为主。例如：

2-甲基丁-2-醇	2-甲基丁-2-烯	2-甲基丁-1-烯
2-methylbutan-2-ol	2-methylbut-2-ene	2-methylbut-1-ene
	90%	10%

大多数醇脱水经历碳正离子过程，因此，由醇脱水制备烯烃的一个局限是可能会伴随重排产物的生成。例如，3,3-二甲基丁-2-醇在脱水时，仅生成少量正常脱水产物，绝大部分是重排产物。

为了减少酸对设备的腐蚀，同时避免重排反应的发生，工业上常采用 Lewis 酸如三氧化二铝 (Al_2O_3) 作为催化剂，在高温条件下进行气相脱水制备烯烃。

3. 邻二卤代烃脱卤

邻二卤代烃在金属锌或镁的作用下，可以脱去一分子二卤化锌 (镁) 生成烯烃。

反应按单分子共轭碱消除反应机理 (E1cb) 进行。首先，金属提供一对电子给卤素原子，形成碳负离子中间体，然后卤素负离子离去生成烯烃。

除此之外，其他亲核试剂如 I⁻ 和 Ph₃P 等也可以使邻二卤代烃发生脱卤素得到烯烃。

$$-\overset{|}{\underset{X}{C}}-\overset{|}{\underset{X}{C}}- \ + \ I^- \ \longrightarrow \ \overset{}{\underset{}{C}}{=}\overset{}{\underset{}{C} } \ + \ XI \ + \ X^-$$

$$-\overset{|}{\underset{X}{C}}-\overset{|}{\underset{X}{C}}- \ + \ Ph_3P \ \longrightarrow \ \overset{}{\underset{}{C}}{=}\overset{}{\underset{}{C}} \ + \ Ph_3PX_2$$

由于邻二卤代烃通常由烯烃和卤素加成制备，因此，该反应没有太多合成价值。但是可以用来保护双键，有时也能用来使双键构型发生转化。

通过炔烃制备

炔烃催化氢化的中间体是烯烃，如果采用特殊的催化剂，反应可以停留在烯烃阶段。常用的炔烃部分氢化的催化剂包括被称为 Lindlar 催化剂的钯催化剂和被称为 P-2 催化剂的镍基催化剂。在这两种催化剂的催化下，内炔可以顺利地发生部分氢化，立体选择性地得到相应的顺式烯烃 (详见第 8 章 炔烃和二烯烃中的部分还原)。

$$R{\longequal}R^1 \ + \ H_2 \ \xrightarrow[\text{或P-2催化剂}]{\text{Lindlar 催化剂}} \ R{\diagdown}\underset{}{\diagup}R^1$$

另外，使用溶解在液氨或乙胺中的碱金属作为还原剂，也能够将内炔部分还原，立体选择性地得到反式烯烃。

$$R{\longequal}R^1 \ \xrightarrow{Na/NH_3(l)} \ R{\diagdown}{=}{\diagup}R^1$$

炔烃的碳金属化 (carbometallation of alkynes) 反应也是一种立体选择性合成烯烃的有效方法。端炔或共轭炔酸酯与格氏试剂和 CuBr 形成的混合铜镁试剂 (Normant 试剂) 或二烷基铜锂试剂在低温下能以区域及立体选择性地发生顺式加成得到相应的烯基铜中间体，直接水解后处理或进一步与亲电试剂反应可以得不同取代模式的烯烃产物 (详见下册第 29 章 金属有机化学中的有机铜化合物)。

本章学习要点

(1) 烯烃的 Z/E 命名方法。

(2) 烯烃的几何异构及存在的必要条件。

(3) 烯烃的亲电加成 (历程、区域选择性及其本质和立体化学)。

(4) 碳正离子的反应 (作为亲电试剂、重排、β-消除等)。

(5) 烯烃的催化氢化 (立体化学、氢化热及烯烃的热力学稳定性)。

(6) 烯烃的自由基加成。

(7) 烯烃的氧化 (顺式 1,2-双羟化、断裂氧化和环氧化)。

(8) 烯烃的 α-卤代。

(9) 烯烃的制备。

 习题

7.1 写出 1-甲基环己烯与下列试剂的反应产物。

   (1) HCl   (2) HBr   (3) HBr/ROOR

   (4) HI   (5) HI/ROOR   (6) 稀硫酸

   (7) B_2H_6, 然后 H_2O_2/NaOH   (8) Br_2/CCl_4

   (9) Br_2/H_2O (10) RCO_3H

   (11) O_3, 然后 Zn/AcOH

   (12) 稀、冷高锰酸钾溶液   (13) OsO_4

   (14) 酸性高锰酸钾溶液   (15) H_2, Pd/C

   (16) Hg$(OAc)_2$/H_2O, 然后 $NaBH_4$

7.2 完成下列转化。

(1)

(2)

(3)

7.3 写出下列烯烃发生臭氧化还原分解的产物。

(1)   (2)

(3)   (4)

7.4 根据臭氧化还原分解的产物给出烯烃的结构。

(1)

(2)

(3)

(4)

(5)

(6)

7.5 以 1,2-二甲基环戊烯为原料，分别合成如下化合物。

(1)   (2)

(3)   (4)

(5) 　(6)

(7) 　(8)

(9)

7.6 从甲亚基环己烷出发，分别合成如下化合物。

甲亚基环己烷

(1) 　(2)

(3) 　(4)

(5) 　(6)

(7) 　(8)

(9)

7.7 请预测下列反应的产物并给出其形成机理 (用弯箭头标明电子转移方向)。

(1) $\xrightarrow{\text{HCl}}$ (?)

(2) $\xrightarrow{\text{HBr}}$ (?)

(3) $\xrightarrow{\text{KI/H}_3\text{PO}_4}$ (?) (两个产物)

7.8 写出下列转化中英文字母所代表的产物的结构。

(1) $\xrightarrow[\text{2) NaBH}_4]{\text{1) Hg(OAc)}_2,\ \text{H}_2\text{O}}$

A $\xrightarrow[\triangle]{\text{H}_2\text{SO}_4}$ B $\xrightarrow[\text{2) H}_2\text{O, NaHSO}_3]{\text{1) OsO}_4}$ C

(2) $\xrightarrow[\text{ROOR}]{\text{HBr (过量)}}$

D $\xrightarrow[\triangle]{^t\text{BuOK (过量)}}$ E $\xrightarrow[\text{2) (CH}_3)_2\text{S}]{\text{1) O}_3\ (\text{过量})}$ F

7.9 未知烯烃在铂催化下可以与 3 equiv. 氢气反应生成 1-异丙基-4-甲基环己烷。该烯烃发生臭氧化还原分解得到如下三个产物：

根据上述实验事实写出该烯烃的结构。

7.10 硫氰 [(SCN)$_2$] 与顺环辛烯反应得到如下的反式加成产物，请写出该反应的分步反应机理。

$\xrightarrow{\text{NCSSCN}}$

7.11 写出如下反应的机理。

7.12 写出下列反应的反应历程。

(1) $\xrightarrow{\text{H}^+}$

(2) $\xrightarrow{\text{H}^+}$

(3) $\xrightarrow{\text{H}_2\text{SO}_4}$

7.13 写出下列烯烃分别与 HBr 反应的主要产物。

(1) 　(2)

(3) 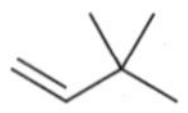 　　(4)

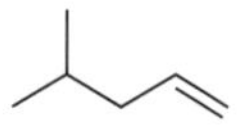

(5)

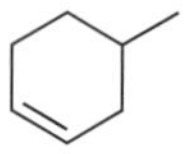

7.14 给出如下转化的反应机理。

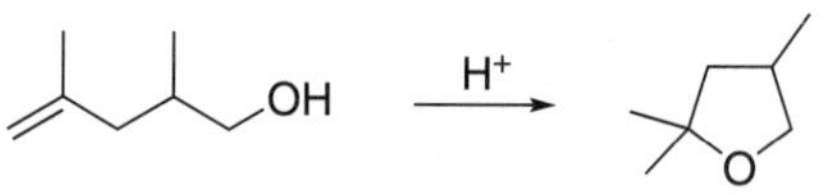

7.15 *epi*-aristolochene 是辣椒和烟叶中发现的一种天然烯烃，它可以在酸催化下从如下的三烯烃转化得到，请给出转化的详细机理。

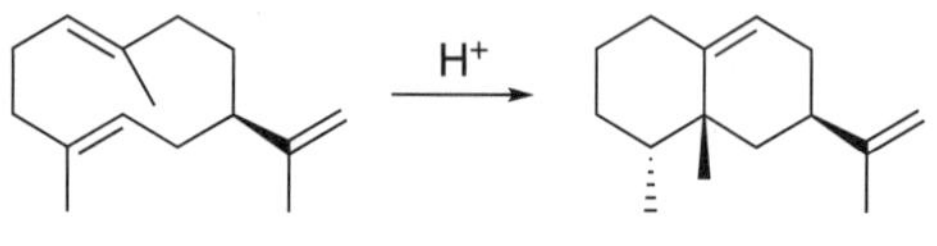

epi-aristolochene

7.16 比较下列各组烯烃与 HBr 加成的反应活性，并写出各自的加成产物。

(1) 乙烯，溴乙烯　　(2) 丙烯，2-甲基丙烯

(3) 氯乙烯，1,2-二氯乙烯

(4) 乙烯，丙烯酸 (CH$_2$=CHCO$_2$H)

(5) 丁-2-烯，2-甲基丙烯

7.17 请给出如下转化的反应机理。

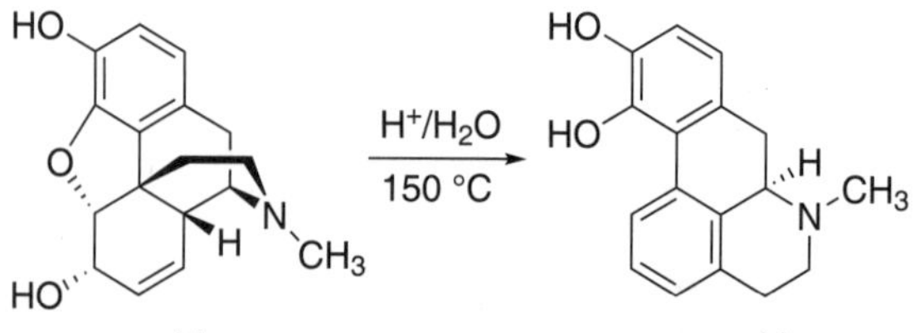

morphine　　　　　　apomorphine

7.18 橙花醇 (nerol) 在稀硫酸作用下可以转化成 α-萜品醇 (α-terpineol)。写出该转化的详细机理。

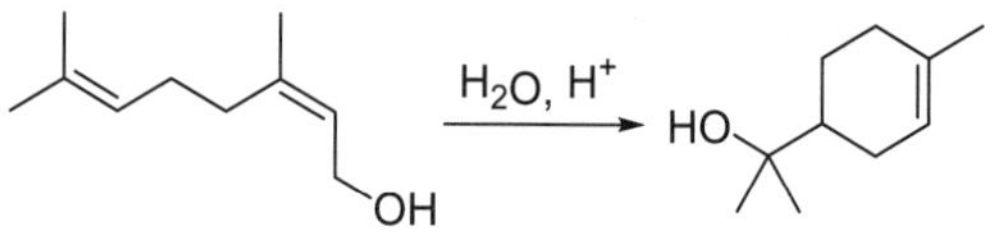

橙花醇
(nerol)　　　　　　α-萜品醇
(α-terpineol)

7.19 三乙胺 (Et$_3$N) 与二氯卡宾 (: CCl$_2$) 反应首先会形成一个不稳定的化合物 **A**，**A** 失去一分子乙烯 (CH$_2$=CH$_2$) 得到化合物 **B**，**B** 与水反应生成化合物 **C**。请写出化合物 **A**、**B** 和 **C** 的结构。

第 8 章

炔烃与二烯烃

第 8 章

炔烃与二烯烃

炔烃 (alkyne) 是指分子结构中含有碳碳三键官能团的一类烃类化合物。三键的存在导致炔烃比相应的烷烃少四个氢原子，其结构通式为 C_nH_{2n-2}，不饱和度是 2。分子中含有两个碳碳双键的烃称为二烯烃 (alkadiene)，拥有与炔烃相同的结构通式。虽然二者具有相同的结构通式，但由于拥有不同的官能团，因此二者具有不同的化学性质。

8.1 炔烃的结构与命名

我们以炔烃中最简单的成员乙炔来描述炔烃的结构。在乙炔中，两个碳原子均采取 sp 杂化，每个碳原子拥有两个 sp 杂化轨道和 2 个 p 轨道。两个碳原子之间通过 sp 杂化轨道轴向重叠形成 C-C σ 键，各自剩下的 sp 杂化轨道分别与氢原子的 1s 轨道重叠形成两个 C-H σ 键。每个碳原子上的两个相互垂直的 p 轨道各含一个未成对电子。这两个 p 轨道与另一个碳原子的两个 p 轨道通过侧向重叠形成两个彼此垂直的 π 键 (图 8-1)。由于两个 sp 杂化轨道采取尽可能远离的方式排列以满足最小化的电子排斥作用，因此乙炔是一个线形分子，即成键的四个原子处于同一直线上。此外，由于 π 键电子松散地分布在 π 键所在平面上下方，所以乙炔的电子云分布类似于圆柱形，围绕在 C-C σ 键的周围。

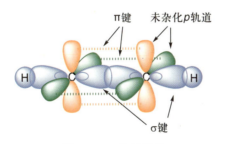

图 8-1 乙炔的结构

从上可知，炔烃中的碳碳三键是由一个较强的 σ 键和两个较弱的 π 键组成的。因此，三键的键能 (837 kJ·mol^{-1}) 比双键 (612 kJ·mol^{-1}) 和单键 (361 kJ·mol^{-1}) 的键能大。

电子衍射光谱测得乙炔为线形分子。碳碳三键的键长为 1.20 Å，比碳碳双键键长 (1.33 Å) 短；碳氢键的键长为 1.06 Å，也比烯烃或烷烃中的碳氢键短，这是由于与氢成键的 sp 杂化轨道具有相对较大的 s 成分。

炔烃的命名方法有两种，分别是普通命名法和系统命名法。在普通命名法中，炔烃通常是按乙炔 (acetylene) 的衍生物来命名的。例如：

$$Ph-C{\equiv}C-H \qquad H_3C-C{\equiv}C-CH_2CH_3 \qquad (CH_3)_2CH-C{\equiv}C-CH(CH_3)_2$$

苯基乙炔　　　　　　　乙基甲基乙炔　　　　　　　二异丙基乙炔
phenylactylene　　　　ethylmethylacetylene　　　diisopropylacetylene

炔烃的系统命名法与烯烃类似。首先找到包含三键的最长碳链，并将母体烷烃的词尾"烷"改为"炔"；英文名称是将烷烃词尾"ane"改成"yne"。主链的编号是从离三键最近的一端开始，三键的位置由其编号较低的碳原子来表示。用数字表明取代基所在的位置。

Br
CH₃C≡CCHCH₂CH₃

CH₃
HC≡CCCH₂CH₃
CH₃

H₃C   Cl
CH₃CHC≡CCH₂CHCH₃

4-溴己-2-炔　　　　　3,3-二甲基戊-1-炔　　　　6-氯-2-甲基庚-3-炔
4-bromohex-2-yne　　3,3-dimethylpent-1-yne　　6-chloro-2-methylhept-3-yne

在系统命名法中，主链中既含有双键又含有三键的烃类化合物称为烯炔 (alkenyne)。编号从距离官能团最近的一侧开始。当双键和三键与任何一端的距离相等时，通常给双键较低的编号。

(E)-庚-5-烯-1-炔　　　　　庚-1-烯-5-炔　　　　　庚-1-烯-6-炔
(E)-hept-5-en-1-yne　　　hept-1-en-5-yne　　　hept-1-en-6-yne

与分别由烷烃和烯烃衍生的烷基 (alkanyl 或 alkyl) 和烯基 (alkenyl) 取代基一样，炔基 (alkynyl) 也可以作为取代基。

反-1,2-二乙炔基环己烷　　　　　　　　丙-2-炔-1-基环戊烷
trans-1,2-diethynylcyclohexane　　　prop-2-yn-1-ylcyclopentane

炔的许多化学性质取决于是否含有炔氢 (C≡C-H，acetylenic hydrogen)，即三键是否在碳链的末端。像具有 R-C≡C-H 结构的炔烃称为端炔 (terminal alkyne)；而具有 R-C≡C-R¹ 结构的炔烃则称为内炔 (internal alkyne)。

　　炔烃在自然界中不像烯烃那样常见，但一些植物和昆虫使用炔烃来保护自己免受疾病或捕食者的伤害。例如，人参炔三醇 (panaxytriol) 是一种从人参中发现的二炔化合物，可以减轻癌症化疗的副作用。(Z)-dihydromatricaria acid (DHMA) 是士兵甲虫分泌的一种含碳碳三键的不饱和羧酸，用于抵御捕食者和病原体。茵陈二炔酮 (capillin) 被一种生长在红海附近的植物用来抵御真菌疾病。达内霉素 A (dynemicin A) 则是由小单孢菌产生的一种含蒽醌结构单元的烯二炔类高效抗肿瘤抗生素。

人参炔三醇
(panaxytriol)

(Z)-dihydromaricaria acid (DHMA)

茵陈二炔酮
(capillin)

达内霉素A
(dynemicin A)

8.2 炔烃的物理性质和波谱性质

8.2.1 物理性质

炔烃极性较低,但比烯烃的极性稍强。炔烃几乎不溶于水,易溶于大多数有机溶剂,包括丙酮、醚、二氯甲烷、氯仿和醇等。许多炔烃具有轻微刺激性气味。乙炔、丙炔和丁炔在室温下是气体。炔烃的熔点、沸点和密度比具有相似碳骨架的烷烃和烯烃稍高。表8-1是一些常见炔烃的物理常数。

表 8-1 一些常见炔烃的物理常数

名称	结构	熔点/℃	沸点/℃	密度/(g·mL^{-1})
乙炔	HC≡CH	−82	−84	0.62
丙炔	CH$_3$C≡CH	−101	−23	0.67
丁-1-炔	CH$_3$CH$_2$C≡CH	−126	8	0.67
丁-2-炔	CH$_3$C≡CCH$_3$	−32	27	0.69
戊-1-炔	CH$_3$CH$_2$CH$_2$C≡CH	−90	40	0.70
戊-2-炔	CH$_3$CH$_2$C≡CCH$_3$	−101	55	0.71
3-甲基丁-1-炔	(CH$_3$)$_2$CHC≡CH	−90	28	0.67
己-1-炔	CH$_3$(CH$_2$)$_3$C≡CH	−132	71	0.72
己-2-炔	CH$_3$CH$_2$CH$_2$C≡CCH$_3$	−90	84	0.73
己-3-炔	CH$_3$CH$_2$C≡CCH$_2$CH$_3$	−101	82	0.73
3,3-二甲基丁-1-炔	(CH$_3$)$_3$CC≡CH	−81	38	0.67
庚-1-炔	CH$_3$(CH$_2$)$_4$C≡CH	−81	100	0.73
辛-1-炔	CH$_3$(CH$_2$)$_5$C≡CH	−79	125	0.75
壬-1-炔	CH$_3$(CH$_2$)$_6$C≡CH	−50	151	0.76
癸-1-炔	CH$_3$(CH$_2$)$_7$C≡CH	−36	174	0.77

8.2.2   波谱性质

比较炔烃和烯烃中位置相似质子的化学位移发现，尽管炔丙位质子和烯丙位质子具有非常相近的化学位移，但炔基质子的化学位移要比烯基质子小得多。

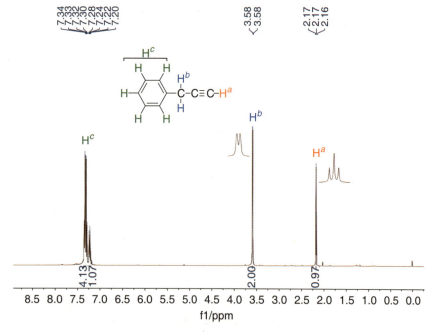

主要原因是碳碳三键的 π 电子云呈圆筒形，其磁各向异性效应导致炔基质子处于三键 π 电子环流在外磁场作用下产生的感应磁场的屏蔽区，化学位移向高场方向移动。

与烯烃类似，由于三键 π 电子的传递作用，端炔中的炔基氢同样会受到炔丙位质子的远程耦合裂分。耦合常数较小，一般介于 2 - 4 Hz。例如在 3-苯基丙-1-炔的 ¹H NMR 谱中 (图 8-2)，化学位移 2.17 ppm 处的炔基氢由于受到两个等价炔丙位质子的耦合，裂分成三重峰；相应的化学位移 3.58 ppm 处的炔丙位质子受到炔基氢的耦合，裂分成二重峰。

图 8-2   3-苯基丙-1-炔的 ¹H NMR 谱

在 ¹³C NMR 谱中，sp 杂化碳原子受到的屏蔽效应小于 sp^3 杂化碳原子受到的屏蔽效应，但大于 sp^2 杂化碳原子受到的屏蔽效应。因此，炔碳的化学位移一般介于 65 - 85 ppm，很容易与烷烃中的碳原子 (5 - 45 ppm) 和烯烃中的双键碳原子 (100 - 145 ppm) 区分开来 (图 8-3)。

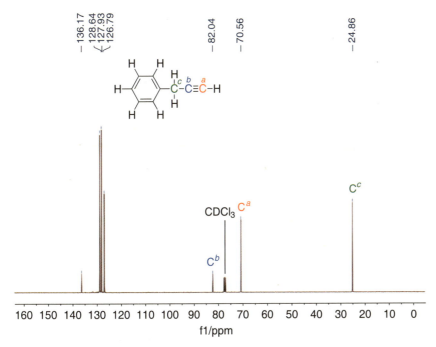

图 8-3 3-苯基丙-1-炔的 ^{13}C NMR 谱

另一个需要注意的是，与炔基氢一样，炔丙位碳原子同样由于处于屏蔽区导致化学位移向高场移动，一般移动 5 – 15 ppm。例如，在庚-2-炔的 ^{13}C NMR 谱中，两个红色的炔丙位碳的化学位移都小于普通的亚甲基和甲基的化学位移。

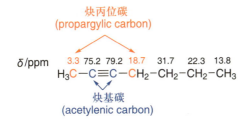

8.3 炔烃的化学性质

炔烃具有不饱和三键，它的很多化学反应与烯烃类似，例如像烯烃一样可进行加成、氧化等反应。不同的是炔烃分子中直接与三键碳原子相连的氢具有相对较强的酸性，与强碱作用可以成盐，并进行后续反应。

8.3.1 端炔的酸性

炔烃与烯烃的最大差异在于端炔氢具有较强的酸性。例如乙炔的 pK_a 是 25，远低于乙烯 (44) 和乙烷 (60) 的 pK_a。为什么与烷烃和烯烃相比，端炔具有更强的酸性？换句话说，为什么炔基负离子比烷基和烯基负离子更稳定？与 p 轨道相比，s 轨道离带正电荷的原子核更近，对电子的吸引或束缚能力更强。因此，杂化轨道中具有更多 s 成分的原子的电负性会比杂化轨道中具有较少 s 成分的相同原子的电负性强。在碳原子的不同杂化形式中，s 轨道百分比例按如下顺序依次增加，sp^3 (25%) <

sp^2 (33%) < sp (50%),因此 sp 杂化碳原子的相对电负性大于 sp^2 和 sp^3 杂化碳原子。当原子大小相同 (近) 时,电负性越大的原子与氢形成的共价键中,成键电子对越偏向于电负性大的原子,导致该共价键更易于异裂,释放出质子,即酸性更强的化合物是氢与电负性更大的原子相连的化合物。所以,乙炔的酸性强于乙烯,而乙烯的酸性又强于乙烷。另外,从三者的共轭碱即相应的负离子的稳定性也能得出如上酸性强弱顺序。s 轨道上的电子比 p 轨道上的电子能量低,这意味着 s 成分越多的杂化轨道中的电子的能量越低。乙烷、乙烯和乙炔分别去质子化后得到的碳负离子的一对电子分别位于 sp^3、sp^2 和 sp 杂化轨道中,所以乙炔基负离子最稳定,其次是乙烯基负离子,最不稳定的是乙基负离子。负离子越稳定说明其共轭酸的酸性越强。

乙炔可与金属钠反应放出氢气。在不同的反应条件下可以分别生成乙炔钠或乙炔二钠。乙炔钠具有很强的碱性,可以和水反应生成氢氧化钠和乙炔。

$$2\,HC{\equiv}CH \ + \ 2\,Na \ \xrightarrow{110\ ^{o}C} \ 2\,HC{\equiv}CNa \ + \ H_2$$

$$HC{\equiv}CH \ + \ 2\,Na \ \xrightarrow{190-200^{o}C} \ NaC{\equiv}CNa \ + \ H_2$$

$$HC{\equiv}CNa \ + \ H_2O \ \longrightarrow \ HC{\equiv}CH \ + \ NaOH$$

在强碱如氨基钠、烷基锂或格氏试剂的作用下,乙炔或端炔同样可以被去质子化得到相应的炔基负离子 (alkynyl anions)。

$$NH_3 \ + \ Na \ \xrightarrow{Fe^{3+}} \ NaNH_2 \ + \ H_2$$

$$HC{\equiv}CH \ + \ NaNH_2 \ \longrightarrow \ HC{\equiv}CNa \ + \ NH_3$$

$$CH_3C{\equiv}CH \ \xrightarrow[(CH_3CH_2)_2O]{CH_3CH_2CH_2CH_2Li} \ CH_3C{\equiv}CLi \ + \ CH_3CH_2CH_2CH_3$$

$$CH_3C{\equiv}CH \ \xrightarrow[THF]{CH_3CH_2MgBr} \ CH_3C{\equiv}CMgBr \ + \ CH_3CH_3$$

端炔的酸性还体现在其可以和银氨溶液或亚铜氨溶液反应,分别生成白色炔银沉淀和红褐色炔化亚铜沉淀。这两个反应非常灵敏,并且现象明显,可以用于鉴别端炔和内炔。

$$HC{\equiv}CH \ + \ 2\,[Ag(NH_3)_2]^+ \ \longrightarrow \ AgC{\equiv}CAg\downarrow(白色) \ + \ 2\,NH_4^+ \ + \ 2\,NH_3$$

$$HC{\equiv}CH \ + \ 2\,[Cu(NH_3)_2]^+ \ \longrightarrow \ CuC{\equiv}CCu\downarrow(红褐色) \ + \ 2\,NH_4^+ \ + \ 2\,NH_3$$

$$RC{\equiv}CH \ + \ 2\,[Ag(NH_3)_2]^+ \ \longrightarrow \ RC{\equiv}CAg\downarrow(白色) \ + \ 2\,NH_4^+ \ + \ 2\,NH_3$$

高度不饱和炔烃具有很高的能量,甚至能发生爆炸性分解。这种特性在乙炔金属盐中表现得尤为明显。干燥的炔银和炔铜对摩擦、碰撞、热及静电非常敏感,所有这些都会引起剧烈的爆炸生成金属和碳。为了避免危险,通常反应结束后缓慢加入稀硝酸或浓盐酸使之分解。

由于氰负离子与 Ag^+ 可以形成非常稳定的配合物,在炔化银中加入氰化钠水溶液,炔化银可以重新回到炔烃。因此,可以利用炔银的生成和炔烃的再次释放来达到纯化端炔的目的。

$$RC{\equiv}CAg \ + \ 2\,CN^- \ + \ H_2O \ \longrightarrow \ RC{\equiv}CH \ + \ Ag(CN)_2^- \ + \ OH^-$$

8.3.2 部分还原反应

1. 催化氢化反应

根据反应条件和所使用的催化剂，炔烃发生选择性氢化反应生成烯烃或烷烃。当使用铂催化剂时，炔烃通常会与 2 当量氢气反应得到烷烃。

$$CH_3C{\equiv}CCH_3 \xrightarrow{H_2,\ Pt} [CH_3CH{=}CHCH_3] \xrightarrow{H_2,\ Pt} CH_3CH_2CH_2CH_3$$

但是，如果使用一些催化活性较低的特殊催化剂，炔烃的催化氢化反应可以停留在烯烃阶段，从而提供一种有效的从内炔烃出发合成 (Z)-构型烯烃的方法。一种可以成功地将炔烃部分氢化得到烯烃的非均相催化剂是称为 P-2 催化剂的镍基催化剂。该催化剂可以通过硼氢化钠还原醋酸镍得到：

$$Ni(OAc)_2 \xrightarrow[EtOH]{NaBH_4} Ni_2B$$

$$\xrightarrow{H_2,\ Ni_2B\ (P-2催化剂)} \quad 97\%$$

另一种部分催化氢化的策略是利用催化剂毒物 (catalyst poison) 的添加来降低钯催化剂的催化活性，使反应停留在烯烃阶段。常用的催化剂毒物有二价铅盐 (Pb^{2+}) 和一些特定的含氮化合物如吡啶 (pyridine)、喹啉或其他三级胺。这些化合物的加入会阻断烯烃的催化氢化反应而不干扰炔烃氢化成烯烃。例如，辛-4-炔在吡啶存在下用 Pd/C 催化剂氢化得到的是部分氢化产物 (Z)-辛-4-烯。

$$\xrightarrow{H_2,\ Pd/C,\ pyridine}$$

通过炔烃部分氢化制备烯烃最常用的是一种被称为 Lindlar 催化剂的钯催化剂。其制备方法是将金属钯负载在碳酸钙上，然后用醋酸铅洗涤 [Pd/CaCO_3，Pb(OAc)_2]；或者将金属钯负载在硫酸钡上，再添加喹啉 (Pd/BaSO_4，喹啉)。这两种载体的优势是部分氢化产物烯烃可以更快速地脱离催化剂表面，有效地避免了过度还原的发生。

$$R{=\!\!=\!\!=}R^1 \xrightarrow{H_2,\ Lindlar催化剂} \begin{array}{c} R \quad R^1 \\ H \quad H \end{array}$$

NiCl_2-Li-DTTB-ROH 是一种利用原位形成的高活性 Ni(0) 纳米粒子和分子氢将内炔立体选择性地转化为顺式烯烃的高效还原体系。在该还原体系中，金属锂发挥了双重作用：一方面将 NiCl_2 还原原位形成高活性的 Ni(0) 纳米粒子，另一方面与醇反应产生氢气。催化量的 DTBB (4,4'-二叔丁基联苯，4,4'-di-*tert*-butylbiphenyl) 在锂还原二价镍的过程中充当电子载体。

$$R{=\!\!=\!\!=}R^1 \xrightarrow[THF,\ 室温]{\boxed{NiCl_2\text{-}Li\text{-}DTBB(cat.)\text{-}ROH}\ /\ \boxed{Ni(0)纳米粒子\text{-}H_2}} R{-}R^1$$

2. 溶解金属还原反应

当使用溶解在液氨或乙胺中的碱金属 (Li、Na 或 K) 来还原内炔时 (称为溶解金属还原反应，dissolving metal reduction)，我们可以得到反式烯烃产物。例如庚-3-炔在液氨中用金属钠还原得到 (E)-庚-3-烯。

$$\text{Na/NH}_3(l)$$

86%

当金属钠溶解在液氨中时，会形成一个包含钠离子和溶剂化电子 (solvated electron) 的深蓝色溶液，正是这些溶剂化电子还原了炔烃。因此，不像液氨中的氨基钠是一种强碱，液氨中的金属钠是一种强的电子给体，即还原剂。

$$\text{Na} \cdot \ + \ \text{NH}_3 \ \longrightarrow \ \text{Na}^+ \ + \ e^-[\text{NH}_3]_n$$

溶剂化电子
(solvated electron)

溶解金属还原反应的反应机理包括两次单电子转移 (第一步和第三步) 和两次质子转移 (第二步和第四步) 过程。第一步，三键的最低未占有分子轨道 (LUMO) 接受金属钠的一个电子产生一个自由基负离子 (radical anion) 中间体；第二步，自由基负离子中间体夺取液氨 (或添加的其他质子性溶剂) 中的一个质子得到烯基自由基 (alkenyl radical) 中间体和氨基负离子，这也是整个反应的决速步；该自由基再次从金属钠处获取一个电子形成烯基负离子 (alkenyl anion)；烯基负离子再夺取一个质子得到还原产物反式烯烃。

第一步： R-C≡C-R ⇌$\xrightarrow{e^-[\text{NH}_3]_n}$ R-Ċ=Ċ-R ↔ R-Ċ=Ċ-R

自由基负离子
(radical anion)

第二步：

烯基自由基
(alkenyl radical)

第三步：

烯基负离子
(alkenyl anion)

第四步：

反式烯烃

烯基自由基存在快速的顺反平衡，而烯基负离子不存在快速的顺反平衡。因此，溶解金属还原反应的反式立体化学由电子转移形成烯基负离子的第三步决定。在形成烯基负离子的过程中，反式烯基负离子中两个烷基取代基相距更远，没有范德华斥力，比顺式烯基自由基更稳定，会优先形成。形成的反式烯基负离子来不及与顺式烯基负离子建立平衡就立即夺取液氨中的一个质子得到还原产物反式烯烃。

思考题 8.1

当使用金属钠/液氨还原端炔时，反应的理论产率只有33%，即只有三分之一的端炔能够被顺利地还原成相应的端烯。请根据反应机理给出合理的解释，并设计一个路线实现端炔的完全转化。

3. 四氢铝锂还原反应

另一种广泛用于还原炔烃的方法是用四氢铝锂还原炔烃。只有在三键附近有羟基或烷氧基时，反应才会顺利进行。因为在还原过程中需要利用羟基或烷氧基与四氢铝锂配位，促使还原反应的进行。

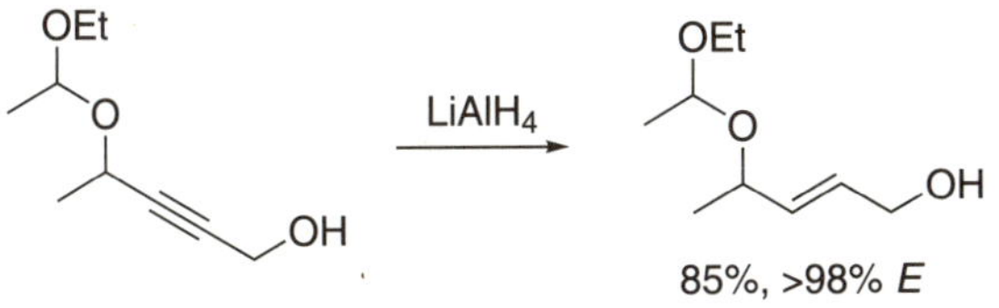

85%, >98% E

双 (2-甲氧基乙氧基) 二氢铝钠 [NaAlH$_2$(OCH$_2$CH$_2$OCH$_3$)$_2$，RedAl$^®$，亦称红铝] 也能高效地将炔丙醇还原成 (E)-烯丙醇。

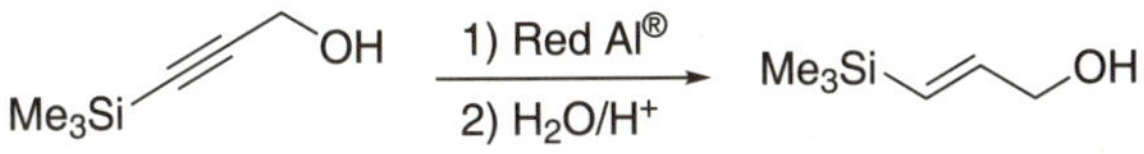

对于普通炔烃底物，需要添加过渡金属催化剂，利用原位形成的金属氢化物来实现其还原。例如，在 10 mol% 二氯二茂钛 (Cp$_2$TiCl$_2$) 的催化下，辛-4-炔可以被 LiAlH$_4$ 在回流的四氢呋喃中还原成 (Z)-辛-4-烯。

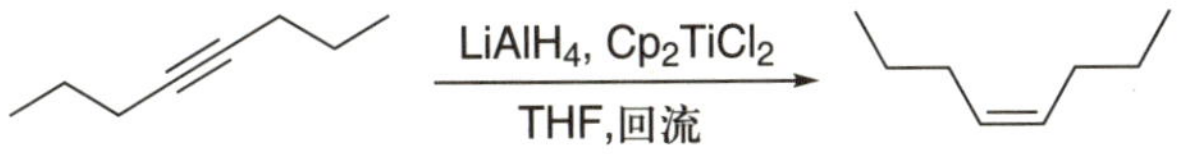

8.3.3 亲电加成反应

与烯烃类似，乙炔及其衍生物也可以发生亲电加成反应。sp 杂化碳原子的 s 成分比 sp^2 杂化碳原子的 s 成分高，对电子的束缚能力强，尽管三键比双键多一对电子，却不容易给出电子与亲电试剂反应，因此三键的亲电加成反应活性比双键的亲电加成反应活性低。

炔烃能够和两分子亲电试剂发生反应。首先与一分子亲电试剂反应生成烯烃衍生物，然后再与另一分子亲电试剂反应生成烷烃衍生物。如果控制反应条件，反应可以停留在烯烃衍生物一步。

1. 与卤素的加成反应

卤素可以与炔烃发生亲电加成反应，但反应速度比烯烃慢。例如烯烃可以使溴的四氯化碳溶液立即褪色，炔烃却需要数分钟才能使之褪色。因此，如果一个分子中同时存在孤立的双键和三键，当它和1当量的溴反应时，反应具有化学选择性，首先进行的是与双键的加成。

炔烃与卤素反应首先得到反-1,2-二卤代烯烃，在过量卤素存在下，继续发生第二次加成得到四卤代烷烃。

$$-C\equiv C- \xrightarrow{X_2} \underset{X}{\overset{}{\underset{}{C=C}}} \xrightarrow{X_2} -\underset{X}{\overset{X}{C}}-\underset{X}{\overset{X}{C}}-$$

由于卤素原子的吸电子诱导效应导致第一次加成产物 1,2-二卤代烯烃的亲电加成反应活性减小，因此加成反应可以停留在该步。

己-3-炔
hex-3-yne

+ Br₂ ——→

90%
(E)-3,4-二溴己-3-烯
(E)-3,4-dibromohex-3-ene

反应机理和卤素与烯烃加成的机理类似，都是通过环状卤鎓离子进行的，但两者中间体的稳定性不同，炔烃形成的环状卤鎓离子具有更大的张力，稳定性较低。根据 Hammond 假说，炔烃的环状卤鎓离子中间体的形成速率较慢，因此反应活性不如烯烃。

思考题 8.2

某同学打算通过溴与己-1-炔的亲电加成制备 1,2-二溴己-1-烯，是将己-1-炔加入溴溶液中，还是将溴加入己-1-炔溶液中比较好？请给出你的选择并加以解释。

2. 与卤化氢的加成反应

炔烃含有两个 π 键，可以和两分子卤化氢发生亲电加成。反应首先得到中间产物烯基卤代烃，后者与过量的卤化氢继续反应得到偕二卤代烃。

$$-C\equiv C- \xrightarrow{HX} \underset{H}{\overset{}{\underset{}{C=C}}}X \xrightarrow{HX} -\underset{H}{\overset{H}{C}}-\underset{X}{\overset{X}{C}}-$$

卤素原子的吸电子诱导效应导致烯基卤代烃中双键的电子云密度下降，使双键的亲核性降低，发生亲电加成反应的活性不如炔烃，因此，如果控制卤化氢的用量，反应可以停留在加一分子卤化氢的阶段，这是制备烯基卤代烃的一种重要方法。

相对反应活性：   R⟍ > R══ > $\underset{X}{\overset{R}{\diagup\!\!\diagdown}}$

HX 与烯烃反应时，反应分两步进行，涉及烷基碳正离子中间体的形成。如果采用相同的机理，HX 与炔烃加成时就会形成一个类似的正电荷分布在 sp^2 杂化碳原子上的烯基碳正离子 (alkenyl cation) 作为中间体。sp^2 杂化碳原子比 sp^3 杂化碳原子的电负性更强，不太能容纳正电荷，故烯基碳正离子的稳定性小于相应结构的烷基碳正离子。一级碳正离子很不稳定而难以形成，因此，具有与一级碳正离子相似稳定性的二级烯基碳正离子也难以形成。一些化学家认为质子化炔烃的中间体是质子与炔烃形成的 π 复合物 (π complex) 而不是烯基碳正离子。

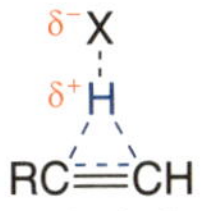

$$\underset{\pi复合物}{\overset{\displaystyle\overset{\delta^-}{X}}{\underset{RC\!\equiv\!CH}{\overset{|}{\underset{}{\overset{\delta^+}{H}}}}}}$$

许多炔烃与卤化氢的加成反应具有立体选择性，有力地支持了中间体是 π 复合物的观点。

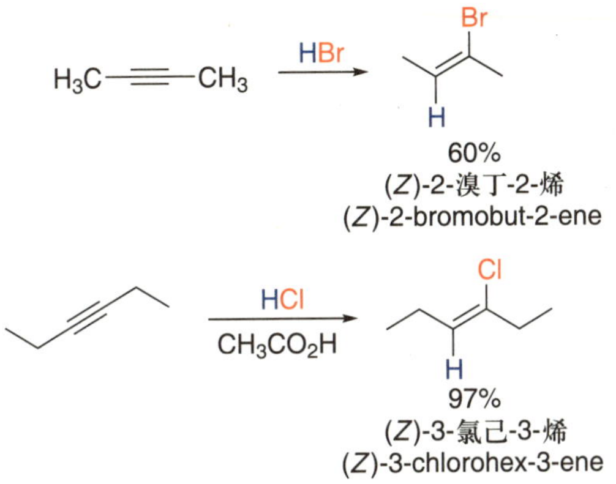

H₃C—C≡C—CH₃ →[HBr] (结构式)
60%
(Z)-2-溴丁-2-烯
(Z)-2-bromobut-2-ene

(结构式) →[HCl][CH₃CO₂H] (结构式)
97%
(Z)-3-氯己-3-烯
(Z)-3-chlorohex-3-ene

端炔与卤化氢的加成符合马氏规则，即氢原子加到含氢多的一侧。主要原因是在环状 π 复合物中，取代基较多的碳原子更能有效地分散正电荷，因此取代基多的碳原子带有更大程度的正电荷，易于受到卤素负离子的亲核进攻，导致马氏加成产物的生成。

炔烃与卤化氢的第二次亲电加成反应，即卤化氢与烯基卤代烃的加成同样遵循马氏规则，得到偕二卤代烃。

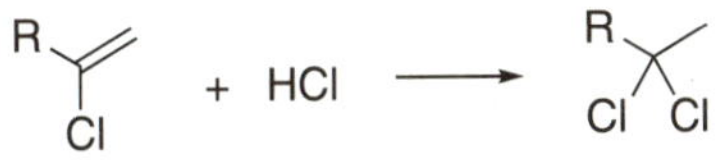

(结构式) + HCl ⟶ (结构式)

可以通过比较反应中形成的两个碳正离子中间体的稳定性来了解反应的区域选择性。如果质子加到取代基多的双键碳上，形成的是不稳定的一级碳正离子中间体，而且氯原子的吸电子诱导效应会进一步降低其稳定性。相反，如果质子加到取代基少的双键碳上，得到的是更稳定的二级碳正离子中间体，此外，价键理论认为与碳正离子直接相连的氯原子可以通过 p-π 共轭将其孤对电子与碳正离子的空 p 轨道共享，使得该碳正离子得以进一步稳定。在这种情况下，正电荷分散在碳原子和氯原子上，所有原子都满足了稳定的八隅体结构。

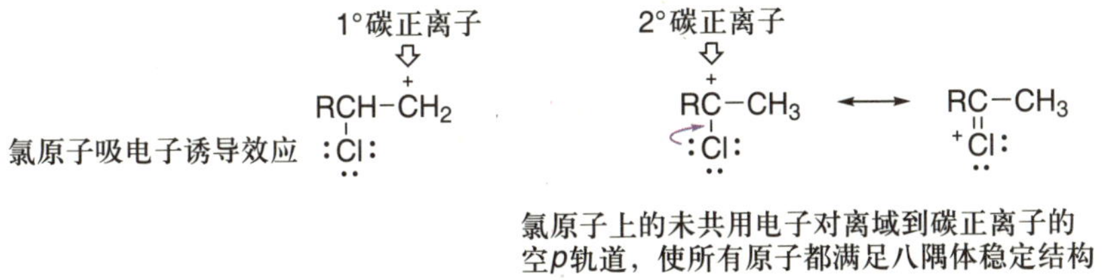

1°碳正离子   2°碳正离子
⇩   ⇩
RCH—CH₂   RC—CH₃ ⟷ RC—CH₃
氯原子吸电子诱导效应 :Cl: :Cl: ⁺Cl:

氯原子上的未共用电子对离域到碳正离子的
空 p 轨道，使所有原子都满足八隅体稳定结构

分子轨道理论则认为碳正离子的空 $2p$ 轨道会与氯原子上含有一对孤对电子的 $3p$ 轨道重叠，形成能量更低的新的分子轨道，从而降低体系能量（图 8-4）。

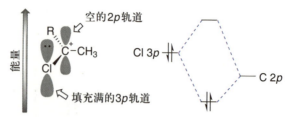

图 8-4　通过重叠填充满的轨道与空轨道来稳定碳正离子

　　与烯烃类似，溴化氢在过氧化物等自由基引发剂的存在下也能与炔烃发生反马氏规则的自由基加成反应。对于端炔，溴原子加到三键末端碳上同时得到顺式和反式加成的溴代烯烃。反应区域选择性产生的根本原因仍是反应生成的自由基中间体的稳定性差异，其中二级烯基自由基比一级烯基自由基更稳定。

己-1-炔 —— HBr, ROOR —→

74%
cis-和*trans*-1-溴己-1-烯

3. 催化水合反应

　　烯烃在酸催化下发生水合反应得到醇。因此，我们可以预见具有相似反应性的炔烃在酸催化下同样可以发生水合反应得到醇，但是是一种特殊结构的醇——烯醇 (enol)，即羟基键合在 sp^2 杂化碳原子上。烯醇很不稳定，形成后会立即异构成相应的羰基化合物(醛或酮)，我们把两种构造异构体通过同步的质子和双键位置的转移而发生相互转化的过程称为互变异构 (tautomerization)。由于反应过程中形成的烯基正离子中间体相对不太稳定，炔烃的水合反应往往需要比较苛刻的反应条件而且反应速率较慢。解决这些问题的方法是另外加入催化量的 Lewis 酸，最常用的是 $HgSO_4$，此外 Ag (I) 和 Cu (II) 盐也可以作为催化剂。在炔烃的催化水合反应中，标准的反应条件是使用稀硫酸作为反应介质，硫酸汞或氧化汞作为催化剂。与烯烃的催化水合反应的另外一个不同之处是，烯烃的酸催化水合反应是可逆的但炔烃的催化水合反应是不可逆的，即醛酮不能催化脱水得到炔烃。

$$RC{\equiv}CR \xrightarrow{\text{HOH, H}^+, \text{HgSO}_4} \left[RCH{=}CR\,(OH) \right] \xrightarrow{\text{互变异构}} RC(H)(H){-}CR(O)$$

烯醇　　　　　　　酮
enol　　　　　　ketone

　　与烯烃的羟汞化反应不同的是，炔烃的汞催化水合反应无需额外的还原脱汞步骤即可得到相应的烯醇产物，然后烯醇立即互变异构成醛或酮。详细的反应机理如下：

$$R{-}C{\equiv}CH \xrightarrow{\text{Hg}^{2+}} \cdots \xrightarrow[-\text{H}^+]{:\overset{H}{\underset{H}{O}}{-}H} \cdots \xrightarrow{} $$

$$\cdots \xrightarrow{-\text{Hg}^{2+}} \cdots \xrightarrow{} \cdots \xrightarrow{-\text{H}^+} R{-}C(O){-}CH_3$$

　　首先，炔烃作为 Lewis 碱与 Lewis 酸 Hg^{2+} 反应形成环状汞鎓离子中间体；然后，水作为亲核试剂会亲核进攻取代基多的碳原子，得到含 C–Hg 键的烯醇中间体并互变异构为含汞的酮中间体；最后，Hg^{2+} 离去得到烯醇并互变异构得到产物酮。

在汞催化炔烃的水合反应中，只有乙炔水合可以得到乙醛，其余炔烃得到的是酮。其中端炔的水合反应遵循马氏规则得到甲基酮，对称的内炔则得到非甲基酮产物，非对称内炔则得到两种酮的混合物。

4. 硼氢化-氧化反应

与烯烃类似，炔烃与硼烷的加成反应会区域选择性地生成反马氏硼氢化产物，即含硼部分加成到三键位阻小的一端。然而，在硼烷与乙炔或端炔的反应中，反应最终会先后对两个双键都发生硼氢化。为了使反应停留在烯基硼烷阶段，通常采用的策略是使用大体积的硼烷试剂，如二环己基硼烷 (Cy_2BH)、二异戊基硼烷 (Sia_2BH) 或 9-硼杂双环 [3.3.1] 壬烷 (9-BBN)。

如同烷基硼烷，烯基硼烷也能够被碱性双氧水氧化水解成相应的烯醇，不过得到的烯醇会自发地互变异构成更稳定的醛或酮。例如，辛-1-炔经硼氢化-氧化反应生成辛醛。

辛-1-炔
oct-1-yne

辛醛
octanal

非对称内炔经硼氢化-氧化反应得到的是两种酮的混合物，没有太多合成价值；但是对称的内炔则可以得到单一的酮。

如果将得到的烯基硼烷在乙酸中进行质子解反应则可以得到烯烃产物，相当于间接实现炔烃的部分还原。如果是内炔底物则得到顺式烯烃产物。因此炔烃的硼氢化-质子解反应是一种间接将炔烃部分还原的方法。如果使用氘代乙酸代替乙酸，通过该反应可以将氘原子引入烯烃结构中。

8.3.4 亲核加成反应

与烯烃不同，炔烃不仅可以发生亲电加成反应，还可以和 HCN 及含活泼氢的有机化合物如 (硫) 醇、胺、羧酸等发生亲核加成反应。

乙炔与氢氰酸在氯化亚铜-氯化铵的水溶液中可以发生亲核加成反应得到丙烯腈。

$$HC \equiv CH + HCN \xrightarrow[70-90\ ^\circ C]{CuCl,\ NH_4Cl} \quad \diagdown\!\!\diagup CN$$

80% – 90%

反应中 CN^- 首先对三键进行亲核加成形成烯基负离子中间体，后者夺取氢氰酸中的质子生成丙烯腈。丙烯腈聚合得到的聚丙烯腈 (polyacrylonitrile，PAN) 是一种重要的高分子材料，可用于制造合成纤维腈纶。

　　醇在碱催化下也能和乙炔发生亲核加成反应生成乙烯基醚。例如在碱催化下，乙醇与乙炔反应可以生成乙基乙烯基醚。

$$HC\equiv CH \quad + \quad CH_3CH_2OH \quad \xrightarrow[\text{150-180 °C, 0.1-1.5 MPa}]{\text{碱}} \quad \diagup\kern-0.6em OCH_2CH_3$$

乙基乙烯基醚
ethyl vinyl ether

　　这类反应的机理是，醇在碱性条件下首先形成亲核性更强的烷氧负离子 (alkoxide)，烷氧负离子对乙炔进行亲核加成得到烯基负离子中间体，该中间体从醇分子中夺取质子得到产物。

$$ROH \underset{\text{碱}}{\rightleftharpoons} RO^- \xrightarrow{HC\equiv CH} ROCH=\overset{-}{CH} \xrightarrow{ROH \quad RO^-} ROCH=CH_2$$

　　在乙酸锌的催化下，乙酸也能和乙炔发生亲核加成反应生成乙酸乙烯酯。

$$HC\equiv CH \quad + \quad CH_3CO_2H \quad \xrightarrow[\text{170 - 210 °C}]{Zn(OAc)_2} \quad \diagup\kern-0.6em OCOCH_3$$

　　乙酸乙烯酯是制备聚乙烯醇的原料，这种聚合物是重要的化工原料，用于制造聚乙烯醇缩醛、耐汽油管道和维尼纶、织物处理剂、乳化剂、纸张涂层、黏合剂、胶水等。

8.3.5　氧化反应

　　像烯烃一样，炔烃可以与臭氧或 $KMnO_4$ 等强氧化剂发生碳碳键断裂氧化。三键的反应性一般低于双键，所得断裂氧化产物的产率较低。内炔断裂氧化后得到的产物是两分子羧酸，端炔的氧化产物是一分子羧酸和一分子二氧化碳。

> 在薄层色谱 (thin-layer chromatography，TLC) 分析中，我们可以利用该反应原理来实现紫外不显色的炔烃衍生物在薄层板上的检测。采用中性 0.05% 高锰酸钾溶液或碱性高锰酸钾溶液作为显色剂，将展开后的薄层板浸入，炔烃等还原性化合物会在高锰酸钾的淡红色背景上显现出黄色斑点。

$$R-C\equiv C-R^1 \xrightarrow[\text{2) AcOH}]{\text{1) } O_3} RCO_2H \quad + \quad R^1CO_2H$$

$$R-C\equiv C-R^1 \xrightarrow[\text{2) } H_2O/H^+]{\text{1) } KMnO_4, HO^-} RCO_2H + R^1CO_2H$$

$$R-C\equiv C-H \xrightarrow{KMnO_4 \text{ 或 } O_3} RCO_2H \quad + \quad CO_2$$

　　当使用 $KMnO_4$ 为氧化剂时，反应的中间产物是 1,2-二酮，如果控制反应条件，例如使用冷、稀的中性 $KMnO_4$ 水溶液则可以得到 1,2-二酮为主要产物。在相同条件下，端炔氧化得到的 α-羰基醛会被进一步氧化生成 α-羰基酸。

$$\diagup\kern-0.8em\equiv\kern-0.8em\diagdown \xrightarrow[\text{H}_2\text{O, pH 7}]{KMnO_4} $$

戊-2-炔
pent-2-yne

戊-2,3-二酮
pentane-2,3-dione
90%

　　同烯烃的断裂氧化反应相似，我们也可以根据氧化断裂产物的结构来倒推起始炔烃底物中三键所处的位置。

8.3.6 聚合反应

与乙烯不同，乙炔的聚合反应不容易得到大分子量的聚合物。在不同的催化剂作用下，乙炔可以发生选择性聚合得到链状或环状的低聚物。例如，在氯化亚铜和氯化铵的催化下，乙炔可以发生线型二聚或三聚，分别得到丁-1-烯-3-炔和己-1,5-二烯-3-炔。这种线性聚合产物的形成可以看作原位生成的炔化亚铜对炔烃的亲核加成。

$$2 \equiv \xrightarrow[\text{NH}_4\text{Cl}]{\text{Cu}_2\text{Cl}_2}$$

丁-1-烯-3-炔

$$3 \equiv \xrightarrow[\text{NH}_4\text{Cl}]{\text{Cu}_2\text{Cl}_2}$$

己-1,5-二烯-3-炔

导电高分子：你能够想象利用有机高分子材料来代替电力线路和电器中的铜线吗？在20 世纪 70 年代末期，2000 年诺贝尔化学奖得主美国化学家黑格 (Heeger)，马克迪尔米德 (MacDiarmid) 和日本化学家白川英树 (Shirakawa) 关于导电高分子的研究工作朝着这一目标的实现迈出了巨大的一步。他们合成了一种聚乙炔材料，该聚合物在高温下 (1000 ℃) 可以像金属一样导电。这一发现颠覆了人们对有机聚合物的传统认识，因为普通的塑料 (有机聚合物) 往往是作为绝缘材料来保护我们不受电流的伤害。那么与其他有机聚合物相比，聚乙炔有什么特殊之处呢？一种材料能够导电，必须拥有可以自由移动和维持电流的电子。在后面共轭烯烃部分，我们将学习 sp^2 杂化的碳原子连接起来所形成的共轭多烯分子 (conjugated polyenes) 中的 π 电子是离域的。一个正电荷、未成对电子或负电荷可以沿着共轭体系得以分散。聚乙炔拥有这样的聚集结构，但是聚乙炔中的电子仍然比较刚性且不能满足导电的条件。为了达到导电的目标，聚合物还必须经过掺杂处理 (doping)，即通过氧化或还原反应使其失去或得到电子从而改变聚合物的电子框架结构。掺杂后形成的电子空穴 (正电荷) 和电子对 (负电荷) 能够沿整个多烯结构链上移动 (电子离域) 而具有导电性。在最初的突破性实验中，通过金属催化聚合得到的聚乙炔经过单质碘掺杂，导电性能获得了大幅提高 (掺杂前的 10^7 倍)，通过改进导电性能获得了进一步提升 (10^{11} 倍)，成为了名副其实的有机导电材料。图 8-5 是通过气态乙炔聚合后得到的黑色、闪亮的柔性聚乙炔箔。

图 8-5　聚乙炔箔

8.4　炔烃的制备

8.4.1　工业来源

工业上通常从煤炭出发来获取乙炔，虽然原料易得，但能耗很大。

最古老的大规模制备乙炔的方法是电石的水解。氧化钙和焦炭在电炉中加热到2000 ℃左右反应即可得到电石。

$$CaO \ + \ 3\,C \ \xrightarrow{1800-2100\ ^{\circ}C} \ CaC_2 \ + \ CO$$

$$CaC_2 \ + \ 2\,H_2O \ \longrightarrow \ HC\equiv CH \ + \ Ca(OH)_2$$

另一种制备乙炔的方法是乙烯的高温裂解。

$$H_2C=CH_2 \ \underset{\triangle}{\rightleftharpoons} \ HC\equiv CH \ + \ H_2$$

该反应是吸热反应，在低温下平衡偏向于乙烯，当温度超过 1150 ℃时则有利于乙炔的生成。实际上，许多烃类化合物，甚至甲烷在高温无氧条件下都可以裂解产生乙炔。

8.4.2　实验室制备方法

炔烃的实验室制备方法主要有两种，一种是二卤代烃（邻二卤代烃和偕二卤代烃）的消除反应，另一种是炔基负离子的烷基化反应。

1. 由二卤代烃制备

前面介绍烯烃可以通过卤代烃的消除反应来制备。当底物换成邻二卤代烃或偕二卤代烃时，反应首先消除一分子卤化氢得到烯基卤代烃中间体，由于烯基卤代烃反应活性较低，反应可以停留在这一步，因此该方法也可用于烯基卤代烃的制备。在更强烈的反应条件下，烯基卤代烃可以发生进一步的消除反应得到炔烃。通常使用熔融的氢氧化钾，或者在高温（200 ℃左右）下使用氢氧化钾醇溶液，或者在较低温度下使用更强的碱如氨基钠进行反应。

2,3-二溴戊烷　KOH（熔融）→　戊-2-炔　45%

1,1-二氯戊烷　1) NaNH₂, 150 ℃　2) H₂O →　戊-1-炔　55%

由于邻二卤代烃可以方便地通过烯烃与卤素的亲电加成反应获得，而偕二氯代烃可由醛、酮与五氯化磷反应制备，因此该方法提供了一种将烯烃或醛酮转化为炔烃的方法。

生成的炔烃产物在反应条件下会发生三键的迁移（migration of triple bond），即炔烃的异构化。使用氢氧化钾醇溶液会使末端三键向链中迁移得到内炔；而使用氨基钠则使三键向末端迁移得到端炔。

炔烃的异构化通过如下机理进行，其中联烯是异构化前后的关键中间体。

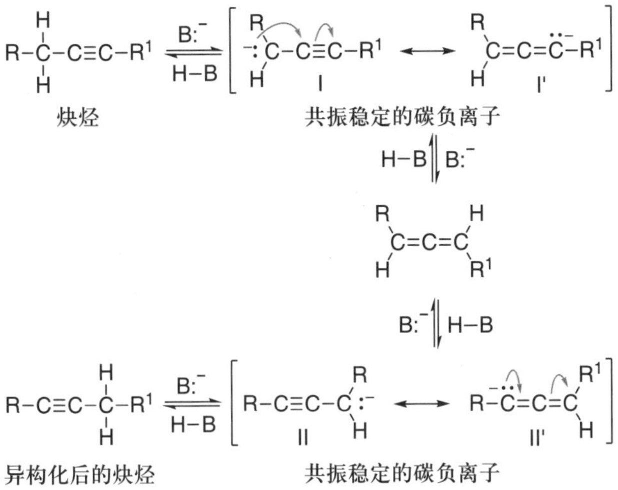
炔烃
共振稳定的碳负离子
异构化后的炔烃
共振稳定的碳负离子

首先碱攫取炔烃的 α-H (pK_a 38)，形成炔丙基负离子中间体 **I**，该负离子存在另一个共振极限式，即联烯基负离子 **I'**；**I'** 夺取碱共轭酸中的质子得到联烯中间体（共振论详见本章 8.7 节）；碱攫取联烯另一端双键碳上的质子 (pK_a 38) 重新得到联烯基负离子 **II'**，**II'** 共振得到一个新的炔丙基负离子 **II**，**II** 从碱的共轭酸中获取一个质子即得到异构化后的炔烃。当使用氨基钠为碱时，氨基钠的碱性远大于端炔共轭碱的碱性，可以发生不可逆的去质子化最终形成稳定的炔负离子，从而使反应平衡移动，淬灭反应后得到端炔。当使用氢氧化钾为碱时，其碱性远小于炔负离子的碱性，无法促使平衡向端炔方向移动，而是向热力学更稳定的内炔方向移动，淬灭反应后得到热力学更稳定的内炔。

2. 由炔基负离子制备

端炔氢具有酸性，与强碱（主要是烷基锂试剂、氨基钠或格氏试剂）作用即可去质子化形成相应的炔基负离子。炔基负离子是一个强亲核试剂，当它与亲电试剂如伯卤代烷、环氧烷、醛或酮等反应时，可以实现碳碳键的形成，得到一个新的炔烃产物。由于该反应中得到的新炔烃产物相当于在反应前炔烃底物结构中引入了一个新的烷基基团，因此称为烷基化 (alkylation) 反应。炔基负离子和卤代甲烷或一级卤代烃的烷基化通常在液氨或乙醚、四氢呋喃等醚类溶剂中进行。由于该反应具有很好的通用性，炔基负离子的烷基化是从简单前体出发合成取代炔烃的好方法。乙炔的烷基化可以制备端炔，端炔进一步发生烷基化则可以得到内炔。

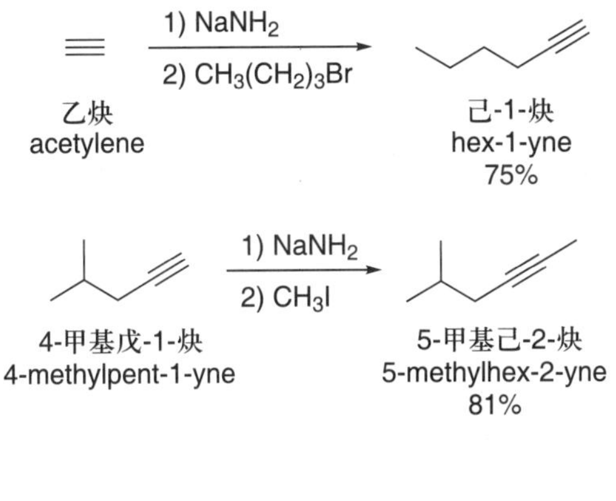
1) NaNH2
2) CH3(CH2)3Br
乙炔
acetylene
己-1-炔
hex-1-yne
75%
1) NaNH2
2) CH3I
4-甲基戊-1-炔
4-methylpent-1-yne
5-甲基己-2-炔
5-methylhex-2-yne
81%

需要注意的是，由于其强碱性特性，炔基负离子与二级或三级卤代烃的烷基化反应通常得到的是消除产物而不是烷基化产物。

炔基负离子与其他碳亲电试剂如环氧烷和羰基化合物反应的方式与其他有机金属试剂相同。

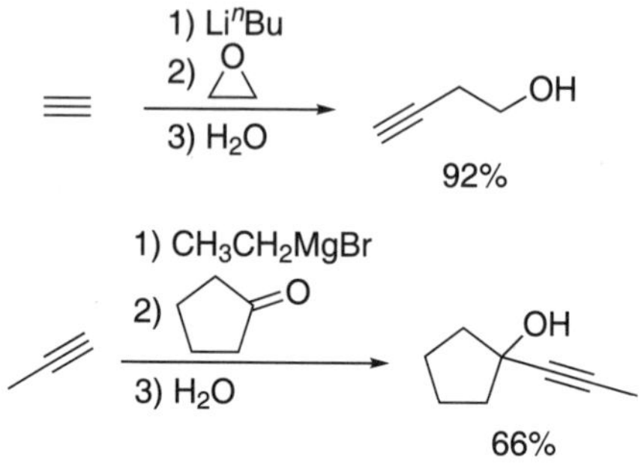

8.5 二烯烃的分类及命名

二烯烃 (diene) 是指分子中含有两个碳碳双键的烃类化合物，具有与炔烃相同的结构通式，即 C_nH_{2n-2}。

8.5.1 二烯烃的分类

根据分子中两个双键的连接方式可以将二烯烃分为以下三类：

孤立二烯 (isolated diene)：分子中的两个碳碳双键结构单元被一个或多个 sp^3 杂化碳原子所隔开，即两个双键通过两个或两个以上单键相连。孤立二烯的性质与普通烯烃相似。

共轭二烯 (conjugated diene)：分子中的两个碳碳双键结构单元通过一个单键直接相连。由于两个双键直接相连，彼此会相互影响，所以共轭二烯在性质上和普通烯烃有所不同。

累积二烯 (cumulated diene)：分子中的两个碳碳双键结构单元共用一个碳原子，亦称为联烯 (allene)。

8.5.2 二烯烃的命名

二烯烃的系统命名与烯烃相似，但词尾用"二烯 (adiene)"代替"烯 (ene)"，并用两个数字分别表示两个双键所在的位置。

$$CH_3CH=C=CHCH_3$$
戊-2,3-二烯
penta-2,3-diene

$$CH_2=CHCH_2CH=CH_2$$
戊-1,4-二烯
penta-1,4-diene

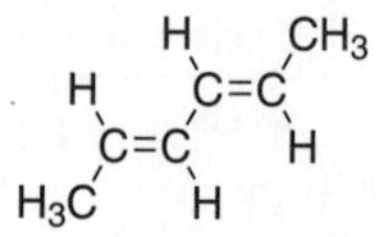

(2*E*,4*E*)-己-2,4-二烯
(2*E*,4*E*)-hexa-2,4-diene

8.6　共轭二烯与联烯的结构

最简单的共轭二烯是丁-1,3-二烯。我们以丁-1,3-二烯的结构来讨论共轭二烯的结构特征。杂化轨道理论认为：在丁-1,3-二烯分子中，四个碳原子都是 sp^2 杂化，相邻碳原子之间均以 sp^2 杂化轨道沿轴向重叠形成碳碳 σ 键，剩余的 sp^2 杂化轨道分别与氢原子的 $1s$ 轨道重叠形成碳氢 σ 键。每个碳原子还有一个 p 轨道，这些 p 轨道彼此间通过肩并肩重叠方式形成一个离域 (delocalized) 的大 π 键，因此丁-1,3-二烯是一个平面分子。

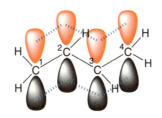

离域对键长、键角等结构参数都产生了较大的影响。例如丁-1,3-二烯分子中 C1–C2、C3–C4 之间的键长 (1.34 Å) 与普通烯烃中的双键键长 (1.32 Å) 相近，而 C2–C3 间的键长 (1.47 Å) 明显小于烷烃中碳碳单键的键长 (1.53 Å)，这种现象称为键长平均化。

从图 8-6 中的氢化热数据可以看出丁-1,3-二烯具有较低的势能，比一般的烯烃更稳定 (能量差值为 15 kJ·mol^{-1})。电子离域的结果是每个电子不只受到两个原子核的束缚，而是受到四个原子核的束缚，因此增强了分子的稳定性。我们通常把这种涉及 π 键之间的共轭称为 **π-π 共轭**，把电子离域降低的能量称为**离域能** (delocalization energy) 或**共振能** (resonance energy)。这种特殊的体系称为**共轭体系** (conjugation system)。

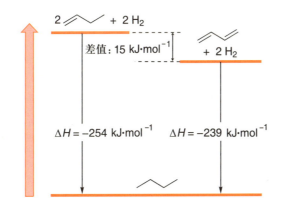

图 8-6　丁-1-烯与丁-1,3-二烯的氢化热数据

分子轨道理论认为：丁-1,3-二烯的四个 p 轨道通过线性重组成四个 π 分子轨道 (图 8-7)。其中能量最低的分子轨道 (π_1) 在原子核之间没有节面，因此是成键分子轨道。能量第二低的分子轨道 (π_2) 在原子核之间有一个节面，也是成键分子轨道。能量第二高和最高的分子轨道 (π_3 和 π_4) 分别有 2 和 3 个节面数，是反键分子轨道。四

个 π 电子填充在 π₁ 和 π₂ 分子轨道中。填充在 π₁ 分子轨道中的 π 电子分布在四个碳
原子上，π₂ 分子轨道中间存在一个节面，π 电子分布在 C1–C2 和 C3–C4 之间，总
的结果是所有的键都有 π 键的性质，但 C1–C2 和 C3–C4 具有更强的 π 键性质，这
很好地解释了为什么丁-1,3-二烯中 C1–C2 和 C3–C4 间的键长与普通烯烃中的双键键
长相近，而 C2–C3 间的键长明显短于烷烃中的碳碳键键长 (因为有部分双键的性质)。

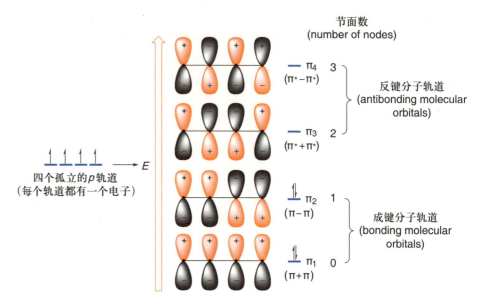

图 8-7　丁-1,3-二烯的分子轨道

最简单的累积二烯是丙二烯。杂化轨道理论认为：丙二烯中的中间碳原子为 *sp* 杂
化，三个碳原子在一条直线上，两边的碳原子是 *sp*² 杂化，它们未参与杂化的 *p* 轨道
分别与中间 *sp* 杂化碳原子未参与杂化的两个彼此垂直的 *p* 轨道相互重叠形成 π 键，
因此两个 π 键所在的平面相互垂直，这就意味着丙二烯两端碳原子的基团并不在同一
平面内，而是位于两个彼此垂直的平面上。

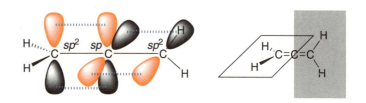

8.7　共振论

价键理论认为自旋配对的电子运动在两个原子核之间，电子的运动只与成键两
个原子有关。应用价键理论可以为许多分子写出一个单一的 Lewis 结构式，通过该
结构式可以准确地描述其所代表的分子的性质。但是有的分子或离子不能用单一的
Lewis 结构式来准确表示。例如硝基甲烷 (CH_3NO_2) 可以写出如下两个等价的 Lewis
结构式。

$$CH_3-N^+\underset{:\ddot{O}:^-}{\overset{:\ddot{O}:}{\Big\langle}} \quad \longleftrightarrow \quad CH_3-N^+\underset{:\ddot{O}:}{\overset{:\ddot{O}:^-}{\Big\langle}}$$

　　每个 Lewis 结构式都显示硝基甲烷分子中有一个 N–O 单键和一个 N=O 双键。我们知道双键的键长通常比单键的短，但是实验发现硝基甲烷分子中的两个氮氧键长度相同，并且长度介于其他分子中的氮氧单键和氮氧双键键长之间。因此，这两个结构都代表不了硝基甲烷的真实结构。美国化学家 Pauling 于 1931 年提出的**共振论** (resonance theory) 完美地解决了这一问题。

　　共振论的基本思想是：当一个分子、离子或自由基无法用某个单一 Lewis 结构式准确描述时，可以用若干个 Lewis 结构式的共振来描述该分子的结构。这些仅仅因电子位置不同而不同的 Lewis 结构式称为共振结构或共振极限式。在绘制共振结构时，我们用双箭头 (⟷) 将它们联系起来，明确表示它们是假想的，而不是真实的分子结构。真实化合物是这些共振结构的杂化体，称为共振杂化体 (resonance hybrid)。

　　当两个共振结构相同时，如同上述硝基甲烷的两个共振结构，二者在描述硝基甲烷分子时是同等重要的。我们可以把真实的硝基甲烷分子看成二者 1∶1 的平均值即每个氧都带有一半负电荷，而且每个氮氧键既不是单键也不是双键，而是介于两者之间的键。

$$CH_3-\overset{+}{N}\underset{O^{\frac{1}{2}-}}{\overset{O^{\frac{1}{2}-}}{\Big\langle}} \quad 或 \quad CH_3-\overset{+}{N}\underset{O^-}{\overset{O}{\Big\langle}}$$

　　如果两个共振结构不相同，那么它们所代表的分子就是二者的加权平均值。也就是说，在描述分子时，其中一个结构比另一个更重要。例如甲氧基甲基正离子就是这种情况。

$$H_2\overset{+}{C}-\underset{\cdot\cdot}{O}-CH_3 \quad \longleftrightarrow \quad H_2C=\overset{+}{\underset{\cdot\cdot}{O}}-CH_3$$

　　结果表明，右侧的结构更好地描述了这个正离子，因为所有的原子 (包括碳和氧) 都满足八隅体结构。因此，C–O 键有明显的双键性质，并且大部分正电荷分布在氧原子上。

　　在画共振结构时，我们通常先画出其中一个 Lewis 结构式，然后用弯箭头或鱼钩箭头表示电子转移的方向，从一个共振结构推出另一个共振结构。

　　例如先画出烯丙基碳正离子的一个共振结构，然后将其一对 π 电子移向正电荷，则可以得出烯丙基碳正离子的另一个共振结构。两个共振结构是等价的，因此烯丙基碳正离子的真实结构是右侧的共振杂化体，左右两侧的碳原子都带有二分之一正电荷。

$$CH_2=CH-\overset{+}{C}H_2 \quad \longleftrightarrow \quad H_2\overset{+}{C}-CH=CH_2 \qquad \overset{\frac{1}{2}+}{CH_2}\text{---}CH\text{---}\overset{\frac{1}{2}+}{CH_2}$$
$$\text{共振杂化体}$$

　　画共振结构必须遵循一定的原则：**所有共振结构中原子的连接顺序和位置必须保持一致，即只有电子移动，没有原子移动；每个共振结构必须有相同数量的电子和相同的净电荷；唯一能够移动的电子是 π 电子和未成键电子；每个共振结构必须有相同**

数目的未成对电子；第二周期元素的原子不能违反八隅体规则。

组成共振杂化体的共振结构可能具有不同的能量。相对能量低 (较稳定) 的共振结构为主要贡献者 (major contributor)，而相对能量高 (较不稳定) 的共振结构为次要贡献者。其中较低能量的共振结构比能量高的共振结构更接近实际的分子或离子。

许多有机分子都存在主要和次要共振结构，那么怎么比较不同共振结构的相对稳定性呢？判断一个共振结构的稳定性遵循如下的原则：

(1) 共价键的形成会降低原子的能量，因此包含更多共价键的共振结构通常更稳定。

(2) 分离相反电荷需要能量，因此，相反电荷分离的共振结构比没有电荷分离的共振结构能量更高 (稳定性更低)。

(3) 电荷应优先分布在电负性相容的原子上，即电负性最强的原子带负电荷和电正性最强的原子带正电荷的共振结构更稳定。

(4) 所有原子都满足八隅体结构的共振结构特别稳定。

综上所述，在一个化合物所有可能的共振结构中，最稳定的通常是那个有尽可能多的原子满足八隅体结构、更多的共价键和更少的电荷分离的共振结构。

例如，在丁-1,3-二烯的三个共振极限式中，中间的那个共振极限式拥有更多的共价键，并且没有分离的相反电荷，因此是最稳定的，也是贡献最大的共振结构。

$$H_2\bar{C}-CH=CH-\overset{+}{C}H_2 \longleftrightarrow H_2C=CH-CH=CH_2 \longleftrightarrow H_2\overset{+}{C}-CH=CH-\bar{C}H_2$$

在氯乙烯如下的两种共振结构中，左侧的共振结构没有分离的相反电荷，更稳定。

在如下的两个共振结构中，左侧共振结构碳原子带有正电荷，只有六个电子，不满足八隅体稳定结构；右侧共振结构氧上带正电荷，比左侧共振结构多一个共价键，并且所有原子都满足八隅体稳定结构。因此，右侧共振结构更稳定。

在互为共振结构的羰基化合物的 α-碳负离子和烯醇负离子中，烯醇负离子共振结构更稳定，因为负电荷分布在电负性更大的氧原子上。

α-碳负离子　　　　　烯醇负离子

识别和绘制有效的共振结构是有机化学学习中的一项重要技能，至少有如下两个原因：

(1) 一个分子或离子存在共振结构意味着它由于电子的离域而趋于稳定。例如，如何比较乙氧负离子和乙酸根的相对稳定性？在乙氧负离子中，负电荷是定域的；而乙酸根具有两个共振结构，负电荷是离域的，因此乙酸根更稳定。

(2) 包含形式电荷的共振结构可以揭示潜在的反应活性。例如甲醛具有如下两种共振结构，虽然具有电荷分离的共振结构的贡献不大，但却直观地揭示了羰基化合物的特征化学反应性，即羰基碳上带有部分正电荷，是亲电性的，具有 Lewis 酸性，易受到亲核试剂的进攻。

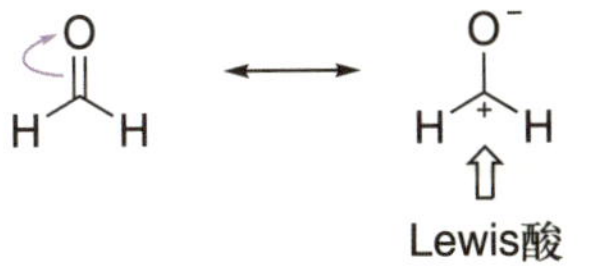

在绘制正离子或负离子是如何离域的共振结构时，首先寻找靠近带电荷原子的双键和未成键电子对 (孤对电子)。因为带电原子邻近的双键或孤对电子可以使电荷离域。在绘制共振结构时，可以用弯箭头来表明电子的移动方向。但这种电子移动是假想的，实际的分子是所有共振结构的杂化体，电子和电荷并不来回移动，而是离域在整个分子中。

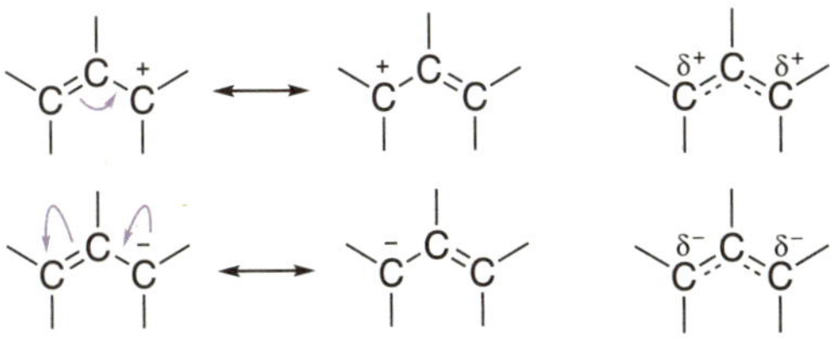

带正电荷的碳原子不满足八隅体结构，如果它与一个含有孤对电子的原子 (通常是氧或氮) 相连，碳原子可以共享这些未成键电子对。这种共享不仅使碳原子满足八隅体稳定结构，并使正电荷离域到它的相邻原子上。下面的例子说明了这种离域是如何使阳离子更加稳定。在主要共振结构中，不仅所有原子都满足八隅体结构，而且具有更多的共价键。

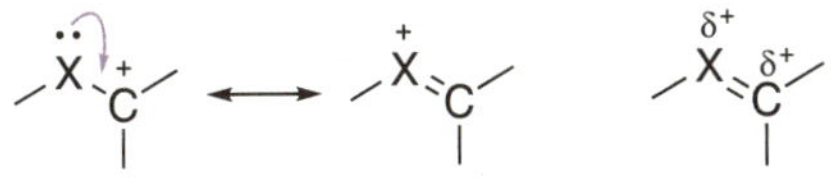

次要共振结构　　主要共振结构

思考题 8.3

画出如下碳正离子的所有共振结构，并指出其中贡献最大的那一个。

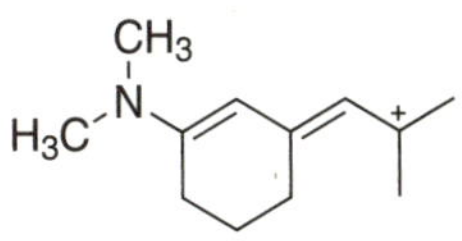

思考题 8.4

4-氯-2-甲基己-2-烯与 AgNO₃ 的乙醇溶液反应时，得到了两种互为异构体的醚，请写出二者的结构，并解释其形成原因。如果没有 AgNO₃ 存在又会是什么情况？

8.8　共轭二烯的反应

共轭不仅影响分子的物理性质，而且影响分子的化学性质。尽管共轭二烯的基本化学性质与孤立的烯烃相似，但共轭双键的存在会导致二者在反应性上的一些重要差异。

8.8.1　亲电加成反应

共轭二烯和普通烯烃之间最显著的区别之一是它们在亲电加成反应中的行为。简单回顾一下，亲电试剂对碳碳双键的加成是烯烃的一般反应。由于烯烃倾向形成更稳定的碳正离子中间体，反应观察到符合马氏规则的区域选择性。因此，2-甲基丙烯与氯化氢反应得到的是 2-氯-2-甲基丙烷，而不是 1-氯-2-甲基丙烷；非共轭的戊-1,4-二烯与 2 当量氯化氢反应生成的是 2,4-二氯戊烷。

2-甲基丙烯
2-methylpropene

2-氯-2-甲基丙烷
2-chloro-2-methylpropane

戊-1,4-二烯
penta-1,4-diene

2,4-二氯戊烷
2,4-dichloropentane

共轭二烯也容易发生亲电加成反应，但不可避免地得到两种产物的混合物。例如丁-1,3-二烯与 HBr 反应，就生成了两种产物的混合物 (不包括顺反异构体)。其中 3-溴丁-1-烯是简单的 1,2-加成的马氏规则产物，但 1-溴丁-2-烯不太常见，产物中的双键移到了 C2 和 C3 位之间，H 和 Br 分别加到 C1 和 C4 位上。我们将这种加成模式称为 1,4-加成或共轭加成 (conjugate addition)。

3-溴丁-1-烯
3-bromobut-1-ene
71%, 1,2-加成

1-溴丁-2-烯
1-bromobut-2-ene
29%, 1,4-加成

如何解释 1,4-加成产物的形成呢？答案是反应经由烯丙基型碳正离子中间体进行。当丁-1,3-二烯与 H+ 等亲电试剂反应时，理论上有两种碳正离子中间体，一种是非烯丙基型的一级碳正离子，另一种是烯丙基型二级碳正离子。烯丙基型碳正离子存在两种共振结构而更稳定，因此形成速率更快。

从烯丙基碳正离子的共振杂化体可以明显看出，它的 C1 和 C3 位都带有部分正电荷。因此，当烯丙基碳正离子接受 Br⁻ 的亲核进攻时，反应既可以发生在 C1 位，也可以发生在 C3 位，故而得到的是 1,2-加成和 1,4-加成的混合物。由于共振结构 I 更稳定，是贡献较大的共振结构，这意味着 C3 位具有更大程度的正电荷，因此主要产物是 1,2-加成产物。

对于不对称的共轭二烯的亲电加成反应，理论上可以形成两种烯丙基型碳正离子中间体，各自可以画出两个共振结构。每种共振结构再接受亲核试剂的进攻，最多可以生成 4 种加成产物。例如 2-甲基丁-1,3-二烯与氯化氢反应。质子化 C1-C2 双键生成一个烯丙基型碳正离子，该正离子与 Cl⁻ 进一步反应分别得到 1,2-加成产物 3-氯-3-甲基丁-1-烯和 1,4-加成产物 1-氯-3-甲基丁-2-烯。质子化 C3-C4 双键生成另一个烯丙基型碳正离子，该正离子接受 Cl⁻ 的亲核进攻分别得到 1,2-加成产物 3-氯-2-甲基丁-1-烯和 1,4-加成产物 1-氯-2-甲基丁-2-烯。如同烯烃的亲电加成反应，不对称共轭二烯亲电加成反应的区域选择性同样受形成的碳正离子中间体的稳定性控制。因此，在两种可能的质子化模式中，第一种可能性更大，因为它产生的是更稳定的烯丙基型三级碳正离子，而不是稳定性稍低的烯丙基型二级碳正离子。因此，质子化会优先发生在 C1-C2 双键上，形成更稳定的碳正离子中间体，从而主要生成 3-氯-3-甲基丁-1-烯和 1-氯-3-甲基丁-2-烯两种加成产物。

3-氯-3-甲基丁-1-烯　　1-氯-3-甲基丁-2-烯　　3-氯-2-甲基丁-1-烯　　1-氯-2-甲基丁-2-烯

主要产物

共轭二烯在室温或低温下进行亲电加成反应一般会得到以 1,2-加成为主的两种加成产物的混合物。但是当在高温条件下进行相同的反应时，两种产物的比例会发生变化，以 1,4-加成产物为主。例如，丁-1,3-二烯与 HBr 在 0 ℃反应，得到 79:21 的 1,2-加成和 1,4-加成产物；而在 40 ℃下进行该反应，1,2-加成和 1,4-加成产物的比例从最初的 79:21 变成 15:85。为什么在不同温度下进行的相同反应会得到截然相反的产物分布呢？

当一个反应产生一个以上的产物时，我们将形成较快的产物称为动力学产物 (kinetic product)，较稳定的产物称为热力学产物 (thermodynamic product)。以动力学产物为主的反应称为动力学控制 (kinetic control) 的反应，产生热力学产物为主的反应则称为热力学控制 (thermodynamic control) 的反应。图 8-8 是丁-1,3-二烯与溴化氢加成反应进程中的能量变化图，1,2-加成产物和 1,4-加成产物的形成经由一个共同的中间体，即烯丙基碳正离子。该碳正离子有两个不等价的共振结构 I 和 II。其中共振结构 I 更稳定，因此，根据 Hammond 假说，通过该共振结构 I 得到的 1,2-加成产物具有相对较低的活化能，反应速率会更快。尽管 1,4-加成产物具有更好的热力学稳定性，但形成的活化能将较高，因此反应速率较慢。

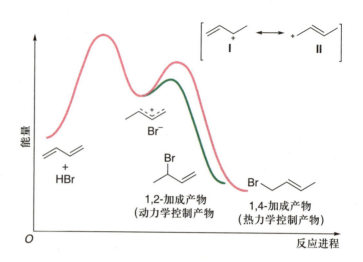

图 8-8　丁-1,3-二烯与溴化氢加成反应进程中的能量变化图

　　那么反应温度是怎样影响产物分布的呢？在室温或较低温度下，没有足够的能量让任何一种产物越过能垒重新形成烯丙基正离子中间体，即 1,2-加成和 1,4-加成产物的生成是不可逆的，这意味着两个异构体之间不能通过相互转化建立热力学平衡。由于 1,2-加成产物的生成速率大于 1,4-加成产物的生成速率，因此，在较低温度下 1,2-加成产物是优势产物。我们将这种反应产物的比例反映了它们的相对生成速率的反应称为**动力学控制**的反应。在较高温度下，1,2-加成和 1,4-加成产物都有足够的能量来克服能垒重新形成烯丙基正离子中间体，两种产物可以相互转化，并最终建立热力学平衡，它们的比例反映了它们的相对热力学稳定性，1,4-加成产物比 1,2-加成产物更稳定，因此是优势产物。我们将这种反应产物的比例反映其热力学稳定性的反应称为**热力学控制**或平衡控制的反应。通常，动力学控制包括较低的温度和较短的反应时间，确保只有最快的反应才有机会发生；而热力学控制包括更高的温度和更长的反应时间，确保即使是较慢的反应也有机会发生并建立热力学平衡，从而转化为最稳定的产物。

　　除 HBr 之外，还有许多其他亲电试剂与共轭二烯反应时通常也会形成 1,2-加成和 1,4-加成产物的混合物。例如溴与丁-1,3-二烯反应，会分别得到 1,2-加成产物 3,4-二溴丁-1-烯和 1,4-加成产物 1,4-二溴丁-2-烯。二者的比例同样随反应温度的改变而发生变化。

	1,2-加成产物	1,4-加成产物
20 °C	55%	45%
−15 °C	67%	33%
60 °C	10%	90%

8.8.2　Diels-Alder 反应

　　1928 年，两位德国化学家第尔斯 (O. Diels) 和阿尔德 (K. Alder) 发现了一种共轭二烯与烯烃或炔烃反应生成环己烯或环己-1,3-二烯的 1,4-环加成反应，即 Diels-Alder 反应。他们因此获得 1950 年的诺贝尔化学奖。该反应包括两个反应组分，一个是共轭双烯，称为双烯体 (diene)，另一个是烯或炔等不饱和化合物，称为亲双烯体 (dienophile)，因此该反应也称双烯合成。Diels-Alder 反应是有机合成中应用最广泛的反应之一，提供了一种有效地合成具有特定立体化学的六元环状化合物的方法。

Diels-Alder 反应最简单的例子是丁-1,3-二烯与乙烯之间的反应。然而这个反应很慢，必须在加压下进行，而且产率很低。与之相反的是丁-1,3-二烯和顺丁烯二酸酐 (马来酸酐) 在 100 ℃下一起加热时的反应，以定量的产率得到相应的环加成产物。

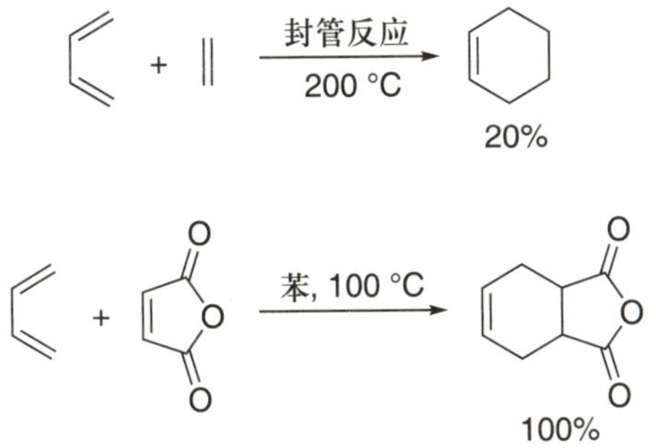

比较上面两个反应可以知道取代基的引入会影响 Diels-Alder 反应的反应活性。通常情况下，在亲双烯体中引入吸电子基团和在双烯中引入给电子基团有利于 Diels-Alder 反应的发生。下面列出了一些常见的双烯体和亲双烯体。

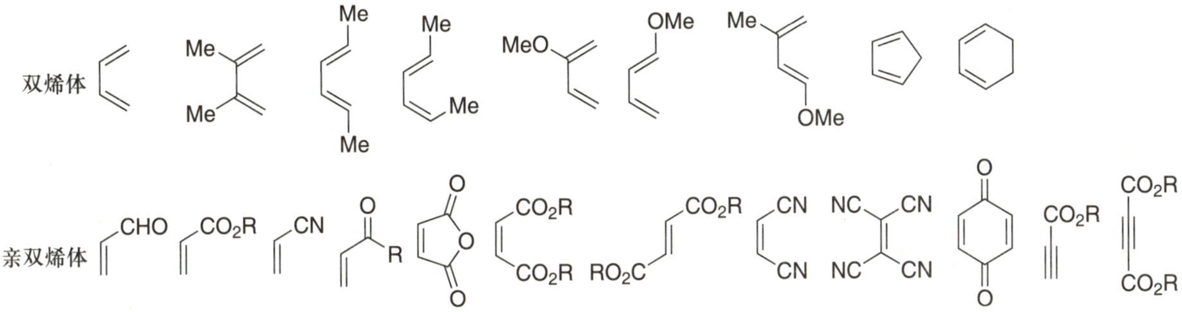

Diels-Alder 反应是一个周环反应，同时也是一个环加成反应。在环加成反应中两个反应物发生反应生成一个环状产物。更准确地说，Diels-Alder 反应是一个 [4+2] 环加成反应，因为参与环状过渡态的六个 π 电子中有四个来自双烯体，两个来自亲双烯体。

虽然 Diels-Alder 反应仍然是亲电试剂和亲核试剂对共轭二烯的 1,4-加成反应。然而，不像前面介绍的其他 1,4-加成反应是分步进行的，Diels-Alder 反应是一个一步的协同反应，反应没有任何中间体，只经历一个如下的环状过渡态。在整个过程中，旧键的断裂和新键的形成是同步的。

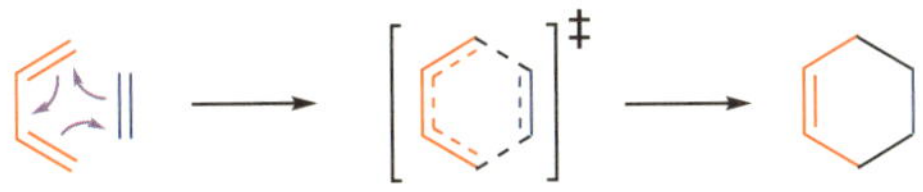

反应过渡态

从上面的机理可以看出 Diels-Alder 反应是立体专一性的同面-同面顺式加成，加成产物仍然保持双烯和亲双烯体原来的构型 (详见下册第 22 章 周环反应)。例如：

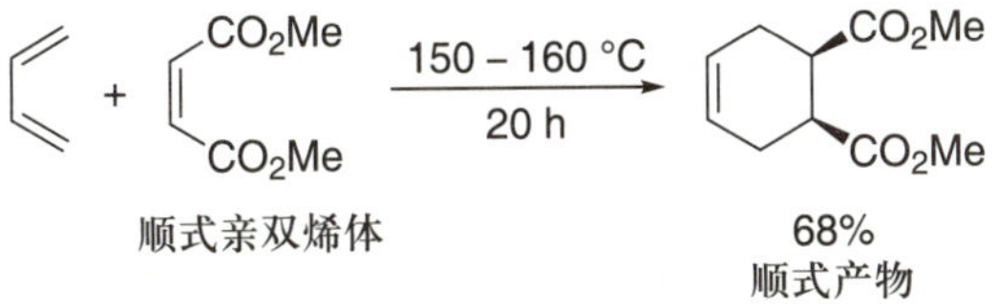

顺式亲双烯体 68%
顺式产物

反式亲双烯体   95%
                                                  反式产物

(两个甲基都朝外)   (两个甲基顺式)

(一个甲基朝外，   (两个甲基反式)
一个甲基朝里)

从前面丁-1,3-二烯的结构中我们知道在丁-1,3-二烯中 C2–C3 键有部分 p 轨道的重叠，即 C2–C3 键有部分双键的性质。这种比较弱的相互作用除了增加丁-1,3-二烯的稳定性，还提高了 C2–C3 单键自由旋转的能垒 (约 29 kJ·mol^{-1})，这导致丁-1,3-二烯存在两种可能的极端共面构象。其中一个构象中两个双键位于 C2–C3 键的同侧，称为 s-顺式构象；另一个构象中两个双键位于 C2–C3 键的异侧，称为 s-反式构象。其中字母 s 代表这两种不同构象是围绕单键 (single bond) 旋转而产生的。在 s-顺式构象中相邻两个氢原子之间存在范德华斥力，因此 s-反式构象更稳定 (约 12 kJ·mol^{-1})。

s-顺式构象 s-反式构象
                               (较稳定)

为了参与 Diels-Alder 反应，共轭二烯必须是 s-顺式构象，因为当它是 s-反式构象时，C1 和 C4 距离太远无法与亲双烯体发生反应。因此如下所示的一些由于环的限制或严重范德华斥力而无法得到反应所需的 s-顺式构象的共轭二烯不能发生 Diels-Alder 反应。相反，那些只能采取 s-顺式构象的环状共轭二烯通常具有很高的反应活性。

8.8.3 聚合反应

丁-1,3-二烯是合成橡胶工业中最重要的原材料之一，可以发生聚合反应得到聚丁二烯。丁-1,3-二烯分子可以彼此通过 1,4-加成或 1,2-加成形成相应的聚合物，其中 1,4-加成聚合物还可以包含顺式和反式双键。

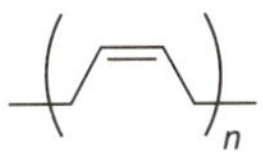

1,4-加成聚合物　　　1,4-加成聚合物　　　1,2-加成聚合物
（顺式双键）　　　　（反式双键）

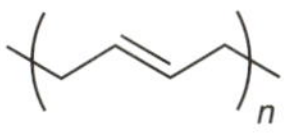

上述聚合物中应用最广的是具有顺式双键结构单元的聚合物，这种类型的聚合物可以通过过渡金属催化剂的催化来实现合成。通常不同类型的催化剂可以得到不同类型的聚合物。

1930 年，美国杜邦公司的化学家合成了氯丁橡胶，可以用作电气绝缘材料、耐油胶管、传送带及气象气球等。

氯丁橡胶，neoprene

天然橡胶是顺聚异戊二烯 (2-甲基丁-1,3-二烯)，另一种共轭二烯的聚合物。天然橡胶的主要来源是橡胶树。杜仲胶是异戊二烯的另一种聚合物，与天然橡胶不同的是分子中所有双键的构型都是反式，并且分子量较小。杜仲胶在加热时具有弹性，但在室温下比橡胶更硬、更耐用。异戊二烯在 Ziegler-Natta 催化剂催化下可以得到顺聚异戊二烯，被称为合成天然橡胶，广泛用于工业制品、医疗器械、体育器材及日常生活用品中。

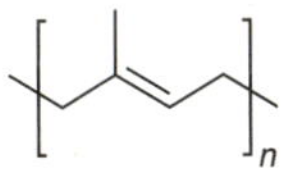

反聚异戊二烯（杜仲胶） 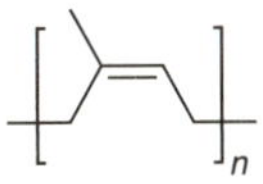　　　　顺聚异戊二烯（天然橡胶）

8.9　共轭二烯的制备

丁-1,3-二烯作为合成橡胶的基本原料，可用于生产汽车轮胎，有大规模的工业制备方法。在合适的催化剂如氧化铬-氧化铝的存在下，丁烷发生高温脱氢反应即可得到丁-1,3-二烯。

$$CH_3CH_2CH_2CH_3 \xrightarrow[CrO_3/Al_2O_3]{590-675\ °C} H_2C=CH-CH=CH_2$$

在实验室制备共轭二烯的方法中最常用的是不饱和醇或不饱和卤代烃的消除反应。例如环己-2-烯醇和 3-溴环己烯分别在沸石 (zeolite) 和喹啉的存在下发生消除反应可以生成环己-1,3-二烯。

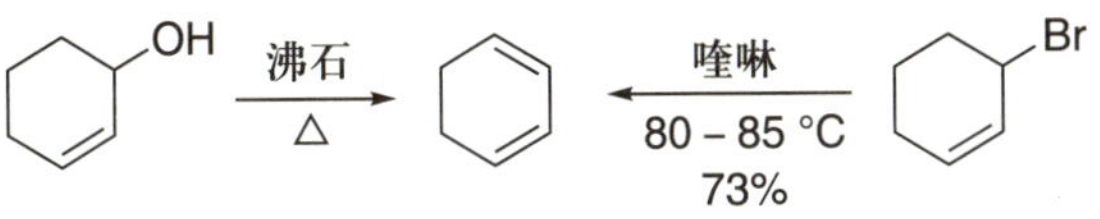

由于消除反应通常会生成热力学更稳定的共轭烯烃，从高烯丙醇或高烯丙基卤代烃出发，同样可以高区域选择性地得到共轭二烯。

8.10 联烯的化学性质

由于联烯分子结构中包含两个累积碳碳双键，其反应性与烯烃和炔烃的反应性有很大的差异。它们与亲电试剂或亲核试剂反应时同时存在着区域选择性 (哪一个双键优先加成及加成的方向) 和立体选择性 (加成产物双键的构型) 问题。

8.10.1 亲电加成反应

与烯烃和炔烃类似，联烯和亲电试剂可以发生亲电加成反应。反应的区域和立体选择性取决于取代基的空间和电子效应，以及亲电试剂的性质。

未官能团化的联烯，即烷基取代的联烯发生亲电加成时，亲电试剂既可以末端进攻也可以中间进攻，分别得到两种不同的加成产物。联烯的结构在很大程度上决定了反应的区域选择性。

丁-1,2-二烯在 BiCl$_3$ 存在下与 HCl 反应，生成的是末端进攻的加成产物 2-氯丁-2-烯；而 3-甲基丁-1,2-二烯与 HCl 反应，由于两个甲基对碳正离子中间体的强稳定作用导致发生中间进攻生成 3-氯-3-甲基丁-1-烯和 1-氯-3-甲基丁-2-烯的混合物。

联烯与次氯酸 (HOCl) 发生加成反应，得到氯原子加到中间碳原子上的烯丙醇产物，取代基的电子效应是影响反应区域选择性的主要因素。例如，3-甲基丁-1,2-二烯与次氯酸反应以 85% 的产率得到 3-氯-2-甲基丁-3-烯-2-醇。

如果分子内合适的位置含有亲核性取代基，在发生亲电加成时亲核基团会捕获反应中形成的碳正离子中间体得到环化产物。例如，2,2-二甲基己-3,4-二烯-1-醇与溴反应可以得到吡喃衍生物。4-环己基丁-2,3-二烯酸与苯次磺酰氯反应生成相应的环化产物 5-环己基-4-苯硫基呋喃-2 (5H) -酮。

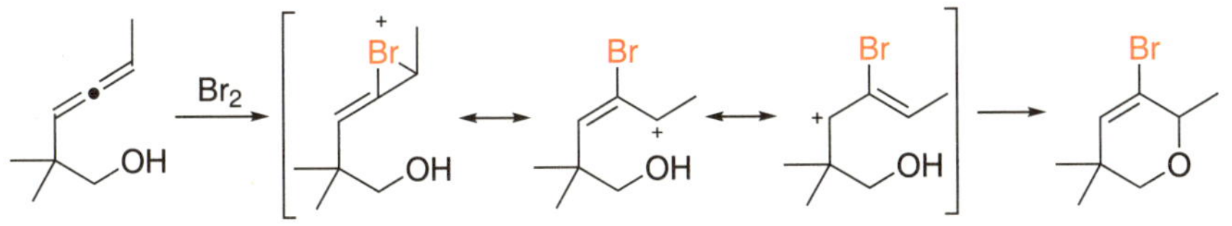

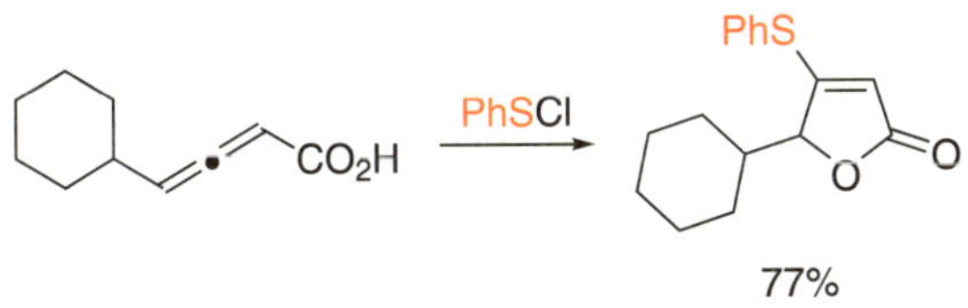

77%

　　吸电子基团取代的联烯在发生亲电加成反应时，通常相对更富电子的末端双键发生反应。例如，丁-2,3-二烯酸甲酯与溴的四氯化碳溶液反应，主要生成 (E)-3,4-二溴丁-2-烯酸甲酯，而联烯基苯基亚砜在添加剂 LiOAc 的存在下，在乙腈和水混合溶剂中与单质碘反应生成相应的 (E)-构型邻碘代醇。

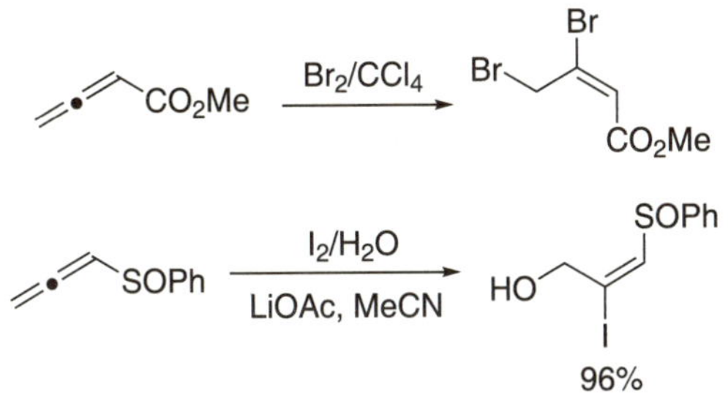

96%

　　给电子基团取代的联烯如 3-甲氧基丁-1,2-二烯在酸催化下与苯硫酚反应，首先质子化中间碳原子得到碳正离子中间体，然后接受苯硫酚的亲核进攻，主要得到热力学更稳定的多取代烯烃产物。

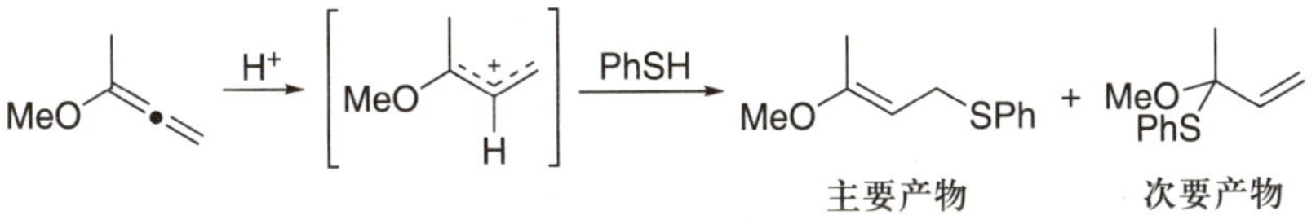

主要产物　　　　次要产物

　　在如下两种 γ-联烯基取代磺酸酯的溶剂解反应中，联烯基两端取代基的空间效应决定了反应的进攻位点。前者空间位阻较小的末端碳亲核进攻磺酸酯得到环己烯基碳正离子中间体，然后被亲核试剂捕获得到相应的醋酸酯；而后者联烯的末端碳原子上有两个甲基取代基，因而位阻相对较小的中间碳亲核进攻得到烯丙基型碳正离子中间体，然后消除质子得到热力学稳定的共轭二烯产物。

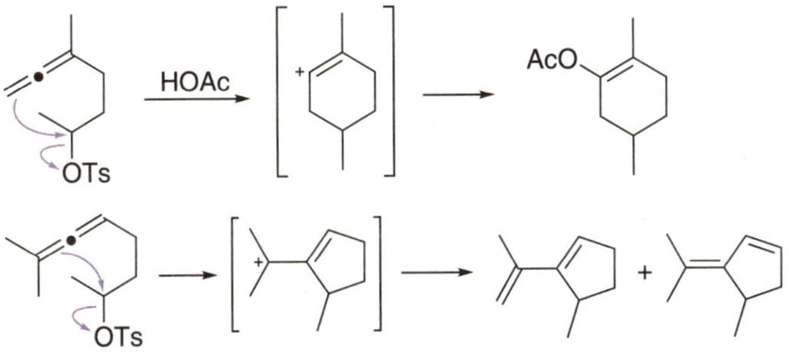

8.10.2　亲核加成反应

吸电子基团取代的联烯非常容易发生亲核加成反应，亲核试剂进攻的位点通常是中间的 *sp* 杂化碳原子，即缺电子联烯作为 Michael 受体与亲核试剂发生共轭加成反应。但在碱性条件下有时会发生进一步的双键异构得到热力学更稳定的共轭产物。

我国化学家陆熙炎教授发现，叔膦与吸电子基团取代的联烯如联烯酸酯发生亲核加成所得到的两性离子中间体可以对缺电子的多重键 (缺电子烯烃、亚胺、醛酮等) 发生亲核加成并进一步环化得到环戊烯、二氢吡咯或二氢呋喃衍生物。当使用手性叔膦作为催化剂时，可以实现不对称催化的环化反应。

在反应过程 (a) 中，两性离子中间体首先以 α-位亲核进攻缺电子双键得到新的两性离子中间体，然后新的两性离子中间体发生分子内亲核进攻环化得到磷叶立德中间体，继而分子内去质子化生成酯基稳定的碳负离子中间体，最后 E1cB 消除再生出叔膦催化剂并生成环化产物。

8.10.3　Diels-Alder 反应

联烯作为亲双烯体参与的 Diels-Alder 反应为合成 4-甲亚基环己烯衍生物提供了

一种方便的方法。对于正常电子需求的 Diels-Alder 反应而言，由于联烯的最低未占有轨道 (LUMO) 的能量较高，作为亲双烯体的反应活性较低。然而，吸电子基团取代的联烯如联烯酸、联烯酯、联烯酮和联烯基砜等则可以顺利地和双烯发生 Diels-Alder反应。

下面是一些具体的反应实例。

对于反电子需求 (inverse-electron-demand) 的 Diels-Alder 反应则正好相反，给电子基团取代的联烯表现出较高的反应活性。

8.10.4 [2+2] 环加成反应

与普通的烯烃不同，丙-1,2-二烯在加热条件下可以发生二聚得到 1,2-二甲亚基环丁烷。在苯溶液中加热，二聚产物的产率可达 95%。

📋 **本章学习要点** ————————————————————————

(1) 端炔氢的酸性。

(2) 炔烃的部分氢化反应 (顺或反式烯烃的制备)。

(3) 炔烃的亲电加成反应和亲核加成反应。

(4) 炔烃的氧化反应。

(5) 炔烃的制备 (邻或偕二卤代烃的消除反应，炔负离子与亲电试剂的反应)。

(6) 共振论。

(7) 共轭二烯的稳定性与反应性。

(8) Diels-Alder 反应 (反应条件，区域和立体选择性)。

(9) 联烯的反应性。

 习题

8.1 给出下列化合物的中英文系统命名。

(1)

(2)

(3)

(4)

(5)

(6)

(7)

8.2 根据化合物的名称画出相应的结构。

(1) 3,3-二甲基辛-4-炔

(2) 3-ethyl-5-methyldeca-1,6,8-triyne

(3) 2,2,5,5-四甲基己-3-炔

(4) 3,4-dimethylcyclodecyne

(5) 3-chloro-4,4-dimethylnon-1-en-6-yne

(6) 庚-3,5-二烯-1-炔

(7) 3-sec-butylhept-1-yne

(8) 5-叔丁基-2-甲基辛-3-炔

8.3 写出己-1-炔与下列试剂反应的主要产物。

(1) H_2 (2 mol)，Pt

(2) H_2 (1 mol)，Lindlar 催化剂

(3) Na/ 液氨

(4) $NaNH_2$/ 液氨

(5) (4) 的产物与 1-溴丁烷

(6) (4) 的产物与溴代叔丁烷

(7) HCl (1 mol)

(8) HCl (2 mol)

(9) H_2O, H_2SO_4/HgSO_4

(10) 臭氧，然后水解

(11) 冷、稀高锰酸钾水溶液

(12) 热、浓高锰酸钾水溶液

(13) $(Sia)_2BH$，然后 H_2O_2/OH^-

8.4 乙炔钠和 1,12-二溴十二烷反应得到化合物 **A**($C_{14}H_{25}Br$)，**A** 用氨基钠处理转化为化合物 **B**($C_{14}H_{24}$)。**B** 发生臭氧化反应得到 $HO_2C(CH_2)_{12}CO_2H$。**B** 在 Lindlar 催化剂存在下氢化得到化合物 **C**($C_{14}H_{26}$)，在铂催化下氢化得到化合物 **D**($C_{14}H_{28}$)。化合物 **B** 用钠/液氨体系还原得到化合物 **E**($C_{14}H_{26}$)。**C** 和 **E** 经臭氧化还原分解均得到 $O=CH(CH_2)_{12}CH=O$。请给出化合物 **A-E** 的结构。

8.5 请给出如下转化中每一步反应的产物结构。

$$\overset{Br_2/CCl_4}{\longrightarrow} (?) \overset{m\text{-}CPBA}{\longrightarrow} (?)$$

$$\overset{NaOCH_3/CH_3OH}{\longrightarrow} (?) \longrightarrow (?)$$

8.6 2-氯丁-1,3-二烯 (chloroprene，氯丁二烯) 是生产氯丁橡胶的单体，可以通过氯化氢与丁-1-烯-3-炔的加成反应得到。但反应条件非常重要，在热力学控制条件下顺利地生成 2-氯丁-1,3-二烯，在动力学控制条件下则主要生成 4-氯丁-1,2-二烯。请给出合理的机理解释所得到的实验结果。

8.7 完成下列转化。

(1) $CH_3CH_2CHBr_2 \longrightarrow CH_3CBr_2CH_3$

(2) $CH_2BrCHBrCH_3 \longrightarrow CH_3CBr_2CH_3$

(3) $CH_2ClCHClCH_3 \longrightarrow CHCl_2CCl_2CH_3$

(4) $HC≡CH \longrightarrow CH_3CCl_2CH_2CH_3$

(5) 丁-2-炔 $\longrightarrow meso$-$CH_3CHBrCHBrCH_3$

8.8 完成下列转化。

(1)

(2) ⟶

(3) ⟶

(4) ⟶

8.9 完成下列转化。

8.10 写出下列炔烃的合成路线。

(1) (2)

(3)

8.11 请给出下列转化的详细机理。

(1)

(2)

8.12 1,2-二溴癸烷用氢氧化钾乙醇溶液处理得到分子式为 $C_{10}H_{19}Br$ 的三个异构体混合物，三者在二甲亚砜中与氨基钠反应都转化为癸-1-炔。请给出三个异构体的结构。

8.13 以乙炔为起始原料，其他有机及无机试剂任选，分别合成下列化合物。

(1) $CH_3CH_2CD_2CD_2CH_2CH_3$

(2) 己-1-烯

(3) 己-3-醇

(4) 己-1-炔

(5) $CH_3(CH_2)_7CO_2H$

(6) $(CH_3)_2CHCH_2CH_2CH_2CHO$

(7) 顺-戊-2-烯

(8) 反-辛-3-烯

(9) meso-辛-4,5-二醇

(10) (Z)-己-3-烯-1-醇

(11) cis-1-乙基-2-甲基环丙烷

(12) trans-2-乙基-3-丙基环氧丙烷

8.14 根据给出的 $KMnO_4$ 氧化断裂的产物结构写出起始炔烃的结构。

(1) $CO_2 + CH_3(CH_2)_4CO_2H$

(2) $HO_2C(CH_2)_{12}CO_2H$

(3) $CH_3CH_2CO_2H + PhCO_2H$

(4) $HO_2CCH_2CH_2CH_2COCO_2H + CO_2$

(5) $CH_3CO_2H + CH_3COCH_2CH_2CO_2H + CO_2$

8.15 完成下列反应。

(1) ⟶ (?)

(2) ⟶ (?)

(3) ⟶ (?)

8.16 给出如下转化的反应机理。

8.17 (Z)-二十三-9-烯 (muscalure) 是家蝇的性信息素，请给出以乙炔为原料合成 muscalure 的合成路线。

8.18 下列化合物都可以通过 Diels-Alder 反应方便地合成，请根据产物结构给出相应的反应物的结构。

(1) (2)

(3) (4)

8.19 以环己醇为原料，其他试剂任选，合成如下双环化合物。

8.20 写出下列 1,3-偶极子的共振结构。

(1) $R-\overset{..}{\overset{-}{N}}-\overset{+}{N}\equiv N:$ (叠氮化物, alkyl azides)

(2) (重氮化合物, diazoalkanes)

(3) $R-C\overset{+}{\equiv}N-O^-$ (腈氧化物, nitrile oxides)

(4) $R-C\overset{+}{\equiv}N-\overset{R}{\underset{R}{C}}\colon$ (腈叶立德, nitrile ylide)

(5) $R-C\overset{+}{\equiv}N-\overset{}{\underset{R}{\overset{..}{N}}}\colon$ (腈亚胺, nitrile imine)

(6) $\underset{R}{\overset{R}{C}}\colon\!\!=\!\!\overset{R}{\underset{\overset{..}{O}\colon}{\overset{+}{N}}}$ (硝酮, nitrones)

8.21 化合物 A (C_9H_{12}) 用钯催化氢化吸收 3 当量氢气后得到化合物 B (C_9H_{18})，经臭氧氧化断裂得到环己酮和其他氧化产物，用 $NaNH_2/NH_3$ 处理后与碘甲烷反应得到化合物 C ($C_{10}H_{14}$)。请给出 A、B 和 C 的结构。

红外光谱、紫外－可见吸收光谱和质谱

第9章 红外光谱、紫外－可见吸收光谱和质谱

9.1 红外光谱

9.1.1 红外光谱的基本原理

红外光谱 (infrared spectroscopy, IR) 是分子振动－转动光谱。当频率连续变化的红外光照射有机化合物样品时，若分子中某个基团的振动或转动频率与某一波长红外光的频率相同，分子就会吸收该频率的红外辐射，引起振动或转动偶极矩的净变化，能级由原来的基态振 (转) 动能级跃迁到能量较高的振 (转) 动能级，由此形成的分子吸收光谱称为红外光谱。

红外光被分为三个区段：近红外区 (13000－4000 cm^{-1})、中红外区 (4000－400 cm^{-1}) 和远红外区 (400－10 cm^{-1})。频率范围为 4000－400 cm^{-1} 的中红外区的光波能量对应有机化合物分子中化学键的振动和转动能级之间的跃迁，是有机化合物红外吸收的最重要区域，能够反映分子中各种化学键、官能团和分子整体结构特征，对有机化合物的结构解析有重要意义。

分子的振动形式和红外光谱的产生

分子的振动分为伸缩振动 (v) 和弯曲振动 (δ)。伸缩振动是化学键两端的原子沿键轴方向改变键长做来回周期运动的振动，它又可分为对称伸缩振动 (v_s) 和非对称伸缩振动 (v_{as})。弯曲振动 (又称变形振动) 是使化学键的键角发生周期性变化的振动，包括面内弯曲振动和面外弯曲振动。面内弯曲振动又包括剪式振动和面内摇摆振动，面外弯曲振动包括面外摇摆振动 (ρ) 和面外扭曲振动。

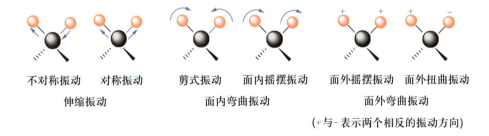

不对称振动	对称振动	剪式振动	面内摇摆振动	面外摇摆振动	面外扭曲振动
伸缩振动		面内弯曲振动		面外弯曲振动	

(+与-表示两个相反的振动方向)

经典力学方法可以将双原子伸缩振动用两个刚性小球的弹簧振动来模拟，这个体系的振动频率以波数表示 v (在波传播的方向上单位长度内的光波数称为波数)，由胡克 (Hooke) 定律可导出式 (9-1)：

$$v = 1/\lambda = \frac{1}{2\pi c}\sqrt{k(m_1+m_2)/(m_1 \times m_2)} \tag{9-1}$$

式中: v 为波数，单位为 cm^{-1}; λ 为波长，单位为 cm; c 为光速 $2.998 \times 10^{10}\ cm \cdot s^{-1}$; k 是弹簧的力常数，$N \cdot cm^{-1}$，即连接两原子的化学键的力常数; m_1 和 m_2 是两原子的质量，单位为 g。

力常数 k 的大小与键能、键长有关，键能越大、键长越短，k 值就越大。化学键的力常数越大，基态振动频率越大，波数也越大。有机化合物的结构不同时，它们的原子质量和化学键的力常数也不同，因此会出现不同的吸收频率，从而产生特征的红外吸收光谱。

分子的振动能量是量子化的。用外界电磁波照射样品分子，当分子中某种基团的振动跃迁频率和红外光的频率相同时，分子与辐射波发生振动耦合，此时光的能量通过分子偶极矩的变化而传递给分子，这个基团就吸收一定频率的红外光，引起分子产生对应振动能级的跃迁，分子从基态振动跃迁到较高的振动能级。若用连续改变频率的红外光照射样品分子，就可得到样品中各个基团吸收红外光的谱图。

红外光谱的峰数

由 n 个原子组成的有机化合物，非线性分子有 $3n-6$ 个振动自由度，线性分子有 $3n-5$ 个振动自由度，理论上讲，每一个振动自由度都对应红外区的一个吸收峰，因此，有机化合物红外光谱的峰数一般较多。实际上，反映在红外光谱中的吸收峰会增多或减少。这是因为: (1) 在中红外区，除基频 (基态 v_0 跃迁到第一激发态 v_1) 谱带外，还有基态 v_0 跃迁到第二激发态 v_2 或第三激发态 v_3 所产生的吸收谱带，即倍频峰; (2) 不伴随偶极矩变化的振动没有红外吸收峰，通常对称性强的分子不出现红外光吸收峰或只出现弱吸收峰; (3) 有的振动形式虽然不同，但是它们的振动频率相等，因而产生简并 (如 CO_2 分子的面内和面外弯曲振动); (4) 吸收强度太弱以致无法测定的峰或者被强峰覆盖的峰等都会导致红外光谱吸收峰数目的变化。

红外光谱的峰强度

红外光谱的峰强度主要由两个因素决定: 一是能级跃迁的概率。基频跃迁概率大，吸收峰较强; 倍频跃迁概率很低，故倍频谱带很弱。二是分子振动时偶极矩变化的程度，分子振动时偶极矩的变化不仅决定该分子能否吸收红外光，而且还影响吸收峰强度。根据量子理论，红外光谱的峰强度与分子振动时偶极矩变化的平方成正比。例如 C=O 和 C=C 的伸缩振动特征峰，前者常常是红外谱图中最强的吸收峰，而后者的吸收峰则有时出现，有时不出现，即使出现，相对来说强度也较弱。其原因是 C=O 键在伸缩振动时偶极矩变化很大，而 C=C 键则在伸缩振动时偶极矩变化很小。偶极矩的变化与下列因素有关:

(1) 原子的电负性: 化学键两端连接的原子电负性差别越大，则伸缩振动时引起的吸收峰强度越强。

(2) 分子的对称性: 分子越对称，峰强度越弱。分子对称性差的，振动偶极矩变化大，吸收峰强。

(3) 振动形式: 振动形式不同对分子的电荷分布影响不同，偶极矩变化也不同。通常不对称伸缩振动的吸收峰强度比对称伸缩振动的吸收峰强度大，伸缩振动的吸收峰强度比弯曲振动的吸收峰强度大。

红外光谱的峰强度常用透射率 T [式 (9-2)] 或吸光度 A [式 (9-3)] 表示。它们与透过样品的出射光强度 I 和入射光强度 I_0 的关系为

$$T = \frac{I}{I_0} \tag{9-2}$$

$$A = \lg \frac{I_0}{I} = \lg \frac{1}{T} \tag{9-3}$$

在一定的条件下(单色光和稀溶液),溶液的吸收遵从朗伯-比尔(Lambert-Beer)定律,即吸光度 A 与溶液浓度 c 和吸收池厚度 l 成正比:

$$A = \varepsilon \cdot l \cdot c \qquad (9\text{-}4)$$

式中:ε 为摩尔吸光系数,$L\cdot mol^{-1}\cdot cm^{-1}$;$c$ 为摩尔浓度,$mol\cdot L^{-1}$;l 为吸收池厚度,cm。

当 $\varepsilon > 100\ L\cdot mol^{-1}\cdot cm^{-1}$ 时,为很强吸收峰,用 vs (very strong) 表示;

ε 在 $20 - 100\ L\cdot mol^{-1}\cdot cm^{-1}$ 时,为强吸收峰,用 s (strong) 表示;

ε 在 $10 - 20\ L\cdot mol^{-1}\cdot cm^{-1}$ 时,为中等强度吸收峰,用 m (medium) 表示;

ε 在 $1 - 10\ L\cdot mol^{-1}\cdot cm^{-1}$ 时,为弱吸收峰,用 w (weak) 表示。

9.1.2 影响有机化合物基团红外吸收峰位置的因素

红外光谱吸收峰的位置代表了样品分子中某种结构的特征吸收,即分子内各种官能团的振动吸收峰只出现在红外光谱的一定范围内。例如,C=O 的伸缩振动一般在 $1850 - 1600\ cm^{-1}$。基团的振动频率由原子的质量和化学键的力常数所决定,那么相同原子和化学键组成的基团在红外光谱中的吸收峰位置应该是固定的。但事实上,同一种基团在不同化合物中的吸收峰的位置往往不一样。例如,脂肪族的乙酰氧基 (CH_3CO_2R) 的 $v_{C=O}$ 在 $1724\ cm^{-1}$ 附近,而芳香族的乙酰氧基 (CH_3CO_2Ar) 的 $v_{C=O}$ 在 $1770\ cm^{-1}$ 附近。同样都是羰基的伸缩振动,其频率相差近 $50\ cm^{-1}$,这显然是由于基团的化学环境不同所引起的。

红外光谱的吸收峰位置不仅与化合物的结构、基团的性质等内在因素有关,还与样品制备方法、物态、溶剂、温度等外在因素有关,外在因素的干扰可以通过改变实验条件予以消除。内在因素主要有以下几个方面。

> 红外光谱中既有吸收频率较窄的"吸收峰",又有吸收频率较宽的"吸收谱带"。

1. 化学键强弱

一般化学键越强,化学键的力常数 k 越大,红外吸收频率也越大。组成化学键的原子轨道 s 成分越多,化学键的力常数 k 越大,吸收频率也越大。如碳碳三键、双键和单键的 C-H 伸缩振动峰频率随着它们键的 s 成分的减少而减小。

	C≡C	C=C	C-C	C≡C-H	C=C-H	C-C-H
v/cm^{-1}	2150	1650	1200	3300	3100	2900

2. 原子质量

组成化学键原子的原子量越小,红外吸收频率就越大。这在不同原子组成的相同键型的化合物红外吸收光谱中得到证实。

	C-H	C-C	C-O	C-Cl	C-Br	C-I
v_{C-X}/cm^{-1}	~3000	1200	1100	800	550	~500

3. 诱导效应

取代基电负性的不同会引起分子中电子云分布的变化,从而改变化学键的力常数 k,影响基团吸收频率,称为诱导效应。例如在羰基中,取代基的吸电子诱导效应引起 C=O 双键的电子云密度向键的几何中心接近,增加了 C=O 双键中间的电子云密度,因而羰基双键的力常数变大,导致羰基伸缩振动吸收谱带移向高频。取代基的电负性越强,羰基伸缩振动频率升高得越明显。

	$H_3C-\overset{O}{\underset{\|}{C}}-CH_3$	$H_3C-\overset{O}{\underset{\|}{C}}-CH_2Cl$	$H_3C-\overset{O}{\underset{\|}{C}}-Cl$	$Cl-\overset{O}{\underset{\|}{C}}-Cl$
$v_{C=O}/cm^{-1}$	1715	1724	1806	1828

4. 共轭效应

共轭效应使共轭体系的电子云密度平均化，结果是双键略有伸长，单键略有缩短，原来的双键伸长，化学键的力常数减小，所以振动频率降低。例如：

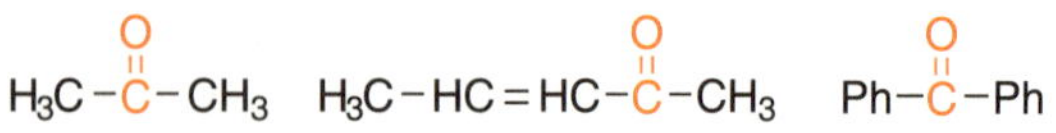

$$\text{H}_3\text{C}-\overset{\overset{\text{O}}{\|}}{\text{C}}-\text{CH}_3 \qquad \text{H}_3\text{C}-\text{HC}=\text{HC}-\overset{\overset{\text{O}}{\|}}{\text{C}}-\text{CH}_3 \qquad \text{Ph}-\overset{\overset{\text{O}}{\|}}{\text{C}}-\text{Ph}$$

$v_{\text{C=O}}/\text{cm}^{-1}$	1715	1677	1665

当诱导效应和共轭效应共存时，谱带的位移方向取决于哪一个作用占主导地位。例如酰胺化合物中氮原子的共轭作用大于诱导作用，使 C=O 双键的力常数减小，频率降至 1690 cm^{-1} 左右。与此相反，酰氯化合物中氯原子的诱导效应大于共轭效应，羰基振动频率增大到 1800 cm^{-1} 附近。

5. 环的张力

环的张力增大导致环内双键削弱，伸缩振动频率降低。而环外双键使振动频率升高，吸收峰的强度也增强。原因是正常情况下羰基是 sp^2 杂化，两取代基的夹角为 120°，没有张力，吸收谱带出现在正常的位置（如 1720 cm^{-1} 附近）；随着环的缩小，环内角逐渐减小，环内形成 σ 键的 p 电子成分增加，而环外 σ 键的 p 电子成分相应减少，这样环外 s 电子成分增加，键长变短，使羰基的伸缩振动频率上升。可以预料，由于环的缩小，所有环外化学键的伸缩振动都向高频移动。如环丙烷的 C–H 伸缩振动超过 3000 cm^{-1}，达到 3070 cm^{-1}。

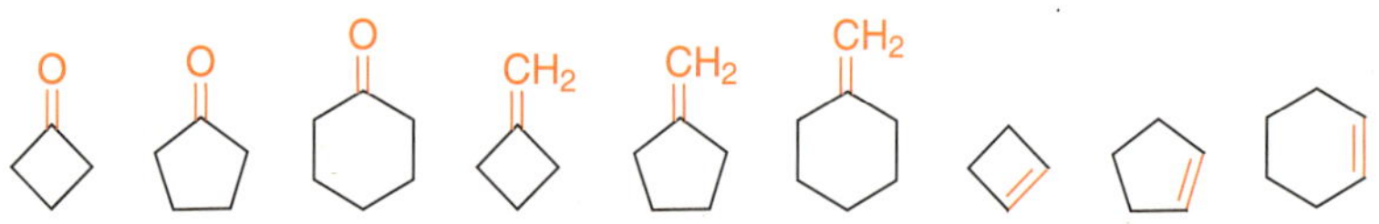

$v_{\text{C=X}}/\text{cm}^{-1}$	1780	1740	1720	1680	1660	1650	1560	1610	1650

6. 振动耦合

同一分子邻近的两个基团具有相近的振动频率和相同对称性时，它们之间可能会产生相互作用使谱峰裂分成两个吸收带，称为振动耦合。例如丙酸酐的两个羰基可相互耦合产生两个吸收带。在 1820 cm^{-1} 和 1750 cm^{-1} 附近出现两个峰强度都很强的谱带，前者是两个羰基不对称振动的耦合谱带，后者是对称振动的耦合谱带。

$$v_{\text{as}}=1820 \text{ cm}^{-1} \qquad v_{\text{s}}=1750 \text{ cm}^{-1}$$

7. 费米共振

当一个振动的倍频频率与另一个振动的基频频率相近，并且具有相同的对称性时，两者相互作用也会发生共振耦合，使原来很弱的倍频峰的强度显著地增加，这称为费米（Fermi）共振。例如，大多数醛的红外光谱在 2800 cm^{-1} 和 2700 cm^{-1} 附近出现强度相近的两个峰，是因为羰基的 C–H 伸缩振动及其弯曲振动的倍频之间发生费米共振的结果。

9.1.3 有机化合物官能团的红外特征吸收

图 9-1 是官能团特征吸收峰分布图。表 9-1 列出了不同官能团的特征吸收频率范

图 9-1 官能团特征吸收峰分布区域图

表 9-1 有机化合物红外光谱特征吸收峰的频率范围

伸缩振动			C-H 面外弯曲振动		
官能团	吸收频率/cm^{-1}	峰强弱	官能团	吸收频率/cm^{-1}	峰强弱
O-H	3650 - 3200	强	R-CH=CH$_2$	1000 和 900	强
N-H	3500 - 3000	中	$\begin{array}{c}H\\R\end{array}$C=C$\begin{array}{c}H\\R\end{array}$	730 - 650	强
C≡N-H	3340 - 3260	尖，强			
C=N-H	3100 - 3000	中	$\begin{array}{c}H\\R\end{array}$C=C$\begin{array}{c}R\\H\end{array}$	980 - 960	强
—C-H	3000 - 2850	尖，强	CR$_2$=CH$_2$	880	强
—C-H (O)	2900 - 2700	2820 和 2720，弱	CR$_2$=CHR	840 - 800	强
C≡N	2260 - 2200	尖，变化		770 - 730	强
C≡C	2250 - 2100	弱		730 - 675	
—C=C=C	2100 - 1950	强		770 - 730	强
C=O	1850 - 1600	尖，强			
C=C	1680 - 1620	强		810 - 750	强
⬡	1600 - 1420	尖，强		725 - 680	
C-F	1400 - 1000	很强			
C-O	1300 - 1000	强	R-⬡-R	860 - 800	强
C-N	1420 - 1000	中			
C-Cl	850 - 550	强		865 - 810	强
C-Br	690 - 510	强		765 - 730	
C-I	600 - 485	强			

C-H 面内弯曲振动		
官能团	吸收频率/cm^{-1}	峰强弱
—CH$_3$	1460 和 1380	中
—CH$_2$—	1465	中
—C-H	1340	中

(右侧续)
	780 - 760	强
	745 - 705	
	885 - 870	强
	825 - 805	

围及吸收峰的相对强弱。根据振动形式与吸收的关系，红外光谱图又可分为两个区域，4000 - 1500 cm^{-1} 频区和 1500 - 400 cm^{-1} 频区。前者主要为伸缩振动吸收区，许多官能团在此区域有特征吸收峰。后者既有伸缩振动吸收又有弯曲振动吸收峰，即使两个结构相近的化合物，在这个区域也有明显的不同，如同两个人的指纹不可能完全一样，因此把这个区域称为指纹区。例如二取代的苯环，因取代基位置不同，其特征峰的个数和位置明显不同。

烷烃红外光谱的特征

　　烷烃的特征吸收峰主要是 C-H 伸缩振动吸收峰，通常出现在 3000 – 2850 cm^{-1} 范围内。C-H 伸缩振动吸收峰是红外光谱中最稳定的部分之一。C-H 的不对称弯曲振动和对称弯曲振动分别在 1465 cm^{-1} 和 1375 cm^{-1} 附近。图 9-2 是正己烷的红外光谱图，其横坐标是红外光谱的波数 (cm^{-1})，纵坐标是透过率 T(%)。

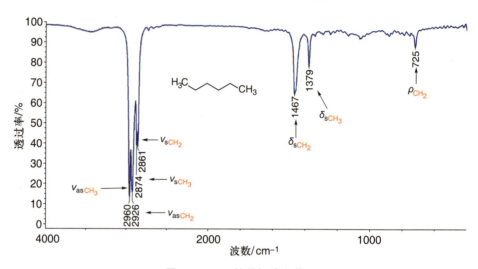

图 9-2　正己烷的红外光谱图

烯烃红外光谱的特征

　　烯烃除了有饱和 C-H 的各种特征峰外，还有三个特征吸收谱带：(1) 凡是未全部取代的烯烃双键在 3100 – 3000 cm^{-1} 范围都有 C=C-H 伸缩振动峰 $v_{C=C-H}$，这是不饱和碳上质子与饱和碳上质子的重要区别；(2) 在 1680 – 1620 cm^{-1} 范围有弱的 C=C 伸缩振动。当与 C=C、C=O 和芳环等基团共轭时，C=C 伸缩振动峰的位置向低频位移 30 – 10 cm^{-1}，同时峰强度大大增强；(3) 在 1000 – 650 cm^{-1} 范围有强的 C=C-H 面外弯曲振动峰 $\delta_{C=C-H}$。图 9-3 是异戊二烯的红外光谱图。

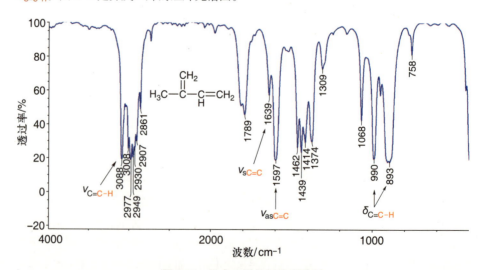

图 9-3　异戊二烯的红外光谱图

芳烃红外光谱的特征

芳香族化合物的特征吸收带主要分布在四个波段范围：

(1) 芳环上 C–H 伸缩振动 v_{Ar-H} 出现在 $3100-3010\ cm^{-1}$，易与烯碳上 C–H 的伸缩振动混淆。

(2) 在 $2000-1650\ cm^{-1}$ 出现的一组很弱的吸收峰是芳环的 C–H 面外弯曲振动 $(1000-700\ cm^{-1})$ 的倍频和合频峰，吸收强度比基频峰的强度弱得多。

(3) 芳环骨架 C=C 伸缩振动 $v_{C=C}$ 出现在 $1600-1420\ cm^{-1}$ 范围，绝大多数芳香化合物均在此范围内出现两到四个强度不等的吸收峰。

(4) 在 $1000-650\ cm^{-1}$（指纹区）出现的较强吸收峰是芳环上 C–H 的面外弯曲振动 δ_{Ar-H} 产生的，它的位置取决于芳环上取代基的位置和数目，故为芳环取代类型的特征峰，称为"定位峰"，详见表 9–1。

炔烃红外光谱的特征

炔烃有三个特征吸收带：$v_{C≡C-H}$、$\delta_{C≡C-H}$ 和 $v_{C≡C}$。与三键相连的 C–H 伸缩振动 $v_{C≡C-H}$ 在 $3340-3260\ cm^{-1}$ 出现尖而强的峰；与三键相连的 C–H 弯曲振动 $\delta_{C≡C-H}$ 在 $700-610\ cm^{-1}$ 出现宽峰；C≡C 伸缩振动 $v_{C≡C}$ 在 $2250-2100\ cm^{-1}$ 出现中等强度的峰。$v_{C≡C}$ 的强度随分子的对称性的增加而变弱，甚至观察不到。C≡C 键与其他基团共轭时，$v_{C≡C}$ 的峰强度增强。图 9–4 是苯乙炔的红外光谱图。

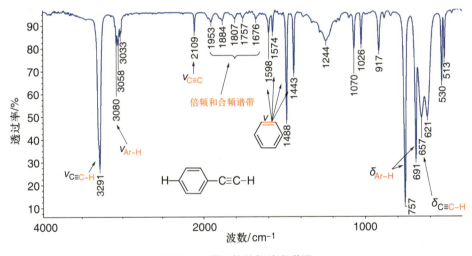

图 9–4　苯乙炔的红外光谱图

腈的 C≡N 伸缩振动频率在 $2260-2200\ cm^{-1}$，通常以中等强度峰出现，当共轭时会增强，且向低频移动。其他三重键 (X≡Y) 和积累双键 (X=Y=Z) 类化合物的特征吸收峰也在该范围内 $(2300-2000\ cm^{-1})$，可能与 $v_{C≡C}$ 有重叠吸收峰。

卤代烃红外光谱的特征

含卤化合物由于卤原子较重，C–X 键的伸缩振动吸收峰在低频区。由于 C–X 键的极性大，其吸收峰的强度也大。各种卤化合物的红外吸收峰的位置见表 9–1。图 9–5 是 1,2-二氯乙烷的红外光谱图，图 9–6 是 1,1,1-三氟-4-碘丁烷的红外光谱图，C–X 键的特征峰见图中标注。

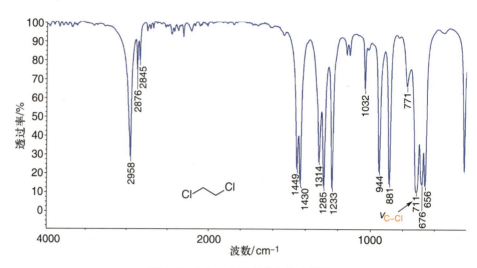

图 9-5　1,2-二氯乙烷的红外光谱图

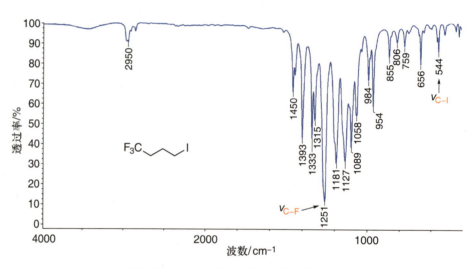

图 9-6　1,1,1-三氟-4-碘丁烷的红外光谱图

醇、酚和醚红外光谱的特征

醇和酚分子中均有 OH，因此它们都有两个特征吸收带：O-H 伸缩振动 ν_{O-H} 和 O-H 弯曲振动 δ_{O-H}。醇、酚和醚都有 C-O 特征伸缩振动 ν_{C-O}。

羟基的伸缩振动 ν_{O-H} 位于 3650 – 3200 cm^{-1}，游离的羟基在 3600 cm^{-1} 附近出现一个尖的谱带，当形成分子内或分子间氢键时，谱峰的位置大幅度向低频移动，同时强度增加，谱带变宽。

羟基的弯曲振动 δ_{O-H} 实际是指 C-O-H 的面外弯曲振动，在 1420 – 1260 cm^{-1} 出现几个弱而宽的谱峰，对结构解析意义不大。

C-O 伸缩振动 ν_{C-O} 位于 1300 – 1000 cm^{-1}，可以用来分辨各级醇。一级醇（伯醇）、烯丙基型二级醇、二级环醇在 1085 – 1050 cm^{-1} 处有吸收带；二级醇（仲醇）、烯丙基型三级醇、三级环醇在 1125 – 1085 cm^{-1} 处有吸收带；三级醇（叔醇）在 1200 – 1125 cm^{-1} 处有吸收带；酚在 1300 – 1200 cm^{-1} 处有吸收带。图 9-7 是正丁醇的红外光谱图。

脂肪族醚红外光谱中的特征吸收在 1150 – 1020 cm^{-1} 处，是由 C-O-C 不对称伸缩振动所产生的强吸收，C-O-C 的对称伸缩振动吸收峰相对较弱。芳香族醚红外光谱中 C-O-C 不对称伸缩振动所产生的特征吸收是 1275 – 1200 cm^{-1} 的强吸收。

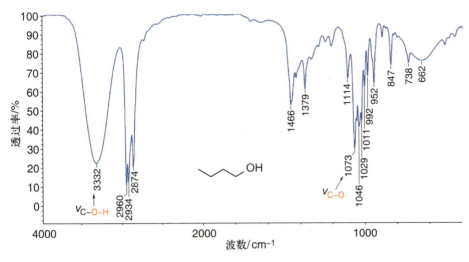

图 9-7 正丁醇的红外光谱图

胺红外光谱的特征

胺类化合物在红外光谱中的特征峰有 ν_{N-H} 伸缩振动峰、δ_{N-H} 弯曲振动峰和 ν_{C-N} 伸缩振动峰三种。

伯胺 ($R-NH_2$) 的 ν_{N-H} 在 $3500-3200$ cm^{-1} 区域呈现两个尖的中等强度的谱带，为不对称伸缩振动峰和对称伸缩振动峰；仲胺 (R_2NH) 的 ν_{N-H} 在 3300 cm^{-1} 附近出现一个中等强度的峰；而叔胺的氮上无质子，故此范围内无吸收峰。由于 N-H 形成氢键的趋势比 O-H 要小得多，N-H 伸缩振动吸收通常更尖锐，峰强度较弱，有时被 O-H 的伸缩振动吸收峰所掩盖。

N-H 弯曲振动包括面内和面外两种：伯胺的面内弯曲 (剪式) 振动在 $1650-1550$ cm^{-1} 出现中等强度吸收峰，仲胺的面内弯曲 (剪式) 振动出现在 1500 cm^{-1} 附近。N-H 摇摆振动在 $900-700$ cm^{-1} 出现中等强度吸收峰。

C-N 伸缩振动：脂肪胺的 C-N 伸缩振动峰位于 $1230-1000$ cm^{-1} 处，峰较弱，实用价值不大。芳香胺的 C-N 伸缩振动峰在 $1420-1250$ cm^{-1} 出现中等强度的吸收峰，容易指认。图 9-8 是苯胺的红外光谱图。

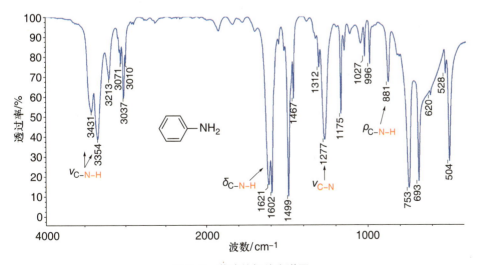

图 9-8 苯胺的红外光谱图

醛、酮红外光谱的特征

羰基是红外光谱研究最多的官能团。羰基的伸缩振动在红外光谱中的特征吸收峰在 1850 – 1650 cm⁻¹ 范围内。由于羰基的偶极矩较大，其伸缩振动峰在红外光谱中常常以第一强峰出现。

醛、酮的羰基一般在 1740 – 1720 cm⁻¹ 处，与双键共轭时，向低频位移。当 α- 碳原子有卤素取代时，则向高频迁移。环酮化合物的羰基吸收峰随环张力增大向高频移动。

醛的另一特征峰是醛基的 C–H 伸缩振动，在 2900 – 2700 cm⁻¹ 出现两个强度相近的中等强度吸收峰，这是由羰基的 C–H 伸缩振动和弯曲振动的倍频耦合，即费米共振产生的，是区别酮的特征谱带。图 9–9 是正庚醛的红外光谱图。

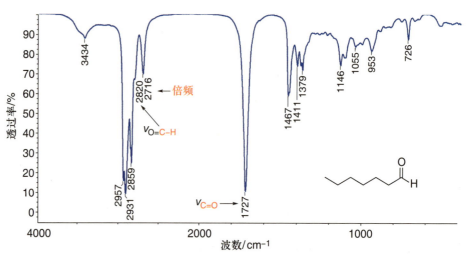

图 9-9　正庚醛的红外光谱图

羧酸及其衍生物红外光谱的特征

1. 羧酸

羧酸化合物只在高于 150 ℃ 的气态或极稀的非极性溶剂中以单体形式存在，在液体或固体状态时一般以二聚体形式存在。羧酸以单体存在时，O–H 的伸缩振动 ν_{O-H} 在 3550 cm⁻¹ 附近有一个尖峰，羰基的 $\nu_{C=O}$ 在 1760 cm⁻¹ 附近有一个强峰。以二聚体存在时，ν_{O-H} 在 3200 – 2500 cm⁻¹ 范围内有一个宽峰，羰基 $\nu_{C=O}$ 吸收峰向低频位移至 1710 cm⁻¹ 附近。ν_{C-O} 在 1320 – 1200 cm⁻¹ 区间产生中等强度的多重峰。δ_{O-H} 多位于 950 – 900 cm⁻¹ 区间，强度变化很大，可作为羧基是否存在的旁证。图 9–10 是乙酸的红外光谱图。

2. 酯

酯的红外光谱有两个特征吸收带，即 $\nu_{C=O}$ 和 ν_{C-O-C}。酯的羰基伸缩振动峰 $\nu_{C=O}$ 位于 1740 cm⁻¹ 附近，比酮羰基 $\nu_{C=O}$ (1720 cm⁻¹) 高，这是由于氧原子吸电子诱导效应大于其给电子效应，从而使其振动频率升高。羰基与双键共轭时，$\nu_{C=O}$ 向低频移动。内酯随环张力增大，$\nu_{C=O}$ 向高频移动。

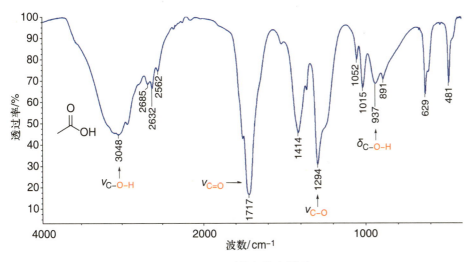

图 9-10　乙酸的红外光谱图

酯的另一特征吸收在 1300 - 1000 cm⁻¹ 范围内出现两个或两个以上的谱带，其中一个强而宽的谱带是 C-O-C 的不对称伸缩振动吸收峰 ($v_{asC-O-C}$)。图 9-11 是乙酸乙酯的红外光谱图。

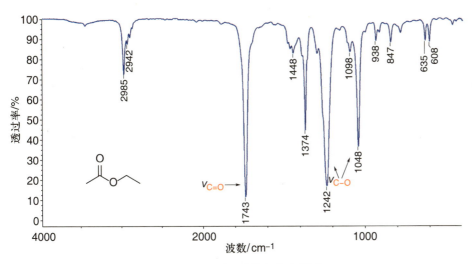

图 9-11　乙酸乙酯的红外光谱图

3. 酸酐

酸酐类化合物由于两个羰基的振动耦合，在 1850 - 1800 cm⁻¹ 和 1775 - 1740 cm⁻¹ 区间中有两个强的羰基伸缩振动吸收谱带，前者为 $v_{asC=O}$，后者为 $v_{sC=O}$。在多数情况下，高频处的峰强度更大。另外，v_{C-O} 在 1300 - 900 cm⁻¹ 之间是一个宽而强的谱带。图 9-12 是丙酸酐的红外光谱图。

4. 酰胺

酰胺的红外光谱图有四种特征振动吸收谱带：羰基伸缩振动 ($v_{C=O}$)、N-H 伸缩振动 (v_{N-H})、N-H 弯曲振动 (δ_{N-H}) 和 C-N 的伸缩振动 (v_{C-N})。通常将酰胺的 $v_{C=O}$ 称为"酰胺 I 带"，δ_{N-H} 称为"酰胺 II 带"，v_{C-N} 称为"酰胺 III 带"。

酰胺的 N-H 伸缩振动 v_{N-H} 位于 3500 - 3100 cm⁻¹，伯酰胺在此区间出现两个中等强度的尖峰，两峰强度相近，仲酰胺只有一个出现在 3300 cm⁻¹ 附近的峰，叔酰胺无 v_{N-H} 峰，故可按 v_{N-H} 峰的多少区分它们。

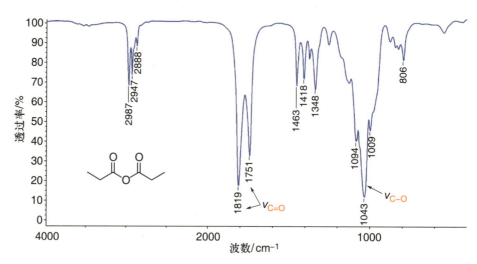

图 9-12　丙酸酐的红外光谱图

酰胺的羰基伸缩振动即酰胺 I 带 $v_{C=O}$ 在 1690 – 1620 cm^{-1} 范围内，伯、仲酰胺缔合强，其酰胺 I 带受物态影响较大，但是叔酰胺的 $v_{C=O}$ 几乎不受物态的影响。

不同类型的酰胺的 N–H 弯曲振动 δ_{N-H}（即酰胺 II 带）的吸收频率不同。伯酰胺的 δ_{N-H} 在 1650 – 1590 cm^{-1} 之间，游离的伯酰胺的 δ_{N-H} 在 1600 cm^{-1} 附近，缔合态时，向高频位移至 1640 cm^{-1} 附近，靠近酰胺 $v_{C=O}$ 峰，常被酰胺 I 带所覆盖；仲酰胺在 1570 – 1530 cm^{-1} 出现酰胺 II 带 δ_{N-H}，无论是游离态还是缔合态，都在 1600 cm^{-1} 以下，一般不会被酰胺 I 带掩盖。

v_{C-N} 是酰胺 III 带。伯酰胺的 v_{C-N} 出现在 1400 cm^{-1} 左右，仲酰胺的 v_{C-N} 出现在 1300 cm^{-1} 左右，这些都是很强的峰。

内酰胺的羰基伸缩振动频率 $v_{C=O}$ 随环张力的增大而升高。图 9-13 是苯甲酰胺的红外光谱图。

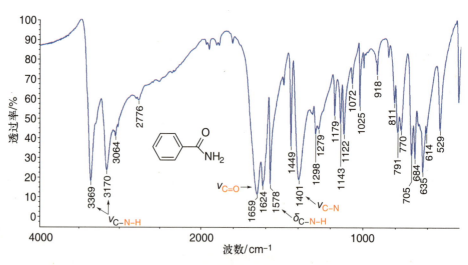

图 9-13　苯甲酰胺的红外光谱图

5. 酰氯

脂肪酰氯的 C=O 伸缩振动 $v_{C=O}$ 在 1800 cm^{-1} 附近有强吸收峰，如果羰基与不饱和键共轭时，吸收峰向低频移动。芳香酰氯的 C=O 伸缩振动 $v_{C=O}$ 在 1800 – 1765 cm^{-1} 区域有两个强吸收峰。图 9-14 是 2,4,6- 三氯苯甲酰氯的红外光谱图，频率较高

的 (1797 cm⁻¹) 是 C=O 的伸缩振动吸收峰，较低的 (1765 cm⁻¹) 是苯环与 C=O 之间的 C—C 伸缩振动吸收 (885 cm⁻¹) 的倍频峰，由于费米共振，吸收峰强度升高。C—Cl 伸缩振动在 730–550 cm⁻¹ 出现一个或多个强的谱峰。

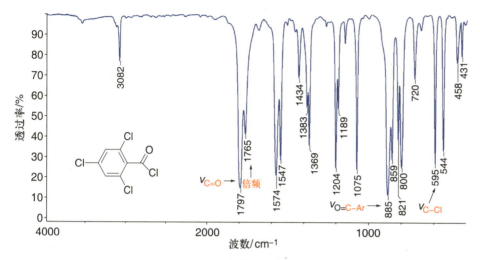

图 9-14 2,4,6-三氯苯甲酰氯的红外光谱图

9.1.4 其他含杂原子有机化合物的红外光谱的特征

其他杂原子基团的伸缩振动的红外特征吸收峰见表 9-2，除硫醇的 v_{S-H} 的信号较弱以外，这些吸收峰一般表现为强吸收峰，在谱图中容易辨识。在含硫、磷等杂原子的有机化合物中，碳与这些杂原子所产生的伸缩振动吸收峰强度一般较弱，它们与氧形成的键的振动吸收出现强的谱带。另外，磺酸酯中 v_{S-O} 单键的伸缩振动吸收在 1000–750 cm⁻¹ 出现几个强的吸收峰；磷酸酯中 v_{R-O} 在 1090–920 cm⁻¹ 出现一到两个强吸收峰。

表 9-2 其他杂原子基团伸缩振动红外光谱特征吸收峰的频率范围

化合物类型	基团	谱带或吸收峰频率 / cm⁻¹	强度
硝基	—NO₂	1600–1500 和 1390–1300	强
重氮盐	—N⁺≡N	2280–2000	强
腈	—C≡N	2250–2000	强
异腈	—N⁺≡C⁻	2200–2100	强
烯酮	—C=C=O	2160–2100	强
烯亚胺	—C=C=N	2050–2000	强
异氰酸酯	—N=C=O	2280–2200	强
异硫代氰酸酯	—N=C=S	2150–1990	强
硫代氰酸酯	—S—C≡N	2180–2140	强
氰酸酯	—O—C≡N	2260–2200	强
叠氮类	—N⁻—N⁺≡N	2160–2120	强
硫醇	—S—H	2550	弱
亚砜	—S— (O)	1070–1030	强
砜	—S— (O)(O)	1350–1300 和 1160–1120	强

续表

化合物类型	基团	谱带或吸收峰频率 / cm^{-1}	强度
磺酸酯（S=O）	—S(=O)(=O)—O—	1400 – 1300 和 1160 – 1120	强
磺酸酯（S–O）	—S(=O)(=O)—O—	1000 – 750	强
磷酸酯（P=O）	$(RO)_3P=O$	1300 – 1200	强
磷酸酯（P–O）	RO–P(=O)(O–R)(O–R)	1050 – 1000	中等
磷酸酯（O–R）	R–O–P(=O)(O–R)(O–R)	1090 – 920	强
氧化膦	$R_3P=O$	1210 – 1140	强

　　随着红外光谱技术的发展，在线红外技术应用越来越广泛。在线红外技术可以用于跟踪反应、反应机理研究等有机化学研究的诸多方面。

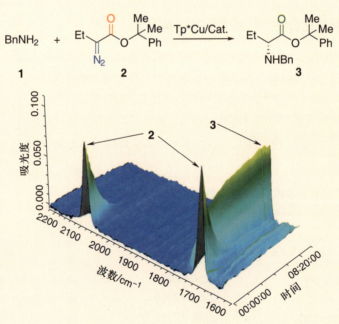

　　上面是铜催化的重氮化合物 **2** 和苄胺的 N–H 插入反应原位红外的动力学分布三维谱图 (Li M L，Yu J H，Li Y H，et al. Highly enantioselective carbene insertion into N–H bonds of aliphatic amines. Science，2019，366：990–994.)，X 轴是波数，Y 轴是吸光度，Z 轴是反应时间。2080 cm^{-1} 处的吸收峰是原料 **2** 的重氮基团的伸缩振动吸收峰，1703 cm^{-1} 处的吸收峰是原料 **2** 的羰基伸缩振动吸收峰，随着时间的延长，这两个峰逐渐消失。1737 cm^{-1} 处吸收峰是产物 **3** 的羰基伸缩振动吸收峰，随着时间的延长，该峰的强度增加。由于重氮基团与羰基共轭作用，所以化合物 **2** 的羰基伸缩振动吸收峰的频率比化合物 **3** 的小，向低频移动。通过原位红外光谱的动力学实验，研究了反应物、催化剂浓度对反应速率的影响，结合核磁共振谱和紫外光谱实验结果及理论计算，阐明了该反应的反应机理。

> ! **小结**：红外光谱是分子吸收红外辐射的能量，引起偶极矩的变化，从而产生分子的振动和转动能量跃迁得到的吸收光谱。它通过谱峰的特征振动频率、强度和形状，表征分子中的官能团结构或化学键信息。通常将红外光谱图分为两个区域，即特征峰区域和指纹区。红外光谱图的解析一般从官能团的化学键振动的特征峰区入手 (4000−1500 cm⁻¹)，按照该区域出现的主要吸收峰频率判断该峰可能归属于何种官能团，然后再观察该官能团的次要振动峰是否出现在谱图中，再结合指纹区 (1500−400 cm⁻¹) 的特征吸收峰所提供的化合物的精细结构信息推断化合物的结构。

9.2 紫外−可见吸收光谱

紫外−可见吸收光谱 (ultraviolet and visible absorption spectroscopy, UV) 又称为电子吸收光谱，用于研究分子中电子能级的跃迁特征。如共轭二烯烃的红外光谱和核磁共振谱与普通烯烃的光谱非常相似，但是这类化合物因为有共轭 π 电子结构，可吸收紫外光，产生电子跃迁，从而区别于一般的烯烃化合物。在多数有机分子中，主要含有三种类型的电子，即形成单键的 σ 电子、形成双键或三键的 π 电子及未成键的 n 电子。紫外光和可见光照射，使电子从填充的成键分子轨道 (或未成键的 n 电子) 跃迁到未填充的反键分子轨道。这些电子的跃迁被记录为有机化合物的电子吸收光谱。

紫外−可见吸收光谱的波长范围可分为三个区域：远紫外区 100−190 nm，紫外区 190−400 nm，可见光区 400−800 nm。通常研究的紫外−可见吸收光谱为波长在 200−800 nm 范围的吸收光谱。紫外−可见吸收光谱对确定有机化合物的共轭体系具有独到之处，至今仍然是有机化合物结构鉴定的重要工具之一。

9.2.1 电子跃迁

电子跃迁主要是最高占有轨道的电子吸收相应能量而发生的跃迁。通常情况下，分子中电子排布在 n 轨道以下的轨道上，这种状态为基态。分子吸收能量后，基态的一个电子被激发到分子反键轨道 (电子激发态) 上，称为电子跃迁。产生电子跃迁的必要条件是物质必须接受紫外光−可见光照射，电子的跃迁是量子化的，只有当照射光的能量与电子的跃迁能相等时，光才能被吸收，光的吸收与化学键的类型有关。电子跃迁主要有 σ → σ*、π → π*、n → σ* 和 n → π* 等跃迁类型，跃迁能量依次减弱，图 9-15 是不同电子能级跃迁与所需能量大小的示意图。

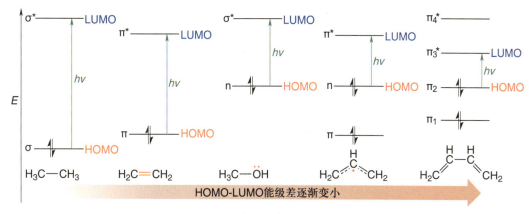

图 9-15　不同电子能级跃迁与所需能量大小的示意图

在紫外–可见吸收光谱中，电子跃迁的概率有高有低，形成的谱带有强有弱。对称性允许的跃迁，如 σ → σ*、π → π* 跃迁，概率很高，吸收强度大；而 n → σ* 和 n → π* 跃迁为对称性禁阻跃迁，吸收强度较弱。电子跃迁对应于特定的电子能级的变化，产生的紫外吸收光谱应该呈现一些很窄的吸收谱线，但是由于分子在发生电子能级的跃迁过程中常伴有振动和转动能级的跃迁及其他如溶剂等影响因素，实际观测到的是一些很宽的吸收带，在谱图中区分不出光谱的精细结构。紫外–可见吸收光谱主要通过谱带位置和吸收强度提供有机分子的结构信息。

9.2.2　紫外–可见吸收光谱图

紫外–可见吸收光谱也遵从朗伯–比尔定律 [式 (9-4)]；紫外–可见吸收光谱图是关于吸光度和波长的曲线图，故吸收光谱又叫吸收曲线。谱图通常是以吸光度 A 或摩尔吸光系数 ε 或 $\lg\varepsilon$ 为纵坐标，以波长 (λ) 为横坐标。曲线上吸光度最大的地方所对应的波长为最大吸收波长 (λ_{max})。由于主峰内藏有其他吸收峰使得吸收曲线在下降或上升过程中出现停顿或吸收稍有增加的峰称为肩峰 (shoulder peak)，用 sh 或 s 表示。在谱图短波端呈现强吸收而不成峰形的部分称为末端吸收 (end absorption)。

在有机化合物的紫外–可见吸收光谱图中，凡是摩尔吸光系数 $\varepsilon > 10^4$ 的为强带 (strong band)，$\varepsilon < 10^3$ 的为弱带 (weak band)。文献一般很少会附上紫外–可见吸收光谱图，而是用数据表示紫外–可见光吸收峰，数据表示方法是以最大吸收波长和最大吸收峰对应的吸收系数 ε 或 $\lg\varepsilon$ 来表示，如 $\lambda_{max}^{溶剂}$ = 230 nm，ε=10000 或 $\lg\varepsilon$=4.0。

9.2.3　几种电子跃迁和吸收带

σ → σ* 跃迁

σ 成键轨道上电子吸收能量由基态跃迁到 σ* 反键轨道，这种跃迁需要较高能量，吸收峰在短波长处的远紫外区，一般小于 150 nm，而在 200 - 400 nm 无吸收，所以 σ → σ* 跃迁一般在紫外吸收光谱中不能被检测出来。例如饱和烷烃的单键多产生 σ → σ* 跃迁，故在测试紫外光谱时常将饱和烷烃用作溶剂。

n → σ* 跃迁

含有 O、N、S 和卤素等杂原子的化合物，它们都含有未共用电子对，吸收能量后向 σ* 反键轨道跃迁，吸收一般在 200 nm 左右，这种吸收是对称性禁阻的，吸收强度较弱。图 9-16 是甲醇在水中的紫外光谱图，其最大吸收峰 λ_{max} = 204 nm 是氧原

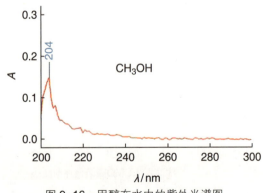

图 9-16　甲醇在水中的紫外光谱图

子的孤对电子由 n 轨道向 σ* 反键轨道的跃迁产生的。

n → π* 跃迁

在-C=O、-CN、-N=O、-NO₂、-N=N-等基团中，不饱和键的一端直接与具有未共用电子对的杂原子相连，其非键轨道的孤对电子吸收能量后，向 π* 反键轨道跃迁，一般这种跃迁所需的能量小，吸收波长在紫外–可见区，吸收强度小，ε 在 $10-100 \text{ L} \cdot \text{mol}^{-1} \cdot \text{cm}^{-1}$ 之间。图 9-17 中正丁醛的 n → π* 跃迁的 $\lambda_{max}= 294$ nm。

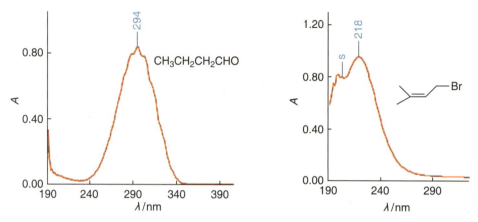

图 9-17　正丁醛和 1-溴-3-甲基丁-2-烯在环己烷中紫外光谱图

π → π* 跃迁

双键、三键化合物中 π 成键轨道的电子吸收紫外光后产生的跃迁形式为 π → π* 跃迁，这种跃迁所需要能量较 σ → σ* 小。孤立的 π → π* 的吸收峰一般在 200 nm 处，$\varepsilon > 10^4 \text{ L} \cdot \text{mol}^{-1} \cdot \text{cm}^{-1}$，为强吸收。图 9-17 中 1-溴-3-甲基丁-2-烯 π → π* 的吸收峰 $\lambda_{max} = 218$ nm。

当延长共轭体系，跃迁所需能量减少。例如共轭双键的 π → π* 跃迁所产生的吸收带出现在 200-250 nm 区域，它的吸收强度大，$\varepsilon > 10^4 \text{ L} \cdot \text{mol}^{-1} \cdot \text{cm}^{-1}$。

苯分子是个大的 π 共轭体系，有三个吸收带，都是由 π → π* 跃迁引起的，在 180-184 nm 和 200-204 nm 的两个强吸收带，分别称为 E₁ 带和 E₂ 带。在 230-270 nm 有一弱吸收带，称为 B 带。一般紫外光谱仪观测不到 E₁ 带，而 E₂ 带有时也仅以"末端吸收"出现。B 带为苯的特征谱带，以中等强度吸收和明显的精细结构为特征。图 9-18 是苯在环己烷中的紫外光谱图，其中，E₁ 带 λ_{max}=184 nm（$\varepsilon = 60000 \text{ L} \cdot \text{mol}^{-1} \cdot \text{cm}^{-1}$），E₂ 带 $\lambda_{max} = 204$ nm（$\varepsilon = 8800 \text{ L} \cdot \text{mol}^{-1} \cdot \text{cm}^{-1}$），B 带 $\lambda_{max} = 255$ nm（$\varepsilon = 250 \text{ L} \cdot \text{mol}^{-1} \cdot \text{cm}^{-1}$）；在极性溶剂中，B 带的精细结构会消失。

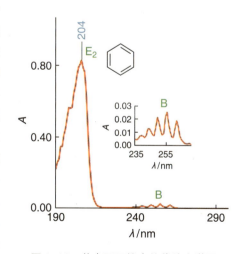

图 9-18　苯在环己烷中的紫外光谱图

9.2.4 影响紫外–可见吸收光谱的因素

生色团和助色团

生色团 (chromophore) 是分子中能在紫外–可见光区域内产生特征吸收并具有不饱和键和 n 电子的基团。常见的紫外光谱的生色团：碳碳共轭结构、含有杂原子的共轭结构、能在近紫外区进行 $n \rightarrow \pi^*$ 或 $n \rightarrow \sigma^*$ 跃迁的原子或基团。表 9-3 列出了一些孤立生色团的吸收带。

基团本身不一定有紫外吸收，但当它们连在生色团上时，能使生色团的吸收谱带明显地向长波移动且吸收强度增加，这种基团称为助色团 (auxochrome)。助色团的结构特征是含有 n 电子，如 -OR、$-NH_2$、$-NR_2$、-Cl、$-NO_2$ 等。当助色团与生色团相连时，助色团的 n 电子与生色团的 π 电子产生 p-π 共轭效应使得生色团的 $\pi \rightarrow \pi^*$ 跃迁能量降低，吸收谱带向长波移动。

表 9-3 一些孤立生色团的吸收带

编号	生色团	实例	溶剂	λ_{max}/nm	ε_{max}	跃迁类型
1	$\diagdown$C=C$\diagup$	$C_6H_{13}CH{=}CH_2$	正庚烷	177	13000	$\pi \rightarrow \pi^*$
2	—C≡C—	$C_5H_{11}C{\equiv}CCH_3$	正庚烷	178	10000	$\pi \rightarrow \pi^*$
3	$\diagdown$C=O	$H_3C{-}CO{-}CH_3$	正己烷	186 / 280	1000 / 16	$\pi \rightarrow \pi^*$ / $n \rightarrow \pi^*$
4	$\diagdown$C=O	$H_3C{-}CO{-}H$	正己烷	180 / 293	10000 / 12	$\pi \rightarrow \pi^*$ / $n \rightarrow \pi^*$
5	—COOH	CH_3COOH	乙醇	204	41	$n \rightarrow \pi^*$
6	$-CONH_2$	CH_3CONH_2	水	214	60	$n \rightarrow \pi^*$
7	$-NO_2$	CH_3NO_2	乙醇	200 / 275	5000 / 17	$\pi \rightarrow \pi^*$ / $n \rightarrow \pi^*$

由于取代基或溶剂的影响，谱带向长波方向移动，λ_{max} 增大，称为红移 (red shift)。反之，谱带向短波方向移动，λ_{max} 减小，称为蓝移 (blue shift)。

由于助色团或溶剂的影响，使紫外吸收强度增大的效应，称为增色效应 (hyperchromic effect)；使吸收强度减小的效应，称为减色效应 (hypochromic effect)。

除了上述助色团 p-π 共轭的影响外，将烷基引入共轭体系时，烷基中的 C-H 键的电子可以与共轭体系的 π 电子重叠，产生超共轭效应，其结果使电子的活动范围增大，紫外吸收向长波方向移动。图 9-19 是双酚 A 在甲醇中的紫外光谱图，其中 E_1 带 λ_{max} = 204 nm，E_2 带 λ_{max} = 227 nm，B 带 λ_{max} = 277 nm。双

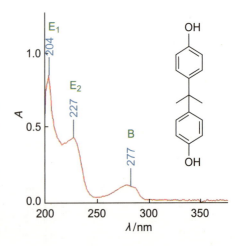

图 9-19 双酚 A 在甲醇中的紫外光谱

酚 A 分子中两个苯环之间由一个饱和碳连接，因此，两个苯环之间没有共轭作用。助色团–OH 与苯环之间的 p-π 共轭效应和烷基的取代基超共轭效应共同作用的结果是：三个色带和苯的谱图 (图 9-18) 相比较，都发生了明显的红移，最大吸收波长向长波方向移动了。

共轭效应

在双键系统中延长共轭体系可导致红移。在共轭双键中，共轭效应使 $\pi \rightarrow \pi^*$ 跃迁能量降低，吸收峰向长波移动。如图 9-20 所示，由于乙烯、戊二烯、庚三烯和壬四烯的 π 共轭体系逐渐延长，$\pi \rightarrow \pi^*$ 跃迁能量逐渐降低，紫外吸收发生红移，λ_{max} 由 162 nm 增加到 296 nm。

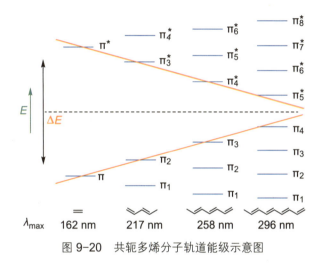

图 9-20 共轭多烯分子轨道能级示意图

β-胡萝卜素的分子结构含十一个 C=C 双键的 π 共轭体系 (图 9-21)，其紫外–可见光吸收光谱的 $\pi \rightarrow \pi^*$ 跃迁出现在可见光区域，λ_{max}=447 nm，$\varepsilon = 152000$ L·mol^{-1}·cm^{-1}。

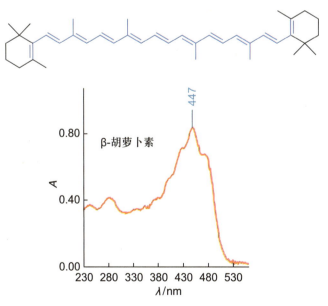

图 9-21 β-胡萝卜素在甲醇中的紫外–可见光吸收光谱

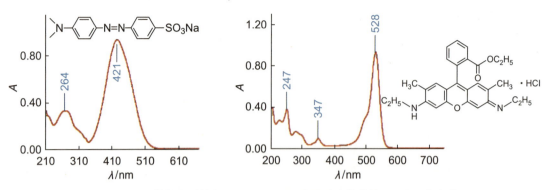

图 9-22　甲基橙和碱性红 1 (罗丹明 6G) 在甲醇中的紫外–可见吸收光谱

甲基橙和碱性红 1 都是多个苯环取代的大共轭体系化合物 (图 9-22)，碱性红 1 的共轭体系更大，所以两个化合物的 π → π* 跃迁均出现在可见光区域，λ_{max} 分别为 421 nm 和 528 nm，为谱图中的最强峰。

位阻效应

由于邻近基团的存在影响共轭体系的共轭程度，而导致紫外光谱发生变化称为位阻效应。例如联苯的两个苯环共平面，呈大的共轭体系。与图 9-18 中苯的紫外光谱图相比，图 9-23 中联苯的共轭作用使 E_1 带和 E_2 带都发生了红移，以致 B 带被 E_2 带掩盖。但是在 2,2′ - 二甲基联苯中因甲基的位阻效应，使两个苯环不能共平面，两者之间共轭程度降低，和联苯的紫外光谱图相比发生了谱带蓝移。2,2′ - 二甲基联苯的谱图与苯类似，E_2 带出现在 214 nm 处，264 nm 处有弱的 B 带吸收峰。

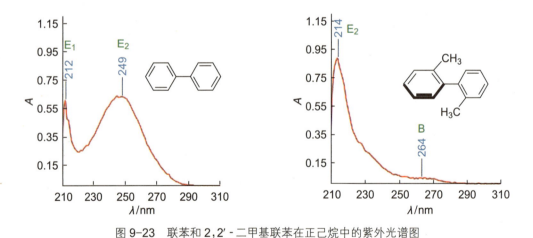

图 9-23　联苯和 2,2′ - 二甲基联苯在正己烷中的紫外光谱图

顺反异构

双键的取代基在空间的排布不同而形成顺反异构体，一般反式异构体的 π → π* 跃迁谱带比相应的顺式异构体处在较长波位置，吸收强度也较大。如图 9-24 中反式 1,2- 二苯乙烯为平面型共轭体系，其 π → π* 跃迁的 λ_{max}= 294 nm，ε = 27000 L·mol^{-1}·cm^{-1}；而顺式 1,2- 二苯乙烯由于两个苯环为非平面共轭体系，导致 π → π* 跃迁最大吸收波长蓝移，而且吸收强度也大为降低，λ_{max}= 276 nm，ε = 13500 L·mol^{-1}·cm^{-1}。

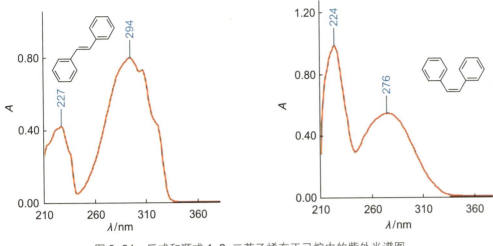

图 9-24　反式和顺式 1,2-二苯乙烯在正己烷中的紫外光谱图

溶剂效应

测定紫外-可见吸收光谱时，样品一般要溶解在溶剂中。所选溶剂不能和样品发生反应;同时，要特别注意溶剂的波长极限，在所测波长范围内溶剂不能有吸收。另外，还要考虑溶剂极性对化合物紫外-可见吸收光谱图中峰位置、峰强度及峰精细结构的影响。

> 波长极限是指低于此波长时，溶剂将有吸收。

> **小结:** 紫外-可见吸收光谱是依据分子吸收紫外-可见光辐射的能量，引起分子中电子能级跃迁所得到的谱图。它通过吸收带的位置、强度和形状提供分子中电子结构的信息，主要用于表征分子中的共轭体系等骨架结构。由吸收带的位置判断共轭体系的大小，吸收带的强度和形状可用于判断吸收带的类型。紫外-可见吸收光谱一般比较简单，多数化合物只有一两个吸收带，容易解析，但确定化合物的准确结构还需要结合多种分析手段。

9.3　质谱

9.3.1　质谱分析的基本原理

质谱 (mass spectroscopy，MS) 是质量的谱图。其原理是化合物分子在高真空下，经物理作用或化学反应等途径在离子源中形成带电粒子，某些带电粒子可进一步断裂，形成碎片离子，而离子的质量与所带电荷的比称为质荷比 (m/z)。不同质荷比的离子经质量分析器一一分离后，由检测器测定每一种离子的质荷比及相对丰度。将质荷比及其相对丰度作图，即得到化合物的质谱图。

质谱仪由进样系统、离子源(离子化室)、质量分析器和离子检测系统组成。图 9-25 是单聚焦质谱仪的示意图。

进样系统: 在真空条件下，按照电离方式的需要，将样品送入离子源的装置。低沸点的样品在贮气器中汽化后进入离子源，气体样品可经贮气器直接进入离子源。对于混合物样品，可以使用色谱-质谱联用装置，质谱的进样系统由色谱装置代替。

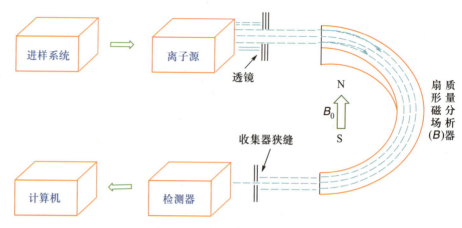

图 9-25　单聚焦质谱仪示意图

离子源：用来使样品分子电离生成离子，并使生成的离子汇聚成有一定能量和几何形状的离子束的场所。由于离子化所需要的能量随分子不同差异很大，因此，对于不同的分子应该选择不同的电离方法，即使用不同的电离源使化合物电离。给样品较大能量的电离方法为硬电离法，而给样品能量较小的方法为软电离法。后一种方法适用于不稳定或易电离的样品。常用电离源见表 9-4，根据电离方式的不同，质谱图也很不一样。

表 9-4　常见的用于有机物分析的质谱电离源表

电离方法	电离源	离子化试剂	适宜样品
硬电离法	电子电离（electron impact ionization，EI）	电子	气态样品 bp<300 ℃ mp<150 ℃
软电离法	电喷雾电离（electrospray ionization，ESI）	高能电场	热溶液
	基质辅助激光解吸电离（matrix-assisted laser desorption ionization，MALDI）	激光	不易挥发样品
	化学电离（chemical ionization，CI）	气体离子	气态样品
	解吸电离（desorption ionization，DI）	光子，高能粒子	固态样品

质量分析器：利用电磁场（包括磁场、磁场和电场的组合、高频电场和高频脉冲电场等）的作用，将来自离子源的离子束中不同质荷比的离子经加速电压加速后，按照空间位置、时间先后、运动轨道或稳定与否等形式进行分离并加以聚焦的场所，是质谱仪的核心部分。按照质量分析器类型的不同，质谱仪分为四极杆质谱仪、离子阱质谱仪、飞行时间质谱仪、傅里叶变换离子回旋共振质谱仪及磁质谱仪等。

离子检测器：用来接收、检测和记录被分离的离子信号的装置。

9.3.2　离子的主要类型及应用

质谱图

质谱图都是用棒图表示的，每一条线表示一个离子峰。图 9-26 是电子电离源（EI 源）测试的氯苯的高分辨质谱图。图中高低不同的峰各代表一种离子，横坐标是离子的质荷比（*m/z*）。图中最高的峰称为基峰，人为规定其强度为 100，其他峰的强度为该峰的相对百分比，称为相对丰度（也称相对强度），以纵坐标表示。

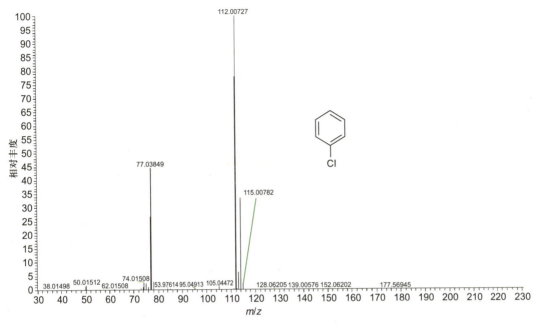

图 9-26 氯苯的高分辨质谱图 (EI 源)

分子离子

分子被电子束轰击失去一个电子形成的有一个不成对电子的正离子称为分子离子 (molecular ion)。分子离子是一个游离基离子，用 $M^{+\cdot}$ 表示。在质谱图中与分子离子相对应的峰称为分子离子峰。分子离子峰的质荷比就是化合物的分子量，所以，用质谱法可以测定化合物的分子量，而且用高分辨质谱可以给出化合物的分子式。图 9-26 中 "112.00727 峰" 即为氯苯的分子离子峰，其值对应为氯苯的分子量。

分子被电离的位置取决于电子所处分子轨道的能级 (电离电位)，电子在各轨道易被电离的顺序为

$$n 轨道 > 共轭 \pi 轨道 > 独立 \pi 轨道 > \sigma 轨道$$

分子中有 n 电子时，由于它的电离电位最低，分子主要丢失的就是 n 电子，这时电荷-自由基 (阳离子自由基) 定位在该 n 电子所处的位置上；如果没有 n 电子，而有 π 电子，这时将丢失 π 分子轨道上的一个电子，电荷-自由基定位在 π 轨道上；如果分子没有 n 电子和 π 电子，则只能丢失 σ 电子，由于 σ 各键上的 σ 电子的电离电位很接近，这时电荷-自由基可能出现在分子的各种位置上。因此，分子离子中电荷-自由基总是优先定位在分子中的杂原子 (如氧、氮原子) 或双键等官能团上，如：

$$R-\overset{+\cdot}{\underset{\cdots}{X}}-R \qquad R-CH\overset{+\cdot}{\underset{\cdots}{}}CH-R' \qquad R-H_2C\cdot^+CH_2-R'$$

图 9-26 中分子离子峰是基峰，分子离子的丰度主要取决于其稳定性和分子电离所需的能量。易失去电子的化合物，如环状化合物、双键化合物等，其分子离子稳定、分子离子峰较强；而长碳链烷烃、支链烷烃的分子离子峰较弱。

各类化合物分子离子稳定性次序大致为：芳香环 (包括芳香杂环) > 共轭烯 > 烯 > 脂环 > 硫醚、硫酮 > 酰胺 > 酮 > 醛 > 直链烷烃 > 醚 > 酯 > 胺 > 羧酸 > 腈 > 伯醇 > 仲醇 > 叔醇 > 高度支链烃。所以，芳环 (包括芳杂环)、脂环化合物、硫醚、硫酮、

分子离子峰不出现或丰度极低难以确认时，可根据不同情况改变实验条件进行测定。

(1) 降低轰击电子的能量，将常用的 70 eV 降为 15 eV，以减少形成的分子离子继续断裂的概率，降低了碎片离子的丰度，使分子离子峰的相对丰度增加，从而可能辨认出分子离子。

(2) 一些由于热不稳定或低挥发性等而不出现分子离子峰的化合物，可采取用电喷雾电离 (ESI) 等软电离方法降低轰击电子的能量，虽然这样的方式碎片离子会大量减少，但可以突出分子离子峰。

共轭烯的分子离子峰比较明显；直链酮、酯、酸、醛、酰胺、卤化物等通常显示分子离子峰；脂肪族醇、胺、亚硝酸酯、硝酸酯、硝基化合物、腈类及多支链化合物容易裂解，分子离子峰通常很弱或不出现。

　　分子离子峰的识别：一般把谱图中最高质荷比的离子假设为分子离子，然后用分子离子的判别标准——对比，若被检查离子不符合其中任何一条标准，则它一定不是分子离子；若被检查离子符合所有条件，则它有可能是分子离子。质谱中分子离子峰应具备下列条件：

　　(1) 必须是一个奇电子离子 (金属有机化合物例外)。

　　(2) 符合氮规则 (nitrogen rule)。有机化合物的分子量是偶数或奇数与其所含有的氮原子的数目有关。凡不含氮原子或含偶数个氮原子的化合物，其分子量必为偶数；含奇数个氮原子的化合物，其分子量必为奇数，这就是所谓的氮规则。

　　(3) 在高质量区，分子离子能合理地丢失中性碎片 (小分子或自由基) 而产生重要的碎片离子。例如：$M^{+\cdot}$ 丢失一个 $H\cdot$、$\cdot CH_3$，H_2O，C_2H_4 等片段是合理的。如果这个质量差落在 4–13 和 21–24 之间就是不合理的，也即如果在 M-4 – M-13 范围内存在峰，则说明原所假定的分子离子峰不是分子离子峰。

碎片离子

　　一般 EI 源测定质谱时，用 70 eV 能量轰击分子，而有机化合物的电离能通常为 7–15 eV。由于轰击所用的能量远大于有机化合物的电离能，过多的能量使分子离子中的化学键断裂生成碎片离子 (fragment ion) 和自由基，或者失去一个中性小分子。碎片离子的质荷比及其丰度等是质谱图中的重要信息。碎片离子的相对丰度与分子结构密切相关，高丰度的碎片离子峰代表分子中易于裂解的部分，如果有几个主要碎片离子峰，并且代表着分子的不同部分，则由这些碎片离子峰就可以粗略地把分子骨架拼凑起来。质谱解析的大量工作就是分析碎片离子的形成过程，从而推断化合物的结构。图 9-26 中 "77.03849 峰" 就是分子离子失去一个氯自由基后的碎片离子峰。

　　离子的分裂一般都遵循 "偶数电子规律"，即含有奇电子数的离子分裂可产生自由基和正离子，或者产生含偶数电子的中性分子和自由基正离子。含偶数电子的离子分裂不能产生自由基而只能生成偶数电子的中性分子和正离子。

$$\text{奇数电子离子} \begin{cases} M^{+\cdot} \longrightarrow A^+ + D\cdot \\ M^{+\cdot} \longrightarrow E^{+\cdot} + F\,(\text{偶数电子分子}) \end{cases}$$

$$\text{偶数电子离子}\quad A^+ \longrightarrow G^+ + N\,(\text{偶数电子分子})$$

　　离子分裂的主要影响因素有三种：(1) 形成更稳定离子。质谱中正离子的稳定性与普通有机化合物正离子的稳定性是一致的。(2) 生成稳定中性分子。离子分裂时可产生稳定的中性分子，如 CO，C_2H_4，H_2O，HCN，CH_2O 等。(3) 官能团和原子的空间位置也影响离子的分裂途径。

　　常见的有机质谱裂解机制：

1. 简单断裂机制

　　由分子离子的电荷或自由基定位在特定的位置开始，会引发单分子反应导致化学键的断裂并发生一系列裂解反应。在自由基或正电荷的诱发下，仅一根化学键断开，形成正离子和中性碎片的反应称为简单断裂。化学键的简单断裂主要有 σ-断裂、α-断裂和 i-断裂三种形式。

σ 键受到电子轰击失去一个电子而发生的断裂称为半异裂，又称为 σ-断裂。当化合物不含 O、N 等杂原子，也没有 π 电子时，只能发生 σ-断裂。

饱和烃类化合物发生 σ-断裂时，优先失去大基团，生成相对较稳定的碳正离子。一般在碳链分支处易发生断裂，某处分支越多，该处越易断裂。例如：

$$R-R' \xrightarrow{-e^-} R \cdot^+ R' \xrightarrow{\sigma\text{-断裂}} R\cdot + R'^+$$

$$C_2H_5 - \underset{\underset{CH_3}{|}}{\overset{\overset{CH_3}{|}}{C}} - CH_3 \xrightarrow{-e^-} C_2H_5 \cdot^+ \underset{\underset{CH_3}{|}}{\overset{\overset{CH_3}{|}}{C}} - CH_3 \xrightarrow{\sigma\text{-断裂}} \cdot C_2H_5 + (CH_3)_3C^+$$

自由基有强烈的电子配对倾向，在自由基 α 位引发 σ 键的断裂，并与碎片中保留的一个电子配对，形成新的化学键。这种 σ 键的两个成键电子分开后，每个碎片保留一个电子的断裂，称为均裂，又称为 α-断裂。

不饱和烃和芳香烃易发生 α-断裂，产生丰度很高的烯丙基正离子和苄基正离子。

$$R-CH_2-CH=CH_2 \xrightarrow{-e^-} R-CH_2-CH \cdot^+ CH \xrightarrow{\alpha\text{-断裂}} R\cdot + CH_2=CH-\overset{+}{C}H_2$$

含饱和杂原子 (X，O，S，N) 的化合物，如醇、胺、醚、硫醇、硫醚及卤代物等，可发生自由基引发的 α-断裂。羰基化合物的裂解也主要为自由基引发的 α-断裂。

$$R-CH_2-\overset{+\cdot}{Y}-R' \xrightarrow{\alpha\text{-断裂}} R\cdot + CH_2=\overset{+}{Y}-R'$$

$$R-\overset{\overset{+\cdot}{O}}{\underset{}{C}}-R' \xrightarrow{\alpha\text{-断裂}} R-C\equiv\overset{+}{O} + R'\cdot$$

正电荷诱导 σ 键断裂时，2 个电子都转移到同一个原子上，称为异裂，又称为 i-断裂。卤代烷的 i-断裂最为常见，由 i-断裂形成的正离子相对丰度也较高。

$$R\overset{+\cdot}{-}Cl \xrightarrow{i\text{-断裂}} R^+ + Cl\cdot$$

2. 重排裂解

重排裂解同时涉及至少两根化学键的断裂，并有新化学键的形成，产生了在原化合物中不存在的结构单元离子，因此，重排裂解远比简单裂解复杂。最常见的是氢重排裂解，即离子在裂解过程中伴随氢转移，同时丢失中性分子的裂解反应。因为分子离子是奇电子离子，而中性分子中的电子是成对的，所以脱离中性分子所产生的重排离子仍为奇电子离子。两部分碎片均符合氮规则，所以，重排峰很容易从质谱图的 m/z 辨认。

McLafferty 重排是 γ-H 通过六元环过渡态向不饱和基团转变的氢重排裂解反应，这种重排广泛涉及酮、醛、羧酸、酯、酰胺、腈、烯、亚胺等各类化合物的裂解。凡是具有如下结构单元，不饱和基团的 γ-C 位含有氢的化合物都有可能发生这类重排，以 "γH" 表示氢重排裂解，其通式为

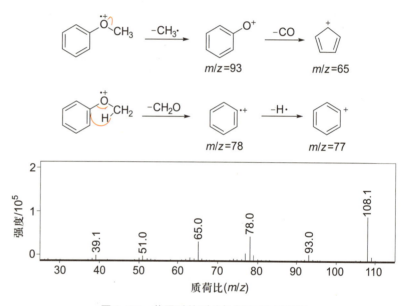

除了上述的"γH"重排裂解外，含杂原子的有机化合物还可通过四、五元环过渡态发生氢重排裂解及双氢重排等裂解机制碎裂化。

图 9-27 是苯甲醚的裂解机制和 EI 质谱图。苯甲醚通过四元环重排脱去中性分子甲醛，形成 $m/z=78$ 的碎片离子，再进一步脱 H·产生 $m/z=77$ 的苯基离子。另一方面，苯甲醚丢失 CH_3·产生 $m/z=93$ 的碎片离子，再脱去 CO 形成 $m/z=65$ 的稳定五元环正离子。

图 9-27   苯甲醚的裂分机制和 EI 质谱图

表 9-5 给出了常见由分子离子丢失的碎片及可能的来源，表 9-6 给出了常见的低质量区的碎片离子。EI 源给出的质谱图含有多个碎片离子峰，同一个化合物在固定轰击电子源能量（一般为 70 eV）的前提下，得到的 EI 质谱图具有很好的重现性，基于此可以建立标准化合物谱图库。通过谱图库的匹配度可以直接鉴定已知化合物。

表 9-5   常见由分子离子丢失的碎片及可能的来源

碎片离子	丢失的碎片及可能的来源
M-1，M-2	H·、H_2、醛、醇等
M-15	·CH_3、侧链甲基、乙酰基、乙基苯等
M-16	·NH_2、O、伯酰胺、硝基苯等
M-17，M-18	·OH、H_2O、醇、酚、羧酸等
M-19，M-20	F·、HF、含氟化合物
M-25	·C≡CH、炔化合物
M-26	CHCH、·CN、芳烃、腈化物

续表

碎片离子	丢失的碎片及可能的来源
M-27	·CHCH$_2$、HCN、烃类、腈化物
M-28	CH$_2$CH$_2$、CO、烯烃、丁酰基类、乙酯类、醌类
M-29	·C$_2$H$_5$、·CHO、烃类、丙酰类、醛类
M-30	NO、CH$_2$O、·CH$_2$NH$_2$、硝基苯类、苯甲醚类、胺类
M-31	CH$_3$O·、·CH$_2$OH、甲酯类、含 CH$_2$OH 侧链
M-32	CH$_3$OH、甲酯类、伯醇、苯甲醚等
M-33	H$_2$O+·CH$_3$、HS·、醇类、硫醇类
M-34	H$_2$S、硫醇类、硫醚类
M-35, M-36	Cl·、HCl、含氯化合物
M-41	·C$_3$H$_5$、丁烯酰、脂环化合物
M-42	C$_3$H$_6$、·CH$_2$CO、丙酯类、戊酰基、丙基芳醚
M-43	·C$_3$H$_7$、CH$_3$CO·、丁酰基、长链烷基、甲基酮
M-44	CO$_2$、酸酐
M-45	C$_2$H$_5$O·、·COOH、乙酯类、羧酸类
M-47, M-48	CH$_3$S·、CH$_3$SH、硫醚类、硫醇类
M-56	C$_4$H$_8$、戊酮类、己酰基
M-57	·C$_4$H$_9$、C$_2$H$_5$CO·、丙酰类、丁基醚、长链烷烃
M-59	C$_3$H$_7$O·、丙酯类
M-60	CH$_3$COOH、羧酸类、乙酸酯类
M-61	CH$_3$Ċ(OH)$_2$、乙酸酯的双氢重排
M-61, M-62	C$_2$H$_5$S·、C$_2$H$_5$SH、硫醇类、硫醚类
M-79, M-80	Br·、HBr、含溴化合物
M-127, M-128	I·、HI、含碘化合物

表 9-6　常见的低质量区的碎片离子

m/z	离子式	可能的官能团
15, 29, 43, 57, 71, …	C$_n$H$_{2n+1}^+$	烷基
29, 43, 57, 71, 85, …	C$_n$H$_{2n-1}$O$^+$	醛、酮
30, 44, 58, 72, 86, …	C$_n$H$_{2n+2}$N$^+$	胺
31, 45, 59, 73, 87, …	C$_n$H$_{2n+1}$O$^+$	醚、醇
45, 59, 73, 87, 101, …	C$_n$H$_{2n-1}$O$_2^+$	酸、酯
33, 47, 61, 75, 89, …	C$_n$H$_{2n+1}$S$^+$	硫醇
35, 49, 63, 77, 91, …	C$_n$H$_{2n}$Cl$^+$	氯代烷基
27, 41, 55, 69, 83, …	C$_n$H$_{2n-1}^+$	烯基、环烷基
39, 51, 52, 53, 63, 64, 65, 75, 76, 77	C$_n$H$_n^+$	芳基指纹区

同位素离子

　　有些元素天然存在多个同位素 (表9-7)，在质谱中，会出现质量数差 1 或 2 的同位素离子 (isotopic ion)。与同位素离子相对应的峰称为同位素离子峰，简称同位素峰。同位素峰的强度与同位素的天然丰度相当。由于原子量大多不是整数 (^{12}C 除外)，高分辨质谱观察到的分子离子质量是由组成分子的各种元素丰度最高的同位素的精确原子量计算得到的。对于绝大多数有机分子，所含元素一般为 C、H、O、N、S、P 和卤素等，由这些元素组合所形成的有机分子，其精确分子量都有特征的分子量尾数，这直接反映了组成该分子的元素种类和数目。例如，质量接近 28 的三种分子 CO、N$_2$ 和 C$_2$H$_4$，它们的精确分子量却不相同，分别为 27.9949、28.0061 和 28.0318，因此，用高分辨质谱可以区别这三种分子，这也是高分辨质谱能够给出分子式的基础。

表 9-7　常见元素的天然同位素相对丰度

元素	M		M+1		M+2	
	精确原子量	相对丰度 /%	精确原子量	相对丰度 /%	精确原子量	相对丰度 /%
H	1.0078	100	2.0140 (^{2}H)	0.015	—	—
C	12.0000	100	13.0034 (^{13}C)	1.08	—	—
N	14.0031	100	15.0001 (^{15}N)	0.37	—	—
O	15.9949	100	17.0000 (^{17}O)	0.04	17.9992 (^{18}O)	0.20
Si	27.9769	100	28.9765 (^{29}Si)	5.06	29.9738 (^{30}Si)	3.31
S	31.9721	100	32.9715 (^{33}S)	0.78	33.9679 (^{34}S)	4.42
Cl	34.9688	100	—	—	36.9659 (^{37}Cl)	32.63
Br	78.9183	100	—	—	80.9163 (^{81}Br)	97.75

由于 ^{35}Cl 和 ^{79}Br 的同位素 ^{37}Cl 和 ^{81}Br 的天然丰度高，常见的同位素峰是含有氯或溴原子化合物的特征信息，当化合物含有 1 个氯原子或 1 个溴原子时，从质谱图中很容易辨别。氯 (^{35}Cl 和 ^{37}Cl) 的同位素间的比值接近 3 : 1，如图 9-26 中氯苯分子离子峰 112 和同位素峰 114 的丰度比接近 3 : 1。溴 (^{79}Br 和 ^{81}Br) 的同位素间比值接近 1 : 1。当分子中含有多个相同的氯原子或者溴原子时，则可用二项式 $(a+b)^n$ 展开计算同位素峰的比例，n 为同位素原子的个数，a、b 分别为轻、重同位素的天然丰度 (表 9-8)。

若卤素氯、溴二者共存，则按 $(a+b)^m \cdot (c+d)^n$ 的展开式推算。m、n 分别为分子中氯、溴原子的数目，a、b 为氯原子轻、重同位素的天然丰度，c、d 为溴原子轻、重同位素的天然丰度，a、b 和 c、d 在数值上可分别采用 3、1 和 1、1。如某分子中含有 2 个氯原子，二项式 $(3+1)^2$ 的展开式的系数为 9 : 6 : 1，则同位素峰的相对丰度近似比为 M : (M+2) : (M+4) = 9 : 6 : 1；如果分子中含有 2 个氯原子和 2 个溴原子，则同位素的相对丰度比为 $(3+1)^2 \cdot (1+1)^2$ = (9 : 6 : 1) · (1 : 2 : 1) = 9 : 24 : 22 : 8 : 1，即 M : M+2 : M+4 : M+6 : M+8 = 9 : 24 : 22 : 8 : 1。

表 9-8　Cl 和 Br 原子组成的同位素的相对丰度　　单位 : %

卤原子	M	M+2	M+4	M+6	卤原子	M	M+2	M+4	M+6
Br	100	97.7	—	—	Cl$_3$	100	97.8	31.9	3.5
Br$_2$	100	195.0	95.4	—	BrCl	100	130.0	31.9	—
Br$_3$	100	293.0	286.0	93.4	Br$_2$Cl	100	228.0	159.0	31.2
Cl	100	32.6	—	—	BrCl$_2$	100	163.0	74.4	10.4

准分子离子

狭义的准分子离子 (quasi-molecular ion) 是分子得到质子或者失去质子如 [M+H]$^+$ 或 [M-H]$^-$ 的离子。广义地讲，通过某种离子的 m/z 能够计算出化合物分子量的离子，都可称为准分子离子。硬电离和软电离都有可能产生分子离子峰，但是软电离源 (如 ESI 源) 更容易产生准分子离子峰，具体得到什么样的准分子离子与化合物的结构相关。通常软电离可产生 [M+H]$^+$、[M+Na]$^+$、[M+K]$^+$、[M+NH$_4$]$^+$、[M-H]$^-$、[M-H+H$_2$O]$^-$、[M-H+溶剂]$^-$ 等准分子离子。正离子源适用于碱性化合物，含氮化合物更容易黏附氢正离子，出正离子峰；负离子源适用于酸性化合物，酸性化合物更容易轰击失去氢正离子，如酸、酚类等。图 9-28 是化合物 5- 甲基 -1- 氧杂 - 螺 [3.5] 壬 -2- 酮的 ESI 源正离子质谱图的局部放大图，"177.08843 峰" 是 [M+Na]$^+$ 的离子峰，"193.06293 峰" 是 [M+K]$^+$ 的离子峰，通过这两个离子峰可以计算出化合物的分子量。图 9-29 是化合物 3- 氯 -4- 异丁基 -4- 甲基 -1- 氧杂环丁 -2- 酮的 ESI 源负离子质谱图的局部放大图，在同一张谱图中既有失去氢正离子的准负离子峰，也有结合水和结合溶剂甲醇的准负离子峰，通过 [M-H]$^-$、[M-H+H$_2$O]$^-$、[M-H+MeOH]$^-$ 的离子峰都可以计算得到化合物的分子量。

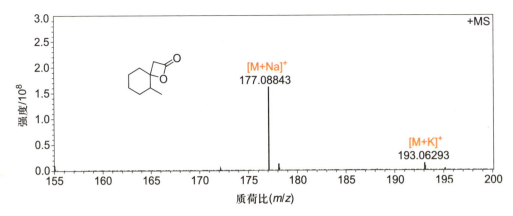

图 9-28　5-甲基-1-氧杂-螺[3.5]壬-2-酮的 ESI 源正离子质谱图

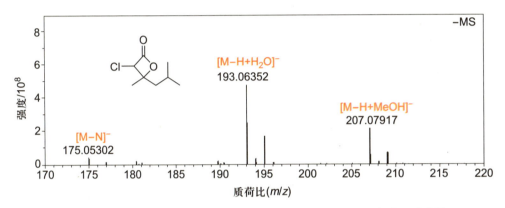

图 9-29　3-氯-4-异丁基-4-甲基-1-氧杂环丁-2-酮的 ESI 源负离子质谱图

9.3.3　质谱分析的应用

（1）高分辨质谱确定分子量和分子式。利用碎片离子、重排离子、多级质谱等可以获取化合物的结构片段，再辅助其他分析手段如核磁共振谱、红外光谱、紫外-可见吸收光谱等，可以进行未知化合物、天然产物等的结构解析。

（2）利用质谱分析，如同位素反应等可以研究反应机理。例如酸和醇的酯化反应机理研究，该反应中由哪一个分子失去羟基脱水的问题，采用 ^{18}O 标记的方法可以得到解决。采用 ^{18}O 标记的甲醇与苯甲酸反应，得到的苯甲酸甲酯的分子量为 138，说明苯甲酸甲酯的生成是酸失去羟基、醇失去氢的反应机理（图 9-30）。

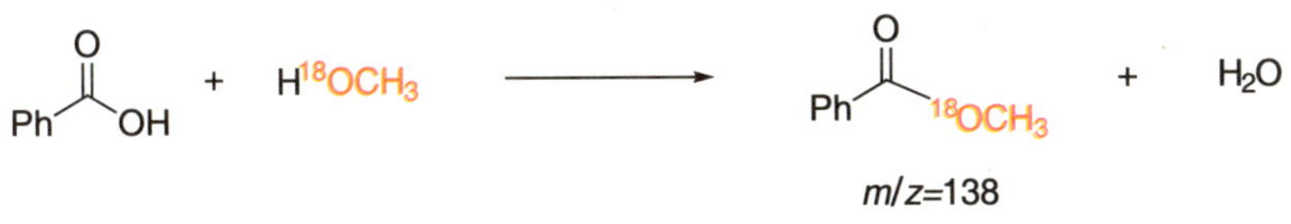

$$Ph-COOH \ + \ H^{18}OCH_3 \ \longrightarrow \ Ph-CO-^{18}OCH_3 \ + \ H_2O$$

$$m/z=138$$

图 9-30　苯甲酸甲酯的反应研究

（3）色谱-质谱联用仪，可以用于跟踪反应，分析反应混合物的组分、杂质成分等，还可以用于中间体的检测，从而对反应机理进行研究。

> **小结：** 高分辨质谱可以提供化合物的分子量信息，进一步可以确定化合物的分子式。对于一般的小分子有机化合物，EI 源质谱可以给出多个碎片离子峰，且具有很好的重现性，能够提供更多的结构片段信息，可以用于结构的解析，以及与标准谱库对照进行化合物结构的确证。当化合物不稳定或仅需要知道化合物的分子量时，则使用软电离源质谱，常用的是 ESI 源，可以很好地给出分子量信息。根据化合物性质的不同，可以选择不同的离子源进行质谱分析。新的质谱分析技术及色谱–质谱联用还可以用于反应中间体的检测、杂质检测和反应机理的研究。

本章学习要点

(1) 了解红外光谱的基本原理，掌握影响有机化合物基团红外吸收峰位置的因素及官能团的特征吸收峰。

(2) 了解有机化合物的紫外–可见吸收光谱的基本原理，几种电子跃迁形式及影响紫外–可见吸收光谱的因素。

(3) 了解质谱分析的基本原理和常见的离子源及质量分析器，掌握离子的种类及分子离子峰、同位素峰和主要碎片离子峰的识别。

(4) 了解红外光谱、紫外–可见吸收光谱及质谱的应用。

习题

9.1 下列分子哪些会产生红外吸收峰。

$$CH_4 \qquad H_3C-CH_3 \qquad C_3H_7-\overset{O}{\overset{\|}{C}}-O-C_2H_5 \qquad \text{（苯氧基–}CH_3\text{）} \qquad N_2 \qquad CO_2$$

9.2 比较下列化合物中羰基伸缩振动红外吸收频率的大小。

$$C_2H_5-\overset{O}{\overset{\|}{C}}-CH_3 \qquad H_3C-CH=CH-\overset{O}{\overset{\|}{C}}-Ph \qquad Ph-\overset{O}{\overset{\|}{C}}-Ph \qquad H_3C-\overset{O}{\overset{\|}{C}}-O-C_2H_5$$
$$\textbf{A} \qquad\qquad\qquad \textbf{B} \qquad\qquad\qquad \textbf{C} \qquad\qquad \textbf{D}$$

9.3 苯乙酮在 3063 cm⁻¹，1686 cm⁻¹，1599 cm⁻¹，1455 cm⁻¹，761 cm⁻¹ 和 691 cm⁻¹ 处有吸收峰，指出这些吸收峰的归属。

9.4 下列三个化合物的红外特征吸收光谱有何异同？

$$H_3C-\overset{O}{\overset{\|}{C}}-OH \qquad H_3C-\overset{O}{\overset{\|}{C}}-H \qquad H_3C-\overset{O}{\overset{\|}{C}}-CH_3$$
$$\textbf{A} \qquad\qquad\qquad \textbf{B} \qquad\qquad\qquad \textbf{C}$$

9.5 请将下面 A、B、C 三张图与邻溴苯甲醚、对溴苯甲醚和间溴苯甲醚对应，阐明理由，并对主要特征峰进行归属。

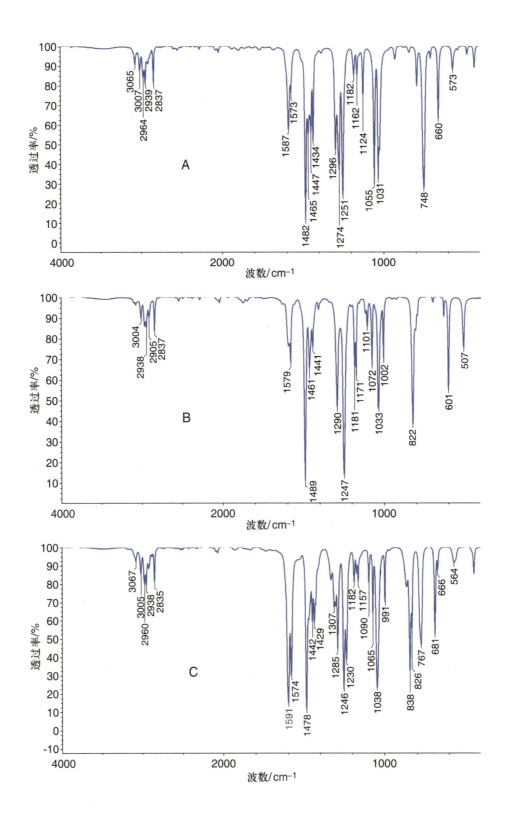

9.6   如下是化合物对甲苯基异氰酸酯的红外光谱图，请指认化合物的特征吸收峰。

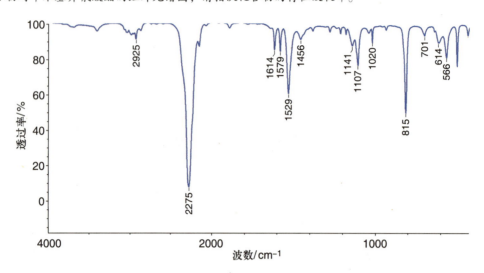

9.7   丙醛分子能发生哪些电子跃迁？哪一种跃迁最容易发生？

9.8   将下列各组化合物的 π → π* 跃迁的最大吸收波长由大到小顺序排列。

(1) $CH_2=CH-CH=CH-CH=CHNH_2$ $CH_3CH_2CH=CHNH_2$ $CH_2=CHCH=CHNH_2$
        A   B   C

(2)

A   B   C

(3)

A   B   C

9.9   丙酮可以发生什么电子跃迁？在丙酮的紫外光谱图中，只有 279 nm 处有一个弱吸收带，这是什么跃迁的吸收带？

9.10   用 ESI 源测定化合物的质谱，得到的负准分子离子峰一般有哪几种形式？

9.11   用 EI 源获得的质谱图一般含有哪几种离子峰？

9.12   含有两个溴原子的化合物的分子离子峰的同位素丰度之比 M：M+2：M+4 约为多少？

9.13   含有一个氯原子一个溴原子的化合物的分子离子峰的同位素丰度之比 M：M+2：M+4 约为多少？

9.14   下列化合物的分子离子峰的质荷比是奇数还是偶数？

CH_3Cl CH_3-CN

9.15   写出下列化合物的分子离子。

$CH_3CH_2CH_2CH_2Cl$ $CH_3CH_2CH_2COOCH_2CH_3$

9.16   写出下列分子离子的断裂方式。

9.17 根据下列 EI 质谱(质谱图中的小图是分子离子峰的局部放大图)、红外光谱和核磁共振氢谱(400 MHz, CDCl₃),解析、归属、验证化合物的结构。

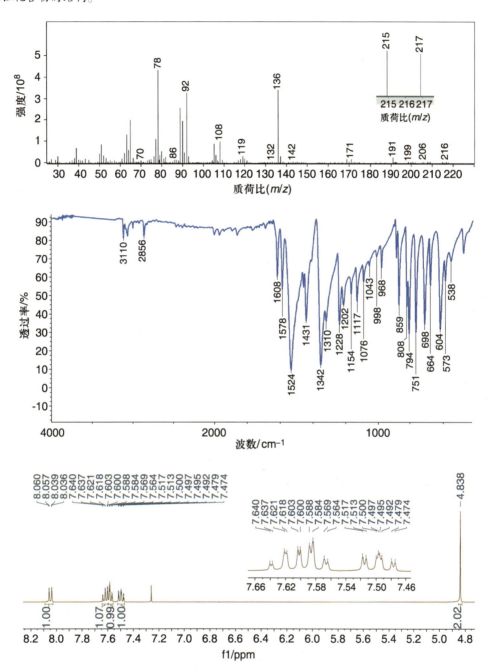

9.18 根据下列 EI 质谱和核磁共振氢谱(400 MHz),解析、归属、验证化合物的结构。

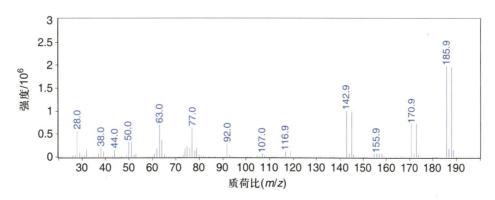

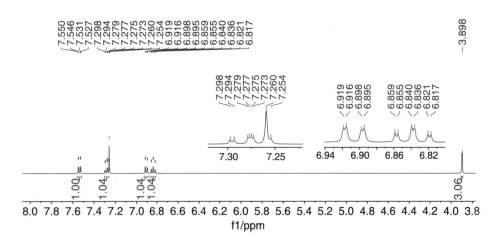

9.19　根据下列 EI 质谱、红外光谱和核磁共振氢谱 (400 MHz, CDCl₃)、核磁共振碳谱，解析、归属、验证化合物的结构。

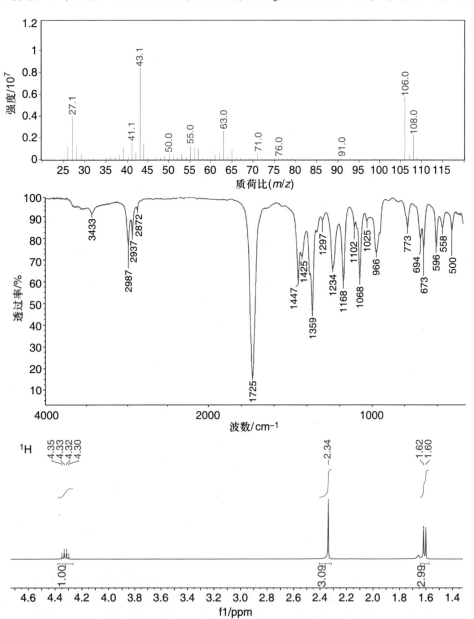

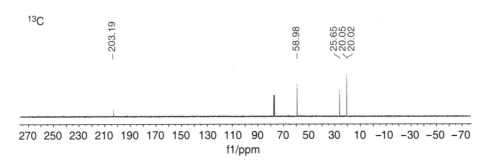

9.20　根据下列 EI 质谱、红外光谱和核磁共振氢谱 (400 MHz, CDCl₃)、核磁共振碳谱、DEPT 谱,解析、归属、验证化合物的结构。

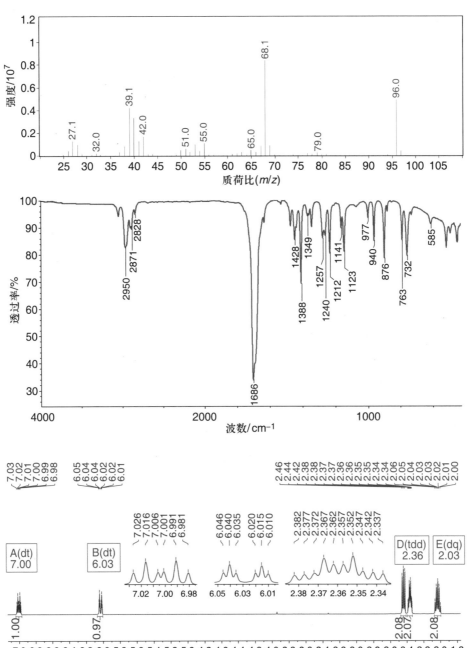

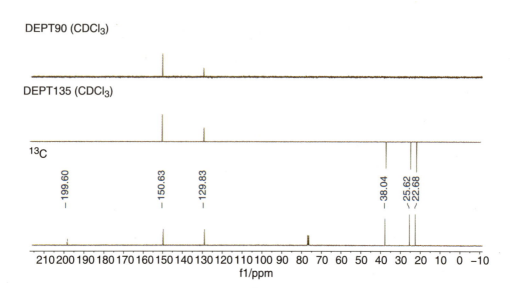

9.21　根据下列 EI 质谱、红外光谱和核磁共振氢谱 (400 MHz, CDCl$_3$)、核磁共振碳谱、^{1}H-^{1}H COSY 谱、HSQC 谱、HMBC 谱，
　　　解析、归属、验证化合物的结构。

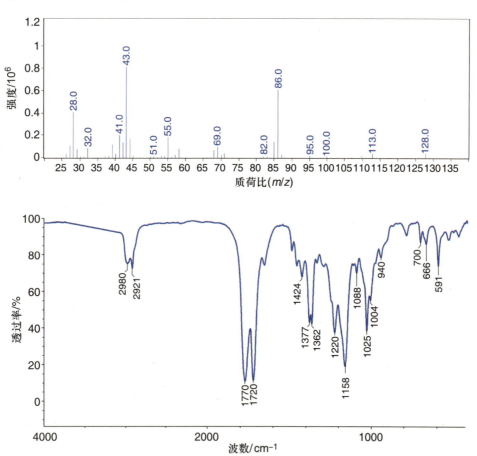

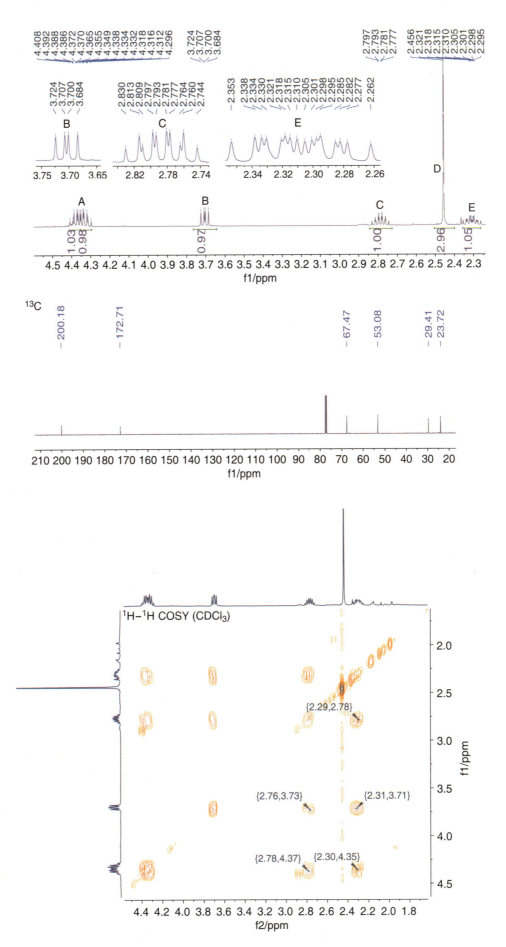

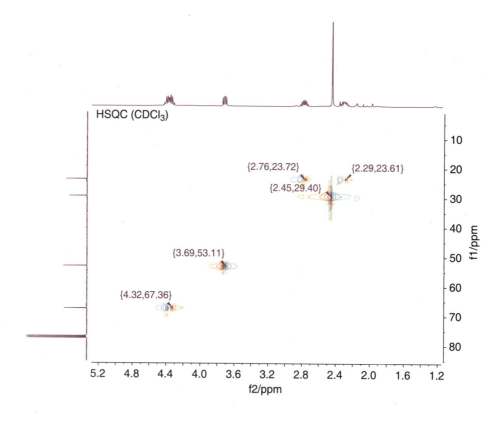

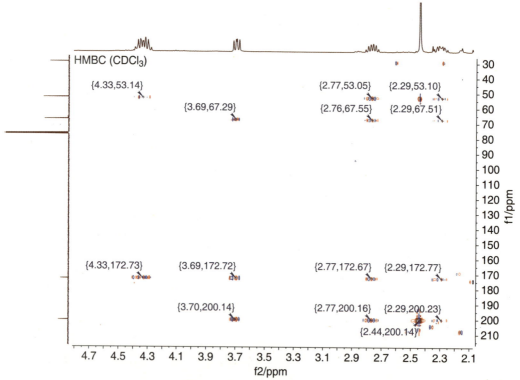

苯、芳烃和芳香性

第 10 章

苯、芳烃和芳香性

10.1 苯的结构和稳定性

10.1.1 苯结构的发现

19 世纪初，人们曾从鲸鱼的脂肪 (鲸脂，blubber) 中提炼出一种油，用于照明。1825 年，法拉第 (Michael Faraday) 在研究该油成分的过程中，通过加热鲸脂，得到了一种无色液体 (沸点 80.1 ℃，熔点 5.5 ℃)。该无色液体被命名为苯 (benzene)。

1834 年，米切利希 (Eilhardt Mitscherlich) 通过加热苯甲酸和氧化钙的混合物制备得到了苯，其反应式如下：

$$C_6H_5CO_2H \ + \ CaO \ \xrightarrow{\text{加热}} \ C_6H_6 \ + \ CaCO_3$$
$$\text{苯甲酸} \qquad\qquad\qquad \text{苯}$$

令人惊奇的是，苯的化学式为 C_6H_6，氢原子和碳原子的个数一样多。大部分的有机化合物中，氢原子的个数要多于碳原子的个数，通常都是碳原子个数的两倍。苯化学式的高缺氢性，表明苯具有高的不饱和度 (不饱和度为 4)。由此科学家们意识到，苯可能是一种新型的具有特殊性质的化合物。越来越多的实验也证明，苯系列化合物具有与不饱和烯烃和炔烃不同的性质，这类化合物不容易发生直接的加成反应，而是主要发生取代反应。由于其特殊的稳定性和化学反应惰性，苯系列化合物引起了科学家们广泛的研究兴趣。

这些具有低氢碳比、芳香气味和特殊稳定性的化合物被称为芳香化合物 (aromatic compounds)，不具有这些性质的化合物被称为脂肪族化合物 (aliphatic compounds)。

以下是一些含有苯环的化合物实例。

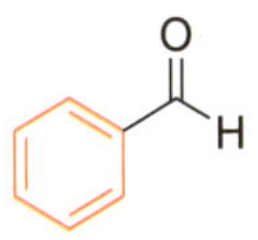

苯甲醛
由杏仁油中得到

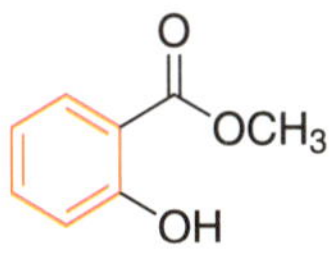

水杨酸甲酯
由冬青油中得到

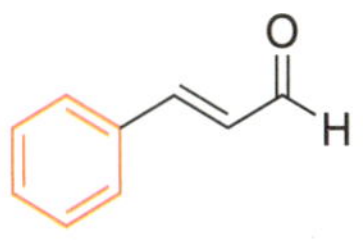

肉桂醛
由桂皮油中得到

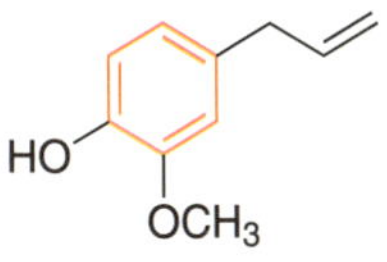

丁子香酚
由丁香油中得到

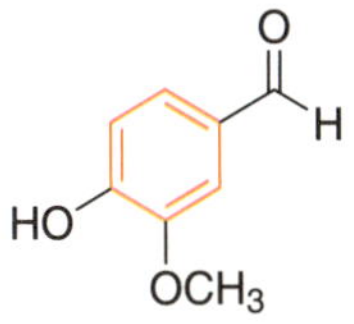

香兰素
由香草油中得到

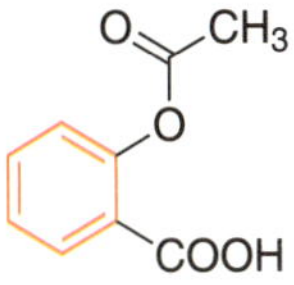

乙酰水杨酸
阿司匹林

从发现苯以来，科学家们对苯的物理性质和化学性质进行了很多研究，但是由于当时结构理论方面的限制，在很长的一段时间内，一直没有分析出苯的结构。其中的主要问题是，苯的化学式为 C_6H_6，这些原子是通过什么方式进行连接的？科学家们对苯的结构进行了各种猜测，例如化合物 **1-4**，这些化合物的化学式也符合 C_6H_6。

| **1** | **2** | **3** | **4** | **5** |
| Dewar 苯 | | | | 凯库勒式
（Kekulé式） |

由于苯具有高不饱和度，在很长一段时间内，科学家们都被苯的化学结构所困扰。德国科学家凯库勒 (August Kekulé) 是一位非常具有想象力的化学家，一天晚上，他在思考苯的结构的过程中睡着了，在睡梦中碳原子仿佛在他眼前旋转跳舞，碳原子组成的长链像蛇一样扭曲盘绕，突然一条蛇咬住了自己的尾巴。醒来之后，凯库勒意识到苯可能是单双键交替的环状结构，由此提出了苯的凯库勒式。

实验证明，苯的单取代物只有一种，例如由苯制备溴苯、氯苯、硝基苯等，都只得到一种取代产物。该实验说明，苯中的氢原子应该具有完全相同的化学环境。化合物 **1**、**2**、**4** 中氢原子的化学环境都不止一种，和苯的结构不符合。进一步的实验发现，苯结构上如果带两个取代基，不论这两个取代基是否相同，其二取代物有三种，例如 $C_6H_4Br_2$ 和 $C_6H_4(Cl)NO_2$，在制备的过程中都得到三种二取代物。而化合物 **3** 的二取代物只有两种，和苯的结构也不符合。直到 1865 年，凯库勒 (August Kekulé) 首次提出，苯的结构中，碳原子彼此相连，形成单双键交替的环状结构（化合物 **5**）。乍一看，化合物 **5** 的结构很好地符合了实验事实，化合物中氢原子化学环境完全相同，单取代物只有一种；二取代物（如下所示的二溴苯）有三种。

1,2-二溴苯   1,3-二溴苯   1,4-二溴苯

但仔细一看，1,2-二溴苯不止一种结构，如下所示：

a   b

结构式 **a** 和 **b** 之间的区别在于溴原子和双键碳原子的相对位置不同。对此凯库勒给出的解释是，**a** 和 **b** 中的双键和单键位置是交替出现的，苯环可以在如下两个结构 **c** 和 **d** 之间快速转化，形成一个动态平衡，二者不可分离。以此类推，1,2-二溴苯可以在 **a** 和 **b** 两个结构间快速转化，不可分离。

c   d

a   b

之后的科学研究中引入了互变异构 (tautomerism) 的概念，可以将苯的两种结构之间的转化理解为互变异构。

思考题 10.1

查阅资料，了解苯结构发现的过程中，科学家们提出来的苯的各种可能结构，并总结其特征。

10.1.2 苯结构的测定和理论描述

X-射线衍射测定结果表明，苯是一个平面结构，环上的六个碳原子组成正六边形结构 (图 10-1)。环上的六个碳碳键完全等同，观察不到单双键交替的现象。六个碳碳键的键长都是 1.39 Å，介于普通碳碳单键的键长 (1.46 Å) 和碳碳双键的键长 (1.34 Å) 之间。碳碳键和碳碳键，碳碳键和碳氢键之间的键角都是 120°，和 sp^2 杂化碳原子的键角相符合。

图 10-1 苯的分子结构图

如下 I 和 II 为苯的凯库勒式，I 和 II 原子之间的连接方式完全相同，只是 π 电子的连接方式不同，用 I 和 II 都不能代表苯的完整结构，它们之间互为共振关系。I 和 II 是等价结构，它们稳定性相同，对共振杂化体的贡献相同，得到的共振杂化体具有非常好的稳定性。由于苯结构中碳碳键的键长完全等同，罗宾森 (Sir Robert Robinson) 提出用 III 的方式 (一个六元环，中间加一个圈) 替代凯库勒式 I 和 II 的表达——用一个圈代表 6 个离域的 π 电子的成键情况。结构式 III 在日常书写的时候比较方便，也能比较好地表达苯环中 6 个碳碳键完全等同的情况，但是在表达电子转移、分析反应机理的过程中，还是应用凯库勒式更方便。

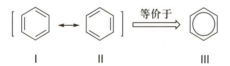

I   II   III

根据杂化轨道理论，苯中六元环上的每一个碳原子都是 sp^2 杂化，每一个碳原子都通过 3 个 sp^2 杂化轨道和旁边的两个碳原子和一个氢原子形成 3 个 σ 键，在和六元环平面垂直的方向有 6 个互相平行的 p 轨道，它们肩并肩相互重叠，形成一个离域的 π_6^6 大共轭体系 (图 10-2)。

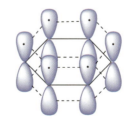

图 10-2 苯的离域大 π 键

根据分子轨道理论，苯环上 6 个碳原子可以线性组合形成 6 个 π 分子轨道，其中包含 3 个成键轨道 (ψ_1、ψ_2、ψ_3) 和 3 个反键轨道 (ψ_4、ψ_5、ψ_6)。

苯的成键分子轨道 ψ_1 是由所有相邻的两个 p 轨道重叠成键而形成的闭合环状全离域体系 (图 10-3)，该分子轨道中没有节面 (nodal plane)，相邻 p 轨道之间有 6 个成键相互作用 (bonding interaction)，能量最低。

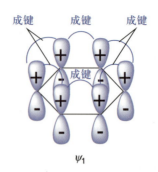

图 10-3　苯的全成键 (all bonding) 分子轨道 ψ_1

　　苯的成键分子轨道 ψ_2 和 ψ_3 中均含有 1 个节面 (图 10-4)。ψ_2 相邻 p 轨道之间有 4 个成键相互作用和 2 个反键相互作用 (antibonding interaction)，净成键相互作用数为 2。ψ_3 中含有 2 个成键相互作用和 4 个非键相互作用 (nonbonding interaction)。在 ψ_3 中不含反键相互作用，但是位于水平节面上的两个碳原子对该分子轨道无贡献，净成键相互作用数也是 2。这两个轨道能量相同，为一对简并轨道。

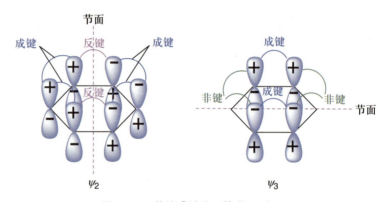

图 10-4　苯的成键分子轨道 ψ_2 和 ψ_3

　　苯的反键分子轨道 ψ_4 和 ψ_5 中均含有 2 个节面 (图 10-5)。ψ_4 相邻 p 轨道之间有 4 个非键相互作用和 2 个反键相互作用，净反键相互作用数为 2。其中位于水平节面上的两个碳原子对该分子轨道无贡献。ψ_5 中含有 2 个成键相互作用和 4 个反键相互作用，净反键相互作用数也是 2。这两个轨道能量相同，为一对简并轨道。

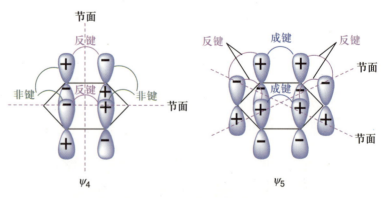

图 10-5　苯的反键分子轨道 ψ_4 和 ψ_5

　　苯的反键分子轨道 ψ_6 含有 3 个节面 (图 10-6)。在该分子轨道中，所有相邻的 p 轨道均位相相反，相互排斥，共有 6 个反键相互作用，能量最高。

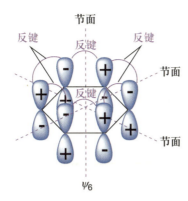

图 10-6 苯的反键分子轨道 ψ_6

苯的 6 个 π 电子在分子轨道中按能量由低到高填充 (图 10-7),每个轨道中填充一对电子,6 个 π 电子正好填满 3 个成键轨道。分子轨道理论表明,这种成键轨道全部填满,反键轨道全空的分子体系具有特殊的稳定性。

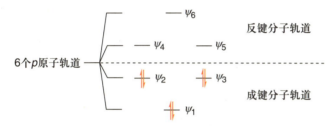

图 10-7 苯的 π 电子在分子轨道中的填充

10.1.3 氢化热的测定和苯结构特殊的稳定性

苯很难像炔烃或烯烃一样进行催化氢化反应。在一定的反应温度和压力下,采用催化能力较强的 Ru 或 Pt 催化剂,1 当量的苯可以与 3 当量的 H_2 发生加成反应生成环己烷。通过测定氢化反应放热的多少,可以对苯的稳定性进行定量分析 (图 10-8)。

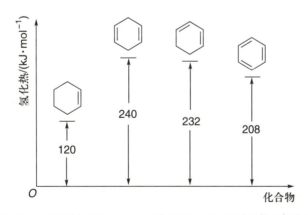

图 10-8 环己烯、环己 -1,4- 二烯、环己 -1,3- 二烯和苯的氢化热

环己烯的氢化热测定值为 120 kJ·mol^{-1}。环己 -1,4- 二烯两个双键之间没有共轭,其氢化热值大致为环己烯氢化热值的 2 倍(120 kJ·mol^{-1}×2=240 kJ·mol^{-1})。环己 -1,3- 二烯的氢化热值(232 kJ·mol^{-1})比环己 -1,4- 二烯(240 kJ·mol^{-1})略低,其差值 240 kJ·mol^{-1} - 232 kJ·mol^{-1}=8 kJ·mol^{-1} 为其共轭能 (resonance energy),

代表了由于共轭使体系能量降低的程度。如果存在一个想象的三个双键都是孤立的环己三烯，预计其氢化热值应该为环己烯氢化热值的 3 倍 ($120 \text{ kJ} \cdot \text{mol}^{-1} \times 3 = 360 \text{ kJ} \cdot \text{mol}^{-1}$)。实验测得苯的氢化热值为 $208 \text{ kJ} \cdot \text{mol}^{-1}$，和想象的孤立的环己三烯的氢化热差值为 $360 \text{ kJ} \cdot \text{mol}^{-1} - 208 \text{ kJ} \cdot \text{mol}^{-1} = 152 \text{ kJ} \cdot \text{mol}^{-1}$。这个差值要远远高于环己 -1,3- 二烯的共轭能 ($8 \text{ kJ} \cdot \text{mol}^{-1}$)。同时苯的氢化热值 ($208 \text{ kJ} \cdot \text{mol}^{-1}$) 要小于环己 -1,3- 二烯的氢化热值 ($232 \text{ kJ} \cdot \text{mol}^{-1}$)，表明苯环如果在催化剂存在的条件下加 1 当量 H_2，反应应该是吸热反应。事实上苯环很难控制只加成 1 当量 H_2 得到环己 -1,3- 二烯，因为环己 -1,3- 二烯比苯更容易发生催化氢化反应。以上实验结果说明，苯环具有非常特殊的稳定性，这种稳定性很难用简单的共轭效应进行解释。这种特殊的稳定性被称为**芳香性** (aromaticity)。

10.1.4　苯的物理性质和波谱性质

苯的极性较弱，不溶于水，易溶于有机溶剂，比水的密度低。苯的沸点和分子量与其他六元环烃没有太明显的差异 (表 10-1)，表明影响其分子间作用力的因素类似。

表 10-1　几种环烃和苯的沸点

化合物	环己烷	环己烯	环己 -1,3- 二烯	环己 -1,4- 二烯	苯
沸点 /℃	81	83	80	88	80

表 10-2 列举了苯和一些苯衍生物的物理性质。

表 10-2　一些苯和苯衍生物的物理性质

中文名称	英文名称	熔点/℃	沸点/℃	密度/($g \cdot mL^{-1}$)
苯	benzene	6	80	0.88
甲苯	toluene	−95	111	0.87
邻二甲苯	*o*-xylene	−26	111	0.88
间二甲苯	*m*-xylene	−48	139	0.86
对二甲苯	*p*-xylene	13	138	0.86
均三甲苯	mesitylene	−45	165	0.86
乙苯	ethylbenzene	−95	136	0.87
丙苯	propylbenzene	−99	159	0.86
异丙苯	cumene	−96	152	0.86
氟苯	fluorobenzene	−41	85	1.02
氯苯	chlorobenzene	−46	132	1.11
溴苯	bromobenzene	−31	156	1.49
碘苯	iodobenzene	−31	188	1.83
苯乙烯	styrene	−31	146	0.91
苯乙炔	phenylacetylene	−45	142	0.93

随着化合物分子量的增加，化合物的沸点升高。同分异构体偶极矩增加，化合物分子间作用力增强，化合物的沸点升高。除了与分子量和偶极矩相关，化合物的熔点还和分子的对称性有关。高对称性化合物有利于在晶体中更好地堆积，具有更高的熔点。以三种二氯苯为例，邻二氯苯偶极矩最大，沸点最高；对二氯苯偶极矩为 0，沸点最低。但对二氯苯具有更好的分子对称性，有利于在晶体结构中紧密排列，熔点最高。

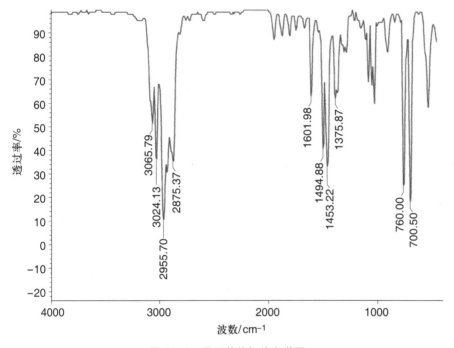

邻二氯苯　　　　间二氯苯　　　　对二氯苯
bp 180°C　　　　bp 173°C　　　　bp 170°C
mp -17°C　　　　mp -25°C　　　　mp 53°C

苯环具有大的离域体系，使其在紫外-可见吸收光谱中具有明显的吸收。苯的质谱测试主要得到其分子离子峰，很少有其他碎片离子峰，这也证明了苯结构的特殊稳定性。

在红外光谱中，苯环主要在以下几个区域有特征吸收：(1) 3100-3000 cm^{-1} 为苯环上 C-H 的伸缩振动吸收峰；(2) 1600-1400 cm^{-1} 为苯环六元环骨架 (C=C，C-C) 伸缩振动吸收峰；(3) 1000-650 cm^{-1} 为苯环上 C-H 的面外弯曲振动吸收峰，该吸收峰区域为红外吸收光谱的指纹区，根据苯环上连接取代基的多少，以及取代基在苯环上相对位置的不同，在该区域具有不同的特征吸收峰。图 10-9 为异丙苯的红外光谱图。

图 10-9　异丙苯的红外光谱图

在外加磁场的作用下，芳香化合物会产生独特的抗磁环流，该抗磁环流产生的诱导磁场在环内和外加磁场方向相反，为屏蔽区，具有较低的化学位移；在环外和外加磁场方向相同，为去屏蔽区，具有较高的化学位移，体现出磁各向异性效应 (详见第 6 章核磁共振谱)。在核磁共振氢谱 (^{1}H NMR 谱) 中，由于芳香环电流的磁各向异性效应，苯环上直接连的氢处在较强的去屏蔽区，其化学位移可为 6.5-8.5 ppm，比双键氢原子的化学位移 (通常为 4.6-5.7 ppm) 更高。苯环上连有不同性质的取代基时，受诱导、共轭等效应的影响，苯环上的电子云密度分布不均匀，苯环上连的氢原子所受屏蔽效应的影响也不同，在不同的化学位移处出现吸收峰。例如苯甲醚和硝基苯的核磁共振氢谱数据如下：

δ/ppm

3.75 OCH₃ / 6.88 / 7.26 / 6.92

NO₂ / 8.19 / 7.52 / 7.65

如果在苯环上带有多个取代基，根据苯环上剩余氢原子相对位置的不同，呈现不同的吸收峰裂分模式。

思考题 10.2

二溴苯有三种异构体，其中哪种熔点最高？哪种沸点最高？查阅资料，检验预测结果是否正确，并给出合理的理论解释。

10.2 苯衍生物的命名

苯上带有简单取代基时，系统命名法通常选苯环作为母体。

单取代苯命名为取代基名称加苯，称为某 (基) 苯，"基" 经常可以省略。例如：

氟苯
fluorobenzene

硝基苯
nitrobenzene

乙(基)苯
ethylbenzene

烯丙(基)苯
allylbenzene

多取代苯命名时，需要用编号标明取代基的位次，其编号原则遵循烷烃命名编号原则 (先满足取代基编号依次最小，如果两种编号方式相同，使英文字母表中排序靠前的取代基编号更小，中文命名和英文命名完全一致)。例如：

CH₃ / CH₂CH₃

1-乙基-4-甲基苯
1-ethyl-4-methylbenzene

CH₃ / Cl / CH₂CH₃

2-氯-4-乙基-1-甲基苯
2-chloro-4-ethyl-1-methylbenzene

一些带有简单取代基的苯衍生物，可以按照系统命名法命名，但是在英文文献中经常按照俗名来命名。例如：

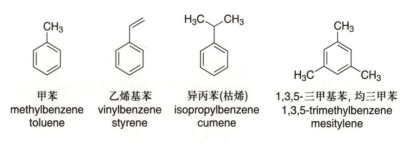

甲苯
methylbenzene
toluene

乙烯基苯
vinylbenzene
styrene

异丙苯(枯烯)
isopropylbenzene
cumene

1,3,5-三甲基苯，均三甲苯
1,3,5-trimethylbenzene
mesitylene

对于二取代苯，可以用阿拉伯数字标明取代基的位次，也可以用邻或 *o* (ortho)、间或 *m* (meta)、对或 *p* (para) 来表示取代基的相对位置。例如：

邻二甲苯
1,2-dimethylbenzene
o-xylene

间二甲苯
1,3-dimethylbenzene
m-xylene

对二甲苯
1,4-dimethylbenzene
p-xylene

芳烃中如果含有保留俗名的简单芳香化合物结构，也可以选这些简单的芳香化合物结构作为母体，采用半系统命名法命名。此时选择的母体化合物中取代基的编号为 1。例如：

4-乙基甲苯
4-ethyltoluene
p-ethyltoluene

3-氯乙烯基苯
3-chlorostyrene
m-chlorostyrene

2,4,6-三硝基甲苯
2,4,6-trinitrotoluene

苯环上如果带有其他官能团，通常也采用俗名命名其母体结构。一些常见的带有官能团的苯衍生物俗名如下。

苯酚
benzenol
俗名：phenol

苯甲醚、茴香醚
methoxybenzene
俗名：anisole

苯胺
benzenamine
俗名：aniline

苯甲醛
benzenecarbaldehyde
俗名：benzaldehyde

苯乙酮
methyl phenyl ketone
俗名：acetophenone

苯甲酸
benzenecarboxylic acid
俗名：benzoic acid

苯环上带的取代基较为复杂或含有多个苯环的情况下，通常将苯环作为取代基，选择烃基结构作为母体来进行命名。苯去掉一个氢原子后剩余的部分称为苯基 (phenyl)，简写为 Ph–；甲苯去掉甲基上的一个氢原子剩余的部分称为苄基 ($PhCH_2$–，benzyl)。例如：

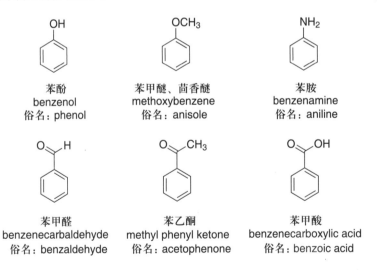

1,3-二苯基丙烷
1,3-diphenylpropane

3-甲基-4-苯基己-1-烯
3-methyl-4-phenylhex-1-ene

10.3　其他含苯环的芳烃

联苯

联苯 (biphenyl) 的熔点为 70 ℃，室温下其为无色晶体。联苯是重要的有机原料，广泛用于医药、农药、染料、液晶材料等领域，可用来合成增塑剂、防腐剂，以及制造燃料、工程塑料和高能燃料等。

在 IUPAC 命名中，联苯的两个苯环从直接相连的碳原子开始分别编号，直接相连的两个碳原子分别编号为 1 和 1′，在此基础上，按照官能团优先顺序、取代基依次最小、取代基英文字母表顺序等其他编号原则进行编号。

联苯的编号和命名：

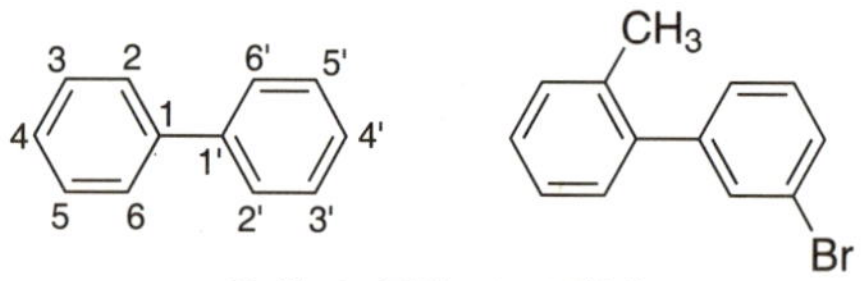

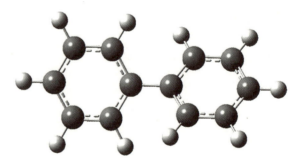

3′-溴-2-甲基-1,1′-联苯
3′-bromo-2-methyl-1,1′-biphenyl

由于联苯 2,6 位和 2′,6′ 位的氢原子间存在排斥力，联苯的两个苯环通常不在一个平面 (图 10-10)。平衡态时联苯两个苯环平面之间的扭转角为 44.4°，0° 和 90° 扭转角时的能垒分别为 6.0 kJ·mol^{-1} 和 6.5 kJ·mol^{-1}。

图 10-10　联苯的分子结构图

如果在联苯的 2,6 位和 2′,6′ 位分别连有较大体积的不同原子或基团，取代基之间的排斥力增大，阻碍了联苯 1 位和 1′ 位碳碳 σ 键的自由旋转，可以得到具有轴手性的一对对映异构体 (图 10-11，详细内容参看第 3 章　立体化学)。

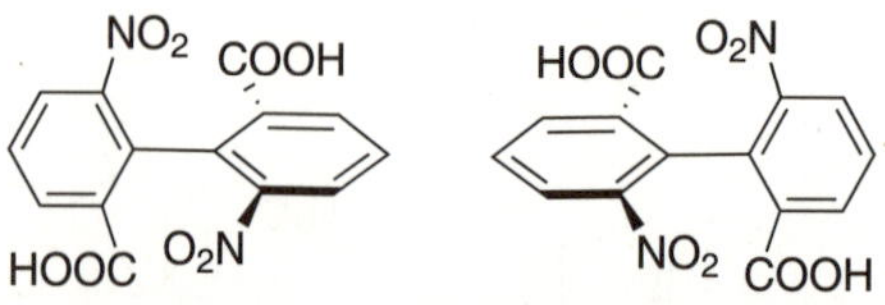

图 10-11　2,6 位和 2′,6′ 位分别连有不同取代基的联苯对映异构体

工业上通过苯高温热解脱氢法生产联苯。联苯的另一工业来源是，在甲苯加热脱

烷基制备苯的过程中，可得到伴随产物联苯。在实验室里，联苯及其衍生物可以通过 Suzuki-Miyaura 反应制备，即用零价钯配合物催化芳基硼酸酯与芳基卤化物或芳基对甲苯磺酸酯等发生交叉偶联。

萘

萘 (naphthalene) 由两个苯环共用 2 个碳原子稠合而成，分子式为 $C_{10}H_{10}$。除了公用的碳原子，萘还含有化学环境不同的两种碳原子，分别标记为 α 和 β 碳原子。IUPAC 命名取代萘，首先从一个 α 碳原子开始编号，沿着同一个环完成编号后，再顺次对另一个环编号，公用碳原子不编号，在此基础上，按照官能团优先顺序、取代基依次最小、取代基英文字母表顺序等其他编号原则进行编号。

萘的结构、编号和命名：

萘被广泛用于合成染料、树脂等。以往的卫生球就是用萘制成的，但由于萘的毒性，现在生产卫生球时已经禁止使用萘。

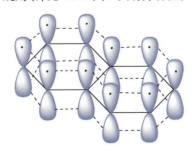

6-溴-1-甲基萘
6-bromo-1-methylnaphthalene

X-射线分析指出，萘环中所有原子都共平面，每一个碳原子都是 sp^2 杂化，在垂直方向有 10 个碳原子的 p 轨道相互重叠，形成一个离域的 π_{10}^{10} 大共轭体系 (图 10-12)，其 π 电子数符合 Hückel 规则 (详见 10.4 节)，具有芳香性。

图 10-12 萘的离域大 π 键

萘可以当作稠合在一起的两个苯环，共含有 10 个 π 电子，和两个单独的苯环 (共含有 2×6 个 =12 个 π 电子) 相比，电子云密度降低，其共轭能为 252 kJ·mol⁻¹，平均每个芳环的共轭能为 126 kJ·mol⁻¹，小于苯的共轭能 (151 kJ·mol⁻¹)。萘的对称性比苯差，有单双键的区别，反应活性高于苯。

萘的碳碳键键长：

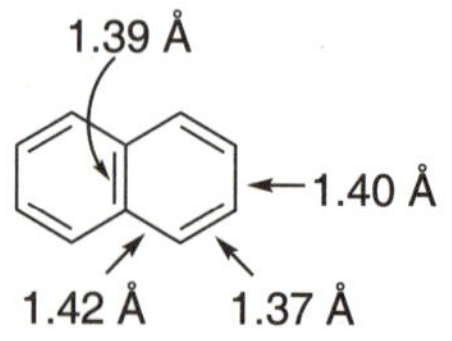

蒽、菲和其他多环芳烃

多个苯环稠合在一起，通常也具有芳香化合物的性质。

蒽和菲都是三个苯环稠合在一起的化合物。共轭体系中共有 14 个 π 电子，平均到每个芳环上，电子云密度比萘更低。蒽的共轭能为 351 kJ·mol^{-1}，平均每个芳环的共轭能为 117 kJ·mol^{-1}；菲的共轭能为 381 kJ·mol^{-1}，平均每个芳环的共轭能为 127 kJ·mol^{-1}。蒽和菲的稳定性比苯和萘差，容易发生化学反应。

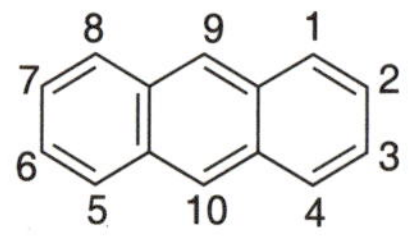

蒽
anthracene

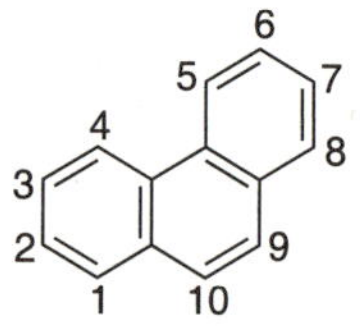

菲
phenanthrene

更多的苯环稠合在一起的化合物称为多环芳烃（polynuclear aromatic hydrocarbons）。多环芳烃通常在有机物不完全燃烧的过程中产生，具有致癌性。在实验室操作过程中，需要用专门设备对其进行处理。

> 香烟的不完全燃烧可产生芘、苯并芘、二苯并芘，这些化合物均对生命体有害，影响生命体的正常生理过程。 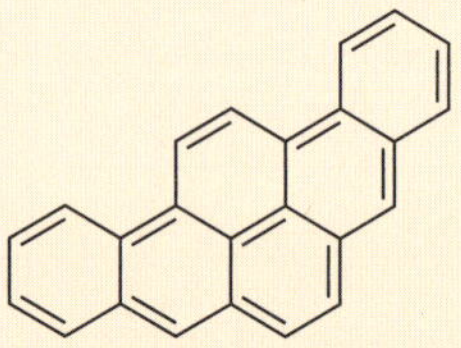
>
>
> 二苯并芘
> dibenzopyrene

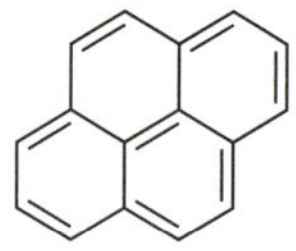

芘
pyrene

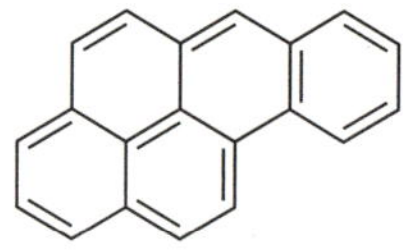

苯并芘
benzo[a]pyrene

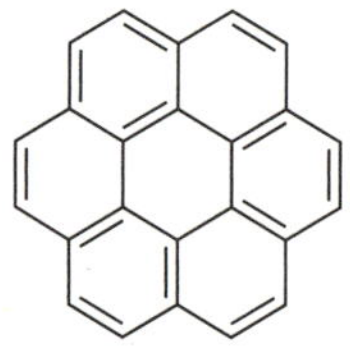

蔻
coronene

10.4 芳香性

10.4.1 芳香性和 Hückel 规则

在前面的学习中我们已经了解苯和一些有离域电子的环状化合物具有特殊的稳定性和反应性。休克尔（Erich Hückel）基于分子轨道理论的分析发现这些化合物有如下特征：**化合物具有平面结构或近似平面结构；完全共轭的单环 π 体系，π 体系为闭合结构；π 电子数符合 4n+2（n 为整数，如 0，1，2，3 等）**。满足以上条件的化合物具有芳香性（aromaticity），这称为休克尔规则（Hückel's rule）。芳香性化合物具有非常好的稳定性。休克尔规则一般只适用于单环 π 体系化合物芳香性的判断。

与芳香性化合物相对应的，具有平面结构、完全共轭的闭合 π 体系，但是 π 电子数符合 4n 的化合物具有反芳香性 (anti-aromaticity)。反芳香性的化合物非常不稳定。

环状共轭多烯体系如果不具有连续共轭的 p 轨道，不具有芳香性或反芳香性，一般称其具有非芳香性 (nonaromaticity)。非芳香性化合物性质与开链烯烃类似。

英国科学家 Charles Alfred Coulson（牛津大学）提出圆的内接正多边形法则 (polygon-and-circle method)，该法则可以简单快速地预测一些单环芳香化合物的 π 分子轨道能级分布。

圆的内接正多边形法则要点如下：

(1) 在一个圆里画一个内接正多边形，有一个多边形的顶点在圆心的正下方。

(2) 通过圆心画一条水平线。

(3) 正多边形每一个顶点的位置代表一个分子轨道能量的相对高低。

(4) 在水平线以下的顶点为成键分子轨道，在水平线以上的顶点为反键分子轨道，和水平线在同一高度的顶点代表非键分子轨道。

(5) 每个轨道里可以填充 2 个电子，按照能量从低到高的顺序进行填充。如果有简并轨道，先依次在简并轨道中填充单电子，再反向进行填充。

图 10-13 是苯的 π 分子轨道电子填充情况。根据圆的内接正多边形法则，苯有 3 个成键轨道和 3 个反键轨道。苯共有 6 个 π 电子，刚好填满 3 个成键轨道，反键轨道中没有填充电子，具有芳香性。

图 10-13 苯的 π 分子轨道和电子填充情况

柴隆 (zylon) 纤维 [聚对苯撑苯并二噁唑，poly (p-phenylene-2,6-benzobisoxazole)] 被称为 21 世纪的超级纤维，具有极高的耐热性、耐拉伸性和稳定性。柴隆纤维是完全由单键连接的芳香环组成的聚合物材料，具有极高的稳定性，被广泛应用于消防材料、航天工业、运动器材等领域。

柴隆纤维

10.4.2 不含苯环的芳香体系

有一些化合物中不含苯环结构，但是符合芳香性化合物的性质特点和电子结构特征，π 电子数也符合 4n+2 规则——这类型化合物也具有芳香性，称为非苯芳香化合物 (non-benzenoid aromatic compounds)。

环丙烯正离子 (cyclopropenyl cation)

环丙烯正离子 (cycloprop-2-en-1-ylium) 是最简单的非苯芳香体系。1957 年后，科学家们已经制备得到了如下带有环丙烯正离子的盐。

根据圆的内接正多边形法则，环丙烯正离子有 1 个成键轨道和 2 个反键轨道。环丙烯正离子中共有 2 个 π 电子，刚好填满 1 个成键轨道，反键轨道中没有填充电子，因此是一个稳定体系 (图 10-14)。实验证明环丙烯正离子非常稳定，3 个碳碳键完全等同，具有芳香性。

图 10-14　环丙烯基正离子的 π 分子轨道和电子填充情况

3,3- 二氯环丙烯或 1,3- 二氯环丙烯进行水解反应，可以合成得到环丙烯酮 (cycloprop-2-en-1-one) 及其衍生物。

环丙烯酮存在如下的共振结构。由于具有芳香性的环丙烯正离子的稳定性，环丙烯酮主要以电荷分离的形式存在，其分子偶极矩要大于其他环酮分子。

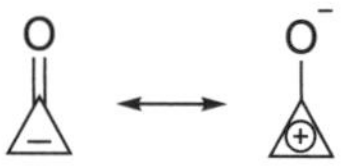

环丁二烯双正离子（cyclobutadienyl dication）

环丁二烯非常不稳定，很难被分离和纯化。1965 年，Robert Pettit 和合作者 (得克萨斯大学奥斯汀分校) 合成得到环丁二烯。

根据圆的内接正多边形法则，环丁二烯含有 1 个成键轨道，1 个反键轨道，2 个非键轨道 (图 10-15)。环丁二烯中含有 4 个 π 电子，其中 1 个成键轨道里填充 2 个电子，能量简并的 2 个非键轨道中各填充 1 个电子。环丁二烯最高占据轨道中有 2 个未配对电子，具有双自由基性质和高的反应活性，非常不稳定，不具有芳香性。环丁二烯含有 4 个 π 电子 (4n 体系)，具有反芳香性。

图 10-15　环丁二烯的 π 分子轨道和电子填充情况

分子轨道理论认为，环丁二烯应该以如下双自由基结构存在。

定域结构　　　双自由基结构

如果去掉非键轨道中的两个单电子，得到的环丁二烯双正离子中含有 2 个 π 电子，刚好填满 1 个成键轨道，π 电子符合 4n+2 (n=0)，具有芳香性。四苯基取代环丁二烯双正离子已经通过实验制备得到。

四苯基取代环丁二烯双正离子结构：

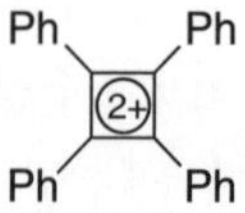

环丁二烯结构非常不稳定，为了尽量避免反芳香性，在某些情况下环丁二烯衍生物中的两个双键并不完全采取离域的共轭结构，而是采用定域的长方形结构，红外光谱证明环丁二烯中有两种不同的键长（双键键长为 1.35 Å，单键键长为 1.57 Å），两个双键之间不存在共轭作用。1,2-二氘代环丁-1,3-二烯和 1,4-二氘代环丁-1,3-二烯互为立体异构体，它们通过一个高能量的正方形过渡态才可相互转化。

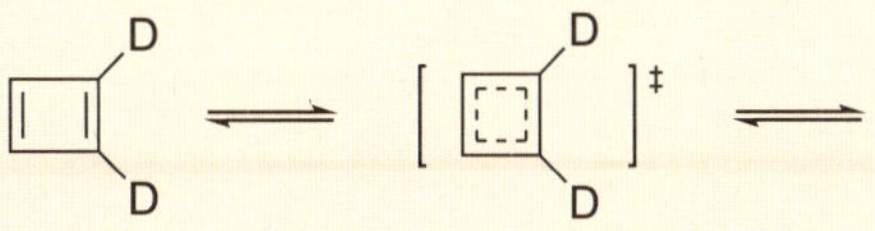

D   D   D

‡

D   D   D

1,2-二氘代环丁-1,3-二烯   1,4-二氘代环丁-1,3-二烯

环戊二烯负离子（cyclopentadienyl anion）

环戊二烯含有两个共轭双键和一个 sp^3 杂化的碳原子，不是闭合的单环 π 体系，不具有芳香性。环戊二烯中 sp^3 杂化碳原子上的氢具有明显的酸性，在活泼金属或强碱的存在下，很容易脱去一个质子得到环戊二烯负离子。环戊二烯 pK_a 为 16，其酸性远远强于环己烯烯丙位氢的酸性。环戊二烯的酸性和水的酸性大体相当，比醇的酸性要强。用叔丁醇钾和环戊二烯反应，可以顺利地得到环戊二烯负离子。

+ (CH₃)₃COK ⟶ [⟷] + (CH₃)₃COH

pK_a 16   环戊二烯负离子 pK_a 18

根据圆的内接正多边形法则，环戊二烯负离子有 3 个成键轨道和 2 个反键轨道（图 10-16）。环戊二烯负离子中共有 6 个 π 电子，刚好填满 3 个成键轨道，反键轨道中没有填充电子。实验证明环戊二烯负离子非常稳定，所有的碳碳键完全等同，具有芳香性。

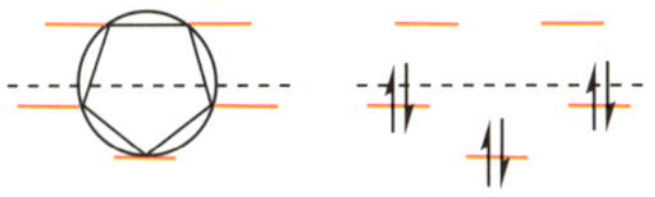

反键轨道

成键轨道

图 10-16 环戊二烯负离子的 π 分子轨道和电子填充情况

环戊二烯自由基含有 5 个 π 电子，电子数为奇数，不能完全配对，具有自由基的性质，不具有芳香性。

根据圆的内接正多边形法则，环戊二烯正离子有 2 个电子分别填充在简并的 2 个成键轨道中，具有双自由基的高反应活性，非常不稳定，具有反芳香性。环戊-2,4-二烯-1-醇用浓硫酸处理也很难发生脱水反应，可能原因是脱水过程产生了环戊二烯正离子，而环戊二烯正离子具有反芳香性，非常不稳定。

环戊-2,4-二烯-1-醇很难发生脱水反应：

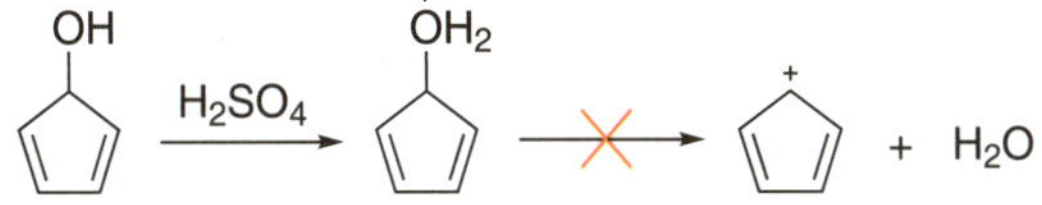

OH   ⁺OH₂   ⁺

H₂SO₄   ✗   + H₂O

芳香性、非芳香性和反芳香性可以用分子轨道理论很好地解释。需要强调的是，用共振理论不能解释化合物的芳香性、非芳香性和反芳香性。例如环戊二烯负离子和

环戊二烯正离子，各有如图 10-17 和图 10-18 所示的 5 个等同的共振结构，根据共振理论，如果共振前后的共振结构等同，其参与形成的共振杂化体具有特殊的稳定性。据此推论，环戊二烯负离子和环戊二烯正离子都应该具有特殊的稳定性。事实上，环戊二烯负离子具有芳香性，非常稳定；环戊二烯正离子具有反芳香性，非常不稳定。基于分子轨道理论的 Hückel 规则，可以对环戊二烯负离子的芳香性和环戊二烯正离子的反芳香性进行很好的解释。

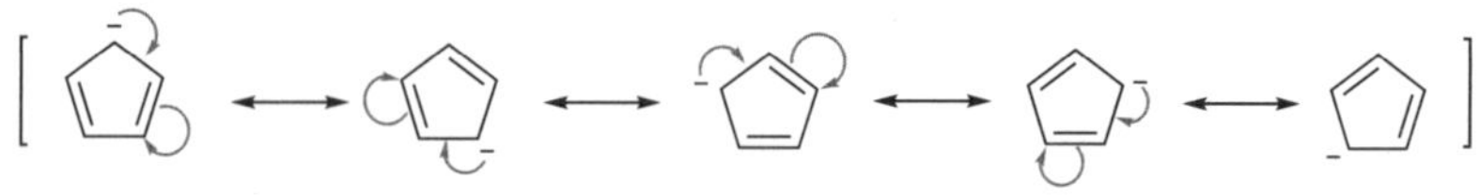

图 10-17 环戊二烯负离子 5 个等价的共振结构

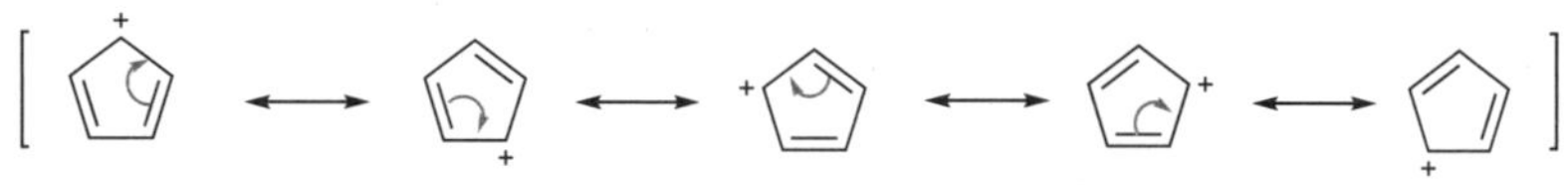

图 10-18 环戊二烯正离子 5 个等价的共振结构

环戊二烯负离子可以和 Fe^{2+} 络合，生成特别稳定的过渡金属有机化合物二茂铁（ferrocene，dicyclopentadienyl iron）。二茂铁为橙黄色固体，具有类似"汉堡包"的夹层结构。

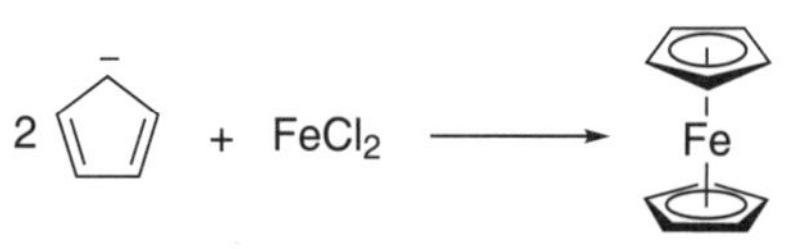

二茂铁

二茂铁具有较好的化学稳定性，在一定的反应条件下，可以发生部分亲电取代反应（如磺化反应、Friedel-Crafts 酰基化反应等）。例如用磷酸催化，二茂铁可以和乙酰氯或乙酸酐进行 Friedel-Crafts 酰基化反应，制备得到乙酰基二茂铁。二茂铁不能直接进行硝化反应或卤代反应，因环戊二烯负离子环上电子云密度较大，会首先发生氧化反应。

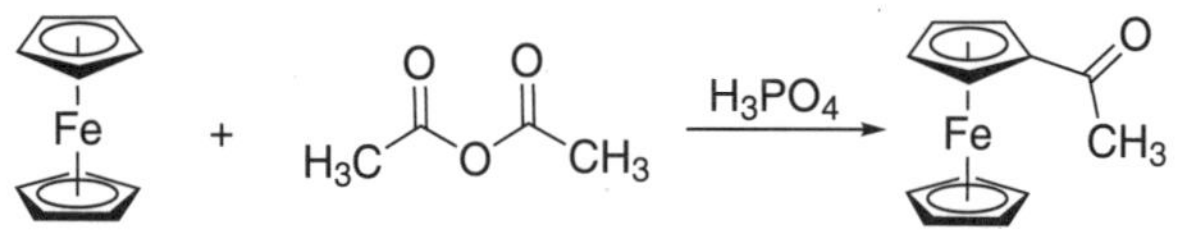

环庚三烯正离子（cycloheptatrien-1-yl cation）

环庚三烯有 3 个共轭双键和一个 sp^3 杂化的碳原子，不是闭合的单环 π 体系，不具有芳香性。

环庚三烯自由基含有 7 个 π 电子，电子数为奇数，不能完全配对，具有自由基的性质，不具有芳香性。

环庚三烯正离子有一个 6 电子的闭合 π 体系，具有芳香性。环庚三烯正离子的化学稳定性特别好，可以分离得到，储存几个月而不发生分解。用 0.01 $mol \cdot L^{-1}$ 的稀硫酸处理环庚三烯醇，很容易脱水得到环庚三烯正离子。

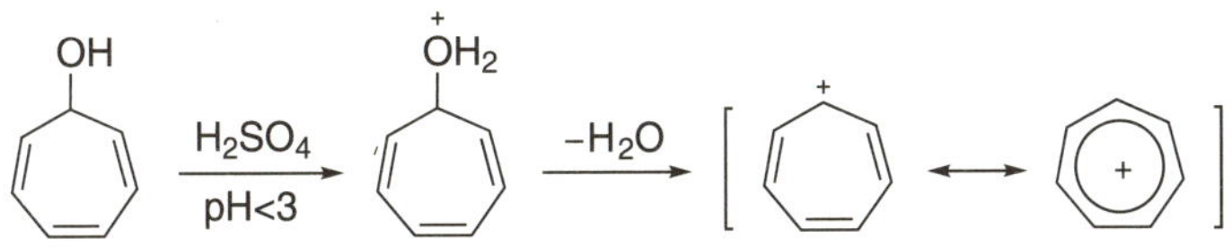

环庚三烯正离子

环庚三烯负离子很难制备得到。环庚三烯 (pK_a 39) 和丙烯 (pK_a 43) 的酸性相差不大。用强碱和环庚三烯反应，得到的负离子非常不稳定，具有高的反应活性。

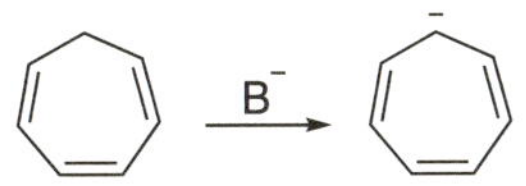

pK_a 39

环庚三烯正离子又称䓬鎓离子 (tropylium ion)。基于圆的内接正多边形法则进行分析 (图 10-19)，环庚三烯正离子有 7 个分子轨道，其中 3 个成键轨道，4 个反键轨道。环庚三烯正离子有 6 个 π 电子，π 电子数符合 $4n+2$，刚好填满 3 个成键轨道，具有芳香性。

反键轨道

成键轨道

图 10-19   环庚三烯正离子的 π 分子轨道和电子填充情况

环庚三烯负离子有 7 个分子轨道，其中 3 个成键轨道，4 个反键轨道。环庚三烯负离子有 8 个 π 电子，其中 6 个 π 电子填满 3 个成键轨道，另外 2 个 π 电子分别填充在简并的 2 个反键轨道上，具有双自由基的性质 (图 10-20)。如果环庚三烯负离子中 7 个碳原子共平面，则具有反芳香性，非常不稳定。

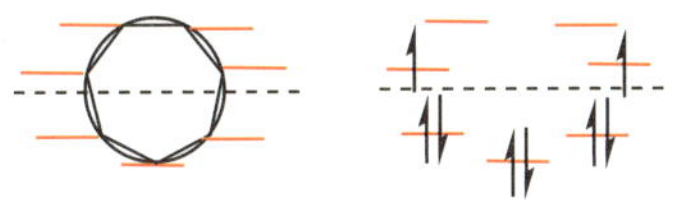

反键轨道

成键轨道

图 10-20   环庚三烯负离子的 π 分子轨道和电子填充情况

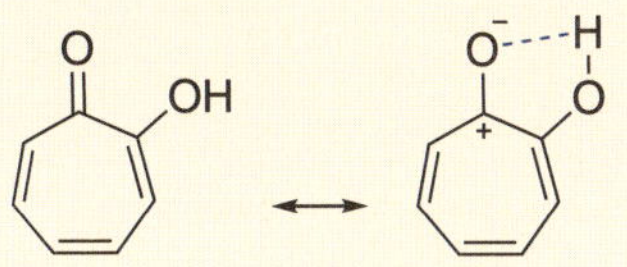

环辛四烯双负离子 (cyclooctatetraenyl dianion) 和环辛四烯双正离子 (cyclooctatetraenyl dication)

1911 年，Richard Willstätter 成功制备得到环辛四烯。根据 Hückel 规则，环辛四烯为 $4n$ 电子体系，如果环上 8 个碳原子共平面，应该具有反芳香性。但实际上环辛四烯是一个比较稳定的化合物，其沸点为 153 ℃。研究表明，环辛四烯与芳香性化合物的性质完全不同，也不具有反芳香性化合物的高反应活性，其性质更类似于多烯化合物。例如环辛四烯可以与溴发生加成反应，很容易发生催化氢化反应，可以使高锰酸钾溶液褪色等。

环辛四烯共有 8 个 π 电子，为 $4n$ 电子，不满足芳香性的要求。如果环辛四烯 8 个碳原子共平面，按照圆的内接正多边形法则，环辛四烯在非键轨道上填充 2 个单电子，具有自由基的高反应活性，非常不稳定 (图 10-21)。

环庚三烯酚酮又称䓬酚酮 (tropolone)，其羰基不具有普通酮羰基的性质，不能和羰基试剂发生反应。实验证明，䓬酚酮主要以如下偶极离子的形式存在，其中的环庚三烯正离子结构具有芳香性，同时氧负离子可以通过和邻位的羟基氢形成分子内五元环氢键而得到稳定。

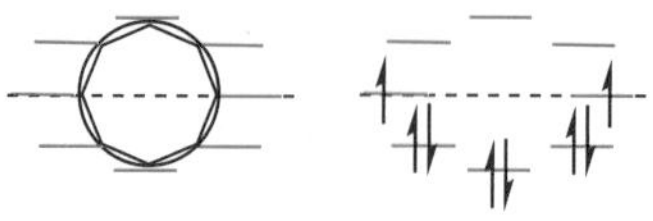

图 10-21　环辛四烯的 π 分子轨道和电子填充情况

　　X-射线分析表明，环辛四烯是以"马鞍形"结构存在的非平面分子 (图 10-22)，单键键长为 1.48 Å，双键键长为 1.34 Å。环辛四烯相邻的两个双键均不共平面，共轭程度较低，为非芳香性化合物。

图 10-22　环辛四烯的"马鞍形"结构

　　通常烃基的双负离子较难获得，但是环辛四烯在金属 K 的作用下，很容易生成环辛四烯双负离子。

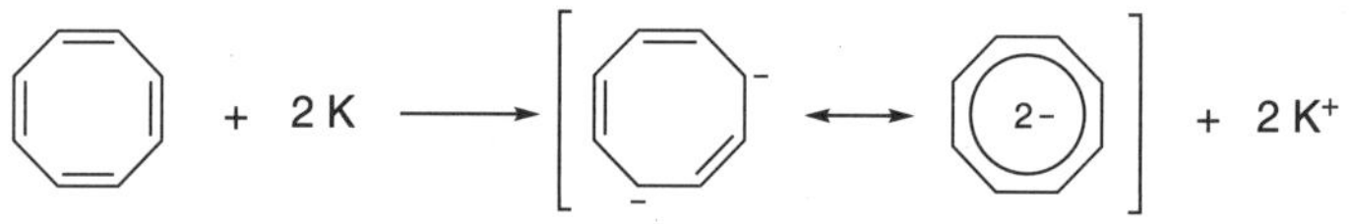

　　环辛四烯双负离子具有平面形的正八边形结构，所有碳碳键的键长都为 1.40 Å，与苯的碳碳键键长 (1.397 Å) 接近。

　　类似的，1,3,5,7-四甲基环辛四烯用碱金属处理，可以得到 1,3,5,7-四甲基环辛四烯双负离子。该双负离子具有 10 个 π 电子，X-射线测试表明其也具有平面形结构，碳碳键的键长 (1.407 Å) 也完全相同。

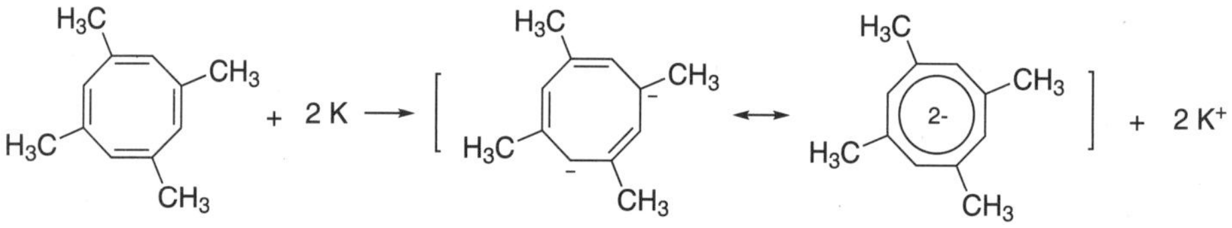

　　根据圆的内接正多边形法则，环辛四烯双负离子有 3 个成键分子轨道，3 个反键分子轨道，2 个非键分子轨道。环辛四烯双负离子共有 10 个 π 电子，其中 6 个 π 电子填满 3 个成键轨道，4 个 π 电子分别填满 2 个简并的非键轨道 (图 10-23)。环辛四烯双负离子的 π 电子数符合 Hückel 规则的 $4n+2$ 要求，具有芳香性。

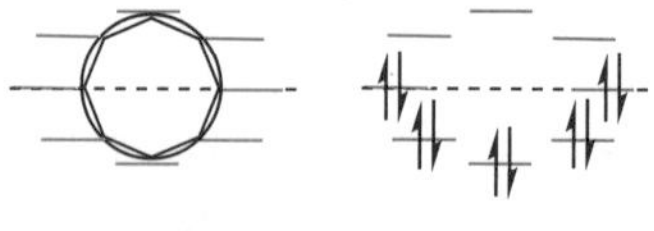

图 10-23　环辛四烯双负离子的 π 分子轨道和电子填充情况

　　当用强氧化剂处理环辛四烯时，可以得到具有芳香性的衍生物。例如 1,3,5,7-四甲基环辛四烯在低温条件下用 SbF_5/SO_2ClF 处理，得到 1,3,5,7-四甲基环辛四烯双正离子。该双正离子具有 6 个 π 电子，研究表明其具有平面形结构，碳碳键的键长完全相同。

根据圆的内接正多边形法则，环辛四烯双正离子有 3 个成键分子轨道，3 个反键分子轨道，2 个非键分子轨道。环辛四烯双正离子共有 6 个 π 电子，其中 6 个 π 电子正好填满 3 个成键轨道 (图 10-24)。环辛四烯双正离子的 π 电子数符合 Hückel 规则的 $4n+2$ 要求，具有芳香性。

图 10-24 环辛四烯双正离子的 π 分子轨道和电子填充情况

小结：环辛四烯中性分子不具有芳香性，它以"马鞍形"存在，是为了降低分子内的角张力等不稳定因素，表现出非芳香性。环辛四烯双正离子和双负离子都有 $4n+2$ 个离域 π 电子，采取平面形结构，具有芳香性。环辛四烯双正离子和双负离子所获得的芳香稳定化能远远大于平面形结构所导致的分子内张力能。

轮烯 (annulene)

轮烯指的是一类具有多个单双键交替结构的单环共轭烯烃。轮烯环尺寸的大小，用一个带有方括号的阿拉伯数字表示，阿拉伯数字表示轮烯单环上的碳原子数。例如苯环可以表示为 [6] 轮烯，环辛四烯可以表示为 [8] 轮烯。

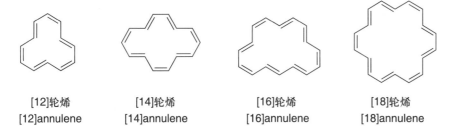

| [12]轮烯 | [14]轮烯 | [16]轮烯 | [18]轮烯 |
| [12]annulene | [14]annulene | [16]annulene | [18]annulene |

大环轮烯，如果含有 $4n+2$ 个 π 电子 (如 [14] 轮烯，[18] 轮烯等)，具有芳香性。

[10] 轮烯符合 $4n+2$ 个 π 电子的条件，但是 [10] 轮烯不具有芳香性，这是什么原因呢？ [10] 轮烯有以下三种可能的构型。在第一种构型中，5 个双键为全顺式结构，如果环上 10 个碳原子共平面，碳碳键角为 144°，有明显的角张力。如果为了满足芳香性的条件，环上 10 个碳原子共平面，就需要克服较大的角张力。实际上在该种构型中，10 个碳原子不共平面，因此不具有芳香性。类似的，在第二种构型中，有 1 个双键为反式结构，另外 4 个双键为顺式结构，同样具有比较大的角张力，10 个碳原子不共平面，不具有芳香性。在第三种构型中，有 2 个双键为反式结构，3 个双键为顺式结构，碳碳键之间的键角几乎就是 120°，没有明显的角张力。但是环中心两个氢原子距离非常近，具有强烈的范德华排斥力，导致第三种构型中 10 个碳原子也不

共平面，因此也不具有芳香性。

[10] 轮烯的 3 种构型：

第一种   第二种   第三种

[10] 轮烯如果通过一根化学键把 1,6 位的两个碳原子连起来，变成化合物萘。萘没有了 1,6 位两个氢原子之间的排斥力。萘的芳香性判断可以分两种情况，共振结构 **1**，可以当作具有 10 个 π 电子的单环闭合体系，根据 Hückel 规则判断，具有芳香性。共振结构 **2** 不能当作单环处理，但是可以当作稠合在一起的两个具有芳香性的苯环，因此仍具有芳香性。

萘的两种共振结构：

1   **2**

如果通过亚甲基把 [10] 轮烯的两个反式双键连接起来，即形成 1,6- 亚甲基桥 [10] 轮烯。该结构没有了两个氢原子之间的排斥力，5 根双键就有可能共平面。实验证明该化合物确实采取了近似平面的结构，因此具有芳香性。

1,6-亚甲基桥 [10] 轮烯
近似平面结构

大环轮烯，如果含有 4n 个 π 电子 (如 [12] 轮烯，[16] 轮烯，[20] 轮烯等)，由于大环具有一定的柔韧性，为了避免共平面导致的反芳香不稳定，通常都以非共平面构象存在，其化学反应性质类似共轭多烯。

[12]轮烯   [16]轮烯   [20]轮烯
[12]Annulene   [16]Annulene   [20]Annulene

^{1}H NMR 谱是判断化合物是否具有芳香性的重要依据。由于芳环上环电流的磁各向异性效应影响，处于环外去屏蔽区的氢原子具有较高的化学位移，处于环内屏蔽区的氢原子具有很低的化学位移。例如 [18] 轮烯和 1,6-亚甲基桥 [10] 轮烯的化学位移如下。

12H, 9.28 ppm

6H, −2.99 ppm

2H, −0.50 ppm

8H, 7.10 ppm

[18]轮烯   1,6-亚甲基桥 [10] 轮烯

杯烯（calicene）（双键相连的两个环）

要使由双键连接的两个环所形成的分子具有芳香性，则两个环应分别都具有芳香性。

例如，下面两个化合物可以通过双键的共振，使两个环分别具有芳香性，因此分子整体具有芳香性。这类化合物通常以电荷分离的形式存在，具有较大的偶极矩。

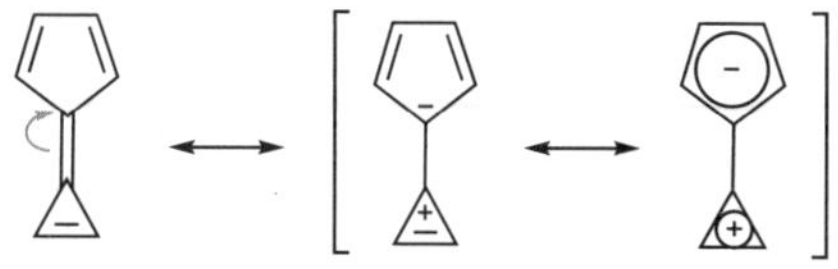

具有芳香性

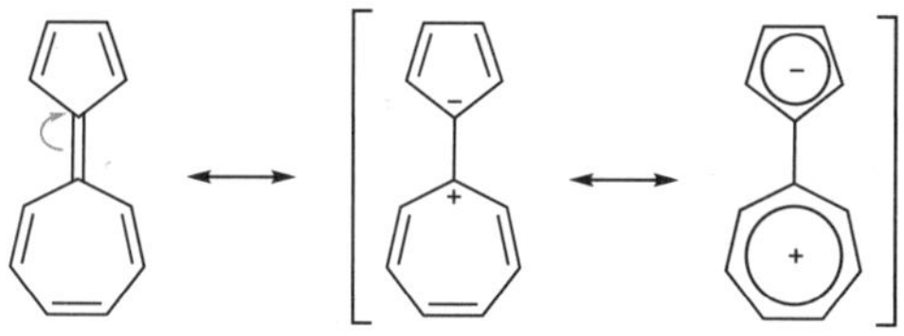

具有芳香性

下列化合物也具有杯烯的结构，但不具有芳香性。共振之前，两个环分别含有奇数个 π 电子，不具有芳香性。如果连接两个环的双键发生共振，得到如下共振结构，其中一个环为环戊二烯负离子，具有芳香性；另一个环为环戊二烯正离子，具有反芳香性，非常不稳定。事实上这种共振很少发生，所以该化合物不具有芳香性。

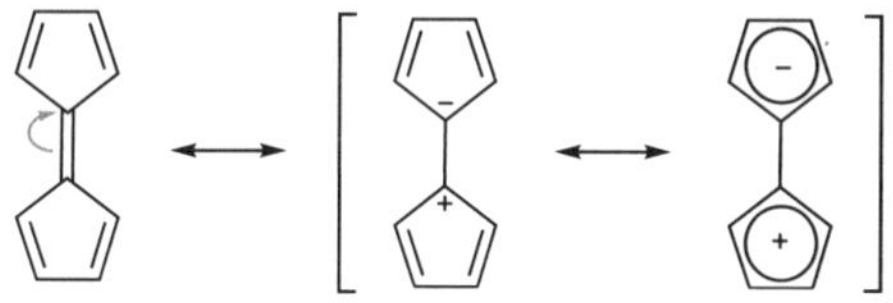

不具有芳香性

薁（azulene）

薁由环庚三烯和环戊二烯稠合而成，其芳香性有两种分析方法，第一种是尽量把双键向外沿扩展，当作含有 10 个 π 电子的单环处理，因为其符合 Hückel 芳香性的 $4n+2$ 规则，所以具有芳香性；第二种是通过共振，分别得到环庚三烯正离子和环戊二烯负离子，两个环分别具有芳香性，所以分子整体具有芳香性。事实上薁主要以电荷分离的形式存在，分子的偶极矩为 1.08 D。

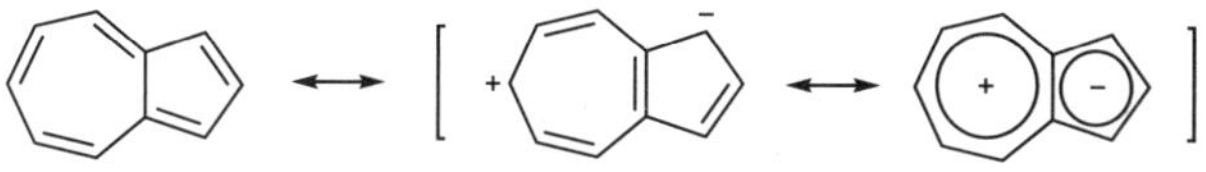

薁的共振结构

和苯类似，薁的两种结构可以快速共振。

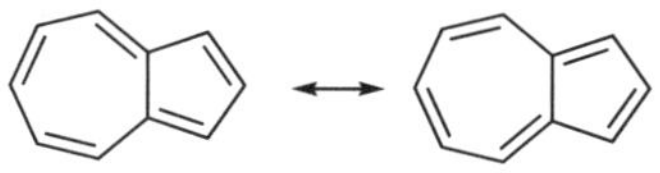

薁也可以发生亲电取代反应，反应主要发生在电子云密度较大的 C1 位或 C3 位。因五元环上电子云密度较大，亲电取代反应条件比苯要温和。

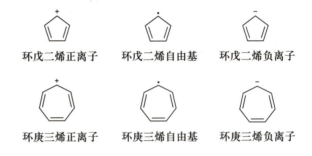

思考题 10.3

　　分别比较环戊二烯正离子、环戊二烯自由基和环戊二烯负离子；环庚三烯正离子、环庚三烯自由基和环庚三烯负离子的稳定性，并通过分子轨道理论进行合理的解释。

环戊二烯正离子	环戊二烯自由基	环戊二烯负离子
环庚三烯正离子	环庚三烯自由基	环庚三烯负离子

芳香杂环化合物

　　环状化合物中含有杂原子(如氧、氮、硫原子等)，如果杂原子的 p 轨道可以和其他不饱和体系形成闭合的环状 π 体系，符合 Hückel 规则的条件，也可以具有芳香性。这类型化合物称为芳香杂环化合物 (aromatic heterocyclic compounds)。

　　吡咯、呋喃、噻吩都是含有一个杂原子的五元环结构。其中 N、O、S 原子都采用 sp^2 杂化，有一对孤对电子处于未参与杂化的 p 轨道中，和五元环上的 2 个 π 键形成闭合 π 体系，离域体系中 π 电子数为 6。其结构类似环戊二烯负离子。根据圆的内接正多边形法则，吡咯、呋喃、噻吩都含有 3 个成键轨道和 2 个反键轨道，6 个 π 电子正好填满 3 个成键轨道，具有芳香性。

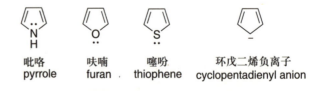

吡咯	呋喃	噻吩	环戊二烯负离子
pyrrole	furan	thiophene	cyclopentadienyl anion

　　吡啶和苯的结构类似。在吡啶中，有 1 个氮原子替代了苯中的 1 个 CH 结构。吡啶的氮原子采用 sp^2 杂化，其孤对电子占据 1 个 sp^2 杂化轨道。氮原子未参与杂化的 1 个 p 电子和六元环上 5 个 sp^2 杂化碳原子的 p 电子共同形成 π_6^6 离域体系。吡啶氮原子的孤对电子所处的 sp^2 杂化轨道和离域 π 体系垂直，孤对电子未参与共轭。根据圆的内接正多边形法则，吡啶含有 3 个成键轨道和 3 个反键轨道，6 个 π 电子正好填满 3 个成键轨道，具有芳香性。

吡啶
pyridine

嘧啶、咪唑、嘌呤中均含有不止一个杂原子。

嘧啶	咪唑	嘌呤
pyrimidine	imidazole	purine

嘧啶中 2 个氮原子均为 sp^2 杂化,每个氮原子提供 1 个未杂化的 p 电子参与共轭,形成类似苯环的离域体系,π 电子数为 6,具有芳香性。2 个氮原子的孤对电子分别占据 1 个 sp^2 杂化轨道,和离域体系垂直,未参与 π 体系的共轭。

咪唑中有 2 个氮原子,均为 sp^2 杂化。以双键和共轭体系相连的氮原子提供 1 个未杂化的 p 电子参与共轭;以单键和共轭体系相连的氮原子,其孤对电子占据未杂化的 p 轨道,提供 2 个电子参与共轭。这 2 个氮原子和五元杂环上的 3 个 sp^2 杂化的碳原子共同形成 π_5^6 离域体系,其 π 电子数为 6,结构类似环戊二烯负离子,具有芳香性。

嘌呤中共含有 4 个氮原子,其中,以双键和共轭体系相连的 3 个氮原子分别提供 1 个未杂化的 p 电子参与共轭;以单键和共轭体系相连的 1 个氮原子,其孤对电子占据未杂化的 p 轨道,提供 2 个电子参与共轭。这 4 个氮原子和稠环上的 5 个 sp^2 杂化的碳原子共同形成 π_{10}^{10} 离域体系,其 π 电子数为 10,具有芳香性。嘌呤的芳香性可以当作单环 π 体系,按照 Hückel 规则判断;也可以当作六元环并五元环,然后分别判断两个环的芳香性,如果两个环都具有芳香性,则稠环整体也具有芳香性。

嘌呤的共振结构:

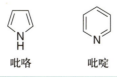

嘌呤当作稠合的两个芳香环 具有芳香性	嘌呤当作 π 体系的单环 具有芳香性

思考题10.4

吡咯和吡啶都是重要的芳香化合物。请从氮原子的电子效应、氮原子对芳香共轭体系的贡献、容易进行的反应类型、反应的区域选择性等角度,对吡咯和吡啶的特点进行对比和总结。

吡咯　　　吡啶

10.4.3　其他重要的芳香体系

1985 年，Kroto，Smalley 和 Curl（莱斯大学）首次在实验中分离得到一种分子式为 C_{60} 的分子。分子光谱表明 C_{60} 具有高度的对称性，只含有一种碳（^{13}C NMR 谱中 $\delta=143$ ppm），两种碳碳键（键长分别为 1.39 Å 和 1.45 Å）。受美国建筑学家 R. Buckminster Fuller 设计的圆顶建筑物启发，科学家们认为 C_{60} 也具有类似的五边形和六边形组成的球面结构。为了纪念 R. Buckminster Fuller 的工作，C_{60} 被命名为 buckminsterfullerene。C_{60} 分子有时候被称作巴克球 (buckyballs)，这一类型的分子（C_{60} 和类似的碳簇化合物）被称为富勒烯 (fullerene)。

C_{60} 与足球的结构类似，是由 12 个五边形和 20 个六边形组成的球形 32 面体。60 个碳原子处于多边形顶点的位置。每一个碳原子都处于两个六边形和一个五边形的桥头共用位置。C_{60} 中只有两种化学键，一个五元环和一个六元环公用的碳碳键（键长为 1.45 Å）与两个六元环公用的碳碳键（键长为 1.39 Å）。60 个碳原子均为 sp^2 杂化，每一个碳原子都和相邻的 3 个碳原子形成 3 个 σ 键，相邻碳原子上剩余的 p 轨道近似平行，相互重叠，形成一个球状的离域大 π 键，具有球芳香性 (spherical aromaticity)。

1991 年，科学家们发现了碳纳米管 (carbon nanotubes)（图 10-25）。碳纳米管可以看作石墨烯层状结构卷曲而成的圆柱体，端基可以看作 C_{60} 的半球结构。每个碳原子都是 sp^2 杂化，通过六边形连接成一个中空的圆柱体，相邻碳原子上剩余的 p 轨道近似平行且相互重叠，形成一个管状的离域大 π 键。由于碳纳米管独特的结构和性能，被广泛应用于材料与生命科学等领域。

> 莫比乌斯芳香性 (Möbius aromaticity) 的概念来源于拓扑学中的 Möbius 环，其为将一条带子的一端扭转 180° 以后，两端黏合起来，形成的一个既没有内面，又没有外面的环。
>
> 1964 年 E. Heilbronner 在 Hückel 分子轨道理论基础上提出，大环轮烯如果具有 Möbius 环的旋转方式，当体系中存在 $4n$ 个 π 电子时，体系具有莫比乌斯芳香性。

C_{60}

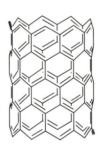

锯齿型碳纳米管
(9,0)Zigzag

扶手椅型碳纳米管
(5,5)Armchair

图 10-25　C_{60} 和碳纳米管的结构

📋 本章学习要点

(1) 苯的结构特征、物理性质、波谱性质、稳定性和分子轨道理论描述。

(2) 苯和苯衍生物的中英文命名。

(3) 联苯、萘、蒽、菲，以及其他稠芳环化合物的结构特征。

(4) Hückel 规则的要点，不含苯环的化合物芳香性的判断（单环、杯烯、稠环、芳杂环）。

(5) 其他重要的芳香体系：富勒烯、碳纳米管等。

习题

10.1 写出如下化合物的英文和中文名。

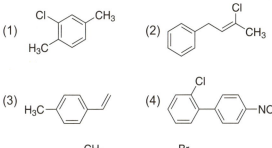

(1)　　　　　　　(2)

(3)　　　　　　　(4)

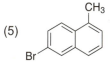

(5)　　　　　　　(6)

10.2 分别画出如下两个离子的所有共振结构,指出哪个共振结构最稳定,并对其具有高稳定性的原因进行解释。

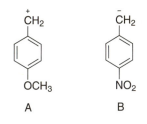

A　　　　　　　B

10.3 判断下列化合物或离子有无芳香性,并对其有或无芳香性的原因进行解释。

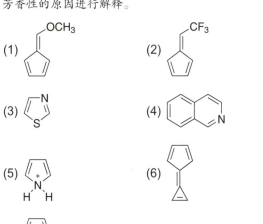

(1)　　　　　　　(2)

(3)　　　　　　　(4)

(5)　　　　　　　(6)

(7)　　　　　　　(8)

(9)　　　　　　　(10)

10.4 吲哚和异吲哚结构如下,请预测哪个化合物稳定性更好,并对其具有高稳定性的原因进行解释。

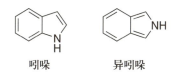

吲哚　　　　　异吲哚

10.5 通常情况下,由烃起始不容易制备得到双负离子,但如下化合物用正丁基锂处理,可以很容易地制备得到其双负离子 A,同时释放出小分子气体 B。画出该双负离子的结构,完成该反应式,并解释为什么该反应容易发生?

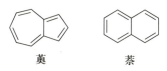

10.6 薁和萘为同分异构体,都只含有碳原子和氢原子。请比较薁和萘偶极矩的大小,并给出合理的解释。

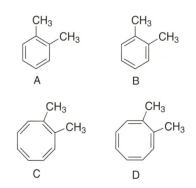

薁　　　　　　萘

10.7 结构式 A 和 B 是否代表同一个化合物?结构式 C 和 D 是否代表同一个化合物?请给出合理的解释。

A　　　　　　　B

C　　　　　　　D

10.8 比较如下三个化合物的稳定性高低,并给出合理的解释。

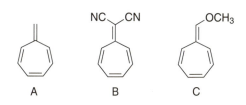

A　　　　　　B　　　　　　C

10.9 比较环戊-1,3-二烯和环己-1,3-二烯的酸性强弱,并给出合理的解释。

环戊-1,3-二烯   环己-1,3-二烯

10.10 7-溴环庚-1,3,5-三烯的熔点为 203 ℃，比通常的
有机化合物要高。7-溴环庚-1,3,5-三烯在低极性的
有机溶剂中溶解度较低，在水里的溶解度较高。用
AgNO₃ 处理其水溶液马上得到 AgBr 沉淀。请对以
上现象给出合理的解释。

7-溴环庚-1,3,5-三烯

10.11 如下两个化合物用 AgNO₃ 的乙醇溶液处理发生取
代反应，比较其反应活性高低，并给出合理的解释。

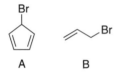

A   B

10.12 预测吡咯、吡啶和苯中的碳原子上连的氢原子在
^{1}H NMR 谱中化学位移的高低，并给出合理的解释。

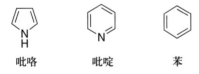

吡咯   吡啶   苯

10.13 四甲基取代苯共有三个位置异构体，其中两个异构
体为液体，一个异构体为固体。写出这三种四甲基
取代苯的结构，并指出哪个异构体为固体。

10.14 薁进行亲电取代反应，反应主要发生在几号位？请
给出合理的解释。

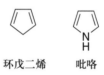

薁

10.15 如下化合物 A 依次经 HBr 和 AgBF₄ 处理生成离子
型化合物 B。写出化合物 B 的结构，并通过反应机
理解释反应产物生成的过程。

$$\text{A} \xrightarrow{\text{HBr}} \xrightarrow{\text{AgBF}_4} \text{B (C}_{21}\text{H}_{15}\text{BF}_4)$$

A

10.16 比较环戊二烯和吡咯的酸性强弱，并给出合理的
解释。

环戊二烯   吡咯

10.17 化合物 A (C₈H₉Br) 的 ^{1}H NMR 谱的数据：δ 2.00 ppm
(d, 3H), 5.17 ppm (q, 1H), 7.25–7.38 ppm (m, 5H)。
写出化合物 A 的结构，并指出各吸收峰的归属。

10.18 化合物 A (C₁₁H₁₆) 的 ^{1}H NMR 谱的数据：δ 1.30 ppm
(s, 9H), 2.31 ppm (s, 3H), 7.11 ppm (d, 2H),
7.26 ppm (d, 2H)。A 经酸性高锰酸钾溶液氧化得
到 B (C₁₁H₁₄O₂)。写出化合物 A 和 B 的结构，并
指出化合物 A 的 ^{1}H NMR 谱中各吸收峰的归属。

芳香化合物的亲电取代反应

第 11 章

芳香化合物的亲电取代反应

11.1 苯的亲电取代反应

11.1.1 苯的亲电取代反应机理

苯是典型的芳香化合物，非常稳定，化学反应性较差。虽然苯的离域 π 电子形成了一个稳定的芳香体系，但是在强亲电试剂 (electrophile) 存在的情况下，苯环的 π 电子可以作为 Lewis 碱进攻亲电试剂，形成一个新的 σ 键，得到一个正离子中间体，然后脱去质子发生芳香亲电取代反应 (electrophilic aromatic substitution)。

苯的亲电取代反应主要分为两步。第一步，苯环上的 π 电子云对亲电试剂 E^+ 进攻，形成碳正离子中间体，该中间体可以通过如下方式进行共振，得到离域的 π_5^4 共轭体系；第二步，碳正离子中间体脱去一个 H^+，恢复具有芳香性的苯环结构，得到取代产物。

第一步：

第二步：

碳正离子中间体结构可以用如下离域形式表示。

在反应第一步得到的碳正离子中间体中，其正电荷可以在亲电试剂进攻位置的两个邻位和一个对位共振。亲电试剂 E 连接的碳原子由 sp^2 杂化转变为 sp^3 杂化。该碳正离子中间体破坏了苯环原有的芳香性，变得不稳定，反应的第一步为吸热过程。在反应的第二步，碳正离子中间体脱去一个 H^+，恢复苯环的芳香性，该步骤为放热过程。通常形成的 C–E 键比断裂的 C–H 键更强，因此该取代反应总体为放热反应。

　　反应第一步得到的碳正离子中间体，如果被反应体系中的阴离子捕获，将得到一个双键被加成的产物。加成产物为共轭环己二烯，破坏了苯环原有的芳香性，变得不稳定。因此，该加成反应总体为吸热反应，反应不会自发进行。

　　图 11-1 是苯的亲电取代反应的自由能图。

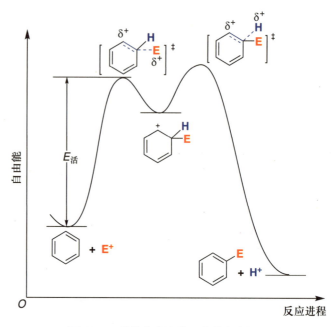

图 11-1　苯的亲电取代反应的自由能图

11.1.2　苯的卤化反应

　　苯的双键反应活性较差，不能和烯烃和炔烃一样，与卤素发生简单的加成反应。在 Lewis 酸（如 FeX_3，AlX_3）存在的条件下，卤素可以被活化，随后与苯发生卤化反应。以 $FeBr_3$ 为例，溴分子中的一个溴原子提供孤对电子和 $FeBr_3$ 的空轨道形成配位键，在该复合物中，Br–Br 键被极化，增加了卤素的正电性。

$$Br-Br \ + \ FeBr_3 \longrightarrow Br-\overset{+}{Br}-\overset{-}{FeBr_3}$$

　　第一步反应，苯的一个双键作为亲核试剂和复合物中端基溴结合，同时 $[FeBr_4]^-$ 作为稳定的络阴离子离去，得到连有溴的 σ 正离子络合物中间体。该过程类似苯环的一个双键对复合物 $[Br_2FeBr_3]$ 进行的 S_N2 取代反应。

　　第二步反应，$[FeBr_4]^-$ 作为碱，从碳正离子中夺取一个质子，得到取代产物溴苯，释放出 HBr，同时 $FeBr_3$ 催化剂得到恢复。

　　苯环的氟化反应非常剧烈，甚至会发生爆炸，不易控制。氯化反应和溴化反应机理类似，需要 $AlCl_3$ 或 $FeCl_3$ 作为催化剂。碘化反应为吸热反应，反应很难自发进行。苯与卤素的亲电取代反应通常指氯化反应和溴化反应。氯代苯和溴代苯可以通过形成金属有机试剂(如格氏试剂)和各种官能团反应制备其他化合物，在有机合成中有着重要的应用。

11.1.3 苯的硝化反应

苯直接用浓硝酸硝化，反应较慢。在反应体系中加入浓硫酸，强酸性的浓硫酸使硝酸的羟基质子化，然后再脱水形成硝基正离子 NO_2^+ (nitronium ion)。浓硫酸增加了氮原子的亲电性，使其可以和苯进行亲电取代反应得到硝基苯。

第一步反应，苯对强亲电性的 NO_2^+ 进行亲核进攻，得到硝基取代的碳正离子中间体。

第二步反应，用浓硫酸活化硝酸过程中产生的 $^-OSO_3H$ 作为碱，从碳正离子中间体夺取一个质子，得到取代产物硝基苯，同时释放出 H_2SO_4。

11.1.4 苯的磺化反应

苯直接与浓硫酸的反应较慢。通常采用发烟硫酸(含有 8% SO_3 的浓硫酸)作为亲电试剂。在浓硫酸存在下，SO_3 的其中一个 S=O 被质子化，增加了硫原子的亲电性，可以和苯发生磺化反应。

第一步，苯进攻强亲电性的 $[SO_3H]^+$，得到磺酸基取代的碳正离子中间体。

第二步，用浓硫酸活化 SO_3 过程中产生的 $^-OSO_3H$ 作为碱，从碳正离子中间体

芳香环的硝化反应
(aromatic nitration)

硝化反应可以方便地在苯环上引入硝基。硝基可被还原为氨基，再经重氮化、取代，可以转变为其他各种官能团(卤素、酚羟基、氰基等)。

芳香环的磺化反应
(aromatic sulfonation)

夺取一个质子，得到取代产物苯磺酸，同时释放出 H_2SO_4。

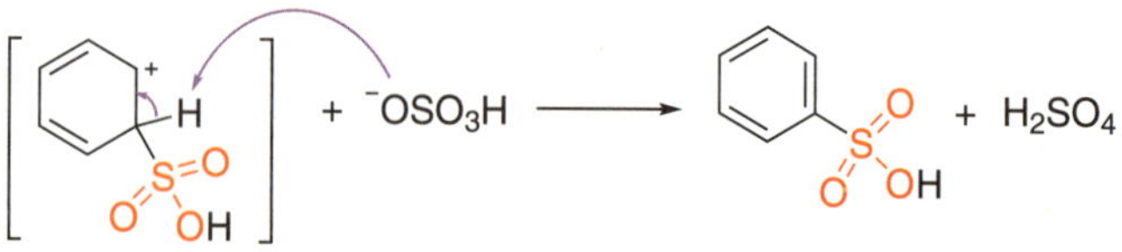

由于 SO_3 溶于水强烈放热，因此苯磺酸在稀硫酸中加热处理，可以促进苯磺酸脱去亲电试剂 SO_3，发生磺化反应的逆反应。利用磺化反应的可逆性，用磺酸基作为苯环上的占位基团，以改变亲电试剂在苯环上的进攻位置。反应结束后可以通过磺化反应的逆反应把占位基团脱除。

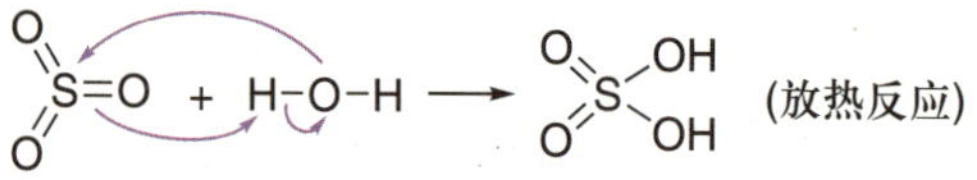

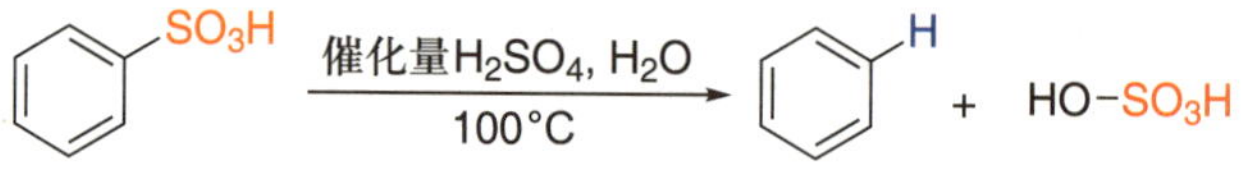

苯磺酸在有机合成中的一个重要的应用是通过苯磺酸和无机酰卤（PCl_5，$SOCl_2$ 等）反应制备苯磺酰氯。苯磺酰氯和醇反应制备得到苯磺酸酯，这样就在不改变立体构型的情况下把羟基转变为容易离去的苯磺酰氧基，进而可以发生取代、消除等反应。

苯磺酰氯的制备过程：

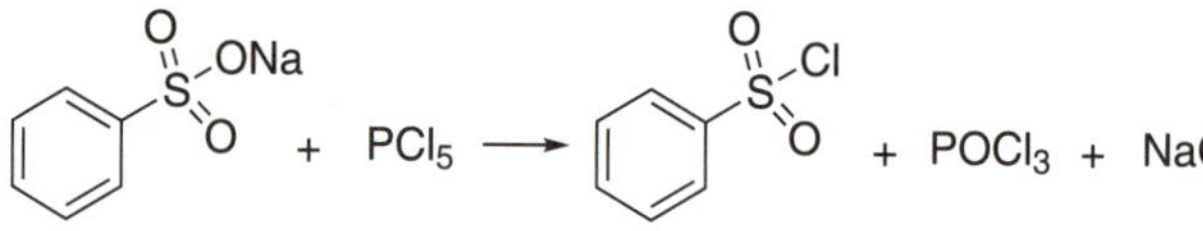

制备苯磺酰氯的反应机理：

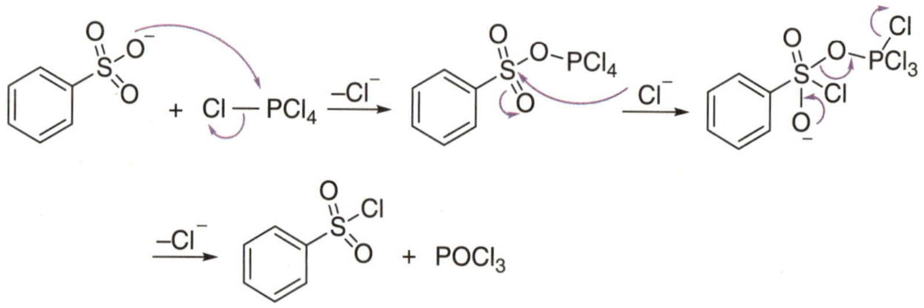

在有机化学中普遍应用的对甲苯磺酸酯（R-OTs），可以通过醇和对甲苯磺酰氯（Cl-Ts）的取代反应制备得到。

对甲苯磺酸酯的制备过程：

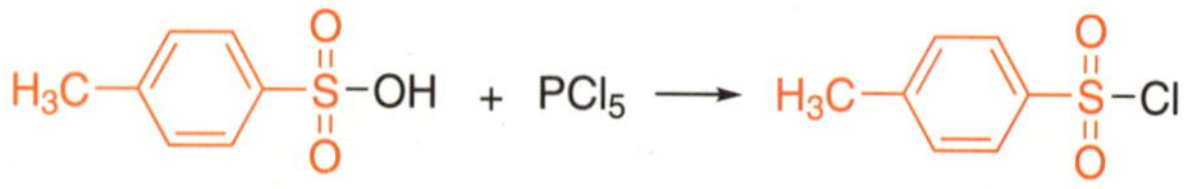

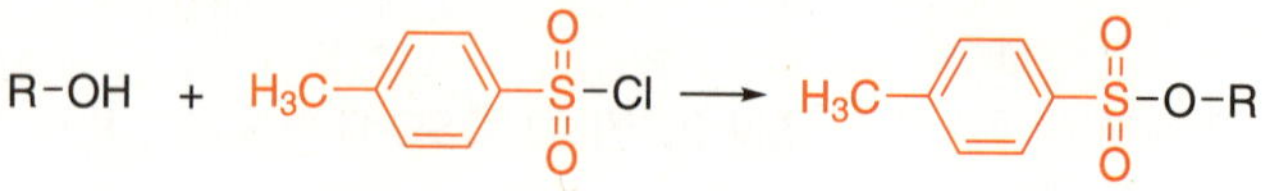

三氧化硫是缺电子体系，本身即可作为亲电试剂与芳环在非质子性溶剂中发生磺化反应。苯与浓硫酸反应较慢，但在发烟硫酸中，质子化的三氧化硫作为亲电试剂，可顺利发生磺化反应。常用的磺化试剂还有氯磺酸（$ClSO_3H$），氨基磺酸（H_2NSO_3H）等。

磺化反应可用于一些洗涤剂、染料、含硫药物等功能化合物的制备，可以起到增加酸度、提高水溶性等作用。例如靛蓝二磺酸二钠由靛蓝通过磺化反应制备得到，可以应用于 pH 指示剂、植物性染料、食品色素等领域。

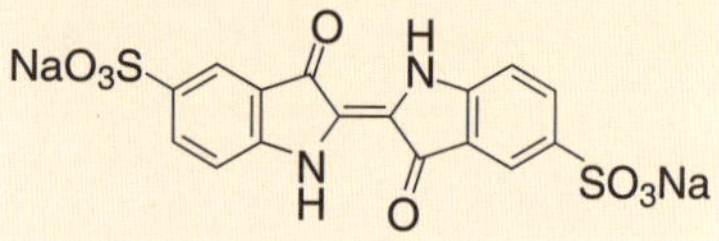

靛蓝二磺酸二钠

11.1.5 苯的Friedel-Crafts 反应

傅–克反应 (Friedel-Crafts reaction) 是基于含碳亲电试剂对苯环进行的亲电取代反应。通过 Friedel-Crafts 反应可以直接形成碳碳键，在有机合成中有着重要的应用。Friedel-Crafts 反应可分为傅–克烷基化反应 (Friedel-Crafts alkylation) 和傅–克酰基化反应 (Friedel-Crafts acylation)。

Friedel-Crafts 烷基化反应

1877 年，Friedel 和 Crafts 发现在三卤化铝存在下，卤代烃和苯反应可生成卤代苯和卤化氢，该反应被称为 Friedel-Crafts 烷基化反应。

如果采用伯卤代烃作为烷基化试剂，其反应机理为

第一步，伯卤代烃上卤素的孤对电子和三卤化铝形成配位键，活化了 C–X 键，增加了碳原子的电正性。

$$RCH_2-X \ + \ AlX_3 \ \longrightarrow \ RCH_2-\overset{+}{X}-\bar{A}lX_3$$

第二步，苯环上的 π 电子体系进攻电正性的碳原子，C–X 键断裂，生成烷基取代的六元环碳正离子中间体，同时生成具有一定稳定性的络阴离子 $[AlX_4]^-$。该过程类似于 S_N2 亲核取代反应。

第三步，络阴离子 $[AlX_4]^-$ 作为碱，从碳正离子中夺取一个质子，恢复芳香性的苯环，得到烷基苯，完成亲电取代反应。

卤代烃如果是仲卤代烃或叔卤代烃，在 Lewis 酸存在下，通常首先产生具有一定稳定性的碳正离子，然后苯环对碳正离子进行亲电进攻。

Friedel-Crafts 烷基化反应，通常采用卤代烃作为烷基化试剂，卤代烃的活性随 C–X 键的极性增大而增大，通常为 RF > RCl > RBr > RI，这与卤代烃的亲核取代反应活性顺序相反。醇、烯烃、醛或酮等也可以作为 Friedel-Crafts 烷基化反应试剂。烯基卤代物和芳香卤代物很难发生 Friedel-Crafts 反应，因为 C–X 键之间存在 p-π 共轭，具有双键性质，很难发生 C–X 键的断裂反应。催化剂为 Lewis 酸，通常采用 $AlCl_3$，也可以采用 $AlBr_3$、$FeCl_3$、$SbCl_5$、BF_3、质子酸等。反应可以在分子间进行，也可以在分子内进行，生成五元或六元环产物。Friedel-Crafts 烷基化反应通常为可逆反应。以下是一些 Friedel-Crafts 烷基化反应的实例。

醇作为烷基化试剂：

反应过程中产生的亲电试剂碳正离子为

$$H_3C-\overset{+}{C}H-CH_3$$

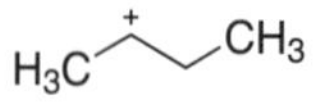

烯作为烷基化试剂：

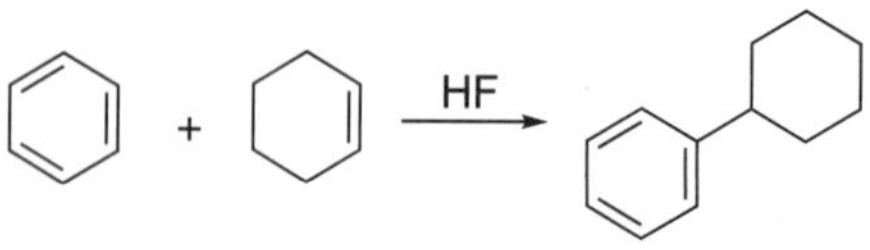

反应过程中产生的亲电试剂碳正离子为

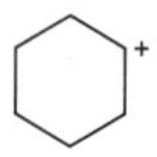

可以通过分子内 Friedel-Crafts 烷基化反应制备四氢化萘 (tetrahydronaphthalene, tetralin)。四氢化萘在工业上被广泛用作溶剂、驱虫剂、松节油替代品等。

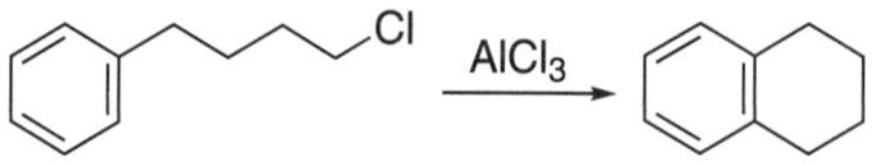

工业上采用苯和丙烯在磷酸存在的条件下进行 Friedel-Crafts 烷基化反应来制备异丙苯。异丙苯是工业上用于制备苯酚和丙酮的重要化工原料。

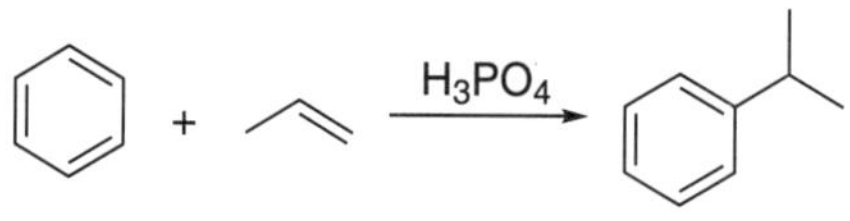

值得注意的是，Friedel-Crafts 烷基化反应有两个缺点，限制了其在有机合成中的应用：(1) 反应过程中容易产生多取代的副产物；(2) 反应过程中容易发生碳正离子重排。

以苯和 2-溴丙烷的反应为例，反应既得到异丙苯，也得到对二异丙苯，以及其他副产物。原因是在反应过程中，异丙基作为一个给电子基，增加了苯环的电子云密度和亲核性，更加有利于进攻亲电试剂。过度烷基化是 Friedel-Crafts 烷基化反应中普遍存在的问题。

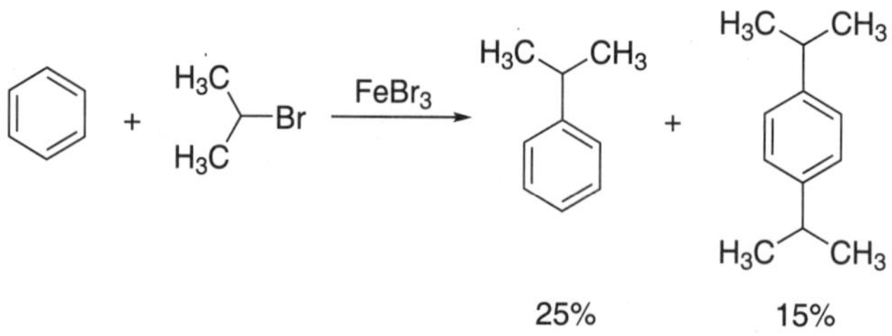

苯和 1-溴丙烷反应主要得到异丙苯，而不是正丙苯。主要原因是苯环进攻亲电试剂碳正离子的过程比较慢，在该反应过程中，亲电试剂伯碳正离子倾向于重排为热力学更稳定的仲碳正离子，然后同苯发生反应。

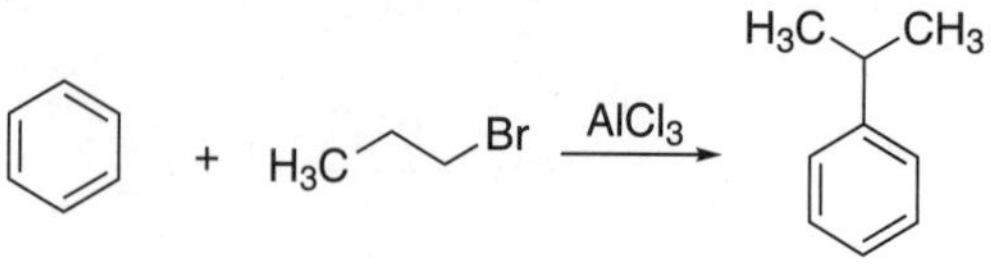

伯碳正离子重排变成仲碳正离子的过程如下：

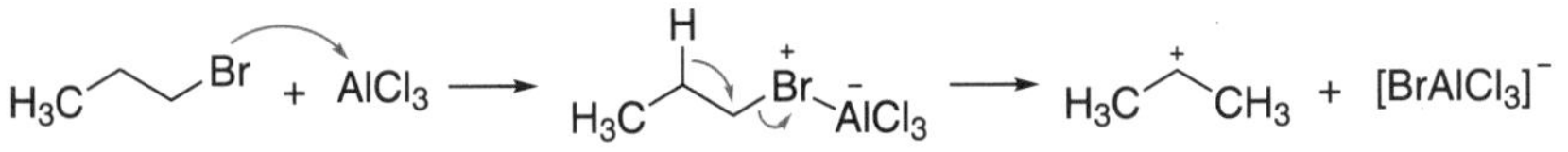

碳正离子的重排

仲碳正离子具有比伯碳正离子更好的稳定性，该亲电取代反应主要得到异丙苯。但是由于重排之前的伯碳正离子具有比仲碳正离子更好的亲电性，更容易被苯环进攻，所以反应产物中仍会得到一定比例的正丙苯。

杀虫剂 DDT 可以通过 2 mol 氯苯和 1 mol 三氯乙醛在硫酸存在的条件下，经过两次 Friedel‑Crafts 烷基化反应得到。

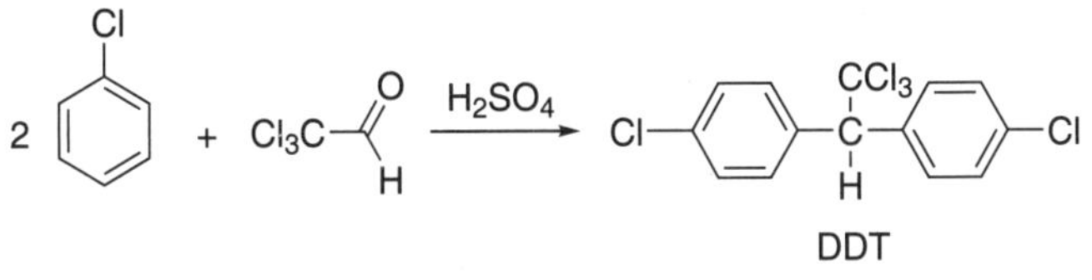

反应的第一步，三氯乙醛羰基氧原子在硫酸存在的条件下质子化，增加了羰基碳的亲电性，产生了一个良好的亲电试剂。

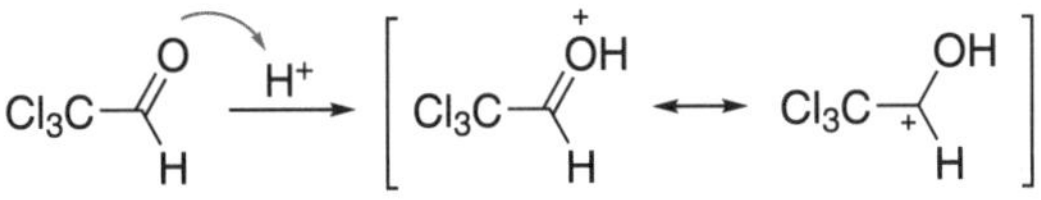

反应的第二步和第三步，苯环上的一个双键作为亲核试剂，进攻亲电性的羰基碳原子，得到 σ 正离子络合物中间体，然后 H⁺ 离去恢复芳香体系，得到取代苄醇，完成第一次亲电取代反应。

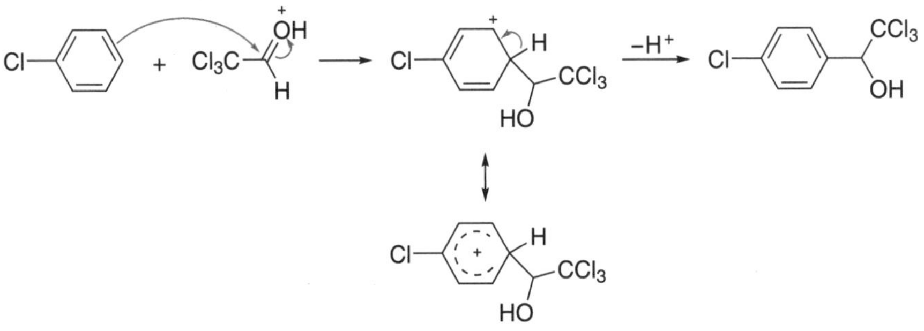

反应的第四步，取代苄醇在硫酸存在的条件下质子化并脱水，得到具有亲电性的碳正离子，该碳正离子可以通过和苯环的 *p*-π 共轭而得到稳定。

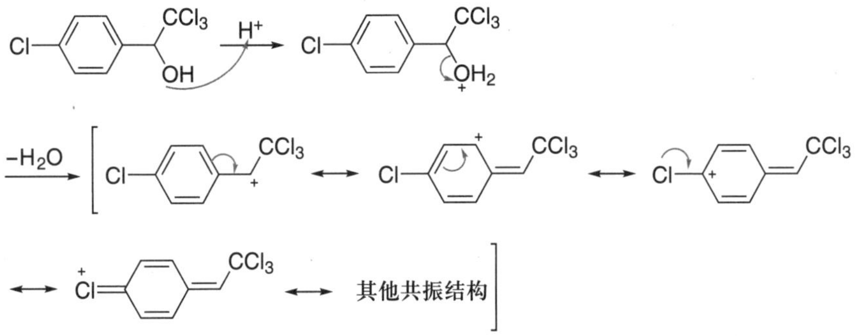

反应的第五步和第六步，第二个苯环上的一个双键作为亲核试剂，进攻第四步中得到的亲电性的碳正离子，得到 σ 正离子络合物中间体，然后 H⁺ 离去恢复芳香体系，得到 DDT，完成第二次亲电取代反应。

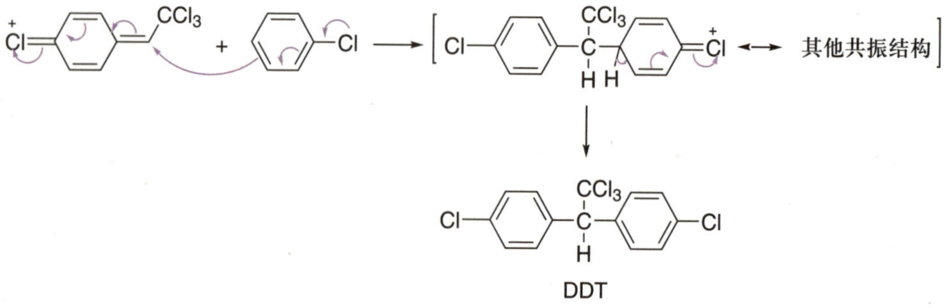

DDT

双酚 A (bisphenol A) 是一种重要的有机化工原料，可以用于各种功能性高分子材料的制备。双酚 A 也是经过类似的反应机理，2 mol 苯酚和 1 mol 丙酮在硫酸存在的条件下，经过两次 Friedel-Crafts 烷基化反应得到。

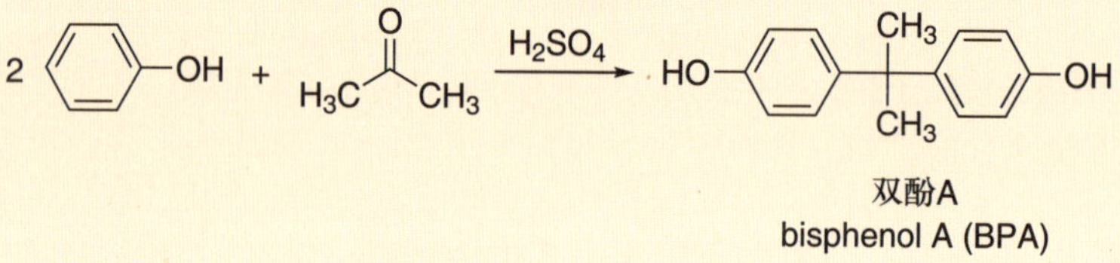

双酚A
bisphenol A (BPA)

Friedel-Crafts 酰基化反应

苯和酰卤或酸酐在 Lewis 酸（通常为三卤化铝）存在下的亲电取代反应被称为 Friedel-Crafts 酰基化反应。

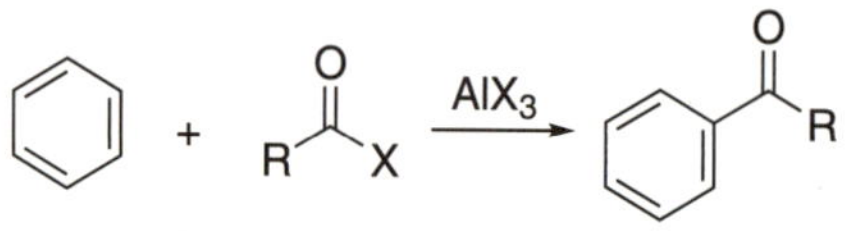

例如乙酰氯和苯的 Friedel-Crafts 酰基化反应：

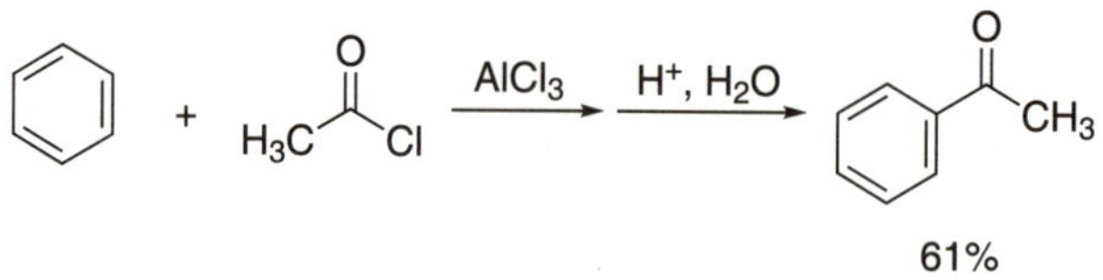

61%

Friedel-Crafts 酰基化反应的第一步，酰卤的氧原子和三卤化铝进行络合，酰卤的卤原子也可能和三卤化铝进行络合，这两个结构处于动态平衡。C-X 键受到三卤化铝活化作用，发生断裂，得到酰基正离子 (acylium ion) 和络阴离子 [AlX₄]⁻。和烷基正离子不同的是，酰基正离子的氧原子上有孤对电子，可以与酰基正离子的空 p 轨道发生 p-π 共轭，稳定了酰基正离子。

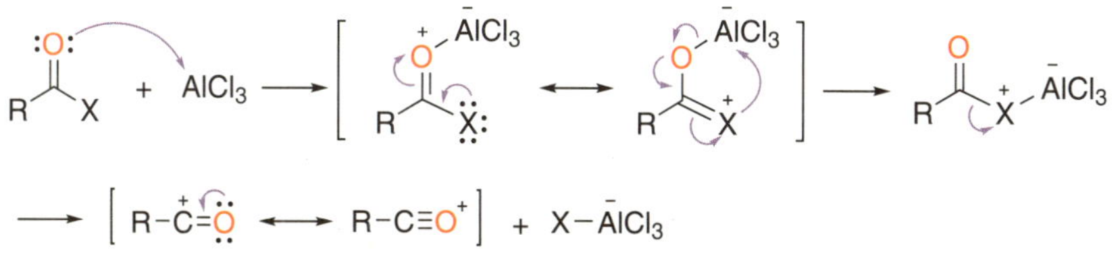

酸酐也可以在三卤化铝存在下产生酰基正离子。

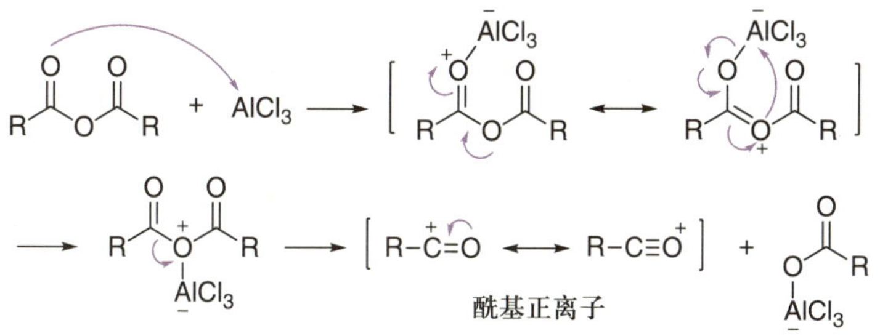

第二步，苯作为亲核试剂进攻缺电子的酰基碳，得到连有酰基的碳正离子中间体。

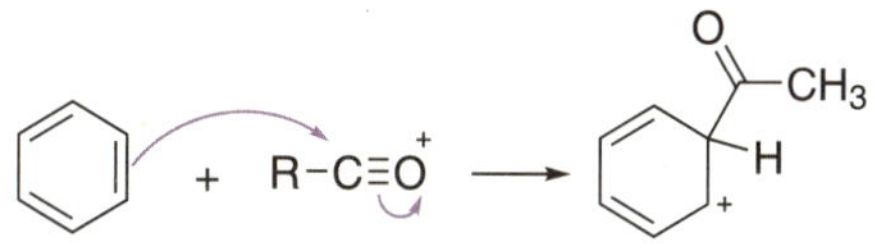

第三步，络阴离子 [XAlCl$_3$]$^-$ 作为碱，从碳正离子中夺取一个质子，恢复芳香性的苯环，得到酰基苯，产生 HX，同时恢复 AlCl$_3$ 催化剂。酸酐进行 Friedel-Crafts 酰基化反应的机理和酰卤类似，用 [RCO$_2$AlCl$_3$]$^-$ 作为碱，从碳正离子中夺取一个质子，恢复芳香性的苯环，完成亲电取代反应。

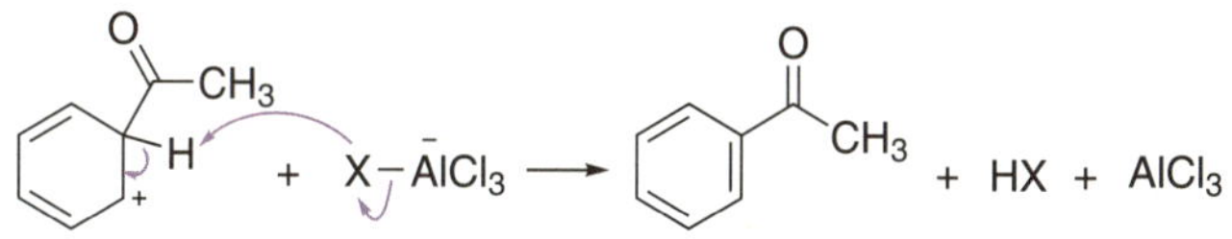

和 Friedel-Crafts 烷基化反应不同的是，Friedel-Crafts 酰基化反应过程中产生的酰基正离子通过和氧原子的孤对电子共轭而得到稳定，在反应过程中不发生烷基骨架的重排。另外，由于酰基是较强的吸电子基，降低了芳环上的电子云密度，致钝了亲电取代反应；而且由于产物羰基氧原子可以和三卤化铝形成配位键，进一步降低芳环上的电子云密度，因此 Friedel-Crafts 酰基化反应一般不会产生多取代的副产物。

Friedel-Crafts 酰基化反应产物芳香酮和三卤化铝络合的过程如下：

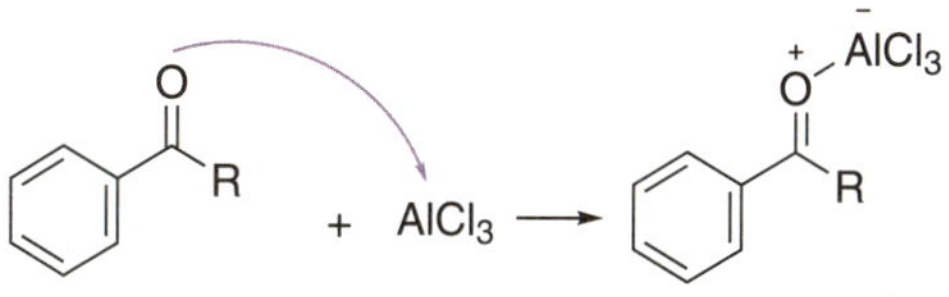

由于反应产物芳香酮羰基可以和三卤化铝络合，因此用酰卤进行 Friedel-Crafts 酰基化反应时，三卤化铝的用量应多于 1 当量。如果用酸酐作为酰基化试剂，三卤化铝的用量应多于 2 当量。亲电取代反应完成后，需要加入酸性水溶液除去三卤化铝。例如：

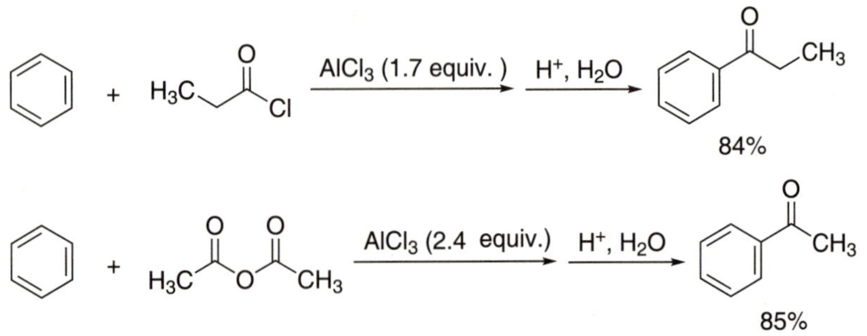

如果希望制备直链烷基取代的苯，采用直链烷基卤代烃进行 Friedel-Crafts 烷基化容易发生碳正离子重排，通常是采用 Friedel-Crafts 酰基化反应先制备芳香酮，再经过官能团转化反应，或者把羰基直接还原成亚甲基的方法来制备。

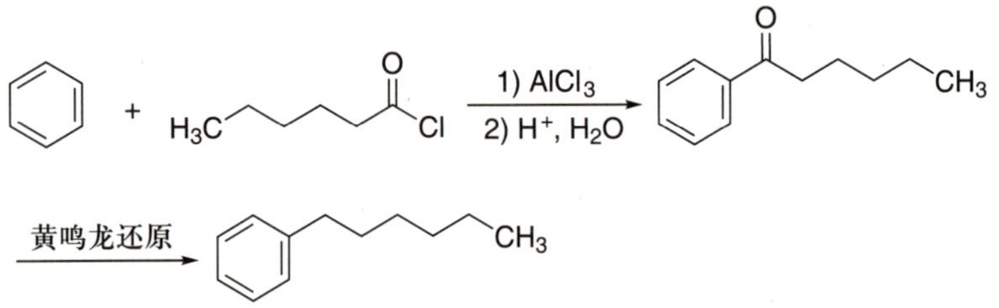

思考题 11.1

　　二甲苯的三种异构体分别和氯甲烷在三氯化铝存在的条件下发生 Friedel-Crafts 烷基化反应得到三甲苯。请分别预测反应产物的结构，并对反应的位置选择性进行解释。

11.1.6 苯的氯甲基化反应

在无水氯化锌催化剂存在下，芳烃可以与甲醛和氯化氢共同作用生成氯甲基取代的芳烃，该反应被称为氯甲基化反应 (chloromethylation)。

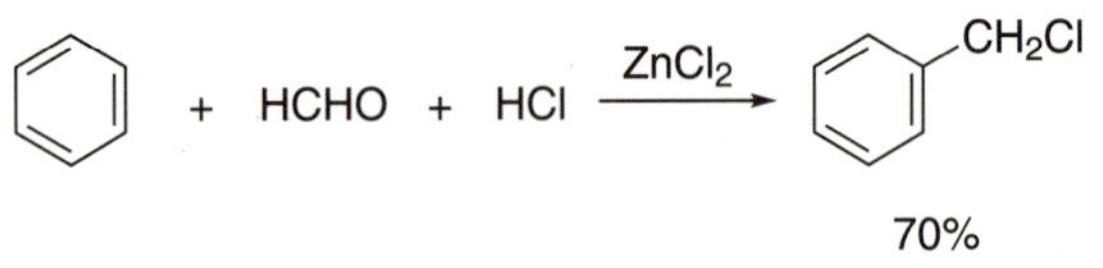

其反应机理如下：

第一步，Lewis 酸 $ZnCl_2$ 催化剂通过生成 $[ZnCl_4]^-$ 帮助 H-Cl 发生异裂，解离出的 H^+ 对甲醛羰基质子化，增强了羰基碳原子的亲电性。

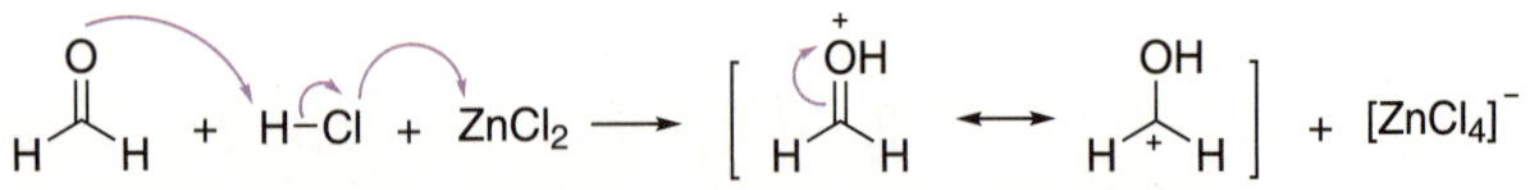

第二步，亲电试剂质子化的甲醛被苯进攻，也可以认为是苯的一个双键对质子化的羰基进行亲核加成，得到带有羟甲基的碳正离子中间体。

第三步，[ZnCl₄]⁻夺取碳正离子的 H⁺，恢复芳香性的苯环，得到苄醇。反应释放出 HCl，同时再生 ZnCl₂ 催化剂。

第四步，苄醇在 HCl 存在下，经过 S_N1 机理发生亲核取代反应，生成苄氯。

氯甲基化反应的机理和 Friedel-Crafts 烷基化反应类似，芳环上带有第一类定位基，反应容易发生；芳环上如果带有第二类定位基 (第一类定位基和第二类定位基的介绍详见 11.2.1)，一般不发生氯甲基化反应。

从氯甲基化反应的结果看，和甲苯自由基氯代效果相当，但是在制备对甲基苄氯的过程中，氯甲基化反应比对二甲苯自由基氯代反应具有明显的优越性。

其他芳香烃也可以进行氯甲基化反应，例如萘的氯甲基化反应主要得到 α-氯甲基萘。

氯甲基芳烃中的氯原子容易被各种亲核试剂取代，因此被广泛应用于染料、农药、香料等功能性有机化合物的合成。

11.1.7 苯的 Gattermann-Koch 反应

甲酰氯非常不稳定，很容易分解成 HCl 和 CO，因此不能直接通过甲酰氯和苯的 Friedel-Crafts 酰基化反应制备苯甲醛。Gattermann-Koch 反应提供了一种在苯环上进行甲酰化来制备芳香醛类化合物的方法。该方法是在 HCl 和 Lewis 酸存在下，通入一定压力的 CO 气体，在苯环上直接引入甲酰基。

> 茴香醛 (4-甲氧基苯甲醛) 具有强烈的茴芹和持久的山楂香气，可用于调配食品香料和日用香精。茴香醛的工业制备方法之一，是通过苯甲醚进行氯甲基化反应生成对甲氧基苄氯，然后和乌洛托品 (六亚甲基四胺) 进行 Sommelet 反应并水解得到。

该反应被认为是一种特殊的 Friedel-Crafts 酰基化反应。芳环上如果带有烷基或烷氧基，主要得到对位取代苯甲醛；芳环上如果带有吸电子基团，反应不容易发生。

> **思考题 11.2**
>
> 　　请对本节中各种亲电取代反应的反应机理、反应活性高低、反应适用范围和注意事项列表进行总结和比较。

11.2　单取代苯的亲电取代反应

11.2.1　两类不同性质的定位基及其定位效应

　　单取代苯进行亲电取代反应时，第二个基团进入的位置主要受到苯环上原有取代基的性质影响，该效应被称为定位效应 (orientation effect)。

　　第二个基团如果主要在第一个基团的邻位或对位反应，则第一个基团被称为邻对位定位基 (ortho/para director)，也称为第一类定位基。

　　第二个基团如果主要在第一个基团的间位反应，则第一个基团被称为间位定位基 (meta director)，也称为第二类定位基。

　　表 11-1 列出了一些芳环上常见取代基的定位效应 (邻对位定位或间位定位) 和反应活性 (致活或致钝)。

表 11-1　芳环上常见的邻对位定位基和间位定位基

定位效应	反应活性	取代基
邻对位定位基	强活化	$-O^-$, $-NH_2$, $-NHR$, $-NR_2$, $-OH$, $-OR$
	中等活化	$-NHCOR$, $-OCOR$
	弱活化	$-R$, $-Ar$
	弱致钝	$-F$, $-Cl$, $-Br$, $-I$
间位定位基	中等致钝	$-CN$, $-SO_3H$, $-CHO$, $-COR$, $-COOH$, $-COOR$
	强致钝	$-^+NR_3$, $-NO_2$, $-CF_3$, $-CCl_3$

　　表 11-1 中所列的给电子基团均致活亲电取代反应，为邻对位定位基。致活基团除芳基和烃基外均含有未共用的孤对电子。吸电子基团 (除卤素) 均致钝亲电取代反应，为间位定位基。致钝基团为正离子、含有极性不饱和键的官能团或强诱导吸电子的基

团。卤素具有特殊性，卤素弱致钝亲电取代反应，但是是邻对位定位基。

亲电取代反应的决速步为碳正离子中间体的生成。当苯环上连有不同性质的取代基时，给电子基团（electron donating group，EDG）可以稳定碳正离子，降低反应活化能，增加反应活性，称为致活取代基；吸电子基团（electron withdrawing group，EWG）使碳正离子更不稳定，增大反应活化能，降低反应活性，称为致钝取代基。

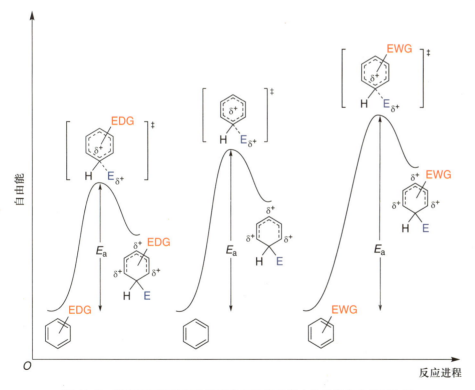

图 11-2 为带有给电子基团和吸电子基团的苯和没有取代基的苯在亲电取代反应过程中的反应自由能对比图。

图 11-2　带有不同取代基的苯在亲电取代反应中的反应自由能对比图

11.2.2 基团定位效应的理论解释

邻对位定位基

甲苯进行硝化反应时,硝基取代的位置主要在甲基的邻位和对位。其他卤代、磺化、Friedel-Crafts 反应等亲电取代反应也主要发生在甲基的邻位和对位。

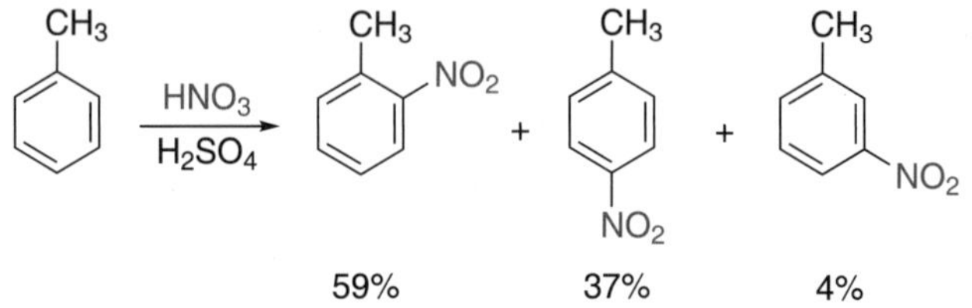

59%   37%   4%

甲苯进行亲电取代反应时,可以得到如下几种碳正离子中间体。
邻位进攻:

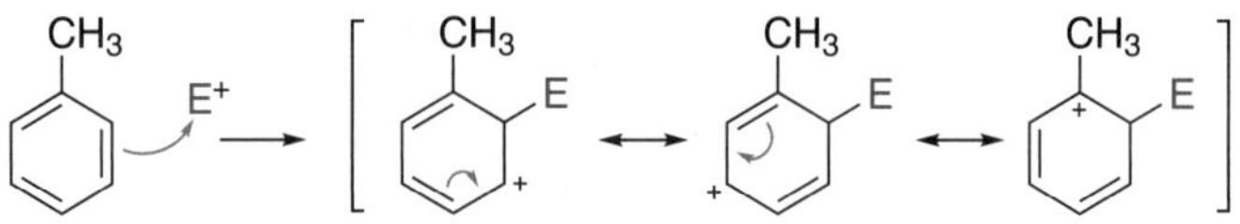

对位进攻:

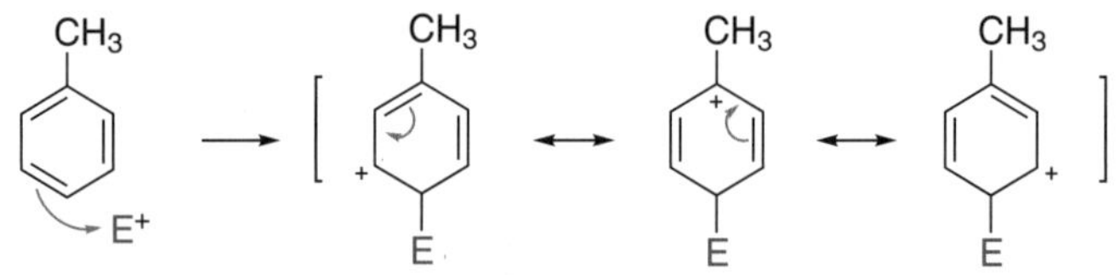

间位进攻:

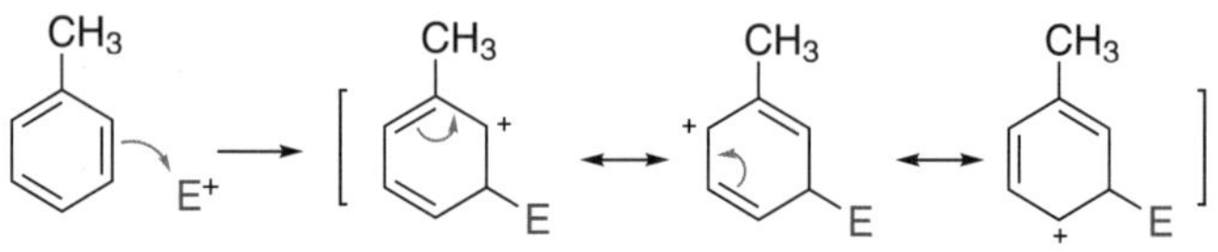

亲电试剂被甲基的邻位和对位进攻,都可以得到甲基和带正电荷的碳直接相连的共振结构。在该共振结构中,甲基可以通过给电子诱导效应和超共轭效应稳定碳正离子,比其他共振结构更稳定。亲电试剂被甲基的间位进攻,不能得到甲基和带正电荷的碳直接相连的共振结构,甲基不能通过超共轭效应稳定碳正离子,因此中间体稳定性较差。由于亲电试剂被甲基邻对位进攻得到的碳正离子中间体比取代甲基间位得到的碳正离子中间体更稳定,因此甲基为邻对位定位基。

由于甲基可以通过给电子诱导效应和超共轭效应稳定碳正离子,比没取代的苯进行亲电取代反应得到的碳正离子中间体更稳定,因此甲苯比苯的亲电取代反应活性更高。换句话说,甲基活化了苯环,是亲电取代反应的致活基团。

图 11-3 为甲苯和苯的亲电取代反应自由能图。图中靠下的碳正离子中间体更稳定,反应活化能更低。从中也可以看出:甲苯为邻对位定位基;甲基是亲电取代反应的致活基团。

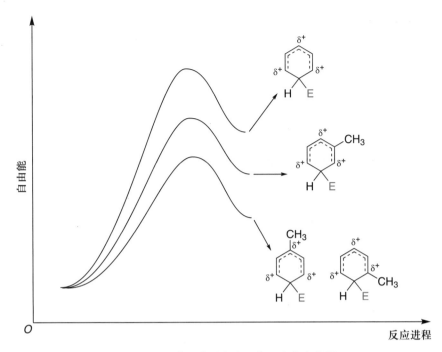

图 11-3　甲苯和苯的亲电取代反应自由能图

　　苯环上如果连有含孤对电子的杂原子取代基，其亲电取代反应位置也主要在邻位和对位。下面是苯甲醚亲电取代反应中的各种碳正离子中间体。

邻位进攻：

对位进攻：

间位进攻：

　　当亲电试剂被苯甲醚中甲氧基的邻位和对位进攻时，都可以得到甲氧基和正电荷直接相连的共振结构，进一步共振，可以得到碳原子和氧原子都满足八隅体的特别稳定的共振结构。亲电试剂被甲氧基的间位进攻，不能得到甲氧基和正离子直接相连的共振结构，稳定性相对较差。由于亲电试剂被苯甲醚中甲氧基邻对位进攻得到的碳正离子更加稳定，因此甲氧基为邻对位定位基。

　　甲氧基是强给电子基团，可以很好地稳定苯环亲电取代反应中的碳正离子中间体，提高了亲电取代反应的活性，因此甲氧基活化了苯环，是亲电取代反应的致活基团。

其他含有孤对电子的杂原子，如羟基、乙酰氧基、氨基或烷氨基等，都是致活基团，定位效应和甲氧基一致，属于邻对位定位基。但是，这些基团对于苯环的致活效应不一样，其中氨基和羟基的致活效应特别强。苯胺和苯酚的亲电取代反应很难只停留在上一个亲电试剂的阶段。例如，苯酚和苯胺的溴化分别得到 2,4,6- 三溴苯酚和 2,4,6- 三溴苯胺。

酰氧基苯和酰氨基苯与不连酰基的苯酚或苯胺相比，由于酰基的共轭吸电子作用，中间体的稳定性有所降低，因此酰氨基和酰氧基苯比苯胺和苯酚亲电取代反应活性要低。

酰基对杂原子的共轭吸电子作用示意如下：

从上面的讨论可以看出，**给电子取代基对苯环有致活作用，是邻对位定位基。**

间位定位基

硝基苯在进行亲电取代反应时，亲电试剂主要取代硝基的间位，因此硝基是间位定位基。以下是硝基苯亲电取代反应的各种碳正离子中间体。

邻位进攻：

对位进攻：

间位进攻：

　　亲电试剂如果被硝基的邻位和对位进攻，都可以得到硝基和带正电荷的碳直接相连的共振结构，硝基可以通过吸电子诱导效应和共轭效应，降低共振结构的稳定性。亲电试剂如果被硝基的间位进攻，得不到硝基和带正电荷的碳直接相连的共振结构，硝基对碳正离子的作用主要为吸电子诱导效应。虽然，亲电试剂被硝基的间位进攻也导致了碳正离子中间体不稳定，但是和取代邻对位的中间体相比，避免了强吸电子的硝基和带正电荷的碳直接相连的共振结构，其中间体的稳定性更好，因此硝基是间位定位基。

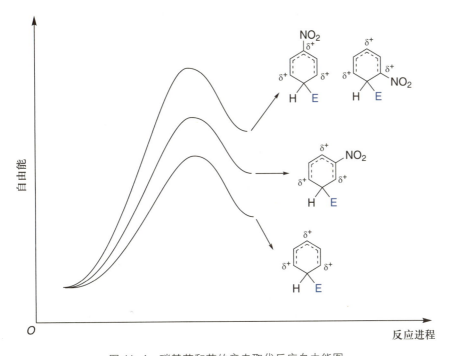

　　在硝基苯的亲电取代反应中，由于硝基的吸电子作用，降低了碳正离子中间体的稳定性，和没取代的苯环相比，硝基苯进行亲电取代反应的活性降低，因此硝基是致钝基团。

图 11-4 为硝基苯和苯的亲电取代反应自由能图。

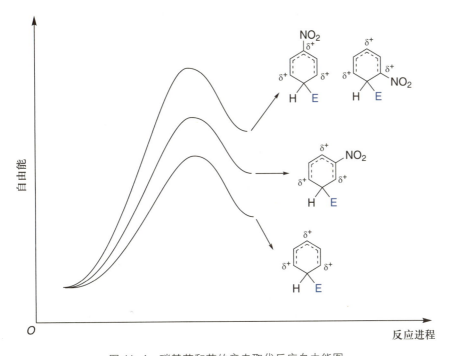

图 11-4　硝基苯和苯的亲电取代反应自由能图

　　其他吸电子基团，如醛基、酮羰基、氰基、磺酸基，以及铵正离子等带正电荷的取代基，都具有致钝效应，属于间位定位基。

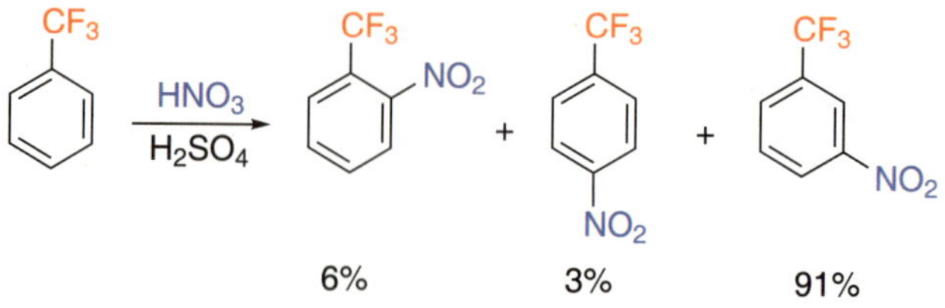

6%　　　　3%　　　　91%

从上面的讨论可以看出，**吸电子取代基对苯环有致钝作用，是间位定位基。**

卤素取代基

卤素取代基具有特殊性。卤素连在苯环上，导致亲电试剂主要取代卤素的邻位和对位。但是，与没有取代的苯相比，卤代苯的亲电取代反应活性降低，因此卤素是致钝基团。是什么原因造成卤素具有致钝效应和邻对位定位效应呢？让我们来看以下氯代苯亲电取代反应的各种中间体。

邻位进攻：

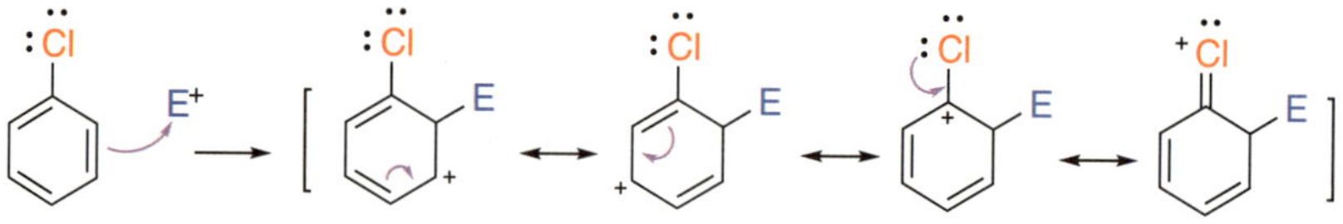

对位进攻：

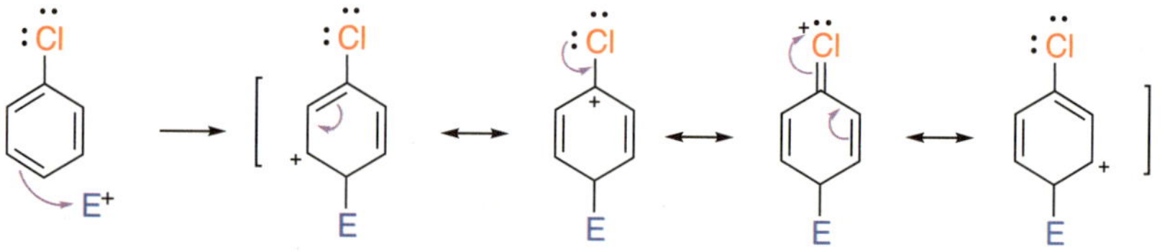

间位进攻：

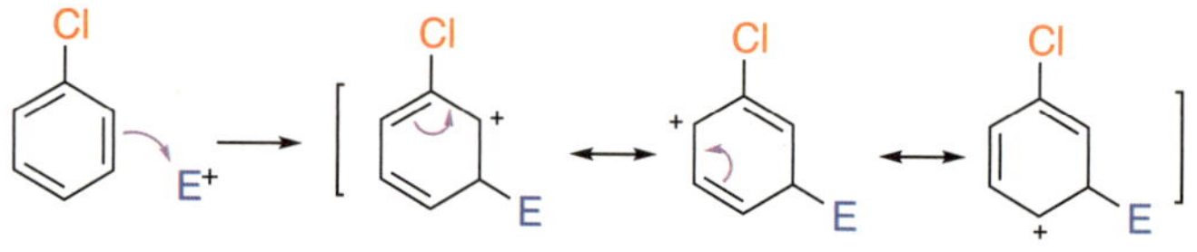

亲电试剂如果被卤素的邻位和对位进攻，都可以得到卤素和带正电荷的碳直接相连的共振结构。卤素原子上的孤对电子参与共振，得到碳原子和卤原子都满足八隅体的特别稳定的共振结构。亲电试剂如果被卤素的间位进攻，不能得到卤素和带正电荷的碳直接相连的共振结构，卤素对碳正离子主要表现为吸电子诱导效应，降低了碳正离子的稳定性。由于亲电试剂被卤素邻对位进攻得到的碳正离子中间体比取代卤素间位得到的中间体更稳定，因此卤素为邻对位定位基。

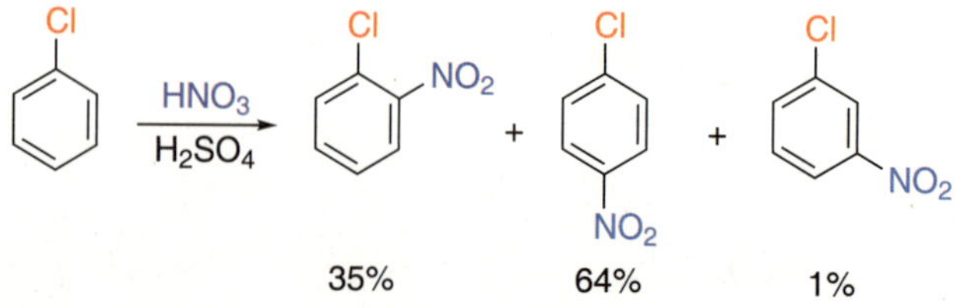

35%　　　　64%　　　　1%

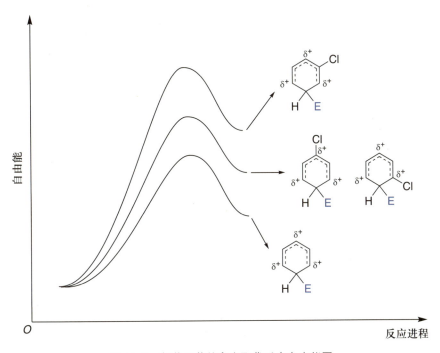

在卤代苯的亲电取代反应中间体中，卤素和带正电荷的碳原子直接相连时，既有吸电子诱导效应，又有给电子共轭效应，大部分的吸电子诱导效应被反向的给电子共轭效应抵消，卤素整体表现为弱吸电子取代基。因此，与没有取代的苯环相比，卤代苯的亲电取代反应活性降低了。

图 11-5 为氯苯和苯的亲电取代反应自由能图。

图 11-5　氯苯和苯的亲电取代反应自由能图

从以上讨论可以看出，**卤素取代基对苯环有致钝作用，但是邻对位定位基。**

思考题 11.3

　　请对本节中不同性质的取代基(致活或致钝、邻对位或间位定位)的特征进行总结和对比。

11.2.3　亲电取代反应定位规则及在合成中的应用

定位规则

　　一取代苯的定位效应已经介绍得很充分，下面讨论二取代苯亲电取代反应的定位效应与定位规则。

　　因为是亲电取代反应，增大苯环上电子云密度有利于反应进行，所以二取代苯亲电取代反应的定位主要受致活基团控制。因此，当二取代苯进行亲电取代反应时，主要遵循以下定位规则。

（1）苯环上连有两个致活基团时，亲电试剂主要取代活化能力较强基团的邻对位。例如，在对乙酰氨基甲苯的氯化反应中，氯原子主要取代氨基的邻位。

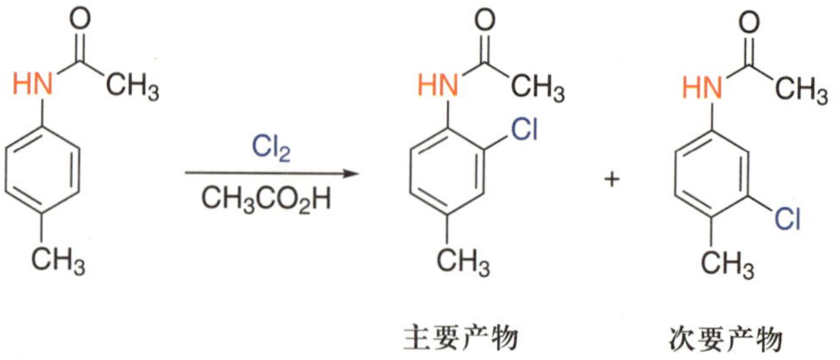

主要产物　　　　　　　次要产物

（2）苯环上同时连有致活基团和致钝基团时，亲电试剂主要取代致活基团的邻对位。例如，在间硝基甲苯的硝化反应中，硝基主要取代甲基的邻位和对位。

主要产物

（3）苯环上两个取代基的定位能力相差不大时，主要得到混合物。这时反应位置除了满足上面两条，还受到取代基体积的影响，亲电试剂主要取代位阻较小的位置。如果两个取代基处于间位，亲电试剂一般不进入它们之间。例如，在间溴氯苯的硝化反应中，硝基进入溴和氯之间位置的产物很少。

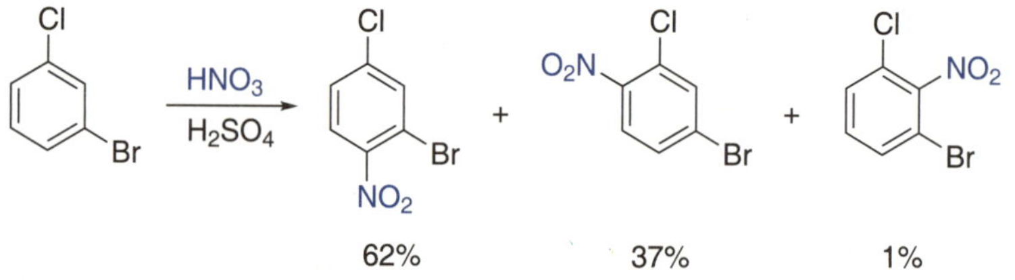

62%　　　　　　37%　　　　　　1%

定位规则在合成中的应用

1. 取代基引入的先后顺序

苯环上含有多个取代基时，制备过程中引入取代基的先后顺序，对反应的位置选择性和反应活性有着直接的影响。

以下是邻硝基溴苯、对硝基溴苯和间硝基溴苯的制备过程。

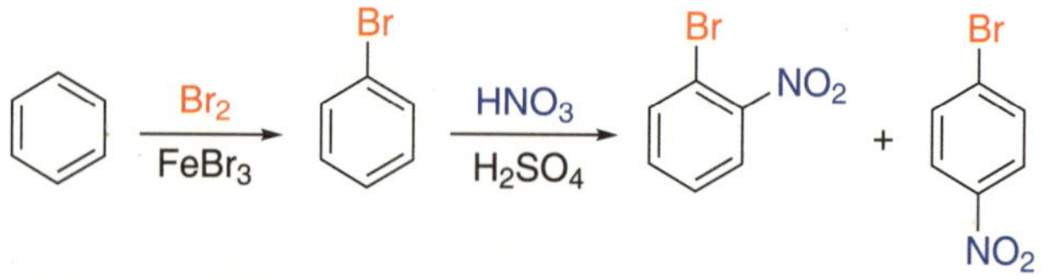

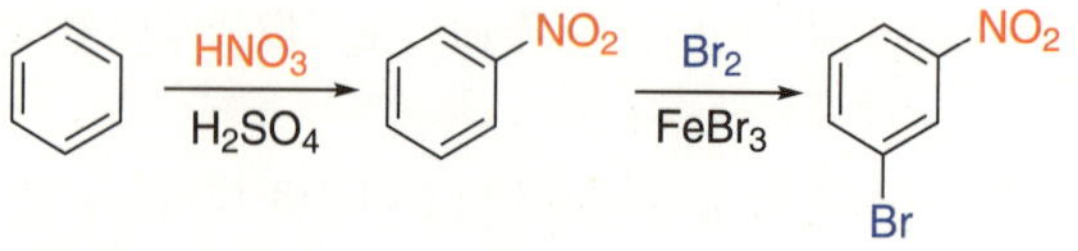

苯环上如果带有两个强吸电子基团，则第三个基团很难通过亲电取代反应引入。TNB（1,3,5-三硝基苯）和 TNT（2,4,6- 三硝基甲苯）都是较为安全的炸药，TNB 具有比 TNT 更强的爆炸力，但是 TNT 应用更为广泛，主要原因是，TNB 很难通过间二硝基苯的继续硝化制备得到。TNB 的工业制法主要是通过 TNT 的氧化制备得到 2,4,6-三硝基苯甲酸，然后经过脱羧反应得到，生产成本较高。而 TNT 中增加了一个致活基团甲基，在工业上可以通过三段硝化法制备得到，其中第三段硝化需要采用 98% 的硝酸，通过 2,4-二硝基甲苯的硝化反应得到 TNT。

　　硝基为间位定位基，亲电试剂主要进入硝基的间位；溴为邻对位定位基，亲电试剂主要进入溴的邻位或对位。根据定位规则，应该首先在苯环引入溴，然后再进行硝化反应，这样才可以得到邻硝基溴苯或对硝基溴苯。

　　如果希望制备间硝基溴苯，需要更改反应顺序。首先在苯环上进行硝化反应，然后再进行溴化反应。由于硝基是间位定位基，溴原子主要进入硝基的间位，这样可以得到间硝基溴苯。

　　另一个实例为邻硝基苯甲酸、对硝基苯甲酸和间硝基苯甲酸的制备。

　　硝基为间位定位基，所以硝基苯不能通过 Friedel-Crafts 烷基化反应引入甲基。羧基也是间位定位基，也不能通过苯甲酸的硝化反应制备邻硝基苯甲酸。实际的做法是，在苯环上先引入甲基，甲基为邻对位定位基，甲苯硝化可以得到邻硝基甲苯和对硝基甲苯的混合物。该混合物经过分离，然后分别氧化，即可得到邻硝基苯甲酸和对硝基苯甲酸。如果用甲苯先进行氧化反应，制备得到苯甲酸，再进行硝化反应，就可以得到间硝基苯甲酸。

2. 亲电取代反应过程中的保护基团

　　有些含有孤对电子的杂原子（如 OH，NH$_2$）如果连在苯环上，由于其给电子能力很强，可强烈致活苯环。例如苯胺和溴水的反应，即使不加 Lewis 酸催化剂，也能得到三溴苯胺。如果希望得到邻溴苯胺或对溴苯胺，可以首先通过乙酰氯或乙酸酐和苯胺进行反应，制备得到 N-乙酰苯胺。和氨基相比，乙酰氨基由于乙酰基的吸电子效应，降低了氨基的给电子能力，减弱了对亲电取代反应的致活作用，所以从 N-乙酰苯胺可以顺利地制备邻溴-N-乙酰苯胺或对溴-N-乙酰苯胺。反应结束后，经过酸性水解脱除乙酰基，即可得到邻溴苯胺或对溴苯胺。

　　如果需要制备邻硝基苯胺或对硝基苯胺，同样需要通过形成酰胺键对氨基进行保护。如果直接用苯胺进行硝化反应，很可能首先发生氧化反应。同时苯胺在酸性条件下形成铵基正离子，该正离子为间位定位基，第二个基团主要上在其间位。氨基通过形成酰胺键保护后，氮原子上的电子云密度降低，避免了被硝酸氧化和与质子酸成盐形成铵基正离子，可以顺利发生硝化反应得到邻硝基乙酰苯胺或对硝基乙酰苯胺。反应结束后，在酸性水溶液中通过水解反应脱除乙酰基，即可制备得到邻硝基苯胺或对硝基苯胺。用硝酸-乙酸酐进行硝化，硝化产物主要在邻位；用硝酸-硫酸混酸进行硝化，硝化产物主要在对位。

3. 空间位阻对反应位置的影响

　　苯环上如果连有邻对位定位基，亲电试剂主要进入邻位或对位。如果苯环上有取代基或者亲电试剂的体积较大，亲电试剂主要进入对位。在这种情况下，如果需要制备邻位取代的化合物，可以利用磺化反应的可逆性，采用磺酸基作为阻塞基团 (blocking group)，占据位阻较小的反应位置，然后再进行亲电取代反应，在位阻较大的位置引入需要的取代基。反应结束后，用酸性水溶液处理脱除阻塞基团磺酸基。

思考题 11.4

　　查阅文献或外文教科书，举出至少三个反应顺序影响反应位置选择性的实例，并对反应结果进行分析。

11.3 联苯的亲电取代反应

联苯和苯类似，可以进行各种亲电取代反应，也可以把一个苯环当作另一个苯环的取代基。

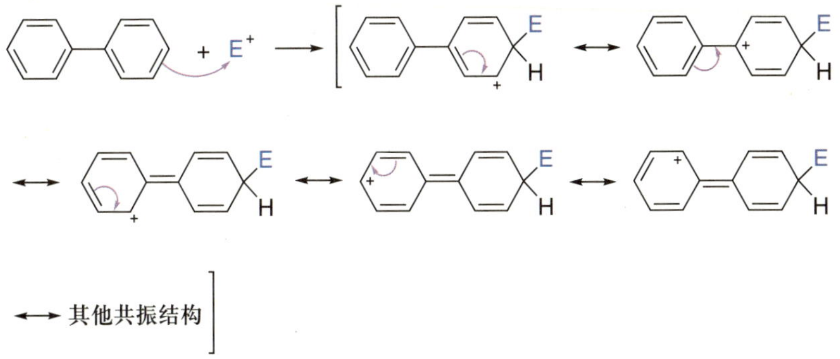

当亲电试剂被一个苯基的邻位或对位进攻时，产生的碳正离子中间体可以通过共振方式，得到更大的离域体系，变得更加稳定。由于苯基取代基的体积较大，具有明显的位阻，联苯亲电取代反应主要得到对位取代产物。

联苯的亲电取代反应实例：

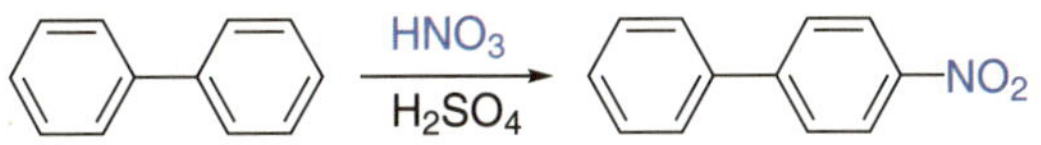

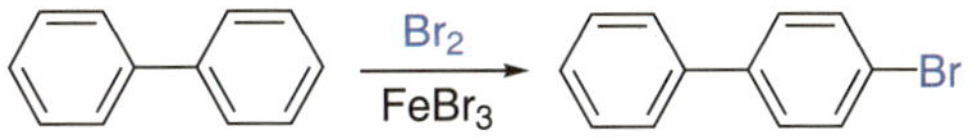

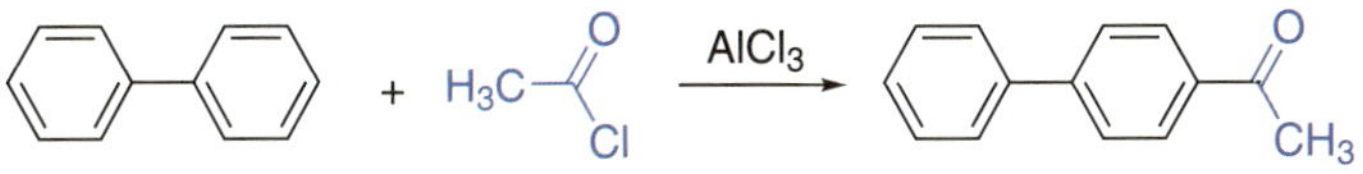

11.4 萘的亲电取代反应

萘和苯一样，可以进行各种亲电取代反应。与苯相比，萘的芳香性小于苯，稳定性较差，同时萘在亲电取代反应过程中生成的碳正离子中间体的正电荷可以分散到更大的离域体系，稳定性更高。因此萘的亲电取代反应活性高于苯，反应条件比苯的亲电取代反应温和。

萘的亲电取代反应主要发生在 α 位。

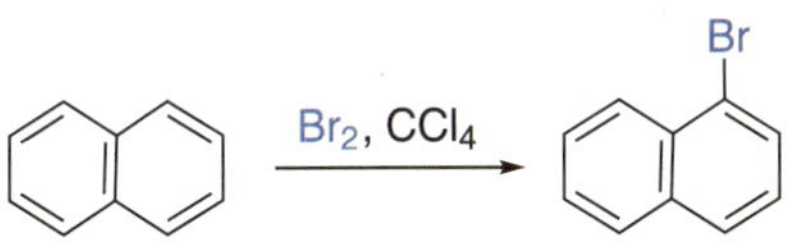

75%

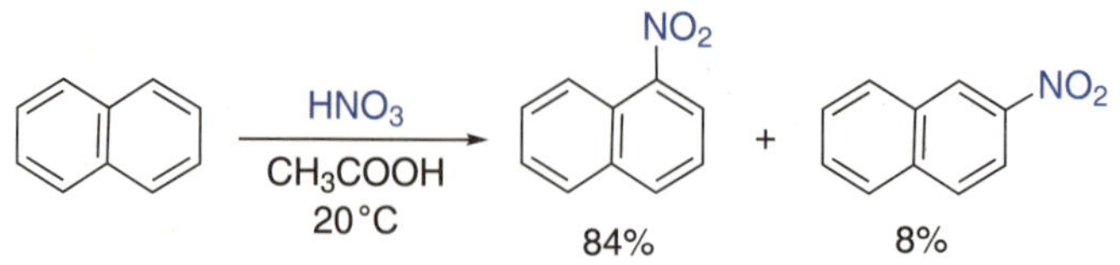

萘 + HNO₃ / CH₃COOH / 20℃ → 1-硝基萘 84% + 2-硝基萘 8%

11.4.1　萘的亲电取代反应机理

　　萘的亲电取代反应机理和苯类似。反应的第一步，萘进攻亲电试剂，得到破坏一个苯环芳香性的碳正离子中间体，该中间体可以通过共振将正电荷分散到整个萘环。第二步，碳正离子中间体脱去质子，恢复萘环，完成亲电取代反应。亲电试剂可以取代萘的 α 位和 β 位，分别得到如下两种碳正离子中间体。

　　亲电试剂取代萘的 α 位形成的碳正离子中间体：

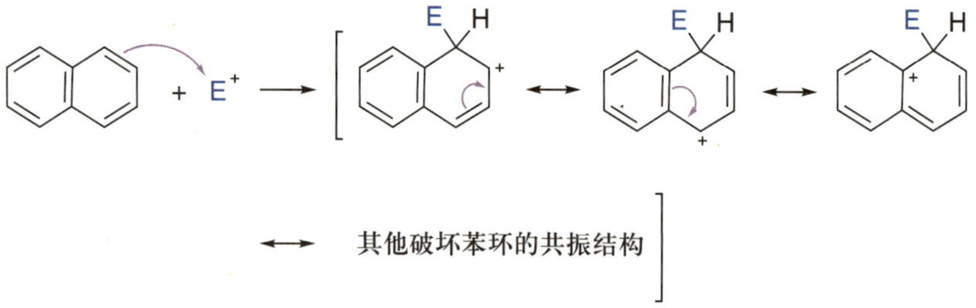

其他破坏苯环的共振结构

　　亲电试剂取代萘的 β 位形成的碳正离子中间体：

其他破坏苯环的共振结构

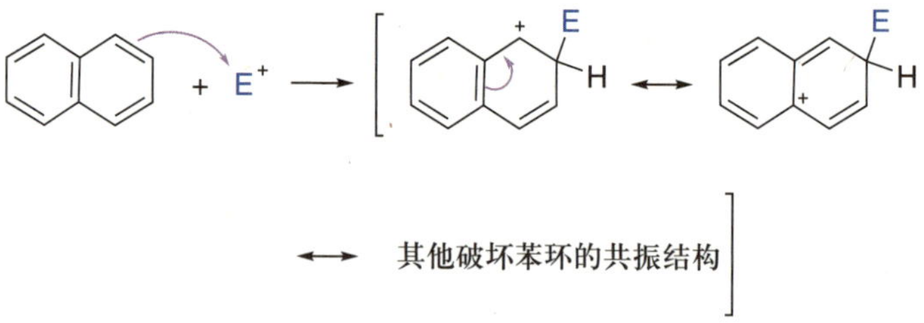

　　从以上可以看出，亲电试剂取代萘的 α 位，可以得到两个保留了完整苯环的共振式，亲电试剂取代萘的 β 位，只能得到一个保留了完整苯环的共振式。取代 α 位得到的中间体更稳定，因此亲电取代反应主要发生在萘的 α 位。

　　由于 β-取代萘避免了 α-取代萘的取代基和 C8 位氢原子之间的排斥力，因此 β-取代萘具有更高的热力学稳定性。例如在高温条件下，磺化反应主要得到热力学控制的 β 位取代产物。由于磺化反应具有可逆性，在硫酸溶液中 α-萘磺酸加热到 160 ℃以上时，也可以转化为热力学稳定性更好的 β-萘磺酸。

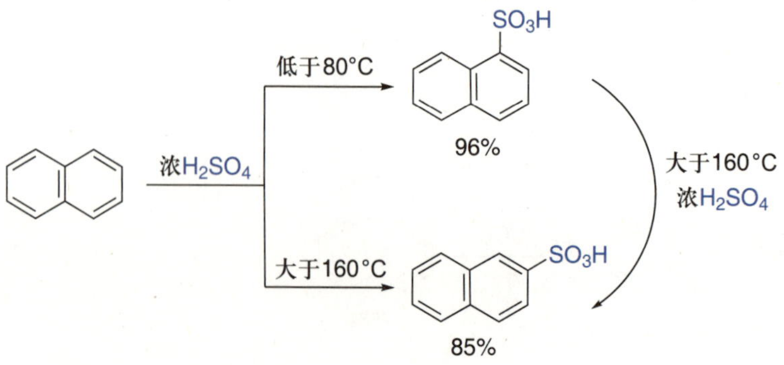

萘 / 浓 H₂SO₄ —低于80℃→ 1-萘磺酸 (SO₃H) 96%；—大于160℃→ 2-萘磺酸 (SO₃H) 85%；大于160℃ 浓 H₂SO₄

萘的 Friedel-Crafts 酰基化反应，如果采用 CS$_2$ 或四氯乙烷，酰基化主要发生在 α 位，得到动力学控制的产物；如果采用高沸点溶剂硝基苯 (bp 210.9 ℃)，酰基化主要发生在 β 位，得到热力学控制的产物。

11.4.2 单取代萘的定位效应

萘环上如果连有一个取代基，亲电试剂取代的位置由这个取代基的性质和萘环的 α 位共同决定。

如果萘环上连有一个致活基团，亲电取代反应发生在有取代基的环上。如果取代基在 C1 位，亲电试剂主要取代 C4 位。例如：

硝化反应过程中可能得到的碳正离子中间体如下：

硝基正离子取代 C2 位：

硝基正离子取代 C3 位：

硝基正离子取代 C4 位：

← →　其他破坏苯环的共振结构]

　　从以上可以看出，甲氧基连在萘的 C1 位，硝基正离子如果取代 C3 位，不能得到碳原子和氧原子均满足八隅体的稳定共振结构。硝基正离子如果取代 C2 位和 C4 位，都可以得到碳原子和氧原子均满足八隅体的稳定共振结构，但是取代 C2 位可以得到 2 个不破坏苯环的共振式，取代 C4 位可以得到 3 个不破坏苯环的共振结构。因此，取代 C4 位得到的碳正离子中间体更稳定，所以亲电取代反应主要发生在 C4 位。

　　如果萘环上致活基团在 C2 位，亲电试剂主要取代萘环的 C1 位，其机理和分析与 1-甲氧基萘的硝化反应类似。

　　如果第一个致活基团连在 C2 位，第二个取代基主要取代 C1 位。例如：

硝化反应过程中可能得到的碳正离子中间体如下：
硝基正离子取代 C1 位：

硝基正离子取代 C3 位：

硝基正离子取代 C4 位：

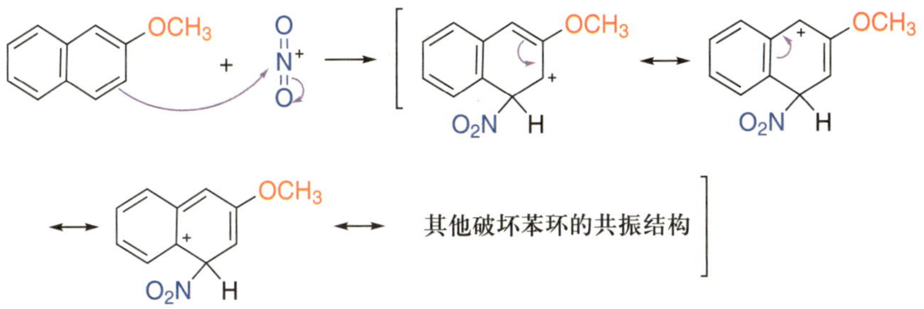

从以上可以看出，甲氧基连在萘的 C2 位，硝基正离子如果取代 C4 位，不能得到碳原子和氧原子均满足八隅体的稳定共振结构。硝基正离子如果取代 C3 位，可以得到碳原子和氧原子均满足八隅体的稳定共振结构，但该共振结构中另一个苯环遭到破坏，稳定性较差。硝基正离子如果取代 C1 位，可以得到既含有苯环，同时碳原子和氧原子均满足八隅体的稳定共振结构。整体上看，取代 C1 位得到的 σ 正离子络合物更稳定，所以亲电取代反应主要发生在 C1 位。

如果萘环上连有一个致钝基团，亲电取代反应主要发生在没有取代基的苯环上，通常是在两个 α 位上 (C5 位和 C8 位)。根据反应条件的不同，反应产物的比例不同。其中间体的稳定化因素与萘类似，为取代 α 位含有苯环的共振结构更多。

11.5　蒽、菲的亲电取代反应

蒽和菲进行亲电取代反应，主要反应位置在 C9 位和 C10 位。例如：
蒽的 Friedel-Crafts 酰基化反应：

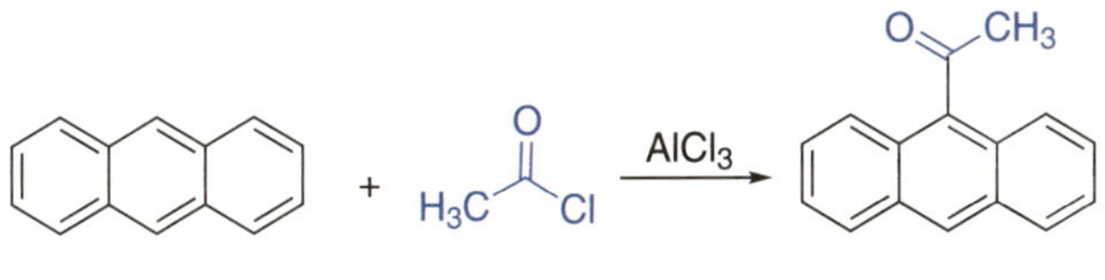

菲的溴代反应：

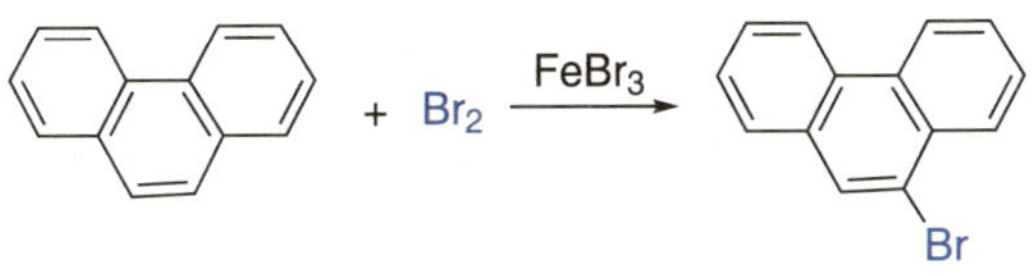

蒽和菲的亲电取代反应过程可能生成的碳正离子中间体如下：

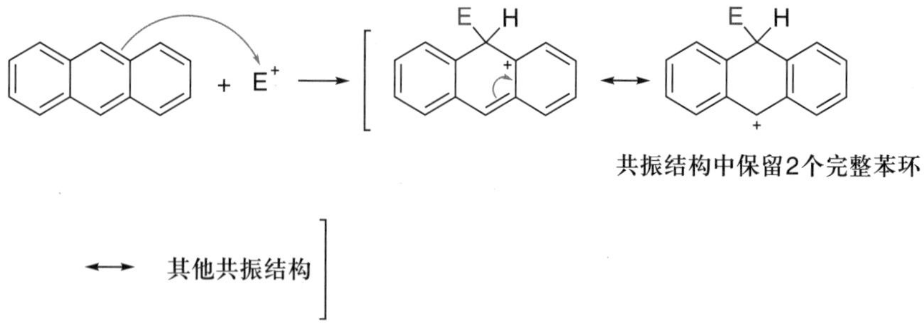

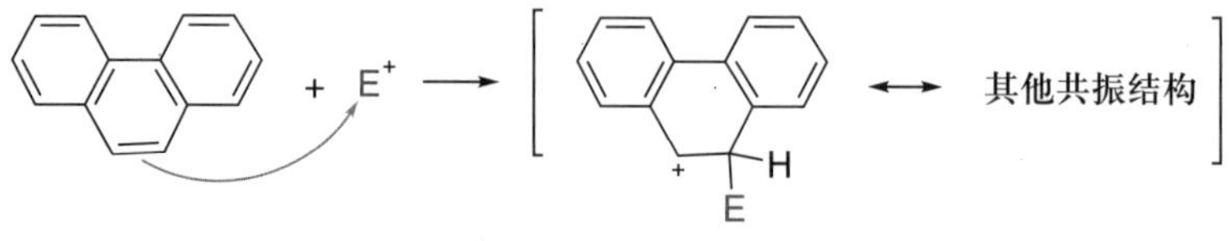

共振结构中保留2个完整苯环

共振结构中保留2个完整苯环

从以上可以看出，如果亲电试剂取代蒽或菲的 C9 位或 C10 位，可以得到一个同时保留了 2 个苯环的特别稳定的共振结构。如果取代其他位置，得到的中间体共振结构中最多保留 1 个完整的苯环，稳定性较差。所以蒽和菲的亲电取代反应主要发生在 C9 位和 C10 位。

事实上，由于蒽和菲的活性较高，亲电取代反应往往伴随多取代反应和加成反应，因此限制了其在合成中的应用。

例如蒽的溴代反应，有可能不是直接进行亲电取代反应，而是通过先加成，得到含有 2 个完整苯环的中间产物，然后消除 HBr，从而得到溴代蒽。

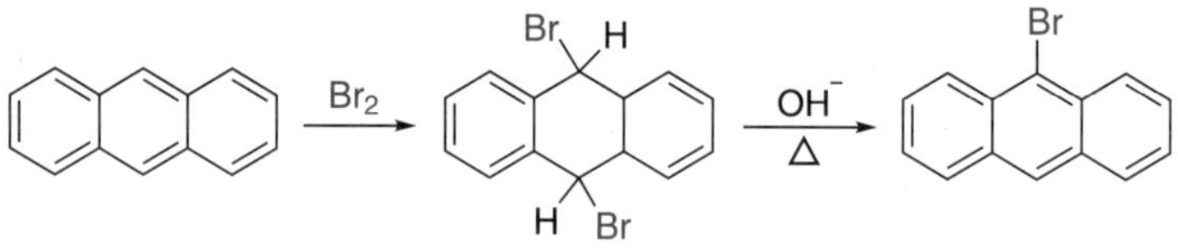

蒽在硝酸–乙酸体系中进行硝化，往往会伴随产生如下副产物。

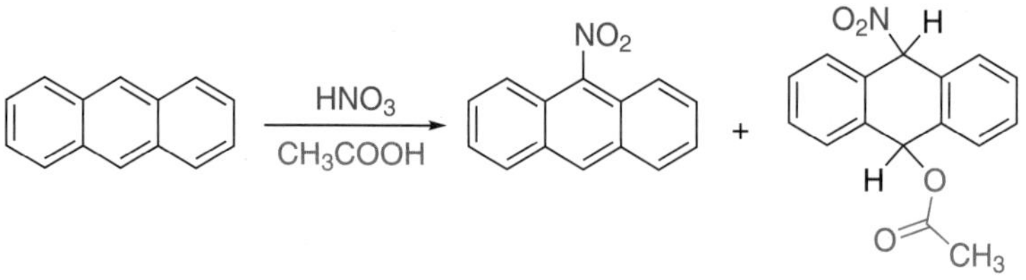

加成副产物

蒽进攻硝基正离子，得到的碳正离子中间体可以共振得到如下含有 2 个完整苯环的共振结构，具有较高的稳定性，该碳正离子和乙酸根负离子结合，产生加成副产物。

蒽进攻硝基正离子得到的碳正离子中间体：

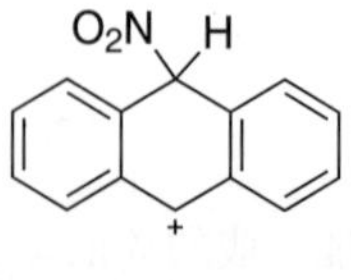

其他多环芳烃或稠环芳烃，也可以发生亲电取代反应。其反应的位置选择性和反应活性的高低，可以通过亲电取代反应过程中中间体共振结构的稳定性加以分析。

思考题 11.5

　　䓬不含苯环，但具有芳香性，可以发生亲电取代反应。请预测䓬进行硝化反应时主要发生在哪个位置？并通过反应过程中中间体的稳定性解释反应的位置选择性。

䓬

本章学习要点

　　(1) 苯的亲电取代反应机理，反应自由能图分析。

　　(2) 单取代苯的亲电取代反应，两类不同性质的取代基，取代基致活或致钝效应、邻对位或间位定位效应的结果及理论解释。

　　(3) 定位规则及其在合成中的应用。

　　(4) 联苯的亲电取代反应和反应机理。

　　(5) 萘的亲电取代反应和反应机理，动力学控制和热力学控制，反应位置选择性的理论解释。

　　(6) 单取代萘的定位效应，反应位置选择性的理论解释。

　　(7) 蒽和菲的亲电取代反应和反应机理。

习题

11.1 完成下列反应式。

(1) PhCH₂CH₂CH₂COCl $\xrightarrow{\text{AlCl}_3}$ (?)

(2) 苯 + H₃C—CH(CH₃)—CH₂Cl $\xrightarrow{\text{AlCl}_3}$ (?)

(3) 苯 + 戊二酸酐 $\xrightarrow{\text{AlCl}_3}$ $\xrightarrow{\text{H}_2\text{O}}$ (?)

(4) 甲苯 + H₃C—CO—ONO₂ $\longrightarrow$ (?)

(5) 苯甲酸甲酯 $\xrightarrow[\text{H}_2\text{SO}_4]{\text{HNO}_3}$ (?)

(6) 苯乙酸酯 $\xrightarrow[\text{H}_2\text{SO}_4]{\text{HNO}_3}$ (?)

(7) 苯 + CH₂=C(CH₃)—CH₃ $\xrightarrow{\text{H}_2\text{SO}_4}$ (?)

(8) 苯 + CH₃CH₂OH $\xrightarrow{\text{H}_2\text{SO}_4}$ (?)

(9) 三氟甲基苯(CF₃) + Br₂ $\xrightarrow{\text{Fe}}$ (?)

(10) 溴苯(Br) $\xrightarrow[\text{H}_2\text{SO}_4]{\text{HNO}_3}$ (?)

(11) 甲苯(CH₃) $\xrightarrow{\text{浓H}_2\text{SO}_4}$ (?)

(12) 联苯 + (CH₃CO)₂O $\xrightarrow{\text{AlCl}_3}$ (?)

(13) + Cl$_2$ $\xrightarrow{\text{Fe}}$ (?)

(14) + CH$_3$CH$_2$Cl $\xrightarrow{\text{AlCl}_3}$ (?)

(15) + Br$_2$ $\xrightarrow{\text{Fe}}$ (?)

(16) $\xrightarrow[\text{H}_2\text{SO}_4]{\text{HNO}_3}$ (?)

(17) + Br$_2$ $\xrightarrow{\text{Fe}}$ (?)

(18) $\xrightarrow[\text{H}_2\text{SO}_4]{\text{HNO}_3}$ (?)

(19) $\xrightarrow[\text{H}_2\text{SO}_4]{\text{HNO}_3}$ (?)

(20) + Cl$_2$ $\xrightarrow{\text{Fe}}$ (?)

11.2 苯和 1-氯-2-甲基丙烷在三氯化铝存在的条件下进行反应，主要得到产物 A。A 的 ^{1}H NMR 谱数据: δ 1.31 ppm (s，9H)，7.01–7.46 ppm (m，5H)。写出化合物 A 的结构，并通过反应机理解释化合物 A 的生成过程。

11.3 苯乙烯在硫酸存在下加热，可生成两种二聚物，其分子式均为 C$_{16}$H$_{16}$。请写出这两种二聚物的结构，并通过反应机理解释其生成过程。

11.4 苯和过量的氯甲烷在三氯化铝存在的条件下反应，先得到一种三甲苯 A，在高温条件继续反应，A 可以转化为其异构体 B，B 的一硝化产物只有一种，A 的沸点比 B 的沸点稍高。请写出 A 和 B 的结构，并对以上反应的区域选择性和实验现象进行合理的解释。

11.5 由甲苯起始，通过适当的途径分别合成如下三个化合物 A、B 和 C。

11.6 由甲苯起始，通过适当的途径分别合成如下三个化合物 A、B 和 C。

11.7 预测 1-甲氧基萘和 2-甲氧基萘进行亲电取代反应的主要产物，并通过反应机理解释反应的区域选择性。

11.8 按下列化合物进行亲电取代反应的活性从高到低排列成序。

11.9 下列化合物进行亲电取代反应，预测反应主要发生在哪个位置?

11.10 由苯和不超过 4 个碳的有机原料，以及其他必要试剂合成如下化合物。

(4)

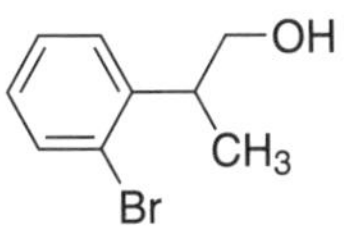

11.11 分别指出如下取代基是亲电取代反应中的第一类还是第二类取代基?

(1) 三氟甲基;(2) 乙酰氧基;(3) 乙酯基;

(4) 乙烯基;(5) 乙酰基;(6) 乙氧基。

11.12 化合物茚 (indene,分子式为 C_9H_8) 存在于煤焦油中。茚经催化氢化得到茚满 (indane,分子式为 C_9H_{10})。茚满用 Br_2/Fe 处理,只能得到两种单溴代产物。茚和茚满在酸性高锰酸钾溶液中加热,都得到邻苯二甲酸。写出茚和茚满的结构。

11.13 苯酚用 D_2SO_4 的 D_2O 溶液处理,可生成酚羟基邻位和对位均被 D 取代的氘代苯酚。苯用同样的方法处理,得到氘代苯的速率比苯酚慢。苯磺酸用同样的条件处理,很难发生类似的氘代反应。请通过反应机理,对以上反应现象进行合理的解释。

11.14 双酚 A 可以通过如下反应制备得到,请写出该反应的详细反应机理。

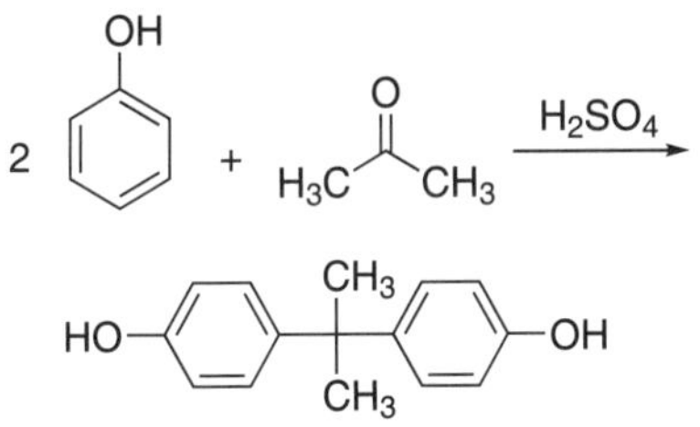

11.15 请预测芴 (fluorene) 进行硝化反应的主要反应位置,并对反应的区域选择性进行合理的解释。

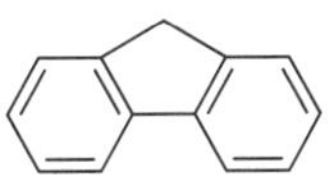

芴
fluorene

11.16 请给出两种途径完成下列合成,并指出哪种途径更好,为什么?

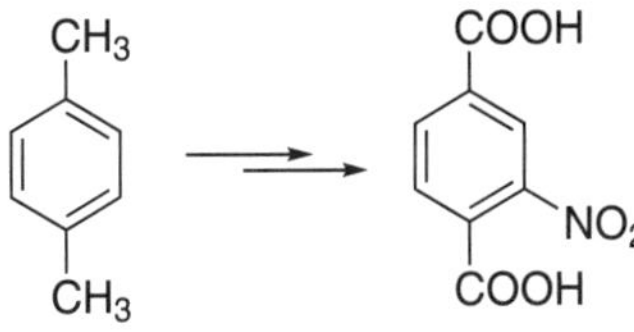

11.17 由苯和不超过 4 个碳的有机原料,以及其他必要试剂合成如下化合物。

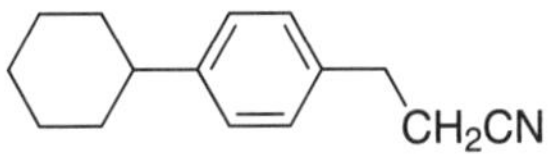

11.18 为下列反应提供合理的反应机理。

(1)

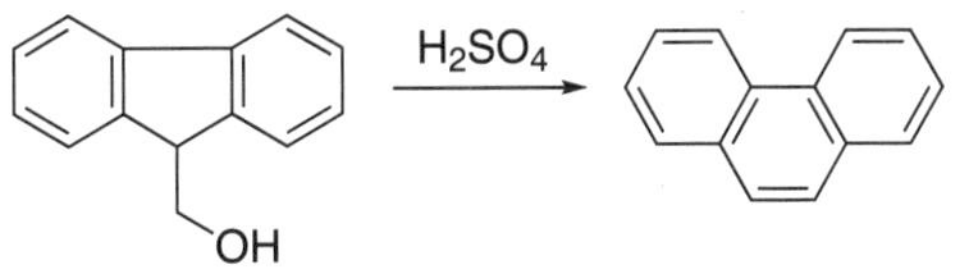

(2)

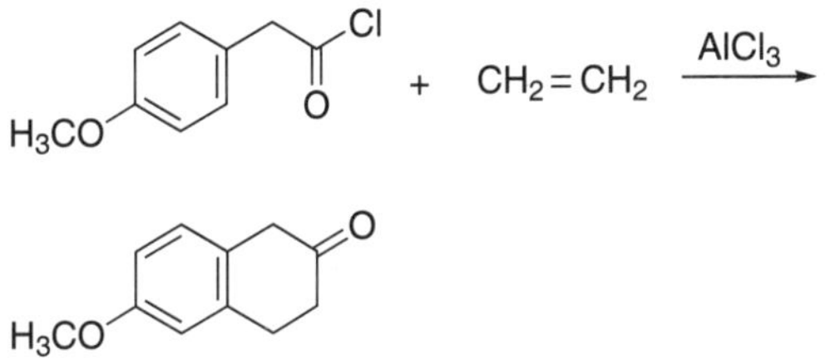

11.19 预测如下 Friedel-Crafts 烷基化反应的主要产物,并通过反应机理解释主要产物生成的原因。

(1)

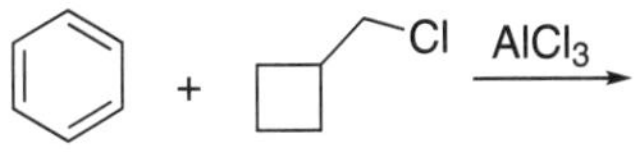

(2)

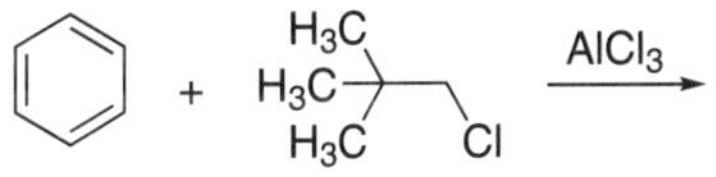

11.20 分别预测硝基苯、亚硝基苯、乙酰氨基苯进行亲电取代反应的主要反应位置,对反应的区域选择性进行解释。比较以上三个化合物亲电取代反应活性的高低,并解释原因。

芳香化合物的亲核取代及其他反应

第12章

芳香化合物的
亲核取代及其他反应

12.1 芳香化合物的亲核取代反应

芳香化合物的亲核取代反应 (nucleophilic aromatic substitution reaction，S_NAr) 通常是指芳香化合物的某一取代基，如卤素原子 (Cl、Br、I) 或类卤基团 (如 OTf、OTs 等) 被亲核试剂取代的反应。该类反应途径主要有两种：加成–消去机理 (addition-elimination mechanism) 和苯炔机理 (benzyne mechanism)。

12.1.1 芳香化合物亲核取代反应途径一：加成-消去机理

芳基卤化物卤素的邻位或对位含有强的吸电子取代基时，该卤素原子可以被各种亲核试剂取代，发生水解、醇解、氰解和氨解等反应。例如，对硝基卤代苯的卤素原子可以在合适的条件下被甲氧基负离子取代，生成对硝基苯甲醚。而且，实验结果显示，当 X 为 Cl、Br、I 时，相对反应速率分别为 1、0.74、0.38，即氯代苯的活性最高，碘代苯的活性最低。这种活性顺序和卤代烃的 S_N2 取代反应活性顺序正好相反。

X	Cl	Br	I
相对反应速率	1	0.74	0.38

该反应的过程无法通过经典的 S_N1 和 S_N2 机理解释。一方面，由于芳基正离子不稳定，不易形成，S_N1 取代反应难以进行。因为芳基正离子的空轨道是 sp^2 杂化轨道，轨道中低能量的 s 成分较多，阻碍成键电子占据低能量 s 轨道，降低了芳基正离子的稳定性。同时，空的 sp^2 轨道和大 π 键相互垂直，无法分散电荷。另一方面，S_N2 取代反应难以进行。大 π 键的存在阻碍了亲核试剂进攻中心碳原子，同时限制了轨道变形，难以完成 Walden 翻转 (图 12-1)。

研究证实，卤代芳烃的芳环上卤原子的取代反应是通过加成–消去机理 (S_NAr) 进行的 (图 12-2)。反应通常分为两步：第一步，亲核试剂首先加成到与卤原子相连的芳环碳上，生成带负电荷的中间体 (σ 络合物，又称 Meisenheimer 络合物)；第二步，σ 络合物失去卤素负离子 (X^-) 得到取代产物。σ 络合物中的负电荷可以通过共振离域到卤素的邻位、对位和硝基上，从而获得较好的稳定性。

由于 σ 络合物相对不稳定，形成较为困难，因此，σ 络合物形成步骤通常是反应的决速步。任何有利于稳定 σ 络合物的因素，都有利于提高反应的活性。在上述反应中，虽然 C-I 键比较容易断裂，但是由于 C-I 键断裂步骤不是决速步，对整个反应的速度影响不大。相反，Cl 原子的电负性较大，有利于稳定 σ 络合物。因此，对

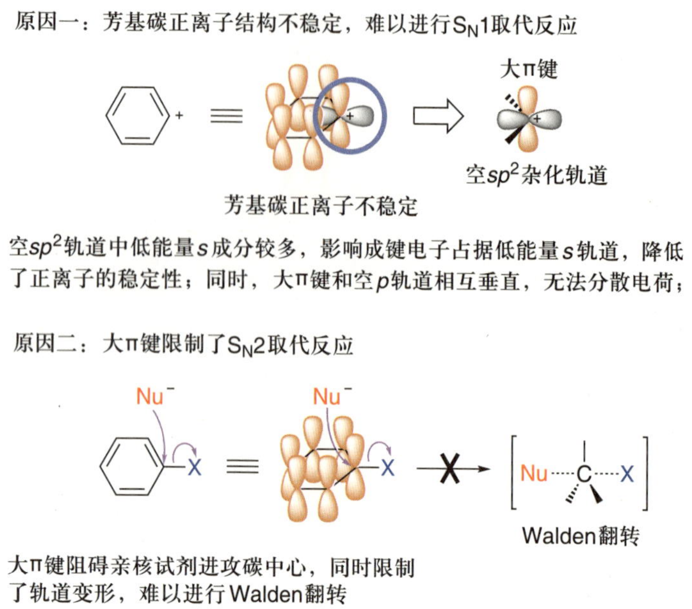
原因一：芳基碳正离子结构不稳定，难以进行S_N1取代反应
大π键
空sp^2杂化轨道
芳基碳正离子不稳定
空sp^2轨道中低能量s成分较多，影响成键电子占据低能量s轨道，降低了正离子的稳定性；同时，大π键和空p轨道相互垂直，无法分散电荷；
原因二：大π键限制了S_N2取代反应
Nu⁻
X
Walden翻转
大π键阻碍亲核试剂进攻碳中心，同时限制了轨道变形，难以进行Walden翻转

图 12-1　芳基卤化物难以发生亲核取代反应

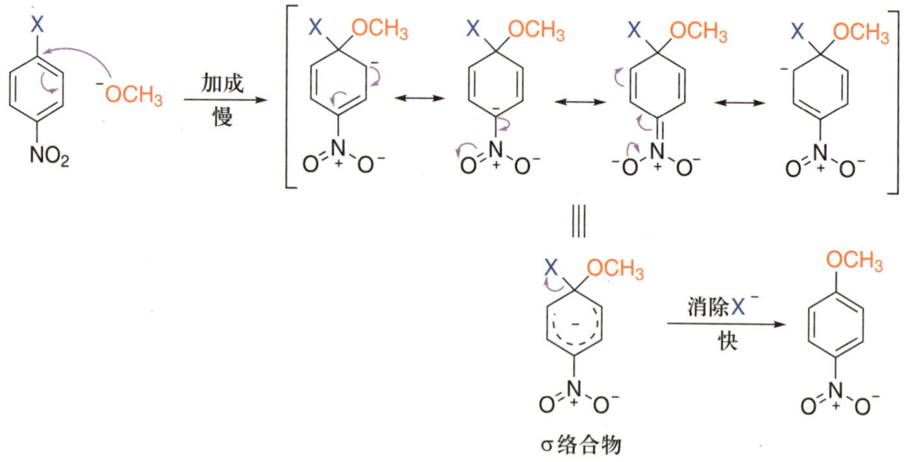
X
NO_2
$^-OCH_3$
加成
慢
OCH_3
消除X⁻
快
σ络合物

图 12-2　芳香亲核取代反应的加成-消去机理 (S_NAr)

硝基氯苯的反应活性相对最高。同样，苯环含有越多的吸电子取代基如硝基时，反应的活性越高。例如，2,4-二硝基氯苯在弱碱 (Na_2CO_3) 水溶液中就可以发生水解。

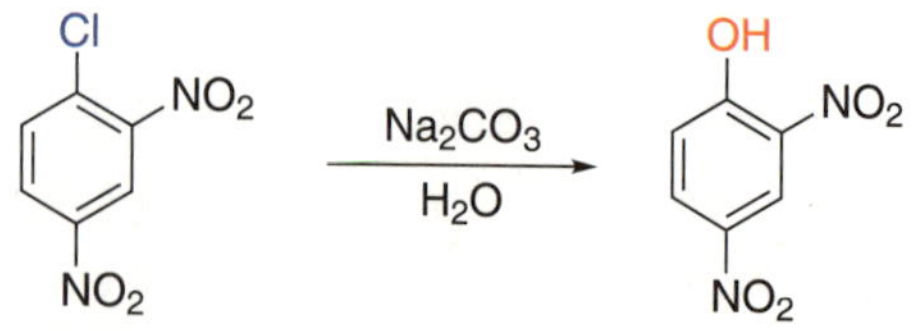
Cl
NO_2
Na_2CO_3
H_2O
OH

此外，根据σ络合物的共振结构，可以发现吸电子硝基通常只能很好地活化邻位和对位的卤原子，而难以活化间位的卤原子，因为无法形成较为稳定的共振结构。例如，1,2-二氯-4-硝基苯和过量的氰化钠反应时，只能生成对位氰基取代的产物。

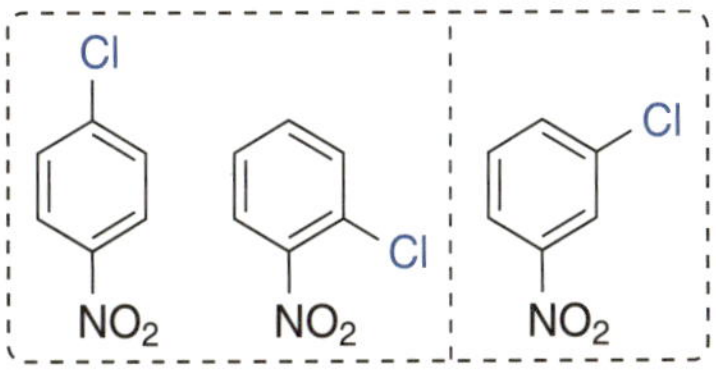

活化氯原子　　　非活化氯原子

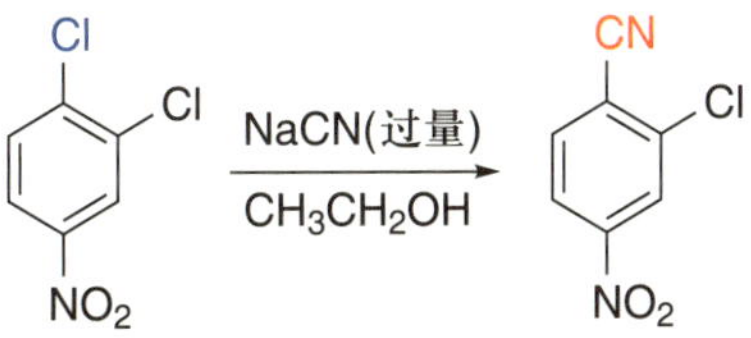

亲核取代反应是分步机理还是协同机理？

芳环亲核取代反应的加成-消去机理 (S_NAr) 通常被认为是分步进行的，即反应先通过亲核试剂的加成生成 σ 络合物 (或 Meisenheimer 络合物)，然后通过消去离去基团，得到目标产物。然而，最近哈佛大学的 Jacobsen 等人通过 $^{12}C/^{13}C$ 动力学同位素效应 (KIE) 的测定和计算分析的方法，认为随着底物和离去基团的变化，分步机理和协同机理都是可能的。对于常见的含强吸电子取代基 (如硝基) 和不易离去的离去基 (如 F) 的芳基化合物来说，由于形成的 σ 络合物较为稳定，反应更容易通过分步机理进行。但是对于含有弱吸电子取代基 (如酯基) 和易离去取代基 (如 Br) 的杂环类化合物来说，难以形成稳定的 σ 络合物，反应更可能是通过协同的方式进行的，即 C–Br 键的断裂和 C–F 键的形成是同步进行的，只有 Meisenheimer 过渡态，没有 Meisenheimer 中间体。

Meisenheimer complex
Meisenheimer络合物

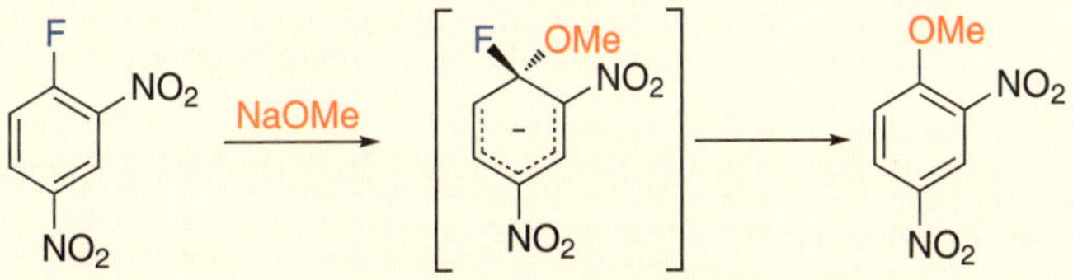

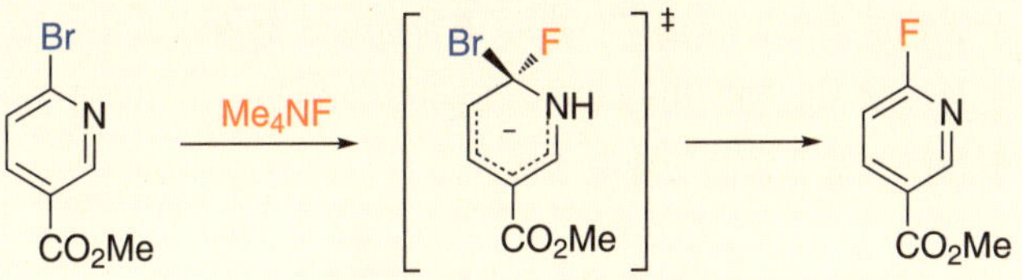

分步机理

Meisenheimer transition state
Meisenheimer过渡态

协同机理

思考题 12.1

写出下列两个反应的产物，比较两个反应的速率快慢，并给出解释。

(1)

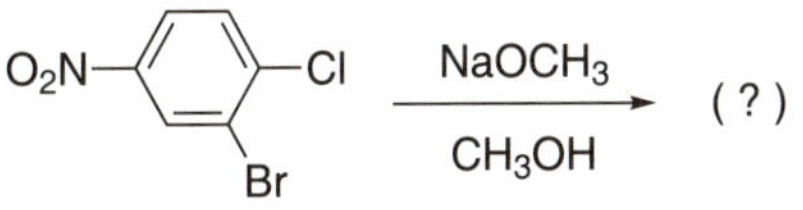

(2)

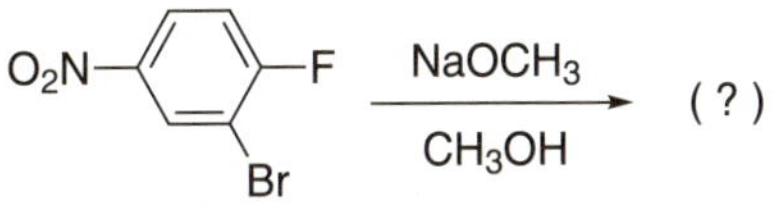

12.1.2　芳香化合物亲核取代反应途径二：苯炔机理

含吸电子取代基的活化卤代芳烃，可以和碱在相对温和的条件下发生取代反应。然而，当这些活化基团不存在时，反应通常难以进行。但是研究发现，当使用更强的碱和更为剧烈的条件时，这些底物的取代反应依然可以发生。例如，苯酚的商业制备过程就是直接使用氯苯和 NaOH 在 350 ℃的剧烈条件下生成苯酚钠，再经过酸化得到苯酚。此外，如果使用更强的碱如氨基钠，氯苯还可以在相对温和的条件下生成苯胺。

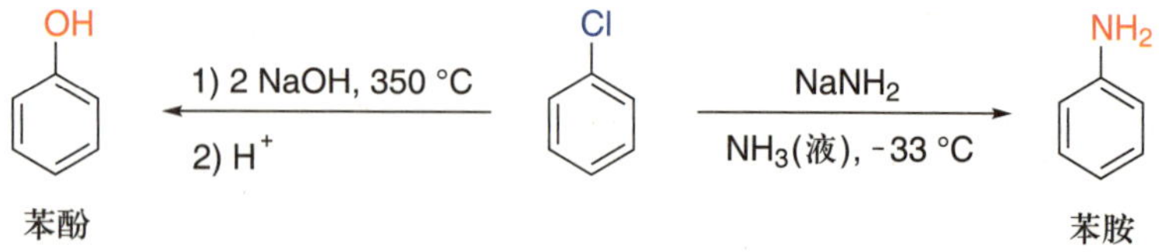

但是当使用对溴甲苯作为底物时，类似的反应可以生成两种取代产物，分别为对甲基苯胺和间甲基苯胺，各占 50% 的比例。其中，对甲基苯胺是由氨基取代溴原子而生成的，但是间甲基苯胺显然无法由氨基取代原来的溴原子来解释。

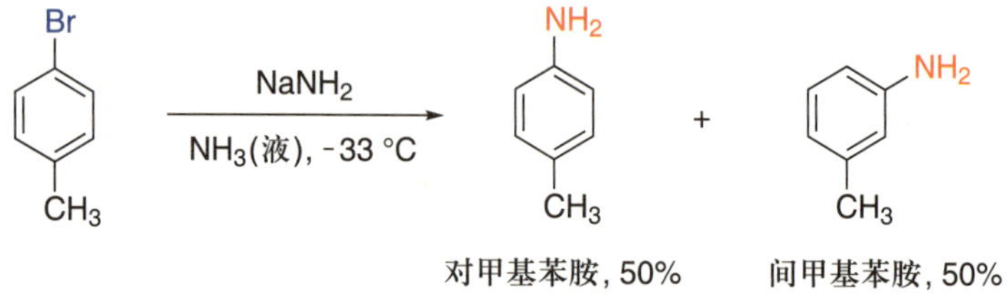

研究证实，这类反应是通过苯炔机理 (benzyne mechanism) 进行的 (图 12-3)。首先，强碱 NaNH$_2$ 直接攫取苯环溴原子邻位的质子，生成芳基负离子。随后，芳基负离子促使 Br$^-$ 离去，两个 sp^2 轨道部分重叠成键 (垂直于苯环大 π 键)，生成苯炔 (benzyne) 中间体。最后，NH$_2^-$ 可以进攻苯炔三键的任何一端，以均等的概率分别生成相应的苯基负离子，进一步通过和溶剂液氨的质子交换，最终以 1:1 的比例生成对甲基苯胺和间甲基苯胺。值得注意的是，由于两个 sp^2 轨道重叠程度较小，苯炔中间体具有非常高的反应活性。

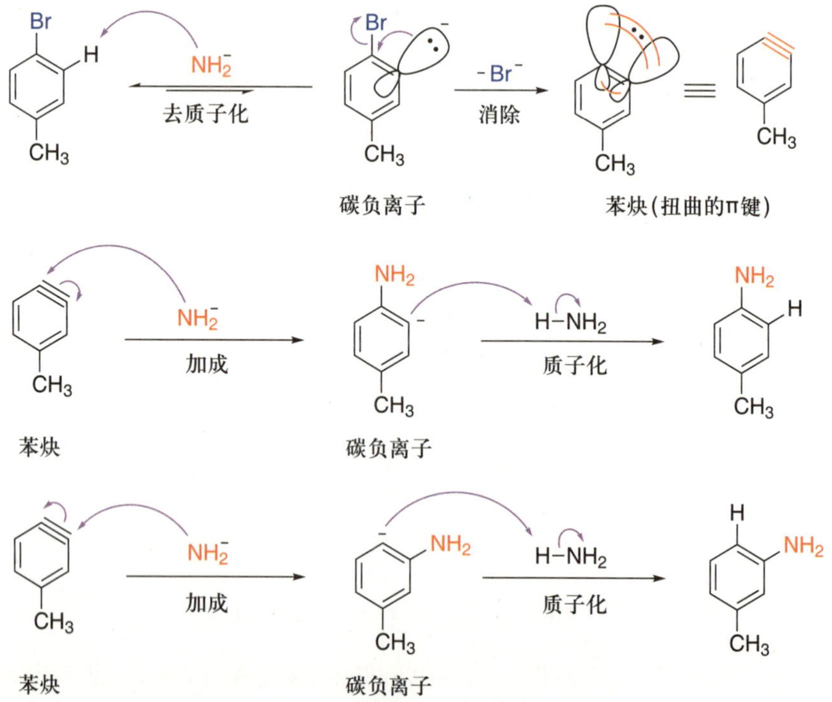

苯炔中间体已经由光谱法证明。

图 12-3　芳香亲核取代反应的苯炔机理

思考题 12.2

写出下列反应的可能产物，并解释。

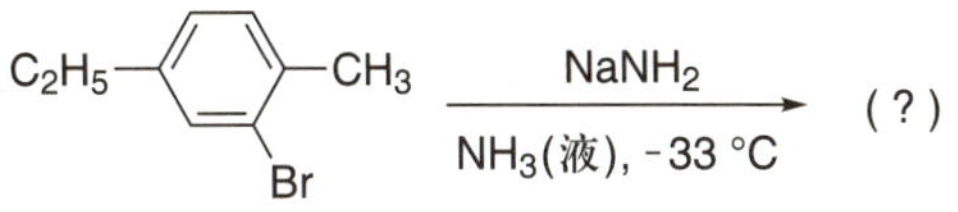

$$C_2H_5-\text{(苯环)}-CH_3 \quad (Br) \xrightarrow[\text{NH}_3(\text{液}), -33\,°C]{\text{NaNH}_2} \quad (\text{?})$$

思考题 12.3

苯炔是高活性亲双烯体，写出苯炔（产自氯苯和氢氧化钠，加热）和环戊二烯发生 Diels-Alder 反应的产物。

12.2 芳香化合物的其他亲核取代反应

12.2.1 芳基重氮盐的亲核取代反应

除芳基卤化物外，芳基重氮盐是合成芳香族化合物的另外一类重要前体。苯基重氮盐和溴化亚铜或氰化亚铜反应生成溴苯或苯腈类产物，这些反应被称为桑德迈尔反应 (Sandmeyer reaction)。芳基重氮盐的反应还包括水合反应、去胺化反应、氟化反应 (Balz-Schiemann reaction) 和合成联苯的 Gomberg-Bachmann 反应等（图 12-4），相关的内容将在第 16 章中详细阐述。

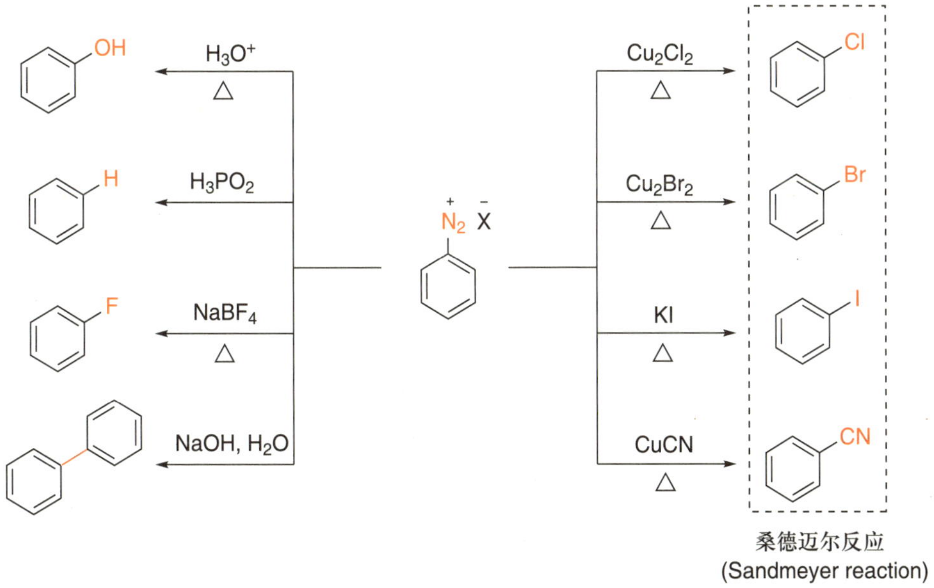

图 12-4 芳基重氮盐的亲核取代反应

12.2.2　芳基卤化物和有机金属试剂的偶联反应

在各种药物、材料分子中，烷基苯、烯基苯和联芳基结构广泛存在。因此，如何从简单易得的芳香化合物原料高效合成这类芳香化合物受到了广泛的关注。第 11 章介绍的 Friedel-Crafts 烷基化反应为这类化合物的合成提供了一种重要的途径，但是 Friedel-Crafts 烷基化反应存在一些固有的局限性，包括存在碳正离子重排和多烷基化，需要使用富电子性的芳环，以及强的亲电试剂和碳正离子中间体导致反应官能团兼容性低等。为了解决这些问题，化学家们发展了芳基卤化物和各类亲核试剂，特别是金属有机试剂的偶联反应 (coupling reaction)。

在过渡金属催化的偶联反应中，常见的亲核试剂和反应类型如下 (图 12-5)：(1) 和胺类亲核试剂的胺化反应 (Buchwald-Hartwig 胺化反应)；(2) 与烯烃的偶联反应 (Heck 偶联反应)；(3) 与格氏试剂的偶联反应 (Kumada 偶联反应)；(4) 与锌试剂的偶联反应 (Negishi 偶联反应)；(5) 与锡试剂的偶联反应 (Stille 偶联反应)；(6) 与硼试剂的偶联反应 (Suzuki-Miyaura 偶联反应)；(7) 与硅试剂的偶联反应 (Hiyama 偶联反应)；(8) 与炔烃的偶联反应 (Sonogashira 偶联反应)。有关这些偶联反应将在下册第 29 章中详细讨论。

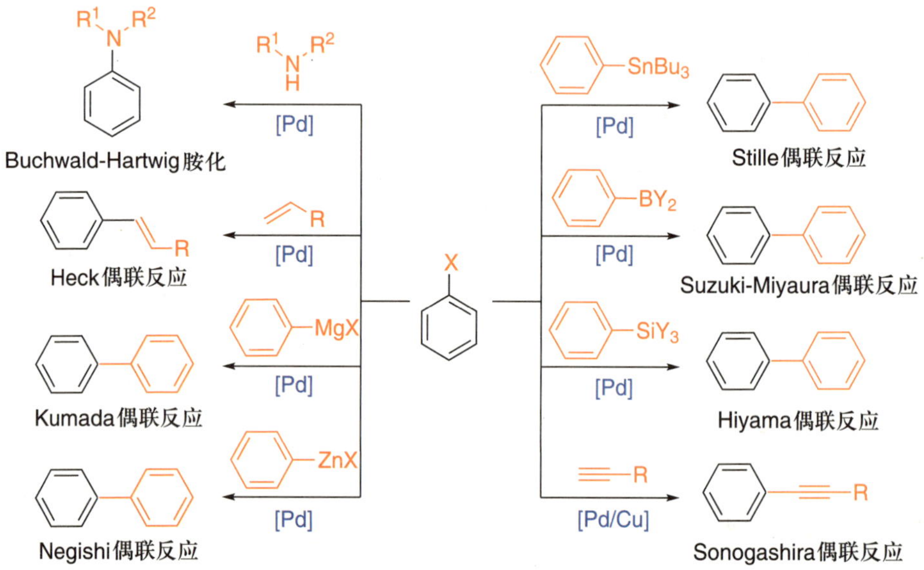

图 12-5　过渡金属催化的偶联反应

12.2.3　芳香化合物 C–H 键的取代反应

除了利用较为活泼的 C–X 键进行各种转化外，芳环的 C_{sp^2}–H 键也可以直接发生反应，生成相应的 C–O，C–N 和 C–C 键等，从而为各种芳香化合物的合成提供了一条更为方便的途径。这类反应常常借助芳香底物上的杂原子作为导向基团，和过渡金属配位，通过亲电活化机理，实现 C–H 键的活化，失去质子并生成金属有机中间体。随后，该中间体和亲核试剂或亲电试剂作用，并通过还原消除，得到 C–H 键被取代的产物 (Ar–X) (图 12-6)。

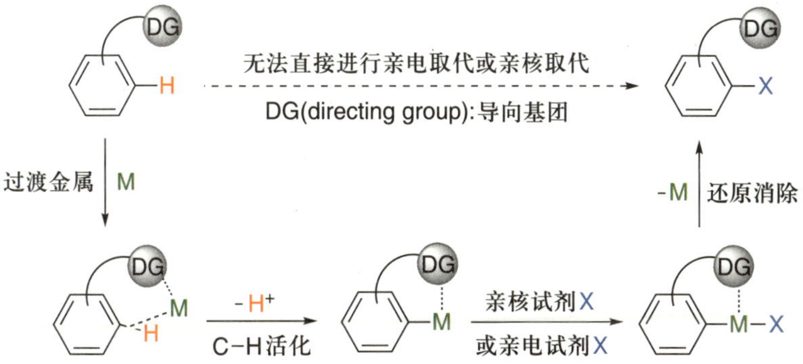

图 12-6　导向基辅助的 C–H 键取代反应

例如，使用醋酸钯作为过渡金属催化剂，羟胺作为导向基团，NBS 作为溴化试剂，芳环的 C–H 键可以直接被 Br 取代，以 72% 的产率生成芳基溴化物。

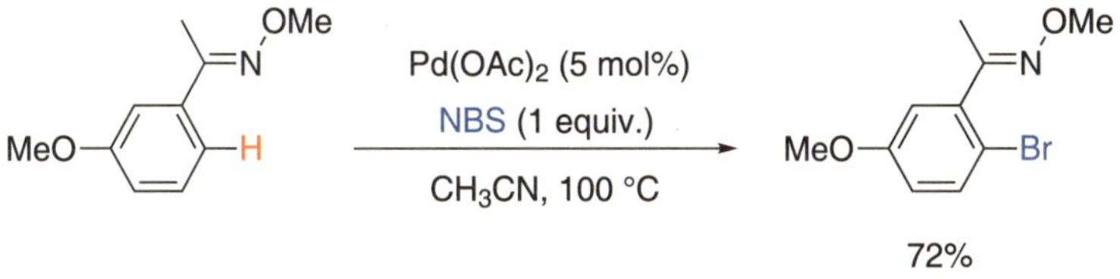

选用合适的导向基团和氧化试剂，芳基 C–H 键可以和亲核试剂如醇、胺，或亲电试剂如碘苯等发生取代反应，生成相应的芳醚、芳胺和联芳基化合物。

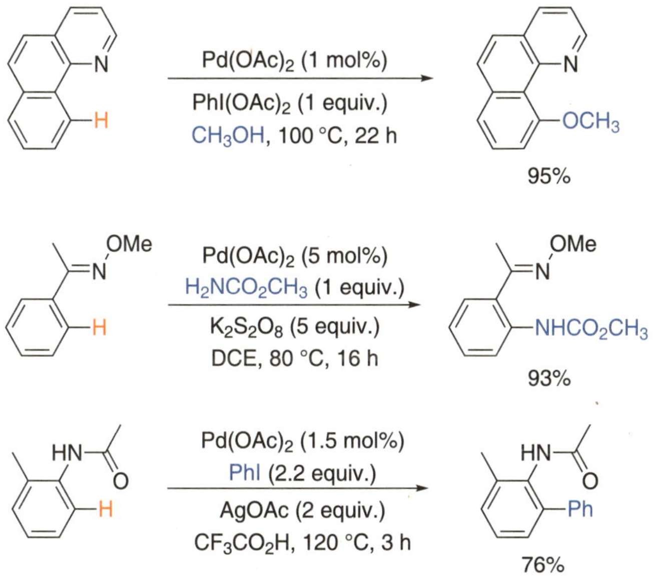

利用分子间次级相互作用辅助芳基 C–H 键活化

到目前为止，大多数芳基 C–H 键的活化都是利用底物上的导向基团来辅助过渡金属催化。但是导向基的通用性有一定的限制，常常不同的反应需要特定的导向基，从而需要在反应前预先安装导向基，反应后还需要对导向基进行合适的转化。2015 年，Kanai 等人利用分子间的氢键相互作用，拉近底物和金属之间的距离，有效提升了反应的活性和控制了反应的位点选择性。该策略利用了底物原有的官能团，无须提前在底物上安装特定的导向基，大大方便了反应操作和提升了反应的原子和步骤经济性。

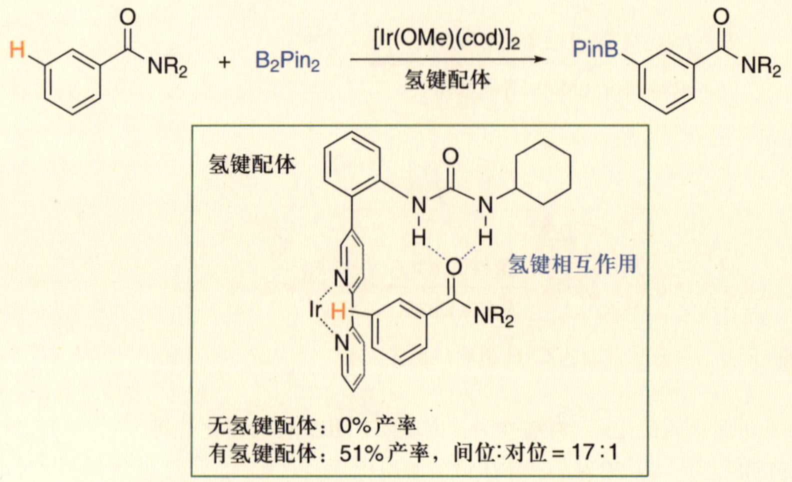

无氢键配体：0% 产率
有氢键配体：51% 产率，间位：对位 = 17：1

思考题 12.4

写出如下反应的产物。

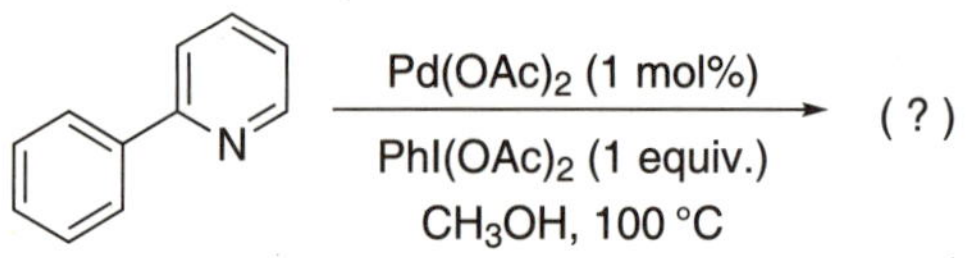

12.3　芳香化合物的加成反应

12.3.1　芳环的还原反应

Birch 还原反应

苯类芳香化合物在液氨介质中，在质子供体醇 (乙醇、异丙醇等) 的存在下，可以被碱或碱土金属还原剂 (如金属钠、金属锂等) 还原成非共轭的环己-1,4-二烯类化合物。这是一个在有机合成中十分有用的反应。

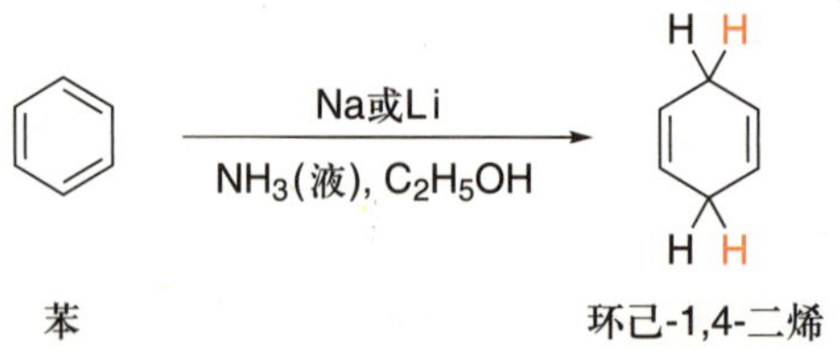

苯　　　　　　　　　　　　　　环己-1,4-二烯

Birch 还原反应的机理类似于用钠／液氨还原炔烃为反式烯烃的反应 (图 12–7)。首先，碱金属溶于液氨中，生成溶剂化的氨合电子。溶液显示蓝色，并有顺磁性和较高的导电性。随后，氨合电子可以加成到苯环中，生成自由基负离子。该强碱性的自由基负离子从醇上夺取质子得到环己二烯自由基。接着，环己二烯自由基和另外一分子的氨合电子作用生成环己二烯负离子。最后，环己二烯负离子被另外一分子醇质子化，得到环己-1,4-二烯。

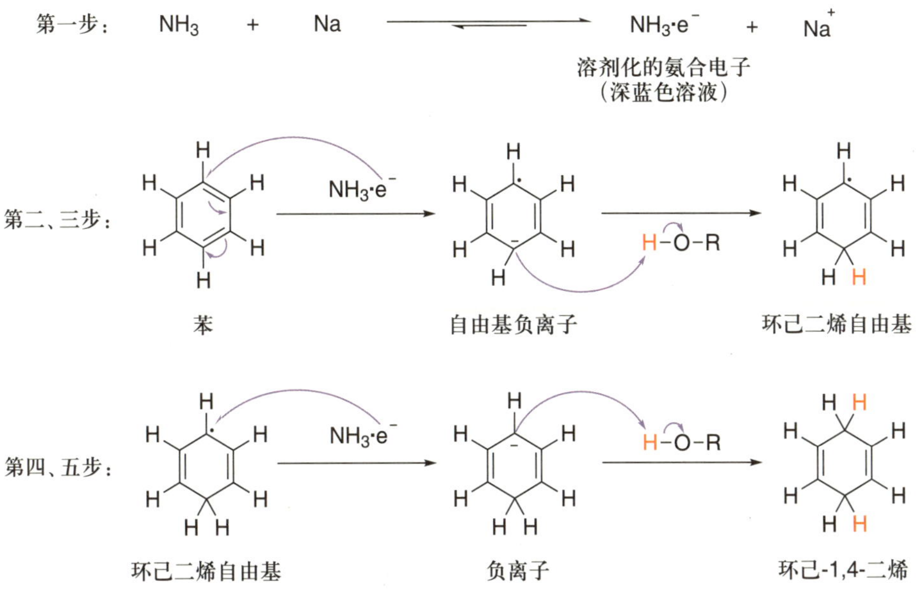

第一步：   NH$_3$ +   Na $\rightleftharpoons$ NH$_3\cdot$e$^-$ +   Na$^+$

溶剂化的氨合电子
（深蓝色溶液）

第二、三步：

苯   自由基负离子   环己二烯自由基

第四、五步：

环己二烯自由基   负离子   环己-1,4-二烯

图 12-7 苯的 Birch 还原反应机理

　　由于被还原的两个碳原子在反应中会形成碳负离子中间体，因此，反应的活性和选择性与碳负离子的稳定性有直接的关联。通常，吸电子取代基有利于稳定碳负离子，而给电子取代基则不利于稳定碳负离子。因此，当苯环上有吸电子取代基时，还原反应容易发生在与吸电子取代基相连的苯环碳上，而且反应速率快；相反，当苯环上有给电子取代基时，还原反应则容易发生在该取代基的邻位碳上，且反应较慢。例如，苯甲酸的 Birch 还原反应速率较快，被还原的两个碳原子位于羧基连线上。而苯甲醚的 Birch 还原反应速率较慢，被还原的两个苯基碳原子和甲氧基不在同一连线上。而对于多取代芳环的 Birch 还原反应，产物的选择性同样由碳负离子的稳定性决定。

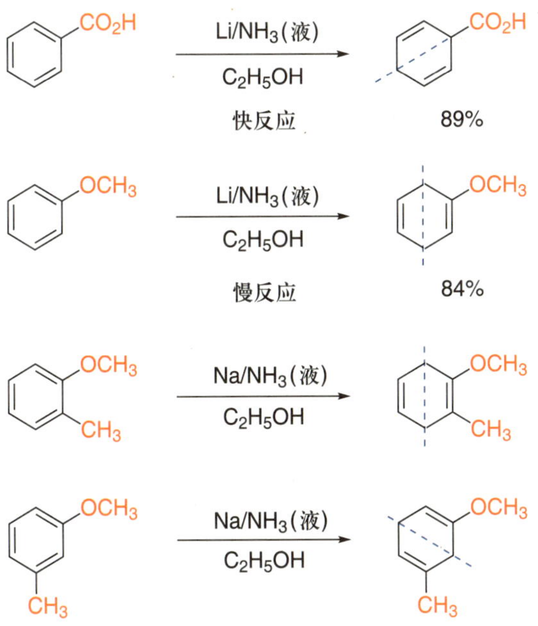

　　由于 Birch 还原反应的活性非常高，反应的官能团兼容性较低，一些常见的活性官能团如卤素原子、硝基、醛和酮等不能被兼容，这些基团在反应中首先被还原。其

次，共轭的环外双键也不能被兼容，会被还原成烷基。但是孤立的环外双键活性较低，可以被兼容。例如：

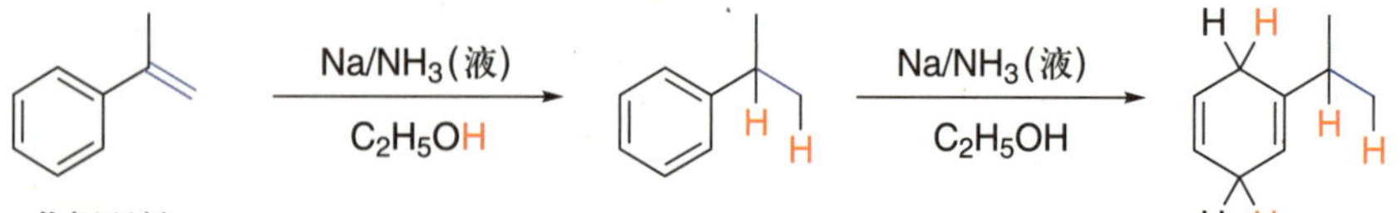

共轭双键

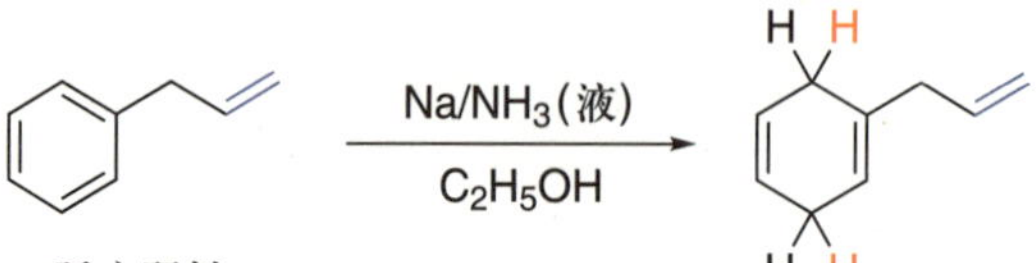

孤立双键

和简单苯环类似，稠芳环也可以进行 Birch 还原反应。例如，萘环经 Birch 还原反应得到 1,4- 二氢化萘。如果提升反应的温度到 150 ℃,则会进一步还原为四氢化萘。

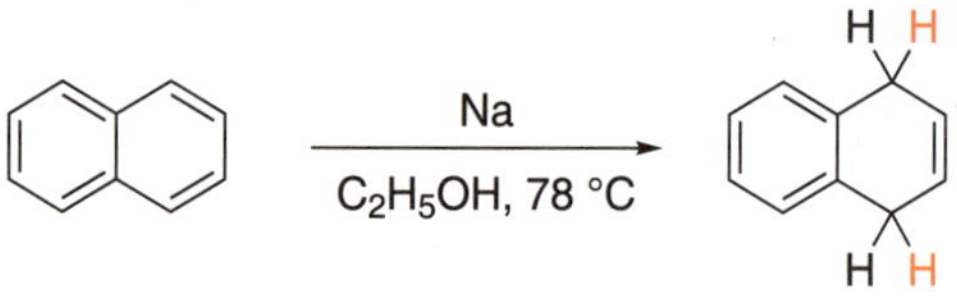

1,4-二氢化萘

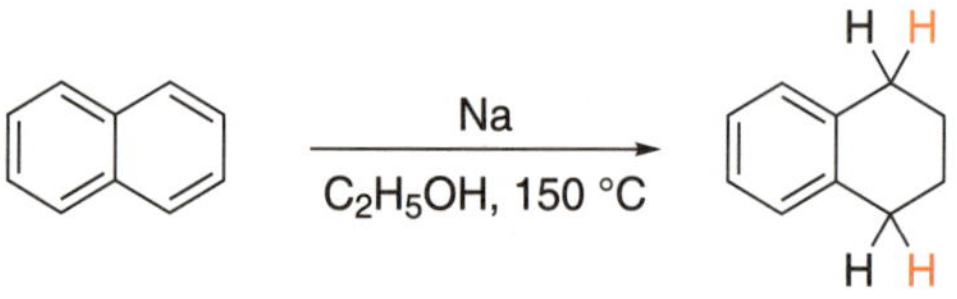

四氢化萘

同样地，蒽和菲也可以进行 Birch 还原反应，得到相应的 9,10- 二氢蒽和 9,10- 二氢菲。9,10- 二氢蒽和 9,10- 二氢菲都是医药工业中的重要中间体，也可以用于光电材料的制备、溶剂等。

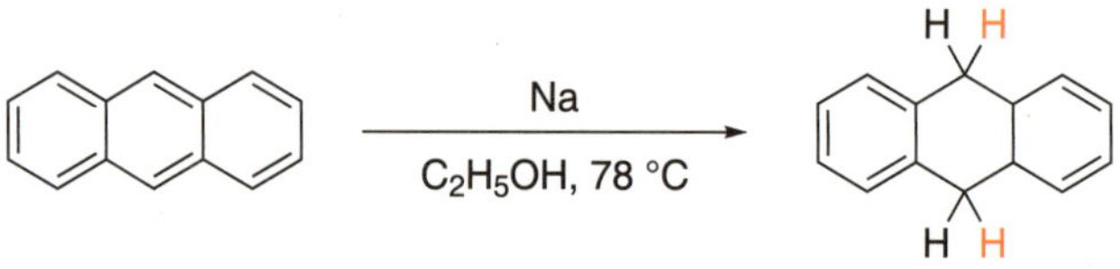

9,10-二氢蒽
9,10-dihydroanthracene

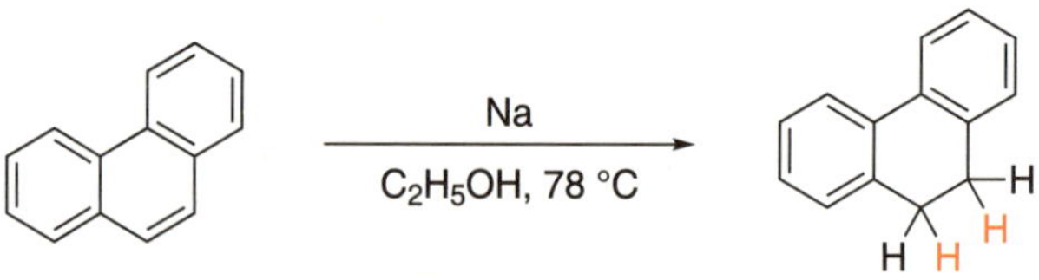

9,10-二氢菲
9,10-dihydrophenanthrene

Birch 还原反应的无液氨化改进

　　Birch 还原反应是在 1944 年由澳大利亚化学家 Arthur John Birch 发现的。该还原反应的重要性在于：反应可以停留在更为活泼的环己双烯阶段，而不继续还原。反应中的金属还原剂可以是锂、钠或钾，使用的醇可以是甲醇、乙醇或叔丁醇等。反应中的液氨长期以来被认为是必不可少的溶剂，以溶解碱金属形成溶剂化电子。然而，液氨的使用也大大增加了操作的烦琐程度和安全风险。因此，使用其他更易操作和更为安全的试剂代替液氨受到了广泛的关注和研究。Kazunori Koide 等人使用乙二胺代替液氨，可以在温和条件下以四氢呋喃为溶剂，锂为还原剂，实现芳烃的 Birch 还原反应。该方法在室温下反应、设备要求低、操作简便、成本低、快速、可规模化、安全性高，而且对富电子和缺电子芳烃都有很好的效果，具有广泛的底物适用性。

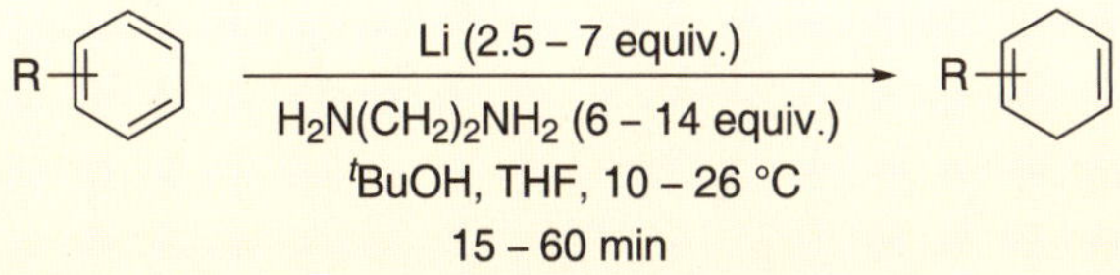

$$R \text{—} \boxed{} \quad \xrightarrow[\substack{H_2N(CH_2)_2NH_2 \ (6-14 \text{ equiv.}) \\ ^tBuOH, \ THF, \ 10-26\ ^\circ C \\ 15-60 \text{ min}}]{Li \ (2.5-7 \text{ equiv.})} \quad R \text{—} \boxed{}$$

思考题 12.5

画图解释苯甲酸和苯甲醚 Birch 还原产物的选择性和活性的差别。

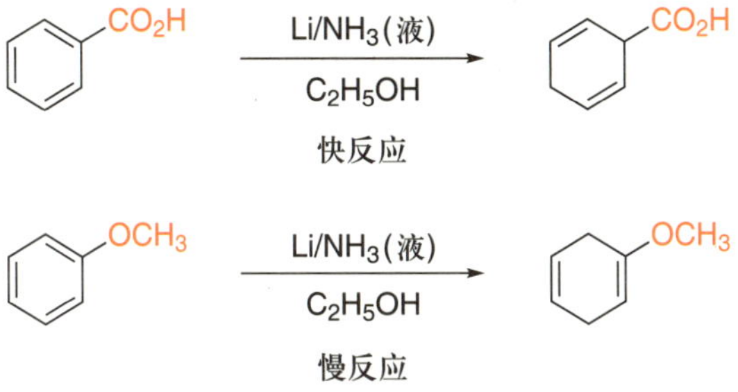

苯甲酸 CO_2H $\xrightarrow[C_2H_5OH]{Li/NH_3(液)}$ 产物 CO_2H

快反应

苯甲醚 OCH_3 $\xrightarrow[C_2H_5OH]{Li/NH_3(液)}$ 产物 OCH_3

慢反应

思考题 12.6

写出下列反应的产物。

(1) 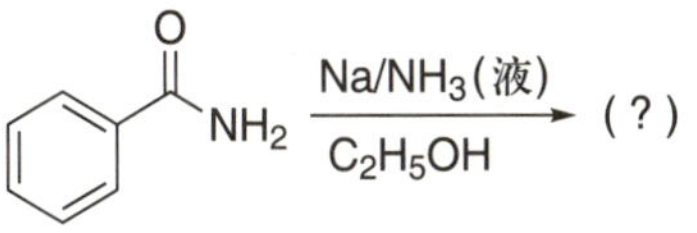 PhC(=O)NH_2 $\xrightarrow[C_2H_5OH]{Na/NH_3(液)}$ (?)

(2) $H_3CO\text{—naphthalene—}OCH_3$ $\xrightarrow[(CH_3)_3COH]{Li/NH_3(液)}$ (?)

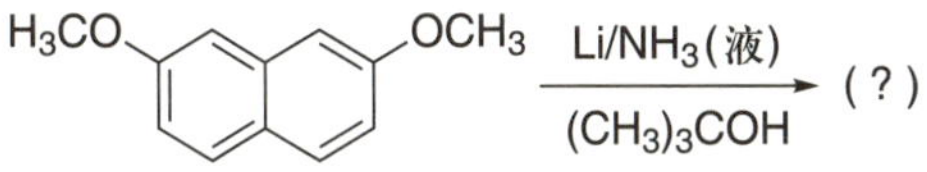

思考题 12.7

α-tetralone 进行 Birch 还原反应能以较高的产率生成单一的产物。预测产物的结构，并给出合理的解释。

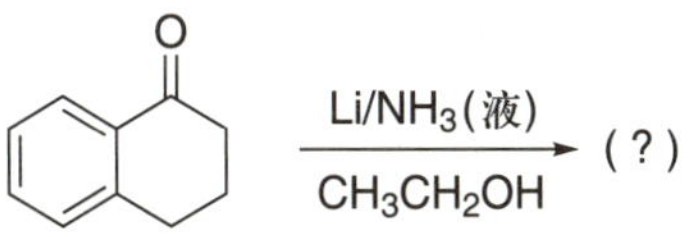

(α-tetralone, O) $\xrightarrow[CH_3CH_2OH]{Li/NH_3(液)}$ (?)

催化氢化

苯环不易氢化。但是在合适催化剂和较为剧烈的反应条件下依然可以进行催化氢化，生成彻底氢化的环己烷。这也是商业上制备环己烷最为常用的方法。反应很难停留在环己烯或环己二烯中间体阶段，因为这些中间体更容易被氢化。

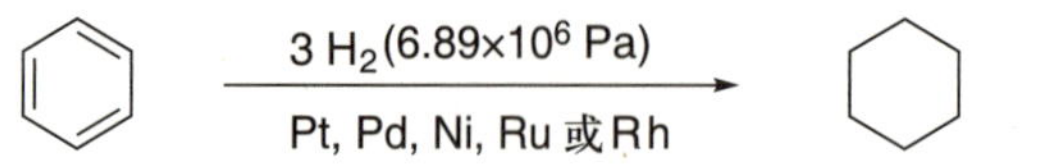

环己烷, 100%

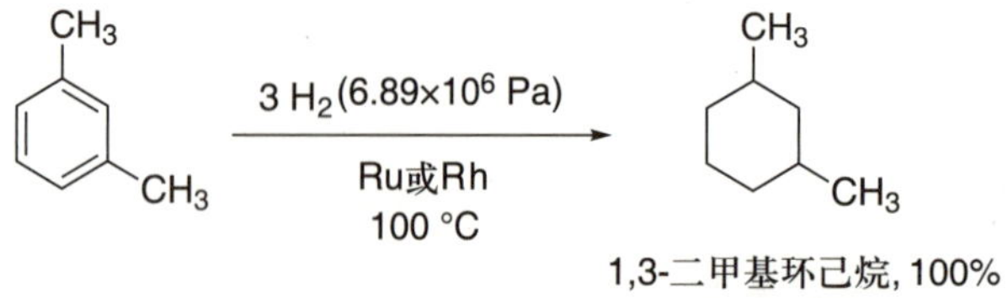

1,3-二甲基环己烷, 100%
(*cis*和*trans*的混合物)

　　使用合适的催化剂，可以在较为温和的条件下，选择性地还原苯环，而不还原其他极性双键。例如，用非均相 Pd/C 催化剂在 Lewis 酸 AlCl$_3$ 存在下，可以选择性地还原苯酚，生成环己酮，环己醇产物极少。反应中，Lewis 酸的存在既提升了苯环还原的反应活性，又通过和环己酮的配位，避免了环己酮的进一步还原。使用大位阻的富电子性卡宾配体，Rh 催化剂也可以把苯酚还原为环己酮，不需要使用 Lewis 酸 AlCl$_3$。而且，该催化体系还可以还原含各种酮羰基的芳香化合物，生成苯环完全被还原的产物，酮羰基不被还原。

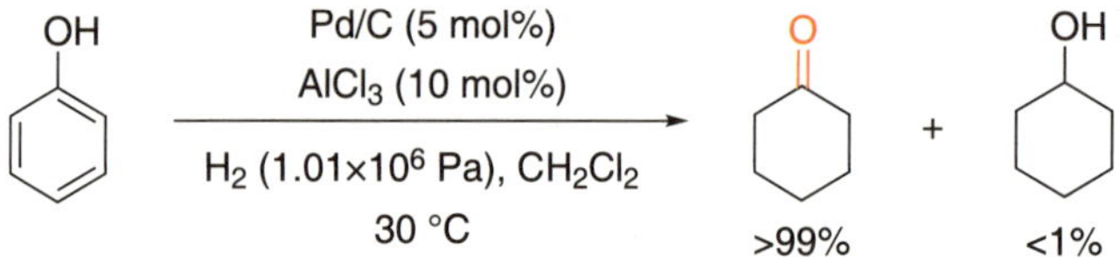

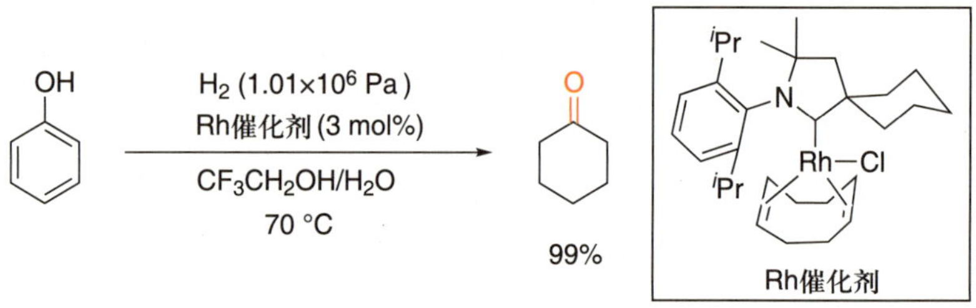

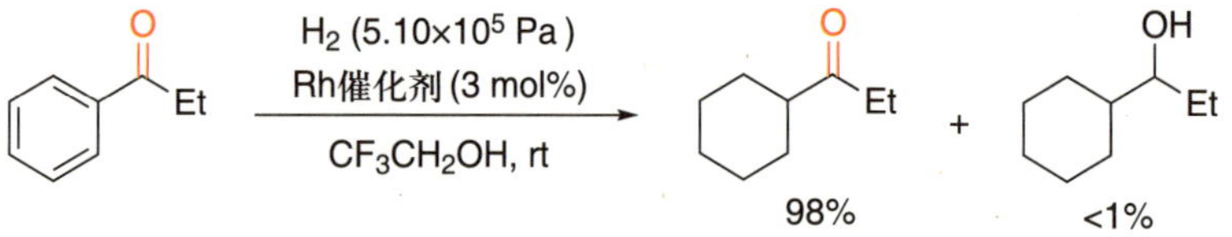

　　萘在高温高压的条件下催化氢化，可以得到反式和顺式十氢化萘的混合物。十氢化萘也称为萘烷，是重要的高沸点溶剂，也可以用作除漆剂、润滑剂、松节油的替代品等用途。

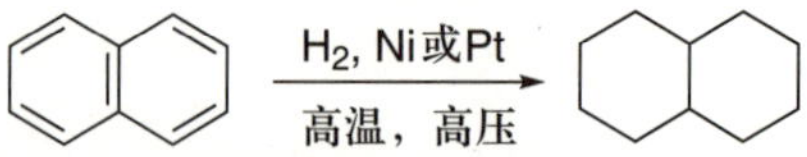

反式和顺式十氢化萘的结构和构象：

结构

构象 反十氢化萘 顺十氢化萘

思考题 12.8

写出下列反应的产物。

(1) $\xrightarrow[\text{Rh, 100 °C}]{H_2 (6.89 \times 10^6 \text{ Pa})}$ (？)

(2) $\xrightarrow[\text{Rh, 100 °C}]{H_2 (6.89 \times 10^6 \text{ Pa})}$ (？)

12.3.2 芳环的氯化及其他加成反应

苯环通常难以发生自由基取代反应。但是在紫外光照射下或在加热加压的条件下，苯环可以和过量的氯气发生加成反应，生成 1,2,3,4,5,6-六氯环己烷。其中一个异构体称为"六六六"，是早期广泛使用的杀虫剂。研究表明，苯与氯气的加成为自由基加成机理，反应过程中很难捕捉得到加成反应中间体。第 1 当量氯气加成破坏了苯的芳香性，需要较强烈的反应条件。第 1 当量氯气加成完成后，生成的中间体更加活泼，第 2 和第 3 当量氯气的加成快速完成，反应不能停留在二氯或四氯阶段。

六六六 (lindane)

在光照和低温的条件下，苯环可以和 4-甲基-1,2,4-三唑啉-3,5-二酮化合物发生 Diels-Alder 反应，生成桥环化合物。

相比于简单苯环，稠环芳烃更容易发生加成反应。例如，蒽环可与 Br_2 发生 9 位和 10 位的 1,4-加成反应，而菲环可与 Br_2 发生 9 位和 10 位的 1,2-加成反应，生成相应的 9,10-二溴-9,10-二氢蒽和 9,10-二溴-9,10-二氢菲。

六氯环己烷有 8 种同分异构体，分别称为 α、β、γ、δ、ε、η、θ 和 ξ。其中 γ 异构体杀虫效力最高，α 异构体次之，δ 异构体又次之，β 异构体效率最低。γ 异构体称为"六六六"，用途广泛、制造容易、价格便宜，20 世纪 50-60 年代在全世界广泛生产和使用，也曾经是我国产量和用量最大的农药。"六六六"是一种有机氯杀虫剂，也是广谱杀虫剂，具有消毒、触杀和熏蒸三种作用方式。效力强而持久，属高残留农药品种。用以防治蝗虫、稻螟虫、小麦吸浆虫等农业害虫和蚊、蝇、臭虫等卫生害虫。但"六六六"化学性质稳定，难以降解，易通过食物链在人体蓄积，具有慢性和潜在的毒性作用，包括造成急、慢性中毒，侵害肝、肾及神经系统，损害内分泌及生殖系统等。由于残留污染严重（"六六六"的残留期长达 50 年），我国现已禁止使用。

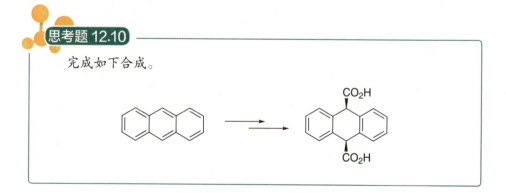

9,10-二溴-9,10-二氢蒽

9,10-二溴-9,10-二氢菲

此外，蒽还可以和各种亲双烯体进行 Diels-Alder 反应，得到 [4+2] 环加成的产物，反应主要发生在 9 位和 10 位，反应产物中保留了蒽的两个苯环，热力学稳定性更好。

思考题 12.9

写出六氯环己烷的最稳定异构体的结构。

思考题 12.10

完成如下合成。

12.4　芳环的氧化反应

苯环一般难以氧化，只有在非常剧烈的反应条件下才可以发生环的氧化，生成顺丁烯二酸酐，又称为顺酐，或马来酸酐。它是重要的工业原料，用于合成玻璃钢、黏合剂等。

相比于简单苯环的氧化，稠芳环的氧化则相对容易得多。例如，萘环可以很容易氧化成 1,4- 苯醌。因此，无法通过侧链氧化的方法来制备萘甲酸。

用较强烈的氧化条件 (KMnO$_4$) 氧化 1- 甲基萘，主要得到邻苯二甲酸，而不是萘甲酸。用 KMnO$_4$ 氧化 1- 硝基萘，主要得到 3- 硝基邻苯二甲酸。氧化反应主要发生在电子云密度更大的苯环上。

工业上以五氧化二钒为催化剂，在高温条件下，通过空气氧化萘，可以制备邻苯二甲酸酐。邻苯二甲酸酐是重要的化工原料，可用于生产邻苯二甲酸酯类增塑剂、染料、涂料等重要化工产品。

　　同样地，蒽和菲都可以相对容易地氧化成相应的蒽醌和菲醌，反应位置主要在活性高的 9 位和 10 位。蒽醌是染料工业中的重要中间体。菲醌是重要的农药，可以用作杀菌剂，也可以用于光导材料的制备。

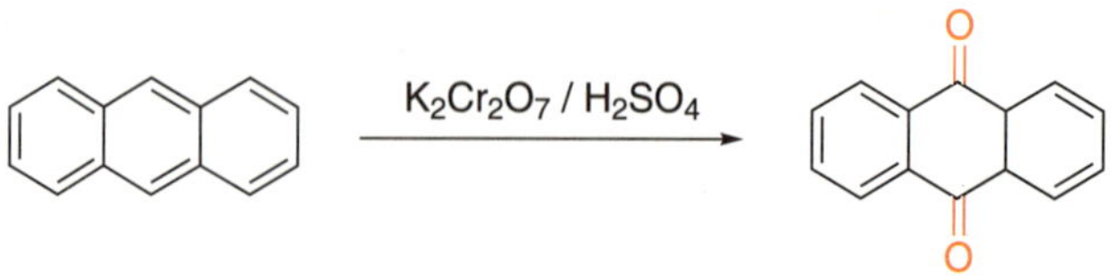

9,10-蒽醌
9,10-anthraquinone

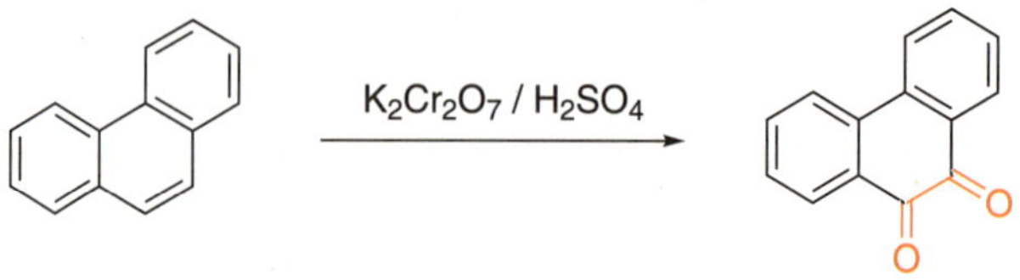

9,10-菲醌
9,10-phenanthraquinone

　　工业上可以通过 V_2O_5 气相催化氧化法，或苯酐法制备蒽醌。苯酐法制备蒽醌的过程中，首先通过邻苯二甲酸酐和苯在 $AlCl_3$ 催化的条件下进行 Friedel-Crafts 酰基化反应，然后浓硫酸催化加热脱水可制备得到蒽醌。

　　V_2O_5 气相催化氧化法制备蒽醌：

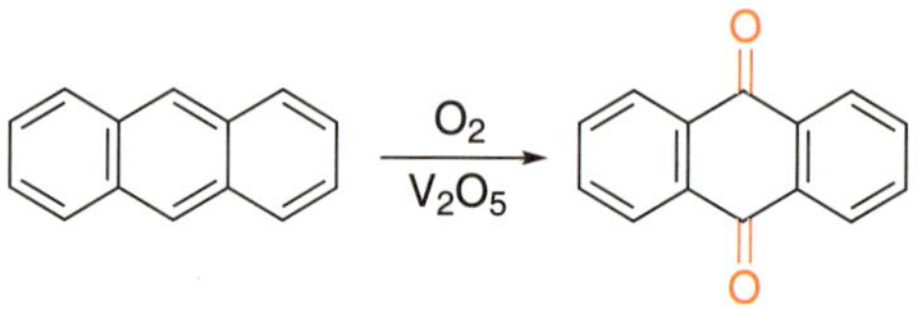

苯酐法制备蒽醌：

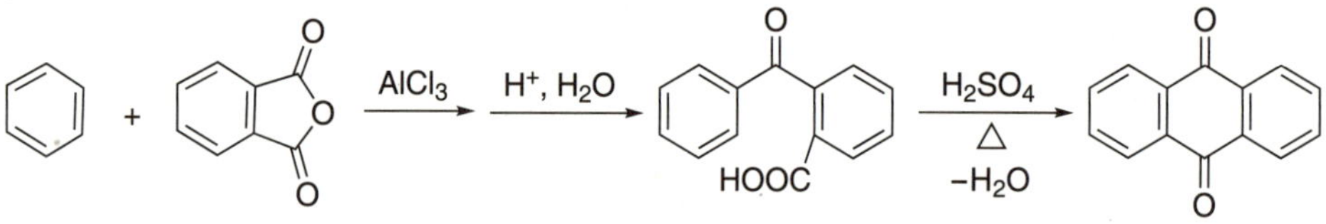

　　当芳环上含有给电子基团时，如羟基、氨基等，芳环的氧化会变得更为容易。例如，间甲基苯酚很容易被氧化成相应的醌类化合物。对苯二酚则用很弱的银盐就可以被氧化为苯醌，该反应被用于黑白胶片显影。当含有溴化银晶体颗粒的底片被曝光后，该部分溴化银被活化。当使用显影剂 (对苯二酚) 时，曝光后活化的溴化银将发生氧化反应，生成黑色的银颗粒，从而产生负相。

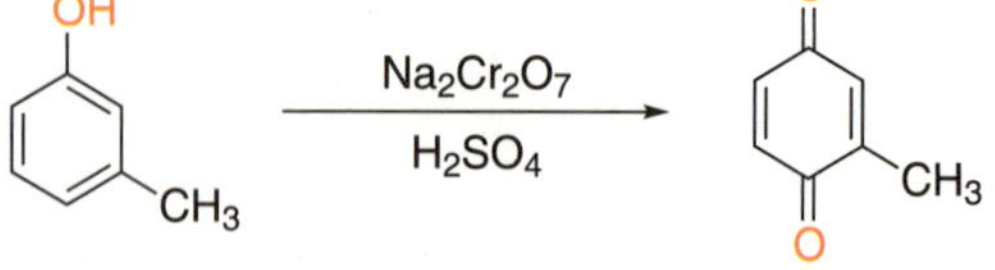

2-甲基-1,4-苯醌

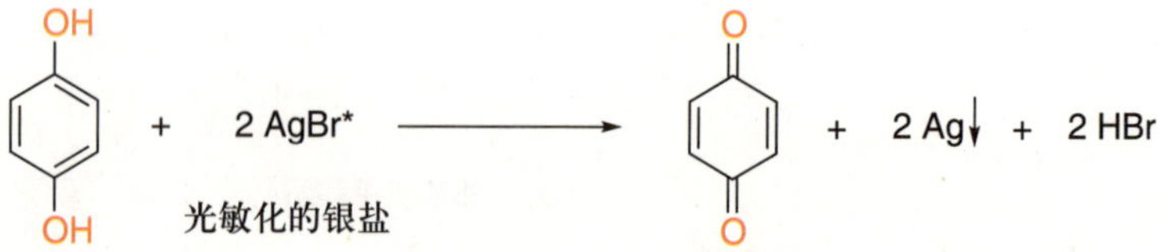

光敏化的银盐

1,4-苯醌

苯酚类化合物易被氧化去芳构化的性质可应用于各类合成反应中，用于构建多环体系或多取代的环状化合物。例如，使用醋酸碘苯作为氧化剂，可以将苯酚衍生物氧化，伴随着分子内的醇亲核试剂加成，可以合成螺环化合物(图 12-8)。

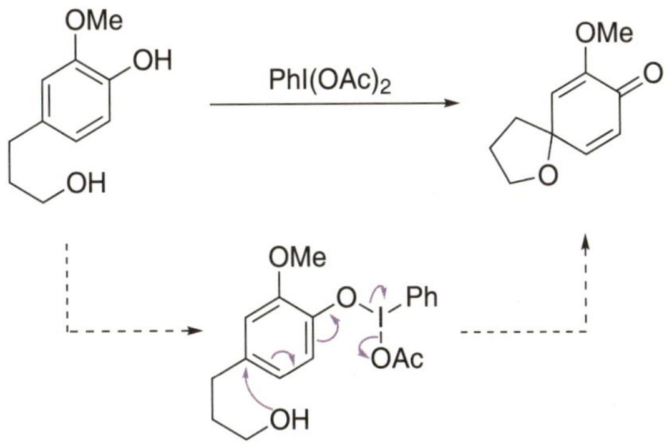

图 12-8 苯酚衍生物的去芳构化环化反应

思考题 12.11

解释为什么不能用 2-甲基萘制备 2-萘甲酸。

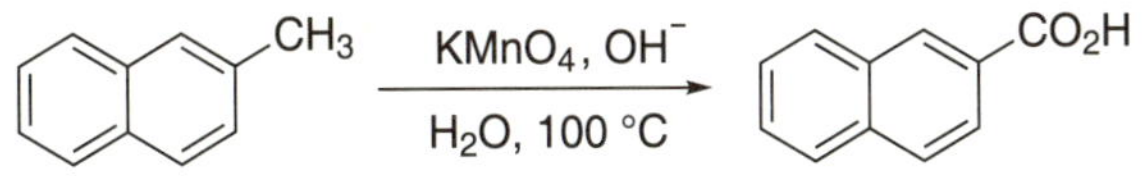

无法得到

思考题 12.12

完成下列合成。

(1)

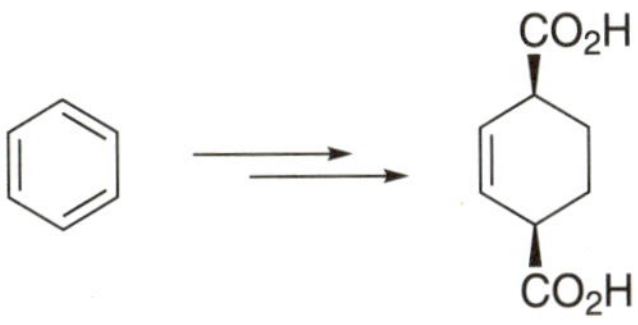

(2)

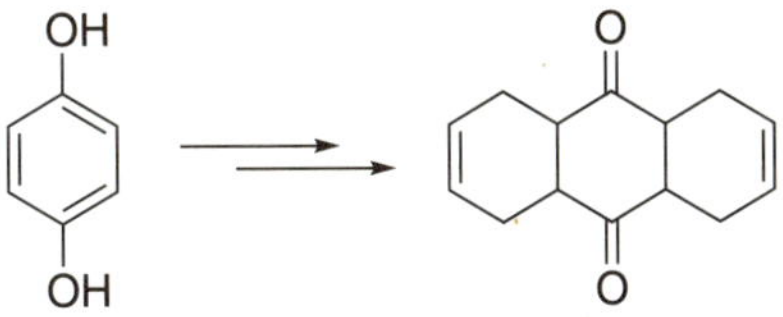

12.5 芳环侧链的转化反应

苯环大 π 键的存在对芳基苄位的反应性有着直接的影响(图 12-9)。一方面，由于 p-π 共轭效应，苄位自由基、碳正离子等活性中间体较为稳定，容易形成，导致苄位的氢、卤素原子等容易离去，生成相应的苄位自由基和碳正离子，从而有利于发生自由基取代反应和 S$_N$1 取代反应。另一方面，在苄基卤化物和亲核试剂作用后形成的

Walden 翻转过渡态中，同样存在苯环大 π 键和苄位的 p 轨道的 p-π 共轭效应，降低了 Walden 翻转过渡态的能垒，提升了 S_N2 亲核取代反应的活性。

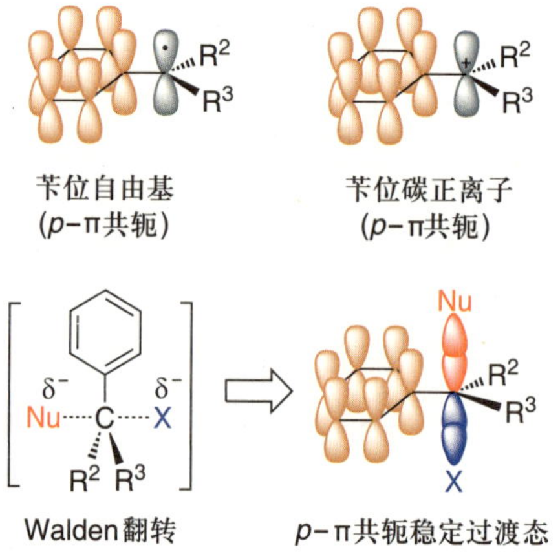

图 12-9　p-π 共轭导致的苄基活性中间体或过渡态的稳定性效应

苄基自由基的稳定性和烯丙基自由基类似。常见自由基的稳定性顺序如下：

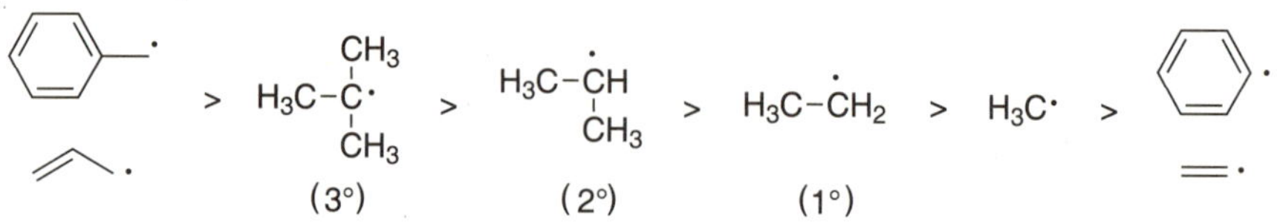

其中，苄基自由基和烯丙基自由基相对最为稳定。其次，叔烷基自由基 (3°)、仲烷基自由基 (2°)、伯烷基自由基 (1°) 和甲基自由基的稳定性依次降低。最不稳定的自由基是乙烯基自由基和苯基自由基，因为该自由基单电子 p 轨道垂直于大 π 体系，无法离域稳定，且缺乏邻位 σ 键的超共轭稳定效应。

同样，苄基碳正离子的稳定性和烯丙基碳正离子、叔丁基碳正离子 (3°) 类似，远远高于 2° 和 1° 碳正离子。

12.5.1　芳环侧链的卤代反应及苄基卤代物的取代反应

芳环侧链的卤代反应

烷基苯的卤代反应可以发生在苯环上，也可以发生在侧链上。通过控制不同的反应条件，可得到不同的取代产物，例如：

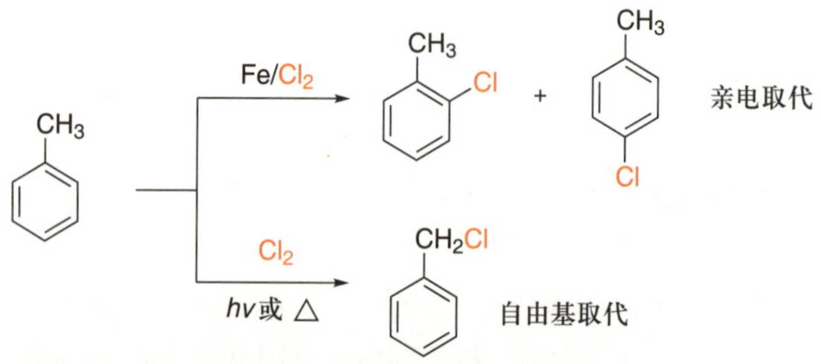

苯环上的取代是亲电取代反应，需要氯化铁和氯气产生氯正离子。而侧链的取代是自由基历程，类似于烷烃的自由基取代反应，历程如下：

引发：　　　$Cl_2 \xrightarrow{h\nu \text{或} \triangle} 2\ Cl\cdot$

氯化：

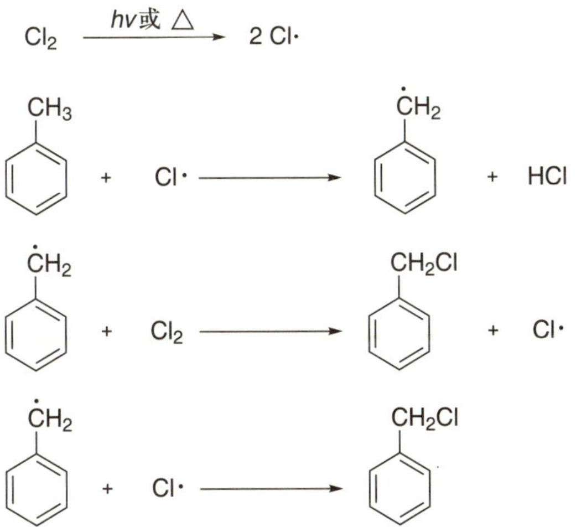

苄基氯化物可以进一步取代，生成二氯甲苯，三氯甲苯。控制氯气的用量，可使反应停留在一氯代阶段。这三种氯化物是合成醇、醛、酸的重要原料。

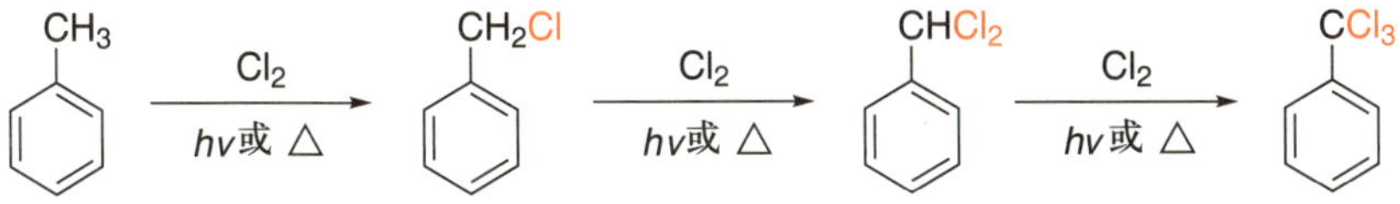

乙基苯经溴代后可全部生成 α 位（苄位）溴代的产物，而没有 β 位溴代的产物，说明苄基自由基的稳定性远远高于 1° 烷基自由基。但是，乙基苯的氯化和溴化还是有差别的。由于氯自由基活性较高，在得到 α 位氯化产物的同时也得到 β 位氯化产物。

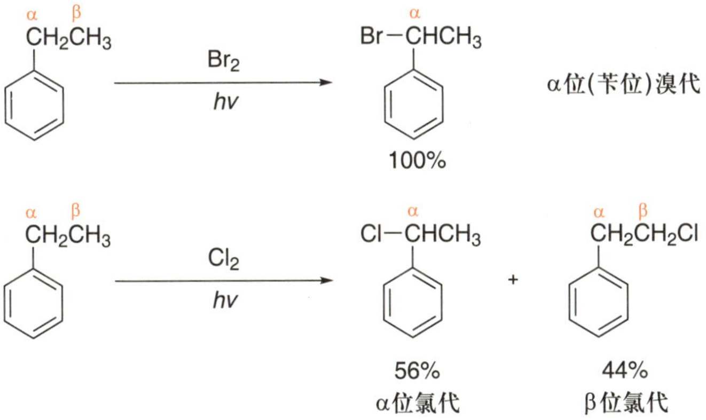

苄基卤代物的取代反应

由于苯环的离域效应，苄基卤代物也是比较活泼的反应前体，可以发生各种亲核取代反应。

苄基卤代物单分子的亲核取代反应（S_N1）

由于苄基正离子稳定性和 3° 碳正离子相当，苄基卤代物比 1° 和 2° 烷基卤代物更容易生成碳正离子，然后和亲核试剂结合，生成相应的取代产物。

例如，苄基溴可以和乙醇发生 S_N1 取代反应，生成相应的苄基醚。反应中，苄基溴先生成苄基正离子，然后苄基正离子和乙醇结合，释放一分子 HBr，生成苄基醚。

苄位所连接的芳环越多，碳正离子越稳定。例如三苯基碳正离子就异常稳定，它的氟硼酸盐固体可以保存数年。

苄基卤代物双分子亲核取代反应（S_N2）

同样，由于苯环大 π 键存在，苄基卤化物的双分子亲核取代反应的速率是相应的一级卤代物反应速率的 100 倍以上。例如，苄基溴很容易和甲醇钠或氰化钠发生亲核取代反应，生成相应的苄基醚和苯乙腈衍生物。

思考题 12.13

比较下面化合物在光照条件下各碳原子上氢被溴取代的难易程度。

12.5.2　烯基苯的反应

烯基苯侧链含有双键，既具有烯烃的反应性，又具有苯环及苄位的特性。它可以发生双键特有的加成反应，又能进行环上的取代反应。同时，由于苄基自由基和苄基碳正离子的特殊稳定性，还能发生独特的苄位选择性反应。

烯基苯的双键加成反应

与苯环共轭的双键受苯环的影响，活性增加。例如，1-苯基丙-1-烯与溴化氢加成时，无论是亲电加成还是自由基加成，反应的活性都比丙烯的高。这是因为在亲电加成时，会生成稳定性较高的苄基碳正离子，而在自由基加成中，则会生成稳定性较高的苄基自由基。这些较稳定的中间体会明显降低反应的活化能，从而使其比简单烯烃具有更高的活性。

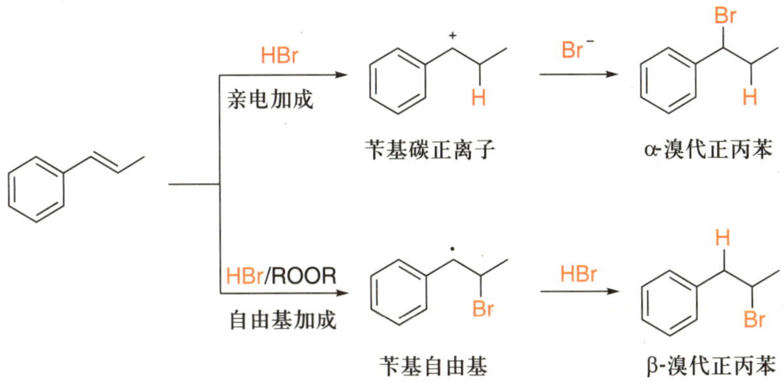

苯乙烯在温和条件下可以被氢化还原为乙苯，进一步更为剧烈地还原则会生成乙基环己烷。

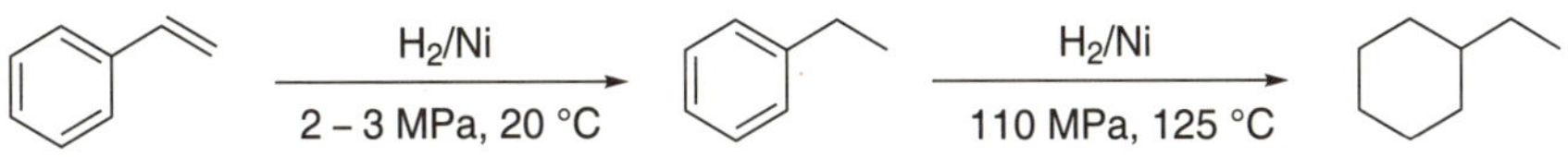

苯乙烯聚合和离子交换树脂

苯乙烯在工业上具有广泛的用途。苯乙烯容易聚合成聚苯乙烯。聚苯乙烯是重要的热塑性塑料，具有高于 100 ℃ 的玻璃化温度，经常被用来制作各种承受开水温度的一次性容器或泡沫饭盒等。

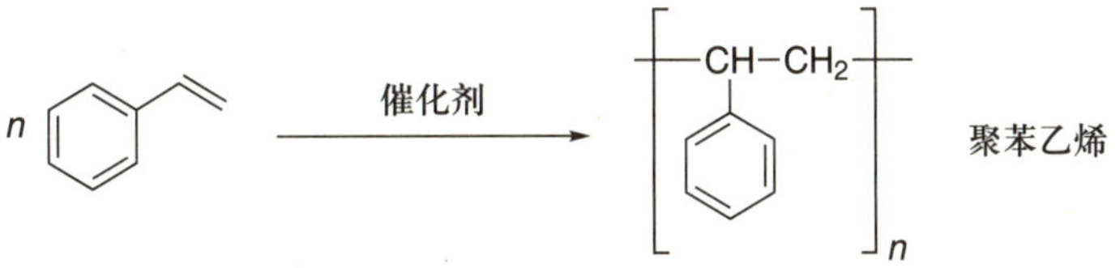

苯乙烯的阻聚

苯乙烯受热和在光照条件下会发生聚合，平时储存时要加入阻聚剂对苯二酚。对苯二酚的阻聚机理如下：

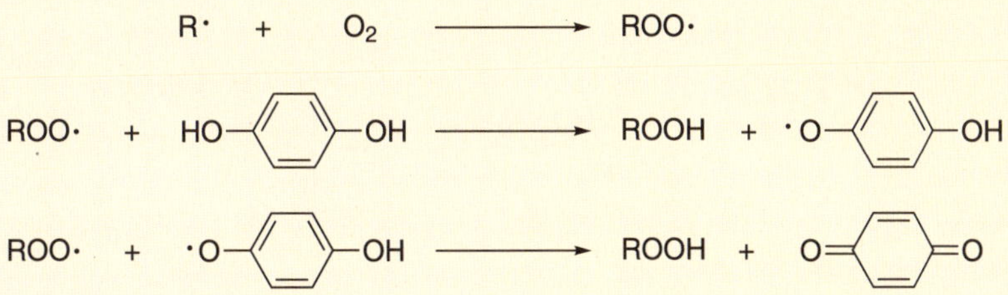

对苯二酚价格低，常温阻聚效果好，是较为常用的苯乙烯阻聚剂。在苯乙烯单体中，一般添加 $10 - 20 \text{ mg·kg}^{-1}$ 即可。对于分子量要求不高的常规聚合，苯乙烯单体不需要纯化处理。对于聚合分子量有较高要求的特殊聚合，使用前需要严格除去添加的阻聚剂，去除方法包括重蒸、碱洗、树脂与活性炭吸附等。除完阻聚剂的苯乙烯单体是无色液体，需要低温储存，并尽快使用，否则很容易在室温下自聚成寡聚物，变成淡黄色，液体的黏度也会增加，从而难以进行聚合反应。

苯乙烯和丁二烯共聚可以制备丁苯橡胶。丁苯橡胶的结构、加工性能及性能接近于天然橡胶。有些性能如耐磨、耐热、耐老化和硫化速率比天然橡胶更为优良。丁苯橡胶广泛用于轮胎、胶带、电线电缆和医疗器具等领域，是最大的通用合成橡胶品种之一。

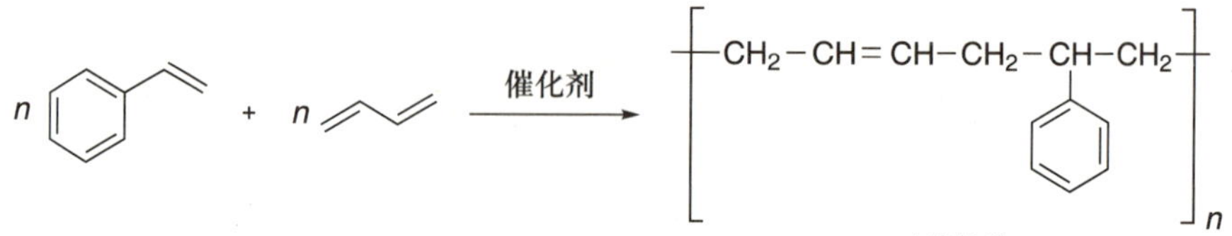

丁苯橡胶

苯乙烯和二乙烯苯共聚可以合成具有交联结构(聚合物链之间有化学键相连)的聚苯乙烯。这些聚合物具有长分子主链和交联横链的网络骨架,既不熔化,也不溶解,具有相当的硬度。

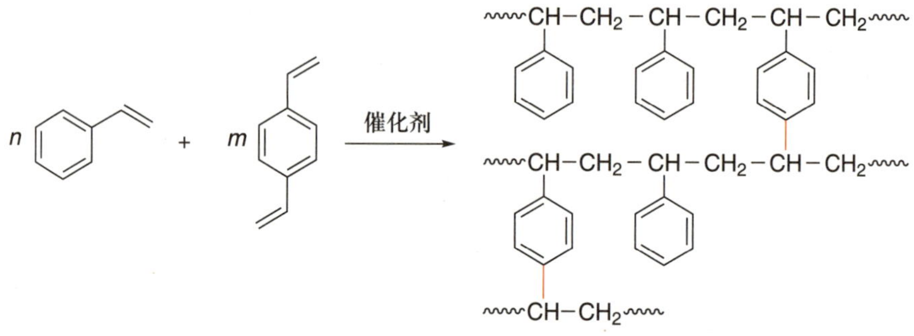

交联聚苯乙烯

苯乙烯的交联聚合物上可以引入各种基团,如磺酸基、氨基等,形成阳离子型或阴离子型离子交换树脂(图 12-10)。离子交换树脂可以在水相中与某些正的或负的离子进行交换。

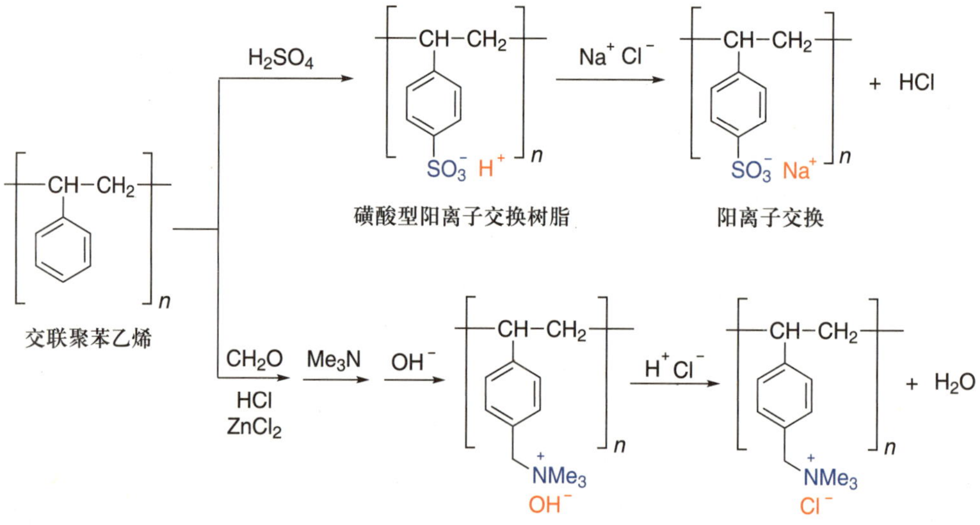

图 12-10 阳离子型和阴离子型交换树脂的合成与应用

当将磺酸型阳离子交换树脂浸入水中后,磺酸解离释放出质子,与水中的其他阳离子(如 Na^+)进行交换,从而吸附这些金属阳离子。季铵型阴离子交换树脂的季铵碱是强碱,强度和氢氧化钾相当,可以与水中的阴离子(如 Cl^-)进行交换,从而吸附水中的氯离子。吸附了水中的阳离子或阴离子的树脂,可以再用强酸或强碱进行逆交换处理得到再生。

离子交换树脂的种类很多,不但可以用于水处理,还可以用来提纯稀有元素、分离氨基酸、催化有机反应等，用途十分广泛。

思考题 12.14

以苯为原料，合成下列化合物。

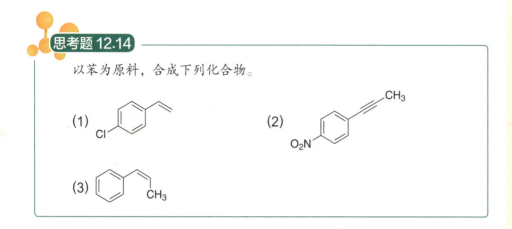

(1)

(2)

(3)

去离子水的制备

实验室和工业上常常需要用去离子水。制备去离子水的常用方法是让含有金属离子和 HCO_3^-，HSO_4^- 等负离子的普通水通过强酸性阳离子交换树脂，水中的金属离子与树脂的质子进行交换而被吸附。流出的含有 HCO_3^-，HSO_4^- 的水再通过强碱性阴离子交换树脂，则进一步可以将这些阴离子吸附，最终得到去离子水。失效的离子交换树脂可以通过化学法和电解法得到再生。相比于传统的蒸馏法，离子交换法制备去离子水的优点是操作简便、设备简单、出水量大、成本低。离子交换法可以除去普通水中绝大部分盐类、碱和游离酸，但不能除去有机物和非电解质。

12.5.3 芳环侧链的氧化反应

烷烃和苯环对氧化剂通常都很稳定。但烷基苯在苯环大 π 键的影响下可被强的氧化剂如高锰酸钾、重铬酸钾和硝酸氧化，生成苯甲酸。烷基苯 (除不含 α 氢的叔丁基) 无论烷基链多长，氧化后都生成苯甲酸。反应的第一步，氧化剂从苯环的苄位攫氢，一旦反应开始发生，氧化剂就持续在苄位发生氧化反应，直至得到羧基结构。这是合成苯甲酸的重要方法。此外，除一些高氧化态的官能团，如硝基 (-NO₂)、卤素、羧基 (-CO₂H) 和磺酸基 (-SO₃H) 可以在该氧化体系中得以保存外，其他官能团一般都很难在此氧化体系中保存下来。

侧链的氧化与侧链的 α 氢有关，叔丁苯没有 α 氢，可以在一定程度上抗氧化。如果条件更为剧烈，苯环可以被氧化，生成三甲基乙酸。

除侧链烷基外，烯基、炔基和酰基如果连在苯环上，也可以被强氧化剂氧化成羧基。

$$\text{（苯乙酮）} \xrightarrow[\text{2) H}^+\text{, H}_2\text{O}]{\text{1) KMnO}_4\text{, OH}^-\text{, }\triangle} \text{（苯甲酸 COOH）}$$

对二甲苯经高锰酸钾氧化可以生成对苯二甲酸，该产物是合成涤纶的重要原料。

$$H_3C-\text{（苯环）}-CH_3 \xrightarrow[\triangle]{KMnO_4} HOOC-\text{（苯环）}-COOH$$

对二甲苯   对苯二甲酸

思考题 12.15

以甲苯为原料合成下列化合物。

(1) 间硝基苯甲酸 CO_2H，NO_2

(2) 对硝基苯甲酸 CO_2H，NO_2

(3) CO_2H，Cl，NO_2

(4) CO_2H，Cl，$C(CH_3)_3$

本章学习要点

(1) 芳香化合物亲核取代反应的两类途径：加成–消去机理和苯炔机理。

(2) 芳环的 Birch 还原反应的机理及区域选择性。

(3) 芳环侧链的卤化反应及苄基自由基的稳定性。

(4) 苄基卤化物 S_N1 亲核取代反应及苄基正离子的稳定性。

(5) 芳环侧链的氧化反应。

习题

12.1 试写出下列反应的主要产物。

(1) （四氢化萘） $\xrightarrow[\triangle]{KMnO_4}$ (?)

(2) （萘） $\xrightarrow[C_2H_5OH]{Na/NH_3}$ (?)

(3) （苯）$-CH=CH-CH_3$ $\xrightarrow{HBr/ROOR}$ (?)

(4) （苯）$-CH=CH-CH_3$ $\xrightarrow{HCl}$ (?)

(5) H_3CO-（苯）$-CH=CH-$（苯） $\xrightarrow{HBr}$ (?)

(6) NH_2，NO_2 $\xrightarrow[\text{2) CuCN}]{\text{1) NaNO}_2\text{, HCl}}$ (?)

(7) Cl，I，NO_2，NO_2 $\xrightarrow{NaOCH_3}$ (?)

(8) H_3CO-（苯）$-CH_3$ $\xrightarrow[h\nu]{Br_2}$ (?)

(9) $\text{（对碘苯乙酮）} + \text{CH}_2=CH-COOH \xrightarrow[Na_2CO_3\text{, }H_2O]{PdCl_2}$ (?)

12.2 回答下列问题。

(1) 比较下列两个烯烃异构体的稳定性，并解释。

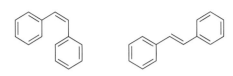

(2) 顺-1,2-二苯乙烯可在下列条件下转变为反-1,2-二苯乙烯，试解释转变的机理。

$$\xrightarrow[\text{或 HBr(少量)/ROOR}]{\text{Br}_2\text{(少量)}/h\nu}$$

(3) 为什么反-1,2-二苯乙烯不能转变为顺-1,2-二苯乙烯？

12.3 按与 $NaOCH_3$–CH_3OH 反应的活性顺序排列下列化合物。

A　　B　　C

D　　E

12.4 写出下列反应的产物，并解释其生成机理。

(1)
$$\xrightarrow[350\ ^\circ C]{\text{NaOH, H}_2\text{O}}\quad 两个产物$$

(2)
$$\xrightarrow[\text{CH}_3\text{CH}_2\text{OH}]{\text{Na/NH}_3}\quad 单一产物$$

12.5 以苯或甲苯为原料，结合必要的无机试剂，合成下列酚类化合物。

(1)　　(2)

(3)　　(4)

(5)　　(6)

12.6 向氯苯和浓 NaOH 的 350 ℃条件下的反应液中加入蒽，会生成一个分子式为 $C_{20}H_{14}$ 的产物。推测该化合物的结构，并解释反应的机理。

$$\text{+}\quad\xrightarrow[350\ ^\circ C]{\text{NaOH, H}_2\text{O}}\quad C_{20}H_{14}$$

12.7 橙剂 (agent orange)，是掺杂了一种剧毒物质 2,3,7,8-四氯二苯并二噁英 (TCDD) 的致命毒剂，由于这些落叶剂或除草剂装运容器上的橙色条纹，故名"橙剂"。其有效成分为植物生长调节剂 2,4,5-三氯苯氧乙酸 (2,4,5-T; 2,4,5-trichlorophenoxyacetic acid) 和 2,4-二氯苯氧乙酸 (2,4-D; 2,4-dichlorophenoxyacetic acid)，会导致植物落叶。由于剧毒二噁英的存在，可造成严重的环境危害。其中，2,4,5-三氯苯氧乙酸是由 1,2,4,5-四氯苯先和 NaOH 反应，然后再和 $ClCH_2CO_2Na$ 反应制备。

1,2,4,5-tetrachlorobenzene
$$\xrightarrow[\triangle]{\text{NaOH, H}_2\text{O}}$$

$$\xrightarrow{\text{ClCH}_2\text{CO}_2\text{Na}}\quad\xrightarrow{H^+}$$

2,4,5-trichlorophenoxyacetic acid
(2,4,5-T)

(1) 写出此过程的机理。

(2) 该反应有一个重要的副产物就是 2,3,7,8-四氯二苯并二噁英 (TCDD)。写出该副产物的生成机理，并设想如何抑制该副产物的生成。

2,3,7,8-tetrachlorodibenzodioxin
(TCDD)

12.8 使用邻氟溴苯制备格氏试剂时，会产生如下的少量副产物。经过大量的重复实验，发现是由四氢呋喃溶剂中含有少量的呋喃造成的。试解释该产物的生成机理。

12.9 完成下列反应。

(1) $\xrightarrow[h\nu]{过量Cl_2}$ (?) $\xrightarrow{Cl_2}{Fe}$ (?)

(2) $\xrightarrow[Fe]{Cl_2}$ (?) $\xrightarrow[过量Cl_2]{\triangle}$ (?)

(3) $\xrightarrow[h\nu]{Cl_2}$ (?) $\xrightarrow[CH_3OH]{NaOH}$ (?)

(4) $\xrightarrow[h\nu]{Br_2}$ (?)

12.10 2,4‑dichlorophenoxyacetic acid (2,4-D) 是最为常见的阔叶杂草的选择性除草剂。请尝试用苯、氯乙酸 (ClCH$_2$COOH) 和其他必要试剂合成 2,4-D。

2,4-dichlorophenoxyacetic acid
(2,4-D)

12.11 完成下列反应。

(1) $\xrightarrow{Cl_2/H_2O}$ (?)

(2) $\xrightarrow[H_2SO_4/H_2O]{Hg^{2+}}$ (?)

(3) $\xrightarrow[CH_3CH_2OH]{NaOH}$ (?)

(4) $\xrightarrow{KMnO_4}$ (?)

12.12 抗氧化试剂 BHA 和 BHT 是常用的食品防腐剂。请尝试利用苯酚和对苯二酚合成这两类化合物。

BHA   BHT

醛酮和亲核加成反应

第13章 醛酮和亲核加成反应

　　醛和酮是含有羰基 (C=O) 的化合物。若羰基至少与一个氢原子相连，且同时与一个烃基或氢原子相连，则这类化合物统称为醛 (aldehyde)。若羰基同时与两个烃基相连，则这类化合物统称为酮 (ketone)。在醛、酮化合物的通式中，根据 R、R′ 基团的不同，可对醛、酮化合物进行简单的分类：当 R 和 R′ 为脂肪烃基时，可简称为脂肪醛和脂肪酮；若 R 为芳基时，则称为芳香醛和芳香酮。

| 羰基 | 醛 | 酮 |
| carbonyl | aldehyde | ketone |

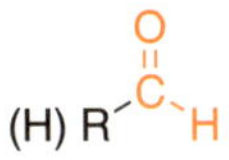

　　醛、酮是重要的化工产品和有机合成原料，也广泛存在于天然产物之中。例如下列芳香醛均可从植物或果实中分离得到，且具有令人愉悦的香气。

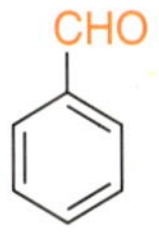

苯甲醛
（分离自苦杏仁）

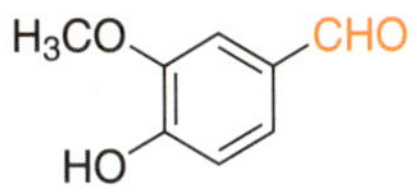

香草醛
（分离自香草豆荚）

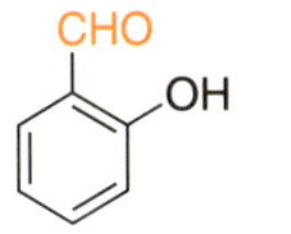

水杨醛
（分离自绣线菊草）

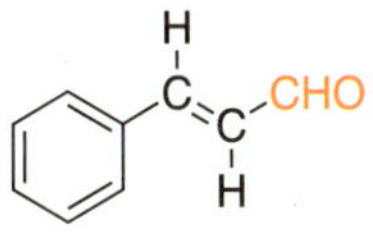

肉桂醛
（分离自肉桂皮）

杏仁的特征香气主要源自苯甲醛。

13.1 醛酮的命名

　　醛、酮的命名目前仍然采用普通命名法和系统命名法两种方式。普通命名法主要适用于结构简单或存在俗名的醛、酮化合物；而系统命名法则适用于所有的醛、酮化合物。

普通命名法

　　在醛、酮的普通命名法中保留了俗名。例如，前面提及的香草醛、水杨醛和肉桂醛均是其俗名，胡椒醛和简单的丙酮也是其俗名。

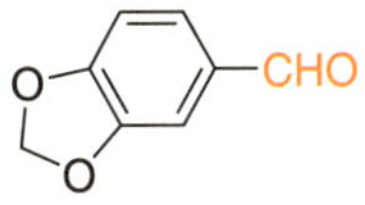

胡椒醛
piperonal

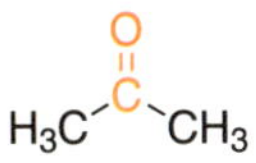

丙酮
acetone

醛的普通命名法主要遵循其氧化后生成的羧酸的命名法则，只是将羧酸名称中的"酸"改为相应的"醛"即可。虽然此时还没有学习羧酸的相关内容，但下面的例子可以帮助理解醛的这一命名规则。

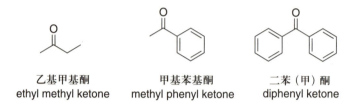

| 蚁醛（甲醛） | 蚁酸（甲酸） | 乙醛 | 乙酸 |
| formaldehyde | formic acid | acetaldehyde | acetic acid |

酮的普通命名法则按羰基上连接的两个烃基的名称来命名。名称书写时，按照取代基英文首字母排序，最后加上"酮"或"甲酮"。例如：

| 乙基甲基酮 | 甲基苯基酮 | 二苯（甲）酮 |
| ethyl methyl ketone | methyl phenyl ketone | diphenyl ketone |

系统命名法

醛、酮的系统命名法按照如下规则进行命名：选取分子中含羰基的最长碳链作为主链，并从靠近羰基的一端开始对主链碳原子进行编号，主链以外的部分作为取代基，名称中需要标明羰基的位置。由于醛基总是处在链端，编号为 1，可以省略。《有机化合物命名原则 2017》采用了 IUPAC 的书写方式，因此中文名称与英文名称基本一致。例如：

| 3-甲基丁醛 | 丁-2-酮 | 2-甲基戊-3-酮 |
| 3-methylbutanal | butan-2-one | 2-methylpentan-3-one |

碳链中含有碳碳双键或三键的不饱和醛、酮化合物，命名中同样需要标明双键和三键的位置。例如：

$$CH_2=CHCHCHCHO$$
$$CH_3$$

2,3-二甲基戊-4-烯醛
2,3-dimethylpent-4-enal

$$CH_3C{\equiv}CCHCCH_3$$
$$CH_3$$

3-甲基己-4-炔-2-酮
3-methylhex-4-yn-2-one

含环状结构的脂肪醛、酮，羰基在环内，命名为环酮；羰基在环外，则将环状结构部分当作取代基。若以"甲醛"作母体，则英文名称中常以"carbaldehyde"为母体名称。例如：

4-甲基环己酮
4-methylcyclohexan-1-one

3-甲基环戊基甲醛
3-methylcyclopentane-1-carbaldehyde

含有芳基的醛、酮，总是把芳基当作取代基。例如：

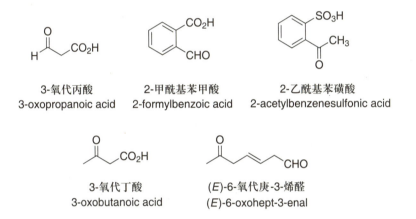

苯甲醛
benzenecarbaldehyde
(benzaldehyde)

2-甲基-4-苯基丁醛
2-methyl-4-phenylbutanal

1-苯基丁-2-酮
1-phenylbutan-2-one

1-苯基丙-1-酮
1-phenylpropan-1-one

当分子中含有在命名中优先选择作为母体的官能团时，醛、酮羰基可当作取代基，称为酰基。也可仅将羰基氧当作取代基，称为"氧代"(oxo)。例如：

3-氧代丙酸
3-oxopropanoic acid

2-甲酰基苯甲酸
2-formylbenzoic acid

2-乙酰基苯磺酸
2-acetylbenzenesulfonic acid

3-氧代丁酸
3-oxobutanoic acid

(E)-6-氧代庚-3-烯醛
(E)-6-oxohept-3-enal

13.2 醛酮的结构和物理性质

羰基是醛、酮的官能团，醛、酮的性质主要由羰基的结构所决定。

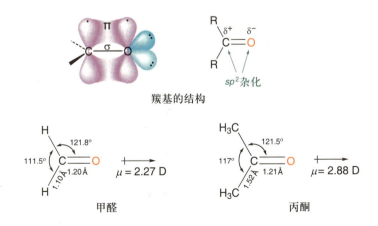

羰基的结构

sp^2杂化

甲醛

$\mu = 2.27$ D

丙酮

$\mu = 2.88$ D

121.8° 111.5° 1.10Å 1.20Å

121.5° 117° 1.52Å 1.21Å

在羰基的结构中，碳和氧均以 sp^2 杂化方式进行成键，其中，碳原子和氧原子各自利用一个 sp^2 杂化轨道形成一个 σ 键，同时各自利用一个未参与杂化的 p 轨道从侧面重叠，形成一个 π 键，由此构成了羰基的 C=O 双键。羰基碳原子上另外的两个 sp² 杂化轨道分别与氢原子或其他碳原子形成两个 σ 键。与羰基碳相连的三个 σ 键处在同一平面上，彼此间的键角约为 120°，而 π 键所处的平面与此平面垂直。羰基氧上的两个 sp² 杂化轨道则被两对未成键电子对所占据。

由于氧的电负性 (3.5) 大于碳 (2.5)，羰基的 π 键电子对和 σ 键电子对均更靠近氧原子，从而造成羰基碳原子上带有部分正电荷，而氧原子上带有部分负电荷。羰基表现为一个极性基团，如甲醛和丙酮的偶极矩分别为 2.27 D 和 2.88 D。代表性 C-O 单键和 C=O 双键的键能和键长列于表 13-1。

表 13-1　代表性的碳氧键键能和键长

碳氧键类型	键能/(kJ·mol⁻¹)	键长/Å
C-O	351	1.43
C=O	720	1.21

羰基为极性基团，因而与分子量相近的烷烃相比，醛、酮具有较高的沸点。然而，醛、酮分子间不能形成强的氢键作用，与醇相比，其具有相对较低的沸点。下列分子量相近的例子体现了这一规律。

分子量简写为 MW。

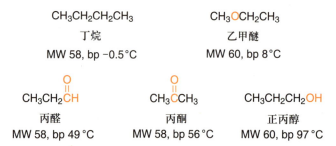

CH₃CH₂CH₂CH₃　　　　CH₃OCH₂CH₃
丁烷　　　　　　　　乙甲醚
MW 58, bp -0.5°C　　　MW 60, bp 8°C

醛、酮分子间虽不能形成氢键，但其羰基氧原子却可以与水分子形成强的氢键，因此使得低分子量的醛、酮具有可观的水溶性。丙酮和乙醛甚至可以与水以任意比例互溶。高级醛、酮微溶或不溶于水，而溶于一般的有机溶剂。表 13-2 列举了一些简单醛、酮的物理性质。

表 13-2　一些简单醛、酮的物理性质

化合物	熔点/°C	沸点/°C	水溶性
甲醛	-92	-21	极易溶
乙醛	-125	21	互溶
丙醛	-81	49	极易溶
丁醛	-99	76	易溶
戊醛	-91.5	103	微溶
己醛	-51	131	微溶
苯甲醛	-26	178	微溶
丙酮	-95	56	互溶
丁-2-酮	-86	79.6	极易溶
戊-2-酮	-78	102.4	易溶
戊-3-酮	-39	101.7	易溶
辛-2-酮	-16	172.9	微溶
苯乙酮	21	202	不溶
二苯甲酮	48	306	不溶

在醛、酮的红外光谱中，最特征的吸收峰来自羰基 C=O 伸缩振动，常出现在 $1780-1665\ \text{cm}^{-1}$ 范围内，吸收峰强度很强，易于辨别。具体吸收峰的位置一定程度上受醛、酮分子结构的影响，特别受与羰基共轭的不饱和基团影响较大。一个与羰基共轭的碳碳双键或苯环大概能使 C=O 伸缩振动吸收频率红移 $40\ \text{cm}^{-1}$。表 13-3 列举了醛、酮羰基伸缩振动的红外吸收频率。图 13-1 为薄荷酮的红外谱图。

表 13-3　代表性醛、酮的羰基伸缩振动红外吸收频率

醛	吸收频率/cm^{-1}	酮	吸收频率/cm^{-1}
RCHO	1740 – 1720	RCOR	1740 – 1720
ArCHO	1715 – 1695	ArCOR	1740 – 1720
⟩=⟨CHO	1690 – 1680	⟩=⟨COR	1740 – 1720
		环己酮	1715
		环戊酮	1751
		环丁酮	1785

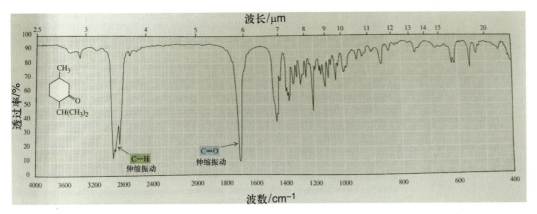

图 13-1　薄荷酮的红外谱图

在醛、酮的核磁共振谱中，羰基的 ^{13}C NMR 信号具有很强的结构指认价值，其出现在 $\delta\ 180-220\ \text{ppm}$ 范围内，而在此范围内几乎没有来自其他基团的信号。

在醛的 ^{1}H NMR 谱中，醛基质子信号出现在相当低场的位置（$\delta\ 9-12\ \text{ppm}$），该信号同样具有结构指认的意义。醛基质子与相邻的 α 碳原子上质子能发生自旋耦合作用，耦合常数为 $1-3\ \text{Hz}$。图 13-2 为丁醛的 ^{1}H NMR 谱。

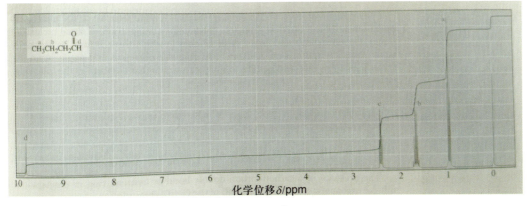

图 13-2　丁醛的 ^{1}H NMR 谱

在醛、酮的 ^{1}H NMR 谱中，α 碳原子上质子由于受到羰基的去屏蔽作用，其核磁信号出现在 δ 2.0 – 2.3 ppm 范围内。甲基酮 (CH_3CO) 在 δ 2.1 ppm 附近给出一个特征的单峰。

在醛酮的质谱中，脂肪醛酮的特征断裂方式包括与羰基相连的键的断裂 (α-裂解)，产生包含羰基的碎片峰。例如，辛-2-酮的质谱中出现 m/z 为 43 和 113 的碎片 (图 13-3)。醛通过这种断裂方式产生 M–1 峰。这是醛酮在质谱中的明显差别。另外，长链醛酮常发生麦氏重排 (McLafferty rearrangement) 的断裂方式。例如，在辛-2-酮的质谱中，m/z 为 58 的碎片峰是由麦氏重排产生。

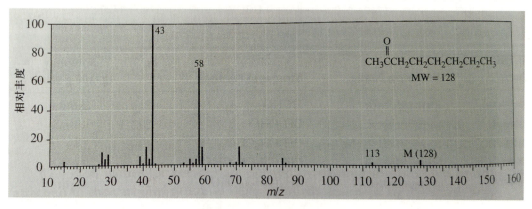

图 13-3   辛-2-酮的质谱

在醛酮的麦氏重排中，经六元环过渡态，羰基氧原子从烃基链获得一个氢，同时产生一个烯和一个自由基阳离子。例如在辛-2-酮的质谱中的麦氏重排。

13.3   醛酮的亲核加成反应

正由于羰基是极性双键，羰基碳带有部分正电荷，易受到富电子的亲核试剂 (nucleophile，简写为 Nu^-) 的进攻，导致羰基 π 键发生异裂，生成具有四面体构型的加成产物，这一转化过程称为亲核加成反应 (nucleophilic addition)。亲核加成反应是醛、酮最典型的化学反应，其反应通式如下：

$$Nu^- = CN^-, R^-, H_2O, ROH, NH_3 \text{等}$$

在通式中，亲核试剂 Nu^- 既包括带负电荷的氰基负离子和烃基负离子，也包括电中性的水、醇、氨等。

醛、酮的亲核加成反应通常按照如下两种方式进行的：与强亲核试剂 Nu^- 反应时，亲核试剂直接进攻羰基碳，并提供一对电子与羰基碳形成 σ 键。同时羰基 π 键发生异裂，π 键电子对转移至氧上，羰基碳和氧的杂化态均由 sp^2 转变成 sp^3，生成具有四面体构型的加成产物。在此过程中，反应介质通常为碱性。反应机理如下：

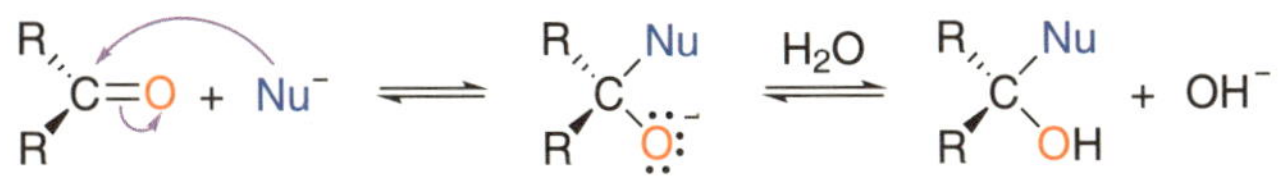

醛、酮的亲核加成反应的另一种反应方式是在酸催化下进行的。羰基氧上的未成键电子对易与强酸质子或 Lewis 酸结合，生成共振稳定的氧𨦡阳离子。氧𨦡阳离子的形成进一步增强了羰基碳的电正性，提高了羰基在亲核加成反应中的活性，亲核试剂因此优先进攻质子化的羰基，生成加成产物，同时释放出质子。酸催化的亲核加成反应机理如下：

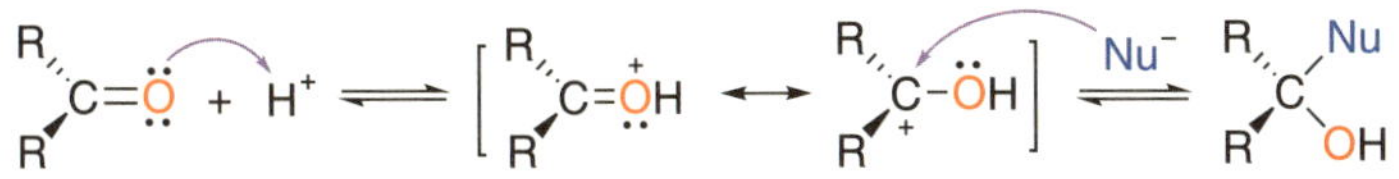

醛、酮的亲核加成反应活性主要受羰基相连基团的立体效应和电子效应影响。通常，醛的相对活性高于酮。醛的羰基碳上只连有一个给电子的烃基 (R) 和一个空间位阻较小的氢原子，而酮的羰基碳上连有两个给电子的烃基 (R 和 R′)，不仅导致羰基碳的电正性下降，而且空间位阻也增大，因此醛在亲核加成反应中的活性普遍高于酮。

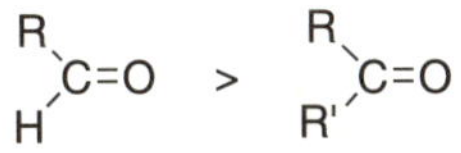

亲核加成反应活性

由于芳基与醛基之间存在 π–π 共轭作用，导致羰基碳的电正性显著下降，因此芳香醛的亲核加成反应活性低于脂肪醛。脂肪酮与芳香酮也有类似的规律。

亲核加成反应活性

对于脂肪醛、酮，随着羰基上连接的烃基碳数增加，烃基的空间位阻增大，醛、酮的反应活性下降。例如：

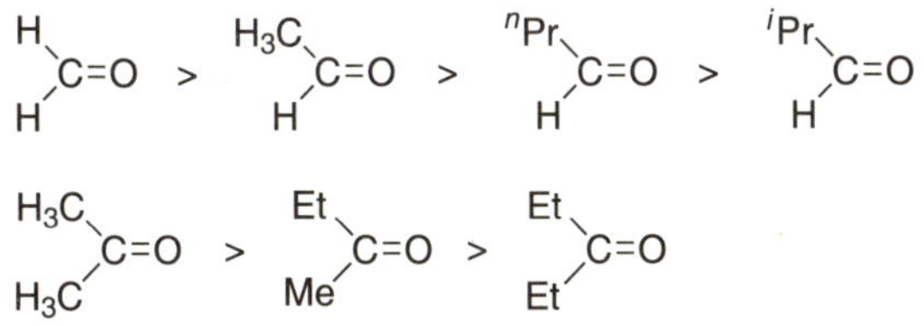

亲核加成反应活性

对于芳香醛、酮，芳环上引入吸电子基团能增强其亲核加成反应活性。反之，引入给电子基团则降低其反应活性。例如：

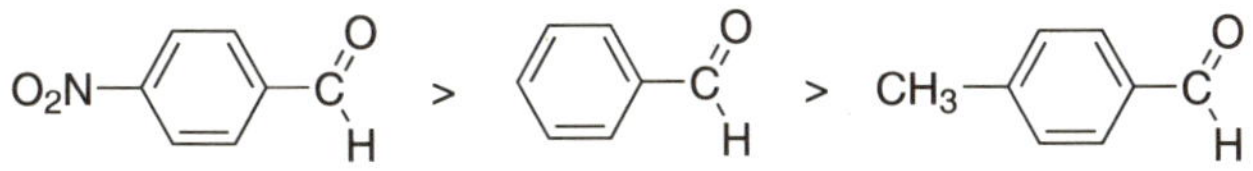

亲核加成反应活性

　　醛、酮的亲核加成反应是可逆反应，上述的反应机理也体现了这一可逆性，反应程度取决于最终的平衡状态。反应平衡常数大，亲核加成反应完成程度高；平衡常数小，反应完成程度低；平衡常数小于 1，则可以认为基本不发生亲核加成反应。同时，平衡常数的大小也反映了醛、酮在亲核加成反应中的相对活性大小。具体的实例可参见表 13-4 所列的内容。

表 13-4　代表性醛、酮与 HCN 反应的平衡常数 K

化合物	K	化合物	K
CH_3CHO	很大	$p\text{-}CH_3C_6H_4CHO$	32
$p\text{-}NO_2C_6H_4CHO$	1420	$CH_3COCH(CH_3)_2$	38
$m\text{-}BrC_6H_4CHO$	530	$C_6H_5COCH_3$	0.8
C_6H_5CHO	210	$C_6H_5COC_6H_5$	很小

13.3.1　醛酮与碳亲核试剂的加成反应

本节将重点讨论下列典型的碳亲核试剂与醛、酮的亲核加成反应。

$$N\equiv C\!:^-\qquad RMgX\qquad RLi\qquad RC\equiv C\!:^-$$
氰基负离子　　　格氏试剂　　　锂试剂　　　炔负离子

从有机合成的视角看，碳亲核试剂与醛、酮的亲核加成反应提供了构建 C–C 键的重要方法。

与氢氰酸的加成

氢氰酸 (HCN) 能与醛、酮羰基发生亲核加成反应，生成具有四面体构型的加成产物 α-羟基氰 (亦称为氰醇，cyanohydrin)。其反应通式如下：

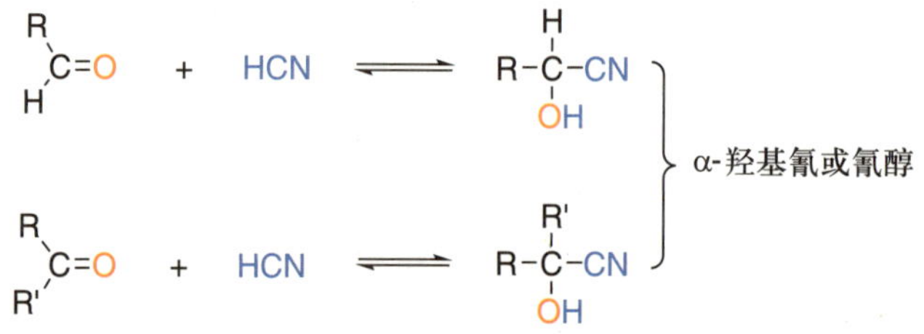

　　该反应的发生是由亲核性的氰基负离子进攻醛、酮羰基碳引发的，这一步为决速步。由于氢氰酸是弱酸 (pK_a 9.31)，其水溶液中氰基负离子浓度低，导致加成反应速率慢，因此在实际操作中通常将 NaCN 或 KCN 溶于水，并调节溶液 pH 至 10.0 左右，由此制得的溶液中 HCN 和 CN⁻ 均具有相当的浓度，将其与醛、酮反应，加成反应速率显著提高。醛、酮与氢氰酸的加成反应机理如下：

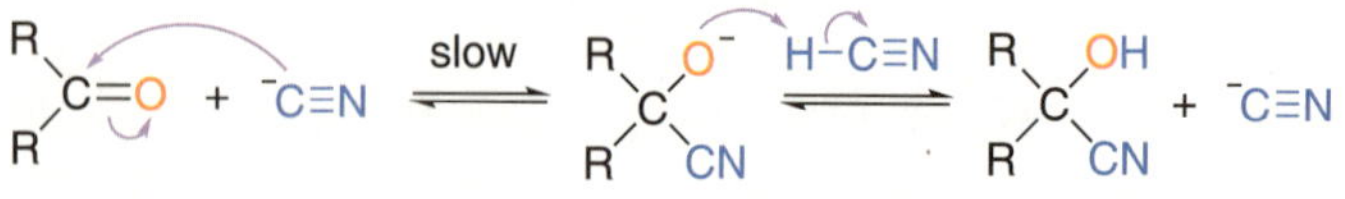

　　醛和大部分的酮均能与氢氰酸发生加成反应，以较高的产率获得加成产物 α-羟基氰。例如：

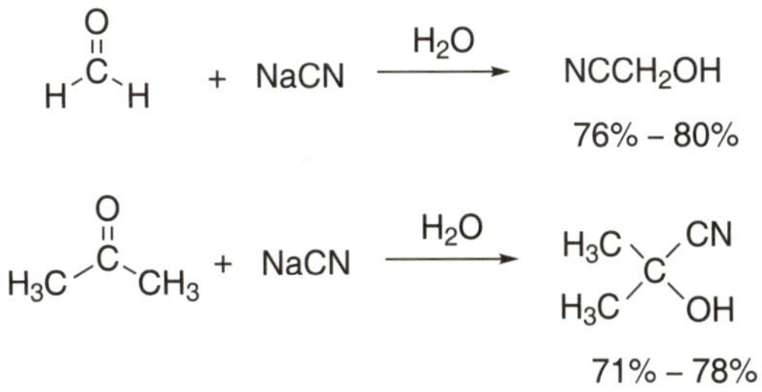

氢氰酸有剧毒，且具有一定的挥发性。为了避免反应过程中氢氰酸带来的安全风险，α-羟基氰的制备可由如下两步反应来实现。首先将醛、酮与饱和亚硫酸氢钠溶液 (40%) 反应，生成白色沉淀 α-羟基磺酸钠。然后与等物质的量的 NaCN 反应制得 α-羟基氰。

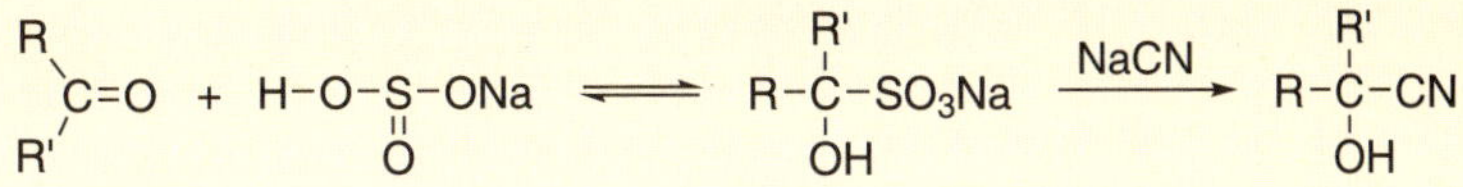

氰基负离子是一个好的离去基团 (参见 13.7.2　安息香缩合)。正由于氰基的这一性质，导致醛、酮与 HCN 的加成反应是可逆的，尤其是在碱性条件下，氰醇可完全分解成醛或酮。

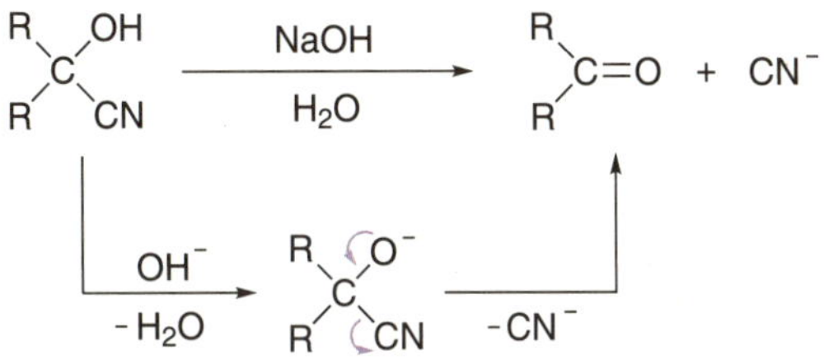

对于醛和大部分的脂肪酮，与 HCN 的加成反应平衡均倾向于生成加成产物氰醇。而对于芳香酮和大位阻的脂肪酮，其反应平衡则更倾向于氰醇分解成酮 (逆反应为主)。

氰醇是有用的合成中间体。经酸催化水解可生成 α-羟基酸。经酸催化分子内脱水，可转化为 α,β-不饱和氰或酯。经催化加氢或 LiAlH₄ 还原可制备伯胺。例如：

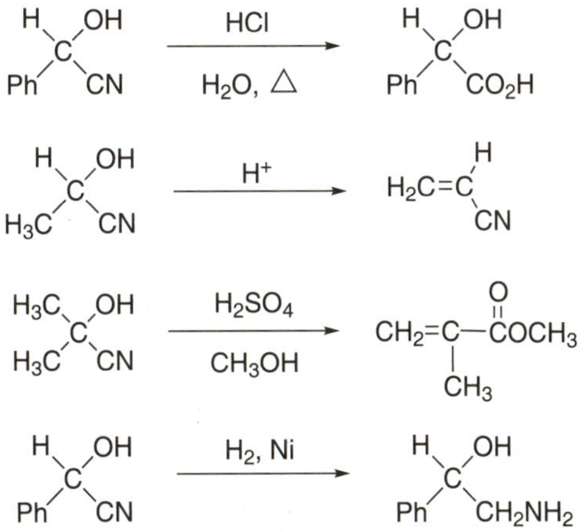

苯甲醛与 HCN 反应生成的氰醇又称为扁桃腈，其在酶催化下可分解释放出 HCN。苦杏仁和桃仁中均含有扁桃腈成分。

与金属试剂的加成

有机金属试剂含有碳金属键，例如常见的格氏试剂 (Grignard reagent)、锂试剂和炔基钠试剂分别含有 C–Mg 键、C–Li 键和 C–Na 键。由于镁、锂和钠均是活泼金属，其电负性分别为 1.2、1.0 和 0.9，而碳的电负性为 2.5，因此上述碳金属键高度极化，金属原子带有显著的电正性，碳原子上带有较多的电负性。格氏试剂、锂试剂和炔基钠均表现为强的碳负离子亲核性。

$$\overset{\delta^-}{R}-\overset{\delta^+}{MgX} \qquad \overset{\delta^-}{R}-\overset{\delta^+}{Li} \qquad \overset{\delta^-}{RC \equiv C}-\overset{\delta^+}{Na}$$

格氏试剂   **锂试剂**   **炔基钠**

活泼金属试剂与醛、酮发生加成反应时，碳负离子直接进攻羰基，与羰基碳形成碳碳 σ 键，生成烷氧基金属化合物（第一步）。然后该烷氧基金属化合物与水或稀酸（如 NH_4Cl 水溶液）进行质子交换，得到最终产物醇（第二步）。金属试剂与醛、酮的加成反应机理如下：

第一步　亲核进攻

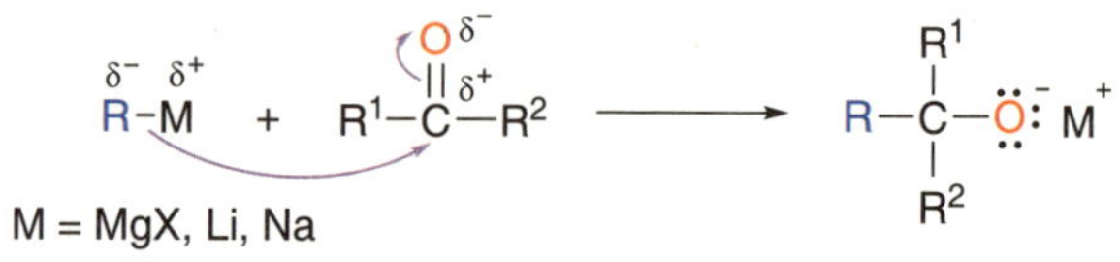

M = MgX, Li, Na

第二步　质子转移

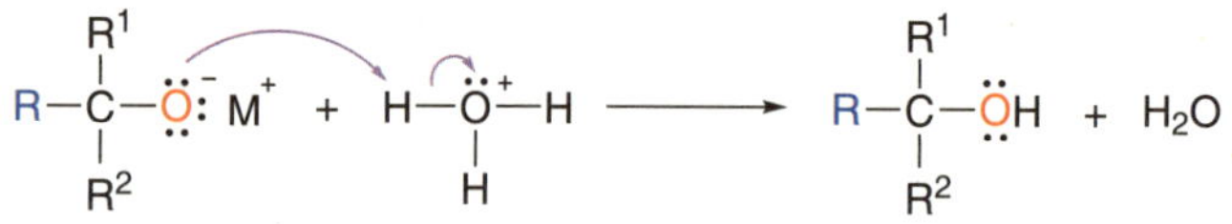

格氏试剂可与绝大多数醛、酮发生加成反应，生成伯醇、仲醇和叔醇，是合成醇的有效方法，在有机合成中具有广泛的用途。例如：

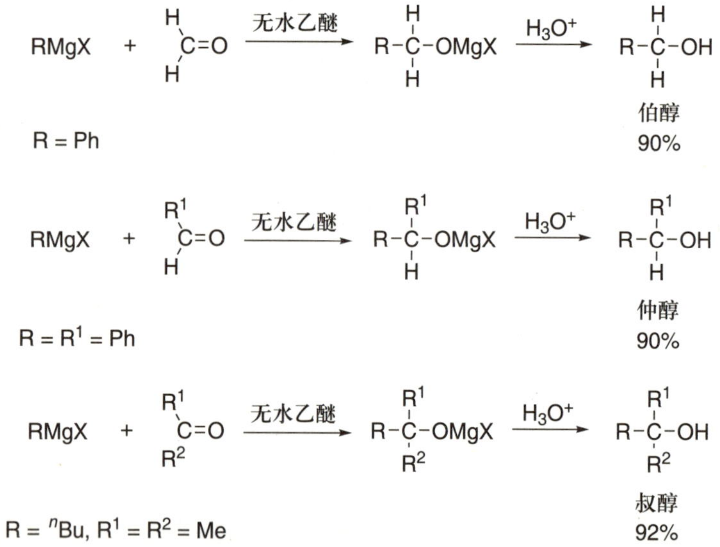

R = Ph

伯醇
90%

R = R¹ = Ph

仲醇
90%

R = ⁿBu, R¹ = R² = Me

叔醇
92%

与酮的加成反应受底物的空间位阻影响较大，当羰基上连有大体积基团时会阻碍加成反应的发生。例如，二异丙基甲酮与格氏试剂不发生加成反应，而发生去质子化，生成烯醇盐。

锂试剂与醛、酮的加成反应情形与格氏试剂相似，但反应活性更高，反应常需在

低温下进行。例如，二异丙基甲酮可顺利地与异丙基锂发生加成反应，生成大体积的三异丙基甲醇。

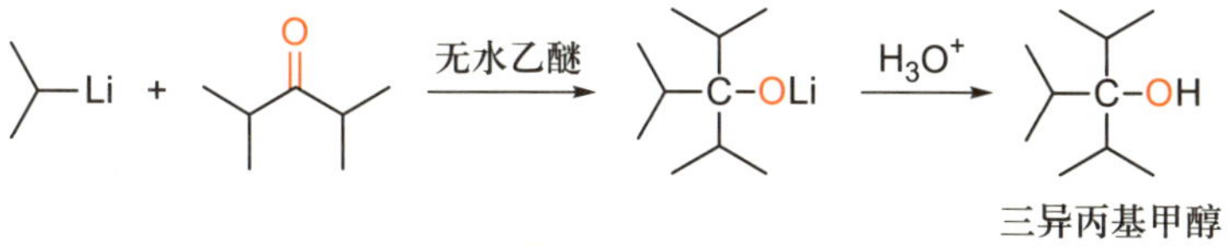

炔基负离子同样是优良的亲核试剂，可顺利地与醛、酮发生亲核加成反应，生成在合成上具有广泛用途的炔丙醇。例如，乙炔钠与环己酮反应，以中等的产率生成相应的1-乙炔基环己醇。该产物经催化水合或硼氢化–氧化，又可顺利地转化为羟基取代的酮和醛。

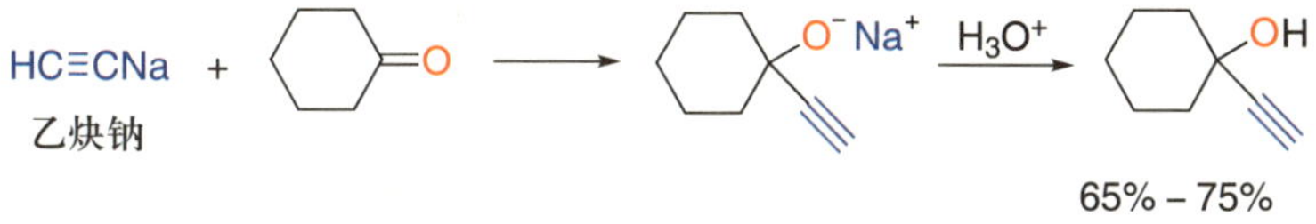

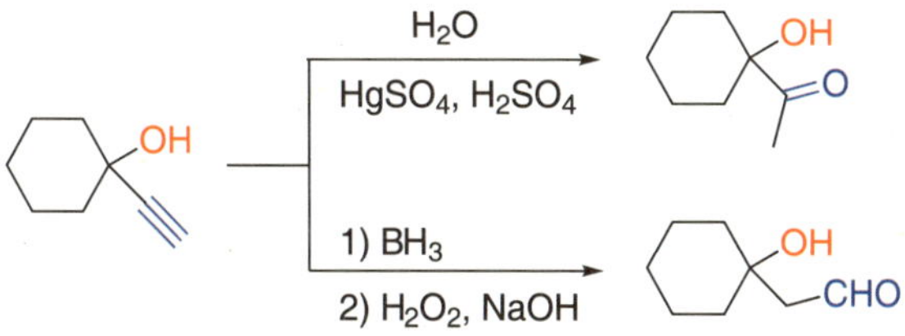

65% – 75%

13.3.2　醛酮与氧亲核试剂的加成反应

水和醇是两种典型的含氧亲核试剂，均能与醛、酮发生亲核加成反应。由于醇的氧原子上连有给电子的烷基，因此亲核性比水强。

与水的加成

醛或酮与水发生亲核加成反应 (也称水合反应)，生成偕二醇 (geminal diol)，也称为醛或酮水合物。偕二醇通常不稳定，易发生分子内脱水回到醛或酮。醛或酮与水的加成反应是可逆反应，既可在碱催化下进行，也可在酸催化下完成。

醛或酮　　　　　　　　　偕二醇(醛或酮水合物)

水是弱亲核试剂，只有高反应活性的醛、酮才能与之发生水合反应。反应平衡常数 K 的大小直接与醛、酮的亲核加成反应活性高低相关。下面是几种醛酮化合物与水加成反应的相对平衡常数 K。

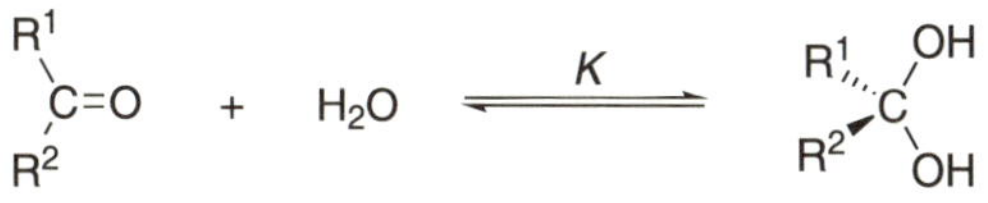

	K		K
甲醛	2280	丙酮	0.001
乙醛	1.06	三氯乙醛	2000
丙醛	0.7	六氟丙酮	1.2×10^6

例如，室温下甲醛水溶液中大于 99% 的甲醛均以水合物形式存在，其 ^{13}C NMR 谱仅在 δ 83 ppm 处给出一个信号，而没有观察到来自羰基的信号。乙醛水溶液中水合物的含量下降，约为 58%。丙醛的水合平衡常数进一步减小，水合反应进行困难。而丙酮的水合反应则更加困难，其水溶液中水合物含量小于 0.1%。

$$
\begin{array}{l}
\text{HCHO} + H_2O \rightleftharpoons \text{CH}_2(\text{OH})_2 \quad >99\% \\[6pt]
\text{CH}_3\text{CHO (42\%)} + H_2O \rightleftharpoons \text{CH}_3\text{CH(OH)}_2 \quad 58\% \\[6pt]
\text{(CH}_3)_2\text{CO (>99.9\%)} + H_2O \rightleftharpoons \text{(CH}_3)_2\text{C(OH)}_2 \quad <0.1\%
\end{array}
$$

与醇的加成

将醛或酮与醇混合，二者可发生缓慢的加成反应，生成半缩醛或半缩酮 (hemiacetal)。

醛或酮   半缩醛或半缩酮

上述加成反应是可逆的，在酸或碱的催化下可快速达到平衡。常用的酸催化剂包括硫酸、对甲苯磺酸和氯化氢。碱催化剂包括活泼金属氢氧化物及其烷氧基化合物。

在酸存在下，醛、酮羰基氧原子首先被质子化，生成氧鎓离子 (oxonium)。氧鎓离子的形成增强了羰基碳的电正性，从而活化了羰基。然后，亲核试剂醇对活化的羰基进行加成，并经质子释放步骤，生成半缩醛 (酮)。酸催化半缩醛 (酮)的形成机理如下：

醛或酮   半缩醛或半缩酮

在碱存在下 (以 OH⁻ 为例)，碱与亲核试剂醇作用，脱除醇羟基的质子生成亲核性更强的烷氧基负离子;烷氧基负离子直接进攻醛、酮羰基，生成另一新的烷氧基负离子;然后该烷氧基负离子作为强碱，从水分子中夺取一个质子生成半缩醛 (酮)，并再生碱催化剂，完成催化循环。碱催化半缩醛 (酮)的形成机理如下：

半缩醛或半缩酮

半缩醛 (酮) 通常并不稳定，在反应平衡体系中仅有少量存在。五元和六元环状半缩醛 (酮) 则能稳定形成。例如，4-羟基丁醛主要以五元环状半缩醛形式存在。作为多羟基醛、酮化合物，糖类分子主要以五元 (呋喃糖) 和六元 (吡喃糖) 环状半缩醛 (酮) 结构存在 (参见下册第 18 章　糖类)。

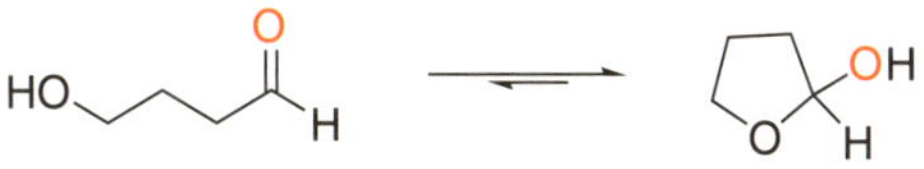

在酸催化下半缩醛 (酮) 可进一步与醇反应，生成缩醛 (酮) (acetal/ketal) 和水。缩醛 (酮) 比半缩醛 (酮) 稳定，在适当条件下能够分离。

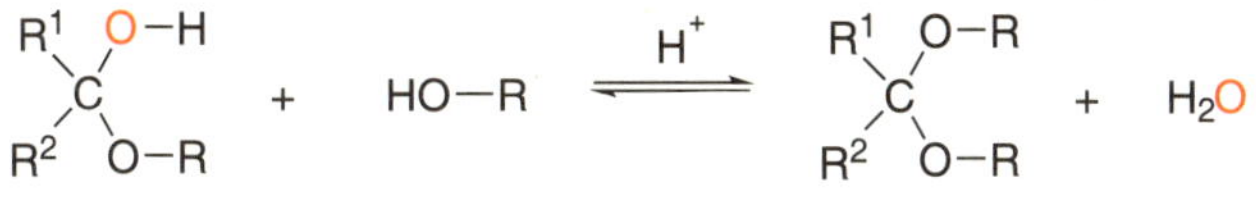

上述反应需要酸催化才能进行，且反应可逆。而碱不能催化这一转化，因为羟基离去能力弱，不能直接被烷氧基负离子所取代。

通常将醛、酮与适量的醇直接反应来制备缩醛 (酮)，反应在少量干燥的氯化氢或对甲苯磺酸催化下完成。详细的酸催化缩醛 (酮) 的形成机理如下：

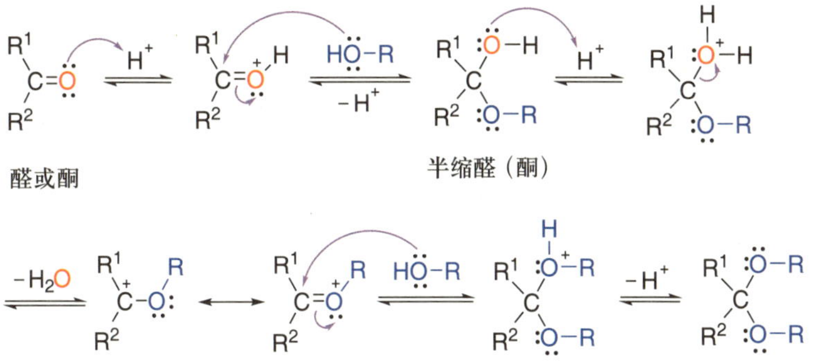

首先在酸催化下生成半缩醛 (酮)。接着半缩醛 (酮) 羟基被质子化，并以水分子的形式脱除，产生共振稳定的氧鎓离子。然后第二分子醇作为亲核试剂进攻氧鎓离子的亲电碳原子，形成新的碳氧键，产生质子化的缩醛 (酮)。最后质子化的缩醛 (酮) 释放出质子，生成缩醛 (酮)。

在上述缩醛 (酮) 的形成机理中，各步反应均是可逆的，因此，在酸催化下醛、酮与醇反应生成缩醛 (酮) 的总反应是可逆的。

为促使反应平衡向生成缩醛 (酮) 的方向移动，可采取两种方法：一是将醛或酮与大大过量的醇 (常直接作反应溶剂) 在酸催化下反应，反应达平衡后中和反应混合物，通过蒸馏回收过量的醇，并制得缩醛 (酮)。该方法适合于各种缩醛的制备，但仅适合于制备稳定性更好的环状缩酮。若制备开链的缩醛，则可用原甲酸甲酯与酮的反应替代。

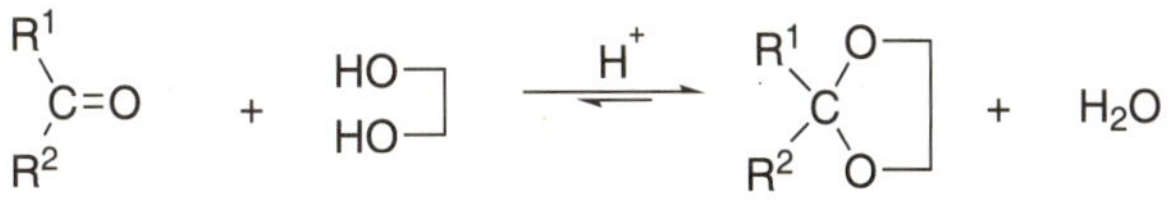

$$CH_3\underset{CH_3}{\overset{|}{C}}{=}O \ + \ HC(OCH_3)_3 \ \xrightarrow{H^+} \ CH_3\underset{CH_3}{\overset{|}{\underset{|}{C}}}\underset{OCH_3}{\overset{OCH_3}{}} \ + \ HCO_2CH_3$$

原甲酸甲酯

另一种方法是利用恒沸脱水的方式，把反应体系中产生的水不断以恒沸物 (azeotrope) 的形式从反应体系中蒸出，这样可促使反应平衡不断向缩醛 (酮) 生成的方向移动，从而高产率地制备缩醛 (酮)。例如：

$$CH_3\underset{CH_3}{\overset{|}{C}}{=}O \ + \ C_2H_5OH \ \xrightarrow[\text{苯}]{H^+} \ CH_3\underset{CH_3}{\overset{|}{\underset{|}{C}}}\underset{OC_2H_5}{\overset{OC_2H_5}{}} \ + \ H_2O \quad \text{(恒沸脱水)}$$

作为缩醛 (酮) 形成反应的逆反应，缩醛 (酮) 在酸性水溶液中发生水解，生成原来的醛或酮；而在碱性条件下，缩醛 (酮) 则很稳定。

$$R^1\underset{R^2}{\overset{|}{\underset{|}{C}}}\underset{O-R}{\overset{O-R}{}} \ + \ H_2O \ \xrightarrow{H^+} \ R^1\underset{R^2}{\overset{|}{C}}{=}O \ + \ HO-R$$

$$R^1\underset{R^2}{\overset{|}{\underset{|}{C}}}\underset{O-R}{\overset{O-R}{}} \ + \ H_2O \ \xrightarrow{HO^-} \ \text{无反应}$$

正因为缩醛 (酮) 的这一性质，缩醛 (酮) 在有机合成中常用作醛、酮羰基的保护基 (protecting group)。例如，在如下转化中，为避免酮羰基与甲基格氏试剂反应，先将其转变成缩酮保护起来，待酯基与格氏试剂完成反应后，再通过酸性水解将酮羰基释放出来。

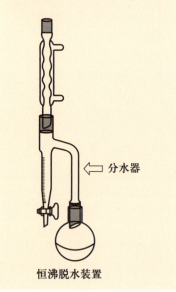

13.3.3　醛酮与氮亲核试剂的加成反应

氨、伯胺和仲胺作为亲核试剂，可与醛、酮反应。氨或伯胺与醛、酮反应生成亚胺 (imine)，亚胺过去又称为席夫碱 (Schiff base)，在某些情况下存在 *Z*- 或 *E*-异构体。仲胺与醛、酮作用生成烯胺 (enamine)。而叔胺不能发生类似的反应。

$$\underset{\substack{\text{亚胺} \\ R = H, \text{烃基}}}{\overset{|}{\underset{|}{C}}{=}N{-}R} \qquad\qquad \underset{\substack{\text{烯胺} \\ R = H, \text{烃基}}}{\overset{|}{\underset{|}{C}}{=}\underset{R}{\overset{|}{C}}{-}N\underset{|}{\overset{|}{}}}$$

在恒沸脱水中需使用分水器 (Dean-Stark trap)。 在上述制备丙酮的缩酮反应过程中，加热回流反应混合物，反应生成的水与溶剂苯形成沸点较低 (69℃) 的恒沸物 (苯 91%，水 9%)，恒沸物蒸气经冷凝后收集在带有活塞开关的支管中并分层，上层 99.9% 为苯，下层 99.9% 为水。随着回流脱水的进行，下层水在必要时可打开旋塞移出，上层苯则可从分水器支管处回流至烧瓶中。

恒沸脱水装置

与氨及其衍生物的加成

醛、酮与氨反应所生成的亚胺极不稳定，常常只能在反应溶液中检测到。例如，苯甲醛与氨反应生成的亚胺可用紫外光谱检测到。甲醛与氨所生成的亚胺 $CH_2=NH$ 极不稳定，可快速聚合并继续与甲醛反应，生成笼状的六亚甲基四胺 (乌洛托品，urotropine)。该化合物是制备树脂及炸药的原料，同时也是一种消毒剂。

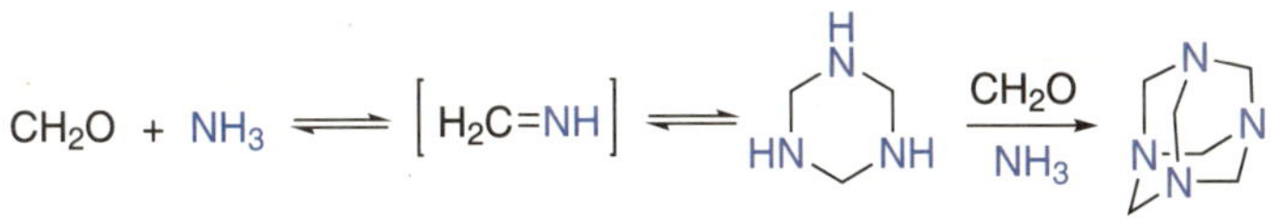

乌洛托品

醛 (酮) 与伯胺在酸催化下反应可生成亚胺。其反应机理如下：首先伯胺作为亲核试剂，直接对醛 (酮) 羰基进行亲核加成，生成氨基半缩醛 (酮) (hemiaminal/hemiketal)。然后氨基半缩醛 (酮) 在酸催化下进行分子内脱水，生成亚胺。由此，亚胺的形成经过一个亲核加成和分子内脱水的过程，所以该反应又称为加成缩合反应。

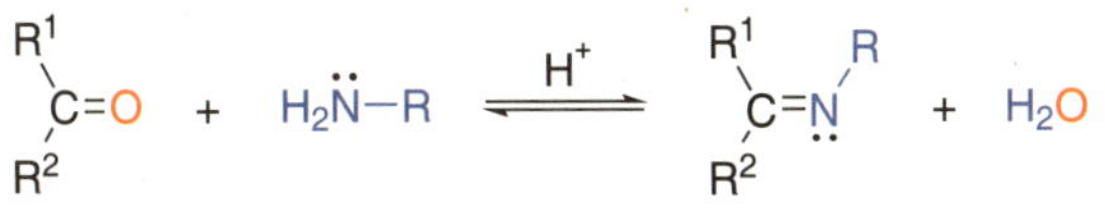

醛或酮　　　　伯胺　　　　　　　亚胺

亚胺形成的机理如下：

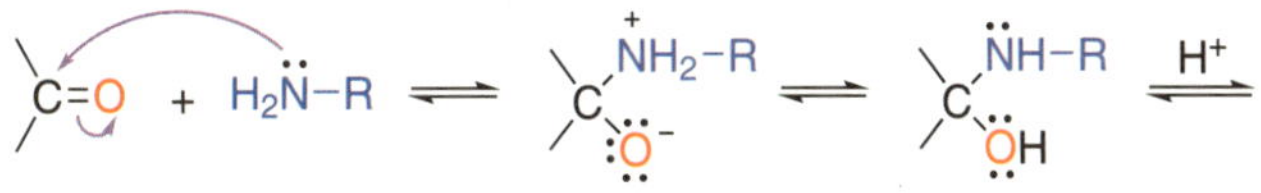

氨基半缩醛 (酮)

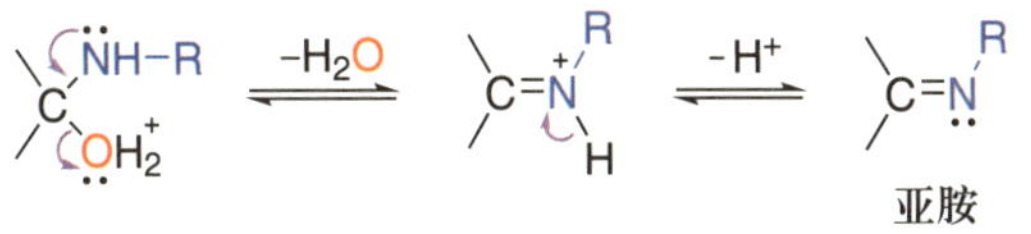

亚胺

伯胺在与醛、酮羰基的亲核加成反应中具有足够的亲核能力，因此氨基半缩醛 (酮) 中间体的形成无需任何催化剂。而氨基半缩醛 (酮) 的分子内脱水则需要在酸催化下完成。羟基不是好的离去基团，只有在酸的辅助下才能以水的形式离去。

亚胺的形成虽然需要在酸催化下进行，但只有在弱酸性条件下 (pH 4−6) 反应才最快。酸性过强 (pH<4)，伯胺会被质子化而降低其亲核能力，从而造成第一步反应变慢。而当酸性过弱 (pH>6) 时，因质子浓度过低而不能有效促进分子内脱水的发生，同样不利于亚胺的形成。

普通的伯胺 (包括脂肪胺和芳香胺) 均可与醛、酮发生加成缩合反应生成亚胺，但反应可逆。只有将反应生成的水不断从反应体系中除去 (如通过恒沸脱水)，才能促使反应朝生成亚胺的方向进行。由此生成的亚胺不稳定，易发生水解，又回到原来的醛、酮和伯胺。水解过程是亚胺形成的逆过程。

$$R^1R^2C=O + H_2N-R \underset{}{\overset{H^+}{\rightleftharpoons}} R^1R^2C=N-R + H_2O$$

醛或酮　　　R = 烷基，芳基　　　　亚胺　　　（恒沸脱水）

作为氨的衍生物，羟胺 (hydroxylamine)、肼 (hydrazine)、苯肼 (phenylhydrazine) 和半卡巴肼 (semicarbazide，又称氨基脲) 在结构上均可看成氨基 (H₂N–) 与一个电负性基团 (Y) 相连。正因为这一结构特点，这些氨的衍生物均可与醛、酮反应生成含有亚胺 (C=N) 结构的稳定产物，分别称为肟 (oxime)、腙 (hydrazone)、苯腙 (phenylhydrazone) 和半卡巴腙 (semicarbazone)。在这些产物的分子结构中，由于电负性基团 (Y) 的给电子作用，造成亚胺 (C=N) 碳上电正性下降，从而提升了亚胺基团抵抗亲核试剂 (如水) 进攻的能力，增加了产物的稳定性。例如，这些产物只有在酸或碱催化下才能发生水解，回到原来的醛或酮。

$$C=O + H_2N-OH \longrightarrow C=N-OH$$

醛或酮　　　　　羟胺　　　　　　肟

$$C=O + H_2N-NH_2 \longrightarrow C=N-NH_2$$

醛或酮　　　　　肼　　　　　　腙

$$C=O + H_2N-NHPh \longrightarrow C=N-NHPh$$

醛或酮　　　　　苯肼　　　　　苯腙

$$C=O + H_2N-NHCNH_2 \longrightarrow C=N-NHCNH_2$$
（O）

醛或酮　　　　　半卡巴肼　　　　半卡巴腙

$$\overset{\ddot{Y}}{N}=C \longleftrightarrow \overset{Y^{\oplus}}{N}=C^{\ominus}$$ ← 电正性降低

Y = OH, NH₂, NHPh, NHCONH₂

$$C=N-Y + H_2O \overset{酸或碱}{\longrightarrow} C=O + H_2N-Y$$

Y = OH, NH₂, NHPh, NHCONH₂　　　　　　醛或酮

羟胺、肼、苯肼、半卡巴肼与醛、酮的反应机理与伯胺生成亚胺的机理相似。反应在弱酸性 (pH 4–6) 条件下进行最为有利。所生成的产物肟、腙、苯腙和半卡巴腙通常是棕黄色结晶状固体，特别是 2,4-二硝基苯肼与醛、酮生成的腙更容易结晶，熔点也更高，因此过去常作为鉴定沸点相近的醛、酮化合物的一种手段。例如，将如下沸点相近的五碳酮分别与半卡巴肼和 2,4-二硝基苯肼反应，将其转化为熔点差别明显的半卡巴腙和 2,4-二硝基苯腙，从而可以轻松地实现对五碳酮异构体的鉴别。

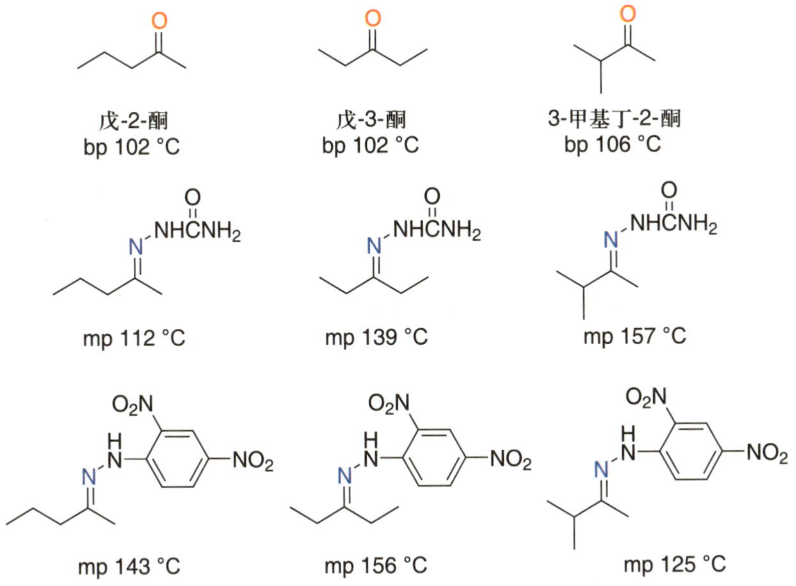
戊-2-酮
bp 102 °C
戊-3-酮
bp 102 °C
3-甲基丁-2-酮
bp 106 °C
mp 112 °C
mp 139 °C
mp 157 °C
mp 143 °C
mp 156 °C
mp 125 °C

13.3.4 醛酮亲核加成反应的立体化学

前面已经学习了羰基的结构。羰基具有平面构型，发生亲核加成反应时，亲核试剂从平面两侧进攻羰基碳。分子轨道理论计算及实验结果揭示，亲核试剂进攻的方向与 C=O 键之间的夹角约为 107°；而不是通常认为的垂直于羰基平面。

亲核试剂进攻的方向：

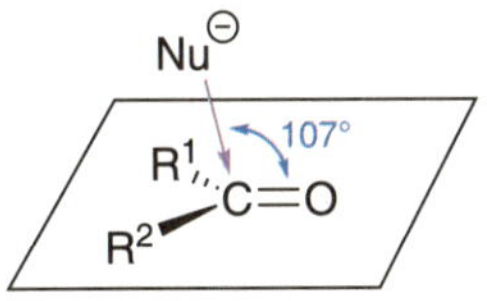
Nu
107°
R1
R2
C=O

在醛、酮分子中，若羰基所处的平面为整个分子的对称面，且与羰基相连的 R^1、R^2 基团不相同，在此情形下，亲核试剂从羰基平面两侧进攻的机会均等，加成产物为外消旋体 (racemate)。例如，乙醛与 HCN 加成生成一对等量的氰醇对映体产物。

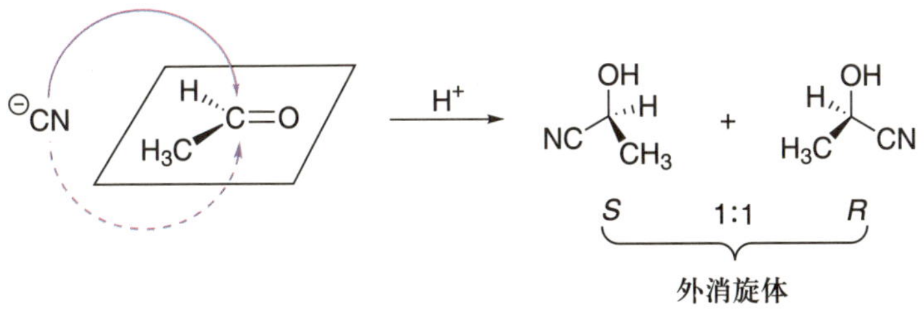
CN
H
H3C
C=O
H+
OH
NC
H
CH3
+
OH
H
H3C
CN
S
1:1
R
外消旋体

若醛、酮带有手性中心，特别是手性中心邻近羰基，此时羰基所处平面不再是分子的对称面，亲核试剂从羰基两侧进攻的机会就变得不等，导致产生一对不等量的非对映异构体产物。例如，手性 (*S*)-2-苯基丙醛与 HCN 发生亲核加成反应，生成比例约为 3 : 1 的非对映异构体混合物。

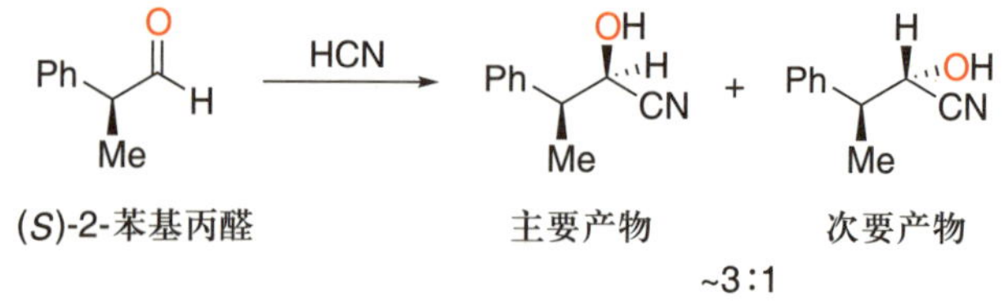

(S)-2-苯基丙醛　　　　　　　　　主要产物　　　＋　　　次要产物

~3 : 1

　　为了很好地理解这一反应结果，需要对反应过程进行构象分析。以 α- 位带有手性碳的醛、酮为例，若手性碳上连有体积大 (L)、中 (M)、小 (S) 的三个原子或基团，当羰基绕手性碳与羰基相连的碳—碳单键进行旋转时，将产生一系列的构象。其中，能量最低的优势构象有两个：在优势构象中，体积大的 L 基团与羰基平面处于垂直的相对位置，此时羰基氧原子和 R 基团距离大体积基团 L 最远。

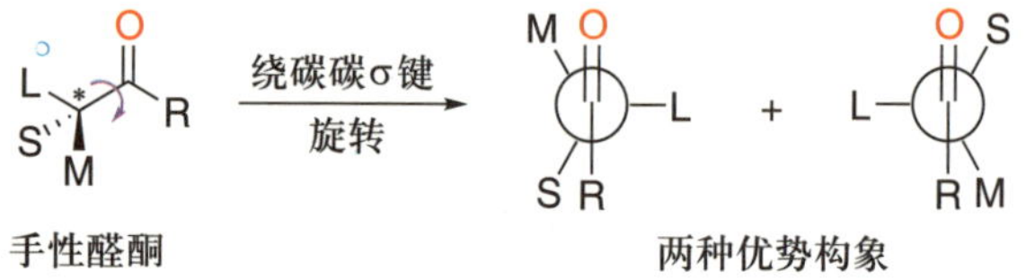

手性醛酮　　　　　　　　　　　两种优势构象

　　根据上述手性醛、酮优势构象的判定方法，(S)-2-苯基丙醛具有如下两种优势构象 A 和 B，且二者处于平衡状态，可相互转化。在与 HCN 的亲核加成反应中，这两种优势构象异构体的反应活性并不相同。在前面已经提到，当亲核试剂进攻醛、酮羰基时，进攻的方向与 C=O 键之间的夹角约为 107°。如下所示，当氰基负离子按照这一进攻方向分别从优势构象异构体羰基两侧接近羰基碳，其进攻路线存在四种情形：其中，只有氰基负离子沿蓝色箭头所示方向进攻优势构象异构体 A 时，其所受空间位阻最小；而其他进攻路线 (红色箭头所示) 均受到较大的空间位阻，因此优势构象异构体 A 表现出更高的反应活性，且氰基负离子沿着蓝色箭头方向进攻羰基所产生的氰醇为主要产物。

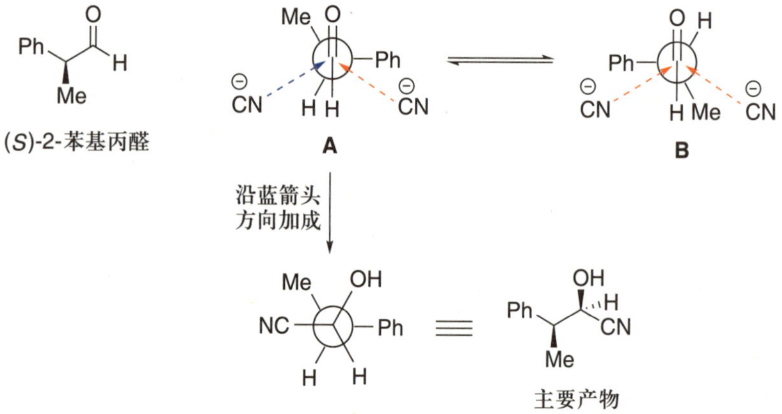

(S)-2-苯基丙醛　　　　　　A　　　　　　　　　　　　B

沿蓝箭头方向加成

主要产物

　　以上采用构象分析解释手性醛、酮的亲核加成反应立体选择性的方法称为 Felkin-Anh 模型 (详见下册第 24 章　不对称合成)，其正确性得到了大量理论计算和实验结果的验证。例如，下列手性醛、酮的亲核加成反应立体选择性，均可采用 Felkin-Anh 模型进行很好的解释。

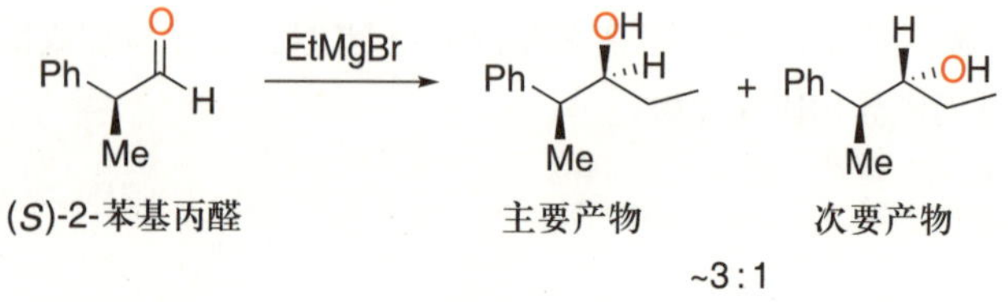

(S)-2-苯基丙醛　　　　　　　　主要产物　　　＋　　　次要产物

~3 : 1

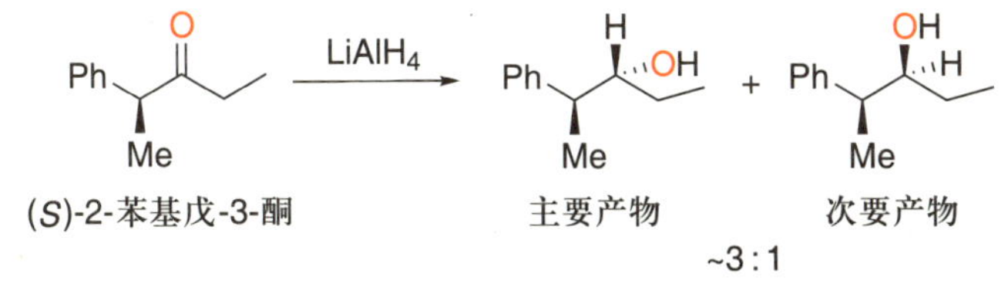

(S)-2-苯基戊-3-酮   主要产物   次要产物

~3 : 1

使用 Felkin-Anh 模型预测手性醛、酮的亲核加成反应立体选择性时，需要注意以下几种特殊情形。

当手性碳上连有电负性大的杂原子，且在亲核加成反应中杂原子未与羰基发生螯合作用时，两种优势构象异构体均是杂原子基团与羰基平面处于垂直的相对位置，其中，亲核试剂能够以空间位阻最小的路径进攻羰基的构象异构体 (反应活性更高)。例如：

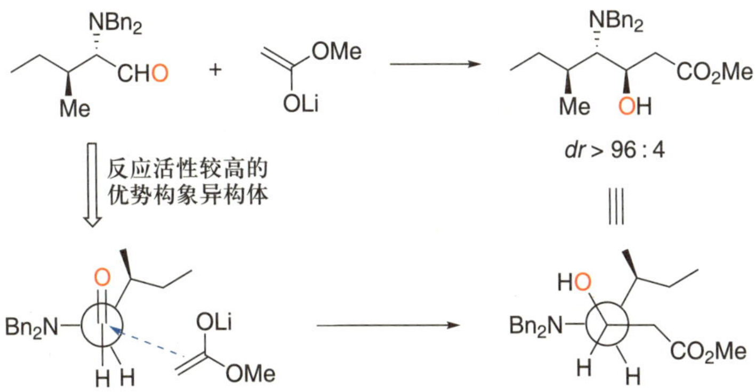

dr > 96 : 4

反应活性较高的
优势构象异构体

若杂原子基团与羰基发生螯合作用，则反应的立体选择性可能发生逆转。例如，(S)-2-甲氧基-1-苯基丙-1-酮分别与 NaBH$_4$ 和 Me$_2$Mg 反应时，反应的立体选择性发生了逆转。在与 NaBH$_4$ 反应时，钠离子未与甲氧基和羰基发生螯合作用，手性酮的优势构象中甲氧基与羰基平面处于垂直的相对位置；而在与 Me$_2$Mg 反应时，镁离子与甲氧基和羰基发生螯合作用，由此手性酮的优势构象中甲氧基与羰基平面不再处于垂直的位置，从而导致立体选择性发生逆转。

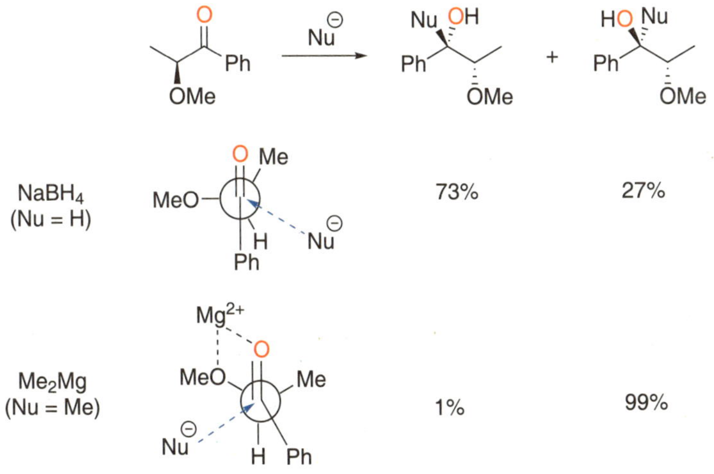

		73%	27%
NaBH$_4$ (Nu = H)			
Me$_2$Mg (Nu = Me)		1%	99%

容易发生螯合作用的金属离子包括 Mg^{2+}，Zn^{2+}，Cu^{2+}，Ti^{4+}，Ce^{3+}，Mn^{2+} 等；而碱金属离子 Na$^+$ 和 K$^+$ 则不常发生螯合作用。

对于具有刚性结构的手性环状醛、酮，其亲核加成反应的立体选择性主要受羰基平面两侧的空间位阻控制。例如：

（90%　　　　　　　　　　10%　反应式图）

（86%　　　　　　　　　　14%　反应式图）

13.4 醛酮氧化反应

在氧化反应中，醛、酮反应活性差别明显。醛容易被氧化，即使某些弱氧化剂也能氧化醛；而酮对一般氧化剂都比较稳定，只有在强氧化剂或强烈的条件下才能被氧化，且伴随碳碳键断裂，所得产物比较复杂。

思考题 13.1

通过查阅资料，解释为什么醛容易被氧化。

13.4.1 强氧化剂氧化

醛易被高锰酸钾、重铬酸钾等强氧化剂氧化，生成相应的羧酸。例如，正庚醛在酸性高锰酸钾氧化下以较高产率生成正庚酸。

$$\text{（正庚醛）} \xrightarrow{\text{KMnO}_4,\ \text{H}_2\text{SO}_4} \text{（正庚酸）}$$
78%

在酸性或中性介质中，其氧化机理为

$$R-\overset{O}{\underset{H}{C}}\ +\ {}^{-}O-Mn=O \xrightarrow{H^+} R-\overset{OH}{\underset{H}{C}}-O-Mn=O \xrightarrow{-H^+} R-COOH\ +\ MnO_3^{-}$$

重铬酸钾氧化醛的机理与此类似。

芳环侧链上的醛基在温和条件下氧化，可保留侧链；而在加热或较强烈条件下氧化则生成苯甲酸。例如：

$$\text{（苯乙醛）} \xrightarrow[\triangle]{\text{冷稀KMnO}_4 \\ \text{KMnO}_4} \text{（苯乙酸 / 苯甲酸）}$$

醛可以被氧气氧化成羧酸，因此，醛在空气中可发生自动氧化。氧气是一种便宜易得的氧化剂，工业上常采用空气氧化醛来制备羧酸。例如，工业上采用锰盐催化剂，利用空气氧化乙醛来制备乙酸。

$$CH_3CHO + O_2 \xrightarrow[60-70\ ^\circ C]{Mn(OAc)_2} CH_3CO_2H$$

Pinnick 氧化提供了另一种将醛氧化制备羧酸的简便方法，它是在弱酸性介质中用亚氯酸钠 ($NaClO_2$) 将醛氧化成羧酸。反应中产生次氯酸副产物，通常加入 2-甲基丁-2-烯与其反应除去。

$$R-CHO + ClO_2^- \xrightarrow{H^+} R-CO_2H + HClO$$

醛与氧气的反应属于自由基链式反应，光或微量金属离子如 Fe、Co、Ni、Mn 等对该氧化反应有促进作用。因此，醛通常需避光储存，并可加入微量自由基抑制剂来防止氧化。

酮在温和条件下不能被重铬酸钾或高锰酸钾等强氧化剂氧化；只有在加热和酸或碱存在下才能被强氧化剂所氧化，并导致碳碳键断裂。酮的氧化断裂经过其烯醇中间体进行，烯醇中间体碳碳双键被氧化断裂，产生羧酸。开链酮经氧化可生成几种羧酸产物，缺乏制备价值；而对称的环酮氧化断裂只生成一种二元羧酸产物，具有合成上的应用价值。例如，工业上利用环己酮氧化来制备尼龙-66 的合成单体己二酸。

$$R^1-CO_2H + R^2\!-\!CO_2H + R^1\!-\!CO_2H + R^2-CO_2H$$

13.4.2 弱氧化剂氧化

醛能够被弱氧化剂 Ag_2O 或 $Cu(OH)_2$ 所氧化，生成相应的羧酸。通常将 Ag_2O 溶于氨水，制成银氨络合物溶液，又称托伦 (Tollens) 试剂；而新鲜制备的 $Cu(OH)_2$ 则采用酒石酸盐进行络合，制成稳定的溶液费林 (Fehling) 试剂。

$$RCHO + Ag(NH_3)_2^+ \xrightarrow{\triangle} RCO_2NH_4 + Ag\downarrow + H_2O$$
银镜

$$RCHO + Cu(OH)_2 + NaOH \xrightarrow{\triangle} RCO_2Na + Cu_2O\downarrow + H_2O$$
红色沉淀

前一个反应若在清洁光滑的玻璃器皿中进行，金属银就均匀沉积在器皿内壁上形成银镜，因此称为银镜反应。由于银盐成本较高，银镜反应很少用于羧酸的合成，但在工业上仍用于制作镜子或玻璃镀银工艺。此外，托伦试剂可以作为一种选择性的氧化剂，用于将 α,β-不饱和醛氧化合成 α,β-不饱和羧酸。在反应中，碳碳双键不受影响。

$$RCH{=}CH{-}CHO \quad \xrightarrow[\text{2) } H_3O^+]{\text{1) } Ag(NH_3)_2OH} \quad RCH{=}CH{-}CO_2H$$

弱氧化剂托伦试剂和费林试剂均不能使酮氧化，故可以用来鉴别醛和酮。

13.4.3 过氧化物氧化

醛、酮均可以被过氧酸氧化；醛氧化生成相应的羧酸，而酮氧化则生成酯。反应在形式上可以看成过氧酸提供一个氧原子，分别插入醛基的 C–H 键和酮羰基与烃基间的 C–C 键而生成氧化产物。例如：

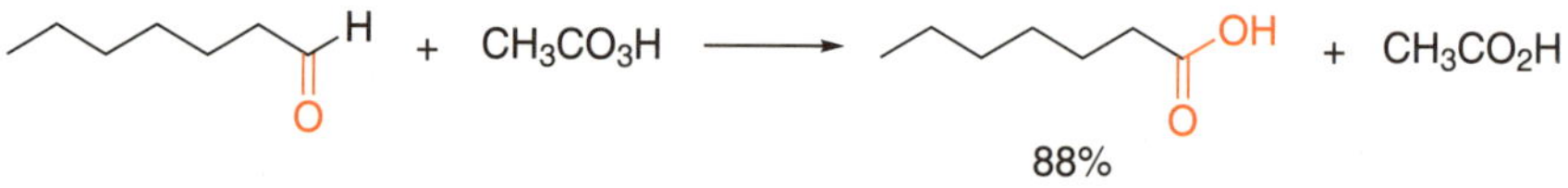

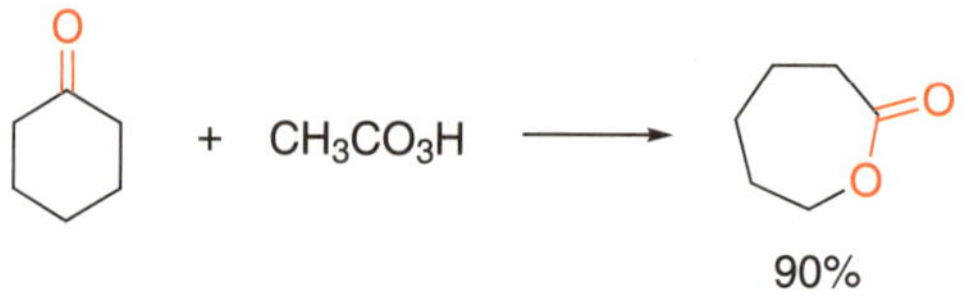

该反应称为 Baeyer-Villiger 氧化。其反应机理如下：首先，过氧酸对羰基进行亲核加成；然后加成产物中的过氧键断裂，氢原子或烃基带着一对电子从羰基碳原子转移到氧原子上，生成质子化的酸或酯及酸根负离子；前者失去一个质子得到酸或酯。

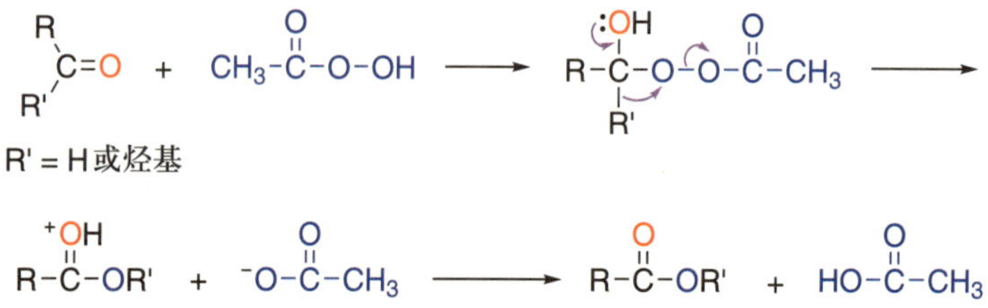

研究显示，羰基上连接的基团在反应中迁移的能力不同，迁移能力强的基团优先迁移，并由此生成主要产物。Baeyer-Villiger 氧化反应中基团迁移的优先顺序为：氢 > 芳基 > 叔烃基 > 仲烃基 > 伯烃基 > 甲基。例如：

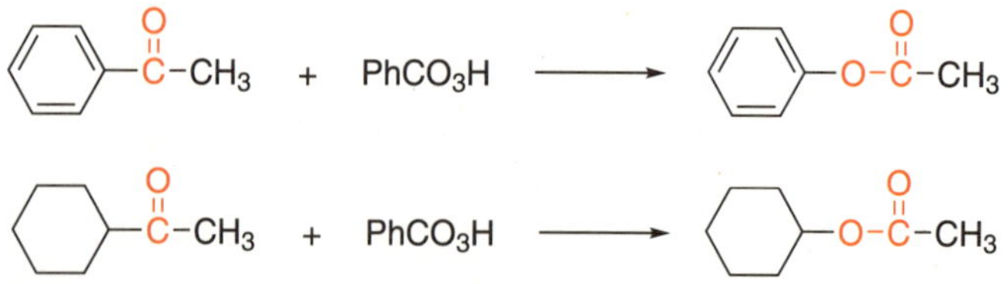

过氧化氢在 Lewis 酸催化下，也能使酮氧化成酯，这是一种更加绿色的氧化方法。

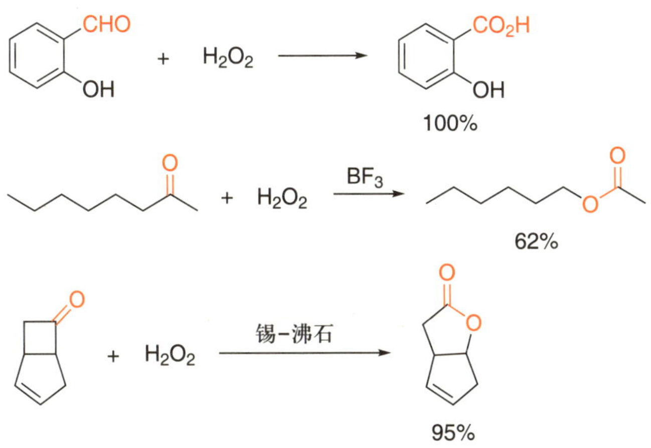

100%

62%

95%

13.5 醛酮还原反应

醛、酮的羰基在不同还原剂作用下，既可以还原成醇，也可以直接还原成甲叉基。

13.5.1 催化加氢还原

醛、酮在铂、镍等过渡金属催化剂存在下加氢还原，生成伯醇或仲醇。催化加氢反应通常在室温至 100 ℃ 下及一定压力 ($1 \times 10^5 - 5 \times 10^5$ Pa 氢气) 条件下进行，产率较高。

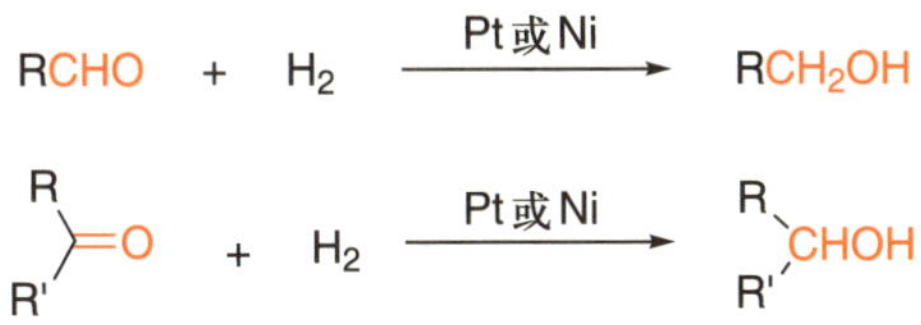

底物分子中如同时存在碳碳双键、碳碳三键、硝基、氰基等不饱和基团时，在催化加氢条件下也可以被直接还原，选择性的还原难以控制。与碳碳双键相比，羰基催化加氢的活性大致为：醛基 > 碳碳双键 > 酮羰基。

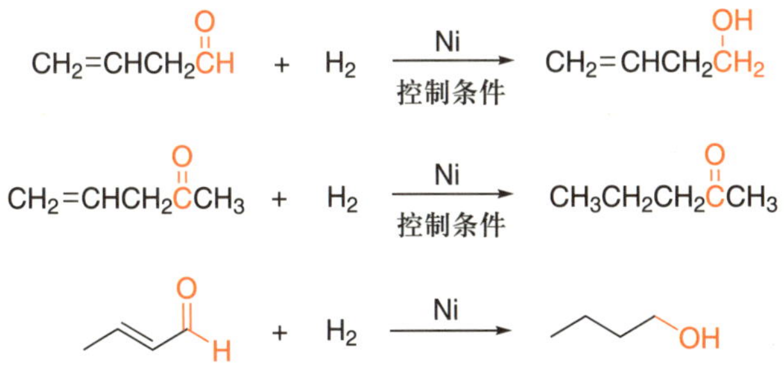

13.5.2 金属氢化物还原

在实验室中将醛、酮还原成相应醇的常用试剂包括硼氢化钠、四氢铝锂及其衍生物，反应产率高。例如：

四氢铝锂还原能力强,不仅可以将醛、酮还原成醇,而且能够还原其他不饱和基团,包括羧基、酯基、硝基、氰基等,还可还原卤代烃。硼氢化钠的反应活性较低,但选择性高,它只能还原醛、酮。但这两种还原剂均不能还原烯烃和炔烃。

硼氢化钠还原醛、酮的反应通常在甲醇水溶液或甲醇、乙醇溶液中进行。反应先生成四烷基硼酸酯,然后在温和加热条件下其与水反应,释放出还原产物醇和硼酸盐副产物。1 mol 硼氢化钠可还原 4 mol 醛或酮。

由于四氢铝锂与水、醇或其他质子性溶剂会发生剧烈反应,并释放出氢气,因此其与醛、酮的还原反应必须在无水的非质子性溶剂中进行,最常采用的溶剂包括乙醚和四氢呋喃。与硼氢化钠相同,1 mol 四氢铝锂可还原 4 mol 醛或酮。由于在反应后处理阶段会产生凝胶状铝盐,因此常需要采用稀酸或稀碱来溶解。

在醛、酮的还原反应中,硼氢化钠和四氢铝锂充当了负氢离子 H⁻ 的来源,反应在形式上可以看成亲核试剂负氢离子对羰基的亲核加成反应。然而,反应机理却并非如此! 负氢离子对羰基的亲核加成尚未得到证实。例如,作为含负氢离子的碱金属盐氢化钠 (NaH) 仅作为碱参与反应,并不能作为还原剂还原醛和酮。因此,在硼氢化钠或四氢铝锂与醛、酮的还原反应中,没有负氢离子 H⁻ 亲核进攻羰基的步骤,而只能理解为 B—H 键或 Al—H 键断裂的同时,氢原子带着一对电子转移到羰基碳上并形成 C—H 键。下面是硼氢化钠与醛反应的机理:

> 需要注意的是,尽管硼氢化钠和四氢铝锂在实验室里经常被用于还原醛酮化合物,但是它们的原子利用率很低,只有 1~4 个氢原子被利用,并且在反应中产生大量的盐废料,所以工业生产上正在逐步减少硼氢化钠和四氢铝锂的使用。

思考题 13.2

如何解释 H⁻ 的碱性与亲核性？

13.5.3 氢转移还原

醛、酮在异丙醇铝–异丙醇还原体系作用下可选择性地还原成醇。

$$R-C(=O)-R' + (CH_3)_2CHOH \underset{}{\overset{[(CH_3)_2CHO]_3Al}{\rightleftharpoons}} R-CH(OH)-R' + (CH_3)_2C=O$$

醛或酮

该反应称为 Meerwein-Ponndorf 还原。从形式上看，醛、酮被还原，异丙醇被氧化，氢从异丙醇转移至醛、酮，因此又称为氢转移还原。在反应中异丙醇铝是催化剂，其反应机理如下：

首先，醛或酮与催化剂异丙醇铝配位，然后经六元环中间体过渡态实现氢原子转移（携带一对电子）至醛或酮羰基碳，产生新的烷氧基铝中间体，并释放一分子丙酮；然后，新的烷氧基铝中间体与体系中大量存在的异丙醇发生可逆的交换反应，释放出还原产物醇和催化剂异丙醇铝。

Meerwein-Ponndorf 还原是可逆平衡反应，一般通过加入过量异丙醇或不断蒸出低沸点丙酮的方法使平衡向右移动，从而实现还原醛、酮的目的。

Meerwein-Ponndorf 还原的逆反应可以看成在异丙醇铝催化下，丙酮将醇氧化成相应的醛、酮。该逆反应称为 Oppenauer 氧化，其反应机理为 Meerwein-Ponndorf 还原的逆过程。

$$R-CH(OH)-R' + (CH_3)_2C=O \underset{}{\overset{[(CH_3)_2CHO]_3Al}{\rightleftharpoons}} R-C(=O)-R' + (CH_3)_2CHOH$$

醛或酮

Meerwein-Ponndorf 还原方法具有高度的化学选择性。反应底物中的碳碳双键、碳碳三键或其他易被还原的基团均不受影响。例如，采用 Meerwein-Ponndorf 方法还原 α,β-不饱和醛、酮，可顺利地制得相应的烯丙醇产物。

$$PhCH=CH-C(=O)-Ph \xrightarrow[\text{异丙醇}]{[(CH_3)_2CHO]_3Al} PhCH=CH-CH(OH)-Ph$$

13.5.4　活泼金属还原

醛、酮在活泼金属参与下可还原成醇、邻二醇或烯烃。反应的化学选择性不仅与活泼金属种类有关，而且与还原体系中其他辅助试剂有关。

金属钠-乙醇组成的还原体系可以将醛、酮还原为醇。反应中金属钠作为电子给体，而乙醇则为质子给体。

其反应机理如下：

金属钠与乙醇等还原体系应用广泛，可还原多种其他官能团。

金属镁、镁汞齐或铝汞齐在苯等非质子性溶剂中与酮反应后水解，则主要得到邻二醇还原产物。该产物在酸作用下易发生频哪醇重排。

该反应同样经过从金属镁至酮羰基的单电子转移过程，产生的碳自由基在金属镁阳离子的络合辅助下发生偶联，导致新的碳碳键形成；生成的邻二醇镁盐经水解，释放出两分子酮的还原偶联产物邻二醇。

醛、酮在强还原性金属如 Li、K、Ga 或者还原剂 LiAlH$_4$ 与钛的氯化物组成的还原体系作用下则发生另一种形式的还原偶联反应，生成产物烯。该反应称为 McMurry 反应，产率较高，是一种由醛、酮制备烯的有效方法。

13.5.5　羰基还原成甲叉基

将醛、酮羰基直接还原成甲叉基 (CH$_2$) 的方法有几种，包括经典的 Clemmensen 还原法和 Wolff-Kishner-黄鸣龙还原法，他们在底物适用范围上互为补充。

在锌汞齐和浓盐酸作用下，醛、酮可直接还原成烃，羰基转变为甲叉基，该反应称为 Clemmensen 还原反应，其反应机理目前仍不十分清楚，包含电子从锌转移至羰基的步骤。在反应前将锌用氯化汞水溶液处理，汞离子被还原为金属汞，在锌的表面即可生成锌汞齐。

由于 Clemmensen 还原反应中需要使用浓盐酸，因此醛、酮底物带有对酸敏感的基团时不适用此方法。

由于汞的毒性较大，Clemmensen 还原方法用得越来越少。

Wolff 和 Kishner 两位化学家分别独立报道了另一种将醛、酮直接还原成甲叉基的方法。在强碱性和高温、高压或封管的条件下，醛、酮与肼反应生成还原产物烃。

$$\underset{O}{\overset{\text{O}}{\text{PhCCH}_2\text{CH}_3}} + \text{H}_2\text{NNH}_2 \xrightarrow[\text{(HOCH}_2\text{CH}_2)_2\text{O, }\triangle]{\text{NaOH}} \underset{82\%}{\text{PhCH}_2\text{CH}_2\text{CH}_3}$$

由于该反应需要高温高压和无水肼原料，反应存在明显的危险性，且反应时间长，产率偏低，缺乏实际应用前景。在此情形下，1946 年我国著名化学家黄鸣龙着手对该反应条件进行改进。首先将醛、酮、氢氧化钠、肼的水溶液与高沸点水溶性溶剂 (如二缩乙二醇) 混合加热，将醛、酮变成腙；然后将水和过量的肼蒸出，直至达到腙的分解温度 (195－200 ℃) 时再回流 3－4 h。经此改进，该反应可以直接在常压下进行，同时采用便宜、安全的水合肼溶液，反应时间大大缩短，产率高，从而显著提高了其实用价值。该反应不仅可以在实验室使用，而且还可以用于工业化生产，由此该反应后来改称为 Wolff-Kishner-黄鸣龙还原反应。

该反应的机理如下：

Wolff-Kishner-黄鸣龙还原反应在强碱性条件下进行，因此不适于对碱敏感的醛、酮。

将醛、酮羰基转变为甲叉基的另一种成熟方法是硫代缩醛 (酮) 还原法。将醛、酮在酸催化下与硫醇反应生成硫代缩醛 (酮)，硫代缩醛 (酮) 在兰尼镍催化下经氢化脱硫还原为烃。该反应可适用于 α,β-不饱和醛、酮，反应中碳碳双键不受影响。

13.6   醛的歧化反应

缺少 α-H 的醛与浓碱共热，生成等量的醇和羧酸。在该反应中，一分子醛被还原成醇，而另一分子醛则被氧化成羧酸。因此该反应属于歧化反应，又称 Cannizzaro 反应。

$$\text{C}_6\text{H}_5\text{CHO} \xrightarrow[\triangle]{\text{conc. NaOH}} \text{C}_6\text{H}_5\text{CH}_2\text{OH} + \text{C}_6\text{H}_5\text{CO}_2\text{Na}$$

$$\text{HCHO} \xrightarrow[\triangle]{\text{conc. NaOH}} \text{CH}_3\text{OH} + \text{HCO}_2\text{Na}$$

反应机理研究发现，Cannizzaro 反应的速率 (r) 不仅与醛的浓度有关，而且与碱 (HO⁻) 的浓度有关，通常表现为三级反应，在某些情况下 (甲醛，高浓度碱) 甚至表现为四级反应。

$$r = k[RCHO]^2[OH^-] \quad \text{或} \quad r = k[RCHO]^2[OH^-]^2$$

同位素标记实验清晰地揭示了产物醇中 H 的来源。将反应在重水中进行，发现产物醇中并未有 C–D 键的形成；新形成的 C–H 键中 H 只能来自另一分子醛，而不是来自溶剂。

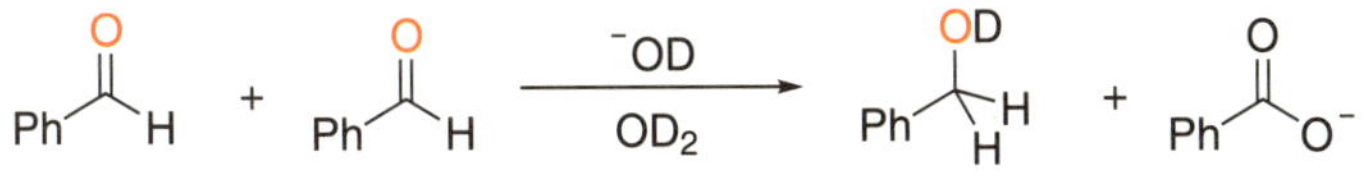

根据实验结果，人们提出了如下 Cannizzaro 反应的机理：

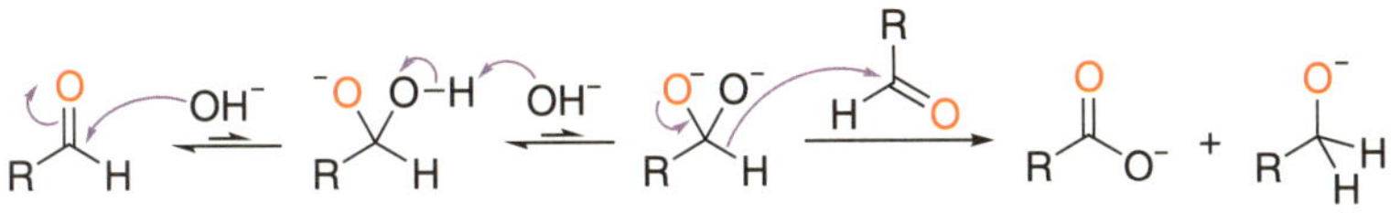

首先 OH⁻ 对醛进行亲核加成，产生水合物负离子中间体；然后该负离子在强碱作用下脱除一个质子，生成水合物双负离子中间体；双负离子中间体不稳定，发生 C–H 异裂，H 原子带着一对电子转移至另一分子醛的羰基碳上，从而产生羧酸负离子和烷氧负离子，最后经加酸质子化转变为羧酸和醇。在此机理中，形式上的负氢离子 H⁻ 转移步骤与硼氢化钠还原醛酮的机制相似。

芳香醛发生 Cannizzaro 反应的活性与芳环上取代基的电子性质直接相关，给电子基团降低反应活性，吸电子基团提升反应活性。4-取代苯甲醛发生 Cannizzaro 反应的相对反应速率数据就佐证了这一规律 (表 13-5)。

表 13-5　取代苯甲醛的 Cannizzaro 反应相对速率

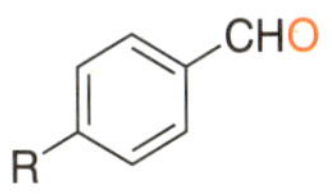

R	25 ℃	100 ℃
H	1	1
Me	0.2	0.2
MeO	0.05	0.1
Me₂N	非常慢	0.0004
NO₂	210	2200

两种反应活性不同的且无 α-H 的醛之间可以发生交叉歧化反应。高活性的醛总是先被 OH⁻ 进攻，从而成为氢的供体，本身被氧化；而活性相对弱的醛则成为氢的受体，被还原成醇。活性高而分子量小的甲醛常用作氢的供体，交叉歧化反应在合成中有重要用途。

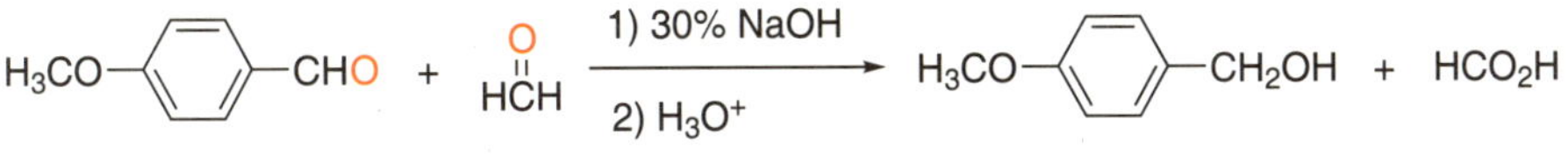

工业上生产季戊四醇的工艺巧妙利用了羟醛缩合和歧化反应。

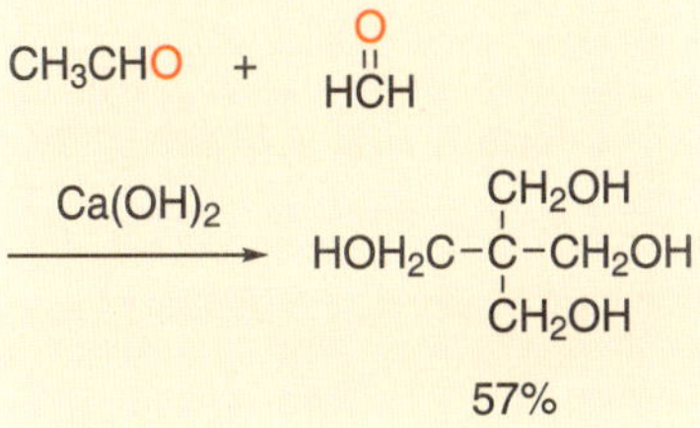

13.7　醛酮的其他反应

本节重点介绍醛酮化合物与叶立德试剂的反应、氰基负离子催化的安息香缩合反应及醛酮肟的 Beckmann 重排反应。

13.7.1　与叶立德试剂的反应

叶立德 (ylide) 试剂是指分子中相邻键合原子上带有异种电荷的中性分子。重要的叶立德试剂包括磷叶立德和硫叶立德。

与磷叶立德的反应

Wittig 首次报道了磷叶立德与醛、酮的反应，该反应以较高的产率生成烯，并释放三苯基氧膦副产物。该反应也称为 Wittig 反应。

$$
\underset{\substack{\text{醛或酮}}}{\overset{R}{\underset{R^1}{\diagup}}\!\!=\!\!O} \;+\; \underset{\substack{\text{磷叶立德}}}{Ph_3\overset{+}{P}\!-\!\overset{-}{C}HR^2} \;\longrightarrow\; \overset{R}{\underset{R^1}{\diagdown}}\!\!=\!\!\overset{H}{\underset{R^2}{\diagup}} \;+\; Ph_3P\!=\!O
$$

在 Wittig 反应中，磷叶立德试剂由三苯基膦与卤代烃制备。首先三苯基膦与卤代烃作用，经 S_N2 亲核取代反应生成磷盐，然后在强碱作用下脱除一分子卤化氢生成磷叶立德。

$$
Ph_3P: \;+\; R^2CH_2\!-\!X \;\xrightarrow{S_N2}\; \underset{\text{磷盐}}{Ph_3\overset{+}{P}\!-\!CH_2R^2\; X^-}
$$

$$
Ph_3\overset{+}{P}\!-\!CH_2R^2\; X^- \;\xrightarrow{{}^nC_4H_9Li}\; \underset{\text{磷叶立德}}{Ph_3\overset{+}{P}\!-\!\overset{-}{C}HR^2} \;+\; LiX \;+\; {}^nC_4H_{10}
$$

用于制备磷叶立德的卤代烃可以是甲基卤代烃、伯卤代烃和仲卤代烃，但不能是叔卤代烃。同时，烯基卤代物也因亲核取代反应活性低而不能用来制备磷叶立德。

在磷叶立德的分子结构中，磷原子带有显著的正电荷，而与其相连的碳原子则带有较多的负电荷，因而具有类似碳负离子的亲核性。

典型的 Wittig 反应机理如下：

$$
\overset{R}{\underset{R^1}{\diagup}}\!\!=\!\!O \;+\; Ph_3\overset{+}{P}\!-\!\overset{-}{C}HR^2 \;\longrightarrow\; \underset{\substack{\text{磷内盐}}}{\overset{R^1\!-\!\overset{R}{C}\!-\!O^-}{\underset{R^2}{H\!-\!C\!-\!\overset{+}{P}Ph_3}}} \;\longrightarrow\; \underset{\substack{\text{四元磷氧杂环}}}{\overset{R^1\!-\!\overset{R}{C}\!-\!O}{\underset{R^2}{H\!-\!C\!-\!PPh_3}}}
$$

$$
\longrightarrow\; \overset{R}{\underset{R^1}{\diagdown}}\!\!=\!\!\overset{H}{\underset{R^2}{\diagup}} \;+\; Ph_3P\!=\!O
$$

首先磷叶立德对醛、酮羰基进行亲核加成，生成磷内盐中间体；磷内盐经四元磷氧杂环中间体消除一分子三苯基膦氧化物，生成烯。在副产物三苯基膦氧化物分子结构中，P=O 键的键能高达 $575\ kJ\cdot mol^{-1}$，因此，膦氧化物的生成提供了 Wittig 反应的热力学驱动力。

Wittig 反应具有广泛的底物适用范围，不同结构的醛、酮与磷叶立德均可反应，以较高产率和高立体选择性生成烯，是合成烯烃的重要方法。例如：

$$
\diagup\!\!=\!\!O \;+\; Ph_3\overset{+}{P}\overset{-}{\quad}\diagdown\!\diagup\!\diagdown \;\longrightarrow\; \diagdown\!\!=\!\!\diagup\!\diagdown\!\diagup\!\diagdown \;+\; Ph_3P\!=\!O
$$

Wittig 反应是从醛酮化合物合成烯烃的重要方法，但是应该看到这个反应的原子利用率较低，Wittig 试剂中只有很少一部分得到利用，其三苯基膦部分在反应结束后转变成三苯基氧膦，反应后需要除去，造成了很大的浪费和污染。

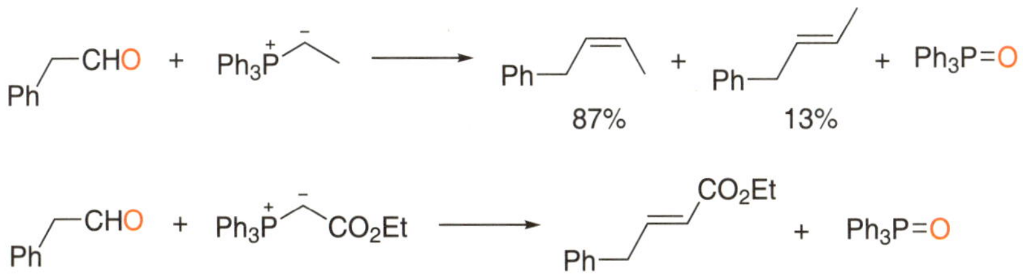

如上述例子所示，有的 Wittig 反应表现出 *Z*-式选择性，而有的表现出 *E*-式选择性。通常，当磷叶立德试剂的碳负离子中心被相邻的吸电子基团 (如酯基) 所稳定时，称为稳定磷叶立德，其 Wittig 反应表现为 *E*-式选择性。缺少吸电子基团稳定的磷叶立德称为活泼磷叶立德，其 Wittig 反应倾向于 *Z*-式选择性。

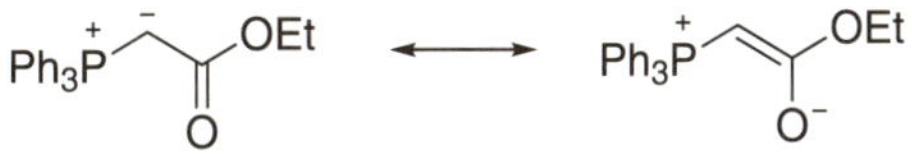

酯基的稳定作用

作为 Wittig 反应的一种改进法，Horner-Emmons-Wadsworth 反应同样提供了合成烯烃的重要方法。该反应以膦酸酯为原料，在强碱如 NaH 的作用下生成膦酰基稳定的碳负离子，然后与醛、酮反应，生成烯烃。

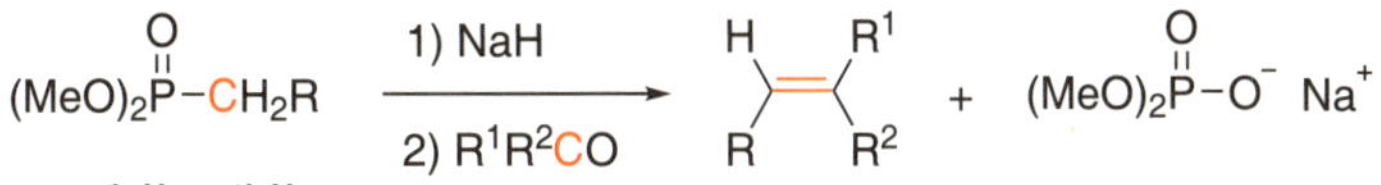

R = 酯基，酰基

其反应机理如下：

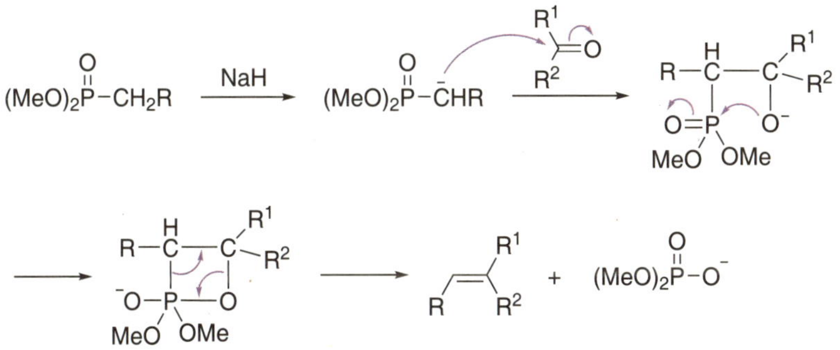

原料膦酸酯通常由 α-卤代酯或 α-卤代酮与亚磷酸酯反应制得。

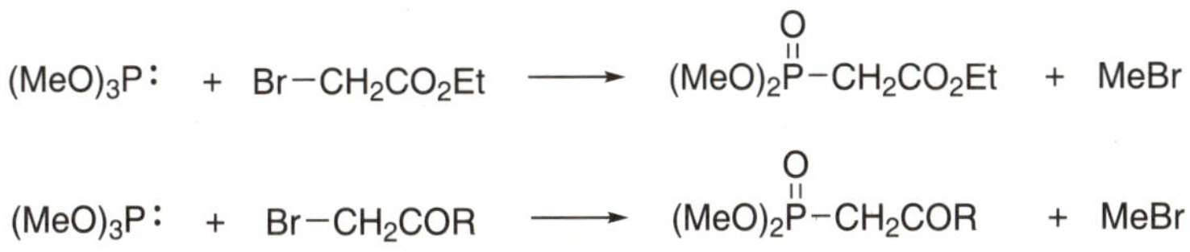

Horner-Emmons-Wadsworth 反应具有如下特点：首先，该反应具有高度的 *E*-式选择性，产物几乎全部为 *E*-构型异构体；其次，反应副产物为水溶性的膦酸酯盐，便于分离除去。

与硫叶立德的反应

硫叶立德是另一类重要的叶立德试剂。与磷叶立德类似，硫叶立德同样能够与醛、酮发生亲核加成反应，但加成后不是发生消除反应生成烯，而是发生分子内亲核取代反应，生成三元环产物。

硫叶立德可由二甲硫醚与卤代烃(通常为碘化物)反应制备。例如，二甲硫醚与碘甲烷发生亲核取代反应，生成三甲基锍盐 (sulfonium salt)；然后在强碱作用下脱去 HI 生成相应的硫叶立德。

上述制备的硫叶立德与醛、酮反应，生成环氧化合物。在反应中，硫叶立德先对羰基进行亲核加成，生成的中间体发生分子内亲核取代，关环生成环氧化合物。

硫叶立德与 α,β-不饱和醛、酮反应时，反应产物取决于硫叶立德的稳定性。当硫叶立德试剂在分子结构上缺少能够稳定碳负离子的吸电子基团时，这类硫叶立德便不稳定，与 α,β-不饱和醛、酮反应时生成环氧产物；而当硫叶立德分子中带有能够稳定碳负离子的吸电子基团(如氰基、酯基等)时，这类硫叶立德就更稳定，与 α,β-不饱和醛、酮反应时生成环丙烷产物。例如：

从二甲亚砜和卤代烃出发可制备另一类稳定的硫叶立德，其与 α,β-不饱和醛、酮反应时同样生成环丙烷产物。例如：

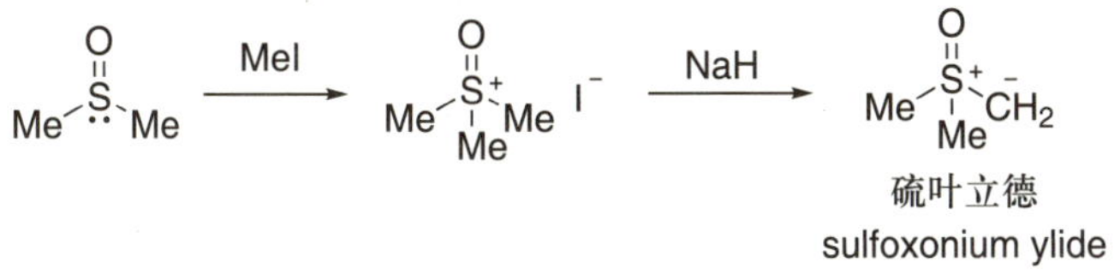

硫叶立德
sulfoxonium ylide

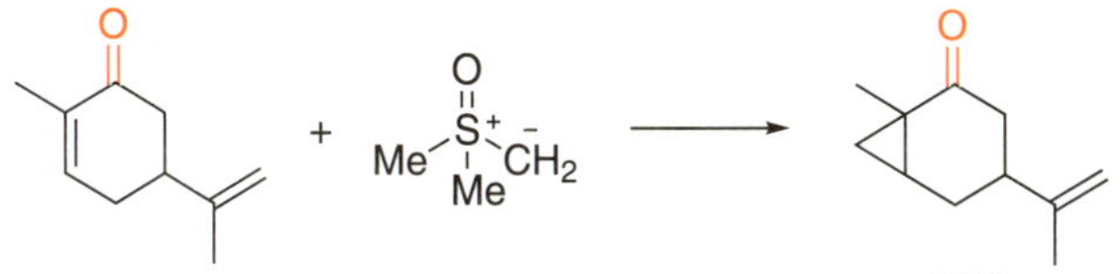

81%

13.7.2 安息香缩合

在氰基负离子(CN⁻)的催化下，两分子苯甲醛反应生成二苯基羟乙酮，该化合物俗称安息香，因此该反应称为安息香缩合。

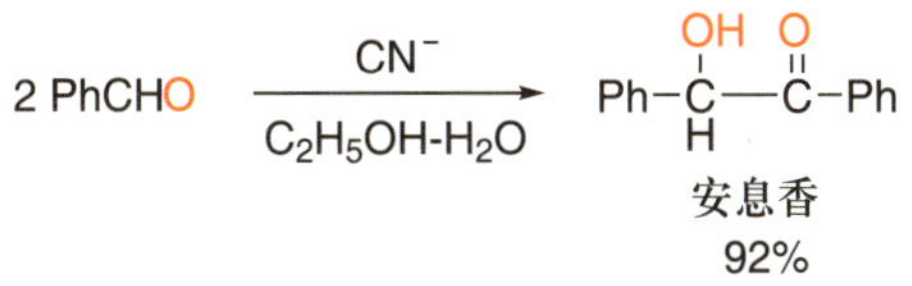

安息香
92%

该反应可能的机理如下：

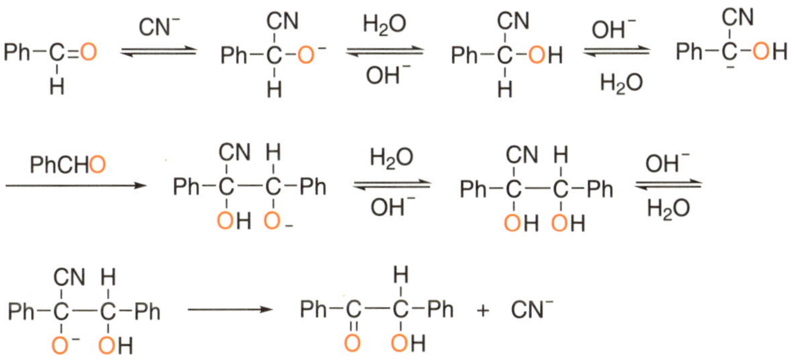

首先氰基负离子进攻羰基，可逆地生成氰醇中间体；然后在碱的作用下，原羰基碳失去氢变成碳负离子，并作为亲核试剂对第二分子醛进行亲核加成，生成氰基取代的二醇，后者失去氰基负离子而生成缩合产物。根据上述机理，两分子醛在反应中所起的作用各不相同，反应的发生得益于氰基负离子与醛酮亲核加成的可逆性。

该反应主要适用于芳香醛，但当芳环上有吸电子基团或给电子基团时，反应均不能发生。吸电子基团降低了反应中碳负离子的亲核性，不利于对第二分子醛的亲核进攻；给电子基团则使醛基碳电正性减弱，同样不利于接受碳负离子中间体的进攻。碳负离子与第二分子醛的亲核加成步骤是该反应的决速步。但将两种不同的芳香醛混合，在氰基负离子作用下则可顺利地发生交叉的安息香缩合，得到单一产物。产物中羟基总是连在有吸电子基团的芳环一边。

$$O_2N-\langle\!\!\!\bigcirc\!\!\!\rangle-CHO \xrightarrow{\text{CN}^-} \text{不反应}$$

$$H_3CO-\langle\!\!\!\bigcirc\!\!\!\rangle-CHO \xrightarrow{\text{CN}^-} \text{不反应}$$

$$O_2N-\langle\!\!\!\bigcirc\!\!\!\rangle-CHO + H_3CO-\langle\!\!\!\bigcirc\!\!\!\rangle-CHO \xrightarrow{\text{CN}^-} O_2N-\langle\!\!\!\bigcirc\!\!\!\rangle-\overset{H}{\underset{OH}{C}}-\overset{O}{C}-\langle\!\!\!\bigcirc\!\!\!\rangle-OCH_3$$

13.7.3　Beckmann 重排

酮与羟氨反应生成酮肟，后者在 PCl$_5$ 或浓硫酸等酸性试剂作用下生成酰胺。该反应称为贝克曼重排 (Beckmann rearrangement)，属酮肟的性质，而不是酮本身的反应。

$$\underset{R'}{\overset{R}{>}}C=\overset{N}{\underset{OH}{}} \xrightarrow{\text{PCl}_5} R'-\overset{O}{C}-NHR$$

Beckmann 重排的机理如下：

$$\underset{R'}{\overset{R}{>}}C=N-OH \underset{}{\overset{H^+}{\rightleftharpoons}} \underset{R'}{\overset{R}{>}}C=\overset{N}{\underset{\overset{+}{O}H_2}{}} \xrightarrow{-H_2O} R'-\overset{+}{C}=NR \underset{}{\overset{H_2O}{\rightleftharpoons}} R'-C=NR \atop +OH_2$$

$$\overset{-H^+}{\rightleftharpoons} R'-C=NR \atop OH \longrightarrow R'-\overset{O}{C}-NHR$$

在反应过程中，当 H$_2$O 从氮原子上离去时，烃基 R 从背面转移，因此该反应的立体化学特点是分子内的反式重排。在产物中，转移基团 R 与氮原子相连，而 R′ 基团直接与羰基相连。

若转移基团含有手性碳原子，则手性碳构型保持不变。例如：

$$\underset{H_3C}{\overset{Ph}{}}\overset{*}{C}H \atop H_3C-C=N-OH \xrightarrow{\text{H}_2\text{SO}_4} H_3C-\overset{O}{C}-\underset{H}{N}-\overset{Ph}{\underset{CH_3}{\overset{*}{C}}}H$$

光学纯酮肟   光学纯酰胺

Beckmann 重排在合成上有重要用途，如环己酮肟经重排后生成的己内酰胺是制备尼龙-6 合成纤维的基本原料。

13.8　醛酮的制备方法

下面主要介绍几种常见的醛、酮制备方法。

13.8.1 经醇、烯烃、芳烃的氧化制备醛酮

由伯醇和仲醇氧化可以分别制备醛和酮。由于醛比较容易被进一步氧化，因此伯醇的氧化需要选择性好的氧化剂如 Sarret 试剂或 PCC 氧化剂，才能使反应停留在生成醛的阶段。

将伯醇、仲醇在催化条件下脱氢，提供了工业制备醛酮的方法。

烯烃经臭氧化、还原水解，生成醛或酮。工业上将乙烯催化氧化制备乙醛。

$$H_2C=CH_2 + O_2 \xrightarrow{CuCl_2\text{-}PdCl_2} CH_3CHO$$

芳烃的直接氧化提供了合成芳香醛、酮的有效方法。在产物为芳香醛的反应中，由于芳香醛比芳烃更容易被氧化，因此需要控制氧化条件，或采用三氧化铬-乙酸酐作氧化剂，则可有效防止芳香醛的进一步氧化。

13.8.2　以炔烃为原料制备醛酮

炔烃在汞盐和强酸催化下发生水合反应，可以转化为醛酮。采用这一方法，工业上利用乙炔来制备乙醛。

如果采用硼氢化-氧化方法代替直接水合，则可以将末端炔烃转化为醛。

13.8.3　以酰氯、酯或腈为原料制备醛酮

酰氯、酯或腈在选择性的负氢还原剂作用下经水解后可顺利地转化为相应的醛。常用的选择性还原剂包括三(叔丁氧基)氢铝化锂和二异丁基铝氢 [(^{t}Bu)$_2$AlH, 也称 DIBAL-H]。

酰氯与铜锂试剂反应可制备酮。腈与活泼金属试剂如格氏试剂或锂试剂加成后经水解，同样可以方便地制备酮。反应中腈仅与金属试剂发生一次加成反应。

13.8.4　由 Friedel-Crafts 酰基化反应制备醛酮

Friedel-Crafts 酰基化反应提供了制备芳香酮的重要方法，产物单一，产率高。通过分子内酰基化反应可以制备环酮。

在共催化剂作用下，芳烃与 HCl、CO 混合物反应，可以制得芳香醛。该反应称为 Gattermann-Koch 反应，可看成一种特殊的 Friedel-Crafts 反应，同样受芳环上定位基的影响。例如：

本章学习要点

(1) 醛、酮的命名，羰基的结构，醛酮的物理性质，包括波谱特征。

(2) 亲核加成反应概念，醛酮的亲核加成反应机理及反应活性规律。

(3) 醛酮与碳亲核试剂的反应：与 HCN 加成、与金属试剂加成。

(4) 醛酮与氧亲核试剂的反应：水合反应，半缩醛(酮)，缩醛(酮)及其在合成中的应用。

(5) 醛酮与氮亲核试剂的反应：与氨及其衍生物的加成/缩合反应，反应的可逆性。

(6) 醛酮亲核加成反应的立体化学：Felkin-Anh 模型。

(7) 醛酮的氧化：氧化反应活性差别，过氧化物氧化。

(8) 醛酮的还原：催化氢化，还原成醇，还原成甲叉基。

(9) 醛酮的其他反应：醛的歧化反应，与叶立德试剂的反应，安息香缩合，Beckmann 重排。

(10) 醛酮的制备。

习题

13.1　命名下列化合物或根据化合物名称画出其分子结构式。

(1)

(2)

(3)

(4)

(5)

(6)

(7)

(8) OHC $\diagdown\diagup\diagdown\diagup$ CHO

(9)

(10) 1-氯丙-2-酮

(11) 3-甲基-3-苯基丁醛

(12) 4-羟基-4-甲基戊-2-酮

(13) 5-氧杂己醛

(14) 3-甲基丁-3-烯-2-酮

(15) 2,2-二甲基环己基甲醛

13.2 完成下列反应式。

(1) $\xrightarrow{\text{RCO}_3\text{H}}$ (?)

(2) $\xrightarrow{\text{H}_3\text{O}^+}$ (?)

(3) $\xrightarrow{\text{PCl}_5}$ (?)

(4) $\xrightarrow{\text{OH}^-}$ $\xrightarrow{\text{NaBH}_4}$ (?)

(5) $\xrightarrow{\text{KCN}}$ (?)

(6) $\xrightarrow{\text{CH}_3\text{MgI}}$ $\xrightarrow{\text{H}_3\text{O}^+}$ (?)

(7) + CO + HCl $\xrightarrow{\text{AlCl}_3 / \text{Cu}_2\text{Cl}_2}$ (?)

(8) + CHCl$_3$ $\xrightarrow{\text{NaOH}}$ (?)

(9) CH$_2$=CHOCH$_2$CH$_3$ $\xrightarrow[\text{H}^+]{\text{C}_2\text{H}_5\text{OH}}$ $\xrightarrow{\text{H}_3\text{O}^+}$ (?)

(10) + HCN $\longrightarrow$ (?)

13.3 用简单化学方法鉴别下列化合物。

(1) C$_6$H$_5$CHO   (2) C$_6$H$_5$COCH$_3$

(3) CH$_3$CHO   (4) CH$_3$CH$_2$COCH$_2$CH$_3$

(5) C$_6$H$_5$OH   (6) C$_6$H$_5$CHCH$_3$
                              |
                              OH

(7) C$_6$H$_5$CH$_2$CH$_2$OH

13.4 4-羟基戊醛的甲醇溶液用 HCl 处理可生成环状缩醛,其反应式如下,试写出此反应的机理。若该反应在 CH$_3^{18}$OH 中进行,请判断 ^{18}O 出现在环状缩醛还是在水分子中。

13.5 α-卤代酮用碱处理时可发生 Favorskii 重排反应。例如,2-氯环己酮在乙醇中用乙醇钠处理,可生成环戊基甲酸乙酯。试写出其反应机理。

13.6 分别写出丁醛与以下试剂作用生成的产物。

(1) LiAlH$_4$ (2) NaBH$_4$

(3) Pt/H$_2$ (4) Ag(NH$_3$)$_2^+$

(5) H$_2$CrO$_4$, 加热   (6) HOCH$_2$CH$_2$OH, HCl

(7) Zn(Hg)/HCl   (8) H$_2$NNH$_2$, KOH, 250 ℃

(9) PhNH$_2$ (10) PhNHNH$_2$

13.7 试写出下列反应可能的机理。

(1)

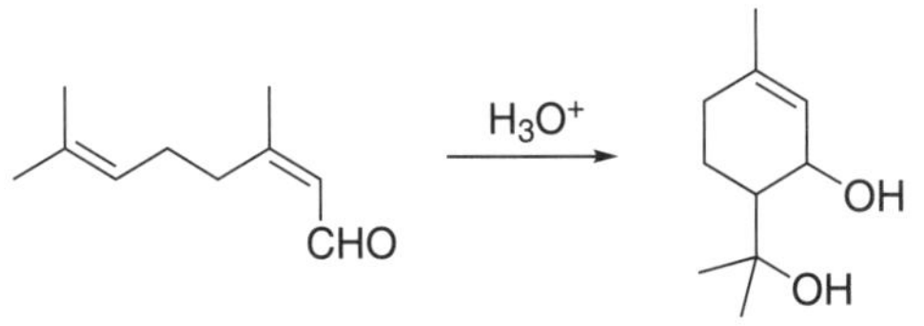

(2)

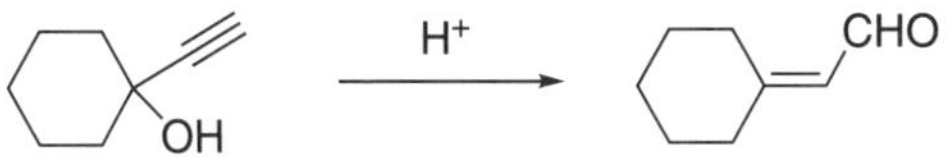

(3)

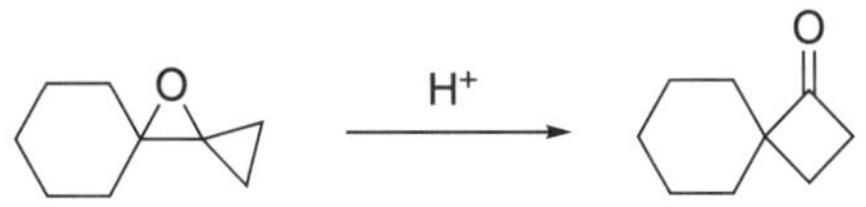

(4)

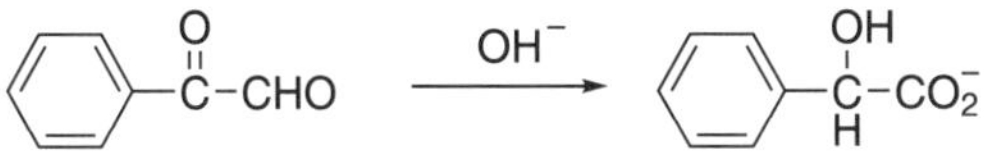

13.8 完成下列转化（必要的有机、无机试剂可任选）。

(1) $ClCH_2CH_2CHO \longrightarrow CH_3\overset{\underset{|}{OH}}{C}HCH_2CH_2CHO$

(2)

(3) $CH_3\overset{\underset{\|}{O}}{C}CH_2CH_2CHO \longrightarrow CH_3CH_2CH_2CH_2CHO$

(4) $C_6H_5CH=CHCHO \longrightarrow C_6H_5\underset{Br}{C}H-\underset{Br}{C}H\underset{Cl}{C}H_2$

(5) $CH_3CH_2CH_2CHO \longrightarrow$

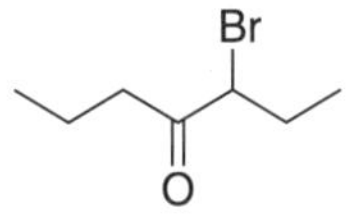

(6)

(7)  $HO\diagdown\diagup Br \longrightarrow$

(8) $HC\equiv CH \longrightarrow$

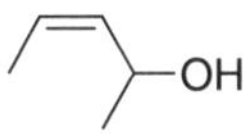

13.9 以苯、甲苯、环己醇和四个碳以下的有机试剂为原料合成下列化合物。

(1)

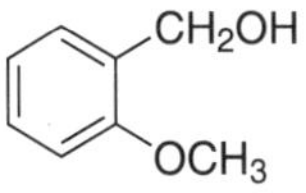

(2) $CH_3CH=CH-CH=CHCO_2H$

(3)

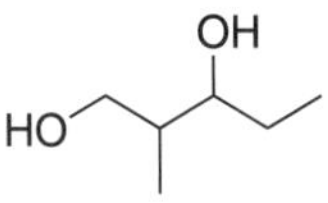

(4)

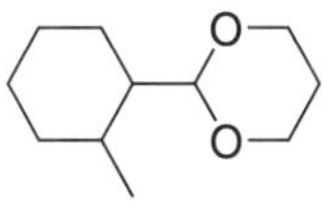

(5)

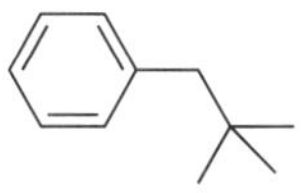

(6)

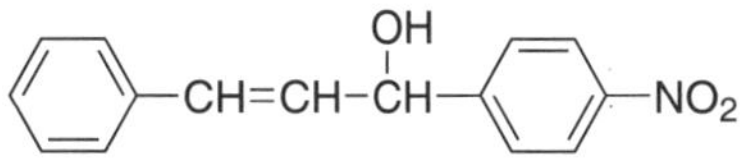

(7)

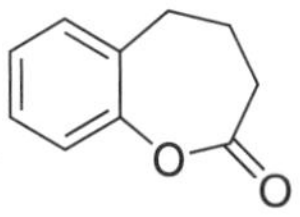

(8)

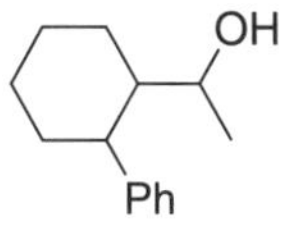

(9)

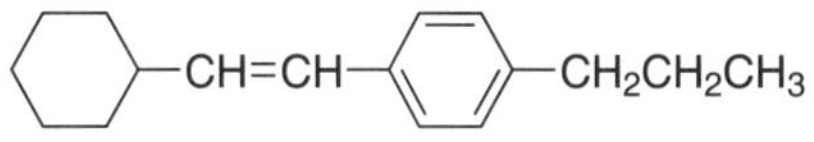

13.10 在维生素 D 的合成中，曾由化合物 A 出发，经几步合成了中间体化合物 B。写出可能的合成途径。

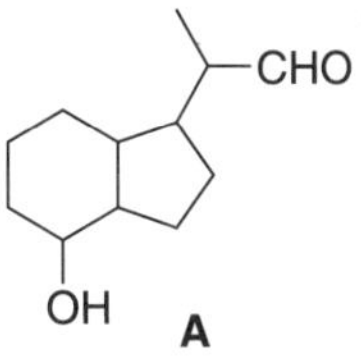

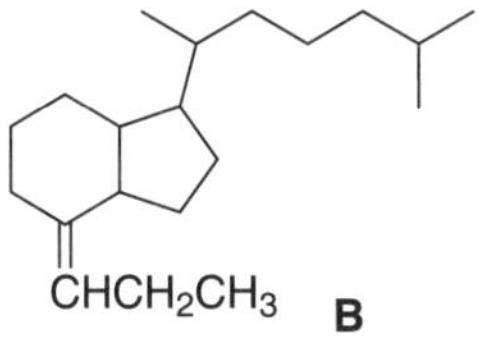

13.11 顺二十一-6-烯-11-酮是一种昆虫性激素。在已报道的合成路线中，采用如下三组起始原料均可顺利完成其合成。试分别写出其可能的合成路线。

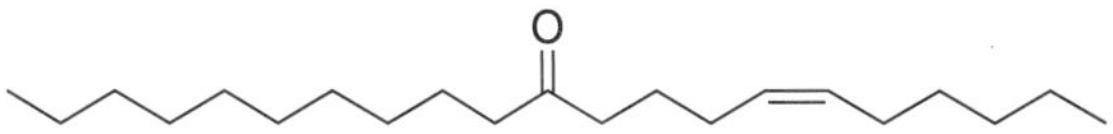

(Z)-6-heneicosene-11-one

(1) 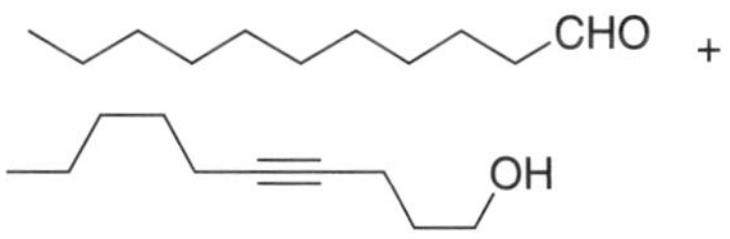 +

(2) 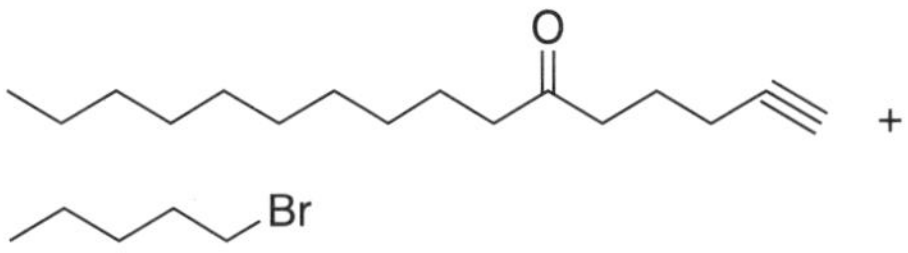 +

(3) 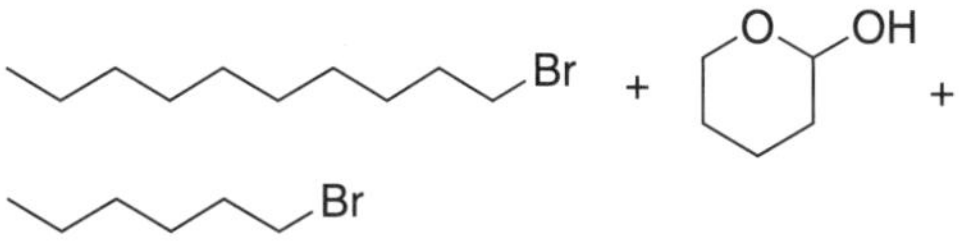 + +

13.12 (R)-5-甲基庚-3-酮 (A) 与 CH_3MgI 反应，水解后得 B ($C_9H_{20}O$)。B 为混合物，B 经脱水又得到烯烃混合物。该混合物经催化氢化生成 C 和 D。C、D 分子式均为 C_9H_{20}。C 有旋光活性，D 则无旋光活性。试写出 A、B、C、D 的可能结构。

13.13 化合物 A ($C_{10}H_{16}Cl_2$) 与冷、稀 $KMnO_4$ 碱性溶液作用得内消旋化合物 B ($C_{10}H_{18}Cl_2O_2$)。A 与 $AgNO_3$ 乙醇溶液作用，加热后才出现白色沉淀。A 用 Zn 粉处理得到 C ($C_{10}H_{16}$)。C 经臭氧化还原水解生成 D ($C_{10}H_{16}O_2$)。D 在稀碱作用下得到 E ($C_{10}H_{14}O$)。试写出 A、B、C、D、E 的可能结构。

13.14 榆木皮甲虫性激素 (multistriatin) 可由以下路线合成。(1) 写出合成路线中英文字母代表的中间体 A、B、C 的结构；(2) 写出由 C 生成该性激素的反应机理。

13.15 手性试剂可诱导立体选择性合成。下列反应利用手性试剂完成酮的立体选择性烷基化。反应中考虑体积效应的影响，得到立体选择性的主要产物。写出 A、B、C 的结构。

$$C\ (C_{10}H_{18}O_2) \xrightarrow{\ H^+\ } \text{multistriatin}$$

羧酸和羧酸衍生物

第14章

羧酸和羧酸衍生物

含有羧基 (CO_2H) 的有机化合物称为羧酸 (carboxylic acid)。羧酸不仅广泛分布于自然界中，也是重要的工业化学品。例如，乙酸不仅是复杂生物分子组装中的重要砌块，还是大量生产的化工产品。羧酸具有明显的酸性，根据分子中所含羧基数目的不同，分为一元酸、二元酸和多元酸。根据与羧基相连的烃基不同，羧酸分为脂肪酸、芳香酸、不饱和酸、取代酸等。

CH_3CO_2H	$HO_2CCH_2CH_2CO_2H$	$H_2C=CHCO_2H$	⬡—CO_2H	$CH_3CH(OH)CO_2H$
乙酸 （一元酸）	丁二酸 （二元酸）	丙烯酸 （不饱和酸）	苯甲酸 （芳香酸）	α-羟基丙酸 （取代酸）

14.1 羧酸的命名

羧酸是氧化态高的化合物，命名时以带有羧基的最长链为主链，通过指定羧基碳为 1 进行编号，并标记取代基。在多官能团化的羧酸中，选择主链时应包含尽可能多的其他官能团，连有饱和环的羧酸命名为环烷基甲酸，最简单的芳香族羧酸是苯甲酸。

羧酸的英文名称：在 IUPAC 命名法中规定去掉碳原子数相同的烃类名称中最后一个 e，加上后缀 oic 和单词 acid。

$$CH_3CH_2-\overset{O}{\overset{\|}{C}}-OH$$

propan**e** + oic acid = propanoic acid

在二元酸中，烷烃末尾的字母 e 不省略。

$$HO_2C \diagdown\diagup\diagdown\diagup\diagdown CO_2H$$

octanedioic acid
辛二酸

环烷基甲酸的命名用环烷烃名称后面加后缀 carboxylic 和单词 acid。

⬡—CO_2H

cyclohexanecarboxylic acid
环己基甲酸

HO_2C—⬡—CO_2H (HO_2C)

1,2,4-benzenetricarboxylic acid
1,2,4-苯三甲酸

羧酸在自然界广泛存在，是人类认识最早的一类有机化合物。例如，食用醋是 2% 的乙酸水溶液；葡萄糖代谢生成丙酮酸 (pyruvic acid)；菠菜中富含草酸 (oxalic acid)；柠檬中富含柠檬酸 (citric acid)；未成熟的苹果和梨中含有苹果酸 (malic acid)，成熟后苹果酸的含量降低，糖的含量增加。

$$H_3C-\overset{O}{\overset{\|}{C}}-\overset{O}{\overset{\|}{C}}-OH$$

丙酮酸

$$HO-\overset{O}{\overset{\|}{C}}-\overset{O}{\overset{\|}{C}}-OH$$

草酸

$$HO_2CCH_2\overset{\overset{CO_2H}{|}}{\underset{\underset{OH}{|}}{C}}CH_2CO_2H$$

柠檬酸

$$HO_2CH_2C\overset{\overset{CO_2H}{|}}{\underset{\underset{OH}{|}}{C}}H$$

苹果酸

环烷基甲酸和芳基甲酸的编号是从连有羧基的环碳开始的。

4-methylcyclohexanecarboxylic acid
4-甲基环己基甲酸

4-bromobenzoic acid
或 *p*-bromobenzoic acid
4-溴苯甲酸
或对溴苯甲酸

当羧酸中含有其他官能团时，羧基优先于醛、酮、羟基和巯基等作为主链。

$$\underset{\text{—C—OH}}{\overset{O}{\|}} \quad > \quad \underset{\text{—C—H}}{\overset{O}{\|}} \quad > \quad \underset{\text{—C—}}{\overset{O}{\|}} \quad > \quad \text{—OH} \quad > \quad \text{—SH}$$

表 14-1 和表 14-2 分别列出了一元羧酸和二元羧酸的名称、结构及 pK_a 值。

表 14-1 一元羧酸的名称、结构及 pK_a 值

系统命名	普通命名	化合物结构	pK_{a1}
甲酸 methanoic acid	蚁酸 formic acid	HCO_2H	3.77
乙酸 ethanoic acid	醋酸 acetic acid	CH_3CO_2H	4.74
丙酸 propanoic acid	初油酸 propionic acid	$CH_3CH_2CO_2H$	4.88
丁酸 butanoic acid	酪酸 butyric acid	$CH_3CH_2CH_2CO_2H$	4.82
2-甲基丙酸 2-methylpropanoic acid	异丁酸 isobutyric acid	$(CH_3)_2CHCO_2H$	4.84
戊酸 pentanoic acid	缬草酸 valeric acid	$CH_3(CH_2)_3CO_2H$	4.85
3-甲基丁酸 3-methylbutanoicacid	异戊酸 isovaleric acid	$(CH_3)_2CHCH_2CO_2H$	4.77
2,2-二甲基丙酸 2,2-dimethylpropanoic acid	新戊酸 pivalicacid	$(CH_3)_3CCO_2H$	5.03
己酸 hexanoic acid	正己酸 caproic acid	$CH_3(CH_2)_4CO_2H$	4.85
辛酸 octanoicacid	羊脂酸 caprylic acid	$CH_3(CH_2)_6CO_2H$	4.89
癸酸 decanoic acid	羊蜡酸 capric acid	$CH_3(CH_2)_8CO_2H$	4.79
十二酸 dodecanoicacid	月桂酸 lauric acid	$CH_3(CH_2)_{10}CO_2H$	4.92
十四酸 tetradecanoic acid	肉豆蔻酸 myristic acid	$CH_3(CH_2)_{12}CO_2H$	4.78
十六酸 hexadecanoic acid	软脂酸 palmitic acid	$CH_3(CH_2)_{14}CO_2H$	—①
十八酸 octadecanoic acid	硬脂酸 stearic acid	$CH_3(CH_2)_{16}CO_2H$	—①
2-丙烯酸 2-propenoic acid	丙烯酸 acrylic acid	$H_2C{=}CHCO_2H$	4.25
丁-2-烯酸 but-2-enoic acid	巴豆酸 crotonic acid	$CH_3CH{=}CHCO_2H$	4.69
苯甲酸 benzoic acid	苯甲酸 benzoic acid	$PhCO_2H$	4.20

①化合物不溶于水

表 14-2 二元羧酸的名称、结构及 pK_a 值

系统命名	普通命名	化合物结构	pK_{a1}	pK_{a2}
乙二酸 ethanedioic acid	草酸 oxalic acid	$HO_2C{-}CO_2H$	1.27	4.27
丙二酸 propanedioic acid	缩苹果酸 malonic acid	$HO_2CCH_2CO_2H$	2.85	5.70
丁二酸 butanedioic acid	琥珀酸 succinic acid	$HO_2C(CH_2)_2CO_2H$	4.21	5.64
戊二酸 pentanedioic acid	胶酸 glutaric acid	$HO_2C(CH_2)_3CO_2H$	4.34	5.41
己二酸 hexanedioic acid	肥酸 adipic acid	$HO_2C(CH_2)_4CO_2H$	4.43	5.40
1,2-苯二甲酸 1,2-benzenedicarboxylic acid	邻苯二甲酸 phthicalic acid	苯环邻位二COOH	3.00	5.39
顺丁烯二酸 (Z)-2-butenedioic acid	马来酸 maleic acid	$\underset{H}{\overset{HOOC}{>}}C{=}C\underset{H}{\overset{COOH}{<}}$	1.90	6.50
反丁烯二酸 (E)-2-butenedioic acid	富马酸 fumaric acid	$\underset{H}{\overset{HOOC}{>}}C{=}C\underset{COOH}{\overset{H}{<}}$	3.00	4.20

　　顺丁烯二酸 pK_{a1} 1.90，pK_{a2} 6.50，而反丁烯二酸 pK_{a1} 3.00，pK_{a2} 4.20，为什么顺丁烯二酸 pK_{a1} 小而 pK_{a2} 大？

14.2 羧酸的结构特征和物理性质

14.2.1 羧酸的结构

　　羧酸中羰基碳为 sp^2 杂化，呈平面三角形结构。需要注意的是，羧酸的两个氧是完全不同的，一个是羰基氧，即碳氧双键中的氧；另一个是羟基氧，是碳氧单键中的氧。羧酸中的 C–O 键（约 1.36 Å）比醇或醚中的 C–O 键（约 1.42 Å）短得多。产生这种差异的原因是羧酸中的 C–O 键是 sp^2-sp^3 的单键，而醇或醚中的 C–O 键是 sp^3-sp^3 的单键。

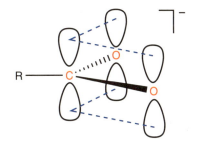

乙酸　　　　乙醛　　　　丙酮　　　　二甲醚　　　　甲醇

sp^2-sp^3单键　　　　sp^3-sp^3单键
（s成分多，较短）　　（s成分少，较长）

　　当羧酸脱去羧基上的氢，氧上带有一个负电荷，而这个负电荷会与羰基的 π 电子发生共轭作用。在羧基负离子中两个氧原子和一个碳原子各提供一个 p 轨道，形成一个具有三中心四电子的离域 π 分子轨道。在这样的离域体系中负电荷不再集中于一个氧上，而是分散在两个氧上，两个 C–O 键的键长相等。

14.2.2 羧酸的物理性质

　　低级脂肪酸是液体，具有辛辣刺鼻的气味。它们的沸点比其他许多分子量和状态相同的烷烃和卤代烃要高得多，甚至比相近分子量的醇的沸点还高。

　　服用抗过敏药物会引起睡意，这个副作用是药物穿过人体血脑屏障引起的，盐酸非索非那定 (allegra) 因为分子中含有羧基，具有亲水性，能够透过人体血脑屏障进入脑脊液，引起嗜睡副作用。

盐酸非索非那定
allegra

	乙酸	异丙醇	丙酮	异丁烯
沸点:	117.9 °C	82.3 °C	56.5 °C	−6.9 °C

羧酸的高沸点是因为羧酸羰基氧的电负性较强，能够与另一分子羧酸的羟基形成氢键，从而形成二聚体。

乙酸二聚体

这种二聚体具有较高的稳定性，在固态和液态时羧酸以二聚体的形式存在。自丁酸开始，羧酸的熔点随分子量加大呈交替上升的趋势，一般偶数碳的羧酸较相邻羧酸的熔点要高 (表 14-3)。

一般拥有较低分子量和较高挥发性的羧酸都有气味，例如，奶酪特殊的气味就是丁酸造成的，(E)-3-甲基己-2-烯酸就是人体汗味的来源之一。

(E)-3-甲基己-2-烯酸

表 14-3 一些羧酸的物理常数

羧酸	熔点/°C	沸点/°C	溶解度/(g/100 g 水)
HCO_2H	8	100.5	混溶
CH_3CO_2H	16.6	118	混溶
$CH_3CH_2CO_2H$	−22	141	混溶
$CH_3(CH_2)_2CO_2H$	−6	164	混溶
$CH_3(CH_2)_3CO_2H$	−34	187	3.7
$CH_3(CH_2)_4CO_2H$	−3	205	0.97
$CH_3(CH_2)_5CO_2H$	−8	223	0.24
$CH_3(CH_2)_6CO_2H$	16	239	0.07
$CH_3(CH_2)_7CO_2H$	15	255	0.03
$CH_3(CH_2)_8CO_2H$	31	270	0.02
$HO_2CCH_2CO_2H$	136	1	混溶
$HO_2C(CH_2)_2CO_2H$	186	2	7.7
$HO_2C(CH_2)_3CO_2H$	151	3	2
$C_6H_5CO_2H$	122	250	0.34
$o\text{-}CH_3C_6H_4CO_2H$	106	259	0.12

四个碳以下的羧酸溶于水，随着分子量的增加，羧酸在水中的溶解度减小。二元酸和多元酸有显著的水溶性。羧酸一般均溶于乙醚、乙醇和苯等有机溶剂。

思考题 14.2

如果乙酸的浓度相同，那么乙酸二聚体在四氯化碳中含量高还是在水中含量高？为什么？

14.3 羧酸的波谱性质

14.3.1 红外光谱

羧酸的特征官能团是羧基，在红外光谱中有三个重要的红外吸收，一个是羧酸二聚体在 1710 cm^{-1} 附近出现的 C=O 伸缩振动吸收（羧酸总是以二聚体形式存在，羧酸单体的羰基吸收发生在 1760 cm^{-1} 附近，但很少能观察到）。如果与双键共轭则降低吸收频率，此时 C=O 伸缩振动吸收在 1700 – 1680 cm^{-1} 处。另一个重要的羧酸吸收是 O–H 伸缩振动吸收。这种吸收比醇或酚的 O–H 伸缩振动吸收要宽得多，覆盖了非常宽的光谱区域——通常是 3600 – 2400 cm^{-1}（在许多情况下，这种吸收覆盖了羧酸链上的 C–H 伸缩振动吸收）。另外在 1320 – 1210 cm^{-1} 处的 C–O 伸缩振动吸收和在 925 cm^{-1} 处的 O–H 弯曲振动吸收也是羧酸的特征吸收（图 14-1）。

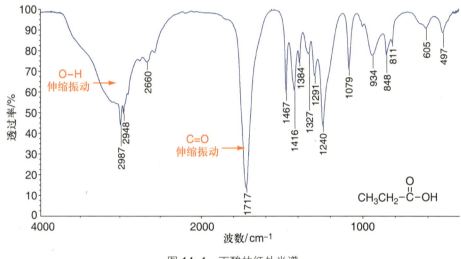

图 14-1 丙酸的红外光谱

14.3.2 核磁共振谱

羧酸的 α-H 受羧基影响，比饱和碳上的氢共振吸收向低场移动，^{1}H NMR 谱在化学位移 δ 2.0 – 2.5 ppm 区域显示 α-H 原子的核磁共振吸收。羧酸 O–H 质子受羧基磁各向异性效应和羧基氧电负性的影响，核磁共振吸收出现在低场区域 δ 9 – 13 ppm。羧基中的 O–H 质子核磁共振吸收通常是宽峰，很容易与醛质子区分开来，同时羧酸质子像醇的质子一样，能迅速与 D$_2$O 发生氢氘交换（图 14-2）。

羧酸的 ^{13}C NMR 与醛和酮类似，但是羧酸羰基碳的化学位移比醛或酮小。这是由于羧基碳上额外有一个羟基存在，羟基氧提供一对电子，使羧基碳上的正电荷一定程度地被削弱，使得去屏蔽的程度较小，造成羧酸中羰基碳的化学位移比醛或酮小。

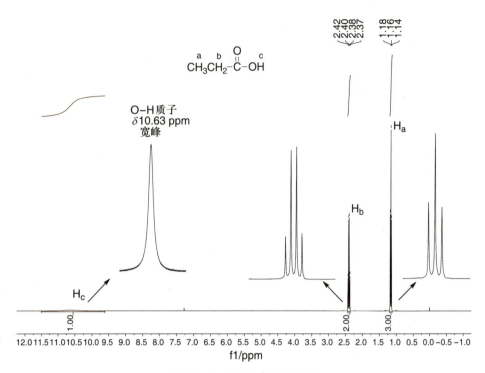

图 14-2　丙酸的 ^{1}H NMR 谱

乙酸　　　　　　　丙酮

14.4　羧酸的酸性和碱性特征

14.4.1　羧酸的酸性

羧酸在水中解离出质子呈现酸性，多数羧酸是弱酸，pK_a 一般在 3-5 之间。

羧酸　　　　　　　　　　　　　　　　　　　　羧酸阴离子

　　羧酸是酸性最强的有机化合物之一。例如，醋酸的 pK_a 为 4.76。羧酸比醇或酚等具有羟基的化合物酸性更强。

酸性递增

	CH₃CH₂-O-H	⬡-O-H	H₃C-C(=O)-O-H
pK_a	15.9	9.95	4.76

羧酸具有酸性，这是因为：(1)羰基的极性效应使得羰基碳原子带有部分正电荷，具有吸电子能力，有利于稳定羧基负离子；(2)羧基负离子存在共振结构，因此更加稳定，其共轭酸的酸性也更强。

虽然羧酸的 pK_a 一般在 4−5 之间，但是酸性往往与结构有关，对甲苯磺酸的酸性就明显比取代羧酸的酸性强。

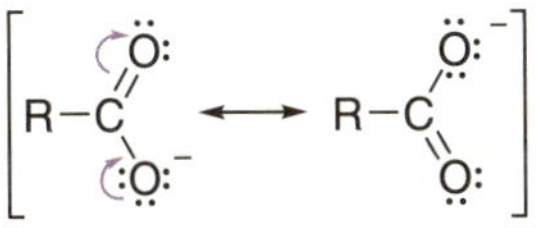

羧酸负离子的共振结构

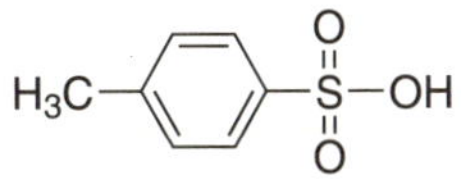

对甲苯磺酸
（一种强酸，pK_a ~ -3）

取代基对酸性的影响：

当烃基上连有不同取代基时，羧酸的酸性会发生变化。

诱导效应的影响：

羧酸的酸性随着其分子结构的变化而变化，当羧酸的烷基中有卤素等吸电子基团时，会使羧酸的酸性增强。例如，乙酸甲基上的氢依次被氟原子取代时，酸性逐渐增强。

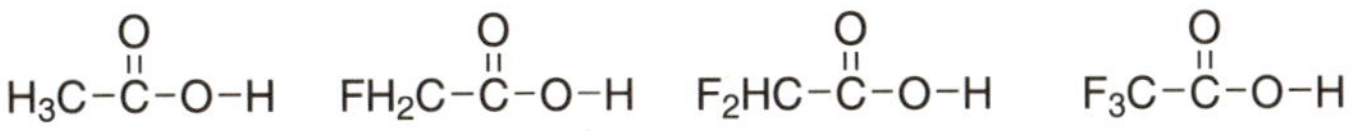

	乙酸	氟乙酸	二氟乙酸	三氟乙酸
pK_a	4.76	2.66	1.24	0.23

诱导效应沿 σ 键传递，随距离的增加该效应的影响迅速减小。不同位置氯代丁酸 pK_a 值可以说明这一点。

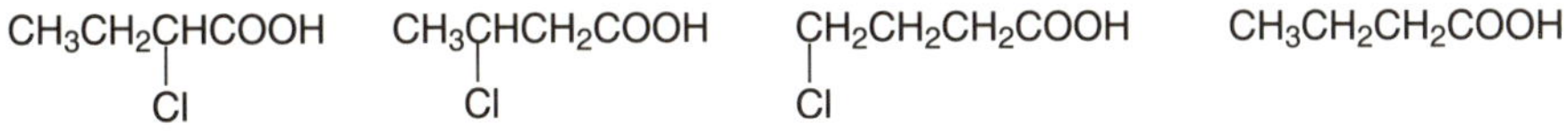

	CH₃CH₂CHCOOH (Cl)	CH₃CHCH₂COOH (Cl)	CH₂CH₂CH₂COOH (Cl)	CH₃CH₂CH₂COOH
pK_a	2.86	4.05	4.52	4.82

取代基对芳香酸酸性的影响：

当甲酸碳上的氢被苯基和硝基苯基取代后，也会对酸性产生影响。具体酸性强弱如下：

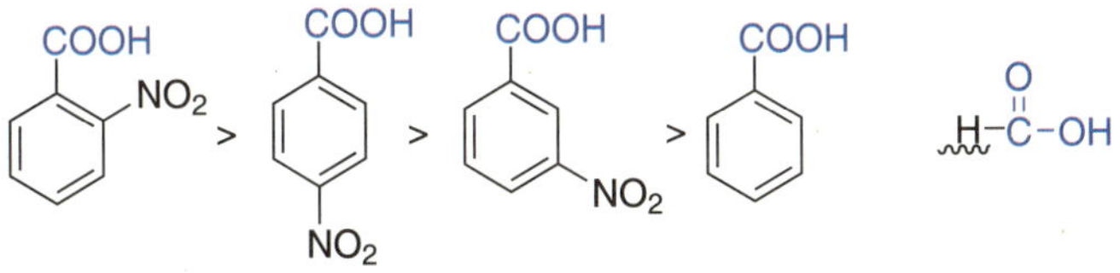

pK_a 2.21 > 3.42 > 3.49 > 4.20   3.75

上述数据说明：(1)苯甲酸的酸性比甲酸弱。苯环取代甲酸的氢后酸性降低，苯环起到给电子作用。(2)邻、间、对硝基苯甲酸的酸性均比苯甲酸强。硝基既有吸电子诱导效应，又有吸电子共轭效应，硝基的存在使苯环碳原子的电子云密度相应地降低，有利于羧基氢的解离，因此三种硝基苯甲酸的酸性均比苯甲酸强。(3)羧基与硝基的相对位置不同对酸性的影响也不同。邻硝基苯甲酸的酸性最强，间硝基苯甲酸的酸性最弱。从吸电子诱导效应分析，由于诱导效应随着距离的增加而迅速降低，因此硝基的吸电子诱导效应是：邻位>间位>对位。

从吸电子共轭效应分析，芳环上的取代基对于羧基的影响和在饱和碳链中传递的情况是完全不同的，因为苯环可以看作一个连续不断的共轭体系，分子一端所受的电子效应可以沿着共轭体系传递到另一端。硝基在苯环上的吸电子共轭效应是由于硝基上氮氧双键的 π 电子与苯环的 π 电子发生共轭作用，而导致 π 电子云向电负性强的氧原子转移引起的。这种电子转移可以传递很远，直接与硝基相连的碳原子 π 的电子云密度较高，带负电性，硝基的邻位和对位碳原子的 π 电子云密度低，带有正电性，π 电子云密度是一正一负交替变化的：

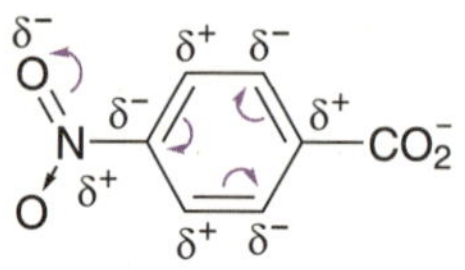

由于硝基邻、对位的电子云密度低，对羧基上的电子有吸引作用，增加了羧酸的解离能力，所以硝基的吸电子共轭效应是：邻位、对位>间位。取代基为甲氧基时也体现了同样的影响方式，在对位共轭给电子效应和诱导吸电子效应同时起作用时，共轭效应起主要作用，结果使羧基上负电荷增加，相应酸根负离子不如苯甲酸负离子稳定，因此对甲氧基苯甲酸酸性减弱。而在间位，起主要作用的是吸电子诱导效应，它使酸根负离子更加稳定，间甲氧基苯甲酸酸性增强。

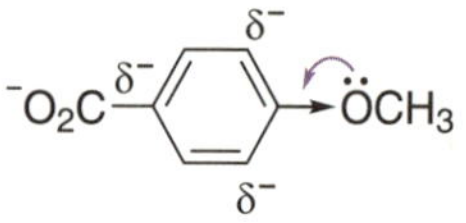

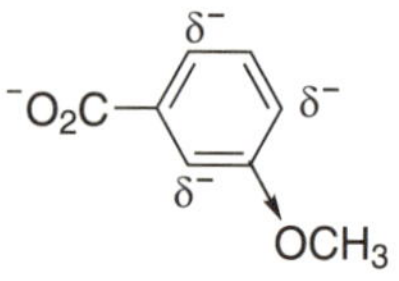

表 14-4 是一些取代苯甲酸 25 ℃ 时的 pK_a 值。

表 14-4　一些取代苯甲酸 25 ℃时的 pK_a 值

取代基	pK_a 值		
	邻	间	对
H	4.20	4.20	4.20
CH$_3$	3.91	4.27	4.38
Cl	2.92	3.83	3.97
CN	3.14	3.64	3.55
OH	2.98	4.08	4.57
OCH$_3$	4.09	4.09	4.47
NO$_2$	2.21	3.49	3.42

从表 14-4 中数据可以看出，在对位或间位有吸电子基团使酸性增强，有给电子基团使酸性减弱。对于邻位有取代基的苯甲酸，不论是吸电子还是给电子取代基都使酸性增强，这种邻位基团对活性中心的影响称作**邻位效应**。例如，邻羟基苯甲酸因形成分子内的氢键使酸性增强：

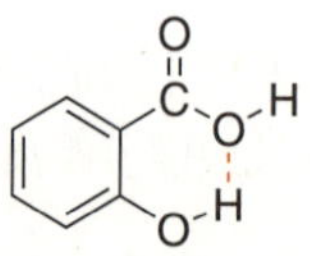

自然界中同样存在结构复杂的多环羧酸化合物，这类化合物往往具有不同的生物活性。例如赤霉酸是一种植物生长促进剂；麦角酸是麦角的水解提取物，许多麦角酸衍生物具有刺激神经毒性，服药后的症状表现为幻觉、惊厥、妄想、癫痫乃至死亡。

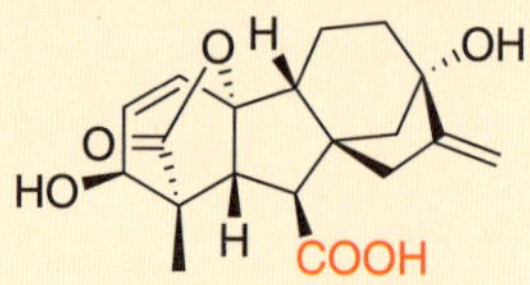

赤霉酸

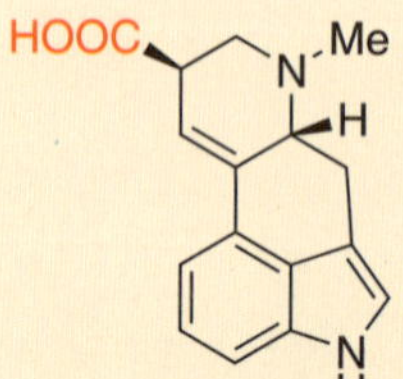

麦角酸

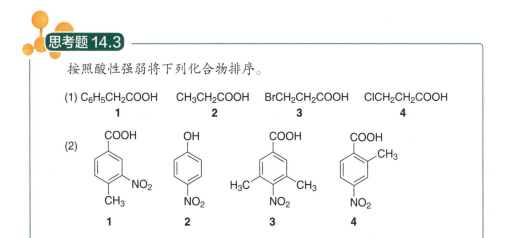

14.4.2 羧酸的碱性

虽然羧酸主要表现出酸性，但是羧酸的羰基氧像醛和酮的羰基氧一样能够结合质子表现出弱碱性。

质子化羧酸
$pK_a \sim -6$

油炸食品大多使用不含反式脂肪酸 (TFA) 的植物油，这类植物油中大多包含不饱和脂肪酸，如下所示的 (9Z,12Z)-十八碳-9,12-二烯酸 (亚油酸) 就是一种很健康的植物油成分，但是由于亚油酸 C11 位的双烯丙基 CH_2 极易被空气氧化，容易分解变质造成保质期短。目前常使用油酸代替亚油酸，油酸缺少 C12-C13 双键，更耐氧化，保质期会更长。

亚油酸

脂肪酸、肥皂和洗涤剂

脂肪酸 (fatty acid) 往往是皂化水解脂肪和动物油脂得到的，其结构是不带支链的长链羧酸。有些脂肪酸含有碳碳双键。以下化合物是常见脂肪酸的例子：

棕榈酸

硬脂酸

油酸

大家熟悉的肥皂就是脂肪酸的钠盐或钾盐。肥皂之所以具有去污能力是因为长链脂肪酸钠盐具有一个极性的羧基负离子，是亲水性的，而它的长链烃基是亲油性的。肥皂溶于水中形成离子胶束，洗涤时长链烃基伸入油污中，羧基负离子溶于水中，在揉搓振动下使油污乳化，达到清洁的目的。

$$CH_3(CH_2)_{16} - CO_2^- Na^+$$

硬脂酸钠
（肥皂）

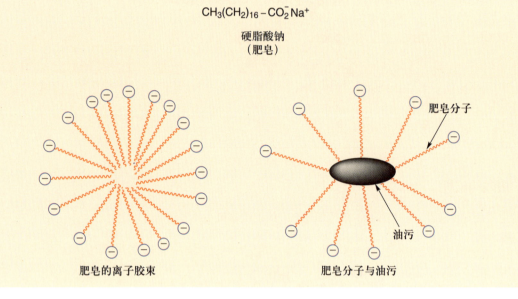

肥皂的离子胶束　　　　　　　　　　　　　肥皂分子与油污

14.5　羧酸的化学反应

羧基是羧酸的反应中心，围绕羧基主要有以下四种反应：

14.5.1　与碱的反应

羧酸不但能够与强碱反应，也可与弱碱（$NaHCO_3$）反应生成羧酸盐。

$$RCO_2H + NaOH \longrightarrow RCO_2Na + H_2O$$

$$RCO_2H + NaHCO_3 \longrightarrow RCO_2Na + CO_2\uparrow + H_2O$$

利用羧酸的这个性质可以进行羧酸的提纯，将羧酸从其他不溶于水的非酸性物质的混合物中分离出来。用 NaOH、Na_2CO_3 或 $NaHCO_3$ 溶液处理混合体系，羧酸能在碱性水溶液中溶解，而非酸性化合物不能。将碱性水溶液分离出来以后，用强酸酸化即得到羧酸。类似的方法也可用于分离苯酚和羧酸的混合物，用 5% $NaHCO_3$ 溶液处理混合体系，可以将苯酚与羧酸钠进行分离，因为羧酸的酸性强于苯酚，在弱碱性条件下可以发生酸碱反应。

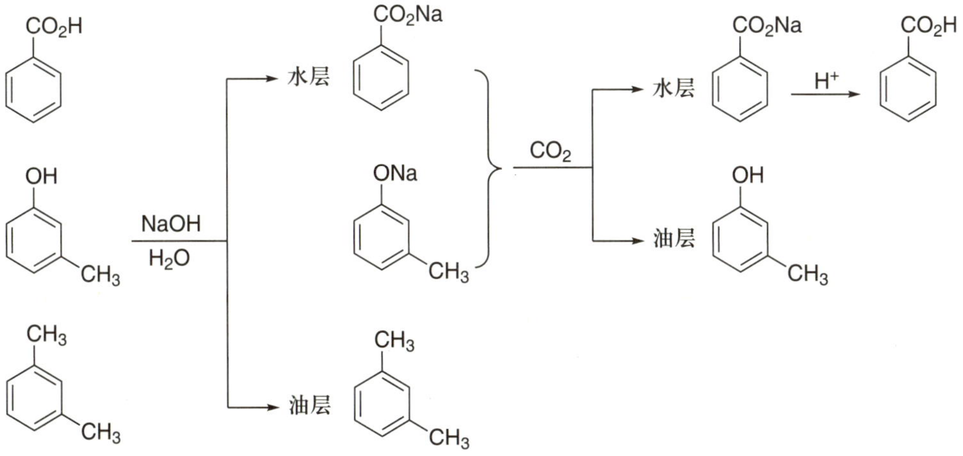

14.5.2 羧基碳上的取代反应：加成-消除反应

羧酸中的羰基表现出类似于醛和酮的反应性质，在一定条件下能够被亲核试剂进攻而发生加成-消除反应，反应结果是 C-O 键断裂，羟基被其他基团取代。

酯化反应

羧酸与过量的醇在酸催化下生成酯的反应称为酯化反应 (esterification reaction)。

$$CH_3COOH + C_2H_5OH \rightleftharpoons^{H^+} CH_3COOC_2H_5 + H_2O$$

常用的催化剂是硫酸、盐酸或苯磺酸等。这个反应进行得很慢而且是可逆的，为了提高产率常利用分水器将反应体系中产生的水除去；另一种方法是在反应时加入过量的醇或酸，以改变反应达到平衡时反应物和产物的组成。

酸催化下的酯化反应常使用伯醇，而苯酚和叔醇不能发生该反应，叔醇在酸性条件下会脱水形成烯烃。

酯化反应机理：加成-消除反应机理

这里有一个非常有意思的问题，当羧酸发生酯化反应时，反应会脱除一分子水，那么，该水分子中的氧原子来自羧酸还是来自醇？

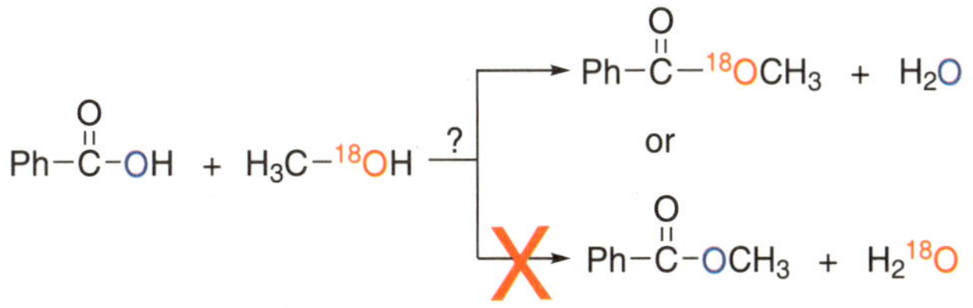

这个问题在 1938 年得到解决，实验利用含有 ^{18}O 的甲醇和苯甲酸发生酯化反应，生成含有 ^{18}O 的苯甲酸甲酯。这一实验证明，反应脱除的水中羟基来自羧酸，醇提供氢。酯化反应发生时，首先是质子化的羰基被亲核性的醇进攻发生加成反应，形成一个四面体中间体 I (tetrahedral intermediate)，然后质子化形成中间体 II，消除水得到中间体 III，再消除质子形成酯。这个反应过程是羰基发生亲核加成反应再消除水生成羧酸酯，因此称为加成-消除反应机理 (addition-elimination mechanism)，总的结果是一个亲核试剂置换了羧酸羰基碳上的羟基，是酰基碳上的亲核取代反应。

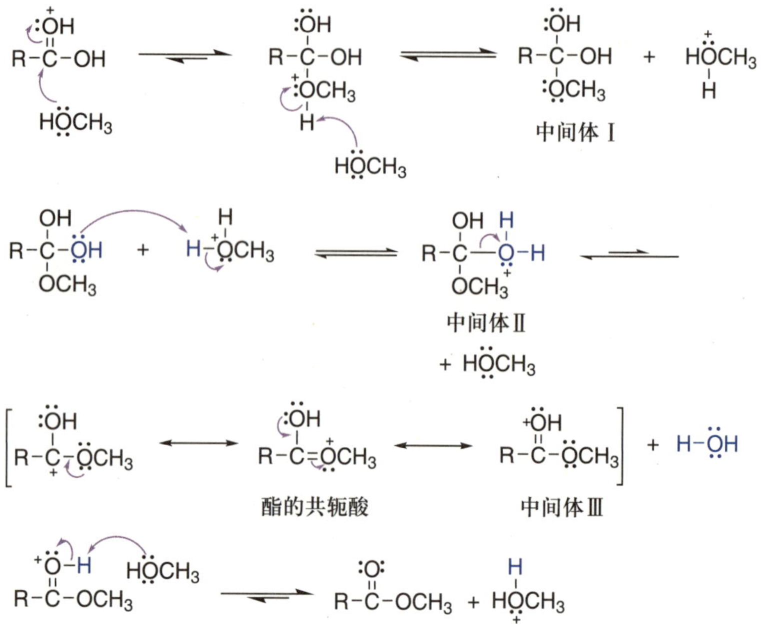

中间体 I

酯的共轭酸　　　中间体 Ⅲ

中间体 Ⅱ

思考题 14.4

　　按照碳正离子机理发生酯化反应，在反应中是醇提供羟基还是羧酸提供羟基？此类反应属于酰基碳上的亲核取代反应还是饱和碳上的亲核取代反应？

羟基酸的分子内酯化和分子间酯化反应

　　羟基酸分子内具有羟基和羧基，因此既可以发生分子间酯化反应 (intermolecular esterification)，也可以发生分子内酯化反应 (intramolecular esterification)。

形成交酯

　　α-羟基酸受热易发生分子间酯化反应形成交酯 (lactide)。

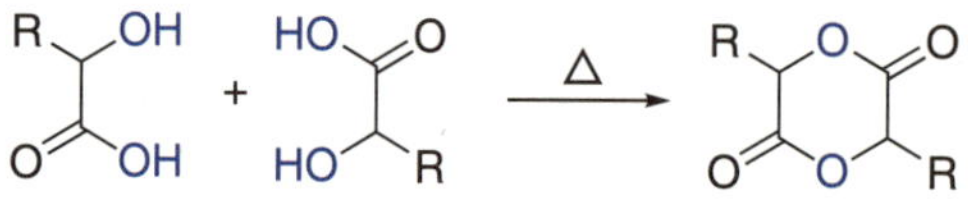

交酯

形成内酯

　　γ- 与 δ-羟基酸易发生分子内酯化反应形成内酯 (lactone)。

γ-丁内酯

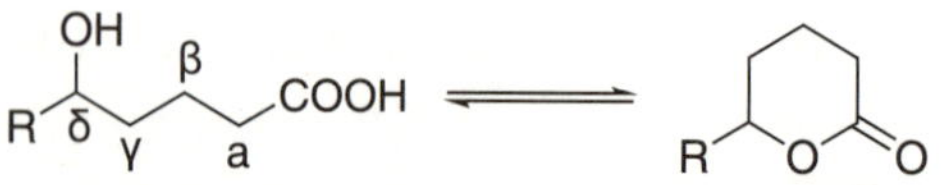

δ-戊内酯

14.6 羧酸转化为酰氯和酸酐

酰氯和酸酐是非常活泼的羧酸衍生物，在其他羧酸衍生物如酯和酰胺的合成中发挥重要作用。

14.6.1 酰氯的合成

酰卤是羧酸衍生物，通式如下：

$$\underset{\text{酰氯的通式}}{R-\overset{\overset{\displaystyle O}{\|}}{C}-Cl} \qquad R = H, alkyl \text{ 或 } aryl$$

酰氯 (acyl chloride) 通常由羧酸与氯化亚砜 ($SOCl_2$) 或五氯化磷 (PCl_5) 反应制得。

$$\underset{\text{正丁酸}}{CH_3CH_2CH_2\overset{\overset{\displaystyle O}{\|}}{C}-OH} + \underset{\text{氯化亚砜}}{SOCl_2} \longrightarrow \underset{\substack{\text{正丁酰氯} \\ 85\%}}{CH_3CH_2CH_2\overset{\overset{\displaystyle O}{\|}}{C}-Cl} + HCl + OSO$$

$$\underset{\text{对硝基苯甲酸}}{O_2N-\bigcirc-\overset{\overset{\displaystyle O}{\|}}{C}-OH} + \underset{\text{五氯化磷}}{PCl_5} \longrightarrow \underset{\substack{\text{对硝基苯甲酰氯} \\ 90\%}}{O_2N-\bigcirc-\overset{\overset{\displaystyle O}{\|}}{C}-Cl} + POCl_3 + HCl$$

反应机理是羧酸与氯化亚砜先形成混酐，然后进行加成–消去反应，与由醇制备的氯代烃类似，因为羟基是不好的离去基团，形成混酐能够帮助羟基的离去，发生亲核取代反应。

$$R-\overset{\overset{\displaystyle O}{\|}}{C}-OH + Cl-\overset{\overset{\displaystyle O}{\|}}{S}-Cl \xrightarrow{-HCl} R-\overset{\overset{\displaystyle O}{\|}}{C}-O-\overset{\overset{\displaystyle O}{\|}}{S}-Cl \xrightarrow{Cl^-}$$

$$R-\overset{\overset{\displaystyle \cdot\ddot{O}^-}{|}}{C}-O-\overset{\overset{\displaystyle O}{\|}}{\underset{\underset{\displaystyle Cl}{|}}{S}}-Cl \longrightarrow RCOCl + SO_2 + Cl^-$$

14.6.2 酸酐的合成

酸酐的通式如下：

$$\underset{\text{酸酐的通式}}{R-\overset{\overset{\displaystyle O}{\|}}{C}-O-\overset{\overset{\displaystyle O}{\|}}{C}-R} \qquad R = H, alkyl \text{ 或 } aryl$$

酸酐 (anhydride) 可以用强脱水剂处理羧酸，分子间脱水进行制备。五氧化二磷 (实际分子式 P_4O_{10}) 就是常用的强吸水剂，能够促进酸酐的生成。

$$2\ \underset{\text{三氟乙酸}}{F_3C-\overset{\overset{\displaystyle O}{\|}}{C}-OH} \xrightarrow{P_2O_5} \underset{\substack{\text{三氟乙酸酐} \\ 74\%}}{F_3C-\overset{\overset{\displaystyle O}{\|}}{C}-O-\overset{\overset{\displaystyle O}{\|}}{C}-CF_3} + H_2O$$

大多数酸酐本身也可以作为脱水剂。在下面的例子中，一种二元酸与乙酸酐反应生成一种环酸酐，其中五、六元环酐容易合成。

很多二元酸可以直接加热发生分子内失水反应合成五、六元环酐。

14.6.3　酰胺的合成

羧酸与氨或胺很容易形成羧酸的铵盐，加热失水生成酰胺 (amide)，最终的结果是氨基取代羧酸的羟基。

该反应也是加成-消除反应过程，氨或胺氮上的孤对电子对羧基碳进行亲核进攻，通过与酯化反应类似的反应机理，羧酸脱去一分子水形成酰胺。

酰胺进一步加热再失去一分子水形成腈 (nitrile)。

二元羧酸与胺反应生成酰亚胺

二元羧酸可以和氨或伯胺反应两次，最终结果生成酰亚胺，即环状酸酐的氮类似物。

这个反应的一个重要应用是二元酸与二元胺作用，形成线型聚酰胺。最重要的聚酰胺是尼龙-66（nylon-66），由六个碳的二元酸与六个碳的二元胺为原料聚合，因而得名。

$$HOOC(CH_2)_4COOH + H_2N(CH_2)_6NH_2 \longrightarrow \ ^-OOC(CH_2)_4COO^- \ H_3\overset{+}{N}(CH_2)_6\overset{+}{N}H_3$$
尼龙盐

$$n\left[\ ^-OOC(CH_2)_4COO^-\ \overset{+}{H}_3N(CH_3)_6\overset{+}{N}H_3\right] \xrightarrow[1\ MPa]{270\,^{\circ}C} \left[\ \overset{\overset{O}{\|}}{C}(CH_2)_4\overset{\overset{O}{\|}}{C}NH(CH_2)_6NH\right]_n + 2n\ H_2O$$
尼龙-66

尼龙-66 可以制备合成纤维和工程塑料等材料。

氨基酸环化生成内酰胺

与羟基酸类似，一些氨基酸经过环化反应，生成相应的环状酰胺，也称为内酰胺。

$$H_3\overset{+}{N}-CH_2CH_2CH_2\overset{\overset{O}{\|}}{C}O^- \rightleftharpoons H_2N-CH_2CH_2CH_2\overset{\overset{O}{\|}}{C}OH \xrightarrow[-H_2O]{\Delta}$$

86%

14.7　羧酸还原反应：伯醇的制备

羧基含有碳氧双键，但是很难用催化氢化方法还原，强还原剂 LiAlH$_4$ 能很好地还原羧基，当羧酸用 LiAlH$_4$ 处理后再酸化就形成了伯醇。

$$2\ CH_3CH_2CH\overset{\overset{O}{\|}}{C}-OH + LiAlH_4 \xrightarrow[]{ether} \xrightarrow[]{H_3O^+} 2\ CH_3CH_2CHCH_2-OH$$

2-甲基丁酸　　　　　　　　　　　　　　2-甲基丁-1-醇
　　　　　　　　　　　　　　　　　　　　83%

这是制备伯醇的一种方法，但是由于羧酸会多消耗碱性的 LiAlH$_4$，并且羧酸的反应活性不如酯，所以更常用的是利用酯与 LiAlH$_4$ 作用合成伯醇。

硼氢化钠（NaBH$_4$）是另一种重要的氢化物还原剂，但是它不能还原羧酸。NaBH$_4$ 能够在羧酸存在的情况下还原醛和酮。

4-醛基苯甲酸　　　　　　　　　　　　　　　　　　　4-羟甲基苯甲酸
　　　　　　　　　　　　　　　　　　　　　　　　　　75%

14.8   羧酸的脱羧反应

14.8.1   羧酸的脱羧反应

从羧酸中脱除二氧化碳的反应称为脱羧反应。

$$R-\overset{O}{\underset{}{C}}-O-H \longrightarrow R-H + O=C=O$$

一般脂肪酸难以发生脱羧反应，只有当羧酸中适当位置含有能对脱羧反应产生影响的官能团时脱羧反应才能发生。

β-酮酸、丙二酸衍生物的脱羧反应

β-酮酸是指在羧基 β 位存在酮羰基的羧酸，在室温酸性溶液中容易脱羧。

乙酰乙酸
（β-酮酸）   丙酮

β-酮酸的脱羧反应涉及烯醇中间体，通过六元环状过渡态机理完成脱羧，脱羧后的产物烯醇自发地转化为相应的酮。

丙酮烯醇   丙酮

β-酮酸存在分子内氢键结构，可以看作羰基氧被部分质子化，这时羰基氧就变成了一个带正电荷的原子，导致羰基具有强烈的吸电子作用，使二氧化碳更容易脱去。换句话说，质子化的酮羰基为 β-酮酸发生脱羧反应提供了动力。

丙二酸及其衍生物在酸性条件下加热很容易以相同过程脱羧。

$$HO_2C-\underset{CH_3}{CH}-CO_2H \xrightarrow[135\ ℃]{H_3O^+} HO_2C-\underset{CH_3}{CH_2}$$

甲基丙二酸   丙酸

它与 β-酮酸的脱羧反应非常相似，因为丙二酸和 β-酮酸的羧基 β 位都有一个羰基，这种结构在热力学上是不稳定的，加热脱羧后生成的是热力学稳定的产物，所以脱羧反应容易进行。以此类推，同一碳上连有羧基和另一个吸电子基团的化合物都容易发

生脱羧反应。

$$X-CH_2CO_2H \xrightarrow{\Delta} X-CH_3 + CO_2\uparrow$$

$$X = R-\overset{O}{\overset{\|}{C}}, HO\overset{O}{\overset{\|}{C}}, CN, NO_2, Ar$$

当羧基和一个强吸电子基团直接相连时，也容易发生脱羧反应。反应通过负离子机理 (anionic mechanism) 进行。

$$Cl_3C-\overset{O}{\overset{\|}{C}}-OH \longrightarrow Cl_3C-\overset{O}{\overset{\|}{C}}-O^- \xrightarrow{\Delta} Cl_3C^- + CO_2\uparrow$$

$$\downarrow H^+$$

$$HCCl_3$$

例如，三氯乙酸在水中完全解离成酸根负离子。由于三个氯原子有强吸电子能力，使碳碳键的电子云偏向有氯取代的碳一边。随着羧基负离子上的电子转移到碳氧单键上，碳碳键发生异裂，释放出 CO_2，同时形成碳负离子，后者与水中的质子结合形成氯仿。

14.8.2 羧酸盐的脱羧反应

羧酸盐在一定条件下同样能够实现脱羧反应。

Hun sdiecker 反应

汉斯狄克反应 (Hunsdiecker reaction) 是羧酸的银盐在无水的惰性溶剂 (如四氯化碳) 中与一分子溴回流，失去二氧化碳生成少一个碳的溴代烃的反应，脂肪和芳香羧酸盐都适用。

$$RCO_2Ag + Br_2 \xrightarrow[\Delta]{CCl_4} RBr + CO_2 + AgBr$$

这个反应是通过自由基机理进行的，羧酸银首先与 Br_2 反应转化为 RCOOBr，在热作用下 RCOOBr 均裂为自由基 RCOO· 和 Br·，RCOO· 脱羧分解产生 R·，R· 与 RCOOBr 反应生成 RBr 和 RCOO·，完成循环。

$$RCOOAg \xrightarrow{Br_2} RCOOBr$$

$$RCOOBr \xrightarrow{\Delta} RCOO· + Br·$$

$$RCOO· \longrightarrow R· + CO_2$$

$$R· + RCOOBr \longrightarrow RBr + RCOO·$$

这个反应广泛应用于从天然羧酸制备脂肪族卤代烃。

Kochi 反应

科西反应 (Kochi reaction) 是用四乙酸铅、金属卤化物 (锂、钾、钙的卤化物) 和羧酸反应，经脱羧卤化制备卤代烃的反应，与 Hunsdiecker 反应类似，脂肪和芳香羧酸盐都适用。该反应同样是通过自由基机理进行的。

$$\text{(CH}_3\text{)}_2\text{C}(\text{CH}_2\text{CH}_3)\text{COOH} + Pb(OAc)_4 + LiCl \xrightarrow[\text{回流}]{\text{苯}} \text{(CH}_3\text{)}_2\text{CCl}(\text{CH}_2\text{CH}_3) + CO_2 + LiOAc + Pb(OAc)_2 + HOAc$$

Kolbe 电解脱羧反应

柯尔柏电解脱羧反应 (Kolbe electrolysis) 是通过电解羧酸盐制备两个羧酸烃基相偶联的产物。

$$2R\overset{O}{\underset{}{\text{-C-}}}ONa + 2H_2O \xrightarrow{\text{电解}} \underbrace{R\text{-}R + 2CO_2}_{\text{阳极}} + \underbrace{2NaOH + H_2}_{\text{阴极}}$$

　　一般使用高浓度的羧酸钠盐在中性或弱酸性溶液中进行电解，电极为铂电极，于较高的分解电压和较低的温度下进行反应。阳极处产生烷烃和二氧化碳，阴极处生成氢氧化钠和氢气。

　　反应为自由基历程：

$$\text{阳极} \quad R\text{-}\overset{O}{\underset{}{\text{CO}}}^- \xrightarrow{-e^-} R\text{-}\overset{O}{\underset{}{\text{CO}}}\cdot$$

$$2\,R\text{-}\overset{O}{\underset{}{\text{CO}}}\cdot \xrightarrow{-CO_2} 2\,R\cdot \longrightarrow R\text{-}R$$

$$\text{阴极} \quad H_2O \xrightarrow{+e^-} OH^- + \frac{1}{2}H_2$$

14.9　羧酸 α-卤代反应

　　具有 α-H 的羧酸在少量红磷或三溴化磷存在下与溴反应得到 α-溴代酸，该反应称为赫尔–乌尔哈–泽林斯基反应 (Hell-Volhard-Zalinsky reaction)。

$$CH_3CH_2CH_2CH_2COOH + Br_2 \xrightarrow[70^\circ C]{PBr_3} CH_3CH_2CH_2\underset{Br}{CH}COOH + HBr$$
$$80\%$$

　　反应机理如下：

$$3\,RCH_2COOH + PBr_3 \longrightarrow 3\,RCH_2COBr + H_3PO_3$$
$$\text{酰溴 (acyl bromide)}$$

$$R\text{-}\overset{H}{\underset{H}{\text{C}}}\text{-}\overset{\overset{\ddot{O}}{\|}}{\text{C}}\text{-Br} \xrightarrow{+H^+} R\text{-}\overset{H}{\text{C}}\text{=}\overset{:\text{OH}}{\text{C}}\text{Br} \longrightarrow Br^- + R\text{-}\overset{H}{\underset{H}{\text{C}}}\text{-}\overset{\overset{+}{\text{OH}}}{\underset{Br}{\text{C}}}\text{Br} \underset{-H^+}{\rightleftharpoons} RCHBr\overset{O}{\underset{}{\text{C}}}Br$$
$$\text{α-溴代酰溴}$$

$$RCHBr\overset{O}{\underset{}{\text{C}}}Br + RCH_2COOH \rightleftharpoons RCHBrCOOH + RCH_2\overset{O}{\underset{}{\text{C}}}Br$$
$$\text{α-溴代羧酸}$$

反应是分步进行的，首先三溴化磷与羧酸作用生成酰基溴，烯醇化的酰基溴与溴加成生成 α-溴代酰基溴，后者与过量的羧酸进行交换反应得到 α-溴代羧酸。反应时可以用少量红磷代替三溴化磷，因为红磷与溴反应立即生成三溴化磷。

$$2\,P + 3\,Br_2 \longrightarrow 2\,PBr_3$$

反应中使用的红磷（或三溴化磷）是催化量的，能够在反应体系中循环使用，直到反应完成。

常用的氯代乙酸是用乙酸和氯气在微量碘的催化作用下制备的，可以得到一氯代、二氯代和三氯代乙酸。

$$CH_3COOH \xrightarrow[I_2]{Cl_2} ClCH_2COOH \xrightarrow[Cl_2]{\triangle} Cl_2CHCOOH \xrightarrow[Cl_2]{\triangle} Cl_3CCOOH$$

14.10　羧酸的制备

羧酸的制备方法有很多种，前几章提到的两个反应对制备羧酸特别重要：(1) 伯醇和醛的氧化；(2) 烷基苯的侧链氧化。

另一种制备羧酸的重要方法是格氏试剂或有机锂试剂与二氧化碳反应，然后进行酸性水解制备羧酸。典型的反应是将格氏试剂的乙醚溶液倒在粉碎的干冰上进行的。

$$\underset{\text{仲丁基溴化镁}}{CH_3CH_2\overset{\displaystyle CH_3}{\underset{}{C}}HMgBr} + CO_2 \xrightarrow{H_3O^+} \underset{\substack{\text{2-甲基丁酸}\\76\%-86\%}}{CH_3CH_2\overset{\displaystyle CH_3}{\underset{}{C}}H-\overset{\displaystyle O}{\underset{}{C}}-OH}$$

二氧化碳本身是羰基化合物。这个反应的机理与其他羰基化合物与格氏试剂加成反应很相似。将格氏试剂加到二氧化碳中得到羧酸的溴镁盐，进一步将酸水溶液加到反应混合物中形成羧酸。

$$\underset{R-MgBr}{\overset{\displaystyle :O:}{\ddot{O}=C=\ddot{O}}} \longrightarrow \underset{\text{羧酸溴化镁盐}}{R-\overset{\displaystyle :O:}{\underset{}{C}}-\ddot{O}MgBr} \xrightarrow{H_3O^+} \underset{\text{羧酸}}{R-\overset{\displaystyle :O:}{\underset{}{C}}-\ddot{O}H} + Mg^{2+} + Br^-$$

14.10.1　伯醇和醛氧化法

伯醇与 Cr(Ⅵ) 反应生成醛。如果有水存在反应不能停止在醛阶段，醛会被进一步氧化成羧酸：

$$\underset{\text{2-甲基丁-1-醇}}{CH_3CH_2\overset{\displaystyle }{\underset{\displaystyle CH_3}{C}}HCH_2OH} \xrightarrow{K_2Cr_2O_7} \underset{\text{2-甲基丁醛}}{CH_3CH_2\overset{\displaystyle }{\underset{\displaystyle CH_3}{C}}H\overset{\displaystyle O}{\underset{}{C}}H} \xrightarrow{K_2Cr_2O_7} \underset{\text{2-甲基丁酸}}{CH_3CH_2\overset{\displaystyle }{\underset{\displaystyle CH_3}{C}}H-\overset{\displaystyle O}{\underset{}{C}}-OH}$$

水促进醛转化为羧酸，因为水与醛加成形成的水合物能够在 Cr(Ⅵ) 作用下形成羧酸。

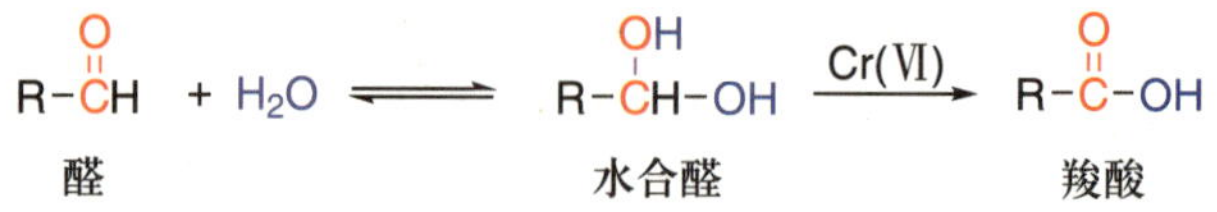

$$R-\overset{\overset{\textstyle O}{\|}}{C}H \;+\; H_2O \;\rightleftharpoons\; R-\overset{\overset{\textstyle OH}{|}}{C}H-OH \;\xrightarrow{\;Cr(\text{VI})\;}\; R-\overset{\overset{\textstyle O}{\|}}{C}-OH$$

醛   水合醛   羧酸

醛水合物实际上是醇，因此可以像仲醇一样被氧化。因为在 PCC 等无水试剂中没有水，所以不会形成水合物，反应在醛处停止。

将伯醇氧化成羧酸的另一种有效试剂是碱性高锰酸钾 ($KMnO_4$)：

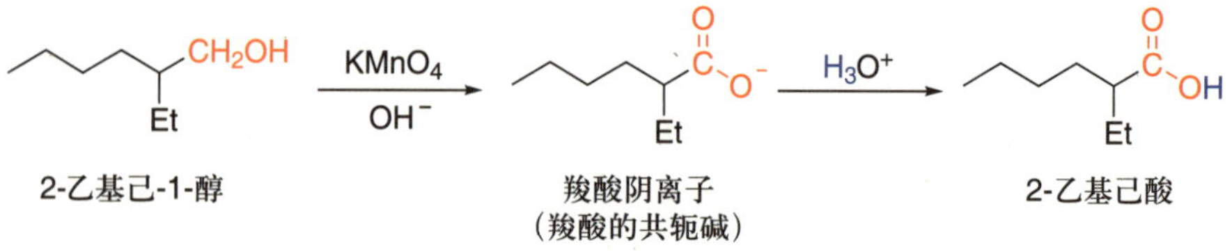

2-乙基己-1-醇   羧酸阴离子   2-乙基己酸
                                  （羧酸的共轭碱）

如方程式所示，反应是在碱性溶液中进行的，所以高锰酸盐氧化的直接产物是羧酸的共轭碱，加入强酸如 H_2SO_4 后产生羧酸。

$KMnO_4$ 中锰的氧化态为 Mn (Ⅶ)，在醇的氧化过程中 $KMnO_4$ 被还原为 MnO_2。

14.10.2 腈水解法

腈在强酸性或强碱性溶液中加热可水解为羧酸和氨。

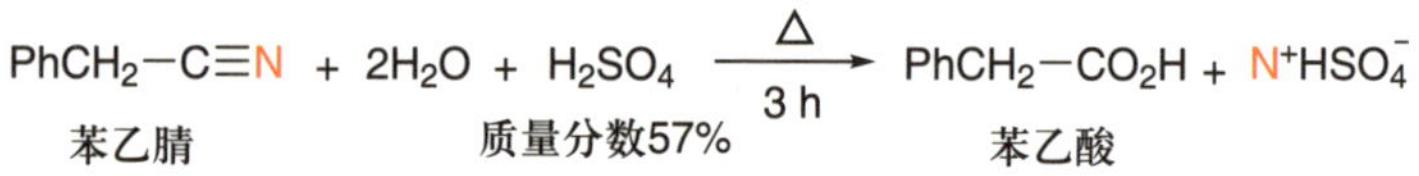

$$PhCH_2-C\equiv N \;+\; 2H_2O \;+\; H_2SO_4 \;\xrightarrow[\text{3 h}]{\Delta}\; PhCH_2-CO_2H \;+\; N^+HSO_4^-$$

苯乙腈   质量分数57%   苯乙酸

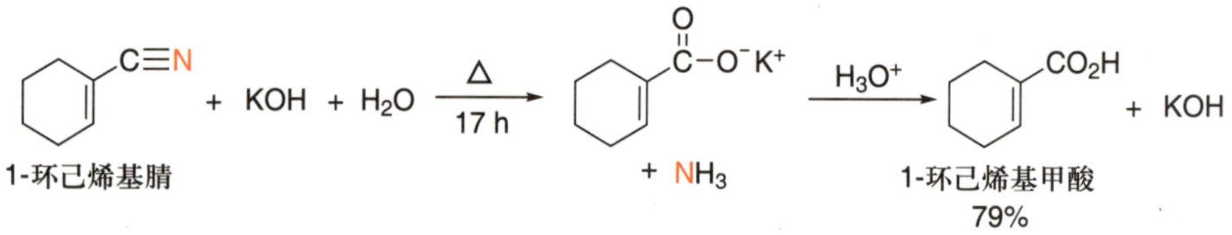

1-环己烯基腈   + NH_3 1-环己烯基甲酸
                                                                  79%

14.10.3 油脂水解（高级脂肪酸的来源）

天然动植物油脂是高级脂肪酸的甘油酯，它们在碱性条件下水解，能够得到不同长链的高级脂肪酸。

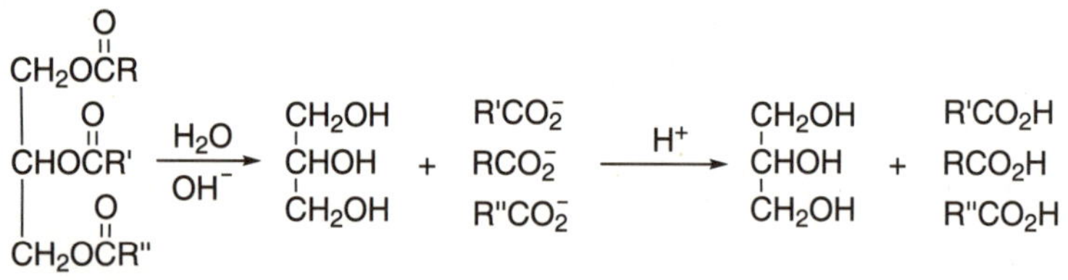

这些高级脂肪酸主要是含有 12－18 个碳的饱和或不饱和酸，而且均为偶数碳。常见的是月桂酸、肉豆蔻酸、软脂酸（棕榈酸）、硬脂酸、亚油酸、油酸等。

　　不同的油脂含有酸的种类和比例不同，如椰子油水解主要得到月桂酸 45%，肉豆蔻酸 18%，软脂酸 10%－11%，硬脂酸 2%－3%，油酸 7%－8%。而牛脂水解主要得到肉豆蔻酸 3%，软脂酸 25%，硬脂酸 24%，油酸 42%，亚油酸 2%。

　　下图为生产生物柴油的示意图。鲁道夫·迪塞尔 (Rudolph Diesel) 于 1900 年在巴黎世博会上向世界介绍的内燃机所选用的燃料是花生油。经过一个多世纪的发展，生物柴油已经逐渐发展成熟，成为柴油发动机中石油裂解柴油的替代品。大豆油、菜籽油，甚至餐馆里面的地沟油都是生产生物柴油的合适原料。生物柴油燃烧比传统燃料清洁，不排放硫或挥发性有机物。与石油柴油相比，生物柴油的最大优势是可以再生。目前生物燃料已经在航空业中使用，生物柴油可以直接与传统柴油混合，现在航空应用中大多使用的是含有 5%–20% 生物柴油的混合油。

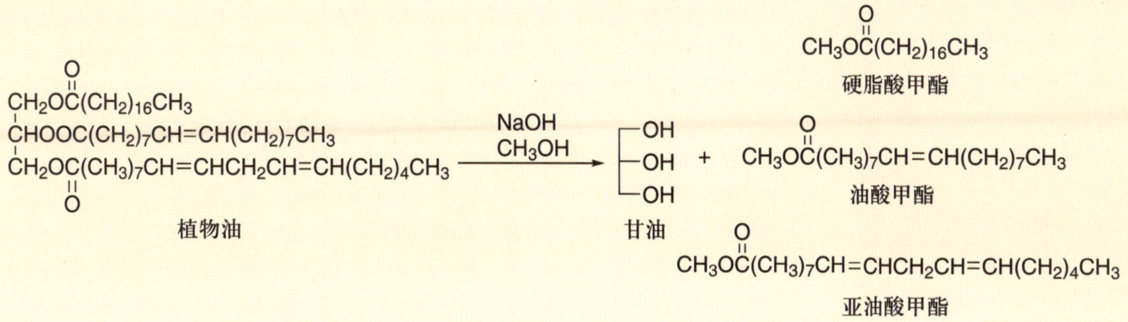

14.10.4 酚酸的制备方法

苯酚钠盐在压力和加热情况下与 CO_2 作用生成邻羟基苯甲酸（水杨酸），该反应称为柯柏–施密特反应 (Kolbe-Schmitt reaction)。

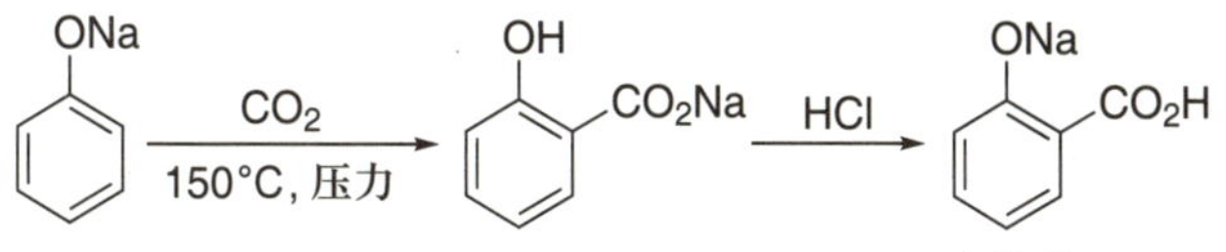

14.11 羧酸衍生物的分类和命名

羧酸衍生物是一类能在酸性或碱性条件下水解而生成母体羧酸的化合物。羧酸的羟基被其他基团取代的化合物叫作羧酸衍生物 (carboxylic acid derivatives)，包括酰卤、酯、酰胺、酸酐、腈。羧酸及其衍生物不仅在结构上有相似之处，在化学性质上也有密切的联系。除了腈以外，所有羧酸衍生物都含有一个羰基，这些化合物的许多重要反应都发生在羰基上。

14.11.1 酯和内酯

酸和醇的脱水产物称为酯 (ester)。含氧无机酸和醇的脱水产物为无机酸酯，有机羧酸和醇的脱水产物称为有机酸酯。从结构上看，酯是相应羧酸氢被烃基取代的产物，因此它的名称是由相应酸和烃基名称组合而成的。英文命名是由羧酸的英文名称去掉 -ic acid，加上后缀 ate 词尾，并在前面加上烃基名称。中文命名为某酸某酯，某酸即为酯的母体羧酸，某酯即为与酸成酯的某醇的前缀，例如乙酸乙酯，丙二酸二乙酯等。

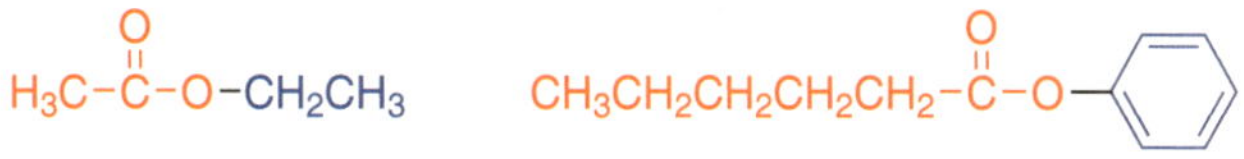

ethyl acetate
乙酸乙酯

phenyl hexanoate
正己酸苯酯

羧酸酯非常常见，因此常使用缩写表示，例如乙酸乙酯可以缩写为 EtOAc (其中
Et 为乙基，AcO 为乙酰氧基)。

在酯命名法中，取代基可以出现在酯的酰基部分或烷氧基部分。在系统命名法
中，酯的酰基部分的取代基位置用数字表示，就像羧酸中羰基碳编为数字 1 一样。
有时也用普通命名法，这时取代基的位置用希腊字母表示，编号从羰基碳旁边的碳
开始。

酯的酰基部分   酯的烷氧基部分

$$\underset{\text{Cl}}{\overset{\gamma\ \ \ \beta\ \ \ \alpha}{\underset{4\ \ \ 3\ \ \ 2\ \ \ 1}{\text{H}_3\text{C-CH-CH}_2\text{-C}}}}\overset{\text{O}}{\overset{\|}{}}\text{-O-}\underset{\text{Br}}{\overset{\alpha\ \ \ \beta\ \ \ \gamma}{\underset{1\ \ \ 2\ \ \ 3}{\text{CH}_2\text{-CH-CH}_3}}}$$

普通命名：β-氯丁酸-β-溴丙酯
系统命名：3-氯丁酸-2-溴丙酯

其他羧酸酯用酸的命名法的类似延伸来命名。

methyl 2-bromocyclohexanecarboxylate
2-溴环己基甲酸甲酯

diisopropyl succinate
琥珀酸二异丙酯

$(\text{CH}_3)_2\text{CH-O-}\overset{\text{O}}{\overset{\|}{\text{C}}}\text{-CH}_2\text{CH}_2\text{-}\overset{\text{O}}{\overset{\|}{\text{C}}}\text{-O-CH}(\text{CH}_3)_2$

分子内的羟基和羧基脱去一分子水后生成的环状酯称为内酯 (lactones)。五元或
六元环的内酯容易形成，命名时将相应羧酸的"酸"字改为"内酯"，并标明其位置。
英文名称将 -ic acid 改为 -olactone。

β-lactone
β-丁内酯

γ-lactone
γ-丁内酯

在普通命名中，内酯环的大小用希腊字母表示，对应于内酯环氧与碳链的连接点。
例如，在 β-丁内酯中，氧连在 β-碳上形成四元环；在 γ-丁内酯中，氧连在 γ-碳上形成
五元环。

14.11.2 酰卤

命名酰卤 (acyl halide) 时，将相应羧酸的酰基名称放在前面，卤素的名称放在后
面合起来命名。酰基的英文名称是将羧酸的词尾 -ic acid 改为酰基的词尾 -yl。例如：

propionyl chloride
丙酰氯

2-bromo-2-methylbutyryl bromide
2-溴-2-甲基丁酰溴

malonyl dichlorid
丙二酰氯

cyclohexanecarbonyl chloride
环己基甲酰氯

14.11.3　酸酐

两个羧基脱去一分子水后生成的化合物称为酸酐 (acid anhydride)。中文名称由相应酸加"酐"字组成，英文命名是把相应酸的 acid 换成 anhydride。

$$Ph-\overset{\overset{O}{\|}}{C}-O-\overset{\overset{O}{\|}}{C}-Ph$$

benzoic anhydride
苯甲酸酐

$$CH_3CH_2CH_2CH_2\overset{\overset{O}{\|}}{C}-O-\overset{\overset{O}{\|}}{C}CH_2CH_2CH_3$$

pentanoic anhydride
戊酸酐

$$H_3C-\overset{\overset{O}{\|}}{C}-O-\overset{\overset{O}{\|}}{C}-H$$

acetic formic anhydride
乙甲酸酐

phthalic anhydride
邻苯二甲酸酐

由两个不同的一元羧酸脱水形成的酸酐称为混酐。命名时在两个羧酸名称后加"酐"字，英文名称将 acid 改为 anhydride。两个羧酸的排序，按照英文名称首字母顺序排列。乙甲酸酐是混合酸酐的一个例子，它是由甲酸和乙酸衍生而来的。邻苯二甲酸酐是环酸酐的一个例子。

14.11.4　腈

腈 (nitrile) 从表面上看似乎与羧酸没有关系，但是在羧酸和羧酸衍生物中，都包含这样一个碳原子，这个碳和两个电负性更强的元素 (氧，卤素等) 通过共价键连接。腈符合这个定义，因为碳和氮有三个共价键。

含有氰基 (CN) 的化合物称为腈。作为母体化合物命名时，CN 中的碳需计入烃的碳数内，命名时只需要将相应的酸改为"腈"或"二腈"等。英文在烃名后加上"nitrile"或"dinitrile"等，也有将酸的 -ic acid 改为 -onitrile。

$$Ph-C\equiv N$$
benzonitrile
苄腈

$$H_3C-C\equiv N$$
acetonitrile
乙腈

$$H_3C-CH-CH_2-C\equiv N$$
$$\overset{|}{CH_3}$$
3-methylbutanenitrile
3-甲基丁腈

$$N\equiv C-CH_2-CH_2-C\equiv N$$
butanedinitrile
丁二腈

当氰基连在一个环上时，命名时将环作为取代基，称环烷基甲腈。

14.11.5　酰胺、内酰胺和酰亚胺

酰基与氨基相连的化合物称为酰胺 (amide)。简单酰胺的命名都是用 amide 后缀取代酸名称的 ic 或 oic 后缀。

$$\overset{\overset{O}{\|}}{C}-NH_2$$
benzamide (benzoic + amide)
苯甲酰胺

$$CH_3CHCH_2CH_2-\overset{\overset{O}{\|}}{C}-NH_2$$
$$\overset{|}{Cl}$$
4-chloropentanamide
4-氯戊酰胺

当酰胺官能团连接到一个环上时，使用后缀 carboxamide（甲酰胺）。

2-methylcyclopentanecarboxamide
2-甲基环戊基甲酰胺

若氮上有取代基，在基础名称前加 N 标出。二级和三级酰胺中氮的取代用字母 N 表示。

N,N-diethylacetamide
N,N-二乙基乙酰胺

4-chloro-N-methylcyclohexanecarboxamide
4-氯-N-甲基环己基甲酰胺

环酰胺称为内酰胺。简单内酰胺的命名与内酯相似，按环的大小分为 β-内酰胺（四元内酰胺环）、γ-内酰胺（五元内酰胺环）、δ-内酰胺（六元内酰胺环）等。英文名称在相应的烃名后加 lactam。

β-lactam   γ-lactam   δ-lactam
β-内酰胺   γ-内酰胺   δ-内酰胺

β-内酰胺类抗生素以四元的 β-内酰胺环为特征。β-内酰胺类抗生素具有杀菌作用，通过抑制细菌细胞壁肽聚糖层的合成发挥作用。这些抗生素的活性与 β-内酰胺环的开环有关。这些抗生素具有抗菌谱广、抗菌活性强、毒性低、工业化水平高、结构活性关系明确等特点，因此得到了广泛的开发和应用。

盘尼西林钾盐（penicillin potassium）是一种口服活性抗生素。盘尼西林钾盐可抑制链球菌，艰难梭菌和金黄色葡萄球菌的生长，可用于中耳炎，鼻窦炎，咽炎和扁桃体炎的治疗。

碳青霉烯抗生素 Meropenem（SM 7338）是一种具有广谱抗菌活性的碳青霉烯抗生素。Meropenem 对敏感和耐药的淋病奈瑟氏球菌（MIC 值为 0.02－0.06 mg·mL^{-1}），流感嗜血杆菌（MIC 值为 0.03－0.12 mg·mL^{-1}）和杜克氏杆菌（MIC 值为 0.015－0.12 mg·mL^{-1}）具有活性。

penicillin-G
青霉素-G
β-内酰胺

penicillin potassium
盘尼西林钾盐
β-内酰胺

Meropenem
碳青霉烯抗生素
β-内酰胺

酰亚胺可以看作酸酐的含氮类似物，其中琥珀酰亚胺和邻苯二甲酰亚胺是最常见的环状酰亚胺。

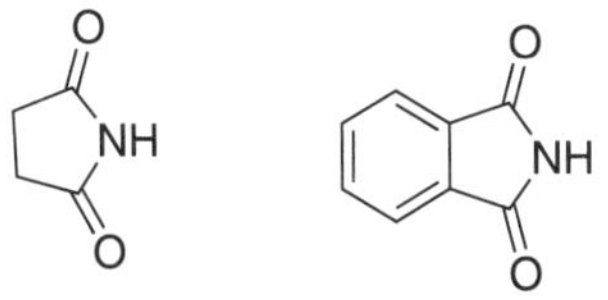

succinimide
琥珀酰亚胺

phthalimide
邻苯二甲酰亚胺

在羧酸衍生物中作为主链官能团的优先次序如下：

酸 > 酸酐 > 酯 > 酰卤 > 酰胺 > 腈

14.12 羧酸衍生物的结构

羧酸衍生物的结构与其他含有羰基的化合物结构非常相似。例如，C=O 键键长约为 1.21 Å，羰基及其连接的两个原子是平面的。腈 C≡N 键键长为 1.16 Å，明显短于乙炔 C≡C 键的长度 (1.20 Å)。

酰胺中的 C-N 键较胺中的 C-N 键短，原因是酰胺中 C-N 键的碳是用 sp^2 杂化轨道与氮成键，而胺中 C-N 键的碳是用 sp^3 杂化轨道与氮成键。由于碳的 sp^2 杂化轨道中 s 成分较多，故键长较短。另一个原因是酰胺中的羰基与氮上孤对电子共轭，这种共轭作用导致氮和羰基碳之间的键具有双键特征。

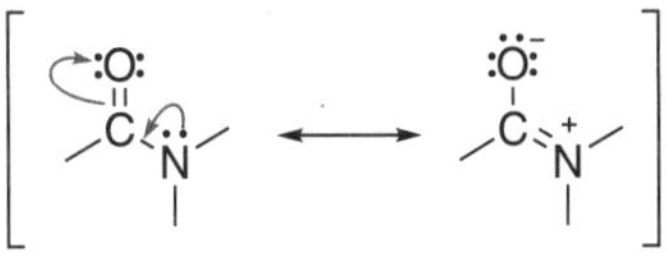

酰胺的共振结构

酯中的羰基也可以与烷氧基氧上的孤对电子共轭，因此酯中的 C-O 键也具有某些双键的性质，即酯中的 C-O 键比醇中的 C-O 键短。

酯的结构也可以表示如下：

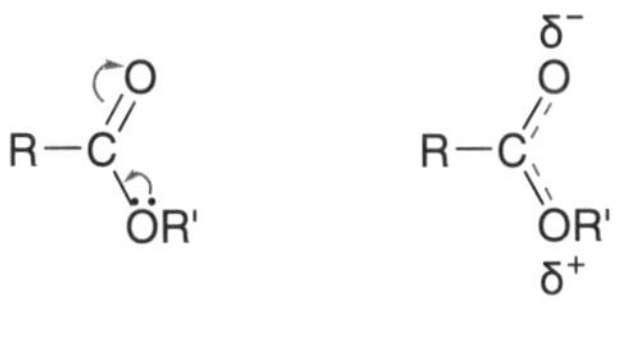

酰氯中的 C-Cl 键并不比氯代烷中的 C-Cl 键短，因为氯具有较强的电负性，在酰氯中主要表现为强的吸电子诱导效应，而与羰基的共轭作用较弱。

C-Cl键长： 1.78 Å 1.78 Å

14.13 羧酸衍生物的物理性质

酰氯和酸酐具有刺鼻气味，低级酰氯和酸酐是液体，高级的为固体。低级酯具有芳香的气味，可用做香料。由于酰氯和酯不存在氢键，其沸点比相应的酸低得多，而酰胺却有较高的沸点，室温下除甲酰胺外一般为液体，这主要是因为酰胺存在分子间氢键作用。当酰胺氮上的氢被烃基取代，沸点就会降低。表 14-5 列出某些羧酸衍生物的物理常数。

	乙酰胺	N-甲基乙酰胺	N,N-二甲基乙酰胺
	H₃C-C(=O)-NH₂	H₃C-C(=O)-NHCH₃	H₃C-C(=O)-N(CH₃)₂
沸点	221.2℃	204－206℃	166.1℃
熔点	82.3℃	28℃	−20℃

表 14-5　一些羧酸衍生物的物理常数

名称	沸点/℃	熔点/℃	名称	沸点/℃	熔点/℃
乙酰氯	51	−112	乙酰胺	221	82
丙酰氯	80	−94	丙酰胺	213	81
苯甲酰氯	197	−1	丁二酰亚胺	288	126
乙酰溴	76	−96	邻苯二甲酰亚胺	—	238
甲酸乙酯	54	−80	乙酸酐	140	−73
乙酸甲酯	57.5	−98	邻苯二甲酸酐	284	131
乙酸乙酯	77	−84	苯甲酸酐	360	42
乙酸正丁酯	126	−77	乙腈	82	−45
正丁酸乙酯	121	−93	丙腈	97	−92
乙酸苄酯	214	−51	丁腈	117.5	−112
苯甲酸乙酯	213	−35	苯甲腈	190	−13

所有羧酸衍生物均溶于有机溶剂，如乙醚、氯仿、丙酮、苯等。乙腈、N,N-二甲基甲酰胺、N,N-二甲基乙酰胺可与水混溶，由于它们是强极性分子，所以常用来作为优良的极性非质子性溶剂，大量用于涂料工业和有机合成中。

14.14　羧酸衍生物的波谱性质

14.14.1　红外光谱

大多数羧酸衍生物的红外光谱中最重要的特征吸收峰是 C=O 伸缩振动吸收 (1850－1630 cm⁻¹)。对于腈，红外光谱中最重要的特征是 C≡N 的伸缩振动吸收 (2250－2200 cm⁻¹)。表 14-6 总结了一些重要的羰基化合物和腈的红外吸收光谱数据。图 14-3 和图 14-4 为一些代表性羧酸衍生物的红外谱图。

表 14-6　重要的羰基化合物和腈的红外吸收

化合物	羰基吸收/cm⁻¹	其他吸收/cm⁻¹
酮	1715－1710	
α,β-不饱和酮	1680－1670	
芳香酮	1690－1680	
环戊酮	1745	
环丁酮	1780	

续表

化合物	羰基吸收/cm⁻¹	其他吸收/cm⁻¹
醛	1725 – 1720	醛基 C-H 伸缩振动在 2720
α,β-不饱和醛	1690 – 1680	
芳基醛	1700	
羧酸（二聚体）	1710	OH 伸缩振动在 2400 – 3000（强宽峰）；C-O 伸缩振动在 1200 – 1300
芳基羧酸	1690 – 1680	
酯或六元内酯（δ-内酯）	1745 – 1735	C-O 伸缩振动在 1300 – 1000
α,β-不饱和酯	1725 – 1720	
五元内酯（γ-内酯）	1770	
四元内酯（β-内酯）	1840	
酰氯	1800	
酸酐	1760，1820（两个吸收）	C-O 伸缩振动与酯一样
六元环酸酐	1750，1800	
五元环酸酐	1785，1865	
酰胺	1655–1650	N-H 弯曲振动在 1640；N-H 伸缩振动在 3400 – 3200
六元内酰胺（δ-内酰胺）	1670	
五元内酰胺（γ-内酰胺）	1700	
四元内酰胺（β-内酰胺）	1745	
腈	C≡N 伸缩振动在 2250 – 2200	

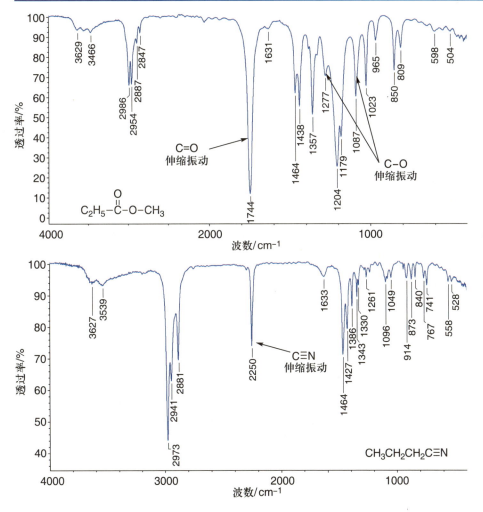

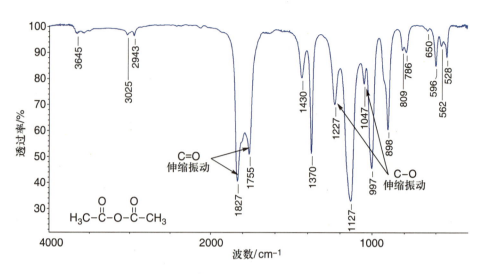

图 14-3   部分羧酸衍生物的红外光谱

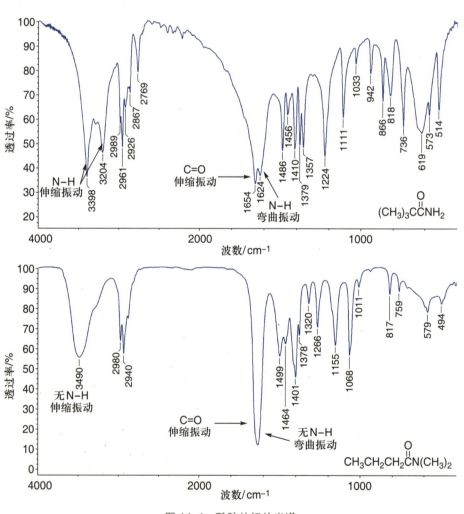

图 14-4   酰胺的红外光谱

14.14.2 核磁共振谱

^{1}H NMR 谱

所有羧酸衍生物的 α-氢都能在 ^{1}H NMR 谱的 δ 1.9 – 3.0 ppm 区域中观察到。在酯类化合物中与羧酸氧相邻的烷基碳上质子的化学位移比醇和醚中类似质子的化学位移大 0.6 ppm 左右。这是羰基的电负性导致的。

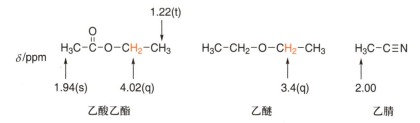

酰胺的 N-烷基氢的化学位移在 δ 2.6 – 3.0 ppm 的范围内。伯、仲酰胺的胺基氢共振峰可以在 δ 7.5 – 8.5 ppm 范围内观察到，这些氢像羧酸的羟基氢一样，有时是宽峰，可以与 D$_2$O 交换。

^{1}H NMR 谱揭示了酰胺结构的一个有趣现象，在 N,N-二甲基乙酰胺中的两个 N-甲基具有不同的化学位移，表现为两个单峰。

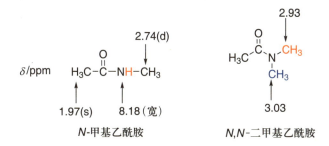

不同的化学位移表明两个 N-甲基在化学上是不等价的。为什么会这样呢？

如前面所讨论的，在氮和羰基之间的共价键具有相当多的双键性质，导致这个键的旋转自由度降低。因此，N-甲基在核磁共振实验中表现得像双键上的取代基，N-甲基有不同的化学环境，其中一个甲基与羰基氧是顺式的，另一个是反式的，在 ^{1}H NMR 谱中表现为在两个不同化学位移出峰。

^{13}C NMR 谱

^{13}C NMR 谱中羧酸衍生物羰基的化学位移范围是 δ 165 – 180 ppm，与羧酸中羰基的化学位移很相似。

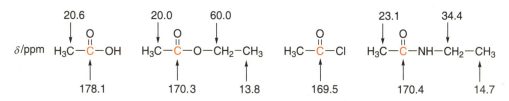

腈类化合物中氰基碳的化学位移范围是 δ 115 – 120 ppm，这个化学位移值明显比碳碳三键的碳的化学位移值大。

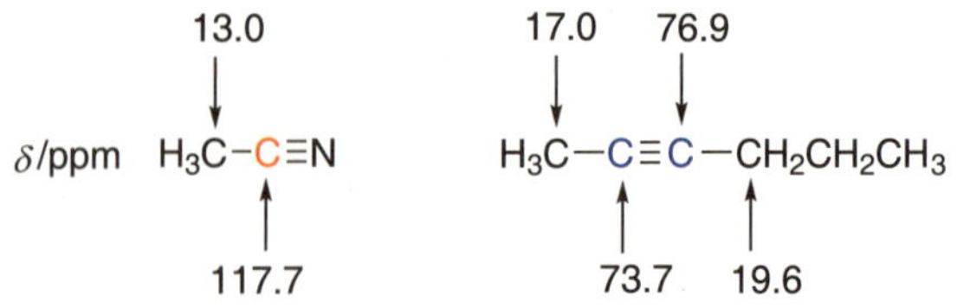

$$\delta/ppm \quad \underset{117.7}{\overset{13.0}{H_3C-C}}\equiv N \qquad \underset{73.7\quad 19.6}{\overset{17.0\quad 76.9}{H_3C-C\equiv C-CH_2CH_2CH_3}}$$

14.15　羧酸衍生物的碱性

　　羧酸衍生物的 α-氢表现出一定的酸性，α-氢的酸性取决于氢解离后碳负离子结构的稳定性。羧酸衍生物可以在酸碱作用下形成烯醇或烯醇盐，进而发生一系列的反应。这部分内容将在第 15 章中专门介绍。

　　与羧酸类似的羧酸衍生物也可以在羰基氧上被强酸质子化，这个性质使酯、酰胺和腈类化合物在酸性条件下发生化学反应时起到重要作用。

　　酯与相应的羧酸类似，在酸性条件下羰基能够发生质子化，酰胺比其他羧酸衍生物碱性强得多，因此更容易结合氢质子。

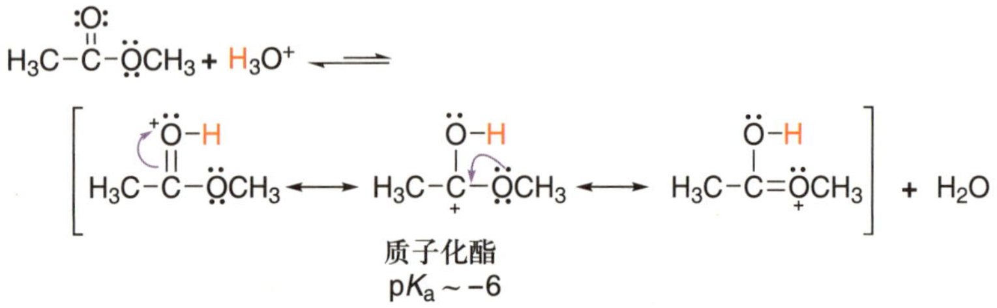

质子化酯
$pK_a \sim -6$

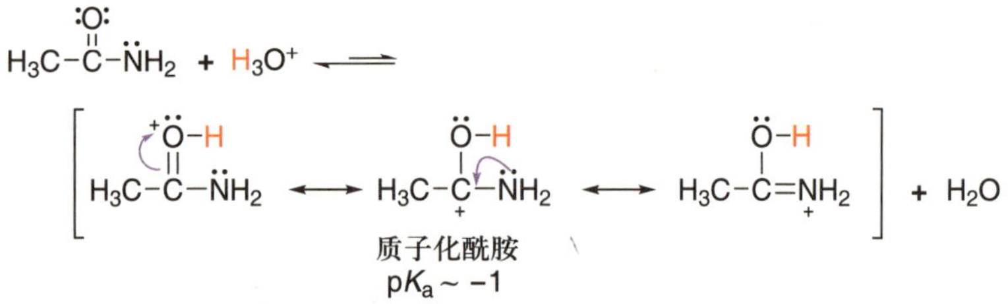

质子化酰胺
$pK_a \sim -1$

　　腈是非常弱的碱；质子化腈的 pK_a 约为 -10。从这个角度来看，质子化腈的酸性和强酸 HI 差不多。

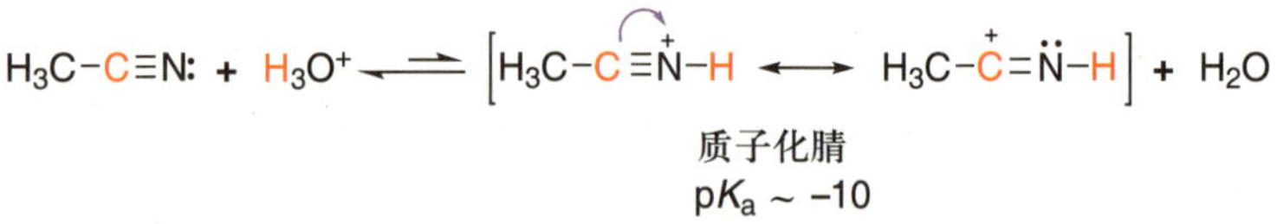

质子化腈
$pK_a \sim -10$

14.16　羧酸衍生物反应

　　酰卤、酸酐、酯和酰胺统称为羧酸衍生物。该类化合物的分子中均含有一个极性羰基，可以进行加成-消除反应，得到取代产物。腈具有氰基也有同样的反应性质，在特定条件下能得到其他衍生物一样的反应结果。

酰基碳上的亲核取代反应

羧酸衍生物的加成–消除反应既可在碱性条件下进行，也可在酸性条件下进行，反应的结果是酰基碳上的一个基团被亲核试剂所取代，因此这类反应称为酰基碳上的亲核取代反应。

碱催化下的反应机理如下：

碱催化的加成–消除机理

第一步：亲核试剂去质子化

第二步：加成–消除

tetrahedral intermediate
（四面体中间体）

第三步：催化剂的再生

加成–消除反应分两步进行，首先是亲核试剂在羰基碳上发生亲核加成反应，形成四面体中间体，然后氧上一对孤对电子转移到碳—氧单键同时离去基团以负离子形式离去，总的结果是发生亲核取代反应。由于第一步反应是亲核加成反应，而形成的是一个带负电荷的四面体中间体，因此反应物中羰基碳的电正性越大，其周围的空间位阻越小，越有利于反应的进行。第二步消除反应取决于离去基团的性质，基团越易离去，则反应越易发生。在羧酸衍生物中基团离去能力的次序如下：

$$I^- > Br^- > Cl^- > \,^-OCOR > \,^-OR > \,^-NH_2$$

当亲核试剂亲核能力很强时，碱就不是必要试剂了，整个机理从第二步开始。

酸催化下的反应机理如下：

催化的加成–消除机理

第一步：质子化

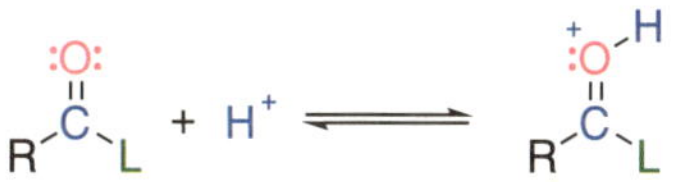

第二步：加成–消除

tetrahedral intermediate
（四面体中间体）

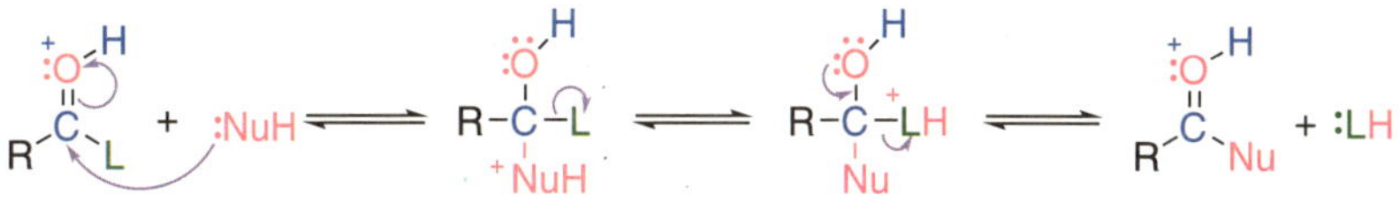

第三步：去质子化，催化剂的再生

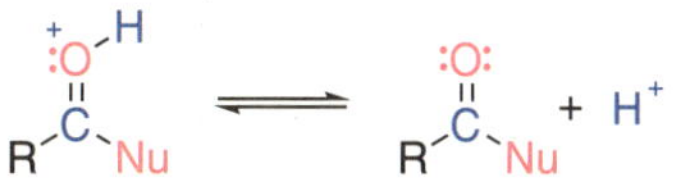

首先是羰基氧的质子化 (protonation)。羧酸衍生物的羰基氧具有碱性，酸的作用

这类含有长链结构的酰胺类化合物在神经信号传递中发挥作用，同时也表现出其他生物活性。含有油酸酰胺类似物的脂质 *Z*-9-十八碳酰胺就是一种重要的睡眠诱导剂，能够帮助睡眠障碍的人进入深度睡眠。

油酸酰胺

是羰基氧的质子化使氧带有正电荷，质子化的氧对碳—氧双键上的 σ 电子和 π 电子具有更大的吸引力，从而使碳更具电正性。接着亲核试剂对活化的羰基进行亲核加成，得到四面体中间体，最后发生消除反应生成产物。

绝大多数羧酸衍生物是按照上述反应机理进行亲核取代反应，羧酸衍生物亲核取代反应的活性顺序是

14.16.1　酰氯的取代反应

酰氯是非常活泼的化合物，能够迅速与水、醇、氨(胺)作用，分别发生水解、醇解和氨(胺)解反应，反应的结果是氯被相应官能团取代，生成相应的酸、酯、酰胺。反应实际上是在氧和氮上导入酰基，因此酰氯是优良的酰化试剂。

利用叔醇或酚与酰氯反应制备羧酸酯，不能通过酸催化酯化，可以用叔胺(如吡啶或喹啉)作为缚酸剂中和反应产生的 HCl 这种方法得到。

酰氯很容易和氨、一级胺或二级胺反应生成酰胺。例如，酰氯遇到冷的氨水即可进行反应生成酰胺。

酰氯与伯胺 (RNH_2) 反应得到仲酰胺，其中吡啶起到缚酸剂的作用，生成吡啶盐酸盐促进反应的进行。

$$Ph-\overset{\underset{\|}{O}}{C}-Cl + PhCH_2CH_2\overset{..}{N}H_2 + \text{(pyridine)} \longrightarrow Ph-\overset{\underset{\|}{O}}{C}-\overset{..}{N}HCH_2CH_2Ph + \text{(pyridinium)} Cl^-$$

伯胺   仲酰胺
89% – 98%

酰氯与仲胺 (形式为 R_2NH 的胺) 反应生成叔酰胺:

$$Ph-\overset{\underset{\|}{O}}{C}-Cl + H-N\text{(环)} + NaOH \longrightarrow Ph-\overset{\underset{\|}{O}}{C}-N\text{(环)} + H_2O + Na^+Cl^-$$

仲胺   叔酰胺
77% – 81%

这些反应都是胺作为亲核试剂进攻酰氯的羰基，然后一个氯离子从四面体中间体中脱除得到酰胺。反应中胺作为亲核试剂时，至少需要使用两当量的胺：一当量作为亲核试剂，另一当量作为质子转移最后一步的碱。

当胺价廉易得时可以使用过量的胺。另一种选择是使用叔胺或芳香胺，如三乙胺或吡啶作为碱，脱除的氯离子能够以盐酸盐的形式从反应体系中沉淀出来促进反应的进行。

$$CH_3CH_2-\overset{..}{N}-CH_2CH_3$$
$$\underset{CH_2CH_3}{|}$$

三乙胺   吡啶

尽管羧酸盐是弱亲核试剂，但酰氯的反应能力足以与羧酸盐反应生成酸酐。这是合成酸酐的第二种通用方法，酰氯与羧酸盐的反应可以用于制备混合酸酐。

$$CH_3CH_2-\overset{\underset{\|}{O}}{C}-Cl + Na^+\overset{..}{\underset{..}{O}}-\overset{\underset{\|}{O}}{C}-CH_3 \xrightarrow{\text{乙醚}} CH_3CH_2-\overset{\underset{\|}{O}}{C}-O-\overset{\underset{\|}{O}}{C}-CH_3 + Na^+Cl^-$$

丙酰氯   乙酸钠   乙丙酸酐
(过量)   60%

思考题14.5

酰卤为什么比其他羧酸衍生物更容易发生取代反应?

14.16.2 酸酐的取代反应

酸酐也是非常活泼的化合物，同样可以发生水解、醇解和氨 (胺) 解反应，反应中酸酐的 RCO_2 被 $-OH$、$-OR$ 和 $-NH_2$ 取代，相应地生成酸、酯和酰胺。

　　酸酐与胺或醇的反应方式与酰氯基本相同，即与胺反应生成酰胺，与醇反应生成酯。

　　胺和环酸酐反应可以生成二羧酸单酰胺，该化合物经脱水处理可环化为酰亚胺。常用乙酸酐作为脱水剂，在某些情况下直接加热，形成五元或六元环。这是利用环状酸酐制备氮杂环化合物——酰亚胺的方法。

14.16.3　酯的取代反应

　　酯的水解、醇解和氨(胺)解一般比酰氯和酸酐困难，因此需要酸或碱催化。由于反应为平衡反应，所以常采用过量的试剂促进反应的完成。

酯的碱性水解机理

　　酯在氢氧化钠水溶液中的水解反应被称为**皂化反应**。皂化反应的机理是 OH⁻ 首先进攻酯羰基碳发生亲核加成反应，生成一个四面体中间体，然后消除 ⁻OCH₃。这两步反应均是可逆的，如果在四面体中间体上消除 OH⁻，则回到原来的酯。消除 ⁻OCH₃ 可以得到羧酸，由于此反应是在碱性条件下进行的，生成的羧酸可以和碱发生中和反应，因而打破了反应平衡。

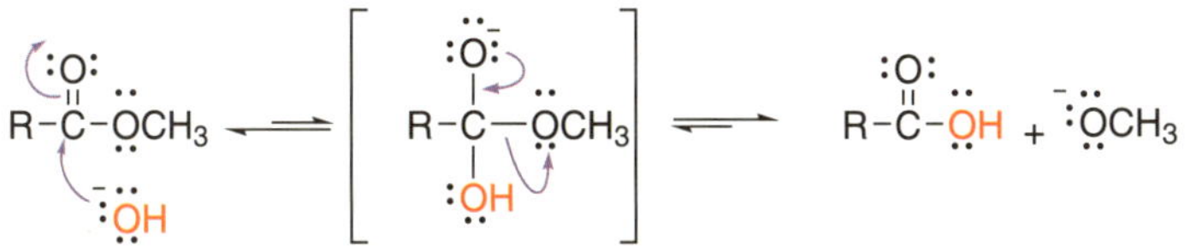

四面体中间体

烷氧基离子作为离去基团（上式中的甲氧基）离去后，与酸反应得到羧酸盐和醇。

酯的酸性水解机理

酯水解也可以在酸性条件下进行，酸催化水解的机理与酸催化酯化的机理路径恰恰相反。酯首先被酸性催化剂质子化：

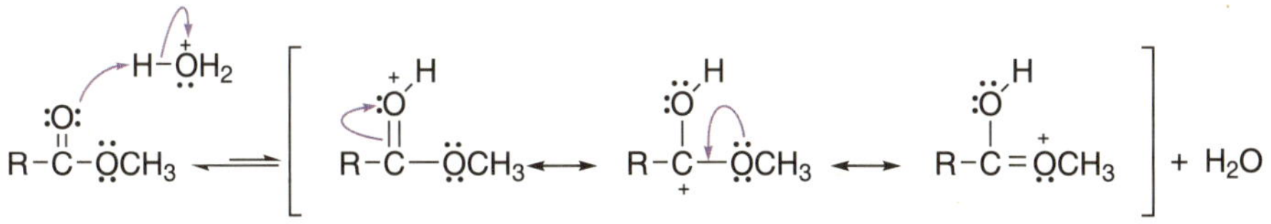

质子化后的酯亲电能力非常强，能够与亲核能力不太强的水反应形成四面体中间体：

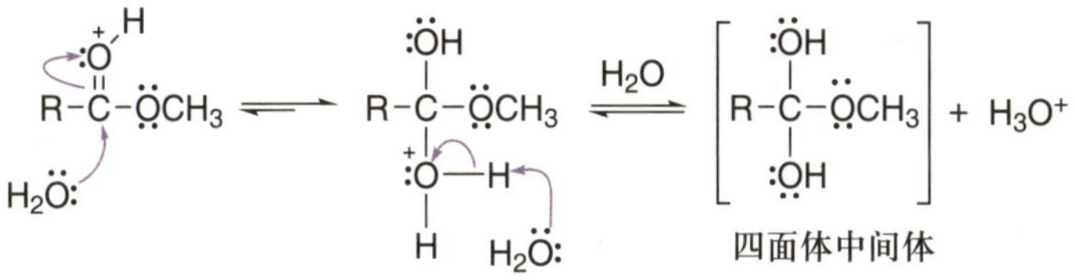

四面体中间体

四面体中间体经质子转移后消除醇，再消除质子得到羧酸。

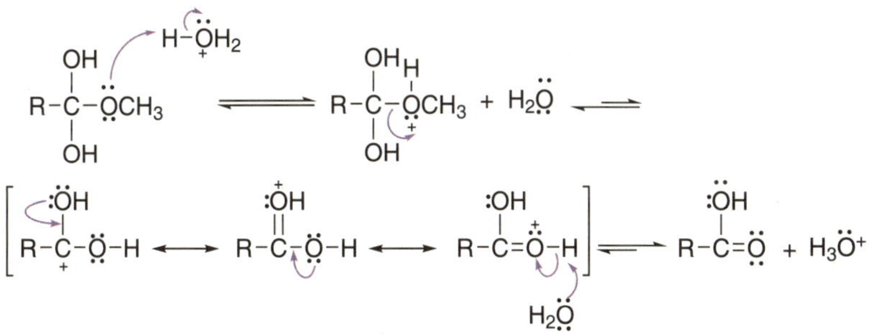

内酯的水解

皂化反应能够将内酯完全转化为相应的羟基羧酸盐。

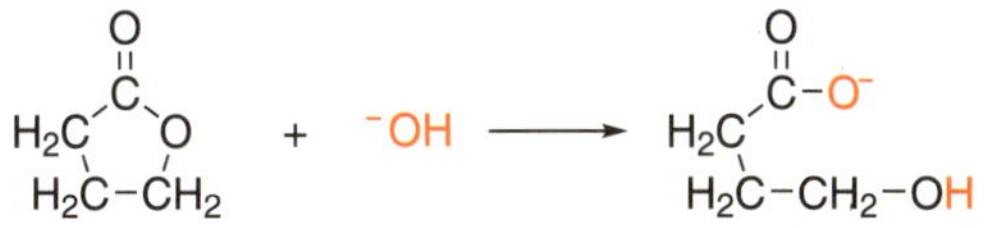

经酸化后形成羟基羧酸。然而，如果让一种羟基酸处于酸性溶液中，它就会与相

应的内酯形成平衡。从羟基酸形成内酯只不过是一个分子内的酯化反应(在同一分子内的酯化),像酯化反应一样,内酯化平衡是酸催化的。

酯的氨解反应比较缓慢,当分子中存在对酰氯不稳定的官能团时,常用酯作为氨的酰化剂合成酰胺。

酯与羟胺 (NH_2OH) 反应得到 *N*-羟酰胺,也被称为羟肟酸。

酰氯和酸酐也能与羟胺反应生成羟肟酸,羟肟酸的产物很容易识别,因为它们能够与铁离子形成颜色鲜艳的配合物。

当酯在酸性或在碱性条件下与醇发生反应时,就会生成一种新的酯,该反应被称为**酯交换反应**。

在酯交换反应中,两种酯在平衡时均不占优势。反应是通过使用过量的醇作亲核试剂或通过蒸馏除去相对低沸点的醇而完成的。

思考题14.6

酯化反应和酯的水解反应是一对可逆反应,为什么酯化反应需在酸催化下进行,而酯的水解反应一般在碱性条件下进行?

14.16.4 酰胺的水解

酰胺在酸性或碱性溶液中加热可水解为羧酸和氨(或胺)。

在酸性条件下酸除了使酰胺的羰基质子化外，还可以中和平衡体系中产生的氨或胺，使它们成为铵盐，促进平衡向水解方向移动。

酰胺在碱中的水解与酯的皂化反应类似。碱催化时碱 OH⁻ 进攻羰基碳，同时将形成的羧酸中和成羧酸盐促使反应完成。

酸或碱促进的酰胺水解的条件都比酯类的相应反应苛刻得多。也就是说，**酰胺的活性要比酯低得多**。

14.16.5　腈的水解

腈在强酸性或强碱性溶液中加热可水解为羧酸和氨。

腈比酯和酰胺水解慢。因此，腈的水解条件更加苛刻。

腈在酸性溶液中的水解机理：首先，氰基氮原子质子化。

这个质子化过程使氰基碳更亲电，就像羰基氧的质子化使羰基碳更亲电一样。氰基碳被水亲核进攻和失去质子后会产生一种被称为亚胺酸的中间体。

亚胺酸是烯醇的氮类似物。也就是说，亚胺酸与酰胺的关系就像烯醇与酮的关系一样。

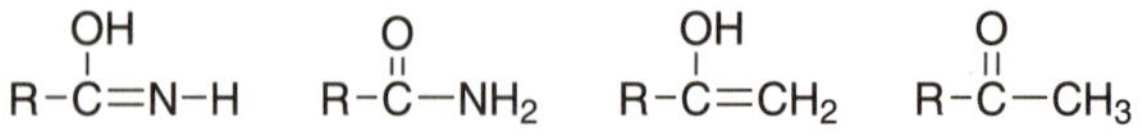

正如烯醇能自发地转化成醛或酮一样，亚胺酸也能在一定的反应条件下转化成酰胺：

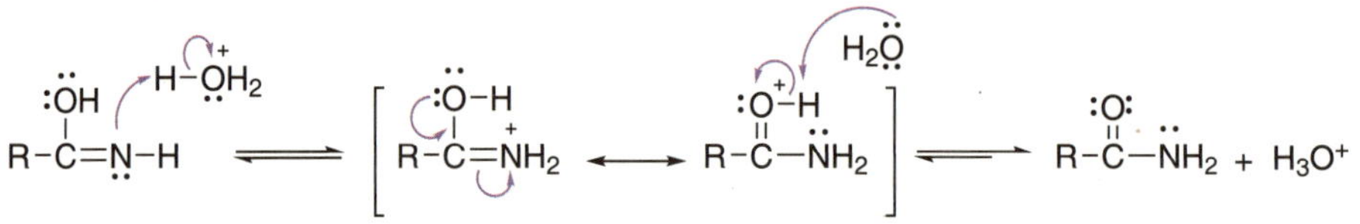

由于酰胺水解比腈水解快，在上式中形成的酰胺不能在腈水解的强烈条件下长时间存在，被水解成羧酸和铵离子。因此，腈在酸中水解的最终产物是羧酸。

腈在碱中的水解进一步说明了腈与羰基之间化学性质的平行关系。氰基像羰基一样能够与碱性亲核试剂反应，电负性大的氮带有负电荷，通过质子转移生成亚胺酸（像羧酸一样在碱中解离）。

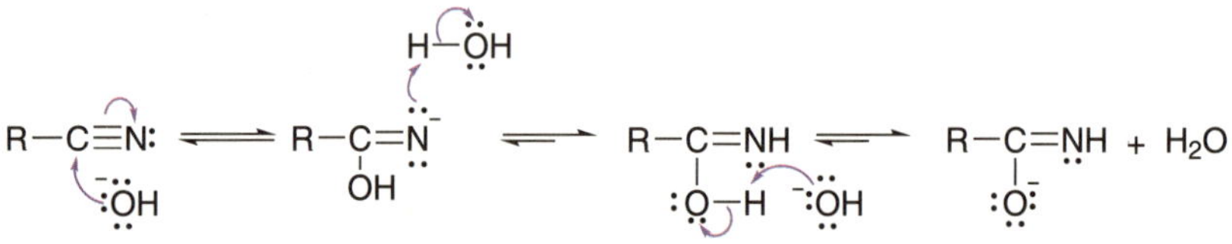

亚胺酸

在酸性水解过程中，亚胺酸负离子进一步反应生成相应的酰胺，酰胺在碱性条件下水解生成相应的羧酸盐。

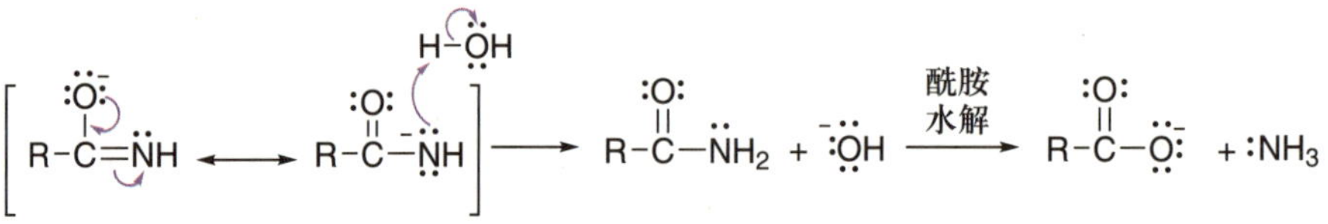

14.16.6　羧酸衍生物与金属试剂的反应

有机金属试剂一般为亲核试剂，容易与羧酸衍生物发生反应，最终产物是羰基化合物或醇，因此这类反应可以作为合成酮和醇的有效方法。

酰氯与有机金属化合物反应

1. 与格氏试剂和有机锂化合物反应

格氏试剂或有机锂化合物与酰氯反应得到酮，酮可以进一步与金属有机试剂反应生成叔醇，因此酮的产率很低，若用 2 当量以上的格氏试剂，主要产物是叔醇。

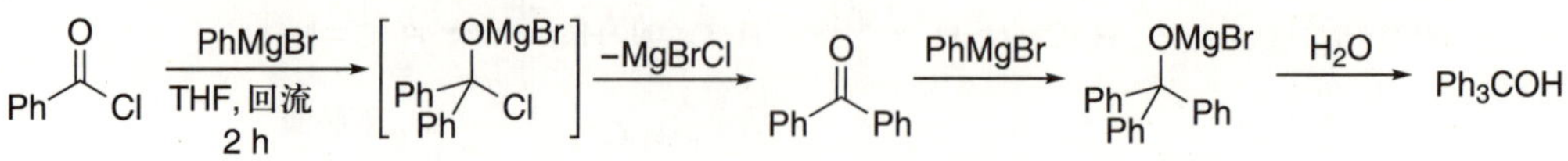

大约 75% 的乳腺肿瘤依靠雌激素生长，类固醇与 DNA 结合并参与调节许多促进细胞生长基因的表达。阿那托唑 (Arimidex) 为治疗乳腺癌的药物，它可以通过抑制芳香化酶的活性而起到抑制肿瘤生长的作用，阿那托唑是一种含有氰基的上市药物。

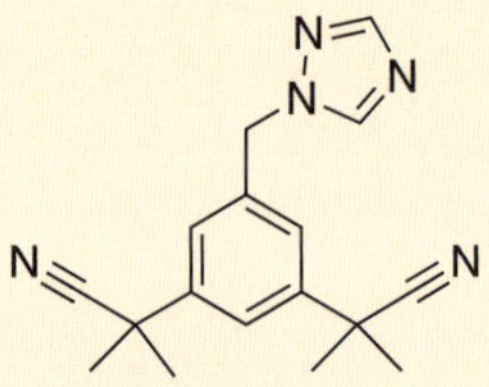

阿那托唑 (Arimidex)

低温可以抑制格氏试剂与酮的反应，因此如果用 1 当量的格氏试剂在低温下分批加入酰氯的溶液中，通过控制格氏试剂的量，避免所生成的酮继续与格氏试剂发生反应，则可以得到酮：

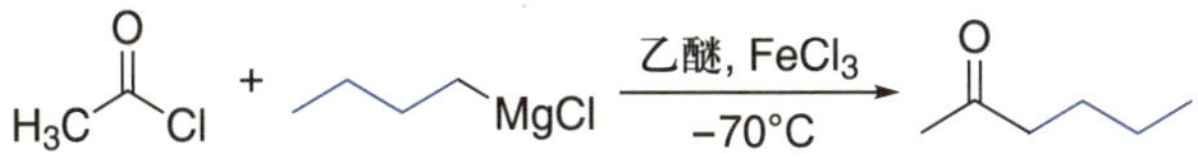

2. 与二烷基铜锂反应

二烷基铜锂可以与酰卤反应生成酮，一般反应式为

二烷基铜锂比格氏试剂反应活性低，它可以与醛、酰卤反应，与酮反应很慢，因此这个试剂常用于从酰氯合成酮，产率很高。

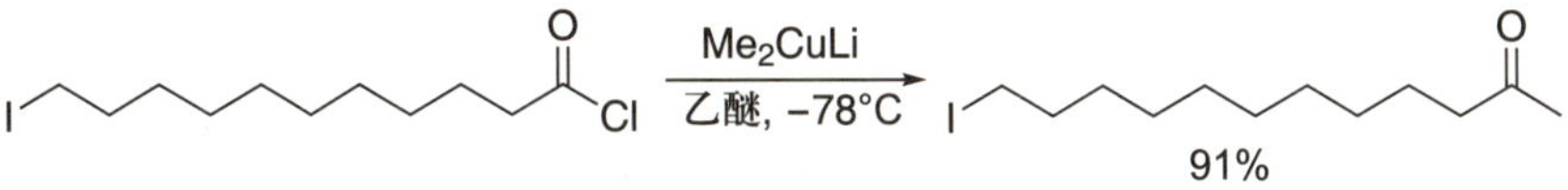

酸酐与有机金属化合物反应

酸酐与金属有机化合物反应时，酸酐的一部分作为离去基团以羧酸的形式被浪费掉了，所以一般不采用，但是环酸酐与格氏试剂反应可以用来制备酮酸 (ketonic acid)。例如：

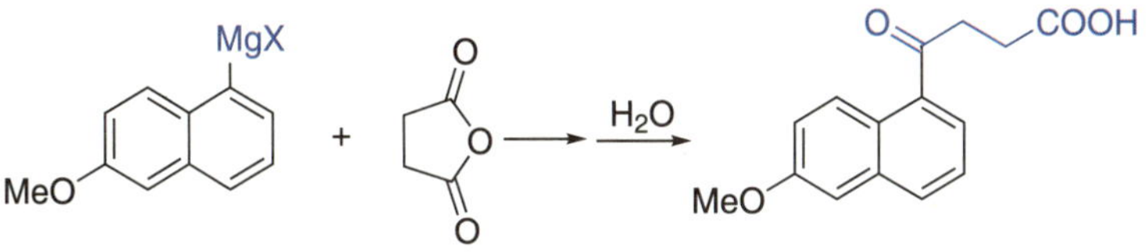

酯与有机金属化合物反应

酯同样可以与金属有机化合物反应制备酮。例如羧酸乙酯与甲基锂反应能够生成甲基酮，反应仍然是加成-消除机理，羧酸酯中的乙氧基能够作为离去基团从反应体系中离去。

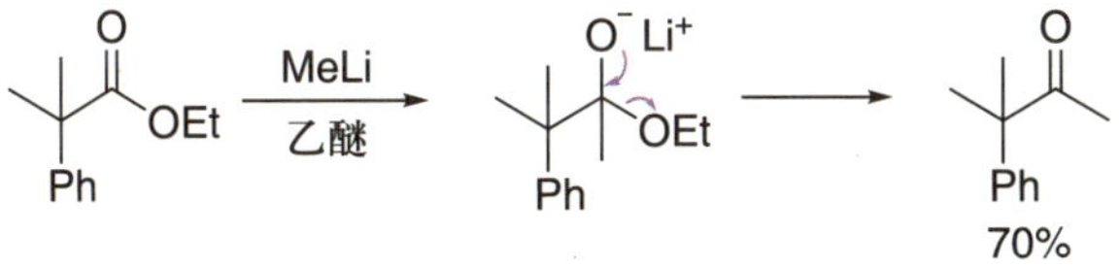

腈与有机金属化合物反应

腈具有极性官能团 C≡N，能与格氏试剂进行亲核加成反应生成亚胺盐，这个盐虽然存在碳氮双键，但是氮带有负电荷使 C=N⁻ 中碳无明显电正性，不能再与格氏试剂发生加成反应。亚胺盐水解生成酮。

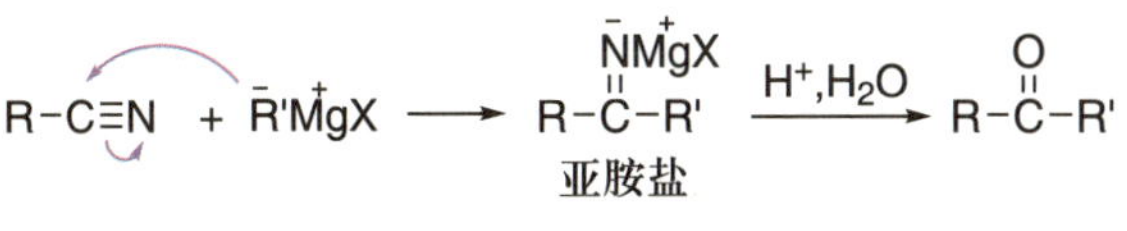

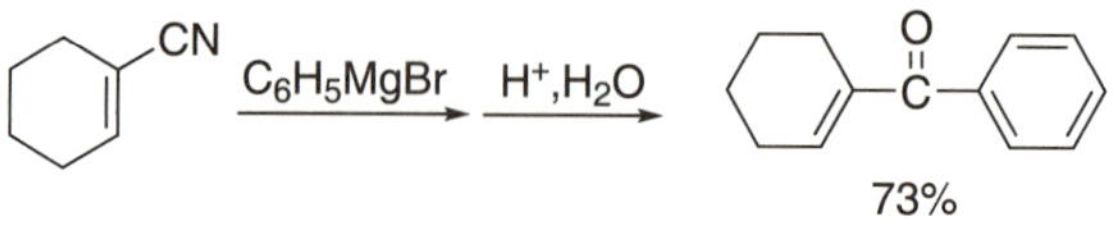

73%

14.17 酰胺与亲核试剂的反应

酰胺和其他羧酸衍生物一样，也可以和亲核试剂反应，但是酰胺非常不活泼，像醇这样的弱亲核试剂通常不能与酰胺反应。然而，通过酶催化反应可以实现某些酰胺与亲核试剂的反应。酰胺与醇通过酶催化的反应是一个有趣的生物学例子，是在研究青霉素的作用方式时发现的。

青霉素是世界上发现的第一种通用抗生素，1928 年由亚历山大·弗莱明爵士 (Sir Alexander Fleming) 发现。青霉素能够抑制转肽酶 (TP) 的活性，保护微生物不因细胞内的高渗透压而破裂渗出。转肽酶是一种重要的细菌酶，参与细胞壁的构建。转肽酶催化肽聚糖中酰胺键的形成，而肽聚糖是细胞壁的组成部分。这种酶在其活性部位含有一种特殊的氨基酸——丝氨酸，它在肽聚糖合成反应中作为亲核试剂发挥作用。

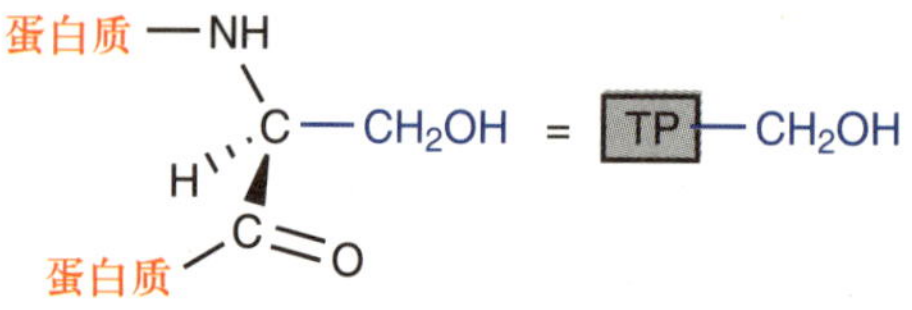

转肽酶内的丝氨酸残基

在肽聚糖合成的第一步反应中，丝氨酸的羟基作为亲核试剂，进攻细胞壁前体蛋白质-肽聚糖-1 (PG1) 的末端肽键，PG1 和转肽酶以酯基连接：

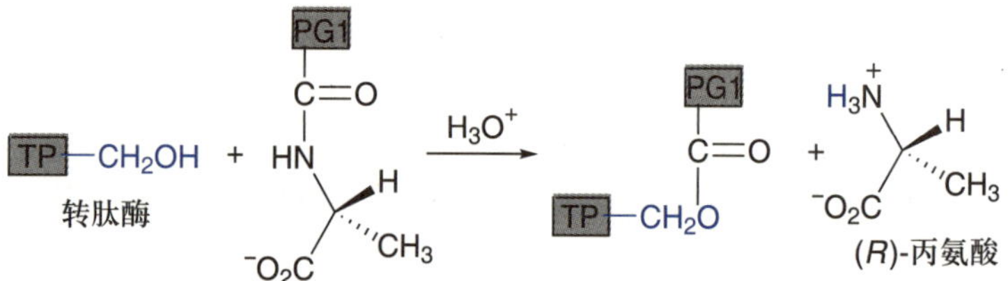

酶活性位点周围的酸性和碱性基团 (未画出) 可以催化这个反应。

青霉素对转肽酶的抑制效果阻碍了细胞壁的生物合成，因此这种抑制作用对细菌是致命的。发生这种抑制作用是因为转肽酶的活性位点丝氨酸与青霉素 β-内酰胺环 (含有四元环的环酰胺) 的羰基发生反应形成酯。

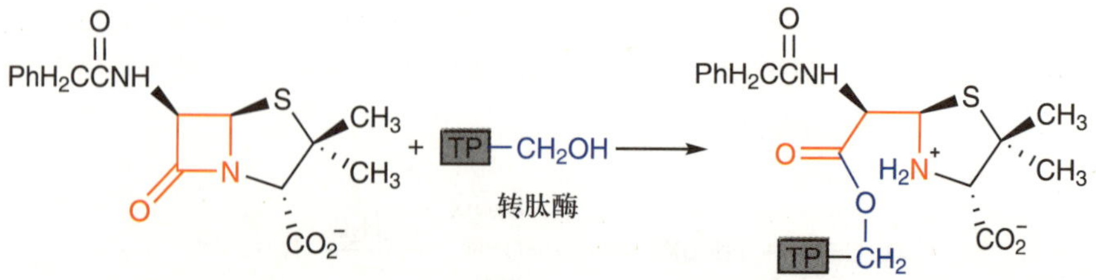

青霉素-G   青霉素和转肽酶酯 (被抑制的转肽酶)

　　这种反应在热力学上非常有利，而且发生得很快，因为β-内酰胺环有张力，打开环可以释放自由能，减小环张力。反应形成的青霉素酯阻断了转肽酶的活性位点，使细胞壁的生物合成不能发生。细菌通过进化产生了另一种酶，β-内酰胺酶 (β-Lac)，β-内酰胺酶能够优先与青霉素反应，打开β-内酰胺环形成青霉素-β-Lac 酶酯，因此青霉素抑制细菌生长过程被破坏，造成细菌对青霉素产生耐药性。同时，β-内酰胺酶也可以催化青霉素-β-Lac 酶酯的水解，产生失活的青霉素衍生物并再生β-内酰胺酶。这个例子充分说明抗生素药物研发过程的艰辛历程和不断研究开发新型抗生素解决细菌耐药性的原理。

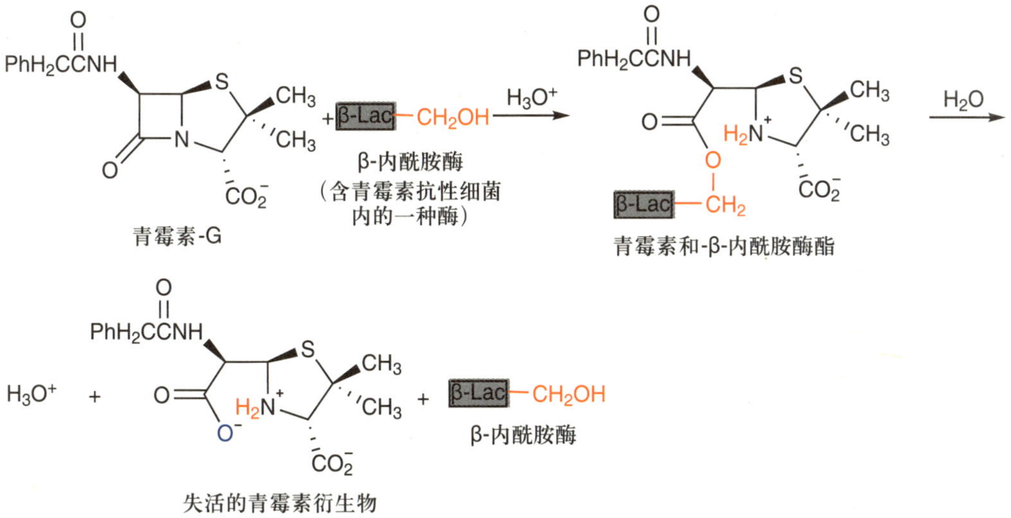

青霉素-G　　+　β-Lac—CH₂OH　　β-内酰胺酶（含青霉素抗性细菌内的一种酶）　　青霉素和-β-内酰胺酶酯

失活的青霉素衍生物　　+　β-Lac—CH₂OH　　β-内酰胺酶

　　酰胺的反应活性很低，弱亲核试剂 (如醇类) 通常与酰胺反应困难。在化学合成中一般可以用少量醇钠在碱性条件下催化酰胺与醇的反应。

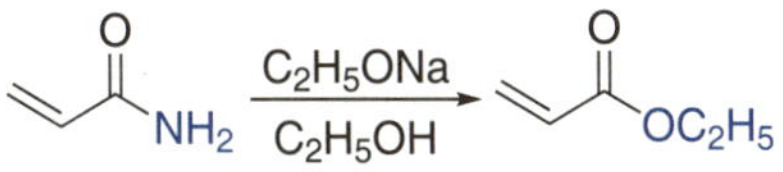

　　酰胺与氨 (胺) 反应可以生成一个新的酰胺和一个新的胺，因此该反应也可以看作酰胺的交换反应。例如：

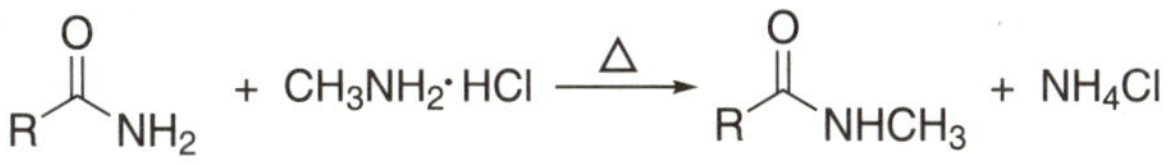

　　酰胺也能与金属有机化合物反应，但氮上的活泼氢将首先反应，然后再发生亲核加成反应。由于消耗金属有机化合物较多，一般不用于合成。

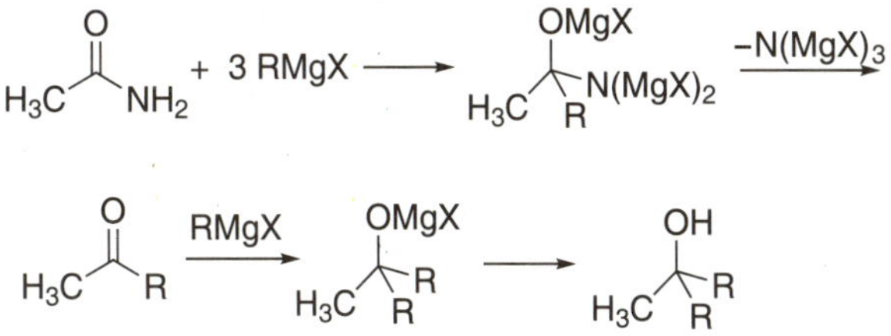

14.18   羧酸衍生物的还原

羧酸衍生物均具有不饱和键，可以通过多种方法进行还原，不同的羧酸衍生物使用不同的还原剂能够得到不同的还原产物。

14.18.1   用负氢试剂 (LiAlH₄ 或 NaBH₄) 还原

负氢试剂 LiAlH₄ 能还原所有羧酸衍生物。用这种试剂还原酯就像还原羧酸一样，得到伯醇。

$$2\ \text{CH}_3\text{CH}_2\underset{\text{2-甲基丁酸乙酯}}{\underset{\text{氢化铝锂}}{\overset{O}{\text{C}}\text{OEt} + \text{LiAlH}_4}} \xrightarrow[\text{H}_3\text{O}^+]{\text{乙醚}} 2\ \underset{\substack{\text{2-甲基丁-1-醇} \\ 91\%}}{\text{CH}_3\text{CH}_2\text{CH}_2\text{—OH}} + 2\ \underset{\text{乙醇}}{\text{EtOH}} + \text{Li}^+,\ \text{Al}^{3+}\ \text{salts}$$

LiAlH₄ 还原中的活性亲核试剂是 AlH₄⁻ 提供的负氢离子 (H⁻)，负氢离子进攻酯羰基生成醛。

$$\text{Li}^+\ \text{AlH}_4^- + \text{R–}\overset{O}{\overset{\|}{\text{C}}}\text{-OEt} \longrightarrow \underset{\text{醛}}{\text{R–}\overset{O}{\overset{\|}{\text{C}}}\text{-H}} + \text{Li}^+\ \text{EtO}^- + \text{AlH}_3$$

醛与 LiAlH₄ 反应迅速，原位生成醇。

$$\text{R–}\overset{O}{\overset{\|}{\text{C}}}\text{-H} \xrightarrow[\text{H}_3\text{O}^+]{\text{LiAlH}_4} \text{R–}\underset{\text{H}}{\overset{\text{OH}}{\overset{\|}{\text{C}}}}\text{-H}$$

NaBH₄ 是另一种有用的还原剂，其还原能力远低于 LiAlH₄。它能还原醛和酮，但与大多数酯类化合物反应非常缓慢，实际上 NaBH₄ 可以在酯存在的情况下选择性地还原醛和酮。

酰氯和酸酐也与 LiAlH₄ 反应生成伯醇。然而，由于酰氯和酸酐通常由羧酸制备，而且由于羧酸本身可以被 LiAlH₄ 还原为醇，因此酰氯和酸酐的还原很少使用。

当酰胺被 LiAlH₄ 还原时，就形成了胺。

$$\underset{\text{氢化铝锂}}{\text{LiAlH}_4} + 2\underset{\text{苯甲酰胺}}{\text{Ph–}\overset{O}{\overset{\|}{\text{C}}}\text{-NH}_2} \xrightarrow[\text{2) OH}^-]{\text{1) H}_3\text{O}^+} 2\underset{\substack{\text{苄胺} \\ 80\%}}{\text{Ph–CH}_2\text{–NH}_2} + \text{Li}^+,\ \text{Al}^{3+}\ \text{salts} + 2\text{H}_2$$

在反应后处理时，先加入酸 (H₃O⁺)，然后加入碱 (OH⁻)。通常使用酸性水溶液淬灭 LiAlH₄ 还原步骤后的反应体系。过量的酸通常会将胺转化为共轭酸铵离子，然后需要用碱中和这种铵盐，从而得到中性胺。

$$^-\text{OH} + \text{RCH}_2\overset{+}{\text{N}}\text{H}_3 \rightleftharpoons \text{RCH}_3\ddot{\text{N}}\text{H}_2 + \text{H}_2\text{O}$$

$$\underset{\substack{\text{胺的共轭酸} \\ \text{铵离子} \\ (\text{p}K_a\ 8\text{-}11)}}{} \qquad \underset{\text{胺}\quad(\text{p}K_a\ 15.7)}{}$$

酰胺还原不仅可用于由伯酰胺制备伯胺，还可用于由仲酰胺和叔酰胺分别制备仲胺和叔胺。

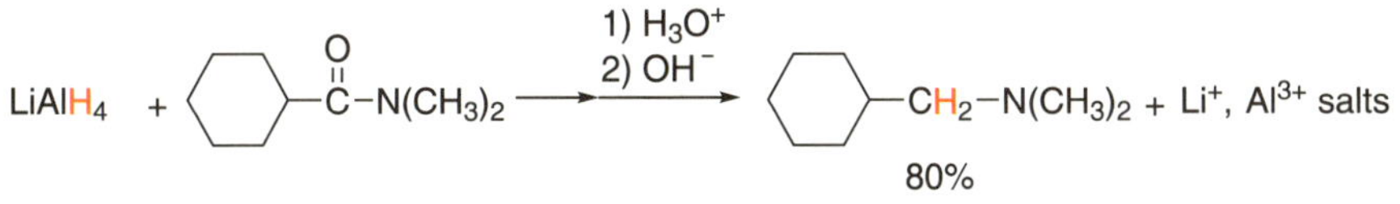

$$LiAlH_4 + \text{（环己基-C(=O)-N(CH}_3)_2\text{）} \xrightarrow[\text{2) OH}^-]{\text{1) H}_3\text{O}^+} \text{环己基-CH}_2\text{-N(CH}_3)_2 + Li^+, Al^{3+}\ salts$$

80%

$LiAlH_4$ 与酰胺的反应不同于与酯的反应。在酯的还原过程中，羧酸氧作为离去基团离去。如果酰胺还原严格地类似于酯还原，则氮将丢失，并形成伯醇。实际上在酰胺还原过程中丢失的是羰基氧。

酯的还原：

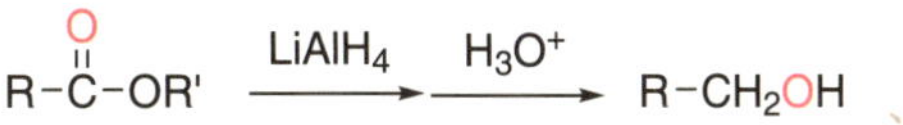

$$R-\overset{O}{\underset{}{C}}-OR' \xrightarrow[\ ]{LiAlH_4 \quad H_3O^+} R-CH_2OH$$

酰胺的还原：

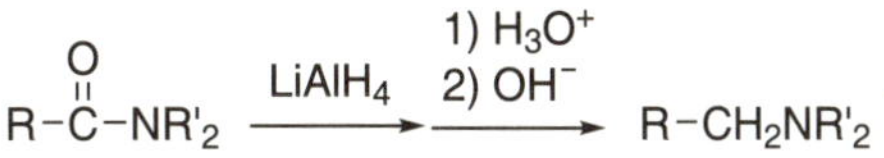

$$R-\overset{O}{\underset{}{C}}-NR'_2 \xrightarrow[\text{2) OH}^-]{LiAlH_4 \quad \text{1) H}_3\text{O}^+} R-CH_2NR'_2$$

以二级酰胺的还原为例，来考察产生这种差异的原因（伯酰胺和叔酰胺的还原机理略有不同，但结果是相同的）。

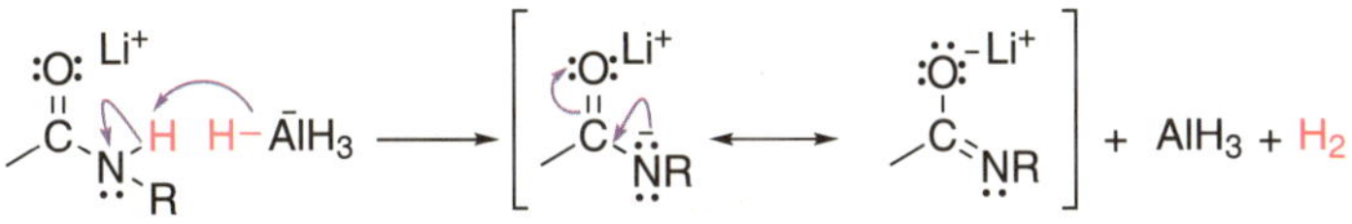

反应机理的第一步是 $LiAlH_4$ 的负氢离子（显强碱性）脱除酰胺氮上的氢质子并放出氢气，同时生成酰胺锂盐。

酰胺锂盐是 Lewis 碱，能够与 Lewis 酸 AlH_3 反应。

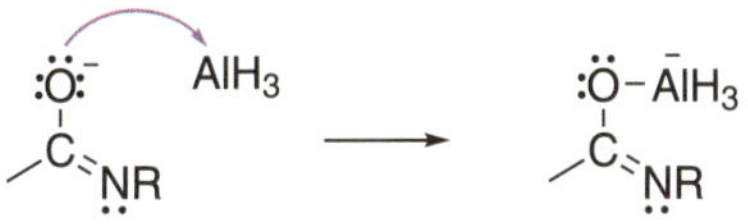

生成的产物是一种活性氢化物试剂，它的反应性质很像 $LiAlH_4$，可以将氢传递到 C=N 双键上。

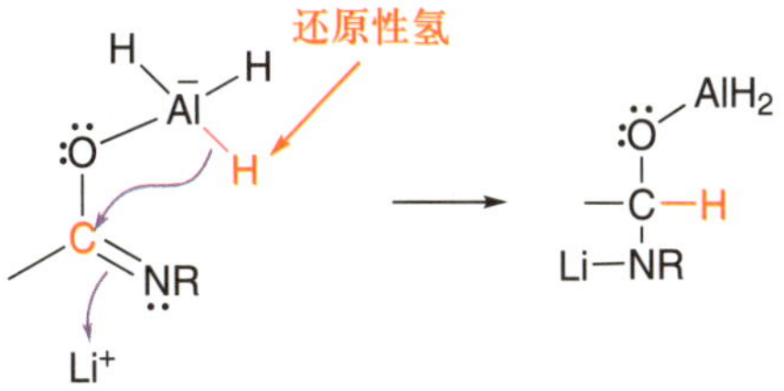

还原性氢

随后，$^-OAlH_2$ 基团从四面体中间体中离去，得到的产物是亚胺。

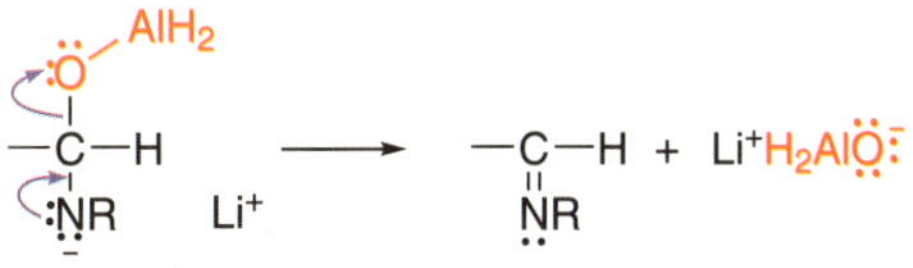

亚胺

　　亚胺的 C=N 像醛的 C=O 一样，与 AlH_4^- 或反应混合物中其他含负氢的物质进行亲核加成反应。在反应后的混合物中加入酸，将加成中间体通过质子酸化转化为胺，然后转化为其共轭酸铵离子。

　　当在后续步骤中加入碱时，铵离子被中和为自由胺。

　　腈可以被 $LiAlH_4$ 还原为伯胺。

2-(环己烯-1-基)乙腈　　氢化铝锂　　　　　　2-(环己烯-1-基)乙胺
　　　　　　　　　　　　　　　　　　　　　　　　74%

　　与酰胺还原反应一样，中性胺的分离需要在反应结束时加入碱 (OH^-)。

　　这个反应的机理再次说明了 C≡N 和 C=O 的类似反应方式。这个反应能够以连续两次亲核加成反应的形式发生。

　　在第二次加成中，亚胺盐以类似的方式与 AlH_3 反应，或与另一当量的 $^-AlH_4$ 反应。

　　在得到的化合物中，N-Li 键和 N-Al 键都是极性的，这两个键都容易水解，其余的 Al-H 键也是如此。因此，当酸性水溶液加入反应混合物时，就形成了胺，进而形成铵离子。

　　腈的另一种还原方式为在惰性溶剂（如乙醚、乙酸乙酯等）中用氯化亚锡和氯化氢处理腈得到亚胺盐沉淀，水解后得到醛。这个反应称为斯蒂芬还原 (Stephen reduction)，是芳香腈转化为芳香醛的有效方法。

若利用二异丁基氢化铝作还原剂，可把腈还原到亚胺，再经酸性水解，得到醛。

$$H_3CCH=CHCH_2CH_2CH_2CN \xrightarrow[\text{2) } H_3O^+]{\text{1) } HAl[CH_2CH(CH_3)_2]_2} H_3CCH=CHCH_2CH_2CH_2CHO$$
$$64\%$$

14.18.2 用催化氢化方法还原

酰氯在 Lindlar 催化剂催化下氢化得到醛，这个反应叫作罗森蒙德还原 (Rosenmund reduction)。

3,4,5-三甲氧基苯甲酰氯

3,4,5-三甲氧基苯甲醛
54% – 83%

用兰尼镍 (一种镍铝合金) 催化氢化还可以将腈还原为伯胺。

$$CH_3(CH_2)_4C≡N + 2H_2 \xrightarrow[\text{120 – 130 °C}]{\substack{\text{Raney Ni}\\1.38×10^7 \text{ Pa}}} CH_3(CH_2)_4CH_2NH_2$$

正己腈

正己胺

反应中的中间产物是亚胺，进一步可以被氢化成胺。

$$R-C≡N: \xrightarrow{H_2,\text{催化剂}} [R-CH=NH] \xrightarrow{H_2,\text{催化剂}} R-CH_2-NH_2$$

亚胺

将酰氯转化为醛的另外一种方法是酰氯在低温下与三 (叔丁氧基) 氢化铝锂反应。

$$(H_3C)_3C-\overset{O}{\overset{\|}{C}}-Cl + Li^+H^-\bar{Al}(O^tBu)_3 \xrightarrow[-78℃]{\text{乙二醇} \quad H_3O^+} (H_3C)_3C-\overset{O}{\overset{\|}{C}}-H + 3HO^tBu + LiCl + Al^{3+} \text{ salts}$$

在这种还原反应中使用的氢化物试剂是由叔丁氧基取代氢化铝锂中的三个氢而得到的。随着 LiAlH$_4$ 的氢被烷氧基取代，还原反应性降低。

$$Li^+ \ ^-AlH_4 + 3HO^tBu \longrightarrow Li^+H-\bar{Al}(O^tBu)_3 + 3H-H$$

三 (叔丁氧基) 氢化铝锂只能还原酰氯不能还原醛，因为酰氯比醛对亲核试剂的反应性更强，试剂优先与酰氯反应而不是与产物醛反应。相比之下，氢化铝锂反应性太强，不能有效地区分醛和酰氯基团，从而将酰氯还原为伯醇。

14.19 羧酸衍生物的相对反应活性

回忆一下氢化铝锂与羧酸衍生物的反应，均涉及醛中间体。但是这种反应的产物是伯醇而不是醛，因为醛中间体比酸或酯的活性更强。一旦形成少量的醛，它就与剩余的酸或酯竞争 LiAlH$_4$ 试剂。因为醛的反应性更强，醛的反应速度比剩下的酯快。因此，在这种情况下，醛是不能被分离出来的。另一方面，三 (叔丁氧基) 氢化铝锂还原酰氯的反应可以停在醛的步骤，因为酰氯比醛反应性更强。当醛作为一种产物形成时，它与剩余的酰氯竞争氢化物试剂。因为酰氯的反应性更强，它在醛反应之前就被消耗掉了。

这些例子表明，羧酸衍生物的许多反应结果是由羰基化合物与亲核试剂的相对反应活性决定的，这些反应可以总结如下。

含羰基化合物的相对反应性：

腈 < 酰胺 < 酯，羧酸 ≪ 酮 < 醛 < 酰氯

活性依次增强

相对反应性是由每一类羰基化合物相对于其加成或取代过渡态的稳定性决定的。**化合物越稳定，反应活性越弱；亲核加成或取代反应的过渡态越稳定，化合物的反应活性越强。**

腈被列为"类羰基化合物"。

腈的合成：

羧酸衍生物通常是由其他羧酸衍生物合成的，腈的合成是一个重要的例外。腈的两种合成方法是：

(1) 氢氰酸与酮反应合成氰醇；

(2) 烷基卤化物或磺酸酯与氰基负离子的 S_N2 反应。

以卤化物与氰化物的反应为例，氰基负离子与卤代烃发生 S_N2 反应，即可合成腈类化合物。如下面的例子所示。

$$PhCH_2Cl + Na^+ \overset{..}{C} \equiv N \xrightarrow{EtOH, H_2O} PhCH_2C \equiv N + Na^+Br^-$$
苄基氯　　　　　　　　　　　　　　　　　　　苯乙腈
80% – 90%

$$Br(CH_2)_3Br + 2 Na^+ \overset{..}{C} \equiv N \xrightarrow{EtOH, H_2O} N \equiv C(CH_2)_3C \equiv N + 2 Na^+Br^-$$
1,3-二溴丙烷　　　　　　　　　　　　　　　　戊二腈
77% – 86%

羧酸衍生物相互转化图如图 14-5 所示。

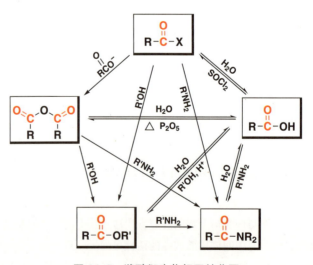

图 14-5　羧酸衍生物相互转化图

14.20　羧酸衍生物的应用

14.20.1　尼龙和聚酯

尼龙和聚酯是已经实现工业规模生产的两种重要的聚合物，涉及羧酸及其衍生物的化学反应在这些聚合物的合成中起着重要作用。

尼龙是聚酰胺的总称。最广泛使用的两种是尼龙-66 和尼龙-6。

$$\left[\text{NH(CH}_2)_6\text{NHC(CH}_2)_4\text{C}\right]_n \qquad \left[\text{NH(CH}_2)_5\text{C}\right]_n$$

nylon-66　　　　　　　　　　nylon-6
尼龙-66　　　　　　　　　　尼龙-6

尼龙-66 是由杜邦公司的化学家华莱士·休姆·卡罗瑟斯 (Wallace Hume Carothers) 在 20 世纪 30 年代早期发明的。全世界每年生产大约 400 万吨尼龙。尼龙用于生产丝线、地毯和服装。

工业合成尼龙-66 的起始原料是己二酸。己二酸被转化成己二腈，然后催化氢化转化成 1,6-己二胺 (己二胺)。

$$\text{HO}_2\text{C-(CH}_2)_4\text{-CO}_2\text{H} \xrightarrow{\text{多步反应}} \text{N}\equiv\text{C-(CH}_2)_4\text{-C}\equiv\text{N} \xrightarrow{\text{H}_2,\text{催化剂}} \text{H}_2\text{N-(CH}_2)_6\text{-NH}_2$$

己二酸　　　　　　　　　　　　　　　　　　　　　　　　　　1,6-己二胺

己二胺与更多的己二酸混合形成盐，加热盐形成聚酰胺。

$$\underset{\text{盐}}{-\text{C-O}^- \ \ \text{H}_3\overset{+}{\text{N}}-} \ \rightleftharpoons \ \underset{\text{酸}}{-\text{C-OH}} + \underset{\text{胺}}{\text{H}_2\text{N}-} \xrightarrow[\text{加热}]{-\text{H}_2\text{O}} \underset{\text{酰胺}}{-\text{C-NH}-}$$

胺与羧酸形成酰胺的反应和胺与酯的反应类似。然而由于胺是碱性的，与羧酸反应很容易形成铵盐。在盐中胺是质子化的，因此没有亲核性，羧酸负离子对亲核试剂反应不强烈。当盐被加热时，反应体系中少量胺和羧酸发生反应，使平衡向右移动，脱水生成酰胺。

生产尼龙-6 的原料是 ε-己内酰胺，己二酸和 ε-己内酰胺都是由环己酮合成的，而环己酮又是通过环己烷氧化得到的，环己烷来自石油，这是化工生产中对石油原料依赖的一个例子。

聚酯是由二元醇和二羧酸反应而成的缩合聚合物。一种应用广泛的聚酯，聚对苯二甲酸乙二酯，可以由乙二醇和对苯二甲酸酯化生产。

$$n\,\text{HOCH}_2\text{CH}_2\text{OH} + n\,\text{HOC}-\!\!\!\!\bigcirc\!\!\!\!-\text{COH} \xrightarrow[\text{加热}]{-n\,\text{H}_2\text{O}} \left[\text{OH}_2\text{CH}_2\text{CO-C}-\!\!\!\!\bigcirc\!\!\!\!-\text{C}\right]_n$$

乙二醇　　　　　　对苯二甲酸　　　　　　　　　聚对苯二甲酸乙二酯

某些常见的聚酯纤维和薄膜分别以 Dacron 和 Mylar 的商标出售。全世界每年生产近 5000 万吨聚酯。聚酯生产的原材料来自石油。

14.20.2　蜡、脂肪和磷脂

蜡、脂肪和磷脂都是脂肪酸重要的天然酯衍生物。

蜡是脂肪酸和"脂肪醇"即一种长链无支链的伯醇所成的酯。例如，巴西棕榈蜡，从巴西棕榈叶中获得，因其坚硬、易碎的特性而受到珍视，它由约 **80%** 的 C_{24}、C_{26} 和 C_{28} 脂肪酸和 C_{30}、C_{32} 和 C_{34} 醇衍生而来。下列化合物是巴西棕榈蜡的主要成分。

$$CH_3(CH_2)_{24}-\overset{O}{\overset{\|}{C}}-O-(CH_2)_{31}CH_3$$

巴西棕榈蜡的主要成分

脂肪是由一个甘油分子和三个脂肪酸分子衍生而来的酯。

脂肪中的三个酰基可能与三硬脂酸甘油酯中的酰基相同，也可能不同，而且它们可能含有不饱和脂肪酸，这种不饱和脂肪酸通常以一个或多个顺式双键的形式存在。没有双键的脂肪称为饱和脂肪。典型的饱和脂肪是固体：猪油是一种饱和脂肪。含有顺式双键的脂肪称为不饱和脂肪，在很多情况下是油性液体；橄榄油是一种不饱和脂肪。脂肪以高度浓缩的形式储存在体内，作为能源储备的生物仓库。

用 NaOH 或 KOH 处理脂肪会得到甘油和脂肪酸的钠盐或钾盐。这个反应就是皂化一词的起源。在古代，人们用猪油（动物脂肪）和燃烧木材产生的灰渣（含碳酸钾）来制造肥皂，后来商业肥皂公司提供了廉价的肥皂和洗衣粉。

磷脂也是甘油的酯，脂肪和磷脂在结构上的唯一区别是在磷脂中，甘油中的一个伯羟基被酯化成极性磷酸衍生物而不是脂肪酸。

这种差异使得磷脂表现出既亲水又亲油的两性行为。因为脂肪缺乏极性端基，所以当它们加入水中时不会与水互溶。

📋 本章学习要点

(1) 羧酸的酸性及其影响因素：羧酸解离后产生的酸根负离子因 p-π 共轭而稳定，使解离平衡倾向于右侧，体系显明显酸性（pK_a ~ 5）。由于羧酸烃基上连有不同基团，可通过诱导效应、场效应、共轭效应影响酸根负离子的稳定性，从而影响羧酸的酸性。

(2) 羧酸的化学反应：羧酸与碱的反应；羧酸转化为酯、酰氯、酸酐和酰胺的反应；羧酸的还原反应；羧酸的脱羧反应；羧基碳上的取代反应：加成-消除反应机理，Hell-Volhard-Zelinsky 反应及其机理；羧酸与格氏试剂的反应，羧酸与有机锂试剂的反应；Hunsdiecker 反应；Kochi 反应；Kolbe 电解脱羧反应；二元羧酸的脱羧反应。

(3) 羧酸的制备方法；利用羧酸及其盐的酸碱性和溶解性能，分离提纯和鉴别羧酸。

(4) 羧酸及其衍生物的相互转化；羧酸衍生物的碱性。

(5) 羧酸衍生物发生亲核取代反应的机理和反应活性：羧酸衍生物都容易发生亲核取代反应，反应历程是加成-消除历程。各类羧酸衍生物水解、醇解、氨（胺）解的反应条件，羧酸衍生物与有机金属化合物反应的机理、反应条件、活性比较和适用范围。

(6) 羧酸衍生物发生的各种还原反应。

🧪 习题

14.1 完成下列反应。

(1) $H_3C\!-\!\underset{}{\text{(苯环)}}\!-\!CO_2H$ + $(Ph)_2\overset{-}{C}\!-\!\overset{+}{N}\!\equiv\!N\!:$

$\xrightarrow{\text{乙醚}}$ (?)

(2) (苯甲酸) $\xrightarrow{\text{KOH}}$ $\xrightarrow{PhCH_2Cl}$ (?)

(3) (对苯二甲酸) + 乙二醇 $\xrightarrow[\text{加热}]{H^+}$ (?) （一种聚合物）

(4) (甲基环己烯) + $Hg(OAc)_2$ + CH_3CO_2H （溶剂）

$\xrightarrow{NaBH_4}$ (?)

(5) $CH_3CH_2CO_2H$ $\xrightarrow{\text{KOH (1 equiv.)}}$

$H_3C\!-\!\overset{O}{\overset{}{CH}}\!-\!CH_2$ (?)

(6) $BrCH_2CH_2CH_2CH_2CO_2H$ $\xrightarrow[\text{丙酮}]{K_2CO_3}$

(?) ($C_5H_8O_2$)

(7) (3,5-二羟基-4-甲基苯甲酸) $\xrightarrow[\text{丙酮（溶剂）}]{\substack{\text{过量}K_2CO_3 \\ \text{过量}(CH_3)_2SO_4}}$ (?)

(8) (氯苯) + $ClSO_3H$ （过量） $\longrightarrow$ (?)

(9) $CH_3CH_2CO_2H$ $\xrightarrow{SOCl_2（\text{过量}）}$

$\xrightarrow{(CH_3)_2NH（\text{过量}）}$ (?)

(10) (环丙基酰氯) + (环丙醇) $\xrightarrow[\text{乙醚}]{\text{吡啶}}$ (?)

(11) (苯乙酰氯) + CH_3CH_2SH $\longrightarrow$ (?)

(12) (丁酰氯) + (乙酸钠) $\longrightarrow$ (?)

(13) (草酰氯) （过量） + CH_3OH $\longrightarrow$ (?)

(14) (草酰氯) + CH_3OH （过量） $\longrightarrow$ (?)

(15) (碳酸二乙酯) + $HO\!-\!CH_2CH_2\!-\!OH$

$\xrightarrow[\text{加热}]{\text{酸催化}}$ (?) ($C_3H_4O_3$)

(16)　 + CH₃OH ⟶ (?)

14.2 当用酸处理以下化合物时，给出预期的产物。

(1) Ph–C(=O)–C(CH₃)₂–COOH

(2) （加热）

(3) CH₃CH₂NHCO₂⁻Na⁺

14.3 给出所有脱羧生成 2-甲基环己酮的 β-酮酸的结构。

2-甲基环己酮

14.4 当使用丁酸 (或指示的其他化合物) 与下列每种化合物反应时，给出预期的产物。

(1) 乙醇 (溶剂)、硫酸 (催化剂)

(2) NaOH 水溶液

(3) LiAlH₄ (过量)，然后酸化

(4) 加热

(5) 氯化亚砜 SOCl₂

(6) (3) 的产物 (过量)，CH₃CH=O，HCl 催化

(7) (5) 的产物，AlCl₃ 和苯，后加水

(8) 乙二醇 (溶剂)、加热，(7) 的产物与 NH₂NH₂，KOH

14.5 画出所有 $C_6H_{10}O_4$ 的二羧酸结构并给出命名。指出哪些是手性的，哪些容易形成环状酸酐，哪些在加热时会脱羧。

14.6 将下列化合物 (A, B, C) 按酸性由大到小的顺序排列，并解释原因。

14.7 概述如何由异丁酸 (2-甲基丙酸) 和其他必要试剂合成下列化合物。

(1) (H₃C)₂CH–C(=O)–OCH₂CH₂CH₃

(2) (H₃C)₂CH–C(=O)–OCH₃

(3) (CH₃)₂CHCH₂–C(=O)–OH

(4)

(5) 3-甲基丁-2-酮

(6) (CH₃)₂CHCH=CH₂

14.8 使用指定的起始材料和任何其他必要试剂合成以下化合物。

(1) 由丙酸合成戊-2-醇

(2) 以烯丙醇为唯一碳源合成

H₃CH₂C–C(=O)–OCH₂CH=CH₂

(3) 由戊酸合成 2-甲基庚烷

(4) 由甲苯合成间硝基苯甲酸

(5) 由苯甲酸合成 PhCH₂CH₂CH₂Ph

(6) 由 合成

（提示：γ-内酯由 γ-羟基酸自发形成）

(7) 由 合成

(8) 由 5-溴戊-2-酮合成 5-氧代己酸
（提示：使用保护基团）

(9) 由 Ph–C≡C–Ph 合成

14.9 (1) 化合物 A 的脱羧得到两种可分离的产物；画出它们的结构并解释。

(2) 当化合物 B 脱羧时能形成几种产物？

A　　　　　　　　　　B

14.10 写出下列反应机理，用箭头表示电子转移方向。

(1) H₃C–C(OEt)₃ + H₂O —HCl→

H₃C–C(=O)–OEt + 2 EtOH

(2) —HCl / CH₃OH→

(3)

$$\begin{array}{c} H_3C \\ \\ H_3C \end{array} C=CH_2 + {}^-C\equiv O^+ : \xrightarrow{H_2SO_4}$$

$$\xrightarrow{H_2O} (CH_3)_3CCO_2H$$

(4) CH_3CO_2H + $\begin{array}{c} Ph \\ \\ Ph \end{array} C=CH_2 \xrightarrow{H_2SO_4(cat.)}$

$$\begin{array}{c} Ph O \\ | \| \\ Ph-C-O-C-CH_3 \\ | \\ CH_3 \end{array}$$

(5) $\begin{array}{c} O \\ \\ Ph-C-CH-CO_2H \\ | \\ CH_3 \end{array} \xrightarrow{HCl}$

$$\begin{array}{c} Ph-CH-CH=O \\ | \\ CH_3 \end{array} + CO_2$$

(6)

14.11 (a) 没有旋光活性的化合物 A($C_6H_{10}O_4$) 可以拆分成一对对映异构体，根据核磁共振谱数据给出 A 的结构。^1H NMR: δ 1.13 ppm (6H, d, J=7 Hz), 2.65 ppm (2H, q, J=7 Hz), 9.9 ppm (2H, broad s, 在加入 D_2O 振荡后消失); ^{13}C NMR: δ 13.5 ppm, 41.2 ppm, 177.9 ppm。
(b) 给出化合物 A 的异构体的结构，其熔点与 A 不同，但核磁共振谱与 A 几乎相同。

14.12 当使用丙酰氯与以下每种试剂反应时，给出预期的主要有机产物。
(1) 水
(2) 乙硫醇，吡啶，0 ℃
(3) $(CH_3)_3COH$，吡啶
(4) $(CH_3)_2CuLi$，−78 ℃
(5) 氢气，钯催化剂 (喹啉/硫)
(6) 氯化铝，甲苯，水
(7) $(CH_3)_2CHNH_2$ (2 equiv.)
(8) 苯甲酸钠
(9) 对甲酚 (4-甲基苯酚)，吡啶

14.13 写出由丁酸和任何其他试剂合成以下化合物的合成方法。
(1) 4-甲基庚-4-醇

(2) 2-甲基戊-2-醇
(3) 庚-4-醇
(4) $CH_3CH_2CH_2CH_2CH_2CH_2NH_2$
(5) $CH_3CH_2CH_2CH_2CH_2NH_2$
(6) $CH_3CH_2CH_2CH_2NH_2$

14.14 完成下列反应。

(1)

+ H_2O $\xrightarrow{NaOH}$ (?)

(2)

+ CH_3OH $\xrightarrow{CH_3O^-}$ (?)

(3)

+

$$\longrightarrow (?) (C_8H_5NO_3)$$

(4) H_2N-NH_2 + (过量) $\xrightarrow{NaOH}$ (?)

(5)

$\xrightarrow[加热]{H_3O^+}$ (?)

(6)

+ $LiAlH_4$ (过量) $\longrightarrow$ $\xrightarrow{H_2O}$ (?)

(7)

+ CH_3MgBr (过量) $\longrightarrow$

$$\xrightarrow{H_3O^+} (?)$$

(8)

+ $EtMgBr$ (大大过量) $\longrightarrow$

$$\xrightarrow{H_3O^+} (?)$$

(9) $(H_3C)_3C-\overset{\overset{\displaystyle O}{\|}}{C}-Cl$ + $LiAlH_4$ (过量) $\longrightarrow$

$$\xrightarrow{H_3O^+} (?)$$

(10) $Ph-MgBr$ (1equiv.) + $\begin{array}{c} O \\ \| \\ H_3CO-C-(CH_2)_3CH=O \end{array}$

$$\xrightarrow{\quad\quad}\xrightarrow{\ H_3O^+\ }(?)$$

(11) 三硬脂酸甘油酯 + CH_3OH $\xrightarrow{\ CH_3O^-\ }$ (?)

(12) $(CH_3)_2CCH_2CH_2CO_2CH_3$ $\xrightarrow{\ CH_3OH\ }$
　　　$\underset{NH_2}{|}$

　　　　(?) $(C_6H_{11}NO)$

14.15 根据如下谱学数据,推断化合物 A,B 和 C 的结构。

化合物 A　分子量 113;进行正羟肟酸盐试验;IR:
2237 cm^{-1}, 1733 cm^{-1}, 1200 cm^{-1}; ^1H NMR:δ 1.33 ppm
(3H, t, $J=7$ Hz), 3.45 ppm (2H, s), 4.27 ppm (2H, q,
$J=7$ Hz)。

化合物 B　EI 质谱在 $m/z=180$ 和 182 处,两个离子
强度相等;IR: 1740 cm^{-1}, ^1H NMR:δ 1.30 ppm (3H,
t, $J=7$ Hz), 1.80 ppm (3H, d, $J=7$ Hz), 4.23 ppm (2H,
q, $J=7$ Hz), 4.37 ppm (1H, q, $J=7$ Hz)。

化合物 C　紫外光谱:$\lambda_{max}=272$ nm ($\varepsilon=39500$);EI
质谱 $m/z=129$(分子离子峰和基峰);IR: 2200 cm^{-1},
970 cm^{-1}; ^1H NMR:δ 5.85 ppm (1H, d, $J=17$ Hz),
7.35 ppm (1H, d, $J=17$ Hz), 7.40 ppm (5H, m)。

14.16 从指定的起始材料和任何其他试剂合成以下化合物。

(1) 由邻溴甲苯合成:

(2) 由溴代环己烷合成 1-环己基-2-甲基丙-2-醇

(3) 由

$$\text{(邻苯二甲酸)} \quad CO_2H, CO_2H$$

合成

(4) 由 $(CH_3)_2CHCH_2CO_2H$ 合成
$PhNHCH_2CH_2CH(CH_3)_2$

(5) 由

合成

(6) 由

合成

(7) 由

$$\text{苯甲酸} \quad CO_2H$$

(唯一碳源)合成

(8) 由

合成

(9) 由对甲氧基甲苯合成

(10) 由光气合成

(11) 由对溴甲苯合成

14.17 格氏试剂与腈的反应是制备酮类化合物的有效方
法。该合成的实例如下所示。鉴定化合物 A 并给出
其形成机理。

$$Ph-C\equiv N + PhMgI \longrightarrow \xrightarrow{\ H_2O\ } A$$

$$\xrightarrow{\ H_3O^+\ } \underset{Ph}{\overset{O}{\parallel}}\underset{Ph}{} + NH_4^+$$

14.18 如下给出了从醛制备腈的方法。给出 A 的结构并画
出反应机理。

$$+ \underset{NO_2}{\overset{H_2N-O}{}}\underset{NO_2}{} \xrightarrow{\text{酸催化}} A$$

$$\xrightarrow[CH_3OH]{\ OH^-\ } \underset{}{CN} + \underset{NO_2}{\overset{O^-}{}}\underset{NO_2}{}$$

烯醇、烯醇盐和 α , β-不饱和羰基化合物

第 15 章

烯醇、烯醇盐和 α,β-不饱和羰基化合物

醛和酮 α-H 的 pK_a 值在 16–21 之间，比烯烃 (pK_a 44) 和炔烃 (pK_a 25) 的 pK_a 值低很多，与醇类化合物的 pK_a 值相当 (pK_a 15–18)。因此，强碱能够使其脱去一个 α-H，所产生的负离子通过共振形成**烯醇负离子**，有时也称为**烯醇盐**。

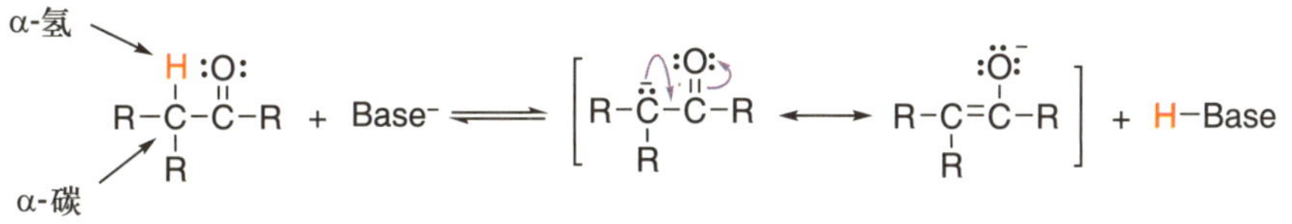

烯醇负离子显碱性，是重要的亲核试剂，可以进攻亲电试剂，例如质子、卤素、卤代烷烃和羰基化合物。因此，羰基化合物 α-碳转化为烯醇负离子，成为亲核反应发生的主要位点，本章将重点介绍涉及醛和酮 α-碳上的反应。

羰基化合物的 α-碳和 α-氢同时参与烯醇的形成，烯醇是一种碳碳双键的碳原子上连有羟基的化合物，也就是说烯醇是连有烯基的醇。

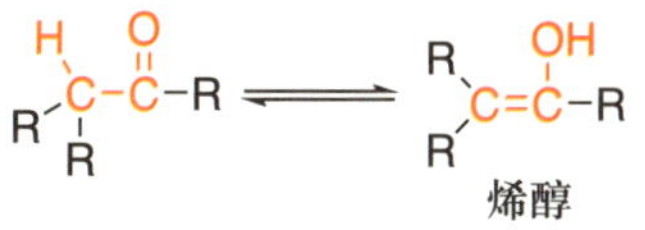

烯醇和相应的羰基化合物是一对互变异构体 (tautomers)，大多数含 α-H 的羰基化合物都能与少量的烯醇异构体保持平衡。尽管烯醇的浓度很低，但它们是羰基化合物参与许多反应的重要中间体，涉及烯醇的化学反应是本章的另一个重点内容，同时本章还涵盖了一些 α,β-不饱和羰基化合物 (即羰基与碳碳双键共轭的化合物) 的化学反应。

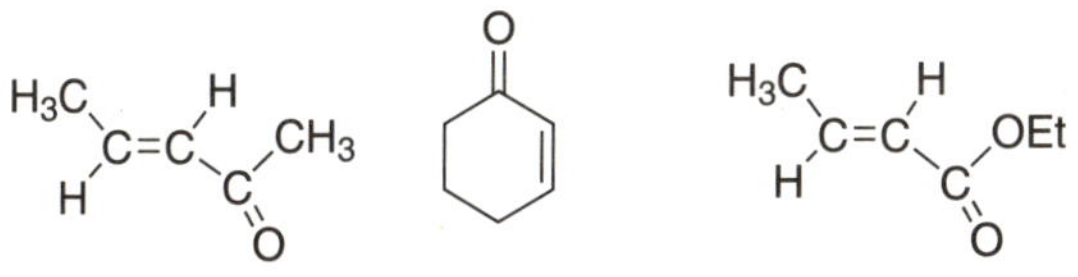

α,β-不饱和酮
(有时被称为烯酮)

α,β-不饱和酯

15.1　醛和酮的烯醇负离子的形成

具有 α-H 的羰基化合物往往显示弱酸性，在碱性条件下能够产生相应的共轭碱烯醇负离子。虽然羰基化合物被归类为弱酸，但它们 α-H 的酸性相比于其他烷烃要强得多。例如，羰基化合物的 α 位 C–H 键解离常数是烷烃 C–H 键的 $3×10^{10}$ 倍。为了理

解羰基化合物的酸性，我们首先回顾一下，前文讲到共轭碱的稳定性增加会降低酸的 pK_a 值，而烯醇负离子因共振而稳定，因此，羰基化合物相比于缺乏共振的烷烃拥有更低的 pK_a 值，即具有更强的酸性。

$$\alpha\text{-H}$$
$$pK_a\ 18.2$$

$$B^{-} + H_2C\text{-}\overset{:O:}{\overset{|}{C}}\text{-}Ph \rightleftharpoons \left[H_2\overset{..}{C}\text{-}\overset{:O:}{C}\text{-}Ph \longleftrightarrow H_2C\text{=}\overset{:\overset{..}{O}:^{-}}{C}\text{-}Ph \right] + B\text{-}H$$

碱　　　　　　　　　　　　　　　　共轭碱烯醇负离子

$$\alpha\text{-H}$$
$$pK_a\ 25$$

$$B^{-} + H_2C\text{-}\overset{:O:}{\overset{|}{C}}\text{-}OEt \rightleftharpoons \left[H_2\overset{..}{C}\text{-}\overset{:O:}{C}\text{-}OEt \longleftrightarrow H_2C\text{=}\overset{:\overset{..}{O}:^{-}}{C}\text{-}OEt \right] + B\text{-}H$$

碱　　　　　　　　　　　　　　　　共轭碱烯醇负离子

　　烯醇负离子的氧端和碳端均带有部分负电荷，因此有两个反应位点，当与亲电试剂发生反应时，分子中有两个位置可以发生反应并生成不同的产物。这种具有两个反应位点的负离子称为两位负离子 (ambident anion)。烯醇负离子是一个两位负离子，通常碳端亲核性强，可以进行 S_N2 反应，形成新的碳碳键。氧端碱性比较强，因此更倾向于同质子结合形成烯醇，烯醇不稳定很快异构化为醛或酮。

$$X^{-} + H_2C\overset{Ph}{\underset{R}{\text{-}C\text{=}O}} \xleftarrow{RX} Ph\text{-}\overset{O}{\underset{CH_2}{C}}\Big\}^{\ominus} \xrightarrow{H^{+}} H_2C\text{=}\overset{OH}{C}\text{-}Ph \rightleftharpoons H_3C\text{-}\overset{O}{C}\text{-}Ph$$

$$H\text{-}\overset{O}{\underset{CH_2}{C}}\Big\}^{\ominus} \quad \begin{matrix} \xrightarrow[\text{慢}]{H^{+}} & H_2C\text{-}\overset{H}{C}\text{=}O & \text{羰基化合物，热力学稳定} \\ & \updownarrow & \\ \xrightarrow[\text{快}]{H^{+}} & H_2C\text{=}C\text{-}OH & \text{烯醇式化合物，不稳定，动力学控制} \end{matrix}$$

思考题 15.1

能够稳定烯醇和烯醇负离子的因素有哪些？

15.2　酮式–烯醇式的平衡

　　带有 α-H 的羰基化合物存在一个酮式和烯醇式的平衡。表 15-1 给出了一些典型反应的烯醇式含量。

表 15-1 典型酮式和烯醇式的互变异构

化合物	酮式和烯醇式的互变异构	烯醇式含量/%
丙酮	$CH_3CCH_3 \rightleftharpoons CH_3C=CH_2$	1.5×10^{-4}
丙二酸二乙酯	$CH_3CH_2OCCH_2COCH_2CH_3 \rightleftharpoons CH_3CH_2OC=CHCOCH_2CH_3$	1.5×10^{-3}
环己酮	(环己酮烯醇式结构)	2.0×10^{-2}
乙酰乙酸乙酯	$CH_3CCH_2COCH_2CH_3 \rightleftharpoons CH_3C=CHCOCH_2CH_3$	7.3
乙酰丙酮	$CH_3CCH_2CCH_3 \rightleftharpoons CH_3C=CHCCH_3$	76.5
三氟乙酰丙酮	$CH_3CCH_2CCF_3 \rightleftharpoons CH_3C=CHCCF_3$	99

"互变异构体"(tautomers)这个词常用来描述烯醇和对应的羰基化合物之间的关系。**"互变异构体"的意思是分子式相同的两个不同结构的化合物能够非常迅速地相互转换,以至于不能被独立分离出来**。在大多数情况下,羰基化合物及其相应的烯醇处于快速平衡状态。

如以上平衡常数显示,大多数羰基化合物比烯醇稳定,烯醇不稳定的主要原因是羰基的双键比它烯醇结构中的碳碳双键键能要大。有些烯醇比它们对应的羰基化合物要更稳定,典型的例子为苯酚(苯酚可以被视为烯醇),因为苯酚具有芳香性,因此它比酮式异构体更稳定。

苯酚
(一个稳定的烯醇)

β-二羰基化合物的烯醇同样相对稳定。

乙酰丙酮

在正己烷溶液中
92%为烯醇结构

乙酰丙酮烯醇结构更稳定的原因是:第一,乙酰丙酮烯醇结构中存在共轭结构,这种共轭结构的存在有利于稳定乙酰丙酮的烯醇结构;第二,分子内氢键的存在增加了烯醇结构的稳定性。

烯醇的形成及其逆反应烯醇转化成羰基化合物是在酸或碱的催化下进行的。虽然烯醇已经能够被分离和观察到，但是在大多数情况下烯醇会迅速转化为羰基化合物，这说明烯醇很难作为纯净物稳定存在。

羰基化合物转化为烯醇的过程叫作**烯醇化 (enolization)**，这一过程受碱或酸的催化。在碱催化过程中，碱脱去羰基 α-碳原子上的一个质子形成碳负离子，碳负离子共振为烯醇负离子，随后 O 原子质子化形成烯醇式产物。碱催化的烯醇化可以产生烯醇负离子中间体，这也正是醛或酮的 α-氢具有酸性的结果。

碱催化烯醇化机理：

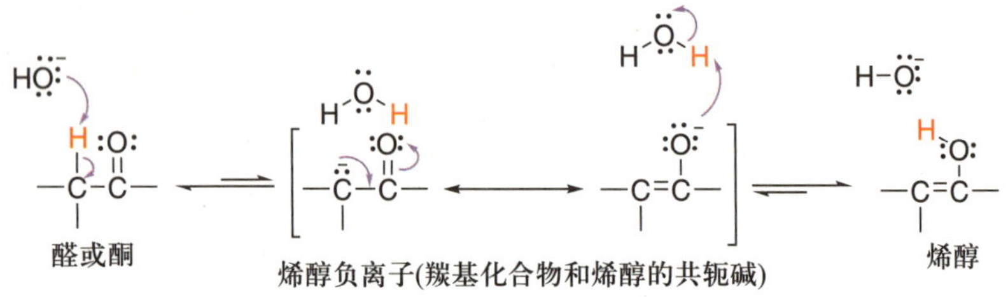

在酸催化过程中首先羰基发生质子化，形成质子化的羰基中间体，该中间体共振为含有羟基的碳正离子，然后脱除 α-H 得到烯醇产物。该过程与 E1 消除反应中碳正离子脱除 H⁺ 形成烯烃的过程类似。

酸催化烯醇化机理：

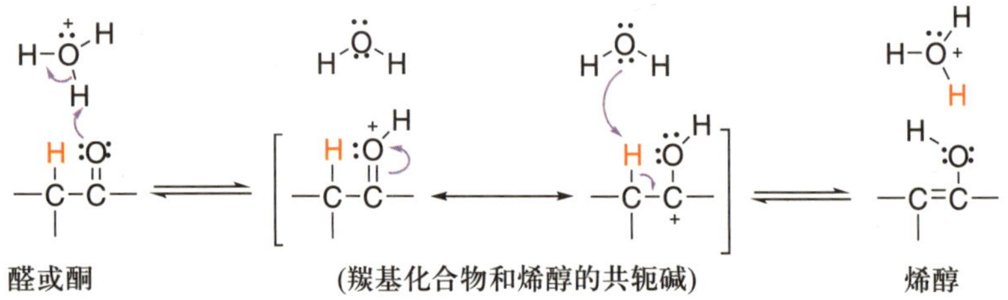

我们已经看到，烯醇负离子发生质子化可以形成烯醇。烯醇是醛和酮的不稳定异构体，很快发生**互变异构**转化为羰基化合物。这些异构体被称为烯醇式和酮式互变异构体，这种现象被称为互变异构现象 (tautomerism)。首先我们将讨论影响其平衡的因素，进而描述互变异构的机理及其导致的化学反应。

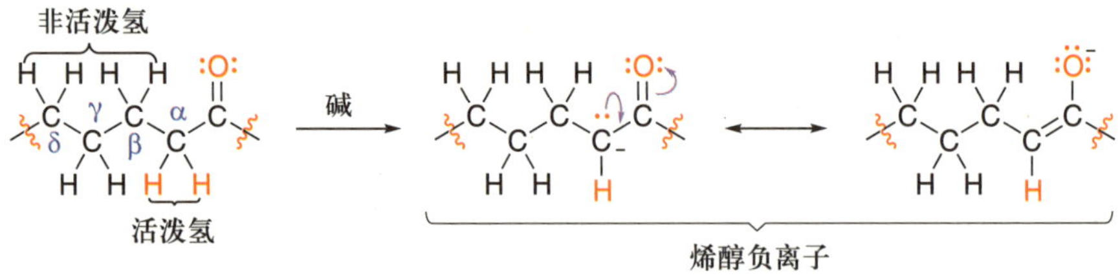

需要强调指出的是只有羰基 α-碳原子上的氢表现出酸性，而 β、γ、δ 位上的氢没有酸性，不能够被碱脱除，原因是它们产生的负离子不能够与羰基形成相应稳定的共振结构。

烯醇发生反应的方式与普通烯烃不同，烯醇的反应活性更高。当烯醇与亲电试剂 E⁺ 发生反应时，氧原子上一对孤对电子发生转移，同时双键进攻亲电试剂形成含有碳正离子的加成产物，这个阳离子中间体脱除羟基上的质子，同时一对电子转移到 C–O 键之间得到 α-取代羰基化合物。

烯醇负离子是涉及羰基化合物许多反应的关键中间体。烯醇负离子是 Brønsted 碱，可以与 Brønsted 酸反应。下面两个例子说明烯醇负离子的形成及其与 Brønsted 酸的反应结果。

醛或酮的 α-氢可以在碱性条件下与 D_2O 发生氢氘交换，生成 α 位氘代醛或酮。

具有手性 α-碳原子的醛或酮连有一个 α-H 时，在碱性条件下会发生外消旋化，成为一对外消旋体。

发生外消旋化的原因是在碱性条件下，手性酮脱除 α-H 形成烯醇负离子。烯醇负离子中 α-C 是 sp^2 杂化，与 R 和 R' 形成平面结构，碳负离子捕获质子过程可以在平面两侧发生，以相同的概率给出一对对映异构体。尽管反应体系中存在的烯醇负离子很少，但是醛酮和烯醇式处于快速平衡之中，如果羰基化合物与碱接触，外消旋反应就会不断发生。

思考题 15.2

以 (S)-3-苯基丁-2-酮为例，解释为什么当一个化合物分子中唯一的手性中心位于羰基 α 位时，将很难保持分子的旋光活性。

15.3　醛和酮的 α-卤代反应

15.3.1　酸性条件下醛和酮卤代反应

本节介绍羰基化合物通过烯醇或烯醇负离子发生的卤代反应。醛或酮在酸性溶液中的卤化反应通常发生在 α-碳上，可以制备 α-卤代醛或酮。

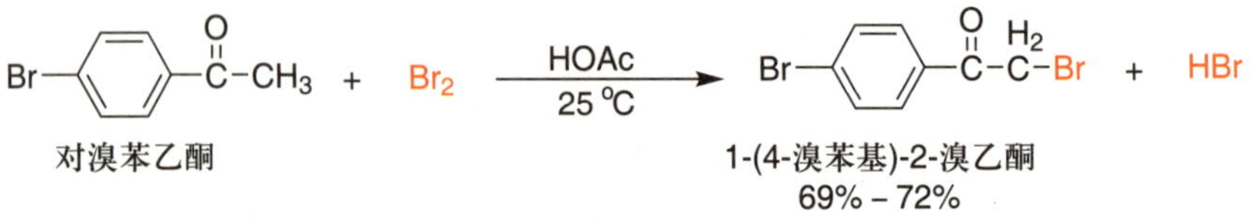

对溴苯乙酮　　　　　　　　1-(4-溴苯基)-2-溴乙酮
　　　　　　　　　　　　　　69% – 72%

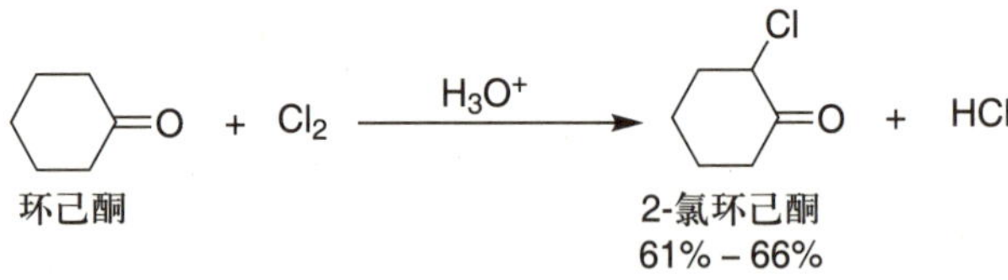

环己酮　　　　　　　2-氯环己酮
　　　　　　　　　　61% – 66%

酸催化的卤代反应速率方程表明，反应速率与卤素浓度无关，说明烯醇的生成是酸催化醛或酮卤代反应的决速步。

$$速率 = k[\text{酮}][H_3O^+]$$

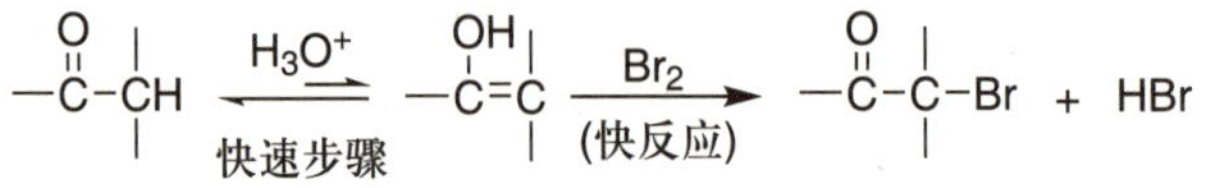

酸催化烯醇溴代反应机理：

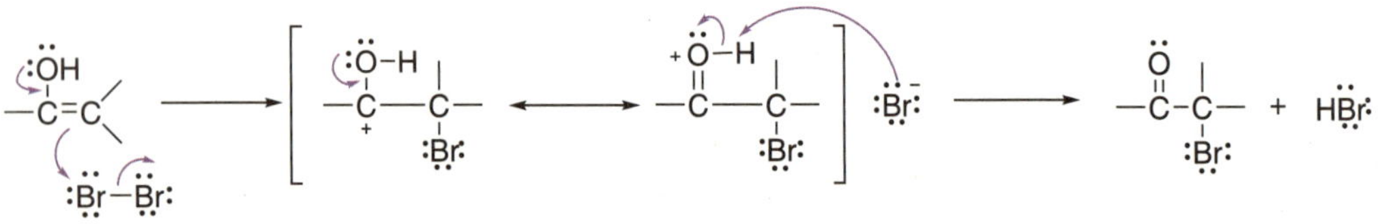

醛或酮在酸性条件下发生卤代反应通常得到单卤代产物。按照酸催化反应机理，如果重复进行卤代反应，新生成的碳正离子因两个卤素的吸电子效应而变得不稳定，不容易生成，因此使反应停留在单卤代产物阶段。

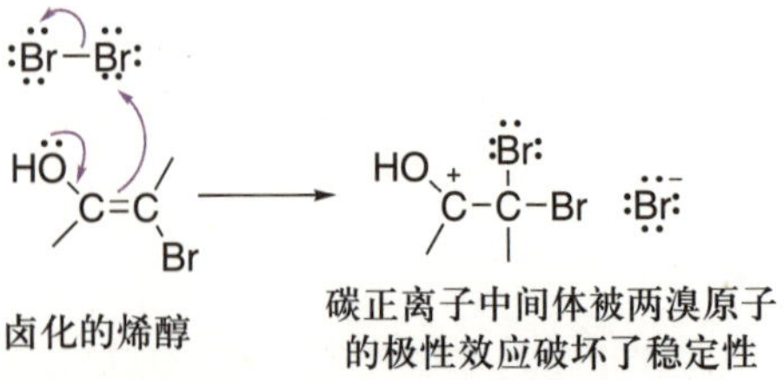

卤化的烯醇　　　　碳正离子中间体被两溴原子
　　　　　　　　　的极性效应破坏了稳定性

15.3.2　碱性条件下醛和酮卤代反应：卤仿反应

与酸性条件下卤代反应不同，醛和酮在碱性条件下通过形成烯醇负离子，然后进攻卤素发生卤代反应，卤代在同一个 α-碳上发生直至完全卤代。为什么碱催化的卤代反应难以控制在单卤代阶段呢？原因是醛或酮发生单卤代反应后，卤原子的吸电子作用使得剩下的 α-氢酸性增强，有利于进一步烯醇化，从而继续发生卤代反应。

$$3\ NaOH\ +\ (H_3C)_3C-\overset{O}{\overset{\|}{C}}-CH_3 + 3\ Br_2 \xrightarrow[\substack{H_2O/dioxane\\0\ ℃}]{NaOH} (H_3C)_3C-\overset{O}{\overset{\|}{C}}-CBr_3\ +\ 3\ NaBr\ +\ 3\ H_2O$$

当醛或酮的起始原料为乙醛或甲基酮时，卤化产物为三卤羰基化合物，该化合物在碱性条件下不稳定，会进一步反应，最后反应混合物酸化后产生羧酸和卤仿。

$$(H_3C)_3C-\overset{O}{\overset{\|}{C}}-CBr_3 \xrightarrow{OH^-} \xrightarrow{H_3O^+} (H_3C)_3C-\overset{O}{\overset{\|}{C}}-OH\ +\ HCBr_3$$
$$71\%-74\% \qquad 溴仿$$

如上式所示，碱催化下甲基酮的卤代反应在 α-甲基完全卤代后会继续反应，三卤代甲基可以作为一个离去基团，反应最终生成羧酸和卤仿，这个反应被称为**卤仿反应**。

卤仿反应的机理包括形成烯醇负离子作为反应中间体。

$$R-\overset{O}{\overset{\|}{C}}-CH_3\ +\ OH^- \rightleftharpoons R-\overset{O}{\overset{\|}{C}}-\overset{-}{C}H_2 \longleftrightarrow R-\overset{\overset{\cdot\cdot}{O}{}^-}{\overset{\|}{C}}=CH_2\ +\ H_2O$$
$$烯醇负离子$$

烯醇负离子作为亲核试剂与卤素反应生成 α-卤代羰基化合物。

$$R-\overset{\overset{\cdot\cdot}{O}{}^-}{\overset{\|}{C}}=CH_2\ +\ \overset{\cdot\cdot}{Br}-\overset{\cdot\cdot}{Br} \longrightarrow R-\overset{O}{\overset{\|}{C}}-CH_2\overset{\cdot\cdot}{Br}\cdot\ +\ :\overset{\cdot\cdot}{Br}:^-$$

形成单卤代产物以后，卤化作用并没有终止，因为 α-卤代酮的烯醇负离子比酮的烯醇负离子更容易形成，卤素的诱导效应稳定烯醇负离子及其过渡态，因此会发生第二次卤代反应。

$$R-\overset{O}{\overset{\|}{C}}-\overset{H}{\underset{H}{\overset{|}{\underset{|}{C}}}}-Br \longrightarrow R-\overset{O}{\overset{\|}{C}}-\overset{H}{\overset{|}{\underset{\cdot\cdot}{C}}}-Br \xrightarrow{Br-Br} R-\overset{O}{\overset{\|}{C}}-CHBr_2\ +\ Br^-$$
$$+\ H_2\overset{\cdot\cdot}{O}:$$
$$:\overset{\cdot\cdot}{O}H$$

这个二卤代的羰基化合物会再次溴化，而且反应会更快，生成三卤代羰基化合物。

$$R-\overset{O}{\overset{\|}{C}}-CHBr_2 \xrightarrow{Br_2,\ OH^-} R-\overset{O}{\overset{\|}{C}}-CBr_3\ +\ Br^-\ +\ H_2O$$

当三卤代羰基化合物发生亲核酰基取代反应时，碳—碳键断裂。

$$R-\overset{\overset{\cdot\cdot}{O}}{\overset{\|}{C}}-CBr_3 \rightleftharpoons R-\overset{\overset{\cdot\cdot}{O}{}^-}{\overset{|}{C}}-CBr_3 \rightleftharpoons R-\overset{\overset{\cdot\cdot}{O}}{\overset{\|}{C}}-\overset{\cdot\cdot}{O}-H\ +\ ^-:CBr_3 \longrightarrow R-\overset{\overset{\cdot\cdot}{O}}{\overset{\|}{C}}-\overset{\cdot\cdot}{O}{}^-\ +\ H-CBr_3$$
$$^-:\overset{\cdot\cdot}{O}H \qquad :\overset{\cdot\cdot}{O}H \qquad\qquad 三卤甲基负离子$$

这个反应中的离去基团是一个三卤甲基负离子，一般来说，碳负离子碱性过强，不能作为离去基团，但是三卤甲基负离子的碱性比普通碳负离子低得多，与产物羧酸发生酸碱反应，驱动整个卤仿反应完成。

卤仿反应可用来从容易得到的甲基酮化合物制备少一个碳的羧酸，这个反应还可以用作甲基酮的定性试验，称为碘仿试验。在碘仿试验中，一种结构未知的化合物与碱和 I_2 混合，如果黄色固体状的碘仿 (CHI_3) 从溶液中沉淀出来，就可以认定原化合物含有甲基酮 (或乙醛，"甲基醛") 结构。

能够被氧化为甲基酮形式的醇也能够发生碘仿反应，因为它们可以被碘的碱溶液氧化成甲基酮。

经过次碘酸氧化反应

思考题 15.3

卤仿反应在有机合成上有哪些应用？

15.4　醛和酮的烷基化反应

在前面的章节中我们已经学习了醛和酮在强碱 (如 LDA) 作用下能够形成烯醇负离子，烯醇负离子提供一个亲核性的碳作为亲核试剂，可以与合适的卤代烃 RX (或对甲苯磺酸酯 ROTs) 发生 S_N2 烷基化反应，形成一个新的碳碳键。醛和酮的烷基化反应在有机合成中应用十分广泛。这一节介绍烯醇负离子烷基化反应的特点。

烯醇负离子的烷基化反应是通过 S_N2 反应机理完成的，因此反应常使用甲基卤代烃和伯卤代烃，烯丙基卤代烃或苄基卤代烃也能够很好地发生反应，但是仲卤代烃反应困难，苯基和乙烯基卤代烃不能反应。同时由于烯醇负离子具有强碱性，三级卤代烃和二级卤代烃遇到强碱性试剂易发生消除反应。离去基团 X 可以是氯、溴、碘或磺酸酯基 (OTs) 等。

$$R-X \begin{cases} X: OTs > I > Br > Cl \\ R: allyl, benzyl > CH_3 > CH_2R \end{cases}$$

醛的烷基化常常不能正常进行，因为醛形成的烯醇负离子很快会发生缩合反应，这将在下一节讨论。酮的烷基化反应也常常伴随副反应的发生，因为酮发生单烷基化反应后的产物分子有可能再失去一个 α-H，发生第二次烷基化反应生成双烷基化产物甚至多烷基化产物。此外，如果起始原料是非对称的酮，烷基化可以发生在不同的 α-碳上，生成不同的烷基化产物，称为区域异构体 (regioisomers)。2-甲基环己酮与碘甲烷的反应就是一个典型的例子，该反应可以得到多种甲基化产物。

为了解决上述困难，人们发展了新的合成策略，即将酮转变成为**烯胺** (enamine)，然后再进行烷基化反应，这样不但可以减少多烷基化产物，而且可以控制反应的区域选择性 (regioselectivity)。烯胺的形成与相关的反应将在第 16 章中详细讨论。

烯胺

为了避免醛自身的缩合，醛的烷基化一般将醛转化为亚胺，然后在强碱作用下形成亚胺负离子，再加入烷基化试剂，烷基化反应后再水解脱除亚胺基，得到 α-烷基醛。

$$RCH_2CH{=}O \xrightarrow{R'NH_2} RCH_2CH{=}NR' \xrightarrow[\text{或 LDA}]{C_2H_5MgX} R\bar{C}HCH{=}NR'$$

醛   亚胺   亚胺碳负离子

$$\xrightarrow{R''X} R{-}\underset{R''}{CH}{-}CH{=}NR' \xrightarrow{H_3O^+} R\underset{R''}{CH}CH{=}O$$

15.5 羟醛缩合反应

15.5.1 碱催化的羟醛缩合反应

在氢氧化钠水溶液中，2 当量乙醛能够自身发生反应生成 3-羟基丁醛，该反应称为**羟醛加成反应** (aldol addition)。

$$2\ H_3C{-}CH{=}O \xrightarrow[\text{H}_2\text{O}]{NaOH} H_3C{-}\underset{H}{\overset{OH}{C}}{-}CH_2{-}CH{=}O$$

乙醛   3-羟基丁醛
                                     50%

碱催化的羟醛加成反应经过一个烯醇负离子中间体，在这个反应中一分子乙醛在氢氧化钠水溶液中生成烯醇负离子，然后与另一分子乙醛发生加成反应。

上述反应机理表明烯醇负离子为亲核试剂,乙醛为亲电试剂,亲核试剂的碳负离子对亲电试剂的羰基进行亲核加成形成新的碳碳键,加成反应是可逆的。与许多其他羰基加成反应一样,在羟醛加成反应中醛的活性比酮的高。

在酮的羟醛加成反应中,平衡偏向酮的一边。以丙酮的反应为例,要推动反应进行,可以将生成的产物 4-羟基-4-甲基戊-2-酮不断地从反应混合物中分离出来才可以得到较好的产率。通常羟醛加成反应都是放热的,如果不控制反应温度,羟醛加成产物会脱去一分子水,生成 α,β-不饱和醛 (酮)。

类似上述丁醛的**羟醛加成与脱水的连续反应**被称为**羟醛缩合反应** (aldol condensation)。羟醛缩合反应中脱水过程是一个碱催化下的 β-消除反应,它通过一个烯醇负离子分两步完成。

注意:这里的 β-消除反应不同于 E2 反应,这个涉及单分子共轭碱分解的反应称为 E1cB 消除 ("E" 代表消除,"1" 代表单分子,"cB" 代表共轭碱)。

15.5.2　酸催化的羟醛缩合反应

羟醛缩合反应同样可以被酸催化:

在这个例子里面，酸催化的羟醛缩合反应通常得到最终产物 α,β-不饱和羰基化合物，无法分离出羟醛加成中间产物。

在酸催化的羟醛缩合反应中，质子化的醛或酮是反应的关键中间体。

这个质子化的酮起两个作用。第一，它是烯醇的来源。第二，它作为亲电试剂与烯醇的 π 电子反应，得到加成产物的共轭酸，脱除质子后得到羟醛加成产物 β-羟基酮。

β-羟基酮在酸性条件下脱水得到 α,β-不饱和羰基化合物，完成羟醛缩合反应。

对比酸催化和碱催化的羟醛缩合反应：酸催化的羟醛缩合反应，烯醇（不是烯醇负离子）是亲核试剂，进攻质子化的羰基化合物；在碱催化的羟醛缩合反应中，烯醇负离子是亲核试剂，进攻的亲电试剂是一个中性的羰基化合物。总结如下：

反应	亲核试剂	亲电试剂
碱催化的羟醛缩合	烯醇离子	中性的羰基化合物
酸催化的羟醛缩合	烯醇	质子化的羰基化合物

思考题 15.4

羟醛缩合反应通常在碱性条件下进行，在酸性条件下是否同样可以发生羟醛缩合反应？

15.5.3 交叉羟醛缩合反应

之前的讨论仅考虑了两个相同的醛或酮的反应，当两个不同的羰基化合物进行反应时，该反应被称为交叉羟醛缩合反应 (crossed aldol reaction)，在很多情况下，交叉羟醛缩合反应的结果得到不易分离的混合物。例如乙醛和丙醛的 1∶1 混合物反应生成产率差不多的四个可能的 aldol 反应产物。

产物为混合物的交叉羟醛缩合反应通常没有实用价值，为了减少各种缩合反应相互干扰，可以使用一个没有 α-氢的芳香醛 (如苯甲醛，提供羰基) 和一个有 α-氢的脂肪醛、酮 (提供烯醇负离子) 进行交叉缩合反应，得到 α,β-不饱和醛或酮，产率很高。这一反应叫作克莱森－施密特 (Claisen-Schmidt) 缩合反应。例如苯甲醛和丙酮，在氢氧化钠水溶液中反应生成 α,β-不饱和酮。反应只能得到缩合产物，分离不到加成产物，因为缩合产物 α,β-不饱和酮的稳定性更高。另外，反应主要得到更稳定的 trans-α,β-不饱和酮产物。

该反应只有一种产物的原因：第一，反应中的醛没有 α-氢，因此无法形成烯醇负离子参与羟醛缩合反应；第二，酮的烯醇负离子与酮发生加成反应的速率要远低于与醛的加成反应速率。所以丙酮在碱性条件下产生的烯醇负离子会优先与苯甲醛发生反应，而不是和丙酮反应。另外，在苯甲醛和丙酮的缩合产物中苯环参与了 C＝C 和 C＝O 双键的共轭，因此比丙酮自身的缩合产物更稳定。

下面再举几个例子说明这个反应的特点：

(i) C₆H₅CHO + CH₃COCH₃ $\xrightarrow[\text{25 – 30 °C}]{\text{10% NaOH}}$

过量

(ii) 2 C₆H₅CHO + CH₃COCH₃ $\xrightarrow[\text{25 – 30 °C}]{\text{H}_2\text{O–C}_2\text{H}_5\text{OH, NaOH}}$

(iii) ⟨furyl⟩CHO + CH₃COCH₃ $\xrightarrow[]{\text{H}_2\text{O, NaOH}}$

(iv) C₆H₅CHO + CH₃COC(CH₃)₃ $\xrightarrow[\text{过量}]{\text{H}_2\text{O–C}_2\text{H}_5\text{OH, NaOH}}$

Claisen-Schmidt 缩合反应与其他羟醛缩合反应一样可以被酸催化。

PhCHO + H₃C–C(=O)–Ph $\xrightarrow[\text{CH}_3\text{CO}_2\text{H}]{\text{H}_2\text{SO}_4}$

95%

15.5.4 定向羟醛缩合反应

一个不对称酮发生交叉羟醛缩合反应时，羰基两旁若有两个不同的亚甲基，哪一个亚甲基提供碳负离子呢？以戊-2-酮为例，在碱性条件下可能形成两种烯醇负离子 A 和 B。如果能够通过条件控制只生成单一的烯醇负离子，再与醛反应就能够实现定向羟醛缩合反应 (directed aldol reaction)。烯醇负离子 A 相比 B 更加稳定，因为 A 中的双键拥有更多的烷基取代基，问题是这些烯醇负离子能否选择性地生成。

A (E式与Z式)   B

研究发现有一些大体积的含氮强碱，例如，二异丙基氨基锂 (LDA) 和环己基异丙基氨基锂 (LCHIA) 可以在 -78 °C 条件下使酮快速生成烯醇负离子并且反应不可逆。

二异丙基氨基锂   环己基异丙基氨基锂
(LDA)   (LCHIA)

共轭酸的 $pK_a \sim 35$

这些碱的共轭酸为胺，pK_a 在 35 左右，而酮的 pK_a 约为 25，因此这类氨基碱足以将酮完全转化为烯醇负离子。当 LDA 与戊-2-酮反应时，甲基的 α-质子很快被拔掉得到共轭碱烯醇锂盐 B。

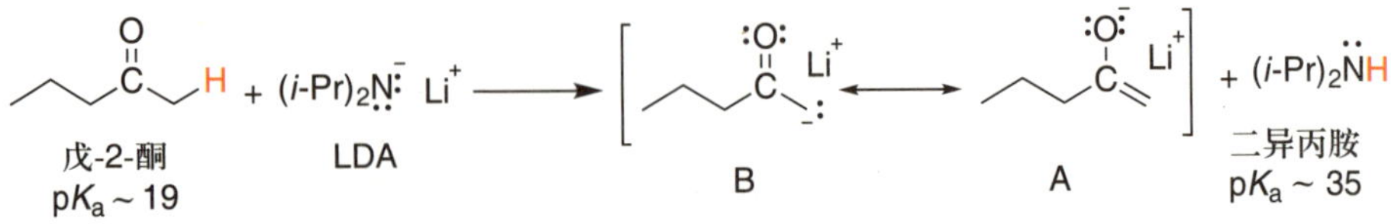

戊-2-酮
pK_a ~ 19
LDA
B
A
二异丙胺
pK_a ~ 35

　　值得注意的是 B 是戊-2-酮的较不稳定的烯醇离子。为什么选择性生成较不稳定的烯醇负离子 B，而不是较稳定的烯醇负离子 A 呢？这是因为 LDA 碱性强、体积大，是一个空间位阻很大的碱，优先脱除位阻小的 α-甲基上的质子，形成取代少的烯醇负离子 B（动力学控制产物），反应具有高度的区域选择性。

　　一旦烯醇负离子 B 形成，如果向反应体系中加入醛，醛就会与之迅速反应。这种加成反应是由两种氧（烯醇的氧和醛的氧）与锂的配位作用共同完成的。这种配位作用的存在使烯醇负离子 α-碳（红色）通过六元环过渡态接近醛羰基碳（蓝色），更加有利于加成反应的发生。

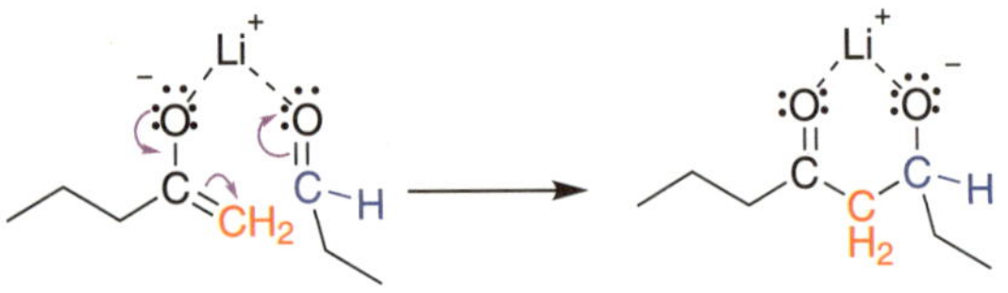

　　这个式子也说明了为什么烯醇发生亲核加成反应的位点是 α-碳而不是氧原子，因为氧原子同锂离子配位，亲核性大为降低。

　　烯醇负离子与醛亲核加成后再加入稀酸水溶液时，烷氧锂盐化合物质子化得到羟醛加成产物。

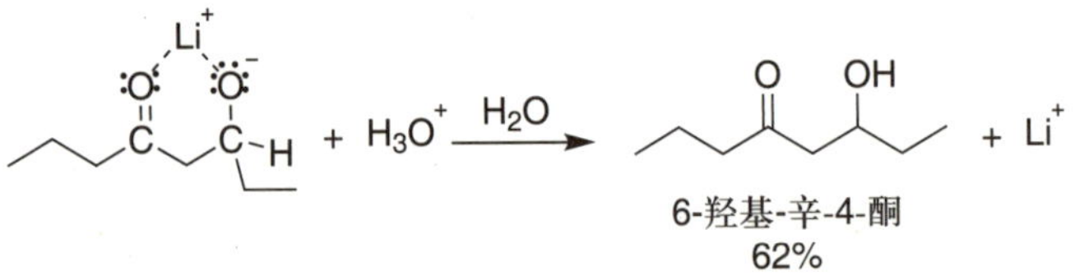

6-羟基-辛-4-酮
62%

　　在酸性条件下，戊-2-酮与丙醛发生羟醛加成反应，主要产物是 3-乙基-4-羟基己-2-酮。因为戊-2-酮中 C3 上氢与羰基形成较稳定的烯醇（热力学控制产物），该烯醇与丙醛发生加成反应生成 3-乙基-4-羟基己-2-酮。

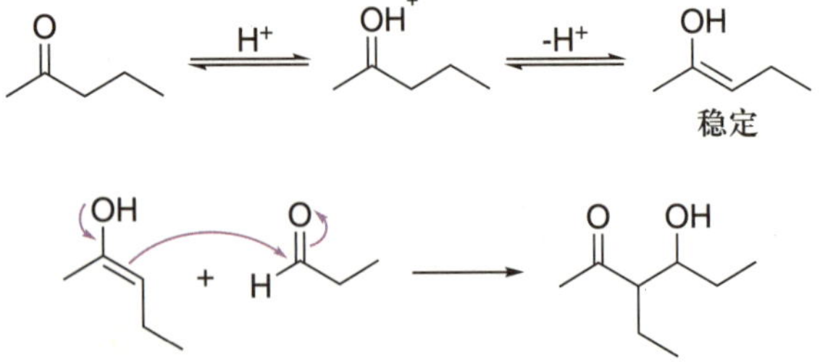

稳定

　　结果表明，通过反应试剂的选择和实验条件的控制，能够在很大程度上提高反应的选择性，避免副产物的生成。

15.5.5　分子内羟醛缩合反应

　　当一个分子包含不止一个醛或酮官能团时，就可能发生分子内羟醛缩合反应。在这种情况下，羟醛缩合会生成一个环状化合物。

己二醛在碱性条件生成一个烯醇负离子，它会立刻进攻分子另一端的醛基并脱除一分子水生成 1-环戊烯基甲醛。

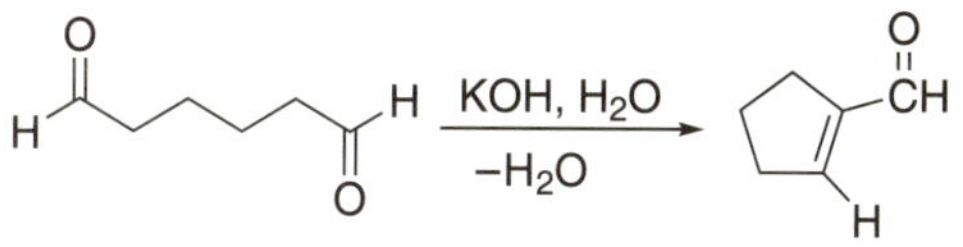

分子内酮缩合反应是合成环状和双环 α,β-不饱和酮的有效方法。这个反应通常用来合成张力较小的环，如五元环或六元环。

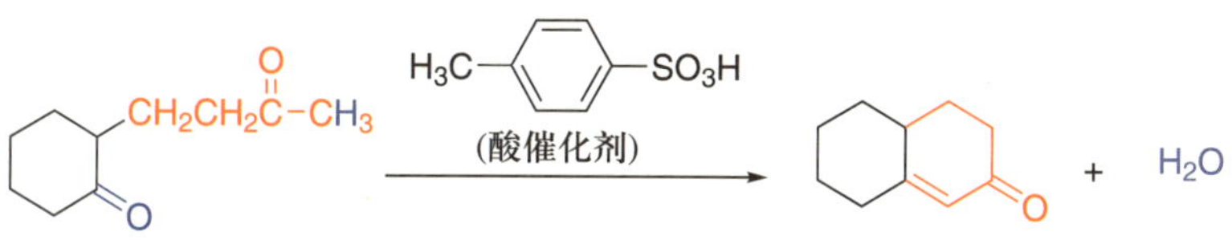

15.5.6　羟醛缩合反应在合成中的应用

羟醛缩合反应可用于合成多种 α,β-不饱和醛和酮类化合物，也是形成碳碳键的有效方法。羟醛缩合反应的起始原料可以通过将 α,β-不饱和羰基化合物在双键处"切断"来确定：

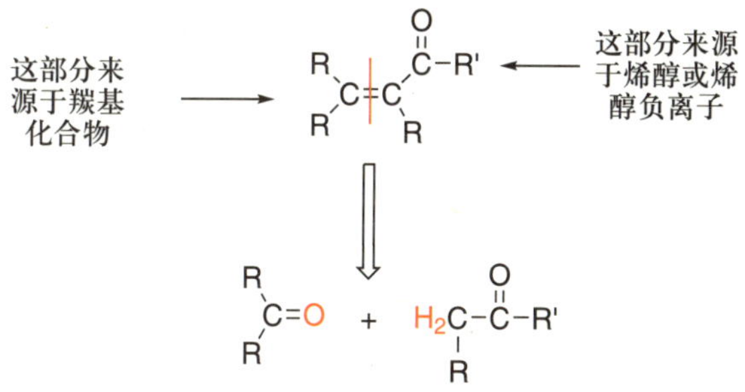

通过对目标化合物进行"逆合成分析"，是有机合成路线设计的重要策略。将 α,β-不饱和醛或酮化合物的羰基一侧的双键替换为两个氢，另一侧替换为羰基氧，从而得到羟醛缩合过程中起始原料的结构。然而只知道羟醛缩合的起始原料是不够的，还必须知道羟醛缩合是否有效，或者它是否有可能生成混合物。换句话说，并不是所有的 α,β-不饱和醛或酮都能够通过羟醛缩合反应得到。

确定下列 α,β-不饱和酮能否通过羟醛缩合反应制备。

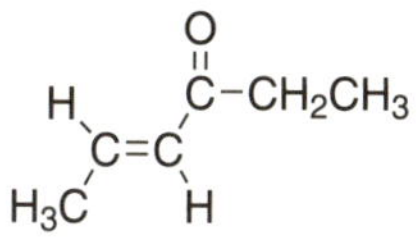

逆合成分析如下：

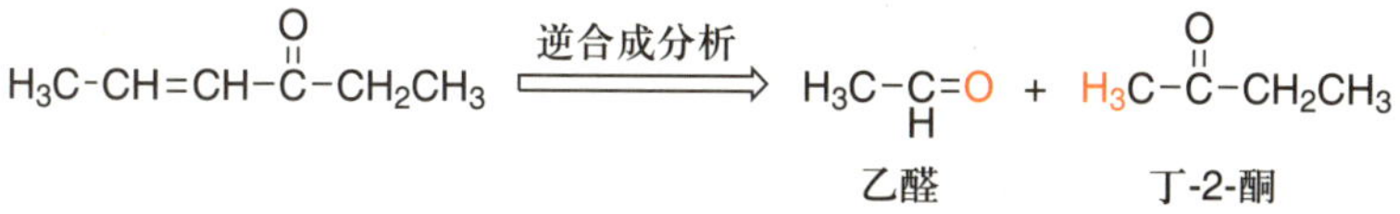

目标化合物的合成需要乙醛和丁-2-酮的交叉羟醛缩合反应，由于两个反应物均含

有 α-氢，所以目标化合物不是唯一产物，反应中有其他竞争性羟醛缩合反应发生。

首先，使用乙醛还是丁-2-酮作为烯醇部分。虽然烯醇对醛的反应比酮更容易，但它与丁-2-酮或乙醛的反应会得到一系列混合物。同时，丁-2-酮有两种不同的 α-氢，能够在碱性条件下形成两种不同的烯醇负离子，进一步与丁-2-酮或乙醛反应，使得反应体系更为复杂。总结所有这些可能性：

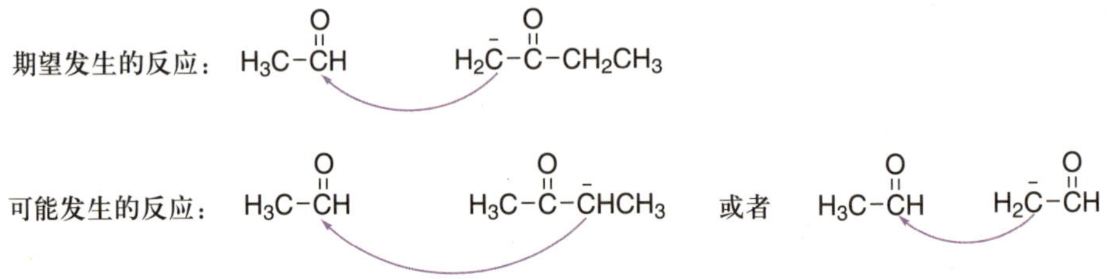

因此，乙醛和丁-2-酮在碱催化或酸催化条件下发生羟醛缩合反应制备目标化合物是不适用的，因为有大量副产物的生成。

然而，由于丁-2-酮具有甲基酮结构，因此，利用大位阻碱脱除丁-2-酮的甲基 α-氢后产生烯醇负离子，然后与乙醛进行定向羟醛加成反应是可行的。因此，可以将丁-2-酮在 THF 中低温下与 LDA 形成烯醇锂盐，然后加入乙醛反应生成羟醛加成产物，进一步在酸或碱催化下加热脱水得到更稳定的 E 构型目标产物。

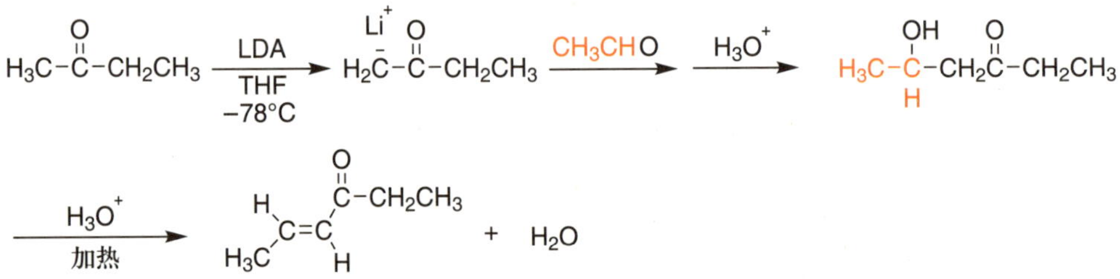

15.6   酯烯醇负离子的缩合反应

15.6.1   Claisen 酯缩合反应

第 15.3.3 节讨论的碱催化羟醛缩合反应涉及醛和酮在碱性条件下生成的烯醇负离子，本节将讨论酯类烯醇负离子参与的缩合反应。

两分子的乙酸乙酯在乙醇钠作用下发生缩合反应，生成乙酰乙酸乙酯。

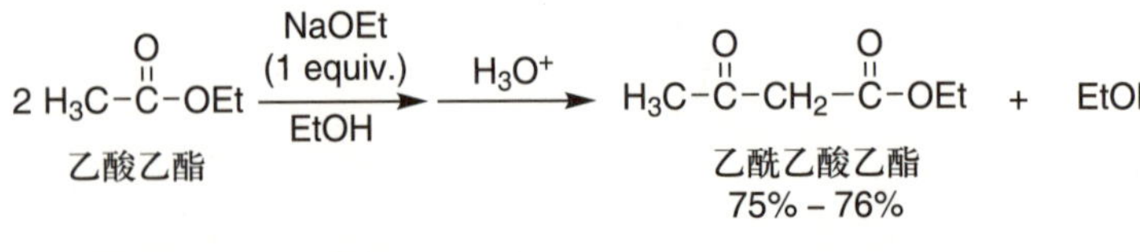

这个反应被称为**克莱森酯缩合反应 (Claisen condensation)**，是合成 β-酮酯（β 位有一个酮羰基的酯类化合物）的典型例子。

在酯基β位的羰基

$$H_3C-\underset{O}{\overset{\Vert}{C}}-\underset{\alpha}{CH_2}-\underset{O}{\overset{\Vert}{C}}-OEt$$
$$\beta \quad \alpha$$

因此，Claisen 酯缩合反应是碱性条件下两个酯发生缩合反应生成 β-酮酯的反应。Claisen 酯缩合反应历程的第一步是酯与乙醇钠反应生成烯醇负离子。

$$H_2\overset{\cdot\cdot}{C}-\overset{O}{\overset{\Vert}{C}}-OEt \Longrightarrow \left[H_2\overset{\cdot\cdot}{C}-\overset{O}{\overset{\Vert}{C}}-OEt \longleftrightarrow H_2C=\overset{O^-}{\overset{\Vert}{C}}-OEt \right] + EtOH$$
$$pK_a \sim 25 \qquad\qquad\qquad\qquad 烯醇负离子$$

乙氧基负离子是亲核试剂，那么它是否也能与酯的羰基发生亲核加成反应，生成酰基取代产物呢？这个反应无疑会发生，但是反应得到的产物仍然是乙酸乙酯，和反应物是一样的，这就是为什么在 Claisen 酯缩合反应中，用乙醇钠作为碱的原因。

反应体系中虽然酯的烯醇负离子浓度很低，但它是一种强碱和良好的亲核试剂，能够与另一分子酯发生酰基的亲核取代反应，形成一个四面体加成中间体，然后失去乙氧基负离子得到乙酰乙酸乙酯：

$$H_3C-\overset{O}{\overset{\Vert}{C}}-OEt \quad H_2\overset{\cdot\cdot}{C}-\overset{O}{\overset{\Vert}{C}}-OEt \Longrightarrow H_3C-\overset{O^-}{\underset{\underset{OEt}{|}}{\overset{|}{C}}}-CH_2-\overset{O}{\overset{\Vert}{C}}-OEt \Longrightarrow H_3C-\overset{O}{\overset{\Vert}{C}}-CH_2-\overset{O}{\overset{\Vert}{C}}-OEt + EtO^-$$

四面体加成中间体

上述反应的化学平衡总是偏向反应物的一侧，也就是说所生成的 β-酮酯比反应物更不稳定。为了使平衡向右移动，生成更多乙酰乙酸乙酯，最常用的方法是使用等当量的乙醇钠促进反应进行。由于乙酰乙酸乙酯中两个羰基之间的碳上氢酸性很强，乙醇钠很容易除去其中一个质子，定量地生成乙酰乙酸乙酯的共轭碱。

$$H_3C-\overset{O}{\overset{\Vert}{C}}-CH_2-\overset{O}{\overset{\Vert}{C}}-OEt + Na^+EtO^- \Longrightarrow H_3C-\overset{O}{\overset{\Vert}{C}}-\overset{H}{\underset{Na^+}{\overset{|}{C}}}-\overset{O}{\overset{\Vert}{C}}-OEt + EtOH$$
$$pK_a\ 10.7 \qquad\qquad\qquad\qquad pK_a\ 15-16$$

反应结束后向反应混合物中加入酸，得到 β-酮酯产物乙酰乙酸乙酯。

值得注意的是乙醇钠在反应中被消耗，因此，在整个反应中乙醇钠是反应物而不是催化剂，所以在 Claisen 酯缩合反应中必须使用等当量的乙醇钠。

Claisen 酯缩合反应对反应底物是有要求的，如果参与反应的底物羧酸酯只有一个羰基 α-氢，则不会有 Claisen 酯缩合反应产物生成。因为在这种情况下，缩合产物两个羰基的中间是一个季碳原子，没有 α-氢，不能与乙氧基负离子反应形成相应的钠盐，也就是说 Claisen 酯缩合反应失去了驱动力，因此无法得到缩合产物。

$$(CH_3)_2CH-\overset{O}{\overset{\Vert}{C}}-OEt \xrightarrow[EtOH]{EtO^-} (H_3C)_2HC-\overset{O}{\overset{\Vert}{C}}-\overset{CH_3}{\underset{CH_3}{\overset{|}{C}}}-CO_2Et$$
（没有产物生成）

克莱森酯缩合反应是羧酸衍生物发生酰基亲核取代的另一个例子，在反应中亲核试剂是由酯生成的烯醇负离子，与前面介绍的皂化反应一样，其机理仍然是加成－消除反应机理：

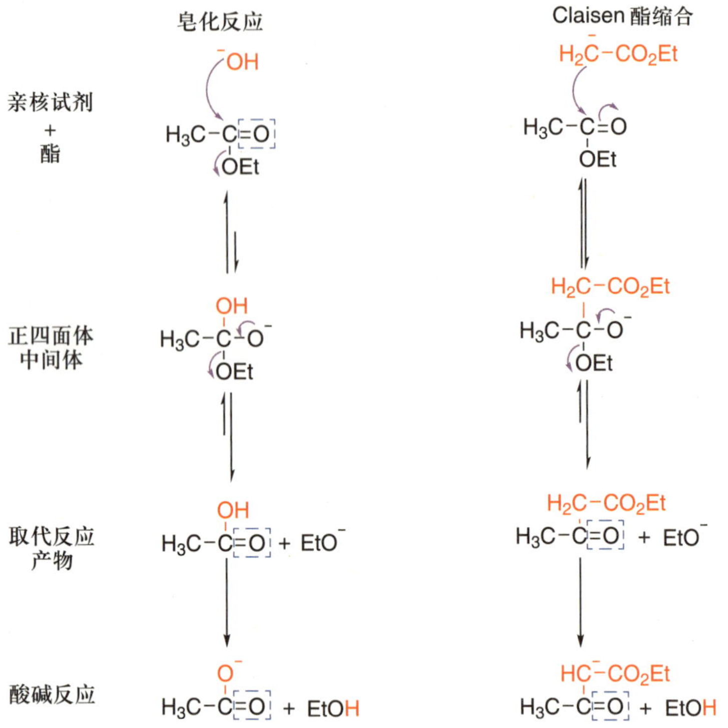

皂化反应　　　　　　　　　　　　　　　Claisen 酯缩合

亲核试剂 + 酯

正四面体中间体

取代反应产物

酸碱反应

现在我们已经学习了两种缩合反应：羟醛缩合反应 (aldol condensation) 和克莱森酯缩合反应 (Claisen condensation)，为了区分这两个反应，进行以下对比：

(1) 羟醛缩合反应是烯醇负离子或烯醇与醛或酮首先发生加成反应，然后脱水生成 α,β-不饱和羰基化合物；Claisen 酯缩合反应是烯醇负离子与酯发生酰基的亲核取代反应，生成 β-酮酯化合物。

(2) 羟醛缩合反应可以在碱或酸的催化下进行；Claisen 酯缩合反应需要等当量以上的碱，而且 Claisen 酯缩合反应不能被酸催化。

(3) 羟醛加成反应只需要一个 α-氢，羟醛缩合反应的脱水步骤需要第二个 α-氢；在 Claisen 酯缩合反应中，作为起始原料的酯必须至少有两个 α-氢。

生物化学中的 Claisen 酯缩合反应

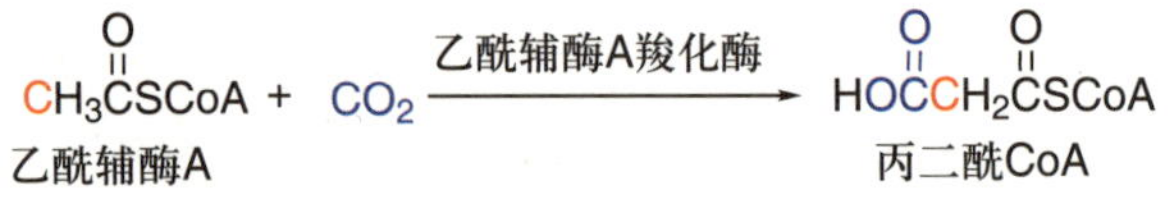

从辅酶 A 硫酯构建脂肪酸链的偶联过程是 Claisen 缩合反应。乙酰 CoA 的羧化变成丙二酰 CoA (上式) 是 Claisen 缩合反应的一种变化形式，在这里，亲核进攻的部位是二氧化碳的碳而不是酯羰基的碳。

在羧基化的组分中亚甲基比乙酰硫酯的活性大得多，参与很多种类似的 Claisen 缩合反应。虽然这一过程需要酶催化，但他们可用简化的式子表示如下。

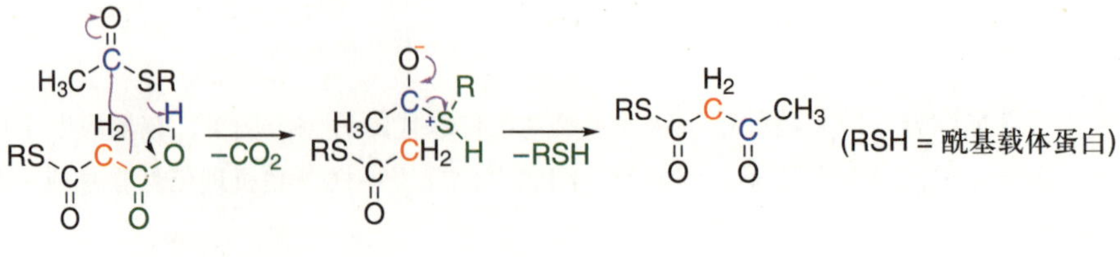

15.6.2 Dieckmann 缩合反应

与羟醛缩合类似，当五元或六元环能够形成时，分子内的 Claisen 酯缩合反应就像分子间反应一样容易发生。分子内的 Claisen 酯缩合反应称为**狄克曼缩合**(Dieckmann condensation)。

己二酸二乙酯　　　　　　　　　　　　　　　　2-氧环戊烷羧酸乙酯
74% – 81%

和 Claisen 酯缩合反应一样，Dieckmann 缩合反应需要等当量的碱来形成产物的钠盐，从而驱动反应完成。

15.6.3 交叉 Claisen 缩合反应

两种不同酯发生的 Claisen 酯缩合反应称为**交叉克莱森缩合反应**(crossed Claisen condensation)。两个都有 α-氢的酯发生的交叉 Claisen 缩合反应通常形成四种很难分离的混合物，这种反应在大多数情况下没有合成意义。这种情况和前面讨论的交叉羟醛加成反应类似。

但是，如果一个酯特别活泼或者没有 α-氢，那么交叉 Claisen 缩合反应就能够得到单一产物。例如，用甲酸酯 (如甲酸乙酯) 很容易在分子中引入甲酰基 (–CH=O)。

丁二酸二乙酯　　　甲酸乙酯　　　　　　　　　　甲酰基丁二酸二乙酯
60% – 70%

甲酸酯符合交叉 Claisen 缩合反应的两个标准，首先，羰基的邻位没有 α-氢；其次是甲酸酯的羰基反应活性比其他酯大得多。甲酸酯反应活性高的原因是甲酸酯中的羰基是 "部分醛" 的结构，而醛特别容易与亲核试剂反应。

没有 α-氢的酯，虽然反应活性较弱但也可以使用。例如，碳酸二乙酯可以用来向苯基乙酸乙酯中引入乙氧羰基。

苯基乙酸乙酯　　　碳酸二乙酯　　　　　　　　　　苯基丙二酸二乙酯
（过量）　　　　　　　　　　　　　　　　　　　86%

在这个例子中，苯基乙酸乙酯的烯醇负离子优先与碳酸二乙酯缩合，而不是与自身的另一个分子缩合，是因为反应体系中碳酸二乙酯的浓度要高得多。反应结束后多余的碳酸二乙酯可以从产品中分离出来。

另一种交叉 Claisen 缩合反应是酮与酯的反应，在这种反应中酮的烯醇负离子与酯的羰基进行反应。

由环己酮衍生的烯醇负离子能够被甲酸乙酯酰化，在产物分子中引入甲酰基。苯乙酮的烯醇负离子被乙酸乙酯酰化，在产物分子中引入乙酰基。在这些反应中，一些副反应在理论上是可能发生的，但实际上不会干扰主反应的进行，这些例子再次说明了羰基化合物反应活性的差别。

一个可能的副反应是在碱性条件下环己酮与自身发生羟醛加成反应，然而，两个酮的羟醛加成反应是可逆的，平衡有利于反应物。而 Claisen 酯缩合反应是不可逆的，并且甲酸乙酯没有 α-氢，所以它不能与自身发生缩合反应。

反应中的乙酸乙酯确实含有 α-氢，并且能与自身发生缩合反应生成乙酰乙酸乙酯。为什么这样的缩合反应没有对主反应造成影响呢？答案是酮类化合物比酯类化合物酸性强得多（pK_a 值相差 5－7）。因此，反应中酮的烯醇负离子浓度比酯的烯醇负离子浓度更高，酮烯醇负离子可以与另一分子酮反应（反应平衡常数较小，反应不易进行），或者与乙酸乙酯反应生成目标化合物——β-二羰基化合物。尽管酯与酮相比活性较低，但是产物 β-二酮的酸性特别强，能够与碱 NaOEt 作用形成盐，使得反应不可逆，向着生成 β-二酮的方向进行。

这些例子说明交叉 Claisen 缩合可用于合成各种 β-二羰基化合物。

15.6.4 Claisen 酯缩合在合成中的应用

如前面的例子所示，Claisen 酯缩合反应可用于合成 β-二羰基化合物：β-酮酯、β-二酮等。将这些类型的化合物与羟醛缩合反应制备的化合物进行比较，能够发现两种不同反应的区别。

在设计 β-二羰基化合物的合成路线时，通常采用两步策略：分析目标分子结构，通过逆合成分析方法反向推理合理的起始原料，然后必须对这些反应的原料进行分析，检查所设计的反应是否合理，或者是否会有副反应的发生。

为了确定 Claisen 酯缩合反应的起始原料，可以通过切断与羰基相连的碳碳键并加入乙醇（或其他醇）进行"逆合成分析"，因为有两个这样的碳碳键，通常会找到两个可能的"切断处"[在下面的方程中标记为（a）和（b）]对应两组相应的起始原料。

β-二酮同样可以用两种不同的方法进行类似的分析:

在确定 Claisen 酯缩合反应所需的可能起始原料后,还需要进一步考虑起始原料发生 Claisen 酯缩合反应是否会得到目标产物,还是会得到复杂的混合物。

思考题 15.5

羟醛缩合反应与 Claisen 酯缩合反应有什么区别?

15.7 酯烯醇离子的烷基化和羟醛缩合反应

15.5 和 15.6 分别介绍了醛和酮烯醇负离子作为亲核试剂与羰基化合物的反应,本节主要介绍酯烯醇负离子作为亲核试剂发生的 S_N2 亲核取代反应和羟醛加成反应。

15.7.1 丙二酸酯合成法

丙二酸二乙酯和许多其他 β-二羰基化合物一样,α-碳上的氢具有酸性,可以与乙醇钠等碱反应生成丙二酸二乙酯的共轭碱——丙二酸酯负离子。

丙二酸二乙酯的共轭碱亲核性强,能够与卤代烃或磺酸酯发生 S_N2 亲核取代反应,生成 α-烷基取代的丙二酸酯。伯或仲卤代烃都可以进行该反应。

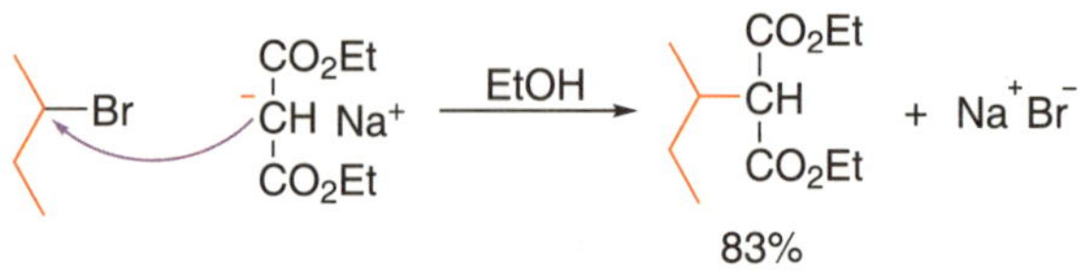

83%

这个反应的重要性在于它可以应用于取代羧酸的制备。反应产物通过碱性条件下发生皂化反应生成 α-烷基取代的丙二酸盐，然后在酸性条件下加热发生脱羧反应，得到 α-烷基取代乙酸。

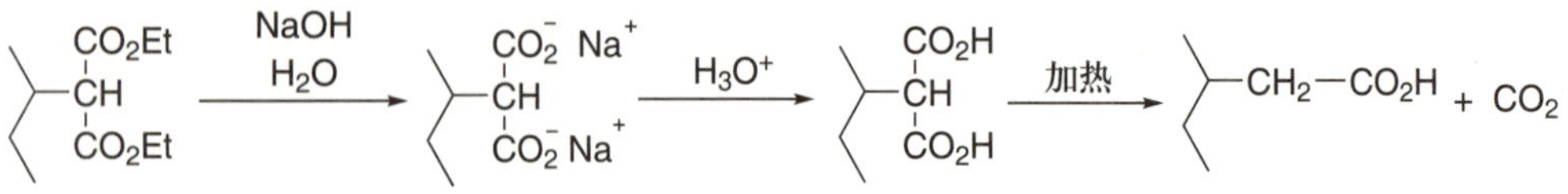

取代乙酸

从丙二酸二乙酯开始的整个去质子化、烷基化、皂化和脱羧连续反应称为丙二酸酯合成法。注意，丙二酸酯合成法的烷基化步骤会生成一个新的碳碳键。

丙二酸酯可与不同的卤代烷连续发生两次烷基化反应，经水解和脱羧后得到二取代乙酸，这个反应结果说明任何二取代乙酸都有可能通过丙二酸二乙酯和卤代烷反应制得，逆合成分析路线如下：

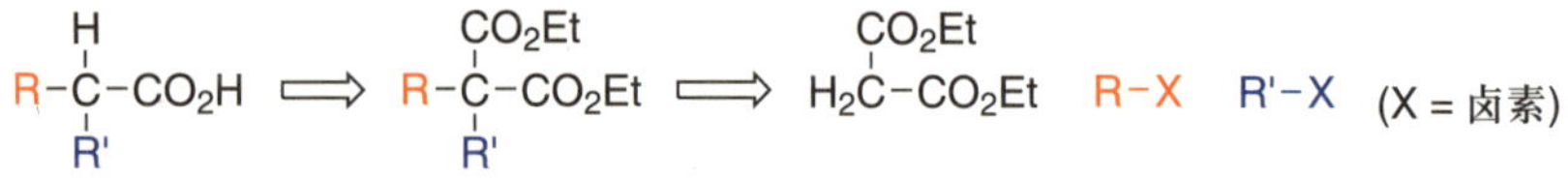

如果 R-X 和 R′-X 是可以发生 S$_N$2 反应的卤代烃，那么原则上可以通过丙二酸酯合成法得到目标羧酸。

15.7.2　酯烯醇负离子的直接烷基化反应

在由丙二酸酯烷基化合成取代羧酸的过程中，一个 α-CO$_2$Et 基团被"浪费"掉了，因为反应过程中通过脱羧反应会消除一个 α-CO$_2$Et 基团。如果直接用醋酸酯的烯醇盐负离子与卤代烃反应，是否可以避免上述情况呢？

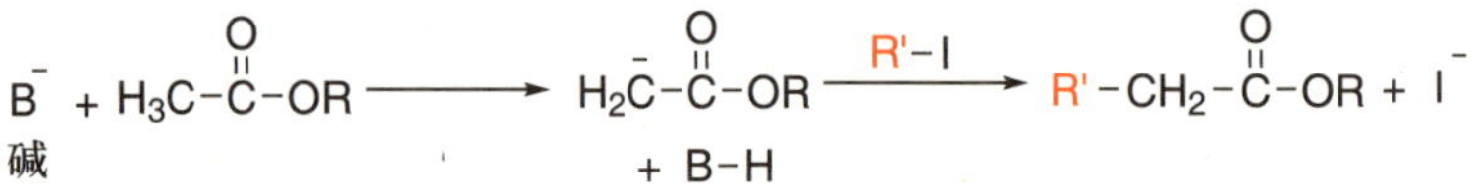

由于酯烯醇负离子一旦形成就会与另外一分子酯发生 Claisen 酯缩合反应，因此上述想法不能实现。然而，大位阻胺强碱的发展使得形成酯类的烯醇负离子成为可能，酯烯醇负离子可以与卤代烷发生亲核取代反应生成取代羧酸酯。

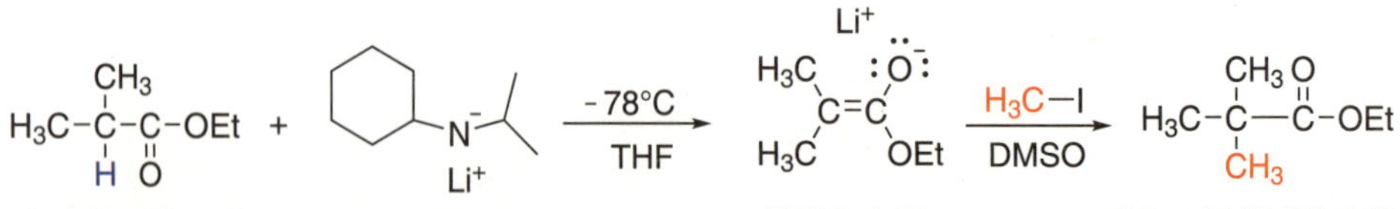

这种酯烷基化的方法比丙二酸酯的合成方法要昂贵得多，因为所使用的大位阻胺强碱与氧气和水反应强烈，反应需要在低温和惰性气体保护下进行。而丙二酸酯合成法成本低，特别适合大规模合成。当然，对于实验室样品的制备或丙二酸酯合成法无

法合成的目标化合物，上述合成方法不失为一个合适的选择。

　　与定向羟醛缩合反应一样，酯烷基化反应必须考虑可能发生的副反应，以及如何抑制这些副反应的发生。Claisen 酯缩合反应是酯烷基化的可能副反应。使用大位阻胺强碱可以避免 Claisen 酯缩合反应的发生，因为反应是通过将酯加到碱中进行的，当酯分子进入碱溶液时，它立即与强碱反应生成酯烯醇负离子而没有机会发生 Claisen 酯缩合反应。

　　酯烷基化反应的另一个可能副反应是大位阻胺强碱（本身也是亲核试剂）与酯羰基的亲核加成反应，因为胺与酯可以反应生成酰胺，这是典型的酯类化合物的氨解反应。事实上这种反应不会发生，因为当大位阻胺强碱与酯反应时，由于空间位阻的影响，N^- 无法靠近酯羰基，而且大位阻胺强碱遇到酯会优先脱除酯羰基 α-碳上的氢，而不是进攻酯羰基的碳发生亲核加成反应。

15.7.3 乙酰乙酸乙酯合成法

　　β-酮酸酯就像丙二酸酯一样，比普通酯酸性更强并且能被乙醇钠等碱完全去质子化产生烯醇负离子。

$$EtO^- + H_3C-\overset{O}{\overset{\|}{C}}-CH_2-\overset{O}{\overset{\|}{C}}-OEt \longrightarrow EtOH + H_3C-\overset{O}{\overset{\|}{C}}-\overset{H}{\overset{|}{C}}-\overset{O}{\overset{\|}{C}}-OEt$$

乙酰乙酸乙酯　　　　　　　　　　　　　　乙醇
pK_a 10.7　　　　　　　　　　　　　　　pK_a 16

　　由 β-酮酸酯得到的负离子，与丙二酸酯负离子类似，能够与伯卤代烷或不带支链的仲卤代烷或磺酸酯发生烷基化反应。

$$H_3C-\overset{O}{\overset{\|}{C}}-\overset{H}{\overset{|}{C}}-\overset{O}{\overset{\|}{C}}-OEt \longrightarrow H_3C-\overset{O}{\overset{\|}{C}}-\overset{H}{\overset{|}{C}}-\overset{O}{\overset{\|}{C}}-OEt + Na^+ Br^-$$

2-乙酰基己酸乙酯
70%

　　β-酮酸酯的双烷基化也是可以进行的。

$$2\ H_3C-\overset{O}{\overset{\|}{C}}-OEt \xrightarrow[\text{(1 equiv.)}]{NaOEt} H_3C-\overset{O}{\overset{\|}{C}}-\overset{H}{\overset{|}{C}}-\overset{O}{\overset{\|}{C}}-OEt \xrightarrow[\text{第一次烷基化}]{I} H_3C-\overset{O}{\overset{\|}{C}}-\overset{H}{\overset{|}{C}}-\overset{O}{\overset{\|}{C}}-OEt \xrightarrow{NaOEt}$$

Claisen酯缩合反应

$$\xrightarrow[\text{第二次烷基化}]{H_3C-I} H_3C-\overset{O}{\overset{\|}{C}}-\overset{|}{C}-\overset{O}{\overset{\|}{C}}-OEt$$

Dieckmann 缩合产物同样可以发生烷基化反应：

$$\xrightarrow[]{NaOEt} \xrightarrow{Br-CH_2CH_2CH_3}$$

Dieckmann缩合产物　　　　　　　　　　　　85%

　　与取代丙二酸酯的反应一样，乙酰乙酸乙酯的烷基化产物可以水解脱羧得到酮。反应过程是酯首先发生皂化反应，然后质子化得到取代的 β-酮酸，β-酮酸在加热条件下脱羧生成酮。

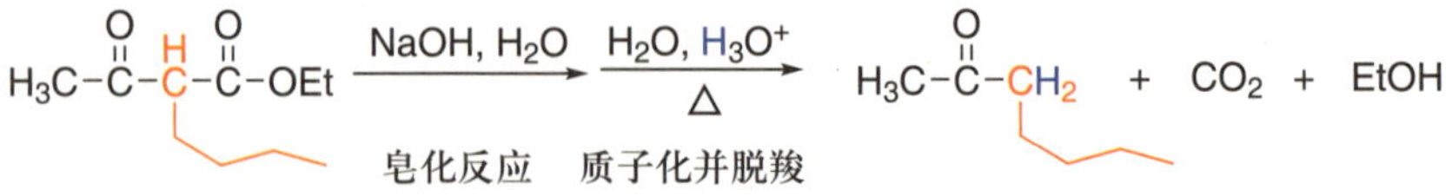

如果 β-酮酸酯烷基化产物在 α-碳处没有酸性的氢，则皂化的反应条件将导致 Claisen 酯缩合逆反应的发生。在这种情况下，应该使用酸催化酯水解，生成 β-酮酸，然后在酸性条件下自发脱羧生成酮。

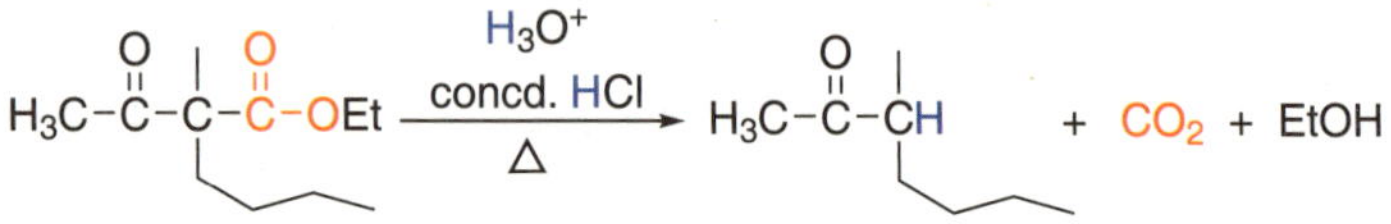

是否能通过乙酰乙酸乙酯合成得到目标酮，可以通过逆合成分析来确定。

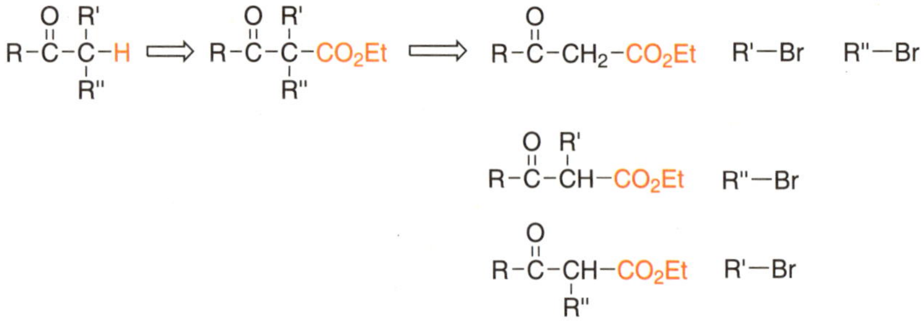

该逆合成分析包括用-CO_2Et 基团替换目标酮的 α-氢，两个烷基来自合适的卤代烷。

思考题 15.6

　　酯的酰基化反应可以分别选取乙酸乙酯、乙酰氯、乙酸酐作为酰基化试剂，哪种方法最实用？为什么？

15.7.4　酯烯醇负离子的羟醛缩合反应

　　酯烯醇负离子与醛或酮羰基能够发生亲核加成反应或羟醛缩合反应。例如，由乙酸叔丁酯与 LDA 反应形成的酯烯醇负离子与丙酮反应，生成羟醛加成产物。

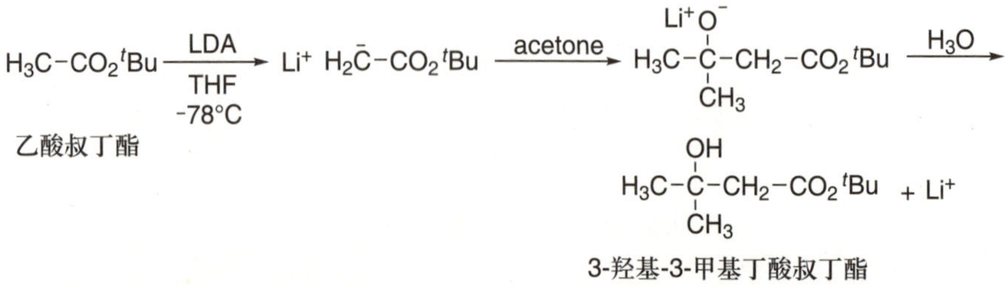

3-羟基-3-甲基丁酸叔丁酯

　　这里介绍一个广泛使用的羟醛加成反应——Reformatsky 反应。

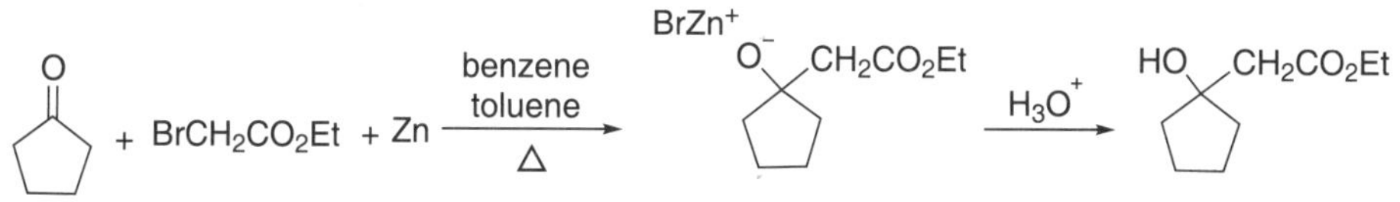

$$2\text{-}(1\text{-羟基环戊基})乙酸乙酯$$
$$72\%$$

在这个反应中，锌粉与 α-溴代酯反应生成酯烯醇负离子。金属锌与 α-溴代酯发生插入反应，生成类似于格氏试剂的锌试剂，不像格氏试剂必须在单独的步骤中制备，Reformatsky 试剂能够在醛或酮的存在下形成，虽然这个锌试剂的实际结构很复杂，但我们可以把它看作是酯的 α-碳负离子。

(Reformatsky试剂)

有机锌化合物的活性比格氏试剂低得多，Reformatsky 试剂只能与醛或酮反应，而不能与酯反应，因此锌试剂的酯基对反应没有影响。烯醇锌与酮羰基发生加成反应，生成锌的烷氧化合物，与酸的水溶液反应后得到羟醛加成产物。

虽然酮和一些醛的羟醛加成反应是可逆的，但由 LDA 与酯形成的酯烯醇负离子与醛或酮发生的羟醛加成反应和现在介绍的 Reformatsky 反应都是不可逆的，因为发生反应的亲核试剂（酯烯醇负离子或烯醇锌试剂）的碱性比产物烷氧化合物的碱性强得多，反应只能够正向进行。

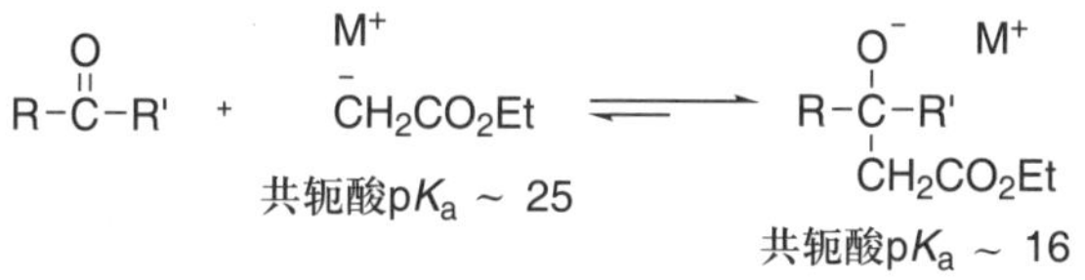

共轭酸p$K_a \sim 25$

共轭酸p$K_a \sim 16$

这种反应不可逆性的实际意义在于，在普通酯参与的羟醛加成反应中，加入稀酸后可以分离出羟醛加成产物。

由丙二酸酯或乙酰乙酸乙酯衍生的酯烯醇负离子也可发生羟醛缩合反应，丙二酸酯、乙酰乙酸乙酯及其他相对酸性的羰基化合物发生的羟醛缩合反应被称为 Knoevenagel 缩合反应。例如，丙二酸酯的烯醇负离子与苯甲醛与哌啶原位生成的亚胺能够发生羟醛缩合反应。

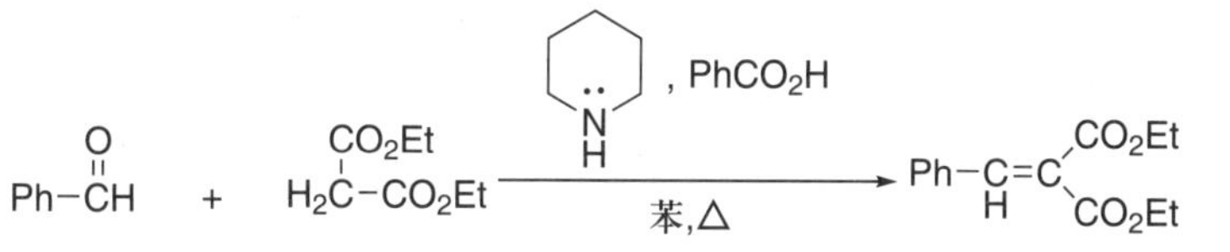

苯甲醛   丙二酸二乙酯   86% – 91%

和许多羟醛缩合反应一样，第一步加成反应过程是可逆的，因为亲核试剂，即丙二酸二乙酯的烯醇负离子碱性不是很强，因此，加成产物无法分离，加成产物脱水得到羟醛缩合产物，从而驱动反应完成。

$$pK_a \sim 12 \qquad pK_a \; 11.2$$
羟醛加成产物

反应产生的氢氧根负离子与催化剂的共轭酸发生反应促使催化剂的再生。

$^+BH \; (pK_a \; 11.2) \qquad\qquad B: \qquad pK_a \; 15.7$

Knoevenagel 缩合反应的双酯产物经过水解和脱羧反应得到羧酸。

15.8   共轭加成反应

15.8.1   α，β-不饱和羰基化合物的性质

共轭不饱和醛或酮在结构上有一个特点，就是 1，2 之间的碳氧双键和 3，4 之间的碳碳双键能够形成一个 1，4-共轭体系，当亲核试剂与 α，β-不饱和醛或酮发生加成反应时，可以发生 1，2-加成和 1，4-加成反应。

碳碳双键和羰基的共轭结构使 α，β-不饱和羰基化合物具有独特的反应活性，用 α，β-不饱和酮与 HCN 的反应进行说明。

α，β-不饱和羰基化合物中碳碳双键可以发生亲核加成反应的原因为该结构可以生成共振稳定的烯醇负离子中间体，烯醇负离子既可以在氧上质子化，也可以在碳上质子化，但无论哪种情况，羰基最终会再生，因为烯醇会自发形成羰基化合物，反应的总结果是对双键的净加成。

观察到的产物   烯醇式产物

对 α,β-不饱和醛、酮、酯和腈的碳碳双键的亲核加成反应（又称 1,4-加成反应）是一个相当普遍的反应，可以观察到各种亲核试剂与之反应的例子。对于 α,β-不饱和酯的共轭加成：

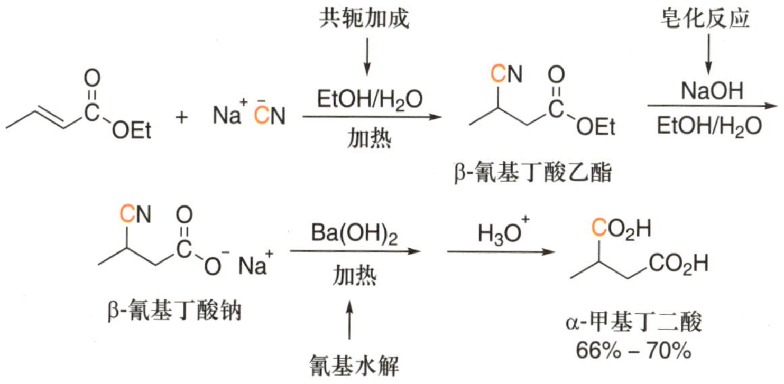

β-氰基丁酸乙酯

β-氰基丁酸钠　　　　　　　　　　α-甲基丁二酸
66% – 70%

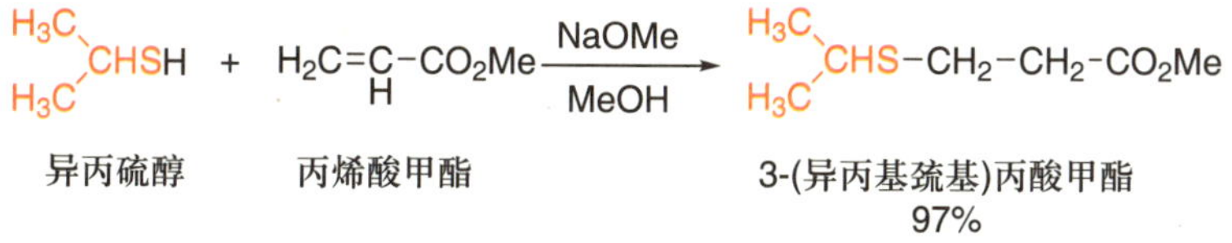

氰基水解

异丙硫醇　　丙烯酸甲酯　　　　　3-(异丙基巯基)丙酸甲酯
97%

对于 α,β-不饱和酮的共轭加成：

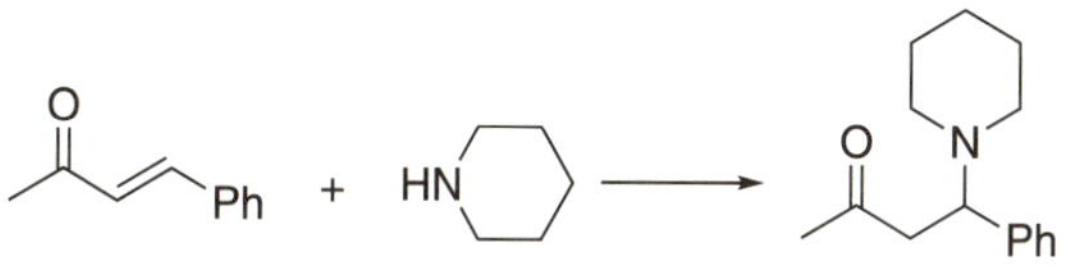

对于 α,β-不饱和腈的共轭加成：

CH₃SH　+　H₂C=CH−CN　$\xrightarrow[\text{MeOH}]{\text{NaOMe}}$　CH₃S−CH₂−CH₂−CN

甲硫醇　　　　丙烯腈　　　　　　　3-(甲基巯基)丙腈
91%

上式中的亲核试剂与丙烯腈的亲核加成反应称作氰乙基化反应。该反应发生在碱性或中性条件下，在酸催化下同样可以发生对 α,β-不饱和羰基化合物碳碳双键的加成。

H₂C=CH−CO₂Me　+　HBr　$\xrightarrow{\text{Et}_2\text{O}}$　Br−CH₂−CH₂−CO₂Me

丙烯酸甲酯　　　　　　　　　　　β-溴丙酸甲酯
80% – 84%

H₂C=CH−CH=O　+　HCl　$\xrightarrow{-15\ ℃}$　Cl−CH₂−CH₂−CHO

虽然这样的反应看起来不过是碳碳双键上的简单加成，但事实并非如此。α,β-不饱和羰基化合物碱性更强的位点不是碳碳双键，而是羰基氧。羰基氧质子化之后更有利于卤素负离子的进攻，卤素负离子可以进攻质子化的羰基碳，也可以进攻与羰基共轭的碳碳双键的 β-碳原子发生亲核加成反应。

$$H_2C=CH-\overset{\overset{+}{O}H}{\underset{}{C}}-OCH_3 \qquad H_2C=CH-\overset{\overset{+}{O}H}{\underset{}{C}}-OCH_3$$

$$\underset{Br^-}{\downarrow\!\uparrow} \qquad\qquad \underset{Br^-}{\downarrow}$$

$$H_2C=CH-\overset{OH}{\underset{Br}{C}}-OCH_3 \quad + \quad H_2C-CH=\overset{OH}{\underset{}{C}}-OCH_3$$

（不稳定）　　　　　　　　　　（烯醇）

$$H_2\overset{}{\underset{Br}{C}}-CH_2-\overset{O}{\overset{\|}{C}}-OCH_3$$

溴负离子进攻羰基碳生成相对不稳定的四面体加成中间体，该中间体能够失去溴负离子并恢复为质子化的 α, β-不饱和羰基化合物；在 β-碳上发生的加成反应生成烯醇，烯醇迅速转化为稳定的羧酸酯产物。

15.8.2　1, 2-加成和 1, 4-加成的选择性

共轭加成反应会与羰基加成反应（又称 1, 2-加成反应）产生竞争。

$$R-CH=CH-\overset{O}{\overset{\|}{C}}-R \quad + \quad H-Nu \longrightarrow$$

$$R-\underset{Nu}{C}H-CH_2-\overset{O}{\overset{\|}{C}}-R$$
（共轭加成反应）

$$R-CH=CH-\underset{Nu}{\overset{OH}{C}}-R$$
（羰基加成反应）

如果反应底物是 α, β-不饱和羧酸酯，共轭加成与酯基亲核加成取代反应存在竞争。

$$R-CH=CH-\overset{O}{\overset{\|}{C}}-OEt \quad + \quad H-Nu$$

$$R-\underset{Nu}{C}H-CH_2-\overset{O}{\overset{\|}{C}}-OEt$$
（共轭加成反应）

$$R-CH=CH-\overset{O}{\overset{\|}{C}}-Nu \quad + \quad EtOH$$
（酯基亲核加成取代反应）

究竟什么时候发生共轭加成反应，什么时候发生羰基加成反应呢？

碱性较弱的亲核试剂，因为与醛酮羰基的加成反应是可逆的，因此更倾向于与 α, β-不饱和醛酮发生共轭加成反应。这类碱性较弱的亲核试剂包括氰基负离子、胺、硫代酸根离子，以及由 β-二羰基化合物形成的烯醇负离子。之所以这些亲核试剂容易发生共轭加成（1, 4-加成），是因为共轭加成产物比羰基加成产物更稳定。并且亲核试

剂与羰基的加成(1,2-加成)反应是可逆的，即使 1,2-加成反应速率更快，共轭加成反应仍然会不断发生并逐渐消耗羰基化合物，最终形成共轭加成产物。

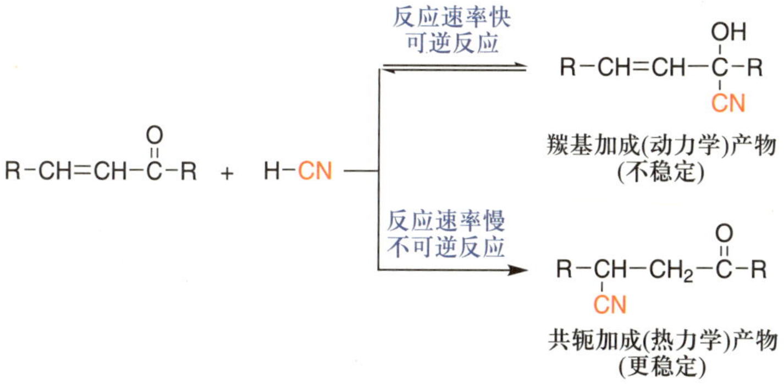

从上面分析可以看出，共轭加成产物是热力学控制产物(更稳定)。

共轭加成的产物更稳定也可以用键能参数来解释，共轭加成产物保留羰基，羰基加成产物保留了一个碳碳双键，但损失了一个羰基。由于C=O键能比C=C键能大得多，共轭加成得到的产物更稳定(其他键也会断裂或形成，但主要的影响是两种双键的相对强度)。这种影响因素反映在烯丙醇和丙醛这两种异构体的相对生成热中，C=O 键键能比 C=C 键键能大。

	$H_2C{=}CH{-}CH_2{-}OH$	$H_3C{-}CH_2{-}CHO$
	烯丙醇	丙醛
ΔH_f°	$-124\ kJ\cdot mol^{-1}$	$-189\ kJ\cdot mol^{-1}$

羰基加成反应在许多情况下是动力学上最有利的过程，比共轭加成反应速率快。当亲核试剂对羰基加成反应为不可逆时，则可以观察到羰基加成产物而不是共轭加成产物，例如 $LiAlH_4$ 和有机锂试剂是亲核性很强的亲核试剂，这些化合物与醛或酮直接发生加成反应，生成羰基加成产物，无论反应底物是普通羰基化合物还是 α,β-不饱和羰基化合物，总是发生 1,2-加成反应，也就是说强亲核试剂主要发生 1,2-加成反应。

综上所述：**亲核能力较弱的亲核试剂主要发生共轭加成反应，亲核能力较强的亲核试剂主要发生羰基加成反应。**

15.8.3 Michael 加成反应和 Robinson 成环反应

烯醇负离子，特别是由丙二酸酯衍生物、β-酮酸酯等形成的烯醇负离子，与 α,β-不饱和羰基化合物发生共轭加成反应，如下例所示：

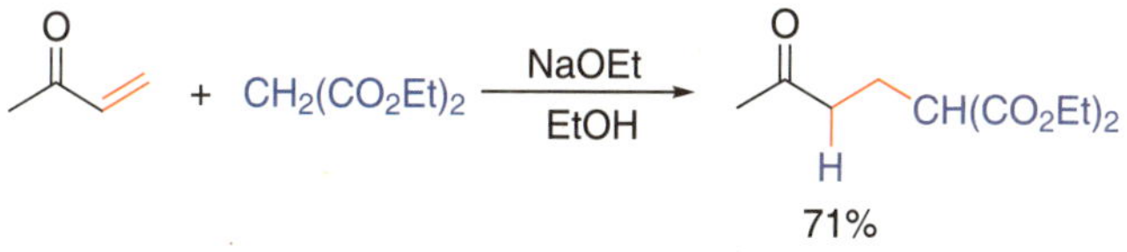

这个反应的机理与其他共轭加成反应完全相同，亲核试剂是乙氧基负离子与丙二酸二乙酯反应形成的烯醇负离子。值得注意的是，与 Claisen 酯缩合反应不同，这个反应只需要催化量的碱，反应并不依赖于产物形成的金属盐来完成，而是通过将 α,β-不饱和羰基化合物中的碳碳 π 键转化为两个更强的碳碳 σ 键驱动反应的完成。

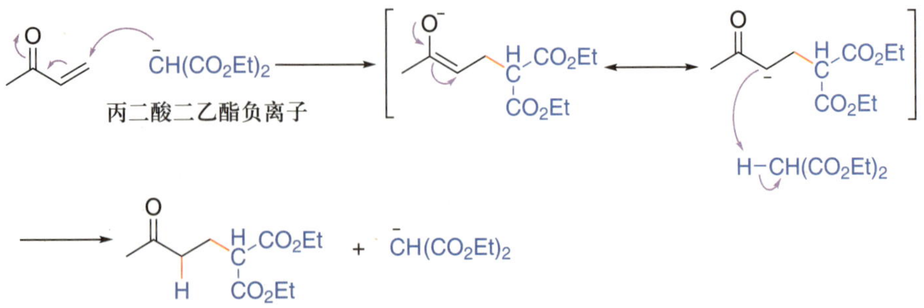

碳负离子与 α,β-不饱和羰基化合物发生的共轭加成反应称为**迈克尔加成反应**(Michael addition)。

在合成中使用 Michael 加成反应需要设计合理的合成路线，一个 Michael 加成反应的产物可能来自两对不同的反应物。例如，在下述的反应中，下列两种反应物中的任何一种进行 Michael 加成反应，都可以得到相同的产物：

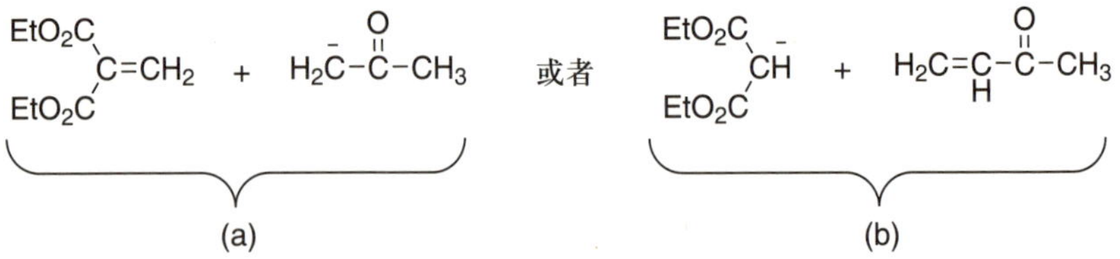

那么应该使用哪一对反应物呢？要回答这个问题，请使用上一节中的结论：碱性较弱的亲核试剂倾向于发生共轭加成反应；碱性较强的亲核试剂倾向于与羰基反应。因此，为了使共轭加成反应最大化，应选择 (b) 中的一对反应物更合适。当无法准确判断两个化合物碱性的相对强弱时，可以考察它们的共轭酸酸性的相对强弱，上面例子中 (a) 是丙酮负离子，(b) 是丙二酸二乙酯负离子，如果比较这两种碳负离子的碱性就可以知道它们共轭酸的酸性强弱。丙酮负离子的共轭酸是丙酮，丙二酸二乙酯负离子的共轭酸是丙二酸二乙酯，丙酮的酸性比丙二酸二乙酯酸性弱，因此丙酮负离子的碱性比丙二酸二乙酯负离子的碱性强。

Michael 加成反应的一个著名应用反应是罗宾森环化反应(Robinson annulation)，该反应首先发生 Michael 加成反应，然后加成产物进一步通过羟醛缩合反应形成一个环状化合物。

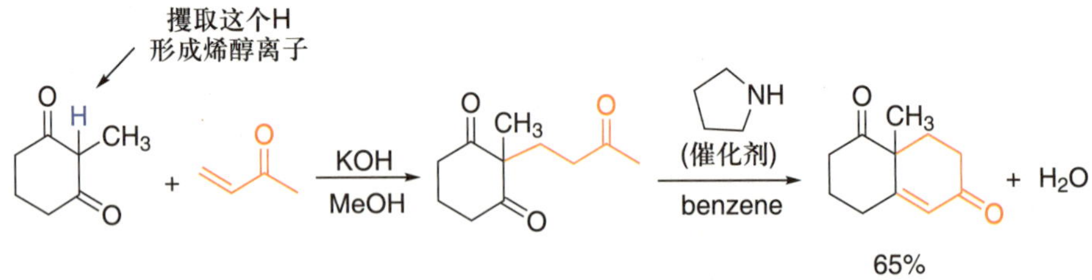

Michael 加成反应由 β-二酮的酸性质子电离形成的烯醇负离子与 α,β-不饱和酮进行反应，接下来羟醛缩合的机理在前面已经进行了讨论。

15.9   α,β-不饱和醛酮的还原反应

α,β-不饱和醛酮的羰基像普通的醛或酮一样，会被四氢铝锂还原成醇。

3-甲基环己-2-烯酮　　　　　　　　　3-甲基环己-2-烯醇
　　　　　　　　　　　　　　　　　　　98%

　　LiAlH$_4$ 的负氢对羰基进行亲核加成反应，然后经酸化得到醇。在该反应中负氢对羰基的加成反应不仅比共轭加成反应速率快，而且反应是不可逆的。反应不可逆的原因是因为负氢离子不是一个很好的离去基团。由于 LiAlH$_4$ 对羰基的加成反应是不可逆的，所以共轭加成反应根本没有机会发生。

　　换句话说，羰基与 LiAlH$_4$ 的还原反应是一个动力学控制的反应。
　　许多 α,β-不饱和醛酮被 NaBH$_4$ 还原，得到羰基加成产物和共轭加成产物的混合物。由于得到的是混合物，NaBH$_4$ 还原 α,β-不饱和醛酮的反应没有应用价值。在大部分情况下，LiAlH$_4$ 只能还原羰基，包括酯的羰基，而双键不受影响。
　　α,β-不饱和羰基化合物的碳碳双键在大多数情况下可以通过催化氢化选择性地还原。

1,3-二苯基丙-2-烯酮　　　　　　　　　　　　　　　　　　　1,3-二苯基丙酮
　　　　　　　　　　　　　　　　　　　　　　　　　　　　　95%

15.10　α,β-不饱和醛酮与金属有机试剂的反应

15.10.1　金属锂试剂对羰基的加成

有机锂试剂与 α,β-不饱和羰基化合物反应生成羰基加成产物。

4-甲基戊-3-烯-2-酮　　　　　　　　　4-甲基-2-苯基戊-3-烯-2-醇
　　　　　　　　　　　　　　　　　　　　　67%

2-甲基丙烯酸甲酯　　　　　　　　　3-丁基-2-甲基庚-1-烯-3-醇
　　　　　　　　　　　　　　　　　　　89%

　　这里发生羰基亲核加成而不是共轭加成的原因与 LiAlH$_4$ 还原的情况相同，有机锂试剂与羰基加成反应比共轭加成反应更快，而且反应是不可逆的。

格氏试剂和有机锂试剂能发生许多相同类型的反应，但是格氏试剂与 α,β-不饱和羰基化合物反应时得到共轭加成和羰基加成的混合物，反应选择性较差。

15.10.2　二烷基铜锂试剂的共轭加成反应

二烷基铜锂试剂与 α,β-不饱和酮和酯反应时只生成共轭加成产物。

环己-2-烯酮　→　3-甲基环己酮　97%

即使用羰基反应性更强的 α,β-不饱和醛，也主要产生共轭加成产物，如果反应在低温下进行，共轭加成产物比例会更高。

$$Et_2C=C-C=O \xrightarrow[\substack{ether \\ -50°C}]{(CH_3)_2CuLi} \xrightarrow{H_3O^+} Et_2C-CH_2-CHO \ + \ Et_2C=C-C-OH$$

(产物的95%)　　　(产物的5%)

70%总产率

二烷基铜锂试剂主要发生共轭加成反应是因为二烷基铜负离子中的烷基亲核性比有机锂试剂弱，更有利于共轭加成反应的发生。

$$R-CH=CH-C-R \longrightarrow R-C-CH=C-R \ + \ CH_3Cu$$

格氏试剂与 α,β-不饱和羰基化合物反应，会得到羰基加成和共轭加成产物的混合物。如果用 CuCl 处理格氏试剂，就会形成有机铜镁试剂，它们像有机铜锂试剂一样，能够选择性地得到共轭加成产物。

总结：要进行羰基亲核加成反应，需要使用有机锂试剂；要进行共轭加成反应，需要使用有机铜锂试剂 (或添加了 CuCl 的格氏试剂)。

本章学习要点

(1) α-H 的酸性：羧酸衍生物等化合物 α-H 呈一定酸性，羧酸衍生物 α-C 上所连吸电子基团越多，α-H 的酸性越强。

(2) 酮式和烯醇式的概念、互变异构及它们稳定性的分析；烯醇负离子的形成、共振式和离域式，烯醇的两个反应位点反应性能的区别；烯胺的结构，醛和酮的烷基化反应。

(3) 醛和酮的 α-卤代反应，酸性条件下醛和酮卤代反应，碱性条件下醛和酮卤代反应：卤仿反应。

(4) 缩合反应的定义，1,3-官能团化合物的合成，1,4-官能团化合物的合成。

(5) 涉及烯醇负离子和烯醇的羟醛缩合反应：碱催化的羟醛缩合反应，酸催化的羟醛缩合反应，交叉羟醛缩合反应，分子内羟醛缩合反应。

(6) 涉及酯烯醇负离子的缩合反应：Claisen 酯缩合反应和反应机理，Dieckmann 酯缩合反应和反应机理，交叉 Claisen 酯缩合反应。

(7) 酯烯醇负离子的烷基化反应：丙二酸酯合成法，乙酰乙酸乙酯合成法，羧酸酯的定向烷基化反应。

(8) 共轭加成反应：1,2-加成和1,4-加成的选择性，Michael 加成反应和 Robinson 成环反应和反应机理，α,β-不饱和醛与酮的还原反应，α,β-不饱和醛与酮与金属有机试剂的反应。

 习题

15.1 完成下列反应。

(1) H₃C-C(=O)-CH₂-C(=O)-OEt + Br(CH₂)₄Br

$\xrightarrow[\text{EtOH}]{\text{EtONa(过量)}}$ $\xrightarrow[\text{heat}]{H_3O^+}$ （?）(C₇H₁₂O)

(2) γ-丁内酯 $\xrightarrow{Li^+[(CH_3)_2CH]_2\ddot{N}:^-}$ $\xrightarrow{CH_3I}$ （?）

(3) [图：1-氯-2,4-二硝基苯] + Na⁺ ⁻:CH(CO₂Et)₂ ⟶

$\xrightarrow[\substack{H_2O \\ \triangle}]{H_3O^+}$ （?）

(4) [环己烯基甲基酮] $\xrightarrow[\text{2) } H_3O^+]{\text{1) LiAlH}_4}$ （?）

(5) [2-甲基环戊烯-1-甲酸乙酯] + CH₃CH(CO₂Et)₂ $\xrightarrow[\text{EtOH}]{\text{EtONa}}$ （?）

(6) CH₂(CO₂Et)₂ + Ph-CH=O $\xrightarrow{\substack{\text{NH} \\ (\text{catalyst})}}$

$\xrightarrow{K^+\ ^-CN}$ $\xrightarrow[\triangle]{H_3O^+,H_2O}$ （?）（一种二元羧酸 C₁₀H₁₀O₄）

(7) CH₂(CO₂Et)₂ $\xrightarrow[\text{EtOH}]{\text{EtONa}}$ [己酰氯] $\xrightarrow[\triangle]{H_3O^+,H_2O}$ （?）

(8) H₃C-C(=O)-CH₂-C(=O)-OEt + CH₂=CHCO₂Et

$\xrightarrow[\text{EtOH}]{\text{EtONa}}$ $\xrightarrow{H_3O^+}$ （?）

(9) Cl(H₂C)₃HC[缩醛环] $\xrightarrow{\text{Mg, CuBr}}$ [环己烯酮]

$\xrightarrow[\text{苯}]{H_3O^+}$ （?）(C₁₀H₁₄O) + H₂O

提示:用CuBr或CuCl处理的格氏试剂反应类似二烃基铜酸锂试剂

(10) [八氢萘酮结构] + H₃C-C(=CH₂)-MgBr $\xrightarrow{\text{CuCl}}$

$\xrightarrow{H_2O}$ （?）（给出产物的立体化学并解释）

(11) (CH₃)₂C=C(CO₂Et)(CO₂Et) + CH₃MgBr + CuCl

$\xrightarrow[\triangle]{H_3O^+}$ （?）（乙醚）

(12) [苯] + Ph-CH=CH-C(=O)-Ph $\xrightarrow{\text{AlCl}_3}$

$\xrightarrow{H_3O^+}$ （?）（一种酮 C₂₁H₁₈O）

(13) MeO₂C-[苯]-Br + CH₂(CO₂Et)₂ + NaH

$\xrightarrow[\text{THF}]{\text{Pd[P(}^tBu)_3]_4\ (catalyst)}$ $\xrightarrow[\triangle]{H_3O^+}$ （?）

15.2 写出下列化合物与 Br₂ 和 NaOH 反应的产物。

(1) [十氢萘基甲基酮 O=C-CH₃]

(2)

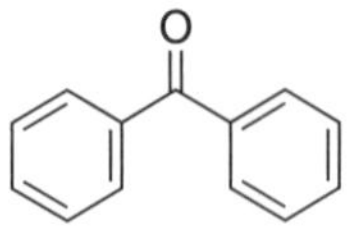

(3) Ph—CH—CH₃ （上方 OH）

15.3 下列化合物哪些可以通过羟醛缩合反应进行合成，给出所需起始原料的结构。其他不能通过羟醛缩合进行合成的原因是什么？

(1) 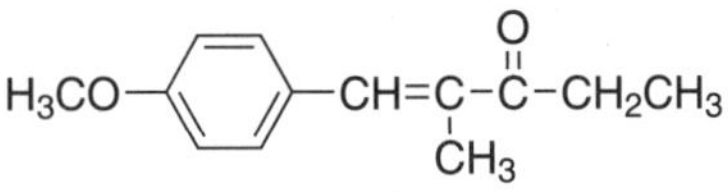 H₃CO— —CH=C—C—CH₂CH₃ （CH₃ 在下方，C=O）

(2) 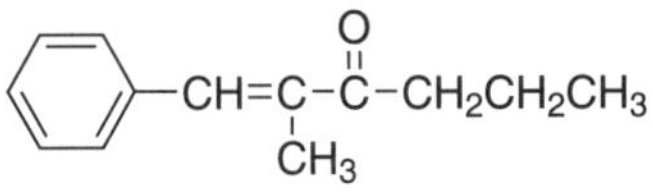 —CH=C—C—CH₂CH₂CH₃ （CH₃ 在下方，C=O）

(3) 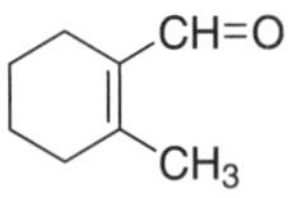 CH=O，CH₃

(4) 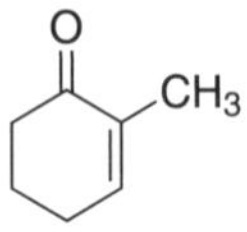 CH₃

(5) 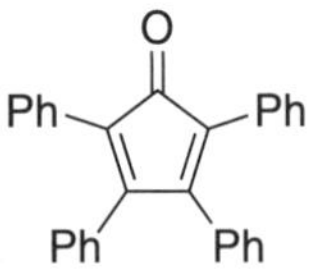 Ph Ph Ph Ph

(6) 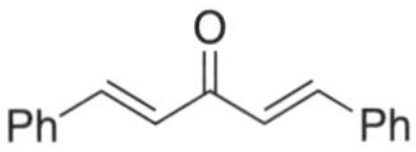 Ph—CH=CH—C—CH=CH—Ph （C=O）

(7) 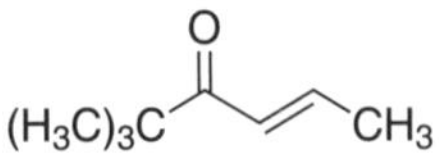 (H₃C)₃C—C—CH=CH—CH₃ （C=O）

(8)

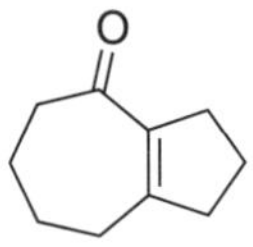

15.4 解释为什么化合物 A 用等当量的乙醇钠处理，然后酸化就能够完全转化为化合物 B？写出该步转化的反应机理。给出 α-甲基己二酸二乙酯（化合物 C）发生 Dieckmann 缩合反应产物的结构并解释原因。

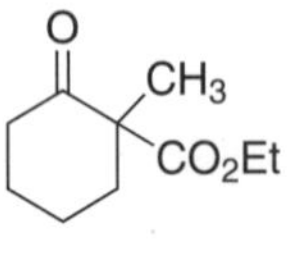

A 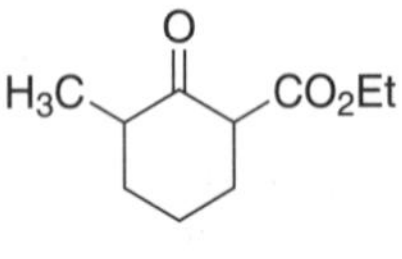   **B**

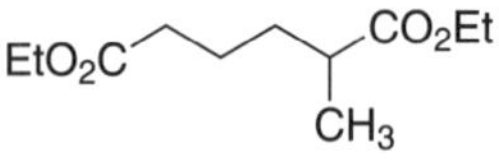

EtO₂C— —CO₂Et （CH₃ 在下方）

C

15.5 完成下列反应。

(1) H₃C—C—CMe₃ + EtO—C—OEt →（NaOEt）
（过量）

→（H₃O⁺）（?）

(2) Ph—C—CH₃ + Ph—C—OEt →（NaOEt）
（过量）

→（H₃O⁺）（?）

(3) →（NaH）

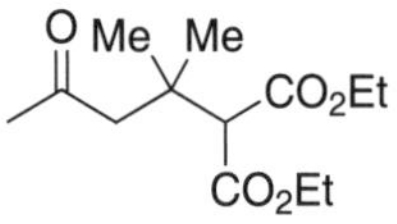

→（H₃O⁺）（?）（C₁₁H₁₆O₄）

(4) —CHO + H₃C—C—CH₃
（等物质的量）

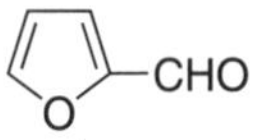

→（1) NaOH 2) H₃O⁺）（?）

(5) acetophenone + hexanal →（NaOH）（?）

(6) (CH₃)₂CH—C—CH₃ →（LDA THF −78°C）—CH=O→

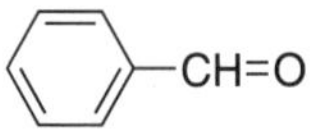

→（H₃O⁺）（?）

(7) 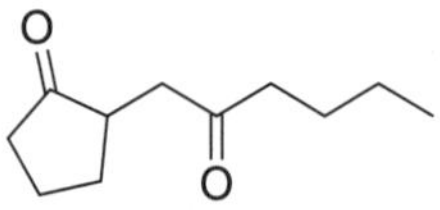 →（KOH）（?）

(8) CH₃CH₂CCH₂Br + →（?）

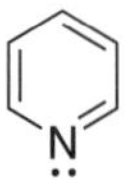

(9) BrCH₂C—Ph + CH₃C—O⁻ Na⁺

→（?）

15.6 分析下列化合物，确定通过 Claisen 酯缩合反应合成下列化合物所需的起始原料并写出反应机理。

(1) 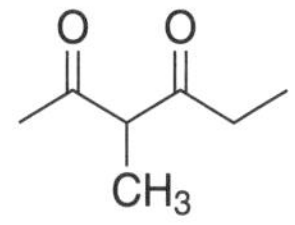

(2) 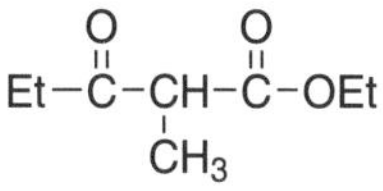

(3) 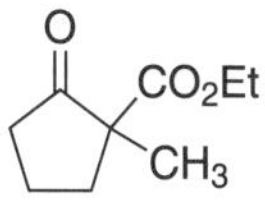

(4) 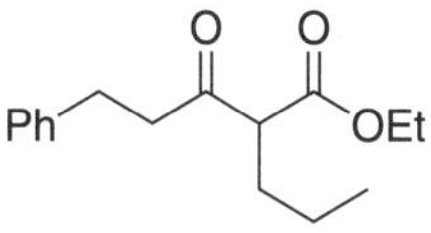

15.7 利用 Dieckmann 缩合反应合成下列化合物。

(1) 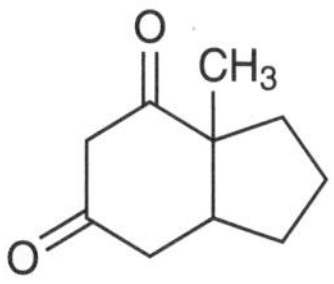

(2) 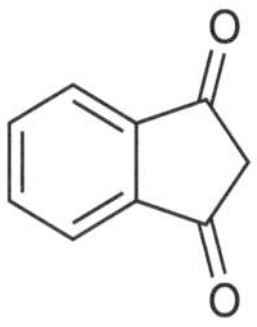

15.8 设计合理的合成路线合成下列化合物。

(1) 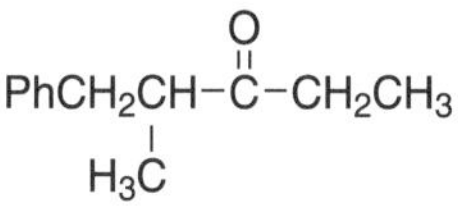

(2) 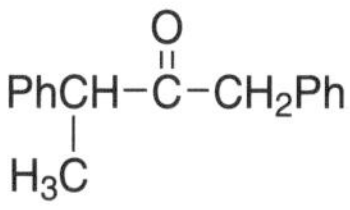

15.9 如下羟醛缩合反应能够得到两种非对映体加成产物 A 和 B，化合物 A 和 B 均为外消旋体，写出产物 A 和 B 的结构和反应机理。

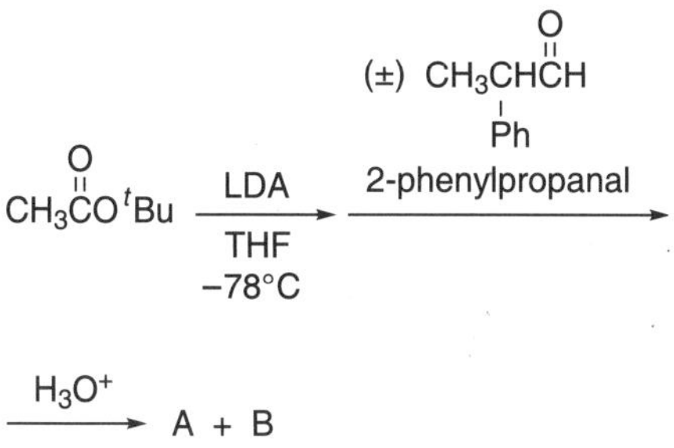

15.10 写出下列反应机理，用箭头表示电子转移方向。

(1) 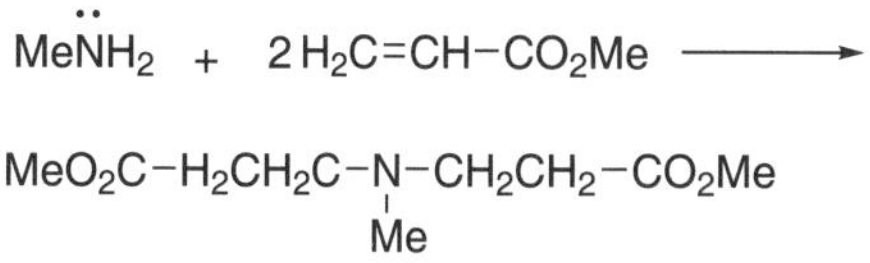

(2) 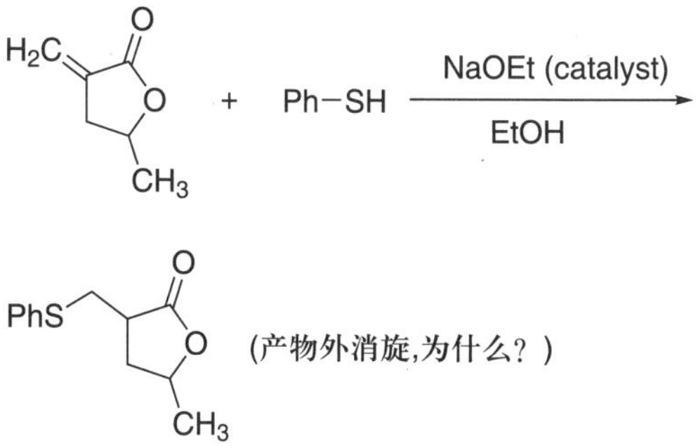

(3) 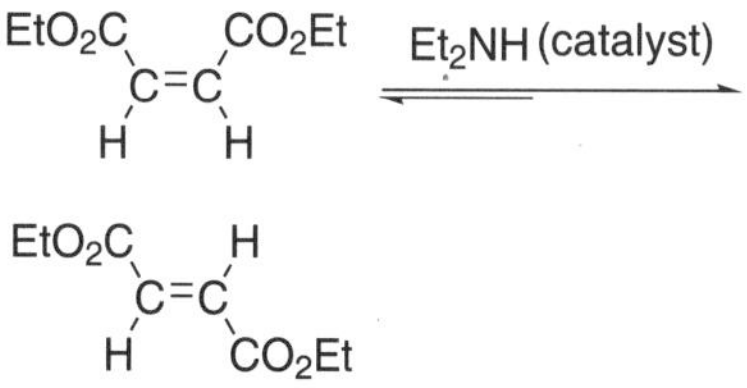

15.11 完成下列反应并解释反应机理。

(1) 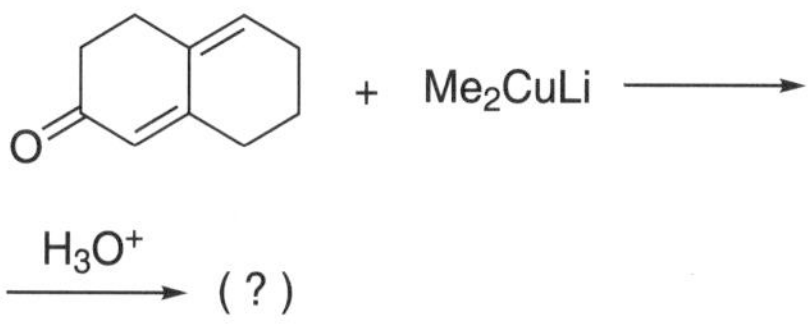

(2) $H_3C-C\equiv C-CO_2Me + Me_2CuLi$ (1 equiv.) $\longrightarrow \xrightarrow{H_3O^+}$ (?)

15.12 用反应机理解释为什么下列反应均不能得到目标化合物。

(1) $CH_3CH_2CO_2Et \xrightarrow[EtOH]{EtONa} \xrightarrow{CH_3I} (CH_3)_2CHCO_2Et$

(2) $CH_2(CO_2Et)_2 \xrightarrow[EtOH]{EtONa} \xrightarrow{PhBr} Ph-CH(CO_2Et)_2$

(3) $CH_3CH(OH)CO_2Et \xrightarrow[\Delta]{H_3O^+} H_2C{=}CH-CO_2Et$

(4) $CH_3CH_2CO_2H$ $\xrightarrow[\text{Br}_2]{\text{PBr}_3 \text{ (catalyst)}}$ $\xrightarrow[\text{ether}]{\text{Mg}}$

$\xrightarrow[\text{2) } H_3O^+]{\text{1) } CH_3CH=O}$ $H_3C-\underset{\underset{OH}{|}}{C}H-\underset{\underset{CH_3}{|}}{C}H-CO_2H$

(5) $CH_3CH_2-\overset{O}{\overset{||}{C}}-CH_3$ + $H_3C-\overset{O}{\overset{||}{C}}H$ $\xrightarrow{\ ^-OH\ }$

$H_3C-CH=CH-\overset{O}{\overset{||}{C}}-CH_2CH_3$

(6) + Br_2 $\xrightarrow[\text{(catalyst)}]{AlBr_3}$

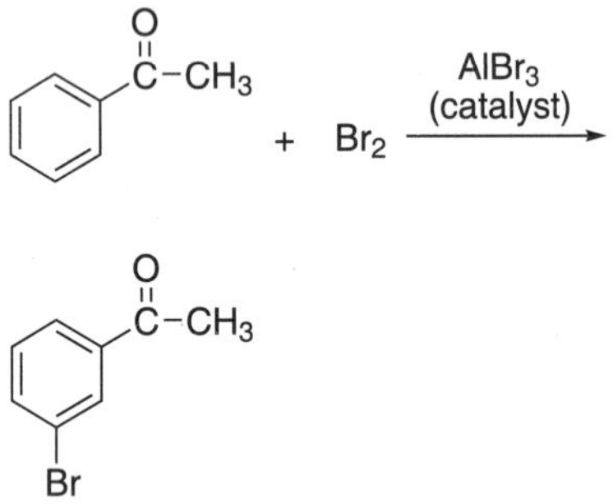

15.13 从指定原料出发完成下列转化。

(1) 从 合成

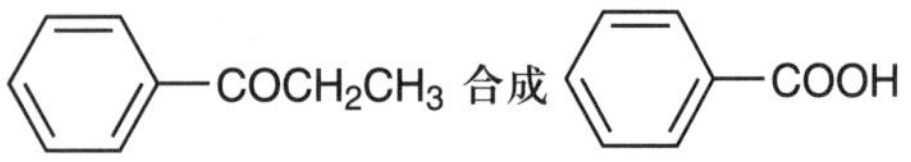

和 CH_3COOH

(2) 从 合成

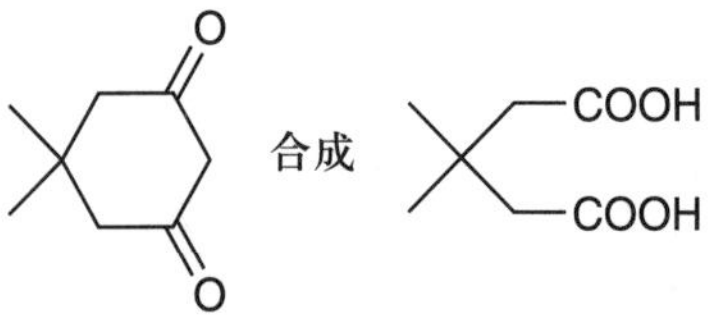

15.14 确定如下化合物是否可以通过 Claisen 酯缩合反应或其类似反应制备，给出可能的起始原料。

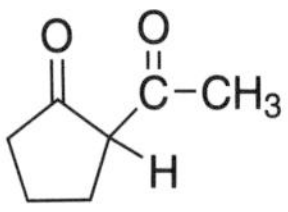

15.15 由丙二酸酯合成法合成如下羧酸：

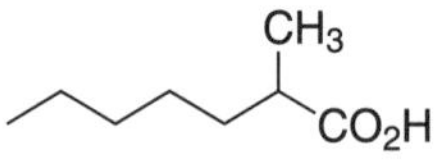

2-甲基庚酸

胺

第16章

胺

胺 (amine) 是含有氨基 (–NH$_2$, amino) 的含氮有机化合物, 广泛地存在于自然界。例如不新鲜的鱼所发出的鱼腥味主要来源于三甲胺, 腐败物所发出的难闻气味主要由腐胺 (丁-1,4-二胺) 和尸胺 (戊-1,5-二胺) 所引起。大量存在于植物中的生物碱 (alkaloid) 是胺的衍生物。胺类物质大多具有重要的生理活性, 是很多药物的重要结构单元 (图 16-1)。

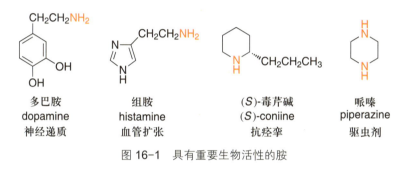

多巴胺	组胺	(S)-毒芹碱	哌嗪
dopamine	histamine	(S)-coniine	piperazine
神经递质	血管扩张	抗痉挛	驱虫剂

图 16-1 具有重要生物活性的胺

氧化三甲胺是水产品鲜味的重要来源, 它并没有特殊的气味。水产品不新鲜后, 其体内的氧化三甲胺被相应的还原酶或兼性厌氧菌不断地还原为三甲胺, 三甲胺具有难闻的腥臭味。

$$(CH_3)_3N^+-O^- \xrightarrow{\text{还原酶}} (CH_3)_3N$$

氧化三甲胺   三甲胺

β-苯乙胺是苯乙胺类药物的基本骨架, 这类药物为拟肾上腺素类药物。

16.1 胺的分类与命名

16.1.1 胺的分类

胺可看作氨的衍生物, 常根据氨中氢原子被烷基或芳基所取代的个数分为伯胺、仲胺和叔胺, 也称为一级胺 (primary amine)、二级胺 (secondary amine) 和三级胺 (tertiary amine)。

氨   伯胺   仲胺   叔胺

应该注意的是胺的伯、仲、叔分类与卤代烃和醇是不同的, 如叔丁胺是伯胺, 而叔丁醇是叔醇。

叔丁胺   叔丁醇

根据取代基 R 种类的不同, 胺又可分为脂肪胺和芳香胺。R 为烷基, 称为脂肪胺; R 为芳基, 称为芳香胺。

| 三乙胺 | 苄胺 | N-甲基苯胺 |
| 脂肪胺 | 脂肪胺 | 芳香胺 |

胺还可分为环状脂肪胺和芳香氮杂环胺，二者的性质也截然不同。

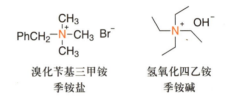

| 哌啶 | 吡啶 |
| 环状脂肪胺 | 芳香氮杂环胺 |

氮原子上连有四个取代基的化合物称为季铵盐。季铵盐的阴离子为氢氧根时，称为季铵碱，它为强碱，在水相和有机相中均有很好的溶解性。

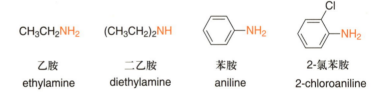

| 溴化苄基三甲铵 | 氢氧化四乙铵 |
| 季铵盐 | 季铵碱 |

16.1.2   胺的命名

胺发现得较早，很多胺具有俗名，如前述的腐胺、多巴胺等。除俗名外，胺的命名主要有普通命名和系统命名。

含有简单取代基的胺，常用普通命名，直接称为"某胺"。相应的英文名称为取代基后加"amine"，即"alkylamine"。

环状脂肪胺也经常用俗名，如哌啶、吗啉和吡咯烷 (四氢吡咯)。

| 吗啉 | 吡咯烷 |
| morpholine | pyrrolidine |

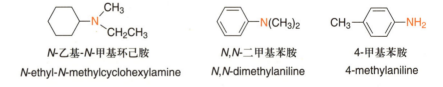

| 乙胺 | 二乙胺 | 苯胺 | 2-氯苯胺 |
| ethylamine | diethylamine | aniline | 2-chloroaniline |

取代基不同的二级或三级胺，将相对大的或复杂的取代基放在最后作为母体，称"某胺"，其他取代基按英文首字母排序，称为"N-某基某胺"。

| N-乙基-N-甲基环己胺 | N,N-二甲基苯胺 | 4-甲基苯胺 |
| N-ethyl-N-methylcyclohexylamine | N,N-dimethylaniline | 4-methylaniline |

复杂的胺用系统命名法对其命名。选择含有氨基的最长碳链为主链，根据主链上碳原子数称为"某胺"；随后对主链进行编号，优先使氨基的编号小；最后将氨基的编号和其他取代基的编号和名称放在胺前。例如，3-甲基丁-2-胺、N-甲基丁-2-胺、2,4,N,N-四甲基己-3-胺等。

$$NH_2$$

$$CH_3CHCHCH_3$$
|
$$CH_3$$

3-甲基丁-2-胺
3-methylbutan-2-amine

$$NHCH_3$$

$$CH_3CH_2CHCH_3$$

N-甲基丁-2-胺
N-methylbutan-2-amine

$$CH_3 \quad CH_3$$
| |
$$CH_3CH_2CHCHCHCH_3$$
|
$$N(CH_3)_2$$

2,4,*N*,*N*-四甲基己-3-胺
2,4,*N*,*N*-tetramethylhexan-3-amine

如分子中有比氨基更优先的官能团，将氨基 (amino) 当作取代基加以命名。

HO⌒⌒NH₂

3-氨基丙-1-醇
3-aminopropan-1-ol

[2-氨基苯甲酸结构 NH₂, CO₂H]

2-氨基苯甲酸
2-aminobenzoic acid

[(CH₃)₂N 环己酮结构 =O]

4-(*N*,*N*-二甲基氨基)环己酮
4-(*N*,*N*-dimethylamino)cyclohexanone

季铵盐的名称由相应烷基和酸根的名称加"铵"字组成。不同的烷基按英文首字母排列顺序，英文用"ammonium"代替"amine"。

<aside>
命名时氨基比烯基优先：

H₂N⌒⌒

丁-3-烯-1-胺
but-3-en-1-amine
</aside>

$$CH_3\overset{+}{N}H_3\ Cl^-$$

氯化甲基铵
methylammonium chloride

$$(CH_3CH_2)_4\overset{+}{N}\ Cl^-$$

氯化四乙基铵
tetraethylammonium chloride

$$PhCH_2\overset{+}{N}(CH_3)_3\ Br^-$$

溴化苄基三甲基铵
benzyltrimethylammonium bromide

$$CH_3$$
|
$$Ph-\overset{+}{N}-Ph\ NO_3^-$$
|
$$CH_3$$

硝酸二甲基二苯基铵
dimethyldiphenylammnonium nitrate

16.2 胺的结构

脂肪胺的结构与无机氨类似，通常呈锥形 (pyramidal) 结构。氮原子采取 *sp*³ 杂化，一对孤对电子处于 *sp*³ 杂化轨道上。如把孤对电子看作一个取代基，胺仍是四面体构型。芳香胺中氮原子孤对电子所处的轨道可与苯环大 π 键发生共轭，形成一个大的共轭体系而得到稳定。苯胺中 H–N–H 键角为 113.9°，比脂肪胺中的大，苯环与 H–N–H 平面间的二面角为 142.5°。结构测定表明，芳胺仍为锥形结构，但其中氮原子具有部分 *sp*² 杂化的特征 (图 16-2)。

<aside>
典型的脂肪胺 C–N 键 (1.47 Å) 比醇的 C–O 键 (1.43 Å) 长，但比烷烃的 C–C 键 (1.54 Å) 短。由于共轭，芳香胺的 C–N 键 (1.40 Å) 比脂肪胺的短。
</aside>

甲胺
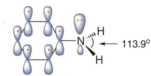
苯胺

图 16-2 胺的结构

具有三个不同取代基的胺，如把孤对电子也看作一个取代基，这样的胺是手性的，应该存在一对对映异构体 (图 16-3)。

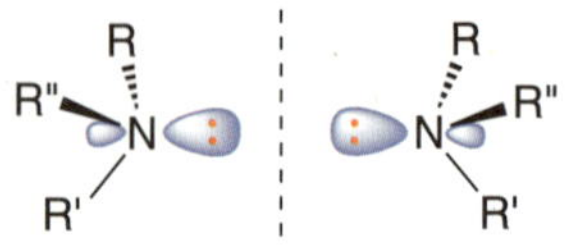

图 16-3　手性胺的一对对映异构体

这样的异构体由于快速的翻转 (inversion) 而不能拆分 (图 16-4)。在转化过渡态中，氮原子采取 sp^2 杂化，孤对电子占据未杂化的 *p* 轨道，很容易从一边转向另一边，能量只需 20 - 30 kJ·mol^{-1}，在室温下可快速进行。因而孤对电子事实上很难起到第四个取代基的作用来稳定氮手性中心。

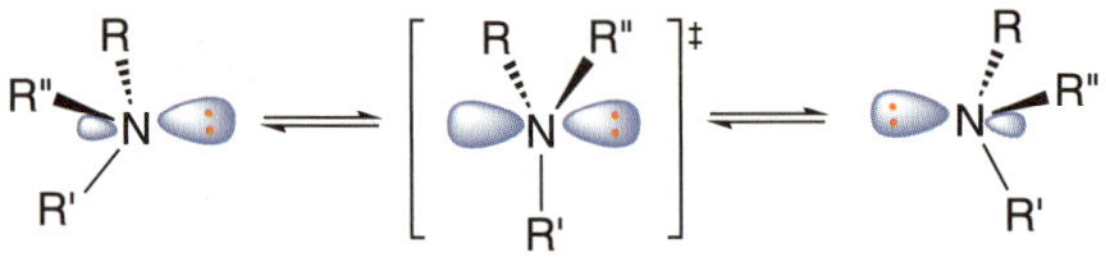

图 16-4　手性胺对映异构体的翻转

金鸡纳生物碱衍生的手性季铵盐在甘氨酸酯亚胺的不对称烷基化反应、烯烃的不对称环氧化反应等不对称合成反应中表现出了高的对映选择性。

在一些生物碱中，由于桥环的存在限制了这种翻转过程，可以分离得到单一对映异构体，如 Tröger 碱的左旋体和右旋体就可以拆分。

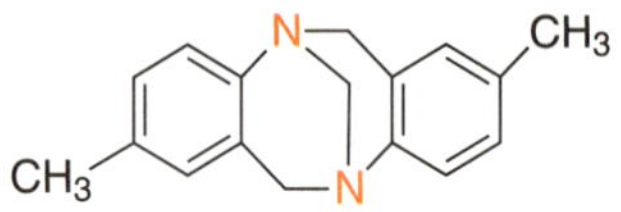

Tröger碱

在连有四个不同取代基的季铵盐中，这种翻转也不易进行，因而可以拆分出一对对映异构体。这样的手性季铵盐已被应用于不对称合成。

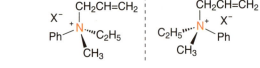

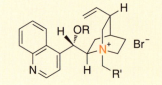

思考题 16.1

哪些因素可以抑制手性胺的构型翻转？

16.3　胺的物理性质

N---H-N 氢键比 O---H-O 氢键弱，胺的沸点比相近分子量的醇低。

$(CH_3CH_2)_2NH$
bp 56 °C

$CH_3CH_2CH_2CH_2OH$
bp 117 °C

胺是极性化合物，沸点比相近分子量的烷烃的高，但比醇的低。伯胺和仲胺含有 N-H 键，可以形成氢键；叔胺没有 N-H 键，不能自身形成氢键，因而相近分子量的伯胺、仲胺的沸点比叔胺的高。胺都可以与水分子形成氢键，故低级胺在水中均有较好的溶解性。随着碳数的增加，高级胺的水溶性变小。

胺类化合物大多具有特殊难闻的气味。芳胺具有较大的毒性，β-萘胺和联苯胺具有致癌作用。使用胺类化合物应当特别小心。芳胺易被氧化，在空气中长久放置颜色

变深。表 16-1 列出了部分胺的物理性质数据。

表 16-1　部分胺的物理性质数据

名称	熔点/℃	沸点/℃	水溶性/(g·100 mL^{-1})(25 ℃)
甲胺	−92	−7.5	可溶
二甲胺	−96	7.5	可溶
三甲胺	−117	3	91
乙胺	−80	17	混溶
二乙胺	−39	55	可溶
三乙胺	−115	89	14
正丁胺	−50	78	可溶
异丁胺	−85	68	混溶
仲丁胺	−104	63	混溶
叔丁胺	−67	46	混溶
环己胺	−18	134	微溶
苄胺	10	185	微溶
哌啶	−11	106	混溶
吗啉	−5	129	混溶
四氢吡咯	−63	88	混溶
苯胺	−6	184	3.7
乙二胺	8	117	混溶
己二胺	39	196	混溶

16.4　胺的波谱性质

16.4.1　胺的红外光谱

伯胺和仲胺有 N-H 键，相应的伸缩振动吸收峰位于 3500 - 3200 cm^{-1}。伯胺有两个 N-H 键吸收峰 (图 16-5)，仲胺仅有一个 (图 16-6)，而叔胺在此区域无红外吸收峰。此外，伯胺 N-H 键弯曲振动吸收峰出现在 1650 - 1580 cm^{-1}。

脂肪胺和芳香胺 C-N 键伸缩振动差异较大，脂肪胺的吸收峰弱且频率低 (1250 - 1020 cm^{-1})，芳香胺的吸收峰强而频率高 (1360 - 1250 cm^{-1})。

> 通常键的极性越大，它的红外伸缩振动强度也越大。N-H 键的极性小于 O-H 键，因此 N-H 键的红外吸收强度比 O-H 键的弱。

16.4.2　胺的核磁共振谱

伯胺和仲胺的 N-H 质子信号常以宽峰的形式出现在 δ 0.5 - 5 ppm 之间 (图 16-7)，确切的位置与测定使用的溶剂、浓度和温度等有关。由于自身的质子交换，N-H 质子一般不与相邻碳上质子偶合。N-H 质子可与 D$_2$O 发生 H-D 交换，导致信号消失。

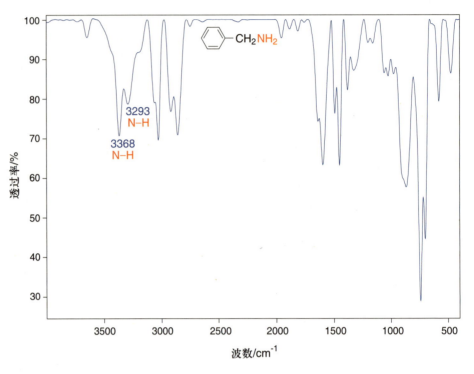

图 16-5　苄胺的红外光谱

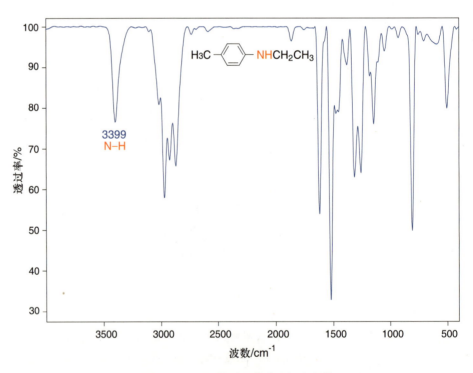

图 16-6　*N*-乙基对甲苯胺的红外光谱

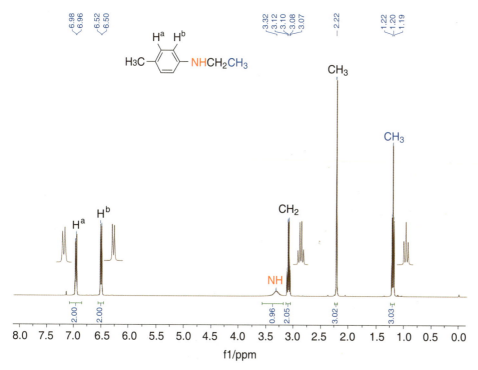

图 16-7　N-乙基对甲苯胺的 ^1H NMR 谱图

由于氮原子吸电子诱导效应，胺的 α 碳受到去屏蔽作用，α 碳及其碳上质子化学位移均向低场位移。一般 α 碳质子位于 δ 2-3 ppm 间，α 碳的化学位移在 δ 10-65 ppm 之间。如下为一些胺的 ^{13}C NMR 化学位移 (ppm)。

$$CH_3-CH_2-CH_2-CH_2-NH_2$$

δ/ppm　14.0　20.4　36.7　42.3

δ/ppm　33.6　50.9　22.6

> 氮原子的去屏蔽效应小于氧原子，因此与氮原子相连的碳的化学位移小于与氧原子相连的碳的化学位移。
>
> δ/ppm　25.5　27.2　47.5　23.6　26.6　68.0

思考题 16.2

比较醇和胺中羟基和氨基质子及相应 α 碳和 α 碳上质子的化学位移，并给予合理的解释。

16.5　胺的化学性质

胺中氮原子上有孤对电子，在化学反应中能提供电子，因而胺有碱性和亲核性，可以作为有机碱和亲核试剂参与各种反应。

16.5.1　胺的酸碱性

伯胺和仲胺 N-H 质子的酸性比醇弱得多，$pK_a \sim 35$，只有在强碱如丁基锂等的作用下才能失去质子，形成氨基负离子。例如：

二异丙胺　　　　　　　　二异丙基氨基锂(LDA)

二异丙基氨基锂 (LDA) 是一个大体积的非亲核性强碱，可以快速地对羰基 α-H 去质子化，广泛地应用于有机合成。如用 LDA 处理 2-庚酮，可选择性地在位阻小的一侧去质子化。

相较于胺的酸性，胺的碱性更加重要。胺的氮原子上孤对电子可从水中接受质子，产生氢氧根，故胺的水溶液呈碱性。

$$RNH_2 + H_2O \underset{}{\overset{K_b}{\rightleftharpoons}} \overset{+}{R}NH_3 + OH^-$$

碱性的强弱可以用离解常数 K_b 来定量表示。K_b 越大，碱性越强。现在常用胺的共轭酸的 pK_a 来衡量其碱性。

$$\overset{+}{R}NH_3 + H_2O \overset{K_a}{\rightleftharpoons} RNH_2 + H_3O^+$$

共轭酸　　　　　　　　　碱

$$K_a = \frac{[RNH_2][H_3O^+]}{[\overset{+}{R}NH_3]} \qquad pK_a = -\lg K_a$$

胺的共轭酸的 pK_a 越小，共轭酸的酸性越强，相应的共轭碱即胺的碱性就越弱。表 16-2 给出了一些胺的共轭酸的 pK_a 值 (25 ℃)。

表 16-2　一些胺的共轭酸的 pK_a 值 (25 ℃)

胺	共轭酸 pK_a	胺	共轭酸 pK_a
NH_3	9.26	$(CH_3)_2NH$	10.72
CH_3NH_2	10.64	$(CH_3CH_2)_2NH$	10.99
$CH_3CH_2NH_2$	10.64	$(CH_3CH_2CH_2)_2NH$	11.00
$CH_3CH_2CH_2NH_2$	10.68	$(CH_3)_3N$	9.74
$c\text{-}C_6H_{11}NH_2$	10.67	$(CH_3CH_2)_3N$	10.76
$C_6H_5CH_2NH_2$	9.33	$(CH_3CH_2CH_2)_3N$	10.65
$C_6H_5NH_2$	4.60	$p\text{-}FC_6H_4NH_2$	4.64
$C_6H_5NHCH_3$	4.79	$p\text{-}BrC_6H_4NH_2$	3.80
$C_6H_5N(CH_3)_2$	5.06	$p\text{-}IC_6H_4NH_2$	3.80
$(C_6H_5)_2NH$	0.80	$p\text{-}O_2NC_6H_4NH_2$	1.00
$p\text{-}CH_3C_6H_4NH_2$	5.08	$m\text{-}O_2NC_6H_4NH_2$	2.45
$p\text{-}CH_3OC_6H_4NH_2$	5.30	吡啶	5.25
$m\text{-}CH_3OC_6H_4NH_2$	4.23	哌啶 (六氢吡啶)	11.12
$p\text{-}ClC_6H_4NH_2$	3.81	吡咯	-1
$m\text{-}ClC_6H_4NH_2$	3.32	四氢吡咯	11.27

苯胺的酸性 (pK_a 28) 比氨 (pK_a 33) 强，原因在于其共轭碱中的负电荷可以离域而得以稳定。

　　总的来说，能够增加胺中氮原子电子云密度的因素都使胺的碱性增强，反之则减弱胺的碱性。烷基的给电子性质增大了氮原子的电荷密度，同时烷基的给电子作用也使其共轭酸铵离子更稳定，因此脂肪胺的碱性比氨强。二级脂肪胺有两个烷基，碱性比一级脂肪胺更强。如果仅考虑电子效应，三级脂肪胺的碱性应该比二级脂肪胺的碱性强，但事实上它的碱性仅比氨强，反而小于一级胺，这是由于溶剂化效应起了主导作用。

　　随着胺的氮原子上取代基增多，相应的 N–H 键减少，与水形成氢键机会减少；同时，随着烷基数量增加，空间体积变大，这些因素都使三级脂肪胺共轭酸的溶剂化程度下降，导致相应三级的共轭酸铵离子的稳定性降低，反而不如一级胺共轭酸铵离子稳定。

　　综合电子效应和溶剂化的影响，最终结果是在水溶液中，脂肪胺的碱性顺序为：二级胺 > 一级胺 > 三级胺 > 氨。但在气相条件下，没有溶剂化的影响，电子效应起主要作用，脂肪胺的碱性顺序为：三级胺 > 二级胺 > 一级胺 > 氨。

　　苯胺的碱性弱于氨，这是由于苯胺氮原子具有部分 sp^2 杂化性质，孤对电子占据的轨道与苯环共轭 (图 16-2)，部分电荷离域到苯环上，导致氮原子电子云密度降低，不易接受质子。

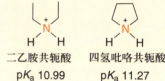

环的刚性限制了四氢吡咯中烷基的自由运动，降低了相应共轭酸的体积效应，四氢吡咯共轭酸溶剂化程度高，碱性比烷基能自由运动的二乙胺的碱性强。

二乙胺共轭酸
pK_a 10.99

四氢吡咯共轭酸
pK_a 11.27

　　另外，苯胺质子化后共轭消失，共轭酸正离子氮上正电荷不能分散，稳定性变差。苯环上取代基也可通过诱导或共轭效应影响氨基氮上的电子云密度，从而影响芳胺的碱性。通常给电子取代基使芳胺碱性增加，吸电子取代基使芳胺碱性减弱。当取代基既有共轭效应，也有诱导效应时，取代基的电子性质取决于其诱导效应与共轭效应的平衡。共轭效应可以通过共轭体系交替传递，从而影响邻对位的电子云密度，但共轭效应对间位几乎没有影响。间位主要受诱导效应的影响。

碱性：

　　氮原子的杂化方式也极大地影响胺的碱性。s 轨道电子受原子核束缚强，因而 s 成分多的氮原子电负性大，电子不易给出。如吡啶氮上孤对电子位于 sp^2 杂化轨道上，而哌啶 (六氢吡啶) 氮上孤对电子占据 sp^3 杂化轨道，结果是哌啶的碱性大于吡啶，哌啶是典型的二级胺。

吡啶
sp^2 杂化
共轭酸 pK_a 5.25

哌啶
sp^3 杂化
共轭酸 pK_a 11.12

　　酰胺中氮原子与羰基共轭，氮上孤对电子可以通过共轭离域到氧原子上，氮上电子云密度降低，酰胺几乎不显碱性。

事实上，酰胺用酸处理，质子化发生在氧原子上而不是在氮原子上，形成的正离子通过共振得到稳定。

$$R-\overset{O}{\underset{}{C}}-NH_2 \xrightarrow{H^+} R-\overset{\overset{+}{O}H}{\underset{}{C}}-\ddot{N}H_2 \longleftrightarrow R-\overset{OH}{\underset{}{C}}=\overset{+}{N}H_2$$

胍 (guanidine) 是有机强碱 (共轭酸 pK_a 13.6)，碱性与氢氧化钠相当。胍共轭酸正离子相当稳定，正电荷可以共振离域到三个氮原子上。

$$H_2N-\overset{\overset{+}{N}H_2}{\underset{}{C}}-NH_2 \longleftrightarrow H_2N-\overset{NH_2}{\underset{}{C}}=\overset{+}{N}H_2 \longleftrightarrow H_2N-\overset{NH_2}{\underset{}{C}}-\overset{+}{N}H_2$$

$$pK_a\ 13.6$$

胺作为碱可与各种酸反应生成铵盐。无机酸的铵盐大多溶于水，有机酸的铵盐在水中的溶解度较小，也不溶于极性较小的有机溶剂。胺是碱性相对弱的化合物，铵盐遇强碱可游离出胺。这一性质常被用于胺的分离、提纯。铵盐比较稳定，也没有胺那种难闻的气味，因而许多胺类化合物和含氨基的药物常以盐的形式保存和使用。

16.5.2 胺的烷基化和季铵化合物

胺的氮原子上孤对电子具有较强的亲核能力，可与卤代烃发生 S_N2 反应，如乙胺与溴乙烷的反应。

$$CH_3CH_2\ddot{N}H_2 + CH_3CH_2-Br \longrightarrow (CH_3CH_2)_2\overset{+}{N}H_2\ Br^-$$

$$(CH_3CH_2)_2\overset{+}{N}H_2\ Br^- + CH_3CH_2NH_2 \rightleftharpoons (CH_3CH_2)_2NH + CH_3CH_2\overset{+}{N}H_3\ Br^-$$

$$(CH_3CH_2)_2\ddot{N}H + CH_3CH_2-Br \longrightarrow (CH_3CH_2)_3\overset{+}{N}H\ Br^-$$

$$(CH_3CH_2)_3\overset{+}{N}H\ Br^- + CH_3CH_2NH_2 \rightleftharpoons (CH_3CH_2)_3N + CH_3CH_2\overset{+}{N}H_3\ Br^-$$

$$(CH_3CH_2)_3\ddot{N} + CH_3CH_2-Br \longrightarrow (CH_3CH_2)_4\overset{+}{N}\ Br^-$$

乙胺与溴乙烷反应首先生成二乙胺的盐，在过量乙胺存在下发生可逆的质子转移，游离出二乙胺；二乙胺的亲核性比乙胺强，进一步与溴乙烷反应生成三乙胺盐，再次质子转移生成三乙胺；三乙胺与溴乙烷反应生成季铵盐，最后得到的往往是多种胺的混合物。由于胺的碱性，三级卤代烃发生消除反应，而不是胺的烷基化反应。与一级卤代烃相比，二级卤代烃与氨反应的收率较低。

用湿润的 $Ag_2O\ (AgOH)$ 处理季铵盐，可以得到季铵碱。季铵碱是有机强碱，碱性相当于 NaOH。

$$R_4\overset{+}{N}\ X^- \xrightarrow{Ag_2O/H_2O} R_4\overset{+}{N}\ OH^- + AgX$$

季铵盐在水和极性有机溶剂中都有一定的溶解性，经常用作相转移催化剂 (phase transfer catalyst，PTC)。相转移催化剂是一类能把物质从一相转移到另一相中，从

季铵盐也常称为季铵化合物，是一类重要的有机化合物。天然存在的季铵化合物在生物体内起着重要的生理作用。如胆碱在哺乳动物体内起抗脂肪肝作用，溴化乙酰胆碱在神经传递系统中扮演着重要角色。

$$HOCH_2CH_2-\overset{\overset{CH_3}{|}}{\underset{\underset{CH_3}{|}}{\overset{+}{N}}}-CH_3\ OH^-$$

胆碱
choline

$$CH_3\overset{O}{\underset{}{C}}OCH_2CH_2-\overset{\overset{CH_3}{|}}{\underset{\underset{CH_3}{|}}{\overset{+}{N}}}-CH_3\ Br^-$$

溴化乙酰胆碱
acetylcholine bromide

而改变非均相反应速率的催化剂。例如 RX 与 NaCN 的 S_N2 反应，RX 溶于有机溶剂，CN^- 溶于水，反应在两相的界面进行，效果很差。当加入一定量的 $R_4N^+X^-$ 后，CN^- 与 R_4N^+ 形成离子对 $R_4N^+CN^-$ 从水相进入有机相，反应在有机相很快进行，生成的 X^- 与 R_4N^+ 结合又回到水相，从而完成催化循环，反应效率大大提高。

$$CH_3(CH_2)_6CH_2Cl \xrightarrow[NaCN/H_2O]{CH_3(CH_2)_{15}\overset{+}{N}(CH_3)_3\ Br^-} CH_3(CH_2)_6CH_2CN$$
$$92\%$$

问题 16.3

叔胺与 α,β-不饱和羰基化合物能发生可逆的共轭加成。在三甲胺催化下，苯甲醛与 α,β-环己烯酮发生缩合反应 (Baylis-Hillman 反应)，试写出其反应机理。

$$PhCHO\ +\ \text{（环己烯酮）} \xrightarrow{(CH_3)_3N} \text{（产物）}$$

16.5.3　彻底甲基化和 Hofmann 消除反应

胺不能直接消除生成烯烃，因为氨基不是好的离去基团。将胺与过量的碘甲烷反应，使其彻底甲基化，形成的季铵盐在碱作用下可以消除一分子中性的三甲胺形成烯烃，该反应称为霍夫曼消除反应 (Hofmann elimination)。反应一般是将季铵盐转化为季铵碱后直接加热。

$$RCH_2CH_2NH_2\ +\ 3\ CH_3I \longrightarrow RCH_2CH_2\overset{+}{N}(CH_3)_3I^- \xrightarrow{Ag_2O/H_2O}$$

$$RCH_2CH_2\overset{+}{N}(CH_3)_3OH^- \xrightarrow{\triangle} RCH=CH_2\ +\ N(CH_3)_3\ +\ H_2O$$

Hofmann 消除反应经过 E2 机理，反应过程中离去的 β-氢原子和三甲胺处于反式共平面的位置。

$$\text{（E2 机理结构式）} \xrightarrow{E2} \text{（烯烃）}\ +\ H_2O\ +\ N(CH_3)_3$$

当存在几种 β-氢时，Hofmann 消除反应一般消去 β-碳上取代基少的 β-氢原子，主要得到双键上取代基少的烯烃，这称为 Hofmann 规则，与卤代烃发生 Zaitsev 消除规则恰好相反。

$$RCH_2CH_2\overset{\overset{\displaystyle CH_3}{|}}{\underset{\underset{\displaystyle CH_3}{|}}{\overset{+}{N}}}CH_2CH_3\ OH^- \xrightarrow{\triangle} CH_2{=}CH_2\ +\ H_2O\ +\ RCH_2CH_2N(CH_3)_2$$

$$CH_3CH_2\overset{\overset{\displaystyle \overset{+}{N}(CH_3)_3\ OH^-}{|}}{\underset{}{C}}HCH_3 \xrightarrow{\triangle} CH_3CH_2CH{=}CH_2\ +\ CH_3CH{=}CHCH_3$$
$$95\% \qquad\qquad 5\%$$

导致 Hofmann 消除反应的这种选择性的因素较多，其中一个重要原因是离去基团大的体积效应。如丁-2-胺的季铵盐两种 β-氢原子消除反应可能的构象如下：

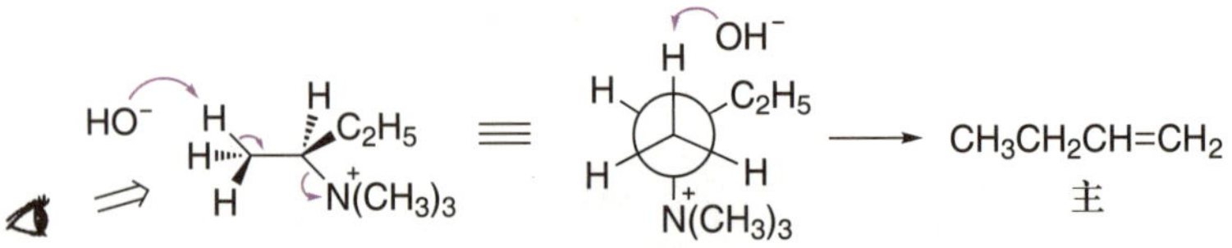
HO⁻
H
C2H5
N(CH3)3
OH⁻
CH3CH2CH=CH2
主

稳定构象，能量低

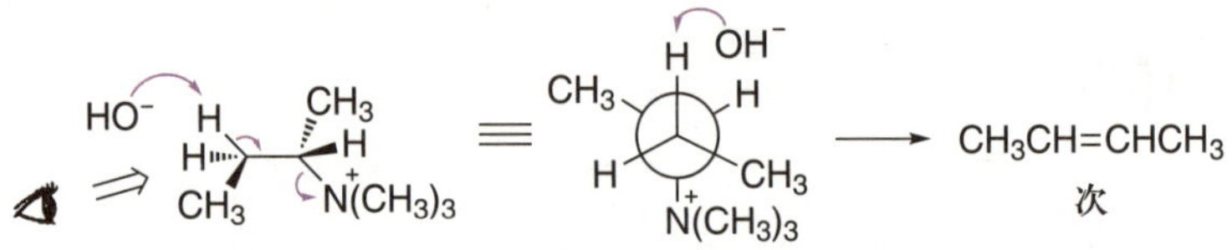
HO⁻
CH3
N(CH3)3
OH⁻
CH3CH=CHCH3
次

邻位交叉，相对不稳定构象

OH⁻进攻取代少的 β-氢，有利于形成能量更低的稳定过渡态，而进攻取代多的 β-氢，其构象为邻位交叉，存在较大的排斥作用，为相对不稳定的构象，能量上是不利的。

Hofmann 消除反应是在强碱条件下进行的，因而当季铵碱中 β-氢有明显酸性时，会优先离去。如 β-碳上有苯基或羰基等取代基时，可以明显增加相应 β-氢消除的产物。

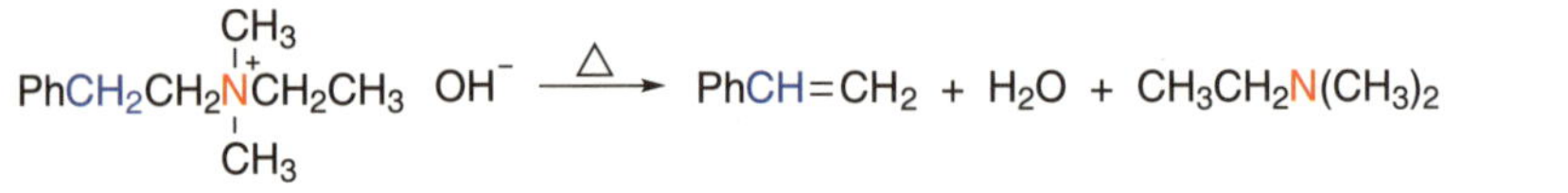
PhCH2CH2N(CH3)2CH2CH3 OH⁻
PhCH=CH2 + H2O + CH3CH2N(CH3)2

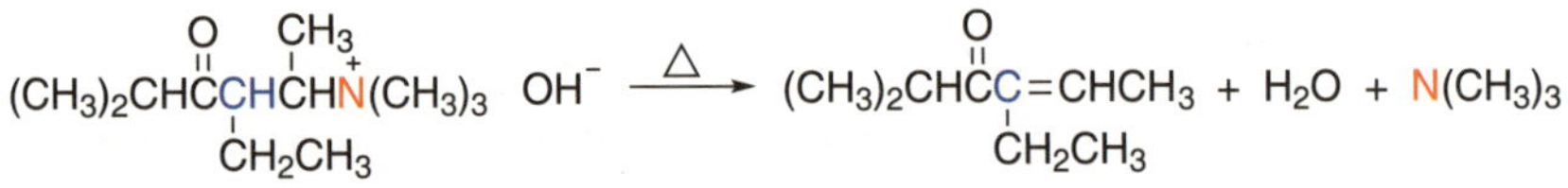
(CH3)2CHCCHCHN(CH3)3 OH⁻
(CH3)2CHCC=CHCH3 + H2O + N(CH3)3
CH2CH3

由于 Hofmann 消除反应的立体化学要求，消去的基团和 β-氢位于反式共平面位置，因而通过 Hofmann 消除反应也可获得特定构型的烯烃。例如：

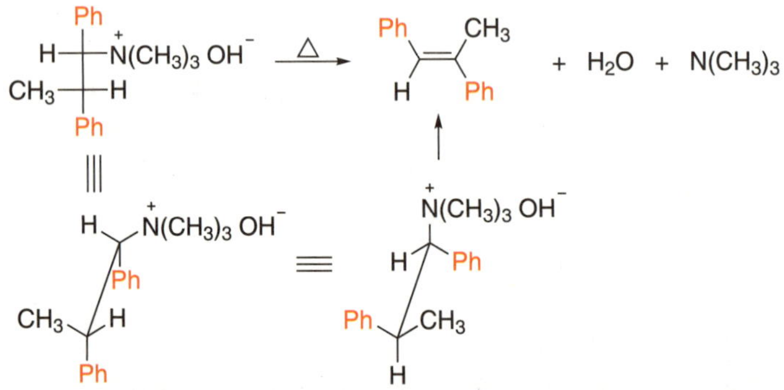
N(CH3)3 OH⁻
Ph
CH3
H
+ H2O + N(CH3)3

β-氢与离去基团反式共平面困难时，反应倾向于亲核取代而不是 Hofmann 消除。

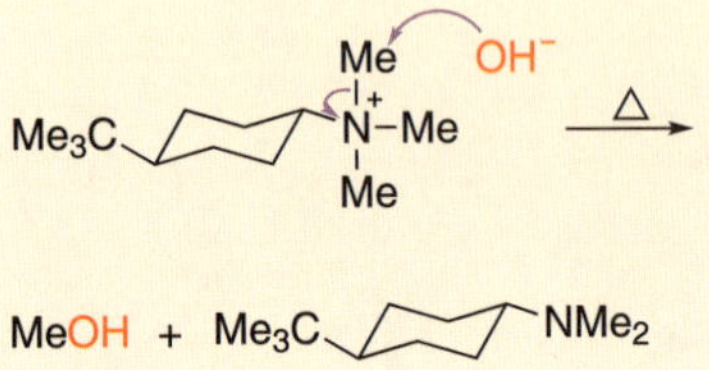
Me3C
N-Me
OH⁻
MeOH + Me3C
NMe2

Hofmann 消除反应过去常用来测定复杂胺，如生物碱的结构。通过合理分析甲基化所需碘甲烷的用量及消除产生烯烃的结构，就可反推出原来胺的结构。例如：

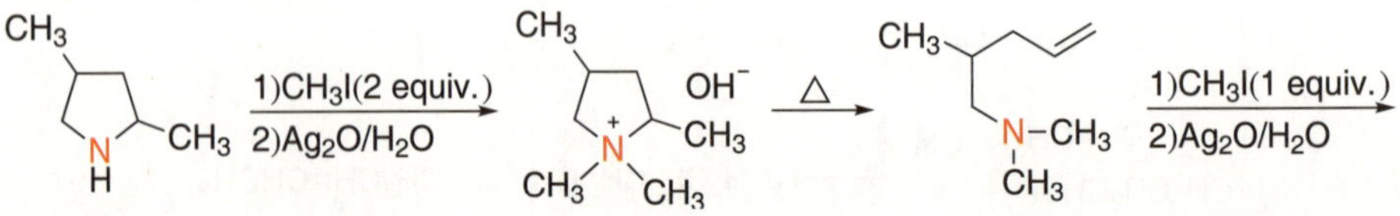
1)CH3I(2 equiv.)
2)Ag2O/H2O
OH⁻
1)CH3I(1 equiv.)
2)Ag2O/H2O
N-CH3

16.5.4 胺的氧化和Cope消除反应

伯胺和仲胺容易被氧化，但产物成分比较复杂。芳胺的氧化产物依赖于反应的条件，用过氧酸或双氧水氧化芳香伯胺，反应发生在氨基上，得到硝基苯衍生物。

苯胺被过硫酸铵 [(NH$_4$)$_2$S$_2$O$_8$] 氧化生成聚苯胺 (polyaniline)。聚苯胺是一类重要的导电高分子材料，它具有金属的导电性和塑料的可塑性，具有广泛的用途，例如作为涂料用于防腐、吸波、抗静电，以及用在电极材料与传感器领域等。

聚苯胺
polyaniline

叔胺氧化能以很好的收率得到氧化胺，过氧酸或双氧水是很好的氧化剂。

当氧化胺有β-氢原子时，在加热条件下会发生分解，产生烯烃和羟胺，该反应称为科普消除反应 (Cope elimination)。

反应中氧化胺的氧负离子作为碱进攻β-氢原子，经历一个环状过渡态，因此Cope消除反应是顺式消除，具有很好的立体选择性。

氧化胺具有两种不同的β-氢原子时，消除反应的方向也遵循 Hofmann 规则，得到烷基取代基少的烯烃为主。由于消除反应另一产物为羟胺，因此 Cope 消除反应也可以用来制备二级羟胺衍生物。

$$\text{(环戊基)}N(CH_3)_2, CH_3 \xrightarrow[2)\triangle]{1)H_2O_2} \text{(环戊基)}=CH_2 + (CH_3)_2NOH$$

$$CH_3CH_2\overset{CH_3}{\underset{\underset{O^-}{|}}{\overset{|+}{N}}}CH_2CH_2CH_3 \xrightarrow{\triangle} CH_2=CH_2 + CH_3CH_2CH_2\overset{OH}{\underset{CH_3}{\overset{|}{N}}}$$

思考题 16.4

如下的胺用过量碘甲烷反应后再用 Ag₂O/H₂O 处理，然后加热得到烯烃 A 为主产物，同时有少量烯烃 B 生成；当用 H₂O₂ 处理该胺后再加热，烯烃 A 仍为主要产物，但烯烃 C 作为次要产物，它是 B 的同分异构体，试写出 A、B 和 C 的结构式，并对这些结果给出合理的解释。

$$\begin{array}{ccc} \mathbf{A} + \mathbf{C} & \xleftarrow[2)\triangle]{1)H_2O_2} & (CH_3)_2N, H, CH_3, H_3C, CH(CH_3)_2 & \xrightarrow[2)Ag_2O, \triangle]{1)CH_3I (excess)} & \mathbf{A} + \mathbf{B} \\ \text{主} \quad \text{次} & & & & \text{主} \quad \text{次} \end{array}$$

16.5.5　胺的酰基化

胺的酰基化是指胺与酰氯或酸酐作用生成酰胺的反应 (见第 14 章　羧酸和羧酸衍生物)。

$$RNH_2 + R'\overset{O}{\overset{\|}{C}}Cl \longrightarrow R'\overset{O}{\overset{\|}{C}}NHR$$

$$R_2NH + R'\overset{O}{\overset{\|}{C}}Cl \longrightarrow R'\overset{O}{\overset{\|}{C}}NR_2$$

胺的酰基化反应常用来保护氨基。如在合成取代苯胺时，苯胺的氮原子易与 Lewis 酸催化剂配位，不能发生 Friedel-Crafts 反应。

$$\text{(苯)}\overset{..}{N}H_2 \xrightarrow{AlCl_3} \text{(苯)}\overset{H}{\underset{H}{\overset{|+}{N}}}-AlCl_3^- \xrightarrow[AlCl_3]{RX} \text{无反应}$$

如将苯胺乙酰化，在乙酰苯胺中氮原子碱性减弱，它不能与 Lewis 酸络合。但乙酰氨基仍然是中等致活的第一类定位基，乙酰苯胺可发生 Friedel-Crafts 反应，最后在酸或碱作用下脱除乙酰基，可得到各种取代苯胺。

$$\text{(苯)}NH_2 \xrightarrow{CH_3COCl} \text{(苯)}NHCOCH_3 \xrightarrow[AlCl_3]{CH_3CH_2COCl} \text{(苯)}NHCOCH_3, COCH_2CH_3 \xrightarrow[\triangle]{H_3O^+} \text{(苯)}NH_2, COCH_2CH_3$$

胺与磺酰氯的反应称为磺酰化反应。不同级别胺的磺酰化反应给出显著不同的实验现象，可以用来鉴别伯、仲、叔胺。

伯胺与磺酰氯反应生成的磺酰胺氮原子上的氢受磺酰基吸电子效应的影响，显示出一定的酸性，可与碱反应生成溶于水的盐。

胺的酰基化反应在有机合成，特别是药物合成中占有重要的地位。如对氨基苯酚与醋酸酐反应，可制得解热止痛药对乙酰氨基酚 (扑热息痛)。

$$HO-\text{(苯)}-NH\overset{O}{\overset{\|}{C}}CH_3$$

扑热息痛(paracetamol)

仲胺与磺酰氯反应生成的磺酰胺氮原子上没有氢，不溶于碱性水溶液。

叔胺氮原子上没有氢，不能进行磺酰化反应。

磺酰胺也可水解回到胺，但它水解的速率明显比酰胺水解的速率慢。

16.5.6　Mannich 反应

在酸催化下，具有 α-氢的醛或酮与一个更活泼的醛（通常为甲醛）和伯胺或仲胺发生三组分反应，生成 β-氨基醛或酮，该反应称为**曼尼希反应 (Mannich reaction)**。

$$(CH_3)_2CHCHO + CH_2O + CH_3NH_2 \xrightarrow{HCl} (CH_3)_2\overset{CHO}{\underset{}{C}}CH_2NHCH_3$$

| 醛 | 更活泼的醛 | 伯胺 | | β-氨基醛 |

$$PhCCH_3 + CH_2O + (C_2H_5)_2NH \xrightarrow{HCl} PhCCH_2CH_2N(C_2H_5)_2$$

| 酮 | 更活泼的醛 | 仲胺 | | β-氨基酮 |

一般认为，Mannich 反应的机理是胺与甲醛（更活泼的醛）先作用生成亚胺正离子，随后醛或酮的烯醇式对其进行亲核加成。

$$CH_2=O + R_2NH \rightleftharpoons HOCH_2NR_2 \underset{-H_2O}{\overset{H^+}{\rightleftharpoons}} CH_2=\overset{+}{N}R_2$$

许多生物碱具有 β-氨基酮的骨架，因而 Mannich 反应是构筑这类生物碱的高效方法。如托品酮的合成，反应通过两次 Mannich 反应，"一锅"(one pot) 完成。

16.5.7　烯胺的生成和反应

伯胺作为亲核试剂，可与醛或酮在酸催化下形成亚胺（见羰基亲核加成反应），而当仲胺作为亲核试剂时，反应生成的是烯胺 (enamine)。

磺酰胺类化合物具有重要的生物活性，大量用于医药领域。磺酰胺类药物 (sulfa drugs) 是一类非常重要的抗生素，它通过抑制细菌生成所需叶酸的合成，从而使细菌无法生长和繁殖。

对氨基苯磺酰胺
sulfanilamide

磺胺吡啶
sulfapyridine

Eschenmoser 盐具有高的反应活性且是稳定的，常用作 Mannich 反应中甲醛和二甲胺的替代物用于在目标分子中引入 $-CH_2N(CH_3)_2$ 结构单元。

Eschenmoser 盐

在 Mannich 反应发现 (1912 年) 以前，从环庚酮出发合成托品酮需要 15 步反应。

伯胺的烯胺事实上也是存在的，它与亚胺存在互变平衡且平衡偏向于亚胺，这类似于酮式与烯醇式的互变异构。

亚胺　　　　　**烯胺**

仲胺氮原子上没有氢，形成的醇胺中间体消除得到亚胺正离子，它随后失去一个 α-氢形成 C=C 双键得到烯胺。烯胺中氮原子孤对电子与双键共轭，β-碳具有部分碳负离子的特征。

烯胺的性质有些类似于烯醇，但它的亲核性比烯醇强。亲核性的碳原子可以与各种亲电试剂反应，得到亚胺正离子，水解后回到羰基化合物。

通过烯胺中间体，可以温和地对羰基 α-碳进行各种修饰，如烷基化和酰基化。

相对活泼的卤代烃如碘代烃、烯丙基卤代烃、α- 卤代酮、α- 卤代酸酯等与烯胺反应才能得到较好的产率。

β- 氨基醇与亚硝酸反应形成的碳正离子可发生与 Pinacol 重排类似的反应。

思考题 16.5

与亲核试剂碳负离子相比，烯胺作为亲核试剂有何优势？

16.5.8　胺与亚硝酸的反应

胺与亚硝酸的反应，所得产物与胺的结构有关。伯胺与亚硝酸反应，生成重氮盐，该过程称为胺的重氮化。

$$RNH_2 + NaNO_2 + 2HCl \longrightarrow R-\overset{+}{N}\equiv N\ Cl^- + 2H_2O + NaCl$$
重氮盐

烷基重氮盐 (R 为烷基) 不稳定, 很容易分解放出氮气并产生碳正离子, 随后发生碳正离子的相关反应, 如重排、脱 β-氢形成烯烃等, 因而脂肪伯胺的重氮化很少有合成上的意义。

$$R-\overset{+}{N}\equiv N \xrightarrow{-N_2} R^+ \longrightarrow 碳正离子反应产物$$

但是, 由于脂肪族伯胺与亚硝酸反应释放出的氮气是定量的, 所以这个反应可以用于对伯胺、氨基酸和蛋白质进行氨基的定量分析。

芳香重氮盐 (R 为芳基) 相对稳定, 是非常重要的中间体, 在有机合成中有广泛应用, 相关反应将在下一节 (16.6) 中详细描述。

仲胺与亚硝酸反应得到 N-亚硝胺。N-亚硝胺在 SnCl$_2$ 等还原剂作用下又可以回到仲胺。

$$R_2NH \xrightarrow[HCl]{NaNO_2} R_2N-NO \xrightarrow{SnCl_2/HCl} R_2NH$$

> N-亚硝胺具有较强的致癌作用, 应当尽量避免直接接触。微量的亚硝胺也存在于自然界, 如各种腌制、烟熏食品中。

叔胺与亚硝酸不发生 N-亚硝化反应。如为芳香叔胺, 由于氨基的致活作用, 会在苯环上发生亚硝化反应。

$$\text{苯}-N(CH_3)_2 \xrightarrow{NaNO_2/HCl} ON-\text{苯}-N(CH_3)_2$$

16.6 芳香重氮盐

芳香伯胺与亚硝酸在低温下反应得到芳香重氮盐。

$$ArNH_2 \xrightarrow[0-5\ ℃]{NaNO_2/HX} Ar-\overset{+}{N}\equiv N\ X^-$$

芳香重氮盐比烷基重氮盐稳定, 原因在于其中的重氮基 π 键与苯环大 π 键共轭, 正电荷并不完全集中在氮原子上, 存在如下的共振结构:

$$\text{苯}-N=\overset{+}{N} \leftrightarrow \text{苯}-\overset{+}{N}=N \leftrightarrow \overset{+}{\text{苯}}=N=N^- \leftrightarrow {}^+\text{苯}=N=N^- \leftrightarrow \text{苯}=N=N^-$$

芳香重氮盐在干燥及温度较高的情况下不稳定, 易发生爆炸, 重氮化反应一般都不将其分离, 而是直接进行下一步反应。

16.6.1 芳香重氮盐的取代反应

芳香重氮盐非常活泼, 它的重氮基容易被其他基团如羟基、卤素、氰基等取代。芳香重氮盐取代反应具有广泛的用途。例如, 将芳香重氮盐在稀硫酸中温热, 重氮盐水解生成苯酚, 这为苯酚衍生物的合成提供了一条有效的途径。

$$Ar-\overset{+}{N}\equiv N\ HSO_4^- \xrightarrow[50\ ℃]{H_2SO_4/H_2O} ArOH + N_2 + H^+$$

> 苯基正离子非常活泼, 正电荷位于 sp^2 杂化轨道, 与苯环离域大 π 键垂直, 因此正电荷不能通过苯环 π 电子离域体系得以稳定。

苯基正离子

反应被认为是通过芳基正离子中间体进行的, 当有其他亲核试剂如卤素存在时,会产生卤代苯副产物。

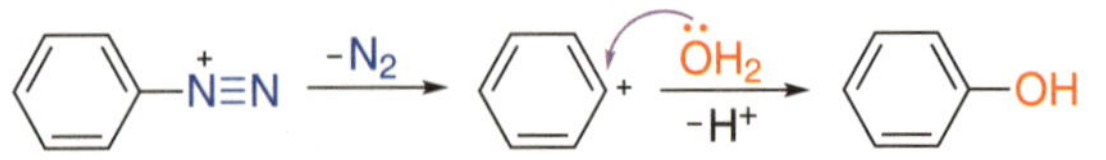

如在水解反应中加入 Cu_2O，可使反应更加安全与温和。例如：

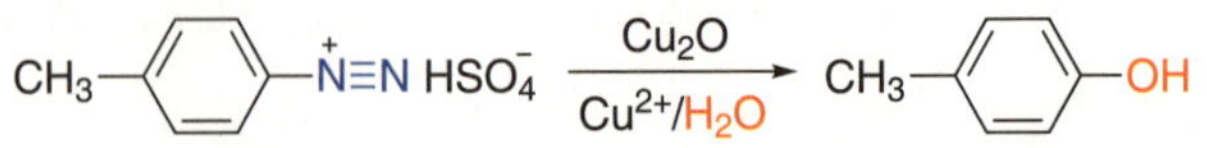

93%

芳香重氮盐与卤化亚铜或氰化亚铜反应，重氮基被卤素或氰基所取代，该反应称为桑德迈尔反应 (Sandmeyer reaction)。

Sandmeyer 反应的机理目前并不十分清楚，一种流行的机理认为反应经历自由基历程：重氮正离子从 Cu_2X_2 中获得一个电子，变成重氮自由基，它不稳定失去氮气，生成苯基自由基，Cu_2X_2 变成 CuX_2；随后该自由基从 CuX_2 中夺取一个卤原子，得到卤代苯，并再生出 Cu_2X_2。

$$Ar-\overset{+}{N}\equiv N\ X^- \xrightarrow{Cu_2X_2} ArX + N_2 \quad (X = Cl, Br或CN)$$

碘负离子的还原性较强，重氮盐可直接与碘化钾或碘化钠反应，生成碘代苯衍生物。

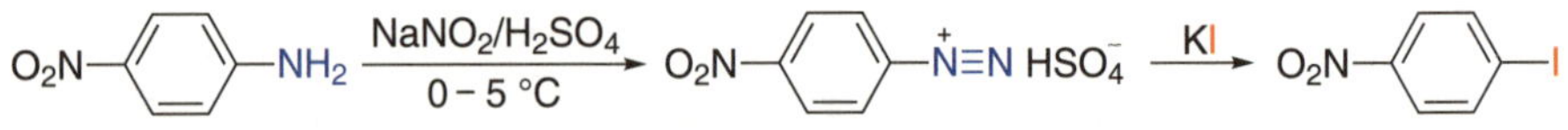

81%(2 steps)

氟硼酸的重氮盐较稳定，可以分离提纯。加热氟硼酸重氮盐，可以制得氟代苯衍生物。

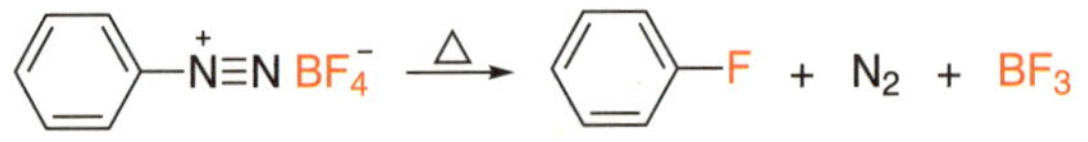

重氮盐在碱存在下与芳烃反应，重氮基被芳基取代，生成联苯型化合物。

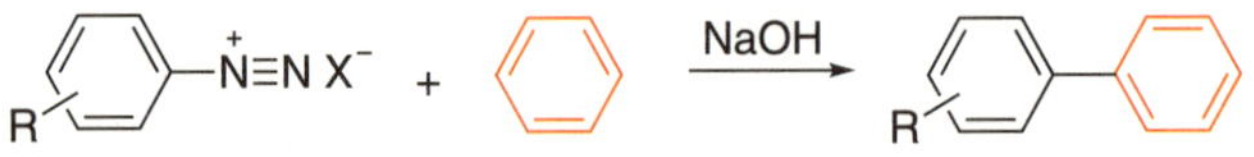

一般认为反应经历自由基历程：

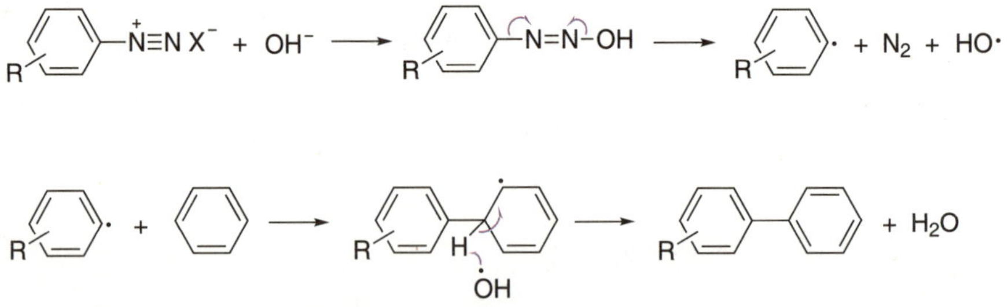

反应也可发生在分子内，形成多环芳烃。

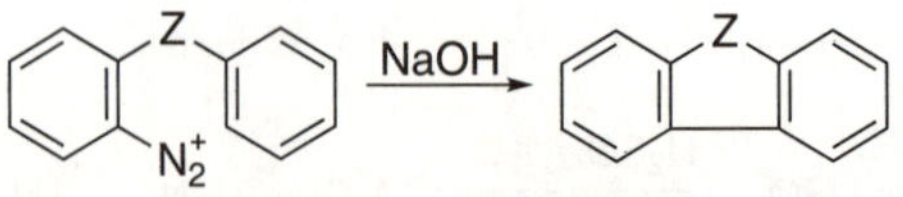

Z = CH=CH, CH_2, C=O, NH

16.6.2　芳香重氮盐的还原反应

在 SnCl$_2$/HCl 或 Na$_2$SO$_3$ 作用下，芳香重氮盐中的 N≡N 三键被还原为 N–N 单键，得到苯肼衍生物。

芳香肼是制备医药、农药与染料的重要原料。2,4-二硝基苯肼可用来鉴定醛、酮和糖。

$$Ar-\overset{+}{N}\equiv N\ X^- \xrightarrow{\text{SnCl}_2/\text{HCl}} ArNHNH_2$$

这是实验室及工业上制备某些取代苯肼的重要方法。例如：

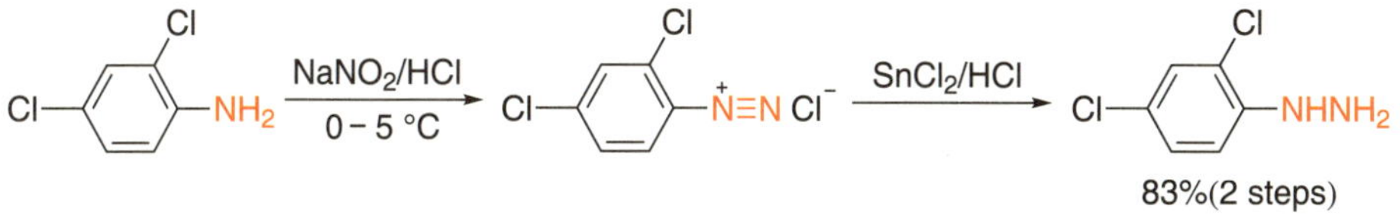

83%(2 steps)

芳香重氮盐可被乙醇或次磷酸 (H$_3$PO$_2$) 还原为芳烃，重氮基被氢原子取代，该反应也称为去氨基还原反应。

$$Ar-\overset{+}{N}\equiv N\ X^- \xrightarrow{\text{H}_3\text{PO}_2} Ar-H\ +\ N_2$$

该反应在合成中具有十分重要的作用。通过氨基活化苯环，以及最后的去氨基化，可以作为定位基合成一些特定位置取代的芳烃；或者作为占位基，保护苯环的某些位点。

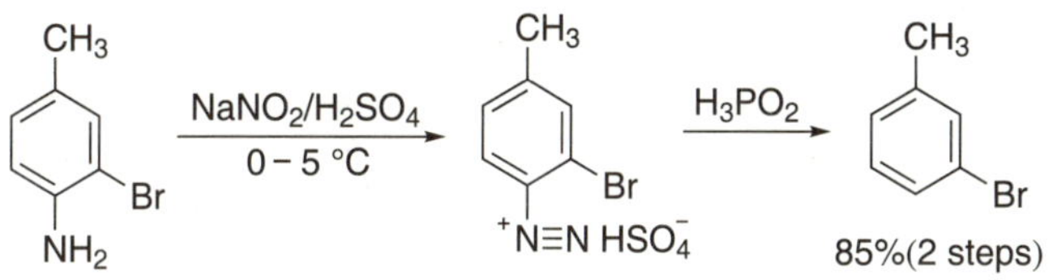

85%(2 steps)

16.6.3　芳香重氮盐在合成中的应用

利用芳香重氮盐的各种取代反应，可以方便地合成因定位效应而无法直接采用芳香亲电取代反应合成的取代芳烃。如间二溴苯的合成，卤素为邻对位定位基，溴代苯再溴化不能生成间二溴苯，而通过重氮盐的取代反应则可顺利制得。

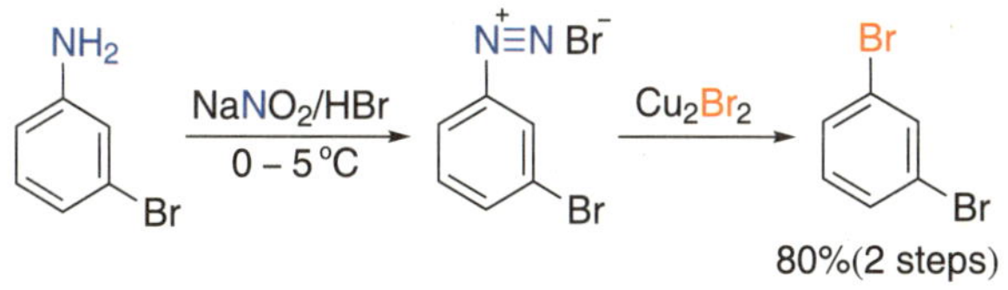

80%(2 steps)

间羟基苯乙酮不能通过苯环亲电取代反应得到，也不能通过制备酚的碱熔法合成，但采用重氮盐的水解方法可得到满意的结果。

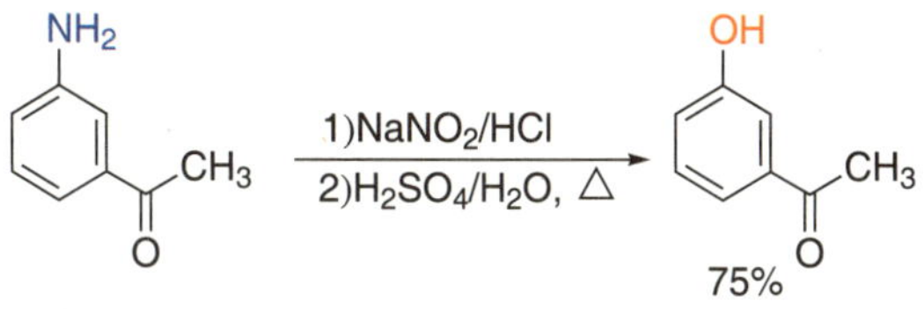

75%

再例如间硝基甲苯的合成，很难通过芳香亲电取代反应进行，利用氨基的导向作用和去氨基化还原，则可方便地制备。

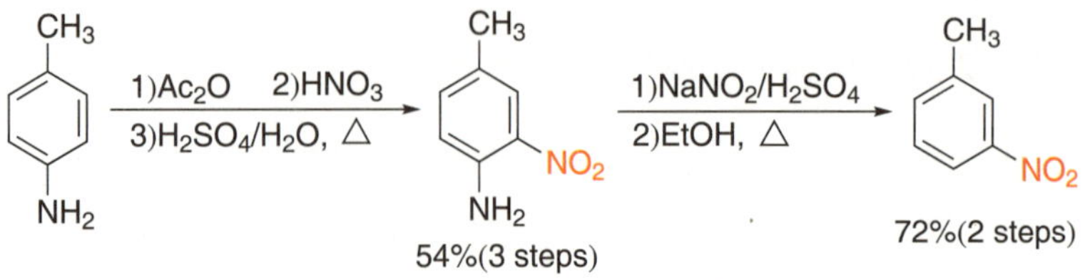

54%(3 steps)　　　　　　　　72%(2 steps)

16.6.4　芳香重氮盐的偶联反应

芳香重氮盐可以与酚或芳香叔胺等富电子的芳烃发生芳香亲电取代反应，生成偶氮化合物，这称为重氮盐的偶联反应。反应一般发生在对位，若对位被占据，则偶合也可在邻位发生。

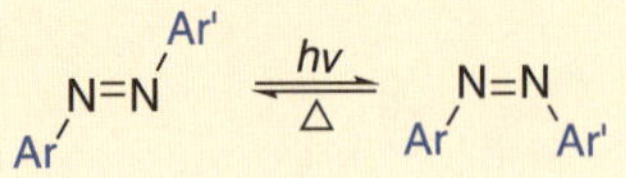

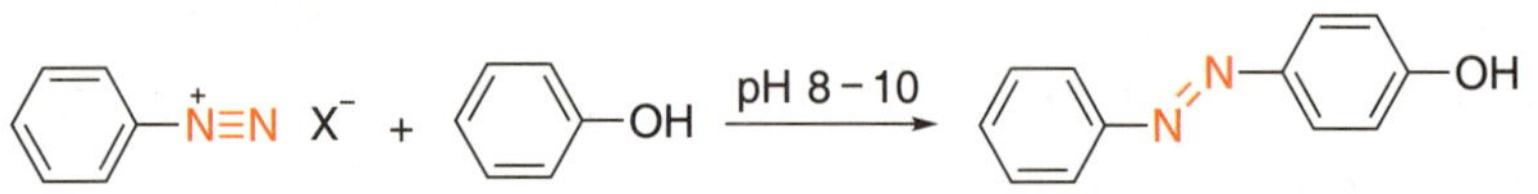

对羟基偶氮苯

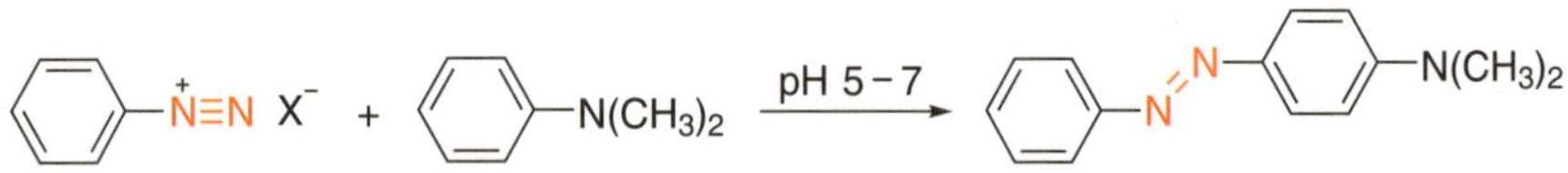

对(N,N-二甲基氨基)偶氮苯

偶氮苯类化合物存在顺反异构体，但通常以比较稳定的反式异构体存在。两种异构体在光照或加热下能发生可逆的转化，这使其广泛应用于光信息储存、非线性光学、液晶及生物材料等领域。

重氮正离子是弱的亲电试剂，偶合的芳烃必须有强的致活基团反应才易进行。酚的偶合一般在弱碱性介质 (pH 8 - 10) 中进行，此时酚变为酚氧负离子，具有更强的致活能力，更有利于芳香亲电取代反应。但太强的碱会使重氮盐变成重氮酸而失去活性。

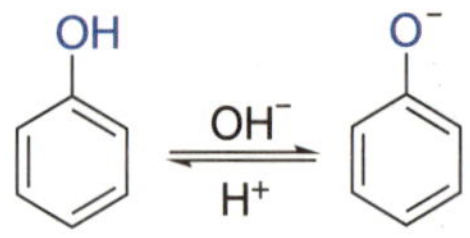

偶联活性高

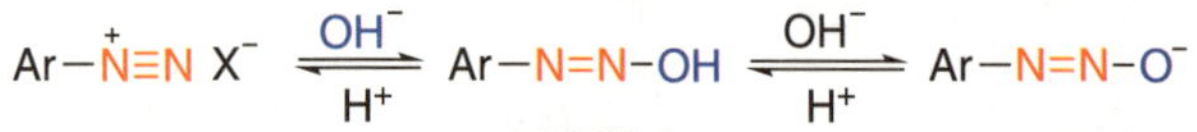

胺的偶联倾向于在弱酸性 (pH 5-7) 介质中进行，这时重氮盐浓度最大，且可抑制氨基氮上的副反应。但强酸性环境会使氨基变成铵盐而使反应停止。

芳香伯胺和仲胺的偶联反应首先发生在氮上，生成的中间体在酸性介质中加热可重排到对位。

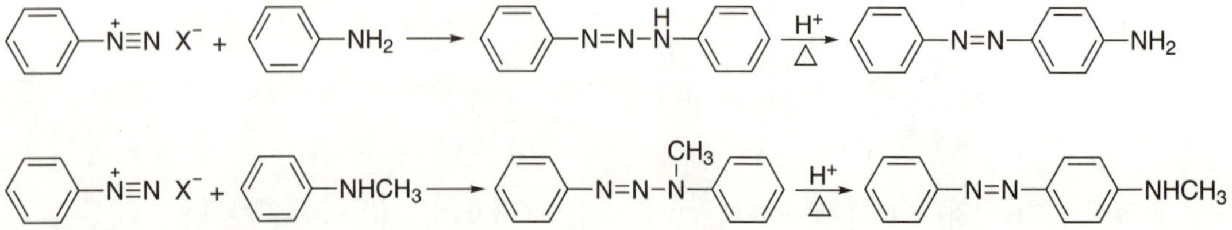

重排反应是分子间的,在酸作用下先分解为重氮盐和苯胺,然后再在氨基对位发生芳香亲电取代反应。

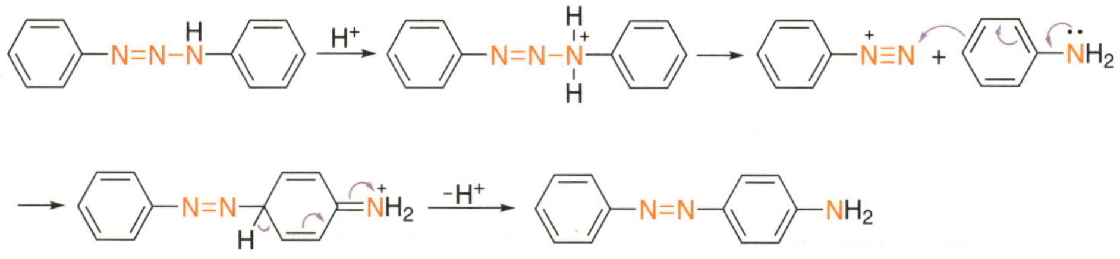

萘酚和萘胺也可发生类似的偶联反应,同样遵循萘衍生物亲电取代反应的定位规律。

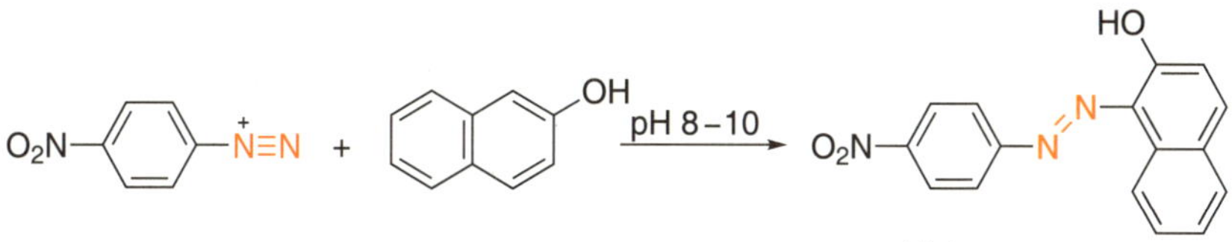

对位红(para red)

偶联反应所得到的偶氮化合物具有大的共轭体系,大多呈现出鲜艳的颜色,是一类非常重要的染料——偶氮染料(azo dyes),具有广泛的用途。酸碱指示剂甲基橙、刚果红等也是通过此类偶联反应制备的。

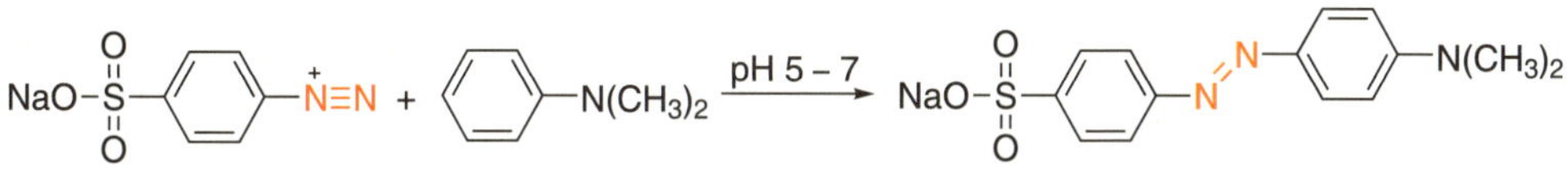

甲基橙(methyl orange)　　pH≤3.1 红色
　　　　　　　　　　　　 pH≥4.4 黄色

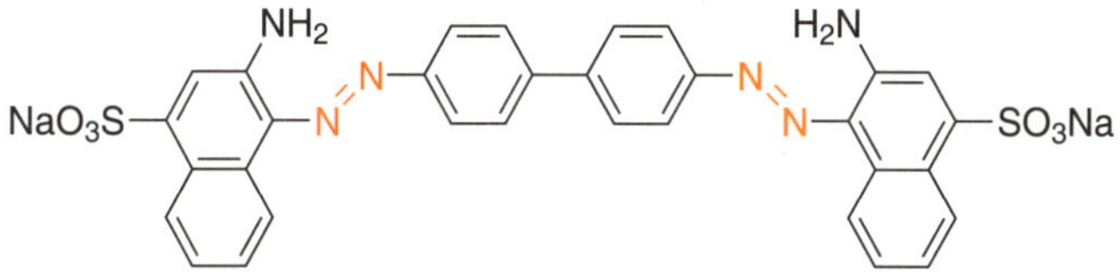

刚果红(congo red)　　pH≤3.0 蓝紫色
　　　　　　　　　　 pH≥5.2 红色

一些人工合成的食用色素,如日落黄也属于偶氮化合物。

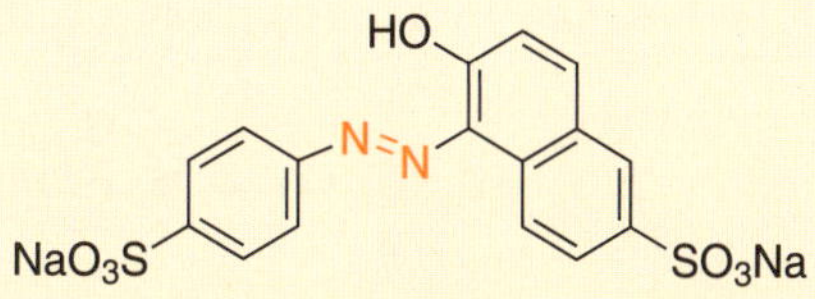

日落黄

红色偶氮染料百浪多息(prontosil)作为世界上第一种商品化的合成抗菌药物而闻名,这一发现曾获 1939 年诺贝尔生理学或医学奖。后续研究发现,百浪多息真正的有效成分是生命体代谢产生的磺胺(对氨基苯磺酰胺),这促使了磺胺类药物的发现。

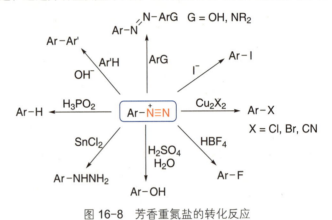

百浪多息
prontosil

部分偶氮染料在还原条件下会分解产生致癌芳胺，已被禁止用于长期与皮肤接触的消费品。

综上所述，通过芳香重氮盐中间体可以合成各种取代苯衍生物 (图 16-8)。

图 16-8　芳香重氮盐的转化反应

16.7　重氮化合物

16.7.1　重氮化合物的结构和制备

重氮化合物 (diazo compound) 是指具有 $R_2C=N_2$ 结构通式的一类化合物，它是重要的有机合成中间体。重氮化合物具有线形结构，可用如下的共振结构表示：

$$R_2C=\overset{+}{N}=\overset{-}{N} \longleftrightarrow R_2\overset{-}{C}-\overset{+}{N}\equiv N \longleftrightarrow R_2\overset{-}{C}-N=\overset{+}{N}$$

重氮化合物的稳定性与取代基 R 的性质密切相关。一般来说吸电子取代基使得与重氮相连的碳原子上负电荷分散，化合物的稳定性增强。如 α-重氮酮和 α-重氮酯，负电荷可以离域到羰基氧原子上，因此比较稳定。

α-重氮酮

无吸电子取代基的 α-烷基或芳基重氮化合物，一般稳定性较差，如重氮甲烷 (diazomethane)。

重氮甲烷是最简单的重氮化合物，常温下为黄色有毒气体，沸点-23 ℃，受热或与金属接触都易发生爆炸，但是它的稀乙醚溶液比较稳定。因此其制备与使用一般都在乙醚溶液中进行，且仅限于小规模的实验室反应。

重氮甲烷的经典制备方法通常是用碱处理 *N*-甲基-*N*-亚硝基酰胺类化合物，如 *N*-甲基-*N*-亚硝基对甲苯磺酰胺 (diazald) 制得。

$$p\text{-Ts}-\underset{\underset{NO}{|}}{\overset{\overset{CH_3}{|}}{N}} \xrightarrow{KOH} CH_2=\overset{+}{N}=N^- + p\text{-TsOK} + H_2O$$

重氮甲烷虽然有毒又易爆炸，但鉴于其在各种有机转化中的重要作用，化学家们又相继开发了很多等价物，如三甲硅基重氮甲烷 (Me_3SiCHN_2)。Me_3SiCHN_2 相对比较安全，可以替代重氮甲烷的大部分功能，如与羧酸反应生成酯。

α-羰基重氮酮比较稳定，可用磺酰基叠氮与 1,3-二羰基化合物在碱性条件下反应制得 (Regitz 法)，或者用次氯酸钠和氨水与肟作用生成 (Forster 法)。

Regitz 法

Forster 法

16.7.2　重氮甲烷作为甲基化试剂

重氮甲烷非常活泼，可与酸、酚和烯醇等具有酸性的化合物发生甲基化反应，生成甲基酯或甲基醚。反应收率很高，有时可定量，这非常适合于稀有的反应底物。

100%

87%

反应首先是酸性氢对重氮甲烷进行质子化，生成重氮甲基正离子，随后发生分子间 S_N2 反应，生成甲基化产物。

$$R-\overset{\overset{O}{\|}}{C}-O-H + CH_2-\overset{+}{N}{\equiv}N \longrightarrow R-\overset{\overset{O}{\|}}{C}-O^- + CH_3-\overset{+}{N}{\equiv}N \xrightarrow{-N_2} R-\overset{\overset{O}{\|}}{C}-OCH_3$$

酸性越强，甲基化反应也越快，因而酸的反应快于酚，可以选择性地甲基化酚酸的羧基。

100%

抗癌药物替莫唑胺 (TMZ) 也可以作为重氮甲烷的替代试剂，它不会爆炸，没有急性毒性，在水溶液中可水解产生重氮甲基正离子，参与重氮甲烷的相关反应。

16.7.3　重氮甲烷和酰氯反应

过量的重氮甲烷与酰氯反应生成 α-重氮酮,这也是制备 α-重氮酮的重要方法。α-重氮酮在 Ag_2O/H_2O 作用下会发生**沃尔夫重排**反应 (Wolff rearrangement),生成比酰氯多一个碳原子的羧酸。

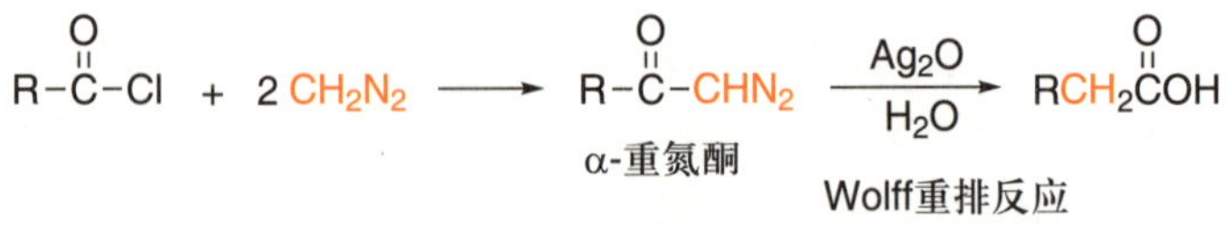

$$R-\overset{O}{\overset{\|}{C}}-Cl \ + \ 2\,CH_2N_2 \ \longrightarrow \ R-\overset{O}{\overset{\|}{C}}-CHN_2 \ \xrightarrow[H_2O]{Ag_2O} \ RCH_2COH$$

α-重氮酮   Wolff 重排反应

反应第一步是酰氯与具有亲核性的重氮甲烷发生羧酸衍生物的亲核取代反应,形成的重氮盐中羰基 α-氢被另一当量重氮甲烷 (作为碱) 夺去,形成 α-重氮酮。

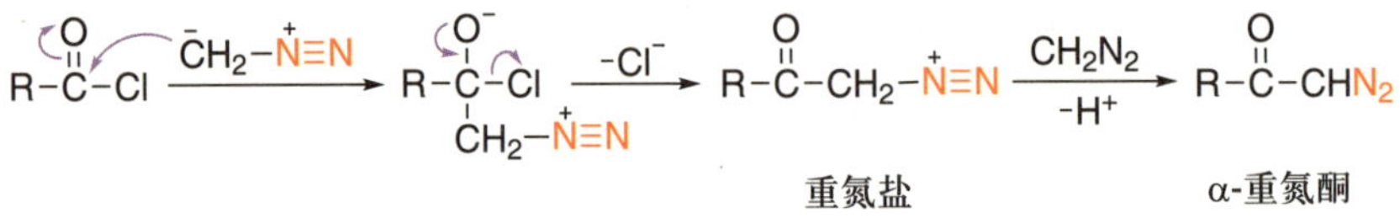

$$R-\overset{O}{\overset{\|}{C}}-Cl \ \longrightarrow \ R-\overset{O^-}{\overset{|}{\underset{CH_2-\overset{+}{N}\equiv N}{C}}}-Cl \ \xrightarrow{-Cl^-} \ R-\overset{O}{\overset{\|}{C}}-CH_2-\overset{+}{N}\equiv N \ \xrightarrow[-H^+]{CH_2N_2} \ R-\overset{O}{\overset{\|}{C}}-CHN_2$$

重氮盐   α-重氮酮

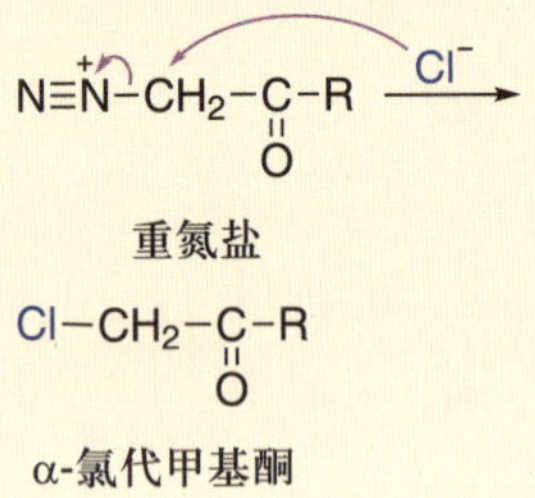

第二步,α-重氮酮在 Ag_2O/H_2O 作用下发生 Wolff 重排反应,脱去 N_2 形成卡宾,随后发生烷基迁移生成烯酮中间体。在某些条件下,Wolff 重排反应也可能为协同过程,即脱 N_2 的同时烷基发生迁移。

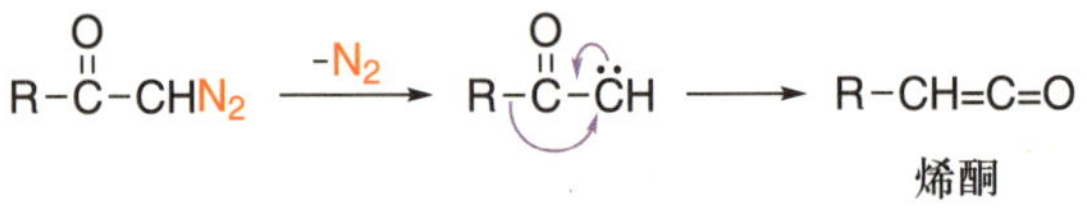

$$R-\overset{O}{\overset{\|}{C}}-CHN_2 \ \xrightarrow{-N_2} \ R-\overset{O}{\overset{\|}{C}}-\ddot{C}H \ \longrightarrow \ R-CH=C=O$$

烯酮

烯酮羰基可与 H_2O 发生亲核加成反应生成羧酸,也可与醇、胺等反应生成酯和酰胺。

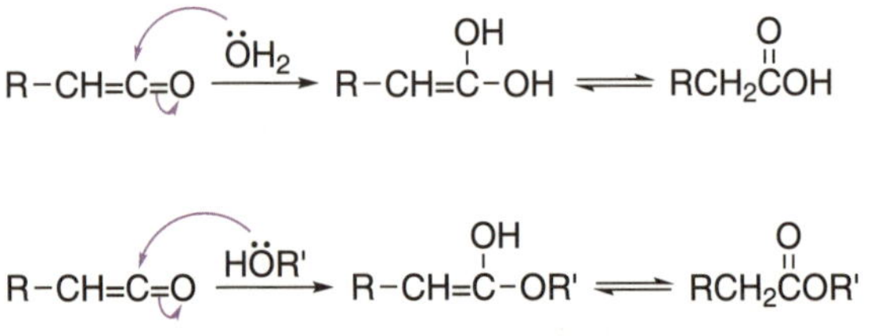

$$R-CH=C=O \ \xrightarrow{\overset{..}{O}H_2} \ R-CH=\overset{OH}{\overset{|}{C}}-OH \ \rightleftharpoons \ RCH_2\overset{O}{\overset{\|}{C}}OH$$

$$R-CH=C=O \ \xrightarrow{H\overset{..}{O}R'} \ R-CH=\overset{OH}{\overset{|}{C}}-OR' \ \rightleftharpoons \ RCH_2\overset{O}{\overset{\|}{C}}OR'$$

从酰氯和重氮甲烷合成 α-重氮酮,再经 Wolff 重排反应是制备比反应底物多一个碳原子的羧酸衍生物的简便方法。例如:

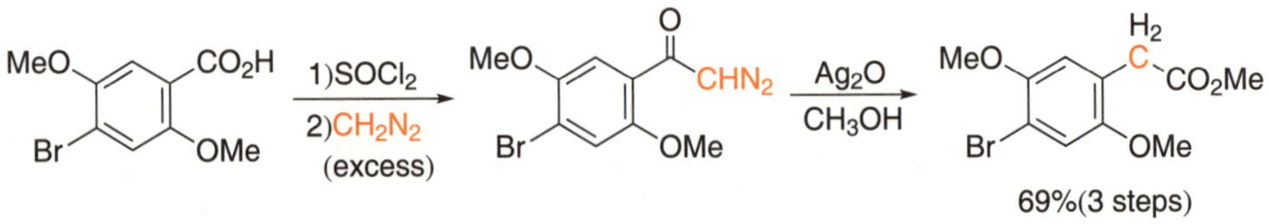

$$\text{(见图示反应)} \quad 69\%(3\ steps)$$

> 重氮甲烷量不足时,Cl^- 可能与重氮盐发生亲核取代反应,生成 α-氯代甲基酮。
>
> $$N\equiv\overset{+}{N}-CH_2-\overset{O}{\overset{\|}{C}}-R \quad Cl^- \longrightarrow$$
>
> 重氮盐
>
> $$Cl-CH_2-\overset{O}{\overset{\|}{C}}-R$$
>
> α-氯代甲基酮

16.7.4　重氮甲烷和醛酮反应

亲核性的重氮甲烷还可以与醛或酮发生亲核加成反应,加成中间体随后有两种反应途径:一种是氧负离子亲核进攻与重氮基相连的碳,放出 N_2,生成环氧化合物;另一种是放出 N_2,发生烷基重排,得到多一个亚甲基的酮。

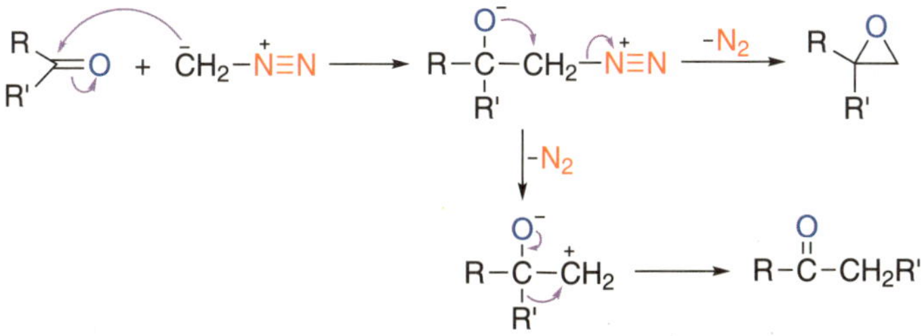

最终产物与底物的结构有很大的关系。反应物为醛，往往发生氢的迁移，得到甲基酮为主要产物；若反应物为酮，则主要生成环氧化合物；对于环酮，特别是小环酮，易得到环扩大的环酮。

一些活泼的重氮化合物可以原位制备。例如对甲苯磺酰腙在碱存在下加热，可原位生成烷基重氮化合物，它随后与醛反应生成酮。

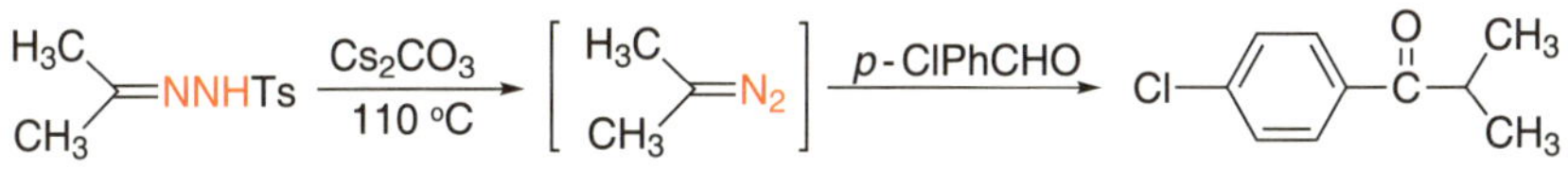

16.7.5　卡宾的生成和反应

重氮烷在光照下发生分解，释放出 N_2，生成卡宾 (carbene)。

$$R_2C=N_2 \xrightarrow{h\nu} R_2C: \ + \ N_2$$

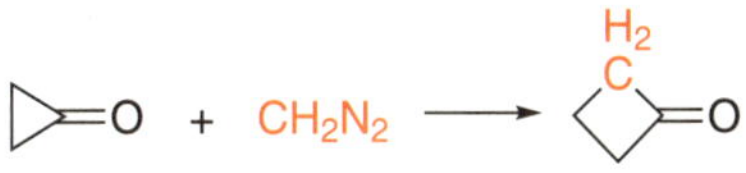

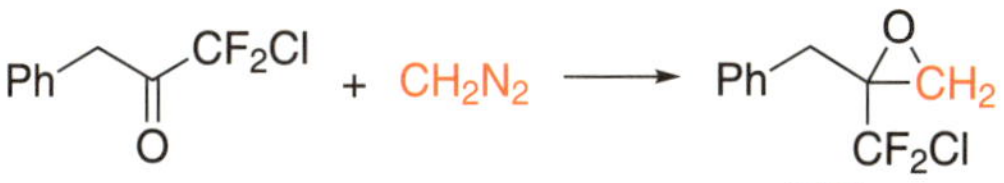

卡宾是非常活泼的反应中间体，可以与烯烃反应生成环丙烷衍生物。

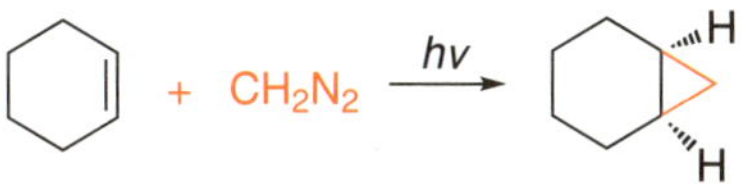

α-重氮酮在光照下的反应与加热下的反应类似，发生 Wolff 重排，经历卡宾中间体重排为烯酮，然后与各种亲核试剂反应，生成羧酸衍生物。

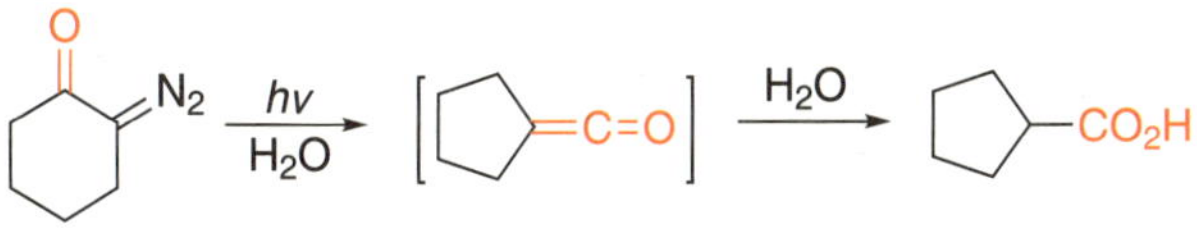

重氮甲烷与环酮的反应中反应物与产物都是环酮，只有反应物的活性高于产物的反应才有较好的选择性。如环己酮的反应活性比环戊酮和环庚酮高，环己酮与重氮甲烷反应可顺利地得到环庚酮，而环戊酮的反应产物则较复杂。

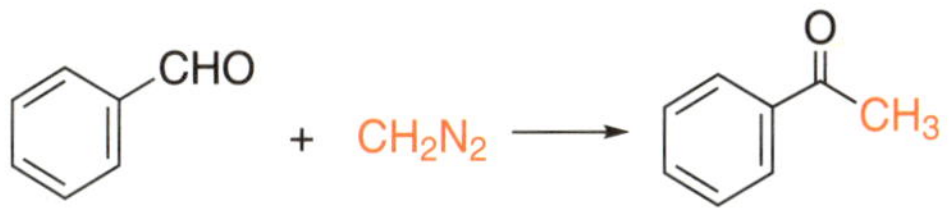

1991 年，稳定的氮杂环卡宾 (N-heterocyclic carbene，NHC) 被合成和分离，这类卡宾被两个相邻的给电子氮及大体积取代基所稳定，是一类很好的配体。

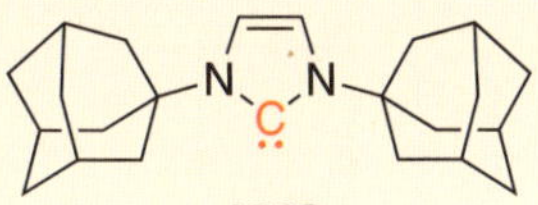

NHC

重氮化合物在过渡金属催化下分解，可原位生成金属卡宾配合物，它是一类很好的卡宾转移试剂。金属催化下重氮化合物的反应往往是通过金属卡宾中间体进行的。

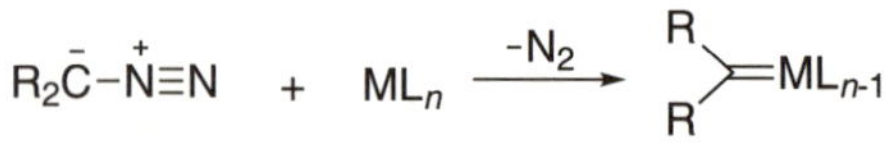

$$R_2\bar{C}-\overset{+}{N}\equiv N \quad + \quad ML_n \quad \xrightarrow{-N_2} \quad \overset{R}{\underset{R}{>}}=ML_{n-1}$$

例如，在金属催化下，重氮化合物与烯烃反应，生成环丙烷衍生物。

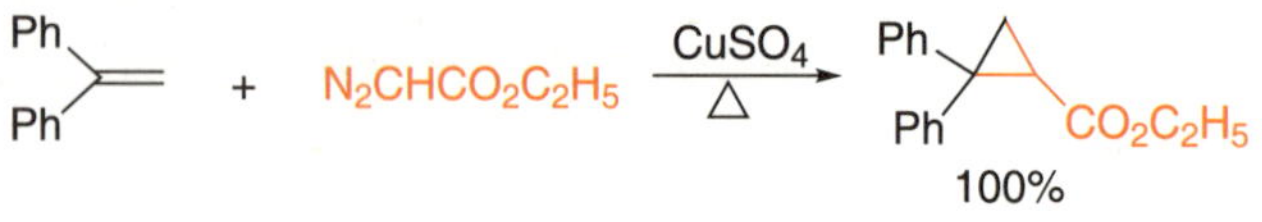

100%

金属催化卡宾对 X–H（X=C，N，O，S 等）键的插入反应是卡宾的另一类特征反应，在有机合成中应用广泛。在手性配体的作用下，也可实现相应的不对称合成。

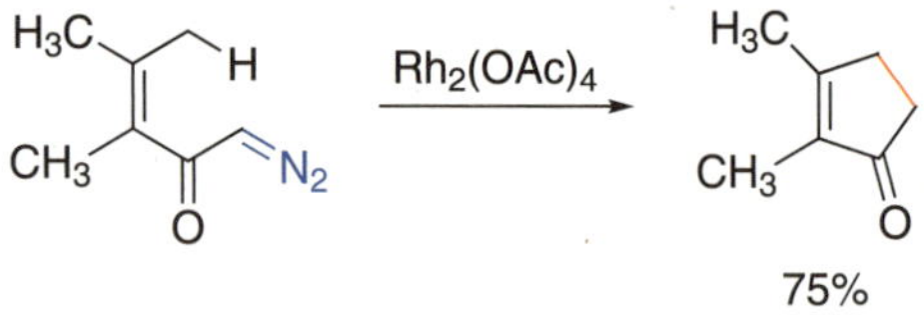

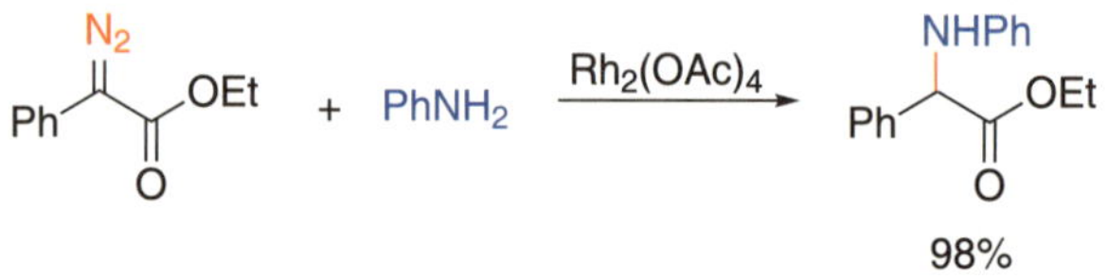

75%

98%

在 Tp*Cu 和手性硫脲催化剂作用下，卡宾能够对映选择性地插入脂肪胺的 N–H 键，得到手性 α-氨基酸衍生物。

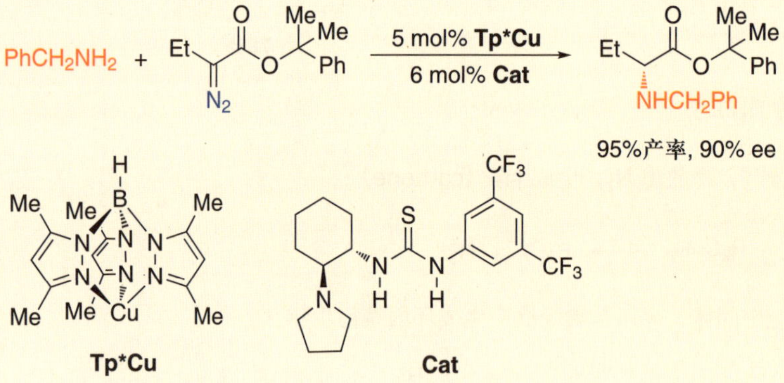

95%产率，90% ee

Tp*Cu   **Cat**

思考题 16.6

从共振结构看，重氮甲烷应该有很大的偶极矩，但实际测量表明它的偶极矩较小，如何解释这一实验结果？

16.8　胺的合成

16.8.1　烷基化与 Gabriel 伯胺合成法

伯卤代烃与过量氨反应，可以生成伯胺。

$$RX \ + \ NH_3(excess) \ \longrightarrow \ RNH_2 \ + \ NH_4X$$

但由于产物伯胺的亲核能力比氨强（见 16.5.2 节），反应很难停留在这一步，往往伴随着仲胺和叔胺的生成。盖布瑞尔（Siegmund Gabriel）提出了一种由卤代烃制备高纯度伯胺的方法，利用邻苯二甲酰亚胺盐与伯卤代烃反应制备伯胺，称为 Gabriel 伯胺合成法。邻苯二甲酰亚胺氮上的氢受两个酰基的影响，呈现出明显的酸性（pK_a 8.3），用氢氧化钠或氢氧化钾处理，很容易生成相应的盐。

邻苯二甲酰亚胺

伯卤代烃与邻苯二甲酰亚胺盐反应生成 *N*-烷基邻苯二甲酰亚胺，酰亚胺中氮原子亲核性较弱，不能进一步与卤代烃反应，可避免过度烷基化，最后水解或肼解可获得伯胺。该法除用于合成伯胺外，还可用于合成 α-氨基酸（参见下册第 19 章　氨基酸）。

邻苯二甲酰亚胺盐与卤代烃的反应经历 S_N2 机理，除伯、仲卤代烃外，α-卤代酮及 α-卤代酸酯都可发生类似的反应，是实验室合成脂肪伯胺及氨基酸衍生物的重要方法。

16.8.2　含氮化合物的还原

$LiAlH_4$ 可把酰胺中的羰基还原为亚甲基，获得胺类化合物（参见第 14 章　羧酸和羧酸衍生物）。

肟易由醛或酮与羟胺反应制得，它在催化氢化或 LiAlH₄ 作用下被还原为伯胺，这是制备与氨基相连碳为仲碳的伯胺的好方法。

$$CH_3CH_2CH_2\overset{O}{\overset{\|}{C}}CH_3 \xrightarrow[\text{H}^+]{\text{NH}_2\text{OH}} CH_3CH_2CH_2\overset{NOH}{\overset{\|}{C}}CH_3 \xrightarrow{\text{H}_2/\text{Ni}} CH_3CH_2CH_2\overset{NH_2}{\overset{\|}{C}H}CH_3$$
85%(2 steps)

腈也可被催化氢化或被 LiAlH₄ 还原为伯胺。由于腈可方便地由卤代烃与氰化钠或氰化钾反应得到，因而这是由卤代烃制备多一个碳原子伯胺的常用方法。

$$CH_3CH_2CH_2Br \xrightarrow{\text{KCN}} CH_3CH_2CH_2CN \xrightarrow[\text{2)H}_2\text{O}]{\text{1)LiAlH}_4} CH_3CH_2CH_2CH_2NH_2$$
70%(2 steps)

另一种制备伯胺的方法是还原烷基叠氮化合物。伯或仲卤代烃与叠氮离子 (N₃⁻) 发生 S_N2 反应，生成烷基叠氮化合物，它的亲核能力较弱，不会再发生第二次烷基化反应，可被催化氢化或 LiAlH₄ 还原为伯胺。**需要注意的是，烷基叠氮化合物在加热或者受到撞击的时候具有爆炸的危险，特别是烷基较小的叠氮化物，因而一般不分离纯化，直接还原。**

$$\overset{Br}{\bigcirc} \xrightarrow[\text{S}_N2]{\text{NaN}_3} \overset{N_3}{\bigcirc} \xrightarrow[\text{2)H}_2\text{O}]{\text{1)LiAlH}_4} \overset{NH_2}{\bigcirc}$$
54%(2 steps)

还原反应的可能机理为

$$\bigcirc\text{—}N\overset{+}{=}N\overset{-}{=}N^- \xrightarrow[\text{-AlH}_3]{\text{H—AlH}_3} \bigcirc\text{—}\overset{H}{\underset{}{N}}\text{—}N\overset{-}{=}N^- \xrightarrow{-N_2} \bigcirc\text{—}\overset{-}{N}H \xrightarrow{\text{H}_2\text{O}} \bigcirc\text{—}NH_2$$

16.8.3 羰基化合物的还原胺化

醛或酮与氨或胺在还原条件下直接生成胺的反应，称为还原胺化 (reductive amination)。反应经历亚胺或亚胺正离子中间体，不加分离直接还原为胺。通过还原胺化反应可制备伯胺、仲胺和叔胺。

$$\overset{}{\searrow}O + \overset{}{\searrow}N\text{—}H \longrightarrow [\overset{}{\searrow}\overset{+}{=}\overset{}{N}\overset{}{\diagup}] \xrightarrow{\text{还原}} \overset{}{\searrow}N\overset{}{\diagup}$$

如在催化氢化条件下，苯乙酮与过量氨气反应，可直接得到 α-苯乙胺。

$$\underset{Ph}{\overset{H_3C}{\diagdown}}C=O + NH_3 \xrightarrow[\triangle]{\text{H}_2/\text{Ni}} [\underset{Ph}{\overset{H_3C}{\diagdown}}C=NH] \longrightarrow \underset{Ph}{\overset{H_3C}{\diagdown}}CH\text{—}NH_2$$

在弱酸性条件下，氰基硼氢化钠 (NaBH₃CN) 或三乙酰氧基硼氢化钠 [NaBH(OAc)₃] 也是很好的还原胺化反应的还原剂。在还原胺化条件下，它们选择性地还原亚胺或亚胺正离子中间体，而不会还原醛或酮的羰基。

$$\bigcirc=O + CH_3NH_2 \xrightarrow{\text{pH 2-3}} [\bigcirc=NCH_3] \xrightarrow{\text{NaBH}_3\text{CN}} \bigcirc\text{—}NHCH_3$$
78%

仲胺与醛或酮在酸催化下形成的是亚胺正离子 (亚胺盐)，它很容易被 NaBH₃CN

NaBH₃CN 和 NaBH(OAc)₃ 中硼为四面体结构，由于 CN⁻ 与 OAc⁻ 的吸电子效应，它们转移负氢离子的能力小于 NaBH₄。因而它们的还原选择性通常比催化氢化和 NaBH₄ 好。甲酸或甲酸根也可作为还原胺化的还原剂，它们也可以提供一个负氢离子将亚胺还原成胺。

$$\underset{\overset{|}{H}}{\overset{CN}{\underset{|}{\overset{|}{B}}}}\underset{H}{\diagup}H \qquad AcO\underset{\overset{|}{H}}{\overset{OAc}{\underset{|}{\overset{|}{B}}}}OAc$$

或 NaBH(OAc)$_3$ 还原为叔胺。

16.8.4 芳胺的合成

氨基的邻位或对位具有强吸电子取代基的芳胺，可以通过芳环的亲核取代反应来合成。

芳香仲胺和叔胺还可利用芳胺亲核性较弱及产物位阻效应大，不易再继续反应的特点，通过芳胺的烷基化反应来合成。

芳香硝基化合物的还原是合成芳香伯胺的重要方法。在催化氢化下，硝基被还原为氨基。

许多金属及低价金属盐，如 Zn、Fe、SnCl$_2$、FeCl$_2$ 等，在酸性条件下也可顺利地把硝基芳烃还原为芳胺。

但在碱性条件下，还原硝基苯往往得到双分子偶联产物。如硝基苯，若用亚砷酸钠 (Na$_3$AsO$_3$) 还原则得到氧化偶氮苯；在碱中用 Fe 还原则得到偶氮苯，而用更强的还原剂 Zn，生成的是氢化偶氮苯。这些双分子还原产物均可被催化氢化还原，最终生成苯胺。

SnCl$_2$ 是一个温和的还原剂，能兼容底物中的醛基等官能团。如在盐酸存在下，SnCl$_2$ 可以选择性地将间硝基苯甲醛还原为间氨基苯甲醛。

金属及低价金属盐反应后产生大量金属盐，再加上反应使用过量的酸，使得反应产生很多废料，容易污染环境。工业上正在用催化氢化等绿色工艺替代金属及低价金属盐来还原硝基苯。

LiAlH$_4$ 只能将硝基芳烃还原为偶氮化合物，NaBH$_4$ 不能还原硝基。

$$ArNO_2 \xrightarrow{\text{LiAlH}_4} Ar-N=N-Ar$$

三氯硅烷 (HSiCl$_3$) 是一种温和的还原剂，在二异丙基乙胺 (DIPEA) 作用下可将硝基还原为氨基，分子中氰基、酰基等不受影响。

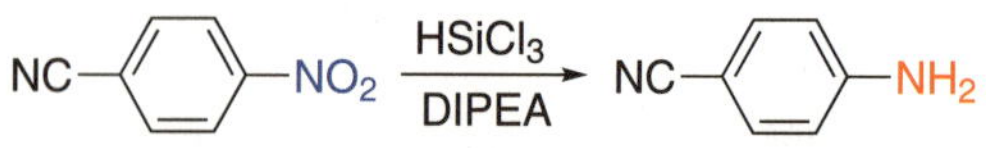

带有其他取代基的二硝基芳烃用硫化物还原时，取代基邻位的硝基优先被还原。例如：

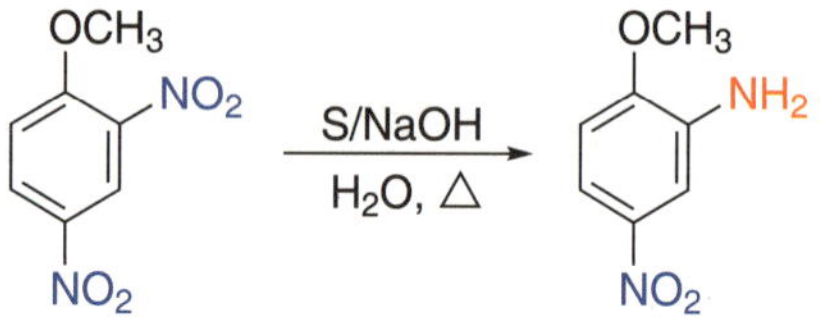

多硝基芳烃,可用温和的还原剂如 NaSH、Na$_2$S 等选择性地将一个硝基还原到氨基。

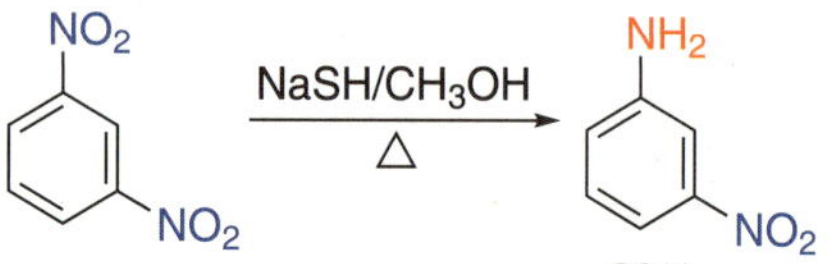

联苯胺型化合物可以通过氢化偶氮苯在酸催化下的联苯胺重排反应 (benzidine rearrangement) 得到。

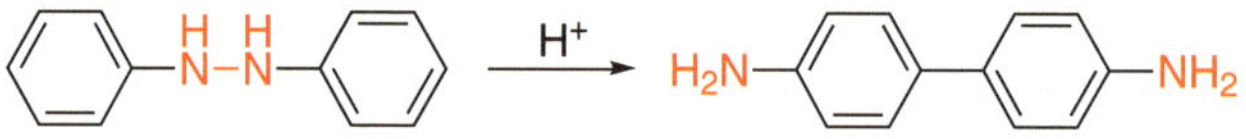

联苯胺重排是分子内反应，但机理并不完全清楚。一种机理认为氢化偶氮苯质子化后发生 [5,5]σ 重排反应：

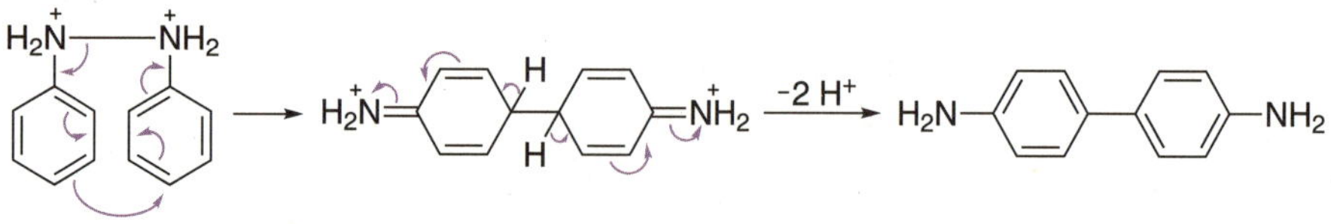

对位无取代基的氢化偶氮苯都可以顺利地发生联苯胺重排。由于氢化偶氮苯可由硝基苯碱性还原得到，因此该重排反应为联苯胺衍生物的合成提供了一条简便的途径。

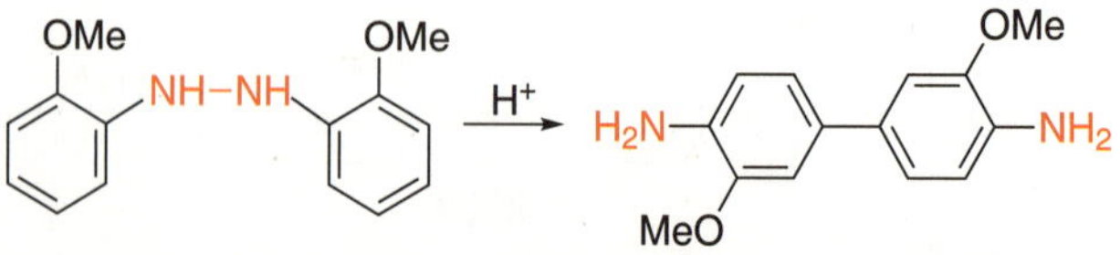

硝基芳烃的还原虽然可以制备各种芳胺，但该法的一个明显缺陷是制备硝基芳烃及其还原过程都存在潜在的环境污染，因而有关芳胺的绿色合成仍然是一个挑战。另

硫化物非常适合还原含有醚键等对酸敏感的硝基化合物，通常苯环上吸电子取代基会使还原反应速率加快，给电子取代基降低还原反应的速率。

硝基芳烃和芳胺是重要的基本化工原料，用途广泛。现有的制备硝基芳烃和芳胺的方法多数原子经济性差，产生大量废料，环境污染严重，不符合绿色化学和可持续发展的原则。因此，发展绿色合成硝基芳烃和芳胺的新方法值得期待。

外，金属催化的 C–N 键偶联反应是合成芳胺的另一重要方法，相关内容将在下册金属有机化学一章中讨论。

16.8.5　Hofmann 重排及相关反应

在碱存在下，一级酰胺与卤素反应得到胺，该反应称为霍夫曼重排反应 (Hofmann rearrangement)。

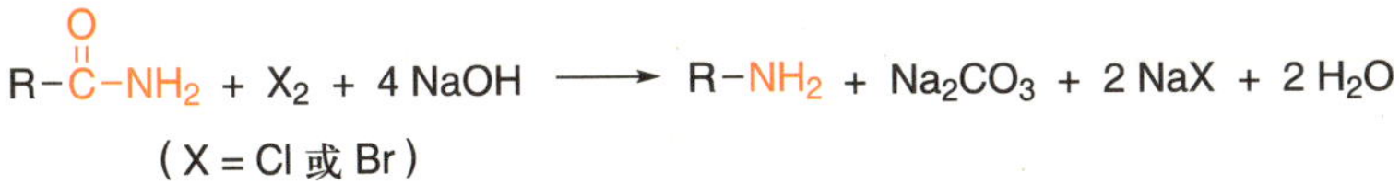

$$R-\overset{O}{\overset{\|}{C}}-NH_2 + X_2 + 4\,NaOH \longrightarrow R-NH_2 + Na_2CO_3 + 2\,NaX + 2\,H_2O$$

（X = Cl 或 Br）

Hofmann 重排反应是有机合成中重要的降解反应，常用来制备比底物少一个碳原子的伯胺。例如：

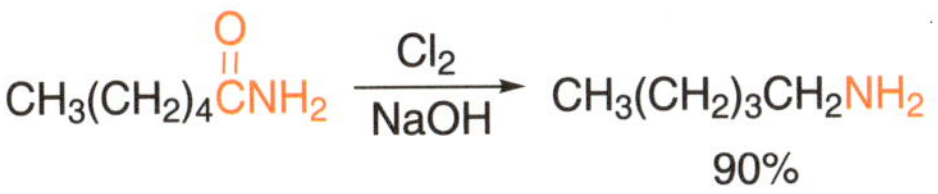

$$CH_3(CH_2)_4\overset{O}{\overset{\|}{C}}NH_2 \xrightarrow[NaOH]{Cl_2} CH_3(CH_2)_3CH_2NH_2$$

90%

反应机理如下：首先在碱作用下酰胺部分去质子化得到酰胺负离子，随后酰胺负离子对卤素分子进行亲核进攻，生成 N-卤代酰胺。

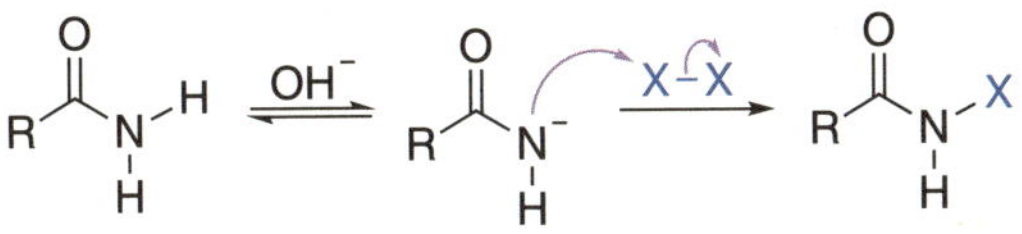

N-卤代酰胺在碱作用下失去氮上另一质子，接着在卤素负离子离去的同时，烷基带着一对电子迁移到氮原子上，生成异氰酸酯。

异氰酸酯

最后异氰酸酯在碱性下水解、脱羧生成伯胺。

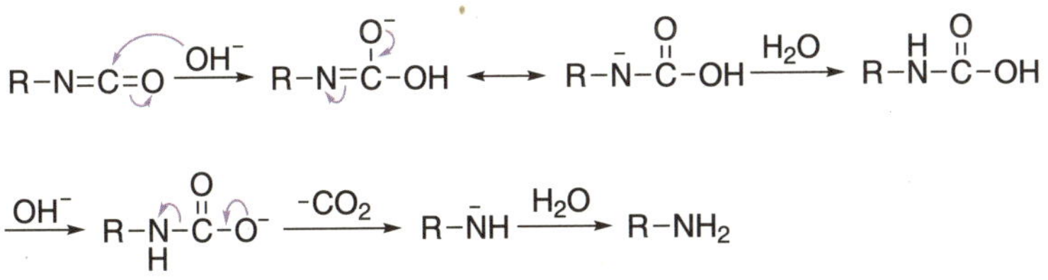

手性酰胺进行 Hofmann 重排反应时，其手性碳的构型能得到保持。

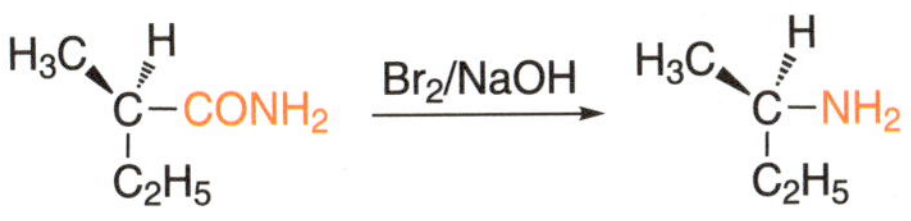

其原因可能是重排是一个协同过程，相应的环状过渡态限制了手性碳构型的转变。

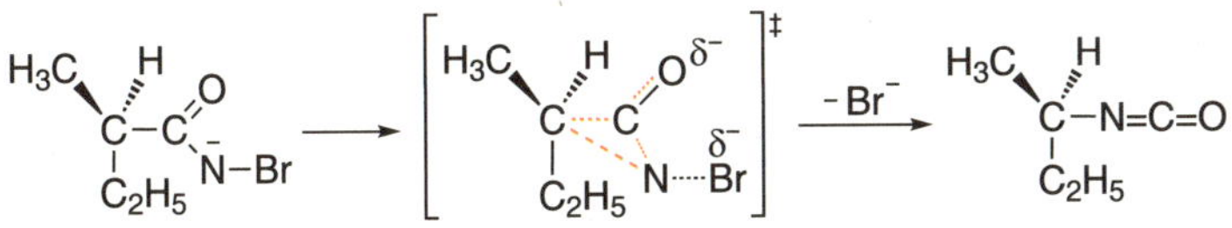

芳酰胺发生 Hofmann 重排反应时，芳环上给电子取代基加速反应的进行，吸电子取代基使反应速度减慢。原因可能是芳基重排的过渡态中正电荷可以分散到苯环上，给电子取代基增强了过渡态的稳定性，而吸电子取代基减弱了过渡态的稳定性。

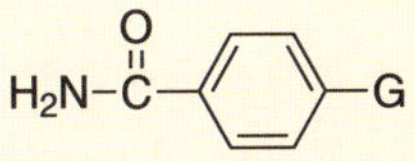

重排速率 G: CH₃ > H > NO₂

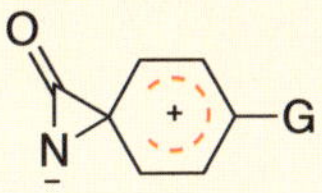

重排过渡态

酰肼与亚硝酸反应也是制备酰基叠氮常用的方法，这类似于脂肪族伯胺的重氮化反应。

$$\underset{\overset{O}{\|}}{RC}-NH-NH_2 \xrightarrow{HNO_2}$$

$$\underset{\overset{O}{\|}}{RC}-\overset{-}{N}-\overset{+}{N}\equiv N$$

柯蒂斯 (Theodor Curtius) 利用酰氯与叠氮化钠反应制得了酰基叠氮，施密特 (K. F. Schmidt) 从羧酸与叠氮酸出发也获得了同样的产物。他们发现酰基叠氮在加热时发生与 Hofmann 重排反应类似的反应，放出 N_2，生成异氰酸酯，最后水解得到少一个碳原子的伯胺，前者称为 Curtius 重排反应，后者称为 Schmidt 重排反应。

$$\underset{\overset{O}{\|}}{RCCl} \xrightarrow{NaN_3} \underset{\overset{O}{\|}}{RCN_3} \xleftarrow{HN_3} \underset{\overset{O}{\|}}{RCOH}$$

$$\underset{\overset{O}{\|}}{R-C}-\overset{-}{N}-\overset{+}{N}\equiv N \longleftrightarrow R-\overset{O^-}{\underset{\|}{C}}-\overset{+}{N}=\overset{+}{N}\equiv N \xrightarrow[\triangle]{-N_2} R-N=C=O \xrightarrow{H_2O} RNH_2$$

这些重排反应在伯胺的合成中均可获得较为满意的收率。

$$\triangleright\!\!-\underset{\overset{O}{\|}}{CCl} + NaN_3 \longrightarrow \left[\triangleright\!\!-\underset{\overset{O}{\|}}{CN_3}\right] \xrightarrow[\triangle]{H_2O} \triangleright\!\!-NH_2$$

60%(2 steps)

$$PhCH_2CO_2H + HN_3 \xrightarrow[CHCl_3]{H_2SO_4} \left[PhCH_2\underset{\overset{O}{\|}}{CN_3}\right] \longrightarrow PhCH_2NH_2$$

92%

异氰酸酯是非常活泼的化合物，它除水解、脱羧生成伯胺外，还可与醇、胺等加成，生成氨基甲酸酯及脲的衍生物。

$$R-N=C=O \xrightarrow{R'\ddot{O}H} R-N=\overset{OH}{\underset{\|}{C}}-OR' \longrightarrow R-\overset{H}{\underset{\|}{N}}-\overset{O}{\underset{\|}{C}}-OR'$$

氨基甲酸酯

$$R-N=C=O \xrightarrow{R'\ddot{N}H_2} R-N=\overset{OH}{\underset{\|}{C}}-NHR' \longrightarrow R-\overset{H}{\underset{\|}{N}}-\overset{O}{\underset{\|}{C}}-NHR'$$

脲衍生物

16.9　有机叠氮化合物

叠氮基具有 4 个 π 电子，分子内同时含有亲核性的氮与亲电性的氮，经常作为 1,3-偶极子参与 [4+2] 的环加成反应。

有机叠氮化合物 (RN_3) 是一类含有叠氮基团 ($-N_3$) 的化合物。叠氮基中间氮原子为 sp 杂化，两端氮原子为 sp^2 杂化，其共振结构可表示为

$$\underset{\overset{R}{\backslash}}{N}=\overset{+}{N}=N^- \longleftrightarrow \underset{\overset{R}{\backslash}}{\overset{-}{N}}-\overset{+}{N}\equiv N$$

卤代烃或苯磺酸酯与叠氮化钠的反应是制备烷基叠氮化合物的常用方法。酰基叠氮可通过酰氯与叠氮化钠的反应获得。伯胺与氟磺酰基叠氮 (FSO_2N_3) 间的重氮转移反应是制备叠氮化合物的高效方法。

$$R-NH_2 + F-\underset{\overset{O}{\underset{\overset{\|}{\|}}{S}}}{\overset{O}{}}-N=\overset{+}{N}=N^- \longrightarrow \underset{\overset{R}{\backslash}}{N}=\overset{+}{N}=N^-$$

需要注意的是，叠氮化合物在受热、光照、与金属接触或受到猛击时容易发生爆炸，迅速放出氮气，特别是无机叠氮化合物和小分子有机叠氮化合物，在操作时需要特别

小心。有机叠氮化合物一般不分离提纯，直接进行下一步反应。

有机叠氮化合物具有广泛的用途，它是一类含能材料，可用作含能黏结剂和含能增塑剂。有机叠氮化合物可进行各种转化，如还原或重排为伯胺等。

叠氮磷酸二苯酯 (DPPA) 是一个比较安全的叠氮试剂，可直接把羧酸或醇转化为酰基叠氮或有机叠氮化合物。

有机叠氮化合物一个重要应用是参与点击反应 (click reaction)。在一价铜催化下，叠氮化合物与端炔发生快速的环加成反应 (CuAAC 反应)，生成 1,2,3-三唑衍生物，这是沙普利斯 (K. Barry Sharpless) 提出的点击化学 (click chemistry) 的标志性反应。

> 因在点击化学和生物正交化学方面的杰出贡献，贝尔托齐 (Carolyn R. Bertozzi)、梅尔达尔 (Morten Meldal) 和沙普利斯 (K. Barry Sharpless) 分享了 2022 年 Nobel 化学奖。

通过 CuAAC 反应，可以迅速地将两个重要的结构单元连接起来，1,2,3-三唑衍生物也具有很好的生物相容性，因而该反应在生物和医药等领域备受关注。

本章学习要点

(1) 胺的碱性及其影响因素：液相条件下胺的碱性顺序为二级胺 > 一级胺 > 三级胺 > 氨 > 芳胺，影响胺碱性的主要因素为诱导效应、共轭效应及溶剂化效应。

(2) 胺的 Hofmann 消除反应和 Cope 消除反应及特征。

(3) 烯胺的生成及其反应，醛酮羰基 α 位的间接修饰。

(4) 芳香重氮盐在合成中的应用：重氮基被羟基、卤素、氰基、氢取代，以及生成各种取代芳香化合物；与富电子芳烃偶合得到偶氮化合物。

(5) 重氮甲烷作为亲核试剂与酰氯和醛酮的反应，以及在光照下卡宾的生成及反应。

(6) 胺的制备：Gabriel 伯胺合成法，羰基的还原胺化及 Hofmann 重排及相关反应。

习题

16.1 比较如下化合物的碱性顺序。

(1) (a) NH₃ (b) R₂C=NR'

(c) RC≡N

(2) (a) ∕∖∕NH₂ (b) ∕∖∕NH₂

(c) ∕≡∕NH₂

(3) (a) PhNH₂ (b) 环己基-NH₂

(c) Ph₂NH (d) 哌啶-NH

(4) (a) PhCH₂NH₂ (b) PhNH₂

(c) PhNHCH₃ (d) PhNHCOCH₃

16.2 DBN, DBU 和胍都是相当强的有机碱，请指出每个化合物中碱性最强的氮原子，并说明原因。

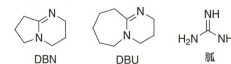

DBN　　　　　DBU　　　　　胍

16.3 解释如下实验结果。

(1) 化合物 A 能拆分出旋光活性的异构体，而 B 不能。

$$PhCH_2-\overset{\overset{CH_3}{|}}{\underset{\underset{CH_2CH_2CH_3}{|}}{N^+}}-CH_2CH_3 \quad Cl^-$$

A

$$PhCH_2-\overset{\overset{CH_3}{|}}{\underset{\underset{H}{|}}{N^+}}-CH_2CH_3 \quad Cl^-$$

B

(2) N-甲基对硝基苯胺中的 N-Ph 键自由旋转能垒（42-46 kJ·mol⁻¹）明显高于 N-甲基苯胺（约 25 kJ·mol⁻¹）。

(3) 环戊-2,4-二烯-1-胺可以形成稳定的重氮盐，其并不分解产生碳正离子。

16.4 完成如下反应，写出反应主要产物。

(1) 六氢吡啶NH + Br(CH₂)₄Br —△→ (?)

(2) 六氢吡啶NH —NaNO₂/H⁺→ (?)

(3) Ph—C(OH)(CH₃)—CH(NH₂)—CH₃ —NaNO₂/H⁺→ (?)

(4) 1,2-二甲基吡咯烷 —1)H₂O₂ 2)△→ (?)

(5) (Ph,H)环丙烷CONH₂ —NaOH/H₂O, Br₂→ (?)

(6) 苯环NO₂ —Zn/NaOH→ (?)

(7) 环己酮 + (CH₃)₂NH —NaBH₃CN/CH₃CO₂H→ (?)

(8) 环氧环己烷 —1)NaN₃ 2)LiAlH₄→ (?)

(9) 2-重氮基环己酮 —hv/H₂O→ (?)

(10) 吲哚啉-3-基-CH₂NHCH₃ —CH₃I→ (?)

(11) Ph—CH₂CH₂—N⁺(CH₃)₂—CH₂CH₃ OH⁻ —△→ (?)

(12) 3-硝基苯甲醛 —SnCl₂/HCl→ (?)

(13) 2-(3-羟丙基)苯酚 —CH₂N₂→ (?)

(14) 邻苯二甲酰亚胺NH —Br₂/NaOH→ (?)

—1)NaNO₂/H₂SO₄ 2)KI→ (?)

(15) 十氢萘-1-胺 —1)CH₃I (excess) 2)Ag₂O/H₂O, △→ (?)

(16) 茚满-2-酮 + HCHO + HN(CH₃)₂ —△→ (?)

(17) 3,4-二氢萘-2(1H)-酮 + 吡咯烷NH —H⁺→ (?)

—1)BrCH₂CO₂CH₃ 2)H₃O⁺→ (?)

(18) 双环CONH₂ —Br₂/NaOH→ (?)

(19) Ph—CO—CH₂CH₂CH₂—吡咯烷(HN) —H⁺→ (?)

(20) Ph—CH(HNPh)—CH₂—CO—C(=N₂)—CO₂Me —RuCl₃·3H₂O→ (?)

16.5 为如下的可逆反应提出合理的机理。

$$CH_3-\overset{+}{N}(CH_2Ph)(环)=O \quad Br^- \overset{NaOH}{\rightleftharpoons} PhCH_2-\overset{+}{N}(CH_3)(环)=O \quad Br^-$$

16.6 如下结构的化合物也可发生类似的 Hofmann 重排，试写出反应可能的机理，并比较 G 为不同取代基的反应活性，并说明原因。

$$RC(=O)NHC(=O)-\text{C}_6\text{H}_4-G \overset{NaOH}{\rightarrow} R-N=C=O \overset{H_2O}{\rightarrow} RNH_2$$

（G = H, OCH₃, NO₂）

16.7 试解释如下反应的差异，并给出 3-氨基-4,4,4-三氟丁酸乙酯的生成机理。

CF₃ —CH(Br)—CO—OEt →(NH₃)→ CF₃—CH(NH₂)—CH₂—CO—OEt

CH₃—CH₂—CH(Br)—CO—OEt →(NH₃)→ CH₃—CH₂—CH(NH₂)—CO—OEt

16.8 酰氯与等当量 CH₂N₂ 反应，得到 α-氯代甲基酮，试写出如下反应可能的机理。

PhCH₂COCl + CH₂N₂ → PhCH₂COCH₂Cl

16.9 写出如下反应可能的机理。

(1) 邻-(NHCH₃)-C₆H₄-CONH₂ →(Br₂/NaOH)→ 1-甲基苯并咪唑-2-酮

(2) 氨基环己烷衍生物 →(NaNO₂/HCl)→ 八氢苯并呋喃衍生物

(3) 1-(环戊基)-C(OH)=C(NHCH₃)(Ph) →(H⁺)→ 2-(NHCH₃)-2-Ph-环己酮

(4) 四氢噻吩氨基溴酯 →(H⁺)→ 双环内酰胺

(5) H₃C—CO—C(=CH₂)—CH₂—CO₂CH₃ + CH₃NH₂ →(Δ)→ 1-甲基-4-乙酰基-2-吡咯烷酮

(6) 环戊酮-Ph-N₃衍生物 →(TfOH)→ 双环内酰胺-Ph

(7) 3,4-二羟基苯乙胺 + PhCH₂CHO →(H⁺)→ 6,7-二羟基-1-苄基-1,2,3,4-四氢异喹啉

16.10 写出如下转化过程中化合物 **A**、**B** 和 **C** 的结构式。

3,3,5,5-四甲基环己酮 →(吡咯烷/H⁺)→ (A) →(1)B₂H₆ 2)H₂O₂)→ N-氧化物醇 →(Δ)→ (B) →(CrO₃/H⁺)→ (C) →(H₂/PtO₂)→ 二甲基环己酮

16.11 化合物 **D**，分子式为 C₁₅H₁₇N，可溶于稀盐酸中。IR 光谱无明显的官能团特征吸收。NMR 数据如下：¹H NMR δ 1.18 ppm (t, 3H)，3.46 ppm (q, 2H)，4.48 ppm (s, 2H)，6.70–6.82 ppm (m, 4H)，7.12–7.40 ppm (m, 6H)；¹³C NMR δ 12.1 ppm，45.0 ppm，53.9 ppm，112.2 ppm，116.1 ppm，126.5 ppm，126.7 ppm，128.5 ppm，129.2 ppm，139.2 ppm，148.5 ppm。写出化合物 **D** 的结构式。

16.12 化合物 **E**、**F** 和 **G** 分子式均为 C₈H₁₁N，它们的 IR 和 ¹H NMR 数据如下，写出 **E**、**F** 和 **G** 的结构式。

E: IR 3403 cm⁻¹，¹H NMR δ 1.22 ppm (t, 3H)，3.11 ppm (q, 2H)，3.42 ppm (s, 1H)，6.58–7.15 ppm (m, 5H)。

F: IR 3308 cm⁻¹，¹H NMR δ 2.20 ppm (s, 1H)，2.43 ppm (s, 3H)，3.74 ppm (s, 2H)，7.10–7.50 ppm (m, 5H)。

G: IR 3428 cm⁻¹，3350 cm⁻¹，¹H NMR δ 1.17 ppm (t, 3H)，2.51 ppm (q, 2H)，3.40 ppm (s, 2H)，6.58 ppm (d, 2H)，6.96 ppm (d, 2H)。

16.13 化合物 **H**，分子式为 C₉H₁₃NO，IR 在 3364 cm⁻¹ 和 3290 cm⁻¹ 出现特征吸收峰；¹H NMR 数据如下：δ 1.43 ppm (s, br, 2H)，2.68 ppm (t, 2H)，2.92 ppm (t, 2H)，3.79 ppm (s, 3H)，6.84 ppm (d, 2H)，7.11 ppm (d, 2H)。请写出化合物 **H** 的结构式。

16.14 丙酮用氨气处理得到化合物 **I**，分子式为 C₉H₁₇NO。其 IR 光谱在 3350 cm⁻¹ 和 1705 cm⁻¹ 出现特征吸收；¹H NMR 数据如下：δ 1.23 ppm (s, 12H)，1.72 ppm (s, 1H, 加 D₂O 消失)，2.26 ppm (s, 4H)；¹³C NMR δ 32.1 ppm，55.3 ppm，54.2 ppm，211.0 ppm。写出化合物 **I** 的结构式及形成机理。

16.15 如下化合物与过量碘甲烷反应后，用湿润的氧化银处理并随后加热，得到化合物 **J**，分子式为 C₉H₁₀O。IR 光谱表明其无明显的官能团特征吸收；¹H NMR 数

据如下 : δ 1.48 ppm (d, 3H), 3.06 ppm (qd, 1H), 3.60 ppm (d, 1H), 7.26 – 7.39 ppm (m, 5H)。写出化合物 **J** 的结构式及形成机理。

$$CH_3\overset{H}{\underset{}{N}}-\overset{CH_3}{\underset{Ph}{\overset{|}{\underset{|}{C}}}}\overset{H}{\underset{H}{}}\quad HO \xrightarrow[\ 2)Ag_2O/H_2O, \triangle\ ]{\ 1)CH_3I(excess)\ } \mathbf{J}(C_9H_{10}O)$$

16.16 化合物 **K**，分子式为 $C_8H_{17}N$，为一仲胺化合物。它经历 Hofmann 消除反应可生成 5-(*N*,*N*-二甲基氨基)辛-1-烯，写出化合物 **K** 的结构式，并从丙烯腈和 3-羰基己酸乙酯出发，为其设计一条合成路线。

16.17 完成如下转化。

(1) $PhCH_2Br \longrightarrow PhCH_2\overset{Me}{\underset{Me}{\overset{|}{\underset{|}{C}}}}NH_2$

(2) $\longrightarrow$ Me—N 吡啶环—CH=CH₂

(3) 环己酮 $\longrightarrow$ 十氢喹啉

(4) 邻苯二甲酰亚胺 $\longrightarrow$ $Ph\text{-}CH_2\text{-}N(CH_2CH_3)\text{-}COMe$

(5) $CH_3(CH_2)_{10}CO_2H \longrightarrow$ 2,6-二甲基吗啉-N-(CH₂)₁₁CH₃

(6) $CH_2=CH\text{-}CO\text{-}OCH_3 \longrightarrow$ 4-亚甲基-N-甲基哌啶

16.18 从苯、甲苯或萘出发合成如下化合物。

(1) 1,2,3-三溴苯（2,3-二溴）
(2) 2,3-二溴甲苯

16.18（右栏续）

(3) 3,5-二溴苯胺
(4) 间甲苯酚
(5) 邻二硝基苯
(6) 2-甲基-1-碘-4-硝基苯
(7) 4-氯-3-溴甲苯
(8) 2-甲基-4-硝基苯胺
(9) 3,5-二溴-4-甲氧基苄胺
(10) 4-(异丙氨基)苯甲酸甲酯
(11) 2,2'-二甲基联苯-4,4'-二甲酸
(12) 偶氮染料 (naphthol azo sulfonate)

16.19 从苯及不超过四个碳原子的有机物出发合成如下化合物。

(1) 沙丁胺醇 (HO-CH₂, HO-苯-CH(OH)-CH₂-NH-C(Me)₃)

(2) 苯佐卡因类似物（3-氨基-4-丙氧基苯甲酸-2-(二乙氨基)乙酯）

读者意见反馈

为收集对教材的意见建议，进一步完善教材编写并做好服务工作，读者可将对本教材的意见建议通过如下渠道反馈至我社。

咨询电话　400-810-0598

反馈邮箱　hepsci@pub.hep.cn

通信地址　北京市朝阳区惠新东街4号富盛大厦1座
　　　　　高等教育出版社理科事业部

邮政编码　100029